中国森林昆虫

CHINESE FOREST INSECTS

（第三版）

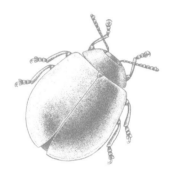

中国林业出版社

·北京·

国家出版基金项目
NATIONAL PUBLICATION FOUNDATION

CHINESE FOREST INSECTS

中国森林昆虫

（第三版）

萧刚柔　李镇宇　主编

中国林业出版社

·北京·

图书在版编目（CIP）数据

中国森林昆虫 / 萧刚柔, 李镇宇主编. --3版 -- 北京：
中国林业出版社, 2020.6

ISBN 978-7-5219-0492-5

Ⅰ. ①中⋯ Ⅱ. ①萧⋯ ②李⋯ Ⅲ. ①森林昆虫学－
中国 Ⅳ. ①S718.7

中国版本图书馆CIP数据核字（2020）第028323号

中国林业出版社·自然保护分社

策　　划：王佳会　温　晋　刘家玲

责任编辑：刘家玲　温　晋　宋博洋　张　锴

出版发行	中国林业出版社(100009
	北京市西城区德内大街刘海胡同7号)
电　　话	(010)83143519
制　　版	北京美光设计制版有限公司
印　　刷	河北京平城乾印刷有限公司
版　　次	2020年10月第1版
印　　次	2020年10月第1版
开　　本	889mm×1194mm　　1/16
印　　张	75.5
字　　数	2200千字
定　　价	900.00元

《中国森林昆虫（第三版）》
编委会

主 编

萧刚柔　李镇宇

副主编

吴　坚

编　委

（以姓氏笔画为序）

王常禄　孙江华　李成德　李孟楼　李镇宇

杨秀元　吴　坚　宋玉双　张　真　张润志

武春生　赵文霞　骆有庆　徐天森　萧刚柔

嵇保中　温　晋

前 言（第三版） | Preface (The Third Edition)

　　林业是生态建设和保护的主体，是经济社会可持续发展的一项基础产业和公益事业，也是建设生态文明、实现人与自然和谐共生的主阵地，在生态建设和环境保护中具有不可替代的重要作用。

　　改革开放 40 年来，我国国土绿化成效显著，林业建设取得了前所未有的成绩，为建设生态文明和美丽中国做出了重要贡献。随着植树造林工作的日益开展，森林害虫的防治工作也更显重要。为了提高森林害虫防治的研究质量、丰富教学内容、提出更新更好的防治和利用策略及方法，在 20 世纪 80 和 90 年代，《中国森林昆虫》第一版、第二版相继问世。作为林业生产、教学上的重要工具书，《中国森林昆虫》前两版的面世对我国森林保护及林业生态建设的又好又快发展发挥了巨大的作用。《中国森林昆虫》第二版（增订本）自 1992 年出版至今近 30 年。在这期间，随着我国改革开放，科技和经济水平都有了很大程度提高，森林昆虫的研究水平和研究成果也有了很大变化，因此，非常有必要对《中国森林昆虫》第二版进行更新。同时，为了使国际上进一步了解中国森林昆虫，促进森林昆虫学术交流和研究，出版《中国森林昆虫》英文版，也就是水到渠成的事了。

　　《中国森林昆虫》第三版与第二版（增订本）相比有了比较大的变化，主要体现在：

　　（1）昆虫分类采用了最新的科研成果。将同翅目归到半翅目中；我国严重危害南方马尾松上的马尾松毛虫学名改为马尾松毛虫指名亚种；竹子上的黄脊竹蝗中文名称改成黄脊雷篦竹蝗，学名中的属名都有变动；辽宁松干蚧和马尾松干蚧经 RAPP-PCR 技术检测与日本松干蚧为同一物种，在书中合并；此外，桑天牛、薄翅锯天牛等学名都有变动；核桃扁叶甲原先三个亚种现更改为独立种等等。为此，书中增加了异名和俗名，有利于以往文献的查找。

　　（2）本书图片全部采用原色照片，更有利于昆虫外部形态特征的识别。书中的彩图经严格筛选。有 62 种昆虫因图片不合格或没有征集到照片，尽管已经完成了中文编写及英文翻译，我们还是忍痛割爱，将这些种类删除了。另外，中国科学院动物研究所提供的彩图，很多是第一次在中国森林昆虫学著作中出现，如银杏超小卷蛾、金钱松小卷蛾等。

　　（3）我国特有的资源昆虫在书中内容有所增加。天敌昆虫虽未列入书中，但在防治措施中介绍了近 500 种天敌昆虫的内容，尤其是小蠹虫寄生蜂。外来入侵种增加了扶桑绵粉蚧、悬铃木方翅网蝽、苹果蠹蛾、红脂大小蠹、枣实蝇、刺槐叶瘿蚊、红火蚁等。

（4）化学防治中去掉了对环境有影响的农药，采用绿色环保药剂，更加符合绿色发展的要求。

（5）在书后增加了寄主植物名录、天敌名录，便于读者进行交互检索。

（6）为推进森林昆虫的国际交流和学术传播，本次出版专门增加了英文版。因书中涉及昆虫种类多、专业性强，为此，书稿的翻译工作遇到了较大的困难。为使英文翻译满足信达雅的要求，我们进行了多种途径尝试，反复筛选，最后确定由定居在美国，并且精通汉语、英语的华裔昆虫学家进行翻译，保证了译文的科学性、准确性和易读性。

本书共介绍了近600种昆虫，主要介绍了昆虫的名称、分类地位、危害、分布、寄主、生活史、防治方法等，并附寄主植物名录、天敌名录、拉丁学名索引、中文名称索引。可作为从事林业建设及有害生物防控等科研、教学、生产、管理等领域相关人员的重要工具书。

参与本书编写的人员既有老一辈森林昆虫学家，又有一批年青才俊加入，共计450余人，包括国家林业和草原局、中国科学院动物研究所、中国林业科学研究院、北京林业大学、南京林业大学、东北林业大学、西北农林科技大学等30多家全国相关科学、教学、生产、管理等重要单位。

成稿后期昆虫分类地位及拉丁学名由东北林业大学李成德教授统审，防治方法由江西天人生态股份有限公司董事长梁小文先生统审。在此对所有为本书编写出版付出艰辛劳动和帮助的所有人和单位表示衷心的感谢！

本书的出版得到了中国国家出版基金的资助，美国林务局也在该书的英文版出版提供了支持。

在第三版即将出版之际，我们要特别提到萧刚柔先生。萧先生是中国森林昆虫事业的奠基人之一，他主编的《中国森林昆虫》第一版、第二版，对推动我国森林昆虫学科发展和指导生产实践起到了举足轻重的作用。在第三版启动编写后，带领编写团队忘我工作，不幸于2005年8月22日突然去世。萧刚柔先生的离世，对于我国森林昆虫学科发展以及本书的编写，都是非常大的损失。我们谨以《中国森林昆虫》第三版的出版缅怀萧刚柔先生。

李镇宇

2019年6月

前 言（第二版） | Preface (The Second Edition)

1.《中国森林昆虫》第一版交稿出版至今已约十载。在此期中又有不少新的研究成果问世。为了将这些成果早日提供生产、教学及科研上参考应用，亟需出版第二版。

2. 第二版在第一版的基础上增加了总论 10 章，各论 2 目 44 科 402 种。共计编入 824 种昆虫，隶属于 13 目 141 科。

3. 第二版不但对第一版中的虫种增加了新内容，改正了错误，而且删去了有问题的 5 种及尚未定出种名的虫种 17 种（例如木蠹象等）和所有检索表及总科与科的描述。

4. 防治方法均按科（竹蝗、松毛虫、地老虎按属）统一写出，以期达到开阔思路、举一反三的目的。在统一写出中删去了重复的方法，保留了特有的方法。

5. 各论的虫种一律按分类系统依次排出，与第一版先分害虫、益虫及资源昆虫，然后分别按分类系统依次排出有别。

6. 每个虫种的国内外分布用标点符号分号（；）分开。分号前为国内分布，分号后为国外分布。

7. 除个别虫种外，寄主仅写国内的。

8. 第二版中姬蜂、寄蝇、蟠、竹节虫、鞘蛾、卷蛾、蚧、吉丁虫、瘿蚊、木虱分别请何俊华、赵建铭、郑乐怡、陈树椿、杨立铭、白九维、胡兴平、彭忠亮、江兴培、杨集昆、李法圣等专家教授把关，大大增加了定名及形态描述的准确性。

9. 本书得到林业部科学技术委员会及中国林业科学研究院林业研究所出版基金的资助。

10. 本书第一版由中国林业科学研究院主编。编辑委员会委员有蔡邦华、萧刚柔（以下按姓氏笔画排列），于诚铭、田泽君、李亚白、李亚杰、李周直、李宽胜、张执中、徐天森、彭建文。

萧刚柔

1991 年 7 月

前 言（第一版） | Preface (The First Edition)

植树造林，把我国的森林覆盖率提高到 30% 左右，这是我国社会主义林业建设的重要任务之一。这一任务的完成，将使祖国大地到处都是青山绿水，林茂粮丰的境界。但是，随着植树造林事业的日益开展，森林昆虫的防治和利用任务也必将日益繁重。

为了提高森林昆虫防治、利用的研究质量，丰富教学内容，提出较新的防治和利用方法，我们组织全国从事林虫工作的科学技术人员，总结新中国成立以来关于森林昆虫的研究成果，编写成这一本书。内容包括重要和次要害虫、天敌昆虫、资源昆虫的分布、寄主植物及寄主昆虫、形态特征、生物学特性以及害虫的防治方法、益虫的繁殖和利用方法等。共计编入害虫 444 种、天敌昆虫 31 种、资源昆虫 7 种和林螨 10 种。

本书主要的特点是昆虫种类搜集较为齐全，有不少种类的内容甚至学名都是首次报道；编写材料尽量来自原始研究报告；昆虫形态及寄主植物被害状图绝大多数根据实物绘制，力求逼真；编写人员大多是从事各该种昆虫的研究人员，理论与实践结合较紧。

所有昆虫都是按分类系统排列，总科及科的重要特征主要取材于蔡邦华教授著的《昆虫分类学》和伊姆斯著的《普通昆虫学教程》分类学部分。

本书所用昆虫中文名称，几经斟酌，希望绝大多数虫名从此能获得大多数读者采用，以便逐渐把我国森林昆虫的中文名称固定下来，日后就是不用拉丁学名，大家也都能知道是哪一种昆虫。所有已出版的《中国经济昆虫志》均为本书主要参考书，在参考文献中不另列。

参加这次编写的人员遍及全国，为负责起见，决定将编写人及绘图人姓名书写于各有关章节之后及有关图的下面。凡经编委会合并编写或修改较多的稿件，均在其后加署"编委会"三字，以示负责。

本书许多稿件及图特别是学名和形态描述承蒙蒋书楠、赵养昌、刘友樵、赵建铭、虞佩玉、殷惠芬、章有为、侯陶谦、姜胜巧、李鸿兴、蒲富基、蔡荣权、赵仲苓、黄孝运、周淑芷等同志修订。编委会在京审稿时曾邀请吴次彬、王淑芬、孙渔稼、周嘉熹、程量、杨有乾、杨嘉环、刘元福、何介田、杨秀元等同志协助审稿，在此谨致衷心的谢意。

　　本书编辑工作自始至终由中国林业科学研究院林业研究所森林昆虫研究室萧刚柔同志主持。编写过程是先由个人撰稿，送大区编委组织人力审查，然后由编委会在京集中审查修改后定稿；各地图稿均经编委会审查选定，大部分图由编委会请人在京集中绘出，再由徐天森同志剪辑编排。由于我们的经验不足，水平有限，仍难免有遗漏或错误之处，敬请读者随时指出，以便日后更正。

编委会

1980 年

目 录 | Contents

总　论

General
Section

林业是生态建设的主体，是经济社会可持续发展的一项基础产业和公益事业。随着我国经济的快速发展和人民生活的不断改善，林业的地位越来越重要，越来越受到社会的普遍关注。

中国地域辽阔，自北而南依次为寒温带、温带、暖温带、亚热带和热带，南北跨纬度约49°；自东而西有海洋性湿润森林地带、大陆性干旱半荒漠和荒漠地带，以及介于两者之间的半湿润和半干旱森林草原和草原过渡地带，东西跨经度约62°。中国地势起伏，西高东低，高原、山地和丘陵占有很大比重，有世界最高峰。由于有这样复杂的生境，致使生物多样性极为丰富，在已发现3万多种种子植物中，中国木本植物8000余种，其中乔木树种2000余种，灌木树种6000余种；据统计，中国昆虫种类约15万种，森林昆虫种类达3万余种，其中森林害虫的种类达5000多种。

森林昆虫是森林生态系统生物因子中种类最多、数量最大的成员，它不但和林木的生长发育及繁衍关系密切，还与系统中其他动物、植物有联系，并发挥着重要的作用。在漫长的进化过程中，森林中的各种生物间形成了复杂的信息流和食物链，相互促进，相互制约，维持着森林生态系统的生物多样性，保持着生态平衡。昆虫等生物取食或侵袭树木是一种客观的自然现象，在稳定的生态系统中，它们不会给森林造成重大的经济和生态损失，也不需要加以人为调控。然而，当森林长期遭受各种人为因素和自然因素的严重干扰时，森林生态系统失去了平衡，为森林昆虫等生物的过度繁衍创造了条件；当森林昆虫转化为森林害虫并对森林的危害到达一定经济阈值或生态阈值时，则导致森林生物灾害的发生。

一、中国森林昆虫的分布、区系和生态地理区划

森林昆虫的分布与森林的分布有着密切联系，而森林的分布，无论是水平分布，还是垂直分布，都具有地带性，需要有一定的自然条件，这些自然条件对森林的分布有影响，从而形成了森林昆虫的生态地理分布。

森林害虫是森林昆虫的重要组成部分。中国森林害虫的生态地理区划，一般按区、亚区、地区等级划分，每一等级具有自己特有的气候类型、植被类型、昆虫区系以及该地区的代表种类。在每一区里，有广布种和特有种之分。在亚区、地区之间的边缘地区，各类害虫种类相互渗透、交叉分布，造成边缘效应，常出现杂交种或特有种。参照马世骏（1959）、朱弘复（1987）、方三阳（1993）和章士美（1998）的划分，世界昆虫地理分布由6个区组成，即古北区、东洋区、非洲区、新北区、新热带区和澳洲区。中国的昆虫分属于古北区和东洋区。

（一）古北区的昆虫区系

在我国境内，古北区的昆虫区系可分为东北亚区和中亚亚区。其中，东北亚区又分为东北地区和华北地区，中亚亚区又分为蒙新地区和青藏地区。

1. 东北地区

东北地区包括北部的大兴安岭、小兴安岭，东部的张广才岭，南部的长白山，西部的松辽平原。气候寒冷而湿润，冬季有3～7个月，夏季约有3个月。

在北部山地，森林植被是以兴安落叶松和樟子松为主的针叶林和以白桦为主的次生林。常见害虫种类有：落叶松毛虫*Dendrolimus superans*、兴安落叶松鞘蛾*Coleophora obducta*、落叶松球蚜指名亚种*Adelges laricis laricis*、落叶松八齿小蠹*Ips subelongatus*、落叶松种子小蜂*Eurytoma laricis*、樟子松干蚧*Matsucoccus dahuriensis*、十二齿小蠹*Ips sexdentatus*、六齿小蠹*I. acuminatus*、云杉小墨天

牛Monochamus sutor、云杉大墨天牛M. urussovii、松梢小卷蛾Rhyacionia pinicolana、樟子松木蠹象Pissodes validirostris、白桦尺蛾Phigalia djakonvi等。

在长白山地，地带性植被为红松针阔叶混交林，针叶树有红松、云杉、冷杉和落叶松，阔叶树有榆树、水曲柳、黄波罗、核桃楸、紫椴、山杨、蒙古栎等。常见害虫种类有：红松球蚜Pineus cembrae pinikoreanus、海松干蚧Matsucoccus koraiensis、松黄星象Pissodes nitidus、松树皮象Hylobius abietis haroldi、红皮云杉球蚧Physokermes inopinatus、云杉球果小卷蛾Cydia strobilellus、冷杉球蚜Aphrastasia pectinatae、舞毒蛾Lymantria dispar、黄褐幕枯叶蛾Malacosoma neustria testacea、黑胸扁叶甲Gastrolina thoracica、水曲柳巢蛾Prays alpha、白蜡窄吉丁Agrilus planipennis、剪枝栎实象Cyllorhynchites ursulus等。

在松辽平原，以三北防护林和平原绿化林等人工林为主，主要造林树种为杨、榆、柳、樟子松、落叶松等。常见害虫种类有：杨圆蚧Diaspidiotus gigas、大青叶蝉Cicadella viridis、杨二尾舟蛾Cerura menciana、杨雪毒蛾Leucoma candida、雪毒蛾L. salicis、杨白潜蛾Leucoptera susinella、白杨透翅蛾Paranthrene tabaniformis、柳蝙蛾Endoclina excrescens、杨干象Cryptorhynchus lapathi、杨锦纹截尾吉丁Poecilonota variolosa、青杨楔天牛Saperda populnea、青杨脊虎天牛Xylotrechus rusticus、杨锤角叶蜂Cimbex connatus taukushi、榆紫叶甲Ambrostoma quadriimpressum、榆线角木蠹蛾Yakudza vicarius、柳瘤大蚜Tuberolachnus salignus、柳蛎盾蚧Lepidosaphes salicina等。

在大兴安岭南部山地，植被为由森林向草原的过渡类型，兴安落叶松、华北落叶松、油松、红皮云杉等呈零星分布。常见害虫种类有：重齿小蠹Ips duplicatus、白音阿扁叶蜂Acantholyda peiyingaopaoa、云杉腮扁叶蜂Cephalcia abietis、白音吉松叶蜂Gilpinia baiyinaobaoa等。

2. 华北地区

华北地区西邻青藏高原，东濒黄海和渤海，北与东北地区相接，南以秦岭北坡和淮河为界，是我国温带和亚热带的重要分界线。

在辽东、山东山地丘陵，原始植被已被破坏，以辽东栎为主的次生林和以刺槐、赤松为主的人工林为主要森林类型。常见害虫种类有：日本松干蚧Matsucoccus matsumurae、赤松毛虫Dendrolimus spectabilis、松尖胸沫蝉Aphrophora flavipes、赤松梢斑螟Dioryctria sylvestrella、夏梢小卷蛾Rhyacionia duplana，以及美国白蛾Hyphantria cunea等外来有害生物。

在黄淮平原，以平原绿化和防护林、行道树为主要森林类型，以毛白杨、欧美杨、青杨、旱柳、槐、刺槐、泡桐、侧柏等为主要造林树种。常见害虫种类有：日本长白盾蚧Lophoeucaspis japonica、杨干透翅蛾Sesia siningensis、杨扇舟蛾Clostera anachoreta、光肩星天牛Anoplophora glabripennis、桑粒肩天牛Apriona rugicollis、杨潜叶叶蜂Fenusella taianensis、槐花球蚧Eulecanium kuwanai、槐尺蛾Semiothisa cinerearia、刺槐种子小蜂Bruchophagus philorobiniae、大袋蛾Eumta variegata、草履蚧Drosicha corpulenta、二斑波缘龟甲Basiprionota bisignata、角菱背网蝽Eteoneus angulatus、中华金带蛾Eupterote chinensis等。

在黄土高原和燕山太行山山地，落叶阔叶林由槲栎、辽东栎、栓皮栎、紫椴、白桦、山杨、鹅耳枥、山杏、青檀等树种组成；常绿针叶林由油松、侧柏组成；落叶针叶林由华北落叶松组成。常见害虫种类有：油松毛虫Dendrolimus tabulaeformis、油松巢蛾Ocnerostoma piniariellum、松梢小卷蛾、油松球果小卷蛾Gravitarmata margarotana、侧柏毒蛾Parocneria furva、双条杉天牛Semanotus bifasciatus、柏肤小蠹Phloeosinus aubei、壳点红蚧Kermes miyasakii、栓皮栎尺蛾Erannis dira、沟眶象Eucryptorrhynchus scrobiculatus、核桃举肢蛾Atrijuglans hetaohei、核桃长足象Stenuchopsis *juglans*、黑胸扁叶甲、板栗兴透翅蛾*Synanthedon castanevora*、板栗瘿蜂*Dryocosmus kuriphilus*、柿树白毡蚧*Asiacornococcus kaki*、日本龟蜡蚧*Ceroplastes japonicus*、枣尺蛾*Chihuo zao*、枣镰翅小卷蛾*Ancylis sativa*等，以及外来有害生物红脂大小蠹*Dendroctonus valens*。

3. 蒙新地区

蒙新地区包括内蒙古的东北部高平原、阿拉善高平原和鄂尔多斯高平原、青海柴达木盆地、新疆塔里木盆地和准噶尔盆地，为典型的大陆气候，森林面积不大。

在东部草原，昆虫区系主要由典型的草原昆虫种类所组成，代表种为红缝草天牛*Eodorcadion chinganicum*。

在西部荒漠，以柠条、北沙柳、多枝怪柳、梭梭、白刺等荒漠沙生天然灌木林以及胡杨、银灰杨、黑杨、苦杨、银白杨组成的天然杨树林为主要植被类型。常见害虫种类有：黄古毒蛾*Orgyia dubia*、合目天蛾*Smerinthus kindermanni*、杨干透翅蛾、杨毛臀萤叶甲东方亚种*Agelastica alni orientalis*、杨十斑吉丁*Trachypteris picta*、锈斑楔天牛*Saperda balsamifera*、杨黄褐锉叶蜂*Pristiphora conjugata*、小板网蝽*Monosteira unicostata*、白刺萤叶甲*Diorhabda rybakowi*、沙棘象*Curculio hippophes*、沙棘木蠹蛾*Eogystia hippophaecola*、沙柳木蠹蛾*Deserticossus arenicola*、沙柳窄吉丁*Agrilus moerens*、怪柳条叶甲*Diorhabda elongata deserticola*、沙枣木虱*Trioza magnisetosa*、春尺蠖（沙枣尺蛾）*Apocheima cinerarius*、柠条豆象*Kytorhinus immixtus*、柠条广肩小蜂*Bruchophagus neocaraganae*等。

在高山山地，以阿尔泰山、天山、祁连山、贺兰山和阴山生长的暗针叶林为主的植被类型，主要树种为西伯利亚落叶松、西伯利亚云杉、西伯利亚冷杉、天山云杉、青海云杉、祁连圆柏等。常见害虫种类有：松线小卷蛾*Zeiraphera griseana*、落叶松毛虫、新疆落叶松鞘蛾*Coleophora sibiricella*、舞毒蛾、天山重齿小蠹*Ips hauseri*、云杉八齿小蠹*I. typographus*、光臀八齿小蠹*I. nitidus*、云杉阿扁叶蜂*Acantholyda piceacola*、贺兰腮扁叶蜂*Cephalcia alashanica*、泰加大树蜂*Urocerus gigas taiganus*、圆柏大痣小蜂*Megastigmus sabinae*等。

4. 青藏地区

青藏地区包括青海、西藏和四川北部的整个青藏高原，平均海拔4500m以上，气候属于长冬而无夏的高寒类型，生长期短，植被为高寒荒漠类型。

在青海藏南，有亚高山针叶林，树种多为寒温性冷杉、云杉和落叶松以及温性华山松、侧柏等。常见害虫种类有：云杉粉蝶尺蠖*Bupalus vestalis*、青缘尺蛾*B. mughusaria*、高山毛顶蛾*Eriocrania semipurpurella alpina*等。

（二）东洋区的昆虫区系

在我国境内，东洋区的昆虫区系属于中印亚区，且可分为西南地区、华中地区和华南地区。

1. 西南地区

西南地区位于我国西南部，包括喜马拉雅山地和横断山脉山地，是我国昆虫种类较为丰富的地区。

在喜马拉雅山地，地貌多为峡谷，直接受印度洋季风的影响，中段的森林植被为山地常绿阔叶林，以栲、柯、常绿栎类为主并有少量的樟科、茶科、木兰科植物和针叶树，东段为热带常绿林和半常绿雨林。常见害虫种类有：栗黄枯叶蛾*Trabala vishnou vishnou*、小齿股叶甲*Trichotheca parva*，以及多种锉小蠹*Scolytoplatypus* spp.和材小蠹*Xyleborus* spp.。

在横断山脉山地，森林植被类型比较齐全，以亚高山针叶林为主体，也是云南松分布中心，并混生高山栲、黄青冈、锥连栎、大叶栎、滇石栎、滇油杉、华山松等树种。常见害虫种类有：高山小毛虫*Cosmotriche saxosimilis*、西昌杂枯叶蛾*Kunugia xichangensis*、思茅松毛虫*Dendrolimus kikuchii kikuchii*、云南松毛虫*D. grisea*、德昌松毛虫*D. punctata tehchangensis*、文山松毛虫*D. punctata wenshanensis*、云南松干蚧*Matsucoccus yunnanensis*、模毒蛾*Lymantria monacha*、松丽毒蛾*Dasychira axutha*、云南松梢小卷蛾*Rhyacionia insulariana*、松针斑蛾*Eterusia leptalina*、微红梢斑螟*Dioryctria rubella*、云南纵坑切梢小蠹*Tomicus yunnanensis*、云南松叶甲*Cleoporus variabilis*、祥云新松叶蜂*Neodiprion xiangyunicus*、云南松脂瘿蚊*Cecidomyia yunnanensis*等。

2. 华中地区

华中地区包括云贵高原东部、四川盆地及其以东的长江流域，属于中、北亚热带。

在西部山地高原，因地势较崎岖、海拔较高、气候较干寒，昆虫区系表现的较复杂。常见害虫种类有：云杉粉蝶尺蠖、蜀云杉松球蚜*Pineus sichuananus*、冷杉迹球蚜*Gilletteella glandulae*、落叶松球蚜红杉亚种*Adelges laricis potaninilaricis*、神农架松干蚧*Matsucoccus shennongjiaensis*、华山松大小蠹*Dendroctonus armandi*、云南木蠹象*Pissodes yunnanensis*、球果角胫象*Shirahoshizo coniferae*、白带短肛竹节虫*Baculum saussure*、蜀柏毒蛾*Parocneria orienta*、柏木丽松叶蜂*Augomonoctenus smithi*、鞭角华扁叶蜂*Chinolyda flagellicornis*、桤木叶甲*Plagiosterna adamsi*、红黄半皮丝叶蜂*Hemichroa crocea*等。

在东部丘陵平原，以常绿针叶林为主，主要树种为杉木、马尾松、柏木以及毛竹、油茶、油桐等。害虫多为危害农果间作林、农林间作林、杉桐间作林的种类。常见害虫种类有：马尾松毛虫*Dendrolimus punctata punctata*、焦艺夜蛾*Hyssia adusta*、微红梢斑螟、松墨天牛*Monochamus alternatus*、萧氏松茎象*Hylobitelus xiaoi*、马尾松角胫象*Shirahoshizo patruelis*、杉梢花翅小卷蛾*Lobesia cunninghamiacola*、杉棕天牛*Callidiellum villosulum*、粗鞘双条杉天牛*Semanotus sinoauster*、杉肤小蠹*Phloeosinus sinensis*、柳杉云枯叶蛾*Pacaypasoides roesleri*、柳杉大痣小蜂*Megastigmus cryptomeriae*、黄脊竹蝗*Rammeacris kiangsu*、卵圆蝽*Hippotiscus dorsalis*、竹织叶野螟*Algedonia coclesalis*、竹篦舟蛾*Besaia goddrica*、刚竹毒蛾*Pantana phyllostachysae*、大竹象*Cyrtotrachelus thompsoni*、一字竹象*Otidognathus davidis*、竹瘿广肩小蜂*Aiolomorphus rhopaloides*、樟叶木虱*Trioza camphorae*、樟蚕*Eriogyna pyretorum*、樟萤叶甲*Atysa marginata cinnamomi*、樟叶蜂*Moricella rufonota*、茶毒蛾*Arna pseudoconspersa*、油茶尺蛾*Biston marginata*、油茶象*Curculio chinensis*、油桐尺蛾*Biston suppressaria*、中华裸角天牛*Aegosoma sinicum*、云斑白条天牛*Aegosoma sinicum*、漆树叶甲*Podontia lutea*、八角尺蛾*Dilophodes elegans sinica*、花椒窄吉丁*Agrilus zanthoxylumi*等。

3. 华南地区

华南地区包括云南、广东和广西两省区的南部、福建东南沿海一带以及台湾岛、海南岛和南海诸岛，植被生长繁茂，属于热带雨林和季雨林，昆虫种类繁多。

在滇南山地，植被为常绿阔叶雨林。常见害虫种类有：光滑材小蠹*Xyleborus germanus*、坡面材小蠹*X. interjectus*、台湾乳白蚁*Coptotermes formosanus*、黄翅大白蚁*Macrotermes barneyi*、黑翅土白蚁*Odontotermes formosanus*等。

在闽广沿海，山区以生态林为主，丘陵为热性果树荔枝、龙眼、黄皮、阳桃、杧果、橄榄、椰子等的种植区，木麻黄为沿海防护林的主要树种。常见害虫种类有：黄星蝗*Aularches miliaris*、棉蝗*Chondracris rosea*、吹绵蚧*Icerya purchasi*、星天牛*Anoplophora chinensis*、木麻黄胸枯叶蛾*Streblote hai*、木麻黄毒蛾*Lymantria xylina*、多斑豹蠹蛾*Zeuzera multistrigata*等，以及松突圆蚧*Hemiberlesia pitysophila*、湿地松粉蚧*Oracella acuta*等外来有害生物。

在海南岛，主要林型有山顶苔藓矮林、热带山地雨林、热带沟谷雨林、热带常绿季雨林、热带半落叶季雨林。昆虫种类丰富，常见害虫种类有：黄星蝗、棉蝗、大蟋蟀*Tarbinskiellus portentosus*、吹绵蚧、柯秀粉蚧*Paracoccus pasaniae*、柚木野螟*Paliga machoeralis*、麻楝梢斑螟*Hypsispyla pagodella*、龙眼蚁舟蛾*Stauropus alternus*、石梓沟胸龟甲*Craspedonta leayana insulana*、瘤胸簇天牛*Aristobia hispida*、双钩异翅长蠹*Heterobostrychus aequalis*、双棘长蠹*Sinoxylon anale*等，以及椰心叶甲*Brontispa longissima*、刺桐姬小蜂*Quadrastichus erythrinae*等外来有害生物。

在台湾岛，主要森林类型是亚热带雨林、热带雨林，主要针叶树种有台湾冷杉、台湾云杉、台湾铁杉、红桧。常见害虫种类有：马尾松毛虫、松黄星象、舞毒蛾、黄斑波纹杂枯叶蛾*Kunugia undans fasciatella*、模毒蛾、木麻黄毒蛾、台湾黄毒蛾*Porthesia taiwana*、栗黄枯叶蛾、咖啡木蠹蛾*Polyphagozerra coffeae*等。

二、中国森林害虫的发生和危害概况

自20世纪50年代以来，随着人工林面积的不断增长，我国森林害虫的发生面积和主要种类总体上呈持续上升趋势。50年代全国年均发生面积100万hm²，主要成灾的种类是松毛虫、黄脊竹蝗、榆紫叶甲、蜀柏毒蛾等；60年代全国年均发生面积140万hm²，主要成灾的种类是松毛虫、日本松干蚧、黄脊竹蝗、竹织叶野螟、榆紫叶甲等；70年代全国年均发生面积340万hm²，主要成灾的种类是松毛虫、日本松干蚧、杉梢小卷蛾、油茶尺蛾、杨树食叶害虫、杨树天牛等；80年代全国年均发生面积580万hm²，主要成灾的种类是松毛虫、松突圆蚧、美国白蛾、杨树天牛、大袋蛾、春尺蠖、榆紫叶甲等；90年代全国年均发生面积680万hm²，主要成灾的种类是松毛虫、杨树天牛、大袋蛾、美国白蛾、湿地松粉蚧、日本松干蚧、松突圆蚧等。进入新世纪的第一个10年，我国森林害虫的发生面积呈加快增长之势，年均发生面积达1000万hm²。年均发生面积在5万hm²以上的森林害虫种类有松毛虫类、杨树食叶害虫类、杨树蛀干害虫类、松突圆蚧、小蠹类、萧氏松茎象、湿地松粉蚧、美国白蛾、红脂大小蠹、黄脊竹蝗、松叶蜂类、沙棘木蠹蛾、日本松干蚧等。在60多年的时间里，我国森林害虫的年均发生总面积增长了10倍之多。

森林害虫不仅造成树木生长量的减少和木材质量的降低而产生直接经济损失，也可导致生态服务功能的损失；不仅制约着林业建设和生态建设的快速发展，也可导致因防控需要而产生的人力、物力和财力的巨大浪费。在我国的三北地区，有"绿色长城"之称的三北防护林经过近30年的建设，取得了举世瞩目的成就，在维护和改善生态环境，保障和促进经济建设等方面发挥着极其重要的作用。但是，从20世纪80年代后期开始，以光肩星天牛为主的蛀干害虫连年发生，猖獗危害，使三北防护林"带断网破"，累计砍伐上亿株树木，在一些地方第一代防护林已难觅踪影，个别地方风沙再起，使原本脆弱的生态环境雪上加霜。松树是我国重要的用材林和生态林造林树种，在消灭荒山、绿化国土、防风固沙、涵养水源、改善生态等方面具有重要作用，全国松林面积在3000万hm²以上。松毛虫种类多，分布广，危害重，经常性发生，是我国森林的"历史性害虫"和"我国第一大害虫"。发生轻时影响树木的正常生长，发生严重时造成松树成片死亡，害虫暴发时一片翠绿的松林在数日内针叶被食尽，远望焦黑枯黄，常被形象的比喻为"不冒烟的森林火灾"。松毛虫等食叶害虫的严重发生，不仅造成立木生长量和松脂量的巨大损失，还可引发次期性害虫天牛、小蠹虫的跟随发生，进一步加大灾情。外来有害生物美国白蛾食性杂、繁殖量大、适应性强、传播途径广，喜食行道树、四旁绿化树和片林的林缘树木，对城镇景观和生态环境造成巨大的破坏，并可干扰发生区居民的正常生活，除造成直接经济损失外，还可造成环境功能损失、景观美学损失、生产生活损失、心理影响损失、生态系统失衡损失和区域声誉损失等6个方面的非经济损失。据估算，这些非经济损失有时远远大于直接经济损失。

从以上实例可以看出，森林害虫引发的损失是多方面的。根据国家林业局森林病虫害防治总站灾害损失评估项目组对2006—2010年全国森林病虫鼠害直接经济损失和生态服务功能损失的分析结果，全国每年因森林病虫鼠害造成的损失约1101亿元，其中直接经济损失245亿元，生态服务功能损失856亿元。在直接经济损失中，由森林害虫引起的直接经济损失占整个病虫鼠害直接经济损失的70%左右。

（一）我国主要森林害虫的概述

我国是世界上森林害虫发生和危害最为严重的国家之一。在严重发生并造成较大危害的森林害虫中，按照其来源可以划分为两大类：一类是重要的外来有害生物，另一类是发生面积较大的本土有害生物。

1. 外来有害生物

（1）日本松干蚧

日本松干蚧是我国4种松干蚧中分布最广、发生面积最大、危害最严重的松树枝干害虫，也是唯一由国外传入的害虫。日本松干蚧于1942年首次在辽宁大连的旅顺口区老铁山发现，1950年在山东崂山发现，此后，逐步扩散到江苏、上海、浙江、安徽，1994年在吉林发现。日本松干蚧在我国主要危害赤松、油松和马尾松，其次危害黄山松和黑松等松树，树木被害后，轻者针叶枯萎，芽梢枯黄，树皮翘裂，生长势衰弱；严重时枝干弯曲下垂，整株枯黄，常引起次期性害虫侵染，造成树木死亡。日本松干蚧在20个世纪70～90年代是我国松林的重要成灾种类，年发生面积在80年代中期达到历史最高的15万hm^2，最近10年在吉林发生严重。2010年全国发生面积6万hm^2。

在防治上，辽宁、山东、浙江等省在化学防治、生物防治等方面都曾进行了较为深入的研究，其成果在生产防治中得到推广应用。辽宁省的主要做法是：在有效监测的基础上，采取"划类分区，分类施策，分类治理"的策略，推行以营林措施为主的"清、封、补、治、改"的综合措施，较好地控制了日本松干蚧的灾情。

（2）美国白蛾

美国白蛾原产北美洲，第二次世界大战期间，随现代化的交通工具从美国传播到欧洲的许多国家和亚洲的日本。现已广泛分布于除北欧以外的几乎所有欧洲国家，在亚洲又相继传播到韩国、朝鲜。1979年在辽宁丹东市首次发现，后陆续在山东（1982年）、陕西（1984年）、河北（1990年）、天津（1995年）、北京（2004年）、河南（2008年）、吉林（2009年）、江苏（2010年）、安徽（2012）和湖北（2016）发现，给这些省（直辖市）的林业、农业、园林绿化造成极其严重的危害，酿成重大经济和生态损失以及景观的破坏。美国白蛾是一种杂食性害虫，具有传播速度快、繁殖力强、危害寄主植物多、取食量大等特点，可危害多种阔叶树以及农作物，在我国可危害170多种植物，可将树叶吃光，造成树势衰弱，提早落果，幼树连续受害可致死亡，给城乡绿化、城镇园林和防护林造成很大破坏。

1998年国家林业局启动了京津冀美国白蛾治理工程（当时河北、天津为防治区，北京为预防区），经过3年的治理，美国白蛾的发生面积由工程启动时的12万hm²下降到7万hm²。2003年之后美国白蛾的发生和危害出现了强力反弹，2006年发生面积达到24万hm²，2013年发生面积达到历史新高的78万hm²，国务院办公厅专门发布了《关于进一步加强美国白蛾防治工作的通知》，国家林业局再次启动了京津冀辽美国白蛾联防工程，进一步加大治理力度。经过多年的防治实践，目前已探索出一条以无公害防治技术为主的措施，在成虫期可采用性信息素和灯光进行监测和诱杀；在低龄幼虫期采取人工剪除网幕；在幼虫期喷施苏云金杆菌*Bacillus thuringiensis*、阿维菌素、美国白蛾病毒（HcNPV）等生物农药，也可喷施灭幼脲、米螨等仿生制剂进行防治；在老熟幼虫期和蛹期可释放白蛾周氏啮小蜂*Chouioia cunea*进行生物防治。

（3）松突圆蚧

松突圆蚧的原产地是日本的冲绳群岛和先岛群岛，大约在1980年前后传入我国的广东，1982年5月在广东珠海市首次发现。根据专家分析，由于每年从日本输入带虫的圣诞树使松突圆蚧先期传入了香港和澳门，该虫的低龄幼虫又随气流传播到与港澳毗邻的深圳市和珠海市。松突圆蚧已成为危害松树的一种重要害虫，对松林资源、生态环境、自然景观、外贸出口和社会经济发展产生灾难性的后果，直接威胁到我国南方松林及重点生态区的安全。

松突圆蚧主要危害马尾松、加勒比松等10多种松树，主要在叶鞘内，其次在针叶上危害，使针叶枯死，严重时造成松树大面积枯死。松突圆蚧在广东南部的沿海地区1年5代，世代重叠，没有明显的越冬期，每代低龄若虫可借风力扩散蔓延，当遇到大风时，若虫或雌成虫可在6km以内漂移。松突圆蚧具有危害隐蔽、繁殖能力强、传播方式特殊、扩散速度快、防治难度大的特点，目前已在广东、福建（2001年）、广西（2003年）、江西（2006年）发生危害，危害程度中度以上的发生面积总体上呈持续增加之势，2005年达到历史最高的70万hm²。

从松突圆蚧原产地日本冲绳群岛引进天敌昆虫——松突圆蚧花角蚜小蜂*Coccobius azumai*进行生物防治取得一定的防效，从某种意义上讲，这是我国从原产地输引天敌防治外来林业害虫较为成功的案例。后期人工助迁本地天敌友恩蚜小蜂*Encarsia amicula*和范氏黄蚜小蜂*Aphytis vandenbochi*等也有很好的控制效果。

（4）湿地松粉蚧

湿地松粉蚧原产美国，1988年随引进湿地松优良无性系穗条传入我国广东省台山红岭种子园。湿地松粉蚧是典型的因引种湿地松繁殖材料而引入我国的外来林业有害生物。湿地松粉蚧可危害湿地松、火炬松、长叶松、裂果松、萌芽松、矮松、马尾松、加勒比松等松属植物。该虫1年3~4代，初孵若虫可随气流向外自然扩散，一般为17km左右，最远可达22km，也可随苗木、球果、接穗的调运而远距离传播。湿地松粉蚧的若虫大量聚集在松树梢部，吸食松树汁液，对松树生长造成极大的损害，受害严重的松树，新梢缩短或丛生，弯曲变形，针叶早落，树木生长量下降，松脂量减产。湿地松粉蚧在2000年扩散到广西，2003年传进湖南，2006年传入江西。2004年全国发生面积达27万hm²，此后发生面积逐年有所下降，到2010年发生面积下降到9万hm²。

从原产地美国引进天敌昆虫火炬松短索跳小蜂*Acerophagus coccois*、迪氏跳小蜂*Zarhopalus*

debarri、粉蚧广腹细蜂*Allotropa oracellae*进行生物防治试验，并在当地发现了一些本土寄生性天敌昆虫，已取得好的控制效果。

（5）红脂大小蠹

红脂大小蠹原产北美洲，从北部的加拿大、美国的阿拉斯加一直延伸到南部的墨西哥、危地马拉、洪都拉斯。1998年首次在我国山西的阳城、沁水发现，现在河南、河北和陕西也有分布。红脂大小蠹在北美主要侵害生长衰弱木、过火木、伐桩或被其他大小蠹危害过的树木，很少侵害健康的大树，属于次期性害虫，仅在特殊的情况下，可独立侵袭树木，成为初期性害虫。我国的发生情况与北美原产地有所不同，红脂大小蠹不仅攻击树势衰弱的树木，也对健康树进行攻击，可导致寄主油松的大量死亡。红脂大小蠹主要危害胸径10cm以上的油松，其成虫、幼虫均蛀食树干基部的韧皮部和形成层，造成树木大量死亡。该虫具有繁殖量大、受害树木死亡率高、损失严重的特点，已在上述4省的油松集中分布区造成严重危害。

据推测，红脂大小蠹可能是在20世纪80年代中期，随北美洲进口带皮松木传入我国山西。因初期种群数量少且在干基部和根部取食危害，难以及时发现，种群定殖后由于天敌滞后，使得种群繁殖缺乏有效的抑制因子，加之该虫具有极强的飞行能力（最大飞行距离可达16km），危害范围不断扩大。结合气候变化的分析，由于连续几年的暖冬、干旱少雨造成树皮表层含水量降低，也在一定程度上诱导红脂大小蠹的暴发。同时，我国华北地区大面积连片分布的油松纯林，也为该虫迅速扩散蔓延提供了物质基础和适宜条件。

灾害发生后，我国从比利时和英国引入捕食性天敌大唼蜡甲*Rhizophagus grandis*进行生物防治试验，从加拿大和美国引入引诱剂诱杀技术并转化为自主生产的产品，应用到防治实践中，2000年国家林业局及时启动了国家级治理工程项目，开展了积极的治理工作，使灾情在较短的时间内得到了较好的控制，发生面积已从工程启动时的50万hm²下降到2010年的5万hm²，成为我国有效控制外来林业有害生物的成功案例，为外来有害生物的封锁、控制积累了宝贵的经验。

（6）椰心叶甲

椰心叶甲原产印度尼西亚，主要分布于太平洋岛区。椰心叶甲可随棕榈科植物的调运和种植而广泛传播。1992年我国将其列为禁止入境的二类植物检疫性害虫加以防范，进出境检疫部门曾多次在进境棕榈科植物的种苗上截获，2002年6月首次在海南海口市凤翔路发现。目前，椰心叶甲已在海南、广东、广西、福建发生，发生面积已迅速增加到2万hm²。椰心叶甲是棕榈科植物的一种毁灭性害虫，寄主植物为多种棕榈科植物，有椰子、西谷椰子、大王椰子、华盛顿椰子、槟榔、假槟榔、棕榈、鱼尾葵、山葵、刺葵、蒲葵、散尾葵等。椰心叶甲的幼虫和成虫藏匿于植物的心叶部位，主要危害未展开的幼嫩心叶，树木受害后期树势衰弱，甚至整株枯死。

椰心叶甲是偏喜温的昆虫，适宜生长发育温度为20～30℃，发育起点温度14.5℃左右，1年3～5代，繁殖力强，适应性广，一旦传入，很难根除，是具有高度危险性的有害生物。目前，在化学防治取得一定效果的基础上，引进椰扁甲啮小蜂*Tetrastichus brontispae*、椰甲截脉姬小蜂*Asecodes hispinarum*和绿僵菌*Metarhizium anisopliae*开展生物防治试验，已经取得卓有成效的控制效果。

（7）刺桐姬小蜂

刺桐姬小蜂是2005年在海南等省发现的一种专门危害刺桐属植物的危险性害虫，具有生活周期短、繁殖能力强、传播速度快、生活和危害隐蔽的特点，主要危害叶片、嫩枝等部位，造成畸形、肿大、生长点坏死，形成虫瘿，轻则抑制光合作用，影响植株生长和观赏；危害重则引起大量落叶，导致植株死亡。刺桐姬小蜂现已在海南、广东、福建3省的局部地区发生。刺桐姬小蜂主要危害刺桐、染色刺桐、金脉刺桐、珊瑚刺桐、鸡冠刺桐、龙牙花刺桐等刺桐属植物。我国有刺桐属植物5种，引进栽培5种，广泛分布于东南、华南和西南地区，是公路及市街的优良行道树，也是常见的观赏绿化树，还是重要的药用植物。

刺桐姬小蜂在寄主植物上形成虫瘿，其卵、幼虫和蛹均生活在虫瘿内，可随寄主植物传播，具有一定的检疫意义。为此，2005年，农业部、国家质量监督检验检疫总局和国家林业局联合发布公告，将其列为进境植物检疫性有害生物和全国林业检疫性有害生物。2013年，国家林业局将其列入全国林业危险性有害生物名单。目前生产上采用剪枝、叶面喷药和根部施药等方法进行防治。

（8）刺槐叶瘿蚊

刺槐叶瘿蚊*Obolodiplosis robiniae*原产北美洲东部地区，是刺槐的原产地害虫，可能因在原产地危害不很严重，美国并未将其列为主要害虫。但近年来，刺槐叶瘿蚊传播到世界许多国家和地区，2002年在日本和韩国发现，2003年在意大利和其他几个欧洲国家也有发现。2005年以来我国先后在北京，河北的秦皇岛、唐山、廊坊、保定、张家口、承德，辽宁的沈阳、大连、锦州、鞍山、葫芦岛、朝阳，山东的济南、烟台等地发现刺槐叶瘿蚊的危害。该虫已悄然在我国登陆，主要危害刺槐。2006年发生面积达4万hm^2。

刺槐引种到我国有130多年的历史，已成我国十分重要的防风固沙、水土保持、荒山造林、园林绿化树种，在我国广泛栽培，经济生态价值巨大。刺槐叶瘿蚊一般3～8头幼虫群集危害，在刺槐叶片背面沿叶缘形成纵向卷曲的虫瘿，隐藏其中取食，严重影响刺槐的健康生长，进而引起次期性害虫如天牛类、吉丁类的发生和危害，造成刺槐的死亡。

成虫期和幼虫期进行化学药剂防治可以取得很好的防治效果。调查发现，瘿蚊长腹细蜂*Platygster robiniae*的自然寄生率较高，具有较好的应用前景。

（9）红火蚁

红火蚁*Solenopsis invicta*是一种原产南美洲巴西、巴拉圭、阿根廷等国的危险性害虫。由于其食性复杂、习性凶猛、繁殖迅速、竞争力强，对入侵区域的人体健康、公共安全、农林生产和生态环境均具有严重的危害性，被列为世界上最危险的100种入侵有害生物之一。2011年澳大利亚和新西兰相继发现红火蚁入侵，2003年入侵马来西亚，2003年10月在我国台湾的台北、桃园和嘉义等地发现危害。2005年以来，在广东、香港、澳门、湖南、广西等地陆续发现入侵危害，已对我国的经济、环境和公共安全构成严重威胁。

红火蚁取食植物的种子、果实、幼芽、嫩茎和根系，对植物的生存和生长造成严重影响。红火蚁主要以螯针刺伤动物，人体被其叮咬后会有火灼伤般疼痛感，持续十几分钟，其后会出现如灼伤般的水泡，8～24小时后叮咬处化脓形成脓疱。如果遭受大量红火蚁叮咬，除人体受害部位立即产生破坏性的伤害与剧痛外，毒液中的毒蛋白往往造成被攻击者（如果是敏感体质）产生过敏性休克，甚至有死亡的危险。红火蚁还可以危害灌溉系统、电器设备、娱乐场所甚至危及生物多样性。

红火蚁的自然扩散主要是生殖蚁飞行或随洪水流动扩散，也可以随搬巢而做短距离移动。人为传播主要是因园艺植物、草皮、废弃土壤、堆肥、园艺农耕机具设备、空货柜、车辆等运输工具污染等做长距离传播。对红火蚁潜在分布区的分析预测表明，其在我国的东南部的广大地区均可能适生或造成危害，自然扩散的北界可能达到山东、天津、河北南部和陕西南部。

加强由红火蚁疫区向非疫区调运盆栽植物、花卉、苗木、草皮、栽培介质的检疫，防止疫情人为扩散；积极开展以沸水处理、水淹处理等物理防治和以毒饵法、单个蚁巢处理等化学防治，努力实现新发生地的根除。

（10）扶桑绵粉蚧

扶桑绵粉蚧原产北美洲。1991年于美国开始危害棉花，2002—2005年入侵智利、阿根廷和巴西。2005年传入印度和巴基斯坦的信德省和旁遮普省。发现少量受害棉株，很快覆盖面积达45km²。2006年旁遮普省棉花减产12%，2007年减产达40%，仅在旁遮普省2个月内使用的农药费用就超过1.2亿美元。

我国2008年在广州首次发现扶桑绵粉蚧，2009年全国普查已在海南、广东、广西、云南、福建、江西、湖南、浙江、四川和台湾省棉花上发现。扶桑绵粉蚧寄主植物有53科154种，其中包括64种杂草，因此，很容易扩散蔓延。其潜在分布区有新疆、甘肃、宁夏、陕西、山西、河北、北京、天津、辽宁、内蒙古等省份的部分地区。应加强植物检疫、生物防治，保护和释放孟氏隐唇瓢虫、普通草蛉。化学防治可使用10%氟氯氰菊酯乳油、10.5%溴氰菊酯乳油、20%康福多可溶剂防治。

（11）悬铃木方翅网蝽

悬铃木方翅网蝽在国外分布于美国、加拿大、意大利、法国、俄罗斯、匈牙利、波兰、保加利亚、希腊、捷克、荷兰、奥地利、克罗地亚、德国、塞尔维亚、黑山、斯洛文尼亚、瑞士、比利时、葡萄牙、斯洛伐克、西班牙、土耳其、智利、以色列、日本、韩国等地。自2006年在我国武汉首次发现该虫入侵后，现已在北京、上海、江苏、浙江、安徽、河南、湖北、湖南、重庆、贵州等地发现。该虫主要危害悬铃木属植物。也危害构树、粗皮山核桃、白蜡树属、桐叶槭、桂叶栎和胶皮枫香树等植物。以成虫和若虫于悬铃木树冠底层叶片背面吸食汁液，造成叶片失绿，严重时叶片由叶脉开始干枯至整个叶片枯黄，造成树木提前落叶，树势衰弱甚至死亡。

防治方法：① 物理防治。该虫成虫集中在树皮内或落叶中越冬，秋季刮除疏松树皮层树干涂白，及时收集销毁落叶，减少越冬成虫的数量；② 化学防治。树冠喷雾在若虫期和成虫初羽化期，可选用高效氯氟氰菊酯、氰戊菊酯、吡虫啉、啶虫脒。③ 生物防治。保护拟原姬蝽、猎蝽、邻小花蝽、阿姬蝽、白条跳蛛、史氏盘腹蚁等。

2. 本土有害生物

（12）松毛虫类

松毛虫是我国历史性害虫，早在明嘉靖九年（1530年），浙江即有松毛虫成灾的记述。万历十七年（1599年）江苏常熟县志记载"椐梢食叶，飕飕有声，树尽凋谢，俗呼松蚕……"新中国成立以来，松毛虫已成为持续时间最长、发生面积最大、分布最广、对林业生产影响最大的一类森林害虫。松毛虫北起东北的大兴安岭，南至海南岛，西至新疆阿尔泰山，东至沿海地区，全国25个省（自治区、直辖市）均有发生。

松毛虫是我国林业上最为严重的食叶害虫，主要取食松树的针叶，严重发生时，林分的有虫株率可达100%，虫口密度可达数千条，整个林分的针叶被取食殆尽，远望如同火烧过一般，被害轻者树木生长势减弱，材积生长量下降，重者树木成片死亡。由于每年全国都有一些地区成灾，所以对林业生产的影响很大。

在我国27种松毛虫中，主要成灾的种类有马尾松毛虫、落叶松毛虫、油松毛虫、云南松毛虫、赤松毛虫和思茅松毛虫6种。马尾松毛虫发生于安徽、河南、陕西、四川、云南、贵州、湖南、湖北、江西、江苏、浙江、福建、广东、广西，主要危害马尾松；云南松毛虫主要发生于云南及四川西部，贵州、湖南、湖北、江西、浙江、福建及海南等省亦偶有发生，主要危害云南松、思茅松以及柏树、柳杉等；油松毛虫主要发生于河北及重庆，辽宁、内蒙古、山东、山西、陕西亦偶有发生，主要危害油松；赤松毛虫主要发生于山东，江苏、辽宁、河北亦偶有发生，主要危害赤松；落叶松毛虫主要发生于黑龙江、吉林、辽宁、内蒙古及新疆阿尔泰山，河北雾灵山一带亦偶有发生，主要危害多种落叶松；思茅松毛虫分布于云南、四川等省，危害云南松、思茅松等松树。

松毛虫从20世纪50年代中期开始呈周期性发生趋势，1956—1958年为第一个高峰期，全国发生面积达120万～130万hm^2；1964—1965年为第二个高峰期，全国发生面积达130万～140万hm^2；1972—1973年为第三个高峰期，全国发生面积达190万～230万hm^2。1975年以后松毛虫发生的周期性被打破，连续15年发生面积居高不下，年均发生面积高达260万hm^2。1990年以后松毛虫发生危害有所减缓，发生面积在150万hm^{2}上下波动。进入21世纪以来，松毛虫的发生趋于平稳，年发生面积控制在100万～130万hm^2。

松毛虫防治工作的进展在一定意义上反映了我国森林害虫防治工作的发展。松毛虫研究工作的进步在一定程度上代表了我国森林害虫的研究能力和水平。松毛虫种群动态规律、预测预报方法不断提高，一些先进的监测技术，如：卫星遥感技术、航空勾绘技术等在松毛虫防治上试用；一些最新的防治方法，如：飞机防治、生物导弹、生物制剂、生物农药、仿生制剂等也在松毛虫防治上得到推广应用。目前，对于松毛虫的防治，就是在做好监测预报的基础上，实施综合治理，将治本的营林技术措施、环境友好的无公害防治技术措施有机结合起来，实现持续控灾的目的。

（13）杨树食叶害虫类

杨树食叶害虫是一类重要的森林害虫，对杨树防护林、速生丰产林构成危害，既可影响防护林防护效益的发挥，又可降低速生丰产林的生长量，严重发生可导致中幼龄杨树的死亡。杨树食叶害虫种类达百种之多，有鳞翅目的毒蛾、夜蛾、灯蛾、尺蛾、舟蛾等几十种害虫，也有鞘翅目的叶甲、象甲等多种害虫，还有膜翅目的几种叶蜂。杨树食叶害虫的分布非常广，有杨树的地方都会有一种至几种害虫的存在。全国每年都会在不同地点，有不同种类的食叶害虫严重发生，且可造成较为严重的灾害，因此，杨树食叶害虫已成为我国杨树人工林发展的一大障碍。

杨树食叶害虫的主要种类有杨扇舟蛾、杨二尾舟蛾、杨小舟蛾Micromelalopha sieversi、分月扇舟蛾Clostera anastomosis、杨雪毒蛾、雪毒蛾、舞毒蛾、杨柳小卷蛾Gypsonoma minutana、杨黑枯叶蛾Pyrosis idiota、杨白潜蛾、春尺蠖、白杨叶甲Chrysomela populi、杨锤角叶蜂等。杨扇舟蛾分布于东北、华北、西北、华中、西南和华东，主要危害杨树和柳树；杨二尾舟蛾分布于东北、华北、西北以及湖北、湖南、江西、江苏等地，危害多种杨柳科树种；杨小舟蛾分布于黑龙江、吉林、辽宁、河南、河北、山东、安徽等地，危害杨树和柳树；分月扇舟蛾分布于东北、华北、西北以及江浙等地，危害多种杨树；雪毒蛾分布于东北、西北和山东、江苏、河南等地，危害杨树和柳树；舞毒蛾在我国广泛分布，可危害包括杨树和柳树在内的多种阔叶树；杨柳小卷蛾主要分布在华北一带，危害杨树和柳树；杨黑枯叶蛾分布于黑龙江、吉林、辽宁、内蒙古等地，主要危害杨树、白榆等阔叶树；杨白潜蛾分布于东北和华北，危害多种杨树；春尺蠖分布于新疆、甘肃、陕西、宁夏、内蒙古、河北等北方地区，危害杨树、胡杨以及多种阔叶树；白杨叶甲分布于西北、华北、东北以及四川、湖南、湖北等地，危害多种杨树；杨锤角叶蜂分布于辽宁、吉林和黑龙江，危害多种杨树和柳树。

最近10多年来，北方地区广大林农营造杨树速生丰产林的热情非常高，杨树人工林的面积快速增加，因管理和环境等因素的影响，杨树食叶害虫的发生和危害呈加重之势，从1996年的30万hm²增长到2013年的147万hm²，17年净增加110多万hm²。

目前，杨树食叶害虫的防治以营林措施为基础，以生物制剂、仿生农药和植物源杀虫剂为主导，协调运用人工、物理和化学的防治措施，降低虫口密度，压缩发生面积，切实控制其蔓延危害。在轻度发生区以加强害虫种群动态监测，保护利用天敌资源，改善生态环境的调节措施为主；在中度和重度发生区采取以生物措施为主的综合治理措施，优先使用生物农药、昆虫病毒、仿生制剂压低虫口密度，然后通过增加天敌数量，达到持续控灾的目的。当虫害特别严重、大面积暴发成灾时，采取飞机防治等措施迅速压低虫口密度，然后再采取其他相应措施进行防治。

（14）杨树蛀干害虫类

杨树蛀干害虫是一类重要的森林害虫，包括鞘翅目的天牛、吉丁和象甲，鳞翅目的木蠹蛾、蝙蝠蛾和透翅蛾等。杨树蛀干害虫蛀食杨树的树干和枝梢，造成折枝断头，甚至死亡。受害的树木千疮百孔，材之无用，薪之无焰。以光肩星天牛为代表的杨树蛀干害虫分布于全国20多个省（自治区、直辖市），特别是在三北地区，使以杨树为主体的防护林体系蒙受巨大损失，已成为我国防护林体系建设的重大生物灾害。

杨树蛀干害虫的主要种类有光肩星天牛、云斑白条天牛、桑天牛、青杨楔天牛、青杨脊虎天牛、中华裸角天牛、刺角天牛 *Trirachys orientalis*、杨干象、杨锦纹吉丁、杨十斑吉丁、白杨透翅蛾、杨干透翅蛾、柳蝙蛾、木蠹蛾等。杨树蛀干害虫按其危害部位、生活习性、种群大小和分布范围的差异，从危害特征和经济重要性看，可分成3个类群：①取食健康树的种类。危害幼树和大树，不管树势如何，一般均可侵害，从而造成生长量和木材等级的下降以及树木寿命的缩短等严重损失，在杨树集中连片栽植的情况下，种群可迅速增殖，危害更加严重，代表种是光肩星天牛、桑天牛、云斑白条天牛、青杨脊虎天牛、杨干透翅蛾、柳蝙蛾、木蠹蛾等。②危害枝条和幼树的种类。主要在苗圃和幼树中造成有限的损失，代表种是白杨透翅蛾、青杨楔天牛和锈斑楔天牛。③危害濒死木和倒木的种类。一般只零星危害，在保留大量老龄林木的条件下可能形成一定规模的种群，如中华裸角天牛、刺角天牛等。

由于杨树人工林树种（品种）单一，部分造林地环境条件较差，后期抚育管理没有跟上，加之干旱等气象因素的作用，杨树蛀干害虫一度成为备受关注的害虫。光肩星天牛几乎遍及全国，而以华北、西北地区发生最为严重，在西北5省（自治区）对三北防护林体系建设一期工程营造的以杨树为主的防护林造成严重危害，几乎导致防护林的全军覆没；桑天牛除黑龙江、内蒙古、宁夏、青海和新疆外全国广泛分布，对白杨派杨树危害较重；青杨楔天牛主要分布于东北和西北地区，可危害多种杨树；白杨透翅蛾分布于北方地区，主要危害2～3年生杨树大苗和幼树；柳蝙蛾分布于辽宁、吉林和黑龙江，对苗木和幼树均可造成危害。

杨树是我国三北地区生态建设和速生丰产用材林发展的主要造林树种。我国现有杨树人工林面积达700万hm²以上，蛀干害虫的问题最为突出。发生面积从1996年的36万hm²上升到2007年的90万hm²，达到历史新高，此后发生面积呈逐年下降之势，在2014年回落到50万hm²。

1991年9月，林业部召开了陕西、甘肃、宁夏、内蒙古、山西5省（自治区）杨树天牛防治紧急会议，以此为起点，标志着国家层面组织开展杨树天牛治理工作的开始。1994年8月召开了三北地区杨树天牛防治现场经验交流会，1998年启动了内蒙古光肩星天牛国家级治理工程项目，2000年启动了陕西、甘肃、宁夏、青海和黑龙江5省（自治区）的杨树天牛治理示范工程，2003年整合后启动实施了杨树病虫害治理工程。通过10多年的防治实践，总结出多树种配置、诱饵树配置、伐根嫁接、高干截头、萌芽更新、修枝及剪虫瘿、啄木鸟保护和利用、打孔注药、插毒签、喷雾防治成虫等成套技术。

（15）松叶蜂类

松叶蜂类害虫在我国有32种，其中能够造成严重危害的有11种，即：柏木丽松叶蜂、六万松叶蜂*Diprion liuwanensis*、南华松叶蜂*D.nanhuaensis*、靖远松叶蜂*D. jingyuanensis*、马尾松吉松叶蜂*Gilpinia massoniana*、祥云新松叶蜂、浙江黑松叶蜂*Nesodiprion zhejiangensis*、会泽新松叶蜂*N. huizeensis*、广西新松叶蜂*N. guangxiicus*、丰宁新松叶蜂*N. fengningensis*及带岭新松叶蜂*N. dailingensis*。松叶蜂以幼虫取食松树、云杉、油杉和柏树，除柏木丽松叶蜂取食球果外，其余均取食针叶，造成树木生长衰弱，导致次期性害虫发生，使树木枯死。这些松叶蜂通常10～20年一个暴发周期，暴发持续2～4年。松叶蜂类发生的特点是种群上升速度不清楚，表现出很大的突然性，但暴发后种群密度下降的非常快。

松叶蜂类在全国17个省（自治区、直辖市）发生危害，其中山西、重庆、四川、陕西、甘肃、宁夏发生较为严重。柏木丽松叶蜂在四川、浙江黑松叶蜂在湖北、靖远松叶蜂在甘肃和山西都有成灾的记录。2000—2003年，全国发生面积超过6万hm²，2004年全国发生面积趋于减少。

对于松叶蜂类害虫的防治，要在加强种群动态监测和预报的前提下，以营林技术措施为基础，避免不合理的砍伐，在松叶蜂暴发的初期采用环境友好型农药进行防治。目前，应用性信息素监测松叶蜂种群动态的技术较为成熟，应用球孢白僵菌*Beauveria bassiana*、苏云金杆菌、昆虫病毒等进行生物防治可对种群进行调节。

（16）黄脊竹蝗

黄脊竹蝗是我国南方竹林的主要食叶害虫，同松毛虫一样，也是我国的历史性大害虫，主要分布于长江以南、西南及河南、陕西、台湾等地区。黄脊竹蝗喜食毛竹、青皮竹，大发生时常使大面积竹林枯死。据《益阳县志》记载，"嘉庆二十二至二十四年（1817—1819年）二里（今桃源县）蝗食竹叶殆尽。"历来有"蝗群过，竹叶光""蝗群起可遮天蔽日"之说，常见连绵数十里毛竹竹叶被吃光，一片枯黄，如同火烧。毛竹被害枯死，竹秆内积水，很臭，竹材无任何用途，烧火亦不能燃。民国时期，蝗虫在桃源县境内发生32万亩次，共损失毛竹7000万多根。中华人民共和国成立前，我国就有黄脊竹蝗发生危害、发生与气候因子关系等报道。

中华人民共和国成立初期，黄脊竹蝗在一些地方发生相当严重，防治办法很原始，如：人工挖卵、人工捕蝻、火烧跳蝻以及用矿物药剂诱杀等。1955年和1957年全国发生面积分别达到53万hm²和62万hm²，以湖南、江西、四川、广西等地的发生最为严重。从1960年代初期开始使用化学药剂进行防治，黄脊竹蝗的发生面积得到控制，在60～70年代全国发生面积控制在2万hm²以内，80年代后由于高毒、高残留化学农药的限制使用，新的药剂尚未投入防治之中，全国的发生面积呈波浪式上升，2005年达到历史新高的8.4万hm²。

湖南等地在多年实践的基础上，总结出主动治蝗和被动治蝗两类对策措施。主动治蝗又可划分为小面积施药防治若虫和诱杀成虫，即利用黄脊竹蝗有群集生活和成虫集中产卵的习性，刚孵化的跳蝻集中且抵抗能力差，是防治的有利时机，在掌握孵化期的情况下，抓住这个时机使用胃毒和触杀性药物防治，可取得较好的防治效果。被动治蝗又可分为大面积飞机防治和大面积地面机械施药防治。

（17）切梢小蠹类

切梢小蠹类害虫在我国各省均有分布，在东北、华北、西南均有灾害发生，可危害松属的20多种松树。切梢小蠹有周期性大发生的规律，如1955—1956年在浙江杭州大发生，70年代末及80年代初在吉林长春大发生。最近20多年，尤以西南地区发生危害严重，主要危害云南松和思茅松。

切梢小蠹类害虫总体上讲属于次期性害虫，主要危害衰弱木、濒死木、风倒木等，在虫口密度大的时候，也能危害健康树。切梢小蠹是一类钻蛀性害虫，主要的生活周期均在树皮内度过，成虫蛀梢补充营养，导致新梢枯死，引起树势衰弱；幼虫蛀食树干韧皮部及木质部，形成坑道，切断树木输导组织及水分、养分供应，导致树木枯萎死亡。

发生在我国西南地区的切梢小蠹外部形态特征与发生在我国东北地区以及欧洲的种群较为近似，但在生态习性上表现出很大的特殊性，如聚梢危害、聚集攻击、无越冬阶段、世代重叠和伴有不同类型的真菌等，而且在遗传性状上，也表现出一定的差异，现多作为2个种看待，即纵坑切梢小蠹和云南切梢小蠹。导致西南地区切梢小蠹猖獗危害的主要原因是气候反常，1982—1983年、1986—1988年、1998—1999年3次严重的厄尔尼诺现象之后的严重干旱都导致了小蠹虫的暴发。加之林地退化和人工纯林长势较差，加重了切梢小蠹灾情。2010年全国发生面积为16万hm²。

切梢小蠹的治理策略是以营林技术措施为基础，维护和提高森林生态系统的稳定性和对小蠹虫的自控能力，应用生物和化学防治手段，将小蠹虫种群控制在生态和经济允许水平以下，达到持续控灾的目的。目前，引诱剂林间监测种群动态的技术已经成熟，以清理蠹害木为主的营林抚育技术得到推广，应用粉质拟青霉*Paecilomyces farinosus*微生物制剂进行防治已显示出良好的前景。

（18）萧氏松茎象

萧氏松茎象在江西、湖南、湖北、广西、广东、贵州、福建等省（自治区）发生，主要危害湿地松、火炬松等国外松，也对我国乡土树种马尾松、华山松、黄山松产生一定的危害。萧氏松茎象主要危害距地面50cm以下的树干基部，蛀食形成层和韧皮部，轻微危害木质部，在根部蛀食根皮。危害后在皮层或木质部之间留下不规则的虫道，造成树木流出大量松脂，减少产脂量并严重影响树木生长，因此幼虫期是危害的严重时期。萧氏松茎象在湿度高、通风透气条件差的林地有虫株率较高，被害严重。在江西吉安地区2年1代，以成虫、幼虫越冬。成虫生活隐蔽，在林间难寻踪迹。

萧氏松茎象自1997年正式定名以来，发生面积一直呈上升趋势，从1999年的1.4万hm²，到2002年突破10万hm²，2006年达到28万hm²，成为我国近年来重要的本土森林害虫。2010年发生面积回落到16万hm²，由于萧氏松茎象多在郁闭度大、植被丰富、枯枝落叶多的松林繁衍，采取对中龄林及时修枝间伐，增加林间通风透光可取得较好的控制效果；也可采用内吸性药剂注射或喷涂树干。

（19）云南木蠹象

云南木蠹象分布于四川、云南、贵州，主要危害云南松、高山松。云南木蠹象的低龄幼虫在树干表皮下蛀食韧皮部，然后进入到木质部或枝梢的髓心蛀食，针叶随之枯萎，但不脱落，呈棕红色，严重时直接造成树木死亡。云南木蠹象的自然传播靠成虫飞行来完成，人为传播主要途径为松树幼树和带皮原木外运。云南木蠹象的发生与林分的状况、林木的生长势有密切的关系。

云南木蠹象自1999年正式定名后，扩散迅速，发生面积从2002年的4.6万hm²发展到2004年的8.4万hm²，虽目前仅在西南地区发生，但潜在的扩散蔓延威胁很大。以清理虫害木为主结合成虫补充营养期的化学防治可以较好控制其危害，也可以使用粉质拟青霉或莱氏野村菌进行生物防治。

在西南地区还有同一属的另外一种木蠹象——华山松木蠹象*Pissodes punctatus*，主要危害华山松，也可危害其他多种松树，与云南木蠹象有相似之处。

（20）沙棘木蠹蛾

沙棘根系发达，串根萌蘖能力强，固沙防护作用大，是绿化荒山荒坡、营造水土保持林最有潜力和前途的树种，也是改善生态环境的优良先锋树种，同时亦是综合开发价值很高的经济林木。沙棘木蠹蛾是1990年依据其主要危害沙棘而定名的新种。1999年以来，沙棘木蠹蛾在内蒙古、山西、辽宁等地暴发成灾，造成沙棘大面积死亡，已严重影响到沙区生态建设和经济发展。没有做到适地适树、树种或品种单一、连年干旱和管理粗放是其成灾的主要原因。沙棘木蠹蛾4～5年1代，主要危害树干基部和根部，90.7%的幼虫分布在地下根干部0～30cm范围内，造成根干部腐烂，严重影响水分和其他营养物质的输导，极易造成树木衰弱和整株枯死，已成为制约沙棘林和沙棘产业发展的主要因素之一。

最近10多年来，沙棘木蠹蛾的发生危害不断加重，2002年发生面积为13.7万hm^2，2005年上升到16万hm^2。对沙棘林平茬更新和林分改造是综合治理沙棘木蠹蛾的有效方法，使害虫在特定的范围内丧失生存和繁殖条件，对害虫的繁衍起到阻断隔离作用，降低沙棘木蠹蛾种群数量，实现有虫不成灾的目的。

（21）栗山天牛

栗山天牛是近10年来在辽宁、吉林和内蒙古等地天然次生林中严重发生的蛀干害虫，主要危害蒙古栎、辽东栎等，轻者林木材积生长受到影响，材质下降，失去利用价值，重者单株或大面积枯死，造成巨大的经济和生态损失。栗山天牛从20世纪80年代末开始在天然次生林发生和危害，1998年发生面积8.7万hm^2，2002年发生面积10万hm^2，到2006年发展到26万hm^2，总体上呈扩散和加重趋势。

栗山天牛3年1代，每隔三年为一个成虫年，虫态发育较整齐，6月中旬化蛹，7月上旬开始羽化，成虫期可持续1个月，是防治的最佳时期。成虫一次水平飞行距离30～80m，是林间扩散的主要原因。

目前，生产上主要采取及时采伐成过熟林、灯光诱杀成虫和人工捕捉成虫等措施，也可应用寄生性天敌肿腿蜂和捕食性天敌花绒寄甲*Dastarcus helophoroides*进行防治。

（22）蜀柏毒蛾

蜀柏毒蛾也是我国历史性森林害虫，据有关资料记载，20世纪初曾在我国西南的局部地区暴发成灾，50～70年代时有发生，表现出一定的周期性，80年代又开始大面积发生，90年代以来成为西南地区四川和重庆的重大食叶害虫，且表现出一定的突发性，主要危害侧柏、柏木等，特别是在一些名胜古迹对千年古柏的生存构成巨大威胁，其生活史为1年2代，繁殖能力强，产卵量在300～500粒，以第二代幼虫越冬，越冬代幼虫危害最为严重，可取食幼嫩鳞叶及小枝顶芽，造成枝叶生长停滞，随虫龄增加幼虫再取食老叶甚至嫩枝，使林木枯黄甚至死亡。蜀柏毒蛾在2001年发生面积29.6万hm^2，2003年发生面积31.3万hm^2，由于气候原因，2007年进入大暴发周期，发生面积达到37万hm^2，在局部地区成灾严重。

以营林措施为基础，开展营造混交林、封山育林和合理修枝；以生物防治为主要手段，利用寄生性和捕食性天敌昆虫以及杜鹃、大山雀等进行持续控制，也可利用蜀柏毒蛾病毒、白僵菌、苏云金杆菌乳剂进行防治；以灯光诱杀等为辅助措施；大面积发生时可进行飞机防治。

（23）瘤大球坚蚧

瘤大球坚蚧*Eulecanium giganteum*是一种寄主分布广泛，危害严重，繁殖力和适应性强，难以根除的枝梢害虫，是枣树等多种林果类树木的重要害虫，主要危害寄主枝叶，导致寄主大量落叶、树枝枯死，对我国的经济林发展造成较大的危害。近年来，瘤大球坚蚧在新疆、宁夏、山东等一些重点产枣区、经济林区严重发生，受害轻者树势衰弱、减产，重者枝干枯死，甚至整株死亡。每年因该虫造成的损失达数千万元。

瘤大球坚蚧可寄生巴旦杏、枣、酸枣、刺槐、文冠果、紫穗槐、珍珠梅以及核桃属、苹果属、蔷薇属、梨属、李属、杨属、柳属、榆属、槭属等的40多种树木上，全国发生面积近万公顷。瘤大球坚蚧目前的分布地域主体在西北地区，部分在华东地区，分布跨度大。在我国1年1代，雌虫产卵3000～6000粒，繁殖力强，具有旺盛的生命力；虫体表面覆有蜡质，生活隐蔽，形态特化，对不良的外界环境具有较强的适应性和抵抗能力。风是瘤大球坚蚧传播的重要载体，初孵若虫可借风力迅速传播。人为传播主要是靠苗木、接穗、砧木以及带虫植物和带皮原木的调运进行传播，也可通过间伐和移苗将若虫传播到健株上，林间放牧也可传播。

目前，生产上多采取以人工防治与生物防治相结合的无公害防治措施。营造抗虫树种，加强水、肥等抚育管理，增强林木生长势，以提高抗虫能力；结合修剪，及时剪除虫枝及枯枝，人工刺刮雌虫、摘除虫卵，可减轻危害；利用球蚧蓝绿跳小蜂*Blastothrix sericea*、黑缘红瓢虫*Chilocorus rubidus*、红点唇瓢虫*C. kuwanae*进行生物防治可起到一定的防治效果；必要时可喷涂环境友好型药剂进行防治。

（二）我国森林害虫发生的特点

根据第九次全国森林资源清查（2014—2018年）资料，我国现有森林面积2.28亿hm²，森林覆盖率22.96%。我国已成为世界上人工林面积最大的国家。人工林面积较大的省（自治区）有广西、广东、湖南、四川、福建、云南、内蒙古、江西、辽宁、浙江、山东、黑龙江等。

在我国各种森林类型中均有森林害虫的发生，且表现出以下5个特点。

一是外来森林害虫种类不断增多，且增速明显加快。目前，由境外入侵的森林害虫种类还在增多，发生面积不断增大，危害呈进一步加剧之势。前期已经传入的日本松干蚧、美国白蛾、松突圆蚧、湿地松粉蚧、椰心叶甲等在我国的发生和危害尚未得到有效控制，近些年传入的刺桐姬小蜂、刺槐叶瘿蚊、红火蚁、扶桑绵粉蚧*Phenacoccus solenopsis*、椰子织蛾*Opisina arenosella*等还在扩散，危害程度还在加重。据统计，在我国30种外来林业有害生物中，外来害虫25种，占83.3%；其中，1980年前入侵的外来害虫6种，1980年后入侵的外来害虫19种。在2013年修订的全国检疫性林业有害生物中，就有红脂大小蠹、美国白蛾、双钩异翅长蠹、苹果蠹蛾*Cydia pomonella*、红棕象甲*Rhynchophorus ferrugineus*、枣实蝇*Carpomya vesuviana*、红火蚁、扶桑绵粉蚧和悬铃木方翅网蝽等9种外来森林害虫。

二是常发性森林害虫发生面积居高不下。新中国成立以来，对松毛虫、黄脊竹蝗等历史性害虫的防治一直没有中断，但由于这些害虫具有周期性和区域性的特点，每年都会在一些地区暴发成灾，发生面积此起彼伏，总体上长期处于较高的水平。据统计，年发生面积在7万hm²以上本土常发性森林害虫有27种（类），2014年全国松毛虫的发生面积近80万hm²，杨树食叶害虫发生面积达143万hm²。

三是突发性害虫来势凶猛，危害不断加剧。以栗山天牛、沙棘木蠹蛾、华山松木蠹象、萧氏松茎象和多种叶蜂为代表的突发性害虫，往往在发现时已经造成重大损失，给防治带来很大的难度。如在辽宁、吉林栎树次生林严重发生的栗山天牛已成为一种毁灭性的害虫，2006年，发生面积近20万hm²，造成栎树大面积死亡，损失十分惨重，对次生林的恢复与重建造成极大的影响。又如在辽宁、内蒙古、山西、陕西等干旱沙区，沙棘木蠹蛾的严重危害使多年建立起来的大面积沙棘人工林遭受毁灭性的灾害，仅辽宁建平县发生面积就达7万hm²，不仅造成沙棘加工企业的巨大经济损失，沙棘林的防护效应也受到难以估量的损失。

四是钻蛀类害虫的危害仍有加重之势。在我国造成严重危害的钻蛀类害虫很多，有鞘翅目的天牛、吉丁虫、大小蠹，有鳞翅目的木蠹蛾、透翅蛾等。由于钻蛀性害虫具有生活隐蔽，大部分时期生活在树体内，受外界环境影响较小，世代重叠，繁殖力强，天敌较少等特点，防治十分困难，是当前我国森林害虫中最难以控制的一类害虫。如三北防护林体系中的杨树蛀干害虫的发生与危害仍在继续，2006年的发生面积比1996年翻了一番，达80万hm²；云南纵坑切梢小蠹近年来在我国西南地区发生严重，仅云南、四川两省2006年发生面积就达18万hm²，已对西南地区500万hm²松林构成威胁。

五是经济林害虫的发生面积迅速增加。最近20多年来，我国各种经济林发展迅速，种植面积已超过2000万hm²。据不完全统计，近年来经济林害虫的发生面积呈逐年上升、危害程度呈逐年加重的趋势。主要的经济林害虫有枣大球蚧、枣尺蛾、剪枝栎实象 *Cyllorhynchites ursulus*、核桃举肢蛾、油茶尺蛾、苹果蠹蛾、桃仁蜂 *Eurytoma maslovskii*、梨圆蚧 *Comstockapis perniciosa* 等。由于经济林树种多、分布广，林木大多较分散，对药剂的安全性和施药方法要求较高，增加了防治的困难。此外，经济林苗木和果品的长途运输也易造成害虫的远距离传播和蔓延。

（三）我国森林害虫严重发生的原因分析

造成我国森林害虫严重发生的原因是多方面的，归纳起来主要有以下5个方面的原因。

一是伴随着国际、国内物流通径的增多和物流通量的增大，境外有害生物入侵的风险不断增强。作为全球性问题，外来有害生物入侵已受到世界各国高度重视。我国是外来有害生物入侵频繁发生并造成严重灾害的国家之一，据有关资料介绍，目前我国主要外来有害植物107种，外来害虫32种，外来病原微生物23种。这些外来有害生物的入侵给我国的生态环境、生物多样性和社会经济造成巨大的危害，其中外来害虫日本松干蚧、美国白蛾、松突圆蚧、湿地松粉蚧、椰心叶甲、红火蚁等危害严重，造成巨大的经济损失，且难以彻底根除。

二是灾害性天气的频繁出现导致以气候因素为诱导的森林害虫暴发成灾。季风对我国气候的影响非常大，春天如果来自太平洋的季风姗姗来迟，就会造成严重的旱灾，夏季如果季风滞留在某一地带，就造成洪涝之灾，冬季一旦季风的频次或强度超过常态，就会酿成冻害、寒害和低温冷害。这些天气过程一旦出现就会诱发相关害虫的大发生。过去100年来地球表面的平均温度升高了0.3～0.6℃。由于林木对气候变化的适应速度远远低于有害生物对气候变化的适应速度，气候的微小扰动都可能对森林生态系统的结构和演替过程产生巨大影响，其中森林害虫发生是重要的响应过程。

三是生态环境的恶化是导致森林害虫频繁暴发成灾的诱导因素。我国生态环境总体上仍然呈恶化加剧的趋势，并具有区域性破坏、结构性解体和功能性紊乱的发展特征。暖冬、倒春寒、高温干旱、酸沉降、沙尘暴、土地荒漠化、地下水位下降、水资源污染、空气污染等构成的生态环境恶化趋势仍将持续，以此为诱导因素的森林害虫将不可避免的频繁发生。

四是林分结构的不尽合理，森林健康状况欠佳，抵御森林害虫的能力较差。近些年来，我国造林速度明显加快，新植林和中幼龄林占人工林面积的80%，森林害虫进入到持续高发期。我国人工林面积占森林面积的30%以上，这其中人工纯林的面积又占人工林面积的60%以上，林分结构单一，生物多样性单纯，生态系统稳定性差，自控能力弱等极易导致森林害虫的发生。由于经营管理粗放，集约化经营程度较低，一些林分长期处在亚健康状态，抵御森林害虫侵害的能力较低，个别情况下甚至招引森林害虫的侵袭。

五是对森林害虫发生规律认识不够，防治能力不足，不能做到及时有效的控制。森林害虫作为森林生态系统的组成部分，其发生、发展和危害有其自身的规律性，由于对这些规律性掌握得不够，预见性和预防性不到位，使防治工作处于被动局面，加之防治资金投入不足，防治设备相对老化，防治手段提升缓慢等因素，对一些害虫难以做到及时控灾和减灾。有时由于采用的防治方法不够科学，甚至出现年年防治、年年发生的情况，或者出现目标害虫控制住了，但其他害虫接续发生的局面。

三、森林害虫的发生与环境、林分、天敌的关系和规律

森林生态系统是森林中各类生物群落与其环境形成的生态复合体。在森林生态系统中，森林植物是主体，森林动物（包括众多的森林昆虫）和森林微生物是重要的组成部分，多种环境因素综合作用于各类生物群落。森林昆虫作为森林生态系统的一个必然组分，在森林生态系统的形成、发展和演替的过程中起作用，并无益害之分，只是从人类开始经营森林时起，林分的组成、生长率和生产性能以及水文、放牧、旅游等森林效益与人类直接相关时，森林昆虫才依它们对效益起促进或破坏作用而被划分为益虫或害虫。

森林昆虫的生长发育不仅受到森林生态系统中环境因素的影响，也会受到森林植物、森林动物甚至其他森林昆虫的影响。与此同时，森林昆虫种群的快速增长也会对森林植物的生长以及林分的状况造成直接或间接的危害，这种危害很多时候是在森林生态环境恶化的条件下表现出来的，具有一定的规律性。森林昆虫种群正是在与森林生态系统这些组分的相互联系、相互影响、相互制约中生存、发展或消亡的。

（一）森林害虫发生与环境因素的关系

环境因素包括大气温度、湿度、降水、光照、风以及土壤等因素。这些因素不仅单独作用于昆虫，而且相互影响对昆虫发生综合的作用，或直接影响昆虫的生长、发育、活动、繁殖及分布，或通过寄主植物和天敌的影响而对昆虫发生间接的作用。

1. 温度

温度影响生物的体温，体温高低又决定了生物的生长发育速度、新陈代谢强度与特点、数量、繁殖、行为和分布等。

害虫所能忍耐最低或最高温度的程度，依种类不同而异，有的忍耐度较宽称为广温性昆虫，如小地老虎*Agrotis ypsilon*等，广布于世界各国和我国各地；有些种类能够适应或忍受的温度范围较窄称为狭温性昆虫，如虫草蝙蝠蛾*Hepialus armoricanus*等，只能生活在窄狭的温度范围内。就低温来说，模毒蛾卵能忍受-40℃的低温，舞毒蛾成虫在-4℃下30min即死亡。就高温来说，黄毒蛾*Euproctis chrysorrhoea*幼虫在39℃高温下开始昏迷死亡，而蛹可以忍受43℃的高温；松墨天牛在45℃才开始死亡。另一方面，同种昆虫又因发育阶段、生理状况和所处的季节不同，所需和所能适应的高低温度也不同。如模毒蛾幼虫在0～43℃范围内均能保持其活性，但只在25～28℃适温下才取食，当温度骤然上升到35℃时即处于麻痹状态。马尾松毛虫幼虫在越冬期间，-7℃的低温下持续

24小时死亡率为10%，持续48小时死亡率为20%，持续120小时死亡率为40%；而越冬后的幼虫，在20℃气温下正常活动大量取食后，当温度骤然下降到5℃时持续24小时死亡率为10%，持续48小时为40%，持续72小时死亡率可达50%。在南方马尾松毛虫发生区冬季-7℃的低温是较少有的，而早春松毛虫活动取食后遇到强度寒潮气温骤降到5℃却是有的，故马尾松毛虫越冬期死亡率极低，但早春寒潮却能造成一定的死亡率，这主要是活动取食后新陈代谢作用加强，抗寒能力降低所致。

害虫对低温的适应：①产生特化构造的卵、蛹以抗寒冷，如许多以卵或蛹越冬的害虫，其卵壳特别厚或外表有一层分泌物。如黄褐天幕毛虫的越冬卵、油茶大枯叶蛾Lebeda nobilis sinina的越冬卵。②增加束缚水，使体液能忍受过冷却低温。如山楂粉蝶Aporia crataegi体液系数为0.55时，过冷却点为-9.2℃，结冰点为-1.4℃；体液系数为0.61时，过冷却点为-8.9℃，结冰点为-0.8℃；体液系数为0.62时，过冷却点为-6.2℃，结冰点为1～0.7℃。③进行冬眠以抵抗低温。如在树干中越冬的天牛和木蠹蛾类害虫，冬眠期显著增加了耐寒性。

害虫对高温的适应：一方面是生理上的调节：①自身体温调节，通过体壁蒸发水分，使体温下降；②体内脂肪熔点高，可以抵抗高温；③夏眠遏制体温升高。另一方面是习性上的适应：①转移阴凉场所。如茶毒蛾Euproctis pseudoconspersa、乌桕黄毒蛾E. bipunctapex幼虫在夏季高温天气，多在8:00～9:00时下到树干阴凉面群集，有时还缀以薄丝幕，至16:00～17:00时后才上树取食；地下害虫蛴螬、蝼蛄等在地表温度高时钻入土层深处。②迁移。如竹镂舟蛾Periergos dispar成虫夏季常从高温处向低温地区迁移；舞毒蛾的飞迁与温度高低成正相关；黄脊雷篦蝗在夏天中午高温时常下竹栖于阴凉处，16:00～17:00时后又返回竹上活动取食。

近百年来，全球气温在逐渐变暖，我国的平均气温上升了0.4～0.5℃，这在西北、华北和东北地区最为显著。其对森林害虫的影响表现在以下3个方面：①由于温度的变化，有效积温的增加，昆虫区系分布正在向北变迁。油松毛虫原分布在辽宁、北京、河北、陕西、山西、山东等地，现已向北、向西水平扩散，广泛分布在北起内蒙古赤峰以南。垂直扩展呈岛状分布于海拔800m以上，或西北黄土高原海拔500～2000m的油松林间。白蚁原是热带和亚热带常见的害虫，现正由南向北扩散。②由于温度的变化，一些害虫的生物学特性发生变化，主要是发生期相应提前，世代数相应增加。如广东潮安县在过去30年的年均温度上升了1℃，马尾松毛虫由以3代幼虫越冬出现了3代和4代幼虫重叠越冬的现象；杨扇舟蛾在河北1年3～4代，但在海南冬季不滞育，1年8～9代。③由于温度的变化，导致我国森林害虫成灾种类增多，发生周期相应缩短，发生面积长期居高不下。

2. 湿度和降水

水是生物体的主要组成成分，生物的新陈代谢必不可少。土壤湿度和空气湿度是水的表现形式。湿度对森林害虫的影响是多方面的，湿度可直接影响害虫的生长发育、繁殖力和死亡率。一般来说，低湿能抑制虫体新陈代谢而延滞发育，高湿则能促进新陈代谢而加速发育。黄脊雷篦蝗卵块在75%相对湿度下胚胎发育较快，跳蝻孵化在85%～95%湿度下最高，70%以下的湿度均不利于蝗卵孵化。马尾松毛虫卵在75%以上湿度下孵化率均在90%以上，95%的湿度下孵化率高达92%～98%，70%以下湿度均不利于孵化，湿度愈小，孵化率愈低，在15%湿度下卵孵化率只有16.4%。栎蚕舟蛾Phalerodonta bombycina在相对湿度50%以上时，卵期1～3天，孵化率96%，而相对湿度30%～40%时，卵期9～13天，孵化率仅达35.8%。

害虫的行为和活动受湿度的影响很大，某些天牛幼虫当树木极干时可休眠数年之久，许多土壤昆虫的幼虫可潜入干土深处，而在湿润土中则上升至近地表处。丘陵、平原或低洼地的土栖白蚁，建筑蚁巢于不同高度，以适应不同的降水量。下雨时许多害虫藏身于植物叶背等处。小蠹虫成虫飞翔如果遇到大雨，则可抑制其活动及繁殖。对模毒蛾300年发生的历史资料分析表明，其多是在干热的年份大发生。舞毒蛾常在雨雪少的年份之后猖獗，在干旱的当年和次年数量即开始增加。干旱能使舞毒蛾的猖獗期延长。古毒蛾 *Orgyia antiqua*、雪毒蛾的卵，在6%的相对湿度下，死亡率仅为25%。舞毒蛾卵在滞育前能忍受高湿或干旱，而在滞育后，忍受力大为降低。

高湿虽对某些害虫发生有利，但高湿也有利于害虫疾病的流行，反而降低了害虫的种群数量。如马尾松毛虫发生区，4～5月间的阴雨天气有利于白僵菌等病原微生物的繁殖，常常引起白僵菌流行病，增大了松毛虫的死亡率。白僵菌在温度24～28℃、湿度90%～100%情况下发育最好；如果湿度在70%以下，不论温度如何适宜，分生孢子都不能萌发。

不同温度和湿度的组合，对害虫卵的孵化率、幼虫的死亡率、蛹的羽化率和成虫产卵量等都有不同程度的影响。油松毛虫卵孵化最适宜条件是温度为20～24℃、湿度70%～80%，如果湿度降低为29%～35%，不论温度如何，其孵化率都会降低。黄脊雷篦蝗卵块孵化湿度范围为90%～95%，以28～30℃为最适宜，如果湿度低于70%，不论哪种温度的组合对其孵化率都有影响。松突圆蚧在月降水量大于100mm时，与种群数量呈负相关，即降水量愈大，种群密度相应减少；月降水量低于100mm时，则与种群密度变化无关。

3. 光

光是太阳辐射到地球的一种能量，光的性质、光的强度和光照周期对昆虫的生长发育均有影响。昆虫的发育均需要一定的光照幅度，光照幅度影响着昆虫的发育速度。红松球蚜的发生受光照影响很大，在光照条件较好的林分如皆伐迹地、林缘，红松球蚜的发生就严重。发生与林分光量呈明显的正相关。在皆伐迹地，本来潮湿阴暗的原始林生境，当森林被伐后，变成阳光充足、温度上升而湿度下降的生境，形成喜光性较强的红松球蚜的发生基地。红松球蚜的种群数量急剧上升，成为采伐迹地上红松幼林的优势种。

白天活动的害虫，如蝗虫、蝶类等都喜欢在光照充足的条件下活动取食；夜间活动的害虫，如小地老虎、油茶枯叶蛾、栗黄枯叶蛾等都在夜间活动取食，处于黑夜中的灯光便成了它们定向活动的指标，因而表现出对灯光的趋向性。利用害虫的趋光性设置黑光灯等诱集已成为当前害虫监测和诱杀防治的重要方法。松毛虫幼虫日夜活动取食，但成虫交尾、产卵都在夜间；白蚁生活隐蔽，其工蚁和兵蚁眼睛退化，害怕阳光，外出活动时工蚁一定要先修蚁道作掩护，为负趋光，但白蚁有翅成虫分飞时，却有强烈的趋光性，为正趋光。

光所产生的辐射热，有时也能直接杀死害虫，例如太阳的辐射能被树皮吸收而转变为热能，对于栖息于树皮下的天牛或小蠹虫幼虫，如果温度超过20～25℃（在阳光直接照射下有时其温度可以高达60℃）就可使这类害虫死亡。

4. 风

风特别是季风是影响降水、湿度和温度的重要因素。风通过对水分蒸发和热量散失的影响，改变着空气的温度和湿度，从而影响害虫的水分和热能代谢。

许多昆虫的迁移决定于风和天气特征，其飞行方向与风向一致，则风速大小决定其迁移距离的远近。松毛虫孵化幼虫的传播主要依靠风力，其传播方向则以风向为转移，传播远近与风力大小有关；叶蝉、飞虱、蚜虫、粉虱及小蛾类，均能随风飘荡，被卷入170～1700m的高空，被吹送到百公里或千公里之外。风能将侵染中心的害虫，吹到很远的地区，是小型害虫和不善于活动害虫迁移扩散的主要方式。大袋蛾初龄幼虫脱离母体护囊后吐丝下垂，常随风吹到远方。

恒风是害虫向一定地区传播的媒介。松突圆蚧进入我国境内后，受恒风的影响，从沿海向内地方向快速推进，初孵若虫随风传播的距离最远可达6km以上；湿地松粉蚧的初孵若虫可随气流向外扩散，扩散方向与东南季风一致，扩散距离一般为17 km，最远可达22km。但强风、台风对害虫的种群数量也有明显的不利影响。

此外，风还能影响昆虫的形态和行为。生长在海岛、高山等多风地带的昆虫，大多数无翅，而生长在低海拔和弱风处的昆虫都属有翅型；许多昆虫专门选择晴朗无风天气，在空中交尾，如遇有风天，则无法完成交尾。风还能帮助具有嗅觉的昆虫来寻找食料和逃避敌害。

5. 土壤

土壤温度在昼夜和四季都会发生改变。土壤内部由于积热和丧热的过程均较慢，温度变化的幅度和速度均较小，离表土越深变化越小。冬季土壤内的温度较气温高，许多昆虫潜入土壤中越冬，能较为安全地度过它们所不能忍受的低温。土栖昆虫，如金龟子、地老虎、金针虫等在土中的位置往往随着土层温度的变动而做垂直迁移，秋末冬初温度下降时向下层迁移，气温越低，潜土越深；春季天气渐暖，土温回升，则向上层移动。

土壤含水量的高低对土栖昆虫的分布和生长发育都有很大的影响。如细胸锥尾叩甲*Agriotes subvittatus*、小地老虎等在土壤含水量为50%～60%处生活最为适宜；油茶象老熟幼虫入土化蛹期间土壤湿度过低则停止化蛹。绝大多数寄蝇类幼虫老熟后，离开寄主入土化蛹，其存亡状况与土壤湿度关系极为密切。一般土壤含水量在10%～30%范围内比较适宜，过干或过湿均不利其化蛹。土壤长期淹水，可淹死越冬害虫，可作为害虫防治的一种方法。

土壤团粒结构影响土壤昆虫的活动。很多入土化蛹的老熟幼虫，多选择在土壤团粒多孔、透水性良好的疏松土内化蛹，但土壤过于疏松、保水力不强，也不利于幼虫化蛹和越冬。栽植在沙滩上流沙地的枣树，很少被枣食心虫*Carposina sasakii*危害，是因为沙滩地春夏温差大，冬季温度低，保温性能差，不利于枣食心虫的生存。

不同种类的昆虫对土壤化学性状（土壤成分、腐殖质含量、酸碱度、盐基饱和度等）有着不同的反应。如暗色金针虫*Agriotes obscurus*大多集中于pH 6以下的土壤中，在pH 4～5.2的土壤中数量最多，pH6以上的土壤中难以见到。改变土壤酸碱度可以防止一些种类的地下害虫危害，如在土中施石灰可减少金针虫的发生。

（二）森林害虫发生与林分因素的关系

森林害虫不是在任何林分内都能猖獗成灾，而只是在森林生态系统中一些因素发生变化且对害虫发生极为有利的情况下，首先形成虫源基地，通过增殖、扩散，逐步猖獗成灾。因此，林分类型、组成及状况与森林害虫的发生有着十分密切的关系。

1. 林分类型

我国的森林按照起源可以划分为天然林、次生林和人工林，还可根据经营目的和用途划分为防护林、用材林、经济林、薪炭林和特种用途。天然林和次生林（包括大部分灌木林）由于是天然形成的适应当地生态环境的林分，其生物的物种和遗传多样性丰富，林分结构复杂，生物间的相互利用、相互制约的作用使森林害虫很少发生，也极少成灾。这里重点分析人工林中防护林、用材林和经济林以及城市森林与害虫发生的关系。

（1）防护林

防护林是一类以生态效益为主的森林类型。防护林一般树种比较单一，林分结构比较简单，林内阳光充足，昼夜温差变幅较大，天敌种类很少但能形成优势。由于林分结构简单，寄主植物充足，害虫容易暴发成灾。这类林分除食叶害虫经常暴发成灾外，蛀干害虫的危害往往是毁灭性的。防护林经营年份愈久，蛀干害虫危害愈严重，对防护林的防护作用的影响更加显著。我国三北防护林体系遭受以光肩星天牛为主的钻蛀性害虫的危害是这类灾害的典型事例。

防护林的经营管理好坏与害虫发生关系非常密切。如多斑豹蠹蛾在生长良好的沿海防护林带被害率很低，仅为0.5%～1%；在管理较好的幼林被害率较轻，只有3.5%左右；而在管理不好的幼林被害率可达15%左右；在生长不良及立地条件不好的残林，被害率高达70%以上。

林带走向及地形地势与害虫发生也有一定关系，如杨锦纹吉丁在以杨树为主的防护林中，以林带的西、南两向危害最重，北向次之，东向最少。一个林带中，最西、最南的1～2行林木被害最重，被害率达91.6%，随着向林带内部延伸，被害率渐次减少，当延伸到林内20m以后，几乎没有树木被害或被害率很轻。地形与被害严重程度有一定的关系。高岗挡风地、风沙地，林木生长不良，被害率高达76.3%，而在平坦低地生长的林分被害较轻，被害率为22.2%。

不同的林带结构与害虫的发生也有一定的相关性，如木麻黄与柠檬桉混交（5∶5）组成的林带，多斑豹蠹蛾的危害率只有1%，而木麻黄纯林林带被害率则达15%。林带混交树种的选择非常重要，如选择虫源树种混交还可能加重被害率。利用某些害虫的拒食树种混交，无论是株、行混交，都有一定的作用，利用拒食树进行宽带状混交、块状混交，可阻止虫源的迁入和防止虫源的扩散。

（2）用材林

人工营造的用材林多是速生丰产林，是解决我国木材供应短缺的主要途径。在不引发水土流失的前提下，速生丰产林的培育向着基地化建设、定向化培育、集约化经营、规模化生产、产业化发展的方向发展。几十年来，我国重点发展了桉树、相思树、松类、杨树等主要树种的用材林建设。

随着建设的快速发展，病虫害的问题特别是害虫的问题逐渐凸显出来。用材林因生长周期短，苗期害虫和幼树期害虫对造林成活率的影响很大，白杨透翅蛾、杨干象一旦进入杨树新植林地且严重发生时可导致造林失败。在广西维都林场，白蚁对逾30hm²的桉树幼林危害严重，虽多次补植，桉树最终存活率仍然不到15%。用材林追求的是木材生长量，食叶害虫的大量发生严重影响着蓄积增长，松毛虫、松叶蜂等松树叶部害虫，杨扇舟蛾、杨小舟蛾、杨二尾舟蛾、杨雪毒蛾、白杨叶甲等杨树叶部害虫，桉小卷蛾*Strepsicrates coriariae*、油桐尺蛾、茶袋蛾*Eumeta minuscula*等桉树叶部害虫一旦暴发对用材林的蓄积生长量构成重大影响；如桉小卷蛾在广西合浦县一块65hm²林地，有虫株率达98%，平均每株虫苞40个，危害相当严重。用材林多以纯林为主，林分密度较大，生物多样性较差，天敌的控制能力不足，害虫易发生且危害相对严重。

（3）经济林

经济林相对于防护林而言，以生产木材或其他林产品直接获得经济效益为主要目的，因此，广义的经济林还包括了特用经济林和薪炭林等，兼具生态、经济和社会三大效益，是我国森林资源的重要组成部分。狭义的经济林主要是指利用树木的果实、种子、树皮、树叶、树汁、花蕾、嫩芽等，以生产油料、干鲜果品、工业原料、药材及其他副特产品为主要经营目的的林分，是民生林业建设的重点。截至2013年底，我国经济林的总面积达到3781万hm²。

随着全国经济林产业和林下经济的快速发展，经济林害虫的发生面积、种类在不断增多，危害也呈加重态势，在一些地方已影响民生林业的健康发展。据不完全统计，2014年全国经济林害虫的发生面积在100万 hm² 以上，主要种类有林果蚧类害虫、枣叶瘿蚊、枣实蝇、苹果蠹蛾、核桃举肢蛾、花椒窄几丁、栗实象、八角尺蠖、八角叶甲等。新疆在快速发展林果业的过程中，害虫的发生危害已成为重要的制约因素。

近年来，我国经济林害虫发生的特点主要表现在：一是经济林害虫的种类在不断增多，安徽对28种主栽及名特经济林害虫调查表明，害虫种类已达到1074种；二是新害虫的种类在不断出现，安徽在板栗、银杏等11个经济林树种上共发现灾害性新害虫18种；三是成灾种类在不断增加，在安徽六安市板栗剪枝象等10种次要害虫已上升为主要和重大经济林害虫，并在逐步扩散蔓延；四是突发灾害频繁出现，由于经济林树种（品种）单一，纯林面积大，为害虫提供了丰富的食料和广阔的空间，极易在短时间形成大的灾害。

（4）城市森林

城市森林建设对改善城市生态环境具有明显的作用，它的环境服务功能是第一位的，是融景观、旅游、生态功能为一体的特殊森林类型。城市森林由于生物多样性水平低、生物结构简单、生物的生存环境相对较差，加之城市水体污染、空气污染、光热效应、化学尘暴等环境胁迫因素的影响，助长了城市森林害虫的危害。表现在：一是有害生物频繁进入城市森林生态系统。如美国白蛾已进入北京城区，白蜡窄吉丁在吉林长春、北京、天津等地猖獗危害，樟巢螟 *Orthaga achatina* 在上海严重危害樟树。二是原本次要的害虫转化成主要害虫。槐尺蠖、锈色粒肩天牛 *Apriona swainsoni*、榆紫叶甲、舞毒蛾等严重影响城市的环境质量和市民的身心健康。三是城市环境污染诱发一些害虫的发生。二氧化硫和氟化氢的排放有利于蚜虫、介壳虫、粉虱等害虫的大发生。四是城市森林对害虫的自我调控能力较低，监测和防治的难度较大。

2. 林分组成

林分的组成、结构与害虫的发生和危害关系十分密切，主要表现在以下几个方面。

（1）纯林和混交林

纯林和混交林害虫发生的一般规律是纯林受害重，混交林受害轻。一般来说，纯林树种单一，害虫种类少，昆虫相简单，天敌寄生率低，害虫一旦发生，数量增殖快，容易造成灾害；混交林树种复杂，害虫种类多，昆虫相复杂，天敌寄生率高，害虫一旦发生，数量增殖慢，不易造成灾害。如在杉木与火力楠的中龄林中，杉梢小卷蛾有虫株率为51.3%，小枝被害率为1.4%；而杉木纯林最高有虫株率为75%，小枝被害率为4.7%。但对于食性较复杂的害虫，当其猖獗时，即使是混交林也同样遭受其害，有时甚至混交林受害较纯林更重。如水曲柳巢蛾则在混交林内高于纯林。在混交林内，混交类型、混交树种和混交比例的不同导致害虫种类、数量和危害程度也不同。

纯林和混交林内的天敌昆虫，一般是混交林害虫种类多，以害虫为生的天敌因有了丰富的中间寄主，其种类和密度随之增大，林间多种害虫各虫态发生期相互交错，不仅为捕食性天敌提供了连续不断的食物来源，也使寄生性天敌随时有寄主可寻，为天敌繁殖栖息创造了有利条件。例如马尾松毛虫的寄生性天敌有110多种，在纯林内一般常见的不过10多种，而且在数量上混交林往往超过纯林数倍。

（2）林冠层次

不同林冠层次结构与森林昆虫群落结构有着极为明显的关系。如在湖南浏阳3种不同林冠层次结构的林地调查，可以明显地看出：松阔灌多层次结构的林分内害虫、天敌昆虫、蜘蛛、鸟类的种群均比单层马尾松纯林、复层松阔混交林高出1倍以上。

林冠层次结构不同，不仅影响天敌种类多少，同时也影响天敌种群密度。根据在单层纯松林、复层松阔混交林、多层松阔灌混交林中采用柞蚕卵诱集测定结果和自然寄生率来看，天敌种群密度一般均随林冠层次增加而增加。

（3）蜜源植物

林分中的蜜源植物是寄生性昆虫成虫补充食料的主要来源，对延长天敌昆虫的寿命，促进其性成熟，提高其产卵量，都具有极其重要的作用。一般较复杂的混交林内均有丰富的蜜源植物，如温带地区的森林中有山矾、杜鹃、白栎、茅栗、乌饭树、油茶、野山茶、胡枝子、野蔷薇、紫葳等100多种蜜源植物，一年四季在林内相继开花。据初步调查统计，有120多种寄生性昆虫成虫需要蜜源作为补充食料。在有蜜源的松林，害虫卵的自然寄生率要比无蜜源的松林高出13.4%。

3. 林分状况

林分状况一般是指林分的自身健康状况。健康的森林一般害虫发生相对较轻；亚健康和不健康的森林，害虫发生相对较重。影响林分健康的因子有林龄、郁闭度、树势以及林地卫生状况，这些因子也同样影响着害虫的发生与危害。

（1）林龄与树势

对于不同林龄和树势的林分，害虫的发生危害也有所不同，有些害虫如舞毒蛾、杨扇舟蛾、松突圆蚧等，大发生时期不论幼龄林、中龄林和成熟林均可取食危害；有些害虫如杉梢小卷蛾、多斑豹蠹蛾、樟叶蜂、松梢小卷蛾等，只危害10年生以下的幼林，10年生以上的林木很少受危害或不受危害；有些害虫如芳香木蠹蛾东方亚种 *Cossus cossus orientalis*、榆线角木蠹蛾、小吉丁 *Agrilus* sp.等，最喜危害10年生以上的树木，很少危害幼林和老龄树；松墨天牛、六齿小蠹、马尾松梢小蠹 *Cryphalus massonianus*、纵坑切梢小蠹 *Tomicus piniperda* 等以危害成林为主；落叶松八齿小蠹、小灰长角天牛 *Acanthocinus griseus*、云杉大墨天牛等主要危害衰弱木、枯立木、伐桩和树龄百年以上的古松古柏等。

大部分成灾性的食叶害虫，大暴发时几乎无树龄选择，但在食料充足的情况下其偏嗜性也是比较明显的。如马尾松毛虫大发生时幼树和成年大树的针叶均被食害。在树龄不整齐的松林内，一般以树龄8～20年生，树高1～5m，卵块密度最大，受害最严重。受害的树木，幼树恢复能力强，老树恢复能力弱。树木年龄大小不同，幼虫越冬部位亦有差异，如马尾松毛虫对于树皮幼嫩、皮层未开裂、10年生以下的小树，幼虫大部分在树冠针叶丛中越冬；对于10～20年生松树，一部分在树冠及部分在树皮缝隙越冬；对于树皮层很厚且已开裂20年生以上的松树，幼虫大部分躲藏于树皮裂缝中越冬。据调查，茶梢尖蛾 *Haplochrois theae* 的发生多在5～15年生的稀疏油茶林内，梢被害率达59.9%，15～25年生的梢被害率为37.5%，25～35年生的梢被害率只有9.7%，35年生以上的梢被害率仅有6.4%。

蛀干害虫的危害与林龄、树势的关系十分密切。多斑豹蠹蛾多危害3～6年生的幼林，被害率高达82%，幼苗被害率只有1%，10年生以上的树木被害率只有0.5%。榆线角木蠹蛾的危害，一般树龄越大被害也越重。芳香木蠹蛾东方亚种则多选择10～15年生的树木危害，如旱柳7～8年生被害率为

11%，而15～18年生的被害率达96.2%；小青杨13～15年生的被害率高达72%，15～20年生的被害率下降到20.9%。说明旱柳和小青杨的树龄如超过一定年龄后，随着年龄的增长，其被害程度逐渐减轻。杨锦纹吉丁多危害生长衰弱的林木，而以15～25年生的树木受害最重，幼树及30年生以上的大树则少有受害。落叶松八齿小蠹的危害表现为以5～30年生者最易受害，5年生以上随树龄增大，受害加重，但到30年生以上的老树受害较轻，未木栓化的小树或大树枝条一般不受其害。橙斑白条天牛*Batocera davidis*危害，一般树龄越大受害越重，1～5年生有虫株率为1.24%，6～10年生有虫株率为7.31%，11～15年生为17.63%，16～20年生为39.25%，21～25年生为60.51%，30年生高达90%。华山松木蠹象的发生与林木的生长势关系极为显著，增强华山松的生长势，提高林分的抗虫性，是有效控制其危害的关键性措施。

（2）郁闭度

不同郁闭度的林分，林内的小气候也不同，进而影响昆虫的栖息和生长发育。模毒蛾通常发生于郁闭度在0.5以上的林分内，稀疏林地和林缘虫口密度显著下降。芳香木蠹蛾东方亚种在郁闭度小、透光度大的林分危害重，反之危害轻。对于树高、树龄、胸径和立地条件大体相同的小青杨林，郁闭度为0.3的被害率为19.7%，郁闭度为0.9的未发现受害。又如16～17年生的旱柳林，林缘被害达18.8%，林内被害仅2.5%。杨十斑吉丁多发生于孤立木、疏林地和林缘，郁闭度较大的成林受害较轻。杨锦纹吉丁在郁闭度0.4以下的疏林地及林缘，危害率高达87.7%，而在郁闭度0.8以上的林内，危害率为25.5%。落叶松八齿小蠹的发生，郁闭度越小危害越重。竹广肩小蜂是一种喜温、喜光的昆虫，当立竹密度大时，竹林内温度低、光线弱，对竹广肩小蜂的栖息和产卵具有负趋性，故竹林受害轻；反之，在同一区域的竹林缘、孤立竹和阳坡竹林，对竹广肩小蜂的栖息和产卵具有正趋性，竹林受害就重。

（3）林地卫生状况

林地卫生状况与部分森林害虫的种类分布和林木受害程度关系较为密切。林地卫生条件好，一些害虫由于缺乏滋生场所，因栖息环境减少而不致猖獗成灾。如林分地位级高，卫生条件好，受小蠹虫的危害较轻；相反，林分地位级低，卫生条件不好，小蠹虫发生的数量则较大，危害较为严重。许多受灾林区的调查说明，森林的经营管理对于抑制小蠹虫的发生起着重要的作用。

蛀干害虫和蛀食枝梢的害虫发生后，林木容易风折，这些断木和残枝，往往都带有害虫，如果不能及时清理，断木残枝则成为虫口积累的场所，发生与积累共同作用的结果造成虫口数量的急剧增加，以至暴发成灾。蛀果害虫和潜叶害虫随果、叶的脱水、枯死而凋落，也往往成为这类害虫再度猖獗的虫源物。在食叶害虫中有一部分自然下树，在枯枝落叶层下化蛹和越冬。因此，枯枝落叶层成为这类害虫化蛹、越冬的场所，成为害虫再度猖獗的保护层。

树木的各种伤口、死节、裂缝及枯立木、衰老木都是很多钻蛀害虫入侵的途径，如杨锦纹吉丁从死节入侵的占36.2%～55.4%，从人为砍伤伤口入侵的为26.3%～44.3%。及时清除枯立木和衰弱木，可以降低小蠹虫和天牛的发生和危害。

树木整形修枝除去被害枝、果，亦可防止部分害虫的蔓延扩散，杉梢小卷蛾、松梢小卷蛾都在梢内越冬，出蛰前及时剪去枯梢，是清除虫源的有效办法。如杨锦纹吉丁的发生轻重与整枝技术的好坏有关，合理修枝的平均被害率仅11%，不合理修枝的平均被害率高达70%，强度修枝的被害也重。加强对林木的管理，可以促进生长和健康状况，使伤口迅速愈合，对蛀干害虫卵和初龄幼虫有抑制作用。据山东莒县调查，经过施肥灌溉、修枝的速生丰产林光肩星天牛危害率只有2%，未经任何措施的危害率为17%；经营管理好的健杨林被害率6.7%，未加管理的被害率达23.3%。

4. 立地条件

在不同的山地条件下，气候、土壤和植被都会发生变化，都会出现不同植物与不同昆虫群落的组合或同种昆虫不同的物候期。故山地类型不同，不仅影响树木的种群分布和生长发育，同时也影响昆虫种群分布和生长发育。

坡向、坡位不同，林间的温湿度条件有明显的区别，一般阳坡温度高于阴坡，西坡湿度高于东坡。害虫的发生随坡向、坡度的不同也有着明显差别。如落叶松八齿小蠹的数量分布阳坡明显大于阴坡，其受害程度随坡度加大而递增。竹笋禾夜蛾*Bambusiphila vulgaris*的发生阳坡重于阴坡，而毛笋泉蝇*Pegomya phyllostachys*则相反，阴坡重于阳坡，郁闭度大的低洼阴凉林地重于山脊山坡郁闭度小的林地，金钱松小卷蛾*Celypha pseudolaricla*的发生，在同一海拔以东坡危害最重，西坡、南坡次之，北坡最少。

坡位不同害虫的发生和危害也不同。落叶松八齿小蠹的危害，从山底到山顶逐渐加重，从枯立木的分布看，危害首先从山顶开始，因为山顶土壤瘠薄，树木生长衰弱，对小蠹虫抵抗力弱。山顶的被害率一般是山底的2～3倍。黄纹竹斑蛾*Allobremeria plurilineata*的发生多在山脚和山窝地，山中的发生量又比山顶大，其虫口密度一般超过山顶的5～10倍。粗鞘双条杉天牛发生和危害与杉木树皮粗细、树木胸径大小关系密切，在同一山坡上，山坡下部危害重，山坡上部危害轻，这与山坡下部树势生长好、树木胸径较大、树皮粗糙有关。茶梢尖蛾的发生，在低海拔地区，以山顶受害最为严重，被害率高达75.4%，且南坡高于北坡，南坡山中、山下发生量和受害程度差异不大，分别为52.8%、54.2%。竹蝉*Platylomia pieli*则多发生于高山、深山的山坳，数量占52.8%；山坡次之，占40%；山岗仅占7.2%。栎旋木柄天牛*Aphrodisium sauteri*的发生和危害，山顶大于山下，山腰阳坡大于阴坡，阳坡林缘又大于林内。

（三）森林害虫发生与天敌因素的关系

天敌作为森林生态系统的重要组成部分，是影响害虫数量变动的自然因素。应用天敌控制森林害虫的发生和危害是害虫综合管理的重要手段之一。1979—1983年，林业部在全国组织开展的森林病虫害普查工作中，共记载林木害虫天敌昆虫1402种。在此之后，很多学者针对主要森林害虫进行了天敌资源的专项调查，记载了一大批新种或新记录种，并对其中近200种天敌昆虫的生物学、生态学以及害虫与天敌的关系进行了深入研究。

1. 寄生性天敌昆虫

寄生性天敌昆虫主要指寄生蜂和寄生蝇两大类群。

（1）寄生蜂

寄生蜂属于膜翅目中营寄生生活的蜂类，是森林害虫最为重要的一类寄生性天敌。寄生蜂种类很多，生活习性多种多样。按其寄生类型可以划分为：单期寄生，即寄生昆虫只寄生寄主的某些虫期，如卵期寄生蜂、幼虫期寄生蜂、蛹期寄生蜂；跨期寄生，寄生昆虫需经过寄主的2个或3个虫期才能完成发育。有些寄生蜂幼虫寄生于寄主体内，称内寄生；有些寄生蜂幼虫寄生于寄主体外，称外寄生。寄生蜂只在寄主体内产1粒卵，发育成1头蜂的称单寄生。在寄主体内产多个卵，相应地发育成多头蜂的称多寄生。一种寄生蜂寄生于另一寄生蜂上的称重寄生。一种寄生蜂单独寄生于一个寄主上称独寄生；两种或两种以上寄生蜂共同寄生于同一寄主上称共寄生。

根据以往的调查，松毛虫的寄生蜂有154种，如马尾松毛虫卵期有松毛虫赤眼蜂*Trichogramma dendrolimi*、松毛虫黑卵蜂*Telenomus dendrolimusi*和白跗平腹小蜂*Pseudanstatus albitarsis*，幼虫期有松毛虫内茧蜂*Rogas dendrolimi*，蛹期有广大腿小蜂*Brachymeria obscurata*和松毛虫黑胸姬蜂*Hyposoter takagii*等；舞毒蛾的寄生蜂有52种，幼虫期有舞毒蛾绒茧蜂*Apanteles porthetriae*、黄毒蛾绒茧蜂*Glyptapanteles liparidis*、黑腿绒茧蜂*Cotesia melanoscelus*、松毛虫黑胸姬蜂，蛹期有舞毒蛾黑瘤姬蜂*Coccygomimus disparis*、舞毒蛾大腿小蜂*Brachymeria intermedia*；美国白蛾的寄生性天敌有16种；黄褐天幕毛虫的寄生蜂有18种；松突圆蚧的寄生蜂有12种；杨树天牛、松墨天牛、木麻黄星天牛等天牛类害虫的寄生性天敌种类有多种姬蜂、管氏肿腿蜂*Sclerodermus guani*、川硬皮肿腿蜂*S. sichuanensis*和海南硬皮肿腿蜂*S. hainanica*；樟子松木蠹象的天敌昆虫有6种姬蜂；我国58种常见小蠹虫的寄生蜂有140多种。

（2）寄生蝇

寄生蝇是双翅目寄生性昆虫的泛称，是森林害虫的又一类重要的寄生性天敌类群。寄生蝇成虫的寿命，一般约为1~2个月，寿命的长短与气温、食料及交配、繁殖有关。很多种类的雄虫交尾后很快死亡。在高温干旱季节，成虫寿命较短。寄生蝇的繁殖能力，由于寄生方式的不同变化较大。如雌虫将卵或卵胎生幼虫直接产于寄主的种类，其繁殖力往往限于几百个以内，如寄生蝇科的某些种类。寄生蝇幼虫在寄主体内生活时间一般不长，但有些种类的幼虫在寄主中长期不活动，或因滞育，致使其幼虫期较长。

寄生蝇一年可发生多代，除冬季外在自然界均有成虫活动。成虫喜潮湿，夏天如干旱，虫口密度往往显著下降，绝大多数寄生蝇有极强的喜光习性，一般在10:00时前多停留在植物顶端或树干向阳面取暖。成虫活动能力随温度的升高而增强。但它们对温度的适应也有一定限度，当气温上升到35℃以上时，多停息阴凉处，某些种类的雌性个体喜在隐蔽透风的场所飞翔。据调查，大袋蛾的寄生蝇有四斑尼尔寄蝇*Nealsomyia quadrimaculata*、伞裙追寄蝇*Exorista civilis*、日本追寄蝇*E. japonica*，总寄生率达到35.8%。

2. 捕食性天敌昆虫

捕食性天敌种类很多，最常见的有蜻蜓、螳螂、猎蝽、刺蝽、花蝽、草蛉、瓢虫、步甲、食虫虻、食蚜蝇等。捕食性昆虫按其捕食猎物种类的多寡，可分为多食性、寡食性和单食性类群。多食类的捕食范围甚广，捕食对象往往包括许多不同目的昆虫；寡食类的捕食范围较狭，往往选择一些生活习性相似的近缘猎物；单食类往往只捕食一种昆虫，或仅取食同属中的少数种，甚至取食其他种类时发育不良。据调查，松叶蜂类害虫的捕食性天敌昆虫有14种；蚂蚁对松墨天牛卵的捕食作用有时可达50%以上。花绒寄甲是天牛类害虫的重要捕食性天敌昆虫，已在栗山天牛等害虫防治中得到推广应用。从比利时和英国引进的大唼蜡甲对红脂大小蠹表现出很好的控制效果，在释放当年对幼虫捕食率3次实验结果分别是72.5%、58.6%和84.2%。

3. 其他捕食性天敌

（1）食虫鸟类

食虫鸟类是森林害虫的重要天敌类群，种类多，捕食量大。积极利用益鸟防治森林害虫是一项经济有效而又安全的生物防治措施。我国鸟类资源丰富，据统计已达1160多种。森林中的鸟类绝大多数以森林害虫为食。鸟的捕食量很大，尤其在哺雏阶段捕食害虫最多。如大山雀*Parus major*在哺雏期间每天能捕食昆虫300～450头，仅一年中2次哺雏期，两亲鸟至少能消灭森林害虫10500～15750头。大多数鸟类为多食性，但也有不少偏嗜种。杜鹃*Cuculus* sp.更喜欢松毛虫幼虫，一只杜鹃一天可捕食300多头3～4龄松毛虫幼虫；灰喜鹊*Cyanopica cyana interposita*能捕食30多种森林害虫的幼虫、蛹和成虫，一只成鸟每年能捕食马尾松毛虫3龄幼虫1.8万头，可控制约3.3hm²松林不发生松毛虫灾害。食虫鸟对蛀干害虫也有很好的控制效果，据报道，在天牛虫口密度较低的杨树林内，大斑啄木鸟*Dendrocopos major*的捕食率为30%～40%，在重度受害的杨树林内，啄木鸟对光肩星天牛的捕食率可达50%～60%。

（2）林地蜘蛛

我国蜘蛛种类十分丰富，农林中常见的种类多达千余种。蜘蛛为肉食性动物，一般嗜活的动物，主要以昆虫为食，是森林害虫的重要捕食性天敌。在1hm²林相较好的松阔混交林内，至少分布着30种以上数以万计的个体。蜘蛛食谱广泛，而且食量大，不危害林木，专捕食活虫，不吃死虫。捕食方式也多种多样，有的在林木上结网捕食活动性害虫，有的不结网，隐于叶丛中，专食幼小害虫。大腹园蛛*Araneus ventricosus*为大型拉网性蜘蛛，繁殖力强，是多种害虫的天敌，据调查测算，一成蛛期可捕食害虫2400多头。目前，主要采取人工助迁和摘卵囊转放林间，同时注意营造更加适宜蜘蛛栖息繁衍的条件，实现"保蛛治虫"的目的。

此外，其他食虫动物如蝙蝠、林蛙、蜥蜴等也能捕食森林害虫。

4. 昆虫病原微生物

昆虫病原微生物种类很多，主要包括真菌、细菌、病毒、昆虫病原线虫等类群。

（1）病原真菌

能使昆虫感病的病原真菌种类很多，我国已报道150多种，已在生产防治中应用的有球孢白僵菌、布氏白僵菌*Beauveria brongniatii*、绿僵菌、粉质拟青霉、赤座孢霉*Aschersonia* sp.、蜡蚧轮枝霉*Verticillium lecanum*、虫霉*Entomophthora* spp.、汤姆生多毛菌*Hirsutella thompsonii*、莱氏野村菌*Nomuraea rileyi*等。这其中以白僵菌的应用历史最长，应用范围最普遍。

白僵菌是一种典型的虫生真菌，被寄生的昆虫虫体僵硬，体表长出白色菌丝。白僵菌广泛分布于我国各地，能够寄生上百种森林害虫，已用于松毛虫、松毒蛾、木麻黄毒蛾、叶蜂等20多种害虫的防治。白僵菌主要通过表皮侵入虫体，也可以通过消化管、气孔、伤口等途径侵入虫体；通过影响寄主细胞和组织的代谢以及毒素的作用，导致害虫的死亡；通过减少害虫种群数量、造成个体感病死亡和降低种群的繁殖力3种方式到达控制灾害的作用。近年来，我国使用白僵菌防治森林害虫的面积每年在50万～80万hm²。

（2）病原细菌

昆虫病原细菌种类多、数量大、繁殖快，是森林害虫的重要天敌，目前用来防治森林害虫的病原细菌多属于芽孢杆菌科，如苏云金杆菌和日本金龟子芽孢杆菌*Bacillus popilliae*。虫体感染细菌病后，食欲减退，口腔与肛门带有排泄物等，感病虫最终大都导致败血症。害虫死后，大多软化腐烂，失去原形，一般带有臭味。

苏云金杆菌是一种广谱性昆虫病原细菌，在微生物防治害虫的实践中占有极其重要的地位。我国自20世纪50年代末从国外引进苏云金杆菌制剂后，首先用于林业害虫的防治，对松毛虫有良好的防治效果，可使松毛虫的猖獗周期延迟。目前，苏云金杆菌已用于防治20多种森林害虫。

（3）病毒

病毒是一种最原始的生命形态，昆虫病毒可分为核型多角体病毒（Nuclear Polyhedrosis Virus，NPV）、质型多角体病毒（Cytoplasmic Polyhedrosis Virus，CPV）和颗粒体病毒（Granulosis Virus，GV）。幼虫感染病毒后食欲减退，生长停滞，动作迟钝，体躯变软，体内组织液化，但无臭味，死后尸体倒挂树枝上。目前，进入林间防治实验和生产示范的有马尾松毛虫CPV、油松毛虫NPV、德昌松毛虫CPV、文山松毛虫CPV、茶黄毒蛾NPV、舞毒蛾NPV、美国白蛾NPV、春尺蠖NPV、木麻黄毒蛾NPV、黄褐天幕毛虫NPV、茶尺蠖NPV、杨扇舟蛾GV等。

昆虫病毒因其对天敌安全、不污染环境，在环境中滞留期短，害虫不易产生抗性以及能在害虫种群中形成流行病而长期控制虫口密度等特点，已成为近年来研究和应用的热点。

（4）昆虫病原线虫

昆虫病原线虫是一类具有很好应用前景的天敌资源，对害虫专性寄生，寄主范围广，能够主动搜寻寄主，可由寄主的自然开口、伤口或节间膜进入体内，自我增殖快，能够低成本大量培养，对人畜、植物及有益生物安全，可以和许多农药混合使用，并能以传统喷药设备施用。目前，在害虫防治上应用的多是小杆目Rhabditida斯氏线虫科Steinernematidae和异小杆科Heterorhabditidae的线虫。我国针对土栖性害虫桃蛀果蛾*Carposina niponensis*、突背黑蔗龟*Alissonotum impressicolle*、梨象鼻虫*Rhynchites foreipennis*，钻蛀性害虫小线角木蠹蛾*Streltzoriella insularis*、多斑豹蠹蛾、龟背天牛*Aristobia testudo*、星天牛等开展了防治实验，显示出较好的应用前景。

5. 林木—害虫—天敌三者之间的关系

林木—害虫—天敌三者之间在长期的协同进化过程中，建立起信息流、食物链、生物学等稳固的关系，对三者之间关系的研究是科学利用天敌防治害虫的基础。

第一，天敌和害虫种群之间存在着相互依存、相互制约的辩证关系。天敌依存于害虫是指害虫乃天敌得以生存的前提；天敌制约害虫是指天敌的数量和质量影响着害虫。反之，害虫依存于天敌，是指天敌乃害虫的一个重要的致死因子，这种致死因子不仅在进化过程中对害虫的适应性等起着作用，而且，如果没有这种致死因子，在一般的气候条件下，害虫也会因大量繁殖，造成生存空间和食物营养等严重恶化，而这种情况一旦出现对于害虫的生活力，甚至生存都是极为不利的；害虫制约天敌可从天敌对害虫的跟随现象得到解释。

天敌的跟随现象包括三个方面。①在发生时间上，天敌侵入一般是在害虫建立种群之后；②在发生数量上，天敌和害虫发生联系的初期，天敌数量很少，随着害虫数量的增加，天敌数量也随之增加，害虫又因受到天敌的抑制而数量下降，这之后天敌也因食物缺乏，数量随之下降；③在空间分布型上，天敌的聚集和扩散明显受到害虫分布格局的制约，天敌多趋向害虫密度高的区域。总之，跟随现象正是天敌和害虫相互制约的辩证关系的具体体现。

第二，在适应性上，天敌和害虫是相互适应的。每种害虫都有一定种类的天敌，而每种天敌也有一定的害虫寄主谱。天敌力图寻找害虫，而害虫则尽可能逃避天敌的攻击。通常，害虫为了防御天敌的侵袭，以保持种群的生存，表现出许多防御机制，如增加卵壳的厚度。天敌也有许多适应性，如寄生钻蛀性害虫的蜂类，产卵管都较长，又如许多天敌在发生期上与害虫同步等。

第三，在竞争关系上，天敌与害虫之间，天敌与天敌之间存在着复杂的竞争关系。由于竞争的结果出现了迁移、扩散、多寄生、重寄生、过寄生以及自残等现象，且直接影响到天敌的控制效果。如松突圆蚧的天敌花角蚜小蜂从原产地日本输引到我国后，逐步受到本地天敌盾蚧丽蚜小蜂*Encarsia citrina*、爱友丽蚜小蜂*E. amicula*、带丽蚜小蜂*E. fasciata*和范氏黄蚜小蜂*Aphytis vandenboschi*的竞争，同时受到重寄生蜂瘦柄花翅蚜小蜂*Marietta carnesi*的制约。舞毒蛾的本地天敌黄毒蛾绒茧蜂同样遭到绒茧蜂沟姬蜂*Gelis apantelis*、沟姬蜂*G. obscurus*、亨姬蜂*Hemiteles aerator*和黑青小蜂*Dibrachys cavus*的重寄生。

四、中国森林害虫防治的发展和技术进步

（一）中国森林害虫防治的发展阶段

昆虫学在我国作为近代科学同其他许多学科一样是从20世纪初开始的。我国森林昆虫学的研究和森林害虫的防治实践经历一个世纪的发展，取得的进步是有目共睹的，其发展的历程大致分为5个阶段。

1. 初创时期（1911—1949年）

这一时期是我国森林昆虫学的起步阶段，主要进行了一些森林害虫的观察和调查。1911年，中央农业试验场设立了病虫害科，邹树文等在美国科学联合会宣读了"白蜡介壳虫"的报告，此后，不同学者陆续报道了所发现的各类森林生物灾害。1923年陈安国的普通木材穿孔虫在北农《新农业》上发表。1929年蔡邦华对我国严重危害竹子的黄脊竹蝗*Ceracris kiangsu* Tsai定名（现称黄脊竹蝗，学名也有变动*Rammeacris kiangsu* Tsai）。1930年楼人杰，1935年岳宗、黄能、邱式邦、刘廷蔚等人对南京等地松毛虫生活史进行了研究。1933年马骏超在杭州对一字纹象鼻虫及笋蛀虫做了初步观察。1934年周明牂、柳支英对浙江油桐尺蠖进行历时两年的研究。1935年北京天坛公园、中山公园侧柏、圆柏等古柏受虫害而半枯或全枯死达470株之多。经易希陶、刘崇乐进行研究是受双条杉天牛危害所致。这一时期，专门从事森林害虫研究的学者凤毛麟角。20世纪30年代初，浙江省昆虫局设立寄生昆虫研究室，标志着我国近代生物防治科学研究的开始，有10多篇有关桑蟥*Rondotia menciana*、松毛虫等寄生性天敌昆虫的研究结果，成为我国早期生物防治的重要文献。

1947年，云南大学开设了"森林保护学"课程，森林昆虫学正式进入中国高等教育的学科设置。

在这段时期，对于森林害虫的防治多是采取单一手段防治单种害虫的策略，但总体上，森林害虫的防治工作开展的很少。

2. "彻底消灭"理论占主导地位时期（1950—1974年）

中华人民共和国成立后到70年代中期，是我国森林昆虫学的发展时期。党和政府十分重视森林生物灾害防治工作，在1949年中国人民政治协商会议制定的共同纲领中就有"防治林木病虫害"的规定。在林业部设立了野生动物和植物保护司，并下设病虫害防治处，负责全国森林病虫害防治工作的行政管理；1955年成立了中国林业科学研究院，其森林保护研究所负责全国重要森林害虫的基础理论和应用技术的研究工作；1964年在黑龙江省和江西省分别成立了北方和南方森林植物检疫站，负责全国森林植物检疫和病虫害防治技术指导。

这一时期，我国森林害虫的防治策略不断调整，由于对森林害虫的复杂性和防治的艰巨性认识不足，过于依赖化学农药的作用，从而形成了以化学防治为主的彻底消灭害虫的对策，虽然对预防

的重要性有了一定认识，但总体上是"彻底消灭"占据了主导地位。1952年，提出了"及时治、连续治、彻底治"的防治策略。1955年，虽有意识地强调了预防害虫的意义，提出了"防重于治"的思路和依靠互相合作，采用以农林技术和化学药剂相结合的综合防治办法。但在1958年，因受"大跃进"思想的影响，又提出了"有虫必治，土洋结合，全面消灭，重点肃清"的方针。1961年，提出了"治早、治小、治了"和"预防为主，积极消灭"的方针。1965年5月，国务院发布了《森林保护条例》，在第五章的第32～36条，提出要积极防治病虫害，经营单位要重视采用抚育、清理采伐迹地等措施，造林单位要因地制宜、适地适树营造混交林，防止危险性的病虫害的传播和蔓延。

1952年，全国高等学校院系调整后，成立了东北林学院、北京林学院、南京林学院，在一些农业院校中设立林学系，在林学、林业专业开设了"森林昆虫学"课程，所用教材为各校自编讲义。1953年，忻介六教授编著的《森林昆虫学》出版；1958年，苏联的M.H.里姆斯基.呵沙呵夫所写的《森林昆虫学》在我国翻译出版；1957—1958年苏联森林昆虫学教授C.C.普罗佐罗夫来华讲学，其讲稿在1959年以《森林昆虫学》正式出版；1959年，我国森林昆虫学工作者编写的反映我国实际的《森林昆虫学》教材正式出版。

1958年国家决定在北京林学院、南京林学院分别设立森林保护专业，1959年东北林学院也设立了森林保护专业。在湖南、云南、内蒙古、福建、浙江以及西北等地相继成立林学院后，也陆续设立了森林保护专业，都开始招收本科生。1959年北京林学院开始招收森林保护研究生。

1962年以后，随着专业的发展和调整，特别是根据病虫害发生复杂和防治难度较大的实际，决定将森林保护专业的名称更改为森林病虫害防治专业。1997年森保专业正式被调整归入林学专业。当时南京林业大学只能在林学专业中招收森林保护方向的学生。2001年专业名称又变成森林资源保护与游憩专业。以后又改回森林病虫害防治专业，现又恢复森林保护专业。

从20世纪50年代开始，在全国开展了主要森林害虫调查，对一些重要森林害虫的生物学、发生规律、防治方法等进行了系统和深入的研究，部分成果应用于实践，有力地促进防治效果的提高。50年代从国外引进澳洲瓢虫*Rodolia cardinalis*、孟氏隐唇瓢虫*Cryptolaemus montrouzieri*、日光蜂*Aphelinus mali*、丽蚜小蜂*Encarsia formosa*、捕食螨和苏云金杆菌、乳状菌、微孢子虫、虫生线虫、杆状病毒等多种天敌。60年代以来大量应用七星瓢虫*Coccinella septempunctata*、平腹小蜂*Anastatus japonicus*、赤眼蜂、金小蜂、苏云金杆菌、白僵菌等天敌开展害虫的生物防治实验。

这一时期，以本土森林害虫发生最为严重，松毛虫、黄脊竹蝗、榆紫叶甲、蜀柏毒蛾、竹螟等为防治重点，防治方法主要是人工捕捉、灯光诱集和喷洒农药，60年代开始了飞机防治。由于有机氯和有机磷农药具有非常高的杀虫效率，广泛使用这类农药成为该时期的特点。全国森林害虫防治率在50年代不到20%，60年代为30%，70年代中期达到30%以上。20多年的实践证明，完全依靠化学农药，"彻底消灭"森林害虫的良好愿望是无法实现的。

3. 综合管理理论与实践起步并快速发展时期（1975—1995年）

1967年，联合国粮农组织和国际生物防治组织在罗马联合召开会议，首次提出了"综合防治"的策略。这一观点受到国际社会的广泛关注，也逐渐被我国植物保护界接受。1975年，全国植物保护工作会议上提出了"预防为主，综合防治"的防治方针，此后在这一基础之上，调整为对森林害虫的"综合治理"和"综合管理"。

这一阶段是我国森林昆虫学的快速发展时期，也是全国森林害虫防治工作的快速发展阶段。在北方、南方森林植物检疫站合并成立森林植物检疫防治所（1985年）的基础上成立了国家森林病虫害防治总站（1990年）；1986年成立了全国森林病虫害预测预报中心，负责管理与指导全国的预测预报工作。全国90%县级以上行政区成立了森林病虫害防治检疫机构，负责森林病虫害的防治组织管理和实施。

1977年高等院校招生考试恢复后，北京林业大学、东北林业大学、南京林业大学等林业院校恢复了森林病虫害防治专业的本科生培养；1978年恢复了森林保护专业硕士研究生的招生和培养；1987年，森林保护专业开始招收博士研究生，使我国林业有害生物防治领域的专业人才培养进入更高层次。

在综合治理策略指导下，1981年林业部在安徽省滁县地区、浙江省衢州市、辽宁省建平县开展了大面积的松毛虫综合防治试点，在山西省朔县、山东省兖州市开展了杨树天牛的防治试点，系统总结了防治技术上和组织管理上经验。1986年开始在全国20个省（自治区、直辖市）进行了大面积的推广，取得了明显的经济和生态效益。国家"六五"科研计划中（1981—1985年），将松毛虫的研究列为国家攻关课题，重点研究了松毛虫的测报、综合管理和生物防治、封山育林控制松毛虫的机理等内容，取得重大进展，使我国的森林害虫综合管理的研究水平跻身于国际先进行列。国家"八五"科研计划中（1991—1995年），在林业部主持的"短周期工业用材林定向培育技术研究"和"生态林业工程技术体系研究"两个项目中，对松毛虫、光肩星天牛、桑天牛、云斑（白条）天牛、松叶蜂、松小蠹、杨树介壳虫等14个专题进行深入研究，重点研究害虫的综合防治技术和系统管理技术。大量的科研成果在防治中得到推广应用。人工合成的马尾松毛虫、白杨透翅蛾等昆虫性信息素应用于害虫监测中；马尾松毛虫综合管理计算机系统、专家决策系统、优化管理系统、"3S"技术在灾害监测和防治中的应用；对多种松毛虫、叶甲、天牛、舟蛾、毒蛾的种群动态和空间分布型进行研究，为害虫的准确调查和科学防治奠定了坚实的基础；防治器械和技术得到改进，超低容量喷洒、飞机喷洒技术开始使用；利用封山育林等营林措施防治森林害虫，均取得了重大突破，对保护环境、维护生态平衡和林业可持续发展做出了积极的贡献。

1979—1983年，在全国开展了森林病虫害普查工作，其中收录森林昆虫5020种。在普查工作的基础上，山东、浙江、湖南、四川、陕西、青海、甘肃、内蒙古、黑龙江、辽宁、山西、河北等省（自治区）编辑出版了地方性森林昆虫专著、图谱或防治手册。1983年，蔡邦华、萧刚柔教授组织编写出版了《中国森林昆虫》一书（第二版于1992年由萧刚柔教授主持修订），这是我国森林昆虫教学和科研工作重要的参考书，代表了我国森林昆虫学的发展阶段和研究水平。1987年侯陶谦研究员主编的《中国松毛虫》和1990年陈昌洁研究员主编的《松毛虫综合管理》，以及《落叶松鞘蛾》（1990年）、《中国木蠹蛾志》（1990年）、《江西小蛾类》（1988年）、《中国经济叶蜂志》（1992年）、《林木害虫天敌昆虫》（1989年）、《林虫寄生蜂志》（1990年）等专著相继问世，集中反映了我国森林昆虫学的研究水平。

1979年党的十一届四中全会通过的《关于加快农业发展若干问题的决定》中提出了"积极推广生物防治"，森林害虫的生物防治工作得到了快速的发展，开展了利用赤眼蜂、肿腿蜂、花角蚜小蜂、微生物杀虫剂（白僵菌、苏云金杆菌和多角体病毒）、植物源杀虫剂等生物手段防治森林害虫的研究和推广工作。1986—1998年，中德森林病虫害生物防治合作项目重点开展了天敌昆虫、病原微生物、性信息素、仿生制剂等方面的研究；1992年6月28日至7月4日第19届国际昆虫学大会在北京举行，大会主题是"人类与昆虫共存"，有79个国家和地区近4000人出席，其中设有森林昆虫组。1994—2001年，中日专项技术合作"宁夏森林保护研究计划项目"对三北防护林体系杨树蛀干害虫防治技术进行研究，也重点研究了抗虫树种选育和天牛的生物防治技术。这些合作研究加强了与国外的业务联系和交流，提高了科研能力和水平，一些研究成果在生产防治中得到及时的应用。

这一时期，外来有害生物的问题凸显出来，美国白蛾、松突圆蚧、湿地松粉蚧等外来有害生物相继传入并造成严重危害，防治的重点由本土有害生物为主向外来有害生物倾斜。防治手段和方法更趋多样化，多种生物防治技术、低量和超低量施药技术、热烟雾剂载药技术、毒笔（毒环）安全施药技术等在生产防治中得到应用。对森林害虫的防治能力不断提高，20世纪80年代全国平均防治率为40%，90年代中期全国平均防治率接近50%。

4. 可持续发展理论指导防治实践时期（1996—2013年）

1995年，第13届国际植物保护大会将"可持续的植物保护造福于全人类"作为会议主题，确立了今后一个时期国际植物保护工作总的思路。从"九五"计划开始，我国将可持续森林经营和持续减灾的思想引入到森林生物灾害的防治工作中。在这种大环境下，我国森林保护工作者提出了林业有害生物的可持续治理和生态治理等理念。森林害虫的可持续治理是林业可持续经营的一个重要组成部分，是从森林生态系统的整体功能出发，在充分了解森林生态系统结构与功能的基础上，加强生物防治、抗性品种应用和有害生物与天敌动态监测，综合使用各种生态调控手段，通过综合、优化、设计和实施，将有害生物防治与其他措施融为一体，对森林生态系统及其森林植物—有害生物—天敌关系进行合理的调节，变对抗为利用，变控制为调节，以充分发挥系统内各种生物资源的作用，使林业生产得以持续发展。生态治理是依据整体观点和经济生态学原则，选择任何种类的单一或组合措施，不断改善和优化系统的结构与功能，使其安全、健康、高效、低耗、稳定、持续，同时将害虫维持在经济阈值或生态阈值之下。与此同时，积极引进以美国为代表的森林健康理念，通过实验示范，以提高森林质量和可持续经营为目标，实现森林的生态、社会、经济效益协调发展，从预防入手，做好有害生物防控管理。总之，这一时期在可持续发展理论指导下，我国森林昆虫学研究和森林害虫防治步入了全面发展阶段。

到20世纪90年代末期，全国已基本建成国家级中心测报点1000个，省级重点测报点1593个，一般监测点22 365个。一个以国家预测预报中心为龙头，以省级测报站为枢纽，以国家级中心测报点为骨干，以县级测报站和各级监测点为基础的全国监测预报网络已经建成。1997年全国森林病虫害防治工作会议提出，从2000年开始，在全国范围内开展防治检疫标准站建设，在国债资金的支持下，以防治检疫站和防治网络、检疫网络、测报网络为主要内容的标准站建设全面启动，到2003年，全国共建成各级标准站1559个，标准站建站率达51.3%。

2004年全国林业有害生物防治工作会议上提出了"预防为主，科学防控，依法治理，促进健康"新的防治方针。预防为主，就是要把有害生物防治工作贯穿到林业生产的各个环节，加强测报、检疫、营林措施等预防性工作，实现由重除治向重预防的战略性转移；科学防控，就是要准确把握有害生物发生发展和有效防控的规律，用科学的方法指导防治实践；依法治理，就是要突出工作的法制性，建立健全相关法律法规，依靠法律手段，遏制森林有害生物的人为传播蔓延；促进健康，就是要牢固树立森林健康理念，通过采取针对森林生态系统的综合措施，实现森林健康目标。四者是一个有着内在联系的有机整体，预防为主是总要求，科学防控和依法治理是手段，促进健康是目标。

2011年全国林业有害生物防治工作会议将防治方针进行了微调，即"预防为主，科学治理，依法监管，强化责任"。进一步突出了林业有害生物防治工作的属地管理和更加强化了各级政府的责任。

科技对森林害虫防治的支持力度不断加大。"防护林杨树天牛持续控制技术""利用诱饵技术控制单板类杨树速生丰产林天牛灾害技术""靖远松叶蜂控制技术""鞭角华扁叶蜂控制技术""湿地松粉蚧控制技术""以营林技术措施为主的云南松小蠹综合控制技术"等，均是利用有害生物的发生特点，以不损害生态系统为原则，对有害生物的灾变过程进行控制，将灾害的管理纳入了森林生态系统的管理中。

积极引进和消化吸收国外先进技术。从1996年开始，先后开展了"湿地松粉蚧天敌输引技术引进""森林病虫害航空监测技术及防治技术引进""叶蜂类害虫性信息素的合成和应用技术引进""捕食性天敌大唼甲防治红脂大小蠹技术引进""红脂大小蠹信息素及其应用技术引进""林木病虫害控制新技术生产工艺及应用技术引进""绿僵菌先进生产工艺和应用技术引进""气助式静电喷雾机技术引进""航空静电喷雾系统技术引进"等引进国外先进技术项目（948项目），从美国、瑞典、英国、比利时、加拿大、澳大利亚、德国等国引进的先进技术，经消化吸收，形成具有自主知识产权的产品或技术，提高了我国森林害虫的防治技术水平。中德合作项目"中国西部地区森林保护及可持续经营管理"，通过引进国际上先进的技术和管理模式，建立森林病虫害监测、预测预报网络规范模式与管理体系，加强西部地区森林病虫害危险性评价，开展森林病虫害预测预报岗位培训等合作内容，促进了我国森林病虫害预测预报整体水平的提高。与此同时，国家自然科学基金委员会对森林害虫自然控制机理方面、森林昆虫分类等基础性研究的资金支助，也推动了我国森林昆虫事业的发展。中国积极参与国际上重大林业有害生物的防控工作，特别是为亚太地区有害生物防治做出了贡献。2002年，应联合国粮农组织亚太林业委员会的邀请，我国代表介绍了中国防范外来入侵生物成效及面临的挑战，受到各国与会代表的关注。为切实加强亚太地区外来生物入侵的交流与合作，2003年国家林业局在云南昆明召开了防范外来有害生物国际研讨会。2004年5月11～16日第15届国际植物保护大会在北京召开，不少森林昆虫学者参加此会。在2004年召开的第20届亚太地区林业委员会上会员国一致同意成立"亚太地区林业外来有害生物网络"，并于2014年在北京设立了办事处。

　　森林害虫防治技术标准化工作快速发展。先后颁布了《油松毛虫、赤松毛虫和落叶松毛虫监测与防治技术规程》《马尾松毛虫监测与防治技术规程》《黄脊竹蝗防治技术规程》《林业有害生物发生和成灾标准》《白蛾周氏啮小蜂人工繁育及应用技术规程》《管氏肿腿蜂人工繁育及应用技术规程》《苏云金芽孢杆菌制剂》以及《林业资源分类与代码　林木害虫》《美国白蛾检疫技术规程》《杨干象检疫技术规程》《青杨脊虎天牛检疫技术规程》《红脂大小蠹检疫技术规程》《松褐天牛防治技术规程》《美国白蛾防治技术规程》《苹果蠹蛾防治技术规程》等40多项国家和行业标准。这些标准的颁布实施有力地促进了我国森林害虫防治和管理工作的标准化进程。

　　有害生物风险分析的理论和方法得到应用。在2003—2004年全面修订全国森林植物检疫对象名单时，成立了风险分析工作组，利用有害生物风险分析的理论和方法，在各省提出的重要有害生物名单的基础上进行筛选，对178种进行初评，从初评结果中选出64种进行详评，最终提出建议名单，提交审定委员会审定。2011—2013年再一次组织专家对200多种有害生物进行全面的风险评估工作。这是我国大范围、统一应用风险分析方法的有益尝试，为科学确定我国林业检疫性有害生物名单和危险性有害生物名单提供科学依据。

　　创新森林病虫害防治的组织形式。从1998年开始，对主要的森林病虫害实行国家级的工程治理。工程治理是在一定时期和较大范围内，对危害严重、发生普遍或危险性大的病虫害，采取有效技术手段和工程项目管理办法，有计划、有步骤、有重点地实行预防为主、综合治理，对森林病虫害进行林业生产全过程管理，把森林病虫灾害损失减少到最低水平，实现持续控灾的一种病虫害管理方式。国家林业局先后启动实施了松毛虫、美国白蛾、红脂大小蠹、杨树天牛、萧氏松茎象、纵坑切梢小蠹等国家级治理工程。将被实践证明有效的技术组装配套应用到工程中去，航天遥感、航空录像等监测技术，天敌昆虫、病原微生物、性信息素等生物防治技术在工程中均得到应用。2000年以后，全国森林害虫年平均防治率达到60%以上；2010年以后，无公害防治率达到80%以上。

5. 以建设生态文明和发展现代林业为指导的防治新时期（2014年以后）

2014年5月，国务院办公厅发布了《关于进一步加强林业有害生物防治工作的意见》（以下简称《国办意见》），标志着我国的林业有害生物防治工作步入以强化政府责任、强化预防为重点的新阶段。《国办意见》对推进新常态下林业有害生物防治事业发展具有里程碑意义。《国办意见》明确了以"减轻林业有害生物灾害损失，促进现代林业发展"为总体目标，提出了"加强能力建设，健全管理体系，完善政策法规，突出科学防治，提高公众防范意识"为重点任务。通过"在防治对策上加强灾害预防，在防治措施上强化应急防治，在防治组织形式上完善社会化防治"三项主要任务的完成，努力实现林业有害生物无公害防治率超过85%，测报准确率超过90%，种苗产地检疫率达到100%的灾害控制目标。

为贯彻落实《国办意见》，国家林业局在2014年正式启动了为期3年的第三次全国林业有害生物普查工作；在以往标准站建设的基础上正式启动了林业有害生物防治检疫示范站建设。

（二）中国森林害虫防治技术的进展

中华人民共和国成立以来，特别是经历了"快速发展"和"全面发展"两个阶段，伴随科学的发展和技术的进步，很多相关领域的新技术、新方法不断融入森林害虫的防治技术当中，使监测手段更加多样可靠，防治方法更趋多样，做到早发现，早防治，预防优先，合理防治。森林害虫防治技术的进步主要表现在以下几个方面。

1. "3S"技术在森林害虫监测预报中得到初步应用

"3S"技术是遥感（Remote Sensing，RS）、地理信息系统（Geographic Information Systems，GIS）和全球导航卫星系统（Global Navigation Satellite System，GNSS）的统称。RS是根据植被光谱反射率的差异和结构异常，通过图像增强处理和模式识别，并在GIS和专家知识的支持下，实施对森林病虫灾害的监测与评估。GIS是在应用软件支持下，使描述林业有害生物发生、发展的各种专题和基础数据，按其地理坐标输入计算机，并在其中存储更新、查询检索、分析处理、显示制图和输出的一种技术系统。GNSS是以卫星为基础的无线电定位、导航、授时和测速的系统，可为外业人员提供不同精度的导航、定位等位置服务。

目前，"3S"技术正在向集成化方向发展，其工作的基本流程是：利用RS获取的最新图像作为有害生物的数据源，通过计算机的图像处理，判读或识别出灾情发生点的精确地理坐标、危害程度、发生范围和面积等所需信息；利用GIS作数据管理与储存、统计分析、结果输出的操作平台，可制定出灾害发生图、测报点分布图、踏查线路图等，并提供内容丰富的虫情信息和及时精确的基础资料，实现现实与历史数据的科学管理和空间分析，掌握林业有害生物发生发展的规律；GNSS能帮助地面实地调查人员快速准确抵达灾情发生点，并准确记录外业监测调查的位置、路径、时间等信息，为建立完善的数据库和作业评估提供科学依据。因此，"3S"技术具有快速、实时的空间信息获取与分析能力。在学习借鉴美国航空监测技术的基础上并不断完善和创新，目前主要应用中分辨率卫星遥感、航空录像、航空电子勾绘等信息采集手段，结合常规抽样和调查技术，开发出的重大森林害虫中长期测报技术，可提高预警水平和防治决策能力，并已在马尾松毛虫的大区域监测与预警中开展示范。随着近年来快速发展的高空间卫星遥感和无人机监测技术的不断完善，作为地面灾害监测的重要补充手段，已显露出良好的应用前景。此外，根据县、省、国家等多级管理的职能差异，已建立了C/S、B/S的林业有害生物管理信息系统，实现了乡—县—省—国家不同层次间数据的共享，服务于科学管理与决策。在不远的将来，"3S"技术将成为"数字森防"的重要组成部分，为害虫监测预警提供新的途径和方法。

2."三诱"技术在森林害虫监测和诱杀中发挥出重要作用

"三诱"技术是集合昆虫微量化学信息物质诱杀、灯光诱杀及颜色诱杀的综合防治策略，此技术可以转变以往以幼虫为中心的防治策略为以成虫为中心的防治策略，大大提高防治效率，同时可以减少化学农药的大量使用、降低环境污染，具有显著的经济效益、生态效益和社会效益。

昆虫微量化学信息物质诱杀技术，利用昆虫信息素和植物中对害虫具有引诱作用的化学成分引诱并捕获害虫。昆虫信息素是指由同种昆虫的一些个体所产生的，用于与同种其他个体进行联系的化合物。通过开展与捷克、美国等国家的合作，我国鉴定、合成的昆虫性信息素已在白杨透翅蛾、杨干透翅蛾、松毛虫、美国白蛾、舞毒蛾、苹果蠹蛾、芳香木蠹蛾东方亚种、落叶松鞘蛾以及多种卷蛾、尺蛾的发生期监测和大量诱杀中得到应用；聚集信息素已在纵坑切梢小蠹等害虫的发生期监测和大量诱杀中得到应用；寄主植物中对害虫具有引诱作用的化学成分，已在松墨天牛、红脂大小蠹、双条杉天牛等害虫的监测和防治中得到推广和应用，均取得好的效果。

灯光诱杀技术利用害虫的趋光性和对紫外线的敏感性，将害虫引诱至杀虫灯周围，使害虫扑入收集器内实现诱杀。近年来，灯光诱杀技术在松毛虫、美国白蛾、春尺蠖、栗山天牛、毒蛾、舟蛾、灯蛾、螟蛾、夜蛾等农林害虫防治中得到推广应用。尽管近年来发现灯光可引诱到少量天敌及中性昆虫，但作为一种经济、简便和不污染环境并兼具监测和治虫的措施仍受到基层的欢迎。

颜色诱杀技术利用害虫对颜色的趋向行为反应，与粘虫胶结合，制成不同颜色的粘虫板捕获害虫。实验证明，土黄色诱板对枸杞木虱*Paratrioza sinica*诱杀效果最好；黄色诱板对柑橘粉虱*Dialeurodes citri*、黑刺粉虱*Aleurocanthus spiniferus*等有较好的控制效果。在枣园、橘园害虫防治时，以黄色和绿色诱板为好，以树冠中部设置效果更佳。柳蜷叶蜂*Amauronematus saliciphagus*成虫发生期，用树冠挂黄绿色粘虫板、树干围黄绿色粘虫胶带诱杀成虫。延庆腮扁叶蜂*Cephalcia yanqingensis*成虫期，在树干围红色粘虫胶带诱杀成虫。颜色诱杀不污染果品和环境，对人畜安全，操作方法简单，具有很好的推广应用前景。近年来，已开发出添加昆虫信息化合物的诱虫色板，以期提高颜色诱杀的效率。今后有必要发展驱避天敌的颜色诱杀技术，以减少对天敌的伤害，将具有很好的推广应用前景。

3.森林害虫的鉴定技术正向微观和远程两个层面快速发展

对森林害虫中形态特征不易鉴别的行为种和近缘种，或野外调查时常见幼虫和蛹（没有采集到成虫）而无法鉴定的种类，或检疫工作中截获幼虫需较长时间饲养到成虫才能鉴定的种类，已采用酯酶同工酶电泳技术（EST）、随机增扩多态分析技术（RAPD）、限制性片段长度多态性技术（RELP）、聚合酶链式反应技术（PCR）、核酸序列分析技术、DNA探针杂交技术等现代分子生物技术开展了积极的探索和尝试，取得了可喜的进展。目前这些技术已在多种小蠹虫、天牛、金龟、赤眼蜂、松干蚧等昆虫的鉴定中试用。

远程鉴定主要是指通过计算机网络，终端用户和专家以发送和接收关于实物标本的文本和图片文件的方式，并进行研究、分析和判断，得出鉴定结论的全过程。远程鉴定根据文本和图像做出结论，不需要寄送实物标本，可节省时间，达到快速准确鉴定的目的。远程鉴定适于林区基层技术力量薄弱、缺少鉴定专家的需要，也可满足口岸检疫工作的快速准确鉴定的要求，能够发挥技术权威机构和专家的作用，有很好的发展前景。目前，这套远程鉴定系统已在中国科学院动物研究所与北京、广东、湖南等省级森林病虫害防治管理机构之间试用。

4. 多种检疫除害处理技术日趋成熟

目前，最常用的检疫除害处理技术是溴甲烷熏蒸和热处理技术。热烘处理是在密闭的烘房内对虫害木加热加压到一定的时间杀死其中害虫的方法。实验证明：经65～75℃，15小时热烘，或者157～168℃，10分钟，加压9MPa，对厚度2.8cm以下的板材或5cm×5cm以下的方材中的松墨天牛和松材线虫*Bursaphelenchus xylophilus*可以达到100%杀死。此外，还尝试了以下多种技术。

水浸处理原木是在一定气温条件下，由于被处理的原木中有机质不断氧化，消除了水中溶解氧及虫孔中的氧气，使害虫窒息死亡，同时由于氧化产生大量的有毒气体（H_2S、SO_2、CO）渗入虫孔及组织中，也可加速害虫的死亡。目前，这种处理技术已经成熟并在生产中加以规范。

辐照处理是利用离子化能（γ-射线、X-射线、射电线等）照射，使有害生物不能完成正常的生活史，从而防止有害生物的传播扩散或将其杀灭。辐照处理具有无毒、无害、无污染，不影响商品质量等优点，实施时不受处理物品温度的限制，不必改变检疫物的原包装，具有广泛的应用前景。目前，已对松材上纵坑切梢小蠹以及柑橘、板栗上的多种有害生物进行了成功的除害处理。

微波处理技术在加热、干燥、杀虫、灭菌、医疗等方面的应用已越来越广，利用微波处理技术进行木材的检疫处理已取得了突破。国内研制生产的微波除害处理设备已用于杀灭疫木中的松墨天牛和松材线虫，当设备显示的木材表面温度大于68℃，持续30分钟，可达到100%的处理效果。

5. 适应林业特点的施药器械和技术更趋多样、高效和安全

高大树木害虫的防治是林业生产防治中直接面临的难题，急需解决提高有效射程、功效，减少环境污染和节约用水等关键问题，最近10多年来，一批新技术和器械在防治中得到推广应用。

高射程农药喷雾技术采用风送和雾化技术解决了射程问题，在垂直高度上可达到20m以上，使主射流长，具有较好的穿透性能，确保防治效果。烟雾载药技术主要通过引燃式烟雾载药技术或烟雾发生器载药技术，将农药转变成烟雾微粒分散于空间，并均匀地附着于目标，达到杀虫的目的。树干注药技术是利用人工或机械的方法，将内吸性药物导入树干特定部位，经输导组织传至树木的各个器官，以杀死害虫，这种局部施药技术具有对环境安全，不杀伤天敌，成本低，持效期长等特点，特别是缺水地区和对风景林、古树尤为适用。灭虫药包布撒技术是通过发射装置确定射程、射角、炸点高度、爆炸面积、漂浮面积，通过静爆装置确定静爆半径、药剂覆盖面以及杀虫效果，适于山高林密、林木繁茂、缺乏水源、地面人工防治和飞机防治困难地区的防治。此外，毒绳、毒笔等安全施药方法也在生产防治中得到推广。

除地面施药技术外，航空喷雾技术得到长足快速发展。在防治生产实践中，已使用国内外多种固定翼和活动翼飞机并将静电喷雾技术结合起来，能够降低农药使用量和减轻环境污染，有着良好的防治成效，具有更加明显的生态和经济效益。

6. 生物防治在森林害虫无公害防治中的比重不断加大

我国已记载林木害虫天敌2000多种，并已对其中200多种天敌的生物学、生态学特性进行了较为深入的研究，在天敌的利用方面也取得了可喜的成绩。50年来，对重要森林害虫松毛虫、舞毒蛾、杨扇舟蛾、杨二尾舟蛾、美国白蛾、落叶松鞘蛾、栎黑枯叶蛾*Pyrosis eximia*、天幕毛虫、松突圆蚧、松叶蜂、杨树天牛、松墨天牛、星天牛、华山松大小蠹、马尾松梢小蠹、白蜡窄吉丁、板栗瘿蜂等害虫的天敌进行了详细调查，查清了主要天敌的种类；对赤眼蜂、白蛾周氏啮小蜂、花角蚜

小蜂、肿腿蜂、花绒寄甲、大唼蜡甲等天敌昆虫的生物学、生态学、行为学等进行了深入研究，解决了人工繁殖技术和野外释放技术；应用赤眼蜂防治松毛虫、管氏肿腿蜂防治多种天牛、花角蚜小蜂防治松突圆蚧、白蛾周氏啮小蜂防治美国白蛾等已成为害虫生物防治成功事例。我国天敌昆虫饲养技术已处于世界先进位置，通过亚太林业外来有害生物网络，加强了亚太地区入侵物种生物防治的合作与交流，向马尔代夫等国家输出了相关技术和装备。

松毛虫质型及核型多角体病毒、春尺蠖核型多角体病毒、美国白蛾核型多角体病毒、舞毒蛾核型多角体病毒等解决了林间扩繁和实验室增殖技术，进入野外防治阶段，对靶标害虫具有很强的专化性和高效性；苏云金杆菌已完成登记注册和工厂化生产，产品质量稳定，可防治多种农林害虫；白僵菌的生产工艺和产品质量明显提高，制剂类型不断增多，应用范围日渐增加，除在南方地区广泛应用于马尾松毛虫的防治外，一些省（自治区）还针对杨树食叶害虫、叶蜂类害虫、竹类害虫、经济林叶部害虫以及蜀柏毒蛾、木麻黄毒蛾等开展了防治实验，取得较好的防治效果，全国每年防治面积在50万～80万hm²；绿僵菌的系统分类、生物学特性、致病机理、毒素以及工厂化生产的研究均取得一定进展，在防治地下害虫、蛀干害虫等方面展现出较好的应用前景；斯氏线虫 *Steinernema* spp.和异小杆线虫*Heterorhabditis* spp.具有较广泛的寄主范围和很强的对寄主的搜索能力，特别是对钻蛀性和土栖性害虫有很高的防效，现已实现批量生产和用于几种害虫的防治实践。

我国鸟类资源丰富，大多数鸟类为森林害虫的重要天敌。利用巢箱招引鸟类，建立良好的森林群落，恢复和增加鸟类群落的多样性和种群密度，已成为利用鸟类的重要措施，达到以鸟治虫的目的。辽宁、浙江等省对大山雀的招引、山东对啄木鸟的保护和利用都有深入的研究，对驯养灰喜鹊、红嘴蓝鹊也取得了可喜的进展。在内蒙古西部地区一对大斑啄木鸟可控制逾10hm²防护林不受天牛的严重危害。

此外，植物源农药的开发与应用为生物防治开辟了一条新的途径。由于植物源农药具有作用方式特异，对环境安全、对非靶标生物相对安全等特点，近些年来研发速度加快。到目前为止，已对具有农药活性的植物资源进行了调查和筛选，对有效成分和杀虫机理进行了深入研究，开发出多种制剂，用于城市园林害虫，取得了较好的防治效果。

7. 营林技术作为改善生态环境和提高树木抗性的治本措施作用更加突出

营林技术措施贯穿于培育健康森林的全过程，也是防控森林害虫的治本措施，包括森林生态系统的建立与维护、森林生态系统的更新与重建等许多内容。自20世纪末开始，中国与美国开展了森林健康与恢复合作项目，在14个省（自治区）开展示范，旨在加强树种选择、抚育更新和水肥管理等人工措施干预，提高林木抗害虫的能力。同时也积极开展了与德国合作的近自然林业的示范。主要有以下几方面的具体进展：一是筛选和培育抗性树种，提高免疫能力。如火炬松、湿地松对日本松干蚧有抗性，69杨、72杨对光肩星天牛有抗性，苦楝对光肩星天牛有忌避作用，桑树及构树对桑天牛有引诱作用。二是营造多树种配置的混交林。油松刺槐混交林的土壤肥力高于油松纯林，能够促进油松的生长，增强对松毛虫的承载能力，有利于对松毛虫的自然控制；通过调整树种结构，加大抗性免疫树种的比例，提高林分的稳定性，增加生物多样性；利用天牛飞行能力不强的特性，使用拒避性树种作为杨树林分的伴生树种或保护行，可在一定程度上阻隔天牛的自然扩散。三是加强伐根嫁接、高干截头、萌芽更新等措施。伐根嫁接毛白杨等抗性树种，可充分利用伐根根系的优势，迅速恢复林分，减少造林工序，降低成本；高干截头是在主干1.6～1.8m的高度截去上部被害严重、虫口密度大的部分，减低虫口密度、有虫株率，并能够快速恢复林分；萌芽更新是利用伐根的萌发特性，通过对萌芽的抚育管理和定干，使林分在短期内得到恢复；及时清理天牛危害严重的虫害木，控制扩散源头，是治理天牛的重要基础性工作。四是加强对中幼龄林分的抚育管理。对中龄以上的林分及时进行间伐抚育，合理修枝，以提高树木生长势和抗性。

封山育林是改造稀疏林、次生林，促进人工林生长和防治森林害虫的简单易行而又经济有效的措施。要把封山和育林有机结合起来，封山就是要减少人畜的破坏，丰富和促进生物群落的稳定性和保护生物多样性；育林就是要科学抚育，促进林分和林木的健康生长，提高林分的抗性，增强林分的自控能力。以广西钦州市三十六曲林场封山育林控制马尾松毛虫为例，多年封育后，封育区的植物种类明显丰富，蜜源植物大量增加，天敌昆虫和捕虫鸟类有所增多，松毛虫多年不成灾或危害轻微。

8. 化学药剂向着环境友好型快速发展

随着社会环境保护意识、生态意识的提高和对食品安全的关注，我国政府已制定了一系列农药安全使用规定、农药安全使用标准和较完善的农药登记制度等相关法规和条例，禁止和限制了部分难降解以及剧毒农药的使用，例如有机氯农药、甲胺磷、对硫磷、甲基对硫磷、久效磷、磷胺等。同时，结合相关科研部门，促进农药向高效、低毒、低残留的方向发展，以满足无公害防治的要求。在林业害虫的化学防治中，选用针对昆虫特异性靶标的药剂，如使用昆虫几丁质合成抑制剂苯甲酰脲类杀虫剂灭幼脲（Chlorbenzuron）防治松毛虫、美国白蛾、雪毒蛾、古毒蛾、舞毒蛾、黄褐天幕毛虫等；使用保幼激素昆虫生长调节剂类农药苯氧威（Fenoxycarb）防治杨树食叶害虫、松毛虫、美国白蛾等害虫；干扰鳞翅目幼虫蜕皮过程的新型杀虫剂虫酰肼（Tebufenozide）用于几种叶部害虫的防治。同时选用具有一定内吸性的新烟碱类药剂吡虫啉（Imidacloprid）防治多种食叶害虫和蛀干害虫以及种实害虫，具有较好的防治效果；选用对鳞翅目特效的大环内酯类杀虫剂甲基阿维菌素苯甲酸盐（Emamectin Benzoate）防治美国白蛾，在极低用量下就达到很好的防治效果。这些药剂对环境和天敌昆虫是相对安全，对害虫高效，针对性强，可以降低传统化学农药对生态环境和食品安全的威胁。

为降低或消除传统农药带来的问题，农药的剂型正朝着水基化、粒状、缓释、多功能、省力和精细化的方向发展，如限制和减少乳油的使用，避免大量芳烃溶剂对环境的污染。微胶囊是农药控制释放技术的重要内容，使用微胶囊剂能防止有效成分散失、挥发，减少用药量，防止环境污染，减轻药害等优点，避免毒性高、刺激性较大的农药对施药者的危害，具有较好的持效性，例如使用菊酯类杀虫剂氯氰菊酯（Cypermethrin）微胶囊和新烟碱类杀虫剂噻虫啉（Thiacloprid）微胶囊防治光肩星天牛、云斑白条天牛、松墨天牛等害虫，同时，还开展了针对松毛虫、卵圆蝽等害虫的防治试验。椰甲清是啶虫脒（Acetamiprid）和杀虫单（Monosultap）复配组成的控释药袋，是一种新型缓释袋剂包装，将其固定在椰树心叶上方，借雨水淋溶下渗，达到杀死椰心叶甲的目的，对环境相对安全。

主要参考文献

《中国森林》编辑委员会, 1997. 中国森林（第1卷）[M]. 北京: 中国林业出版社.

包建中, 古德祥, 1998. 中国生物防治 [M]. 太原: 山西科学技术出版社.

方三阳, 1993. 中国森林害虫生态地理分布 [M]. 哈尔滨: 东北林业大学出版社.

国家科委全国重大自然灾害综合研究组, 1996. 中国重大自然灾害及减灾对策 [M]. 北京: 海洋出版社.

何兴元, 2004. 应用生态学 [M]. 北京: 科学出版社.

李镇宇, 1992. 我国森林昆虫事业发展概况 [J]. 陕西林业科技, 2:4-8.

骆有庆, 黄竞芳, 李建光, 2000. 我国杨树天牛研究的主要成就、问题及展望 [J]. 昆虫知识, 2:116-122.

马世骏, 1959. 中国昆虫生态地理概述 [M]. 北京: 科学出版社.

孟宪佐, 2000. 我国昆虫信息素研究与应用的进展 [J]. 昆虫知识, 2:75-83.

宋玉双, 苏宏钧, 于海英, 等, 2011.2006—2010年我国林业有害生物灾害损失评估 [J]. 中国森林病虫, 6: 1-5.

宋玉双, 2000. 我国森林病虫害防治行业工作大事记（1）[J]. 森林病虫通讯, 2:40-43.

宋玉双, 2000. 我国森林病虫害防治行业工作大事记（2）[J]. 森林病虫通讯, 3:45-48.

宋玉双, 2006. 论林业有害生物的无公害防治 [J]. 中国森林病虫, 3:42-44.

万方浩, 叶正楚, 郭建英, 等, 2000. 我国生物防治研究的进展及展望 [J]. 昆虫知识, 2: 65-74.

王思明, 周尧, 1995. 中国近代昆虫学史（1840—1949）[M]. 西安: 陕西科学技术出版社.

萧刚柔, 1992. 近年来我国森林昆虫研究进展 [J]. 森林病虫通讯, 3: 36-43.

严静君, 等, 1989. 林木害虫天敌昆虫 [M]. 北京: 中国林业出版社.

杨忠岐, 2004. 利用天敌昆虫控制我国重大害虫研究进展 [J]. 中国生物防治, 4: 221-227.

张星耀, 骆有庆, 2003. 中国森林重大生物灾害 [M]. 北京: 中国林业出版社.

章士美, 1998. 中国农林昆虫地理区划 [M]. 北京: 中国农业出版社.

赵志模, 周新远, 1984. 生态学引论——害虫综合防治的理论及应用 [M]. 重庆: 科学技术文献出版社重庆分社.

中国可持续发展林业战略研究项目组, 2003. 中国可持续发展林业战略研究 [M]. 北京: 中国林业出版社.

朱弘复, 1987. 动物分类学理论基础 [M]. 上海: 上海科学技术出版社.

Tsai P H, 1929. Description of three new species of Acridiides from China with a list of the species hitherto recorded [J]. Coll. Agr. Imp. Univ. Tokyo, 10（2）: 139-149.

（宋玉双 执笔）

中国森林昆虫（第三版）

各论

Taxonomic Section

1 大蟋蟀

分类地位	直翅目 Orthoptera　蟋蟀科 Gryllidae
拉丁学名	*Tarbinskiellus portentosus* (Lichtenstein)
异　　名	*Brahytrupes portentosus* Lichtenstein
中文别名	大浆狗、大头狗、大头蟋蟀、草鸡、土猴

分布　浙江，福建，江西（南部），湖南，广东，广西，海南，贵州，云南，台湾等地。巴基斯坦，马来西亚，越南等。

寄主　松科、杉科、樟科、桉属植物，以及相思、柑橘、桃树、木薯、玉米、花生、豆类和蔬菜等。

形态特征　**成虫**：体长40～50mm。体黄褐色或暗褐色。头比前胸宽。触角丝状，较体稍长。前胸背板中央有1纵线，两侧各有1横向圆锥状纹。后足腿节强大，胫节粗，具2排刺，各排有刺4～5枚。雄虫前翅纵脉粗、曲、隆起，雌虫的较细、直、平滑。产卵器管状，长约5～8mm。**卵**：圆筒形，淡黄色，长4.6mm左右。**若虫**：形态与成虫相似，体较小，色较浅。1～7龄体长分别为：5.4～6.1mm、6.5～10.1mm、11.1～13.5mm、12～21.2mm、17～29mm、28～33mm、35～38mm。

生物学特性　1年1代。多数以3～5龄若虫在土洞中越冬。每年2～3月越冬若虫开始活动，5月成虫出现，7月为若虫末期，若虫期长达260天左右；6月成虫盛发，7～8月为交尾盛期，7～10月产卵，卵期20～25天，8～10月若虫孵化。10月后成虫陆续死亡，成虫期约110天。

交尾在土洞中进行，卵产在洞穴底部，20～50多粒一堆，1只雌虫可产卵200粒以上；产卵后成虫将柔嫩寄主堆放在卵边，待初孵若虫取食。1洞1虫，昼伏于洞中，入夜后出来危害，喜欢互相残杀，唯有在交尾时才有雌、雄同居。洞穴深度主要与虫龄、土质和温度有关，初龄若虫洞深仅3～7cm，而成虫洞穴则长80cm以上。洞口如手指粗，圆形，如有松土覆盖，说明有虫在洞内栖息。出洞时靠上颚把洞口的松土推开，进洞后用后足将洞中泥土弹出塞住洞口。

该虫可在距离洞穴周围10m多的范围内活动、取食，常将植株嫩芽或植物枝叶拖入洞内啃食或作为贮备粮。该虫不一定每晚外出，但初春气候转暖和7～8月交尾期间外出频繁，多数在19:00～20:00出洞，晴天闷热、无风或久雨初晴温暖的夜晚，出穴最多。

该虫多出现在土质疏松肥沃、炼山不彻底、植被稀少、靠近旱地作物或山脚、山窝低洼地段。发生数量与危害程度和气候关系密切，若上一年秋旱冬暖，则有利于若虫越冬和发育。这种情况下对速生桉新种幼苗的危害也比较严重。7、8月，由于交尾、产卵期的成虫食量较大，对5、6月的定植苗木危害也相当普遍。该虫对酸、甜、香和霉味的物质有爱好。

防治方法

1. 营林措施。①造林整地前要彻底炼山，清除大蟋蟀的食料使其逃离。②全垦、带垦整地，破坏若虫的洞穴及生存环境。③选择壮苗和木质化程度较高的苗木定植。造林要施足基肥和及早追肥，提高苗木生长速度，加快苗木木质化过程，减少害虫危害程度。

大蟋蟀成虫（王缉健　提供）

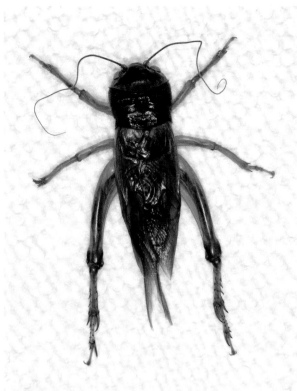

大蟋蟀雄虫（李镇宇 提供）

大蟋蟀雌虫（李镇宇 提供）

2. 人工防治。注意苗圃和新造林地的调查，早期发现大蟋蟀危害并尽早治理。①入夜捕捉。林地与住地较近，面积不太大的，可以在入夜后，手持电筒和捕虫网检查并捕捉外出危害或活动的若虫、成虫。若面积较大，也可在田间设黑光灯诱杀成虫。②清水灌洞。白天找到洞穴，拨开小堆封洞松土后，滴入少许煤油，用带嘴壶具将清水灌入洞穴内，直到洞口有水溢出，害虫即逃出洞外，注意及时捕杀。③草堆诱杀。利用其喜栖杂草堆的习性，田间堆草诱捕。草堆直径25cm左右，厚度10～20cm。草堆放置密度可根据大蟋蟀的密度和作物种植方式确定。一般可将草堆按行距5m、间距3m均匀摆放田间，次日将草堆中害虫集中捕杀。在草堆下放置毒饵或用直径3～5cm木棍捣成洞穴，效果较好。

3. 化学防治。①农药稀释液灌杀。用25g/L高效氯氟氰菊酯乳油3000倍液、2.5%溴氰菊酯水乳剂4000倍液或40%毒死蜱·辛硫磷乳油1000～2000倍液灌满洞穴，随即将洞口封严，熏蒸或毒杀成虫、若虫。②农药拌香料或食物诱杀。用5%丁硫克百威颗粒剂1份或15%毒死蜱·辛硫磷颗粒剂1份加入10倍清水中溶解，然后把炒香的麦麸或米糠100份，再加入适量糖、醋或啤酒充分拌匀；或用切碎的南瓜、青菜拌入上述比例的农药，在大蟋蟀危害地段每隔5～10m，投放约5g一小堆，在无雨情况下连续诱杀数天。③农药粉剂喷杀。用40%毒死蜱·辛硫磷乳油1000mL加入50kg滑石粉内，充分拌匀，在大蟋蟀危害地，选择晴天、地表干燥、夜晚无雨的天气，近傍晚时用喷粉机械喷施或用人工手撒，用量约7.5～15kg/hm^2，无须十分均匀。当晚害虫出来活动，由于其活动范围广，并且经常用前足摸、擦口器，接触到药粉而中毒死亡，次日清晨可以检查防治效果。

4. 注意保护天敌。大蟋蟀的天敌种类较多，有寄生蜂、土蜂、寄生蝇、步甲、蜘蛛、蟾蜍、蛙类、蜥蜴、鸟类等，应加强保护利用。

参考文献

周仲铭等，1983；北京林学院，1985；中南林学院，1987；萧刚柔，1992；黄衍庆，2000；朱天辉，2002；郝伟等，2003；林顺德，2003；庞正轰，2006；师伟香，2007；蓝裕光，2008.

（姜静，李镇宇，覃泽波，赵庭坤）

2 东方蝼蛄

分类地位	直翅目 Orthoptera　蝼蛄科 Gryllotalpidae
拉丁学名	*Gryllotalpa orientalis* Burmeister
英文名称	Oriental mole cricket
中文别名	南方蝼蛄、小蝼蛄、啦啦蛄、土狗、非洲蝼蛄

东方蝼蛄是苗圃和农田重要的地下害虫，取食播下的种子及幼苗嫩根，或在土中穿行造成断根及须根离土失水而导致幼苗枯死。在西藏易贡茶场，1983—1984年直播茶园因东方蝼蛄的危害，缺苗断垄，死苗率最高达95%，近20hm²茶园荒废。

分布　北京（平谷），天津，河北（沧州、任邱、河间），山西（忻州），内蒙古（兴安盟、锡林郭勒盟、巴彦淖尔市、阿拉善盟），辽宁，吉林，黑龙江，上海，江苏（徐州、连云港、淮阴、扬州、宿迁、南通、南京、镇江、苏州），浙江（安吉、德清、临安、桐庐、奉化、舟山、岱山、浦江、金华、义乌、临海、建德、淳安、松阳、龙泉、庆元、温州、永嘉、瑞安、平阳、泰顺），安徽，福建（厦门、仙游、晋江、同安、龙海），江西（南昌、崇仁），山东，河南（郑州、安阳、淇县、内黄、中牟、伏牛山），湖北（武汉、丹江口、孝感、当阳、咸宁、应山、宜城、襄阳、房县、仙桃、利川、鹤峰、罗田、鄂城、黄冈、通城、黄陂），湖南（益阳、永江），广东（广州），广西，海南，重庆，四川（成都、洪雅、富顺），贵州，云南，西藏（易贡），陕西（陕南、

关中、武功），甘肃，青海，宁夏，新疆，香港，台湾等地。朝鲜，日本，印度，斯里兰卡，中亚，东南亚，美国（夏威夷）；大洋洲，非洲。

寄主　多食性害虫，几乎所有植物的种子和幼苗嫩根均可取食，已明确记录的寄主如下：日本冷杉、辽东冷杉（杉松）、朝鲜冷杉、臭冷杉、落叶松、云杉、华山松、北美短叶松、赤松、红松、马尾松、日本五针松、偃松、刚松、北美乔松（北美五针松）、樟子松、油松、火炬松、黑松、杉木、水杉、池杉、柏木、侧柏、悬铃木、榆树、无花果、桑、山桑、大麻、苎麻、枫杨、日本桤木（赤杨）、辽东桤木、木麻黄、马齿苋、香石竹（康乃馨）、石竹、油茶、茶树、黄麻、锦葵科、猩猩草、油桐、杨树、柳树、桃、杏、枇杷、草莓、海棠、苹果、桉、柑橘、亚麻、水曲柳、咖啡、芝麻，以及藜科、蓼科、茄科、葫芦科、十字花科、蝶形花科、葡萄科、伞形科、旋花科、唇形科、禾本科、百合科等108种植物。

危害　在我国发生以华东、华中为主。垂直分布可达海拔2400m（西藏）。成虫和若虫在土中取食播下的种子，尤其是初发芽的种子，并将幼苗嫩根和根茎咬食成乱麻状。在夜间出地面活动，可从

东方蝼蛄成虫（背面）（张润志　拍摄）

东方蝼蛄成虫（腹面）（张润志　拍摄）

根茎处将幼苗咬断。蝼蛄在土中穿行开掘隧道时，可切断苗根及造成苗根与土壤分离，因失水导致幼苗枯心萎蔫死亡，出现缺苗断垄，严重者需毁田改种。当苗根生长粗壮后，蝼蛄不再喜食，危害显著减轻。

形态特征　成虫：体型较小。体长25～35mm，前胸背板长7.5～10.0mm（短于10.0mm），前翅长8～13mm。体圆筒形，淡灰褐色，多细毛。前胸发达，背面中央有1个心形暗红斑。前足粗壮，开掘式，前足股节外侧腹缘端部无内凹，胫节阔而有4齿，跗节基部有2齿，后足胫节背面内侧有刺3～4枚。前翅短，后翅长而卷缩伸出腹末呈尾状。雄成虫前翅脉近前缘处的纵脉弯曲愈合为结，称"音锉"，左、右翅的音锉摩擦可发声。音锉齿数和齿距及声波脉冲参数是蝼蛄鉴定特征。腹部纺锤形，尾须2根较长，伸向体后两侧。**卵**：椭圆形，初产乳白色，长2.8mm，渐变为黄褐色，孵化前呈暗紫色，膨大为4.0mm。**若虫**：形态与成虫相仿，但仅有翅芽。体长：1龄4～6mm，2龄8.1mm，3龄10.3mm，4龄12.6mm，5龄14.4mm，6龄16.3mm，7龄18.8mm，8龄22.1mm，9龄24.8mm。

生物学特性　在我国南方约1年1代，北方2年1代。以成虫、若虫越冬。在河南郑州完成一个世代需387～418天。越冬成虫于4月开始产卵，可直至10月，这是造成发育不整齐、世代重叠的原因之一。每雌产卵3～4次（1～6次），62～100余粒（8～182粒），在表土层12～30cm内筑长圆形卵室，卵室与隧道相通，每室产卵30～58粒。卵发育历期22.4天（15～28天）；若虫历期130～335天：1龄17.6天，2龄8.83天，3龄9.2天，4龄10.5天，5龄12.9天（此龄越冬者198天），6龄17.2天（越冬者255.8天），7龄32.2天（越冬者243.1天），8龄47.8天（越冬者228.7天），9龄59天（越冬者218天）。从5月起陆续有若虫羽化为成虫，当年仅少数可产卵，大部分成虫越冬后翌年5～6月产卵，雌虫产卵后死亡。成虫寿命因羽化期不同可达8～12个月。当年的新成虫和若虫于11月上旬土温降至11～12℃，下潜至40～60cm（最深可达82cm）深土层筑洞越冬。翌春2月土温回升到5℃，蝼蛄开始逐渐上升，

东方蝼蛄成虫后足径节（徐公天　提供）

3月上旬气温超过10℃，即开始取食，4月上旬至5月下旬是危害盛期，6～8月危害夏播种苗，尤以雨后或灌水后2～3天最甚，8月之后当年的新成虫和若虫危害秋播种苗，至11月上旬潜入深土越冬。该虫对土壤含水量要求较高，至少在22%以上，多在水田、池塘、湖泊、河流、灌渠附近高水位地段土中产卵，因此常在局部地区发生。

防治方法

1. 东方蝼蛄对腐殖质、粪肥有强烈趋性，在发生区应避免使用有机肥。

2. 成虫有较强的趋光性和飞翔力，在成虫盛发期可用灯光诱杀。

3. 蝼蛄喜食谷粒，在猖獗危害期可在地面施撒毒饵诱杀：将秕谷或麦麸炒香，拌入15%毒死蜱·辛硫磷颗粒剂或5%丁硫克百威颗粒剂，现配现用。

4. 在发生区直播的种子应事先用农药拌种（50%吡虫啉·杀虫单水分散粒剂0.5kg可拌种250～500kg种子）或使用种衣剂制种。

5. 生物防治，保护蛙类、鸟类60余种。

参考文献

苗春生等，1966; 吴钜文，1972; 吴福桢，高兆宁，1978; 杨秀元，吴坚，1981; 赵修复，1981; 崔广程，1987; 魏鸿钧等，1989; 康乐，1993; 殷海生，刘宪伟，1995; 崔景岳等，1996; 祝树德，陆自强，1996; 雷朝亮，周志伯，1998; 方志刚，吴鸿，2001.

（吴钜文）

3 单刺蝼蛄

分类地位	直翅目 Orthoptera　蝼蛄科 Gryllotalpidae
拉丁学名	*Gryllotalpa unispina* Saussure
异　名	*Gryllotalpa manschurei* Shiraki
英文名称	Mongolia mole cricket
中文别名	华北蝼蛄、蒙古蝼蛄、大蝼蛄、啦啦蛄

　　单刺蝼蛄是苗圃和农田重要的地下害虫，取食播下的种子及幼苗嫩根，并在土中穿行切断苗根和造成须根离土失水导致幼苗枯死。20世纪60年代初在河南年发生面积达 $333.33 \times 10^4 hm^2$，每公顷平均虫口达18 510头（4095～56610头），一般地块缺苗断垄达10%～20%，重者30%～50%，最高达70%以上，可致绝苗改种。

　　分布　北京，天津，河北（沧州、任邱、河间），山西（大同），内蒙古（河套及土默川平原、兴安盟科右中旗、巴彦淖尔盟塔尔湖），辽宁（黑山），吉林，黑龙江，上海，江苏（徐州、连云港、淮阴），浙江（慈溪），安徽（砀山、合肥），江西，山东（聊城、费县），河南（郑州、安阳、商丘、淇县、民权、中牟、浚县、扶沟、伏牛山），湖北，西藏，陕西（陕北、武功、礼泉、关中），甘肃，青海，宁夏，新疆（伊犁）。蒙古，土耳其及俄罗斯。单刺蝼蛄在我国主要分布在淮河以北，以黄淮海平原地区居多。

　　寄主　为多食性害虫，几乎可取食苗圃和农田所有植物及荒地杂草幼苗嫩根。已明确记录的寄主有：落叶松、华山松、湿地松、红松、马尾松、樟子松、油松、柏木、榆、桑、大麻、枫杨、甜菜、菠菜、茶树、黄麻、棉、黄瓜、杨树、柳树、桃、苹果、梨树、刺槐、藜科、葫芦、当归、水曲柳、芝麻以及十字花科、蝶形花科、葡萄科、伞形科、茄科、旋花科、禾本科、百合科等共计近60种植物。

　　危害　成虫和若虫在土中取食播下的种子，尤其是初发芽的种子，并将幼苗嫩根和根茎咬食成乱麻状，还在夜间出地面活动，从根茎处将幼苗咬断。成虫和若虫在土中穿行，开掘隧道时可切断苗根及造成苗根与土壤分离，幼苗因失水导致枯心萎蔫死亡，出现缺苗断垄，严重者需毁田改种。当苗根生长粗壮后，蝼蛄不再喜食，危害显著减轻。

　　形态特征　**成虫：**体型较大。体长38～42mm（最长可达66mm），前胸背板长12～13mm（长于10mm），前翅长13～16mm。体圆筒形，褐色，多细毛，触角短。前胸发达，背面中央有1个心形

单刺蝼蛄成虫（徐公天　提供）

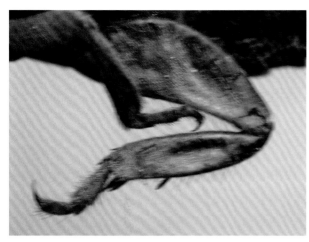
单刺蝼蛄后足胫节（徐公天　提供）

暗红斑。前足粗壮，开掘式，前足股节外侧腹缘端部有内凹，胫节阔而有4齿，跗节基部有2齿；后足胫节背面内侧有刺1枚或无。前翅短，后翅长而卷缩伸出腹末成尾状，雄成虫前翅近前缘处的纵脉弯曲愈合成结，称"音锉"，左右翅的音锉摩擦可发声，音锉的齿数和齿距及声波脉冲参数是重要鉴定特征。腹部近圆筒形，尾须2根较长，伸向体后两侧。**卵：**椭圆形，初产黄白色，长1.6～1.8mm，宽1.4mm，以后逐渐膨大，颜色变为黄褐色，孵化前呈深灰色，长达2.4～3.0mm，宽1.7mm。**若虫：**形态与成虫相仿，但仅有翅芽，后足胫节背面内侧有刺0～2枚。初孵若虫体长3.56mm，1龄末4.84mm，2龄5.77mm，3龄6.68mm，4龄7.68mm，5龄8.17mm，6龄10.9mm，7龄14.2mm，8龄16.8mm，9龄22.1mm，10龄26.8mm，11龄32.0mm，12龄37.4mm，13龄41.2mm。

生物学特性　3年1代。以成虫和若虫在深土中筑室越冬，下潜深度取决于虫体大小和土温，一般60～70cm，最深可达170cm。越冬成虫于翌年6月中、下旬开始产卵，6月中、下旬开始孵化为若虫，第一年发育至8～9龄于10～11月入深土越冬，第二年4月上、中旬开始活动取食，继续发育至12～13龄于秋季再次越冬，第三年春季继续活动取食，至8月上、中旬若虫老熟，蜕最后一次皮羽化为成虫，以成虫越冬，第四年成虫在5～7月交配，6～8月产下一代卵，之后成虫陆续死亡。

在郑州完成一个世代需1131天。卵期17.1天（11～23天），若虫期735天（692～817天），各龄历期：1龄2天，2龄4天，3龄7天，4龄9天，5龄14天，6龄15天，7龄19天，8龄25天（越冬者258天），9龄36天（越冬者235天），10龄36天，11龄29天，12龄38天。成虫寿命378天（278～451天）。

单刺蝼蛄喜欢栖息在温暖潮湿（适温8～29℃，土壤含水量至少在18%以上，以22%～27%为宜）、腐殖质多、土质疏松的壤土或沙壤土内。春秋两季特别活跃，昼伏土中，夜出地面活动，成虫有较强的趋光性和飞翔力。春季10cm土温升至8℃，蝼蛄开始上升，当土温达10～12℃后，尤其在春雨后，蝼蛄在表土层大肆活动，开掘大量隧道，拱起表土，在地面可见虚土显示出的隧道迹象。5月后土温达20℃以上时，成虫夜晚出土飞翔并鸣叫，进入交尾产卵期。交尾后雄虫立即逃窜，否则会被雌虫捕食；雌虫在13～33cm表土层筑卵室2～3个，卵室与隧道相通。雌虫产卵期长达50余天，产卵4.7次（3～9），单雌产卵103～368粒（33～1072粒）。初孵若虫在卵室发育40～60天（至3龄）后出窝四散，独立活动，取食秋播种苗，深秋10cm土温降至8℃以下，开始潜入深土越冬。

防治方法　单刺蝼蛄在20世纪50～60年代猖獗发生于黄淮海平原区的轻盐碱地，70年代后将这些盐碱地改造为肥沃良田，消灭了蝼蛄的适生环境，加之多年推广药剂拌种防治，已使蝼蛄的危害得到控制。对局部仍有发生地区，可采用以下措施：

1. 蝼蛄对腐殖质和粪肥有强烈趋性，在发生区应避免使用有机肥。

2. 利用成虫强烈的趋光性，开展灯光诱杀。

3. 蝼蛄喜食谷粒，可在猖獗危害期在地面施撒毒饵诱杀（将秕谷或麦麸炒香，15%毒死蜱·辛硫磷颗粒剂或5%丁硫克百威颗粒剂）。

4. 在发生区，直播的种子应事先用农药拌种（50%吡虫啉·杀虫单水分散粒剂0.5kg可拌250～500kg种子）或用种衣剂加工制作。

参考文献

苗春生等，1966；吴福桢，高兆宁，1978；魏鸿钧，1979；杨秀元，吴坚，1981；张治体等，1981；魏鸿钧等，1989；康乐，1993；殷海生，刘宪伟，1995；崔景岳等，1996；雷朝亮，周志伯，1998；方志刚，吴鸿，2001。

（吴钜文）

分类地位	直翅目 Orthoptera　锥头蝗科 Pyrgomorphidae
拉丁学名	*Aularches miliaris* (L.)
异　　名	*Aularches miliaris scabiosus* F.
英文名称	Spotted locust

4　黄星蝗

分布　广东，广西，海南，贵州，云南等地。印度，巴基斯坦，斯里兰卡。

寄主　木麻黄、柚木、椰子、杧果、甘蔗。

形态特征　**成虫**：雌虫体长49～63mm，雄虫体长32～57mm。触角黑色。头部背面黑褐色。复眼棕红色，在复眼下具较宽的黄色斑。前胸背板的背面棕黑色，前缘的瘤状隆起橘红色，侧片下端有条橙黄色宽纵纹。前翅黄褐色，散布近红圆形橙黄色斑，腹部黑色，各节后缘橘红色。**卵**：长7.8mm，宽2mm。刚产下时橘黄色，每一卵块有卵40～60粒。

生物学特性　1年1代。以卵在土中越冬。4月中旬开始孵化，5月上旬进入盛期。若虫6龄，7月下旬至11月下旬为成虫期，10月开始产卵，下旬成虫开始死亡。初孵若虫（又称跳蝻）喜在低矮木麻黄上取食，移动较小，有群集性，一处可多达数百头，温度高时喜躲避于蔽荫处。老龄若虫及成虫取食时多从小枝中间咬断，常落枝满地。成虫迁飞能力弱。产卵均选择在土壤稀松、适度、地势平坦且不积水的地方。

防治方法　见黄脊竹蝗防治方法。

参考文献

萧刚柔，1992；张执中，1997.

（李镇宇，苏星，林斯明，吴有昌）

黄星蝗成虫（李镇宇　提供）

分类地位	直翅目 Orthoptera　蝗科 Acrididae
拉丁学名	*Ceracris kiangsu* Tsai
异　　名	*Rammeacris kiangsu* (Tsai)
英文名称	Yellow-spined bamboo locust
中文别名	黄脊雷篦蝗、竹蝗、蝗

5　黄脊竹蝗

分布　江苏，浙江，安徽，福建，江西，湖北，湖南，广东，广西，四川，贵州，云南等地。

寄主　以毛竹为主的刚竹属中各主要竹种，以青皮竹为主的簕竹属中各主要竹种，以及玉米、水稻、白茅、棕榈等农作物、杂草近百种。

危害　毛竹被害枯死，竹秆内积水，臭味浓，竹材无用途，烧火也不能燃。

形态特征　**成虫**：雄虫体长27.5～36.2mm，雌虫体长29.8～41.4cm，体以绿色、黄色为主。额顶突出使面额呈三角形，由额顶至前胸背板中央有1条黄色纵线，往后逐渐加宽。触角丝状，深褐色，尖端2节淡黄色。复眼卵圆形，深黑色。翅长过腹，雄虫翅长24.5～25.6cm，雌虫翅长29.5～34.5cm，前翅前缘及中区暗褐色，臀区绿色。后足腿节黄绿色，近胫节处有2个蓝黑色环，中间有排列整齐的"人"字形褐色沟纹；胫节蓝黑色，有棘2排，棘基浅黄色，端部深黑。腹部11节，背脊中央淡黄色，腹面黄色。**卵**：长卵圆形，一端稍尖，中间稍弯曲；长径6.2～8.5mm，短径1.9～2.6mm，棕黄色，有蜂巢状网纹。卵囊圆袋形，下端稍粗，长径18～30mm，短径6～8mm，土褐色。**若虫**：若虫5龄。初孵若虫为淡黄色，后渐变为绿色、黄色、褐色相间的麻色，触角尖端淡黄色；2龄若虫体色较黄，胸、腹背板中线色更黄，3～5龄若虫体色多黄黑色，体背中线黄色鲜明，背中线下为1条黑色纵纹，再下仍为黄色，老龄若虫近羽化前体为翠绿色。

生物学特性　1年1代。以卵在土表1～2cm深处的卵囊内越冬。在浙江余杭5月下旬到6月上旬越冬卵开始孵化；湖南耒阳5月上、中旬开始孵化；广东广宁4月中旬开始孵化，最早的年份为3月30日，最迟的年份为4月27日。

各龄若虫发育所需天数因地而异。成虫羽化后10天左右开始交尾，交尾后仍需要补充营养，约取食20天。在余杭8月上旬开始产卵，8月中旬为产卵盛期，产卵期可延至10～11月。在耒阳为7月下旬开始产卵，8月中旬为产卵盛期；在广宁7月下旬开始产卵。成虫寿命：在余杭雄虫为31～96天，雌虫68～106天；在耒阳雄虫54～56天，雌虫50～84天；在广宁雄虫69～91天，雌虫78～112天。

黄脊竹蝗若虫（张润志　整理）

黄脊竹蝗成虫（张润志　整理）

黄脊竹蝗成虫交尾状（徐天森　提供）

防治方法

1. 保护天敌。天敌较多。捕食性天敌：卵期有红头芫菁；成虫、若虫期有双齿多刺蚁、丽园蛛、横纹金蛛、线纹猫蛛、盗蛛、食虫虻、螽斯、中华大刀螂、广腹螳螂。捕食性鸟类有大杜鹃、燕子、白颊噪鹛、画眉、黑脸噪鹛、竹鸡、乌鸦。寄生性天敌：卵期有黑卵蜂；成虫、若虫期有狭颊寄蝇、追寄蝇及格氏线虫。寄生菌有蝗单枝虫霉，即抱死瘟病原菌。所以，用药要特别慎重，球孢白僵菌可进行有效防治。

2. 人工挖卵。上代黄脊竹蝗发生后，于林间坐北向南、土壤疏松的空地或路边，发现有成虫肢体处，为该虫产卵地，在清明前挖掘卵块烧毁。

3. 消灭初孵若虫。初孵若虫不大活动，在产卵地植被上停息，及时用2.5%溴氰菊酯3000倍液，或25g/L高效氯氟氰菊酯乳油2000倍液喷杀，效果显著。

4. 人尿诱杀。在成虫出现时，用5kg人尿加25g/L

黄脊竹蝗卵及卵囊（徐天森　提供）

高效氯氟氰菊酯乳油50g，防治有蝗竹林0.13～0.20hm²，防治效果可达95%以上。

参考文献

郑哲民等，1998；徐天森等，2004；徐天森等，2008.

（徐天森，王浩杰）

6 青脊竹蝗

分类地位 直翅目 Orthoptera 蝗科 Acrididae

拉丁学名 *Ceracris nigricornis* Walker

中文别名 青脊角蝗、青草蜢

分布 江苏，浙江，安徽，福建，江西，湖北，湖南，广东，广西，四川，贵州，云南等地。

寄主 白夹竹、寿竹、甜竹、篌竹、台湾桂竹、刚竹、淡竹、红竹、石竹等刚竹属竹种，苦竹、丽水苦竹、衢县苦竹等苦竹（大明竹）属竹种，青皮竹、粉箪竹、孝顺竹等箣竹属竹种，麻竹等牡竹属竹种，以及玉米、水稻、高粱、芋头等农作物和白茅、棕榈等杂草树木。

危害 成虫、若虫均取食竹叶，小若虫将竹叶吃成缺刻，大幼虫、成虫能吃完整张竹叶，常将小面积竹林的竹叶吃光。

形态特征 **成虫**：雄虫体长25.5～32.2mm，雌虫体长30.8～37.5mm；翠绿色到暗绿色。头部额顶突出使面额呈三角形，额面具粗刻点。触角丝状，尖端2～4节为淡黄色。复眼突出，卵圆形，深黑色。前胸背板较平，侧隆线明显，布有粗大刻点，由额顶经前胸背板延伸至两前翅前缘中域为一翠绿色较宽纵带，无黄色纵纹，这是与黄脊雷篦蝗重要的区别。头的两颊、前胸两侧板、前翅前缘中域、内外缘边均为黑色；翅长过腹；腹部背面紫黑色，腹面黄色。雄虫下生殖板短圆锥形，顶端钝圆；雌虫产卵瓣粗、短，顶端钩状。**卵**：长椭圆形，淡黄褐色，长4.5～6.5mm，宽1.3～1.9mm。卵块呈囊状，卵囊长圆筒形，长径16～24mm，短径5～7mm，土褐色。卵粒于卵囊中斜排，卵粒间充有海绵状胶质物。**若虫**：初孵若虫体长8～10mm，胸、

青脊竹蝗成虫（张润志　整理）

青脊竹蝗危害状（张润志　整理）

青脊竹蝗若虫（张润志　整理）

青脊竹蝗成虫（张润志　整理）

腹背面均为黄白色，胸部背侧无深黑色方形斑。老熟若虫体长22～30mm，头顶尖，额顶三角形，触角20节，背平而宽，淡青绿色。

生物学特性　1年1代。以卵在土表1～2cm深的卵囊中越冬。越冬卵在广东北部的仁化于4月中旬开始孵化，在福建北部于4月下旬、湖南于5月上中旬、浙江余杭于5月底到6月初开始孵化，各地孵化期约35～50天不一。若虫取食期各地不一，约为4月下旬至8月上旬。若虫取食约55～65天后老熟，于6月底到7月中、下旬开始羽化为成虫，羽化期约30～40天。成虫活动期为7月上旬至11月中旬；10月上旬开始产卵，10月中旬至11月上旬为产卵盛期，10月中旬成虫开始死亡，11月底至12月初成虫终见。该虫为散居蝗种，无群聚习性，危害较小，但常与黄脊雷篦蝗混合危害，加重竹林被害程度。

防治方法　生物防治。青脊竹蝗天敌种类比较多，保护竹林生物多样性以控制青脊竹蝗的危害。捕食性天敌：卵期有红头芫菁；成、若虫期有日本黑褐蚁、双齿多刺蚁、横纹金蛛、线纹猫蛛、盗蛛、中华大刀螂、广腹螳螂。捕食性鸟类有长尾蓝雀、燕子、白颊噪鹛、画眉、竹鸡。寄生性天敌：卵期有黑卵蜂；成虫、若虫期有狭颊寄蝇、追寄蝇。寄生菌有蝗单枝虫霉（即抱死瘟病原菌）、球孢白僵菌，可进行有效防治。

参考文献

徐天森, 王浩杰, 2004.

（徐天森，王浩杰）

7　异歧蔗蝗

分类地位　直翅目 Orthoptera　蝗科 Acrididae

拉丁学名　*Hieroglyphus tonkinensis* Bolívar

分布　浙江，福建，江西，湖北，湖南，广东，广西，四川，贵州，台湾等地。印度，越南，泰国。

寄主　唐竹、大眼竹、凤尾竹、青皮竹、毛箣竹、黄金间碧玉竹、绵竹、米筛竹、绿竹、粉箪竹、毛竹、刚竹、淡竹、白哺鸡竹、黄槽毛竹、浙江淡竹、台湾桂竹、苦竹、水竹、金镶玉竹等。还取食水稻、玉米、甘蔗、蒲葵等农作物。

危害　以成虫、若虫取食竹子的竹叶，严重时竹叶被吃光，可使被害竹子枯死，被害竹林翌年出笋减少，新竹质量下降。

形态特征　**成虫**：雄虫体长29.5~36.8mm，雌虫体长39.8~50.5mm，体草绿色。头蓝绿色，颜面略倾斜。复眼椭圆形，突出，黄褐色。触角线状，28节，基部淡黄色，端部3~5节淡黄色或黄白色。前胸背板、侧板草绿色，背板正中偏前下凹，从侧面看似鞍形；中、后胸黄绿色，前、后翅发达，超过或到达腹部末端，前翅基部绿色，端部黄褐色。前、中足淡黄色，腿节端部、胫节蓝绿色，后足腿节淡黄绿色，胫节蓝色，内、外两侧各有刺1列，黑褐色，每列有刺10枚。**卵**：长椭圆形，稍弯曲；长4.8~6.5mm，宽1.1~1.3mm，初产卵黄色，后渐变

异歧蔗蝗成虫取食状（张润志　整理）

异歧蔗蝗雄成虫（张润志　整理）

异歧蔗蝗雌成虫（张润志　整理）

异歧蔗蝗危害状（张润志　整理）

深为棕褐色。卵块长椭圆形，长14～24mm，稍弯曲；下端钝圆略大，宽8.6～10.5mm；上端较细，宽为5.5～6.8mm。**若虫**：初孵若虫体长6～7mm，褐色。若虫7龄，少数6龄。各龄若虫体长分别为6～8、7～11、9～12、13～16、16～21、22～26mm，老熟若虫体长28～34mm，体青绿色到黄绿色，头部偏绿色，胸、腹部偏黄色。

生物学特性　1年1代。以卵于土下1～2cm处越冬。在浙江5月中、下旬若虫孵化出土，5月下旬至6月上旬为孵化高峰；在广东4月中旬至5月上旬孵化。若虫取食期为50～60天，在浙江于7月上、中旬羽化，7月中、下旬为羽化高峰；在广东6月下旬开始羽化到8月上旬羽化结束，成虫经10～20天补充营养，浙江7月中、下旬开始交尾，后又需补充营养，并继续交尾，至8月中旬开始产卵，9月上旬成虫终见；在广东6月下旬到8月上旬成虫陆续羽化，7月中、下旬为羽化高峰，7月上旬到10月中旬成虫交尾，7月上、中旬到9月中旬产卵，8月上、中旬后成虫陆续死亡，直到10月中旬成虫终见。

防治方法　捕食性天敌有日本弓背蚁、双齿多刺蚁、广腹螳螂、勺猎蝽、横纹金蛛、线纹猫蛛。寄生菌有蝗霉、球孢白僵菌，可进行有效防治。

参考文献

徐天森, 王浩杰, 2004.

（徐天森，王浩杰）

		分类地位	直翅目 Orthoptera　蝗科 Acrididae
8	棉 蝗	拉丁学名	*Chondracris rosea* (De Geer)
		异　　名	*Chondracris rosea brunneri* Uvarov, *Chondracris rosea rosea* (De Geer), *Gryllus flavicornis* F., *Cyrtacanthacris lutescens* Walker
		中文别名	大青蝗

棉蝗成虫雌虫（左图）、雄虫（右图）（张润志　整理）

棉蝗成虫（张润志　整理）

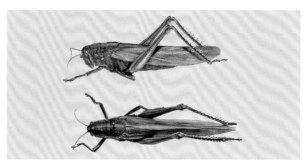

棉蝗侧面（上图）、上视（下图）（李镇宇　提供）

分布　北京，河北，内蒙古，江苏，浙江，福建，江西，山东，湖北，湖南，广东，广西，海南，贵州，云南，陕西，台湾等地。缅甸，印度，斯里兰卡，日本，印度尼西亚，尼泊尔，越南，朝鲜。

寄主　木麻黄、榄仁树、刺槐、柚木、南岭黄檀、相思树、毛竹、柑橘、棕榈、可可、柿树、油桐、蒲葵、柠檬桉、杧果、茶、龙眼、乌桕、剑麻、棉花、玉米、甘蔗、水稻、花生等。

形态特征　**成虫**：雌虫体长48～95.3mm，雄虫体长48～59.3mm。体色鲜绿色带黄色，后翅基部玫瑰色。触角丝状，通常28节，常超过前胸背板后缘。前胸背板中隆线较高，3条横沟明显，并均匀割断中隆线。前胸腹板突长圆锥状，略向后倾斜，顶端达到中胸。前、后翅发达，几乎到达后足胫节的中部。前、中足基节和腿节绿色，胫节和跗节则淡紫红色。雌虫后足腿节内侧黄色；胫节红色，其外侧具刺2列，胫节刺基部黄色，顶端黑色。

生物学特性　我国分布区均1年1代。以卵在土中越冬。在广东湛江地区4月中、下旬开始孵化，幼期称若虫，2龄前若虫群集性甚强，往往数百头甚至上千头聚集在木麻黄萌条上危害，3龄后即分散上树危害。成虫不聚集，也不成群迁飞。成虫可多次交尾、产卵，喜欢在幼龄林地，萌芽条较多、阳光充足的稀疏林地，或林间隙地交接的林缘产卵。在北京雌成虫性成熟孕卵期间（10月中、下旬）常可于向阳山坡见到在阳光下侧身曝晒的个体，此时因气温较低不飞翔和跳跃，人工捕捉较易，当气温升高后则不易捕捉。成虫喜产卵于结构较疏松、不易板结积水的土壤中。

防治方法

1. 在南方棉蝗喜食木麻黄，可适当种植桉树 *Eucalyptus* spp.及湿地松*Pinus elliottii*。

2. 人工捕捉。棉蝗可作为美味的昆虫食品。

3. 对尚未上树的若虫可用45%丙溴·辛硫磷1000～1500倍液、25g/L高效氯氟氰菊酯乳油1000～1500倍液喷杀，对已上树的若虫或成虫可用敌百虫插管热雾剂熏杀。

参考文献

萧刚柔，1992；张执中，1997；尤其儆，2006.

（梁洪柱，李镇宇，黄少彬，苏星，仪向东）

9 短翅佛蝗

分类地位　直翅目 Orthoptera　蝗科 Acrididae

拉丁学名　*Phlaeoba angustidorsis* Bolívar

分布　江苏，浙江，安徽，福建，江西，湖北，湖南，广东，广西，海南，四川，贵州，云南台湾等地。印度。

寄主　毛竹、刚竹、淡竹、红竹、乌哺鸡竹、早竹、五月季竹、水竹、苦竹等刚竹属、苦竹属竹种。也取食茅草、芒等禾本科杂草。

危害　若虫、成虫均取食竹叶，雌虫食叶比雄虫多3倍以上。故该虫虫口密度高时，也常将竹叶吃光。

形态特征　成虫：雌虫体长26.5～30.5mm，初羽化为肉黄色，后渐变为枯黄色。额突出；触角剑状，20节，第三至第十节略呈三角形，灰黄色，其余各节圆柱形，黑色，端部肉红色。复眼淡翠绿色，有黑斑。前胸背板中脊、侧脊明显，两侧脊下为灰黑色。翅短于腹，腹末在翅外露3节；腹部两侧每2节有1列黑色颗粒组成的斜行线。雄虫体长19.5～22.5mm，体色深于雌成虫。复眼上黑色斑更深，翠绿色减少。前胸背板两侧脊下黑色，后足腿节、胫节交界处两端黑色。**卵**：长卵圆形，长6.5～7.2mm，宽1.8～2.3mm。初产卵棕黄色，后渐变为红褐色。卵产于卵囊中。卵囊长圆筒形，稍弯曲；下端圆钝，略大，深褐色，囊状部分为蜂巢状泡沫物组成。**若虫**：初孵若虫体长6.9mm，黄褐色，后随虫体增大，体色逐渐变深。雄性若虫4龄，雌性5龄。若虫额突出，触角剑状，触角节数随龄数增加而增加，依次分别为10、13、17、18、19节。2龄若虫初显翅芽，老熟若虫前翅芽长4.8～5.2mm，后翅芽长4.2～4.6mm。

生物学特性　1年1代。以卵于卵囊中在土下2cm处越冬。在浙江卵于5月上、中旬开始孵化，5月底孵化结束。雄若虫各龄平均龄期依次为13.2、10.7、11.6、11.7天，雄若虫期为45～50天；雌若虫各龄平均龄期依次为13.5、10.7、11.2、11.2、14.8天，雌若虫期为48～63天，若虫取食期为5月上旬至7月下旬。成虫于7月中、下旬羽化，经15天补充营养后，开始交尾、产卵，至10月下旬后，成虫相继死亡。

防治方法　捕食性天敌：鸟类3种，即画眉、长尾蓝雀、竹鸡；昆虫有中华大刀螂、广腹螳螂、日本弓背蚁、日本黑褐蚁、黑红猎蝽、黄褐狡蛛、丽园蛛。寄生菌有蝗霉、球孢白僵菌，可进行有效防治。

参考文献

徐天森, 王浩杰, 2004.

（徐天森，王浩杰）

短翅佛蝗成虫（徐天森　提供）

10 崇信短角枝䗛

分类地位　蜱目 Phasmatodea　蜱科 Phasmatidae

拉丁学名　*Ramulus chongxinense* (Chen et He)

异　　名　*Baculum chongxinense* Chen et He

崇信短角枝䗛是一种自20世纪80年代中期以来在甘肃省崇信县和华亭县新窑林区发生的新害虫。危害以辽东栎、千金榆为主的20多种林木。1988年成灾面积超过700hm²，每株虫口在1000～5000头。之后发生面积不断扩大，灾情不断加重，每2年暴发1次。至1998年发生面积达2666.7hm²，成灾面积2133.3hm²。成灾区林木叶片被食光，状如火烧，损失极为严重。

分布　甘肃（崇信、华亭）。

寄主　林内调查，按寄主树种被取食的先后顺序和叶片被食程度，该虫危害寄主依次为千金榆+++、辽东栎+++、椴树+++、山楂+++、野山楂++、樱桃++、杜梨++、胡枝子++、黄刺玫++、牛奶子++、五角枫+、山杨+、胡颓子+（+++为最喜食树种，++为喜食树种，+为可取食树种）。

形态特征　**成虫**：体棒状、无翅。雌成虫体色褐色，但有两类：一类褐色较深，腹部第一至第六节两侧腹节前有白色斑纹；另一类褐色较浅，腹部第一至第六节两侧腹节前无白色斑纹，但以后者为多。两种体色的成虫前、中、后足股节和胫节均有深色、浅色相间的斑纹段，但以前者为深（陈树椿等，1991）。体长77mm。中型。头椭圆形，长于前胸背板。眼圆突，眼间有1对黑色短角刺。触角第一节扁宽，第二节短柱形。前胸背板长大于宽，中央有"十"字形沟痕；中胸背板长约为前胸的6倍，后胸加中节约为中胸长的6/7，两者均密被细颗粒突；中节宽稍大于长。前足长，中、后足较短，前足股节长于中胸，外缘下侧3～4齿，中、后足股节明显短于前足股节，端内侧有1～2小齿，中足股节基部1/3处内外侧各有1齿，后足胫节近端部有2～3齿。腹部远长于头、胸部之和，密被细颗粒突，以第五至七腹节最长，第七节腹板后缘无明显中突；臀节长

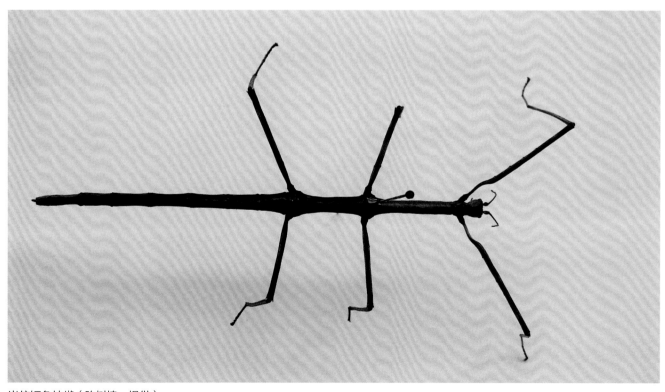

崇信短角枝䗛（陈树椿　提供）

于第九节，后缘呈三角形凹入；肛上板短；腹瓣舟形，端部较尖；尾须圆柱形。**若虫：**初孵若虫体长约12mm。老熟若虫头椭圆形。眼圆突。触角8节。前胸背板中央有1条纵沟，背板前部有1条"V"形横沟，中部有1条横沟。中胸背板长约为前胸的4倍，密被细颗粒突。后胸短于中胸，中节长大于宽。前足长，中、后足较短。腹部长约等于头、胸部之和，密被细颗粒突，第九节背板中央有纵脊，后缘呈三角形凹入；肛上板短，背中央有脊；尾须圆柱形。**卵：**褐色，扁鼓形，长3.7mm，宽2.0mm，表面密被颗粒突，并形成花纹状的脊，两侧有脊状隆起。雄虫未知。

生物学特性 在华亭县新窑林区2年1代。以卵在枯枝落叶下、土中越冬，翌年4月中旬开始孵化，4月下旬至5月上旬为孵化盛期。若虫3龄，每龄约1个月，若虫期若虫发生不整齐，同一时期2龄若虫和成虫同时存在。成虫期长约60天。8月上旬开始产卵，8月中旬为产卵盛期，8月下旬成虫开始死亡，至10月中旬全部死亡。翌年，卵全年滞育，第三年4月中旬卵再次孵化。

若虫刚从卵中孵出时，头与腹部向背部折叠，孵出后即展开活动。初孵若虫体呈绿色，在林下杂草、灌木上取食，稍大后上树在树冠下部取食叶片，食完逐渐向上部转移取食。此习性决定了该虫不适于飞机防治，因雾滴易被上部叶片截留，不能到达树冠下部。若、成虫有群集性，聚集在一起取食。若虫期取食量小，据测定，在林内取食量占叶片总量的10.4%，而成虫期占总食量的89.6%。若虫、成虫受风及声音振动后纷纷从树上掉下，之后重新上树取食。若虫有很强的断肢再生能力，足受损伤后脱落，不久即可重新长出新足，新足长度可接近原足。若虫、成虫静止时前足前伸似触角状。若虫蜕皮时将身体倒挂在枝叶上，先从头部开裂，慢慢蜕出，刚蜕皮的若虫乳白色，逐渐变成绿色。刚蜕皮的若虫、成虫有取食蜕的习性。雌成虫产卵时从树上散产，似下雨状。经室内饲养测定，平均每雌虫产卵量约为42粒。

7月中、下旬，2～3龄若虫在树冠中、下层取食，此时为防治最佳时期。

防治方法

1. 飞机超低容量喷雾防治。此为控制大面积森林病虫害的最有效措施之一，其特点是效率高，易操作，但防治成本高。药剂可选用25g/L高效氯氟氰菊酯乳油、2.5%溴氰菊酯水乳剂，防治效果达90%以上。

2. 常规喷雾防治。可选用的药剂为高效氯氟氰菊酯2%～5%溴氰菊酯水乳剂乳油、25g/L高效氯氟氰菊酯乳油、40%毒死蜱·辛硫磷乳油、8000IU/mL苏云金芽孢杆菌（Bt）可湿性粉剂、25%灭幼脲Ⅲ号悬浮剂。该虫抗药性较低，各种化学药剂防治效果较好。防治时可选用高效氯氟氰菊酯、溴氰菊酯水乳剂等菊酯类药剂，浓度8000～10000倍液为好。在天然林区，由于水源、交通等问题，不宜实施喷雾防治。

参考文献

陈树椿, 1994; 陈培昶等, 1997; 李岩等, 1998; 李秀山等, 2002; 陈树椿等, 2008.

（陈树椿，徐进）

分类地位	蜻目 Phasmatodea　蜻科 Phasmatidae
拉丁学名	*Ramulus minutidentatus* (Chen et He)
异　　名	*Baculum minutidentatus* Chen et He

11 小齿短角枝蜻

　　小齿短角枝蜻为近年新发现的食叶害虫。1998—2001年该虫在吉林通化大面积发生，若虫和成虫取食叶片、嫩梢、叶柄，将树叶全部吃光，导致幼树死亡，大树枯梢，远看似火烤状，严重影响林木生长。

　　分布　辽宁，吉林。

　　寄主　主要危害阔叶树，如蒙古栎、黑桦、糠椴、稠李、春榆、李树、毛榛、山里红、大果榆、卫矛、五味子、千金榆、金银忍冬、色木槭、胡枝子、猕猴桃、山荆子、软枣猕猴桃等。此外，也危害樟子松、红松、落叶松等针叶树幼树。

　　形态特征　**成虫**：雌虫体长78mm。体较大，杆状，密被细颗粒，体绿色至褐色。头宽并长于前胸。两眼间无角突；眼小，圆形，外突。触角长约为前足股节长的1/3，2对口须褐色，下颚须基部2节短，第三、四节较长；下唇须3节，以端节最长。前胸背板长大于宽，中纵沟不伸达后缘，横沟位于中央处；中胸长约为前胸的6倍，后端稍宽，背中脊明显，后胸加中节之和约为中胸长的6/7，有背中脊；中节长宽约等。3对足较短，腹外脊线中央具小齿数枚；中、后足股节短于前足股节，中足股节基部下沿间具小齿；中、后足股节端内脊叶突不明显，但生有小齿3～5枚。腹部长于头、胸部之和，自基节至端节有背中脊，腹部以第三至第六节较其他节粗大，端部3节屋脊状，臀节稍长于第九节，其后缘中央呈角形凹入，背中央有纵沟；肛上板三角形，后缘约与臀节侧叶等长；腹瓣舟形，超过肛上板，端缘较尖，端部1/3具明显中脊；尾须圆柱形，端部窄，稍超过腹端。雄虫未知。**卵**：长3.1mm，宽0.8mm，高1.83mm。长扁形，密被细颗粒，黑褐色。卵盖平，上具颗粒，卵孔板椭圆形，边缘明显，位于卵背中下部，约为卵长的1/3，卵孔位于卵孔板下缘，卵孔杯脊片状突出，卵孔杯下具1个红色瘤突。中线明显，隆起成1脊线，伸达极区。卵腹面

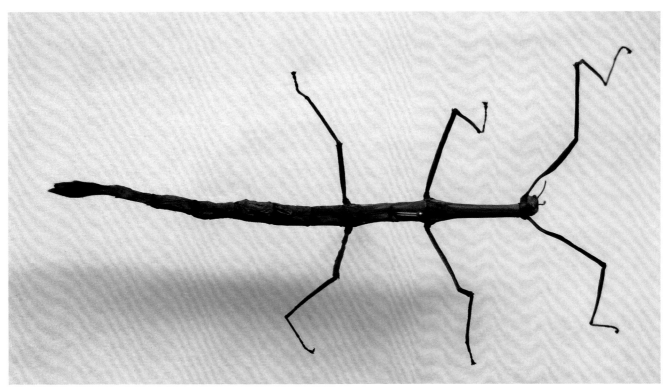

小齿短角枝蜻（陈树椿　提供）

具纵隆起，两侧凹陷。

该虫的卵、若虫和成虫均有良好的保护色。卵初产时为红褐色，落地后变为灰褐色或黑褐色。1～3龄若虫随植物叶部颜色变化，由浅绿色至绿色，4～6龄若虫和成虫分成绿、褐2种颜色，但虫体与大树的枝条和叶的颜色相一致。静止时形似绿色或褐色枝条。

生物学特性 吉林地区3年1代。卵经过2个冬季后于第三年4月下旬开始孵化，长达600多天。卵的孵化期从4月下旬延续到6月上旬，约40天，卵孵化盛期为5月上旬至下旬，约30天。若虫发育期80～85天。7月下旬开始出现成虫，一直延续到9月上旬，约40天。成虫产卵期为8月上旬至10月上、中旬，约65天。8月中旬至9月下旬为产卵盛期，约45天，其中8月末至9月初出现的成虫，由于10月中旬气温急剧下降，未产完卵就被冻死。

该虫食量大，以榆树叶为饲料，4～6龄若虫平均日食量分别为0.02、0.06、0.09g，成虫为0.15g（张恒等，1996）。

该虫具有明显的迁移现象，扩散速度快。1～3龄若虫多在杂草和矮小灌木上取食，4龄后，即6月中、下旬开始转移到大树林冠层上部；9月下旬从林冠层逐渐转移到灌木及杂草上。另外，未怀卵的成虫可以滑行扩散一定距离（李岩等，1998）。

营孤雌生殖（陈树椿等，1994），卵生，产卵量为90～120粒。成虫的产卵方式是积极的弹射，通过强力摆动腹部，将卵弹射至较远的地表，弹射距离为几厘米至几米（张恒等，1995）。

若虫和成虫具有明显的假死现象（陈树椿等，1994），当周围环境发生突然变化或发出响动时，静止的虫体就会假死落地。此种现象随若虫期龄期增加而增强，成虫极明显。假死现象使该虫减少了敌害的捕食。

再生能力（江禹等，2002）：1～5龄若虫有断肢再生能力，但随虫龄的增加而减弱。断肢后经2次蜕皮即可长至与之对应附肢相同的长度。

温度影响该虫的发育和滞育（李岩等，1998），卵需经过两个冬季才可孵化。连续暖冬可提高越冬卵的成活率，使其越冬基数加大，为大发生提供了可能。春、夏高温，可加快成虫的繁殖速率（夏梅艳等，2001）。

该虫为一种喜湿性害虫，湿度大的阴坡虫口密度明显高于半阴坡，而阳坡虫口密度极低。通化太安林场位于山区，湿度较大，为该虫发生提供了适宜的环境条件（王桂清等，2003）。

天敌对害虫种群的影响十分重要（李岩等，1998）。捕食性的天敌主要有鼠类、鸦类、螳螂等。此外，红蚁主要捕食该虫的若虫与成虫。由于林场植被破坏严重，天敌种类少，也降低了对此虫的自然控制力。

防治方法

1. 营林措施。科学营造混交林，合理选择抗性品种，合理抚育。建立适宜林木生长而不利于该虫发育的林间环境，冬季对发生区林地合理抚育，结合清除林内枯枝落叶，破坏其卵的越冬场所，降低卵的数量和卵的孵化率。

2. 人工防治。竹节虫若虫和成虫有假死性，可以人工震落捕杀。

3. 生物防治。蚂蚁、螳螂、蜘蛛、螨类、蜥蜴以及多种鸟类捕食若虫和成虫，应加以保护和利用。在春季和夏季，施放白僵菌对若虫和成虫也具有较好防治效果

4. 化学防治。此法宜在4龄若虫以前，即6月中、下旬进行。6月中旬采用地面喷洒5%氰戊菊酯乳油2000倍液、2.5%溴氰菊酯水乳剂2000倍液和25g／L高效氯氟氰菊酯1000～1500倍液，杀虫效果达97%以上。6月下旬至7月上旬采用热雾剂甲氨基阿维菌素苯甲酸盐热雾剂杀虫效果达78%以上。

参考文献

陈树椿等，1994; 张恒等，1995; 张恒等，1996; 李岩等，1998; 夏梅艳等，2001; 江禹等，2002; 王桂清等，2003; 陈树椿等，2008.

（陈树椿，徐进）

12 平利短角枝䗛

分类地位　蜻目 Phasmatodea　蜻科 Phasmatidae

拉丁学名　*Ramulus pingliense* (Chen et He)

异　名　*Baculum intermedium* Chen et Wang

中文别名　木棍虫

平利短角枝䗛是危害果树、围园绿篱叶片的拟态昆虫，有间歇成灾的特点，是一种有潜在威胁的害虫。

分布　广东，广西（博白、玉林、陆川、贵港、浦北、合浦、钦州），湖北，四川，贵州，陕西，甘肃。

寄主　筋仔树、栎类、构树、梧桐、合欢、枫杨、漆树、苹果等。

危害　危害植株的叶片与嫩梢，虫口较低时将叶片咬成缺刻，低龄若虫也会将叶片咬成缺刻，大龄若虫及成虫将枝条上的叶片全部吃光并取食嫩梢。

形态特征　**成虫**：雌虫体长95～100mm。头椭圆形，无角刺。眼圆突，长约为其后至头后缘的1/3，眼间有1个褐色横纹。触角约为前股节长的1/3，第一节扁宽，长约为第二节的4倍。前胸背板呈梯形，背中央具"十"字形沟纹，横沟位于中央处；中胸后侧稍宽，后胸（含中节）约为中胸长的4/5，两端较宽大；中节梯形。前足股节腹外脊有4～5枚黑齿，中、后足股节近基部外侧有1齿，腹中脊端部具数小齿。腹部明显长于头、胸部之和，以第五节最长，第四节次之，臀节略长于第九节，后缘三角形凹入；肛上板略长于臀节端部；腹瓣长舟形，背面具纵脊，略超过肛上板；尾须圆柱形，短于腹瓣端部。雄虫体长70～88mm。体较大，细杆状，黄褐色至深褐色，中、后胸深褐色，侧面具黄色纵线，体背具细中脊。触角分节明显，超过前足股节的2/3，基部2节浅色。3对足细长。腹部第八节后侧与第九节稍加宽；臀节背板深裂成2叶，其后缘向下斜切，端部尖窄；下生殖板不超过第九腹节，端尖，背面具中脊；尾须短，中央略弯曲。**卵**：长3.84mm，宽0.59mm，高1.44mm，长扁形，密被颗粒，黄褐色。背、腹面较平而直，卵背中央具纵隆起，两侧各具1条纵隆线。卵盖平，具明显边缘，卵盖四周具1圈刺片状突起。卵孔板微凹，椭圆形，位于卵背中、下部，约为卵长的1/4，卵孔位于卵孔板下缘，卵孔上方具1条纵隆脊，卵孔杯呈脊片状突出，中线明显，极短。卵腹中央具纵隆脊，两侧具纵隆线。**若虫**：雄若虫触角长，足有花段斑；雌

平利短角枝䗛雄成虫（王缉健　提供）

平利短角枝䗛雌成虫（王缉健　提供）

平利短角枝蜷危害状（王缉健　提供）

若虫触角短，体青色；雌、雄若虫腹部末节均为黑色。初孵若虫多带有绿色成分，随龄期增加，雌虫多向灰黄色或灰绿色过渡，而雄虫则多向全体墨绿色、略带红色、体侧草绿色转变。

生物学特性　广西博白1年1代。以卵在寄主下面的表土层的枯枝落叶中越冬。3月下旬至4月上旬孵化，孵化高峰期在4月上旬。6月上旬出现成虫，产卵高峰期在6月中、下旬，成虫在7月下旬开始死亡。

卵分布于寄主下面阴湿的表土中，其孵化的迟早受地面温度、湿度的影响。卵粒分散，颜色与枯枝落叶近似，不易区别。若虫于清晨前孵化较多，当天即可上树。若虫白天多栖息于枝条下侧，头部与梢端同一方向，多将腹部向上翘起。雄若虫体形纤细，栖息时多用后足固定，以左前足、右中足，或右前足、左中足交替摇动全身，使身体左右摇晃。白天几乎不取食。19:00以后纷纷活动，取食嫩叶。若虫后期可食老叶。若虫喜将蜕皮吃掉，或仅剩下少许，余下部分多为足部的蜕皮。成虫多为晚间取食，也有日夜均取食的。一般白天不动，栖息于枝条的上侧或下方。取食时身体腹面朝上，中、后足攀跗枝条，头向梢端，多喜食成片嫩叶，每头成虫每天取食10片以上。取食咬痕多呈斜面，斜面上留有梯状缺刻。粪便黑褐色，略扭曲成索状，长5～6mm，粗约0.8mm。交尾多在入夜后进行，也偶有在白天交尾的，历时1个多小时。林间调查往往雌少雄多，约5：8。产卵时由树上似排粪般自由下落，卵粒散布四周。每雌虫产卵100粒左右，高峰期1头雌虫每天可产卵15粒。

防治方法　见蜷类防治方法（P81）。

参考文献

王缉健等，1993；陈树椿等，2008.

（王缉健，陈树椿）

13	腹指瘦蜂		
		分类地位	蜂目 Phasmatodea　笛蜂科 Diapheromeridae
		拉丁学名	*Macellina digitata* Chen et He
		中文别名	木棍虫、腹指瘦枝蜂

　　腹指瘦蜂是目前所知能大量危害岗松叶片的唯一害虫，而其昼伏夜出的危害特点是常规调查难以发现的主要原因。

　　分布　广东，广西（南部各县）。

腹指瘦蜂若虫（王缉健　提供）

　　寄主　岗松。

　　危害　低龄若虫吃去叶片的一侧或一部分，不易觉察，但当虫口密度高或害虫进入暴食阶段后，岗松的叶片全部被吃光，外表看去与天气干旱、植株枯死的症状一样，仅留下主干。

　　形态特征　**成虫**：雄虫体长50.6～54.2mm，黄褐色，头部背中央与眼后具长方形褐纹，前胸背板中央褐色，中、后胸两侧有深褐色纵纹，胸、腹部背中脊两侧具褐色纵纹，至腹部第三节后褐纹细狭。体细瘦，头明显长于前胸背板，后缘几与前胸等宽；头顶中央有1条明显纵沟，至后半段较浅。触角19节；长约为前足股节的1/2。前胸背板长约为宽的1.8倍，背中有1条纵沟，沟中央处深凹。中胸长于后胸加中节，背中有纵脊。3对足细长，前足股节稍长于后足股节，中足股节最短。中节长方形，长大于宽；腹基部5节约等长；臀节后缘略凹入；下生殖板短，中央凸圆，端缘略凹入；第八背板后侧各有1个指形突；尾须向内稍弯曲，端部较细，钝形，内侧稍凹，具许多小齿。雌成虫体长76.5～78.0mm，黄褐色或草绿色，体较粗，头部较光滑，头顶与眼后共有3条浅纵沟；触角19节，长约为前足股节的1/3。前胸背板长约为宽的1.5倍，中央纵沟明显，两侧沟在中央处中断，中横沟略向前弯曲，横沟后的纵沟深凹。中胸至腹端背中央有1纵脊。中节长宽约等。腹部各节中以第四、五节最长；臀节略呈弧形，后缘截形，肛上板三角形，背中脊明显，下生殖板中央略凸，矛形，端部尖，两侧具明显的边，不伸达臀节。尾须扁，端尖，后伸，明显超过肛上板。**卵**：长5.10mm，宽0.78mm，高0.78mm。细长，黄褐色，具不规则碎纹。卵盖周围具突起。卵孔板长，梭形，浅黄色，卵孔位于中央处。中线伸过后端。腹部凹入，边缘具突起。**若虫**：1龄体浅黄绿色，触角浅红褐色、端节色略深，各足颜色比体色略浅，复眼褐色，头背面有4条隐约白纵纹。2龄黄色或草绿色，头及前胸背有一鞋底状纹，全体

腹指瘦蜡（王缉健　提供）

背散生乳白色小点。3龄雌虫体草绿色或黄褐色，体背散生小白点。3龄雄虫体浅黄褐色，头部正中、复眼上方、复眼中部、复眼下方各有1条黑褐色纵线。4龄雌虫两侧有黄绿色纵纹，体背及纵纹散生浅白色小点；4龄雄虫前胸至腹末两侧有粗褐色的纵纹，中、后胸两侧纵纹中间有浅黄色小点。

生物学特性　广西博白1年1代。多数以成虫越冬。越冬成虫于6月上旬起陆续交尾；6月中旬至7月中旬为产卵盛期，7月下旬为产卵末期；卵期15～40多天；7月下旬至8月下旬为若虫孵化盛期：1龄若虫期12～16天，2龄13～17天，3龄17天，4龄最短的为17天。9月下旬以后孵化的发育最慢，少数若虫可跨越到翌年才转为成虫。雄成虫寿命约270天，雌成虫为280～300天。9月下旬成虫出现，而去冬的越冬成虫10月上旬才全部死亡。

各龄若虫和成虫均为晚上活动和取食，白天取食比较少见；由叶外端向基部取食，咬痕呈斜面。成虫白天爬到比寄主更高的树上静伏，入夜后下树再上岗松上取食、寻偶、交尾。雄成虫有一晚易与多个雌虫交尾的习惯。交尾历时达1小时以上。当晚与一雌虫交尾后若有雌虫再次交尾的，则历时不足10分钟。初孵若虫在栖息时身体多左右摇摆。各龄若虫无假死性（王缉健，1992）。

防治方法　见蜡类防治方法P81。

参考文献

王缉健等，1992；陈树椿等，1993；陈树椿等，2008.

（王缉健）

14 浙江小异蜻

分类地位　蜻目 Phasmatodea　长角棒蜻科 Lonchodidae

拉丁学名　*Micadina zhejiangensis* Chen et He

浙江小异蜻是新出现的一类重要食叶性害虫。从1995年开始，该虫在浙江省泰顺县的多处常绿阔叶林中连续发生危害。危害严重时将树木的叶子全部食光，远看形似一片火烧状，造成大量树木生长严重衰弱甚至枯死。

分布　浙江（泰顺县），福建。

寄主　主要为甜槠和米槠等壳斗科树种。

形态特征　**成虫**：雌虫体长48mm。杆状。体绿色，前翅角突黑色，后翅臀域为玫红色。头宽卵形，光滑，宽于前胸背板，后头隆起，头背具细纵沟；复眼卵形外突；触角长丝状，远长于前足，第一节扁柱形，第二节圆柱形，短于第一节。前胸背板近似长方形，背面具"十"字沟纹，横沟位于前部1/3处，中纵沟不伸达后缘；中胸略呈圆筒形，背板具不规则颗粒，具1中脊与2侧脊。前翅短，略呈方形，前缘中央角突短钝，外缘平截状；后翅短，伸达第三腹节端部。足短，前足股节基部弯曲，足上无齿、刺等外长物。腹端4节变窄，第八至第十节（臀节）逐渐延长，臀节略长于第九节，明显长于第八节，臀节后半部中央具纵脊，后缘中央钝角状凹入；肛上板超过第十节侧叶；腹瓣伸达第九节端部，产卵瓣超过第十节基部；尾须长圆柱形，超过腹端。雄虫体长37～46mm。体暗褐色，触角大部分、前胸背板、前翅翅突褐色，3对足股节大部分为绿色，但其端部和胫节为污黄色。头椭圆形。后翅较长，伸达第六、七腹节，臀域暗玫红色。腹部第八节后膨大，臀节约与第八节等长，与第九节近于向下垂直，后端明显凹兜状；下生殖板兜状，向后伸达臀节基部；尾须长圆柱形，内弯，端细窄。

卵：长1.82mm，宽1.33mm，高1.40mm。桶形，灰褐色，表面具不规则网脊。卵盖圆形，窄于卵囊，中央具圆脊。卵孔板瓶形，卵孔近其底部，卵孔杯"U"形，具边，中线不明显，卵后端较平坦，具数放射状脊线。**若虫**：共6龄，少数有7龄。1龄若虫细小，线状，体淡黄绿色。随着虫龄的增加，身体渐变粗长，3龄开始出现后翅芽，4龄开始出现前翅芽。5、6、7龄若虫体色渐变绿色，除翅和生殖器未长全外，其他与成虫相似。

生物学特性　1年1代。以卵在林下枯枝落叶层中越冬。3月下旬卵开始孵化，4月上旬为孵化盛期；6月下旬成虫开始羽化；7月上旬开始产卵，产卵期长；9月下旬成虫开始陆续死亡。

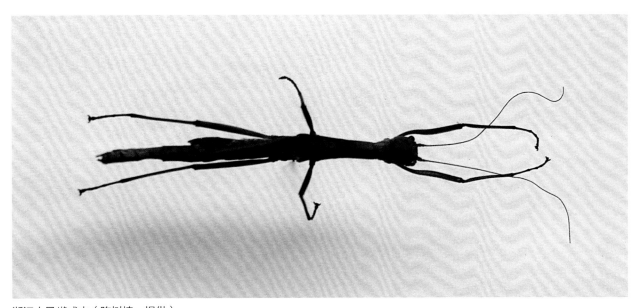

浙江小异蜻成虫（陈树椿　提供）

当年卵不发育，滞育休眠到翌年春孵化。孵化期间需要潮湿的环境，否则不能正常发育和孵化。在野外条件下，卵孵化率约为86.4%，室内卵孵化率约为66.1%。

若虫多在夜间孵化。若虫出壳后先在附近伸展身体，数小时后开始陆续爬至寄主树冠的新梢上取食嫩叶。初孵化若虫生命力较强，不取食情况下能活3~6天。若虫上树后即不再下地，受惊动或遇敌害时能迅速避开。无群聚习性，分散取食，一般1片叶上只有1虫，很少有2虫在同一叶片上。取食时，若虫用足夹住叶子两边，身体伏在叶缘上将叶片边缘食成圆形或弧形的缺刻。休息时则头朝叶基将身体贴伏在叶背或叶下面的主脉上。若虫每天取食3~6次，每次食叶1（初孵化若虫）~127mm^2（6龄若虫）。一般4龄以前若虫只食叶子边缘部分，不食主脉，并常转换叶片取食；5龄开始食全叶、叶柄和小枝嫩皮，造成叶片枯死，食量也迅速增加。每一龄期的若虫经过9~18天的生长发育后即蜕皮进入下一龄期。蜕皮前一天若虫即停止取食，爬至叶下面、叶柄、枝条或树干等处静伏不动；蜕皮时头部朝下并用足将身体固定住，身体从头顶部裂开，利用身体的重力和伸缩作用使新虫体蜕出。整个蜕皮过程历时13~22分钟。蜕皮后若虫继续停留在附近，伸展躯体，使口器等身体结构逐渐硬化，约10小时后恢复食叶。若虫有取食自己虫蜕的习性，一般在蜕皮后约1小时开始将虫蜕食下。若虫的附肢具再生能力，断足后经3次蜕皮即可长全。整个若虫期74~91天。

成虫飞翔力弱，不能向上飞翔，仅能向下滑翔；受惊时即弹落至下层枝叶或地上。孤雌生殖（经1996—1999年观察，在大发生年份或低虫口年份均未发现雄虫；而且孤雌生殖的卵在室内饲养也能连续繁殖到第三代）。雌成虫在羽化后9~13天开始产卵，产卵无固定场所。卵产出后自由落至林下枯枝落叶层中。产卵间隔时间在2小时以上。平均每天可产卵0.5~4粒，前期产卵多，后期逐渐减少。产卵期长，到雌成虫死亡前3~8天才停止产卵。雌成虫一生可产卵69~174粒，平均产卵118.3粒。成虫期食量大，时间长，新叶和老叶均能取食，此时也是危害最严重时期。每头雌成虫平均每天可食叶749mm^2，折合约0.9片叶。前期食量大，最多时每天可食叶2.2片，后期逐渐减少。1头雌成虫在成虫期平均食叶58.7片，一生平均食叶76.9片。成虫寿命46~127天，平均为65.2天。

防治方法 使用高效低毒农药，如25g/L高效氯氟氰菊酯1000~1500倍液和20%氰戊菊酯2000倍液等，在若虫期喷洒树冠，虫口死亡率可达100%。

在树冠浓密且地势较平缓的危害区，施放热雾剂，可达到事半功倍的效果。

高大树木可采用内吸性农药，如20%呋虫胺悬浮剂2倍液按每厘米胸径1mL药量进行树干注射防治，效果达98%以上。

春季卵即将孵化时，向有卵分布的地表喷施药效较长的农药，如20%氯虫苯甲酰胺悬浮剂，基本上能杀死孵化的若虫。

参考文献

萧刚柔，1992；陈树椿，1994；吴鸿，1995；包其敏等，2000；陈树椿等，2008.

（陈树椿，徐进）

15 博白长足异蛸

分类地位　蛸目 Phasmatodea　长角棒蛸科 Lonchodidae
拉丁学名　*Lonchodes bobaiensis* (Chen)
异　名　*Entoria bobaiensis* Chen, *Dixippus bobaiensis* (Chen)
中文别名　博白短足异蛸

　　博白长足异蛸是目前我国已知既危害阔叶树又危害针叶树的唯一竹节虫种类，是南方针阔混交林的重要害虫。

分布　广东（信宜），广西（博白、北流、浦北）。

寄主　米锥、红锥、马尾松。

危害　初龄若虫取食伐桩新萌发的嫩叶边缘，形成缺刻；2、3龄若虫吃全片嫩叶；而大龄若虫及成虫食量大增，与其他种类竹节虫一起将锥林叶片全部吃光，状如火烧一般。

形态特征　成虫：雄虫体长86.5～97.0mm，较雌虫细瘦，体青绿色。头顶较平坦，疏生粒状突起。复眼圆形外突，褐色。触角丝状，远长于前足。前胸背板长略大于宽，呈长方形。前足腿节内侧有1列细小端齿。中胸长，近后胸加宽。中、后足腿节端部内侧有小齿2列；3对足比雌虫的更细长，隆线明显，褐色。足基节、股节和胫节的基部和端部为褐色。雌虫体长113～114mm，体黄褐色。后头有3条短中沟。自眼至头后缘有黑条纹。触角超过前足胫节端部。前足股节比中、后股节为长，端部内

博白长足异蛸雌成虫（王缉健　提供）

博白长足异蛸若虫（王缉健　提供）

博白长足异蛸成虫栖息状（王缉健　提供）

博白长足异䗛危害状（王缉健　提供）

侧有短齿3枚。后足股节长于中足股节，短于前足股节，中、后足股节端部内侧有小齿2排。中、后足胫节基部内中脊膨大呈叶状。**若虫**：初孵若虫体长8～9mm。浅米黄色，随虫龄增大，体色变为浅绿色，最后变为青绿色、黄绿色。

生物学特性　广西博白1年1代。以卵越冬，4月下旬至5月上旬为孵化盛期，6～7月为交尾、产卵盛期。若虫共5龄，历期40～48天。5龄若虫可分辨雌、雄。若虫、成虫期长达4～5个月。雄虫比雌虫早出现2～3天，雄成虫寿命22～74天，雌虫26～132天。交尾后2～3天产卵。

卵需在潮湿环境中发育。初孵若虫于上午孵化，然后爬上寄主树干。上树后分散危害，每小枝1头。栖息于松针或嫩叶上。低龄若虫危害马尾松时，从针叶的端部吃至基部，或从中间咬断，使一截脱落。取食红锥嫩叶时，将叶片咬成缺刻或取食部分嫩梢。成虫取食全叶和嫩梢。雌虫每天危害叶量约0.9g，一生约60g。雄虫为雌虫的1/3。雌虫日排粪48～60粒，雄虫约40粒，据此可从地面调查树上的虫口数据。

防治方法　见䗛类防治方法（P81）。

参考文献

王缉健等，1990；陈树椿等，2008.

（王缉健）

16	黄色角臀蜻	分类地位	蜻目 Phasmatodea　长角棒蜻科 Lonchodidae
		拉丁学名	*Necroscia flavescens* (Chen et Wang)
		异　名	*Aruanoidea flavescens* Chen et Wang
		中文别名	木棍虫、黄色阿异蜻

黄色角臀蜻是危害壳斗科植物的一种蜻。参与其他虫种对寄主植物叶部的危害。

分布　广西（博白、浦北）。

寄主　米锥、红锥。

危害　初龄若虫取食地面伐桩新萌发的嫩叶边缘，形成缺刻；2、3龄若虫吃整片嫩叶叶缘。而大龄若虫及成虫食量大增，与其他种类竹节虫一起将锥林叶片全部吃光，状如火烧一般。

形态特征　**成虫**：体呈金属光泽的金黄色，是我国蜻类群中色彩最艳丽的种类。复眼橙色，触角除基部2节为黄色外，鞭节背面主要为褐色，并间有9～10个浅色环，后翅臀域乳白色。雌成虫体长约75mm；体杆状，头四方形，长稍大于宽，背面平坦，具纵沟，后头呈2瘤突；复眼圆凸，头顶有3单眼；触角长丝状，伸达腹端，第一节背观长方形，基部稍扁，第二节圆柱形，短于前节；前胸背板长方形，光滑，中央具有"十"字形沟纹，横沟位于中央前方，中胸长约为前胸的2.85倍，有1条纵脊与2条侧脊，颗粒几乎成6纵列；复翅卵形，前缘弧形，顶角钝，后翅伸达第七腹节中部；3对足无刺；臀节后缘中央弧形凹入，两侧端叶角状，肛上板具中脊，超过臀节端部，腹瓣较长，后端变窄，两侧略上卷，端缘三角形凹入，尾须圆柱形。雄成虫体长约55mm，明显比雌虫细瘦；触角超过腹端；后翅

黄色角臀蜻雌成虫（王缉健　提供）　　　　　　黄色角臀异蜻雄成虫（王缉健　提供）

黄色角臀䗛雌若虫（一）（王缉健　提供）

黄色角臀䗛雌若虫（二）（王缉健　提供）

黄色角臀䗛受害林木（王缉健　提供）

黄色角臀䗛受害林相（王缉健　提供）

伸至第六腹节基部；腹部细长，第八、九节加宽，臀节较窄，腹端3节为第九节最长，臀节具中脊，端中央角形凹入，两侧端叶角状，加厚，内侧具小齿；肛上板具中脊，短于臀节；下生殖板膨大，端尖，约伸达第九腹节端部；尾须圆柱形，稍内弯，端钝，明显超过腹端。**若虫**：共6龄，色泽由浅黄色渐变至黄色，1～6龄体长分别为：12.0、16.0、20.0、25.5、31.0、38.2mm。

生物学特性　1年1代。以卵从8月至翌年3月越冬。3月上旬为孵化期，4～5月为若虫期，成虫在6月上旬出现并进入成虫盛期，6月中旬无若虫。6～8月中旬为产卵期。平均历期1龄7天，2龄8天，3龄26天，4龄26天，5龄23天，6龄14天。成虫33～83天。

初孵若虫多在早上日出前孵化，先选择低矮伐桩萌芽丛上取食，待这些枝条上叶片近吃光时才转移到高大的寄主上去。此时多为1～2龄若虫，较易采集。该虫与在锥林危害的多种䗛一样，当年的发生量和发生范围受限于上一代的产卵量、产卵位置的限制，根据往年虫情容易判断和掌握当年的发生情况。1、2龄若虫仅取食刚萌发、尚未转为淡绿色、仍为浅米黄色的嫩叶；3龄若虫取食已转为淡绿色或刚展的新嫩叶，食淡绿色叶时多咬叶缘、叶肉，留下叶片侧脉、中脉；4龄吃全叶，多留中脉；5龄若虫吃全叶，或随意吃去部分后再转移危害；6龄若虫及成虫均取食全叶，不管当年或上年老叶均取食。

防治方法　见䗛类防治方法（P81）。

参考文献

王缉健等，1993；陈树椿等，2008.

（王缉健）

17 垂臀华枝䗛

分类地位　蜻目 Phasmatodea　长角棒䗛科 Lonchodidae

拉丁学名　*Sinophasma brevipenne* Günther

1983年，贵阳市北部乌当区此虫大发生，树叶被食光，状如火烧。一般在山的中部、上部和山顶上，危害中心的树叶被食光，危害程度从中心向外逐渐减轻，林冠颜色由黄色到绿色，层次分明，有虫株率达100%。危害中心的虫口密度，每株达到300头左右，有些则高达500多头。林地内虫粪密布。1977年在广西，该虫与斑腿华枝䗛在红锥与米锥混交林内间歇成灾，实为罕见现象。严重时，能将成片林分食光。

分布　江西，广西，贵州。

寄主　红锥、米锥、白栎、丝栗栲、毛栗等壳斗科树种。

形态特征　**成虫**：雄虫体长约56mm。前翅鳞状；后翅伸达第七腹节中部。第八腹节后面较宽，第九腹节比前节更为宽大，并向上凸起，呈半球形；臀节垂直向下，其前面3/4略成四边形，后面1/4外突呈宽瓣状，臀节前缘比后缘稍内凹，背中央有一脊，中脊近后面1/4处内凹；下生殖板伸达第九腹节端部，后缘波形，两侧角较钝，不对称；尾须圆柱形，直伸下方。雌虫体长69mm。体深绿色，体上包括前、后翅有褐色宽纵条，臀节后面、前胸和中胸背板、前翅和后翅的顶部有明显的绿色纵线。后翅伸达第五腹节后端。腹末4节中以第七节最长，第八节与臀节次之，第九腹节最短；肛上板超过臀节两侧端部；腹瓣伸达该节端部，后端钝三角形，两侧龙骨状，产卵器伸达第九腹节端部。

生物学特性　1年1代。以卵越冬。在贵州3月卵孵化，若虫共有5龄，历期约1个半月，5月开始出现成虫，5～6月活跃，7月中、下旬至8月上旬为交尾盛期。交尾在11:00左右，历时数分钟，交尾后不到3天开始产卵。8月上旬经解剖，平均有卵29粒。卵单产，坠落于土壤上或枯枝落叶上。初孵若虫1～2天内不太取食，1～2龄取食量较小，3～5龄逐渐增加，整个若虫期食量占总食量的10%左右，主要危害期为成虫期。成虫有向后反跳的习性，17:00左

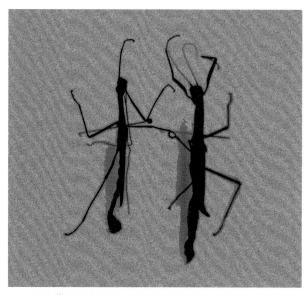

垂臀华枝䗛成虫（左雄、右雌）（陈树椿　提供）

右，成虫大量下树活动。成虫有假死现象。5～7月为该虫危害猖獗期，9月下旬成虫陆续死亡。

防治方法

1. 营林措施。加强林分抚育管理，及时间伐、修枝或增加林地郁闭度和植物种类；尽可能营造混交林，以提高林分自控能力。

2. 人工防治。利用成虫有假死性的特点，可以人工震落捕杀或利用傍晚成虫大量下树时进行捕杀。

3. 生物防治。加强保护利用天敌，如鸟、蛙、螳螂、蜘蛛、蚂蚁等。越冬前后利用雨后或有露水的早晚喷洒白僵菌粉，每公顷用量15kg。

4. 化学防治。一般在低龄期防治害虫效果好。利用45%丙溴·辛硫磷1000～1500倍液或25g/L高效氯氟氰菊酯乳油3000倍液喷杀1～4龄若虫。郁闭度在0.6以上的林分可以用高效氯氰菊酯热雾剂熏杀若虫或成虫。

参考文献

陈树椿等, 1985; 陈树椿, 1986; 陈树椿等, 2008.

（陈树椿，徐进）

18 广华枝䗛	**分类地位** 蜻目 Phasmatodea　长角棒䗛科 Lonchodidae
	拉丁学名 *Sinophasma largum* Chen et Chen
	中文别名 木棍虫

广华枝䗛是锥林内大量食叶危害的主要害虫，是种植壳斗科植物需要控制的害虫之一

分布 广东，广西（博白、浦北）。

寄主 米锥、红锥。

危害 初龄若虫取食地面伐桩新萌发的嫩叶边缘，形成缺刻；2、3龄吃全片嫩叶，而大龄若虫及成虫食量大增，与其他䗛类一起将锥林叶片全部吃光，状如火烧一般。

形态特征　成虫： 雌虫体长约58mm。较粗壮，第七腹板端部具中突，腹端4节正常，不膨大，臀节略长，屋脊形，后缘中央呈三角形内凹；肛上板端略尖；腹瓣锥状，伸达第九腹节，产卵瓣端尖，伸达臀节前缘；尾须圆柱形，向后斜伸。雄虫体长约47mm。体中型，细长。头宽卵形，隆起，背面具数条纵纹；复眼圆突；触角丝状，长于体长，第一节扁圆，略宽，第二节圆柱形，第三节长于后2节之和。前胸短，中央具"十"字形沟纹，横沟位于前方1/3处后；中胸背板长，密被颗粒，两侧具黑线。

广华枝䗛雌成虫（王缉健　提供）

广华枝䗛雄成虫（王缉健　提供）

广华枝䗛雌若虫（王缉健　提供）

广华枝䗛卵（王缉健　提供）

广华枝蝤危害状（王缉健 提供）

前翅鳞状，近方形，具明显黑色短纵纹；后翅长，伸达第六腹节端部。3对足以后足最长，中足最短。腹部长于头、胸之和；第七节背板后端较宽，其后3节膨大，第八腹节略短于第九节，第九节隆起，背观近方形，其长约等于并与臀节垂直，臀节垂直或向后斜伸，背面具纵脊，后缘平截；雄性下生殖板隆起，具2个不对称的尖形角突；尾须圆柱形，超过腹端。

生物学特性 广西博白1年1代。以卵在土表枯枝落叶层越冬；4月上旬若虫孵化，4月上、中旬是孵化盛期；5月上旬成虫出现，5月中旬部分成虫成熟，并开始交尾，5月下旬进入交尾盛期、并有产卵，6月上旬至8月中旬为产卵盛期；10月下旬林间成虫消失。

幼虫孵出后爬出枯枝落叶层，略休息，随后准确地向寄主树干基部方向爬行，并能连续直上梢端。低龄若虫咬食嫩叶形成缺刻，以后逐渐吃全张嫩叶、老叶和嫩梢。成虫有假死性，可短距离飞翔，有一定的趋光性，有时会在夜间飞到光亮处。1头虫一生平均取食叶片20.8g，其中1～4龄低龄若虫的食量占其一生食量的3.13%，5～6（7）龄老龄若虫的食量占21.95%，成虫期的食量占74.92%，老龄若虫和成虫期是主要的危害期，占一生的96.87%（陈培昶等，1998）。

防治方法 见蝤类防治方法（P81）。

参考文献

陈培昶等，1998；陈树椿等，2008.

（王缉健）

| 19 | 斑腿华枝䗛 |

分类地位　蜻目 Phasmatodea　长角棒䗛科 Lonchodidae

拉丁学名　*Sinophasma maculicruralis* Chen

斑腿华枝䗛是锥林内重要食叶害虫，常常与其他䗛类一起将林内叶片全部吃光，对锥林的生长构成重大威胁。

分布　广西（博白、浦北）。

寄主　米锥、红锥。

危害　初龄若虫取食地面伐桩新萌发的嫩叶边缘，形成缺刻；2、3龄若虫吃全片嫩叶，而大龄若虫及成虫食量大增，与其他䗛类一起将锥林叶片全部吃光，状如火烧一般。

形态特征　**成虫**：雄虫体长49.5～55.4mm，体绿色。头宽卵圆形，后缘拱起。复眼球形外突。触角褐色。后头有1条纵沟。前胸背板近似长方形，背中有1条浅沟。中胸背板明显长于头与前胸之和，上有一纵脊。前翅革质，甚短，近似方形，近前半有向上突出的褐色钝角；后翅伸达第六腹节中部。中胸侧板平滑。足的股节和胫节端部暗褐色。腹部稍扁，末端3节膨大，平时向上翘起。第八背板后缘加宽，第九背板延长，前窄后宽并向上凸出，侧观向下突出呈宽瓣状，侧缘凹下。下生殖板梯形。尾须直，明显超过臀节端部。雌虫体长53.3～61.5mm，较雄虫粗壮。头部、前胸背板和前翅与雄虫相似。前胸背板有黑色纵纹。前足股节与胫节端部褐色。后翅超过第五腹节端部。臀节窄于第八腹节，背板

两侧宽圆，肛上板露于臀节端叶间，第八腹板端部尖，伸达第九腹节中部；产卵器外露，超过第九腹节。尾须直，圆柱形，超过臀节端部。**若虫**：共5龄。1龄体淡黄色；2龄体淡乳黄色；3龄有三角形翅芽，体淡黄绿色，口器、触角、各足跗节、尾须淡肉红色，体背中线米黄色；4龄翅芽呈葵扇形，体淡黄绿色，复眼黑褐色，各跗节淡红褐色，可分辨雌、雄；5龄翅芽长羽毛扇状，体淡绿色，各足爪褐色（王缉健，1988）。

生物学特性　广西博白1年1代。以卵粒在表土层的枯枝落叶内越冬，3月初开始孵化，3月中旬为孵化盛期；5月上旬成虫出现，中旬为成虫盛期，6月上旬林间全为成虫；6月下旬为产卵盛期。8月中旬成虫陆续死亡。

以卵粒在表土层的枯枝落叶内越冬；若虫多在上午孵化，初孵若虫当天可不取食，也有的少量进食。孵化后若受惊即可迅速爬行，达20～30mm/s。若虫沿树干上树梢端，静伏于刚萌发的乳黄色嫩叶背后，身体紧贴叶片主脉，取食时将叶片咬成缺刻，此时正值米锥开花盛期，新叶刚萌发。2龄若虫行动稍缓，取食乳黄色嫩叶，将叶片咬成缺刻或小孔，留下叶脉；静止时贴于叶背主叶脉之下，前足与触角前伸。3龄若虫受惊时攀附枝叶不动，取食

斑腿华枝䗛雌成虫（王缉健　提供）

斑腿华枝䗛雄成虫（王缉健　提供）

斑腿华枝螆卵（王缉健　提供）

喷白僵菌防治斑腿华枝螆（王缉健　提供）

蜘蛛捕食斑腿华枝螆成虫（王缉健　提供）

斑腿华枝螆危害状（王缉健　提供）

斑腿华枝螆成虫大量感染白僵菌（王缉健　提供）

嫩叶片，仅留下较粗叶脉，静止于叶片背后，身体自然随叶片主脉弯曲，触角及前足前伸并稍翘起；此时米锥嫩叶开始盛发。4龄若虫平时行动迅速，受惊时不走动；取食乳黄色或浅绿色嫩叶，留下主叶脉；静止栖息仍在叶片背面，但触角及足已伸出叶片外缘，偶尔栖息于小枝上。5龄若虫受惊则走动；吃新叶和老叶，新叶不留叶脉；无假死现象；栖息小枝上或枝叶间。成虫受震动或稍大的声音刺激，即呈假死落下，少顷后爬离跌下部位；有向后反跳本领，一次可飞行数十厘米；但不轻易飞翔。吃全叶、嫩梢，并咬叶柄使叶片脱落，危害最烈，但交尾或产卵后，食量大减（萧刚柔，1992）。

防治方法　见螆类防治方法（P81）。

参考文献

王缉健，1988；萧刚柔，1992；陈树椿等，2008.

（王缉健）

20	异尾华枝䗛	分类地位	蜻目 Phasmatodea　长角棒䗛科 Lonchodidae
		拉丁学名	*Sinophasma mirabile* Günther
		异　名	*Sinophasma crassum* Chen et He

自1995年开始，异尾华枝䗛在多处常绿阔叶林中连续危害。危害严重时将树木的叶子全部食光，造成大量树木生长严重衰弱，甚至枯死。

分布　浙江（泰顺县），福建。

寄主　主要为甜槠、小红栲、石栎等壳斗科树种。

形态特征　**成虫**：雄虫体长50～57mm。体细瘦，体色以绿色至棕褐色为主。头卵圆形，棕褐色，额具黄棕色斑，头背面具5条黄棕色纵纹；复眼近球形，棕红色；触角丝状，棕褐色，约为体长的3/4～4/5。前胸背板小，近前缘处有1条横沟；中胸背板细长，长于头和前胸之和，约与中足股节等长，密布颗粒状突起，中央有1条纵脊。前翅短小，鳞片状，翅前半部成90°下折，翅的下折部分前端褐色，后端鲜黄色，翅后半部棕褐色，折角中间突起部分黑色；后翅发达，伸达第六腹节末端，翅前缘绿色，其余部分褐色，折叠背上时两边呈绿色，中央和末端褐色。前足股节基部及中、后足股节绿色，股节和胫节的端部黑色，足的其余部分黄棕色。腹部长于头、胸部之和，腹端从第八节开始显著膨大并向上拱曲，为第七节宽的2倍；第八节背板前窄后宽呈梯形，第九节背板拱形，长约为第八节的2倍；臀节短，下曲，几与第九节成直角，背板中央有1个锥状突；下生殖板短；尾须棕褐色，扁平，棱锥形，向前伸。雌虫体长60～74mm，体棒状，比雄虫粗壮。体色、头、胸部特征与雄虫相似，但触角相对较短，仅为体长的1/2～2/3；中胸背板长于中股节短于后股节。前翅下折部分后端乳白色；后翅伸达第五腹节后端。前足除股节基部绿色、股节和胫节端部黑色外为棕褐色，中、后足绿色。腹部由前向后渐变细，端部3节正常，第八节腹板向后延伸至第九腹节中部，包住产卵器基部，产卵器后半部外露；臀节后缘内凹成钝角状；肛上板外露；尾须棕褐色，端部扁锥形，伸向后方。**卵**：长径约1.9mm，短径约1.5mm；椭圆形，侧扁，卵盖黑

异尾华枝䗛（左雌、右雄）（陈树椿　提供）

色，盖缘灰白色；卵体灰色，具黑纹，密布褐色网形片状脊；卵底部中央有1个黑点，外围有一不封闭的圆形黑纹环绕。**若虫**：共6龄，少数雌虫有7龄。1龄虫体细小，线状，淡棕色；2龄以后虫体渐变粗长，体色渐变深，呈深棕色至棕褐色；3龄开始出现后翅芽；4龄开始出现前翅芽，并能区分雌、雄；5、6龄除翅和外生殖器未长全外，其他特征与成虫相似。

生物学特性　1年1代。以卵在林下枯枝落叶层中越冬。卵于3月底开始孵化，4月上旬为孵化盛期；6月上旬成虫开始羽化，6月中旬为羽化盛期；

6月下旬开始产卵。产卵期长，一直持续到雌成虫死亡。

生活史与寄主物候期关系密切。在浙江泰顺若虫孵化开始期与寄主新梢始发期同步，且若虫生长发育与寄主新梢嫩叶生长也呈同步关系。室内饲养时，发现一些孵化或蜕皮较迟的若虫由于生长发育跟不上寄主嫩叶的生长，叶片相对变老而被饿死。

卵当年不发育，滞育到翌年春才孵化。尚未发现滞育到第三年才孵化的卵。生长发育期间需要潮湿的环境，否则不能正常发育和孵化。但在其滞育、休眠期间对环境抗性较强，能耐受长期干燥的环境而保持生命力。若虫多在夜间孵化，孵化时，以头部顶破卵顶端的卵盖爬出。若虫出壳后先停留在地表或树干基部栖息和吸吮露水，约4小时后开始陆续上树爬至新梢上取食嫩叶，一般1片嫩叶上只有1头若虫，少数有2头。初孵化若虫耐饥力强，不取食情况下可活7天，且行动迅速，受惊动即快速弹跳到其他叶片上或躲到叶的反面。取食时，用左右足夹住叶的两面，身体伏在叶缘上将叶片边缘啃食成半圆形、弧形的缺刻；停息时，头朝叶基贴伏在叶背面或下面的主脉上。1龄若虫平均每天取食3～5次，每次食嫩叶1～4mm²。若虫在蜕皮前1～2天即停止取食，爬至叶柄、小枝或树干处，头朝下将身体固定住静伏不动。蜕皮时身体从头顶部裂开，借助自身的重力和伸缩作用使新虫体蜕出，整个蜕皮过程历时15～25分钟。虫蜕无色透明。蜕皮后若虫继续停留在原处，伸展躯体。约1～2小时后将虫蜕食下，10小时后开始恢复食叶。2龄以后若虫行动渐变迟缓，食叶量也不断增大。5龄以后食叶量激增，占整个若虫期食叶量的80%以上。若虫4龄以前只食嫩叶的边缘部分，不食主脉，且常转移叶片取食，叶片被食后不干枯能继续生长；5龄以后则开始取食主脉、全叶甚至叶柄和小枝嫩皮，叶子常干枯死亡。整个若虫期历期68～83天。雄成虫较雌成虫早4～6天羽化，羽化过程同若虫蜕皮相似，雌雄性比为1∶1。成虫飞翔能力弱，仅能飞1～3m远，趋光性微弱。成虫羽化后10小时左右开始食叶，4～5天

后开始交尾。交尾时雄虫伏在雌虫背上，腹部前端下弯至雌虫腹部下面，后端再向后上弯成钩状与雌虫生殖器对接。交尾时间为13～60分钟，雌虫可背着雄虫边交尾边取食。雌、雄虫一生可多次交尾。雌虫在羽化后10天左右开始产卵，产卵无固定场所，可边取食边产卵，产卵和排粪交替进行。卵产出后自由落至地表虫粪堆或枯枝落叶层中并在此滞育越冬。雌虫每天可产卵3～8粒，可不间断直至死亡。一般前、中期产卵多，后期产卵少。一生可产卵304～614粒，平均428粒。雌虫不经交尾也能产卵，但是这类卵不能发育。成虫期长，食量也大，既食当年新叶也食老叶，也是危害最严重的时期。雌虫平均每天食叶约1082mm²，折合叶片约1.3张（按甜槠叶片计算）；前期食量大，最多时每天能食叶2.8片，后期逐渐减少。整个雌成虫期食叶量约占一生总食量的80%以上；1头雌虫一生平均食叶约132.7片。雄虫食叶量相对较少。雄成虫平均寿命为68.4天；雌成虫平均寿命为83.7天。

防治方法

1. 施放热雾剂。由于危害发生在常绿阔叶林中，树冠浓密、郁闭，易于保持烟雾，只要地势较平坦，在若虫期燃放热雾剂效果甚好，死亡率可达90%。

2. 树干注药。利用树干注药机向被害树干注射内吸性农药，2天后若虫（成虫）大量死亡，7天后树上基本无虫。此法特别适用于树形高大用其他方法难以防治的树木。

3. 地面喷药。在春季若虫即将孵化时，向有卵分布的地面喷施粉剂农药，能将孵化的若虫基本杀死。适用于上年度已发生过危害并地表卵密度高的林分。

4. 保护天敌。本种天敌较丰富，卵期有青蜂亚科的*Mesitiopterus* sp.，若虫和成虫期有蚂蚁、食虫虻、蜘蛛和鸟类等（包其敏等，2000）。

参考文献

陈培昶等，1997；包其敏等，2000；陈树椿等，2008.

（陈树椿，徐进）

21 拟异尾华枝蟾

拟异尾华枝蟾是锥林内重要食叶害虫，常常与几种蟾类一起将林内叶片全部吃光，对锥林的生长构成重大威胁。

分布　广西（博白、浦北）。

寄主　米锥、红锥。

危害　初龄若虫取食地面伐桩新萌发的嫩叶边缘，形成缺刻；2、3龄若虫吃全片嫩叶，而大龄若虫及成虫食量大增。

形态特征　**成虫**：雄虫体长约52mm。细长，绿色；头宽卵形，背有5条纵纹；复眼黑红色，球形外突，内有黑点；触角暗褐色，线型，长于前足，略短于身体，端部具有3个白色和4个黑色的相间环。前胸很短，背有横沟；中胸背板密被颗粒，长于头和前胸之和，与中足股节约等长。前翅短小，背观近方形，具黑黄相并连的短条纹；后翅长，达到第六背板中部，侧区具有相当规则的网状纹。足浅绿色，跗节灰色；中足股节最短，后足股节最长。腹部长于头胸部之和，腹端3节膨大，第七背板后端渐宽，第九背板最长，隆凸，被有褐色纹，其两侧缘圆弧形；臀节近垂直于第九腹节，中央略内凹，具中脊，其端部两锐角略内弯；下生殖板端部具有3个角状突；尾须红色，扁平，斜伸向后两侧，基部加宽，端部渐尖。雌虫同雄虫相似，但更细长，约65mm。头扁平，长方形，腹端3节正常，第八腹板短，产卵器外露，第七腹板向后延伸至第八腹板中央，与腹瓣愈合，臀节后缘中央三角形内凹，肛上板超出臀节末端，尾须非圆柱形，中部加宽，端部渐尖，不如雄性明显。**若虫**：共6龄，个别7龄。1～2龄体淡黄色，肢体幼小；3～4龄出现三角形翅芽，腹末三节开始膨大（雄虫）；5～6（7）龄，前翅翅芽短小如棍，后翅翅芽略长方形，约长5～10mm，背面多条纵脊明显突出，体色接近成虫，雄性腹端膨大接近成虫，雌性腹端生殖节亦接近成虫构造。

生物学特性　1年1代。以卵越秋冬。3月中、下旬为卵孵化盛期；6月上、中旬成虫出现，中、下旬为成虫出现盛期，8月中、下旬成虫死亡。

1～2龄若虫喜欢栖息于叶背，体贴中脉边，前

拟异尾华枝蟾危害林分

（王缉健　提供）

拟异尾华枝蛸雌成虫（王缉健　提供）

拟异尾华枝蛸雄成虫（王缉健　提供）

足与触角平伸。该虫多在夜间取食，每次约15～30分钟，白天偶有取食，但多栖息于叶片的反面。沿叶缘向一个方向重复取食。初孵和低龄若虫，取食幼嫩叶片的边缘，将叶片咬成缺刻或小孔，留下叶脉，取食量少，取食过的叶片数少；老龄若虫取食量增加，取食范围扩大，咬食过的叶片数多，可将叶片咬成大孔、留下主脉或全部吃光仅留下叶柄。1～4龄取食量约占一生的4.5%，5～6（7）龄约占31%，而成虫则占64.5%（池杏珍等，1998）。

防治方法　见蛸类防治方法。

参考文献

池杏珍等，1998；陈树椿等，2008.

（王缉健）

蛸类防治方法

1. 加强测报预防工作。因蛸大部分种类具有间歇性暴发等特点，而且当年发生量与上年（上一代）产卵量、越冬气候密切相关，广泛建立预测预报点，预测其发生期、发生量及发生危害范围，可以有效指导防治工作。

2. 营林措施。修剪树枝，增加光照。湿度较大的地方适合蛸类卵的孵化、发育，适当间伐过密林木，使林内通风透光，不利于其生存发育。秋冬季清理林下枯枝落叶，使卵粒暴晒、干燥，或翻松表土，把虫卵深埋于3～5cm以下泥土中，阻止其孵化和出土。

3. 人工防治。大多种类有假死习性，对较低矮林木，不论成虫或若虫均可以人工震落地面后打死；晚上成虫、若虫多在树上活动或取食，由于其触角往往左右摆动，用手电筒照射时极易看见害虫，是捕捉的好时机。

4. 保护利用天敌。蚂蚁、螳螂、蜘蛛、螨类、变色树蜥和鸟类都能捕食蛸类的若虫或成虫。初孵若虫易被蚂蚁、螳螂守候捕食，受惊或因风雨而跌落的若虫会被蚂蚁围攻。蜘蛛、螨类、鸟类也常在林内捕捉若虫、成虫。变色树蜥是捕食能手，在若虫期频繁上树活动，大量捕食若虫。极北柳莺等鸟类也喜欢捕杀若虫。多种鸟类是捕捉竹节虫的能手。

5. 生物防治。病毒收取和喷施：在高温季节常有被病毒感染的若虫出现，罹病若虫先是少食、不食，终至发黑死亡，且传染较快。可收集虫尸，加水研磨后喷施或将新鲜虫尸移挂于多虫部位，也可造成感染。气温较低或凉爽天气用白僵菌于雨后或有露水天气喷施，温度较高的天气使用Bt粉剂喷布覆盖全树冠，使若虫、成虫感染死亡。

6. 化学防治。蛸的体壁较柔软，用一般胃毒、触杀、熏蒸农药按说明浓度喷施或用杀虫热雾剂进行熏杀，效果都很好。经试验，下列农药对其成虫或若虫防治效果均在90%～95%以上：2.5%溴氰菊酯水乳剂EC5000倍液；25g/L高效氯氟氰菊酯乳油EC800倍液；氰戊菊酯EC2000倍液；另外采用741热雾剂加25g/L高效氯氟氰菊酯乳油EC熏蒸，或用100mg/kg的溴氰菊酯水乳剂粉剂喷施，效果可达85%以上。

（王缉健）

22 截头堆砂白蚁

分类地位	蜚蠊目 Blattodea　木白蚁科 Kalotermitidae
拉丁学名	*Cryptotermes domesticus* (Haviland)
异　名	*Cryptotermes campbelli* Light, *Cryptotermes buxtoni* Hill, *Cryptotermes dentatus* Oshima, *Cryptotermes formosae* Holmgren, *Cryptotermes hermsi* Kirby

分布　广东（徐闻、湛江），广西（南宁），海南（万宁、文昌、保亭、崖县、儋县、海口、澄正、福山），云南（河口），台湾等地。印度，泰国，马来西亚，印度尼西亚，新加坡，巴布亚新几内亚，所罗门群岛，斐济，美属马里亚纳群岛，法属马克萨斯群岛。

寄主　榕树、荔枝、枫杨、苦槠、紫薇等，还危害房屋木构件。

危害　蛀蚀各种干燥坚硬木材。它的粪便呈颗粒状，颇似砂粒，并不断地从被蛀物的表面小孔推出来，集成砂粒形状。

形态特征　**兵蚁**：头前部黑色，后部赤褐色，上颚黑色，触角第一至第二节棕色，其余浅黄色。胸部及腹部淡黄色，前胸背板的前部棕黄色。头部厚，似方形，两侧平行，后端圆，头的前端呈垂直的截断面，有凸凹不平的结构。截面边缘略隆起并在顶部中央有1个凹向后方的缺刻。**有翅成虫**：头暗黄色，胸、腹、足、触角淡黄色，翅鳞和翅脉暗黄

色，膜翅透明无色（黄复生，2000）。

生物学特性　截头堆砂白蚁纯属木栖性白蚁。群体小，由数十只至数百只白蚁组成。群体中没有工蚁，其职能由若蚁代替，不筑固定形状的蚁巢。若蚁与群体隔离后，经7天左右能形成补充繁殖蚁，一般需要经历13～20天。补充繁殖蚁一般在24～31天开始产卵，每次产卵量最多3粒，一般产1粒，前、后2次产卵间隔15天左右。产出的卵至少经51天孵化，一般经历53～58天。初期补充繁殖蚁可能很多，但最后只剩1对被保留，其余因相互残杀而死亡。具有原始繁殖蚁的群体，不产生补充繁殖蚁。有翅成虫一年中各月均可出现，分群期以4～6月为多。分飞发生的时间多在下午和傍晚，19:00前后为发生高峰。有翅成虫分飞后，前、后翅自行脱落，寻找配偶和场所，钻洞入木建立新的群体。它喜欢以腐木菌入侵过的木材为食，所以多选择在隐蔽地方的木材中营巢，并喜欢群集。脱翅成虫钻洞入木后，便用分泌物将洞口封闭，安静地在洞内产卵（李桂祥，2002）。

防治方法

1. 加强木制品进出口检疫，严防截头堆砂白蚁传播和蔓延。

2. 熏蒸法是灭治截头堆砂白蚁的首选方法。常用熏蒸药剂溴甲烷（CH_3Br），剂量35～40g/m³，氯化苦（CCl_3NO_2）40g/m³，磷化铝片剂（AlP）8～12g/m³；硫酰氟（SO_2F_2）20～30g/m³等。

3. 高温灭蚁法：凡家具被截头堆砂白蚁蛀蚀，可在65℃中加热1.5小时或在60℃加热4小时，能有效杀死白蚁。

参考文献

黄复生等，2000；李桂祥，2002.

（童新旺，戴自荣，李桂祥）

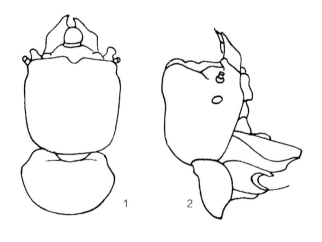

截头堆砂白蚁兵蚁（仿陈瑞瑾图）

1.头、前胸背板背面观；2.头、前胸背板侧面观

23 山林原白蚁

分类地位	蜚蠊目 Blattodea 草白蚁科 Hodotermitidae
拉丁学名	*Hodotermopsis sjostedti* Holmgren
异　　名	*Hodotermopsis japonicus* Holmgren, *Hodotermopsis lianshanensis* Ping, *Hodotermopsis yui* Li et Ping, *Hodotermopsis orientalis* Li et Ping, *Hodotermopsis dimorphus* Zhu et Huang, *Hodotermopsis fanjingshanensis* Zhu et Wang
中文别名	二尖叉原白蚁、钝叉原白蚁、山林原螱

　　山林原白蚁主要危害原始森林及次生林,除加害生活树木外,也蛀食树桩,甚至危害民房及古建筑。

　　分布　浙江(龙泉、庆元),福建(武夷山),江西,湖南(莽山、紫云山、江华),广东(连山、广州、始兴),广西(大瑶山、龙胜),海南(五指山),四川(合江),贵州(梵净山、雷公山),云南(屏边)等地。越南,日本。

　　寄主　粤松、黄山松、福建柏、铁坚杉、柳杉、楠木、白栎、木荷、米饭花等。

　　危害　山林原白蚁主要危害古老大树和衰老树。开始时在木质部蛀食成不规则坑道,最后可将木质部蛀空,外表迹象不明显。

　　形态特征　**兵蚁**:头近方卵形、扁平,前部黑色,后部赤褐色。上颚粗壮,前端尖锐,左上颚有4枚形状不规则的大齿,右上颚有2枚大齿。由于种种原因,形态结构存在很大变化。**有翅成虫**:体长12~13.5mm,体褐色,头及翅基色较深。头近圆形。左上颚有端齿和3枚缘齿,右上颚端齿大,亚缘齿小,第一缘齿短,第二缘齿呈斜切形(黄复生,2002)。

　　生物学特性　山林原白蚁属木栖性白蚁,筑巢于朽树或活树内,除成虫分飞期外,所有个体从不离开木材。山林原白蚁从原始的蚁王、蚁后到下代有翅成虫分飞需经多少年尚不明确。据观察山林原白蚁的卵经1个月左右孵化出小幼蚁,从3龄开始幼蚁品级开始分化,一部分变化为工蚁和兵蚁,一部分变为若蚁。若蚁从前一年11~12月开始产生翅芽,再经过8个月6次蜕皮,于翌年7月中、下旬开始有翅成虫分飞。

　　山林原白蚁主要生活在阴暗潮湿的溪边、山谷的原始森林或原始次生林中,每巢中存在1王1后、2王2后和2王3后的现象。成虫分飞集中在5:00~5:30,绝大多数群体当天1次分飞完毕,但也有少数

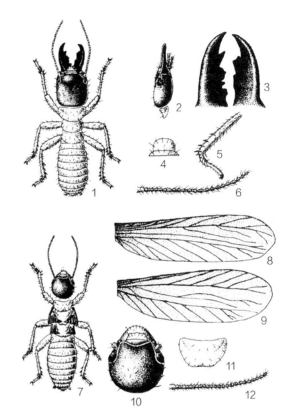

山林原白蚁(仿侯伯鑫图)

1~6.兵蚁;2.头侧面观;3.上颚;4.上唇;5.后足胫跗节;6.触角;
7~12.有翅成虫;8、9.翅;10.头;11.前胸背板;12.触角

群体第二、第三天继续分飞(尹世才,1982)。

　　防治方法

　　1. 营林措施。对伐木基地在造林前进行炼山(即烧掉剩余物和树蔸)。

　　2. 化学防治。用40%毒死蜱·辛硫磷乳油2000倍液和25g/L高效氯氟氰菊酯乳油400倍液或350g/L吡虫啉悬浮剂1500倍液在危害木上方钻孔灌注,每巢4~6kg稀释液,防治效果达80%~98%。

　　参考文献

　　尹世才,1982;黄复生等,2000.

　　　　　　　　　　　　　　　　　(童新旺,尹世才)

24 台湾乳白蚁

分类地位	蜚蠊目 Blattodea 鼻白蚁科 Rhinotermitidae
拉丁学名	*Coptotermes formosanus* Shiraki
异　名	*Coptotermes hongkongensis* Oshima, *Coptotermes communis* Xia et He, *Coptotermes eucalyptus* Ping, *Coptotermes rectangularis* Ping et Xu
英文名称	Formosan subberranean termite
中文别名	家白蚁、台湾乳蠦

台湾乳白蚁属土木两栖性白蚁，适应性强。因此不仅分布广泛而且危害极为严重，尤其是对房屋建筑、公路、桥梁、通信电缆、农林作物、文物档案等，涉及人类衣、食、住、行诸多方面，给国民经济带来极大损失。

分布　江苏（建湖），浙江，安徽（合肥、巢县、芜湖），福建，江西，湖北（宜昌），湖南（长沙、衡山、宜章、零陵、邵阳、涟源、益阳、常德），广东，广西，海南，四川，贵州，云南，香港，台湾等地。马绍尔群岛，美国，日本，菲律宾，巴基斯坦，斯里兰卡，缅甸，泰国，巴西，南非。

寄主　房屋建筑、桥梁、电缆、文书档案、布匹、药材、"四旁"绿化林木等。

危害　白蚁取食时在木材表面可见用泥土做成的蚁路，在主巢附近堆集有大量褐色或棕色的疏松泥块（白蚁泥），是白蚁的排泄物。严重时可将木制品和活立木全部蛀空仅留表层。

形态特征　**兵蚁**：头及触角浅黄色，上颚黑褐色，腹部乳白色。囟孔上窄下宽卵圆形，大而显著，位于头前端的1个微突起的短管上。**有翅成虫**：

台湾乳白蚁工蚁与蚁道（王缉健　提供）

头背面深黄褐色，胸、腹背面褐黄色，较头色淡，腹部腹面黄色，翅微though淡黄色（黄复生，2000）。

生物学特性　台湾乳白蚁从原始蚁王、蚁后到下一次有翅成虫飞出，完成一个生活周期要经过8年的时间。原始蚁王、蚁后配对营建新居后即行交配，一般交配后1个星期产卵，1个月左右卵开始孵化，每头雌虫一次产卵1～6粒，当年（5个月内）平均每雌产卵量46粒，以后逐年增加。幼蚁共有6个龄期，4龄出现工、兵蚁分化。家白蚁经过室内配对培养和野外移植埋放，经过8年巢群成熟会产生有翅成虫，估计当时种群数量15万～20万个体。巢群成熟后，有翅成虫于当年4～7月每日的16:00～20:00分飞，分飞期可长达3个月之久。一个群体在衰老前估计有30～40年（中国物业协会白蚁防治专业委员会，2008）。

台湾乳白蚁属土木两栖性白蚁，既可在地下筑巢也可以在地上或树上筑巢。当群体不断扩大时，除主巢外还有1至多个副巢，主、副巢之间有蚁道相联。台湾乳白蚁活动取食范围可达100m之外。据调查，其可危害宅旁绿化树木达95种，最喜欢筑巢的大树有樟树、枫香和椤木石楠（童新旺，2004）。

防治方法　防治工作应贯彻"预防为主、综合管理"的方针。根据白蚁的生活习性和发生发展规律，因时因地采用物理屏障、化学屏障、种群控制、生态控制、生物控制等技术来驱避、控制和消除白蚁（中国物业协会白蚁防治专业委员会，2008）

1. 化学防治。使用化学防治时必须优先考虑保护生态环境，慎防人畜中毒，因此应选择高效低毒、药效期较短的农药。①直接喷撒或通过诱集物或诱集箱将白蚁诱集到一起集中杀灭。目前常用的化学农药如：40%毒死蜱·辛硫磷等，既可直

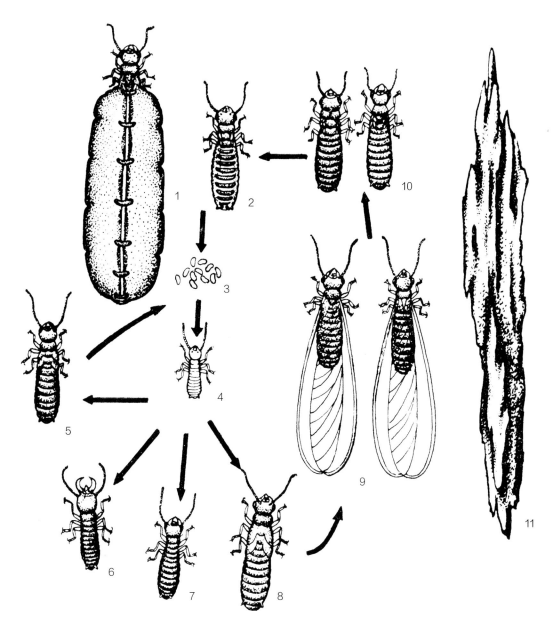

台湾乳白蚁（仿杨可四图）

1.蚁后；2.蚁王；3.蚁卵；4.幼蚁；5.补充繁殖蚁；6.兵蚁；7.工蚁；8.长翅繁殖若蚁；9.长翅雌雄繁殖蚁；10.脱翅雌雄繁殖蚁；11.木材被害状

接毒杀白蚁，也可作为木材、土壤处理的药剂。②投放饵剂杀灭台湾乳白蚁。台湾乳白蚁取食饵剂后，可以导致蚁群体覆灭。一般饵剂由三部分组成，即药物、诱饵和助食剂。目前药物有5%丁硫克百威、15%毒死蜱·辛硫磷颗粒剂等。诱饵主要是台湾乳白蚁喜食的物质，如松木、杉木粉、蔗渣粉、泡桐以及培植银耳、黑木耳真菌的木屑等。助食剂主要有蔗糖、松花粉等。将上述三部分按一定的比例混合拌匀后，每4～5g一份装入4cm×6cm的纸袋（以新闻纸为妥）。袋口用糨糊或订书钉封闭

即可。或者用0.5%～1.0%的氟铃脲作为饵剂有效成分制成的诱饵纸片杀灭台湾乳白蚁，一巢白蚁最快3个月全部死亡（刘自力，2005）。

2. 灯光诱杀成虫。在台湾乳白蚁分群季节，利用有翅成虫的趋光性，在灯下用水盆诱杀。

参考文献

黄复生等, 2000; 童新旺, 2004; 刘自力等, 2005; 中国物业协会白蚁防治专业委员会, 2008.

（童新旺，卢川川）

25 黑胸散白蚁

分类地位　蜚蠊目 Blattodea　鼻白蚁科 Rhinotermitidae

拉丁学名　*Reticulitermes chinensis* Snyder

异　名　*Reticulitermes labralis* Hsia et Fan

分布　北京，河北，山西，上海，江苏，浙江，安徽，福建，江西，山东，河南，湖北，湖南，广西，四川，云南，陕西，甘肃。

寄主　桉树及多种林木。

危害　主要危害房屋建筑、木构件、电杆、桥梁、树桩、衰弱木等。也可咬食桉树须根，再将主根与主干近地面交接处取食至木质部并咬食一周，使植株迅速枯死。

形态特征　**兵蚁**：头、触角黄色或黄褐色，上颚棕褐色；腹部淡黄白色。头部毛稀疏，胸及腹部毛较密。头长扁圆筒形，后缘中部直，侧缘近平行。额峰突起，峰间凹陷；峰顶与后唇基相连之坡面略小于45°的交角。囟约位于头前端的1/3处，状如小点。上唇长不超过上颚之半，侧缘略做弓形弯曲。上颚长约为头长之半，中部接近直，尖端弯向中线；左上腭由后向前逐渐缩狭，右上颚直至靠近尖端处始缩狭，左上颚基部有1基齿，其前方有3个连续的缺刻，皆位于上颚中点以后；右上颚光滑无齿。后颏前端部分呈五边形，中段狭长。触角15～17节。前胸背板前宽后狭，前缘微翘起，前缘中央具明显的缺刻。**有翅成虫**：头胸皆黑色。腹部颜色稍淡。触角、腿节及翅黑褐色。胫节以下暗黄色。全身有颇密的毛。头长圆形，后缘圆，两侧缘略成平行状。后唇基较头顶颜色稍淡，微隆起，呈横条状。复眼小而平。单眼近圆形。囟呈颗粒状突起。触角18节。前胸背板前宽后狭，前缘接近平直，前缘中央无缺刻或具不明显的缺刻，后缘中央有缺

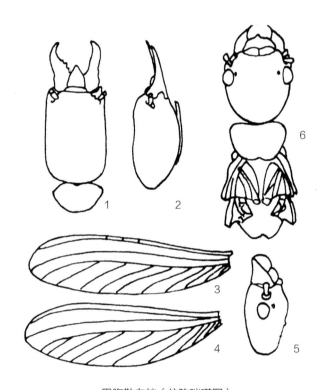

黑胸散白蚁（仿陈瑞瑾图）

1～2.兵蚁：1.头及前胸背板背面观；2.头部侧面观；3～6.有翅成虫：3.前翅；4.后翅；5.头部侧面观；6.头及胸部背面观

黑胸散白蚁活动（王缉健　提供）

黑胸散白蚁（王缉健　提供）

受黑胸散白蚁危害的林木（王绢健　提供）

刻。前翅鳞显著大于后翅鳞。**工蚁：**体白色。生有均匀分布的短毛。头圆，在触角窝处略扩展。后唇基为横条状，微隆起，长度不超过宽度的1/4。头顶颇平。触角16节。前胸背板的前缘略翘起，前、后缘中央略具凹刻（黄复生，1989）。

生物学特性　4月中旬至5月上旬羽化，羽化当天多数在中午前后分飞完成。卵期大约为32~36天。1龄龄期约为12~14天，2、3龄龄期约各为12天（萧刚柔，1992）。

少见筑巢，多散居于松树伐桩或腐木下面，群集小而分散，可以在枯枝落叶或疏松土层下建蚁道去取食。能多路同时进行危害，将桉树苗致死后可迅速向附近转移，继续寻找新的寄主，反复危害可以导致植株枯萎；对大树也能危害，但幼树受害最重。

防治方法

1. 造林前做好炼山。清理山地上的枯枝落叶、杂灌草，彻底炼好荒山减少林地上的虫源。

2. 提前整地。通过全垦或开沟、树穴整地，翻晒林地表层，让白蚁小巢及虫体暴露在外，便于天敌捕捉，破坏其生存环境。

3. 药物处理苗木。在造林前，用防治白蚁的药物通过浸根或药物投放的形式，阻止黑胸散白蚁的侵害。如用白蚁诱杀剂提前1个月先行诱杀，然后再定植；用350g/L吡虫啉悬浮剂1500~2000倍液或40.7%毒死蜱1200~1500倍液；或15%~20%的40.7%毒死蜱+80%~85%的2.5%溴氰菊酯水乳剂混合后的2000~3000倍药液浸透苗木营养杯土后定植。

4. 定植后的补救。如未经药水处理，或处理后遇连续大雨冲刷使药效降低，可在害虫发生区内，用上述药物同使用浓度，淋到植株根际泥土处，或用手摇喷雾器除去雾化喷头，对准植株基部，每株补喷25~50mL药液，可达到控制目的。

参考文献

黄复生等，1989; 萧刚柔，1992; 尉吉乾等，2010.

（王绢健，戴自荣，李桂祥）

26 黄胸散白蚁

分类地位	蜚蠊目 Blattodea　鼻白蚁科 Rhinotermitidae
拉丁学名	*Reticulitermes flaviceps* (Oshima)
异　　名	*Leucotermes speratus* Holmgren
中文别名	黄肢散白蚁、黄胸网蠹

黄胸散白蚁群体小，密度大，分布广，是危害林木重要害虫之一。

分布　江苏，浙江，福建，江西，湖北，湖南，广东，广西，海南，香港，台湾等地。

寄主　危害伐倒木、枯立木、树桩、伐根及活树的皮层，也危害房屋建筑、木构件、仓库贮藏品等。

危害　危害时外表可见细小的蚁路。一般由低到高，往往先从地枕、地脚、梯脚、门框脚、柱脚等底部蛀蚀起，逐步向上发展。活树或树头多是从根部皮层向内蛀入，再往上部蔓延。在树木中的蚁路小而曲折（童新旺，2004）。

形态特征　**兵蚁**：头黄褐色，上颚紫褐色。头壳长方形，两侧近平行。上唇枪矛形，顶端尖，具端毛、亚端毛和侧端毛。前胸背板前缘中央凹陷，后缘直线状、不凹陷。**脱翅成虫**：头壳栗褐色，前胸背板灰黄色，后颏灰黄色，上唇褐色，后唇基黄褐色，足腿节深黄褐色，胫节黄褐色（黄复生等，2000）。

生物学特性　黄胸散白蚁属土木两栖性白蚁，蚁王、蚁后没有定型的“王室”。在湖南有翅繁殖蚁于先年9～11月羽化成熟，直到翌年2～4月当气温上升到17～20℃的晴天开始分飞。分飞时间12:00～15:00（童新旺，2004）。根据上海昆虫所的观察，脱翅成虫配对后，通常在15天后产卵，第一阶段产卵20粒左右，然后停止产卵，60天后进入产卵的第二阶段。卵约经27～38天孵化为幼蚁，幼蚁经12～16天后进行第一次蜕皮，成为2龄幼蚁，又经12～16天再一次蜕皮，即开始分化为3龄若蚁或工蚁。工蚁有潜在转化为无翅补充生殖蚁的能力。当工蚁脱离原来群体45～60天左右，便可产生无翅补充生殖蚁而形成一个补充生殖蚁群体，再经15天左右，无翅补充型开始产卵（刘丽玲等，1991）。

防治方法　参照台湾乳白蚁。

参考文献

刘丽玲等, 1991; 黄复生等, 2000; 童新旺, 2004.

（童新旺）

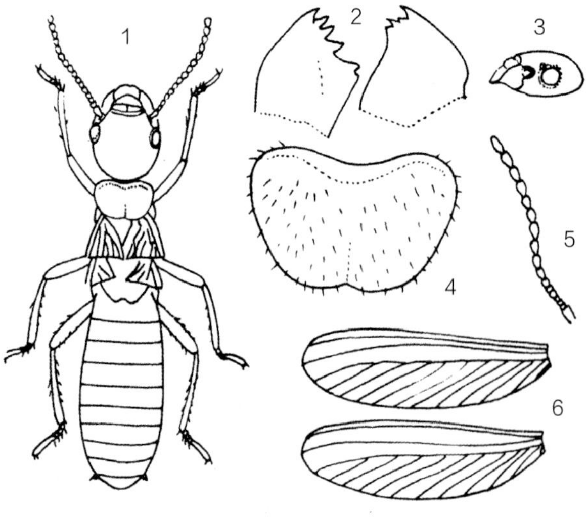

黄胸散白蚁有翅成虫（仿陈瑞瑾图）
1.成虫；2.上颚；3.头部侧面；4.前胸背板；5.触角；6.前、后翅

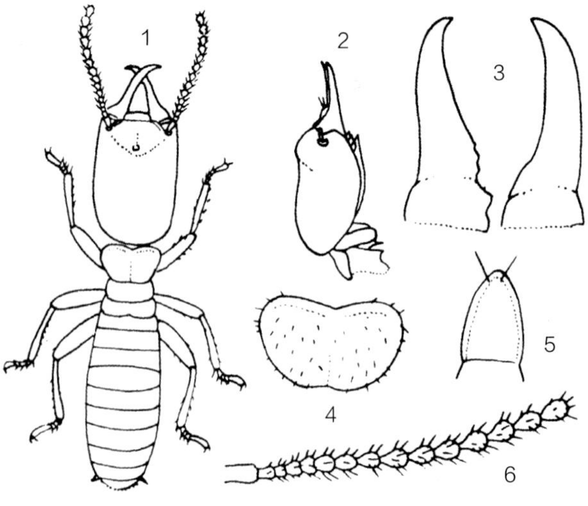

黄胸散白蚁兵蚁（仿陈瑞瑾图）
1.成虫；2.头部及前胸背板侧面；3.上颚；4.前胸背板；5.上唇；6.触角

27 黄翅大白蚁

分类地位	蜚蠊目 Blattodea 白蚁科 Termitidae
拉丁学名	*Macrotermes barneyi* Light
中文别名	黄翅大螱、巴氏大螱

黄翅大白蚁属土栖性白蚁，危害林木、农作物，蛀蚀埋地通信设备，有时也破坏房屋的木结构，尤其喜在江河水库的堤坝营巢栖居，造成水患大灾，其危害性仅次于黑翅土白蚁。

分布 江苏，浙江（杭州），安徽，福建（福州、永安、厦门等），江西（弋阳、进贤、新建），河南，湖北，湖南（江华、江永、宜章、新宁、大庸、长沙等），广东（广州、英德、江门等），广西（柳州、玉林等），海南（那大、乐会），四川（德昌），贵州，云南（河口、金平），香港等地。越南。

寄主 不仅蛀食许多农作物和草本植物，还严重蛀食杉木、檫树、樟树、枫香、桉树等61科137属335种树木，并可危害堤坝（童新旺，2004）。

危害 取食时在树干或其他植物上做成泥被或泥线，有时泥被环绕整个树干形成泥套。主要危害活立木表皮和衰老树、枯立木的木质部及根部。

形态特征 **大兵蚁**：头长方形深黄色，上颚镰刀形黑色，上唇舌状，端部具透明三角块。前胸背板略宽于头宽的一半，前部斜向上翘，前、后缘的中央有明显的缺刻。**小兵蚁**：体形显著小于大兵蚁，体色也略较浅。头卵形，侧缘较大兵蚁更弯曲，后侧角圆形。**有翅成虫**：头及胸、腹暗红棕色，足棕黄色，翅黄色，后唇基暗赤黄色（黄复生，2000）。

生物学特性 黄翅大白蚁属土栖性白蚁，营地下群居生活。黄翅大白蚁主巢是一个大型洞穴（腔室），横径大的可达1m以上。集体上部或外围由数十层互相连接的薄泥片层构成，一层叠一层，总厚度10～22cm。蚁巢的主体是菌圃。菌圃为质轻多孔的海绵状组织。菌圃上的白球菌个体大而数量少，菌圃间有一些似假山形的泥片或泥骨架镶接相邻的菌圃和支撑上下菌圃而形成菌圃团。泥质王宫位于菌圃团中上部，质地坚固，内空，壁厚，底部平坦，供蚁王、蚁后居住。在巢的底部有些大大小小的孔道直通地下深处。由蚁巢通向巢外的主路粗大，拱形。在离蚁巢较远的主路上产生分支蚁道，

在接近地表分支蚁道上，每间隔1m左右有扁平的小室（宽3～5cm，高1～2cm）（中国物业协会白蚁防治专业委员会，2008）。

黄翅大白蚁有翅成虫当年羽化当年分飞。在湖南分飞见于4月下旬至7月中、上旬。纬度、海拔越低，分飞发生越早。当地温稳定上升至16℃的情况下，有翅成虫离开主巢进入候飞室。分飞时湿度80%以上，大气压98.1～99.6kPa，绝大部分在暴雨后凌晨4:00～6:00分飞。成年巢一般分群孔30～80个，最多可达239个，其分群孔有3种类型，即平口

黄翅大白蚁工蚁（张培毅　提供）

黄翅大白蚁有翅分群蚁（张培毅　提供）

黄翅大白蚁泥被（张培毅　提供）

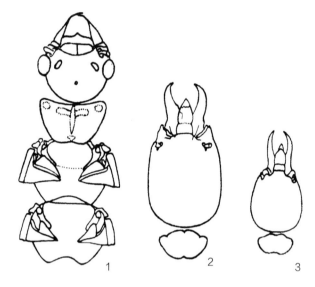

黄翅大白蚁（仿陈瑞瑾图）
1.有翅成虫头、胸部；2.大兵蚁头、前胸背板；
3.小兵蚁头、前胸背板

分群孔、凹状分群孔和丘状分群孔。长翅繁殖蚁分群后脱翅配对入土定居，交尾产卵即开始建立新幼群。一般情况下1雌1雄配对，但也有1雄多雌和多雄多雌结合现象。从幼群到成熟群体（产生有翅成虫）需要8年时间（戴祥光，1987）。

防治方法

1. 营林措施。据调查凡蚁害严重的地区，常常是树种单一，缺乏灌木杂草等地被物，并且很少有枯枝落叶等腐殖质层的地方。因此：①造林地避免全垦、全烧作业方式，保留部分杂灌木和地被物；②营造混交林和封山育林，以便尽快增大林地表面枯枝落叶腐殖质的厚度。在混交林树种选择上，尽量选择那些抗性较强的树种，如木莲、木荷、火力楠、光皮树、花叶白兰等。

2. 化学防治。使用化学防治时，必须优先考虑保护生态环境，慎防人畜中毒，因此应选择高效低毒、药效期较短的农药。①直接喷撒或通过诱集物将白蚁诱集到一起集中杀灭。目前常用的化学农药如40%啶·毒（Chlorpyrifo）1000～1500倍、350g/L吡虫啉悬浮剂1500～2000倍液等可以直接喷撒有危害的树木，也可以作为苗圃地土壤处理的药剂。②投放诱饵剂杀灭白蚁。白蚁取食饵剂后，可以导致白蚁群体覆灭。

3. 灯光诱杀。每年4～6月，是有翅繁殖蚁的分群期，利用有翅繁殖蚁的趋光性，采用黑光灯或其他灯光诱杀。

4. 挖巢。由于土栖白蚁至今未发现补充型繁殖蚁，挖巢消灭蚁王、蚁后，残留群体一年内可自行灭亡。找巢方法：①根据泥被、泥线找巢；②根据分群孔找巢；③根据鸡枞菌找巢。

参考文献

汪一安，1985；戴祥光，1987；黄复生等，2000；童新旺，2004；中国物业协会白蚁防治专业委员会，2008.

（童新旺，卢川川）

28 翘鼻华象白蚁

分类地位	蜚蠊目 Blattodea 白蚁科 Termitidae
拉丁学名	*Sinonasutitermes erectinasus* (Tsai et Chen)
异　名	*Nasutitermes erectinasus* Tsai et Chen

分布 湖南（莽山），海南（东会），江西，浙江（宁波）等地。

寄主 樟树、甜槠、山苍子、锥栗等衰老树以及伐倒木、枯立木。

危害 危害时在树木表面常有条状泥被线。在蚁巢附近有成堆的黑褐色或茶褐色或棕黑色排泄物。

形态特征 **大兵蚁**：头、触角暗赤褐色，象鼻前段的颜色更深，胸、腹部淡黄色。头几近赤裸，腹背面具微细毛，腹面毛较长，各节背板及腹板后缘具1列直立长毛。头似横置的椭圆形，中点之后最宽，后部宽圆，鼻圆锥形，鼻基粗，鼻与头顶的连接线显著弯曲，与唇基间的夹角大于90°，上翘，上颚前侧端具1根刺，触角13节，第二、四节等长，第三节较长，第五节略长于第四节。前胸背板前、后部相交成直角，前缘中央微凹入。**小兵蚁**：体色与毛序同大兵蚁，但头具稀少毛。头近圆形，鼻圆锥形，不显著上翘，鼻与唇基间夹角大于90°，上颚前外端具一尖刺，触角12节，第三节等于第二节或为其1.5倍。前胸背板前缘中央不凹入（黄复生，2000）。

生物学特性 翘鼻华象白蚁纯属木栖性白蚁。其兵蚁和工蚁均为二型，有大兵蚁、小兵蚁、大工蚁、小工蚁之分。翘鼻华象白蚁多以衰老的活树为食，建筑于大树的树干内，巢位一般在近地面1m以下或近树苑部。有翅成虫于5月羽化，6、7月分飞（萧刚柔，1992）。

防治方法

1. 营林措施。及时采伐空心木，清除伐倒木和树桩，是防治翘鼻华象白蚁营巢的有效措施。

2. 热雾剂熏杀。对在活树内营巢的翘鼻华象白蚁，可根据其外露迹象，准确判断巢位，然后在巢体下方或上方钻一小洞，将压烟器的出烟管插入洞内，利用燃烧后产生的压力将烟压入树内，效果很好。每巢用药量0.5kg。

3. 灌药毒杀。在蚁巢的上方打一小孔，将化学农药从小孔中灌入，直至浸湿整个蚁巢为度。

4. 加强检疫。随着木材的调运，特别是空心木材的调运，应进行检疫，对有蚁木材禁止运输或熏杀处理后才能调运。

参考文献

萧刚柔，1992; 黄复生等，2000.

（童新旺，彭建文，尹世才，李镇宇）

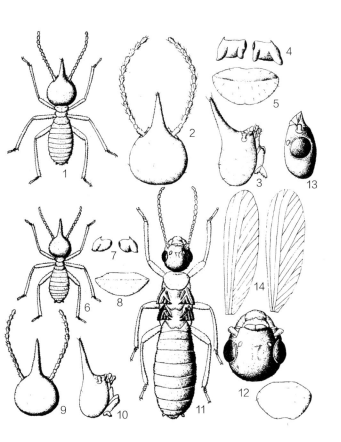

翘鼻华象白蚁（仿侯伯鑫图）

1~5.大兵蚁：2、3.头部正、侧面；4.上颚；5.前胸背板。
6~10.小兵蚁：7.上颚；8.前胸背板；9、10.头部正、侧面。
11~14.有翅成虫：12.头、前胸；13.头侧面；14.翅

29 小象白蚁

分类地位 蜚蠊目 Blattodea 白蚁科 Termitidae

拉丁学名 *Nasutitermes parvonasutus* (Nawa)

分布 福建（长汀、永安、建瓯、南平），江西，湖南（宜章、衡山、江华、桂东），广东，广西，海南，香港，台湾（恒春）等地。

寄主 樟树、木兰、马桑、山矾、苦槠、山茶等，以及建筑物木构件、房屋近地面木柱。

形态特征 **兵蚁**：头黄色，象鼻赤色微杂褐色，腹部近于白色。头赤裸或仅具极少细微短毛。头短卵形，长略大于宽，最宽处在中点稍后，后缘曲度小，象鼻管状，微倾斜伸向头的腹面，鼻与头顶近于直线或微下凹，多数上颚侧端尖，但不伸出，少数具尖刺。触角13节，第四节最短，第二、三、五节约等长，如果12节者，第四、五节分裂不彻底，成为较长的节。前胸背板前、后半部几等宽，前部直立或微后倾，前缘中央无缺刻。**有翅成虫**：头褐色，触角、上唇及后唇基黄色，前胸背板浅于头色，具黄色"T"形斑，中、后胸前部黄，后部褐色，腹部背面褐色，腹面略为黄色。头宽卵形，顶中央凹坑，囟小、裂隙状。触角15节，第三节最小，第二节次之，第四、六节近等长（黄复生，2000）。

生物学特性 小象白蚁纯属木栖性白蚁，多数在樟科、木兰科、壳斗科等活树树干基部危害建巢，也有在快要接近腐朽的木材内蛀蚀建巢。巢体结构比较复杂，是用排泄物、分泌物、唾液胶合朽木碎片等而成，形似蜂窝状，色呈黑褐色，潮湿时很松脆，干燥后很坚硬，蚁王、蚁后居于中上部龟壳形的"王室"内。幼龄巢无副巢，成龄巢有1～2个副巢，主、副巢之间以及与地下泥土中有蚁道相通。在其建巢及危害木之部位往往有黑褐色的泥被线暴露在表面。小象白蚁在湖南郴州地区有翅成虫6～7月分飞。分飞时往往在闷热天的傍晚进行。成虫具有趋光性（萧刚柔，1992）。

防治方法 参照翘鼻华象白蚁。

参考文献

萧刚柔，1992；黄复生等，2000.

（童新旺，彭建文，尹世才）

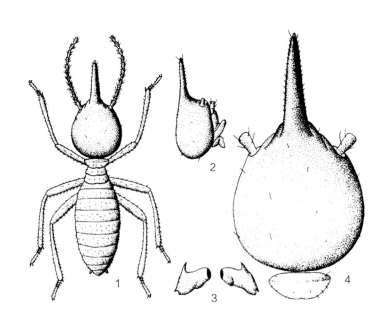

小象白蚁兵蚁（仿侯伯鑫图）

1.兵蚁；2.头侧面；3.上颚；4.头、前胸背板

30	黑翅土白蚁	分类地位	蜚蠊目 Blattodea　白蚁科 Termitidae

分类地位 蜚蠊目 Blattodea　白蚁科 Termitidae

拉丁学名 *Odontotermes formosanus* (Shiraki)

异　名 *Termes valgaris* Shiraki, *Odontotermes qianyagensis* Lin

中文别名 台湾黑翅螱、台湾土螱、黑翅大白蚁

　　黑翅土白蚁危害林木70余种，同时还危害农作物、地下电缆和江、河、水库堤坝，是农、林、水利业主要害虫。

　　分布 江苏（南京、镇江），浙江（杭州、奉化、温州、龙泉），安徽（巢县、芜湖），福建（漳浦、厦门、南靖、云霄、平和、漳州、浦田、福州、南平、龙岩、长汀、建瓯、永安），江西，河南（洛阳、鸡公山），湖北（武汉、江陵、宜昌、巴东），湖南（华容、永顺、宜章、江永、江华、平江、大庸、东安、衡阳），广东（广州、顺德、英德、开平、台山、徐闻），广西（玉林、宜山、柳州），海南，重庆，四川（德昌、西昌、雅安、万县、涪陵），贵州，云南（昆明、屏边、景洪、金平），陕西，甘肃，香港，台湾等地。缅甸，泰国。

　　寄主 杉木、侧柏、柏木、桉树、樟树、木荷、栎类等70多种林木及堤坝。

　　危害 取食时在树干或其他植物上做泥被或泥线，有时泥被环绕整个树干，形成泥套。主要危害活立木表皮和衰老树、枯立木的木质部及根部。

　　形态特征 **兵蚁：**头暗黄色，腹部淡黄色至灰白色。头卵圆形。上颚镰刀形，左上颚齿位于中点前方，右上颚内缘有1枚微齿，小而不显著；上唇舌形，前端无透明小块。触角16～17节，第二节长约等于第三节与第四节之和。前胸背板前部狭窄并向前方斜翘起，后部较宽，前部和后部在两侧交角处各有一斜向后方的裂沟，前、后缘中央均有明显的凹刻。**有翅成虫：**头背面及胸、腹部背面为黑褐色，腹面为棕黄色，上唇前半部橙红色，后半部淡橙色，中间有1条白色横纹，上唇前缘及侧缘呈白色

黑翅土白蚁（张润志　整理）

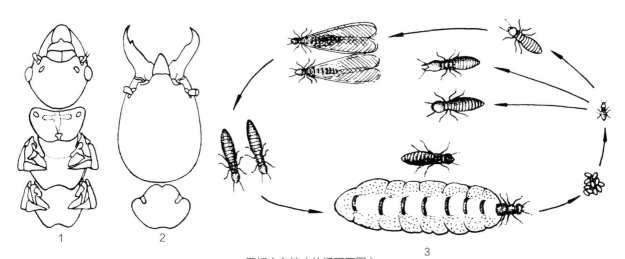

黑翅土白蚁（仿杨可四图）

1.有翅成虫头、胸部；2.兵蚁头部；3.生活史示意

黑翅土白蚁工蚁（《上海林业病虫》）

黑翅土白蚁蚁后（《上海林业病虫》）

黑翅土白蚁有翅成虫
（《上海林业病虫》）

黑翅土白蚁泥被（张润志　整理）

黑翅土白蚁危害状（张润志　整理）

透明，翅黑褐色（黄复生，2000）。

生物学特性　黑翅土白蚁属土栖性白蚁，营地下群居生活。其主巢呈半球形，长径少则30～40cm，大则100～140cm，短径35～85cm，高30～90cm。腔壁厚，形成一层泥壳结构，可以与外围土壤分开。蚁王、蚁后居住的"王宫"由泥土经白蚁特别加工而成，外表光滑，质地坚硬，长6～10cm，宽2～3cm，高1～2.5cm，形似扁合式呈椭圆形。主巢内有泥骨架，把菌圃分成一层一层，在王室菌圃周围1m以内有许多卫星菌圃包围。成熟群体主巢离地面1～3m。卫星菌圃在主巢1m处较多，8～10m远处也有零星菌圃分布。空腔（里面无菌圃）在主巢上层较多，离主巢越远，空腔越多。

黑翅土白蚁有翅成虫每年3月离开主巢进入候飞室，4～6月在靠近蚁巢附近的地面上出现不规则的小土堆。当气温达20℃以上，相对湿度达85%以上的阴雨天，常在当天19:00左右分飞，分飞时往往在暴雨中进行。1个成熟的大巢内可飞出2000～9000个有翅成虫。经分飞和脱翅的成虫成对地钻入地下建筑新巢，也常有2只以上的脱翅成虫钻入同一地点建巢，从而形成一巢多王、多后的现象。新建蚁巢仅是一个小腔，3个月后出现菌圃。从初期群体到成熟群体（产生有翅成虫）少则5～6年，多则7～8年（李桂祥，2002）。

防治方法　参照黄翅大白蚁防治方法。

参考文献

黄复生等，2000；李桂祥，2002.

（童新旺，卢川川，沈集增）

31	斑衣蜡蝉	分类地位	半翅目 Hemiptera　蜡蝉科 Fulgoridae
		拉丁学名	*Lycorma delicatula* (White)
		英文名称	Spotted lanternfly

对树木生长有一定影响,尤其对幼树影响更大。

分布　北京,河北,辽宁,江苏,浙江,河南,山东,广东,四川,陕西,甘肃,台湾等。

寄主　臭椿、香椿、千头椿、刺槐、苦楝、榆树、杨属、悬铃木、合欢、樱花、葡萄、杏、李、桃等。

危害　成虫、若虫吸食幼嫩枝干汁液形成白斑,同时排泄糖黏液,引起煤污病,使枝干变黑,树皮干枯,或嫩梢萎缩、畸形。

形态特征　成虫:雌虫体长18~22mm,翅展50~52mm;雄虫体长14~17mm,翅展40~45mm。体隆起,头顶锐角。触角在复眼下方,鲜红色,歪锥状,柄节短圆柱形,梗节膨大成卵形,鞭节极细小,长仅为梗节的1/2。前翅革质,长卵形,基部2/3淡灰褐色,散布20余个大小不等的黑斑;端部1/3深褐色,脉纹白色;后翅膜质,扇形,基部一半红色,散布7~8个大小不等的黑斑,翅中有倒三角形的白色区,翅端及脉纹黑色。**卵**:呈块状,表面覆有一层灰色粉状疏松的蜡质,类似泥块。每块约5~10余行,每行10~30粒,卵粒长圆形,灰色,长约3mm,宽约1.5mm,高1.5mm,背两侧有凹入线,中部纵脊,脊的前半部有长卵形的卵孔盖,脊的前端呈角状突出;卵的前面平截或微凹,后面钝圆形,腹面平坦。**若虫**:扁平,1~3龄为黑色,背面有白

斑衣蜡蝉成虫(一)(张润志　拍摄)

斑衣蜡蝉成虫(二)(张润志　拍摄)

斑衣蜡蝉成虫(三)(张润志　拍摄)

斑衣蜡蝉卵块被分泌物覆盖(徐公天　提供)

斑衣蜡蝉尚未孵化的卵块（徐公天　提供）

斑衣蜡蝉已孵化的卵块（徐公天　提供）

斑衣蜡蝉若虫群集危害（徐公天　提供）

斑衣蜡蝉2龄若虫（徐公天　提供）　斑衣蜡蝉4龄若虫
（徐公天　提供）

色蜡粉斑点；4龄背面红色，具黑白相间斑点。1若虫龄体长4mm，宽2mm。体背有白色蜡粉所成的斑点。头顶有脊3条，中间1条较浅。触角黑色，具长形的冠毛，为触角的3倍。足黑色，前足腿节端部有3个白点，中足及后足仅1个白点，胫节的背缘各有白点3个；2若虫龄体长7mm，宽3.5mm。触角鞭节细小，冠毛短，略较触角的长度为长。3若虫龄体长10mm，宽4.5mm。体形似2龄，白色斑点显著。头部较2龄延长。触角鞭节细小，冠毛的长度与触角3节的和相等；4龄若虫体长13mm，宽6mm。体背淡红色，头部最前的尖角，两侧及复眼基部黑色。体足基色黑，布有白色斑点。头部较以前各龄延伸。翅芽明显，由中胸和后胸的两侧向后延伸。

生物学特性　1年1代。以卵在树干或附近建筑物上越冬。翌年4月中、下旬卵孵化为若虫，若虫共4龄，5月上旬为盛孵期。若虫稍受惊扰即跳跃逃匿。于6月中、下旬至7月上旬羽化为成虫，危害至10月。8月中旬交尾产卵，卵多产于树干向阳面，或树枝分叉处，呈块状，每块有卵5~10行，每行10~30粒，卵块排列整齐，覆盖蜡粉。成、若虫均喜群集于树干或树叶，遇惊即快速移动或跳飞，飞翔力强，善跳跃。栖息时头翘起，数十头群集新梢上排列成1条直线。

天敌有舞毒蛾卵平腹小蜂和若虫的寄生蜂等3种。

防治方法

1. 冬季人工刮除树干或建筑物上的卵块。

2. 斑衣蜡蝉以臭椿（或千头椿）为原寄主，在危害严重的纯林内，应改种其他树种或营造混交林。

3. 保护利用若虫的寄生蜂等天敌。

4. 喷药防治，对成虫、若虫可用拟除虫菊酯类药剂，或25g/L高效氯氟氰菊酯乳油1000倍，或1.2%苦·烟乳油2000倍液。

参考文献

杨子琦等，2002；徐公天，2003；徐志华，2006。

（乔秀荣，周嘉熹）

32	紫络蛾蜡蝉	分类地位	半翅目 Hemiptera　蛾蜡蝉科 Flatidae
		拉丁学名	*Lawana imitata* (Melichar)
		中文别名	白蛾蜡蝉、白翅蜡蝉

分布　福建，广东，广西，海南，云南等地。日本。

寄主　龙眼、荔枝、杧果、扁桃、人面果、黄皮果、沙田柚、桑、波罗蜜、蝴蝶果、三华李、木犀榄、香梓楠、苏木、格木、石榴等40科90多种树木。

形态特征　**成虫**：体长从头部到翅端19～25mm，白色或淡绿色，体被白色蜡粉。头顶呈锥形突出。颊区具脊。复眼褐色。触角着生于复眼下方。前胸向头部呈弧形凸出，中胸背板发达，背面有3条细的脊状隆起。前翅近三角形，顶角近直角，臀角向后呈锐角，外缘平直，后缘近基部略弯曲。径脉和臀脉中段黄色，臀脉基部蜡粉比较多，集中成小白点。后翅白色或淡绿色，半透明。**卵**：卵长椭圆形。淡黄白色。表面有细网纹。**若虫**：体长7～8mm。稍扁平，胸部宽大，翅芽发达，翅芽端部平截。体白色，布满棉絮状的蜡状物。

生物学特性　在广西南部1年2代。以成虫在寄主枝叶茂密处越冬。第一代卵盛期为3月下旬至4月上旬，4～5月为若虫盛发期，6月上、中旬成虫大量出现；7月上旬至9月为第二代卵期，第二代若虫8月上旬始发，盛发期为8月下旬，9月上旬成虫始发，10月成虫大量出现。随着气温的下降，成虫陆续转移到枝叶间越冬，翌年春暖花开时，继续取食发育，然后交尾产卵繁殖。

紫络蛾蜡蝉成虫（王缉健　提供）

紫络蛾蜡蝉若虫（王缉健　提供）

紫络蛾蜡蝉若虫（王缉健　提供）

成虫和若虫都吸食寄主枝、叶的汁液，尤其是嫩枝、嫩叶的汁液，使嫩梢生长不良，叶片萎缩弯扭。幼果期被害则造成落果。若虫活泼善跳，取食时多静伏于新梢、嫩枝，在每次蜕皮前移至叶背，蜕皮后返回嫩枝上取食。若虫体上蜡丝束可伸张，有时犹如孔雀开屏。成虫栖息时，在树枝上往往排列成整齐的"一"字形。夏秋两季阴雨天多，降水量较大时，害虫发生较严重。

天敌有20余种，其中：胡蜂科7种、蜾蠃科6种、茧蜂科1种、瓢虫科5种、猎蝽科2种、螳螂科和草蛉科各1种。以胡蜂科天敌占优势，尤其以胡蜂科的墨胸胡蜂、黑盾胡蜂、大金箍胡蜂等较多，对控制紫络蛾蜡蝉的大发生起到了良好的作用。

防治方法

1. 冬季结合修剪，清除有虫枝叶，减少虫源。

2. 成虫盛发期间，采用人工网捕。

3. 保护和利用天敌。

4. 若虫、成虫盛发期，用20%噻虫嗪悬浮剂、高效氯氰菊酯25g/L高效氯氟氰菊酯乳油或12%噻嗪·高氯氟1000～1500倍液喷杀。

参考文献

华南热作学院植物保护系等, 1980; 杨民胜, 1984; 李铁生, 1985; 周尧等, 1985.

（杨民胜）

33 **竹尖胸沫蝉**	分类地位　半翅目 Hemiptera　尖胸沫蝉科 Aphrophoridae
	拉丁学名　*Aphrophora horizontalis* Kato

分布　江苏，浙江，安徽，福建，江西，湖南，广东，广西，台湾等地。

寄主　毛竹、乌芽竹、黄槽竹、黄秆京竹、京竹、五月季竹、斑竹、白夹竹、寿竹、篌竹、甜竹、早竹、红竹、刚竹、衢县红壳竹、淡竹、角竹、白哺鸡竹、乌哺鸡竹、富阳乌哺鸡竹、台湾桂竹、雷竹、早园竹、石竹、水竹、苦竹、衢县苦竹。

危害　以若虫、成虫在被害竹的小枝、嫩梢、叶柄上取食汁液。被害竹轻者竹叶枯黄、萎蔫、脱落；重者落叶、枝枯、材质干脆，并影响下年度出笋及竹材质量。若虫从孵化起到羽化前均潜入自身排出的白色泡沫中生活、危害，泡沫日益增大，颇似痰唾液，密集黏附挂在竹枝上，若虫转移，泡沫干后留下白色痕迹，并带蓝色闪光，亦似痰迹，令人恶心，尤其在风景旅游区，使游客生厌。

形态特征　**成虫**：体长7.5～9.8mm，头宽3.8～4.0mm。翅长过腹。初羽化体淡黄色，渐变为黄褐色，有刻点。颊中有黑点1个。复眼烟黑色，有黄斑，单眼2枚，鲜红色；单、复眼间隐约可见黑斑1个。前胸背板两侧有黑斑4个，有的个体隐约或无。前胸后缘正中有较大黑斑1个，前翅为黄白色，翅基、翅尖烟黑色，或翅基部前缘1/4处和1/2处黑色，两者间有黄白色横带，在臀角处有1个黑斑，在翅尖部2/3处有1个月牙形白斑，后缘色浅。**卵**：长圆柱形，长径1.5mm，短径0.4mm，一头略尖。乳白色，光洁无斑。孵化前卵略增粗，上端破裂，露出1个梭形黑疤，卵体灰色、略显红色，可见深灰色的复眼。**若虫**：初孵若虫体长1.4mm左右，头宽0.6mm左右，体淡肉红色，孵化半小时后，头、胸部黑色，腹部仍为淡肉红色。头突出，前端圆球形；触角黑色，9节，第三至第九节呈梭形；复眼突出，黑色。足黑色，后足胫节末端内侧有刺1列。腹部膨大，以第二至第五腹节最甚，末节截状。尾部突出微上翘。若虫5龄，老熟若虫触角、复眼、前、中胸、前翅芽、背线及胸、腹部两侧均为黑色。

生物学特性　浙江1年1代。10月中旬到11月上、中旬产卵于竹子枯枝、梢中越冬。翌年4月上、中旬卵开始孵化，到5月初终止，孵化期约1个月。若虫5龄，到6月上旬若虫老熟羽化为成虫，6月中旬若虫终见。成虫羽化后即爬或飞到竹梢嫩枝、梢上进行补充营养，在若虫发生处难以见到成虫，9月中旬成虫交尾，10月又飞回若虫发生处产卵，成虫期为6月上旬到11月中旬。

防治方法

1. 加强竹林管理，清除林下衰弱小竹。若虫喜

竹尖胸沫蝉成虫（徐天森　提供）

竹尖胸沫蝉3龄若虫（徐天森　提供）

竹尖胸沫蝉初孵若虫（徐天森　提供）　　竹尖胸沫蝉老龄若虫（徐天森　提供）　　竹尖胸沫蝉若虫泡沫团（徐天森　提供）

竹尖胸沫蝉危害状（徐天森　提供）

在林下小杂竹、衰弱竹上取食，成虫才爬行或飞翔到大竹梢危害，10月再回到林下小杂竹、衰弱竹上产卵，故对竹林中或林缘存在的细小、衰弱竹，应在出土后拔除，减少沫蝉在其上产卵和取食，以降低林间沫蝉的虫口。

2. 保护天敌。竹尖胸沫蝉若虫隐于泡沫中，天敌较少，但有粗角小鸟会剥开泡沫取食幼虫，在泡沫中还有粗角盲蛇蛉的幼虫捕食沫蝉若虫；在成虫期有线纹猫蛛、松猫蛛取食成虫。均能起到抑制虫口的作用。

3. 药剂防治。若虫对药剂特别敏感，当危害特别严重时，可以用内吸农药，如噻虫嗪原液加水1：1注射，每竹1mL。

（徐天森，王浩杰）

34 | 柳尖胸沫蝉

分类地位	半翅目 Hemiptera 尖胸沫蝉科 Aphrophoridae
拉丁学名	*Omalophora costalis* (Matsumura)
异　　名	*Aphrophora costalis* Matsumura

柳尖胸沫蝉是柳树的一种重要害虫。

分布 河北，内蒙古，吉林，黑龙江，陕西，甘肃（崆峒、泾川、崇信、灵台、华亭、静宁、庄浪），青海，新疆。朝鲜，日本，瑞典，俄罗斯，英国，法国，奥地利，意大利，德国，捷克，斯洛伐克，波兰。

寄主 主要危害柳树，其次危害小叶杨、榆树、沙棘及紫花苜蓿、鹅观草、茵陈蒿、硬质早熟禾等。

危害 主要以若虫吸取枝条汁液，形成唾状泡沫，似雨滴般落下，造成树木生理干旱，树势减弱，生长受影响。枝梢被害处缢缩，严重时整株枯死。

形态特征 **成虫**：体长7.6～10.1mm，宽2.7～3.2mm，黄褐色（赵彦鹏，1985；青海省林业局，1980—1982）。**卵**：披针形，长1.5～1.8mm，宽0.4～0.7mm。**若虫**：共5龄。老龄若虫头宽1.7mm，体长6.4mm。

生物学特性 1年1代。以卵在枝条内或枝条上越冬。翌年4月中旬后，越冬卵开始孵化，4月下旬至5月中旬为孵化盛期，5月下旬进入末期。初孵若虫多喜群集在新梢基部取食。2龄若虫除危害新梢基部外，还可在其中、上部取食。3龄以上若虫，活动性增强，常不固定在一处取食，多危害1、2年生枝条，亦可危害3～5年生枝条，取食量亦明显增大，覆盖虫体的泡沫显著增多，整个虫体都包被在泡沫中。被害枝条上不时有水滴下滴，并沿着枝干下流，呈水渍状。

6月中、下旬成虫开始羽化，6月下旬至7月上旬为羽化盛期。初羽化的成虫，经2～4小时后，开始取食活动，多喜在树冠中、上部的1、2年生枝条上取食危害。被取食危害过的枝条木质部表面上，有一圈圈、一道道褐色的痕迹，此处极易折断。成虫经26～40天补充营养后，开始交尾。一生交尾多次。雌成虫交尾后，第二天开始产卵。卵多产在当年枝条新梢（每枝2～107粒）内，也有的产在1、2年生枯枝（每枝4～44粒）上。着卵的新梢，第二天开始萎蔫。雌成虫存活28～92天，一生最多可产卵156粒。雄成虫存活36～90天。成虫无趋光性，飞翔速度较快。

防治方法

1. 人工防治。秋末至春初，剪除着卵枯梢，可除灭越冬虫卵。

2. 化学防治。在若虫发生末期（即5月末），用2.5%溴氰菊酯水乳剂乳油6000倍液或12%噻嗪·高氯氟1500～2000倍液喷雾，能有效地毒杀若虫。

参考文献

青海省林业局, 1980—1982; 赵彦鹏, 1985.

（杜宝善，吕陆军）

柳尖胸沫蝉成虫（李镇宇　提供）

柳尖胸沫蝉成虫（李镇宇　提供）

35 松尖胸沫蝉

分类地位	半翅目 Hemiptera　尖胸沫蝉科 Aphrophoridae
拉丁学名	*Tilophora flavipes* (Uhler)
异　　名	*Aphrophora flavipes* Uhler
英文名称	Pine spittle bug
中文别名	松沫蝉、松吹泡虫

分布　北京，河北，辽宁，江苏，山东，陕西等地。朝鲜，日本。

寄主　黑松、油松、赤松、华山松、白皮松、落叶松。

形态特征　**成虫**：体长9～10mm。体淡褐色，头部向前稍突出，复眼黑色；单眼2个，红色，前胸背板中央为黑褐色，中线隆起；小盾片近三角形，黄褐色，中部较暗。前翅灰褐色，翅基部及中部的宽横带及外方的斑纹为茶褐色。后足胫节外侧有2个明显的棘刺。**卵**：长1.9mm，宽0.6mm。长茄形或弯披针状。初产时乳白色，后变为淡褐色，在尖端有1个纵向的黑色斑纹。**若虫**：老龄若虫，全体黑褐色或黄褐色。复眼赤褐色。

生物学特性　北京、山东1年1代。以卵在当年生松针叶鞘内越冬。翌年4月中、下旬孵化。若虫孵出后，喜群居，常3～5头在一起。多者超过30头。若虫危害松树嫩梢基部，取食树液，并由腹部排出白色泡沫，以掩护虫体。若虫蜕皮4次。7月上旬成虫羽化盛期。成虫需较长时间的补充营养，并开始分散危害，不再排出泡沫。8月中旬开始产卵，每雌可产卵28～66粒。

防治方法

1. 若虫发生盛期，喷洒48%毒死蜱乳油3500倍液或40%啶·毒乳油1000倍液。

2. 若虫孵化初期刮除少量树皮，涂刷5%百树菊酯或45%丙溴·辛硫磷乳油1000倍液。

参考文献

赵方桂, 1965; 萧刚柔, 1992;《山东林木昆虫志》编委会, 1993; 徐公天等, 2007.

（徐公天，李镇宇，赵方桂）

松尖胸沫蝉成虫（上视）（徐公天　提供）

松尖胸沫蝉若虫（侧视）（徐公天　提供）

松尖胸沫蝉成虫前胸背板（徐公天　提供）

松尖胸沫蝉成虫（侧视）（徐公天　提供）

松尖胸沫蝉若虫(上视)（徐公天　提供）

松尖胸沫蝉泡沫（徐公天　提供）

分类地位	半翅目 Hemiptera　蝉科 Cicadidae
拉丁学名	*Cryptotympana atrata* (F.)
英文名称	Oriental cicada
中文别名	黑蚱

36　蚱　蝉

分布　北京，河北，山西，内蒙古，上海，江苏，浙江，安徽，福建，江西，山东，河南，湖北，湖南，广东，广西，四川，陕西，甘肃等地。美国，加拿大，日本，印度尼西亚，马来西亚，菲律宾。

寄主　十分广泛，据调查有144种，隶属于41科77属。其中受害较重的有杨、柳、榆、悬铃木、红椿、苹果、白蜡树、桑、苦楝、桃、梨、丁香、红叶李、日本樱花。

形态特征　成虫：头宽10.0～11.7mm，体长38～48mm，翅展116～125mm。体黑色，有光泽，密生淡黄色绒毛。复眼和触角间的斑纹黄褐色。中胸背板宽大，中央有黄褐色"X"形隆起。前翅基部1/3部分烟黑色，生有短的黄灰色绒毛，基室暗黑色，翅脉红褐色，其端半部均为黑褐色。后翅基部1/3烟黑色。足黑色，有不规则黄褐色斑。腹部侧缘及各腹节后缘均为黄褐色（除第八、九节外）。雄虫腹部第一、二节有鸣器，腹瓣后端圆形，端部不达腹部一半；雌虫无鸣器，腹部9、10节黄褐色，中间开裂，产卵器长矛形。**卵**：长3.3～3.7mm，宽0.5～0.9mm。乳白色。梭形，微弯曲，一端较圆钝，一端较尖削。**若虫**：4龄若虫头壳宽10.0～11.7mm，体长24.7～38.6mm，棕褐色。头冠触角前区红棕色，密生黄褐色绒毛。触角黄褐色，头冠后缘1/5～1/2处中部有1个黄褐色纵纹，到前缘分叉直达触角基部，形成"人"字形纹。前胸背板前部2/3处有倒"M"形黑褐色斑。翅芽前半部灰褐色，后半部黑褐色，腹部黑棕色。产卵器黄褐色。

生物学特性　陕西关中5年1代。以卵和若虫分别在被害枝木质部和土壤中越冬。老熟若虫6月底7月初出土羽化，7月中旬至8月中旬达盛期。成虫于7月中旬开始产卵，7月下旬至8月中旬为盛期，9月中、下旬产卵结束。越冬卵于6月中、下旬开始孵化，7月初结束。

老熟若虫出土时刻为20:00至次日6:00，以21:00～22:00出土最多，约占总数78%。若虫出土后爬到附近杂草、禾苗、灌木、立木主干等处羽化，以在树干上羽化最多，约占89.7%。在23～800cm高处羽化，以250～450cm高处为多，约占总数65%。老熟若虫找到合适的羽化地点后，从固定虫体到完成羽化，历时93～147分钟。成虫出壳后，翅脉绿色，体淡红色；翅渐舒展，贴于背上呈屋脊状。以后虫体及翅色逐渐变深，次晨6:00左右，羽化成虫陆续向树上爬行，6:30以后在树干下部就很少能看

蚱蝉成虫（上视）（徐公天　提供）

蚱蝉成虫（侧视）（徐公天　提供）

到新羽化的成虫了。

成虫羽化后，先刺吸树木汁液补充营养，之后开始交尾。交尾后即开始产卵，从羽化到产卵约需15～20天。每雌虫怀卵量500～800粒。产卵时，先用产卵器刺破枝条木质部，然后把卵产在枝条髓心部分。每枝产卵量最多634粒，平均153～358粒。每枝有产卵槽1～11个，平均2.6个。每槽最多51窝，最少1窝，平均11.8窝。有的产卵槽窝内无卵，空窝率6.3%。窝卵量最少1粒，最多18粒，平均6.4粒。卵槽多呈梭形。卵窝在槽内呈互生的双排直线紧密排列，有的呈螺旋形紧密排列。被产卵的枝条，产卵部位以上部分很快即萎蔫。

成虫具群居性和群迁性，8:00～11:00成群由大树向小树迁移，18:00～20:00又成群从小树向大树集中。成虫飞翔能力很强，但一般多为短距离迁飞。在摇动树干的情况下，成虫夜间具一定的趋光性和趋火性，如不摇动树干，这种趋性不明显。

雄成虫善鸣是此种最突出的特点，从6月下旬到10月初，都可以听到蝉的共鸣声。一般气温在20℃

蚱蝉成虫（展翅）（徐公天　提供）

蚱蝉蜕（徐公天　提供）

以上蝉始鸣，26℃以上多群鸣，尤其是盛期季节，气温在30℃以上，不仅蝉鸣时间长，而且群鸣的次数多，声音也特别大。据测定，单蝉鸣叫声压级为76分贝，群体鸣叫的声压级可达87分贝。根据成虫羽化末期与蝉鸣末期推算，成虫寿命45～60天。

成虫雌雄性比，羽化初期，雄多雌少，雌雄性比最小为1：6～8.5；羽化盛期，雌雄性比达到1：1后，到末期则雌多雄少，雌雄性比最大为1：0.067～0.22。总雌雄性比为1：1。

湿度对卵的孵化影响极大。降水多，湿度大，卵孵化早，孵化率高；气候干燥，卵孵化期推迟，孵化率也低。卵平均孵化率75.2%～92.7%，卵期260～345天。

若虫孵化后即钻入土中，吸食植物根系养分为生。若虫在地下生活4年。每年6～9月蜕皮1次，共4龄。1、2龄若虫多附着在侧根及须根上，而3、4龄若虫多附着在比较粗的根系上，且以根系分叉处最多。若虫在土壤中越冬，蜕皮和危害均筑一个椭圆形土室。土室四壁光滑坚硬，紧靠根系，1虫1室。若虫在地下的分布以0～30cm深度最多，最深可达80～90cm。

据调查，此虫在秦岭南坡分布于海拔1060m，北坡海拔1270m，多分布于海拔400～600m，以江河流域及远离村镇的平原、山脚及低山丘陵地带种群数量较大，危害重。一般幼林受害重于成林，疏林重于密林。特别是由于蚱蝉产卵对枝条粗细度具明显的选择性，常常使杨树各品种间由于1～2年生枝条直径的差异，表现出受害程度的不同。1～2年生枝径粗，受害轻，反之则重。多雨高温有利于蚱蝉若虫出土羽化和卵的孵化，而晴天高温则有利于成虫交尾、产卵和鸣叫等活动。

成虫期天敌有布谷鸟、红角鸮、短耳鸮、普通夜鹰、红脚隼、红隼、楼燕、三宝鸟、树鹨、白鹡鸰、红尾伯劳、黑枕黄鹂、灰椋鸟、喜鹊、灰喜鹊、黑卷尾、麻雀等鸟类和蝙蝠、蚂蚁、螳螂、蜈蚣、蜘蛛等捕食性动物，以及寄生菌。卵期有1种寄生蜂，寄生率达4.6%～13.0%。此外还有异色瓢虫、蚂蚁。若虫期有蚂蚁、蜘蛛、蝼蛄、螳螂、瓢虫及致病微生物。

（胡忠朗，韩崇选）

分类地位	半翅目 Hemiptera　蝉科 Cicadidae
拉丁学名	*Dundubia hainanensis* (Distant)
中文别名	马古蝉、依呀虫

37 海南长瓣蝉

海南长瓣蝉是分布区内危害最大的蝉类之一，成百上千群集在树上刺吸植株的汁液，影响产量；成虫噪声污染；而该蝉终日边吸边排，其排泄物可似毛毛小雨从树上下个不停，而被人误为"树木会下雨"。

分布　广东，广西，海南。

寄主　沙梨、龙眼、荔枝、木菠萝、黄皮、台湾相思、盆架子、火力楠、白玉兰、苦楝、柠檬桉、泡桐、团花（黄梁木）等。

危害　在地下危害根部的若虫较多时，植株外表生势衰弱，叶片较黄，易落花落果；成虫羽化期可见地面较多的羽化孔；成虫期树上有群集的蝉鸣，而地面十分潮湿（排泄物），树势生长却不够旺盛。

形态特征　**成虫**：雌虫体长34.2～39.1mm，前翅长45～50.8mm；雄虫体长40.2～45.0mm，前翅长46～49.2mm。头宽12.4～14.1mm。雌、雄成虫的头冠，前、中胸背板污绿色；后唇基斑褐色，基部宽不足前缘的2倍。前胸背板内区后缘中部具1个黑斑；侧缘区生有褐色斑纹，后缘为黑色。中胸背板前缘中部生有白色绒毛。体腹面赭色，着生有细长毛和白色粉层。前足腿节、转节和中足腿节、胫节生有褐斑；前足胫节、跗节，中足跗节为褐

色。腹部背面栗色或赭色；腹面赭色。雄虫腹瓣长形，近基部处缢缩，端部尖圆，达第七腹节或到下生殖板；雌虫腹瓣三角形，只达第三腹节。前、后翅透明。**卵**：白色或近乳白色，长形，呈香蕉状，稍弯，一端略钝，一端略尖，长约2.1mm，最宽处0.46mm。**若虫**：幼龄若虫大多为乳白色或略带黄乳白色，头部黄褐色，腹部如蛛形膨大；4龄、5龄若虫黄褐色，具翅芽，前足开掘式，齿黑褐色。

生物学特性　多年完成1个世代。成虫期自4月下旬开始至6月上旬结束。4月下旬每日19:00～20:30的短时间内，老熟若虫从寄主树根边的洞穴爬出，上树干0.8～1.5m高处，羽化为成虫。羽化前后经过约1小时，便可迅速爬行上树梢危害。羽化盛期为9～10天。上树后的雄成虫吸足水分、补充营养后，在黎明时齐鸣，发出震耳欲聋的求偶声，此时雌虫绕树冠飞舞，选择配偶，约在30分钟后开始交尾，交尾历时1小时，此时林内肃静无声。每头雌虫腹内卵含量在500粒以上。卵多产在1～2年生的枝条上。若虫孵化后自由落地钻入土中，选择植株细根固定刺吸汁液。虫龄较大后，也可转移到相邻较粗的根旁固定吸食，直到近羽化前才挖洞准备外出。

防治方法

1. 保护天敌。捕食海南长瓣蝉的鸟类的较

海南长瓣蝉成虫（王缉健　提供）

海南长瓣蝉雌雄成虫腹面观（王缉健　提供）

海南长瓣蝉羽化过程一（王缉健　提供）

海南长瓣蝉羽化过程二（王缉健　提供）

海南长瓣蝉羽化过程三（王缉健　提供）

海南长瓣蝉羽化过程四（王缉健　提供）

多，螳螂、变色树蜥也常捕食成虫、若虫，要加强保护。

2. 人工防治。利用成虫羽化期集中的特点，在羽化期每晚出土、上树羽化的短暂时间内，及时捕捉若虫、刚羽化的成虫，是最简便有效的方法。

3. 生物防治。玫烟色拟青霉、绿僵菌对蝉有较强的感染力，可以利用。

4. 化学防治。在受害区，视树木粗细，在树干打2～4个孔，用20%呋虫胺原液打孔注入树干，每孔2～4mL，外用封口胶粘贴；无果实的季节，可以埋施3%丁硫克百威颗粒，视树木大小，20～50g/株，可毒杀地下的若虫和树上的成虫。

参考文献

王缉健，1994.

（王缉健）

分类地位	半翅目 Hemiptera　蝉科 Cicadidae
拉丁学名	*Macrosemia pieli* (Kato)
异　　名	*Platylomia pieli* Kato
英文名称	Bamboo cicada
中文别名	竹蝉

38　震旦大马蝉

分布　江苏，浙江，安徽，福建，江西，湖南，四川等地。

寄主　危害毛竹，其次还危害黄槽毛竹、方秆毛竹、刚竹、黄皮刚竹、长沙刚竹、浙江淡竹、淡竹、篌竹、早竹、天目早竹、早园竹、五月季竹、乌哺鸡竹、石竹、红竹等刚竹属中茎粗、鞭粗的竹种。成虫还取食香樟、枫香、水杉、木荷等多种树木汁液。

危害　各龄若虫在土下竹鞭附近做穴栖息，以吸食鞭根、鞭芽、鞭笋的汁液，造成竹鞭溃疡、内陷、侧芽萎缩、腐烂。被害竹林出笋减少，竹笋变细，新竹围径减小，竹林逐渐衰退，且不易恢复。成虫补充营养在毛竹上吸食竹子枝条汁液，造成活竹上出现大量枯枝，成为下1～2代震旦大马蝉成虫的产卵场所。

形态特征　**成虫:** 雌虫体长38.6～44.1mm，雄虫体长42.9～53.5mm，体宽16.1～18.7mm，初羽化成虫体为绿色，随后体色加深，出现黑色和棕色相嵌的斑纹。触角黑色，鬃毛状。复眼突出，棕黑色；单眼微红白色、明亮似珍珠。中胸粗大，有似京剧大花脸脸谱式斑纹，后缘有一黄色的"X"形硬质突起，硬质突起的上方及两侧内陷。翅长过腹。前足腿节、胫节略粗，胫节下方有刺2枚，形成钳状。腹部黑褐色，被白粉，稀生金黄色短细毛。雌虫尾部锥状，产卵器坚硬，雄虫尾较钝。雄虫发音器发达，护音瓣平均长23.2mm。**卵:** 长梭形，长径2.45～2.78mm，短径0.51～0.78mm，乳白色，卵表有似玉质的光泽。**若虫:** 若虫5龄。老熟若虫体橙红色。额突出，额下方密生棕色刚毛；复眼突出，乳白色；触角线状，9节。前胸背板前方有1个倒三角形，三角形两斜边外侧各有1条深沟，在背中终止。气门粉白色。前足腿节、胫节粗壮，特化成钳式，

震旦大马蝉产卵小枝
（徐天森　提供）

震旦大马蝉成虫（背面观）
（徐天森　提供）

震旦大马蝉成虫（侧面观）
（徐天森　提供）

震旦大马蝉1龄若虫（徐天森　提供）　　震旦大马蝉3龄若虫（徐天森　提供）　　震旦大马蝉5龄若虫（徐天森　提供）

胫节呈三角形，上方有齿，黑褐色。前翅芽尖达第四腹节后缘。

生物学特性　浙江6年1代。以卵在立竹上枯腐的竹枝中和以各龄若虫在土下竹鞭附近洞穴中越冬。成虫于6月下旬、7月上旬开始羽化，8月下旬羽化结束，成虫发生期为6月下旬到9月中旬。成虫经补充营养后于7月中旬开始交尾，再经补充营养于7月下旬开始产卵，8月底产卵结束。翌年7月上旬卵开始孵化，卵在竹上枯竹枝中停留11～12个月。幼虫5龄，在土下每年蜕皮1次，到第五年老熟，羽化出土。

防治方法

1. 保护天敌。震旦大马蝉天敌种类较多，成虫天敌有捕食性鸟类，如灰喜鹊、长尾蓝雀、杜鹃、大杜鹃、竹鸡；捕食性昆虫有广腹螳螂、中华大刀螂。卵期有寄生性昆虫震旦大马蝉旋小蜂。若虫期有震旦大马蝉履甲，还有若虫寄生菌，如震旦大马蝉蝉花菌、震旦大马蝉虫草（冬虫夏草）。

2. 挂枝诱卵。7月初，从竹林地面收集2年以上的枯枝，成束挂于立竹秆2～3m高的部位，诱集震旦大马蝉产卵。在翌年6月卵未孵前取下烧毁。

3. 灯诱成虫。7月初安装黑光灯诱集成虫。

4. 捕捉若虫。老熟若虫出土后羽化时，每晚19:00～21:00带手电筒于竹林中捕捉出土羽化的老熟若虫。

5. 药剂防治。在新竹开枝后，可以在竹子周围沟施球孢白僵菌进行有效防治。

参考文献

徐天森等，2004; 徐天森等，2008.

（徐天森）

39 中华高冠角蝉

分类地位 半翅目 Hemiptera 角蝉科 Membracidae

拉丁学名 *Hypsauchenia chinensis* Chou

分布 贵州（正安、道真、湄潭、紫云、普定、开阳、六枝、铜仁）。

寄主 油桐、乌桕、旱冬瓜。

危害 刺吸寄主果、叶柄及嫩枝。

形态特征 **成虫：**体长7～11mm，翅展12～17mm。深褐色，密被淡色绒毛和散生褐色刚毛。头额上方有单眼1对，复眼位于单眼下方。触角黑色，长1.5～2.5mm。后胸背板紧靠头部，常有向后延伸至腹背的褐色高冠突起，长5～17mm，扁圆弓弧形，角基至冠尾逐渐狭小。冠末有对生的桃形冠片2块，其上有龟斑纹，深褐色。中、后胸至腹背有一脊片突起，呈马鞍状。雄成虫较雌成虫个体稍小，色浅，形态相似。**若虫：**1龄若虫体长0.7～1.2mm。散生淡黄色刚毛，头胸亦为淡黄色，腹部稍深。头额中央呈凹形，两边角状突起。触角刚毛状，嫩绿色，长0.8～1.0mm。口器为黑色口针。尾片2节，红棕色。腹管长于尾片两侧，圆锥形，端部褐色，基部棕色。2龄若虫体长2～3mm。浅褐色，1龄时的2腹管变为2根长0.5～1.0mm的刺。3龄若虫体长3.5～4.5mm。深褐色。前胸背板向上长出1mm高的冠基。4龄若虫体长5～6mm。黑褐色。中、后胸背板两侧的体壁上向外后长出突出的翅基。

生物学特性 1年4代。以成虫在寄主休眠芽或枝丫、粗皮裂缝处越冬。翌年4月下旬，越冬成虫在

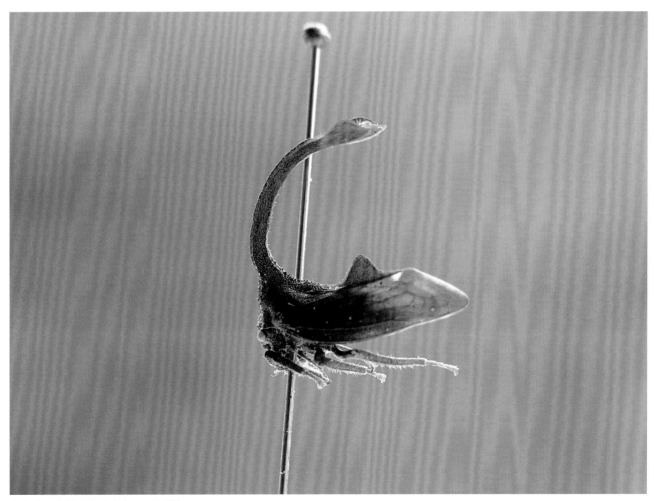

中华高冠角蝉成虫（余金勇 提供）

中华高冠角蝉若虫（张培毅　提供）

中华高冠角蝉成虫（张培毅　提供）

桐花末期，桐叶初发时开始取食交尾。5月上旬产卵于寄主嫩梢、果、叶柄上。每卵块61～152粒，孵化率70%～90%。5月中旬出现第一代若虫。初孵若虫即能爬行，在1、2龄时常集于离卵块较近处危害，3、4龄则3～5个或单个分散取食。若虫经历20～25天至6月上、中旬时羽化出第一代成虫。此代数量较少，危害较轻。6月下旬至9月上旬，是2、3代繁殖期。此2代时值气温较高季节，故繁殖较快，数量极多，危害最重。第四代于9月中旬产卵，下旬出现若虫，10月或11月上旬羽化出成虫，就以此越冬。成虫极为灵活，受惊起跳便飞。成虫寿命长3～6月，有多次产卵现象。成、若虫均能分泌白色蜜露于腹末，大黑蚂蚁以此为食，故常紧跟不离，与之共生。天敌较少，仅发现螳螂取食成、若虫，小黄丝蚂蚁捕食若虫和卵块。

防治方法

1. 用25g/L高效氯氟氰菊酯乳油、噻虫嗪悬浮剂、12%噻嗪·高氯氟1000～1500倍液，于5～6月喷雾防治，对成虫尤其是若虫能收到良好效果。

2. 保护和利用螳螂及小黄丝蚂蚁，能起到抑制虫口密度的作用。

参考文献

贵州省林业厅主编, 1987; 萧刚柔, 1992.

（余金勇，冯俊现）

分类地位	半翅目 Hemiptera　叶蝉科 Cicadellidae
拉丁学名	*Cicadella viridis* (L.)
异　　名	*Tettigoniella viridis* (L.)
英文名称	Green leafhopper
中文别名	青叶蝉、青叶跳蝉、大绿跳蝉、大绿浮尘子

40 大青叶蝉

分布　河北，内蒙古，辽宁，吉林，黑龙江，江苏，浙江，安徽，福建，江西，山东，河南，湖北，湖南，广东，海南，四川，贵州，陕西，甘肃，青海，宁夏，台湾等地。俄罗斯，日本，朝鲜，马来西亚，印度，加拿大及欧洲等。

寄主　杨、柳、桑、枣、沙枣、核桃、槐、榆、复叶槭、大叶白蜡、石榴、丁香及蔷薇科、菊科、十字花科、豆科、黎科等30余科160余种植物（王爱静等，1996）。

危害　春、夏两季以若虫刺吸树木的枝、干和叶上的汁液，使受害处表面褪色呈现小白斑点或畸形，甚至叶卷缩干枯；秋季以雌成虫转移到树木的嫩枝、干上的皮层内产卵，在受害处形成月牙形伤痕，翌年春季树液流动时造成树木枝、干失水而干枯。

形态特征　**成虫**：雌虫体长9.4～10mm，雄虫体长7.2～8.3mm。体绿色，头部颜面淡褐色。在两单眼之间有1对黑斑。复眼绿色。前胸背板淡黄绿色，后半部青绿色。小盾片淡黄绿色。前翅绿色带有青蓝色泽，翅脉为青黄色，具有狭窄的淡黑色边缘。后翅烟黑色，半透明。腹部背面蓝黑色。胸、腹部腹面及足橙黄色。**卵**：卵为乳白色，椭圆形，长1.6mm。一端稍细，中间微弯曲，表面光滑。**若虫**：初龄若虫体淡黄绿色。头大腹小。复眼红色。2～6天后体色渐变成淡黄色深灰色；2龄若虫体灰黑色。头顶有2个黑斑；3龄出现翅芽，4龄出现生殖片，5龄若虫体长6～7mm，头冠部有2个黑斑，胸背及两侧有4条褐色纵纹直达腹端。足乳黄色（萧刚柔，1992）。

生物学特性　新疆阿克苏1年2代。每年9月中旬以卵在树木的嫩枝条和主干皮层内越冬。两代发生期为每年4月下旬至7月中旬，6月中旬至11月上旬。越冬卵期则长达5个月以上。第二代卵期为9～15天。第一代若虫出现于4月中旬至6月上旬，历期平均为44天，第二代若虫在6月下旬至8月下旬，历期为24天。第一、二代成虫期分别为5月中旬、8月中旬。至11月上旬成虫全部死亡。

刚羽化的成虫很活泼，中午气温高、光照强时

大青叶蝉成虫（上视）（徐公天　提供）

大青叶蝉成虫（侧视）（徐公天　提供）

活动飞翔较盛。成虫飞翔能力较弱，遇惊扰时体斜行或横行逃离，如惊动过大，便跃足振翅而飞。成虫趋光性很强。成虫雌雄性比平均为1.26：1。成虫喜湿怕风，多集中在生长茂密，嫩绿多汁的农作物与杂草上昼夜刺吸危害。经1个多月的补充营养后才开始交尾产卵。交尾产卵均在白天进行。雌成虫交尾1天后即可产卵。产卵时，雌成虫先用锯齿状产卵器刺破寄主植物的表皮形成月牙形产卵痕后，将卵成排纵列产于表皮下，然后在卵痕表面覆盖一层

白色分泌物。每头雌虫一生产7（3～10）个块卵。每块卵粒数因树干坚硬程度不同而不同，一般均有11.2（2～15）粒。可在几天或几周产完。夏季卵多产于芦苇、野燕麦、早熟禾、芨芨草等禾本科植物的茎秆和叶鞘上；越冬卵产于林、果树木幼嫩光滑的枝条和主干上，以直径1.5～5.0cm的枝条上着卵密度最大。在1～2年生苗木及幼树上，卵块多集中于0～100cm高的主干上，越靠近地面的枝干上卵块密度越大；在3～4年生幼树上，卵块多集中于1.2～3.0m高处的主干与侧枝上，以低层侧枝上的卵块密度最大。着卵的方位多在树干的南北面，一般北面稍大于南面。如果枝条上密布卵块，该树常在越冬时就死亡（王爱静，1995）。

卵孵化时间均在早晨，以7:00～8:00为孵化高峰。在树干东南向阳面的卵块孵化较早。第一代卵孵化始始期为梨花、柳树花初开，新疆杨展叶时；卵孵化盛期为梨花盛开，沙枣、柳树展叶时；卵孵化末期为梨花开末，桑实成熟，沙枣花初开时（李中焕，1995）。卵孵化率均为72.8%（52%～91%）。刚孵出的若虫常喜群聚，约经1小时后开始取食。1天后跳跃能力逐渐加强，在寄主叶面或嫩茎上常见10～20多头群聚危害。以中午气温高、光照强时，若虫活动较盛。一般早晨，气温较低或潮湿地不很活跃。3天后大多由原产卵的寄主树木上转移到矮小农作物上危害，一般多沿枝干往上爬。受惊扰时似成虫由叶正面向叶背面转移（王爱静，1996）。

防治方法

1. 营林措施。加强检疫，对受害严重的苗木严禁出圃，应做平茬处理。发现苗木或幼树上有卵块就及时剪下集中烧毁。选择白杨派的杨树或白蜡树、桑和怪柳等抗虫树种营造混交林。在苗圃和果园内不间作该虫喜食和产卵的作物。在防护林和城市绿化林内间种该虫嗜食的禾本科和豆科植物作为诱饵物，重点防治。8月中、下旬对苗圃和幼林地及时停止灌水，保持林内地表干燥，促进苗木及幼树木质化，减轻危害。10月底至11月中旬灌足冬水，减轻受害木春季失水而干枯。

2. 人工防治。成虫羽化后一般早晨露水未干时不活跃，可用网捕捉。每年6月中、下旬卵的盛期，

大青叶蝉成虫在杨树干上的产卵痕（徐公天　提供）

大青叶蝉成虫产卵痕（徐公天　提供）

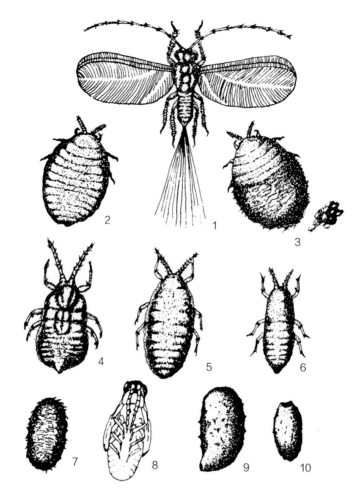

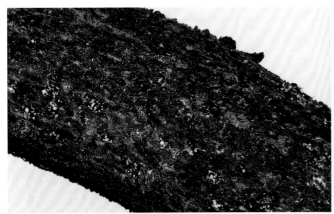

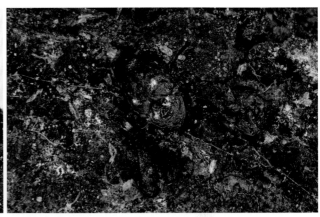

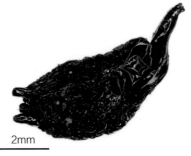

2mm

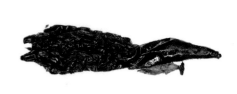

大青叶蝉卵块（徐公天　提供）

大青叶蝉卵粒（徐公天　提供）

大青叶蝉成虫头胸部（上视）（徐公天　提供）

在林地和农田周围进行除草灭卵。8月中、下旬在第一代成虫迁回林地前，清除林地杂草，破坏其产卵场所，减少成虫迁入量。冬季及早春树木休眠期修剪低层侧枝及带卵枝条，减少越冬卵源。入冬前在树干1.2m以下涂刷盐石灰可灭杀部分越冬卵。

3. 物理防治。每年5月中旬至6月中旬、8月中旬

至9月中旬于成虫盛发期，在苗圃及幼林地安装频整式诱杀虫灯。

4. 生物防治。可用球孢白僵菌、玫烟色拟青霉可进行有效防治。卵期天敌有小枕异绒螨、华姬猎蝽和双刺胸猎蝽；成虫和若虫期有麻雀、亮腹黑褐蚁和罗思尼氏斜结蚁，因此春、夏两季在苗圃和幼林地不要用化学防治，确保天敌繁衍。

初龄若虫时施用1.8%阿维菌素1500～2000倍液防治，每代只喷一遍即可，施药时要注意喷布均匀。喷药前可将林内杂草铲除一部分，保留一部分作为诱虫草，然后集中喷药防治。

5. 化学防治。若虫孵化盛期喷洒20%异丙威乳油、45%丙溴·辛硫磷1000～1200倍液、2.5%溴氰菊酯水乳剂或50%抗蚜威超微可湿性粉剂3000～4000倍液；成虫期用25g/L高效氯氟氰菊酯1000～1500倍液防治（卢志伟，王爱静，1994）。

参考文献

萧刚柔，1992；卢志伟等，1994；李中焕等，1995；王爱静，1995；王爱静，1996；王爱静等，1996.

（王爱静，邹立杰，李中焕）

41 八点广翅蜡蝉

分类地位	半翅目 Hemiptera　广翅蜡蝉科 Ricaniidae
拉丁学名	*Ricania speculum* (Walker)
英文名称	Eight-spotted fulgorid
中文别名	八斑广翅蜡蝉

八点广翅蜡蝉刺吸植株嫩芽、嫩梢的汁液，使梢头生长减缓，常三五头群集危害，且迁飞迅速，往往很难引起管护者察觉。

分布　江苏，浙江，福建，河南，湖北，湖南，广东，广西，海南，云南，陕西，台湾等地。

寄主　桉树、木荷、核桃、蓝果木、漆树、油茶、油桐、黄檀、紫薇、香椿、白兰花、擎天树、柳树、白背野桐、算盘子等。

危害　若虫、成虫在嫩枝上刺吸树液，影响植株生长，成虫产卵在枝条上，使此小枝生势变弱、变黄或干枯。

形态特征　**成虫**：体长6.0～7.5mm，翅展25～27mm。头胸部黑褐色；翅、腹、足部褐色，有的个体为黄褐色。额具中脊和不明显的侧脊；唇基具中脊。前胸背板具中脊，两边刻点明显；中胸背板具纵脊3条，中脊长而直，侧脊近中部向前分叉。前翅褐色至深褐色；前缘近端部2/5处有1个近半圆形透明斑，斑的前下方有1个较大的不规则形透明斑，内下方有1个较小的似长圆形透明斑，近前缘顶角处还有1个很小的长形透明斑，翅外缘有2个较大透明斑，前翅外缘有若干小白圆斑。后翅深褐色至黑褐色，半透明，翅脉颜色较深。**卵**：乳白色，纺锤形，长约0.8mm。**若虫**：共5龄，灰白色，末龄体长4～5mm，盾形，腹末附着灰白色波状弯曲的蜡丝。

生物学特性　1年1代，以卵块在寄主枝条内越冬。在广西南部4～5月出现若虫，初龄若虫群集在嫩枝上危害，4龄后分散取食。6～7月羽化为成虫，随后交配产卵，雌虫将产卵器刺进当年生枝条的木质部后产卵，卵粒排成卵块，外被白色絮状丝。每雌一生产卵4～5次，约数十至150粒。若虫期40～50天，成虫期30～60天，卵期260～300天（奚福生等，2007）。

该虫喜欢群集，弹跳迅速，成虫飞翔能力较弱。植株上部枝梢比中、下部的枝梢更易受害。

防治方法

1．人工防治。秋冬季节在原来发生区巡查找出被蜡蝉产卵的枝条，剪除后带出林外烧毁。

2．保护利用天敌。林间的蚂蚁、蜘蛛、螳螂、鸟类等对该虫有一定的抑制作用，应加强保护利用。

3．化学防治。在高虫口区可选用：90%敌百虫晶体800～1000倍液加0.2%有机硅，噻嗪·高氯氟1000～1200倍液，40%毒死蜱乳油1000倍液，25g/L高效氯氟氰菊酯乳油800～1000倍液等。

参考文献

奚福生等，2007.

（王缉健）

八点广翅蜡蝉成虫侧面观（王缉健　提供）　八点广翅蜡蝉成虫背面观（王缉健　提供）　八点广翅蜡蝉（张润志　整理）

42 文冠果隆脉木虱

分类地位　半翅目 Hemiptera　斑木虱科 Aphalaridae

拉丁学名　*Agonoscena xanthoceratis* Li

分布　河北，山西，内蒙古，辽宁，吉林，黑龙江，山东，陕西，甘肃，青海，宁夏，新疆等地。

寄主　文冠果等。

危害　以成、若虫吸食文冠果叶芽、嫩叶和嫩梢汁液。

形态特征　成虫：雄头至翅端长1.35～1.50mm，雌1.57～1.75mm。初羽化时体白色，后为淡绿色、橙黄色、灰褐色。触角淡黄色，10节，第八节末端和第九、十节黑色，末端具1对长刚毛。复眼及单眼3个，均红色。胸部背面具褐色纵斑，前翅周缘、腹部各节背板和腹板具褐斑，侧板黄色。雌虫尾端尖而略下弯，雄虫尾端开张（萧刚柔，1992）。卵：长卵形，基部具卵柄，长0.20～0.23mm、宽0.09～0.12mm。初产乳白色、半透明，后现微黄色，孵化前可见橘红色眼点。若虫：体扁平，淡绿色，长1.15～1.20mm、宽0.70～0.80mm。头前缘中部深凹，复眼红色，触角浅褐色、7节，自

文冠果隆脉木虱成虫（左视）（徐公天　提供）

文冠果隆脉木虱若虫（徐公天　提供）

文冠果隆脉木虱成虫、若虫和卵（徐公天　提供）

文冠果隆脉木虱成虫刺吸嫩芽（徐公天　提供）

文冠果隆脉木虱成虫和若虫在叶背刺吸（徐公天　提供）

文冠果隆脉木虱危害诱发煤污病（徐公天　提供）

文冠果隆脉木虱密布于文冠果嫩枝叶（徐公天　提供）

头、胸至第四腹节背面具2个黄纹。

生物学特性　内蒙古1年3代，世代重叠。以成虫潜藏在树干下部树皮裂缝或地表落叶中群集越冬。翌年4月中旬文冠果芽萌发时越冬成虫活动、交尾产卵；成虫常数个或数十个密集在1叶片或嫩梢上交尾、取食，或围绕树冠跳跃、飞翔，早、晚及阴云风雨天则静伏则叶背、枝干或树缝内。5月初至5月下旬若虫孵化，若虫5龄，5月末第一代成虫羽化，6月中旬产卵；6月下旬第二代若虫孵化，7月初第二代成虫羽化，8月初第三代成虫羽化、补充营养后部分成虫即越夏，9月中旬成虫补充营养后即陆续越冬。天敌有七星瓢虫、欧洲草蛉、褐蛉、斜斑鼓

额食蚜蝇等（萧刚柔，1992）。

防治方法

1. 禁止带虫苗木外运和引进，加强幼林管理，提高其郁闭度，增强抗虫力；冬季修剪时剪除具产卵枝条并及时烧毁，清除林内枯叶杂草以消灭越冬成虫。

2. 危害严重时可喷40%啶·毒800～1000倍液、噻嗪酮有效成分40g/hm²、哒幼酮有效成分0.05g/L。林分郁闭度大时，可于4月中、下旬成虫出蛰期施放5%甲氨基阿维菌素热雾剂2～3次，用量15kg/hm²。

（谢寿安，李孟楼，李荣波）

43 桑木虱

分类地位	半翅目 Hemiptera　木虱科 Psyllidae
拉丁学名	*Anomoneura mori* Schwarz
英文名称	Mulberry psyllid
中文别名	桑异脉木虱、白蝎、白丝虫、蜢子

桑木虱成虫、若虫均能危害，以若虫吸食桑芽、桑叶汁液，严重时桑芽不能萌发，若虫分泌物污染桑叶，还可诱发煤污病，严重影响桑叶产量和叶质，阻碍春蚕业发展。

分布　北京，天津，河北，辽宁，江苏，浙江，安徽，湖北，四川，贵州，陕西，台湾等地。日本（萧刚柔，1992；徐公天，2007）。

寄主　桑树、侧柏、圆柏。

危害　以若虫吸食桑芽、桑叶汁液，受害桑树生长不良，叶片向叶背卷缩呈筒状或耳朵状，严重的组织坏死或出现枯黄斑块。若虫分泌的蜡丝布满叶片，排泄物污染被害叶和下层桑叶，可诱发煤污病、招引蚂蚁。

形态特征　**成虫**：体长3.5mm，翅展8～9mm。初羽化时水绿色，后变为灰褐色，体型似蝉，复眼半球形，赤褐色，单眼2个，淡红色。触角黄色，末节黑褐色。胸背隆起，具深黄纹数对。前翅半透明，具咖啡色斑纹。**卵**：初白色，后变黄色，末端尖，具一卵角，另一端圆，具卵柄，孵化前尖端两侧各出现一红色眼点。**若虫**：黄绿色，体扁平，腹末具白色蜡毛。

生物学特性　1年1代。以成虫越冬。翌年3月下旬交尾产卵，每雌产卵2100粒左右，卵产在脱苞后尚未展开的幼叶上，产卵期持续1个月，卵期10～22天。4月上旬孵化，若虫先在产卵叶背取食，被害叶边缘向叶背卷缩呈筒状或耳朵状，不久枯黄脱落，若虫随即迁往其他叶片危害，被害叶背面被若虫尾端的白蜡丝满盖，易腐烂及诱发煤污病。若虫共蜕皮5次，于5月上、中旬羽化为成虫。成虫具群集性，在嫩梢和叶背吸食叶片汁液。桑树夏伐期间，成虫迁到附近的柏树上吸食，桑芽萌发后迁回

桑木虱若虫（徐公天　提供）

桑木虱成虫（侧视）（徐公天　提供）

桑木虱成虫（上视）（徐公天　提供）

117

桑木虱若虫及蜡丝（徐公天　提供）　　　　　　桑木虱若虫分泌蜡丝（徐公天　提供）

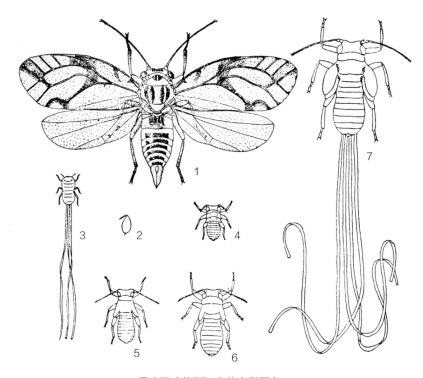

桑木虱（仿浙江农业大学图）

1.雌成虫；2.卵；3～7.1～5龄若虫（2～4龄若虫腹端白毛除去）

桑树，秋季则在桑树和柏树上取食危害，当气温由12℃降至4.4℃时，成虫在桑树树缝、虫孔或柏树上越冬（萧刚柔，1991）。

防治方法

1. 避免桑柏混栽。桑园四周或附近不要栽植柏树，夏伐后该虫如没有柏树作为中间寄主，经5～10天即死亡。

2. 人工摘除有卵叶。早春越冬成虫产卵期，及时摘除着卵叶；若虫孵化后，可剪除若虫群集危害叶。

3. 保护天敌。加强对桑木虱啮小蜂 *Tetrastichus* sp.、瓢虫、草蛉等天敌的保护。

4. 药剂防治。桑腊蝉脱苞期及卵孵化期喷洒40%啶·毒（徐公天，2007）。

参考文献

曾爱国，1981；萧刚柔，1992；绕文聪等，2006；徐公天等，2007；国家林业局森林病虫害防治总站，2008.

（郭一妹，王志政，高祖绌）

44	槐豆木虱	分类地位	半翅目 Hemiptera 木虱科 Psyllidae
		拉丁学名	*Cyamophila willieti* (Wu)
		英文名称	Japanese pagoda tree psyllid
		中文别名	国槐木虱、龙爪槐木虱

槐豆木虱发生普遍，危害严重，虫伤可引致槐树烂皮病的发生，排泄物易诱发煤污病，污染环境甚至干扰市民正常活动，是城市园林绿化中的重要害虫。

分布 北京，河北，山西，辽宁，江苏，浙江，山东，河南，湖北，湖南，广东，四川，贵州，陕西，甘肃，宁夏，台湾等地。

寄主 槐树、龙爪槐。

危害 以成虫和若虫吸取幼嫩部分的汁液；若虫分泌物常诱致霉病发生，影响光合作用，削弱树势；大量成虫聚居叶片，行人靠近时扑向人体，成为行人的一大困扰（强中兰，2007）。

形态特征 成虫： 雄虫体长3.00～3.02mm，体翅长3.86～3.96mm，头向下垂伸。雌虫体长3.03～3.50mm，体翅长4.25～4.70mm。冬型成虫体翅深褐色，头胸部具黄褐色斑。夏型成虫雌、雄体绿色至黄绿色，胸背具黄斑。单眼橘黄色，复眼褐色，触角绿色，足黄绿色，腹部粉绿色。**卵：** 椭圆形，长0.4～0.5mm，宽0.09mm。初产白色渐变橘红色，透明可见两红色复眼；端部尖上有1根毛。**若虫：** 老龄若虫体宽1.34mm，体长2.21mm；若虫共5龄，

体呈椭圆形，略扁；初孵化体黄白色，后变绿色，复眼红色，腹部略带黄色；头略窄于腹（沈平，2008）。

生物学特性 北京1年4代。以成虫在树洞、林下杂草、树皮缝处越冬。3月末开始活动，卵多散产于嫩梢、嫩叶、嫩芽、花序、花苞等处，产卵量约110粒。4月中旬卵开始孵化，若虫刺吸植物叶背、叶柄和嫩枝的幼嫩部分，并在叶片上分泌大量黏液，诱发煤污病。5月成虫大量出现，5～6月干旱和高温季节发生严重，雨季虫量减少，9月虫口量又回升，10月后越冬（徐公天，2007）。

防治方法

1. 发生初期向幼树根部喷施3%高渗苯氧威乳油3000倍液毒杀成虫。

2. 若虫期喷洒清水冲洗树梢或喷洒0.36%苦参碱水剂500倍液。

3. 在4月中旬（越冬成虫产卵高峰期）和5月上旬（第一代若虫发生高峰期）向枝叶喷施10%吡虫啉可湿性粉剂2000倍液、12%噻嗪·高氯氟1000倍液，或25%噻嗪酮可湿性粉剂1000倍液。

4. 保护利用天敌。槐豆木虱天敌种类有：异色

槐豆木虱成虫（上视）（徐公天 提供）

槐豆木虱成虫（侧视）（徐公天 提供）

槐豆木虱卵及若虫（徐公天　提供）

槐豆木虱卵及老龄若虫（徐公天　提供）

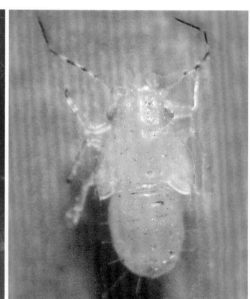

槐豆木虱若虫（徐公天　提供）

瓢虫、七星瓢虫、龟纹瓢虫、中华草蛉、大草蛉、平行绿蟹蛛、三突花蛛等7种天敌（徐公天，2007；杨友兰，2002）。

参考文献

杨友兰等, 2002; 强中兰等, 2007; 徐公天等, 2007; 沈平等, 2008.

（周在豹）

45 皂荚幽木虱

分类地位	半翅目 Hemiptera　木虱科 Psyllidae
拉丁学名	*Colophorina robinae* (Shinji)
异　　名	*Euphalerus robinae* (Shinji)
英文名称	Honey locust psyllid
中文别名	皂荚瘿木虱、皂角幽木虱

被害嫩叶沿主脉纵向缀合，不能伸展，影响光合作用。新梢受害后畸形、萎蔫、干枯。影响植株的正常生长。

分布　北京，河北，辽宁，山东，贵州，陕西。

寄主　皂荚、山皂荚。

危害　以成虫和若虫吸食皂荚汁液，若虫危害嫩叶后形成"豆角状"虫苞，新梢受害后畸形、萎蔫、干枯。

形态特征　**成虫**：雌虫体长2.1～2.2mm，翅展4.2～4.3mm；雄虫体长1.6～2.0mm，翅展3.2～3.3mm。初羽化时体黄白色，后渐变黑褐色。复眼大，紫红色，向头侧突出呈椭圆形。单眼褐色。触角10节，各节端部黑色，基部黄色，顶端2根刚毛黄色。头项黄褐色，中缝褐色，两侧各有1个凹陷褐斑。中胸前盾片有褐斑1对，盾片上有褐斑2对，随着体色加深花斑逐渐不明显。前翅初透明，后变半透明，外缘、后缘及翅中央出现褐色区，翅脉上有褐斑，翅面上散生褐色小点。后翅透明，缘脉褐色。足腿节发达，黑褐色；胫节黄褐色，端部有4个黑刺；基跗节黄褐色，有2个黑刺，端跗节黑褐色。雌虫腹部末端尖，产卵瓣上密被白色刚毛；雄虫腹部末钝圆，交尾器弯向背面。**卵**：长椭圆形，有短柄，长0.28～0.34mm，宽0.12～0.19mm。初产乳白色，一端稍带橘红色，后变紫褐色，孵化前灰白色。**若虫**：5龄时体长2.10～2.25mm，体宽0.6～0.62mm。黄绿色，斑色加深。复眼红褐色。翅芽大。

生物学特性　河北1年4代。以成虫越冬。翌年4月上旬开始活动，补充营养。约4月中旬开始交尾

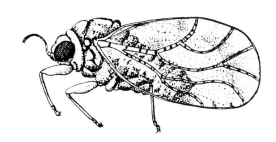

皂角幽木虱成虫（胡兴平绘）

皂荚幽木虱成虫（侧视）（徐公天　提供）

皂荚幽木虱成虫（上视）（徐公天　提供）

皂荚幽木虱越冬成虫（徐公天　提供）

皂荚幽木虱若虫（徐公天　提供）

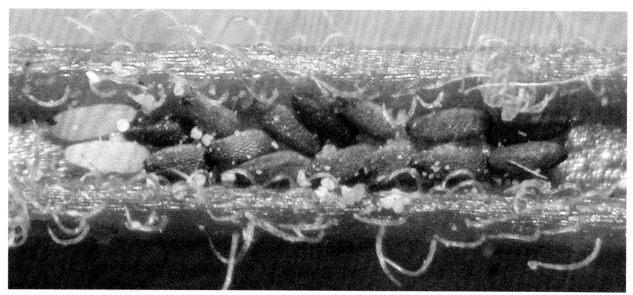

皂荚幽木虱卵（徐公天　提供）

皂荚幽木虱寄生叶（徐公天　提供）

皂荚幽木虱造成皂荚卷叶（徐公天　提供）

皂荚幽木虱寄生荚果（徐公天　提供）

皂荚幽木虱寄生皂荚枝条（徐公天　提供）

皂角幽木虱诱发皂荚煤污病（徐公天　提供）

产卵，卵期19～20天。5月上旬若虫孵化，若虫共5龄，若虫期20～21天。各代成虫期依次为5月下旬、7月上旬、8月中旬和9月下旬，10月成虫在树干基部树皮缝中越冬。

成虫羽化时间多集中在9:00～12:00，羽化率90%以上。交尾多在羽化后的翌天6:00左右进行，一天内交尾现象随时可见。雌虫交尾2天后开始产卵，多产在叶柄沟槽内及叶脉旁，极少产在叶面上；越冬代成虫产卵于当年生小枝的皮缝里，卵排列成串，每雌产卵量387～525粒。成虫有趋光性和假死性，善跳跃。

若虫孵化多集中在8:00～10:00，孵化率95%以上，初孵若虫往小枝顶端爬行，幽居在嫩叶间，刺吸嫩叶使叶不能展开，从主脉处折合形成"豆角状"虫苞。若虫发育不整齐，即使在同一虫苞内也可见到不同龄期的若虫。老龄若虫羽化前，常爬出虫苞停在枝丫处，并分泌大量白蜡丝覆盖身体，蜕皮时多留在叶柄上。

防治方法

1. 在各代初孵若虫期和成虫羽化盛期喷施40%啶·毒，或45%丙溴·辛硫磷乳油1000倍液。

2. 保护寄生蜂和草蛉等天敌。

参考文献

《山东林木昆虫志》编委会，1993；徐公天，2003.

（乔秀荣，孙力华，李燕杰）

46 母生滑头木虱

分类地位 半翅目 Hemiptera 扁木虱科 Liviidae

拉丁学名 *Syntomoza homali* (Yang et Li)

异　名 *Homalocephala homali* Yang et Li

分布 广东，广西，海南等地。

寄主 天料木科的母生（红花天料木）。

形态特征 成虫：体长1.1～1.5mm。初羽化的成虫草绿色，后变黄褐色或深褐色。触角丝状，10节，浅黄色，基部2节颇大，末端黑色，并有剑状刚毛2根。复眼红色或紫红色。足浅黄色。雌虫腹部末端收缩较细，略向下弯，可区别于雄虫。**卵**：长约0.15mm，宽0.1mm。乳白色，稍透明，呈梨子形。**若虫**：有翅芽若虫体长1.0～1.2mm。椭圆形，略扁。复眼红色，触角浅黄色，体黄褐色或绿色，腹部末端具白色蜡质絮状物。

生物学特性 海南尖峰岭1年14～15代。20天左右完成1代，无越冬现象。5～10月寄主新叶繁茂时危害严重，在旱季灌水充足的苗圃中苗木大量萌发嫩叶时受害亦严重。当幼林郁闭后危害逐渐减轻。

若虫群集于顶芽和嫩叶背面吸取汁液，被害的顶芽枯萎，叶片卷曲，对苗木的影响很大。若虫期经过12～15天变为成虫。成虫多生活在卷曲的嫩叶中吸食，经过数天补充营养，便开始交尾产卵。卵产于嫩叶、幼芽或被害叶的背面，呈不规则的多行排列。卵期4～5天。

母生滑头木虱天敌较少。在大发生时，常发现有少量瓢虫、食蚜蝇及蜘蛛等，但对抑制虫害的作用不大。

参考文献

陈芝卿, 1973; 杨集昆等, 1986.

（陈芝卿）

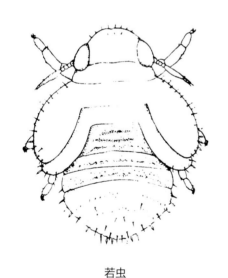

若虫

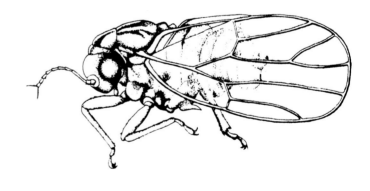

成虫

母生滑头木虱（仿胡兴平图）

47 蚬木曲脉木虱

分类地位 半翅目 Hemiptera　扁木虱科 Liviidae
拉丁学名 *Diclidophlebia excetrodendri* (Li et Yang)
异　　名 *Sinuonemopsylla excetrodendri* (Li et Yang)

分布　广西。越南北部。

寄主　蚬木。

危害　以若虫群集在嫩芽、嫩叶上危害，吸食汁液，成虫也常在嫩梢周围栖息取食。若虫分泌白色蜡质絮状物，导致烟煤病的发生。苗木或幼树受害后，幼叶皱缩，叶柄下垂，顶芽生长受到抑制。

形态特征　成虫：黄绿色，体长2.2～2.6mm，背腹较扁，被淡色长毛。头宽（包括复眼）0.77～0.79mm，复眼黑褐色。触角10节，长1.26～1.27mm，黄绿色，第三至第八节端及第九、十节黑色至黑褐色，2根端刚毛黄色。前翅长1.94～2.25mm，宽1.01～1.21mm，椭圆形，不透明，前缘有断痕，翅面密布褐斑点，组成3条不连续的褐色带；翅痣大，脉黄褐色，脉端黑褐色；后翅宽大，稍短于前翅。足黄色，后足胫节无基刺。**卵：**长梨形，一端较尖，长0.1～0.15mm。初产卵淡黄色，变为黄色。近孵化时卵的前端出现黑色眼点。**若虫：**初孵若虫淡黄色，随着增长颜色逐渐变深。体扁平。复眼红色。翅芽半透明，灰褐色。随着不断取食，若虫体表分泌许多蜡丝，盖住虫体。

生物学特性　世代重叠，在广西南部地区无明显越冬现象，一年四季均发现有成虫、若虫、卵3种虫态。在日平均气温28.8℃时，完成1个世代约需30天，其中卵期平均为5.24天，最短5天，最长6天；若虫蜕皮4次，若虫期17天。平均每雌产卵量为212粒，产卵前期5～6天，产卵期8～14天。

初羽化的成虫体被一层蜡粉，停伏在原来的嫩芽上吸食。几天后交尾产卵，雌虫和雄虫一生可交尾多次。成虫活动逐步加强，能飞善跳，常在枝条叶片及顶芽间不断爬行，寻觅取食和产卵的场所。但成虫飞行距离不长，一般为50～60cm。雌虫卵多产于嫩芽及嫩叶背面凹陷处，聚散不定。若虫常聚集在顶芽及嫩叶上刺吸取食，如遇触动，可做短距离爬行。

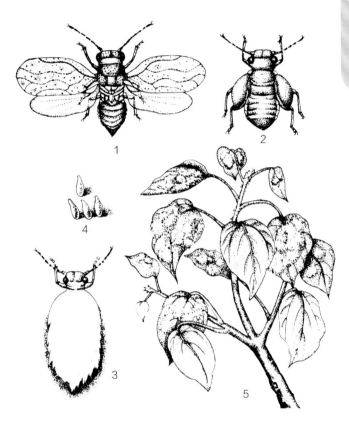

蚬木曲脉木虱（仿陆宝龙图）
1.成虫；2.若虫；3.被蜡粉若虫；4.卵；5.被害状

该虫大量发生于3～5月和9～10月。特别是3～5月为全年虫口高峰期。在广西南部，进入3月以后，温度大幅度回升，蚬木萌芽发叶，虫口数量急剧上升。冬季，在日平均气温14.4℃左右，成虫仍可进行取食活动，有太阳的晴天也能交尾，产下的卵能正常孵化，低于10℃时，则很少活动。一般苗圃比幼林受害严重；尚未郁闭且杂草多的幼林比郁闭的幼林受害严重，低海拔比高海拔受害严重。

已发现的天敌有红肩瓢虫、六斑月瓢虫和螳螂。

（杨民胜）

48 梧桐木虱

分类地位	半翅目 Hemiptera　裂木虱科 Carsidaridae
拉丁学名	*Carsidara limbata* (Enderlein)
异　　名	*Thysanogyna limbata* Enderlein
英文名称	Parasol psyllid
中文别名	梧桐裂木虱

该虫为单食性害虫，以若虫及成虫在梧桐叶面或幼枝嫩干上吸食树液，破坏输导组织，尤以幼树受害重。若虫分泌白色絮状蜡质物，将叶面气孔堵塞，影响叶的正常光合作用和呼吸作用，其分泌物可诱发煤污病，影响环境卫生。危害严重时，树叶早落，枝梢干枯，表皮粗糙脆弱，易遭风折断裂。

分布　北京，河北，山西，江苏，浙江，安徽，福建，江西，山东，河南，广东，广西，陕西等地。

寄主　梧桐。

危害　成虫和若虫群集于嫩梢或叶及叶柄上、花序上吸食汁液，被害处附有白色絮状蜡质物导致叶面苍白萎缩，叶片早落，枝梢干枯。

形态特征　成虫：体长5.6～6.9mm，翅展约13mm，体黄绿色，具褐斑。头部横宽，头顶深裂，额显露，颊锥短小，乳突状。复眼赤褐色，单眼3个，橙黄色。触角10节，黄色，最后2节黑色，末端具刺毛，前胸背板弓起，中胸盾片有纵纹6条；后胸盾片处有圆锥形小突起2个。足漆黄，胫节端及跗节暗褐色，爪黑色，端刺外1内4，基跗节外侧有1根爪状刺。前翅透明，脉纹茶黄色，翅长为宽的2.5倍。腹部背板浅黄色，且各节前缘褐色带状。雄虫背板第三节及腹端黄色，雌虫腹面及腹端黄色，背瓣很大。卵：纺锤形，一端稍长，长0.5～0.8mm，略透明，初产时黄白色或黄褐色，后为红褐色。若虫：虫体稍扁，末龄近圆桶形，体长3.4～4.9mm，茶黄色而微带绿色，体被较厚的白色蜡质絮状物，触角10节，翅芽发达，透明，淡褐色。

生物学特性　1年2～3代，北京地区1年2代。以卵在树皮缝中越冬。4月下旬至5月上旬第一代若虫出现，分泌蜡毛和黏液，污染虫体和地面。若虫共3龄，历时30天，6月上旬第一代成虫开始出现，6月中旬为羽化盛期，6月下旬第二代若虫开始出现，7月中旬为活动盛期，8月中旬第二代成虫大量羽化，9月上旬第三代若虫危害，世代重叠现象严重，

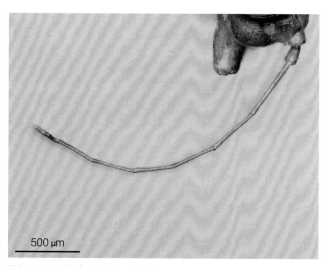

500 μm

梧桐木虱触角（李镇宇　提供）

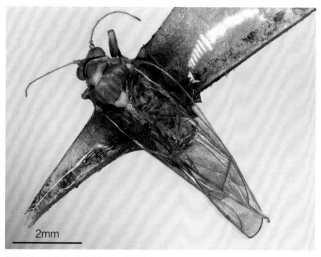

2mm

梧桐木虱成虫（李镇宇　提供）

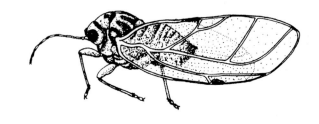

梧桐木虱成虫（仿胡兴平图）

梧桐木虱若虫（李镇宇　提供）

梧桐木虱若虫（嵇保中　提供）

梧桐木虱若虫和成虫（李镇宇　提供）

10月下旬成虫逐渐产卵越冬。

成虫羽化后，需经10天左右补充营养，待性成熟后才进行交尾产卵。交尾可达2小时左右，以8:00前和17:00左右交尾者最多，交尾后2～3天开始产卵。卵产于主枝下面（阴面）靠近主干处，或于侧枝下方接近主枝处，或主侧枝表皮粗糙处，也有产在主干阴面，或叶背及叶柄着生处。卵散产，卵期10～12天，每头雌虫一生可产卵50粒左右，成虫寿命约6周。

防治方法

1. 在若虫初孵和成虫羽化盛期，树上喷施5%百树菊酯乳油1000倍液、10%吡虫啉2000倍液、1.2%苦·烟乳油1000倍液。

2. 保护寄生蜂和草蛉等天敌。

参考文献

《山东林木昆虫志》编委会，1993; 徐公天，2003.

（乔秀荣，徐公天，周嘉熹）

分类地位	半翅目 Hemiptera　个木虱科 Triozidae	
拉丁学名	*Trioza camphorae* Sasaki	
英文名称	Camphor psyllid	
中文别名	樟个木虱	

49　樟叶木虱

分布　浙江，福建，江西，湖南，台湾等地。

寄主　樟。

危害　以若虫在樟叶背面吸取汁液。

形态特征　**成虫**：体长1.6～2.0mm，翅展4.5～6.0mm。体黄色或橙黄色。触角丝状，10节，基部2节粗短，第三节最长，第九至十节逐渐膨大呈球杆状，末端有刚毛2根。复眼黑褐色，半球形。各足胫节端部具黑刺3枚。**卵**：呈纺锤形，长约0.3mm，宽约0.11mm，有柄，柄长约0.06mm。初产时乳白色，透明，几天后呈灰黑色，临孵前黑褐色，具光泽。**若虫**：初孵若虫乳白色，腹部蛋黄色，固定后淡黄色。体长0.3～0.5mm，扁椭圆形。体周有白色蜡质分泌物，随着虫体的不断增长，体周的白色蜡质分泌物越来越多，体色逐渐加深呈黄绿色，老熟后呈灰黑色，体长增至1.6～1.8mm，体周的蜡丝排列紧密，尤其在触角处、背中线翅芽处及腹背面。复眼红色。羽化前期蜡丝多脱落。

生物学特性　江西南昌地区1年1代，少数2代。以若虫在被害叶的背面过冬。翌年4月上旬开始羽化至4月底止。第一代若虫于4月中旬孵出，少数若虫于5月下旬羽化。第二代若虫于6月上旬孵出。

成虫昼夜均可羽化，以10:00～14:00最多。成虫羽化率为75.2%，雌性比为51.2%，刚羽化成虫聚集在嫩枝梢上，活动能力弱，一天后活动能力增强、善跳、开始交尾，有多次交尾习性，交尾后即可产卵，成虫产卵有间歇性。越冬代成虫的卵产于春梢及嫩叶上；第一代成虫的卵产于夏梢及其嫩叶上。卵多产于叶片上，枝梢上仅占7%左右；叶片上又以叶尖为多，叶中最次，只占10%左右，叶基和叶缘各占17%和15%左右。叶片的正面多于反面。卵排列成行或数粒排在一起，偶有数粒重叠的现象。卵昼夜均能孵化，以10:00和20:00最多，16:00和24:00最少，孵化率一般为73%左右。初孵若虫先在叶片或枝梢上缓慢爬行，1天后爬到叶片背面固定取食。叶片被害初期，在叶面上呈现黄绿色椭圆形小微突，随着虫体的不断增长，逐渐变成紫红色突起，致使叶片早落。

此虫在树上的分布以树冠中部为多，上部次之，而在树冠上方位以北面较南面为多；以林分的坡位而言，下坡显著高于上坡；以林分的林龄而言，17年生的中龄林显著高于5年生的幼林。混交林轻于纯林。

参考文献

周月梅，1979；沈光普等，1985.

（沈光普）

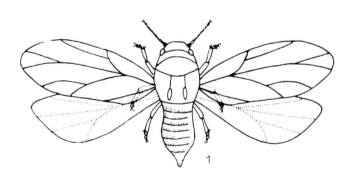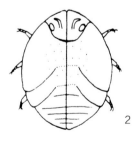

樟叶木虱（沈光普　绘）

1.成虫；2.若虫；3.卵

50 沙枣木虱

分类地位	半翅目 Hemiptera　个木虱科 Triozidae
拉丁学名	*Trioza magnisetosa* Loginova
英文名称	Narrow-leaved oleaster psyllid
中文别名	沙枣个木虱

分布　内蒙古，陕西，甘肃，宁夏，新疆。

寄主　特别喜食的树种为沙枣。一般喜食树种有：沙果、梨、李、红枣等多种果树和杨树、柳树等乔灌木树种。

形态特征　**成虫：**雌虫体长2.6～3.5mm，雄虫体长2.2～3.0mm。体黄绿色或黄褐色。头淡黄色。触角丝状，黄褐色，末端2节黑色，端部有2根黑色剑状刚毛。复眼大而突出，红褐色。单眼橙红色。胸部隆起，前胸背部呈弧形，前、后缘黑褐色，中间有橘黄色纵带2条；中胸背板宽为其长的2倍，有4条黄色纵带。后胸腹板近后缘中央有1对乳白色或色较深的小锥形突起。足淡黄色，爪黑色。腹部腹面黄白色，背面各节有褐色纵纹。雌虫腹末急剧收缩。雄虫腹部近末端处收缩，端部数节膨大并弯向背面。**卵：**长约0.3mm。无色透明，纺锤形，端部稍尖，有一短丝，基部较圆，表面光滑。**若虫：**复眼红色。体长2.0～3.4mm。扁平，近圆形。初孵化时体白色，后变淡绿色，老熟时呈灰绿色，体躯和翅芽上密被刚毛。

生物学特性　新疆1年1代。以成虫在沙枣树皮裂缝中、落叶层下、田边沟渠低洼地枯叶下及草丛内越冬。翌年3月初当日平均气温达5℃以上时，越冬成虫开始活动并在嫩枝梢上取食危害。3月中旬大量出现。4月上旬取食芽苞并开始交尾产卵，4月下旬达盛期，6月上旬为末期。卵历期8～30天，卵期长短受温度影响很大。如4月上旬温度较低时，卵期需28～30天，而6月上旬，卵期仅需8～9天。5月上旬出现若虫，5月中旬达盛期。若虫共5龄：1龄盛期为5月上、中旬，历期7～9天；2龄在5月中、下旬，历期7～10天；3龄在5月底6月初，历期7～10天；4龄在6月上、中旬，历期8～10天；5龄在6月中、下旬，历期13～15天。成虫于6月中旬羽化，6月底7月初达成虫盛期，10月底11月初越冬。

以成虫和若虫刺吸沙枣嫩梢和叶片上的养分，造成叶片卷缩，枝、梢枯黄，轻者不能形成花蕾，影响结实，重者叶片提前枯黄脱落，整株死亡。成虫昼夜皆能羽化，以清晨及傍晚最多，羽化率均达90%。羽化后经半小时即开始取食危害，越冬后和新羽化的成虫都需大量补充营养，经7～10天后体色变为灰褐色。成虫不能飞翔，仅会跳跃。受惊扰后可做短距离飞行。白天一般栖息于叶背面，傍晚时才开始跳跃迁移，有向密林迁移聚集的习性，一般在生长旺盛、郁闭度较大的林内，栖居数量较多。在树冠上的垂直分布，以中、下层最多，顶端较少。成虫多在叶背面的叶脉上取食。落叶后成虫就转移到枝梢上取食。晚秋早晚温度较低时，成虫常聚集一起或钻入草丛内；温度升高时，又分散到树上取食活动。成虫交尾多在早晨与傍晚，尤以傍晚为盛。当日平均气温降至0℃以下时，便进入越冬场所。成虫寿命很长，野外几乎常年可见。风与成虫的迁移有密切关系，春秋两季的大风有利于其扩散。成虫的产卵部位随林木生长发育而异，4月上、中旬树木萌芽时，卵产于树芽上，排列很密；5月以后，沙枣发叶时，卵散产于叶背面，卵的一端斜插于叶片组织内。成虫产卵时间持续较长，一生产卵量为400余粒。卵在植株上的垂直分布无明显的规律。卵孵化期较集中。刚孵化的若虫不大活动，群集嫩梢和叶正、背面取食，使叶片弯曲呈长筒形。这时的若虫完全隐蔽生活，常分泌白色蜡质物于卷叶内。5月中旬沙枣大量发叶时，是若虫的出现盛期，6月中旬还可见到初孵若虫。3～4龄时危害加重，除叶片卷曲外，嫩梢亦开始弯曲，卷叶内蜡质物和黏蜜状粪便也增多，且不断洒落地面，故受害严重的林地，常呈一片雪白，好似秋霜。当卷叶逐渐发黄腐烂而脱落，卷叶内的若虫常迁移到其他卷叶内危害。迁移过程中，有部分个体坠地而死。5龄若虫随着虫体增大，危害更加剧，由于食料缺乏从卷叶内爬出，整齐地排列在新叶的背面和枝梢上，密集一处，这是一生危害最猖獗的时期。若虫老熟后由卷叶迁到叶背及枝条上栖息，经取食一段时间后寻找适当的羽化场所羽化为成虫。

防治方法

1. 营林措施。营造混交林，改善树种结构，在沙枣纯林可多栽些柽柳和胡杨等；在果园和防护林中，多栽植沙枣木虱嗜食树种，作为诱饵树；在严重受害的沙枣片林中可采取根茎平茬（距地面15～20cm）和高平茬（距地面1.5～1.7m处选留1小枝，然后锯掉树冠部分，树冠集中烧毁）。防治时重点放在这部分诱饵树和选留的枝条上，抑制沙枣木虱的繁衍。冬翻、冬灌破坏成虫越冬场所。

2. 人工防治。冬季清除林内枯叶和杂草，消灭越冬成虫。

3. 生物防治。可用球孢白僵菌、玫烟色拟青霉进行有效防治。沙枣木虱的天敌有20余种，要严加保护利用。例如，如若虫期的优势种啮小蜂在林间寄生率可达30%以上，另外有二星瓢虫、小黑瓢虫、丽草蛉、大草蛉、蜘蛛等捕食若虫和成虫，还有1种真菌可寄生成虫。

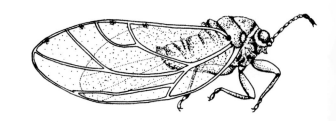

沙枣木虱成虫（仿胡兴平图）

4. 仿生药剂防治。初龄若虫施用25%的灭幼脲Ⅲ号悬浮剂或5.7%甲维盐2000～3000倍液防治，只喷一遍即可，施药时要注意喷布均匀。

5. 化学防治。越冬成虫出蛰盛期用。每年4月上旬越冬代成虫出蛰期及6月上、中旬成虫羽化之时，喷洒40%杀扑磷乳油1000倍液、50%杀螟硫磷乳油1000～500倍液防治。

参考文献

许兆基, 1963; 王成贵等, 1965; 杨秀元, 1981; 萧刚柔, 1992; 席勇等, 1996.

（席勇，王爱静，王希蒙）

分类地位	半翅目 Hemiptera　粉虱科 Aleyrodidae
拉丁学名	*Aleurotrachelus camelliae* (Kuwana)
英文名称	Camellia whitefly
中文别名	楮黑粉虱、小黑粉虱、黑胶粉虱、楮黑漆粉虱、油茶绵粉虱、油茶黑胶粉虱

51 油茶粉虱

危害严重时可引发煤污病，近两年在杨梅树上也普遍发生危害。

分布　江苏，浙江，山东等地。日本。

寄主　梓、茶树、桃树、梅、油茶、枇杷、杨梅、楮树。

危害　大多数幼虫寄生于叶片背面，以口针插入叶片组织吸食汁液。受害严重的植株叶片黄萎，枝梢枯死，并导致煤污病的发生，影响树势和产量。

形态特征　**成虫**：雌虫体长1.7～2mm，翅展3～3.5mm。头和胸部黑褐色，有光泽。腹部橘红色。前翅有6块黄色斑，分布于前、外、后缘上，前缘的2个色斑中，1个较狭长，起于前缘，止于主脉下折处；后翅略小于前翅，浅棕色。雄虫体长略小于雌虫，抱握器钳状，突出于腹部末端，交配器楔状。**卵**：长0.19～0.21mm，黄褐色，香蕉形，略弯，竖立。卵壳表面光滑，有卵柄。**若虫**：初孵若虫长椭圆形，体长约0.25mm。浅黄色，后逐渐变成红棕色。胸气门以前的虫体部分有长缘毛10根；其他部位体缘有短缘毛10根，臀板有长刺毛4根。2龄若虫长圆梨形，背腹扁平，前端略尖，后端平截而向内略凹入，背部漆黑色革质，腹面灰白色膜质。背面中部有脊状隆起。胸气门陷处各有1簇白色蜡毛。臀板也长有1团蜡毛，体缘腺成栉齿状突出，约300枚。**蛹**：长约1mm，橘红色。离蛹，初为淡黄色，半透明，后渐变为橙黄色，复眼黑色，翅芽灰色。

生物学特性　1年1代。以2龄若虫在油茶叶背的黑色蛹壳下越冬，翌年3月下旬化蛹，4月上旬开始羽化，4月中旬为羽化盛期。成虫羽化要求日平均气温在18℃左右，相对湿度大于80%，在时晴时雨天气其羽化产卵最盛，寒冷阴雨天少见成虫羽化。晴天，多在8:00～10:00羽化；阴雨天则在12:00～14:00羽化最盛。成虫羽化历期约20天，但羽化高峰期只有几天。成虫有多次交尾现象；交尾后即可产卵，卵多产于叶片背面或嫩叶的叶缘。怀卵量21～44粒，平均32.6粒。成虫产卵后转移到新梢嫩叶上栖息，善飞翔，未见补充营养。雌成虫寿命2～6天，雄虫4～7天。若虫于6月下旬开始出现。初孵若虫善爬行，找到合适场所后用口针插入叶片组织取食。7月下旬至8月，普遍蜕皮进入2龄。2龄若虫足、触角退化，丧失活动能力，虫体背、腹扁平，并形成黑色介壳，体缘腺分泌无色透明黏胶固着虫体，此后不再迁移。若虫共3龄。2龄若虫历期250天左右，危害极大，既危害叶片，又能诱发煤污病，影响树势。

防治方法

1. 油茶粉虱喜阴湿，并且从2龄若虫到成虫羽化前（8月至翌年3月）营固定生活。通过修剪，去除

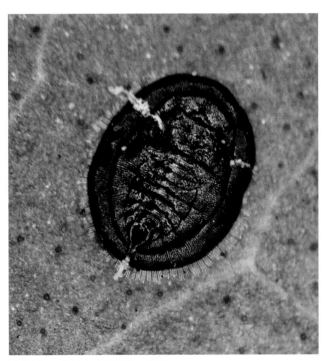

油茶粉虱2龄若虫（嵇保中　提供）

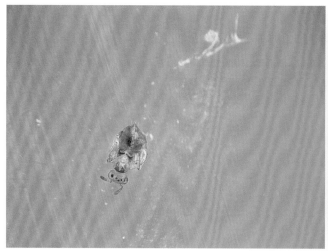

油茶粉虱2龄若虫虫体（嵇保中、张凯　提供）

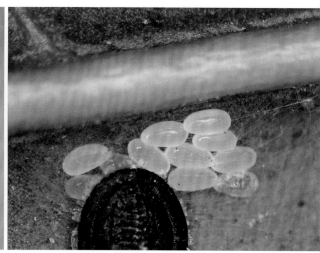

油茶粉虱卵（嵇保中、张凯　提供）

严重病虫枝叶，压低虫口指数，增强通风透光，是减少其危害的重要途径。

2. 6月下旬至7月，用40%杀扑磷乳油1500～2000倍液，48%毒死蜱乳油1000～1200倍液，25%噻嗪酮乳油1500倍液，45%丙溴·辛硫磷1000倍液，25%亚胺硫磷乳油1500倍液等。15天喷1次，连喷2～3次即可。

3. 粉虱座壳孢是油茶粉虱的病原真菌，林间应用3.6×10^7孢子/mL悬浮液喷雾，致死率达80%左右。可在6月下旬到7月若虫孵化后使用。

参考文献

萧刚柔, 1992; 陈卫民, 2004, 2006, 2008.

（嵇保中，张凯，陈祝安）

52 豆蚜

分类地位	半翅目 Hemiptera　蚜科 Aphididae
拉丁学名	*Aphis craccivora* Koch
异　　名	*Aphis robiniae* Macchiati
英文名称	Black locust aphid
中文别名	刺槐蚜

该虫危害刺槐比较严重，成虫、若虫群集刺槐新梢吸食汁液，引起嫩叶卷缩，新梢枯萎弯曲，枝条不能生长。

分布　北京，河北，辽宁，江苏，江西，山东，河南，湖北，陕西，新疆等地。欧洲，北非。

寄主　刺槐、紫穗槐和龙爪槐。国外记载还危害膀胱豆属、小冠花属及锦鸡儿属。

危害　以成虫、若虫群集刺槐新梢吸食汁液，引起新梢弯曲，嫩叶卷缩，枝条不能生长，同时其分泌物常引起煤污病。

形态特征　**无翅孤雌胎生蚜**：体长约2mm，卵圆形，体漆黑或黑褐色，有光泽。头、胸及腹部第一至第六节背面有明显六角形网纹；腹部第七、八节有横纹。**有翅孤雌胎生蚜**：体长卵圆形，黑色，光滑，翅灰白色，透明（张广学，1983）。

生物学特性　1年20余代。主要以无翅孤雌蚜、若蚜在背风、向阳处的地丁、野苜蓿、野豌豆等的心叶及根茎交界处越冬。翌年3月在越冬寄主上大量繁殖，至4月中下旬产生有翅孤雌蚜，向春豌豆、刺槐等豆科植物上迁飞，形成第一次迁飞扩散高峰；5月末6月初，又出现第二次迁飞高峰；6月上旬刺槐上虫口密度逐渐增加，6月中下旬增殖加快，形成第三次迁飞高峰。7月中下旬雨季、高温季节，除阴凉处的刺槐、紫穗槐上蚜虫继续繁殖危害外，种群密度明显下降。10月又在收割后的扁豆、菜豆、紫穗槐等新发嫩芽上繁殖危害，后逐渐产生翅蚜迁飞到越冬寄主上繁殖、危害并越冬。

无翅孤雌蚜在日平均气温-2.6℃时，有的个体开始繁殖，至-0.1℃时繁殖个体占21.85%。最适繁殖温度为19～22℃。低于15℃和高于25℃时，繁殖受到一定抑制。温度和降水是决定该蚜种群数量变动的主要因素。相对湿度在60%～75%时，有利于其繁殖，当达到80%以上时繁殖受阻，蚜群数量下降。一般4～6月因雨水少、湿度低，常大量发生，

7月雨季来临，因高温、高湿发生数量明显下降。暴风天气常致蚜虫大量死亡。豆蚜的天敌种类较多，对抑制种群数量有一定影响。常见捕食性天敌有瓢虫、食蚜蝇、草蛉、小花蝽，寄生性天敌有蚜茧蜂等（萧刚柔，1992）。

防治方法

1. 蚜虫迁飞至树木危害时，剪掉树干、树枝受害严重的萌生枝，或喷洒清水冲洗，防止蔓延。

豆蚜有翅孤雌胎生蚜（徐公天　提供）

豆蚜无翅孤雌胎生蚜（徐公天　提供）

豆蚜无翅孤雌胎生蚜和若蚜（徐公天　提供）

七星瓢虫成虫捕食豆蚜若蚜（徐公天　提供）

2. 发生初期向幼树根部喷施10%吡虫啉可湿性粉剂2000倍液。

3. 盛发期向植株喷洒20%噻虫嗪悬浮剂1500倍液、10%吡虫啉可湿性粉剂2000倍液或50%啶虫脒2000倍液。

4. 保护七星瓢虫、多异瓢虫、叶色草蛉、大草蛉、小花蝽等天敌（徐公天，2007）。

参考文献

张广学, 1983; 萧刚柔, 1992; 徐公天等, 2007.

（郭一妹，王志政，孙渔稼，包柏龄）

分类地位	半翅目 Hemiptera　蚜科 Aphididae
拉丁学名	*Melanaphis bambusae* (Fullaway)
英文名称	Bamboo aphid
中文别名	竹色蚜、竹蚜

53 竹黛蚜

分布　江苏，浙江，安徽，福建，江西，湖南，广东，云南，台湾。朝鲜，日本，马来西亚，印度尼西亚，美国（夏威夷），埃及，俄罗斯。

寄主　毛竹、刚竹、淡竹、早竹、早园竹、金毛竹、乌哺鸡竹、富阳乌哺鸡竹、白哺鸡竹、红竹、奉化水竹、斑竹、白夹竹、石竹、甜竹、台湾桂竹、浙江淡竹、紫竹、篌竹等刚竹属、苦竹属、箬竹属一些竹种。

危害　在竹叶背面取食，被害嫩竹叶出现萎缩、褪绿、枯白。蚜虫分泌物排落于竹叶上滋生煤污病，特别是污染竹叶、影响光合作用，煤污结集较厚竹叶会自然脱落或枯死。

形态特征　**无翅孤雌蚜（胎生）：** 体长0.85～1.25mm，卵圆形，体色变化大，有黑色、红褐色、土黄或红色，被白色粉状蜡质物。头部光滑，中额瘤几乎不隆起，额瘤隆起外倾。喙短，黑色；复眼大，深褐色，具突起的眼瘤，无单眼；触角5节，近于体长，末节延长为基部长的4倍，足细长。**有翅孤雌蚜（胎生）：** 体长1.15～1.40mm，卵圆形，褐绿色到黑色，被白粉。中额平顶，额瘤微显。喙短；复眼大，具复眼瘤，无单眼；触角6节，近于体长，黑色。前翅中脉2分叉，足细长。

生物学特性　浙江余杭区1年18～21代。越冬代及7～8月发生的第十至第十三代，出现有翅孤雌蚜，其他时间均为无翅孤雌蚜。第一代蚜发生在3月中旬至5月中旬，幼蚜需经17～25天，平均为20.58天，蜕皮4次成为无翅孤雌蚜，开始产卵，无翅孤雌蚜寿命为16～33天，平均为21.27天。其他各代的幼蚜生活期为8.2～15.3天，均蜕皮4次，无翅孤雌蚜的寿命为5.2～33.4天，以第四至第十三代蚜的寿命最短。各代竹黛蚜发生期分别为第一代60～70天，第二代50～60天，第三代40～50天，第四至第六代30～40天，6月下旬到8月底产生的第七至第十三代均为20～30天，第十四至第二十代30～60天；12月上、中旬无翅孤雌蚜后代分化出有翅孤雌蚜，并

竹黛蚜（徐天森　提供）

于12月中旬到1月下旬产卵，到3月发育为无翅孤雌蚜，有翅孤雌蚜于1月下旬到2月上旬死亡，寿命50天，无翅孤雌蚜于2月底到3月上旬死亡。

防治方法

1. 生物防治。可用球孢白僵菌、玫烟色拟青霉进行有效防治。保护天敌。捕食性天敌有黑腹狼蛛、拟环纹狼蛛、细纹猫蛛、盗蛛、浙江豹蛛、中华显盾瓢虫、二星瓢虫、十斑大瓢虫、龟纹瓢虫及食蚜蝇、丽草蛉、中华草蛉；寄生性天敌有蚜茧蜂、蚜小蜂。

2. 化学防治。在早竹林，虫口密度特别大时，在竹秆基部打孔，每株注射5%吡虫啉乳油2倍液1mm，20%噻虫嗪悬浮剂或20%氰戊菊酯2000倍液喷雾。

参考文献

徐天森等，2004；徐天森等，2008.

（徐天森，王浩杰）

54 乌柏蚜

分类地位	半翅目 Hemiptera　蚜科 Aphididae
拉丁学名	*Aphis odinae* (van der Goot)
英文名称	Tallow aphid, Mango aphid
中文别名	杧果蚜

分布　湖北，广东，广西，台湾等地。朝鲜，日本，印度，印度尼西亚。

寄主　桉树、乌柏。

危害　在嫩叶背面、嫩梢和幼枝上危害，分泌的蜜露常产生黑霉，对幼树危害严重。

形态特征　**无翅孤雌蚜：** 卵圆形，长约2.5mm，宽约1.5mm。体色有褐色、红褐色、黑褐色、灰绿色或黑绿色，身披薄粉。头、触角、喙和足黑色。腹管、尾片、尾板和生殖板黑色，尾板末端圆形，有尾毛20多根。**有翅孤雌蚜：** 体长卵形，长约2.1mm，宽约0.96mm。腹管圆筒形，短于尾片，尾片长圆锥形，尾板末端有毛14～24根。其他特征同无翅孤雌蚜。

生物学特性　在海南2～3月大都是无翅蚜，3月底至4月初有翅蚜大量发生，4～5月无翅蚜和有翅蚜都有发生，全年发生20多代。北方地区秋末产生性蚜，雌、雄交配后产卵越冬。

防治方法

1. 20%氰戊菊酯乳油1∶3000倍液或用10%吡虫啉可湿性粉剂1∶2000～4000倍液喷嫩梢，或50%吡虫啉·杀虫单水分散粒剂1000～1500倍液浇灌根部。

2. 移植取食蚜虫的瓢虫。

（顾茂彬）

乌柏蚜无翅和有翅孤雌胎生蚜及若蚜刺吸青麸杨汁液
（徐公天　提供）

乌柏蚜有翅孤雌胎生蚜（徐公天　提供）

55 白毛蚜

分类地位 半翅目 Hemiptera 蚜科 Aphididae

拉丁学名 *Chaitophorus populialbae* (Boyer de Fonscolombe)

异　名 *Aphis populialbae* Boyer de Fonscolombe, *Chaitophorus albus* Mordvilko, *Chaitophorus inconspicuous* Theobald, *Chaitophorus hickelianae* Mimeur, *Chaitophorus tremulinus* Mamontova

英文名称 Poplar leaf aphid

中文别名 杨白毛蚜

白毛蚜排出大量蜜露，布满叶面和枝梢，导致煤污病，使叶片变黑，易引起早期落叶，当煤污层堆积过多时，整个枝条下垂，严重影响杨树的生长和成材。据调查，有些毛白杨虽已9年生，但由于连续3～4年受白毛蚜及其引起的煤污病的危害，生长衰弱，树高仅5.5m，胸径只有5cm左右（萧刚柔，1992）。

分布 北京，天津，河北，山西，辽宁，吉林，山东，河南，陕西，宁夏等地。土耳其及欧洲，西伯利亚，中亚。

寄主 毛白杨、小青杨、小叶青杨、欧洲山杨等。在印度次大陆，危害胡杨（张广学，1999）。

危害 常与白杨毛蚜*Chaitophorus populeti*混合发生。危害毛白杨的嫩梢和叶片，喜好在瘿螨危害

白毛蚜有翅和无翅蚜（徐公天　提供）

白毛蚜有翅孤雌胎生蚜（侧视）（徐公天　提供）

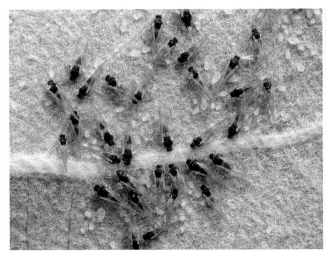

白毛蚜有翅孤雌胎生蚜（徐公天　提供）

白毛蚜无翅孤雌胎生蚜（徐公天　提供）

形成的团状虫瘿上刺吸繁殖。叶片被害可出现黄白色斑点并过早脱落，幼叶卷曲，形成伪虫瘿；由于大量分泌蜜露，还可导致煤污病发生。

形态特征 **干母：** 体长约2mm，淡绿色或黄绿色。**无翅孤雌蚜：** 体长约1.9mm，宽约1mm，白至淡绿色，胸背面中央有深绿色斑纹2个，腹背有5个，体密生刚毛。**有翅孤雌蚜：** 体长约1.9mm，浅绿色；头部黑色，复眼赤褐色；翅痣灰褐色，中、后胸黑色；腹部深绿色或绿色，背面有黑色横斑。**若蚜：** 初期白色，后变绿色；复眼赤褐色，体白色。**卵：** 长圆形，灰黑色（张广学，1983）。

生物学特性 北京1年10余代。以卵在芽腋、皮缝等处越冬。翌年春季杨树叶芽萌发时，越冬卵孵化为干母。干母多在新叶背面危害，5～6月产生有翅孤雌胎生蚜扩大危害，尤其叶背面和瘿螨危害形

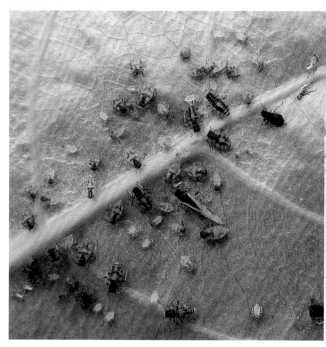

白毛蚜群集叶片（徐公天　提供）

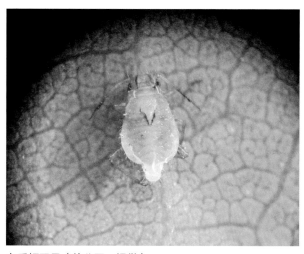

白毛蚜干母（徐公天　提供）

白毛蚜干母若蚜（徐公天　提供）

成的畸形叶内外发生量大。6月后易诱发煤污病。10月发生性母，孤雌胎生有性蚜，雌、雄交尾并产卵越冬。

防治方法

1. 人工防治。可以利用高压喷水来杀死或冲洗掉大量的蚜虫，春季如遇到干旱的情况下，可利用补充水分的机会，用喷水来控制虫口密度，减少蚜虫的发生，但一个季节最好连续喷水，方能取得理想效果。

2. 生物防治。可用球孢白僵菌、玫烟色拟青霉进行有效防治。注意保护和利用蚜虫天敌，白毛蚜的天敌有异色瓢虫、七星瓢虫、龟纹瓢虫、丽草蛉、中华草蛉、杨腺溶蚜茧蜂。

3. 药剂防治。4～5月中旬树冠喷洒10%吡虫啉可湿性粉剂2000倍液、50%啶虫脒2000倍液、1%苦参碱可溶性液剂1000倍液或3%高渗苯氧威乳油3000倍液（徐公天等，2007）。

参考文献

张广学，钟铁森，1983；萧刚柔，1992；张广学，1999；徐公天，杨志华，2007.

（郭一妹，王志政，张世权）

56 栾多态毛蚜

分类地位	半翅目 Hemiptera　蚜科 Aphididae
拉丁学名	*Periphyllus koelreuteriae* (Takahashi)
英文名称	Golden rain tree aphid

栾多态毛蚜是栾树的重要害虫，使嫩梢节间缩短，叶片卷缩，枝梢似"鸟巢"，危害过程中，排出大量蜜露，污染了环境。

分布　北京，天津，河北，辽宁，上海，江苏，浙江，安徽，江西，山东，河南，湖北，湖南，台湾。日本。

寄主　栾树、黄山栾树、复羽叶栾树等。

危害　早春栾树芽苞膨大开裂，干母孵化，危害幼芽，以后大量繁殖，群集危害嫩梢、叶柄和叶片，致使幼嫩叶片严重反卷，节间缩短。常排出大量蜜露，引来丽蝇和蚂蚁取食，并诱发煤污病，进一步影响栾树生长。

形态特征　**无翅孤雌蚜：**体长卵圆形，长3.0mm，宽1.6mm，黄绿色，体背有深褐色品字大斑纹。触角长1.8mm，第一至第六节长度比例：13，11，100，51，47，22+42，第五至第六节各有1个圆形原生感觉圈。腹管截形，有缘突，端部有网纹。**有翅孤雌蚜：**体长3.3mm，宽1.3mm，头、胸黑色，

栾多态毛蚜孤雌胎生蚜（徐公天　提供）

栾多态毛蚜有翅孤雌胎生蚜（徐公天　提供）

栾多态毛蚜无翅雌性蚜（徐公天　提供）

栾多态毛蚜若蚜（徐公天　提供）

栾多态毛蚜蜜露满干（徐公天 提供）

栾多态毛蚜干母（徐公天 提供）

腹部黄绿色，第一至第六节各中斑与侧斑相愈合为黑横带，2对翅呈屋脊状覆叠。触角长2.0mm；第一至第六节长度比例：14，9，100，50，46，20+41；

第三、四节次生感觉圈：33～46个、0～2个（张广学，1983）。

生物学特性 北京1年约4代，山东1年5代。越冬卵于翌年3月上旬孵化为干母，3月下旬出现第一代无翅孤雌蚜，4月中旬出现第二代无翅、有翅孤雌蚜，4月下旬至8月下旬为第三代越夏滞育型蚜，9月上旬解除越夏发育为性母，孤雌蚜产性蚜，10月下旬交尾，11月中、下旬产卵越冬。

栾多态毛蚜营同寄主全周期生活。早春栾树芽苞膨胀时，干母孵化，集中危害芽苞。经25天左右，产干雌50～60头。危害15天左右，再产第二代干雌15头左右。有翅与无翅并存危害20天左右，在叶背产特异越夏滞育型（干母）20头左右。干母及干雌均集中嫩梢、嫩叶、叶柄危害，造成叶片卷缩，节间缩短，并产生蜜露而煤污。经130天左右解除越夏，恢复生长发育，集中危害果枝、花序。有翅性母产无翅雌性蚜40头左右，无翅性母产有翅雄性蚜20头左右。性蚜成熟后交尾，雌性蚜产20～30粒，初期卵产在芽苞附近，后期产卵在皮缝、伤口及枝丫下部（王念慈等，1990）。

防治方法

1. 人工防治。11月以前的秋季，在栾树干上缠绕草绳诱集雌性蚜产卵，早春3月前撤除草绳集中销毁。

2. 化学防治。3月下旬用40%啶虫脒·毒死蜱乳油1：1000～2000倍液喷雾，既可杀死95%以上干母，又保护了栾树正常抽梢展叶，或用50%吡虫啉·杀虫单水分散粒剂1000～1500倍液浇灌根部。

参考文献

张广学，1983；王念慈等，1990；王念慈等，1991；顾萍等，2004.

（杨春材，唐燕平）

57 马尾松长足大蚜

分类地位	半翅目 Hemiptera　蚜科 Aphididae
拉丁学名	*Cinara formosana* (Takahashi)
异　名	*Cinara pinitabulaeformis* Zhang et Zhang
中文别名	松大蚜、油松长足大蚜

松大蚜是危害油松、黑松等松树的重要害虫之一，该虫在海拔较低、向阳的林分危害较多。春季虫口数量最多；夏季因受高温影响虫口数量下降；秋季虫口数量有所回升，但总量不及春季。成虫、若虫吸食树木汁液，严重时受害株率达100%，影响树木生长。

分布　北京，河北，内蒙古，山西，辽宁，山东，河南和陕西等地。朝鲜，日本及欧洲（萧刚柔，1992；张执中，1982）。

寄主　红松、油松、黑松、赤松、樟子松、马尾松。

危害　以成虫、若虫在松属树种的1～2年生嫩梢刺吸危害，松针尖端发红、发干，针叶上有黄红色斑，松针上蜜露明显。严重发生时出现枯针、落针现象（任月刚，2001；李晓华，2005）。

形态特征　成蚜：有翅孤雌蚜体长2.8～3.0mm，全体黑褐色，有黑色刚毛，足上尤多；腹末端稍尖；翅膜质透明，前缘黑褐色。无翅孤雌蚜：体较大，触角6节，第三节最长。较有翅型粗壮，腹部散生黑色颗粒，被有白蜡质粉，腹末端钝圆。雄成虫与无翅孤雌蚜极为相似，仅体形略小，腹部稍尖。**若蚜：**与无翅成虫相似，只是体较小。

马尾松长足大蚜有翅孤雌胎生蚜（徐公天　提供）

马尾松长足大蚜无翅雌性蚜（徐公天　提供）

马尾松长足大蚜无翅雌性蚜产卵（徐公天　提供）

马尾松长足大蚜无翅雌性蚜产红色卵粒（徐公天　提供）

干母胎生若虫淡棕褐色，体长1mm，4～5天后黑褐色（萧刚柔，1992；李晓华，2005）。**卵**：长1.8～2.0mm，宽1～1.2mm，黑色，长椭圆形。

生物学特性 以卵在松针上越冬。在辽宁4月下旬或5月上旬卵孵化为若虫，中旬出现干母，1头干母（无翅雌性成虫进行孤雌胎生繁殖）能胎生30多头雌性若虫。若虫长成后继续胎生繁殖，在气温合适条件下，3～4天后即可进行繁殖后代。出现有翅侨蚜后可以进行扩散，从5月中旬至10月上旬，可以观察到成虫和各龄期的若虫。10月中旬，出现性蚜（有翅雄、雌成虫），交配后，雌虫产卵越冬。北京地区5～6月、10月发生2次危害高峰，尤以秋季更为严重。

若虫共4龄。在辽宁阜新地区第一代4月下旬孵

马尾松长足大蚜刚产的卵粒表面（灰白色）（徐公天 提供）

马尾松长足大蚜越冬卵粒表面（墨绿色）（徐公天 提供）

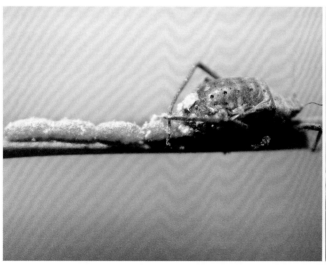

马尾松长足大蚜无翅雌性蚜把蜡覆盖于刚产的卵粒上（徐公天 提供）

马尾松长足大蚜干母若蚜（徐公天 提供）

隐斑瓢虫成虫取食马尾松长足大蚜卵（徐公天　提供）　　食蚜蝇幼虫取食马尾松长足大蚜有翅孤雌胎生蚜（徐公天　提供）

秋末在树干上绑缚塑料环截留马尾松长足大蚜性蚜产卵　　马尾松长足大蚜性蚜产卵于截留的塑料环上（徐公天　提供）
（徐公天　提供）

化，发育历期为19～22天，到5月由于气温升高，发育历期缩短为16～18天。若虫长成后，3～4天即可进行繁殖（萧刚柔，1992）。

北京地区还有一种与马尾松长足大蚜无论在形态特征上还是在生物学特性上都很相似的种是居松长足大蚜*Cinara pinihabitans*。二者的区别是，马尾松长足大蚜在触角第五节端部有2个感觉圈，而居松长足大蚜在触角第五节端部只有1个感觉圈（张广学，1999）。

防治方法

1. 化学防治。在早春马尾松长足大蚜点片发生期，瓢虫等天敌尚未活动时，适时采用10%吡虫啉可湿性粉剂0.03%和1.8%阿维菌素乳油0.05%药液喷雾防治（李箐，2004）。

2. 生物防治。可用球孢白僵菌、玫烟色拟青霉进行有效防治。保护利用天敌，如细纹裸瓢虫、隐斑瓢虫、七星瓢虫、异色瓢虫、二星瓢虫和十三星瓢虫等（王缉健，1998）。

3. 人工防治。加强抚育，科学肥水，铲除林区杂草，营造混交林，减少虫害；秋冬季摘除附卵针叶，集中处理，减少翌年虫源（李晓华，2005）。

参考文献

张执中等，1982；萧刚柔，1992；王缉健，1998；张广学，1999；关永强等，2001；李箐，2004；李晓华等，2005.

（郭一妹，李镇宇，范忠民）

半翅目

蚜科

143

58 柏长足大蚜

分类地位	半翅目 Hemiptera　蚜科 Aphididae
拉丁学名	*Cinara tujafilina* (Del Guercio)
英文名称	Arborvitae aphid
中文别名	柏大蚜

柏长足大蚜是危害侧柏的重要害虫之一，常群集于侧柏的嫩枝和幼干上，连年受害木的抽枝量明显减少，受害严重时枝梢枯萎，受害树皮表面留有一层黑色分泌物，严重影响侧柏生长，并降低其观赏价值（王幸德，1988）。

分布　河北，辽宁，江苏，浙江，江西，山东，云南，陕西，宁夏，台湾等地。朝鲜，日本，土耳其，巴勒斯坦以及非洲，欧洲，大洋洲，北美洲（萧刚柔，1992）。

寄主　侧柏、圆柏、铅笔柏。

危害　夏季集中在背阴枝危害，刺吸柏树枝液，被害枝条颜色变淡，生长不良，严重时枝梢枯萎，受害部位表皮稍微变软、凹陷，并造成大量分泌蜜汁顺枝下流，诱发煤污病，影响柏树生长（萧刚柔，1992；王幸德，1988；徐公天，2007）。

形态特征　成蚜：体咖啡色。触角端部、复眼、喙第三至第五节、足腿节末端、跗节和爪及腹管均黑色。触角6节，第三节最长。有翅孤雌蚜体长3.0～3.5mm，翅展7.5～9.0mm，白色体毛尤其在足及背侧较密，翅面亦有白色绒毛，中胸背板骨片凹

柏长足大蚜无翅孤雌胎生蚜（徐公天　提供）

柏长足大蚜有翅孤雌胎生蚜（徐公天　提供）

柏长足大蚜无翅雌性蚜（徐公天　提供）

柏长足大蚜卵（徐公天　提供）

陷成"面亦形斑，前翅前缘脉黑褐色，近顶角具2个小暗斑；腹背前4节各整齐排列2对褐色斑点，腹末稍尖。无翅孤雌蚜体长3.7～4.0mm，体色稍浅；胸背黑色斑点组成"八"字形条纹，腹背6排黑色小点，每排4～6个；腹部腹面覆有白粉，腹末钝圆。雄成虫体长3.0mm左右，与无翅孤雌蚜相似，腹末稍尖。**若蚜：**形似无翅孤雌成虫，初产橘红色，长约1.8mm，3天后咖啡色。**卵：**初产棕黄色，后黑褐色。长椭圆形，长约2.0mm，宽约1.1mm（萧刚柔，1992；郭在滨，2000）。

生物学特性　全年寄生于侧柏，为留守型。北京1年数代。以卵多集中在柏叶上越冬。翌年3月下旬孵化为若虫危害，干母集中于小枝危害，4月下旬胎生无翅蚜，5月发生有翅蚜并进行迁飞扩散。10月产生有翅雄性蚜和无翅雌性蚜，交尾产卵，11月底以卵及少量无翅孤雌蚜躲于树皮缝和背风处的密生枝丛内进入越冬态。4月中旬到10月可以同时看到不同世代和不同龄期的成、若蚜（徐公天，2007；萧刚柔，1992）。

防治方法

1. 化学防治。春季发生初期向树冠喷洒50%吡虫啉·杀虫单1500倍液（徐公天，2007）。

2. 生物防治。可用球孢白僵菌、玫烟色拟青霉进行有效防治。保护利用天敌，如捕食性的异色瓢虫、七星瓢虫、草蛉和食蚜蝇等（王幸德，1988）。

3. 人工防治。结合林木抚育管理，冬季剪除卵枝或刮除枝干上的越冬卵，以消灭虫源（萧刚柔，1992）。

参考文献

王幸德等，1988；萧刚柔，1992；郭在滨等，2000；徐公天等，2007.

（郭一妹，王幸德，毕巧玲）

柏长足大蚜干母1龄若虫（徐公天　提供）

柏长足大蚜产卵及卵（徐公天　提供）

瓢虫幼虫捕食柏长足大蚜雄蚜
（徐公天　提供）

59 板栗大蚜

分类地位	半翅目 Hemiptera 蚜科 Aphididae
拉丁学名	*Lachnus tropicalis* (van der Goot)
异　名	*Pterochlorus tropicalis* Van der Goot
英文名称	Chestnut aphid
中文别名	栗大黑蚜虫、热带大蚜、热带纹翅栎大蚜

板栗大蚜主要危害板栗等树种，以成、若虫群体危害新梢、嫩枝及叶背面，影响新梢生长和板栗产量。

分布 北京，河北，辽宁，吉林，江苏，浙江，福建，江西，山东，河南，湖北，广东，广西，四川，贵州，云南，陕西（榆林），台湾等地。日本，朝鲜，马来西亚。

寄主 板栗、白栎、柞栎、麻栎等。

危害 以成虫、若虫群集危害板栗新梢、嫩枝和叶片等，刺吸汁液削弱树势，在几米之外即可看到枝条上群集危害的板栗大蚜（张广学，1983；张广学，1999）。

形态特征 **无翅胎生雌蚜**：体长约3～5mm，宽约2mm，体黑色并有光泽，体表有微细网纹，密被长毛，足细长，腹部肥大，触角长1.6mm，喙长大，超过后足节。**有翅胎生雌蚜**：体长3～4mm，翅展约13mm，体黑色，腹部色淡，翅脉黑色，前翅中部斜至后角有2个透明斑，前缘近顶角处有1个透明斑。**卵**：长椭圆形，长约1.5mm，初产暗褐色，后变黑色，有光泽。单层密集排列，多产于主干背阴处或粗枝基部。**若虫**：体形近似无翅胎生雌蚜，但体小，色淡，多为黄褐色，渐变黑色。

板栗大蚜（张培毅　提供）

生物学特性 1年8～10代。10月中旬以后以受精卵在枝干表皮表面、枝干树皮裂缝、伤疤、树洞等处成片越冬。通常背阴面较多，第二年3月下旬至4月上、中旬，当平均气温达到10℃树液开始流动时，越冬卵开始孵化，气温14～16℃时为孵化盛期，当相对湿度为65%～70%时，孵化成活率很高。倒春寒、寒流等气象因子对越冬卵孵化成活率影响极大。开始孵化出的无翅胎生雌蚜若蚜，密集成群危害嫩芽新梢，以后逐渐扩散到叶片，形成全年的第一个危害高峰期。5月中、下旬出现有翅蚜，扩散至整株特别是花序上以及周围其他寄主上繁殖危害。以后在板栗树上数量下降，8月下旬至9月上旬是栗蓬迅速膨大期，板栗树上板栗大蚜数量再次增多，集中在枝干与栗苞、果梗上密集危害，形成第二次危害高峰。10月中旬以后出现两性蚜，交尾产卵，以越冬卵越冬（赵彦杰，2005）。

防治方法

1. 人工防治。冬春刮树皮或刷除越冬卵。当密度不大时，可人工剪除虫枝。如每株仅有几个枝群集危害，人工剪除即可。

2. 生物防治。可用球孢白僵菌、玫烟色拟青霉进行有效防治。保护天敌。栗大蚜的天敌很多，主要有瓢虫、草蛉和寄生性天敌，只要合理地加以保护，依靠天敌的作用，完全可以控制其危害。

3. 化学防治。树冠喷药防治。应选择对天敌毒害作用小的杀虫剂如10%烯啶虫胺乳油2000倍液、50%抗蚜威可湿性粉剂1500倍液、10%吡虫啉可湿性粉剂2000倍液（赵彦杰，2005；刘加铸，2003）。

参考文献

张广学等，1983；张广学，1999；刘加铸，2003；赵彦杰，2005.

（郭一妹，王志政，孙渔稼，包柏龄）

分类地位	半翅目 Hemiptera	蚜科 Aphididae
拉丁学名	*Schlechtendalia chinensis* (Bell)	
英文名称	Chinese sumac aphid	

60 角倍蚜

瘿绵蚜科昆虫在盐肤木等寄主上形成的虫瘿称五倍子，而角倍蚜寄生在第一寄主植物盐肤木、滨盐肤木复叶中轴两侧翅叶背面形成的虫瘿即为角倍，此成熟干倍含可溶性单宁60%～65%，其加工提炼的单宁酸、倍酸、焦倍酸及再加工产品是多种工业的重要原料，为中国五倍子中分布广泛、产量高、质量好的优良倍种之一。此蚜亦属中国资源昆虫的重要虫种之一。

分布　江苏，浙江，福建，江西，山东，湖北，湖南，广东，广西，四川，贵州，云南，陕西，甘肃，台湾等地。日本，朝鲜，中南半岛。

寄主　第一寄主为盐肤木、滨盐肤木。第二寄主为侧枝匐灯藓、钝叶匐灯藓、大叶匐灯藓、圆叶匐灯藓、湿地匐灯藓。

形态特征　**有翅孤雌成蚜（秋迁蚜）**：体长椭圆形，灰黑色，长1.93～2.1mm。胸黑褐色，腹部淡色。触角5节，全长0.62mm，短于头胸之和，第一至第五节长度比例：24、23、100、51、92+13；第五节顶端基部有1小圆形感觉圈，第三、四、五节表面有宽带状或开环状不规则的次生感觉圈，数量分别为10、5、11个。前翅长2.6mm，有斜脉4条，中脉不分叉，翅痣大，呈镰刀形，伸达翅顶。后翅有斜脉2条，无翅痣。后足胫节长0.52mm。缺腹管。

有翅性母成蚜（春迁蚜）：体形、翅脉与有翅孤雌成蚜相似，但体较小，长1.4mm，宽0.49mm。缺腹管。**性蚜**：无翅。触角4节。喙不发达。雌蚜体卵圆

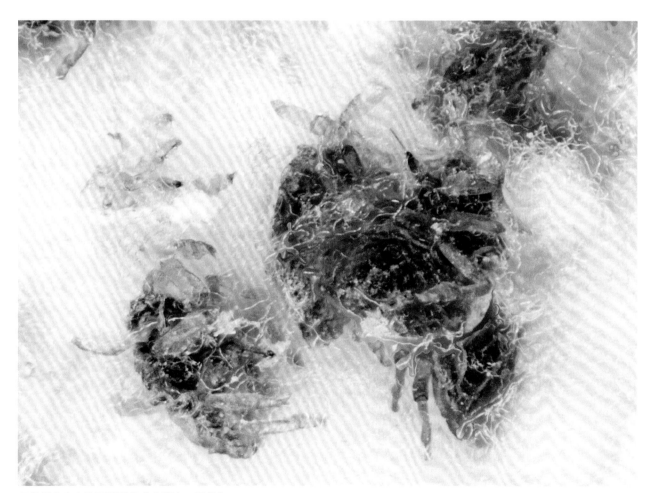

角倍蚜虫瘿中的干雌群体（李镇宇　提供）

形至长卵形，淡褐色，体长0.54mm，宽0.25mm，触角总长0.11mm，各节长度比例：15、17、22、46，后足胫节长0.06mm。雄蚜体窄长，墨绿色，体长0.48mm，宽0.23mm；触角总长0.13mm；后足胫节长0.08mm；交尾器发达，暗褐色，位于腹末端的腹面。**干母**：无翅。体长椭圆形，黑色具光泽，长0.37mm，宽0.17mm。触角4节，总长0.11mm，第三节上端和第四节先端有原生感觉圈。喙长达中足基节窝。后足胫节长0.08mm。**干雌**：无翅，体卵圆形，肥大，蜡黄色，长0.91mm，宽0.54mm。触角5节，总长0.26mm，第四、五节先端各有1个圆形原生感觉圈。喙发达。后足胫节长0.17mm。**虫瘿（角倍）**：一般着生在倍树复叶中轴翅叶背面，呈长椭圆形、卵形、爪状分叉等。倍表有若干尖角状突起。最大倍达117mm×65mm。每500g成熟倍平均45～50个，商品干倍80～100个。

生物学特性　此蚜营异寄主全周期生活。跨年完成一个生活周期的循环。以性母蚜在第二寄主拟茎上吸食并由体表泌蜡丝卷裹成蜡球越冬。越冬期内倍蚜缓慢发育，共4龄。1、2龄期各15～20天左右，3龄历期长达100天以上，经历隆冬低温季节，后期体中、后胸脊侧翅芽微露；4龄历期约30天，体表蜡丝疏短，翅芽外露由淡黄色渐变蓝黑色，爬至冬寄主拟茎基部或贴近假根拟茎上固定吸食，再蜕皮即为具翅性母成蚜（春迁蚜），春迁蚜迁飞期，在海拔1200～1500m范围，或纬度偏北地区为4月中旬至5月中旬，在海拔800m以下为3月上旬至4月上旬。迁飞时间的气温在9℃以上，以12～15℃、相对湿度小于80%的晴天或阴天为宜，雨天不迁飞。每天迁飞时间为10:00～20:00，但14:00～18:00的迁飞量占全天的98.85%。该型蚜具趋光性，室内常飞向相对光亮处的窗口。在林间迁飞到第一寄主倍树干、枝的避风、荫蔽面停息，并在1～2天内营弧雌卵胎生陆续产下性蚜后死亡。每头产性蚜平均5头。性蚜的雌雄性比为3∶2或2∶3，其性比决定于前两代即秋迁蚜在光、温、湿及食物等因素作用下的胚胎发育状况。性蚜隐匿在皮缝及树干附生物如藓类等下发育，不取食。雄性蚜经3龄共5天性成熟；雌蚜经4龄共6天性成熟。雄性蚜爬至雌性蚜处交配。雄性蚜生殖力强，具多次交尾能力。交尾后的雌成

角倍蚜虫瘿中的干雌（李镇宇　提供）

角倍蚜的虫瘿（李镇宇　提供）

蚜经26～27天以卵胎生方式产干母，历期为32～33天。干母产出后，在几小时内即爬至新梢幼嫩复叶中轴两侧翅叶的上表面选定适当部位吸食固定，经1～2天，虫体四周叶表组织细胞褪色呈水渍状透明浑圈。3～4天叶表组织增生隆起，虫体下陷。5～6天叶表组织增生呈锥状突起包围虫体，该锥状突起的四周泛红色即停止增生。此时干母蜕皮1次，体呈淡绿色，口针往下插入叶背面栅栏组织并刺激叶背面细胞增生突出叶背表面。7～10天即可见圆球形"雏倍"。雏倍表面密生苍白色绒毛，直径可长至2～3mm。干母居间发育至4龄成蚜，腹部膨大成乳白色，历时25～30天。干母成蚜期吸食量增大并刺激叶背细胞大量增生，促使倍囊扩大，为其干雌后代创造适宜空间。此时倍子由圆球形扩增成椭圆形。干母随即营孤雌卵胎生产下干雌一代，二代干

雌也陆续出现。个别倍子从基部分叉，干雌分别进入分叉倍囊内寄生。此时为倍子"成形期"，此期倍长可达20mm左右，瘿内有干雌一、二代，虫量100余头。随第三代干雌陆续出现，倍囊迅速扩大并进入快速增生期，倍长可达70～90mm，干雌蚜量可达数千头。随第三代干雌发育至具翅芽并于蜕皮后进入翅蚜（秋迁蚜）时，倍子在继续增长的同时，由青绿色变为黄绿色，受光面呈泛红色，其着生倍子的复叶枯黄，是为倍子"成熟爆裂期"。从雏倍出现到倍子成熟爆裂历时共113～177天。每个成熟倍内蚜量平均3000～5000头，倍子越大蚜量越多，最大倍多达10000头以上，倍内具翅蚜与无翅一、二代总虫量之比为9.6∶3.4。不同海拔等地理条件倍子各时期和历期相差悬殊，在海拔800m以下，雏倍出现期为4月底至5月下旬，倍子成熟爆裂期为9月下旬至10月上旬。无论海拔高低，倍子加快增长期均始于7月下旬第三代干雌出现，而以8月中旬到成熟前7天左右为最快。低海拔倍子和虫的发育在前期和后期历期均长于高海拔。据观察测定在倍子成熟前30、20、10天分次采摘，其倍子重量较成熟倍低58.1%、41.3%、21.6%。每500g鲜倍由315个降到113个。鲜倍含水率由52.5%降到45%。倍子成熟爆裂期即为秋迁蚜羽化迁飞期，此时一般林间气温为15～25℃。一天内羽化迁飞时刻为9:00～17:00，以11:00～14:00最盛，该时迁飞量占全天的93%。林间以晴或阴天和微风（0.1～0.2m/s）条件有利于迁飞，降雨或风速大于0.6m/s不迁飞。在第二寄主上每头秋迁蚜可孤雌卵胎生性母若蚜平均23头，最多34头。性母若蚜1龄固定5～7天开始泌蜡丝，2～3龄体表均泌大量蜡丝结成蜡球，可抵御冬季-10℃以下低温。越冬前如遇较高气温和光照照射环境，可有部分若蚜发育至成蚜，但后代生活力极弱，常不能发育成具翅春迁蚜而死去。

角倍蚜的发生和倍子产结与倍树生长物候、树势、树龄等关系密切。春迁蚜羽化迁飞期为倍树芽萌动一松散期；干母致瘿为倍树新梢上出现5～10枚嫩复叶时。倍树树势过旺，复叶长势过快和过分肥厚不利干母致瘿结倍。结倍枝后期徒长，倍子成熟前枝下部着倍复叶提早脱落，影响产量。倍树过弱植株复叶纤小，倍子不能长大。树龄在10～15年生以上进入盛果期，树枝短，发叶少，结倍少。一般以10～15年生期，树势中等的倍树有利于倍子产结。第二寄主的多少是影响倍林产结倍子的极重要因素，此蚜第二寄主均为亲缘相近的同属藓类植物，都喜阴凉湿润环境，忌阳光直射和大于25℃高温，要求空气湿度年均80%以上。常见于常绿针阔叶林下和阴湿沟坎的岩石、腐殖质土及枯枝朽木上。在四川省绵竹林场海拔1200～1500m处，郁闭度0.8左右的杉木中、成林下，其春、夏、秋三季日平均气温为1.3～1.9℃，相对湿度85%～93%，光照强度0.53～6.09klx，该林下土壤和岩石上侧枝匐灯藓成优势群落，人工藓圃长势良好，10℃以上不断生长，而林外则极少分布，这种狭隘的生态习性是导致此种倍蚜第二寄主的局部分布和结倍林分散的重要原因。此外，由于该倍蚜主要以性母若蚜过冬，翌年发育至春迁蚜为结倍虫源，必须每年有足够量的秋迁蚜迁飞到第二寄主上繁殖过冬，才能保证翌年结倍虫源。春迁蚜迁飞期适连续低温和降雨天气常导致当年结倍林减产。

盐肤木的食叶害虫有粉筒胸叶甲、卷叶蛾、栗黄枯叶蛾、金龟甲等；嫩梢害虫有大蚜等；蛀干害虫有宽肩象等。倍蚜天敌主要有蚂蚁、花蜘蛛、蛞蝓等，并有食蚜蝇及松鼠、鸟类啄食倍子内倍蚜。

参考文献

焦启源, 1938; 焦启源等, 1940; 孙章鼎, 1942; 陶家驹, 1943; 俞德俊, 1943; 蔡邦华等, 1946; 陶家驹, 1948; 唐觉等, 1957; 范忠民, 1962; 唐觉, 1976; 向和, 1980; 伍发积, 1982; 张广学等, 1983; 潘建国等, 1985; 田泽君等, 1985, 1986, 1988; 唐觉等, 1987; 田泽君, 1996; Baker, 1917; Takagi, 1937; Chiao, 1939.

（田泽君）

61 **榆绵蚜**

分类地位　半翅目 Hemiptera　蚜科 Aphididae

拉丁学名　*Eriosoma dilanuginosum* Zhang

英文名称　Japanese elm woolly aphid

　　榆绵蚜是榆树、梨树的重要害虫，早春危害使榆树不能正常抽梢展叶，6月上旬树上呈现大量干枯伪虫瘿；夏季转迁危害梨树根梢，致其坏死，树势衰弱，叶小色淡，果小质次。

　　分布　河北，辽宁，江苏，浙江，安徽，山东，陕西等地。

　　寄主　白榆、榔榆、春榆、粗枝榆；第二寄主为杜梨、豆梨、西洋梨、沙梨、酥梨。

　　危害　干母、无翅干雌、有翅干雌危害榆嫩叶，刺激叶片向反面弯而肿膨，形成原生开口的拳头状伪虫瘿，最后虫瘿枯萎，小枝失去抽梢能力。榆绵蚜危害梨树根梢，受害处皮层坏死、腐烂、脱落。造成树势衰弱，叶小色浅，产量低，质量差。

　　形态特征　**有翅孤雌蚜**：体椭圆形，长2.00～2.20mm，宽0.82～0.97mm，头、胸部及附肢黑色，腹部褐色。触角粗短，长0.72mm，第一至第六节长度比例：15，16，100，32，34，21+6，除第五、六节有原生感觉圈外，第三至第六节有半环状次生感觉圈22～24个，5个，5～7个，1～2个。前翅中脉分二岔，后翅有2斜脉。腹管环状，围绕有12～16根刚毛（张广学，1983）。

　　生物学特性　营异寄主全周期生活，春季榆芽萌动时（3月上旬），越冬卵孵化为干母，危害嫩叶背面，致使叶片反卷，产生1代无翅干雌，再产2代有翅干雌。5月中、下旬以有翅孤雌蚜（有翅干雌）从榆树上迁飞到梨树根梢产无翅孤雌蚜，11月中、下旬有翅孤雌蚜再飞回榆树干上产性蚜，后交配产卵越冬。

　　3月上、中旬干母在嫩叶背面危害10～15天，产20～50头第一代无翅干雌，再经10～15天，每雌产第二代20～35头有翅干雌。第三代共同危害刺激榆叶向反面弯曲而肿胀，形成原生开口表面凹凸不平

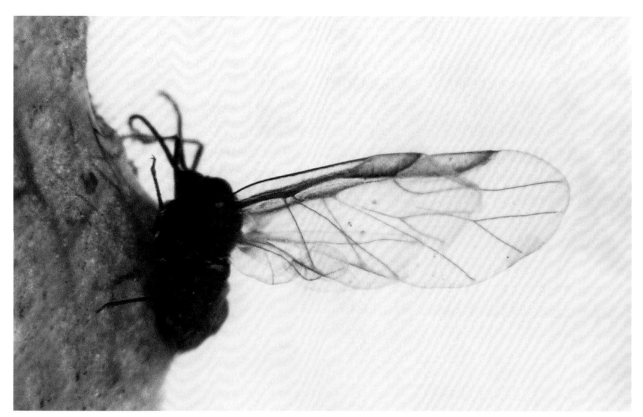

榆绵蚜迁移蚜（徐公天　提供）

榆绵蚜危害状（徐公天　提供）

榆绵蚜螺旋状虫瘿（徐公天　提供）

的拳头状伪虫瘿。一般内有第三代有翅蚜200～450头，虫瘿大小与有翅蚜数量成正相关，一般直径达3～6cm。瘿内还充满松散的白色蜡团，随有翅蚜的形成、迁飞，伪虫瘿由深绿色变为褐绿色或黄色，

老熟后硬化变褐枯死。5月中、下旬有翅孤雌蚜迁飞到梨树树冠下，从地表裂缝中入土到根梢部，即孤雌生殖无翅侨蚜第四、五代，每代每雌生殖20～35头，侨蚜不断扩散，每只成蚜转迁4～7处，每处产仔5～6只，在根部危害时不断分泌白色絮状蜡粉。9月中、下旬最后一代为有翅孤雌蚜（性母），11月上、中旬飞至榆树枝干上，群集粗皮缝隙处及断枝裂缝处，孤雌生殖5～10头无功能喙的性蚜，呈负生长，经3次蜕皮后，两性交配，每雌仅产卵1粒，虫尸附着在卵表面，以卵在枝干缝裂翘皮下及断枝裂缝中越冬（胡作栋等，1998）。

防治方法

1. 人工防治。5月上旬前剪除伪虫瘿。

2. 生物防治。可用球孢白僵菌、玫烟色拟青霉进行有效防治。

3. 化学防治。3月下旬对榆树冠喷40%啶虫脒·毒死蜱乳油1:1500倍液。

参考文献

张广学, 1983; 胡作栋等, 1998; 张广学等, 1999.

（唐燕平，杨春材）

62 杨枝瘿绵蚜

分类地位 半翅目 Hemiptera 蚜科 Aphididae

拉丁学名 *Pemphigus immunis* Buckton

英文名称 Poplar stem gall aphid

杨枝瘿绵蚜危害当年生幼枝中、下部，形成梨形厚壁虫瘿，影响小枝继续生长，从而削弱树势。

分布 北京，天津，河北，内蒙古，辽宁，吉林，黑龙江，安徽，山东，河南，甘肃，宁夏，新疆等地。埃及，伊朗，伊拉克，约旦，土耳其，俄罗斯，摩洛哥。

寄主 小叶杨、青杨；第二寄主为狗尾草、大狗尾草、小米、金色狗尾草。

危害 常单个在杨树嫩梢的中下部形成梨形虫瘿，直径达1.5~2.8cm，瘿表面有不均匀的裂缝，原生开口向下。

形态特征 **无翅干母**：体卵圆形，体长2.8~4.6mm，宽2.1~2.6mm，触角4节，体淡绿色，被白粉。**有翅干雌**：体长卵形，长2~3mm，宽0.9~1.02mm，灰绿色，被白粉。触角短粗，长0.67mm，第一至第六节有瓦纹，长度比例：26，29，100，43，57，67+17。触角次生感觉圈横条环状，第三节

7个；第四节2~4个，分布全节；第五节有一长方形原生感觉圈，约占该节的2/5，内有卵形构造，另有次生感觉圈1~2个；第六节原生感觉圈有睫。前翅4斜脉，中脉不分叉（张广学，1990）。

生物学特性 1年6~7代。以卵在皮缝等处越冬，翌年4月中旬干母孵化，在当年生嫩枝中寄生危害。5月上旬陆续产出有翅干雌；5月下旬迁飞到禾本科杂草根际入土到须根上，产无翅侨蚜，连续繁殖4~5代；9月上、中旬性母回迁到杨树枝干产性蚜；10月下旬性蚜交尾、产卵越冬。

杨枝瘿绵蚜于春季4月中旬干母孵出，爬至10~15cm的嫩梢上固定寄生危害，逐渐形成黄豆粒大小的绿色虫瘿，在瘿内不断孤雌胎生干雌，生殖期20~25天，一生可产干雌50~80头。瘿的大小与干雌数量正相关，一般直径达1.5~2.8cm，梨形，壁厚1.9~2.3mm，表面具不均匀的裂缝，瘿内充满白色蜡粉，原生开口向下。干雌逐渐成熟为有

杨枝瘿绵蚜干母（徐公天　提供）

杨枝瘿绵蚜虫瘿（老）（徐公天　提供）

杨枝瘿绵蚜虫瘿（新鲜）（徐公天　提供）

翅型，6月上旬全部为有翅，在晴天的7:00～9:00和16:00～19:00从原生开口爬出，迁飞到禾本科杂草根际，逐渐深入到须根上，产侨蚜，连续繁殖4～5代，不断更换位置。每雌生殖10～15头，并伴有白色蜡丝。10月中旬最后一代为有翅性母回迁杨树枝、干和皮缝及伤口处产无功能的无翅雌蚜和有翅雄蚜。雌性蚜产1粒越冬卵后，附其上死亡。

防治方法

1. 营林措施。营造速生杂交杨树，以避寄生危害。

2. 人工防治。于4月下旬选用渗透性较强的40%啶虫脒·毒死蜱乳油1：1000～2000倍液喷洒杀虫，效果达90%以上。

参考文献

萧刚柔, 1992; 张广学等, 1999.

（杨春材，唐燕平）

63 竹纵斑蚜

分类地位	半翅目 Hemiptera　蚜科 Aphididae
拉丁学名	*Takecallis arundinariae* (Essig)
英文名称	Black-spotted bamboo aphid

分布　北京，江苏，浙江，安徽，福建，山东，台湾。朝鲜，日本，以及欧洲，北美洲。

寄主　乌芽竹、黄槽竹、黄秆京竹、五月季竹、斑竹、白夹竹、寿竹、白哺鸡竹、甜竹、淡竹、毛竹、红竹、篌竹、早竹、富阳乌哺鸡竹、雷竹、早园竹、刚竹、秋竹、苦竹、川竹、玉山竹、滑竹、海竹等竹种。

危害　被害嫩竹叶出现萎缩、枯白，蚜虫分泌物粘落处滋生煤污病，特别是污染竹叶，影响光合作用。

形态特征　**无翅孤雌蚜：**体长2.15～2.24mm，长卵圆形，淡黄色。头光滑，具较长的头状背刚毛8根，唇基有囊状隆起，喙短；复眼大，红色，具复眼疣，单眼3枚；触角灰白色，6节，约为体长的1.1倍，触角疣不明显，中部疣发达；足细长，灰白色。**有翅孤雌蚜：**体长2.32～2.56mm，长卵圆形，淡黄色至黄色。头光滑，具背刚毛8根，中额隆起，额瘤外倾；喙短粗，光滑；复眼大，有复眼疣，单眼3枚；触角细长，6节，约为体长的1.6倍，灰白色。第一至七节腹部背面各有纵斑1对，每对呈倒"八"字形排列，黑褐色。前翅长3.42～3.74mm，中脉2分叉。足细长，灰白色。

生物学特性　浙江余杭区1年18～20代。发生周期与竹黛蚜基本相似，唯6月后气温较高时，竹林中虫口密度较低，到9月后再次出现该蚜的活动。

防治方法　可用球孢白僵菌、玫烟色拟青霉进行有效防治。保护天敌：捕食性天敌有斑管巢蛛、浙江红螯蛛2种蜘蛛，黑缘红瓢虫、异色瓢虫、七星瓢虫、中华显盾瓢虫、隐斑瓢虫5种瓢虫，大草蛉、牯岭草蛉、中华草蛉3种草蛉及食蚜蝇；寄生性天敌有蚜茧蜂、蚜茧蜂等。

（徐天森，王浩杰）

竹纵斑蚜有翅孤雌胎生蚜（徐公天　提供）

竹纵斑蚜若蚜（徐公天　提供）

竹纵斑蚜天敌食虫虻（徐公天　提供）

64 竹梢凸唇斑蚜

分类地位 半翅目 Hemiptera 蚜科 Aphididae

拉丁学名 *Takecallis taiwana* (Takahashi)

分布 江苏，浙江，安徽，福建，山东，湖南，四川，云南，台湾。日本，新西兰，以及欧洲，北美洲。

寄主 五月季竹、白哺鸡竹、甜竹竹、毛竹、石竹、台湾桂竹、红竹、刚竹、早竹等。

危害 蚜虫大多在初抽出嫩叶上取食，被害竹叶不易展开，并逐渐萎缩，严重影响光合作用。

形态特征 **无翅孤雌蚜**：体长2.05～2.14mm，长卵圆形，淡绿色或黄褐色。复眼大，红色，有复眼疣，单眼3枚；触角6节，黑色，短于体，为体长的0.65～0.75倍。**有翅孤雌蚜**：体长2.35～2.46mm，长卵圆形，淡绿色或黄褐色。头部微突，光滑，具背刚毛8根；喙粗短；复眼大，红色，有复眼疣，单眼3枚；触角6节，黑色，短于体，为体长的0.7～0.8倍，触角疣不发达。足灰白色。前翅长2.15～2.24mm，中脉2分叉，肘、臀脉分离。

生物学特性 浙江余杭1年20～23代。各个世代历期要比竹黛蚜少5～20天；7～8月气温较高期间，完成1代仅需15天。

防治方法 可用球孢白僵菌、玫烟色拟青霉进行有效防治。保护天敌：宽条狡蛛、锚盗蛛、猫蛛、黑腹狼蛛、斜纹猫蛛5种蜘蛛，大红瓢虫、横带瓢虫、龟纹瓢虫3种瓢虫，其成虫、幼虫捕食成、幼蚜，食蚜蝇幼虫捕食成、幼蚜；寄生性天敌有蚜茧蜂、蚜小蜂。

（徐天森，王浩杰）

竹梢凸唇斑蚜有翅孤雌胎生蚜（徐公天 提供）

竹梢凸唇斑蚜有翅孤雌胎生蚜（徐公天 提供）

竹梢凸唇斑蚜若蚜（徐公天 提供）

65 山核桃刻蚜

分类地位　半翅目 Hemiptera　蚜科 Aphididae

拉丁学名　*Kurisakia sinocaryae* Zhang

中文别名　油虫、麦虱

　　山核桃刻蚜是山核桃产区的一种常发性害虫。在浙江临安、淳安等山核桃主产区发生较为严重，造成了生态和经济的较大损失。

　　分布　浙江（临安、淳安、安吉、桐庐），安徽（宁国、歙县、旌德）等地。

　　寄主　山核桃。

　　危害　若蚜群聚在山核桃幼芽、幼叶和嫩梢上刺吸汁液，使芽叶萎缩，雄花枯死，雌花不开，导致树势衰弱，产量下降。

　　形态特征　**第一代蚜（干母）**：赭色，无翅，体长2～2.5mm，体背多皱纹，具肉瘤，口针细长，伸达腹末，触角短，4节，缩于腹下，无腹管；形似乌龟壳。**第二代蚜（干雌）**：体扁，椭圆形，腹背有绿色斑带2条和不甚明显的瘤状腹管；触角5节，复眼红色；无翅；体长2mm左右。**第三代蚜（性母）**：为有翅蚜，翅前缘有1个黑色翅痣；触角5节；腹背有2条绿色斑带及明显的瘤状腹管。若蚜与干雌相似，唯触角端节一侧有凹刻。**第四代蚜（性蚜）**：体无翅，无腹管；触角4节，有"越夏型"和性分化的雄蚜和雌蚜3种类型。越夏型形如一片薄纸贴于叶背，黄绿色，雌蚜黄绿色带黑，尾端两侧各有一圆形泌蜡腺体；雄蚜体色较雌蚜深，头

山核桃刻蚜（胡国良　提供）

山核桃刻蚜（胡国良　提供）

山核桃刻蚜（胡国良　提供）

山核桃刻蚜（胡国良　提供）

前端深凹，腹末无泌蜡腺。**卵：**椭圆形，长0.6mm左右，初产时白色，渐变为黑色而发亮，表面有白色蜡毛。

　　生物学特性　浙江1年4代。翌年2月上、中旬孵化为干母（第一代），爬至山核桃树的芽上刺吸取食；3月下旬至4月初产生第二代小蚜，4月上、中旬产生第三代小蚜，虫口剧增、世代重叠，进入危害盛期。4月下旬产生第四代小蚜（越夏型），5月上旬开始在山核桃叶背越夏，到9月上旬苏醒过来开始活动，11月上旬发育为无翅雌蚜和雄蚜，交配后产卵于山核桃芽，叶痕以及枝干破损裂缝里过冬。

　　防治方法

　　1. 化学防治。3月下旬至4月初用5%吡虫啉乳剂1∶0～1∶3在树干胸高部位环状打孔滴药防治，每孔间隔10cm，孔洞的倾斜角为45°，孔洞深至木质部1cm以上，每孔滴药2mL左右。4月初喷5%蚜虱净乳油1000～1500倍液效果较好。

　　2. 生物防治。可用球孢白僵菌、玫烟色拟青霉进行有效防治。保护瓢虫，食蚜蝇等天敌。

参考文献

胡国良等, 2005.

（蒋平，俞彩珠）

66 落叶松球蚜指名亚种

分类地位	半翅目 Hemiptera　球蚜科 Adelgidae
拉丁学名	*Adelges laricis laricis* Vallot
英文名称	Larch adelgid, larch wooly aphid

分布　北京，山西，辽宁，吉林，黑龙江，青海，宁夏等地。日本。

寄主　第一寄主为红皮云杉，第二寄主为落叶松、日本落叶松、华北落叶松。

形态特征　干母：卵橘红色，由白色絮状分泌物所包围。越冬若虫长椭圆形，长约0.5mm，棕黑色至黑色。体表被有蜡孔分泌出的小玻璃状短而竖起的6列整齐的分泌物。蜡孔群的中央为一大而略隆起的套环状圆形蜡孔，在它的周围略倾斜地分布着小的双边的蜡孔，一般为6个。整个蜡孔群着生于骨化较强的蜡片上。头部3列蜡片愈合，沿中线分开，呈左右两骨片。骨片上3列蜡孔显著。单眼着生的眼板不与蜡片愈合，独立于头部的两侧。触角3节，第三节特别长，几乎占整个触角长度的3/4。胸部缘蜡片均已愈合成1个骨片，上面着生1对蜡孔。成虫淡黄绿色，密被一层很厚的白色絮状分泌物。瘿蚜：卵橘黄色—黄色—绿色，孵化前呈暗褐色。若虫1龄时淡黄色，体表没有分泌物。2龄起，体表出现白色粉状蜡质分泌物，色泽亦逐渐加深。4龄若虫紫褐色，翅蚜显著。**伪干母**：卵初产时橘黄色，孵化前呈暗褐色。越冬若虫黑褐色至黑色。体表裸露，完全没有分泌物，骨化程度特别强。除中足和后足基

落叶松球蚜有翅侨蚜（徐公天　提供）

落叶松球蚜伪干母在落叶松干上产卵（徐公天　提供）

落叶松球蚜在落叶松叶上产卵（徐公天　提供）

落叶松球蚜伪干母幼龄若蚜（徐公天　提供）

节上的蜡孔外，其余的完全消失，但各背片中央的刚毛依然存在。触角3节，第三节最长。成虫棕黑色，长1～2mm，半球形。仅末端2节有分泌物，背面6纵列疣明显而有光泽。**性母：**伪干母所产卵的一部分。卵出产时橘黄色，表面被有一层粉状蜡层，一端具丝状物彼此相连。若虫孵出后至2龄，体表不出现分泌物；3龄后呈棕褐色，有光泽，胸部两侧微微隆起；4龄体色更淡，胸部两侧具明显的翅蚜，背面6纵列疣清晰可见。成虫黄褐色至褐色。腹部背面蜡片行列整齐，明显可见。**侨蚜：**伪干母所产卵孵出的另一部分。若虫，即进育型若虫，初孵时体暗棕色，长0.6mm，宽0.25mm。体表完全裸露，蜡孔缺如。头及前胸中线两侧成一完整的骨片，骨片上蜡孔的部位为一短小的刚毛。单眼板独立于骨片之外。触角长达0.13mm，第三片约占全长的2/3。伪干母所产卵堆中还有一部分孵化后不能继续发育，称停育型若虫，形态与伪干母越冬若虫完全一样。成虫外观呈一绿豆大小的"棉花团"。体长椭圆形，褐色，长1.4mm，宽0.66mm。头部蜡片近圆形，腹部椭圆形，蜡片显著较大，骨化较弱。单眼板不与蜡片合并，独立于头部两侧。触角仅长0.14mm。**性蚜：**卵黄绿色。雌虫橘红色，雄虫色泽较暗。行动迅速。触角和足较长。

生物学特性 1年可发生数代。性蚜所产的受精卵于8月初开始孵化。孵出的干母若蚜，9月初即可在云杉冬芽上见到，并在芽上越冬。翌年4月中、下旬越冬干母幼蚜开始活动，虫体由黑转绿，分泌物加长并弯曲，蜕皮后迅速增大，色泽由深变淡，体上的白色分泌物由少到多。再蜕皮直至长成。6月上旬，随着芽的生长，变形愈加显著，到瘿蚜卵孵化，虫瘿基本形成。

瘿小型，球状。最早8月初裂开，8月中旬为开裂盛期。虫瘿开裂后，具翅蚜的若虫爬出虫瘿外，停息再附近的针叶上；随即蜕皮，与化成有翅瘿蚜；待翅展后，即全部飞离云杉。

瘿蚜迁飞到落叶松上，很快即孤雌产卵。卵产于虫体末端，为屋脊形停息的翅所覆盖。虫体和卵堆上都被有白色丝状分泌物。伪干母卵于8月中旬前后孵化，初孵的若虫在母体翅下蠕动，昼夜后爬离母体，9月中旬开始进入越冬状态。翌年4月下旬，当平均气

温达6℃左右，在腋芽、枝条皮缝种越冬的伪干母若虫开始活动，随即蜕皮，增长迅速。一般蜕皮3次，最早在5月1日即可发现已产卵的伪干母成虫。

伪干母所产孵化出的一部分若虫（进育型若虫），最终长成无翅孤雌生殖的侨蚜。每年发生4～5代，是危害落叶松的主要阶段。第一代侨蚜于5月下旬长成。第二代侨蚜于6月中旬长成。第三代侨蚜于7月上旬长成。第四代侨蚜于7月末长成。第五代侨蚜于8月中旬长成，至9月孵化，因受天气影响，在寒冷到来较早的年份，随落叶松针叶脱落，不能进入越冬状态。

伪干母所产的乱堆中，除孵化出性母和侨蚜外，还有很少一部分当年不继续发育的停育型若虫，形态和越冬伪干母若虫一样。各代侨蚜所产的卵堆中孵出的若虫，也有一部分此型蚜，并随着世代的循环，比例在增加。

落叶松球蚜伪干母及若蚜（徐公天　提供）

落叶松球蚜伪干母在落叶松上（徐公天　提供）

落叶松球蚜危害云杉形成虫瘿（徐公天　提供）

落叶松球蚜若蚜（徐公天　提供）

防治方法

1. 营林措施。采取营林措施，控制郁闭度，保持林内通风透光。避免第一和第二寄主树种混交造林和同地、同圃育苗；防治保护的主要对象是第二寄主。加强苗圃地苗木球蚜防治，有助于阻止此类蚜虫的扩散。

2. 人工防治。在虫瘿形成一具翅瘿蚜迁飞前，人工摘除虫瘿集中烧毁。

3. 生物防治。可用球孢白僵菌、玫烟色拟青霉进行有效防治。注意保护利用天敌。天敌有异色瓢虫、七星瓢虫、二星瓢虫、李斑瓢虫、纵条瓢虫、横斑瓢虫、龟纹瓢虫。

4. 化学防治。采用药物防治的有利时期是侨蚜第一代卵孵化盛期（1龄若蚜期），有效药剂有50%吡虫啉·杀虫单水分散粒剂1500～2000倍或25g/L高效氯氟氰菊酯乳油1000倍液等。

参考文献

中国科学院动物研究所, 浙江农业大学等, 1980; 萧刚柔, 1992; 赵文杰等, 1994; 张德海等, 1998; 高兆宁, 1999.

（王珊珊，李镇宇，李兆麟）

67 日本履绵蚧

分类地位	半翅目 Hemiptera 绵蚧科 Monophlebidae
拉丁学名	*Drosicha corpulenta* (Kuwana)
英文名称	Giant mealybug
中文别名	桑虱、草鞋介壳虫、草履蚧

分布 河北，辽宁，江苏，河南，湖南，广东，四川，陕西等地。日本。

寄主 泡桐、杨树、柳树、悬铃木、楝、刺槐、栗、核桃、枣、柿树、梨树、苹果、桃树、樱桃、柑橘、荔枝、无花果、栎、桑。

危害 雌成虫、若虫密集于细枝芽基部，刺吸汁液，致使芽不能萌发。发芽后的嫩叶枯黄。严重时2～3年整株枯死。

形态特征 成虫： 雌虫无翅，体长10mm。扁平椭圆形，赭色。雄虫体长5～6mm。前翅展10mm，紫红色。后翅棒状。**若虫：** 体形似雌成虫，但略小。

生物学特性 1年1代。大多以卵在土中的卵蠹内越冬，少量以1龄若虫越冬。在河南越冬卵于翌年2月上旬开始孵化，但仍停留在卵囊内。2月中旬后，随气温升高，开始出土上树。个别年份，冬季气温偏高时，当年12月即有若虫孵化，翌年2月初开始出土沿树干上爬，在皮缝内隐蔽，中午前后沿主干爬至嫩枝、幼芽吸食。初龄若虫行动不活泼，喜在树缝或枝杈处群居隐蔽。3月底4月初开始蜕皮。蜕皮前，体上白色蜡粉特多。蜕皮后虫体增大，活动力强，开始分泌蜡质物。4月中、下旬第二次蜕皮，雄虫不再取食，潜伏于树缝、皮下，或杂草等处，分泌大量蜡丝缠绕化蛹。蛹期10天左右。4月底5月上旬羽化为成虫，不取食，白天活动小，傍晚大量起飞，或爬至树上寻找雌虫交尾，随后死去。4月下旬至5月上旬，雌若虫第三次蜕皮后变为成虫，并与雄成虫交尾，继续取食，至6月中、下旬开始沿树干下树，钻入树干基部周围石块下、土缝等处，分泌白色绵状卵囊，产卵于其中。每头雌虫一般产卵100～180余粒。产卵后，虫体逐渐干瘪死去。

防治方法

1. 人工防治。结合冬耕，在树冠下将卵囊挖出销毁。另外，早春若虫在树干集居时，用粗布抹杀。

2. 化学防治。初春若虫出土上树前，先在树干基部刮除粗皮，形成30cm的宽环，并贴塑料薄膜，再涂上黏虫胶（配方：废机油或棉油泥、柴油2份，黄油5份，再加高效氯氰菊酯25g/L高效氯氟氰菊酯乳油剂0.5份，混合而成）。若虫上树时，爬过黏虫胶环，即黏着死亡。在初龄若虫上树后，用25%马拉硫磷乳油500～1000倍液喷杀。

准备越夏与越冬的日本履绵蚧（李镇宇 提供）

日本履绵蚧（张润志 拍摄）

日本履绵蚧成虫下树产卵（徐公天　提供）

日本履绵蚧1龄若虫脱皮（徐公天　提供）

日本履绵蚧雄若虫待蛹（徐公天　提供）

日本履绵蚧若虫脱皮（徐公天　提供）

日本履绵蚧茧（徐公天　提供）

红环瓢虫幼虫捕食日本履绵蚧雄成虫（徐公天　提供）

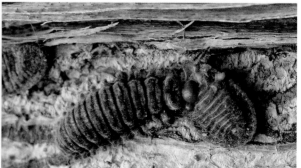

红环瓢虫幼虫捕食日本履绵蚧雌成虫（徐公天　提供）

日本履绵蚧蛹（背面观）　日本履绵蚧蛹（腹面观）　日本履绵蚧（张润志　拍摄）
（徐公天　提供）　　　　（徐公天　提供）

日本履绵蚧受精雌成虫（徐公天　提供）　　　　日本履绵蚧未受精雌成虫（徐公天　提供）

日本履绵蚧雄成虫（徐公天　提供）　　　　日本履绵蚧雌雄成虫交尾（徐公天　提供）

3. 生物防治。可用球孢白僵菌、玫烟色拟青霉进行有效防治。大红瓢虫、红环瓢虫都是重要天敌，应注意保护。

参考文献

杨有乾等, 1982; 萧刚柔, 1992; 河南省森林病虫害防治检疫站, 2005.

（杨有乾）

68 吹绵蚧

分类地位　半翅目 Hemiptera　绵蚧科 Monophlebidae

拉丁学名　*Icerya purchasi* Maskell

英文名称　Cottony cushion scale

分布　原产于大洋洲，现广布于热带和温带较温暖的地区。我国除西北外，各地均有发生（长江以北只在温室内），在南方危害较烈。国外分布于斯里兰卡，印度，肯尼亚，新西兰，巴勒斯坦，乌干达，赞比亚，葡萄牙，墨西哥，巴基斯坦等国（萧刚柔，1992）。

寄主　寄主植物超过250种，有木麻黄、台湾相思、芸香科、蔷薇科、豆科、葡萄科、木犀科、天南星科及松、杉等（萧刚柔，1992）。

危害　该虫群集在叶背、嫩梢及枝条上危害。树木受害后枝枯叶落，树势衰弱，甚至全株枯死，并排泄蜜露，诱发煤污病。

形态特征　**成虫**：雌虫体长5～7mm，宽4～6mm，椭圆形，橘红色或暗橙黄色，背面显著隆起呈龟甲状，披覆有较多的黄白色蜡粉和银白色短毛，侧毛较长。雄成虫体瘦小，体长3mm，橘红色。**卵**：长椭圆形，长0.6～0.7mm，初产橙黄色，后变橘红色，均集中于卵囊内。**若虫**：若虫初孵时体上无蜡粉。若虫共3龄期，1龄体红色，孵化数小时后体上即分泌淡黄色蜡粉；2龄橘黄色，体背被黄色块状蜡粉，体表多黑色细毛，且2龄时已可区分雌、雄性，雄虫体较长，色较鲜；3龄均为雌若虫，体红褐色，满布块状蜡粉和蜡丝。黑毛更发达，毛簇显著。**蛹**：雄蛹体长3.5mm，体扁平，长卵形。橘黄色，茧白色，茧质疏松，从外观可见蛹体。

生物学特性　每年发生代数因地而异，广东1年3～4代、长江流域2～3代。以若虫、雌成虫或卵在枝干上越冬。初孵若虫多寄生在叶背主脉两侧，2龄后逐渐迁移至枝干阴面群集危害。在木麻黄林内，多发生在林木过密、潮湿、不通风透光的地方。若虫和成虫均分泌蜜露，被害林木常导致煤污病发生。该虫世代重叠。重要天敌有澳洲瓢虫、大红瓢虫、红缘瓢虫等（萧刚柔，1992）。

防治方法

1. 加强植物检疫，采取有效措施，禁止有虫苗木输出或输入。

2. 营林措施。通过营林措施来改变和创造不利于吹绵蚧发生的环境条件。如合理确定植株种植密度，合理疏枝，改善通风、透光条件；冬季或早春，结合修剪，剪去部分有虫枝，集中烧毁，以减少越冬虫口基数。

3. 化学防治。冬季和早春可喷施1次1～3波美度石硫合剂、3%～5%柴油乳剂、10～15倍的松脂合剂或40～50倍的机油乳剂，消灭越冬代若虫和雌虫。

吹绵蚧雌成虫和卵囊（张润志　整理）

吹绵蚧受精雌成虫（徐公天　提供）

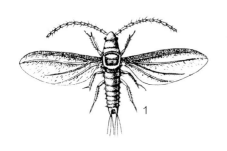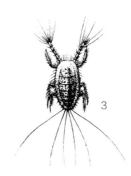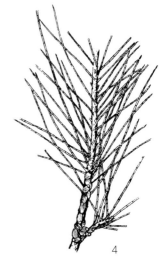

吹绵蚧（仿杨可四图）

1.雄成虫；2.雌成虫；3.若虫；4.被害状

吹绵蚧（张润志　整理）

吹绵蚧危害状（徐公天　提供）

吹棉蚧危害状（张润志　整理）

在初孵若虫期进行喷药防治。常用药剂有：10%吡虫啉可湿性粉剂、40%啶虫脒·毒死蜱乳油、40%毒死蜱乳油、48%毒死蜱乳油、20%丁硫克百威乳油等。

4. 生物防治。可用球孢白僵菌、玫烟色拟青霉进行有效防治。应用澳洲瓢虫、大红瓢虫、红环瓢虫、小红瓢虫等天敌进行有效控制（萧刚柔，1992；高景顺，1995；华凤鸣等，1999）。

参考文献

萧刚柔, 1992; 高景顺, 1995; 华凤鸣, 1999.

（黄少彬，杨有乾，胡兴平）

69 日本松干蚧

分类地位	半翅目 Hemiptera　干蚧科 Matsucoccidae
拉丁学名	*Matsucoccus matsumurae* (Kuwana)
异　　名	*Matsucoccus massonianae* Yang et Hu, *Matsucoccus liaoningiensis* Tang, *Xylococcus matsumurae* Kuwana
英文名称	Japanese pine bast scale
中文别名	马尾松干蚧、辽宁松干蚧、红松松干蚧

　　松树被害后，生长不良、针叶枯黄，芽梢枯萎，皮层组织被破坏形成污烂斑点，树皮卷曲翘裂，严重时易发生软化垂枝和树干弯曲现象，且常因树势衰弱而引起次期性病虫的侵袭如干枯病、小蠹虫、象甲、天牛、吉丁虫和白蚁等，给松林造成毁灭性灾害。

　　分布　河北，辽宁，江苏，浙江，安徽，山东，宁夏等地。日本，韩国。

　　寄主　马尾松、黑松、油松、樟子松。

　　危害　若虫期在松树枝、干上寄生危害。由于虫体小，初期不易引起注意；以后繁殖快，数量多，蔓延迅速，造成大片松林死亡。

　　形态特征　**成虫：**雌虫体长2.3～3.3mm，卵圆形。橙褐色。体壁柔韧。体节不明显。头端较窄，后部肥大。触角9节，基部2节粗大，其余各节为念珠状，其上生有鳞纹。口器退化。单眼1对，黑色。胸足转节三角形，有1根长刚毛；腿节粗；胫节略弯，有鳞纹；跗节2节，端部有爪，爪基部有冠球毛1对。胸气门2对，较大；腹气门7对，较小。在第二至第七腹节背面有圆形的疤排成横列，总数为208～384个。在第八腹节腹面有多格腺40～78根。体背腹两面都有双孔管腺分布。生殖孔在腹部末端的凹陷内。雄虫体长1.3～1.5mm，翅展3.5～3.9mm。头、胸部黑褐色，触角丝状，10节，基部两节粗短，其余各节细长，生有许多刚毛。复眼大而突出，紫褐色。口器退化。胸部膨大。足细长。前翅发达，膜质半透明；翅面有明显的羽状纹。后翅退化为平衡棍，端部有丝状钩刺3～7根。腹部9节，在第七节背面有1个马蹄形的硬片，其上生有柱状管腺10～18根，分泌白色长蜡丝。腹部末端有1个钩状交尾器，向腹面弯曲。**卵：**长约0.24mm，宽约0.14mm，椭圆形，初产时黄色，后变为暗黄色。孵化前在卵的一端可透见2个黑色眼点。卵包被于卵囊中。卵囊白色，椭圆形。**若虫：**1龄初孵若虫，长0.26～0.34mm，长椭圆形，橙黄色。触角6节，基节粗大，第三节最短，第六节最长。单眼1对，紫黑色。口器发达，喙圆锥状，口针极长，寄生前卷缩于腹内。胸足腿节粗大；胫节较细；跗节短小；爪强壮，微弯曲。胸气门2对，小而不显。腹部分节较明显，腹气门7对。腹末有长短尾毛各1对。1龄寄生若虫，长约0.42mm，宽约0.23mm，梨形或心脏形，橙黄色。虫体背面两侧有成对的白色蜡条，腹面有触角和足等附肢。2龄寄生若虫，触角和足全部消失，口器特别发达。虫体周围有长的

日本松干蚧雌成虫（谢映平　提供）

日本松干蚧雄成虫（谢映平　提供）

白色蜡丝。雌雄分化显著。2龄无肢雌若虫较大，圆珠形或扁圆形，橙褐色；2龄无肢雄若虫较小，椭圆形，褐色或黑褐色。在虫体末端有1龄寄生若虫蜕。3龄寄生若虫，体长约1.5mm，橙褐色。口器退化，触角和胸足发达。外形与雌成虫相似，但腹部狭窄，无背疤，腹末无"Λ"形臀裂。**雄蛹：**雄蛹外被白色茧。茧疏松，长1.8mm左右，椭圆形。雄蛹分预蛹和蛹2个时期。预蛹与雄若虫相似，唯胸部背面隆起，形成翅芽。蛹为裸蛹，长1.4～1.5mm，头、胸部淡褐色，眼紫褐色，附肢和翅灰白色。腹部9节，末端为生殖器，呈圆锥状。

生物学特性 1年2代，以1龄寄生若虫越冬（或越夏）。各代的发生时期因气候不同而有差异。南方早春气温回升早，越冬代1龄寄生若虫长成2龄无肢若虫的时期早，成虫期比北方早1个多月（越冬代成虫期，浙江为3月下旬至5月下旬；山东为5月上旬至6月中旬）。而南方的夏季比较长，第一代1龄寄生若虫越夏时间也比较长，第一代成虫期比北方晚1个多月（山东为7月下旬至10月中旬，浙

日本松干蚧2龄雌若虫（谢映平　提供）

日本松干蚧雄性结茧化蛹（谢映平　提供）

江为9月下旬至11月上旬）。北方秋季气温下降的早，越冬代1龄寄生若虫进入越冬期比南方亦早。

在山东、辽宁1年2代，第一代于4～11月、第二代于10月至翌年5月发生。以若虫越冬。雌成虫羽化交尾后，多潜于翘裂树皮下，由体壁多孔盘腺分泌蜡丝，包被虫体形成卵囊，产卵于其中。雄成虫一般交尾后当天即死亡，卵孵化时由橙黄色变为橙褐色。若虫孵化后，一般活动1天左右即于树皮缝隙内的皮层上固定寄生，以枝、干的阴面翘裂皮下较多。由于枝、干阴面的内皮组织被破坏，生长缓慢；而枝干的阳面仍在继续健康生长，致使松树枝干弯曲下垂。若虫在松树上的寄生部位，有逐渐向上转移的趋势。1龄初孵若虫寄生后，头、胸愈合增宽，背部隆起，由气门腔的盘腺分泌蜡粉组成蜡条，虫体由梭形变为梨形。此时虫体很小，生活隐蔽不易识别，称隐蔽期。1龄寄生若虫蜕皮后为2龄无肢若虫，触角和足等附肢全部消失。由气门腔的盘腺分泌蜡粉组成蜡条，无肢若虫雌、雄可辨，虫体迅速增大。此期由于虫体较大，显露于树皮缝际，较易识别，称显露期。显露期若虫是危害林木最严重的时期。2龄无肢雄若虫脱壳后，成为3龄雄若虫。3龄雄若虫于枝丫和翘皮下、地面杂草石块下等隐蔽处结茧化蛹，羽化为雄成虫。2龄无肢雌若虫脱壳后，即为雌成虫。

防治方法

1. 营林措施。对长势好，虫口密度小的松林，及时进行修枝、间伐；对被害严重的松林有计划地进行营林改建，适当补植阔叶树，大力营造针阔叶混交林。

2. 化学防治。在水源和劳力充足的地区或园林地区，可用1～1.5波美度石硫合剂，喷杀雄茧蛹；或用50%杀螟硫磷200～300倍液，在寄生若虫显露期和卵囊期进行防治。在交通不便或缺乏水源的地方，采用吡虫啉进行打孔注药的方式进行防治。

3. 生物防治。可用球孢白僵菌、玫烟色拟青霉进行有效防治。天敌种类较多，有异色瓢虫、隐斑瓢虫、蒙古光瓢虫、华鹿瓢虫、松蚧瘿蚊、大赤螨、松干蚧花蝽、黑叉胸花蝽、松蚧益蛉、卫松益蛉、牯岭草蛉、盲蛇蛉等。

参考文献

汤祊德等，1995；王建义等，2009；杨钤等，2013；Yang Qian et al., 2013.

（谢映平，赵方桂，王良衍，蒋平，李镇宇）

70 神农架松干蚧

分类地位　半翅目 Hemiptera　干蚧科 Matsucoccidae

拉丁学名　*Matsucoccus shennongjiaensis* Young et Liu

分布　湖北省神农架林区，在鄂西的巴东、保康、兴山、建始、恩施、宜昌、五峰等县（市）亦有发生。

寄主　只寄生华山松，属单食性昆虫。

危害　垂直分布于海拔800～2400m，其中以1500～1800m区间的虫害最重。华山松被害株率达90%以上。3～100年生以上的华山松均有发生，其中以中龄林的虫口密度最大。最多处100cm²有若虫2000余头。多寄生在林木主干的中部和中下部，大枝基部虫口多于中部。神农架松干蚧多群集取食，被害部皮层逐渐破裂，自树皮至形成层全部腐烂或部分腐烂，并不断流出树脂，影响水分和养分的输导，树体衰败或死亡。

形态特征　**成虫：** 雌虫体长椭圆形，两边近于平行。橙褐色。长2.5～3.3mm。腹部第二、三节处最宽，宽1.2～1.5mm。触角长约0.7mm，9节；第三至第九节有鳞纹；在第五至第九节各有1对粗感觉刺。胸气门片外径0.02mm。胸足长约0.6mm。在腹部第三至第六腹节背面有背疤241～327个，有的个体从第一腹节开始就有少数背疤。背疤多数呈扁圆形，大小约0.009mm，第一腹节开始就有。在第八腹节有多孔盘腺56～67个，盘腺外径0.012mm；盘腺中心区有2个小孔，边区有1圈12个小孔。双孔腺在身体的背腹两面分布，在腹节上排列呈一整环。第一腹节的双孔腺总数在40个左右。阴孔陷在腹部末端。体毛短小，腹部腹面的毛长0.02mm。雄虫体长2.0mm。复眼发达。触角丝状，10节，基部2节近于圆形，其余各节细长，第四、五节最长；第三至第十节有很多刚毛，第四至第十节顶端有粗头长刚毛，第七至第十节近顶端各有2根较粗的长刚毛。前翅膜质，有很多伪横脉，翅长2.0mm；后翅退化为平衡棍，在末端膨大部有钩形毛3～4根。第八腹节背面有肾形硬片。硬片上有管腺簇，突出的管腺18～22个。生殖鞘基部宽，末端尖而向内弯曲。肛孔在生殖鞘基部的背面，阳茎在生殖鞘的腹面，露出生殖鞘之外，向腹面弯曲。**卵：** 橙黄色。长卵圆形，长0.4mm，宽0.2mm。初产时奶油色，后转为橙黄色。卵囊为半球形的蜡丝结构物，长约3.3mm，宽3mm。**若虫：** 1龄初孵若虫长椭圆形，浅黄色，长0.5mm左右，宽约0.2mm。触角6节，第二节短小，第一节次之，第三节又次之，第五节最长；第六节端部和基部各生有2根感觉刺毛。胸足发达。腹部末端有长短尾毛各1对。1龄寄生若虫长约0.41mm，宽0.22mm。数天后，虫体周围分泌出较多蜡质物，虫体由梭形逐渐变成鸭梨状，但仍留有触角和足等附肢。2龄无肢若虫触角和足等全部消失，口器发达，虫体周围有数条长的白色蜡丝。雌、雄分化明显，雌体圆球形，紫褐色或暗褐色，体宽约1.7mm。3龄雄若虫体长1.5mm，外形和雌成虫相似，较小，褐色，老熟后结成椭圆形的茧，化蛹其中。**雄蛹：** 蛹分前蛹和蛹。前蛹和若虫相似，唯胸背部隆起，形成翅芽。蛹为裸蛹，长约1.4～1.5mm，头胸部淡褐色，腹部褐色，附肢和翅芽灰白色。

生物学特性　湖北1年1代。以2龄寄生若虫越冬。5月15日始见雌成虫羽化，高峰期发生在5月23～28日，羽化终期可延至9月上旬。一天中雌虫羽化集中发生在6:00前后。羽化出的雌虫群集栖息在树干或枯枝断桩上，尤以干部的地衣上为多。大发生时整个树干上呈现一片橘红色的虫体。雌虫多不活动，以等待雄虫前来交配，至12:00，雌虫即潜入寄主树干上叶状地衣和枝状地衣之下，或枯枝裂缝间，至第二天6:00前后再度复出。雄成虫的羽化期与雌成虫相吻合，经40小时左右，性发育成熟寻偶交配。雄成虫可作弱飞行，并可连续与多个雌虫交配。1次交配仅需数秒钟。雄虫于交配后当天死亡。交配过的雌虫潜伏数小时后，由虫体末多孔盘腺分泌出洁白的蜡丝，包被虫体形成卵囊，2～3天后开始在囊内产卵。每囊内有卵131～205粒。产卵后，成虫死于卵囊中，腹内尚有遗卵20～65粒。在林内自然环境下，卵期60天左右，阳坡较阴坡提早15天左右孵化。初龄若虫沿树干爬行寻找寄生处。寄生点多选择叶状地衣下，每块地衣下聚集的若虫数，一般为100～300头不等。若树干上地衣少，则选择树皮裂缝处的皮下，或于光皮部群集寄生。若虫以其2倍于体长的针状口器刺入皮层刺吸树液。2龄无肢若虫初期呈鸭梨形，体背分泌出蜡丝，随后发育成长椭圆形，最后变成黑褐色的硬壳球体。4月下旬之后，随着气温增高，虫体发育加快，5月上旬，体壳膨大将地衣胀破，显露在外。2龄若虫中一部分分化为雄性从体壳中脱出，而成为3龄雄若虫。脱壳时间以每天14:00～15:00较多，阴雨天少见。蜕出的雄若虫沿树干爬行，寻找树干基部的地衣下、树干的节疤窝内或树干周围0.5m范围内枯叶草丛下，数十头至数千头群集，经历10余小时后便结茧。在茧中经过6天雄若虫期，于5月5日开始化蛹，高峰期在5月16～19日。化蛹一直延续到5月底，蛹期9天。雌雄性比约为40∶1。

神农架松干蚧卵囊和初孵若虫都极易随风飘扬，每年蔓延的速度可达数千米。一般在华山松上发生初期，呈点状或片状分布，以后多由于风的作用使神农架松干蚧遍及全林。在神农架松干蚧显露期，雨水能将松树枝干上的卵囊和初孵若虫冲至地面，随着雨水向低洼地区华山松林传播。另外，从神农架松干蚧地区调运苗木、烧柴及原木，都可将神农架松干蚧带到其他地方，而引起传播蔓延。

神农架松干蚧在海拔1500～1800m范围内发生严重。而海拔1500m以下，气温较高，湿度较大，不利于其活动。海拔超过2000m，则气温过低、多风，其活动也受到限制。调查发现，山地东南坡向的受害程度重于西北坡向，活立木上东南向的虫口密度亦大于西北向。如调查了1株25年生华山松胸高处100cm^{2}虫口数，东南向有2龄若虫462个，西北向只有277个，这是因为东南向避风向阳，有利于蚧虫生存。神农架松干蚧只危害华山松。在华山松中有厚皮型、麻皮型和薄皮型3个类型，薄皮型抗虫，麻皮型次之，厚皮型最易受害。如在宜昌樟树坪林场岔亚分场调查，18～20年生的华山松厚皮型中95%以上受神农架松干蚧危害死亡，而同林中的薄皮型受害极微（5%左右）。树龄与蚧虫危害关系密切，中龄林枯死率较高。如在神农架云盘原始林区调查8块标准地内的147株枯立木，绝大部分属中龄林，其中枯死最多的是20～22cm径级。另外，郁闭度大的林区虫害严重；纯林受害较混交林严重。

据在湖北神农架林区和巴东县绿葱坡华山松林地多次调查，神农架松干蚧天敌种类较多。成虫期的天敌主要有蚂蚁，其次有瘿蚊的幼虫、多种蜘蛛和异色瓢虫。林地内的蚂蚁计有10余种，这些蚂蚁昼夜捕捉神农架松干蚧成虫，经初步鉴定有蚁属、立毛蚁属、前鳞蚁属、盘腹蚁属。卵期天敌主要有瘿蚊幼虫。据在神农架红花朵林场调查，神农架松干蚧半数以上的卵被瘿蚊食掉。

参考文献

杨平澜等, 1987; 吕昌仁等, 1989.

（吕昌仁，詹仲才，庄小平）

神农架松干蚧（胡兴平 绘）

1. 雌成虫；2. 触角；3. 背疤；4. 多孔盘腺

71 云南松干蚧

分类地位 半翅目 Hemiptera 干蚧科 Matsucoccidae

拉丁学名 *Matsucoccus yunnanensis* Ferris

分布 云南（昆明、安宁、呈贡、路南、宜良）。

寄主 云南松。

危害 中龄林和成熟林均可受害，受害的云南松生长量明显下降。26年生的云南松上云南松干蚧的数量平均为91.5个/10cm²，单株生长高度每年平均减少5cm。受害株树势衰弱，生长不良，继而招致次期性害虫如小蠹虫等加害，最后能使整株松树枯死，导致大片松树死亡。

形态特征 成虫： 雌虫体长2.5～4.2mm，宽1.2～2.0mm。长椭圆形，体节明显、体壁柔韧而有弹性。触角串珠状9节，第五至第九节有鳞纹，第六至第九节各有1对感觉刺。眼黑色。口器退化。胸气门2对。胸足3对，有鳞纹，转节上有1根长刚毛。腹气门7对。第三至第六腹节背面共有圆形背疤50～179个，在各腹节上横排成带状；第八腹节腹面有多孔盘腺23～48个，盘腺中心区有2个小孔，边缘有12～14个小孔；全身散布有双孔管腺，在腹节背、腹两面排成一整环，管腺在体表仅有1个开口，阴孔在腹末呈纵裂，陷在体内。**卵：** 椭圆形，长0.320～0.388mm，宽0.169～0.219mm。初产时淡黄色，随着发育逐渐变为棕黄色。卵粒和干缩的雌成虫包藏于卵囊中。卵囊为雌成虫分泌的白色长蜡丝构成，长3.0～4.5mm，宽2.0～3.0mm。**若虫：** 1龄初孵若虫长卵圆形，体长0.404～0.489mm，宽0.185～0.219mm；淡黄色；眼黑色；触角6节；口器发达；足3对；腹末有长短尾毛各1对。1龄寄生若虫固定初期体形的变化和泌蜡都不明显。在生长发育过程中，体形逐渐由梭形变为橄榄形，最后变成梨形，泌蜡量亦显著增加。具有胸气门2对，腹气门7对，触角1对，眼1对，足3对，长短尾毛各1对。2龄无肢若虫无触角、足等附肢，具有胸气门2对，腹气门7对。胸气门大于腹气门。体形随环境条件不同而不同，单独寄生的无肢若虫体形一般呈椭圆形或球形。由于群集寄生在一起的个体过挤，形成多种多样不规则的体形，体色一般呈褐色。

生物学特性 昆明1年2代，世代重叠，生活史不整齐。在冬季，卵、1龄初孵若虫、1龄寄生若虫、2龄无肢若虫和雌成虫5个虫期都有发生。卵1年出现2个高峰，第一次为3～5月，第二次为10～12月。在月平均气温18～23.9℃，相对湿度46%～73.3%时，卵的发育期为18～23天。孵化率几乎可达100%。1龄若虫日夜都有孵化，以白天多，若虫孵化时，由头部冲破卵壳而出，出壳后甚为活跃，在树干的树皮裂缝间、翘裂的树皮下等处爬行，寻找适宜的部位固定。初孵若虫找到合适的部位时，一般孵化后1天即固定，多固定在翘皮下的皮层，以口针刺入寄主皮层内取食。若虫寄生时，1个或数十个聚集在一起，有的1龄寄生若虫还固定在翘皮内面的皮层，也能生长发育至成虫。1龄若虫以不规则的块状破碎方式蜕皮，使2龄无肢若虫体周围残留一圈皮层，这是云南松干蚧第一个特点。2龄无肢若虫泌蜡

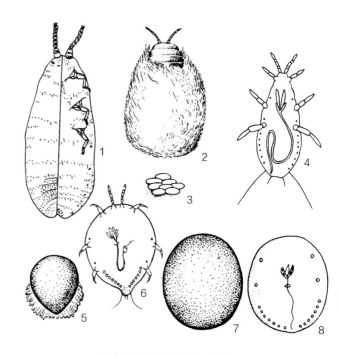

云南松干蚧（李锡畴 绘）
1. 雌成虫；2、3. 卵囊及卵；4.1龄初孵若虫；5、6.1龄寄生若虫；
7、8.2龄无肢若虫

量少，有些无肢若虫无蜡丝，也无蜡块，虫体虽然增大，但不显露在树皮缝外，无显露期，这是云南松干蚧的第二个特点。

成熟的无肢若虫接近羽化前，从背面可以透视雌成虫的虫体，当无肢若虫体呈明显的光泽时，表示成虫即将开始羽化。成虫羽化时，在无肢若虫的背面或后部的外缘先开裂，羽化成虫的虫体从侧面蜕出。整个羽化过程一般需时10～52分钟。有少数难以羽化的成虫，只能蜕出腹部的一部分虫体，其余的仍留在壳中。这种情况下还可以分泌蜡丝、产卵和孵化。成虫日夜都能羽化，以1:00～11:00为多。该蚧只有雌性，无雄性，世界上已知的松干蚧生活习性中，只有英国松干蚧第一代为孤雌生殖，第二代则为两性生殖，而云南松干蚧全年2代都是孤雌生殖。这种生殖方式在国内、外尚属首次记录。这是云南松干蚧的第三个特点。

刚羽化的成虫即可爬行活动，寻找翘裂的树皮下隐藏。一般在羽化后1～5天分泌蜡丝，经过1～2天体被蜡丝包被形成卵囊，即开始产卵。极少成虫在羽化后1～5天分泌蜡丝同时产卵。在整个产卵期间仍继续分泌蜡丝，扩大卵囊。极少数成虫只分泌蜡丝而不产卵。成虫产卵期比较集中，特别是在产卵初期和中期阶段，多数成虫一连数天都能产卵，隔1天或数天产1次卵的均出现在产卵后期。24小时中，产卵最多的时间是5:00～20:00。每小时产卵数量1～8粒。每产1粒卵需时1～7分钟。成虫每隔5～101分钟产卵1粒，以隔23～28分钟产1粒的稍多。每个成虫每天可产卵1～56粒，平均每天可产7.2～19.8粒，日最高产卵量一般出现在始产后第一天。接近产卵结束时产卵数量逐渐减少。成虫产卵量27～189粒，以104～189粒为多，占44%。产卵期4～12天，产卵期愈长，产卵数量愈多。雌成虫腹内常无遗卵，有遗卵的只占5.6%，一般只有1粒。卵囊通常分为一块单独附着在寄主上，很少群集在一起。雌成虫寿命为10～17天，以11～15天为多。

气候对云南松干蚧的生长发育等有显著的影响。昆明气候温和，年平均气温为15.4℃，云南松干蚧的各个虫期一年四季均有发生，只是发生数量多少不同而已。1龄寄生若虫和2龄无肢若虫在夏、秋、冬季的生长情况与温度和降水量也有密切关系，特别是与降水量的关系最显著。在夏、秋季1龄寄生若虫体形（梭形、橄榄形、梨形）生长动态表现最清楚，这可能是降水量多影响树液的浓度，从而改变了松干蚧食料的供应，冬季降水量少，体形表现较差。风是传播云南松干蚧的主要媒介之一，初孵若虫能随风飘扬。

云南松干蚧发生量以云南松纯林最多，针阔叶混交林极少。如昆明金殿林场云南松干蚧发生较多的林分均为云南松纯林。在云南松与槲栎、白栎等树种的混交林中，灌木繁茂，生物种类丰富，有利于天敌种群的发展，而不利于云南松干蚧的扩散，云南松干蚧虽有发生，植株被害率只为12%，不易造成毁灭性的危害。

寄主密度不同，受害程度也不同，密度大的受害重，密度小的受害轻。当寄主疏密度显著降低时，云南松干蚧的危害程度也相应降低。翘裂的树皮是云南松干蚧成虫栖息和产卵繁殖后代的主要隐蔽场所。松树皮层薄，翘皮多，云南松干蚧也多。翘皮对云南松干蚧在松树上垂直分布的影响也很明显。据在昆明元宝山、双乳山、蜜蜂桥等不同的环境条件下，选择12株树龄21～30年、树高6.5～15.3m、胸高直径6.6～12.1cm的云南松进行云南松干蚧垂直分布的观察，结果为：9株在1～4m之间虫均多，4m以上翘皮即逐渐减少，云南松干蚧也随着减少，6～12m处无虫；3株在树高1～8m之间虫多，9～11m处无虫。说明每株松树上虫口密度的大小与翘皮数量多少成正相关。

天敌昆虫是影响云南松干蚧发生的重要因素之一。一年中3～5月当云南松干蚧产卵高峰期间天敌发生较多，常见的有弯叶毛瓢虫、黑蚧蚜斑腹蝇和松蚧瘿蚊等，均以幼虫在云南松干蚧卵囊中捕食卵，是最理想的天敌昆虫。弯叶毛瓢虫、黑蚧蚜斑腹蝇对生态条件有一定的要求，疏密度小于0.5左右的林区弯叶毛瓢虫多，黑蚧蚜斑腹蝇少。疏密度大于0.6以上的林区则黑蚧蚜斑腹蝇多，弯叶毛瓢虫少。弯叶毛瓢虫各个虫期分别又有捕食性昆虫、寄生性昆虫和真菌为其天敌。

参考文献

杨平澜等, 1974, 1976; 祁景良等, 1981.

（祁景良，王玉英）

72 中华松干蚧

分类地位	半翅目 Hemiptera 干蚧科 Matsucoccidae
拉丁学名	*Matsucoccus sinensis* Chen
异　　名	*Sonsaucoccus sinensis* (Chen)
中文别名	中华松针蚧、中华松梢蚧

分布　江苏，浙江，安徽，福建，江西，河南，湖南，四川，贵州，云南，西藏，陕西等地。

寄主　马尾松、油松、黑松、云南松、北美短叶松。

危害　对寄主有很强的选择性，在福建仅危害马尾松，被害株率达90%以上，平均虫口密度为8～10头/针叶。它以口针刺入松针组织，吸取液汁，致使松针枯黄，提早脱落，新梢不易抽出，严重地影响松树的生长发育。据陕西等地报道，中华松梢蚧也危害油松和黑松。

形态特征　**成虫**：雌虫体长1.5～1.8mm，倒卵形，橙褐色，体节尚明显，体壁柔韧而有弹性；单眼1对，黑色；触角9节，串珠状；口器退化；胸足趋于退化，足基部各节完整或部分愈合，足节有断续横纹；背疤数多，略呈圆形，成片分布在腹部后部并向腹前延伸；体外被黑色革质蜕壳；交配孔小，位于腹末的凹陷内。雄虫体长1.3～1.8mm，翅展3.5～4.0mm；头胸部黑色，腹部淡褐色；触角10节，丝状；口器退化；复眼紫褐色，大而突出；胸部膨大，胸足细长；前翅发达，膜质半透明，翅面具羽状纹；后翅退化成平衡棍，端部有钩状刺3～7根。腹部9节；第八节背上生有1个管腺簇，分泌白色蜡丝10～12根；腹部末端有1个钩状交尾器。

卵：椭圆形，微小。初产时为乳白色，后转为淡黄色。孵前可透过卵壳见到2个黑色眼点。**若虫**：1龄初孵若虫体长卵圆形，微小，金黄色；1对黑色单眼呈半球状；口器发达，口针细长，寄生前卷缩于喙内；胸足发达；腹部8节，腹气门7对，腹部末端呈圆锥形。1龄若虫固定寄生后体长椭圆形，体长0.35～0.40mm，宽0.25～0.3mm，深黑色，体背有白色蜡质层。2龄无肢若虫触角和足等附肢全部消失；口器特别发达；体壁革质，黑色，末端有1龄寄生若虫的蜕。雌、雄分化明显。雌若虫较大，倒卵形，长1.4～1.8mm，宽0.8mm。雄若虫小，椭圆形，长1.2mm，宽0.6～0.8mm；体背有光泽，并被白色蜡质物。3龄雄若虫长椭圆形，体长1.2～1.5mm，橙褐色；口器退化，触角和足发达；外形似雌成虫，但其腹部背面无背疤，末端不向内凹陷。**雄蛹**：分前蛹和蛹，均包被于椭圆形白茧中。前蛹橙褐色，蜕皮后成蛹。蛹的头、胸部淡黄色，腹部褐色，眼紫褐色，附肢及翅芽灰白色。腹部9节，末端呈圆锥状。

生物学特性　福建、陕西1年1代。以1龄寄生若虫越冬。成虫发生在4月下旬至7月上旬，盛期为5月

中华松干蚧3龄雄若虫寄主油松（张改香　提供）

中华松干蚧3龄雌若虫寄主油松（张改香　提供）

中旬至6月中旬。产卵期5月中旬至7月中旬。初孵若虫出现于5月下旬至7月上旬，盛期在6月上旬至7月中旬。6月上旬至翌年5月上旬为寄生危害期。6月下旬至9月下旬为1龄寄生若虫的滞育期。3月下旬至4月中旬为1龄寄生若虫发育为无肢若虫期，雌、雄分化明显，并开始显露。4月中旬至5月中旬出现3龄雄若虫。

在福建，由于南北气候的不同，各虫态发生时期有所差异。闽南沿海气温回暖早，越冬代1龄寄生若虫发育为2龄无肢若虫，以及出现成虫、初孵若虫，均比闽北早1个月。

雄若虫脱壳后，喜沿树干往下爬行，于树皮裂缝、球果鳞片、树干根际及地面杂草、落叶、石块下等阴暗隐蔽处潜伏，分泌蜡丝结茧化蛹。蛹经5～7天羽化。羽化时间多集中在9:00～14:00，羽化后的成虫在树下停留时间不长即沿树干往上爬行或做短距离飞行，到树冠上寻找雌成虫进行交尾。雄成虫一般于交尾后即死亡。雌成虫终年隐藏在无肢若虫蜕壳内，仅在交尾期将腹部末端从蜕壳末端的圆裂孔伸出等待交尾，交尾后臀部缩入蜕壳内分泌蜡丝形成白色小卵囊并产卵。1头雌成虫最多可产卵104粒，平均产卵量为56粒。产卵后雌成虫干缩死亡在蜕壳内。雌成虫一般能存活5～12天，未交尾的雌成虫最长能活20天。

卵产于蜕壳内的卵囊中。孵化率可达95%以上，闽北孵化高峰期在小暑至大暑之间，闽南沿海在小满至芒种之间。孵化后初孵若虫由蜕壳末端的圆裂孔爬出，寻找寄主。初孵若虫甚为活跃，喜沿

中华松干蚧雌成虫寄主油松（张改香　提供）

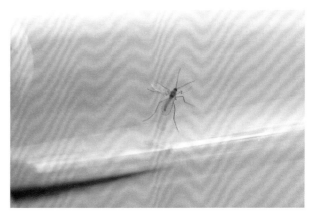

中华松干蚧雄成虫寄主油松（张改香　提供）

中华松干蚧雄茧（张改香　提供）

中华松干蚧寄主油松被害状（张改香　提供）

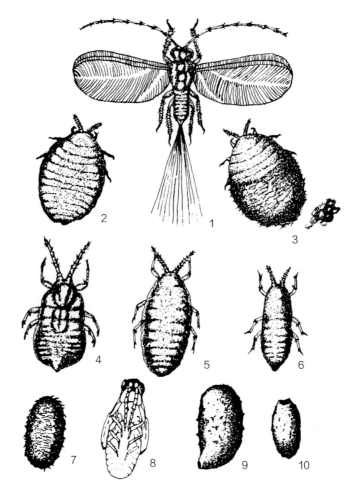

中华松干蚧（康永武　绘）

1.雄成虫；2.雌成虫；3.卵及带卵囊的雌成虫；4.初孵若虫；5.1龄寄生若虫；6.3龄脱壳若虫（雄）；7.雄茧；8.雄蛹；9.雌无肢若虫脱壳；
10.雄无肢若虫脱壳

树干爬行，通常活动1～2天后，在当年生新梢的嫩叶上营固定寄生，即为1龄寄生若虫。体色由淡黄色变为深黑色，头胸愈合增宽，背部隆起，分泌白色蜡质层，腹面有触角、胸足等附肢。体形由倒卵形变为椭圆形。翌年3～4月，越冬1龄寄生若虫蜕皮后，附肢全部消失，即为2龄无肢若虫。雌、雄分化，虫体迅速增大。此乃松树受害最严重的时期。从调查观察中发现，中华松梢蚧对寄主、寄生部位及寄生方式都有一定的选择，一定要在马尾松当年生新梢的针叶内侧寄生，且头朝下尾朝上；而对马尾松的老针叶，或其他松类的针叶均不寄生。2龄无肢雄若虫脱壳后即为3龄雄若虫。脱壳时间以中午前后最多。结茧后的雄若虫胸部逐渐隆起，触角和足缩于腹面，背面可见翅芽，即变为前蛹。前蛹在茧内蜕皮变为蛹。蛹期5～7天。

由于中华松干蚧虫体小，本身的活动能力有限，其蔓延和远距离传播主要通过风力、雨水和人为活动等途径进行。风是主要传播因子，该虫在松林内的发生初期，一般呈点状、团状或片状，以后多因风力作用，渐渐遍及全林。雨水能将初孵若虫冲刷到地面，随着雨水的流动传播到低洼地蔓延发生。

防治方法

1. 化学防治。树干、树枝采用40%啶虫脒·毒死蜱乳油2000～3000倍喷杀1龄寄生若虫。

2. 生物防治。可用球孢白僵菌、玫烟色拟青霉进行有效防治。保护天敌，大草蛉、日本弓背蚁、异色瓢虫、红点唇瓢虫。

参考文献

杨平澜，1980；杨有乾，1986；章士美等，1996；申富勇等，2001.

（李嘉源，陈文荣，王珊珊）

紫胶蚧

分类地位	半翅目 Hemiptera 胶蚧科 Tachareiidae
拉丁学名	*Kerria* spp.
英文名称	Lac insects
中文别名	紫铆、虫胶

半翅目

胶蚧科

分布 主要分布于中国、印度、巴基斯坦、孟加拉国、泰国、缅甸、印度尼西亚等国家的热带和南亚热带地区。紫胶蚧属鉴定到种名有19种（Varshney，1976，1984；王子清等，1985；欧炳荣等，1990；陈晓鸣，1998，2005）。中国记录3个种：云南紫胶蚧*Kerria yunnanensis* Ou et Hong、田紫胶蚧*Kerria ruralis* Wang et al.和格氏紫胶蚧*Kerria greeni* (Chamberlin)。云南紫胶蚧是中国紫胶生产种，田紫胶蚧有育种价值，格氏紫胶蚧无生产价值。

1. 紫胶的经济价值

紫胶蚧是一种重要的资源昆虫，紫胶蚧生活在寄主植物上，吸取植物汁液，雌虫通过腺体分泌出一种纯天然的树脂——紫胶。

紫胶具有黏结、防潮、绝缘、涂膜光滑、防腐、耐酸、化学性质稳定、对人类无毒和无刺激性等优良性状，具有重要的经济价值，被广泛地应用于化工、电子、军工、医药和食品等行业。

紫胶生产需要营造大量的寄主植物，紫胶蚧的寄主植物有200多种，不少寄主植物具有耐干旱、耐贫瘠、速生、萌发力强，适合于多种困难地带的

造林。寄主植物造林可以绿化荒山，较好地保持水土。紫胶生态经济林体系发挥着重要的经济效益、生态效益和社会效益，不仅能带动地方经济发展，同时对改善生态环境有很大的促进作用。

（1）云南紫胶蚧*Kerria yunnanensis* Ou et Hong

主要分布于云南思茅、临沧等地的南亚热带地区，紫胶主产县有墨江、景东、景谷、云县、双江等县。四川、广西、广东等地有引种。寄主植物有上百种，常用的有：木豆、牛肋巴、思茅黄檀、大叶千斤拔、泡火绳、马鹿花、聚果榕、偏叶榕。

在云南南亚热带地区1年2代。在景东，夏代为5～10月，约150天；冬代从10月至翌年4月，约210天。夏代雌虫1龄若虫约20天，2龄若虫约15天，3龄若虫约15天；雄虫1龄若虫约20天，2龄若虫约18天，前蛹及蛹期约12天，成虫约8天。冬代雌虫1龄若虫约50天，2龄若虫约45天，3龄若虫约30天，成虫约90天；雄虫1龄若虫约50天，2龄若虫约60天，前蛹及蛹期约20天，成虫约15天。夏代泌胶量高于冬代（欧炳荣等，1984）。

（2）田紫胶蚧*Kerria ruralis* Wang et al.

田紫胶蚧主要分布于云南思茅普文地区，是我

云南紫胶（陈晓鸣 提供）

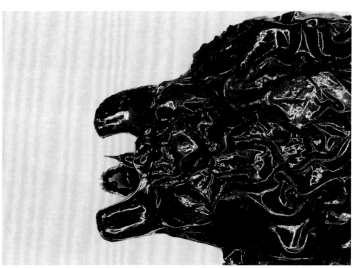

云南紫胶蚧雌成虫（陈晓鸣 提供）

国的特有种。寄主有蝴蝶果、铁藤、龙眼、荔枝、大叶千斤拔、木豆、马鹿花等。

田紫胶蚧在云南普文1年2代，夏代二三月至七八月，约150天，冬代七八月至翌年二三月，约220天。夏代雌虫1龄若虫40天左右，2龄若虫20天左右，3龄若虫15天左右，若虫期约80天，成虫期约90天；雄虫1龄若虫40天左右，2龄若虫30天左右，若虫期约70天，蛹期（包括前蛹期）约15天。整个夏代，雌虫约170天，雄虫约110天。冬代雌虫1龄若虫约20天，2龄若虫15天，3龄若虫约10天，若虫期约50天，成虫期约170天；雄虫1龄若虫约20天，2龄若虫约20天，若虫期约40天，蛹期（包括前蛹期）约15天，整个冬代雌虫历时约220天，雄虫历时70天。该虫种泌胶产量不如云南紫胶蚧，但该虫种泌胶色浅，利用价值较高。信德紫胶蚧*Kerria sindica* Mahdihassan种群中若虫具有红、黄两种色型，是珍贵的遗传育种材料（王子清等，1982；洪广基，1987；陈晓鸣，2005）。

（3）紫胶蚧主要生物学特征

生活周期：紫胶蚧1年2代。雄虫为完全变态，一生通过卵、若虫、蛹、成虫4个阶段；雌虫只经过卵、若虫、成虫3个阶段，为不完全变态。紫胶蚧一生只移动一次，从卵孵化到在寄主植物上找到合适的枝条固定下来，口针刺入寄主表皮，终生不再移动，雄虫通过完全变态后，羽化成虫、成虫有翅或无翅，飞翔能力有限，一般就近交配，交配后死亡。紫胶蚧雌虫固定在寄主植物上后，随着雌虫生长发育，足和头胸腹退化，身体被所分泌的紫胶所包被，形成一层厚厚的胶被。雌虫成熟后交配后，孕卵，卵胎生产生子代。

群体密度：紫胶蚧在寄主植物枝条上固定后，以群居生活，虫种不同。群居密度不同。云南紫胶蚧的密度为160～230头/cm²，田紫胶蚧的密度为80～100头/cm²。

雌雄性比：紫胶蚧的性比，一般雌雄性比为1∶2～1∶3。

死亡率：紫胶蚧的死亡率较高，一般高达80%～90%，不同的虫种死亡率不一样。云南紫胶蚧的死亡率约90%，田紫胶蚧的死亡率约80%。

怀卵量：紫胶蚧的怀卵量较大，每头雌虫的怀

云南紫胶蚧若虫（陈晓鸣　提供）

云南紫胶蚧若虫（陈晓鸣　提供）

云南紫胶蚧雌成虫背面（陈晓鸣　提供）

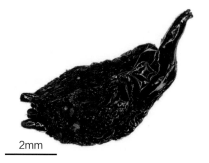

2mm

云南紫胶蚧雌成虫（陈晓鸣　提供）

云南紫胶蚧雌成虫（陈晓鸣　提供）

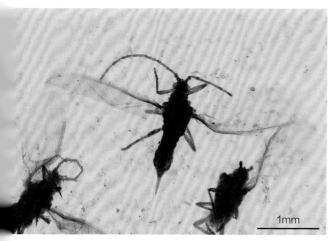
云南紫胶虫雄成虫（陈晓鸣　提供）

卵量为200～1000粒不等。云南紫胶蚧的怀卵量约300～600粒，田胶蚧的怀卵量为200～500粒。

繁殖倍数：紫胶蚧的繁殖受到天敌和环境条件等多方面的影响，从理论上讲，紫胶蚧在最佳生态条件上，其存活率为10%～20%，按照昆虫种群世代倾向值来计算，大约其增殖倍数为10～15倍，在自然条件下加上天敌和环境的影响，紫胶蚧的增殖倍数，在正常的生产状况下约为5～10倍（陈晓鸣，2005）。

2. 紫胶蚧培育

紫胶生产系统是由紫胶蚧、寄主植物和适宜的生态环境3个要素组成，紫胶生产一般包括基地规划和选择、寄主植物培育、种胶生产、放养、收胶及后处理等。

基地选择：根据紫胶蚧生态适应性选择和规划紫胶生产基地。

寄主植物培育：要发展紫胶生产，首先要栽培寄主植物。从育苗到造林到紫胶生产的周期，根据寄主植物和紫胶蚧种类不同而变化。利用灌木作为寄主造林，如大叶千斤拔、木豆、苏门答腊金合欢等树种，一般6～8个月就能使用；选择乔木作为寄主植物造林，一般要3年左右才能使用。灌木造林通常采用2m×2m的株行距，乔木造林一般选择3m×4m的株行距。寄主植物的生长与土壤立地条件关系很大，水肥条件好的立地，寄主植物生长快，能利用的枝条多，产量高。

紫胶生产：在紫胶生产上，先要培育紫胶种胶。紫胶种胶是指紫胶蚧雌虫在寄主植物枝条上发育、孕卵、胚胎发育成熟、若虫尚未爬出（涌散）的雌虫与胶块的总称。这些包含着活虫的胶块是用于繁殖和培育下一代紫胶，主要为紫胶生产提供种源。

紫胶蚧的放养技术较为简单，将种胶分成10～15cm长的胶枝棒，胶枝棒枝条的两端剪成斜口（利于紫胶蚧若虫上树），然后将两头用线绑扎在寄主植物枝条上，种胶的位置一般要尽量靠近半年至1年生的嫩枝条。待若虫出空后收回种胶。紫胶蚧生长发育一般不需要特殊的管理，在云南紫胶产区，通常每年5月放养，10月收胶。紫胶成熟后，收获时，一般是将寄主植物的枝条连紫胶一起砍下，然后再将紫胶从枝条上剥下晾干，去掉杂质，即获得紫胶的初级产品——原胶（陈晓鸣等，2009）。

3. 紫胶主要产品

原胶：从寄主植物上剥下的胶块，经晾干，去杂质后的干胶成为原胶，主要成分是树脂和紫胶蚧死的虫体，还含有部分植物枝条的碎杂质，是加工各种紫胶产品的原材料。

颗粒胶：原胶经粉碎、水洗、脱色、去虫尸体和杂质后的颗粒状紫胶树脂，主要成分是树脂，还含有色素和少量杂质。紫胶颗粒胶只是紫胶产品的中间产品，可从颗粒胶生产片胶、漂白胶和紫胶色素等紫胶产品。

片胶：颗粒胶通过加热或有机溶剂溶解、加工后，压成片状的产品。主要用于军工、电子、医药等行业。

漂白胶：颗粒胶通过脱色、漂白、清洗后得到的黄色、白色的浅色片状或颗粒状紫胶产品。紫胶漂白胶主要用于水果和蔬菜保鲜、口香糖等糖果加工行业。

紫胶色素：紫胶红色素是由紫胶蚧腺体所分泌的一种称为紫胶色酸（lacaic acid）物质，存在于紫胶蚧体内和紫胶树脂中。主要用于食品色素、化妆品等行业。

紫胶蜡：是紫胶蚧蜡腺分泌的一种脂类物质。主要用于化妆品和化工行业。

参考文献

中国农林科学院科技情报研究所，1974；王子清等，1982；欧炳荣，洪广基，1984，1990；陈晓鸣等，1991；陈晓鸣，1998，2005；陈晓鸣等，2009；Bose etal，1963；Varshney，1976，1984.

（陈晓鸣，欧炳荣，洪广基）

74 竹巢粉蚧

竹巢粉蚧是我国毛竹、紫竹等竹林内普遍发生而又严重的主要害虫，致使竹林成片衰败。

分布　上海，江苏，浙江，安徽，山东，陕西等地。

寄主　毛竹、紫竹、黄金间碧玉竹、金镶玉竹、淡竹、沙竹、乌哺鸡竹、黄皮刚竹、红壳竹等。

危害　经野外调查和接种试验表明，受竹巢粉蚧危害的多种竹类，有的竹子生长停止、不发笋、不抽梢，处于濒死状态；还有的竹叶大量枯死，致使竹林成片衰败。而紫竹等一经其寄生，在2～3年内即死亡。

由于此虫体形微小，发生初期极易被人们忽视，一旦察觉竹子受害，竹林往往已受很大影响；加上其繁殖量大，长途调运和移栽竹母，又助长了此虫的传播和扩散，在发展新栽竹时必须重视。

形态特征　**成虫：**雌虫体梨形，红褐色。体长2.20～3.30mm，体宽1.70～2.60mm。触角瘤状，2节，基节狭环状，端节长锥形，顶端有刚毛6根。口器发达，口针圈伸达第三、四腹节。单眼缺。胸足退化。胸气门发达，杯状，2对，气门口有成群的三格腺包围。体腹面布有圆形盘腺和管腺，并在第一至第三腹节两侧密集成一长椭圆形硬化板。腹部可见8节。背裂无。腹裂位于第三、四腹节中部。肛环退化成杯状，上无小孔，有2根短毛，尾端具端毛2根。雄成虫体长1.25～1.40mm，翅展2.25mm左右。橘红色，胸色较深。单眼2对，深红褐色。触角丝状，10节，上面密生微毛，基部第一、二节短而膨大。前翅白色透明，上密生绒毛，有纵脉2条，后翅退化成拟平衡棒，其顶端有钩形毛1根。足3对，发达，胫节端部有硬化距3个，爪冠毛1对，跗冠毛缺。腹部9节，在第一至第六腹节两侧边缘区有少数五孔腺分布，在第七腹节两侧边缘区各有五孔腺1群，并各有1个管腺，每一管腺中伸出1根长毛，分泌的白色蜡物即附于此长毛上。交尾器坚硬，呈锥状。**卵：**卵圆形，初为淡黄色，孵化前变成茶褐色，略透明。长0.30～0.45mm，宽0.15～0.25mm。

若虫：初孵若虫体长椭圆形，刚孵出时为橘黄色，固定后变成黄褐色。体长0.45～0.50mm，体宽0.15～0.25mm。触角6节，基节膨大，端节较长，约为3～5节长度之和，顶端具刚毛6根。单眼2对，红褐色，位于触角侧下方。口器发达，口针圈达腹部第五节。胸气门2对，杯状。足发达，3对，胫节略短于跗节，具跗冠毛和爪冠毛各1对。腹部8节。腹裂1个，圆形，位于第三、四腹节中线上。背裂1对，位于第六、七腹节之间。体上散布有三格腺。肛筒、肛环发达，具肛环刺毛6根。臀瓣略显，端毛2根，较长。**预蛹：**长椭圆形，橘黄色。体长0.95～1.00mm，体宽0.45～0.55mm。单眼不明显。触角6节。口器退化。足3对，胫节、跗节分界不明显。腹部可见9节，腹末呈锥状突起。**蛹：**长形，初为橘黄色，后变成红褐色。长1.00～1.25mm，宽0.30～0.35mm。单眼2对，深红褐色。触角丝状，

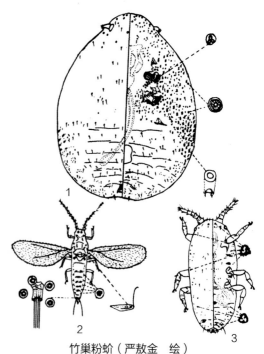

竹巢粉蚧（严敖金　绘）

1.雌成虫；2.雄成虫；3.初孵若虫

10节。口器退化。足发达，3对。翅芽1对，伸达第三腹节。腹部9节，腹末交尾器呈锥状突起。

生物学特性 1年1代。以受精雌成虫在当年新梢的叶鞘内越夏、越冬。翌年2月雌成虫边吸食、边孕卵、边膨大，形成灰褐色球状蜡壳，外露于小枝上。雌成虫孕卵起始时间因年度气温变化略有差异，一二月平均气温高于5℃时，雌虫在2月中旬即开始孕卵；低于5℃时，孕卵初期则延至3月初。孕卵期2个月左右。孕卵量与寄主的营养有关，一般平地竹上的蚧虫大于山地竹的，刚竹、毛竹上的又大于淡竹的。寄生于刚竹和毛竹的平均孕卵量分别为500粒以上和400粒以上，最多达875粒；寄生于淡竹的平均在400粒以下。4月底5月初若虫开始孵化，5月中旬为孵化盛期，6月中旬孵化结束。历期约50天。孵化率为97.5%。孵化若虫从母体蜡壳上一直径约0.4mm的小洞或裂缝处爬出。若虫出壳时间多在无风晴朗白天的9:00～12:00，出壳适宜温度为15～23℃。出壳若虫很活泼，在小枝上爬行2～3小时（少数要经12～24小时）寻找新梢叶鞘内固定。初孵若虫多固定寄生中部以下的枝盘，占全株寄生数的90%以上，中部以上则很少寄生，一般不超过

10%。若虫一经固定，将口针插入腋芽或嫩枝基部吸食，体背及周缘即行泌蜡。若虫发育经3个龄期，1龄6～7天，2龄15～22天，雌、雄分化明显。3龄雌若虫继续发育约10天，于6月上旬变成雌成虫，中旬大量出现。雄若虫于5月底在叶鞘1/3处分泌白色绵状物形成茧。结茧后2～4天变为"预蛹"，再经3～5天变为蛹，蛹经3～6天羽化为成虫，成虫羽化到出茧需3～4天。雄成虫始见于6月初，6月中旬为盛期，7月初羽化完毕。雄成虫出茧时，均由茧的末端退出，出茧时间多在5:00～6:00。羽化率为87.5%。雌雄性比接近1：1，雌性略多于雄性。出茧雄成虫非常活跃，常沿小枝来回爬行，并能做短距离飞翔。交尾时，雄虫先以触角探寻配偶，而后倒转虫体，渐次向叶鞘内潜入，与雌虫交尾。雄成虫寿命一般不超过24小时。雌成虫经雄虫交尾受精后，在叶鞘内缓慢发育越夏、越冬。

防治方法

1. 植物检疫。由于此虫体微小，发生初期不易发现，故在移栽和调运竹母时，必须严格进行检疫，以防此时传播扩散蔓延成灾。

2. 营林措施。尽量伐除严重受害竹株；密林间伐，适当施肥，以促进竹林的生长，增强抗虫能力。

3. 生物防治。竹巢粉蚧的寄生性天敌主要有粉蚧长索跳小蜂、巢粉蚧长索跳小蜂和粉蚧啮小蜂，竹林内自然寄生率一般为20%～30%。捕食性天敌有瓢虫、食虫虻和草蛉等，它们也大量捕食初孵若虫，对这些天敌应加以保护或进行人工饲育释放，对抑制此虫危害有一定作用。

4. 化学防治。①在3～4月此虫孕卵期间，可用25%噻虫嗪悬浮剂、40%啶虫脒·毒死蜱乳油，注入被害株基部，毛竹每株3～5mL，紫竹每株1～2mL，注入后用湿泥或胶带封住注孔。②在5月中旬前后若虫孵化盛期，用40%啶虫脒·毒死蜱乳油1000～2000倍液，10%吡虫啉（康福多、大功臣）可湿性粉剂2000～4000倍液，25g/L高效氯氟氰菊酯1000～2000倍液喷杀，隔7～10天喷1次，连喷2～3次，有良好的防治效果。

参考文献

杨平澜, 1982; 谢国林等, 1983; 徐济等, 1983; 萧刚柔, 1992.

（严敖金）

竹巢粉蚧（张润志　整理）

75 湿地松粉蚧

分类地位	半翅目 Hemiptera　粉蚧科 Pseudococcidae
拉丁学名	*Oracella acuta* (Lobdell)
英文名称	Loblolly pine mealybug
中文别名	火炬松粉蚧

分布　福建，湖南，广东，广西等地。

寄主　湿地松、火炬松、萌芽松、长叶松、矮松、裂果沙松、黑松、加勒比松和马尾松等松属植物。

危害　以若虫刺吸树液危害湿地松松梢、嫩枝及球果。造成松针针叶基部大量流脂、变色坏死，继而脱离，严重被害树木针叶全部脱落，嫩梢枯萎，受害株的新梢呈现丛枝、短化，普遍引发煤污病，严重影响树木正常生长。

形态特征　**成虫：**雄虫粉红色，触角基部和复眼朱红色。中胸大，呈黄色。第七腹节两侧各具1条0.7mm长的白色蜡丝。有翅型雄虫具1对白色的翅，翅软弱，翅脉简单。雌虫浅红色，梨形。在蜡包中，成虫腹部向后尖削。复眼明显，呈半球状。口针长度约为体长的1.5倍。1个较大的脐斑横跨在腹面第三、四腹节交界的中线处。**若虫：**椭圆形至不对称椭圆形，浅黄色至粉红色。足3对。中龄若虫体上分泌白色粒状蜡质物，腹末有3条白色蜡丝；大龄若虫固定生活，分泌蜡质形成蜡包覆盖虫体。

生物学特性　广东1年3～4代，以3代为主，世

湿地松粉蚧寄生于嫩芽（张润志　整理）

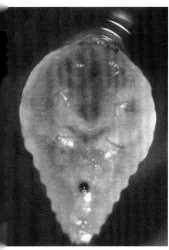

湿地松粉蚧若虫
（《林业有害生物防治历》）

湿地松粉蚧寄生松枝
（张润志　整理）

湿地松粉蚧松针叶鞘部的危害状（《林业有害生物防治历》）

湿地松粉蚧危害状（张润志　整理）

代重叠。以初龄若虫在上一代雌虫的蜡包内越冬，或以中龄若虫在针叶基部及叶鞘内越冬。没有明显的越冬阶段，但冬季发育迟缓。初孵若虫聚集在雌成虫的蜡包内或在较隐蔽的嫩梢上、针叶中、球果上聚集生活，随气流被动扩散，自然扩散距离一般为17km，最远可达22km。部分初孵若虫在较隐蔽的嫩梢、针叶束或球果上聚集生活。1年有2个扩散高峰（4月中旬至5月中旬，9月中旬至10月下旬），中龄幼虫爬向嫩梢取食，高龄幼虫开始分泌蜡质并形成蜡包。雄虫分有翅型和无翅型，有蛹期；雌虫无蛹期。雌成虫在蜡包内产卵，产卵期长达20～40天。

防治方法

1. 严格检疫。禁止带有此虫的原木、苗木、小径材、薪炭材、球果等调出疫区，一旦调出采用溴甲烷20～30g/m³熏蒸。

2. 生物防治。在湿地松粉蚧发生高峰期喷洒1×10^9个孢子/mL浓度的蜡蚧轮枝菌孢子液或2×10^9个孢子/mL浓度的芽枝状枝孢霉孢子液，每隔6天再喷1～2次。4月下旬至5月上旬，在林间释放孟氏隐唇瓢虫、圆斑弯叶毛瓢虫，可按照益害比为2：5的比例释放。释放寄生性天敌，如粉蚧长索跳小蜂、火炬松短索跳小蜂、迪氏跳小蜂等。

3. 化学防治。5～6月对重度发生区，用20%呋虫胺悬浮剂5倍液环刮树皮涂抹或用20%呋虫胺：25g/L高效氯氟氰菊酯乳油：水=1：1：500混合液喷洒树冠。

参考文献

梁承丰, 2003; 汤历等, 2005; 赵玉梅等, 2008.

（于治军）

76 花椒绵粉蚧

分类地位 半翅目 Hemiptera 粉蚧科 Pseudococcidae

拉丁学名 *Phenacoccus azaleae* Kuwana

异 名 杜鹃绵粉蚧

花椒绵粉蚧是近年来我国北方花椒产区暴发成灾的一种新害虫，蔓延速度很快，致使大面积花椒林受害，造成了巨大的经济损失。

分布 日本和朝鲜有分布。1988年在我国内蒙古发现花椒绵粉蚧寄生榆树和李树，但均不是主要害虫。1994年在山西首次发现花椒绵粉蚧危害花椒树。目前，花椒绵粉蚧在山西主要分布于3个地区：一是以盂县为中心的北部发生区，向西已扩散到与其相连的定襄、五台花椒产区。向东沿滹沱河蔓延到邻省河北境内。二是以黎城为中心的山西省中心地带发生区，向左权、平顺等晋东南产椒区扩散。三是以芮城为虫源地的南部发生区，沿黄河两岸向西传播到陕西。向东南则在中条山区流行，以至蔓延到河南省。

寄主 寄生杜鹃类植物，内蒙古发现寄生榆和李，山西危害花椒。

危害 刺吸树木汁液，引起树势急剧衰弱。同时，虫体排泄蜜露，招惹霉菌寄生，导致树体霉污病。1年有2个取食高峰。第一个在春末夏初，由3龄若虫和雌成虫危害芽和新叶，使花椒树不能正常发芽、展叶，叶片少而皱缩，严重发生时当年不能开花结椒；第二个在夏、秋两季，由新一代若虫固定在叶部和嫩枝上危害。受害树的叶片皱缩成三褶状，早期变黄落叶，形成2次萌芽。枝条营养大量消

花椒绵粉蚧雌成虫分泌蜡囊产卵（谢映平 提供）

花椒绵粉蚧在枝条嫩芽上危害（谢映平 提供）

耗，冬季则抽梢冻死。

形态特征 雌成虫体椭圆形，长3.0～3.5mm，淡褐色至深褐色，覆被厚白蜡粉。足细长，爪下有齿。刺孔群18对，各有2根刺和少数三格腺。三格腺分布背、腹面。五格腺在腹面，多格腺在腹部腹面。管腺有大、小两种。

生物学特性 1年1代。10月以2龄若虫从叶部转移到枝条群集枝杈处、枝刺基部、芽鳞基部、树皮皱褶和裂缝内准备越冬。首先若虫各自结质地致密的白色蜡质大米粒状小茧，接着若虫在茧内蜕皮，此时雌、雄分化明显。雌性进入3龄若虫期开始越冬，雄性进入预蛹期越冬。翌年春天，雄性化蛹，发育到4月中旬，羽化为雄成虫。3龄雌若虫越冬后，于翌年3月下旬陆续从茧内爬出，向枝梢端部和叶芽上扩散，寻找合适场所，以针状口器刺入树体组织，吸取汁液。随着花椒萌动发芽，绵蚧取食加快，身体长大，体表蜡质增厚。4月中旬，花椒树普遍发芽，雌若虫完成3龄发育，蜕皮进入成虫期。成虫期雌虫虫体膨大，群集嫩芽吸食，同时，

尾端肛门排泄大量蜜露。雄成虫出茧后靠飞行和爬行寻雌交配。雄成虫寿命仅1～3天，交尾后很快死去。雌、雄交配期约20天。雌成虫交尾后继续取食一段时间，开始孕卵。同时，雌虫开始从尾部分泌卵囊。卵囊白色，细长。在开始分泌卵囊的同时，雌虫进入产卵期，一边分泌卵囊，一边产卵其中。随着卵囊的分泌发育，囊内卵也越来越多。到5月底卵囊不再增大，产卵完毕，雌成虫体内已空，从尾部向头部收缩成1个干皱皮，位于卵囊前端。卵粒黄色。每雌结1卵囊，平均产卵446粒。卵到5月底开始孵化。初孵若虫爬行扩散到叶部和嫩梢上，固定吸食。固定在叶部的若虫，主要分布于叶片背面，沿叶脉分布，主脉两侧最多。若虫淡黄色，开始蜡质很少，固定吸食后，体背面蜡质增多，成为1层黄色薄蜡壳。7月若虫进入2龄期，在叶上危害，直到9月下旬至10月初。到2龄后期，从叶部向枝部爬行转移。一般选择越冬枝条为1～2年生枝。迁移回去的若虫分泌蜡质，结茧越冬。

防治方法

1. 营林措施。加强田间管理。实施除草、松土、施肥、人工剪除虫枝，清除干枝、死树，搞好林内卫生。田间管理应坚持始终；更新和更换衰弱木和老树，使林相整齐，树势强壮，增强树木抗虫性；注意保护当地天敌，同时可以采用引进有效天敌的办法，增加林内生物多样性，发挥生物调控功能。

2. 植物检疫。对花椒苗的调运要进行严格的检疫检查，严禁感染绵粉蚧的花椒苗木调入非发生区，防止虫情扩大。

3. 化学防治。春季绵蚧出蛰期（4月中旬），在花椒枝梢上喷洒45%石硫合剂结晶200倍液，防治效果可达80%以上，隔10～15天在花椒刚展叶时再喷洒1次，效果可达95%以上。在花椒展叶前也可连续用12%噻虫嗪·高效氯氟氰菊酯悬浮剂1500～2000倍液防治2～3次，效果可达90%以上，或用35%吡虫啉悬浮剂1500倍液喷洒花椒枝梢，效果可达90%以上。

参考文献

汤祊德, 1992; 谢映平, 1998.

（谢映平）

花椒绵粉蚧越冬结蜡茧（谢映平　提供）

77 白蜡绵粉蚧

分类地位 半翅目 Hemiptera 粉蚧科 Pseudococcidae

拉丁学名 *Phenacoccus fraxinus* Tang

异 名 白蜡介壳虫

分布 北京，山西，河南。

寄主 白蜡、柿树、核桃、重阳木、悬铃木。

危害 雌虫刺吸叶片，并分泌黏液，污染叶面，招致煤污病，使叶变黑，引起早期落叶。

形态特征 **成虫：**雌虫体长4~6mm，宽2~5mm。紫褐色，椭圆形，被白色蜡粉。雄虫体长2mm，翅展4~5mm。前翅透明。后翅棒状。**若虫：**淡黄色，椭圆形。

生物学特性 河南郑州1年1代。以若虫在树皮缝隙、翘皮下、芽鳞间越冬。翌年3月上、中旬开始活动取食。3月中、下旬雌、雄开始分化。雄若虫分泌蜡丝结茧化蛹，三五天羽化后，交尾。4月初雌虫开始产卵。4月下旬至5月底若虫孵化，危害至9月以后，开始越冬。

越冬若虫于翌年春季树液流动时，开始吸食危害。雄若虫老熟后，体分泌白色蜡丝结茧化蛹。成虫羽化后，破孔爬出，傍晚常成群围绕树冠盘旋飞翔，觅偶交尾。寿命1~3天。雌虫取食期，分泌黏液，布满叶和枝条，如油渍状，招致煤污病变黑。雌虫交尾后，在枝干或叶面分泌白色蜡丝结卵囊。雌虫产卵量大，数百粒于卵囊其中。卵期20天左右。若虫孵化后，从卵囊爬出，在叶面固定吸食并越夏。秋季落叶前，转移到枝干皮缝等隐蔽处越冬。

防治方法

1. 植物检疫。加强苗木检疫，杜绝蔓延。

2. 化学防治。早春树木萌芽前，喷射0.5波美度石硫合剂。若虫开始危害时，用45%丙溴·辛硫磷乳油800~1000倍液喷杀。

3. 生物防治。圆斑弯叶毛瓢虫、绵粉蚧长缘刷盾跳小蜂有明显的抑制作用，应注意保护。

参考文献

杨有乾等，1982；萧刚柔，1992；河南省森林病虫害防治检疫站，2005.

（杨有乾）

白蜡绵粉蚧雌成虫密集寄生于榆树叶背（徐公天 提供）

白蜡绵粉蚧雌成虫密集寄生于白蜡树枝（徐公天 提供）

白蜡绵粉蚧雌成虫及卵囊（徐公天 提供）

78 扶桑绵粉蚧

分类地位 半翅目 Hemiptera 粉蚧科 Pseudococcidae

拉丁学名 *Phenacoccus solenopsis* Tinsley

中文别名 棉花粉蚧

分布 广东、广西、海南、云南、四川、福建、浙江、湖南、江西。美国、墨西哥、巴基斯坦、印度、泰国、阿根廷、巴西、古巴、牙买加、危地马拉、多米尼加、厄瓜多尔、巴拿马、智利、尼日利亚、贝宁、喀麦隆、澳大利亚、新喀里多尼亚。

寄主 可达53科154种。我国寄主主要有55种，如棉花、扶桑、脐橙、西瓜、三角梅、梧桐等。

形态特征 成虫：雌成虫活体通常淡黄色至橘黄色。背部有一系列的黑色斑。像一对长在头顶的叹号，从前胸到中胸大约有6对从前向后排列，中胸可能无。腹部各节有若干对黑色斑存在；在胸部及腹部亚缘区有线状斑。腹面腹脐黑色。玻片标本椭圆形，长3.0~4.2mm，宽2.0~3.1mm臀瓣中度发达，触角9节（少8节）。足发达。所有后足基节无透明孔，爪上伴生有一小齿。

雄成虫活体微小，形似小蚊虫。体红色。触角10节，足细长。有翅1对，后翅变成平衡棒。腹部末端有2对白蜡丝。玻片标本体型微小，全长约1.41mm。触角约为体长的2/3。体有少量刚毛，毛状。除触角和足外，都没有肉质状刚毛。

生物学特性 主要危害棉花、扶桑和其他植物

扶桑绵粉蚧雄虫和雌虫（张润志 拍摄）

扶桑绵粉蚧产卵（张润志 拍摄）

扶桑绵粉蚧危害状（武三安 提供）

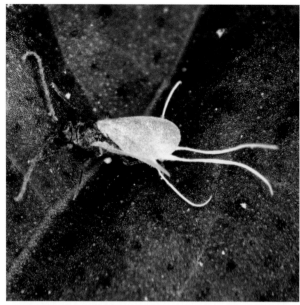

扶桑绵粉蚧雄虫（张润志　拍摄）

扶桑绵粉蚧雌虫（张润志　拍摄）

扶桑绵粉蚧危害扶桑（张润志　拍摄）

的幼嫩部位，包括嫩叶、叶片、花芽和叶柄。以雌成虫和若虫吸食汁液危害棉株生长势衰弱，生长缓慢或停止，失水干枯，亦可造成花蕾、花、幼铃脱落，分泌的蜜露诱发煤污病可导致叶片脱落。严重时可造成棉株成片死亡。扶桑绵粉蚧卵期很短，孵化多在母体内进行，因而产下的是小若虫，属于卵胎生，1龄若虫行动活泼，从卵囊爬出后很短时间内即可取食危害，1头雌虫平均产卵400～500粒，种群增长迅速，世代重叠。

防治措施

1. 植物检疫。台湾、贵州、云南、重庆、湖北、安徽、上海、江苏、山东、河南等省（自治区、直辖市）的大部区域和新疆、甘肃、宁夏、陕西、山西、河北、北京、天津、辽宁、内蒙古等省（自治区、直辖市）的部分地区是该虫潜在分布区，应加强植物检疫。

2. 生物防治。保护和释放孟氏隐唇瓢虫 *Cryptolaemus montrouzieri*（Mulsant）、普通草蛉 *Chrysoperla carnea*（Stephen）。

3. 由于转Bt基因棉杂交品种对扶桑绵粉蚧不起作用，可使用10%氟氯氢菊酯乳油825mL加水4500kg/hm^2、10.5%溴氰菊酯乳油825mL加水4500kg/hm^2、20%康福多可溶剂300mL加水1000kg/hm^{2}喷洒。

参考文献

王艳平，2009；武三安，2009；张润志等，2010.

（张润志，李镇宇）

分类地位	半翅目 Hemiptera　毡蚧科 Eriococcidae
拉丁学名	*Asiacornococcus kaki* (Kuwana)
异　名	*Eriococcus kaki* Kuwana
中文别名	柿毛毡蚧、柿毡蚧、柿绵蚧、柿虱子、柿绒蚧

79 柿树白毡蚧

　　柿树白毡蚧是柿树的重要害虫之一，近年来在山东菏泽呈逐年上升趋势，极大地削弱了树势。据调查，一般柿园虫果率30%～40%，重者可达80%～90%，严重影响果品的产量和质量，给历史贡品"曹州耿饼"产业的发展构成了巨大威胁。

　　分布　河北，山西，辽宁，吉林，黑龙江，浙江，安徽，山东，河南，广东，广西，四川，贵州，陕西，宁夏等地。日本，朝鲜。

　　寄主　柿树。

　　危害　以成虫和若虫刺吸危害柿树的嫩枝、幼叶和果实。嫩枝被害后，生长纤弱、难以发芽，甚至干枯；幼叶受害后，皱缩变畸，诱发煤污病，容易脱落；幼果被害容易早期脱落，长大则由绿色变为黄色，由硬变软。该虫特别喜欢群集在果实与柿蒂相接的缝隙处危害，被害处初呈黄绿色小点，逐渐扩大成黑斑，使果实提前变软脱落。

　　形态特征　**成虫：**雌虫体长约1.5mm，宽约1.0mm，椭圆形，暗紫红色，体节明显，背面具刺毛，腹缘有白色细蜡丝，腹部平滑，刺毛较长；在肛门的肛环上有刺毛8根；受精后体表分泌白色

柿树白毡蚧（张润志　拍摄）

柿树白毡蚧（张润志　拍摄）

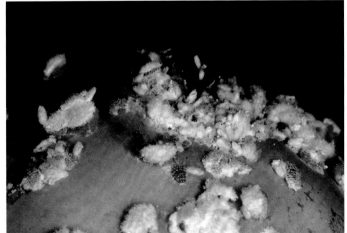

柿树白毡蚧（张润志　拍摄）

柿树白毡蚧雌成虫和雄茧（徐公天　提供）

柿树白毡蚧雌成虫毡囊（徐公天　提供）

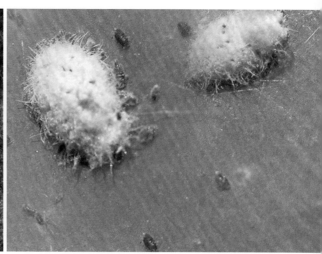

柿树白毡蚧雌成虫寄生在柿树叶上（徐公天　提供）

毡状物包被虫体形成卵囊。雌介壳长约2.6mm，宽1.4mm，灰白色，卵圆形或椭圆形。雄成虫体长1.0～1.2mm，紫红色，触角细长，无复眼。雄介壳长约1.1mm，宽约0.5mm，白色，椭圆形。**卵**：长约0.3mm，卵圆形，紫红色，卵包被于卵囊中。**若虫**：初为鲜红色，后呈紫红色，卵圆形或椭圆形，体侧有成对长短不一的刺状物，腹末有1对长蜡丝。**雄蛹**：椭圆形，紫红色，体节明显，外被椭圆形白色蜡质茧。

生物学特性　1年4代。以若虫在树皮裂缝中、粗皮下及芽鳞等处越冬。翌年4月开始出蛰，爬至嫩芽、新梢、叶柄、叶背等处吸食汁液，以后在柿蒂和果实表面固着危害同时形成蜡被，然后进行雌、雄分化。被害处呈黄褐色，并逐渐凹陷，木栓化，变成黑色斑点。5月中、下旬交配，交配后雄成虫不久便死亡，雌虫体背逐渐形成白色卵囊，并开始产卵，卵皆产于卵囊下面雌虫体后方，每头雌虫可产卵51～160粒。卵期12～21天，若虫孵出后，离开卵囊分散危害。据观察各代若虫孵化盛期分别在6月中旬、7月中旬、8月中旬、9月中旬左右，各代发生不整齐，互相有交叉，但时间上基本上是每月发生1代，前两代主要危害叶及1～2年生小枝，后两代主要危害柿果，以第三代危害最重。10月中旬若虫开始越冬。

防治方法

1. 消灭越冬虫源。冬季结合果园管理，刮老树皮，或用钢丝刷除越冬若虫。落叶后发芽前喷液态膜等药剂，喷药务求细致，以降低越冬若虫基数。

柿树白毡蚧若虫在柿树上越冬（徐公天　提供）

2. 化学防治。在越冬若虫开始活动但还未形成蜡壳前及各代若虫孵化末期，细致地喷洒40%啶虫脒·毒死蜱乳油1000倍液、5.7%甲氨基·阿维菌素乳油2000倍液、35%吡虫啉悬浮剂1000倍液、12%噻虫嗪·高效氯氟氰菊酯1500倍液。为提高药效，可混加各种展着剂、增效剂等。

3. 生物防治。在害虫密度较低的情况下，应尽量少用或不用广谱性的杀虫剂，以免杀伤天敌。黑缘红瓢虫、红点唇瓢虫、大草蛉、柿绒蚧跳小蜂等是柿绒蚧的捕食性天敌，有时捕食率可达50%～60%，应注意保护。

4. 加强检疫。不引入带虫接穗，已有虫的苗木要进行除害处理。

参考文献

萧刚柔，1992；赵方桂等，1999；孙绪艮等，2001；王建义等，2009.

（王海明，王焯，沈文生）

80	紫薇毡蚧	分类地位	半翅目 Hemiptera　毡蚧科 Eriococcidae

分类地位 半翅目 Hemiptera　毡蚧科 Eriococcidae

拉丁学名 *Acanthococcus lagerstroemiae* Kuwana

异　　名 *Eriococus lagerstroemiae* Kuwana

英文名称 Crape myrtle bark scale

中文别名 石榴绒蚧、石榴囊毡蚧、紫薇绒蚧

　　分布 北京，天津，河北，山西，辽宁，江苏，浙江，安徽，山东，贵州，宁夏等地。

　　寄主 紫薇、石榴、女贞、扁担杆子、叶底珠。

　　形态特征　成虫：雌虫体长约3mm，卵圆形、椭圆形或长卵圆形，末端比头部稍尖。体紫红色，遍生微细短刚毛，被有白色蜡粉。近产卵时分泌蜡质，形成白色毡绒状蜡囊，虫体与卵包在其中。触角7节，以第三节最长，第四节略短于第三节。雄虫体长约1.2mm，紫色或褐色前翅半透明，触角10节，腹末有1对白色长毛。**卵：**长0.3mm左右，椭圆形，淡紫色。**若虫：**体长0.5mm，体椭圆形，初为淡黄色，后变成淡紫色。越冬若虫体长1mm左右，紫红色，足黄色，体背有少量白蜡丝。**蛹：**椭圆形，紫红色，体末性刺突呈叉状，包被于暗白色毛毡状茧中，茧正椭圆形，上下略扁，长约1.5～2.0mm后半段具蜡壳，末端同缘有一横裂缝将茧分成上下两层。

　　生物学特性 北京地区1年2代，以2龄若虫在枝

紫薇毡蚧成虫及被害树紫薇（李镇宇　提供）

紫薇毡蚧未受精雌成虫（上视）（徐公天　提供）

紫薇毡蚧孕卵雌成虫（上视）（徐公天　提供）

紫薇毡蚧雌成虫毡囊（右视）（徐公天　提供）

紫薇毡蚧蛹（上视）（徐公天　提供）

紫薇毡蚧蛹（下视）（徐公天　提供）

紫薇毡蚧雌成虫毡囊（徐公天　提供）

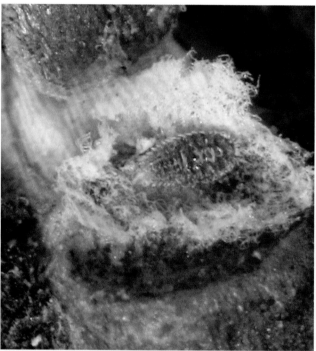

紫薇毡蚧2龄雄若虫（徐公天　提供）

条、树皮缝、翘皮下或空蜡囊中越冬。翌年3月下旬越冬若虫取食危害。4月中、下旬雌、雄明显分化。雄虫分泌白茧化蛹。雌虫则至性成熟期才分泌白色蜡囊。4月底5月上旬雄虫羽化。5月下旬雌虫产卵，6月上旬为产卵盛期。每雌可产卵37～124粒。6月中旬为孵化盛期，此代较整齐。7月上旬、中旬出现新一代雌、雄成虫，8月中旬至9月底若虫孵出并危害，此代不整齐。当10月下旬平均气温16℃左右，2龄若虫进入越冬状态。如2龄若虫在寄主叶片叶柄上定居，随秋季落叶后落地死亡。该虫可孤雌生殖。可诱发煤污病，加速枝条枯死。

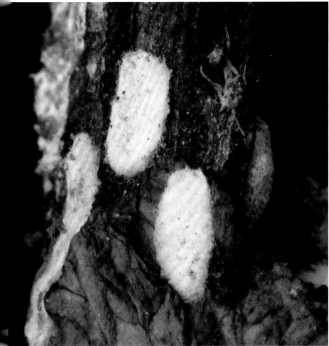

紫薇毡蚧雄茧（徐公天　提供）

紫薇毡蚧越冬虫态（徐公天　提供）

紫薇毡蚧导致煤污病发生（徐公天　提供）

紫薇毡蚧雌成虫寄生状（徐公天　提供）

防治方法

1. 植物检疫。栽植紫薇、石榴时不带此虫栽植。

2. 生物防治。保护红点唇瓢虫、红环瓢虫、异色瓢虫、中华草蛉、豹纹花翅蚜小蜂、黑色软蚧蚜小蜂、绵蚧阔柄跳小蜂、粉蚧短角跳小蜂等天敌。

3. 化学防治。在若虫孵出盛期施用40%啶虫脒·毒死蜱1000倍液、35%吡虫啉悬浮剂2000倍液。

参考文献

汤祊德, 1977; 萧刚柔, 1992; 徐公天等, 2007; 王建义等, 2009.

（李镇宇，徐公天，南楠，赵怀谦，胡兴平）

81 栗红蚧

分类地位	半翅目 Hemiptera 绛蚧科（红蚧科）Kermicoccidae
拉丁学名	*Kermes nawae* Kuwana
异　名	华栗绛蚧、栗绛蚧、栗球蚧、板栗水痘子

栗红蚧是板栗枝干上主要刺吸性害虫之一。以若虫和雌成虫固定寄生在板栗枝干上刺吸寄主汁液危害，直接影响栗芽正常发育，轻者影响生长和结实，重者造成枯枝、甚至整株枯死。

分布　江苏，浙江，安徽，江西，河南，湖北，湖南，四川，贵州。日本。

寄主　板栗、茅栗、锥栗等。

危害　以若虫和雌成虫寄生于栗树枝干上刺吸汁液危害，大发生时，一段20cm长、2年生枝条上多达数十头虫，轻则导致新芽萌发推迟、影响结实，重则造成枯枝、甚至整株枯死。

形态特征　**成虫**：雌虫呈球形或半球形，直径5mm左右，初期体壁软而脆，后期体表有光泽，黄褐色或褐色，上有黑褐色不规则的圆形或椭圆形斑，并有数条黑色或深褐色横纹；基部一侧附有数条白色蜡丝。雄虫体长1.49mm左右，翅展3.09mm左右，体棕褐色，触角丝状，10节，每节具数根细毛；前翅土黄色，透明；腹末具1对细长的蜡丝。**卵**：卵长椭圆形，初期为乳白色或无色透明状，近孵化时变为紫红色。**若虫**：1龄初孵若虫长椭圆形，肉黄色；1龄寄生若虫黄棕色，胸部两侧各具白色蜡粉1块，其上还有少量白色蜡丝；2龄寄生若虫椭圆形，肉红色，体背常附有1龄若虫的蜕皮壳。**茧**：雄茧扁椭圆形，白色，为较薄的丝绵状。**雄蛹**：长椭圆形，黄褐色，离蛹。

生物学特性　1年1代。以2龄若虫在枝条芽基、枝干伤疤或裂缝处越冬。翌年3月初日平均气温10℃

栗红蚧雌成虫（胡兴平　绘）

以上时越冬若虫恢复取食，3月中旬以后，部分若虫蜕皮变为成虫，继续危害，此阶段是该虫主要的危害期，腹末有一小水珠，称为"吊珠"，至体内卵成熟时小水珠消失；另一部分2龄雄若虫迁移至树皮的裂缝、枝干的凹陷、伤疤或苔藓层的下面结茧化蛹，4月上旬雄成虫开始羽化，4月下旬为羽化盛期；雌、雄成虫交尾后，雌成虫开始孕卵，5月中旬卵孵化，5月下旬为孵化盛期，卵在母体内孵化，1龄初孵若虫从母体的肛门钻出。通过去雄茧、隔离等方法，查明栗红蚧存在孤雌生殖。1龄初孵若虫善爬行，6月中、下旬1龄若虫蜕皮变为2龄若虫越夏，11月上、中旬陆续转移越冬，直到翌年3月中、下旬，越冬若虫再度活动危害。

防治方法

1. 营林措施。做到适地适树、优质壮苗、因地制宜进行垦抚施肥，预防栗红蚧发生。

2. 人工防治。结合冬季栗树整形修剪，剪除有虫枝、纤细枝、背下枝、徒长枝，刮除病疤、粗皮、翘皮，带出栗园集中销毁，直接消灭越冬栗红蚧。

3. 生物防治。可用拟盘多毛孢进行有效防治。自然条件下栗红蚧的天敌较多，优势种有黑缘红瓢虫（陈锦绣等，2001）、芽枝状芽孢霉菌（张毅丰等，2000）等，在板栗生产活动中加以保护利用，达到控制栗红蚧发生的目的。

4. 化学防治。3月中、下旬，可用35%高渗吡虫啉悬浮剂1000倍液喷雾，以降低虫口密度。

参考文献

张毅丰等，2000；陈锦绣等，2001.

（方明刚，胡兴平，赵锦年）

栗红蚧（嵇保中　提供）

分类地位	半翅目 Hemiptera　蚧科 Coccidae
拉丁学名	*Ceroplastes japonicus* Green
英文名称	Tortoise wax scale
中文别名	日本蜡蚧、枣龟蜡蚧、龟蜡蚧

82 日本龟蜡蚧

　　日本龟蜡蚧主要危害枣树等经济树种和法桐等绿化树种，在寄主枝叶上吸食危害，其排泄物能诱发煤污病，使树势衰弱，枝条枯死，严重影响光合作用，造成果实产量和品质降低，也影响绿化景观。在山东枣产区成为制约枣果产量和质量的一大隐患。

　　分布　北京，河北，山西，内蒙古，辽宁，黑龙江，江苏，浙江，安徽，福建，山东，河南，湖北，湖南，广东，四川，贵州，云南，陕西，甘肃，台湾等地。日本，俄罗斯等国。

　　寄主　悬铃木、柳树、榆树、女贞、栾树、五角枫、杜鹃、月季、含笑、木瓜、月桂、无花果、苹果、枣树、柿树、柑橘、石榴、枇杷、李树、梅、杏、梨树、桃树、茶树、大叶黄杨等。

　　危害　以若虫和雌成虫刺吸枝芽、叶子汁液，严重削弱树势，其排泄物与糖蜜近似，适宜黑霉菌生长，诱发煤污病发生，大量发生时枝、叶、果上布满一层黑霉。

　　形态特征　**成虫**：雌成虫体背有较厚的白色蜡壳，呈椭圆形，长4～5mm，背面隆起似半球形，

日本龟蜡蚧雌成虫蜡壳（上视）（徐公天　提供）

日本龟蜡蚧雄虫蜡壳（徐公天　提供）

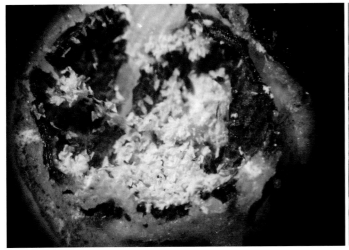

日本龟蜡蚧已孵化的卵壳（徐公天　提供）

日本龟蜡蚧成、若虫（徐公天　提供）

表面具龟甲状凹纹，周缘蜡层厚而弯曲，内周缘有8个小角状突；雌成虫卵圆形，紫红色。雄成虫蜡壳白色，呈星芒状，中间为一长椭圆形突起蜡板，周围有13个放射形蜡角；雄虫体长1.0～1.4mm，棕褐色，眼黑色，触角丝状，翅白色透明，具2条粗脉，足细小，腹末略细，性刺色淡。**卵**：椭圆形，长0.2～0.3mm，初产时橙黄色，近孵化时紫红色。

若虫：初孵若虫体长0.5mm，椭圆形，扁平，淡红褐色，触角和足发达，灰白色，腹末有1对长毛。

雄蛹：梭形，长1mm，棕褐色。头、触角和翅芽色淡；腹末交尾器明显。

生物学特性 1年1代。以受精雌虫在1～2年生枝上越冬。翌年3月下旬越冬雌虫开始发育，4月中旬迅速增大，5月底或6月初开始在腹下产卵，6月上、中旬达产卵盛期，7月中旬结束。每雌产卵千余粒，多者3000粒。卵期20天左右。6月中旬至7月底孵化为若虫，孵化盛期在6月底至7月初；整个孵化期40天左右。7月下旬至8月初，雌、雄开始分化；8月上、中旬至9月下旬雄虫化蛹，蛹期15～20天。雄成虫发生始、盛、末期分别在8月下旬、9月中旬及10月上旬。雄成虫寿命1～5天，与雌虫交尾后即死亡；雌若虫在叶上危害至8月上、中旬，到9月下旬经2次蜕皮后变成雌成虫，并与雄虫交配，9月下旬全部迁移到1～2年生枝条上固定吸食，即进入越冬状态。初孵幼虫沿枝条爬行到叶片正面中、侧脉两旁固定取食，1～2天后体背分泌出2列白色蜡点，3～4天胸、腹形成2块背蜡板，后逐渐延伸结为1块，同时体缘分泌出13个三角形蜡芒，经12～15天即形成1个完整的星芒状蜡壳。后期若虫，雄性蜡壳仅增大加厚，雌性则分泌新蜡，形成龟甲状蜡壳。

日本龟蜡蚧幼龄若虫（徐公天　提供）

日本龟蜡蚧雌若虫（徐公天　提供）

日本龟蜡蚧被寄生后留下的外壳（徐公天　提供）

日本龟蜡蚧若虫蜡壳（徐公天　提供）

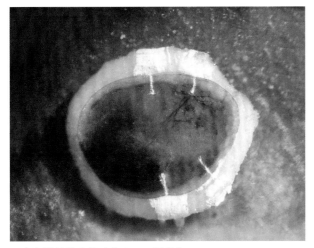

日本龟蜡蚧雄若虫（徐公天　提供）

日本龟蜡蚧若虫体（徐公天　提供）

在卵孵化期间，遇雨水多，空气湿度大，气温正常，卵的孵化率和若虫存活率都很高，可达100%，当年危害重。反之，在此期间缺雨、气温高、干燥，大量卵和初孵若虫会干死在母壳下，当年危害就轻；雌成虫越冬期间，雨雪较多，枝条上结成冰凌情况下，自然死亡率就高。

防治方法

1. 做好苗木、接穗、砧木检疫消毒。

2. 保护引放天敌。天敌有红点唇瓢虫、黑缘红瓢虫、黑背毛瓢虫、龟蜡蚧跳小蜂、大草蛉等。

3. 剪除虫枝或刷除虫体。

4. 冬季枝条上结冰凌或雾凇时，用木棍敲打树枝，虫体可随冰凌而落。

5. 刚落叶或发芽前喷90%的机油乳剂100倍液、5%松脂合剂8～10倍液，如混用化学药剂效果更好。

6. 初孵若虫分散转移期可采取树冠喷雾法，即在若虫未被蜡之前，喷5.7%甲维盐·阿维菌素3000倍液、40%啶虫脒·毒死蜱2000倍液。为提高杀虫效果，可在药液中混入0.1%～0.2%的中性有机硅，虫口密度大时，喷药前最好先刷擦，利于药液渗入。

参考文献

萧刚柔, 1992; 赵方桂等, 1999; 孙绪艮等, 2001.

（王海明，孙金钟，胡兴平）

83 红蜡蚧

分类地位	半翅目 Hemiptera　蚧科 Coccidae
拉丁学名	*Ceroplastes rubens* Maskell
英文名称	Red wax scale
中文别名	红玉蜡虫、红粉介壳虫、红蚰、胭脂虫、红桶虱、红蜡虫

红蜡蚧是危害果树、园林、森林和经济林木的一类重要害虫。分布于华中、华东、华南、西南甚至西北一些地区，常年造成10%～30%的产量损失。

分布　河北，辽宁，吉林，黑龙江，上海，江苏，浙江，安徽，福建，江西，湖北，湖南，广东，广西，四川，贵州，云南，陕西，台湾等地。日本，印度，斯里兰卡，缅甸，菲律宾，印度尼西亚，美国及大洋洲国家等。

寄主　栀子、桂花、月桂、山茶、梅、月季、米兰、南天竹、石榴、木兰、海棠、茶花、雪松、珊瑚树、广玉兰、罗汉松、苏铁、冬青、玳玳、佛手、十大功劳、棕榈、锦带花、常春藤、阴香、含笑、金橘等200多种。

危害　主要危害嫩枝，少数危害叶柄、叶片，致使树势衰弱，重者枝梢枯死；同时，其分泌物易诱发煤污病，既影响植物光合作用加速植物体衰退，又严重影响植物本身的观赏效果。

形态特征　**成虫：**雌虫蜡被红褐色，呈不完整半球形，直径3.0～5.0mm，中部有一脐状凹陷，边缘向上呈瓣状翻起，四角处各有1条蜡质白线，为胸气门路上五格腺分泌蜡质形成的蜡带。雌虫体椭圆形，紫红色，体边缘在气门处深陷。雄虫至化蛹时介壳长椭圆形，暗紫红色，虫体长1mm，体暗红色，翅半透明，触角黄色，10节。**若虫：**若虫体扁平，椭圆形，红褐色，腹末端有2根长毛。**卵：**卵椭圆形，淡紫色，两端稍细，长约0.1mm。

生物学特性　1年1代。每年5月下旬，越冬雌虫开始产卵、孵化，6月上、中旬为产卵盛期。每雌虫可产卵150～550粒。卵产于雌虫体下，数天后卵便开始孵化成1龄若虫，孵出的若虫大量涌散爬至寄主植物嫩枝、嫩梢及叶部固定取食危害（多在阳光照射的外侧枝梢上）。6～7月为孵化高峰期，8月中旬为孵化末期。若虫共3个龄期，约80天。孵出的若虫活动约1小时左右便固定下来，刺吸枝条或叶背面汁液，开始分泌蜡质，并随虫体的不断增长而加厚（呈紫红色），直至成虫老熟前停止分泌。成虫于8月下旬开始出现，不久雌、雄成虫交尾，雄虫则在交尾后死亡，受精雌成虫于枝条上越冬。

防治方法

1. 物理防治。在冬季可人工刮除虫体；做好苗木的检疫工作；在进行苗木修剪时，剪除病虫枝，集中烧毁。

2. 化学防治。产卵期用20%呋虫胺悬浮剂或45%丙溴·辛硫磷乳油1000倍液；孵化期用12%噻虫嗪·高效氯氰菊酯乳油1500～2000倍液喷雾1～2次。

3. 生物防治。可用拟盘多毛孢进行有效防治。保护利用天敌：黑色软蚧蚜小蜂、成都软蚧蚜小蜂、夏威夷软蚧蚜小蜂、赛黄盾软蚧蚜小蜂、日本软蚧蚜小蜂、红蜡蚧扁角跳小蜂、蜡蚧扁角跳小蜂、双带巨角跳小蜂、绵蚧阔柄跳小蜂、蜡蚧花翅跳小蜂、云南花翅跳小蜂、红点唇瓢虫、黑缘红瓢虫。

参考文献

汤祊德，1991；谢映平等，2006；徐公天等，2007.

（谢映平，李镇宇）

红龟蜡蚧雌成虫和初龄若虫蜡壳（徐公天　提供）

84	白蜡蚧	分类地位	半翅目 Hemiptera　蚧科 Coccidae
		拉丁学名	*Ericerus pela* (Chavanness)
		英文名称	White wax scale insect

分布　北京，云南，贵州，四川，广西，湖南，陕西等地。日本，朝鲜。

寄主　寄主植物有40多种，主要生产用寄主植物为女贞和白蜡树。

经济价值　白蜡虫是一种具有重要经济价值的资源昆虫。2龄雄若虫寄生在寄主植物上分泌的蜡称为白蜡。白蜡是一种天然高分子化合物，是由高级饱和一元酸和高级饱和一元醇所构成的脂类物质。由于白蜡具有熔点高、光泽好、理化性质稳定、防潮、润滑、着光等特点，被广泛应用于化工、机械、精密仪器、医药、食品、农业等行业。

除白蜡的工业用途外，白蜡蚧雌虫也具有十分高的经济价值。据研究，白蜡蚧雌虫是一种营养丰富的生物资源，成熟的白蜡蚧雌虫体内含有大量的卵，通常每只雌蚧可以孕卵8000～12 000粒。白蜡蚧雌成虫含有丰富的蛋白质、氨基酸、不饱和脂肪酸、微量元素、维生素、卵磷脂、脑磷脂、多糖、几丁质、黄酮类等物质，具有较高的营养和保健价值（冯颖等，2000）。

发展白蜡生产需要大量的寄主植物，对推动造林、绿化荒山，改善生态环境具有重要的经济、生态和社会效益。

形态特征　成虫：雌蚧初成熟时背部隆起，形似半边蚌壳；背面淡红褐色，上有大小不等的淡黑色斑点；腹面黄绿色，触角细小，6节；口器针状；足极细弱；腹部可见7节；臀裂呈纵窄环状；肛板三角形；肛环上有8根肛环毛；体长1.5mm，宽1.3mm左右；交尾后体渐膨大，最后成为球形，常因蚧体相互拥挤而呈不正圆形，红褐色。产卵期的雌蚧，体径最大可达14mm，一般10mm左右。雄蚧体长2mm，翅展5mm。头淡褐至褐色，眼区紫褐色；单眼6对；触角丝状，10节，淡黄褐色。胸部大，宽过头部；足细长，褐色，前翅近于透明，有虹彩闪光；后翅为平衡棍，梭形，端部有钩3个。腹部灰褐色，8节；性刺褐色；倒数第二节两侧有2根白色

蜡丝，长达2mm以上。**卵：**长卵形，长0.4mm，宽0.25mm，包被于母体下网状白色蜡丝和蜡粉中。雌卵在母壳口部，雄卵在壳底。**若虫：**1龄雌若虫近长卵形，体长0.6mm，宽0.4mm，红褐色；单眼1对；触角6节，第六节生长毛7根；腹末有蜡丝1对，约等于体长。2龄雌幼虫阔卵形，体长1mm，宽0.6mm，淡黄褐色；腹末蜡丝白色，长等于体；定杆后，体色变为灰黄绿色，体缘微带紫，体缘渐生长而密的蜡毛。1龄雄若虫卵形，与1龄雌若虫大体相似，但体色甚淡，易与雌虫相区别。2龄雄若虫卵圆形，体长0.75mm，宽0.45mm，淡黄褐色；触角7节。**蛹：**仅雄虫具有，分前蛹和真蛹。前蛹梨形，黄褐色，

白蜡蚧雌成虫死体（徐公天　提供）

白蜡蚧雄成虫蜡质分泌物（徐公天　提供）

体长约2mm，宽1.1mm；眼淡红褐色；触角短小；足粗短；翅芽伸达第二腹节。真蛹体长2.4mm，宽1.1mm，长椭圆形；眼点暗紫色，前足及腹部褐色，余均淡黄褐而带灰；触角10节，长达中足基部；翅芽达第五腹节。

生物学特性　1年1代。雌虫为不完全变态，经1龄若虫、2龄若虫到成虫；雄虫为完全变态，经1龄若虫、2龄若虫、前蛹、蛹到成虫。白蜡虫一生中在寄主植物上有2次爬行游动和转移，第一次爬行游动是卵孵化出的1龄若虫在寄主上爬行，寻找适宜的叶片固定下来，生活一段时间，这段时间在白蜡生产上称为定叶。由于雌若虫、雄若虫对光照的不同需求，定叶时雌虫散生于叶片正面，多按叶脉固定；雄虫群居于叶片背面呈聚集性固定。第二次转移发生在定干期，1龄若虫蜕皮后进入2龄，2龄若虫从叶片上转移到枝干上生活，在白蜡生产上称为定干。定干后白蜡虫终生不再移动，直到产生下一代。白蜡虫发育整齐，无世代重叠。白蜡虫在去雄条件下，存在孤雌生殖（陈晓鸣等，1997，王自力等，2003）。**卵和性比：**雌虫怀卵量很大，每雌怀卵约8000～12 000粒。

白蜡蚧孕卵雌成虫（徐公天　提供）

白蜡蚧若虫体覆盖大量蜡丝（徐公天　提供）

雌卵的颜色为深红色，雄卵颜色为黄色。雌雄性比一般为1：2左右。**若虫：**孵化后，1龄若虫在定叶过程中，由于新孵若虫自身的保护机制差，死亡率占整个世代死亡率的70%左右。风雨是若虫死亡的主要影响因子，风和雨将白蜡虫若虫中较弱的个体被淘汰，使白蜡虫种群数量受到很大的损失。

白蜡虫定叶大约一周后蜕皮进入2龄若虫，从叶片上迁移到寄主枝条上定干，雌虫通常选择透光较好的寄主植物顶端细嫩枝条以散生的方式定干，而雄虫一般选择避光、直径1～2cm的枝条以群居方式定干。定干后2龄雄幼虫开始分泌白蜡覆盖和保护虫体，分泌白蜡2～3个月，到进入蛹期为止，蜡被在寄主植物枝条上将2龄雄若虫包被，形成"白蜡条"。雌虫体壁逐渐角质化，形成较完善的保护机制。寄生性和捕食性天敌成为主要死亡原因，2龄若虫种群的死亡率占整个世代死亡率的10%～15%。**蛹及雄成虫：**大约有一半的蛹可以羽化为成虫，影响羽化的主要原因是天敌寄生。雄成虫为有翅型，羽化后，就近寻找雌成虫交配，交配后死亡。一头雄成虫可以与多头雌成虫交配，雄成虫可以存活8～10天。**雌成虫：**进入成虫后，雄成虫交配后自然死亡，雌成虫则要经历长达近8～9个月的生长发育，孕卵，产生后代。白蜡虫成虫形态为球状，直径约0.5～1.5cm，在寄主植物枝条上呈积聚性分布。雌成虫死亡率占整个世代死亡率的2%～5%。雌成虫主要死亡原因是小蜂寄生、蜡象和瓢虫取食等天敌危害。**繁殖力：**白蜡虫种群在整个世代中，死亡率高达99%以上，高繁殖力和高死亡率是白蜡虫种的特征。白蜡虫自然种群繁殖倍数一般为10～15倍（陈晓鸣等，2008）。

白蜡生产技术　白蜡生产主要采用"高山产蜡低山产虫"的传统异地生产方式，一般在云南昭通等地海拔1500～2000m的高山地区生产白蜡虫种虫（雌虫），然后将高山地区生产的种虫通过长途运输到四川峨眉、湖南芷江等地生产白蜡，生产种虫最为集中的地区为云南昭通炎山、永善万和、鲁甸梭山等地，四川西昌、金口河也有部分种虫生产，但种虫质量低于云南（陈晓鸣，2007a、b）。

（1）种虫培育：白蜡虫种虫生产一般采用女贞，雌蚧喜欢选择当年生的嫩枝条定叶和定干，雄

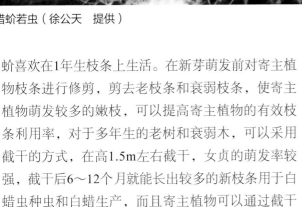

白蜡蚧若虫（徐公天　提供）

白蜡蚧若虫（徐公天　提供）

蚧喜欢在1年生枝条上生活。在新芽萌发前对寄主植物枝条进行修剪，剪去老枝条和衰弱枝条，使寄主植物萌发较多的嫩枝，可以提高寄主植物的有效枝条利用率，对于多年生的老树和衰弱木，可以采用截干的方式，在高1.5m左右截干，女贞的萌发率较强，截干后6～12个月就能长出较多的新枝条用于白蜡虫种虫和白蜡生产，而且寄主植物可以通过截干培育成为矮化树型，方便蜡农放养和采收。

种蚧放养时，将采收的孕卵成熟的白蜡蚧雌成虫（种蚧）放入50～80目的尼龙纱袋中（防止天敌），挂放在寄主植物枝条上。放养白蜡蚧时，最好选择近期无大风大雨的气象条件。挂放的虫苞内的种虫数量可以装十几头至几十头，根据寄主植物的大小和有效枝条的多少而定。放虫量的大小对白蜡生产有很大的影响，过多会造成寄主植物死亡，较少会浪费寄主植物资源。在生产白蜡蚧种蚧时，由于白蜡蚧要在寄主植物上完成生活周期需要1年，所以，放虫量以利用有效枝条50%～60%为宜。在白蜡种蚧生产上，蜡农通常采用原株留种的方法繁殖下一代种蚧，这种方法是在将较少的白蜡蚧种蚧留在原来的寄主植物上，由其自然放养，生产种蚧，这种方法虽然省事，也有实用价值，但容易造成天敌危害，不宜多次重复利用。

白蜡蚧种蚧采收时，要注意尽可能地轻采轻放。因为白蜡虫种虫从树上采下后，一端有开口，容易将种蚧内的卵损失。采收后的种蚧要注意摊晾，种蚧从树上采下后还要进行呼吸，不注意摊晾会使种虫发热，导致卵大量死亡。白蜡蚧种蚧在长途运输中，应经常翻晾，以免造成白蜡蚧大量死亡。

（2）白蜡生产：白蜡生产较为简单，蜡农通常采用农作物叶或尼龙纱袋装上白蜡蚧种蚧挂放在寄主植物枝条上，挂放前，可以将种蚧摊晾，待雌幼虫先孵化3～4天后，将种蚧挂放在适宜的枝条上，这种方法可以减少雌虫与泌蜡的雄虫争夺寄主资源。挂放种蚧后，要根据经验转移虫苞，以免放养量过大，造成寄主植物死亡或过分寄生后白蜡生产减产。一般生产白蜡的放虫量要大些，由于白蜡虫雄虫泌蜡期在40～60天，对寄主植物危害的时间较短，利用有效枝条的80%左右为宜。

（3）白蜡加工：①传统手工粗加工。在白蜡虫雄虫羽化前，采收白蜡。将采收的白蜡用纱布袋装好扎紧，放到大锅中沸煮，蜡融化后，多次煮沸和挤压，取出的上清液冷却后即为粗白蜡，颜色为白色或浅黄色。②机械精加工。蜡农加工的粗白蜡中含有不少杂质，在工业上利用还需要进一步除去杂质和纯化。工业化加工白蜡，一般采用蒸汽法，通常用蒸汽夹层反应釜在100℃的沸水中熔蜡，水洗、加活性炭去色，板式过滤机过滤，再水洗，最后用离心机分离水和蜡，分离出来的白蜡可根据需要注模成型，成为商品蜡。

参考文献

屈红, 1981; 吴次彬, 1989; 陈晓鸣等, 1997; 冯颖等, 2001; 王自力等, 2003; 陈晓鸣等, 2007a; 陈晓鸣等, 2007b; 陈晓鸣等, 2008.

（陈晓鸣，王辅）

85 瘤大球坚蚧

分类地位	半翅目 Hemiptera　蚧科 Coccidae
拉丁学名	*Eulecanium giganteum* (Shinji)
异　　名	*Lecanium gigantea* Shinji, *Eulecanium diminutum* Borchsenius
英文名称	Giant globular scale
中文别名	枣球蜡蚧、大球蚧、瘤大球蚧、枣大球蚧

分布　北京，河北，山西，内蒙古，江苏，安徽，山东，河南，陕西，甘肃，宁夏，新疆（喀什、和田、伊犁）。日本，俄罗斯远东地区。

寄主　寄主植物有20科45种。特别喜食的树种有：红树枣、酸枣、巴旦木、槐树、复叶槭、文冠果、白榆；一般喜食的树种有：白蜡树、合欢、皂角、花椒、桃树、杨树、柳树、桑、法桐、石榴、无花果、核桃、葡萄、沙枣、玫瑰、苹果、梨树、杏等。

形态特征　**成虫：**雌虫虫体半球形，光滑，前半高突，后半斜而狭。体长10～16mm，宽8.0mm。体背红褐色，带有整齐似西瓜皮斑纹的灰黑色花斑纹，其上有1条中纵带，2条锯齿状缘带，两带之间有8个棱形黑斑排成列状，花斑表面有毛线状蜡被。产卵后体背硬化呈黑褐色，其上红色逐渐消失。除有个别凹点外，基本光滑。雄虫体长1.5～2.1mm，翅展5.0mm左右，头部黑褐色。前胸及腹部黄褐色，中、后胸红棕色，前翅透明无色，腹末端有6根刺和2根长短不等的白色尾毛。**卵：**长椭圆形，长约0.4mm，乳白色，后期变为红褐色并被白色蜡粉。**若虫：**1龄若虫长椭圆形，长约0.4～0.5mm，橘黄色，体节明显，体薄被白色介壳；2龄若虫体稍隆起，长0.6～0.7mm，宽0.3～0.5mm，淡黄褐色，体背前、后有2个环状壳点，并有橘黄色隆起的纵条斑1块；3龄固定若虫体扁平，体长1.0～1.3mm，黄褐色，体被灰白色半透明呈龟裂状的蜡层，其外附少量白色蜡丝。后期体缘有白色刺毛和白色蜡片。2龄雄若虫体被一层毛玻璃状的污白色蜡壳。**蛹：**椭圆形，长约2.3mm，前期淡褐色，后期深褐色。体被长卵形，无光泽、透明的介壳。

生物学特性　新疆1年1代。以2龄若虫固定在寄主枝、干上越冬。翌年3月下旬至4月上旬随树体萌芽开始刺吸危害。雄若虫4月上旬化蛹，4月下旬羽化；蛹期12～16天；雌成虫出现始期为泡桐、刺槐花初开，苹果、梨花盛开，榆树花开末期；4月底至5月上旬当泡桐、刺槐花盛开，苹果、梨花开末时为雌成虫盛发期，这时雌成虫体渐膨大，从腹部分泌蜡丝，然后开始产卵。5月上旬泡桐、刺槐花开末期为其产卵盛期。卵在5月底、6月初枣花、石榴花初开，沙枣花开末期开始孵化；6月上、中旬枣花、石榴花盛开时为孵化盛期；卵孵化末期为石榴花末期、早熟小麦成熟期。孵化率达95%。卵期20～27天。7月中旬至8月上旬为若虫危害盛期，9月逐渐下

瘤大球坚蚧孕卵雌成虫被覆蜡质（徐公天　提供）

瘤大球坚蚧雌成虫死体（徐公天　提供）

瘤大球坚蚧卵（徐公天　提供）

降，直至10月中、下旬越冬。

以若虫和雌成虫危害寄主的嫩枝干和叶片。轻者使叶黄、枝梢干枯、树势衰退；重者果品质量下降，减产绝收，甚至整株死亡。雄成虫多在10:00～12:00时，天气晴朗羽化的较多，活动也频繁。但寿命短，仅有1～2天，交尾不久即死亡；雌成虫出壳后即可交尾和产卵。雌虫随着不断产卵，腹部向上收缩以便储藏卵粒，直至腹背相连成为一薄壳而死亡。雌成虫寿命20～35天。雌雄性比为1：4.3。受精的雌成虫产卵量随寄主不同而异，少则200粒，多达1万粒，一般为3000～6000粒。初孵若虫很活泼，先在卵壳内滞留2～5天后分散到叶正、背两面的叶脉上，沿着主脉两侧取食危害，然后转移到叶柄、嫩枝上危害；2龄以上若虫多在树冠中、下层西北方向的嫩枝条和叶上固定危害，秋季在寄主落叶前转移到枝干上。转移时间随着寄主落叶早晚而不同，未来得及转移的若虫随叶片脱落而死亡。越冬若虫分布在树冠上、中、下层，多在1年生以上阴面的枝条上。雌成虫多分布在树冠下层阴面2年生以上、5年生以下的枝条上。

防治方法　根据瘤大球坚蚧虫口密度，叶片被害率与枣树产量以及被害枣树的经济损失的关系，确定其防治指标为10头/10cm^{2}叶片。

1. 营林措施。加强林木检疫，严把苗木产地和调运检疫关；出圃苗木和幼树一律要求出示苗木检疫、检验和合格证。对引进苗木必须进行复检；对疫苗要进行药物处理或就地烧毁。加强苗木抚育管理，树干涂白减少生理病害，增强树势。

2. 人工防治。冬季及早春时结合整枝修剪，清除瘤大球坚蚧嗜食树种上的有虫枝条、根蘖苗和枯死树等虫源木；将零散非经济林瘤大球坚蚧嗜食的树种，如槐、榆、铃铛刺等作为引诱木，防治时重点放在这部分树木上。从植物群落上抑制该虫的繁衍；树木休眠期采用高压喷雾器冲刷枝干上的越冬若虫，减少若虫基数；人工摘除未产卵的雌成虫。

3. 生物防治。可用拟盘多毛孢进行有效防治。保护李斑瓢虫、罗思尼斜结蚁、德国黄胡蜂、华姬猎蝽、蠋蝽、疏附齐褐蛉、戴胜和麻雀等瘤大球坚蚧天敌；在春、夏两季林地内不要施用化防，利用瘤大球坚蚧的优势种天敌——球蚧花角跳小蜂自然控制。确保其繁衍。

4. 仿生药剂防治。若虫期用5.7%甲氨基·阿维菌素苯甲酸盐乳油3000倍液防治。

5. 化学防治。每年3月下旬至5月上旬越冬若虫期和5月中旬至10月上旬1～3龄若虫期，选用12%噻虫嗪·高效氯氟氰菊酯1000倍液防治。

参考文献

汤祊德，1991；席勇等，1994；席勇，1996；席勇等，2000；王建义等，2009.

（席勇，王爱静）

86 槐花球蚧

分类地位	半翅目 Hemiptera　蚧科 Coccidae
拉丁学名	*Eulecanium kuwanai* Kanda
异　名	*Lecanium kuwanai* Takahashi
中文别名	皱大球蚧、皱球坚蚧

分布　北京，河北，山西，山东，河南，陕西，甘肃，宁夏等地。日本。

寄主　槐树、合欢、榆树、复叶槭、紫薇、栎类、桃树、杏等。

危害　若虫固定在当年生枝条上群聚危害，受害株长势衰弱。

形态特征　**成虫：**雌虫半球形，红褐色，体长12.5～18.0mm；触角7节，臀裂浅，三角形肛板2块，肛环有孔纹，肛环毛约8根；产卵前灰黑色背中带和锯齿状缘带间具8个灰黑色斑，蜡被绒毛状；产卵后体硬化、黄褐色至棕褐色。雄虫头黑褐色，胸腹部褐色，体长1.8～2.0mm，腹末2条白蜡丝，触角10节，前翅膜质乳白色，交配器细长（萧刚柔，1992；李孟楼，2002）。**卵：**长圆形，乳白色或粉红色。**若虫：**初孵若虫椭圆形、肉红色，长0.30～0.50mm。触角6节，臀末2根长刺毛，肛环毛6根。固定若虫扁草履形、淡黄褐色，长0.60～0.72mm，蜡被透明。**雄蛹：**体长1.7mm，触角和足可见分节，翅芽和交配器明显。

生物学特性　宁夏、甘肃、山东均1年1代。以2龄若虫固定在当年生枝条上群聚越冬，翌春继续危害。宁夏4月中旬2龄若虫开始雌、雄分化，雌虫蜕

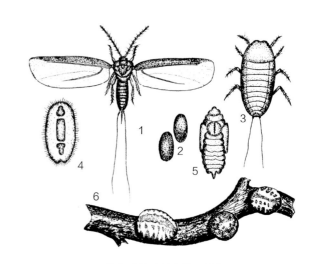

槐花球蚧（刘启雄　绘）
1.雄成虫；2.卵；3.初孵若虫；4.2龄雄若虫；5.雄蛹；6.雌成虫

皮为成虫；雄虫经预蛹和蛹期于5月初羽化为成虫，在光照差或高温低湿时不羽化，寿命约2天。雌虫交配后于5月中、下旬产卵（产卵习性似于扁平球坚蚧）；光滑型母体产粉红色卵3241～9000余粒，孵化率高；皱缩型产乳白色卵885～3250粒，孵化率较低。5月下旬至6月中旬卵孵化。初孵若虫迁移到叶片的正反面和嫩枝上刺吸危害，10月再转移到新枝上、多固着于细枝基部的芽腋附近越冬。全年危害严重期是4月中旬至5月下旬。天敌主要有寄生若虫、蛹和雌成虫的球蚧蓝绿跳小蜂，捕食雌蚧腹下卵的北京举肢蛾及捕食卵和若虫的黑缘红瓢虫（萧刚柔，1992；李孟楼，2002；王凤英等，2007；刘玉平等，2005）。

防治方法　5月下旬至6月若虫危害期，采用"甲氨基·阿维菌苯甲酸盐+柴油合剂"或松脂合剂喷雾，防治效果可达100%。当林地天敌寄生或捕食率达70%以上时，应避免喷药。

参考文献

萧刚柔，1992；李孟楼，2002；刘玉平等，2005；王凤英，2007；王建义等，2009.

（李孟楼，薛贤清，谢孝熹，严敖金，王希蒙，王建义）

槐花球蚧（李镇宇　提供）

87 日本卷毛蚧

分类地位 半翅目 Hemiptera 蚧科 Coccidae

拉丁学名 *Metaceronema japonica* (Maskell)

中文别名 油茶刺绵蚧

日本卷毛蚧是油茶产区的主要害虫之一，并诱发油茶煤污病 *Capnodium theae* Hara.、*Meliola* sp.。病虫夹攻，可致油茶林绝产。

分布 浙江（丽水、遂昌、松阳、青田），安徽（六安），江西，湖南，四川，贵州，云南，台湾等地。日本。

寄主 油茶、茶树、山茶、枔木。

危害 受害林木枝叶和林下地被物整片发黑，严重受害的林木叶落枝枯，甚至植株枯死。

形态特征 成虫：体长4～5mm，体宽2～3mm，雌虫卵圆形；腹面扁平，背部隆起，上覆2块弹簧状白色卷曲蜡丝；胸气门2对；臀裂两侧的缘毛长而粗；肛板粗厚；体背有2列粗短的锥刺；体缘毛管状或刺状；产卵时分泌白色卵囊，盖覆全身。雄虫体橙黄色，足、触角、交尾器深褐色；触角丝状，10节；头部两触角间有3个额瘤，居中的1个较大；翅灰黄色，有白色尾毛1对（萧刚柔，1992）。卵：长0.35～0.37mm，宽0.17～0.18mm，淡黄色，椭圆形，堆叠在卵囊中；卵囊长3.0～6.5mm，表面覆盖白色蜡质物（萧刚柔，1992）。若虫：初孵若虫体长0.4mm，宽0.2mm，浅黄色；倒卵形，前端稍宽；体缘在前、后气门处成缺刻陷入；有长尾毛1对。2龄雌性背脊出现2块弹簧状卷曲的蜡丝；雄性分泌带有白色卷曲蜡毛的介壳（萧刚柔，1992）。雄蛹：长1.4～1.9mm，宽0.5～0.6mm；橙黄色，单眼紫褐色；触角长达中足基节；交尾器呈圆锥状突出（萧刚柔，1992）。

生物学特性 1年1代。以受精雌成虫于枝、叶或杂草覆盖的干基越冬。4月中旬起开始产卵，5月上旬为产卵盛期，5月中旬若虫开始孵出，6月上旬为孵化盛期。7月若虫出现性分化，雄虫于10月上旬化蛹，10月下旬起羽化，11月上旬为羽化盛期。雌虫亦于同期蜕变为成虫，与雄虫交尾后多迁往枝干上越冬。雄成虫羽化时由介壳后端倒退而出，羽化后即寻找雌虫交配，有多次交尾现象。寿命较短，仅存活1天左右。雌成虫受精后继续取食，并逐步迁往避风向阳的枝干上越冬，翌年春暖后又转移到叶片背面危害，并形成卵囊，产卵其中。雌蚧平均产卵800多粒，寿命长达半年。卵期30～35天。初孵若虫善爬行，活动能力强。若虫多聚集在叶片背面取食，一旦定居，很少转移。预蛹期4～6天，蛹期8～15天。

日本卷毛蚧雌蚧（张润志 整理）

日本卷毛蚧卵囊卵粒（张润志 整理）

日本卷毛蚧诱发的煤污病（张润志　整理）

日本卷毛蚧雄蚧壳（张润志　整理）

防治方法

1. 在浙江丽水地区发生日本卷毛蚧的油茶林地，几乎都会有宽缘唇瓢虫跟随发生。宽缘唇瓢虫的幼虫和成虫分别取食日本卷毛蚧的卵块、若虫、雄蛹和雌成虫。和日本卷毛蚧一样，宽缘唇瓢虫也是1年1代，与日本卷毛蚧的生活史配合得非常协调。所以保护宽缘唇瓢虫，对防治日本卷毛蚧有十分重要的意义。通常宽缘唇瓢虫的大发生和日本卷毛蚧的大发生慢一个节拍。当害虫大发生时，瓢虫数量往往还跟不上。有条件的地方，可从蚧虫已被控制而瓢虫数量很多的林地采集瓢虫，投放到蚧虫大发生而瓢虫数量尚少的林地。宽缘唇瓢虫化蛹和成虫越冬都有群集性，化蛹时采集载虫枝叶转移到被害林地羽化；也可在成虫越冬期汇收成虫，此时成虫处于越冬期，不再取食，可置虫笼于室内越冬，待春暖后投放到被害林地。

2. 刺绵蚧多毛菌 *Hirsutella* sp.和双生座壳孢 *Aschersonia duplex* 是日本卷毛蚧的主要感病真菌，局部林地自然寄生率极高，是重要的自然控制因素，要注意保护。日本卷毛蚧诱发的煤污病是表生真菌，寄生于蚧虫的分泌物上，并不侵入植物组织。故煤污病只需控制日本卷毛蚧，断绝蚧虫蜜露后，煤污病自然消退，无须施用杀菌剂，以免伤及蚧生真菌。

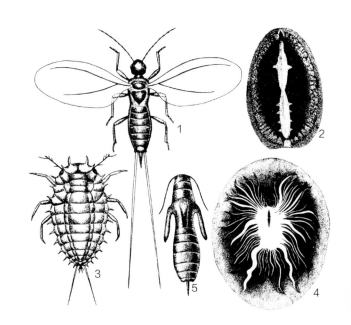

日本卷毛蚧（张培毅　绘）

1.雄成虫；2.雌成虫；3.初孵若虫；4.雄若虫（被白色蜡毛）；
5.雄蛹

3. 对天敌难以控制的严重日本卷毛蚧虫害，可在若虫期于晴好天气以内吸剂农药（噻虫嗪、吡虫啉等）在树干分枝以下涂抹一圈，有很好的防治效果，且对天敌较安全。

参考文献

陈汉林, 1980; 陈汉林, 1990; 萧刚柔, 1992.

（陈汉林，陈祝安）

88	**橡副珠蜡蚧**

分类地位	半翅目 Hemiptera　蚧科 Coccidae
拉丁学名	*Parasaissetia nigra* (Nietner)
英文名称	Nigra scale
中文别名	黑盔蚧、橡胶盔蚧、乌黑副盔蚧、黑软黑蜡蚧、乌副盔蚧

橡副珠蜡蚧在云南橡胶树林大面积暴发，对橡胶生产造成了巨大的损失，也严重影响了我国天然橡胶的生产和发展。

分布　福建，广东，海南，云南，台湾等地。日本，印度，斯里兰卡，马来西亚，菲律宾，以色列，埃及，西班牙，澳大利亚，美国，秘鲁，洪都拉斯，南非，巴基斯坦等国均有分布。在欧洲为检疫性害虫。

寄主　主要危害橡胶和热带的园林植物，如榕属和木槿属植物，同时也危害番荔枝、柑橘、咖啡、棉花、巴豆、番石榴、橡胶、杧果、木瓜等。美国有100多种寄主植物，我国有30多种寄主植物。

危害　主要危害寄主植物的韧皮部，也取食叶片或嫩枝的汁液。单个虫体引起的危害较小，虫口数量大时，则出现黄叶、落叶、落果，甚至植株枯死等。对橡胶的危害主要以成虫、若虫刺吸橡胶植株的叶片和嫩枝的汁液，致使枝叶发黄、萎缩、落叶、枝条干枯等。另外，该虫还分泌蜜露诱发煤烟病，影响植株的光合作用。危害轻时，导致生长受阻及产量下降；严重时，造成减产、停割，甚至胶树整株枯死。

形态特征　**成虫**：雌虫体长2～5mm，椭圆形略突，有时不对称。年轻个体黄色，有时有褐、红斑，产卵时变成富有光泽的暗褐色至紫黑色。老死个体背有"H"纹，体皮多角形密集网状，而体缘则有1单列方形的白蜡板，另有5纵列背面的小蜡板，若虫期扁平而黄色。

生物学特性　种群内无雄虫。成虫营孤雌生殖，繁殖力强，每雌产卵400～1000粒；产卵期长，长达20天左右；卵产于蜡质介壳下，随着产卵量

橡副珠蜡蚧雌成虫（谢映平　提供）

205

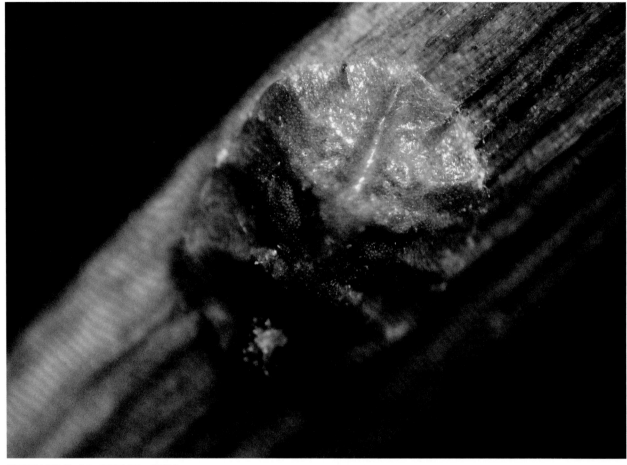

橡副珠蜡蚧雌成虫（谢映平　提供）

的增大，该虫背部隆起程度增大，到产卵后期虫体基本萎缩变干。1龄若虫孵出后常在雌介壳下等候1～2天，当天气条件适合时才爬出介壳。之后快速爬行，涌散到邻近的枝叶上，尤其是刚抽出的新枝上，还可以借助风力远距离传播，这一龄期是该虫唯一活跃的时期。当它爬到合适的取食位置，口器插入橡胶树组织后，进入生长阶段，很少移动。2龄若虫通常静止，但如果取食条件恶化，仍可以移动。3龄若虫通常也静止，分泌大量蜜露，聚集成不透明的滴状。常见蚂蚁与之共生。该虫在1年内有3个繁殖高峰期，时间分别在每年的3～4月、6～7月和9～10月。其中，3～4月虫态较为整齐，是防治的最佳时期。其他繁殖高峰期世代重叠比较明显。

防治方法

1. 植物检疫。加强地区间的检疫，在芽条截取、苗木调运前应注意观察或检疫，严禁调运带有橡副珠蜡蚧的芽条和苗木。

2. 农业防治。加强胶林的管理，提高橡胶树的营养状况，增强其抗虫性。加强胶树枯、弱枝和细枝的修剪，除去有虫枝条和林间杂草，注意冬季落叶的集中焚烧，以减少虫源。

3. 生物防治。可用拟盘多毛孢进行有效防治。自然界中橡副珠蜡蚧的天敌丰富，通常能控制该虫。但是，随着施药浓度及频次的增加，大量天敌及其他有益生物被杀伤，当温度、湿度、降水等条件适宜时，该虫就可能暴发成灾。因而，进行化学防治时，应注意天敌的保护。寄生蜂是控制橡副珠蜡蚧种群数量的重要因素。

4. 化学防治。在橡副珠蜡蚧盛发期，用氧苯灵热雾剂防治橡胶上的初孵幼虫，有一定防治效果。在若虫高峰期，施用12%噻虫嗪·高效氯氟氰菊酯悬浮剂，可取得良好防治效果。中、幼龄胶林用喷雾法，开割胶林则用烟雾法。

参考文献

卢川川等，1991；王子清，2001；张方平等，2006.

（谢映平）

分类地位	半翅目 Hemiptera　蚧科 Coccidae
拉丁学名	*Parthenolecanium corni* (Bouché)
英文名称	European fruit lecanium scale, Brown elm scale, Fruit lecanium
中文别名	糖槭蚧、水木坚蚧、远东盔蚧、刺槐蚧

89 | 扁平球坚蚧

分布　北京，河北，山西，内蒙古，辽宁，吉林，黑龙江，江苏，浙江，安徽，山东，河南，湖北，湖南，四川，陕西，甘肃，青海，宁夏，新疆。西欧，北非及伊朗，朝鲜，美国，俄罗斯，加拿大。

寄主　已知双子叶植物寄主100种以上，包括糖槭、白蜡树、白榆、小叶白蜡、圆冠榆、刺槐、金银木、白柳、桑、大叶杨、小叶杨、新疆杨、青桐、榛、黄槐、核桃、文冠果、桃树、杏、李树、苹果、梨树、沙果、山楂、酸梅、枣、紫穗槐、树莓、合欢、玫瑰、葡萄、木槿、大豆、棉花、向天葵。

形态特征　**成虫**：雌虫成熟后体背隆起，体呈椭圆形，头盔状，长3.5～6.5mm，宽3.0～5.5mm；体壁硬化，红褐色。雄虫体长1.2～1.5mm，翅展3.0～3.5mm；体红褐色，头黑色。**卵**：长椭圆形，两端略尖，长0.2～0.5mm，宽0.1～0.15mm，乳白色，近孵化时为黄褐色。**若虫**：1龄若虫扁平椭圆形，长0.4～0.6mm，宽0.25～0.3mm，淡黄色，眼黑色。2龄若虫体长0.8～1.0mm，宽0.5～0.6mm；体背缘内共有12个突起蜡腺，分泌出放射状排列的长蜡丝。**蛹**：体长1.2～1.7mm，暗红色，腹末有明显的"叉"字形交尾器。

生物学特性　在糖槭、刺槐、葡萄上1年2代，其他植物上1年1代；在南方和新疆吐鲁番地区1年

扁平球坚蚧受精雌成虫及若虫（徐公天　提供）

扁平球坚蚧孕卵雌成虫（徐公天　提供）

扁平球坚蚧雌成虫死体（徐公天　提供）

扁平球坚蚧密集寄生于卫矛树（徐公天　提供）

3代。以2龄若虫在嫩枝条、树干嫩皮上或树皮裂缝内越冬。

　　在河南郑州，越冬若虫于翌年3月中旬开始活动，4月中旬雌成虫开始产卵，4月下旬为盛期，5月上旬为末期。卵产于母体下，单雌产卵867～1653粒，平均为1260粒，卵经20余天孵化。2龄若虫于10月迁到树皮裂缝等处越冬。在新疆地区，3月底至4月中旬开始活动危害，4月下旬至5月上旬为羽化期，雌成虫于5月中、下旬产卵，5月底至6月中旬孵化。发生1代的，若虫于8月上旬由叶片转移到嫩

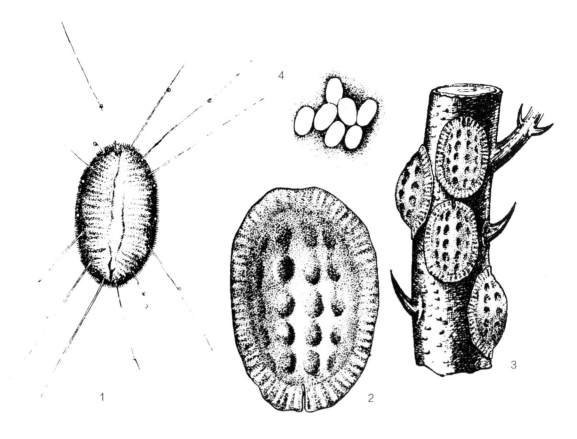

扁平球坚蚧（张培毅　绘）
1.2龄若虫；2.雌成虫；3.危害状；4.卵

枝上固定，8月下旬产卵，9月上、中旬孵化，10月上、中旬普遍转移到嫩枝或树皮缝内固定越冬。

在东北、华北地区，营孤雌生殖。在新疆石河子地区，发现有两性生殖，雄虫只占雌虫的3.5%，大多数仍为孤雌生殖。该虫的个体发育很不整齐，不仅因寄主种类和季节不同，就是同一寄主、相同季节，由于寄生部位不同，个体大小和产卵量也不相同。卵的发育速度与温度成正相关。第一代卵在四五月月平均气温为18℃时，经30天左右才能孵化；第二代卵在7月中、下旬当月平均气温为30.5℃，经20天左右即孵化。若虫孵化后，先在母壳下停留不动，待大部分若虫孵化后始离母壳。卵的孵化率高低与温度关系很大，平均气温19.5～23.4℃，平均相对湿度41%～50%时孵化率最高。平均气温超过25.4℃，平均相对湿度为38%以下时，卵的孵化率降低89.3%。

扁平球坚蚧的主要天敌有黑缘红瓢虫、红点唇瓢虫、蒙古光瓢虫、寄生蜂、蚂蚁、草蛉等。

防治方法

1. 检疫。加强检疫措施，严禁带虫苗木、接穗外运和引进。对有虫苗木可用药剂熏蒸或喷药处理后方可用于育苗、造林。

2. 营林技术防治。营造混交林，选择抗虫树种，加强林木管护，及时浇水、修剪、涂白，促进生长，增强抗性。

3. 人工防治。人工刺刷若虫和抱卵期的雌介壳。

4. 生物防治。可用拟盘多毛孢进行有效防治。保护和利用寄生蜂、瓢虫、蚂蚁等天敌。

5. 化学防治。春季在树木萌芽前防治越冬若虫，以12%噻虫嗪·高效氯氟氰菊酯1000倍液树干刷环和100倍液灌根。夏秋季当若虫孵化盛期时，采用45%丙溴·辛硫磷800～1000倍液喷雾。

参考文献

张之光等，1958；周亚君，1965；终超然等，1985；孙德祥等，1989；萧刚柔，1992.

（文守易，徐龙江，杨有乾）

90 白生盘蚧

分类地位	半翅目 Hemiptera　盘蚧科 Lecanodiaspididae
拉丁学名	*Cresococcus candidus* Wang
中文别名	白生球链蚧

白生盘蚧危害板栗，严重影响板栗的生长和结实。

分布　四川，贵州，云南（大理、丽江、昆明、弥勒、楚雄、曲靖、玉溪、红河）。

寄主　板栗、青冈、麻栎、苹果等。

危害　寄生于当年生和2年生的嫩枝、短果枝及叶片，吸取汁液，严重时被害枝条全被虫体分泌的白色棉絮状蜡质所覆盖，导致枝条干枯。

形态特征　**成虫：**雌虫虫体多呈宽卵形，埋藏于白色棉絮状蜡质分泌物中，体长约1.92～5.50mm。触角7节，第三节最长。雄虫体长2.10～2.15mm（包括交尾器），翅展2.15～2.25mm。虫体粉红色；触角丝状，10节（王子清，1982）。**卵：**长椭圆形，长0.5～0.6mm，宽0.1～0.2mm；初产时为淡黄色，逐渐变为橙黄色。**若虫：**初孵若虫长椭圆形，长0.5～0.7mm，淡黄色，触角6节，第三节最长；2龄若虫宽卵形，长2.7～4.8mm，触角和足退化，单眼消失。

生物学特性　云南滇中地区1年1代，以雌成虫在被害枝条上越冬。翌年3月越冬成虫开始活动，5月中旬开始产卵，6月中旬为盛期。5月中旬至8月中旬为若虫涌散期，6月上旬至下旬为高峰期。6月中旬至9月上旬为固定1龄若虫期；7月下旬至11月中旬为2龄若虫期；8月下旬至翌年7月中旬为雌成虫期。8月下旬出现雄虫前蛹，9月上旬至下旬为蛹期；10月上旬出现雄虫，10月中旬为羽化盛期（王海林等，1988）。

白生盘蚧多营两性生殖，少数为孤雌生殖。初孵若虫涌散期是扩散蔓延的主要时期，2龄后，雌若虫迁至当年生幼嫩枝条上固定危害，不再迁移，是危害最严重的时期。

防治方法

1. 人工防治。每年结合冬季修剪，或于4月上旬白生盘蚧若虫未孵化前剪除受害严重枝条，集中置于离树稍远处，使寄生蜂羽化后能飞至树上寻找寄主，又能阻断蚧虫初孵若虫爬行分散，消灭大量若虫（陶玫等，2003）。

2. 生物防治。可用拟盘多毛孢进行有效防治。注意保护利用蜡蚧扁角跳小蜂、软蚧扁角跳小蜂、白蜡虫花翅跳小蜂、球蚧花翅跳小蜂、花翅跳小蜂、蜡蚧啮小蜂、啮小蜂、夏威夷食蚧蚜小蜂、闽粤食蚧蚜小蜂、原食蚧蚜小蜂等天敌资源（陶玫等，2003；黄万斌，2007）。

3. 化学防治。6月上旬至下旬，用20%呋虫胺悬浮剂1∶1500倍液喷雾，或用45%丙溴·辛硫磷兑柴油，按1∶70的比例稀释成3/10 000的柴油乳剂，用喷热雾机喷洒；或用松脂合剂和0.3波美度石硫合剂喷洒防治；10月中旬，白生盘蚧雄虫羽化盛期，用"741"插管热雾剂防治（萧刚柔，1992；黄万斌，2007）。

参考文献

王子清，1982；萧刚柔，1992；王海林等，1998；陶玫等，2003；黄万斌，2007.

（李巧，潘涌智，王海林）

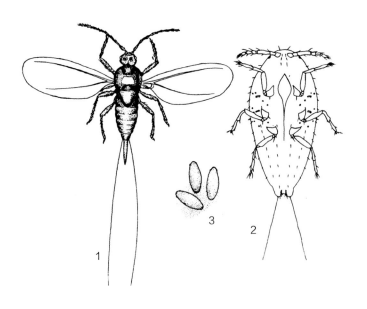

白生盘蚧（1.胡兴平　绘；2、3.陈刚　绘）

1.雄成虫；2.雌成虫；3.卵

91 日本链壶蚧

分类地位 半翅目 Hemiptera 壶蚧科 Asterococcidae

拉丁学名 *Asterococcus muratae* (Kuwana)

异　名 *Cerococcus muratae* Kuwana

分布 江苏，浙江（景宁、松阳），四川，贵州。

寄主 凹叶厚朴、黄山木兰、木荷、珊瑚树、葡萄、茶树、柑橘、梨树、枇杷。

危害 被害林木一面受害虫刺吸，损失树体营养；一面因害虫排蜜，诱发煤污病 *Capnodium theae* Hara.，枝叶一片乌黑，影响植株光合作用。

形态特征　成虫： 雌虫长3.0mm，宽2.5mm。触角退化。无足。2对胸气门明显。尾瓣大，端毛长。多数个体的尾瓣和肛管向背面翘起。介壳质地较硬，长4mm，宽3mm，黄褐色。有4根放射状白色线纹，2根斜向前，呈单线；2根横在后，呈双线。此放射线绕向腹部中心会合。背面近末端有一明显的壶嘴状突起。雄虫体长1.4mm，翅长1.2mm。体棕黄色。触角10节，每节都生有细毛。1、2节褐色，鞭节黄色。前翅透明，有翅脉2条。**卵：** 长径0.35mm，短径0.2mm，椭圆形，棕黄色。**若虫：** 初孵若虫体长0.6mm，黄色。触角6节，第三节最长。足发达。尾瓣大，带有大于体长1/2的长刚毛。**雄蛹：** 长1.1mm，宽0.5mm。黄褐色。附肢、体节明显。腹末端较尖细。

生物学特性 1年1代，以2龄若虫在被害枝干上

日本链壶蚧成虫蜡壳（徐公天　提供）

越冬。4月上旬雄蚧预蛹，虫体变长，腹面有棉团状淡黄色分泌物包裹。4月中旬化蛹，蛹被前蛹的蜕皮和分泌物。4月下旬雄蚧羽化。雌蚧于同期蜕变为成虫。雄蚧寿命很短，交尾后很快死亡。受精雌蚧继续危害，但足已完全退化，固定在原位吸食，不再转移。8月下旬开始产卵。卵产于介壳下，随着产卵，母蚧虫体向介壳头端收缩，腾出的空间位置用以贮存卵粒。产卵量个体间相差很大，约49～107粒，多数为60粒左右。9月下旬开始孵化。初孵若虫离开卵囊，四处爬行，寻找合适的寄生场所。定居吸食后不久即蜕皮成为2龄若虫。此后活动减弱，很少转移。危害部位以主干为主，从干基到树冠上部的树干都有蚧虫寄生，较粗的枝条亦被寄生。越冬若虫在凹叶厚朴上以寄生于叶片脱落后的叶痕处为最多。寄生于枝干的蚧虫酷似厚朴树的皮孔。逼真的拟态，不易被发现。

防治方法

1. 生物防治。日本链壶蚧的天敌种类很多，寄生性的有蜡蚧啮小蜂、后缘花翅跳小蜂、赵氏花翅跳小蜂、黑色食蚧蚜小蜂、盔唇短腹金小蜂；捕食性的有红点唇瓢虫、湖北红点唇瓢虫、宽缘唇瓢虫、黑缘红瓢虫、六斑月瓢虫、龟纹瓢虫。多种小蜂对日本壶链蚧的寄生，是其消长的重要制约因素。该蚧大暴发后，因寄生性和捕食性天敌跟随大量发生，往往可将其完全压制下去，而致多年都难以在原成灾林地找到该种蚧虫。因此，不可滥施农药，保护天敌是控制日本链壶蚧种群数量最重要的措施。

2. 检疫措施。日本链壶蚧以若虫在寄主枝干上越冬，要采取严格的检疫措施，防止其通过苗木调运等生产活动传播蔓延。

3. 化学防治。必须用药时，可于5～9月以内吸农药12%噻虫嗪·高效氯氟氰菊酯注入树干（大树）或涂于树干（小树）的施药方法进行防治，有良好的杀虫效果。

参考文献

陈汉林，1995.

（陈汉林）

92 栗新链蚧

分类地位	半翅目 Hemiptera　链蚧科 Asterolecaniidae
拉丁学名	*Neoasterodiaspis castaneae* (Russell)
中文别名	栗链蚧

栗新链蚧以成、若虫群集吸食板栗枝干和叶片汁液，被害部常密布黄绿色蜡点。枝干被害，外表皮下陷，凸凹不平。叶片被害，导致早期落叶。板栗受害轻者树势衰弱，果实品质下降，甚至绝收；严重的栗树成片死亡。

分布　江苏，浙江（遂昌、武义、江山、衢江），安徽，江西，湖北等地板栗产区。

寄主　板栗等。

危害　受害叶片和受害枝条表面凹凸不平，表皮皱缩开裂，轻则抽不出健壮的母枝，重则枝条或全枝枯死。

形态特征　成虫：雌介壳近圆形，直径约1mm，黄绿色或黄褐色，龟背形，有3条纵脊及数条浅横沟，体缘具粉红色刷状蜡丝。雌虫体褐色，长0.5~0.8mm。雄介壳长椭圆形，淡黄色，长约1mm，宽0.5~0.6mm，背面突起，有1条纵脊及数条浅横沟，体缘亦具粉红色刷状蜡丝。雄虫体淡褐色，长0.8~0.9mm，翅展1.17~2.10mm；翅白色，

栗新链蚧危害板栗枝干后的被害状（蒋平　提供）

透明，有光泽；头部上下各有单眼1对；触角丝状，10节，各节簇生细长毛，腹末端有较长的交尾器。**卵：**初乳白色，后变淡红色，孵化前暗红色，椭圆形，长0.2~0.3mm，宽0.15~0.18mm。**若虫：**初白色，后变淡红色，固定后呈红褐色，椭圆形，触角、足和口器均发达，腹部分节明显，具细长毛1对。**雄蛹：**离蛹，圆锥形，乳白色，羽化前单眼褐色。蛹长0.8~0.9mm，宽0.4~0.5mm。

生物学特性　浙江1年2代。以受精雌成虫在板栗1年生枝条上越冬。翌年3月下旬气温回升时（10℃左右）开始活动。5月上、中旬是第一代若虫孵化盛期，6月中旬为第二代若虫孵化盛期。

防治方法

1. 加强检疫。严禁从虫源地调运苗木和接穗，是防止该虫扩散的根本方法。

2. 清除虫源。冬季进行合理整形修剪，除去虫枝、徒长枝、衰弱枝。

3. 化学防治。在若虫孵化盛期喷药防治，药剂可用40%啶虫脒·毒死蜱800倍液、12%噻虫嗪·高效氯氟氰菊酯乳油1500倍液等，能抑制栗链蚧虫口密度，且对天敌的影响小。

参考文献

仰永忠等，1999；徐志宏等，2001；刘永生，2002.

（蒋平，袁昌经）

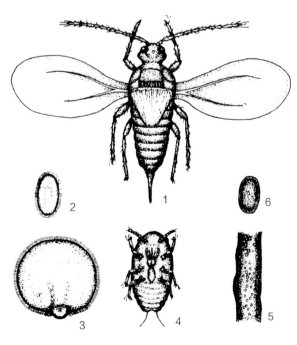

栗新链蚧（胡兴平　绘）
1.雄成虫；2.雄虫蜡壳；3.雌虫蜡壳；4.1龄若虫；5.被害状；6.卵

93	半球竹链蚧

分类地位 半翅目 Hemiptera 链蚧科 Asterolecaniidae
拉丁学名 *Bambusaspis hemisphaerica* (Kuwana)
异　　名 *Asterolecanium hemisphaerica* Kuwana
英文名称 Bamboo hemisphere scale
中文别名 半球竹镣蚧

半球竹链蚧是危害我国多种竹子的成灾性害虫。

分布 江苏，浙江，安徽，江西，山东，广东，陕西等地。

寄主 毛竹、紫竹、早竹、黄皮刚竹、箬竹、筇竹和水竹等。

危害 主要寄生于当年新生嫩枝及嫩梢的节间的芽眼处，被害后嫩枝停止生长，节间缩短，造成竹林叶落枝枯，严重影响发笋及新栽竹林的满园成林。

形态特征 成虫：雌虫蜡壳长2.5～3.0mm，宽1.5～2.0mm，半球形，背面隆起很高，形似半球，前端圆，后端变狭，腹面平。整个蜡壳将小枝条包住1/2～1/4；蜡壳青黄色，光滑而透明具光泽，缘蜡丝白色，呈碎片状。雌虫体长2.3～2.7mm，宽1.4～1.8mm；体呈半球形，前端圆，尾部狭。触角在腹面，1节，呈圆形瘤状突起，上具2根长毛和1根短毛。在触角与体缘之间有五格腺10～20个，带状分布，3～4个腺宽。喙两侧有暗框"8"形腺10～15个。气门大，圆形，开口于一漏斗状的深凹中，其壁上有五格腺存在，气门路有五格腺100个以上，呈带状；在接近体缘处增宽。体缘"8"形腺排成两列。在体后约1/5～1/4处并归1列。最末"8"形腺终止于离尾瓣端毛基部1个"8"形腺之距离。缘五格腺沿"8"形腺腹侧排成一宽带，大部分约为3腺之宽，在体后部变成1列，终止于体末10～30个"8"

半球竹链蚧成虫（李镇宇　提供）

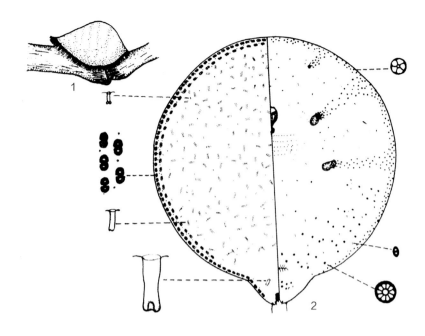

半球竹链蚧（胡兴平　绘）
1.雌成虫蜡壳；2.雌成虫背腹显微图

形腺处。盘孔在"8"形腺背侧继续分布成1列，其数约与缘"8"形腺之背列相近。盘孔列终止于端毛附近。多格腺6～10格，约70～100个或更多，在腹部腹面形成2条完整的和6条断续的横列。其间有16～18孔；肛环具6毛，略伸出肛筒之外；肛筒开口处增宽。管腺在体背分布，但体背末端无管腺。体背面有许多小"8"形腺和盘腺分布，尾部有1对背管。雄成虫体长约1mm。蜡壳长椭圆形，两侧近平行，缘蜡丝稀疏。淡赤褐色，眼红色。触角念珠状，10节。前翅1对，白色透明，有2条明显的纵脉。腹部黄色，尖细，交配器针状。腹末有2根白色长蜡丝。**卵**：长0.4mm，宽0.2mm，椭圆形，淡黄色。**若虫**：初孵若虫体长0.40～0.45mm，宽0.20～0.25mm，体椭圆形，淡赤褐色。触角6节。足发达。体缘8形腺明显。肛环发达，具肛环刺毛6根。腹末具端毛2对。

生物学特性　江苏以1年1代为主，少数1年2代；安徽1年2代。以受精雌成虫和2龄若虫越冬。受精越冬的雌成虫于翌年2月恢复取食，虫体逐渐膨大开始孕卵，孕卵期约3个月，5月中旬开始产卵。卵产于雌虫蜡壳之后端。每头雌成虫平均产卵量400粒左右，最多553粒，最少107粒。卵期1～2天。第一代若虫5月开始孵化，盛孵期在5月下旬和

6月中旬；一天中孵化量以10:00～15:00时较集中。初孵若虫活泼，每分钟爬行3～4cm，一般爬行36～48小时，在当年生的小枝、竹节、芽鳞及叶柄基部固定。固定后3～4天体缘出现白色蜡粉，此后逐渐形成蜡壳。若虫生长发育17天左右，便可区别雌、雄。雄若虫蜡壳长椭圆形，两侧近平行，缘蜡丝稀疏，常寄生于当年嫩叶的叶柄基部；雌若虫蜡壳半球形，背凸起，缘蜡丝呈刷状排列，多寄生于当年生小枝或节间上。越冬若虫于翌年5月羽化为成虫，进行交尾。雌成虫5月上旬开始孕卵，至6月上旬，孕卵期约1个月，6月上旬开始产卵。

第一代雄若虫6月底化蛹，蛹期3～4天，7月上旬为雄成虫羽化盛期，7月中旬羽化结束，羽化率为85%左右。第一代雌成虫交尾受精后，大多不再发育，越冬到翌年春恢复取食后孕卵。另有少部分继续发育，于8月初开始孕卵，孕卵期约1个月，9月上、中旬开始产卵、孵化。孵化若虫发育到2龄，于10月底11月初先后在嫩枝上越冬。

半球竹链蚧的天敌有1种跳小蜂和1种光小蜂。

防治方法　同竹巢粉蚧。

参考文献

吴世钧，1983；萧刚柔，1992.

（严敖金）

94	**黑蜕白轮蚧**

分类地位	半翅目 Hemiptera　盾蚧科 Diaspididae
拉丁学名	*Aulacaspis rosarum* (Borchsenius)
英文名称	Asiatic rose scale
中文别名	拟蔷薇轮蚧、蔷薇白轮盾蚧

分布　江苏，浙江，福建，江西，广西，四川，云南等地。

寄主　主要危害蔷薇科的蔷薇属及悬钩子属中的蔷薇、月季、玫瑰、七里香、金缨子等，还危害香樟、苏铁、乌桕等。

危害　以若虫、成虫群集固着在枝干上危害，远看好似覆盖一层白色棉絮状物，影响植株生长，连年危害常导致整株枯死。

形态特征　**介壳**：雌介壳白色或灰白色，近圆形。壳点偏离介壳中心；第一壳点近介壳边缘，叠于第二壳点之上，淡褐色；第二壳点近介壳中心，黑褐色。介壳直径2~2.4mm。雄介壳长形，有2脊，白色溶蜡状，壳点1个，位于介壳端部。介壳长0.8~1.0mm，宽约0.3mm。**成虫**：雌虫体长1.1~1.3mm，宽0.7~0.9mm。前体部膨大，头缘突明显。瘤状触角上有长毛1根。前气门腺16~24个，后气门腺8~12个。第二至第六腹节背面有亚中列管腺群，第三至第五腹节背面还有亚缘管腺群。臀板缘腺每侧4群，呈1，2，2，1~2分布；臀板腺刺每侧5群，呈1，1，1，1，4~7分布。臀叶3对，

中臀叶凹陷，基部相连，其他臀叶均分为2叶。围阴腺5群。**卵**：紫红色，长椭圆形，长约0.16mm，宽0.05mm。**若虫**：1龄若虫橙红色，椭圆形。触角5节，末节最长。腹末有1对长毛。

生物学特性　1年2~3代，以2龄若虫及少数雌成虫越冬（江西报道，以第三代受精或未受精雌成虫在枝干或叶片上越冬）。越冬代雄成虫在野外于3月下旬至4月初羽化，雌成虫3月中旬出现。第一代产卵盛期在4月中、下旬。卵成堆产于介壳下，每雌产卵57~189粒，平均产卵132粒。第一代若虫初孵期在4月下旬，盛期在5月上、中旬。第一代雌成虫于7月下旬羽化。第二代产卵盛期在8月上、中旬，若虫盛孵期在8月中、下旬。第三代雌成虫10月上旬羽化，部分雌成虫产卵继续发育至2龄若虫期。有世代重叠现象。

初孵若虫在雌介壳下停留1~2天后才爬出介壳，雌若虫爬行能力强，远离母体而分散，雄若虫爬行能力弱，往往群集在母体附近。若虫寻找适当寄主部位后，将口针刺入寄主组织取食固定，3~4天后分泌蜡质覆盖体背。进入2龄期后雌、

黑蜕白轮蚧雌介壳（徐公天　提供）

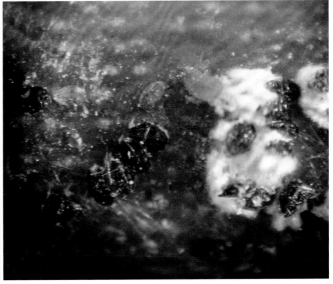

黑蜕白轮蚧雄介壳（徐公天　提供）

黑蜕白轮蚧雌介壳（徐公天　提供）

黑蜕白轮蚧雌雄成虫介壳及寄生状（徐公天　提供）

黑蜕白轮蚧雄介壳（徐公天　提供）

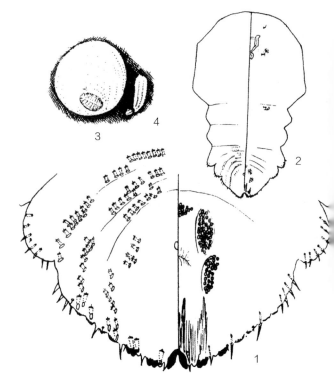

黑蜕白轮蚧（胡兴平　绘）
1.雌成虫臀板；2.雌成虫；3.雌性盾壳；4.雄性盾壳

雄表现出外形不同，雌性虫分泌圆形蜡质介壳，再蜕皮羽化为雌成虫；雄性虫分泌长条形溶蜡状介壳，蜕皮经2个蛹期才羽化为雄成虫，羽化多在15:00～17:00，雄虫羽化后爬行或短距离飞行觅雌交尾，寿命一般不超过24小时。雌虫受精后15天左右开始产卵，虫体不断向介壳的前端收缩，直至产完卵后干枯死亡。该蚧喜阴湿环境，树冠下层的虫口密度最大，树冠西北方向虫口密度亦显著大于东南向虫口密度。

主要天敌有闪蓝红点唇瓢虫、黑襟毛瓢虫和小黑瓢虫、螳蛉及2种寄生蜂。

（徐培桢）

95 檫树白轮蚧

分类地位 半翅目 Hemiptera 盾蚧科 Diaspididae

拉丁学名 *Aulacaspis sassafris* Chen, Wu et Su

嫩枝被害树皮凹陷,逐渐失水,干枯死亡,严重影响檫树的正常生长。

分布 安徽,江西,湖南等地。

寄主 檫树、山苍子等。

危害 主要寄生在嫩枝、叶片上,最终嫩枝失水枯死,叶片失绿、卷曲、萎缩、早落。

形态特征 **介壳**:雌介壳圆形或近圆形,白色,背面稍隆起,若虫蜕皮壳2个,位于介壳近边缘或中心部位,黄色或黄褐色,介壳直径1.20~2.55mm;雄介壳长条形,白色,有1个黄褐色若虫蜕皮壳位于介壳前端,两侧边平行,背面有3条纵脊,长0.93~1.09mm;**成虫**:雌虫体紫红色,长1.23~1.51mm,雄虫体橘红色,纺锤形,体长0.57~0.69mm,翅展1.23~1.32mm(萧刚柔,1992)。

生物学特性 长江流域1年3代。以2龄若虫和雄蛹在嫩梢上越冬。3月下旬雌若虫发育为成虫,4月初雄虫开始羽化,飞翔力很弱,雄虫羽化后即行交尾。交尾后的雌虫于4月下旬开始产卵于介壳下(腹板向背部拱起成腔容卵),5月中旬为产卵盛期,5月下旬开始孵化,6月上旬为孵化盛期。第二代卵始于6月下旬,7月中、下旬为孵化盛期。第三代发生在8月下旬,9月中旬为产卵盛期,10月中旬为

檫树白轮蚧雌雄介壳(杨春材、唐燕平 提供)

孵化盛期,11月下旬开始越冬。喜群集,初孵若虫行动活泼,少部分固定在幼茎和嫩枝上,大多至叶背面固定,分泌蜡质,形成介壳,越冬代每雌产卵110~210粒,第一代产卵30~40粒,第二代产卵15~50粒(《安徽森林病虫图册》编写组,1988)。

防治方法

1. 营林措施。加强抚育,促进通风透光,形成不利此虫发生的环境。

2. 化学防治。掌握若虫孵化盛期,用15%吡虫啉800~1000倍液喷洒。7天后再喷1次即可收到良好效果。

参考文献

《安徽森林病虫图册》编写组,1988;萧刚柔,1992.

(杨春材,唐燕平)

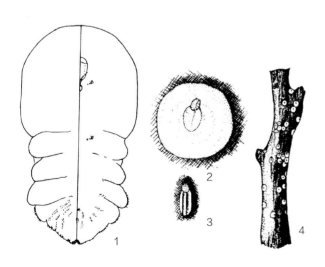

檫树白轮蚧(胡兴平 绘)

1.雌成虫;2.雌介壳;3.雄介壳;4.被害状

96 松突圆蚧

分类地位	半翅目 Hemiptera 盾蚧科 Diaspididae
拉丁学名	*Hemiberlesia pitysophila* Takagi
英文名称	Pine needle hemiberlesian scale
中文别名	松梢盾蚧、松梢圆盾蚧

松突圆蚧是一种危险性外来害虫，20世纪50年代，发现于台湾，1982年在广东发现，主要危害松属植物，扩散蔓延迅速，使大面积马尾松林受害枯死，给林业生态环境带来极大破坏，造成严重经济损失。

分布 福建（福清），江西（赣州），广东（广州、惠州、中山、深圳、珠海），广西（陆川、博白、岑溪），香港，澳门，台湾等地。日本。

寄主 马尾松、黑松、湿地松、火炬松、南亚松、洪都拉斯加勒比松、南亚松、琉球松、光松、短叶松、卡西亚松、晚松、展叶松、裂果沙松、卵果松等松属植物。

危害 以成虫和雌若虫群栖于较老针叶基部叶鞘内吸取汁液，致使松针受害处变褐、发黑、萎缩或腐烂，针叶枯黄卷曲脱落，枝梢枯萎，树势衰弱。连续几年受害，可造成松林成片死亡。

形态特征 **成虫：** 雌虫孕卵前略呈圆形，介壳有3圈明显轮子纹；孕卵后介壳变厚，成为雪梨状。雄虫介壳与2龄后期雄若虫介壳相同，长椭圆形，淡褐色，长约1.10mm，宽约0.50mm。雄成虫淡黄，体长约0.8mm，宽约0.22mm，触角基部2节淡黄，其余各节浅黑褐色，后翅退化成平衡棒，腹末有长交尾器。**若虫：** 2龄若虫初期介壳圆形，大小为0.28～0.35mm。性分化后雌若虫体增大，略有环状带纹，介壳近圆形，白色。雄若虫介壳变为长椭圆形，头端稍微隆起，淡褐色（伍建芬，1990）。

生物学特性 广东1年5代，福建1年4代，世代重叠，任何一个时期均可见到各虫态。该虫可寄生所有松属树种，其中对马尾松的危害最为严重。雌虫经过3个发育阶段，雄虫经历5个发育阶段，除和

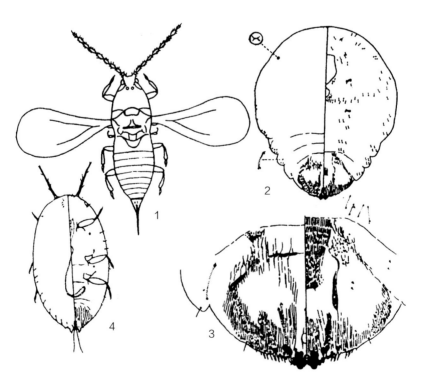

松突圆蚧（潘务耀 绘图）

1.雄成虫；2.雌成虫；3.雌成虫臀板；4.初孵爬动若虫

雌虫相似的2个若虫阶段外，还有2个补充阶段，即前蛹和蛹，才变为成虫。介壳虫若虫有多态性，表现在整个发育过程中1龄若虫与2龄若虫显著不同。初孵若虫是松突圆蚧雌蚧一生中唯一能够活动的时期；2龄若虫在形态上更近似雌性成虫。没有明显的越冬现象，1龄若虫的自然死亡率通常较高。**卵：**一般在雌蚧体内即发育成熟，产卵和孵化几乎同时进行。若虫出壳后一般都在10cm以内寻找到合适的寄生部位后，将口针插入针叶内取食，一般口针插入后即固定，不再改变位置。若虫固定5～19小时后开始泌蜡，1～2天蜡衣即增厚变白，成为圆形介壳。2龄若虫进入发育中期时，一部分若虫介壳尾端伸长，变为雄虫前蛹，然后蜕皮为蛹。另一部分2龄若虫，继续增大，足全退化，口针更加发达，成为雌成虫，与雄虫交尾受精后即孕卵，产卵延续期为33～80天，最长达100天以上，一般一天产卵1～2

粒。1头雌虫一生产卵60粒左右，而以第五代（越冬代）和第一代为多。雄蛹发育3～5天后，蜕皮羽化为雄成虫。羽化后的雄成虫，一般还要在介壳内蛰伏1～3天的时间，选择适当的时机，再爬出介壳寻找雌虫交尾，1头雄虫可连续交尾数次，交尾后数小时即死去。寄生在叶鞘基部的若虫，多为雌虫，而寄生在叶上部和球果上的多为雄虫（陈顺立等，2004；潘务耀等，1989）。

每年3～6月是虫口密度最大、危害最严重的时期。气温、相对湿度、风和降水量对松突圆蚧种群数量增长起着直接或间接的影响，其中气温是主导因子。7～8月的高温和12月至翌年1月的低温对该虫种群数量起着明显的抑制作用，气温大于23℃或小于18℃时，该虫死亡率增大。林分郁闭度高有利于该虫种群的发展；郁闭度低则对该虫种群有一定的抑制作用（陈永革等，1997；童国建等，1988）。

松突圆蚧危害后的枯死木（王缉健　提供）

松突圆蚧寄生的枝条（张润志　整理）

松突圆蚧危害枝（张润志　整理）

松突圆蚧活蚧（王缉健　提供）

松突圆蚧生防菌感染松突圆蚧（王缉健　提供）

松突圆蚧受感染死蚧（王缉健　提供）

防治方法

1. 营林措施。适当修枝、间伐不但可促进林木生长，提高林木受害的补偿能力及抗虫能力，还可减少虫源，从而控制松突圆蚧的发生与危害（陈芝卿，1989）。

2. 生物防治。可应用松突圆蚧花角蚜小蜂防治松突圆蚧（潘务耀等，1993）。利用林间自然感染松突圆蚧的广大拟盘多毛孢菌分离、提纯、扩大培养，生产出"生防菌"，全年均可在发生区内进行点状、带状或全面喷放。菌丝和孢子能够在林间长期存在，并向四周扩散、重复感染，防治率达到90%以上，是至今在林区最容易推广、效果明显、操作简便的生物防治手段。

3. 化学防治。用松脂柴油乳剂，12%噻虫嗪·高效氯氟氰菊酯悬浮剂1：1000倍液+40%啶虫脒·毒死蜱乳油1：1000倍液+12%噻虫嗪·高效氯氟氰菊酯悬浮剂1：500倍液混合，防治效果在90%以上（黄振裕，2006）。

参考文献

谢国林，胡金林，李去惑等，1984；潘务耀、唐子颖、连俊和等，1987；童国建等，1988；陈芝卿，1989；潘务耀，唐子颖，陈泽藩等，1989；伍建芬，1990；萧刚柔，1992；潘务耀，唐子颖，谢国林等，1993；陈永革等，1995；陈永革等，1997；谢国林，潘务耀，唐子颖等，1997；张星耀等，2003；陈顺立等，2004；王竹红等，2004；黄振裕，2006.

（温秀军，黄少彬）

97	柳蛎盾蚧	分类地位	半翅目 Hemiptera　盾蚧科 Diaspididae
		拉丁学名	*Lepidosaphes salicina* Borchsenius
		英文名称	Willow oyster scale
		中文别名	柳牡蛎蚧

严重发生时引起植株枝、干畸形和枯萎，幼树被害后常在3～5年内全株死亡，以致成片幼林枯死。

分布　中国黄河以北地区。东北亚，俄罗斯远东地区，朝鲜，日本，蒙古等。

寄主　杨属、柳属、核桃、白蜡树、卫矛、丁香属、桦木属、榆树、蔷薇属。

危害　以若虫和雌成虫在枝、干上吸食危害，引起植株枝、干畸形和枯萎。

形态特征　**介壳：**雌介壳长3.2～4.3mm，牡蛎形、直或弯曲，栗褐色、边缘灰白色，被薄层灰色蜡粉；前端尖、向后渐宽，背部突起，表面尤其是后部粗糙、有鳞片状横向轮纹，2个淡褐色壳点突出于前端；腹壳完全、平而黄白色，在近末端处分裂成"∧"形；第一蜕皮壳椭圆形、长约6mm、其后部覆盖在第二蜕皮壳前部，第二蜕皮壳椭圆形、长约1mm。雄介壳似于雌介壳，仅体型较小，淡褐色壳点1个。**成虫：**雌虫黄白色，长纺锤形、前狭后宽。玻片标本特征如下：长约1.45～1.80mm、宽约

柳蛎盾蚧（李镇宇　提供）

柳蛎盾蚧寄生状（徐公天　提供）

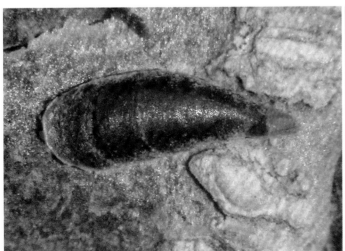

柳蛎盾蚧雌介壳(上视)（徐公天　提供）

柳蛎盾蚧雌介壳及卵（下视）（徐公天　提供）

221

0.68～0.88mm，第二至第四腹节两侧呈叶状突出，第一至第四腹节每侧各有1硬化尖齿；第一腹节背侧缘锥状腺刺11～21根，第二至第三腹节4～6根、第四腹节3～4根。臀板末端宽圆、臀叶2对，中臀叶大、叶间距不到半叶之宽、两边凹缺的横向边缘常有细锯齿，第二对臀叶明显小且分裂为内大外小端部较圆的两叶；臀板缘腺刺9对，第六腹节1对的长度为中臀叶的2倍，6对臀板缘管腺在每侧排成1、2、2、1四组。触角粗短，先端呈锯齿状、具长毛2根。前气门腺6～17个，后气门后方的2～3根锥状刺横向排列的。背腺丰富，第七腹节每侧背腺4～10个或一侧不见、且多成一纵带集中在肛门侧至臀缘之后半部，第六腹节每侧背腺17～23个、与第七腹节的管腺并列成近平行的纵带，第一至第二腹节锥状腺刺附近的背腺成群，第一至第四腹节中区常无背腺，缘背腺和第六至第七腹节背腺比亚缘背腺大；围阴腺5群。雄虫黄白色，长约1mm，头小、眼黑色，念珠状触角10节、淡黄色，中胸黄褐色、盾片五角形，翅透明、长0.7mm，腹部狭，交配器长0.3mm。**卵**：长0.25mm，椭圆形，黄白色。**若虫**：1龄若虫椭圆形，扁平。侧单眼1对，口器发达；触角6节，柄节较粗，末节细长有横纹、生有长毛。3对胸足腿节均粗大。臀板臀叶2对，中臀叶小，侧臀叶大。2龄若虫纺锤形，腹部第四至第七节每侧1个缘腺，亚缘及亚中管腺较小，臀板在肛门侧后方及前两腹节各具1个亚中管腺。臀叶和成虫相似，雄性通常狭于雌性。**雄蛹**：长近1mm，黄白色，口器消失，具成虫器官的雏形（如触角、复眼、翅芽足和交配器）。

生物学特性　河北、辽宁1年1代。以卵在雌介壳内越冬。翌年5月中旬越冬卵开始孵化，6月初为孵化盛期，孵化较整齐，孵化率常高达100%。先孵化的少数若虫固定在雌介壳下，后大量孵化的若虫爬出雌介壳沿树干、枝条向上迁移，于1～2天后寻找到适当位置固定危害，6月上旬初孵若虫多已固定在枝干上、并分泌白色蜡丝覆盖虫体，至6月中旬蜕皮进入2龄，整个若虫期30～40天。2龄若虫出现性别分化，雌若虫于7月上旬蜕皮成为雌成虫；雄若虫蜕皮变为预蛹，于7～10天后进入蛹期，7月上旬羽化、羽化率约90%。雄虫羽化后在树干上爬行寻找雌成虫交尾，以傍晚交尾最多。雌、雄成虫均能多次交尾。雌雄性比为7.3：1。交尾后的雌成虫于8月初开始产卵，产卵前雌虫腺体分泌蜡丝形成介壳中发达的背膜和腹膜，卵产于其中，产卵虫体渐向介壳前端收缩，卵藏于介壳下虫体收缩后的部位。每雌虫产卵77～137粒，产卵后雌成虫亦死去。卵期长达290～300天，其抗逆性很强，越冬存活率达98%以上。

柳蛎盾蚧危害的严重程度与环境条件密切相关。纯林受害重于混交林，杨树重于其他树种，青杨派重于黑杨派，树干上部重于下部，枝条重于主干，阴面重于阳面。5月下旬至6月上旬若遇大雨或暴雨，大量若虫会被吹冲落地，虫口密度急剧下降。

主要天敌：外寄生的桑盾蚧黄金蚜小蜂、蒙古光瓢虫、方斑瓢虫等。

防治方法　5月中、下旬若虫孵化盛期用高压喷枪向树干、树枝喷洒有机硅50倍液或12%噻虫嗪·高效氯氟氰菊酯悬浮剂1000倍液。

参考文献

崔巍等, 1995; 徐志华, 2006.

（乔秀荣，徐公天）

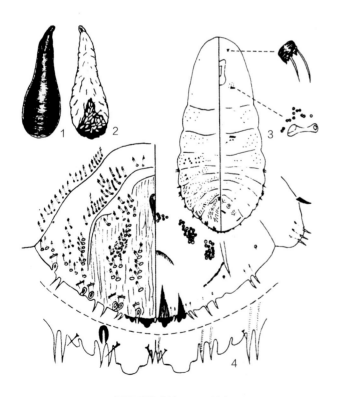

柳蛎盾蚧（徐公天　绘）

1、2.雌虫背、腹面；3.雄虫体；4.雌虫臀板

<table>
<tr><td>分类地位</td><td>半翅目 Hemiptera　盾蚧科 Diaspididae</td></tr>
<tr><td>拉丁学名</td><td>*Lepidosaphes conchiformis* (Gmelin)</td></tr>
<tr><td>异　名</td><td>*Mytilaspic conchiformis* (Gmelin), *Lepidosaphes conchiformodes* Borchsenius</td></tr>
<tr><td>英文名称</td><td>Fig scale, Pear oyster shell scale</td></tr>
<tr><td>中文别名</td><td>梅蛎盾蚧、沙枣蛎盾蚧、梅牡蛎盾蚧、苹果密蛎蚧、梨牡蛎蚧</td></tr>
</table>

98 沙枣密蛎蚧

分布　河北，内蒙古，辽宁，吉林，上海，浙江，安徽，福建，山东，河南，湖北，四川，甘肃，青海，宁夏，新疆等地。遍及全北区，而发源地则可能在旧北区西部，即欧洲、中亚大陆。

寄主　梅、苹果、樱桃、梨、月季、丁香。

形态特征　**介壳：**雌介壳长梨形，直或弯，褐色，长1.8～2.5mm。雄介壳细长，长1.0mm，色泽与质地同雌介壳。**成虫：**雌虫形态特征　不仅因寄主及危害部位不同而变异大，且因夏代与冬

代而呈双型现象。体长梨形，腹部后半较宽，臀板后端尖削。腹部两侧无节间瘤，前气门腺2～3个。臀叶2对，第二臀叶分为2叶。臀板大缘腺每侧5个，背腺在第二至第六腹节亚中部按节排列，中胸至第五腹节亚缘区成群分布，围阴腺5群。冬型中臀叶大而突，间距小，腹面无硬化棒，第二臀叶小而呈锥状，背腺多，第二至第四腹节中区亦有背腺。夏型中臀叶较小而不突，间距等于臀叶宽，腹面有2条硬化棒，第二臀叶大而呈柱状，

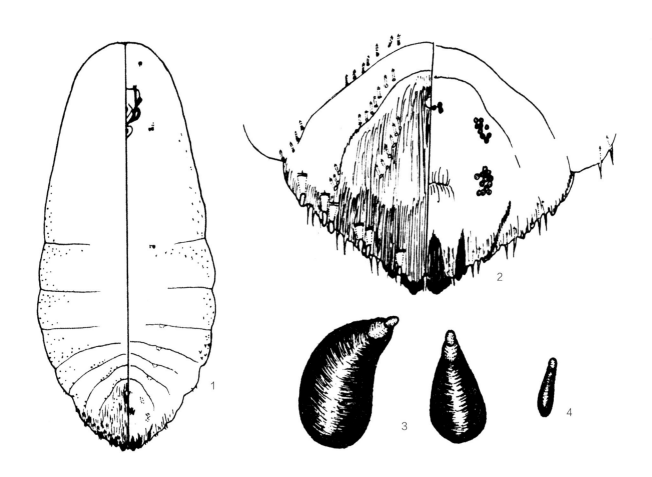

沙枣密蛎蚧（胡兴平　绘）

1.雌成虫；2.雌成虫臀板；3.雌介壳；4.雄介壳

背腺少，腹节中区缺背腺。有的个体双型特征交叉或属于中间型。**卵**：椭圆形，淡紫色，略透明，长约0.3mm。产于介壳下。**若虫**：1龄若虫体扁平，长椭圆形；背布紫色小斑，淡紫色；长约0.4mm；口器发达，口针较长；腹末具臀叶1对。2龄雌若虫形似雌成虫，长纺锤形，淡紫色；触角和胸足退化；口器发达；臀叶2对；再蜕皮1次，直接变成雌成虫。2龄雄若虫体狭长；淡紫色。**雄蛹**：长形，约0.8mm。淡紫色。具头、胸、腹、触角、翅芽、胸足、交尾器等成虫器官的雏形。眼明显。交尾器似针状。

生物学特性 1年2代。以受精雌成虫固着在枝干上越冬。4月中旬开始产卵，卵产于尾后壳内，单雌平均产卵17.8粒。产卵盛期：第一代5月上、中旬，第二代7月中、下旬。孵化盛期：第一代5月下旬至6月上旬，第二代7月下旬至8月上旬，世代不整齐。初孵若虫活动能力强，向上爬行，经2~3天多固定于嫩而光滑的枝上，尤以枝杈周围和枝干的东北方位为多。第一代若虫个别上叶固定取食，第二代不再上叶。若虫固定后约10天形成覆盖自身的介壳，其介壳紧贴于树皮上，数年不脱落。雌若虫第二次蜕皮后直接变成雌成虫；2龄雄若虫蜕皮进入预蛹、蛹期，后羽化为雄成虫。雄成虫出壳后当天觅雌交尾，交尾后不久死去。雄成虫爬行颇活跃，未见飞翔。

此蚧的发生与环境密切有关。立地条件不同，沙枣的受害程度亦不同。如宁夏银川市新市区附近的沙枣林，水、肥、土条件良好，长势旺盛，受害株率为15%，1cm^{2}平均有虫5头，而邻近的西干渠一带土质贫瘠，受害株率为100%，1cm^{2}平均有虫25头。混交林受害轻，是由于混交林能形成森林生态系内稳定的生物群落，对害虫有明显的抑制作用。虫口密度的空间分布：从1株树来看，虫口的分布是东北方位密度大，原因是若虫孵化盛期正值炎热的盛夏，半阳面的温度、湿度适宜其生活。垂直分布是树干上部多于中、下部，其原因是树干上部树皮薄、嫩、光滑，有利于虫刺吸养分和固定生活。

防治方法 保护红点唇瓢虫、二星瓢虫、多星瓢虫等天敌。

参考文献

萧刚柔, 1992; 王建义等, 2009.

（陈辉，王建义）

99 柽柳原盾蚧

分类地位 半翅目 Hemiptera 盾蚧科 Diaspididae

拉丁学名 *Prodiaspis tamaricicola* (Malenotti)

分布 宁夏银川等地。

寄主 柽柳。

危害 以若虫吸取枝干韧皮养分，使被害部变褐、坏死，危害严重时树冠干枯、秃顶。

形态特征 **成虫：**雌虫橘黄色、卵圆形，体长0.5~0.6mm，具腺管群。触角小瘤状、具3突起，腹末无臀板，肛孔位于第八腹节背面，阴孔具囊瓣状构造、无围阴腺（萧刚柔，1992）。**若虫：**浅灰黄色，椭圆形，体长0.3mm，具腺管群，触角6节。2龄若虫体长0.5~0.6mm。**介壳：**雌介壳卵圆形，白色，壳点橙黄色、偏心。

生物学特性 宁夏1年2代。以受精雌成虫在被害处越冬，翌年5月下旬至6月下旬产胎生若虫，6月上旬雄若虫开始化蛹，6月下旬至7月上旬羽化；7月中旬至9月上旬为第二代胎生若虫期，8月中旬雄若虫开始化蛹，8月下旬至9月上旬羽化。雄虫羽化当天交尾后不久即死亡，雌成虫产胎生若虫于体后介壳下、虫体则向前收缩；先产之若虫在母体下形成介壳，后产则另寻寄主其他部位寄生，以当年初生枝处寄生最多（萧刚柔，1992；孙德祥等，1993）。

防治方法

1. 保护红点唇瓢虫、二星瓢虫等天敌昆虫。

2. 发生严重时，用12%噻虫嗪·高效氯氟氰菊酯防治大若虫，小若虫可用40%啶虫脒·毒死蜱防治。

参考文献

萧刚柔，1992；孙德祥等，1993.

（李孟楼，王建义）

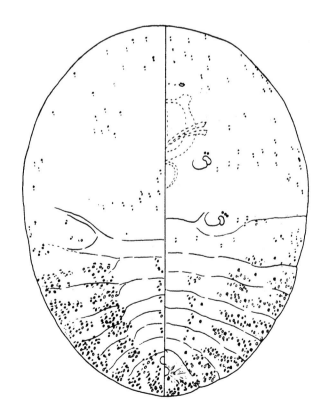

柽柳原盾蚧雌成虫（仿杨平澜图）

分类地位	半翅目 Hemiptera　盾蚧科 Diaspididae
拉丁学名	*Pseudaulacaspis pentagona* (Targioni-Tozzetti)
异　名	*Diaspis pentagona* Tangioni-Tozzetti, *Aulacaspis pentagona* Cockerell, *Sasakiaspis pentagona* Kuwana
英文名称	White peach scale, Papaya scale, White mulberry scale, Dadap shield scale
中文别名	桑白盾蚧、桃白蚧、油桐蚧

100　桑白蚧

雌成虫、若虫群集枝干吮吸汁液，花木受害后生长不良，叶色发黄，枝梢枯萎，大量落花落叶，甚至枝条或全株死亡。

分布　河北，山西，辽宁，山东，河南，陕西，甘肃等地。

寄主　桃、桑、李、杏、樱花、槐树、臭椿、木槿、悬铃木、黄杨、杨属、柳属等。

危害　以雌成虫和若虫群集固着在枝干上吸食养分，偶有在果实和叶片上危害的，严重时介壳密集重叠，雄介壳密集重叠时，枝条上似挂一层棉絮。受害树叶发黄，枝梢枯萎，落花落叶。

形态特征　成虫：雌虫介壳白色、黄白或灰白色，圆形或椭圆形，背面隆起，中央有1个橙黄壳点，直径1.5～2.8mm，虫体淡黄色或橙黄色，梨形，体长1.4mm；臀叶5对，中叶和侧叶内叶发达，外叶退化，第三至第五叶均为锥状突，中叶突出近三角形，不显凹缺，内外缘各有2～3凹切，基部轭连；第二至第五腹节成亚中、亚缘列，第六腹节无或偶见；第一腹节每侧各有亚缘背疤1个；肛门靠近臀板中央，臀板背基部每侧各有细长肛前疤1个；围阴腺5大群。雄虫有翅，介壳白色，似长椭圆形小茧，前端有橙黄色壳点，背面有3条隆起线，长约1.2mm；虫体橙赤，头部稍尖，有暗紫色复眼1对。前翅膜质透明，有2条翅脉，体淡黄色，较长，约0.43mm。**卵：**长径0.25～0.30mm，椭圆形，初呈淡粉红色，渐变为淡黄褐色，孵化前为杏红色。**若虫：**初孵若虫淡黄褐色，扁卵圆形，第二次蜕皮后虫体梨形，淡黄色或深黄色。**蛹：**体长椭圆形，橙色，触角芽为体长的1/2，眼点呈紫黑色。

生物学特性　西北、华北1年2代，华南5代，均以末代受精雌成虫于枝条上越冬。翌年寄主树液流动时越冬雌虫取食危害，虫体迅速发育，雌虫产卵于介壳下，每雌产卵量可多达150粒，越冬代雌虫产卵量较高。雄虫群集、排列整齐，呈白色有光泽虫块；雌虫密集、重叠三四层，集中数目比雄虫多。若虫孵化后在母壳下停留数小时，而后逐渐爬出分散活动1天左右，固定取食，常集中在皮薄的芽、叶痕等周围，有些则密集在主干和枝基，这些常发育为雄虫。雌性经过2个龄期蜕皮为成虫。2龄雄虫则分泌蜡丝形成茧。经预蛹和蛹期再羽化为成虫，常

桑白蚧群寄于槐树愈伤组织（徐公天　提供）

桑白蚧寄生杏果（徐公天　提供）

桑白蚧雌成虫介壳（徐公天　提供）

桑白蚧雄成虫介壳及分泌物
（徐公天　提供）

桑白蚧雌成虫介壳（徐公天　提供）

桑白蚧雌成虫体（徐公天　提供）

桑白蚧雄成虫介壳（徐公天　提供）

桑白蚧雄成虫体（待飞）（徐公天　提供）

见到主干和枝基有密集成片的雄茧，似棉絮状。雄虫多爬动少飞行，风雨对其存活极为不利，寿命不超过1天，多在交尾后死亡。一般新感染的植株，雌虫数量较大；感染已久的植株雄虫数量逐增，严重时雄介壳密集重叠。

防治方法

1. 人工防治。冬季或早春树芽萌发前，用破布或毛刷等工具抹擦密集在主干或枝条上越冬的雌成虫，以减轻第一代桑白蚧虫口基数。结合整形修剪，剪除被害严重的枝条，烧毁处理，消灭虫源。

2. 化学防治。若虫分散转移分泌蜡粉介壳之前，是药剂防治的有利时机，尤其是第一代若虫孵化期（5月中旬）。药剂可选用12%噻虫嗪·高效氯氟氰菊酯乳油1000～1500倍液或35%吡虫啉悬浮剂1500～2000倍液喷雾。

3. 生物防治。保护软食蚧蚜小蜂、桑盾蚧扑虱蚜小蜂、桑盾蚧恩蚜小蜂、桑白盾蚧黄金蚜小蜂、桑盾蚧盗瘿蚊、红点唇瓢虫、黑缘红瓢虫和日本方头甲等天敌。

参考文献

杨子琦等, 2002; 徐公天, 2003; 王建义等, 2009.

（乔秀荣，王同学，徐公天，李镇宇）

101 杨圆蚧

分类地位	半翅目 Hemiptera　盾蚧科 Diaspididae
拉丁学名	*Diaspidiotus gigas* (Ferris)
异　名	*Aspidiotus gigas* Thiem et Gerneck, *Aspidiotus multiglandulatus* Borchsenius
英文名称	Willow scale
中文别名	杨笠圆盾蚧

　　主要危害杨、柳科树种，它是我国森林植物检疫对象之一。杨树是三北地区的主要造林树种之一。随着杨树的大量栽培，由于各地区引进苗木时，检疫制度不健全，人为地造成了杨圆蚧的大面积发生和扩散。目前在我国杨树栽植区几乎都有杨圆蚧发生和危害。

　　分布　河北，辽宁，吉林，黑龙江，内蒙古，山西，陕西，甘肃，青海，宁夏，新疆等地。俄罗斯，意大利，西班牙，前南斯拉夫，荷兰，瑞士，德国，匈牙利，捷克，保加利亚，土耳其，阿尔及利亚等。

　　寄主　主要是各种杨树，如中东杨、箭杆杨、钻天杨、青杨、大青杨等，也危害旱柳、白皮柳（圆头柳）等。

　　危害　主要寄生在林木的主干及粗枝上，以其口针刺入韧皮部吸取树液。随着害虫的生长发育，蜕下的皮与分泌的蜡质形成介壳覆盖于虫体上。杨

圆蚧的严重危害加之介壳密布于枝干，封闭了树干皮孔，使被害部位表皮凹陷，颜色发黄、或灰黑，同时破坏了树木的正常代谢活动，使树冠发黄，生长势减弱，严重时可以使被害树整株死亡。给城市绿化、农田防护和林业生产带来极其严重的损失。调查结果表明，树木1～15年生是受害的主要阶段，6～15年生受害最重。危害严重的地区，其虫口密度平均可达43.5头/cm^2。

　　形态特征　**成虫：** 雌虫倒梨形，绿色。气门无盘状腺孔。臀板黄色，具臀叶3对。背腺很多，身体腹面的小腺管也很多。围阴腺5组。雌介壳正圆形扁平，中心略高，壳点位于中心或略偏。雄虫体纤细长形，橙黄色，长0.71mm。触角丝状。前翅淡乳白色，后翅退化成平衡棒。介壳椭圆形，壳点突出于一端呈褐色，介壳较低的一端为灰白色。**若虫：** 近圆形，体长约0.12mm。雌若虫刚爬出时呈淡黄色，臀板淡杏黄色。体扁平。雄若虫比雌若虫稍大，体软，颜色相同。

　　生物学特性　1年1代。以2龄若虫越冬。4月中旬开始取食，5月中旬成虫开始羽化，雌成虫6月中旬产卵，卵期5～6天，平均产卵量64～107粒，6月中旬至7月中旬出现初孵若虫，6月下旬为卵孵化盛期，9月进入越冬期。

　　防治方法

　　1. 选苗、调拨、运输、造林等各个环节要加强检疫工作，及时进行灭害处理及防治，以杜绝和控制杨圆蚧发生蔓延及危害。

　　2. 杨圆蚧主要危害幼林，加强幼林经营管理，增强林木抗虫性，使幼林安全度过易感虫期。

　　3. 不同杨树品种对杨圆蚧的抗性不同，中东杨为杨圆蚧的易感品种树。在杨圆蚧发生区应营造抗虫能力强，适应性强，耐寒、耐瘠薄、耐盐碱的杨

杨圆蚧（李镇宇　提供）

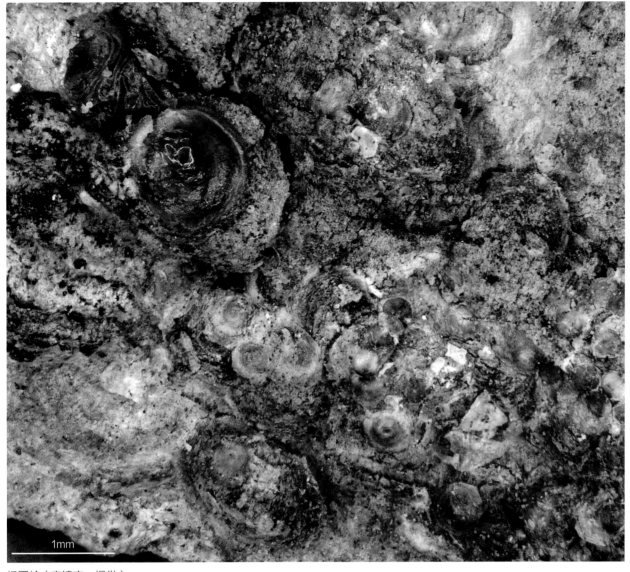

杨圆蚧（李镇宇　提供）

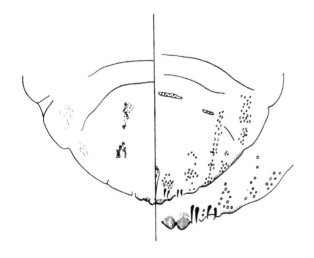

杨圆蚧雌成虫臀板（张培毅　绘）

树，如小黑杨及一些优良杂交种，以及银中杨、小青黑杨等。

4. 生物防治。寄生或捕食杨圆蚧的天敌种类繁多，主要有瓢虫科、小蜂科、螨类，杨圆蚧各虫期均有被寄生或捕食性的。据报道，红点唇瓢虫成虫捕食杨圆蚧，成虫每天最高捕食量可达61.3头，平均31.9头。此外，寄生杨圆蚧的小蜂有长角异鞭蚜小蜂、瘦柄花翅蚜小蜂等。

参考文献

汤祊德, 1977; 胡隐月等, 1982; 李亚杰, 1983; 周尧, 1985; 萧刚柔, 1992; 王建义等, 2009.

（谢映平，李亚白）

102 梨圆蚧

分类地位	半翅目 Hemiptera　盾蚧科 Diaspididae
拉丁学名	*Comstockaspis perniciosa* (Comstock)
异　名	*Aspidiotus perniciosus* Comstock, *Aonidiella perniciosa* (Comstock), *Diaspdiotus perniciosus* (Comstock)
英文名称	San Jose scale
中文别名	梨笠圆盾蚧

梨圆蚧是一种世界性的危险性果树害虫，被许多国家列为检疫对象。

分布　最早发现于河北。北京，山西，辽宁，黑龙江，江苏，浙江，安徽，福建，江西，山东，河南，湖南，广东，四川，云南，陕西均有分布。

寄主　寄主范围广，有梨、苹果、桃树、梅、葡萄、枣、柿树、柑橘等307种植物。

危害　以若虫和雌成虫群集在枝干、叶柄、叶背、果实上刺吸危害，轻者造成树势衰弱，发芽推迟，重者整株枯死。对果树种植带来较大的威胁，尤其是果实受该虫危害后，常出现凹陷、龟裂，围绕虫体形成紫红色斑点，使果实萎缩，直接影响其商品价值。

形态特征　**成虫**：雌虫近圆形，中间突起；活体介壳灰褐色，死虫灰白色或褐色，直径1.5～2.0mm，中间有3个同心轮纹；老熟时全体膜质；触角退化瘤状。雄虫体长0.6mm，橙黄色；复眼暗紫色；触角10节，生有微细长毛；胸部褐色，尾端有锥状交尾器。介壳色、形态因世代和季节而有不同的变异。**若虫**：1龄若虫椭圆形，乳黄色；触角5节；足发达，可爬行；固定后身体可长大，渐成灰白色圆形介壳，体长0.2～0.3mm。2龄若虫，雌、雄相似，灰褐色，介壳直径0.65～0.90mm，触角和足退化。

生物学特性　1年3～4代，有世代重叠现象。通常以2龄若虫在枝条上越冬，翌年春树液流动后开始活动，蜕皮为3龄，雌、雄分化。4月中、下旬雄虫羽化，雄成虫飞到雌成虫介壳旁与之交尾，寿命3～5天；雌虫交配后开始胎生若虫并继续危害。各代1龄若虫出现期为：第一代4月下旬至5月上旬；第二代6月上旬至7月中旬；第三代8月中旬至9月中旬；第四代11月上、中旬。胎生若虫很快爬出介壳，在树上爬行选择适宜的场所取食，一般以2～5年生枝条为主，若虫数量多时危害果实、叶片，将口器插入组织中固定不动，1～2天后分泌蜡丝形成介壳。

防治方法

1. 加强检疫及监测工作。为防止该虫传播蔓延，严禁从疫情发生区调入果树苗，对发生区要加强疫情监测，做到彻底根除；未发生区也应积极开展检疫及采取合理的防范措施，切实杜绝该虫经人为传播。

2. 合理建园。防止果园过于连片集中，初发生果园常为点片发生，应彻底剪除虫枝并烧毁，严禁将有虫枝条作种苗接穗，对危害严重的果树应整株铲除。

3. 生物防治。可用拟盘多毛孢进行有效防治。注意保护和引放天敌，其天敌有红点唇瓢虫、肾斑唇瓢虫、华鹿瓢虫、黄斑盘瓢虫、龟纹瓢虫、隐斑

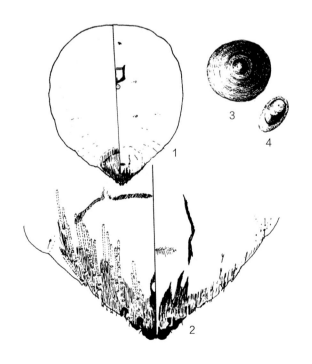

梨圆蚧（胡兴平　绘）

1.雌成虫；2.雌成虫臀板；3.雌介壳；4.雄介壳

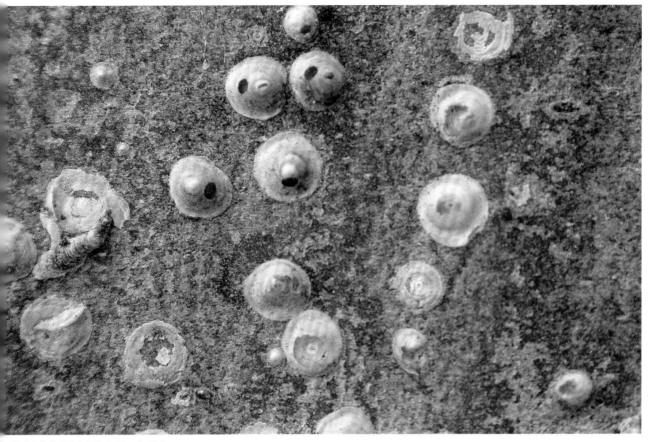

梨圆蚧寄生杨树（徐公天　提供）

梨圆蚧雌介壳（徐公天　提供）

梨圆蚧被天敌寄生（徐公天　提供）

瓢虫、异色瓢虫、红圆蚧金黄蚜小蜂、日本方头甲、短绿毛蚧小蜂等数十种，注意保护和引放。

4. 化学防治。果树萌动期喷0.3%～0.5%五氯酚钠溶液效果极佳。若虫期防治，因生活史不整齐，以防治1～2代若虫为主，药剂有12%噻虫嗪·高效氯氟氰菊酯悬浮剂1500～2000倍液。成虫期防治，

用40%啶虫脒·毒死蜱1000～1500倍液对已形成介壳的梨圆蚧进行防治，可以取得较好效果。

参考文献

徐天森，1987；中华人民共和国林业部，1996；李占文等，2007；王建义等，2009.

（谢映平）

103 突笠圆盾蚧

分类地位	半翅目 Hemiptera　盾蚧科 Diaspididae
拉丁学名	*Diaspidiotus slavonicus* (Green)
异　　名	*Quadraspidiotus populi* Bodenheimer
中文别名	杨盾蚧、杨齿盾蚧

突笠圆盾蚧是中国三北防护林的重要害虫。

分布　内蒙古，山西，陕西，甘肃，青海，宁夏，新疆等北方地区。中亚，西亚。

寄主　杨、柳，以箭杆杨受害最重，严重时介壳布满枝干，使树木长势衰弱、逐渐干枯。本种为典型中亚地区危害杨、柳的种类。在新疆分布很普遍，危害钻天杨、箭干杨、新疆杨、胡杨和柳等，寄生于枝干和叶上（汤祊德，1980）。

危害　为明显的枝干害虫，当其成、若虫布满枝干，虫口密度达到60头/cm²以上时，树木的枝干、树皮呈红褐色。皮层腐烂发黑，枝干就会枯死。当2～5年生的幼嫩枝条受害时，全树都会干枯死亡（关永强，1992）。不同树种受害程度不同，混交林内虫害少而轻。其中，箭杆杨受害最重，加杨、小叶杨、合作杨、胡杨、垂柳、旱柳受害较轻，而白杨派中的新疆杨、银白杨等受害很少。虫口密度与树龄、树高、树皮的粗糙和老化程度密切相关，随着树龄、树高的增加和树皮粗糙老化，该虫逐渐向树皮光滑的上部转移。

突笠圆盾蚧（谢映平　提供）

形态特征　**介壳：**雌介壳圆形高突、灰白色、直径1.2～2.0mm，壳点略偏、橙黄色、被白色蜡壳。雄介壳鞋底形、灰白色、长1.0mm、宽0.7mm，壳点居端、橙黄色。**成虫：**雌虫老熟时由橙色变为褐色，卵圆形，体壁硬化；臀叶3对。雄虫淡黄色，体长0.70～0.86mm，丝状触角10节，交尾器细长。**卵：**长椭圆形，淡黄色。**若虫：**初孵若虫体扁平、长圆形，体背有若干对称的深色点，足发达；2龄期若虫触角和胸足消失，出现雌、雄分化。**雄蛹：**预蛹淡黄色至黄褐色；具触角、胸足和翅芽雏形。蛹的翅芽明显，触角和足可见分节；交尾器尖锥状。

生物学特性　新疆石河子地区1年1～2代。第一代以2龄若虫在寄主枝干越冬，第二代仅发育到不能越冬的1龄若虫，至翌年3月树液开始流动时越冬若虫出蛰危害。雄虫4月下旬始化蛹，5月上旬成虫羽化，羽化期较集中、约4～5天；6月初出现1代若虫，部分发育到2龄进入休眠状态并越冬；部分发育快的于7月中旬羽化为成虫，8月上旬为第二代若虫活动高峰期，但该代若虫发育缓慢，不能进入2龄。雌虫卵胎生或产卵生殖，卵期很短。在新疆单雌怀卵14～15粒。先孵若虫常在母体介壳尾部固定取食，后孵若虫则爬出母体介壳寻找光滑的枝干固定取食，若虫固定1～2天后即分泌蜡壳。第一代若虫常危害叶片，第二代仅危害枝干（张学祖，1983）。

防治方法

1. 保护天敌。寄生性天敌有寡节长缨跳小蜂、斑腿花翅蚜小蜂；捕食性天敌有红点唇瓢虫、多毛原花蝽、日本方头甲等。保护这些天敌十分重要，既消除了害虫，又不污染环境，是荒漠地区大面积进行森林灭虫的好办法。

2. 加强检疫。突笠圆盾蚧是危害各种杨树的重要害虫。应当划清该虫的疫区和保护区，对疫区的苗木要进行严格检疫，防止将带虫苗木运往保护区。

3. 及时防治。每年6月对初孵若虫进行防治，能有效地抑制其扩散，效果比较明显。可采用95%矿物油300倍液，灭虫效果在70%以上。

4. 选用抗虫性强的树种造林。新疆杨对突笠圆盾蚧有明显的抗性，是可以大量发展的造林树种（关永强，1992）。

参考文献

汤祊德等, 1980; 张学祖等, 1983; 汤祊德, 1984; 关永强, 1992.

（谢映平）

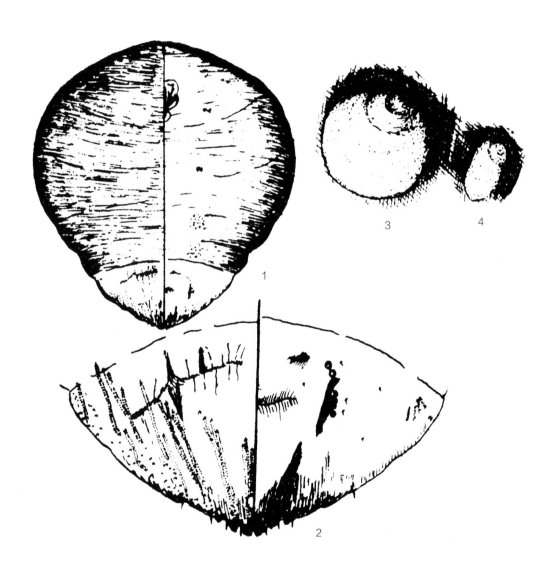

突笠圆盾蚧（胡兴平　绘）
1.雌成虫；2.雌成虫臀板；3.雌介壳；4.雄介壳

104 中国晋盾蚧

分类地位 半翅目 Hemiptera 盾蚧科 Diaspididae

拉丁学名 *Shansiaspis sinensis* Tang

中国晋盾蚧对西北风沙沿线的主要造林树种旱柳造成严重威胁。

分布 山西，内蒙古（马世瑞，1983），陕西，甘肃，青海，宁夏，新疆有分布（刘铭汤，1989）。

寄主 怪柳、旱柳。寄生于枝干部（汤祊德，1986）。

危害 以刺吸口器刺入嫩皮和树叶，吸取树液，主要寄生在嫩枝上，虫口密集。被害株枝梢干枯，树势衰退，甚至整株枯死，已成为旱柳固沙林、防护林树木生存的大敌（马世瑞，1983）。

形态特征 **介壳：** 雌成虫介壳近梨形或三角形，白色，壳点突出头端，黄色，长2～3mm；雄成虫介壳长形，纵脊3条或不太明显。**成虫：** 雌虫体纺锤形、椭圆形，长约1.08mm，最宽0.48mm，膜质，但臀板略硬化。体节侧突略显或不显。两触角间距远，前、后气门均存在。臀叶3对，中臀叶发达。臀板背缘腺发达，大型背管分布于第三至第六腹节，分亚中、亚缘群，小型背管见于此前亚缘区和缘

中国晋盾蚧（李镇宇 提供）

中国晋盾蚧（李镇宇 提供）

区。阴腺5大群（汤祊德，1986）

生物学特性　1年2～3代，有明显的世代重叠现象。以若虫在树干、枝杈、芽腋处越冬。越冬若虫于4月上旬开始取食，并分泌蜡质。4月中旬开始蜕皮，雌若虫经2次蜕皮进入成虫期，雄若虫经1次蜕皮和预蛹阶段之后为成虫期。5月下旬雌成虫开始产卵，6月中旬结束。平均每头雌成虫产卵81粒，产完卵的雌虫干缩，仍藏于介壳内。卵期平均为15天左右。6月中旬开始出现第一代若虫，钻出后即向梢部爬去，约有1天活动时间，随后固定不动。若虫孵化盛期在6月下旬，7月中旬出现第一代成虫。8月初至10月底为产卵和若虫活动期。入冬后，若虫聚集在一起，密集排列，越冬期为150天。第一代和第二代雄成虫分别于4月下旬和7月下旬出现，发生期仅2～3天，交配后很快死去（刘铭汤，1989）。

防治方法　苗木带蚧是中国晋盾蚧在旱柳林中发生的主要原因，造林前对苗木检疫，用56%磷化铝片剂6.6g/m³，熏蒸24～48小时，杀虫率达99%以上。幼林早期除冠，可清除虫源。幼林每平方米树冠投影注射1.3mL20%呋虫胺悬浮剂或40%啶虫脒·毒死蜱原液防治效果可达95%。红点唇瓢虫是该蚧的主要天敌，干基埋草皮或杂草，可提高红点唇瓢虫越冬成虫存活率26%左右（邵强华，1990）。

参考文献

马世瑞，1983; 汤祊德，1986; 刘铭汤，1989; 邵强华，1990.

（谢映平，邵强华）

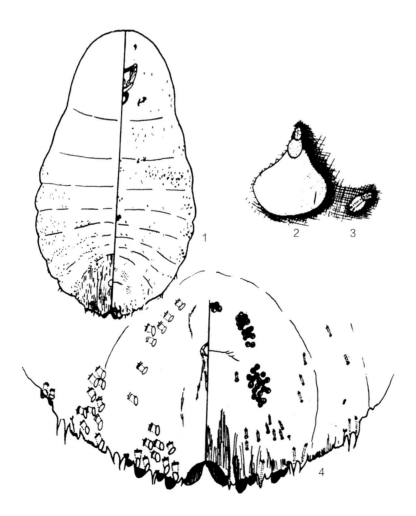

中国晋盾蚧（胡兴平　绘）
1.雌成虫；2、3.生态图；4.雌成虫臀板

<table>
<tr><td>105</td><td>卫矛矢尖蚧</td><td>分类地位</td><td>半翅目 Hemiptera　盾蚧科 Diaspididae</td></tr>
</table>

<table>
<tr><td>拉丁学名</td><td>*Unaspis euonymi* (Comstock)</td></tr>
<tr><td>异　　名</td><td>*Chionaspis euonymi* Comstock, *Unaspis nakayamai* Takahashi et Kanda</td></tr>
<tr><td>英文名称</td><td>Euonymus scale</td></tr>
<tr><td>中文别名</td><td>卫矛尖盾蚧</td></tr>
</table>

发生严重时，被害叶片变黄、早落，枝条皱缩枯死。还可诱发煤污病，影响植株生长和观赏。

分布　内蒙古，山东，江苏，陕西，宁夏，四川，广东，广西。

寄主　胶东卫矛、冬青卫矛、卫矛、木槿、忍冬、女贞、丁香等。

危害　以若虫和雌成虫在叶片和枝条上刺吸危害，受害株叶片发黄、早落，株形矮小，新梢短而长势弱，重者枝条或整株枯死。

形态特征　**介壳**：长1.4～2.0mm、宽0.7～1.0mm；雌介壳长梨形、常弯曲，褐色至紫褐色；2个黄褐色壳点居端，介壳中央1纵脊。雄介壳扁长条形，被白色蜡质，长0.8～1.1mm、宽0.2～0.3mm；1个黄色壳点居端，介壳背面3纵脊。**成虫**：雌虫纺锤形，黄色，臀板黄褐色，瘤状触角具1长毛；前气门腺10～25个，后气门腺2～4个；第一至第二腹节侧缘有腺瘤，中、后胸及第一腹节侧缘各1群小管腺；臀叶3对，中臀叶大而突出，基部接近但不轭连，内缘向外倾斜，第二、三臀叶均分为2瓣，外瓣略小于内瓣；缘腺7对，缘腺刺成双排列，臀背线60余个；围阴腺5群，每群3～9个。雄虫橙黄色，长0.7mm、翅展1.7～1.8mm，胸部发达，腹部短小，交配器细长。**卵**：长0.2mm，宽0.1mm；长椭圆形；淡黄色。**若虫**：1龄若虫椭圆形、橘黄色；单眼橘红色，触角5节、第五节长约等于前4节之和，足发达；臀板上有臀叶2对，中臀叶有3尖齿，尖齿状第二臀叶有长尾毛1对。2龄若虫足消失，触角瘤状，臀板特征似成虫、但腺刺和缘腺均单生，无背管腺。**蛹**：前蛹长椭圆形，橙黄色，口器消失，具触角、足、翅等器官芽。蛹各器官芽均伸长。

生物学特性　华东地区1年3代；辽宁以1年2代为主，少数3代。在山东鲁中受精雌虫11月在寄主枝干和叶片上越冬，翌年树木恢复生长发育时越冬雌虫开始取食，5月上旬始产卵、孵化，产卵期约1个月。各代若虫孵化高峰期分别为5月上、中旬，7月上、中旬，8月下旬至9月上旬。在辽宁沈阳越冬代5月中旬始产卵，5月中旬至9月中旬均可见初孵若虫，世代重叠，但2个若虫孵化高峰分别为6月中、下旬和8月上、中旬。

雌成虫产卵于介壳下。单雌卵量因地区和世代而异，南方的产卵量高于北方，越冬代和第一代卵量高于第二代，在山东平均卵量35～77粒。卵产出后1天内即孵化，1龄若虫脱离母介壳在枝叶上爬行分散，若虫分散期对温度、湿度和光照等均很敏感，如遇暴风雨会造成大量死亡，约1天即在背阴面、分枝处等适宜部位固定吸食。固定后约1天，分泌蜡质于体背，2～4天后蜕皮进入2龄期。2龄若虫雌、雄分化；

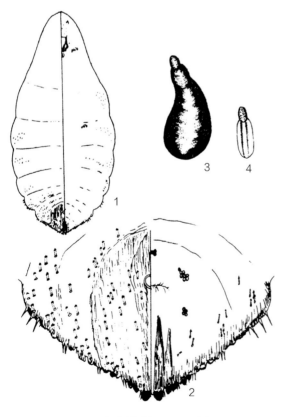

卫矛矢尖蚧（胡兴平　绘）

1. 雌成虫；2. 雌成虫臀板；3. 雌介壳；4. 雄介壳

卫矛矢尖蚧雌成虫介壳（徐公天 提供）

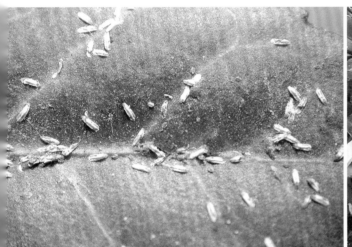

卫矛矢尖蚧雄成虫介壳（徐公天 提供）

卫矛矢尖蚧雄虫寄生大叶黄杨（徐公天 提供）

卫矛矢尖蚧雌成虫介壳　　卫矛矢尖蚧雄成虫介壳
（徐公天　提供）　　　　（徐公天　提供）

雄性分泌白色柔软的絮状蜡质，形成长条形介壳，壳下虫体变长，蜕皮进入预蛹期，再蜕皮为蛹。雌性则随虫体增长，不断向背面分泌蜡质，蜕皮前体背出现脊纹，蜕皮时蜕皮和分泌物组成第二壳点；进入成虫期后，继续分泌蜡质物形成梨形介壳。雄成虫羽化后停息片刻即可爬行或短距离飞行觅偶交尾。

防治方法

1. 休眠期结合修剪清除多虫的枝叶，集中销毁，减少虫源。

2. 树木发芽前15天在枝干上喷树干涂白液态膜，防治越冬虫体。

3. 在若虫孵化高峰期，树上喷20%噻虫嗪或12%噻虫嗪·高效氯氟氰菊酯1000倍液，重点喷施枝干和叶背。

4. 可用拟盘多毛孢进行有效防治。注意保护利用日本方头甲、黑缘红瓢虫、红点唇瓢虫、蒙古光瓢虫、异色瓢虫、中华草蛉、刷盾长缘跳小蜂等天敌。在喷药时尽量避开天敌盛发期。

参考文献

崔巍等，1995；杨子琦等，2002；徐公天，2003；王建义等，2009.

（乔秀荣，胡兴平，李镇宇）

106 悬铃木方翅网蝽

分类地位 半翅目 Hemiptera 网蝽科 Tingidae

拉丁学名 *Corythucha ciliata* (Say)

英文名称 Sycamore lace bug

悬铃木方翅网蝽是一种具有危害潜能的入侵物种，一旦传入到新的地区，能形成相当稳定的高密度种群，成为入侵地悬铃木的常发性主要害虫。2006年在武汉首次发现该虫入侵我国后，国家林业局将其增列入我国林业危险性有害生物名单。

分布 北京，上海，江苏，浙江，安徽，河南，湖北（武汉、宜昌、十堰、襄樊、荆门、荆州），湖南，重庆，贵州等地（肖娱玉等，2010）。美国，加拿大，意大利，法国，俄罗斯，匈牙利，波兰，保加利亚，希腊，捷克，荷兰，奥地利，克罗地亚，德国，塞尔维亚，黑山，斯洛文尼亚，瑞士，比利时，葡萄牙，斯洛伐克，西班牙，土耳其，智利，以色列，日本，韩国等国（Oszi et al.，2005；王福莲等，2008）

寄主 主要危害悬铃木属植物，包括一球悬铃木、二球悬铃木、三球悬铃木。也危害构树、粗皮山核桃、甸杜属、白蜡树属、桐叶槭、桂叶栎和胶皮枫香树等植物（Oszi et al.，2005；李传仁等，2007）。

危害 通常以成虫和若虫于悬铃木树冠底层叶片背面吸食汁液，最初造成黄白色斑点和叶片失绿，严重时叶片由叶脉开始干枯至整个叶片枯黄，从而造成树木提前落叶，树木生长中断，树势衰弱甚至死亡。在欧洲，该虫是悬铃木叶枯病菌 *Gnomonia platan* 和甘薯长喙壳菌 *Ceratocystis fimbriata* 的传播介体。而这2种病原菌能降低悬铃木生长势并导致其死亡，从而产生更大的间接危害。另外，该虫的刺吸伤口还使得三球悬铃木炭疽

悬铃木方翅网蝽雄虫（郝德君 提供）

悬铃木方翅网蝽雌虫（郝德君 提供）

悬铃木方翅网蝽5龄若虫（郝德君　提供）

病*Gnomonia veneta*、甘薯长喙壳菌、悬铃木溃疡病*Ceratocystis fimbriata* f. sp. *platani*等易于侵染悬铃木，从而加剧悬铃木的衰老和死亡（鞠瑞亭，李博，2010）

形态特征　成虫：乳白色，体长3.2～3.7mm，体宽2.1～2.3mm，头顶和体腹面黑褐色；头兜发达，盔状，头兜突出部分的网格比侧板的略大，从侧面看，头兜的高度较中纵脊稍高。在两翅基部隆起处后方有褐色斑。头兜、侧背板、中纵脊和前翅表面的网肋上密生小刺，侧背板和前翅外缘的刺列明显；前翅显著超过腹部末端，其前缘基部强烈上卷并突然外突，亚基部呈直角状外突，使得前翅近长方形，腿节不加粗；足和触角浅黄色；后胸臭腺孔缘小且远离侧板外缘。**卵：**长椭圆形，黑色，具金属光泽，顶部有乳白色卵盖。**若虫：**共5龄。体扁，梭形，无翅，除1龄若虫外，其他各龄若虫具刺突（蒋金炜，丁识伯，2008）。

生物学特性　上海、武汉1年5代（肖娱玉等，2010；夏文胜等，2007）。美国、意大利、日本等1年2～3代，以3代为多（Mizuno et al.，2004）。秋季以第五代成虫于悬铃木树皮下、树皮缝、地面枯枝落叶以及树冠下地被植物上越冬。越冬成虫于4月上旬开始出蛰，进行取食和交尾，4月下旬开始产卵，卵通常产于叶背的主脉或侧脉交叉处，十几个至数十个成一小堆。每雌虫可产卵100～350粒。5月初卵孵化，1～3龄聚集取食，4龄后分散取食危害，5月中、下旬为第一代若虫危害盛期。至10月下旬气温低于10℃时开始越冬。冬季的低温会明显减少第二年发生的虫口数量。出蛰期降雨不利其发生，夏秋两季的高温干旱会导致该虫的盛发。

防治方法

1. 物理防治。利用悬铃木方翅网蝽成虫群集于悬铃木树皮内或落叶中越冬特性，秋季刮除疏松树皮层、树干涂白、及时收集销毁落叶减少越冬虫的数量。在春季出蛰期结合浇水对树冠进行冲刷减少虫口数量。

2. 化学防治。通常采用树冠喷雾、树干注射和树干喷雾等（Tremblay & Petriello，1984）。树冠喷雾选择在若虫期和初羽化成虫期施药，选用高效氯氟氰菊酯、氰戊菊酯等除虫菊酯类杀虫剂触杀型药剂或低毒的吡虫啉、啶虫脒等植物源农药（纪锐等，2010）。低龄若虫期用内吸性杀虫剂进行树干注射。对于越冬成虫，直接对树皮裂缝树干喷雾杀灭虫源。

3. 生物防治。可用拟盘多毛孢进行有效防治。病原微生物有球孢白僵菌、蜡蚧轮枝菌和粉拟青霉菌（Tavella & Arzone，1987）。保护和利用天敌，已经发现拟原姬蝽、猎蝽、齿爪盲蝽、邻小花蝽、小花蝽、阿姬蝽、希姬蝽、蜘蛛、白条跳蛛、黑色蝇虎蛛、史氏盘腹蚁等对悬铃木方翅网蝽有较强的捕食能力（王福莲等，2008）。

参考文献

李传仁等，2007；夏文胜等，2007；金炜等，2008；王福莲等，2008；纪锐等，2010；鞠瑞亭等，2010；肖娱玉等，2010；Tremblay et al.，1984；Tavella et al.，1987；Oszi et al.，2005.

（郝德君）

<table>
<tr><td>分类地位</td><td>半翅目 Hemiptera　网蝽科 Tingidae</td></tr>
<tr><td>拉丁学名</td><td>*Metasalis populi* (Takeya)</td></tr>
<tr><td>异　名</td><td>*Hegesidemus habrus* Darke</td></tr>
<tr><td>英文名称</td><td>Popular and willow lace bug</td></tr>
<tr><td>中文别名</td><td>杨柳网蝽、娇膜网蝽</td></tr>
</table>

107 膜肩网蝽

近年来，随着杨树大面积的栽植，膜肩网蝽在山东、河南等地由次要害虫上升为主要害虫。7月即可导致杨树出现大量的早期落叶，严重影响树木生长。

分布　北京，河北，山西，江苏，江西，山东，河南，湖北，广东，四川，陕西，甘肃等地。

寄主　杨、柳等。

形态特征　成虫：雌虫体长约3mm，雄虫体长约2.9mm。头红褐色，光滑，短而圆鼓；复眼红色。3枚头刺短棒状，黄白色。触角浅黄色，被有短毛；第四节端半部黑色；各节长为：0.18，0.11，1.03，0.35mm。头兜屋脊状，末端有2个深褐斑，喙端末伸达中胸腹板中部。前胸背板浅黄褐色至黑褐色，遍布细刻点。3条纵脊灰黄色，两侧脊端与中纵脊平行；侧背板狭窄，脊状，具有1列小室；前翅长椭圆形，长过腹末端，浅黄白色，有许多透明小室，具深褐色"小室形斑；后翅白色，腹部腹面黑褐色，足黄褐色。**卵：**长椭圆形，略弯，初产时乳白色，后变淡黄色，一端1/3处出现浅红色，数天后另一端便出现血红色丝状物，至孵化前变为红色。

若虫：体长约2.17mm、宽约1.15mm，头黑色；翅芽呈椭圆形，伸到腹背中部，基部和末端黑色，腹部

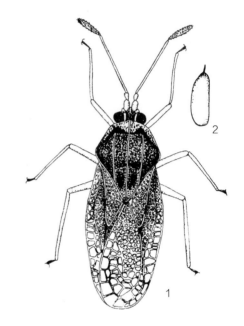

膜肩网蝽（刘永平　绘）
1.成虫；2.卵

黑斑横向和纵向断续分别分成3小块与尾须连接。

生物学特性　1年3～4代，世代重叠。以成虫在树洞、树皮缝隙间、枯枝落叶下和土缝中越冬。翌年4月上旬，日平均气温达到12℃以上时，越冬成虫开始出蛰危害。当气温低于10℃时，成虫开始下树

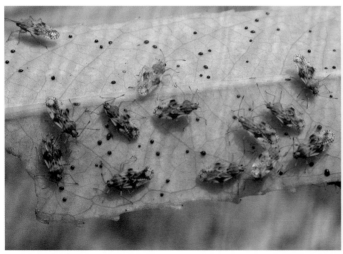

膜肩网蝽成虫群体（徐公天　提供）

膜肩网蝽成虫（徐公天　提供）

进入越冬态。5月上旬产卵，卵多成行排列，产于叶背面主脉和侧脉两边的叶片组织内，每孔产卵1粒，并排泄褐色黏液覆盖卵孔。5月中旬若虫孵化后刺吸叶背面组织。叶被害后背面呈白色斑点。第二代成虫出现于7月上旬，第三代8月上旬发生，第四代8月下旬出现，危害至11月陆续越冬。成虫有假死现象和群体短距离转移危害的习性，喜阴暗，多聚居于树冠中、下部叶背。成虫寿命20～30天，若虫4龄。成虫、若虫还具有群集危害的习性。排泄黏稠斑斑点点的褐色粪便，导致煤污病发生，影响光合作用，受害严重时，叶片提前脱落。

防治方法

1. 营造混交林，加强抚育管理。对郁闭度过大的林分进行间伐，促进林木生长，抑制害虫发生。清除树下枯枝落叶烧毁或深翻土地，消灭越冬成虫。对寄主进行冬季树干涂白。

2. 化学防治。叶面喷洒50%啶虫脒1500～2000倍液、10%蚜虱净（吡虫啉）1500～2000倍液，或48%毒死蜱或40%啶虫脒·毒死蜱2000～3000倍液等，毒杀若虫和成虫。

3. 生物防治。可用拟盘多毛孢进行有效防治。保护利用天敌，如异绒螨等，以发挥自然控制能力。

参考文献

梁成杰，1987；赵玲等，1989；赵方桂等，1999；赵俊芳，2006.

（王海明，梁成杰）

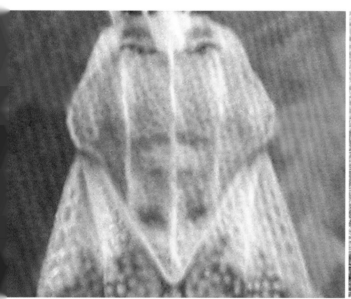

膜肩网蝽成虫前胸背板（徐公天 提供）

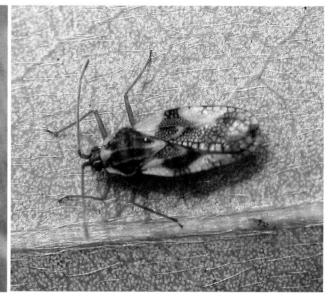

膜肩网蝽成虫（徐公天 提供）

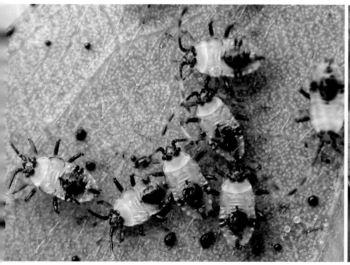

膜肩网蝽若虫（徐公天 提供）

膜肩网蝽危害柳叶状（徐公天 提供）

108	小板网蝽	分类地位　半翅目 Hemiptera　网蝽科 Tingidae
		拉丁学名　*Monosteira unicostata* (Mulsant et Rey)
		英文名称　Poplar lace bug

分布　内蒙古，甘肃，宁夏，新疆（以吐鲁番、鄯善、沙湾等县危害较重）。俄罗斯，叙利亚，摩洛哥；欧洲南部，非洲北部。

寄主　小叶杨、箭杆杨、钻天杨、银白杨、北京杨、沙兰杨、黑杨、白柳受害较重，轻度危害新疆杨、梨树、李树、山楂、樱桃、扁桃。

形态特征　**成虫**：体长1.9～2.3mm，宽0.8～1.1mm。头和胸部灰黑色，复眼圆形红黑色。触角棒状，4节。前胸背板发达，两侧向上隆起，具网状刻点。前翅和小盾片具有清晰的网状纹。雌性腹末端为一突出圆形生殖器，雄性只在腹末两侧各生1个具小齿的镰刀形构造。**卵**：长椭圆形。长0.2mm，宽0.07mm。乳白色，卵壳微显网状纹。**若虫**：末龄若虫体长1.6～1.9mm，体宽0.9～1.1mm。黄灰或浅灰色。复眼圆形突出，红黑色。头上具有4个刺突，后2个较大。背胸背板浅黄色，翅芽前、后两端黑色，中段灰黄色。腹部体缘凸凹明显，在凸的分节处均有1个肉刺，凹处节间还有1～3根细刺毛。

生物学特性　新疆沙湾县1年5代（少数成虫跨世代）。以成虫在树皮裂缝内和落叶层下越冬。4月中旬当旬平均气温达12.7℃时，越冬成虫普遍上树危害。经12～15天后开始交尾。5月初第一代成虫产卵，主要产在叶背面主脉两侧的叶肉内，卵经6～7天孵化，若虫平均12天羽化为成虫，成虫于9月底至

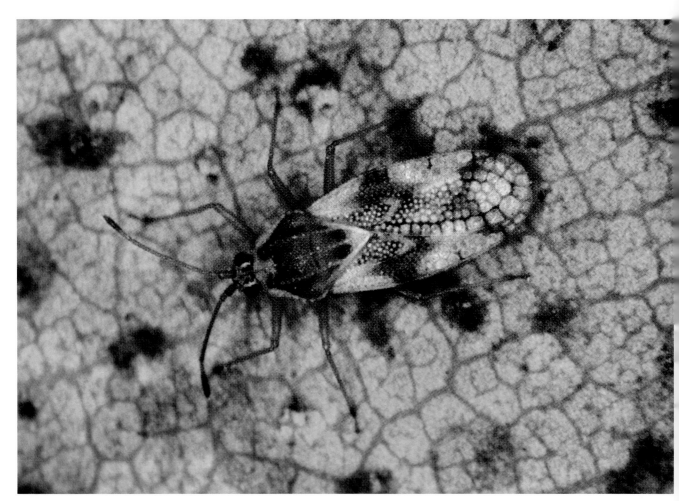

小板网蝽成虫（《上海林业病虫》）

10月初进入越冬。

成虫较敏感，若触动叶片，立即转移。有假死性。飞翔力很弱，活动主要靠爬行。该虫适应性很强，既能生活在素有"火洲"之称的吐鲁番盆地，又能生活在温暖多雨的伊犁河谷和高寒的阿尔泰山深处。成虫有时叮咬人体，被叮咬后皮肤有痒疼感觉。

若虫分3龄。1、2龄若虫多群集叶背，3龄后分散活动，并有成群转移的习性。若虫和成虫取食时，不断排泄酱褐色黏液，使叶片失绿，出现黄色斑块。卵的孵化期因世代不同而异，第一代需7～8天，其后几代各只需4～5天。

防治方法

1. 营造混交林。营造杨、榆、桑、沙枣、白蜡树等树种混交林。

2. 加强抚育管理。树干刷白、人工刺刷树皮裂缝和清理落叶，消灭越冬成虫。

3. 保护和利用林中小灰蜘蛛等天敌。

4. 化学防治。利用45%丙溴·辛硫磷乳油、50%杀螟硫磷乳油、25g/L高效氯氟氰菊酯乳油、40%毒死蜱·辛硫磷乳油、20%噻虫嗪悬浮剂各1000～1500倍液喷雾，或25%噻虫嗪超低容量制剂对中龄树进行超低容量喷雾，毒杀若虫和成虫。

参考文献

章士美等，1985；文守易等，1987；萧刚柔，1992.

（文守易，徐龙江）

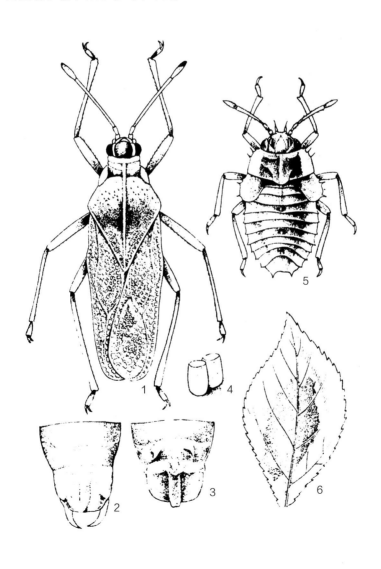

小板网蝽（朱兴才　绘）
1.成虫；2.雄成虫腹末端；3.雌成虫腹末端；4.卵；5.若虫；6.被害状

109 八角冠网蝽

分类地位 半翅目 Hemiptera 网蝽科 Tingidae

拉丁学名 *Stephanitis illicii* Jing

分布 云南。

寄主 八角。

危害 若虫和成虫危害八角叶片。受害叶呈黄白色，叶片和幼果早落，有的全株枯死。受害面积超过67hm²。

形态特征 成虫： 体小，体长4～6mm，扁平，黑褐色，被白色细毛。头、胸背面具网状花纹。触角4节，前3节淡黄色；第三节特别长，第四节毛密褐色。前翅具褐色略呈五边形的网状花纹，翅中部有条较粗的褐色斑。静伏时，两翅的褐色斑带呈杈状斑纹。**卵：** 乳白色。椭圆形，一头稍尖，半透明。**若虫：** 体长1.5～2.0mm。4龄若虫黑褐色。腹部两侧有12根刺状突起。尾须较明显。

生物学特性 1年2代。以卵在叶组织中越冬。翌年4月下旬至5月上旬孵化为若虫。若虫共4龄，各龄为期2～3天。5月中旬成虫大量出现，6月下旬交尾产卵。卵期60天，8月下旬孵化为若虫。9月上旬羽化，下旬交尾产卵越冬。越冬卵期约180天。

成虫群集或分散于叶背取食，有边取食边排泄的习性。飞翔力弱，雨天不活动，晴天傍晚常在林中飞行。成虫一生可危害多个叶片。危害取食后约60天开始交尾。雌虫边取食边交尾。交尾时间较长，有的长达24小时。交尾后2～3天产卵。卵产于叶背主脉中部两侧组织中。1个雌虫一生可产卵10粒以上，最多40粒。成虫产卵后逐渐死亡，寿命60～90天。卵快孵化时变为黄色。卵的孵化率达90%以上。初孵若虫较不活动，2龄以后开始取食危害，有群集性。

防治方法 清除树下枯枝落叶，烧毁或深埋，消灭八角冠网蝽越冬卵。利用45%丙溴·辛硫磷乳油、50%杀螟硫磷乳油、25g/L高效氯氟氰菊酯乳油、40%毒死蜱·辛硫磷乳油、20%噻虫嗪悬浮剂1000～1500倍液喷雾，或25%噻虫嗪超低容量制剂对中龄树进行超低容量喷雾，毒杀若虫和成虫。

参考文献

中国农业科学院茶叶研究所, 1974; 章士美等, 1995.

（甘家生）

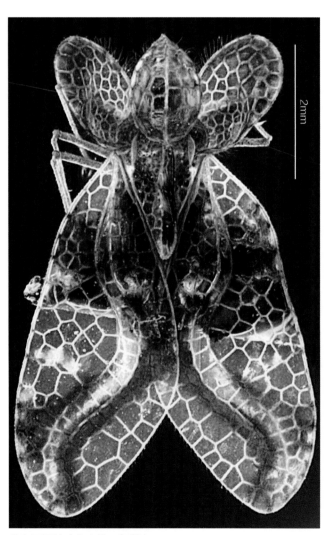

八角冠网蝽（卜文俊 提供）

110 华南冠网蝽

分类地位　半翅目 Hemiptera　网蝽科 Tingidae

拉丁学名　*Stephanitis laudata* Drake et Poor

分布　福建，广东，广西，台湾。

寄主　樟树。

危害　以若虫和成虫在樟树叶背刺吸汁液。被害的叶面上出现许多黄白色斑，严重时连成斑块，最后整叶变褐色。叶背上有大量粪便及褐色分泌物污染，影响光合作用，导致叶片枯死，降低林木生长量及其绿化效果。

形态特征　**成虫：**体长3.12～3.46mm，宽1.44～1.80mm。头褐色，背面被有白粉。触角4节，细长；第四节略加粗，被白色细毛。喙伸达中胸腹板后缘。前胸背板灰褐色，具均匀刻点；头兜透明，网格黄褐色，椭圆形，前端渐窄；侧背板向侧上方翘起，后缘强烈向内弯，具3列小室；中纵脊稍高，略长于头兜，背缘弓形，具2列小室；两侧脊极低且短，长度约为中纵脊的1/8。前翅较窄长，基部狭，端部较宽，中部向内微凹；静止时翅面呈现明显的褐色"X"形斑。雌虫腹部肥大，末端圆锥形，产卵器明显；雄虫腹部瘦长，腹末平截，具1对爪状的抱握器。**卵：**长约0.4mm，宽约0.2mm。乳白色。茄形。卵的顶端有一卵盖，卵盖灰褐色，椭圆形，中部拱突。**若虫：**体长约1.8mm，宽约0.9mm。头刺5枚，前面3枚呈三角形排列，向前上方伸出，后面2枚成对，向侧上方伸出。触角4节，第一、四节黄褐色，第二、三节褐色，被白色细毛；复眼球形突出，红色。前胸背板具头兜，中纵脊上具1对刺突，侧背板后端具1枚刺突。中胸小盾片上具1对刺突。前翅芽两端黄褐色，中间黄白色，外侧中央具1枚刺突。腹部黄褐色，背面中央具4枚刺突，两侧各具6枚刺突。

生物学特性　1年5代。以卵在樟叶背面主脉两

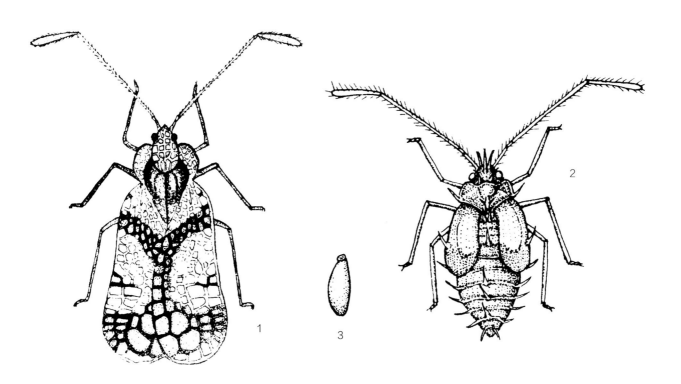

华南冠网蝽（李友恭　绘）

1.成虫；2.若虫；3.卵

侧的叶肉组织内越冬。4月上旬越冬卵开始孵化，世代重叠，但各代发生高峰期相当明显，第一代5～7月，第二代7～8月，第三代8～9月，第四代9～10月，第五代10月至翌年5月。

卵在叶背主脉两侧（侧脉两侧少见）直立或斜立于叶肉组织内。着生越冬代卵的叶片不产生离层，故翌年3～4月樟树换叶时，着卵叶不脱落。每片着卵叶有卵粒3～60粒，平均27粒。越冬代卵的孵化率为67.82%。卵期170～180天，其余各代卵期为13～23天。孵化时若虫顶开卵盖而出。初孵时体透明，经1～2小时后取食，取食后腹部便透出绿色，头部也逐渐变成黄褐色。若虫喜群集在叶脉分枝处昼夜取食。蜕皮前不取食，虫体显得特别饱满。蜕皮时，头仰起，头壳裂开而出。各代若虫历期14～25天，越冬代最长，第三代最短；各代各龄历期均在3～5天之间，但越冬代2龄6～7天，5龄7～8天；第三代有每龄2天的情况。

初羽化成虫体透明，约经1小时翅面上出现浅灰色"X"形斑纹，体色逐渐加深。随后成虫分散转叶取食叶片汁液。性喜阴暗，多分布在树冠中、下部避光处的叶背。飞翔能力差，但爬行相当迅速。羽化后3～5天开始交尾。雌虫边交尾边取食。雄虫交尾时体悬空，不取食。一生交尾1～5次。交尾后2～4天，选择老叶叶背主脉两侧产卵。先以口针插入叶肉组织钻一小孔，然后虫体前进，产卵器插入孔中产卵。每雌产卵3～69粒，平均35粒，2～13天内分多次产完。据室内饲养及林间多次随机抽样观察，性比均接近0.5。雌虫寿命8～26天，雄虫8～19天。

防治方法　化学防治可参见八角冠网蝽。

参考文献

萧采瑜等, 1981; 李友恭等, 1990.

（李友恭）

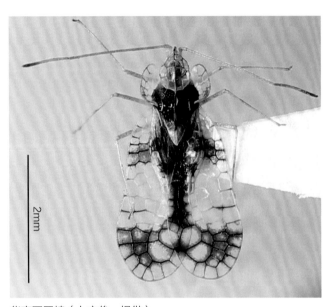

华南冠网蝽（卜文俊　提供）

111 长脊冠网蝽

长脊冠网蝽是严重危害檫树叶片的害虫，也危害八角属植物，它使树木长势降低，叶片枯黄早落，给林业和生态带来巨大损失。

分布　福建，湖南，广东等地。日本。

寄主　檫树和八角属植物。

危害　若虫和成虫用刺吸式口器吸食树叶的汁液，使叶片上布满灰白点和黄白斑，叶片失绿、变黄、早落，严重影响有机质的积累，削弱树势，甚至整株枯死。

形态特征　**成虫：**雌虫体长4.0mm，宽1.9mm；雄虫体长4.0mm，宽1.9mm。头红褐色；触角浅黄褐色；喙端伸至中胸腹板后缘；头兜膨大，背面呈球形，前端逐渐狭窄，伸达触角第一节中部以上，但不覆盖复眼；中纵脊约与头兜等高；两侧脊叶片状，低，其长为中纵脊的1/3；侧背板长大于宽，无褐斑；前翅狭长，基部狭窄，端部宽圆，前缘略呈波浪状弯曲，并具2列小齿，翅合拢时"X"形黑褐色花纹明显；胸腹板红褐色，中胸腹板纵沟侧脊后部略分歧，后胸腹板纵沟侧脊心形。**卵：**长0.3～0.4mm，宽0.1mm，乳白色，长茄形。**若虫：**各龄的体色、形态大致相仿，米黄色至灰褐色，有透明感。复眼红色；触角4节，端节色深；体上着生若干黑褐色棘，以体侧的最为明显；翅芽似2个眼状斑；腹部黑褐色有光泽。

生物学特性　湖南怀化1年4～5代。以成虫在枯枝落叶和缝隙中越冬。翌年5月中旬成虫开始活动，5月下旬产下第一代卵，5月底若虫孵出，6月中旬羽化为成虫。以后各代成虫出现期分别是7月中旬、8月上旬、9月上旬、10月上旬，10月开始落叶后，成虫也陆续越冬。

一天内均可见成虫羽化，刚羽化出的成虫乳白色，48小时后变浅褐色，补充营养2～3天后交尾，交尾多于白天进行，成锐角姿态。卵散产于叶背，主脉附近为多，卵上覆盖黑色点状分泌物，常几十粒于一叶，1周后孵化。成虫寿命短则1周，长则30余天，越冬代成虫寿命长达7个月。若虫共4龄，历时15天左右。羽化前，群集危害，羽化后方分

长脊冠网蝽成虫（周丽君　绘）

散，蜕下的皮多附在叶背叶脉处不易脱落。若虫和成虫均在叶背面吸食叶汁，使叶片呈密集的灰白点和黄白斑，重者叶片早落。1978年湖南省会同县苗圃的檫树因长脊冠网蝽危害，8月叶片就落光了，比正常树早落叶近3个月。

防治方法　1978年在湖南靖州县对长脊冠网蝽的发生与林相和坡向的关系进行了调查，结果是檫树纯林受害株率100%，杉檫混交林仅35%；南坡有虫株率100%，平均每叶上有虫11.6头，而北坡有虫株率虽100%，但平均每叶上只有5.6头虫；随山势的升高，发生数量有下降的趋势。从定点观察看，第二代为发生高峰，以后渐减。

1. 营林措施。营造混交林；尽量少在南坡造林。在立地条件相对好的地段造林，以增强树木长势。

2. 人工防治。因1～4龄若虫群集危害，树不高时，可摘除有虫叶片销毁。

3. 化学防治。用40%毒死蜱·辛硫磷乳油1500～2500倍液、25g/L高效氯氟氰菊酯乳油1000倍液等向叶背喷药，可获满意效果。

参考文献

萧采瑜，1981；萧刚柔，1992.

（张立军，周丽君）

112 竹后刺长蝽

分类地位 半翅目 Hemiptera 杆长蝽科 Blissidae

拉丁学名 *Pirkimerus japonicus* (Hidaka)

中文别名 竹斑长蝽

分布 江苏，浙江，福建，江西，湖南，四川。日本，越南。

寄主 罗汉竹、斑竹、白夹竹、寿竹、白哺鸡竹、甜竹、角竹、淡竹、实心竹、毛竹、强竹、红竹、金竹、筱竹、紫竹、石竹、早竹、刚竹、黄纹竹等。

危害 以成虫、若虫在竹腔中取食危害。成虫从竹秆部被笋期害虫如竹笋夜蛾、竹秆害虫如木蠹蛾等危害的虫孔及各种兽害、机械伤口的小孔洞钻入，在竹秆竹腔内产卵，孵化若虫在竹腔内取食，直到羽化为成虫。成虫在竹腔内补充营养，并交尾、产卵，继续危害，或部分成虫从原孔口爬出交尾后另找有虫孔的竹子钻入产卵危害。竹后刺长蝽自身不能穿透竹节，只能在一个竹节的竹腔中或原害虫已打通的几个竹节中危害，被害竹在有虫节以上竹材枯脆，竹材利用率下降，被害严重者有虫节以上竹梢、竹秆枯死。

形态特征 **成虫：** 体长7.3～9.5mm，刚羽化的成虫体乳白色，后变为黑色，略有光泽。头黑色；复眼棕黑色，单眼棕黄色；触角4节，末节最长，纺锤形，黑褐色，第二、三节等长，第一节最短；第三节浅褐色，余为淡黄色。前胸背板正中略凹陷，后部稍隆起，密布大小不一的刻点，后缘向前弯曲呈弧形。前翅黑色，翅基部为三角形的黄白色斑，翅中雄虫为一较宽的横带，雌虫为2个黄白色斑。腹部黑色，末节背面平截，露于翅外。足淡黄色，各足胫节末为淡黑色。后足腿节腹面有刺2排，每排数不一。头、触角、胸、足、前翅基部及腹侧均具淡

竹后刺长蝽成虫（徐天森 提供）

竹后刺长蝽卵（徐天森 提供）

黄色长绒毛。**卵：**长卵圆形，长径1.15～1.40mm，短径0.32～0.45mm，两端稍尖，不弯曲。乳白色，表面光滑，细腻，有光泽，渐变为乳黄色，孵化前一端出现淡黑色。**若虫：**初孵若虫体长1.6mm，体最宽处在第六至第八腹节，宽0.6mm，长卵圆形，乳白色；中胸之前到头部略显淡黄白色，复眼淡黄色，略突出；触角3节，各节等长，1龄若虫末期体长可达1.8mm，体被淡黄色绒毛。2龄若虫体长3.3～3.8mm，体最宽处在腹部，宽0.9～1.2mm，乳白色；触角3节，各节等长，末节纺锤形。3龄若虫体长4.5～5.0mm，中胸以后体两侧较平行，宽1.8～2.0mm，乳白色；后胸以前至头、足淡黄色；复眼鲜红色，稍突出。翅芽初显，长达第一腹节中部。4龄若虫体长5.8～6.2mm，头、胸部淡黄色，腹部乳黄色。头顶正中呈圆形隆起，复眼鲜红色，触角4节，前翅芽达第二节中部。老熟若虫体长7.5～7.9mm，长柱形，头、胸部淡黄色，腹部乳白色，头顶正中呈"Y"隆起，复眼暗红色、突出，两单眼分布"Y"隆起下部两侧，鲜红色。触角4节，末节

最长，纺锤形。前胸背板两侧正中各有1个圆形斑，前翅芽达第三腹节前缘。后足腿节内侧有2排小刺。

生物学特性　在竹腔中营隐蔽生活，年发生世代报道不一，有称浙江为1年4代、江西为1年2代，详细生活史有待观察。据不完整的记载，在浙江以卵、各龄若虫及成虫越冬，翌年3月下旬开始活动，各虫态发生极不整齐，随时剖开竹腔，几乎都能见到成虫、卵和各龄若虫。曾于4、6、8、10月剖开被害竹的竹腔，都能观察到卵、1～5龄若虫和成虫。各虫态发育时间，卵需15～25天孵化，若虫需60～80天老熟，成虫寿命约6个月。以成虫越冬者，有可能1年发生3代。

防治方法　保护天敌。见有爬出竹腔的成虫，被黄足猎蝽、双斑青步甲、日本弓背蚁、双齿多刺蚁捕食。

参考文献

徐天森, 王浩杰, 2004.

（徐天森，王浩杰）

113 杉木扁长蝽

分类地位 半翅目 Hemiptera　长蝽科 Lygaeidae

拉丁学名 *Sinorsillus piliferus* Usinger

　　我国特有种，危害杉木球果，引起球果变色、畸形、枯萎，是导致种子产量下降的重要原因之一。

　　分布　浙江，福建，江西，湖北，湖南，广东，四川，贵州，陕西等地。

　　寄主　杉木。

　　危害　主要以成虫、若虫匿居在已张开的杉木球果苞鳞内，刺吸苞鳞及幼嫩种子汁液，被害球果苞鳞局部或全部变红褐色，后期干枯开裂；被害种子颗粒不饱满，成为瘪粒或涩粒，并失去活力。有时可刺吸梢头、嫩叶及花序，受害部位出现褐色小斑，致梢头、嫩叶局部变色、膨大变形或丛枝状，严重者枯萎。

　　形态特征　**成虫：**体长5.5～9.0mm，腹宽2.5～4.2mm。淡褐色至黑褐色。略扁。头部红褐色或黑褐色，触角4节、褐色。喙4节、黑褐色，伸达第九腹节。前翅红褐色，膜区透明。前胸背板梯形，具密刻点。小盾片三角形，黑褐色。**若虫：**共5龄，末龄若虫体长4.0～5.2mm。体长卵圆形，较扁平。背部褐色，腹面黑褐色，翅芽外露。

　　生物学特性　福建1年2代。以若虫越冬。翌年4月上旬越冬若虫在球果内羽化为成虫，4月中、下旬为成虫出现盛期。成虫白天隐藏球果内，早晨、黄昏后在嫩枝梢间取食。5月上、中旬为越冬成虫产卵盛期。6月下旬至7月上旬为第一代若虫孵化盛期。第一代成虫8月上旬出现，9月中、下旬为成虫活动盛期。9月下旬成虫产卵盛期。10月上旬为第二代若虫孵化盛期。若虫在当年生球果苞鳞间吸食危害，引起球果变色、种子干瘪。10月下旬若虫在当年球果内越冬。

　　防治方法

　　1. 采种时应尽量摘尽树上球果（包括变色果、小枯果等），种子处理后空球果集中烧毁。

　　2. 在若虫或成虫盛发期，以20%氰戊菊酯或5%高效氯氟氰菊酯5000倍液树冠喷雾，或以脉冲式烟雾机喷施20%氰戊菊酯热雾剂杀灭成、若虫。

　　3. 繁育推广抗虫性较强的杉木无性系。

　　参考文献

　　钱范俊等, 1992; 钱范俊等, 1994; 李宽胜, 1999; 陈顺立等, 2004.

（钱范俊）

杉木扁长蝽成虫与危害状（钱范俊　提供）

114	**娇驼跷蝽**

分类地位	半翅目 Hemiptera　跷蝽科 Berytidae
拉丁学名	*Metacanthus pulchellus* Dallas
异　　名	*Gampsocoris pulchellus* (Dallas)
中文别名	长足蝽、泡桐跷蝽

分布　河北，江西，山东，河南，湖北，广东，广西，西藏，四川，云南，陕西等地。

寄主　泡桐、杨树、苹果、梨树、桃树。嫩梢受害后萎缩，高生长停止；嫩叶被害后，萎缩、破裂。

形态特征　**成虫：**体长3.5～4.2mm，体狭长。黄褐色至灰褐色。头顶圆鼓向前伸。触角细长。超过体长。前胸背板隆起，后缘有3个圆锥形突起。小盾片呈直立的长刺。前翅黄白色，膜质透明。足特别细长。**若虫：**末龄若虫，黄绿色，细长。翅芽泡状。触角和足细长。

生物学特性　河南1年3代。以成虫在地被物上或枯枝落叶内、杂草丛中、农作物地里潜伏越冬。翌年4月初开始出蛰。4月中旬，飞往苗圃初萌发的寄主植物幼芽上集聚、吸食、交尾。5月初开始产卵。卵经8天左右孵化。6月上旬第一代若虫盛期。蜕皮4次，共5龄。1、2龄期各6天，3龄期5天，4、5龄期各4天。春季完成1代需33天左右。第二代若虫盛期在7月上旬。第三代若虫盛期在7月下旬，这代成虫活动危害至10月上旬，陆续寻找越冬场所越冬。

成虫性较迟钝，经常活动于叶面上。老龄若虫性较活泼，经常爬行于叶面或嫩梢上，寻找停留其上的其他小虫，如蚜虫、蝇类及其他鳞翅目的初龄幼虫，进行吸食。吸剩的皮壳，停留在叶面或嫩枝上，经久不掉。雌、雄交尾频繁，白天夜晚均可进行。交尾后，停留时间较长，有时经一昼夜仍不脱离。有时雌虫拉着雄虫到处爬行，遇惊扰时，雌虫拖着雄虫飞逃。雌虫喜产卵于叶背面的腺毛丛中，单粒散产。初孵若虫喜群聚于寄主嫩枝头、幼叶上，日夜吸食汁液。嫩头受害后，逐渐萎缩，高生长停止；幼叶被害后，出现褐色斑点，遂后萎缩，不能正常展开，或展叶后破裂脱落。

防治方法

1. 人工防治。结合冬耕，清除地面落叶、杂草，消灭越冬成虫。

2. 营林措施。选育枝叶腺毛不发达的抗虫品种，降低危害。因这些品种腺毛不发达，着卵量少，虫口数量亦少，受害亦轻，如四川泡桐*Paulownia fargesii*。

3. 化学防治。若虫发生越期，喷洒40%毒死蜱·辛硫磷乳油或50%杀螟硫磷乳油各1000倍液。

（杨有乾）

娇驼跷蝽成虫（王绢健　提供）

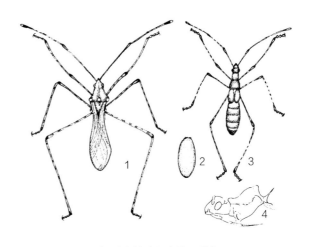

娇驼跷蝽（杨有乾　绘）
1.成虫；2.卵；3.若虫；4.头和胸侧面

		分类地位	半翅目 Hemiptera　跷蝽科 Berytidae
115	锤胁跷蝽	拉丁学名	*Yemma signata* (Hsiao)
		中文别名	长足蝽

分布　北京，河南，河北，湖北，江西，浙江，广东，广西，云南，四川，西藏，陕西等地。

寄主　泡桐、杨树、苹果、梨树、桃树。多发生于苗圃幼苗上。嫩梢受害后，萎缩，高生长停止；嫩叶被害后，萎缩、破裂。

形态特征　成虫：体长6.5～7.5mm，体狭长。淡黄褐色。小盾片特化为弯曲的直立长刺。前翅纵窄，不超过腹末。触角和足特别长，均超过体长。

若虫：末龄若虫体长6mm。淡黄绿色。翅芽泡状。

生物学特性　河南1年2代。以成虫在枯枝落叶内、杂草丛中、农作物地里隐蔽越冬。翌年6月出蛰，飞往苗圃幼苗上危害、交尾、产卵。第一代若虫盛发于7月中旬。第二代若虫盛发于8月中旬，这代成虫活动危害至10月后，开始寻找越冬场所越冬。

成虫和若虫经常活动于叶面、嫩梢刺吸汁液，并吸食附在其上的其他小虫，如蚜虫、蝇类或鳞翅目初龄幼虫。吸剩的皮壳留在其上，经久不掉。雌、雄交尾频繁，而且时间持续较长，昼夜均可进行。雌虫产卵于叶背面的腺毛丛中，单粒散产。若虫孵化后，群聚于嫩梢头、幼叶上，吸食汁液。嫩头被害后萎缩，高生长停止；幼叶被害后，萎缩、破裂、脱落。

防治方法　参照娇驼跷蝽。

参考文献

杨有乾等，1982；章士美 等，1985；萧刚柔，1992；河南省森林病虫害防治检疫站，2005.

（杨有乾）

锤胁跷蝽若虫（李颖超　提供）

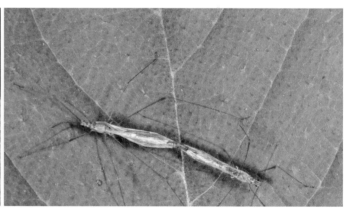

锤胁跷蝽交配（李颖超　提供）

锤胁跷蝽捕食（李颖超　提供）

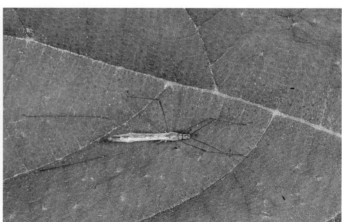

锤胁跷蝽休憩（李颖超　提供）

116 黑竹缘蝽

分类地位 半翅目 Hemiptera　缘蝽科 Coreidae

拉丁学名 *Notobitus meleagris* (F.)

分布 浙江，福建，江西，广东，广西，四川，云南，台湾等地。印度，缅甸，越南，新加坡。

寄主 尖头青竹、白哺鸡竹、甜竹、实心竹、花毛竹、篌竹、金竹、芽竹、东阳青皮竹等刚竹属中较细竹种；箣竹、坭簕竹、小箣竹、小佛肚竹、鱼肚腩竹、藤枝竹、孝顺竹、撑篙竹、青皮竹、崖州竹、龙头竹、油竹等簕竹属中大多数竹种；龙竹、吊丝竹、麻竹、牡竹等牡竹属中大多竹种；绿竹、大绿竹、花头黄竹、黄麻竹等绿竹属及苦竹属中的一些竹种。

危害 若虫、成虫取食嫩竹汁液，被害竹生长缓慢。在浙江危害苦竹，虫口密度高时单株嫩竹上有虫数百只，被害嫩竹干瘪，甚至枯死。

形态特征 成虫：体长18～25mm，宽6.5～7.0mm，黑褐色至黑色。被黄褐色短毛，头短，长宽比2∶3；触角基部3节几乎等长，第四节基半部淡色，余为黑色。复眼突出，黑褐色；喙黑褐色，伸达中足基节间。前胸背板、小盾片密布粗刻点；前胸背板具"领"，黄褐色，有浅横皱纹，前缘内凹，后缘中央内凹，侧角圆，不突出；前翅革片黑褐色，膜片烟褐色，超过腹末。腹部侧接缘外缘鲜黄棕色，节间处黑色，气门黑色，其周围色浅。

卵：扁椭圆形，长径1.48～1.64mm，短径1.16～

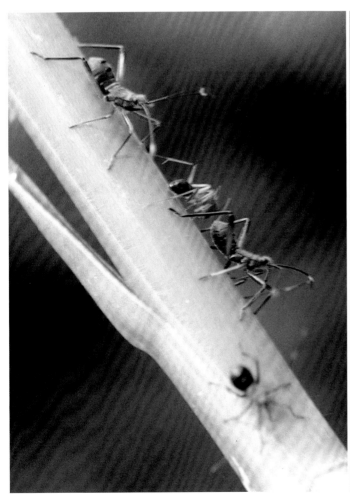

黑竹缘蝽3龄若虫（徐天森　提供）

黑竹缘蝽成虫（徐天森　提供）

黑竹缘蝽卵（徐天森　提供）

黑竹缘蝽2龄若虫（徐天森　提供）

黑竹缘蝽（张润志　整理）

1.32mm。初产时金黄色，具金属光泽，后光泽渐暗，颜色加深，呈暗铜黄色。卵以2排交错相嵌、纵向产于竹小枝上、竹叶背面及杂灌木上。**若虫：**初孵若虫体长3.5mm，黑褐色，触角长于体，足细长。老熟若虫体长19～21mm，黑褐色或淡灰褐色，触角黑色，第四节基半部锈黄色。前胸背板中区、小盾片、翅芽基部黑褐色，臭腺孔黄色，其周围黑色。腹部侧缘黄色。

生物学特性　浙江1年1～2代，广东1年5代，均以成虫越冬。在浙江越冬成虫于4月下旬至5月初上笋取食，5月中旬至6月上旬产卵，若虫5月下旬至6月中、下旬取食，6月底开始羽化成虫，进行补充营养，进入越夏、越冬；其中少数于7月上旬产卵，7月中旬第二代若虫开始危害，8月产生成虫越冬。在广东越冬成虫于3月底开始活动，4月上旬上竹取食并交尾，4月中旬开始产卵，4月下旬若虫孵化并上竹危害，约经30～40天，第一代若虫老熟并羽化

成虫。以后各代发生期依次为6月中旬至7月中旬、7月中旬至8月中旬、8月中旬至9月中旬、9月中旬至翌年4月中旬。基本上为1个月1代，世代重叠。

防治方法　可用球孢白僵菌进行有效防治。保护天敌。捕食性动物鸟类有杜鹃、画眉等几种益鸟捕食成虫、若虫，在黑竹缘蝽小若虫时有黄足猎蝽、宽条狡蛛、猫蛛、盗蛛捕食，若虫期有广腹螳螂、红缘猛猎蝽捕食。

参考文献

徐天森, 王浩杰, 2004.

（徐天森）

117 山竹缘蝽

分类地位　半翅目 Hemiptera　缘蝽科 Coreidae

拉丁学名　*Notobitus montanus* Hsiao

分布　浙江，福建，江西，广东，广西，四川，云南，台湾等地。

寄主　白夹竹、斑竹、寿竹、白哺鸡竹、甜竹、实心竹、花毛竹、水竹、毛竹、红竹、篌竹、紫竹、芽竹、金竹、刚竹、乌哺鸡竹、箣竹、坭簕竹、小箣竹、小佛肚竹、鱼肚腩竹、龙头竹、油竹、苦竹、衢县苦竹等竹种，偶见危害玉米、小麦。

危害　若虫、成虫在当年未硬化的新竹上群聚取食，一般危害新竹，节间缩短、高度降低、竹材材质硬脆、产量下降，利用价值大减；虫口密度大时嫩竹枯萎，竹子死亡。

形态特征　**成虫**：体长19.6～23.5mm，体宽5.2～5.8mm，雄虫略小，体黑褐色，被灰黄色细毛。触角长10～12mm，第一节短于或等于头宽，第四节基半部锈黄色；复眼突出，黄褐色；喙达中胸腹板前缘，前胸背板梯形，中后部色淡，后足腿节粗大，端部2/5处有1较大的刺，刺的前、后各有数枚小刺；后足胫节近基部稍向内弯曲。腹部背面基半部红色。**卵**：扁椭圆形，长径1.65～1.78mm，短径1.1～1.2mm，淡褐色，有古铜色光泽，卵块纵向排列成条状，以2排呈"人"字形相互交错产于竹小枝、竹叶背面，还有少数产于竹秆或杂草上，每卵块有卵18～38粒。**若虫**：初孵若虫体长2.5mm，粉红色，稍后变为灰黑色。胸小，腹大。触角、足细长。老熟若虫体长14～17mm，体略柔软，翅芽明显，胸、翅芽黑褐色，腹部略粗大，色浅。腹第三、四节间和第四、五节间具臭腺略突起。

生物学特性　浙江1年1代，广西1年1～2代，均以成虫越冬。4月中、下旬越冬成虫开始活动，4月下旬、5月上旬开始产卵，卵经12～19天孵化，5月上、中旬出现若虫，若虫期30～45天，6月下旬7月上旬老熟若虫羽化为成虫。在广西部分成虫可以交尾产卵，第二代若虫于9月下旬至10月上旬老熟羽化为成虫。第一代成虫在7月底至9月初越冬；第二代成虫11月越冬。

防治方法　可用球孢白僵菌进行有效防治。保护天敌。在山竹缘蝽小若虫时有猫蛛、盗蛛、黑腹狼蛛捕食，若虫期有黄足猎蝽、红缘猛猎蝽捕食。

参考文献

徐天森, 王浩杰, 2004.

（徐天森）

山竹缘蝽成虫（徐天森　提供）

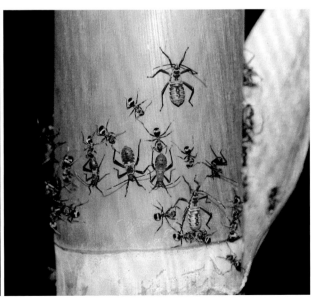

山竹缘蝽若虫（徐天森　提供）

118 **小皱蟏**

分类地位　半翅目 Hemiptera　兜蟏科 Dinidoridae
拉丁学名　*Cyclopelta parva* Distant
英文名称　Small wrinkled stink bug

小皱蟏是一种刺吸式害虫，在我国广泛分布，主要危害刺槐等豆科植物，发生严重时，给林业生产造成较大损失。

分布　内蒙古，辽宁，江苏，浙江，福建，江西，山东，湖北，湖南，广东，广西，四川，云南等。缅甸，不丹等。

寄主　刺槐、紫穗槐、胡枝子、葛条、菜豆、扁豆、豇豆、大豆及西瓜、南瓜等。

危害　成虫、若虫均喜群集于1～3年生萌芽条上，幼树基部及枝丫处幼嫩部位危害。被害处树叶发黄、早落；枝条、幼干受害部位臃肿、龟裂、腐烂，重者枯死。

形态特征　**成虫：**体黑褐色，无光泽。体长12～15mm，宽6～10mm（萧刚柔，1992）。**若虫：**初孵体淡红色，蜕皮后胸部黄褐色，中央具1行褐色瘤状突起，复眼暗红色。

生物学特性　1年1代。以成虫在杂草、石块下越冬。翌年3月中旬始活动，先是中午爬出，天落前潜伏，并不危害。随着气温变暖，越冬成虫逐渐向寄主根际集中，至刺槐开花时（4月下旬），陆续上树危害。6月上旬成虫开始交尾产卵。一生可多次交尾及产卵。交尾后第二天即可产卵，卵多产于直径2～7mm的枝条上，排列紧密，纵向成行，绕枝条半

圈或一圈。单雌产卵量110粒左右。产卵盛期为6月下旬至7月上旬。卵经2～3周孵化，若虫共5龄，约经55天羽化为成虫。9月下旬开始下树越冬，至11月上旬全部越冬。成虫、若虫均有群集性和假死性。其群集危害期在8～9月。成虫取食时如受惊扰可喷射毒液刺激人的皮肤（范迪，1993）。

防治方法　小皱蟏属刺吸式害虫，喜群集危害。林间天敌白僵菌的致死率很高。早期对该虫多采用化学药剂防治。根据我国森林病虫害防治工作要实行"预防为主，综合治理"的基本原则，对该虫施以生物药剂为主的综合防治措施，充分保护、利用天敌将虫害控制在经济危害水平以下。

1. 人工防治。在成虫群集的越冬期，除草丛，掀石块，捕杀成虫。在6月下旬至7月上旬成虫产卵盛期，剪除卵枝，集中烧毁。

2. 生物防治。孵化盛期可进行灭幼脲、氟铃脲喷雾。湿度较大时，可利用白僵菌防治。

3. 化学防治。孵化盛期可进行灭幼脲、氟铃脲喷雾。若虫期喷2%阿维菌素·茚虫威或5.7%甲氨基阿维菌素苯甲酸盐1000～1500倍液防治。

参考文献

萧刚柔，1992；范迪，1993.

（李宪臣，王清海，孙渔稼）

小皱蟏成虫（徐公天　提供）

小皱蟏若虫（徐公天　提供）

119	竹宽缘伊蝽	
	分类地位 半翅目 Hemiptera 蝽科 Pentatomidae	
	拉丁学名 *Aenaria pinchii* Yang	
	中文别名 秉氏蝽	

分布 江苏，浙江，安徽，福建，江西，河南，湖北，湖南，广东，广西，四川，贵州等地。

寄主 毛竹、黄秆乌哺鸡竹、五月季竹、白哺鸡竹、白夹竹、寿竹、京竹、衢县红壳竹、篌竹、台湾桂竹、甜竹、石竹、早竹、水竹、淡竹、刚竹、雷竹、早园竹、红竹、乌哺鸡竹、撑篙竹、粉箪竹、青皮竹、大眼竹等。

危害 以成虫、3龄以上的大龄若虫在竹秆、大枝的节上，3龄前小若虫在小竹枝的节上、枝杈处及竹叶上吸取竹子汁液，造成竹子落叶及部分小枝、大枝枯死。虫口密度特别高时，亦能使被害竹子全株枯死。

形态特征 **成虫：** 体长9.5～12.4mm，宽5.5～6.2mm，体淡绿色，密布均匀的黑色刻点。头为等边三角形，复眼黑褐色；触角5节，棕黄色，末节黑色。前胸背板侧缘白色，体、翅侧缘有白色的边。前翅硬片淡紫褐色，径脉以外的区域为淡黄白色，膜片淡烟黑色。**卵：** 桶形，直径1.2～1.3mm，卵盖直径1.0mm，高1.4～1.6mm，初产淡绿色，随即变为乳白色，孵化前卵盖上出现6个红斑，4个呈正方形排列，2个为倒"V"形纹，列在正方形的一侧。同时，在倒"V"形纹处显出1个三角形黑色纹。**若虫：** 体长8.8～10.7mm，宽5.4～6.2mm，体翠绿色。头为等边三角形；触角4节，棕色，末节黑色；复眼黑褐色。前胸背板侧缘白色，体、翅芽侧缘有白色边，腹部每节白边内有黑色长条纹。

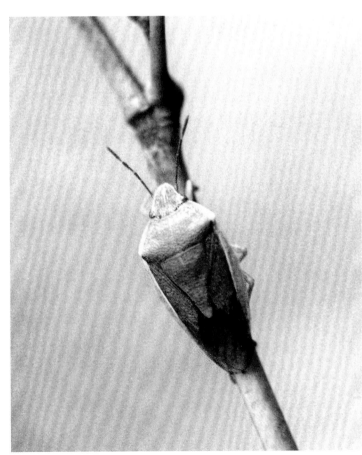

竹宽缘伊蝽成虫（徐天森 提供）

刚从卵中孵出的竹宽缘伊蝽若虫及卵壳（白色）
（徐天森 提供）

发育完成近孵化的竹宽缘伊蜷卵（徐天森 提供）

竹宽缘伊蜷若虫（放大）（徐天森 提供）

竹宽缘伊蜷若虫（徐天森 提供）

生物学特性 浙江1年1代。以成虫在枯枝、落叶下地被物中越冬。翌年3月中、下旬、4月上旬成虫上竹活动取食，4月中、下旬交尾。每次交尾后，雌成虫可产卵1～2块，5月中旬为产卵高峰。卵经7～12天可以孵化，若虫经50天左右老熟羽化成虫，若虫期为55～65天。成虫夏天活动少，7月底至11月成虫落地越冬。

防治方法 可用球孢白僵菌进行有效防治。保护天敌。捕食性鸟类有杜鹃、竹鸡等，蜘蛛有丽园蛛、宽条狡蛛、黄褐狡蛛、浙江豹蛛等捕食成虫、若虫；捕食性昆虫有广腹螳螂、蜷、黄足猎蜷、黑红猎蜷、双斑青步甲、虎甲、日本黑褐蚁、双齿多刺蚁捕食若虫，卵期有黑卵蜂寄生，寄生率高达25%；成虫、若虫均有白僵菌寄生。

参考文献

徐天森, 王浩杰, 2004.

（徐天森）

120	**茶翅蝽**	分类地位　半翅目 Hemiptera　蝽科 Pentatomidae
		拉丁学名　*Halyomorpha halys* Stål
		英文名称　Brown marmorated stink bug
		中文别名　臭大姐、臭板虫

分布　北京，天津（蓟州），河北（昌黎、兴隆、青龙），辽宁，江苏，浙江，安徽，福建，江西，山东，河南（舞钢、西平），湖北，湖南，广东，四川，贵州，云南，陕西，甘肃，台湾等地。

寄主　梨、苹果、海棠、桃树、李树、杏、樱桃、山楂、无花果、石榴、柿树、梅、柑橘、榆、桑、丁香等。

形态特征　**成虫**：体长15mm左右，宽8～9mm，扁椭圆形，全体茶褐色（河南省林业厅，1988）。**卵**：卵粒短圆筒形，20～30粒并排在一起，形似茶杯，灰白色，近孵化时呈黑褐色。**若虫**：与成虫相似，无翅。

生物学特性　1年1代。以成虫在空房、屋角、檐下、草堆、树洞、石缝等处越冬。5月上旬开始陆续出蛰活动，飞到果树、林木及作物上危害。成虫、若虫吸食叶片、嫩梢和果实的汁液，造成落叶和果实凹凸不平、畸形、木栓化或果实被害处流胶，幼果受害脱落。6月产卵，多产于叶背。卵期10～15天，7月上旬开始陆续孵化，初孵若虫喜群集卵块附近危害，而后逐渐分散，8月中旬开始陆续老熟羽化为成虫，成虫危害至9月寻找适当场所越冬。

越冬前茶翅蝽成虫（徐公天　提供）

茶翅蝽成虫（张润志　整理）

茶翅蝽若虫（徐公天　提供）

防治方法

1. 人工防治。成虫越冬期进行捕捉；危害严重区可采用果实套袋防止果实受害。在产卵期，消灭卵块。

2. 化学防治。若虫群集在枝干或叶片阴面乘凉时，用4.5%高效氯氟氰菊酯水乳剂1000倍液或40%噻虫嗪乳剂或12%噻嗪·高氯悬浮剂1500～2000倍液喷杀，效果良好。

3. 生物防治。卵期释放天敌茶翅蝽沟卵蜂防治，寄生率80%（李中新等，2004）。

参考文献

河南省林业厅, 1988; 李中新等, 2004; 万少侠等, 2004.

（万少侠）

茶翅蝽若虫（张润志　整理）

茶翅蝽若虫（张润志　整理）

121 卵圆蝽

分类地位 半翅目 Hemiptera 蝽科 Pentatomidae

拉丁学名 *Hippotiscus dorsalis* (Stål)

中文别名 竹卵圆蝽

分布 上海，江苏，浙江，安徽，福建，江西，河南，湖南，广西，四川，贵州，西藏等地。印度。

寄主 毛竹、尖头青竹、黄古竹、京竹、毛环水竹、五月季竹、斑竹、寿竹、白哺鸡竹、甜竹、淡竹、花皮淡竹、红竹、刚竹、篌竹、富阳乌哺鸡竹、石竹、早竹、雷竹、早园竹、乌哺鸡竹、台湾桂竹、云和哺鸡竹等。

危害 以若虫、成虫在竹子大小枝条的节上、主秆节的上下群集吸取汁液，造成竹子被害枝节以上的枝条落叶枯死，虫口密度大时，竹子上出现大量枯枝，或竹子全株死亡。

形态特征 成虫： 体长13.5～15.5mm，体宽7.5～8.0mm，背面隆起颇高。初羽化成虫为乳黄色，经3～4天为灰青色，略具光泽，后变为灰黄色、灰褐色、青褐色，密布黑色刻点，被白粉。头为钝三角形，前端缺口式，中叶短于侧叶；复眼暗红色，内侧有一无刻点光滑小区；触角5节黄褐至黑褐色，末节基半部黄白色。前胸背板前侧缘稍向外伸，呈弓形，黑色，胝深乳黄色，刻点少。小盾片末端有黄白色月牙形斑，无刻点。前翅膜翅片淡黑色，革翅片基部黑色。体腹面黄色，气门黑色。足

淡黄色。**卵：** 桶形，高1.4mm，直径1.2mm，卵盖直径1.0mm。淡黄色，块产，每卵块有卵14粒，以2行交错排列产于竹叶背面，偶见有28粒者，也是以2行交错排列，为2个卵块产于一处。卵近孵化前，在卵盖一侧出现1个三角形的黑边，中间被1条黑线垂直均分为二。在三角形两底角下方各有1个椭圆形红点。**若虫：** 若虫5龄，1龄若虫体长1.8～2.0mm，体宽1.4～1.6mm，短椭圆形，黄白色。头三角形，中叶与侧叶等长；复眼圆形，暗红色；触角4节，基节与末节端半部浅黑色。前胸背板浅灰色，足跗节浅黑色。从2龄若虫起体长分别为2.8～3.5、4.6～5.3、7.0～9.1、9.5～13.0mm，体宽分别为2.0～2.2、3.2～3.8、4.5～5.2mm。2龄若虫体灰黄色，有黑色刻点，头侧叶长于中叶，4龄若虫体棕黄色，触角乳黄色，末节浅黑色，复眼褐色，中、后胸侧缘黑色，并延伸到腹末形成黑色"V"字形斑。老熟若虫体棕黄色，有黑色刻点，触角4节，灰黑色，翅芽黑色，从胝到翅芽为弧形黑斑，并延伸到腹末形成"V"字形黑斑，腹部侧缘浅黄色。

生物学特性 浙江1年1代。以2～4龄若虫于10月底、11月上旬，即日平均气温下降到10℃左右时坠落地面，爬入地被物下越冬，以4龄若虫为主，约占95%以上，2～3龄若虫越冬者，死亡率较高。翌年4月上、中旬，越冬若虫开始活动，待天气变暖时，从竹子基部爬行上竹，在竹节处取食，遇湿度太大或落雨时，停止上竹；若气温下降，已爬行上竹的若虫会再坠落地面隐息，待气温上升时再爬行上竹。5月底至6月上旬羽化成虫，6月中旬交尾，6月下旬为交尾高峰，7月中旬为产卵高峰，成虫10月上旬绝迹。

防治方法

1. 保护利用天敌。捕食性鸟类有长尾蓝雀、大山雀、杜鹃、大杜鹃、画眉等，蜘蛛有盗蛛、猫蛛、斜纹猫蛛、宽条狡蛛、武夷豹蛛、浙江红螯蛛捕食成虫、若虫；捕食性昆虫有中华大刀螂、广腹

竹基部涂刷黏着剂防治卵圆蝽（徐天森　提供）

卵圆蝽成虫（徐天森　提供）

卵圆蝽若虫群聚在竹秆上取食危害
（徐天森　提供）

螳螂、黄足猎蝽、茶褐猎蝽、双斑青步甲、虎甲、日本弓背蚁、双齿多刺蚁捕食成虫、若虫，卵期有2种黑卵蜂、长脉卵跳小蜂寄生卵；白僵菌寄生成虫、若虫。

2. 黄油阻隔法。浙江在4月上旬卵圆蝽若虫上竹，用复合钙基润滑油（黄油）1份加机油1份，加1%任何杀虫剂调匀，在竹秆基部涂15cm环，可阻止越冬若虫上竹取食，有的若虫被粘在油上，大多若虫饿死在竹基部。

3. 人工防治。捕捉上竹取食的若虫。若虫有假死性，自制一边有凹口的塑料捕虫网，在竹秆上捕捉，若虫自动落入网中，并被自排臭液毒死。

4. 药剂防治。若虫上竹前，可在竹秆下部50cm处，喷3%噻虫啉微囊悬浮剂一圈，以竹秆湿润为度，若虫爬行上竹时击破微胶囊，即中毒死亡。当虫口密度特大、危害较重时，可以用内吸农药如噻虫嗪原液注射，每竹1mL。

参考文献

徐天森等，2004; 徐天森等，2008.

（徐天森）

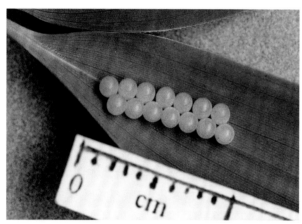

卵圆蝽卵（徐天森　提供）

被粘着的卵圆蝽若虫（徐天森　提供）

122	稻绿蝽	分类地位 半翅目 Hemiptera 蝽科 Pentatomidae
		拉丁学名 *Nezara viridula* (L.)
		英文名称 Southern green stink bug

分布 河北，山西，江苏，浙江，安徽，福建，江西，山东，湖南，广东，广西，四川，贵州，云南，台湾等地。俄罗斯，日本，朝鲜，印度，斯里兰卡，缅甸，马来西亚，越南，印度尼西亚，菲律宾，澳大利亚，新西兰，马达加斯加，南非，圣赫勒拿岛，佛得角岛，委内瑞拉，圭亚那，古巴等。

寄主 苹果、梨树、柑橘、水稻、麦、玉米、大豆、花生、甘蔗、酸橙等。

危害 成虫、若虫刺吸嫩梢后引起梢枯，影响生长。

形态特征 成虫：雄虫体长12.0～14.0mm，雌虫体长12.5～15.5mm。全身青绿色或仅头部前端黄色、其余青绿色，腹面色泽较淡；复眼黑色、单眼暗红色；小盾片基部有3个横列的小黄白点或横列绿点。**卵：**圆形、顶端有卵盖、卵盖周围有白色小刺突。初孵时黄白色，后期变成红褐色。**若虫：**共5个龄期、各龄期的斑纹和色泽不同，5龄若虫的体长7.4～10.0mm。前胸背板4个黑点排成1列，小盾片上4个小黑点排列成梯形，腹部3～4节处的背面有红色斑。

生物学特性 广东1年3～4代。以成虫群集于松土或杂草根部越冬，越冬成虫翌年3月至4月初陆续飞出活动。成虫大多在白天交尾，晚间产卵于叶背、整齐排列成2～6行，每行有卵30～70粒，若虫孵化后先群集于卵壳附近，2龄后逐渐分散。

防治方法 蝽类害虫主要对苗圃中的幼苗和刚造林不久的幼树危害比较明显，可用25g/L高效氯氟氰菊酯乳油1：1000倍液、20%噻虫嗪悬浮剂或12%噻虫嗪·高效氯氟氰菊酯悬浮剂1：1000倍液、5%高效氯氟氰菊酯乳油1：5000倍液或10%吡虫啉可湿性粉剂1：2000～3000倍液喷雾防治若虫。

参考文献

杨惟义，1964.

（顾茂彬）

稻绿蝽成虫（徐公天 提供）

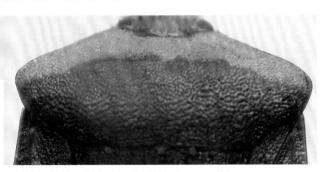

稻绿蝽成虫前胸背板及小盾片（徐公天 提供）

123	**油茶宽盾蝽**

分类地位	半翅目 Hemiptera　盾蝽科 Scutelleridae
拉丁学名	*Poecilocoris latus* Dallas
英文名称	Tea seed bug
中文别名	茶籽盾蝽、蓝斑盾蝽、茶实蝽、油茶蝽、茶盾蝽

危害茶和油茶嫩叶和果实，严重影响茶、油茶生长和茶果质量。

分布　江苏，浙江，福建，江西，湖南，广东，广西，四川，贵州，云南等地。越南，老挝，缅甸，印度，马来西亚，印度尼西亚，孟加拉国。

寄主　茶树、油茶。

危害　初孵若虫刺吸嫩叶汁液，造成叶片畸形，影响新梢生长。后期若虫和成虫均刺吸危害果实。

形态特征　**成虫：**雄虫体长16～19mm，宽10.5～12.0mm；雌虫体长17～20mm，宽12～14mm；宽椭圆形。**卵：**直径1.8～2.0mm，近圆形，10多粒聚集于叶背。初产时淡黄绿色，数天后呈现2条紫色长斑，孵化前为橙黄色。**若虫：**一般体长3mm，近圆形，橙黄色，具金属光泽，共5龄（萧刚柔，1992）。

生物学特性　江西、福建、广西、云南均为1年1代，广东少有2代。以末龄幼虫在落叶下、土缝中或树冠下部叶背面越冬，广东温暖地区则没有明显越冬现象。越冬代若虫翌年3月开始活动取食，4月下旬开始羽化，5月中旬为羽化盛期，多数在6月底结束，少量可延至7月。成虫白天活动，稍有假死性，喜栖息在郁闭的油茶林中取食幼嫩多汁的茶果，寿命长达3个月以上。可交尾多次，时间多在白

油茶宽盾蝽成虫（张润志　整理）

天11:00～14:00，可持续2昼夜，最长可达5昼夜。成卵成块产于叶背，每雌产卵3～9块，每块10～15粒，平均每雌约产卵79.6粒。卵期7～15天，多在早上7:00～10:00孵化，同一卵块，在1～2小时内可孵化完，孵化率在94%以上，7月下旬初孵若虫群集于叶背取食，刺吸嫩叶汁液，造成叶片畸形。若虫2龄后逐渐分散且转移危害幼嫩茶果，刺吸种仁汁液，使茶籽干瘪，刺伤处常留有1星状斑纹。若虫共5龄，1～2龄，12～13天；2～3龄，20～24天；3～4龄，23～26天；4～5龄，35～38天，共历时90～101天。5龄若虫越冬期100～120天。龄期变化受气候影响较大，气温偏高则龄期短些，反之，则延长，因此，若虫从1～5龄越冬约需190～221天，虫态发育参差不齐，秋后危害花蕾，直至10月下旬出现末龄若虫越冬。末龄若虫有假死性，11月下旬全部越冬。疏林及经过垦复、林下无杂树、杂草的油茶林中发生很少。在广东无明显越冬现象，翌年发生较早，4月底即始见成虫，6月下旬开始产卵（扈克明，1988；韦启元，1985；军璇，1984；甘家生，1982；王宗楷，1964）。

油茶宽盾蝽2龄若虫（张培毅　提供）

油茶宽盾蝽3龄若虫（张培毅　提供）

油茶宽盾蝽4龄若虫（张培毅　提供）

油茶宽盾蝽寄主树香港茶（张培毅　提供）

油茶宽盾蝽成虫（张润志　整理）

防治方法

1. 人工除卵。由于虫体较大，色彩鲜艳，若虫群集，卵又成块产于叶背，茶园管理时捕捉成、若虫或摘除卵块，收效良好。

2. 砍除杂树，使油茶林不过密。

3. 药剂防治。室内药效测定表明，20%氰戊菊酯乳剂6000倍液对若虫、成虫2天后的防治效果均达100%；25g/L高效氯氟氰菊酯乳油1000倍液的效果在88.9%以上（军璇，1984）。800倍液77.5%敌敌畏乳油不但可杀死95.65%成虫和若虫，而且可100%杀卵（王宗楷，1964）。

参考文献

杨惟义，1962；王宗楷，1964;甘家生，1982;军璇，1984;韦启元，1985;扈克明，1988;萧刚柔，1992.

（温秀军，黄少彬，苏兆琪）

124 荔枝蝽

分类地位	半翅目 Hemiptera　荔蝽科 Tessaratomidae
拉丁学名	*Tessaratoma papillosa* (Drury)
英文名称	Litchi stink bug
中文别名	荔枝蝽象、臭屁虫

荔枝蝽是荔枝、龙眼产地林农最讨厌的害虫。除了气候条件之外，它的大发生与危害往往是造成荔枝、龙眼这两种重要热带水果减产的直接原因，经常给果农带来重大经济损失。

分布　福建，江西，广东，广西，海南，贵州，云南，台湾等地。菲律宾，越南，缅甸，印度，泰国，马来西亚，斯里兰卡，印度尼西亚。

寄主　荔枝、龙眼、栾树、无患子等。

危害　花柄、大小果实的表皮及嫩枝梢上都可看到荔枝蝽危害后留下的黑色小点痕迹，地面易产生大量的落花、落果，成熟的果实也有受害后留下的增厚异生组织。

形态特征　**成虫：**雄虫体长22～26mm。体椭圆形，深赭色或黄褐色，背部色较深，除头胸及翅膀外，身体其他部位常粘附白色粉状物。触角4节，紫黑色。前胸背板特别发达，中后部隆起，后缘向后延伸，盖过小盾片基部。足深棕色，爪黑色，腿节末端下侧有2根刺。**卵：**近圆球形，卵腰围1条白线，初产时淡黄色，近孵化时红黑色，常14粒平聚成块。**若虫：**共5龄。初孵化时体椭圆形，粉红色，后变蓝黑色，前胸背板两侧鲜黄色。2龄若虫体长8mm，橙红色，近长方形，头部、触角、前胸肩角、腹部背面外缘为深蓝色，腹部有深蓝纹2条。

3龄若虫体长10～12mm，后胸外缘为中胸及腹部第一节外缘包围。4龄若虫体长14～16mm，中胸背板两侧翅芽明显，伸达后胸后缘。末龄若虫体长18～23mm，头部、胸部和腹背的中央深红色，腹侧橙黄色，后3节黑色。翅芽长达第三腹节中间。近羽化时腹部膨大，体被白粉。

生物学特性　1年1代。以未性成熟的成虫越冬。3月上旬恢复活动，补充营养后交尾、产卵，3～10月为卵期，4～10月为若虫期，5～7月为若虫盛期，6月新成虫出现，7月中旬为羽化盛期，旧成虫6月后陆续死亡。卵经过13～14天孵化，最长达25天，最短7天。平均1龄若虫21天，2龄8天，3龄10天，4龄17天，5龄26天，共经82天转为成虫，最长为116天，最短为58天。成虫寿命203～371天，平均为311天。

以成虫在叶片相叠处、树洞、石隙或枯枝落叶下群集越冬。越冬期间气温在15℃以上时仍活动、取食；10℃以下不易活动、不起飞，受惊会堕落。翌年3月上旬气温达16℃左右时，成虫开始在枝梢或花穗上取食，补充营养，性成熟后在3月交尾并产卵，产卵期至10月上旬止，4、5月为产卵盛期。卵多产在叶片上，其中以叶片下面、树冠下层的占多数，树皮、枝条、其他部位也有成虫在其上产卵的现象。通常每处产卵14粒，排列成块，一雌虫可产卵5～10块，最多17块。若虫3月

荔枝蝽初产卵（王缉健　提供）

荔枝蝽初孵若虫（王缉健　提供）

荔枝蝽交尾成虫（王缉健　提供）

荔枝蝽若虫在危害幼果（王缉健　提供）

荔枝蝽若虫刺吸嫩枝（王缉健　提供）

荔枝蝽若虫危害果实（王缉健　提供）

荔枝蝽卵的中期和将孵化卵（王缉健　提供）

下旬开始孵化，盛期为5～7月。各龄若虫多栖息于叶片背面，有假死性，受惊扰时坠落地面，稍停留后再行爬行。3龄后若虫及成虫能喷射出臭液进行自卫。5～6月若虫开始陆续羽化为成虫，到10月羽化结束（黄金义，1986）。

防治方法

1. 人工防治。成虫越冬阶段，在春节前后气温较低或有霜冻的早晨，可摇动植株的枝丫，使叶片内的成虫大量落地，收集杀死；若虫阶段在早上露水未干之前，用竹竿拨动或摇动枝叶，使若虫落地后捕杀；低矮林木上的卵块可人工摘除。

2. 保护、利用天敌。将摘下的带卵叶片放进孔眼比荔枝蝽卵小的铁纱笼内，让寄生卵粒的平腹小蜂飞出，而纱笼内自然孵化的若虫因无食料而死亡；有条件可以在卵期多次释放平腹小蜂。

3. 生物防治。在春天成虫开始活动后和若虫期，利用雨后或早晚湿度大的时机，用白僵菌粉剂喷布全树冠，成虫和若虫都可感染死亡。

4. 化学防治。3月下旬至4月上旬荔枝、龙眼开花之前及5月中、下旬若虫盛期，可以任选40%毒死蜱·辛硫磷乳油1500倍或40%多虫畏、20%氰戊菊酯乳油、20%氯氰菊酯乳油、高效氯氟氰菊酯、20%氰戊菊酯乳油任一种3000～4000倍液喷雾，并注意周围果树需同时进行防治作业。7天后重复1次。

参考文献

章士美等，1985；黄金义等，1986.

（王缉健）

125 淡娇异蝽

分类地位 半翅目 Hemiptera 异蝽科 Urostylididae
拉丁学名 *Urostylis yangi* Maa
中文别名 臭板虫

分布 安徽，福建，江西，河南，四川，云南等地。

寄主 板栗、茅栗。

危害 成虫和若虫刺吸嫩梢汁液，使新梢停止生长，嫩叶卷曲或枯萎，严重时幼树整株枯死。

形态特征 **成虫：** 雌虫体长11.5～12.5mm，宽4.5～5.2mm；雄虫体长8.5～10.5mm，宽4.5～5.0mm。体黄绿色，扁平，椭圆形。触角特长，略与体长相等。前胸背板侧缘米黄色，后缘黑色。前翅革片前缘米黄色，膜片无色透明。**若虫：** 共5龄。末龄体长8.5mm，宽4.5mm。体梭形，扁平，黄绿色，翅芽泡状。

生物学特性 河南1年1代。以卵在落地枯叶上及树皮缝隙内越冬。翌年2月下旬卵开始孵化，3月上旬为孵化盛期，5月中、下旬成虫羽化，9月下旬开始交尾，10月中、下旬雌虫下树产卵越冬。

若虫孵化后，不离开卵块，吸食卵块胶质物。3龄后离开卵块，迁移到树冠上，分散寻找幼芽、嫩叶，刺吸危害，白天多静栖于枝梢或叶片背面，夜晚开始活动，多群集于枝梢的叶丛间，刺吸危害。新梢被害后，停止生长，嫩叶卷曲或枯萎，严重时整株枯死。成虫羽化后开始爬行，不善飞翔，吸食嫩梢、幼叶汁液，补充营养期长达4个多月，寄生整个生长季节都被危害，受害极为严重。雌、雄交尾后，产卵前，一般不再分离。10月中旬后，大部分雌虫沿树干下树产卵，遂后死去。卵大多产在落地枯叶上，少量产在树皮缝隙内。卵单层，排列整齐，卵块呈长条状，有卵粒15～40个/块，卵上覆被胶质物。成虫寿命一般为120～180天。

防治方法

1. 营林措施。在栗园内或附近林地，清除茅栗和野生板栗，降低虫口数量。

2. 人工防治。结合冬耕，彻底清除栗园内的枯枝落叶，集中销毁，消灭其中卵粒。

3. 化学防治。早春2月下旬开始，在3龄若虫上树前，先在树干基部1m以下，刮除老皮，形成10cm宽的环带，先贴上塑料薄膜，再涂上黏虫毒胶（配方：废机油或棉油泥2份，50%敌敌畏乳油0.5份，混合而成），阻杀上树若虫。

有条件的栗园，在若虫发生危害盛期，喷洒40%毒死蜱·辛硫磷，或45%丙溴·辛硫磷各1000～1500倍液。

4. 生物防治。小红瓢虫，捕食卵和若虫，效果显著，应注意保护。

参考文献

杨有乾，李秀生，1982；萧刚柔，1992；侯启昌，杨有乾，1998.

（杨有乾，侯启昌）

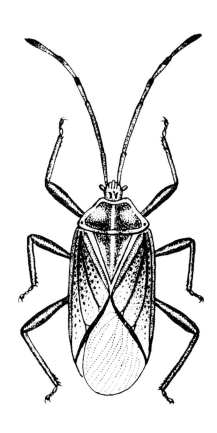

淡娇异蝽成虫（陈忠泽，纪春福 绘）

126	**茶黄蓟马**

分类地位	缨翅目 Thysanoptera　蓟马科 Thripidae
拉丁学名	*Scirtothrips dorsalis* Hood
英文名称	Yellow tea thrips, Chilli thrips, Strawberry thrips
中文别名	茶黄硬蓟马

分布　浙江，福建，广东，广西，海南，云南，台湾等地。日本，印度，马来西亚，巴基斯坦。

寄主　双翼豆、大叶相思、台湾相思、阿拉伯金合欢、辣木、守宫木、牧豆树等。

形态特征　**成虫：**雌虫体长约0.9mm，体橙黄色。触角8节，暗黄色，第一节灰白色，第二节与体色同，第三至第五节的基部常淡于体色，第三和第四节上感觉锥叉状，第四和第五节基部均具1细小环纹。复眼暗红色。前翅橙黄色，近基部有一小淡黄色区；前翅窄，前缘鬃24根，前脉鬃基部4+3根，端鬃3根，其中中部1根，端部2根，后脉鬃2根。腹部背片第二至第八节有暗前脊，但第三至第七节仅两侧存在，前中部约1/3暗褐色。腹片第四至第七节前缘有深色横线。头宽约为长的2倍，短于前胸；前缘两触角间延伸，后大半部有细横纹；两颊在复眼后略收缩；头鬃均短小，前单眼之前有鬃2对，其中1对在正前方，另1对在前两侧；单眼间鬃位于两后单眼前内侧的3个单眼内缘连线之内。下颚须3节。前胸宽大于长，背片布满细密的横纹，后缘有鬃4对，自内第二对鬃最长；接近前缘有鬃1对，前中部有鬃1对。腹部第二至第八节背片两侧1/3有密排微毛，第八节后缘梳完整。腹片亦有微毛占据该节全部宽度，第二至第七节长鬃出自后缘，无附属鬃。**卵：**呈肾形，淡黄色。**若虫：**初孵化时乳白色，2龄若虫淡黄色，体长约0.8mm，形状与成虫相似，缺翅。**蛹：**（4龄若虫）出现单眼，触角分节不清楚，伸向头背面，翅芽明显。

生物学特性　海南全年发生，世代重叠，完成1个世代需要10多天。可行有性生殖和孤雌生殖。雌虫羽化后2～3天在叶背叶脉处或叶肉中产卵，每雌虫产卵少则几十粒，多则100多粒。孵化后的若虫在嫩芽上或嫩叶上吸取汁液。初龄若虫、2龄若虫和成虫对苗木造成危害。3龄若虫行动缓慢，不再取食危害，下到地面准备化蛹，所以3龄若虫又叫前蛹。4龄若虫又称蛹，在地表苔藓、地衣及较潮湿的枯枝落叶层中化蛹。成虫活泼、喜跳跃，受惊后能从栖息场所迅速跳开或举翅迁飞。成虫有趋向嫩叶取食和产卵的习性。成虫、若虫还有避光趋湿的习性。

防治方法　参见中华管蓟马。

（顾茂彬，陈佩珍）

茶黄蓟马严重危害银杏叶（徐公天　提供）

茶黄蓟马造成银杏卷叶（徐公天　提供）

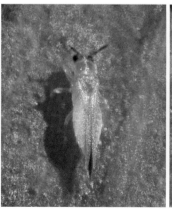

茶黄蓟马成虫（徐公天　提供）

茶黄蓟马若虫（徐公天　提供）

127 中华管蓟马

分类地位	縷翅目 Thysanoptera　管蓟马科 Phlaeothripidae
拉丁学名	*Haplothrips chinensis* Priesner
英文名称	Chinese thrip
中文别名	中华单管蓟马、中华简管蓟马、华管蓟马

中华管蓟马是造成发生区八角果质量明显下降、产量严重减少的重要害虫，是形成八角林农惧怕的"麻风果"直接元凶，控制中华管蓟马的危害可以防止"麻风果"的发生、保证八角果实的质量和收成。

分布　江苏，浙江，福建，河南，湖北，湖南，广东，广西，四川，贵州，云南，台湾等地。

寄主　八角、柿树、桃树、李树、金橘、越南油茶、杧果、枇杷、五味子木、大叶紫薇、白蝉、狗牙花、白兰、玫瑰、菊花、水稻、小麦、大麦、谷子、稷等。

危害　受该虫危害后成长的果实表皮形成木栓化的褐色斑块，如全果完全受害，则果实无法发育，形成畸形果或褐皮果，果实瘦小、变形，易失水，质感差，产量大减。

形态特征　**成虫:** 体黑褐色至黑色，雌虫体长约1.9mm，头宽、长各为0.18mm，前胸长0.19mm，中胸宽0.32mm，腹部第三节粗0.34mm，前翅长1mm; 雄虫较小，体长约1.4mm，头宽0.15mm，腹部粗0.35mm。雄虫触角第三至第六节黄色，第一、二、七、八节黑褐色，第三节不对称，仅外侧有1个感觉锥，第七节无柄，第八节较短粗; 复眼后长鬃及翅基尖端扁钝。雌虫稍大，触角第三至第六节

的颜色略鲜黄，复眼后鬃、前胸及翅基鳞瓣鬃尖端钝，前足胫节黄褐色，前翅端部后缘间插缨6～10根。雄成虫腹部腹面第二至第七节有腺域，腹端钝圆。**卵:** 长约0.3mm，宽约0.1mm，长圆形，前半部略大，白色近透明，临孵化时呈淡乳黄色。**若虫:** 1龄若虫复眼浅红色，体呈近透明的浅白色; 2龄若虫体基色灰白，触角第三节黄色，其余灰褐色，腹部末端有2根极细而长的刚毛及数根短小刚毛; 3龄若虫触角变成鞘囊状，复眼小，无单眼; 4龄若虫触角弯向头两侧，有翅芽; 5龄若虫触角变长、分节较清晰，有单眼，翅芽大而色深（华南农业大学，1985）。

生物学特性　我国南方1年11～15代，世代重叠，在广西玉林全年可以见到活动踪迹。

由于八角除了有秋、春的大小花期外，长年尚有零星花朵开放，所以该虫几乎能全年进行危害。只要八角花开有微小缝隙，该虫便进入危害，在发生区内几乎每朵八角花内都会有虫。该虫进入花内即行危害，用锉吸式口器刮去心皮（嫩果）的表皮，吸取心皮的汁液。成虫潜入花内随即产卵。因花期从开放到脱落为5～7天，而虫的卵期仅为3天左右，若其在花内产卵过迟，则卵粒会暴露在阳光下而无法成活。经常有多种虫态集于1朵花内，虫口较

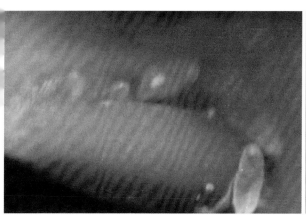

中华管蓟马卵（王缉健　提供）

中华管蓟马大龄若虫 中华管蓟马成虫（王缉健　提供）

（王缉健　提供）

中华管蓟马入侵阶段（王缉健　提供）

中华管蓟马受害轻的果（王缉健　提供）

高的林区，每朵花内的卵、若虫、成虫达13～25头（粒）。成虫靠飞翔、若虫靠爬行不断转移危害。花瓣脱落后，小果上即无该虫存在。该虫活动范围广，发生普遍，追花逐朵能力强，只要林内有1朵花先开，一定会有虫进入。该虫畏光怕寒，当将花朵朝向阳光照射时，虫子一定会逃避，而当气温降至4℃时就会下树进入土层5cm下越冬。该虫对一些植株有选择性，受害重的年年重，受害轻的则每年都轻一些。八角花内心皮受害后，形成不易觉察的灰白色或浅黄色条状斑，花瓣脱落后可见斑纹逐渐明显；随着果实的生长，被该虫锉去表皮形成的斑块变成褐色，果实表皮不断增生或木栓化；有因发育快使果实斑块龟裂显露出粗糙，也有因受害过重、斑块过多而使全果停止发育，形成畸形果、细小果。受害果采摘后易失水、干缩，干果表面粗糙、深褐色，皱纹密集。在广西六万林场测定其造成的减产幅度可达38%～50%（王缉健，1997）。

防治方法

1. 营林措施。高虫口地区可以结合秋冬施肥，抚育翻动表土层，使入土的成虫暴露在外，便于天敌捕捉，增大其在低温阶段的死亡比例。

2. 保护、利用天敌。蜘蛛、蚂蚁、鸟类等对中华管蓟马有一定的捕食作用，要注意保护利用。

3. 化学防治。粉剂喷放：分别于花始期及盛花期，将2.5%溴氰菊酯水乳剂EC1份加入一级滑石粉

中华管蓟马受害重的果（王缉健　提供）

100份拌匀后，用风力大的喷粉机喷盖整个树冠，成虫及若虫可在30分钟内死亡。水剂喷施：10%吡虫啉可湿性粉剂2500倍液；5%高效氯氟氰菊酯微乳剂2000倍液；9.5%蚜螨净3号（氯氰螨醇乳油）可湿性粉剂2000倍液；40%丙溴·辛硫磷乳油1500倍液，任选取一种喷雾，覆盖全部树冠。

参考文献

华南农业大学，广州园林局，1985；王缉健等，1997；王缉健等，1998.

（王缉健）

128 铜绿丽金龟

分类地位	鞘翅目 Coleoptera 金龟科 Scarabaeidae
拉丁学名	*Anomala corpulenta* Motschulsky
英文名称	Metallic-green beetle
中文别名	铜绿异丽金龟、铜绿金龟子、鸡粪虫、铜壳螂、青金龟子、淡绿金龟子

铜绿丽金龟是危害林木、果树的常见害虫，危害植物种类多，成虫食性杂，食量大，群集危害发生较多的年份，林木果树的叶片常被吃光，尤其对小树、幼林危害严重，全国普遍发生。

分布 除西藏、新疆未报道外，全国其他各地均有发生。蒙古，朝鲜，日本（萧刚柔，1992；薛贵收等，2007）。

寄主 杨属、柳属、榆属、桑、三球悬铃木、茶树、樟树、榔榆、女贞、香椿、松、杉木、栓皮栎、油桐、油茶、乌桕、板栗、核桃、柏木、枫杨、苹果、花红、夹竹桃、龙眼、山楂、海棠、葡萄、丁香属、杜梨、白梨、桃树、杏、樱桃、烟叶、李树、梅、柿树、草莓等。以苹果属果树受害最重。成虫取食叶片，常造成大片幼龄果树叶片残缺不全，甚至全树叶片被吃光（萧刚柔，1992；徐公天，杨志华，2007；仵均祥，1999；张志翔，2008；薛贵收等，2007）。

危害 成虫取食寄主的芽，叶呈不规则的缺刻或孔洞，严重的仅留叶柄、粗脉或吃光。幼虫在土中危害植物根系。

铜绿丽金龟成虫取食柳叶（徐公天 提供）

铜绿丽金龟成虫（徐公天 提供）

铜绿丽金龟卵（徐公天 提供）

铜绿丽金龟幼虫（徐公天 提供）

形态特征　成虫：体长15～18mm，宽8～10mm。背面铜绿色，有光泽。头部较大，深铜绿色，唇基褐绿色，前缘向上卷。复眼黑色大而圆。触角9节，黄褐色。前胸背板前缘呈弧状内弯，侧缘和后缘呈弧形外弯，背板为闪光绿色，密布刻点，两侧有1mm宽的黄边，前缘有膜状缘。鞘翅为黄铜绿色，有光泽。胸部腹板黄褐色有细毛。腿节黄褐色，胫节、跗节深褐色。腹部米黄色，有光泽，臀板三角形，其上常有1个近三角形黑斑。雌虫腹面乳白色，末节为棕黄色横带；雄虫腹面棕黄色。雄性外生殖器的基片、中片和阳基侧突三部分几相等，阳基侧突左右不对称。**卵：**长1.65～1.94mm，宽1.30～1.45mm，白色，表面平滑。初产时为长椭圆形，以后逐渐膨大至近球形，孵化前呈圆球形。**幼虫：**3龄幼虫体长30～33mm，头部黄褐色，前顶刚

铜绿丽金龟成虫取食月季叶（徐公天　提供）

铜绿丽金龟幼虫危害草坪草（徐公天　提供）

毛每侧6～8根，排1纵列。腹部末节腹面腹毛区正中有2列黄褐色长的刺毛，每列15～18根，2列刺毛尖端大部分相遇或交叉。在刺毛列外边有深黄色钩状刚毛。**蛹：**长约18mm，宽约9.5mm，椭圆形，略扁，土黄色，末端圆平。腹部背面有6对发音器。雌蛹末节腹面平坦且有一细小的飞鸟形皱纹；雄蛹末节腹面中央阳基呈乳头状突起（萧刚柔，1992）。

**生物学特性　**1年1代。以3龄幼虫或少数2龄幼虫在土中越冬，春季土壤解冻后幼虫开始由土壤深层向上移动。翌年5月开始化蛹（四川为4月下旬至5月上旬）。南方成虫出现略早于北方，一般在6月上旬（四川为5月下旬），多在傍晚时开始出土，6月中、下旬至7月上旬为高峰期，到8月下旬终止，9月上旬绝迹。成虫高峰期开始见卵，幼虫于8月出现，11月进入越冬期。成虫羽化出土与5、6月降水量有密切关系，如5、6月雨量充沛，出土较早，盛发期提前。成虫白天隐伏于灌木丛、草皮或表土内，黄昏时分出土活动，活动的适宜气温为25℃以上，相对湿度为70%～80%，低温和降雨天气成虫很少活动，闷热无雨的夜晚活动最盛。成虫有假死性和强烈的趋光性，对黑光灯尤其敏感。雌、雄成虫趋光性比几乎各半，前期雄虫多些，后期雌虫多些。成虫多在寄主树上交尾，每晚先交尾后取食，20:00～22:00为活动高峰，后半夜逐渐减少，次日黎明前飞离树冠，中途如遇到高大的杨树防护林带，有猛然落地潜伏习性。成虫一生交尾多次，平均寿命为30天。产卵多选择在果树下5～6cm深的土壤中或附近农作物根系附近的土中，卵散产。每头雌虫平均产卵40粒。卵期10天。土壤含水量在10%～15%，土壤温度为25℃时，为最适宜的孵化条件，孵化率几乎达100%。幼虫主要危害林、果根系和农作物的地下部分，1、2龄幼虫多出现在7、8月，食量较小，9月后大部分变为3龄，食量猛增，10～11月进入越冬期，越冬后又继续危害至5月。幼虫一般于清晨和黄昏在土中由深层爬到表层，咬食苗木近地面的茎部、主根和侧根。被害严重时，根茎弯曲、枯死，叶子枯黄。1龄幼虫虫期25天，2龄23.1天，3龄27.9天。老龄幼虫于5月下旬至6月上旬进入蛹期，化蛹前先做1个土室。预蛹期13天，蛹期9天。羽化前蛹的前胸背板和翅芽、足先变为绿色。刚羽化的

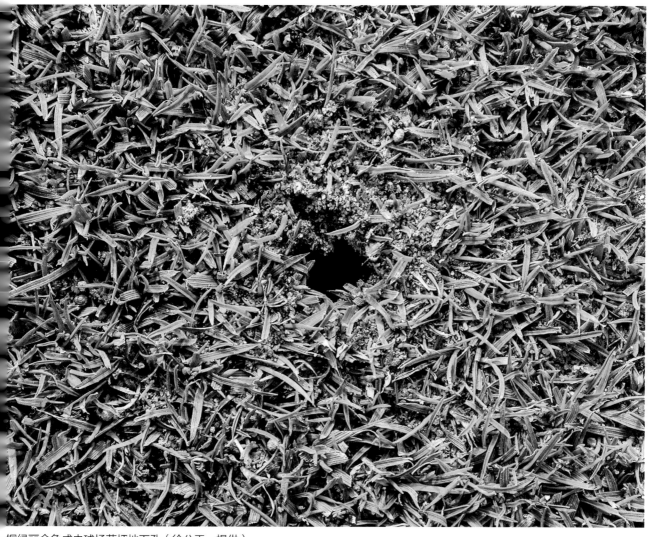

铜绿丽金龟成虫球场草坪地下孔（徐公天　提供）

成虫，头、胸、小盾片及足色泽较深，前翅为淡白色，数小时后，前翅由浅白变黄褐、青绿到铜绿光泽（萧刚柔，1992；兰杰等，2001）。

防治方法

1. 营林措施。合理混种多样树种，适时灌溉，合理增施腐熟肥，改良土壤，促进作物根系发育、壮苗，从而增强其抗虫能力。

2. 人工防治。①利用成虫的假死习性，傍晚震落捕杀成虫效果最好。②中耕锄草、松土，捕杀幼虫。

3. 物理、化学和生物防治。①灯光诱杀。成虫具极强的趋光性，可使用杀虫灯诱杀成虫。②利用偏食特性诱杀。用酸菜汤拌锯末诱杀成虫；利用成虫喜食杨、柳、榆类植物的特性，在傍晚无风的情况下，用喜食树种枝叶蘸5%高效氯氟氰菊酯微乳剂1500倍液或50%吡虫啉·杀虫单水分散粒剂1500倍液，每间隔10～15m搁一束引诱毒杀，可很好地保护目标树种。③植物源类药剂防治。在成虫盛发期，在树冠上喷施5%高效氯氟氰菊酯微乳剂1500倍液、50%吡虫啉·杀虫单水分散粒剂1500倍液、50%啶虫脒水分散粒剂1500倍液或40%毒死蜱·辛硫磷乳油4000倍液进行防治。也可在树下杂草上喷施，然后震落成虫。④喷施白僵菌杀灭幼虫。⑤保护天敌防治幼虫：保护步行甲、隐翅甲、鼹鼠和鸟类等蛴螬的重要天敌（萧刚柔，1992；徐公天、杨志华，2007；兰杰等，2001；闰贵欣等，2007）。

参考文献

北京林学院，1979；萧刚柔，1992；仵均祥，1999；兰杰等，2001；闰贵欣等，2007；徐公天、杨志华，2007；薛贵收等，2007；张志翔，2008.

（薛洋，李广武）

<table>
<tr><td>分类地位</td><td>鞘翅目 Coleoptera　金龟科 Scarabaeidae</td></tr>
<tr><td>拉丁学名</td><td>*Anomala cupripes* (Hope)</td></tr>
<tr><td>英文名称</td><td>Cupreous chafer red-footed green beetle, Large green chafer beetle, Green flower beetle</td></tr>
<tr><td>中文别名</td><td>大绿金龟</td></tr>
</table>

129 红脚绿丽金龟

分布　浙江，福建，广东，广西，海南，四川，贵州，云南，台湾等地。

寄主　凤凰木、梅花、白兰、紫荆、美人蕉、珊瑚树、菊花、香樟、月季、扶桑、柏、海棠、茶花、米兰、玫瑰、秋枫、橄榄树、大叶相思、蒲桃、重阳木、大叶榕、小叶榕、三年桐、油茶、荔枝、龙眼、杨桃、桉树等多种林木及花卉。

形态特征　成虫：体长22mm，体背青绿色，腹面紫铜色，具金属光泽。触角塞叶状，腮片3节，鞘翅上有小圆点刻，中央隐约可见由小刻点排列的纵线4～6条，边缘向上卷起且带紫红色光泽，末端各有1小突起。腹部可见6节。雄性臀板稍向前弯曲和隆起，尖端稍钝。腹部第六节腹板后缘具1黑褐色带状膜。雌性臀板稍尖，后突出。**卵：**乳白色，椭圆形，长约2mm，宽1.5mm。**幼虫：**乳白色，头部黄褐色，体圆筒形，静止时呈"C"形。腹末节腹面有黄褐色刚毛，排列成梯形裂口。**蛹：**长20～30mm，宽10～13mm，长椭圆形。化蛹初期淡黄色，后渐变为黄色，将要羽化时黄褐色。

生物学特性　雷州半岛1年1代。以3龄幼虫越

红脚绿丽金龟（李颖超　提供）

冬，翌年3～4月化蛹。4月底成虫开始羽化，雌雄性比为7∶3。成虫补充营养1个月后，开始交尾产卵，成虫特别喜欢把卵分散地产在腐熟的肥堆里，1个雌虫1次产卵60～80粒，产完卵4～7天后雌虫死亡。卵期11～16天。1龄幼虫虫期30～40天，2龄幼虫40～60天，3龄幼虫20～28天，蛹期21～90天。5月初至7月下旬为成虫发生期。成虫在白昼和黑夜均取食，只是在烈日时静伏于浓密的桉树枝丛内，在高温闷热和无风的晚间成虫活动最活跃。该虫具有较强的趋光性、假死性和夜晚飞行的习性。

防治方法

1. 改进营林措施。①营造混交林：选择抗虫树种和生长较快的其他速生树种进行混交造林，一方面能提高林地的经济效益，另一方面也能提高林分的抗害虫能力，对于阻止害虫的严重发生、快速蔓延和防止林分遭受虫害毁灭性的破坏有重要的作用。②选择抗虫树种：该虫危害较为严重的树种有尾叶桉、柠檬桉、刚果12号桉和雷林1号桉。在前作虫害严重发生的林地进行造林时，应选择抗逆性强、根系发达的速生树种造林，即使幼林受到一定程度的危害也不会立枯死亡。同时适当密植，有利于维持林分的有效株数。SH1、M1、ZU6、DH系列等大量新品种的抗虫性都很强。选择抗虫树种进行造林，能有效地防止红脚绿丽金龟的严重发生。③减少腐殖质：在前作虫害严重发生的林地，造林时最好进行炼山，造林时基肥最好直接使用雷林1号肥，或使用已充分腐熟的有机肥。④选择适当的造林季节：选择雨季造林，一方面加速幼林的快速生长，提高抗虫能力；另一方面利用蛴螬不耐水淹的特性，减少蛴螬的危害。

2. 生物防治。利用细菌杀虫剂防治蛴螬也有一定的效果，利用较多的是日本金龟芽孢杆菌，1hm²林地用每克含10亿活孢子的菌粉1500g，均匀撒入土中，使蛴螬接触感染发生乳状病（牛奶病）致死。由于病菌能重复侵染，所以在土中的持续期较长，杀虫率可达60%左右。

3. 物理防治。①黑光灯诱杀：平时加强对红脚绿丽金龟进行虫情测报，在其危害的高峰期，选择有利的气候条件（高温、闷热、无风和能见度低），在晚上对其诱杀，在黑光灯的诱杀范围内，能取得良好的防治效果。②人工捕杀：在前作虫害发生严重的林地，备耕整地选择蛴螬在表土层活动高峰时全面翻土随即拾虫；加强对新造幼林虫情的调查，对于有被幼虫危害症状的树（叶片失水、立枯），在幼虫大量取食树根前，及时人工挖虫，防止幼树的根被蛴螬吃光后立枯死亡。利用成虫的假死性，在盛发期人工捕杀成虫，均有一定效果。该虫特别喜食红麻，可用红麻进行诱杀。

4. 化学防治。在成虫危害高峰期，喷77.5%敌敌畏乳油800～1000倍液、45%丙溴·辛硫磷乳油1000倍液、50%杀螟硫磷乳油600倍液体均可取得较好的防治效果。

参考文献

萧刚柔, 1992; 冼升华等, 2002.

（伍建芬，贾玉迪，李镇宇）

130 苹毛丽金龟

分类地位	鞘翅目 Coleoptera　金龟科 Scarabaeidae
拉丁学名	*Proagopertha lucidula* (Faldermann)
中文别名	苹毛金龟子、长毛金龟子、茶色金龟子、铜克郎

危害林木、农作物、果树等，全国普遍发生。成虫食性杂，食量大。喜食花、嫩叶和未成熟的种实，并随寄主植物物候迟早而转移危害。

分布　河北，山西，内蒙古，辽宁，吉林，黑龙江，江苏，浙江，安徽，江西，山东，河南，四川，贵州，陕西，甘肃，青海等地。俄罗斯（萧刚柔，1992；薛贵收等，2007）

寄主　杨属、柳属、榆属、刺槐、桑、苹果、白梨、山楂、杏、桃树、柞树（蒙古栎）、樱花、芍药、五角枫、元宝枫（华北五角枫）、牡丹、芍药、月季、桃树、丁香属、梅花、樱桃、核桃、板栗、花椒、葡萄、黑弹朴（小叶朴）、黄杨、李树、海棠、糖槭（萧刚柔，1992；徐公天、杨志华，2007；仵均祥，1999；张志翔，2008；夏希纳，2004；薛贵收等，2007）。

危害　成虫取食花器、芽、嫩叶；幼虫在土中危害各种植物的须根，但危害不明显。成虫取食花蕾时，先将花瓣咬成孔洞，然后取食花丝和花柱。对已开放的花及嫩叶则沿花瓣边缘蚕食，食痕呈椭圆形，对柳树未成熟的果实是先从尖端食害，往往促使被害果提前飞絮。对较老的叶片则于叶背剥食叶肉，残留叶脉，食痕呈网眼状。

形态特征　**成虫：**体长8.0～10.9mm，宽5.0～6.5mm。头、前胸背板、小盾片褐绿色，带紫色闪光。头部较大，头顶多刻点，唇基前缘略向上卷。复眼黑色。触角9节，棒状部3节组成。**卵：**长1.6～1.8mm，宽1.0～1.2mm，椭圆形，乳白色。经10天左右表面呈现光泽，孵化前光泽逐渐消失，卵体增大，长1.8～2.4mm，宽1.3～2.0mm。**幼虫：**体长12～16mm，头黄褐色，足深黄色，上颚端部黑褐色。1龄幼虫头宽1.3mm左右，2龄幼虫头宽2.2mm左右，3龄幼虫头宽3.2～3.5mm。头部前顶毛每侧7～8根，呈1纵列，后顶毛各10～11根，排列成不太整齐的斜列；额中毛各5根成一斜向横列。臀节腹面复毛区的钩状毛群中间的刺毛列前段由短锥刺、后段由长锥刺组成。短锥刺每列各为5～12根，长锥刺每列各为5～13根，2列刺毛排列整齐、近于平行，刺毛列的前端超出钩毛区的前缘。**蛹：**长14～16mm，深黄色，长椭圆形，背中线明显，腹部末端稍尖，第八节最宽，呈梯形，第十节末端纵裂，边缘密着短毛，2～3节的气门较大，黄褐色，雌蛹腹部第九节

苹毛丽金龟成虫（侧面观）（徐公天　提供）

苹毛丽金龟成虫取食花粉（徐公天　提供）

腹面基部有扁三角形突起（萧刚柔，1992）。

生物学特性 1年1代。以成虫在背风、向阳、有杂草或小灌木（苗圃）的疏松沙壤土或沙土内越冬，尤以风沙非耕地、草荒地、果树地、林木苗圃地最多。4月中、下旬越冬成虫出土活动。在北方该虫的活动与樱桃及桃的花期相吻合。樱桃花蕾期始见该虫，盛花期达到高峰，幼果期发生量逐渐减少。成虫出现高峰第一次在4月中、下旬，占总虫数的30%；第二次在5月上、中旬，占总虫数的65%以上。该虫的雌雄性比随着时间的推移逐渐递增。成虫出现和活动与温度、风力和降水量有密切关系，当地表温度达12℃，平均气温达10℃以上时，常在雨后有大量成虫出现。当气温相对稳定在18～23℃时，风力是影响该虫数量的关键因素。出现初期，气温达20℃左右无风的天气时，多在向阳处沿地表大量出现成群飞舞或在地面上寻求配偶，至14:00以后当气温下降，又潜入土中。当风力超过5级时该虫也极少。成虫在林带中的分布亦受风的影响。林带中以背风面虫口密度大，被害率亦高，迎风面则相反。该虫耐旱性较强，成虫活动、取食均在较高燥处，产卵也在地势较高、排水良好的土中。在最低气温为8℃、平均气温达20℃以上时不再下树。成虫无趋光性，有假死性，在气温低于18℃时表现非常明显，稍遇震动即收足坠落地面，当气温高于22℃时假死性极不明显，即使坠落也往往在中途展翅飞逃。成虫喜食花、嫩叶和未成熟的种实，并随寄主植物物候迟早而转移危害。在辽宁彰武地区先集中在早期开花的黄柳上危害花和未成熟的果实。至4月下旬、5月初，旱柳、梨、小叶杨等陆续开花和展叶时，成虫即依次转移到旱柳、小叶杨、梨、榆树上。5月中旬苹果花盛开，又集中到苹果上危害。在没有苹果的地区，成虫常分散在欧美杨等寄主上危害。

取食均在白天温度升高后进行，但在炎热的中午多潜伏在叶背或叶丛间。成虫交尾时间多集中于午前，5月上旬开始产卵，卵散产于植被稀疏、土质疏松的表土层中，5月中旬为产卵盛期，5月下旬产卵完毕。成虫经交尾产卵后相继死亡。卵期长短与气温成反比，在平均气温18.6～22.5℃的条件下，卵期为17～35天。

卵于5月中、下旬开始孵化。幼虫共3龄，经55～69天，蜕皮2次后于8月化蛹，化蛹前老龄幼虫下迁到土中80～120cm深处（东北西部）或40～50cm深处（河南、山东）做长椭圆形蛹室，蛹期16～19天，9月上旬左右羽化，成虫羽化后当年不出地面，于蛹室中越冬。

防治方法

1. 营林措施。①合理混种多样树种，适时灌溉，合理增施腐熟肥，能改良土壤，促进作物根系发育、壮苗，从而增强其抗虫能力。②种植"诱虫""毒虫"植物。在危害重的地块适时早播蓖麻，使蓖麻苗在杂草前长出，即当成虫初发期到盛期蓖麻能长出2～3片叶子为最适宜，蓖麻真叶毒杀效果最好。

2. 人工捕杀。利用成虫的假死习性，早晚震落捕杀成虫。

3. 化学防治。①在成虫盛发期，在树冠上喷施25g/L高效氯氟氰菊酯乳油1500倍液、50%的吡虫啉·杀虫单水分散粒剂1000倍液、1.0%烟碱乳油1500倍液或48%啶虫·毒死蜱乳油4000倍液进行防治。也可在树下杂草上喷施，然后震落成虫进行触杀。②榆树枝把诱集。榆树作为其喜食树种，可用于诱集成虫。将盛花期榆树锯下一侧枝，插入装有25g/L高效氯氟氰菊酯乳油1500倍液或50%的吡虫啉·杀虫单水分散粒剂1000倍液的容器中，放于地头，诱集成虫取食榆钱，通过枝条对药剂吸收和传导及熏蒸作用可有效防治苹毛丽金龟，还可通过人工敲打枝条震落成虫于药液中进行杀灭。也可在傍晚使用喷施过药剂的枝条来诱集毒杀成虫。③保护天敌：保护步行甲、隐翅甲、鼹鼠和鸟类等蛴螬的重要天敌及其特定的寄生蜂——臀钩土蜂（徐公天，杨志华，2007；杜相革等，2003；王学山等，1996；闰贵欣等，2007）。成虫天敌有灰山椒鸟、树鹨、三道眉草鹀、东方大苇莺。

参考文献

萧刚柔, 1992; 王学山等, 1996; 杜相革等, 2003; 夏希纳, 2004; 闰贵欣等, 2007; 徐公天, 杨志华, 2007; 薛贵收等, 2007.

（薛洋，林继惠）

分类地位	鞘翅目 Coleoptera　金龟科 Scarabaeidae
拉丁学名	*Nigrotrichia gebleri* (Faldermann)
异　　名	*Holotrichia diomphalia* Bates, *Holotrichia oblita* (Faldermann)
中文别名	东北大黑鳃金龟、华北大黑鳃金龟

131 江南大黑鳃金龟

成、幼虫危害农作物和林木；幼虫食害植物地下根、茎、块根、块茎，造成缺苗断垄；成虫食害叶片。

分布　北京，河北，内蒙古，辽宁，吉林，黑龙江，甘肃等地。日本，蒙古、俄罗斯。

寄主　据饲喂试验，成虫可食32科94种植物叶片。主要喜食苹果、山楂、秋子梨、桑、榆、刺榆、榛、小叶杨、板栗、花生、豌豆、玉米、小麦、高粱、油菜、白菜、马铃薯、茄、向天葵、韭菜、菠菜、甜菜、甘薯、芝麻、苘麻等植物。

危害　幼虫取食玉米、小麦、高粱等作物的种子、幼苗及根系，花生荚果，马铃薯及甜菜地下部分，啃食林果类幼苗之根。

形态特征　**成虫**：体长16～21mm，宽8～11mm。长椭圆形。黑褐色或黑色，有光泽。触角10节，鳃片部明显长于后6节之和。前胸背板宽度不到长度的2倍，上有许多刻点，外缘中部向外弯曲。鞘翅长度约为前胸背板宽度的2倍，最宽处位于两鞘翅的中间部；鞘翅各具明显的纵肋，肩疣突位于由外向内数第二条纵肋基部的外方。两鞘翅会合处缝肋显著。前足胫节外缘齿3个，较尖锐，内缘有距1个与第二齿相对。中、后足胫节末端具端距2个。爪为双爪式，爪的中部有垂直分裂的齿1个。后足胫节中段有一完整具刺的横脊。臀板隆凸高度略超过末腹板之长，短阔，顶端横宽，端部中央为一浅纵沟平分为2个短小圆丘；第五腹板后方中部三角凹坑较宽。臀板从侧面看为一略呈弧形的圆球面。**卵**：乳白色，卵圆形，平均长2.5mm、宽1.5mm。后期因胚胎发育近球形，平均长2.7mm、宽2.2mm。**幼虫**：乳白色，体弯曲呈马蹄形。3龄老熟幼虫体长约31mm，头宽4.7mm，头部前顶毛每侧3根，成一纵行，其中2根彼此紧挨，位于冠缝两侧，另一根则接近额缝的中部，臀节腹面只有散乱钩状毛群，由肛门孔向前伸到臀节腹面前部1/3处。**蛹**：黄色以至红褐色。长约20mm，宽约8mm。

生物学特性　辽宁、华北2年1代。黑龙江2～3年1代。在辽宁其主要种群成虫与幼虫相间越冬，仅有少数发育晚的个体有世代重叠现象，造成当地成、幼虫的出现呈"大小年"现象，逢奇数年如1971、1973、1975年成虫发生量大，成虫危害严重；逢偶数年成虫发生量小，而幼虫发生量大，致幼虫危害严重。掌握这一规律，可以有预见性地在当地针对幼虫或成虫进行防治。

在辽宁凤城地区，越冬成虫4月末至5月上、中旬开始出土。出土的临界温度为日平均气温12℃，10cm深土温13℃。适温为日平均气温12.4～18.0℃，10cm深土温13.8～22.5℃。出土盛期在5月

东北大黑腮金龟成虫（《林业有害生物防治历》）

东北大黑腮金龟幼虫（《林业有害生物防治历》）

东北大黑鳃金龟危害状
（《林业有害生物防治历》）

中、下旬至6月初，始期至盛期为10～11天。成虫末期可延续到8月下旬。

成虫于薄暮时分（约17:30）开始出土活动，20:00～21:00时出土活动最盛，至午夜2:00时相继入土潜伏，拂晓前全部钻回土中。成虫先觅偶交配，然后取食。雌、雄均可交配2次以上。成虫有趋光性，但雌虫很少扑灯。初羽化成虫有15天左右不扑灯。卵散产于1.5～17.5cm的土中，深度一般多在10～15cm。平均产卵102粒，卵期15～22天，卵孵化盛期在7月中、下旬。幼虫取食根茎地下部分及播下的种子，严重造成缺苗和死苗。幼虫共3龄，当年秋末越冬幼虫多为2～3龄。一般当10cm深土温降至12℃以下时，即下迁至56～149cm处做土室越冬。

翌春4月上旬开始上迁，4月下旬当10cm深平均土温达10.2℃以上，幼虫全部上迁至耕作层危害，这批越冬幼虫食量大，危害严重，造成5～6月春播作物及苗圃大量死苗。

6月下旬老熟幼虫下迁至20～38cm深处营土室化蛹，蛹室长椭圆形，平均长25.7mm、宽15.9mm。蛹期平均22（雌）～25天（雄）。盛期为7月末至8月中，末期为9月下旬。羽化后，成虫仍潜伏原土室中越冬，如土室被破坏，可另筑土室。

该虫以山地荒坡杂草地中发生最多，其次是种植大豆、花生、玉米、高粱的地里较多。就地势与土质而言，凡平坦湿润、土层深厚、排水良好的农田虫量多于干燥瘠薄的山地或砂石土壤。田边的虫量多于田中，夏闲深耕深耙的农田虫少，而大量施用未腐熟厩粪的田块虫量增多。

防治方法

1. 化学防治。农作物（小麦、玉米、高粱、谷等旱地作物）为防治幼虫（蛴螬）用45%丙溴·辛硫磷乳油加水稀释拌种，用药量为种子量的1.0%～1.5%；林、果苗圃种子育苗播种也可试行。也可用上述药剂稀释1000倍，浇灌禾苗或林、果苗根际，杀死幼虫。还可以用上述药剂每亩1～2kg稍加稀释、喷拌与细砂或半干土15～20kg混合制成毒土，播前翻犁入土防治幼虫。

2. 农业防治。深耕翻犁，清除杂草，结合灌溉混施氨水、穴施或沟施碳酸氢铵及勿施未腐熟之粪肥，均有一定防治效果。

3. 生物防治。可用球孢白僵菌颗粒剂进行有效防治。乌鸦、喜鹊等益鸟可啄食成、幼虫，应予以保护。钩土蜂幼虫寄生于蛴螬体内致死；乳状菌，寄生于蛴螬。我国专家对钩土蜂、乳状菌2种天敌均已有较深入研究，但至今尚未进入生产应用阶段。

4. 灯光诱杀。成虫有较强的趋光性，可设置黑光灯诱杀。

参考文献

张芝利, 1984; 罗益镇, 1995.

（郭士英）

132	棕色鳃金龟	分类地位	鞘翅目 Coleoptera　金龟科 Scarabaeidae
		拉丁学名	*Eotrichia niponensis* (Lewis)
		异　名	*Holotrichia titanis* Reitter
		中文别名	武功棕色金龟子

棕色鳃金龟是农业、林业、园林的主要地下害虫之一。主要以幼虫取食植物的地下根、茎、块根、块茎，导致大田作物禾苗缺苗、断垄；薯类被啃食，表面形成大小不等的凹坑，招引病害，影响商品价值；园林树木的根被啃食，致树势衰弱，甚至死亡。成虫不取食危害。

分布　河北，山西（右玉、介休、长治、襄垣、武乡、翼城、屯留、沁县、侯马、永济），辽宁，吉林，江苏，浙江，山东（莱阳、海阳、栖霞），河南，陕西（武功、彬县）。朝鲜、俄罗斯远东。

寄主　玉米、谷子、高粱、小麦、马铃薯、豆类、棉花、甜菜、苹果、梨树等果树及树木根部。

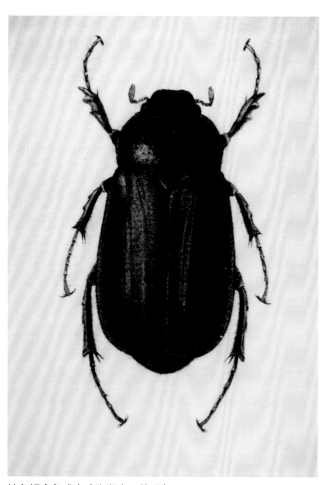

棕色鳃金龟成虫（张润志　整理）

形态特征　**成虫**：体长21.2～25.5mm，宽11～14mm。棕黄色。略有丝绒样光泽。头部较小，唇基短宽，前缘与侧缘具明显的上卷边，前缘中央显著凹入。触角10节，鳃片部特别扁阔，雄虫鳃片部显著大于雌虫。唇基、额、前胸背板、鞘翅均密布刻点。前胸背板中央有1条光滑的纵隆线，侧缘弧形外突处各具1个隐约可辨的小黑斑。鞘翅较薄软，其上各有4条纵肋，肩疣明显。小盾片色泽较深。约1/2为前胸背板后缘淡黄色长毛所覆盖。胸部腹板密生淡黄色长绒毛。前胫节外侧有3齿，内侧有1长刺；后胫节细长，端部膨大，呈喇叭形，端部内侧有2端距，一长一短；后跗节第一节明显短于第二节。爪1对，较长，爪下各有1个短小齿突。**卵**：乳白色，椭圆形，长2.8～4.5mm，宽2.0～2.2mm。孵化时，体略膨大，略呈球形。**幼虫**：乳白色，老熟幼虫体长45～55mm，平均头宽6.1mm。头部前顶刚毛每侧多为2根（冠缝侧1根、额缝上侧1根）。臀节腹面复毛区中央有2纵行刺毛列，每行有短锥刺16～26根，多数个体刺毛列排列不整齐，2纵行不完全平行，且常具副列，刺毛列的长度远远超过复毛区前缘而达臀节腹面前边约1/4处。**蛹**：黄白色，体长23.5～25.5mm，宽12.5～14.5mm。腹部末端具有2尾刺，刺端黑色。蛹背中央自胸部至腹末有1条较为深的纵隆线。

生物学特性　据研究，辽宁、山东（莱阳、海阳、栖霞）、陕西（武功、彬县）均为2年1代。以成虫和幼虫隔年交替越冬。据在陕西武功多年实地观察，该虫是2个各自生长发育的种群。第一年甲种群成虫出现繁衍后代，翌年乙种群成虫出现繁衍其后代。每年都有大量成虫出现，以至往往给人们一种错觉，误认为该虫1年1代。因此，它不会像东北大鳃金龟的成虫在辽宁出现"大、小年"现象。

越冬成虫于3月中旬开始出土活动，4月最盛，5月末绝迹。4月中、下旬为产卵盛期，5月中、下旬孵化，6～11月危害禾苗及树幼根，8月如土壤干旱高温，可下潜深层，10月再次上移至土壤浅层危害禾苗、树苗。11月中、下旬2龄末期或3龄初期幼虫潜入30cm左右深处越冬。翌年3月中旬幼虫又上迁到土壤表层危害，6月末幼虫老熟，潜至土下30cm深处营蛹室化蛹。蛹期32天左右，7月底、8月初羽化成虫。成虫静伏原蛹室内，直到第三年3月中旬才出土活动。

成虫出土活动与温度、光线有密切关系。一般当日平均气温达10.3℃以上，成虫于薄暮时分出土觅偶交尾，如温度低于10.3℃，虽在薄暮时分却仍潜伏土中不出。成虫出土觅偶交尾活动约20～30分钟（未计交尾时间），天漆黑后即潜入土中。

成虫24小时的活动节律及行为：薄暮（约18:00）至天黑1小时左右，完成出土、觅偶、交配行为，之后在土中潜伏不动，直到翌天薄暮。雌虫飞翔力弱，擦地面短距离飞行，甚至爬行，散放强烈的性激素，诱雄交配。雄虫飞翔力稍强，低飞觅雌。交配后，雌虫即拖雄虫入土。交配中呈痴醉状，最易捕杀，甚至将成对雌、雄虫投入浸渍液中，竟至死不分离。成虫活动范围小，且时间有限，因而往往呈现局部地域或有连年严重发生现象。成虫无趋光性，雄虫不取食，雌虫饲育中偶见取食榆、槐、月季叶片，自然状态未见取食，故成虫无危害性。雌虫交尾27天左右，将卵散产于土中20～30cm深处，卵数约20～44粒，卵期27天左右。

幼虫在土壤中的活动取食与土壤温度有密切关系。春季土温上升，幼虫迁至表层危害；夏季如遇酷热天气，土壤表层高温干燥，幼虫即向下移动。

秋季温度适宜，幼虫又上迁继续危害，11月中旬土温下降，则下迁至深层土中越冬。幼虫期约406天。

卵和幼虫的发育与土壤湿度有密切关系。以土壤含水量达15%～20%最为适宜，在5%以下时，卵和幼虫不能生活，虽能发育，但仍死亡较多；含水量达30%时，卵与幼虫均死于泥浆状土中。1～2龄幼虫特别是1龄幼虫对土壤湿度极为敏感，过干过湿均能造成死亡。幼虫喜生活于疏松较湿润壤土中，砂性的干旱高原、滩地或黏重土的灌溉地区很少发生。在荒草地此虫密度最大，其次为小麦地、苜蓿地及果园。乌鸦、喜鹊喜啄食成虫、幼虫，为该虫的主要天敌。

防治方法

1. 农业防治。深耕翻犁及灌溉可减轻危害；勿施未腐熟的有机肥，否则有利于幼虫取食发生。

2. 生物防治。20世纪40年代陕西关中及渭北高原耕地时，乌鸦、喜鹊数十成群，跟犁啄食蛴螬、金针虫。薄暮棕色鳃金龟出土婚飞时，乌鸦、喜鹊贪婪叼食直至天黑，成为该害虫的有力天敌。但由于20世纪五六十年代大量使用有机氯、有机磷剧毒农药，致乌鸦、喜鹊绝灭，该地区已无控制该虫之得力天敌。

3. 化学防治。参见东北大黑鳃金龟的化学防治。

参考文献

吴达璋，1951；罗益镇，1955；裴敬献，1980；山西省金龟子协作组，1983；张芝利，1984.

（郭士英）

分类地位	鞘翅目 Coleoptera　金龟科 Scarabaeidae
拉丁学名	*Lepidiota stigma* (F.)
中文别名	痣鳞鳃金龟

133 两点褐鳃金龟

分布　广东，广西，海南等地。

寄主　木薯、橡胶、桉树、花生、甘蔗、甘薯、豆科植物。

危害　幼虫危害不足1年的幼树尤为严重。该虫个体大，食量也大，种群密度高的林地，危害率可达90%以上，可使上千亩刚造的幼林被毁，属毁灭性害虫。

形态特征　**成虫：**长椭圆形，头宽6～8mm，体长36～45mm，中部体宽18～22mm。前胸背板前缘弧状内弯，后缘外凸，呈弧状外凸，小盾片略呈三角形。体色有灰褐色、褐色和浅黑褐色，头黑褐色，触角、复眼棕褐色。鞘翅上有3条纵纹，鞘翅近端处中部有2个灰白色长椭圆形斑，十分醒目，斑的下方鞘翅下弯，腹面灰白色。**卵：**椭圆形，乳白色，直径3.0～5.6mm。**幼虫：**老熟幼虫乳白色，体长62～72mm，宽14～17mm，臀节附近有2列刺毛。**蛹：**长椭圆形，浅黄褐色，长34～54mm，宽16～22mm。

生物学特性　2年1代。以2龄幼虫越冬，3龄幼

两点褐鳃金龟成虫翅端白痣（王缉健　提供）

虫越过第二个冬天，老熟幼虫3月下旬化蛹，4月下旬至5月上、中旬羽化。成虫羽化后需补充营养，出土20天后才交尾，交尾在15:00至晚上进行，往往多个雄虫追逐1个雌虫，交尾后10多天产卵，卵多产于沙壤土或沙土中，每雌虫产卵约40粒。幼虫共3龄。海边沙地、河滩地，前茬是马占相思地、花生*Arachis hypogaea*、甘薯地的虫口密度高，是防治的重点。

防治方法

1. 黑光灯诱杀。成虫有较强的趋光性，选择天气闷热、无风、无月光的夜晚，于19:00～21:00用黑光灯诱杀。

2. 人工捕虫。林地或苗圃地整地时，发现幼虫即拾取。成虫有假死习性，可震落捕杀。

3. 化学防治。①成虫用45%丙溴·辛硫磷乳油、77.5%敌敌畏乳油1：1000倍液喷雾。②15%毒死蜱·辛硫磷颗粒剂37.5～45.0kg/hm²，造林时施于根际。③用40%毒死蜱·辛硫磷乳油1：1500～2000倍液灌注幼树根际。④每公顷用45%丙溴·辛硫磷乳油3750mL加水10倍喷洒在375～450kg的细土上，制成毒土施入土中，可杀死土中的幼虫。

（顾茂彬）

两点褐鳃金龟雄成虫　　两点褐鳃金龟雌成虫
（王缉健　提供）　　　（王缉健　提供）

134	黑绒鳃金龟	分类地位	鞘翅目 Coleoptera　金龟科 Scarabaeidae
		拉丁学名	*Maladera orientalis* (Motschulsky)
		异　名	*Serica orientalis* Motschulsky
		中文别名	天鹅绒金龟子、东方金龟子、东方绢金龟

黑绒鳃金龟是农业、林业、园林的严重害虫，主要以成虫取食叶片、花蕾、幼芽。幼虫形小，且多发生于荒地，故危害性小于成虫。

分布　北京，天津，河北（保定、昌黎、沧县、河间、石家庄、涿县、邢台、邯郸、赵县等），山西，内蒙古，辽宁，吉林，黑龙江，江苏，浙江，江西，安徽，山东，河南，陕西（武功、太白、麟游、彬县、旬邑、长武、咸阳、乾县、榆林、延安等），甘肃，青海，宁夏（中宁、固原、平罗、中卫、青铜峡、隆德、石嘴山、陶乐、海原、吴忠、泾源、西吉、永宁、盐池、银川、灵武、贺兰等），台湾等地。朝鲜，日本，蒙古，俄罗斯。

寄主　成虫食性极广，可食45科116属149种植物。受害最重的是苹果、梨树、桑、榆、白杨、柳树、沙枣、豌豆、大豆、甘薯、马铃薯、草木犀、紫花苜蓿等。另外，梅、葡萄、桃树、李树、樱桃、柿树、核桃、山楂、楹梓、槐树、刺槐、扁豆、花生、茄、番茄、白菜、油菜、胡萝卜、棉花、向日葵、甜菜、胡麻、芝麻、烟草、西瓜、蓖麻、草莓、水稻、大麦、小麦、高粱、玉米、粟、甘蔗等均可受害。

危害　蚕食叶片呈缺刻状、甚至叶肉被吃光，仅余叶脉；花蕾全部食光，仅余花柄。

形态特征　**成虫：**体长7～8mm，宽4.5～5.0mm；卵圆形，前窄后宽；雄虫略小于雌虫。初

黑绒鳃金龟成虫（李镇宇　提供）

羽化为褐色，后渐转为黑褐色以至黑色，体表具丝绒般光泽。唇甚黑色，有强光泽，前缘与侧缘均微翘起，前缘中部略有浅凹，中央处有一微凸起的小丘。鞘翅上各有9条浅纵沟纹，刻点细小而密，侧缘列生刺毛。前足胫节外侧生有2齿，内侧有1刺。后足胫节有2枚端距。**卵**：椭圆形，长1.2mm，乳白色，光滑。**幼虫**：乳白色，3龄幼虫体长14～16mm，头宽2.7mm左右。头部前顶毛每侧1根，额中毛每侧1根。触角基膜上方每侧有1个棕褐色伪单眼，系色斑构成，无晶体。臀节腹面钩状毛区的前缘呈双峰状；刺毛由20～23根锥状刺组成弧形横带，位于腹毛区近后缘处，横带的中央处有间隔中断。**蛹**：长8mm，黄褐色，复眼朱红色。

生物学特性　河北、宁夏、甘肃、山东、陕西、辽宁等地均为1年1代。一般以成虫在土中越冬。翌年4月中旬出土活动，4月末至6月上旬为成虫盛发期，在此期间可连续出现几个高峰。有雨后集中出土的习性，故高峰出现前多有降雨。6月末虫量减少，7月很少见到成虫。成虫活动温度为20～25℃。日平均气温10℃以上，降水量大、湿度高有利于成虫出土。

成虫具夜出性，飞翔力强，傍晚多围绕树冠飞翔、栖落取食。成虫量大时，将一地寄主食光后，则成群转移他地。雄雌交尾成直角形，交尾时雌虫继续取食，交尾盛期在5月中旬。雌虫产卵于10～20cm深的土中，卵散产或10余粒集于一处。产卵量与雌虫取食寄主有关，以榆叶为食的产卵量大。一雌平均产卵26.1粒，卵期5～10天。

幼虫以腐殖质及少量嫩根为食，对农作物及苗木危害不大。幼虫共3龄，1龄历期41天，2龄约21天，3龄约18天，共需80天左右。老熟幼虫在20～30cm较深土层化蛹，预蛹期7天左右，蛹期11天。羽化盛期在8月中、下旬。当年羽化成虫极个别有出土取食的，但绝大部分不出土蛰伏过冬。

防治方法

1. 喷胃毒及触杀型药剂。给寄主植物于午后喷高效氯氟氰菊酯、敌敌畏、甲氨基阿维菌素苯甲酸盐等触杀或胃毒性化学药剂，可杀死夜间取食的成虫。但成虫数量极大时，当晚杀死一批，翌晚又来一批，治不胜治，难以长治久安。

黑绒鳃金龟成虫（张润志　整理）

2. 种插诱食植物。20世纪50年代，陕西北部及甘肃、宁夏西北黄土高原地区春夏之交黑绒鳃金龟大量发生，取食豌豆苗成灾，群众采用田间插杨、柳枝条诱其取食，晚间人工捕杀，或给枝叶喷布杀虫剂灭杀。在苹果、梨等果园，则可试种豌豆、苜蓿、草木犀等作物，给其喷上杀虫剂，诱其取食，以保果树。另据群众经验，成虫喜食蓖麻叶，食后昏迷坠地，翌晨捡拾杀死，可在农田、果园、苗圃四周，试种蓖麻诱杀之。

参考文献

蔡邦华，1963；山西省金龟子协作组，1983；张芝利，1984；罗益镇，1995.

（郭士英）

135	**大栗鳃金龟**	分类地位　鞘翅目 Coleoptera　金龟科 Scarabaeidae
		拉丁学名　*Melolontha hippocastani mongolica* Ménétriés
		英文名称　Oriental brown chafer
		中文别名　老母虫、大栗金龟子、大栗金龟甲

分布　河北，山西，内蒙古，辽宁，吉林，黑龙江，湖南（湘西），四川（甘孜、康定），陕西，甘肃（临夏、临洮、临潭、夏河、文县、武都、康县、宕昌、两当、榆中、武威、山丹、张掖）等地。蒙古，俄罗斯等。

寄主　成虫危害云杉、冷杉、红杉、高山松、川白桦、山杨、花椒等林木叶片；幼虫危害青稞、小麦、豌豆、马铃薯、玉米、甜菜及苗木地下部分。

形态特征　**成虫：**体长约30mm，宽约13mm，触角10节。头部密布小刻点，刻点上有密而直的绒毛。前胸背板上有圆形刻点，中部稀，两侧密，每侧中部附近着生黄灰色长绒毛，后角几成直角，较突出，前胸背板中央有1条白色绒毛纵线，前、后缘两侧各有1个三角形的白斑。小鞘翅上有5条隆起带，隆起带间有密而大小一致的刻点，被有相当密的白色绒毛，但盖不住底色，臀板端部延伸成窄突，前、后宽窄一致。腹部密生长而直立的黄灰色绒毛。前足胫节外缘有3齿，基齿微突出。腹部第一至第五节腹板侧面各有1个三角形白斑。**卵：**乳白色。初产时长3.5mm，宽2.5mm；发育膨大后，长4.5mm，宽3.6mm。卵壳具不规则的斜纹。**幼虫：**老龄幼虫体长40～50mm，头宽7.8～8.5mm。头部浅栗色，身体黄白色。前顶毛每侧2根，分布于额缝两侧，后顶毛1根，额侧毛每侧6根，呈2、3、1排列。臀节腹面刺毛列每列30根左右，从肛门前方开始着生，第一对接近，第二、三对逐渐离开，然后平行通过钩状毛区，一直伸展到腹面的3/4处。肛门横裂状。**蛹：**初为金黄色，后变为黑褐色，前翅上具有纵脊4条，覆盖在后翅上，后翅仅露出翅尖部分，达到腹部第三节。腹部腹面可见8节，背面可见9节，第一节中央有1个凹痕，第二至第六节中脊沟两侧各有眼形凹痕1个，第四、五节后缘各具眼形突起1对，第九节间背后翘起，末端分叉。

生物学特性　四川甘孜6年1代。幼虫越冬5次，成虫越冬1次。康定5年1代。霍县6年1代，1、2龄幼虫各越冬1次，3龄幼虫越冬3次，成虫越冬1次。越冬虫态10月下旬潜入40cm以下土层越冬。1～3龄幼虫危害作物，尤以3龄幼虫危害最重，越冬幼虫翌年5月初上迁到土表危害。后3年基本不危害，进入老熟阶段，开始化蛹，5月中、下旬为羽化盛期。成虫羽化后在土壤中越过第六个冬天，于第二年5月开始破土迁飞至附近云杉、冷杉、高山松等树上取食交

大栗鳃金龟雌成虫（背面）（李镇宇　提供）

大栗鳃金龟雌成虫（腹面）（李镇宇　提供）

大栗鳃金龟雄成虫（腹侧面）（李镇宇　提供）

大栗鳃金龟雄成虫（背面）（李镇宇　提供）

配，每雌虫可交配2～3次，每交配1次，雄虫死亡，雌虫飞回田地、草坡等破土产卵，产卵后再次飞往杉、松林进行2～3次交配。1头雌虫每次产卵量12～28粒不等，平均产卵21粒，卵期30天左右，幼虫于当年7月孵化，越冬后于翌年开始危害。

成虫喜在冲积沙壤土中产卵，成虫多在晴天20:00～22:00出土，雨天或阴冷天不出土或极少出土。出土后，在地面留下圆形或椭圆形的羽化孔，一般3～5个/m²，最多达20多个/m²。成虫有极强的趋光性，喜欢在林木顶梢部活动取食。假死性强，触动树身或人畜经过时纷纷落下，但在地面静伏1～2分钟后又纷纷起飞迁移。幼虫主要取食腐殖质和植物须根，因此对林木几乎无影响，但对苗木危害极大，尤其是越冬2年的幼虫进入暴食阶段，可对苗木造成毁灭性危害。但第四次越冬后，基本上不再取食，危害亦轻。

大栗鳃金龟是农作物、林木、牧草的主要地下害虫，常常造成不可估计的经济损失。

防治方法

1. 化学防治。先后采用毒·辛、丁硫克百威等药剂拌种或制毒土防治成虫；使用毒·辛在交配期大面积喷洒防治成虫。成虫期可用3%噻虫啉微囊悬浮剂800倍液、5%高效氯氟氰菊酯微乳剂3000倍液喷雾防治。

2. 灯光诱杀。可使用黑光灯、白炽灯对成虫进行诱杀。

3. 毒沟封锁。当1，2龄幼虫成群危害时，在其周围挖掘深20～30cm、宽20cm的沟，沟内施药土填平，使幼虫扩散时触药中毒死亡。

参考文献

卜万贵等，1996; 杨新元等，2000; 马艳芳等，2011.

（陈辉，戴贤才）

136　白蜡窄吉丁

分类地位　鞘翅目 Coleoptera　吉丁科 Buprestidae
拉丁学名　*Agrilus planipennis* Fairmaire
异　　名　*Agrilus marcopoli* Obenbwrger
英文名称　Emrald ash borer
中文别名　花曲柳窄吉丁、小吉丁、花曲柳瘦小吉丁、梣小吉丁

分布　北京，天津，河北，内蒙古，辽宁，吉林，黑龙江，山东等地。朝鲜，蒙古，日本。

寄主　水曲柳、白蜡树、大叶白蜡树等。

危害　是木犀科属树木毁灭性蛀干害虫。以幼虫蛀入树干，在韧皮部与木质部间取食，形成"S"形虫道，虫道横向弯曲，切断输导组织。在虫口密度低时，有虫道的地方树皮死亡，虫口密度高时，虫道布满树干，造成整株树木死亡。以大叶白蜡树受害最烈。

形态特征　**成虫：**体长11～14mm，体楔形，背面蓝绿色，腹面浅黄绿色。头扁平，顶端盾形。复眼古铜色、肾形，占大部分头部。触角锯齿状。前胸横长方形比头部稍宽，与鞘翅基部同宽。鞘翅前缘隆起成横脊，表面密布刻点，尾端圆钝，边缘有小齿突。腹部青铜色。**幼虫：**老熟时乳白色，体扁平带状。头褐色，缩进前胸，仅现口器。

生物学特性　北京1年1代。以老熟幼虫体长34～45mm在树干蛀道末端的木质部浅层内越冬。翌年4月上旬开始化蛹，4月下旬至6月下旬为成虫期，产卵期为5月下旬至7月下旬，卵散产。6月中旬

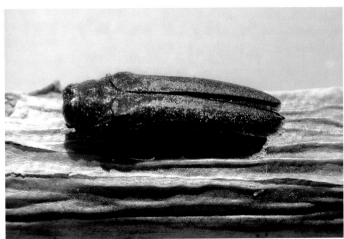

白蜡窄吉丁成虫（斜视）（徐公天　提供）

白蜡窄吉丁成虫从羽化孔出来（徐公天　提供）

白蜡窄吉丁幼虫蛀道（徐公天　提供）

白蜡窄吉丁钻蛀处白蜡树皮常纵裂（徐公天　提供）

白蜡窄吉丁幼虫（李镇宇　提供）

白蜡窄吉丁危害状（李镇宇　提供）

最早孵化的幼虫蛀入树体，在韧皮部和木质部浅表层蛀食。幼虫蛀食部位的外部树皮裂缝稍开裂，可作为内有幼虫的识别特征。幼虫体稍大后即钻蛀到韧皮部与木质部间危害，形成不规则封闭蛀道，蛀道内堆满虫粪，造成树皮与木质部分离。幼虫约经45天即可老熟，7月下旬最早发育成熟的老熟幼虫，在木质部蛹室越冬，成虫喜光、喜温暖，有假死性，遇惊扰则假死坠地。成虫进行补充营养时，喜取食大叶白蜡树、水曲柳树叶，将被害叶咬成不规则缺刻。

防治方法

1. 加强检疫，严禁带虫苗木从疫区调运到其他地区。

2. 清除受害严重树木。成虫有假死性，人工震动树干，捕杀落地成虫。

3. 成虫羽化高峰期，用50%的吡虫啉·杀虫单水分散粒剂1000倍或10%吡虫啉可湿性粉剂3000倍液进行树冠喷雾。

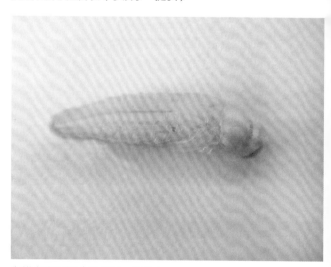

白蜡窄吉丁蛹（徐公天　提供）

4. 保护天敌。保护和利用白蜡吉丁柄腹茧蜂、白蜡吉丁啮小蜂、蒲螨及啄木鸟等天敌。

参考文献

萧刚柔, 1992; 高瑞桐等, 2004; 金若忠等, 2005; 徐公天等, 2007.

（邱立新，曹川健，雷银山，于诚铭）

137 沙柳窄吉丁

分类地位　鞘翅目 Coleoptera　吉丁科 Buprestidae
拉丁学名　*Agrilus moerens* Saunders
异　名　*Agrilus ratundicollis* Saunders

分布　内蒙古，陕西，宁夏等地。

寄主　沙柳、柠条。

形态特征　**成虫：**体铜绿色，有金属光泽，呈楔形。体长5.9～7.2mm，宽1.1～1.5mm，被白色细绒毛。头、前胸背板及鞘翅密被网状皱纹。触角锯齿状，11节，基节较长，其余各节同长。复眼肾形，褐色，较突出。鞘翅狭长，具铜绿色光泽。雌虫腹部比雄虫略宽，腹部末端有一小突起，并有一凹坑；雄虫腹部末端平展，无凹陷和突起。**卵：**长0.8～1.0mm，宽0.45～0.50mm，黄白色，长椭圆形，孵化前灰白色。**幼虫：**体长9.7～11.8mm，前胸扁平膨大，宽0.80～1.38mm，老熟幼虫淡黄色，中、后胸较狭，体呈大头针状。头小，多缩入前胸，外部仅见口器、褐色。腹部末节有1对褐色尾刺。**蛹：**长5.7～7.1mm，宽1.66～2.06mm。初为淡黄色，后色渐深，羽化前为铜绿色。

生物学特性　陕北定边地区1年1代。以老熟幼虫在枝干韧皮部越冬。翌年4月开始活动，6月中旬在枝干髓心筑室化蛹，成虫于7月中旬开始羽化，下旬达盛期，8月中旬为羽化末期。卵期50～60天，9月下旬为孵化盛期。10月上旬初孵幼虫进入皮层，10月底幼虫在韧皮部与形成层之间越冬。

成虫8:00～19:00都有羽化，以13:00～14:00最集中。羽化时将树皮层咬成漏斗状孔，先伸出触角，然后爬出，在羽化孔上方25～30mm处停下，用前足抚摸触角，随后开始向枝条上方爬动，约4小时即可飞

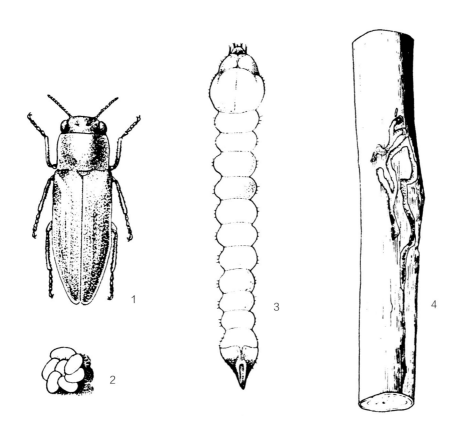

沙柳窄吉丁（1.胡兴平　绘；2～4.朱兴才　绘）

1. 成虫；2. 卵；3. 幼虫；4. 被害状

翔。羽化孔道弯曲，长14mm左右。据观察，平均羽化率85.7%。羽化后即取食叶片及嫩枝皮，被害林木失叶惨重。羽化后第二天即交尾，持续2小时左右，有重复交尾现象，个别交尾20多次。交尾后6～8天产卵。产卵时雌虫在枝条上将腹部前、后摩擦数分钟，然后在皮层上产卵1粒，一两分钟后在旁连续产2～3粒。产卵后腹部排出白色胶状液涂于卵表面形成蜡质层。每雌约产卵56粒。未交尾雌虫腹内无卵。成虫行动活跃，晴天中午尤甚。早晚栖息在枝叶浓密处，阴雨天和夜间不甚活动。成虫飞翔力弱，每次飞翔4～5m。有假死现象，稍一惊动就下坠，但落至半空中又突然飞走。雌雄性比为1∶0.92。

卵块产，每块最多有卵9粒，最少2～3粒。初产卵块呈水渍状，1～2天后卵块表面形成一层米黄色蜡质层，数天后卵块渐变成灰白色。成虫多在3年生以上枝条上产卵，1～2年生很少。每个枝条一般着卵3～4块至7～8块，最多15块。10月上旬初孵幼虫进入皮层，形成弯曲纵向隧道，以后逐渐进入韧皮部与形成层之间越冬。翌年4月开始活动，在形成层取食，被害树段的树皮紫黑色，能从外部看到皮层内弯曲纵向的痕迹。虫道为填塞式，1根枝干常有虫20条以上，常导致皮层腐烂。幼虫老熟后即钻入木质部髓心，筑一弯曲呈镰刀状的蛹室化蛹于其中。

防治方法

1. 7月中旬成虫盛发期用90%敌百虫晶体、50%杀螟松乳油1000倍液或40%乐果乳油800倍液喷洒有虫枝干，连续2次，效果良好。

2. 在沙柳窄吉丁严重危害林分，于11月下旬实施沙柳的大面积低平茬措施，将根部以上枝干砍掉，并及时运出林外，或做剥皮处理，该措施既有利于沙柳萌发生长，又能获得烧柴，且可根治虫害，如连续平茬2次，效果可达100%。

3. 造林时密植或营造混交林，或在纯沙柳林缘两侧营造其他树种保护林，促使尽早郁闭。

4. 保护天敌啮小蜂。

参考文献

陈孝达等, 1983.

（陈孝达）

分类地位	鞘翅目 Coleoptera 吉丁科 Buprestidae
拉丁学名	*Agrilus subrobustus* Saunders
异　名	*Agrilus viduus* Kerremans, *Chrysochroa fulminans* F.
英文名称	Albizzia borer

138 合欢窄吉丁

合欢窄吉丁幼虫蛀食树皮和木质部边材部分，内部充满虫粪和木屑，使皮层和木质部分离，伤疤连通后破坏树木输导组织，即引起枝干枯死，严重时造成树木枯死。

分布 北京，天津，河北，山西，辽宁，吉林，黑龙江，山东等地。

寄主 合欢。

危害 幼虫蛀食树皮和木质部边材部分。当幼虫蛀入皮层时，树干蛀孔处出现胶点；当幼虫蛀入形成层，外部胶疤明显。剥开树皮可以看到不规则的虫道，内部充满虫粪和木屑。树皮上有小扁圆形羽化孔。

形态特征 **成虫：** 体长3.5～4.0mm，铜绿色，稍带有金属光泽，头顶平直。**幼虫：** 老熟时体长约5mm，体乳白色，头很小，黑褐色，胸部较宽，腹部较细，无足，形态似"钉子"状。

生物学特性 北京、河北1年1代。以幼虫在被害树干内过冬。翌年5月下旬幼虫老熟在隧道内化蛹。6月上旬（合欢花蕾期）成虫开始羽化外出，常在树皮上爬动，在树冠上咬食树叶，补充营养。多在干和枝上产卵，每处产卵1粒，幼虫孵化潜入树皮危害，至9、10月被害处流出黑褐色胶，一直危害到11月幼虫开始越冬为止。

防治方法

1. 加强检疫，防止合欢窄吉丁虫随着绿化苗木传播蔓延。

2. 对树木，尤其是新栽苗木，应加强养护管理，不断补充水分，使之生长旺盛，保持树干光滑，而杜绝成虫产卵。如已产卵，也可抑制其孵化。

3. 在成虫羽化前，及时清除枯枝、死树或被害枝条，以减少虫源并防止其蔓延。

4. 于5月成虫羽化前进行树干涂白，防止产卵。

5. 人工捕成虫，在早晨露水未干前震动树干，震落后将其踩死或用网捕处死。在发现树皮翘起，一剥即落并有虫粪时，立即掏去虫粪，捕捉幼虫，如幼虫已钻入木质部，可顺隧道钩除幼虫，或用小刀戳死。

6. 于成虫羽化期往树冠上和干、枝上喷1500～2000倍的20%阿维菌素、5.7%甲氨基阿维菌素苯甲酸盐等杀灭成虫。

7. 于幼虫在树皮内危害初期，在被害处（如已流胶应刮除）涂煤油溴氰菊酯混合液（按1∶1混合），可杀死树皮内的幼虫。

参考文献

徐志华, 2006; 徐公天, 2007; 王小艺等, 2018.

（乔秀荣）

合欢窄吉丁幼虫蛀道（徐公天　提供）

139 花椒窄吉丁

分类地位　鞘翅目 Coleoptera　吉丁科 Buprestidae

拉丁学名　*Agrilus zanthoxylumi* Zhang et Wang

分布　山西，山东，河南，陕西，甘肃等地。

寄主　花椒。

危害　幼虫蛀入树干表皮层危害木质部和形成层，虫道充满虫粪、切断形成层，受害处树皮坏死、剥落，引起树势衰弱，影响结果或导致全树枯死。

形态特征　**成虫：**雌虫体长9.0～10.5mm，雄虫体长8.0～9.0mm；体具金属光泽。头顶具纵向凹陷，密布小刻点。复眼褐色，触角黑褐色、锯齿状、11节，前胸背板中央1凹陷。鞘翅灰黄色，具4对不规则深色斑，翅端有锯齿（萧刚柔，1992；李孟楼，2002）。**卵：**椭圆形，长0.80～0.95mm，宽0.45～0.65mm，乳白色，半透明。**幼虫：**体圆筒形，长17.0～26.5mm，乳白色，头和尾突暗褐色，前胸背板中沟暗黄色，腹中沟淡黄色。体末2尾铗。**蛹：**初期乳白色，后期黑色，长8.0～10.5mm。

生物学特性　陕西1年1代。以幼虫在枝干内3～10mm深处越冬。翌年4月出蛰、取食，5月化蛹，6月上旬成虫羽化，6月中、下旬产卵，7月上、中旬幼虫孵化，老熟幼虫蛀入木质部做一卵形蛹室化蛹，蛹期平均17天。成虫羽化出洞后取食花椒叶补充营养，当天或翌天中午交尾，雌、雄均能多次交尾。交尾后约24小时开始产卵，产卵量多为11～63粒。卵多堆产于树皮裂缝及旧受害疤附近，产卵部位有一潮湿斑。卵期18～19天。幼虫孵化后在韧皮部和木质部之间蛀食危害，形成不规则虫道（李孟楼，2002；吴海，2006；高焕婷等，2007）。

防治方法

1. 选育抗虫树种，加强抚育和水肥管理，增强树势；及时清除虫害木或剪除被害枝干。

2. 4月和9月可选用12%噻虫嗪·高效氯氟氰菊酯：柴油：水=1：1：10混合在枝干涂抹药环，效果良好；6～7月幼虫钻蛀期，用小刀划裂虫斑后涂刷石硫合剂。

参考文献

萧刚柔，1992；李孟楼，2002；吴海，2006；高焕婷等，2007.

（唐光辉，李孟楼，张润科，王同年）

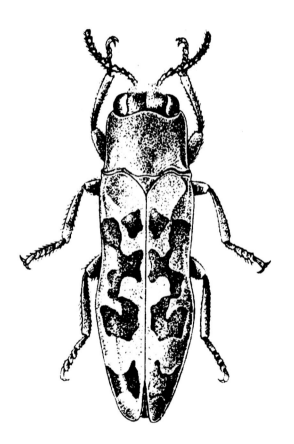

花椒窄吉丁成虫（朱兴才　绘）

140	柳窄吉丁	分类地位	鞘翅目 Coleoptera　吉丁科 Buprestidae
		拉丁学名	*Agrilus pekinensis pekinensis* Obenberger
		异　名	*Agrilus nipponigena* Obenberger, *Agrilus cersnii* Obenberger, *Agrilus pekinensis* Obenberger, *Agrilus boreoccidentalis* Obenberger, *Agrilus klapperichi* Obenberger, *Agrilus charbinensis* Thery
		中文别名	柳树脊胸吉丁

柳窄吉丁幼虫危害幼龄柳树主干及中龄立木的枝条，蛀食韧皮部和木质部边材，严重发生时可造成幼树枯萎或死亡，并常诱发腐烂病，致使柳树死亡率达90.2%。

分布　北京，天津，河北，辽宁，上海，江苏，浙江，湖北，山东，河南，陕西，甘肃，新疆等地。哈萨克斯坦，蒙古，朝鲜，俄罗斯。

寄主　柳属。

危害　幼虫在韧皮部内蛀食，虫道弯曲、杂乱，隧道内淤满褐色粉粒状粪屑，在树皮表面形成无规则虫斑，斑面上出现许多微翘的直径约2～3mm的鱼鳞状薄片。虫斑边缘多并发腐烂病，病斑呈黑褐色下陷或流褐色汁液，干燥后表皮极易剥裂，导致植株萎蔫枯死。

形态特征　**成虫**：体长5～7mm，宽2～3mm，狭长呈楔形。全体黑褐色，闪蓝紫色光泽，周身布浅黄白色细毛。**卵**：长1.3～1.5mm，宽1.0～1.3mm，椭圆形。初产乳白色，后变黑色。卵壳表面覆一层浅灰色薄膜。**幼虫**：老龄时体长9～12mm，扁平，乳白色微泛黄色。前胸背板中央有一"∧"扁形纵沟。**蛹**：长1.2～1.5mm，初乳白色，后变淡黄色。

生物学特性　山东济南1年1代。以老龄幼虫在木质部边材的隧道顶端越冬。翌年5月初越冬幼虫开始化蛹，蛹期15天左右。成虫羽化期为5月中旬至6月中旬。卵始产于5月下旬，6月为产卵盛期，卵期10天左右。幼虫孵化始于6月上旬，盛期为6月中、下旬，6月中旬至8月中旬是幼虫蛀食危害猖獗期。8月下旬开始越冬。

成虫白天活动，尤喜晴朗无风的高温天气；夜间伏于树叶、枝丫或树皮裂缝处隐藏。成虫出孔后取食柳叶补充营养，常沿叶缘咬成锯齿状缺刻。成虫多次交尾产卵，一般为单粒散产，少数4～5粒聚集一处。初孵幼虫直接钻入表皮，会在树皮表面留下一完整的白色空壳。幼虫在韧皮部蛀食约45～65天，即进入木质部表层蛀食，发育至3龄后斜向蛀入木质部，在边材处蛀成月牙形隧道，隧道内淤塞白色粉状蛀屑，仅在隧道末端留长约1cm的空间为越冬场所。8月下旬平均温度低于25℃后老龄幼虫开始越冬。

防治方法

1. 营林措施。加强林木卫生伐，伐除被害木、

柳窄吉丁成虫（徐公天　提供）

柳窄吉丁幼虫蛀道（木质部）（徐公天　提供）

柳窄吉丁卵（徐公天　提供）

柳窄吉丁成虫羽化孔（徐公天　提供）

柳窄吉丁幼虫蛀道（树皮）（徐公天　提供）

枯死木，并及时烧毁，减少虫源；移栽柳树时应尽量选用胸径10cm以上、木栓程度较高的苗木，并加强管理，增强树势。

2. 人工防治。5月上、中旬成虫羽化前，用膜护对树干2.0～2.5m以下的部位涂白，可减少产卵量及降低卵的孵化率（添加40%啶虫·毒死蜱乳油+10%吡虫啉可湿性粉剂）。6月上旬至7月上旬幼虫钻蛀盛期，用刀纵向割裂虫斑，涂以40%啶虫·毒死蜱乳油+50%甲基硫菌灵可湿性粉剂，可杀死幼虫，并兼治腐烂病。

3. 生物防治。6～8月在林地逐行隔株，行道树逐行逐株，在树干上释放管氏肿腿蜂，释放量与虫斑数之比为1∶2，寄生效果达80.8%。

参考文献

蒋三登, 1990; 萧刚柔, 1992; 杨忠岐等, 2014. 王小艺等, 2018.

（黄盼，李镇宇，蒋三登）

141 云南松脊吉丁

分类地位 鞘翅目 Coleoptera 吉丁科 Buprestidae

拉丁学名 *Chalcophora yunnana* Fairmaire

中文别名 云南脊吉丁

云南松脊吉丁在寄主的边材和心材中钻蛀危害，降低木材使用价值。

分布 河南，湖南，广东，广西，云南（昆明、西双版纳等）等地。日本。

寄主 马尾松、云南松等。

危害 寄主嫩枝皮层被啃食，边材和心材中有纵向蛀道，内充塞蛀屑及虫粪。

形态特征 成虫：体纺锤形，长30～40mm，全体赤铜色至金铜色，新个体被黄灰色粉状物。前胸背板中央具明显铜黑色纵隆线，两后缘角有不定形凹陷。鞘翅上各具4条很明显的铜黑色纵隆线。腹部末端雌虫圆形，雄虫深凹陷。**幼虫：**幼虫黄白色，老熟时可长达47mm。前胸明显宽于第一腹节，前胸背板和腹板均骨化呈盾状，并具暗色粗糙颗粒。

生物学特性 数年发生1代。以不同龄期的幼虫在木质部虫道中越冬。每年春天气温转暖时，老熟幼虫在虫道中化蛹，在湖南成虫于4月中旬即羽化外出，5月是成虫外出活动盛期，7月基本结束（萧刚柔，1992）。

成虫喜在晴天中午强烈阳光下飞翔活动，啃食寄主嫩枝皮层补充营养。交尾后，雌虫在伐根和伐倒木上产卵，直接将卵产在木质部上，也可产在活立木伤口处的木质部上，幼虫孵出后立即开始钻蛀。幼虫在边材和心材中纵向钻蛀虫道，幼虫期很长。森林火灾和暴风后的倒木如未及时进行清除，也会引起此虫危害。

防治方法

1. 检疫措施。加强栽植材料的检疫；从疫区调运被害木材时，需经剥皮、熏蒸处理。

2. 营林措施。选育抗虫树种，营造混交林，加强抚育和水肥管理，适当密植，提早郁闭，增强树势，避免受害；及时清除虫害木或剪除被害枝条，歼灭虫源；伐下的虫害木必须在幼虫化蛹以前剥皮或全面利用。

3. 生物防治。注意保护利用天敌资源。

4. 化学防治。成虫盛发期，用90%敌百虫晶体、50%杀螟硫磷乳油1000倍液、45%丙溴·辛硫磷，或20%噻虫嗪悬浮剂800倍液喷洒有虫枝干，连续2次；幼虫孵化初期，用2%阿维菌素乳油与柴油的混合液（1：40）或20%呋虫胺悬浮剂100倍液涂抹危害处，每隔10天涂抹1次，连续3次。

参考文献

黄复生，1987; 萧刚柔，1992.

（李巧，潘涌智，王淑芬）

云南松脊吉丁成虫

（王缉健 提供）

分类地位	鞘翅目 Coleoptera　吉丁科 Buprestidae
拉丁学名	*Lamprodila limbata* (Gebler)
异　　名	*Palmar limbata* Zykor, *Lampra adustella* (Obenberger), *Lampra mongolica* (Obenberger), *Lampra limbata* Gebler, *Poecilonota limbata* Gebler
英文名称	Red-sided buprestid, Yellow margined buprestid
中文别名	梨金缘吉丁、串皮虫、红缘绿吉丁、翡翠吉丁

142 金缘吉丁

梨金缘吉丁是梨树的毁灭性蛀干害虫之一，还可危害苹果、桃、杏等果树，果树受害后，轻者树势衰弱，重者枝干枯死，甚至全株死亡。

分布　北京，河北，山西，内蒙古，辽宁，黑龙江，江苏，安徽，江西，山东，河南，湖北，陕西，甘肃，青海，宁夏等地。蒙古，俄罗斯。

寄主　梨、苹果、桃树、樱桃、杏、山楂、刺槐、榆、枣。

危害　幼虫在树枝干皮层和形成层纵横串食，初期被害处凹陷、流汁、变黑，后期被害部纵裂。

造成树势衰弱，易出现红叶，小叶，严重时出现死枝或死树。

形态特征　**成虫：**体长10～18mm，翠绿色，有金属光泽。身体扁平，前胸背板有5条蓝黑色纵纹，中央1条较明显。翅鞘上有数条蓝黑色点刻纵纹。前胸背板两侧及鞘翅前缘有金红色带1条。**卵：**卵圆形，初产时黄白色，孵化时颜色稍加深。**幼虫：**老龄幼虫体长约36mm，身体扁平，乳白色，头小。前胸显著宽大，背板黄褐色，中央具"人"字形凹纹。腹部细长，各节呈长方形。**蛹：**体长13～18mm，初为乳白色，后变深褐色（杨子琦等，2002；王江柱，1997；徐公天等，2007）。

生物学特性　每年发生代数因地区不同而异。江西1年1代；湖北、江苏1年1代或2年1代；北京、山西、陕西2年1代；辽宁2～3年1代。均以各龄幼虫在枝干蛀道内越冬。早春树液流动时，越冬幼虫开始活动，串食危害。3月下旬开始化蛹，蛹期约30天。4月下旬成虫开始羽化，但因气温较低，都不出洞。5月中旬成虫向外咬一扁圆形通道。成虫出孔后白天活动，取食叶片，尤喜食嫩叶，早晚和阴雨天静伏叶片上，有假死习性。产卵期约10天，卵多产于枝干皮缝和伤口处，每处产卵1～3粒，每雌能产卵20～60粒，5月中、下旬为产卵盛期，6月初为孵化盛期。幼虫孵化后蛀入树皮，初龄幼虫仅在蛀入处皮层下危害，3龄后串食，多在形成层处钻成横向弯曲隧道，待围绕枝干一周后，则枝条或整树枯死。虫粪填满虫道，树皮粗糙者被害处外表症状不明显。9月后幼虫陆续越冬（杨子琦等，2002；王江柱，1997）。

防治方法

1. 营林措施。加强栽培管理，增强树势，避免产生伤口，选育抗虫品种。

金缘吉丁成虫（徐公天　提供）

金缘吉丁雄成虫（李镇宇 提供）

金缘吉丁成虫羽化孔（徐公天 提供）

2.人工防治。①成虫羽化前砍除死树，锯掉坏死虫枝，并及时烧毁。②成虫发生期，利用其好阳喜温、在低温时不大活动且具有假死性的特点，组织人力在早晨将其震落捕杀。③成虫产卵前，在树干涂白，可防止产卵。④幼虫危害期，根据幼虫被害处凹陷变黑，容易识别的特点，用刀将皮层下的幼虫挖除；或用刀在被害处顺树干纵划2～3刀，深入木质部，可将幼虫划死，并可阻止树体被虫环割，避免整株死亡。⑤梨树休眠期刮粗翘皮，特别是主干、主枝的粗树皮，可消灭部分越冬幼虫。⑥不在梨园周围栽植易受害的刺槐等树种，对已有死刺槐应及时伐除，消灭虫源。

3.药剂防治。成虫飞出前向枝干喷洒10%吡虫啉可湿性粉剂1000倍液，飞出后喷洒1.2%烟参碱乳油1000倍液或8%氯氰菊酯微囊剂（绿色威雷）200倍液。

4.生物防治。金缘吉丁的天敌有啄木鸟、几种茧蜂和白僵菌（唐欣甫，1996；徐公天等，2007）。

参考文献

罗峻嵩等，1964；叶孟贤，1983；黄庆海等，1989；王金友等，1995；曹克诚，1996；唐欣甫，1996；王江柱，1997；付平等，2001；杨子琦等，2002；张丽，2004；孙丽昕等，2006；徐公天等，2007；王小艺等，2018.

（颜容）

143 杨十斑吉丁

分类地位	鞘翅目 Coleoptera　吉丁科 Buprestidae
拉丁学名	*Trachypteris picta picta* (Pallas)
异　　名	*Melanophila picta* Pallas, *Buprestis picta* Pallas, *Trachypteris picta* Marseul, *Melanophila picta* Saunders, *Melanophila decostigma* F.
英文名称	Ten-spotted buprestid
中文别名	杨十斑吉丁虫、十斑吉丁虫

分布　北京、山西、内蒙古、黑龙江、湖南、陕西、甘肃、宁夏、新疆。阿富汗、阿尔及利亚、澳大利亚、埃及、法国、德国、希腊、伊朗、伊拉克、以色列、意大利、哈萨克斯坦、吉尔吉斯斯坦、摩洛哥、蒙古、罗马尼亚、俄罗斯、西班牙、塔吉克斯坦、叙利亚、土耳其、土库曼斯坦和乌兹别克斯坦。

寄主　小叶杨、欧洲大叶杨、箭杆杨、钻天杨、银白杨、新疆杨、黑杨、苦杨、旱柳和垂柳。

危害　幼虫蛀食杨、柳和胡杨枝干，使树皮翘裂、剥落、死亡，诱发烂皮病和腐朽病。

形态特征　**成虫：**体长11～13mm，黑色。上唇前缘及额有黄色细毛。额及头顶有细小刻点，前胸背板有均匀刻点，较头顶的为细，具古铜色光泽。触角锯齿状。每一鞘翅上有明显纵线4条，黄色斑点5～6个，以5个为多，两鞘翅共有斑点10个，故名十斑吉丁虫。腹部腹面可见5节，最后一节末端两侧各有1个突出的小刺。**卵：**椭圆形，长约1.5mm，宽约0.8mm。初产卵为淡黄色，近孵化时为灰色。**幼虫：**老熟幼虫体长20～27mm。淡黄色，头部扁平。口器褐色。前胸背板黄色。前胸宽约为腹部中间体宽的两倍。前胸背板点状突起区略呈扁圆形，其中央有一近似"淡黄形纹，点状突起圆形或卵圆形。前胸腹板中央有一纵沟将其分为两半。**蛹：**体长11～19mm，浅黄色。头向下垂，复眼及上颚尖端黑褐色。触角向后。翅折叠于腹部腹面后足下。后足长几乎达头腹部腹面第四节后缘。腹部可见9节，气孔6对。

生物学特性　宁夏、新疆、内蒙古基本上1年1代（少数幼虫滞育，造成2年1代）。以老熟幼虫越

杨十斑吉丁成虫（徐公天　提供）

杨十斑吉丁成虫（徐公天　提供）

冬。翌年4月中、下旬化蛹。4月底羽化为成虫，5月中、下旬是成虫飞出盛期。5月下旬至6月初为成虫产卵盛期。6月中旬为孵化盛期。初孵幼虫直接蛀入树皮内危害，7月上旬幼虫开始蛀入木质部内危害，10月中、下旬进入越冬阶段。

在树干内羽化为成虫，在树皮处咬椭圆形羽化孔飞出。取食树叶和嫩枝皮层补充营养。随后交尾，2～3天后产卵。每个雌成虫产卵22～34粒。成虫喜阳光。每天10:00～18:00最为活跃，在树干向阳面交尾产卵，成虫在清晨和夜间以及阴雨天，静伏树杈处和树皮裂缝下，易于捕捉。飞翔力强，整个成虫可扩散1500m左右，成虫寿命7～10天。卵产于树干阳面的裂缝处，卵期13～18天。刚孵化的幼虫于卵壳附近侵入树皮内。树皮稍有变色，颇似伤疤，侵入孔处有黄褐分泌物溢出，其后排出虫粪和蛀屑。幼虫先在树皮表层蛀食，大约20天后蛀深入树皮与边材之间危害。7月上旬进入木质部后，虫道较规则，大多似"L"形。老熟幼虫在靠边材的虫道处，筑蛹室化蛹。幼虫期约180天，蛹期15天。成虫具有明显向阳喜光的特性，造成幼虫在树干危害方位和部位有差异。在树干受害方位中，以阳光充足的西南向受害最重，占总受害率的57.9%；在树干受害部位上，以阳光常照的树干中、下部占受害率的70.7%；受树冠遮阴的树干中、上部仅占29.3%。因此，生长差、未郁闭的疏林受害严重于生长好、郁闭早的林分；林缘木受害重于林内木。长势差的欧洲大叶杨受害重于长势好的合作杨；纯林重于混交林。据研究认为，其幼虫空间分布型属于聚集型的负二项分布。聚集原因是由于树木长势等生态环境引起的。采用"Z"形取样方法调查虫口密度效果最好。

防治方法

1. 检疫措施。由于杨十斑吉丁幼虫期长，跨冬、春两个植树季节，极易传播，因此要加强检疫，对调运被害木进行及时处理。

2. 营林措施。选育抗虫树种，营造混交林，加强抚育管理，适当密植，提早郁闭，增强树势，避免受害；及时清理虫害木，消灭虫源；人工捕杀成虫。

3. 保护和利用林中天敌。

4. 药剂防治。成虫盛发期，用50%杀螟硫磷乳油、45%丙溴·辛硫磷、20%噻虫嗪悬浮剂800倍液喷射有虫枝干，连续2次，效果良好；幼虫孵化初期用2%阿维菌素乳油与柴油混合液（1∶40）涂抹被害处，每隔10天涂抹1次，连续3次，效果很好。

参考文献

文守易, 徐龙江, 1986; 屈邦选等, 1991; 萧刚柔, 1992; 李孟楼, 2002; 王娜, 2003; 王小艺等, 2018.

（文守易，李孟楼）

144

杨锦纹截尾吉丁

分类地位	鞘翅目 Coleoptera　吉丁科 Buprestidae
拉丁学名	*Poecilonota variolosa* (Paykull)
异　　名	*Buprestis variolosa* Paykull, *Buprestis conspersa* Gyllenhal, *Buprestis rustica* Herbst, *Buprestis tenebrionis* Schaeffer, *Buprestis tenebrionis* (Panzer), *Buprestis plebeia* (Herbst)
中文别名	杨锦纹吉丁

　　杨锦纹截尾吉丁是杨树干部的重要钻蛀性害虫，由于其幼虫在树干韧皮部及木质部钻蛀危害，轻则导致树木长势衰弱，重则引起整株枯死，或遇强风时可导致风折，是三北防护林的一大害虫。

　　分布　河北，内蒙古，辽宁，吉林，黑龙江，新疆等地。俄罗斯，哈萨克斯坦；欧洲，非洲北部。

　　寄主　小青杨、青杨、小叶杨等多种杨树及柳树。

　　危害　幼虫蛀害树干，使树皮龟裂，组织坏死，导致"破腹"和烂皮病，使整株枯死。

　　形态特征　**成虫：**体长13～19mm，扁平，纺锤形楔状。体紫铜色，具光泽。翅鞘各有10条纵沟及黑色的短线点和斑纹。**幼虫：**老熟幼虫体长27～39mm，扁平。前胸背板有倒"V"形纵沟，上方有4条短纵压迹。从中胸到腹末背部中央有1条纵沟。

　　生物学特性　东北地区3年1代，跨4个季度。以幼虫在树干内越冬。翌年4月中旬开始活动取食，4月下旬老熟幼虫开始化蛹，5月上旬成虫开始羽化，6月上旬为羽化盛期。新成虫约经7天的补充营养即可交尾、产卵，7月上、中旬为产卵盛期。7月上旬幼虫开始孵化，经2次蜕皮后进入越冬，第二、三年各蜕

皮3次，第四年4月下旬开始化蛹。幼虫共9龄。

　　成虫产卵多在树皮、枝节裂缝及破裂伤口处，每处产卵1粒，产卵量少则十几粒，多则百余粒。卵期7～10天。初孵幼虫先取食卵壳，后蛀入皮层，随虫龄增加渐次进入韧皮部、形成层及木质部危害，钻蛀成弯曲、扁平的虫道。10月中旬幼虫开始越冬；6龄以上幼虫可在木质部内越冬。衰弱木、郁闭度小的疏林、林缘及强度修枝的林分受害重；15～25年生林分受害重；小青杨受害重。

　　防治方法

　　1. 检疫措施。加强栽植材料的检疫；从疫区调运被害木材时，需经剥皮、火燎或熏蒸处理。

　　2. 营林措施。选育抗虫树种，营造混交林，加强抚育和水肥管理，适当密植，提早郁闭，增强树势，避免受害。及时清除虫害木或被害枝丫，歼灭虫源；伐下的虫害木必须在幼虫化蛹以前剥皮或全面利用。

　　3. 物理防治。成虫盛发期，利用其假死习性，于清晨震落捕杀。

　　4. 化学防治。①成虫盛发期，用90%敌百虫晶体、45%丙溴·辛硫磷800倍液、50%杀螟硫磷乳油1000倍液、或20%噻虫嗪悬浮剂800倍液喷射有虫枝干，连续2次。②幼虫孵化初期，用2%阿维菌素乳油与柴油的混合液（1∶40），每隔10天涂抹1次，连续3次。

　　5. 生物防治。大斑啄木鸟可捕食杨锦纹截尾吉丁各虫态个体，可在林内悬挂鸟巢招引，使其定居和繁衍。

　　参考文献

　　萧刚柔, 1992; 李成德, 2004.

（李成德，戚慕杰，李桂和，赵长润）

杨锦纹截尾吉丁成虫　　　杨锦纹截尾吉丁成虫
（李成德　提供）　　　　（徐公天　提供）

	145	细胸锥尾叩甲	分类地位	鞘翅目 Coleoptera　叩甲科 Elateridae

分类地位　鞘翅目 Coleoptera　叩甲科 Elateridae

拉丁学名　*Agriotes subvittatus* Motschulsky

异　　名　*Agriotes fuscicollis* Miwa

英文名称　Narrownecked click beetle, Barley wireworm

中文别名　细胸金针虫、细胸叩甲

分布　北京，河北，山西，内蒙古，辽宁，吉林，黑龙江，山东，河南，陕西，甘肃，青海，宁夏等地。日本。

寄主　苗木种子的幼芽、幼苗的根和嫩茎。

形态特征　**成虫**：体长8～9mm，宽约2.5mm。体细长扁平，被黄色细卧毛。头、胸部黑褐色。鞘翅、触角和足红褐色，光亮。触角第一节最粗长，第二节球形，前胸背板略呈圆形每一鞘翅具9行深的刻点沟。**幼虫**：老龄幼虫体长约23mm，宽约1.5mm，淡黄色有光泽，尾节圆锥形，尖端为红褐色小突起。近基部两侧各有1个褐色圆斑和4条褐色纵纹。**蛹**：体长8～9mm，浅黄色。

生物学特性　我国东北地区及北京3年1代。以成虫或幼虫越冬。在内蒙古河套平原地区，6月上旬可在7～10cm深的土层中查到蛹。6月中、下旬成虫羽化。6月下旬至7月上旬为产卵盛期。卵产于表土内，成虫对禾本科草类刚腐烂发酵时的气味有趋性。在河北，4月平均气温0℃时即开始上升到土层危害，一般在土层10cm土温7～13℃时危害严重。在潮湿环境，灌区有机质多和黏壤土地区有利于繁殖和发生。

防治方法　见沟线角叩甲。

参考文献

魏鸿钧，1990；萧刚柔，1992；张执中，1997；徐公天等，2007.

（梁洪柱，李镇宇，吴铱）

细胸锥尾叩甲成虫（李镇宇　提供）　　细胸锥尾叩甲成虫（徐公天　提供）　　细胸锥尾叩甲成虫头胸部（徐公天　提供）

146 筛胸梳爪叩甲

分类地位　鞘翅目 Coleoptera　叩甲科 Elateridae

拉丁学名　*Melanotus cribricollis* (Faldermann)

分布　河北，江苏，浙江，安徽，福建，江西，山东，广西，四川等地。日本。

寄主　早竹、早园竹、天目早竹、花秆早竹、毛竹、红竹、淡竹、水竹、刚竹、金毛竹、假毛竹、白哺鸡竹、奉化水竹、五月季竹、尖头青竹、安吉金竹、浙江淡竹、黄槽毛竹、乌芽竹、角竹、甜竹。

筛胸梳爪叩甲成虫（徐天森　提供）

筛胸梳爪叩甲卵（徐天森　提供）

危害　以幼虫（金针虫）在土下栖息、生活，取食竹笋地下部分，即笋的蒲头、鞭笋、鞭根，竹笋地下部分虫孔累累，上部枯萎而死。危害轻者，竹笋可食用部分减少，商品外观欠佳，在市场上销售缺乏竞争力；被害竹笋亦可生长成竹，但笋根大多半边被食去，竹子吸收、牵引、支撑能力下降，生长衰弱，极易倒伏。

形态特征　**成虫：**体长9.8～11.6mm，前胸背板后缘两尖角间宽2.6～3.4mm；体、鞘翅黑色。头呈"凸"字形、黑色，密布较粗的刻点；在"凸"字两侧凹陷处着生触角，触角11节，第一节端部较粗，第二、三节念珠状，末节纺锤形，余为锯齿状。触角后方为复眼，均为黑色。前胸背板黑色，刻点较头部为小，后缘角向后突出约0.5mm，包于鞘翅肩部。鞘翅黑色，长于前胸2倍，由刻点组成9条纵沟。胸部腹面黑色，腹部腹面暗红色或棕红色。足棕色。**幼虫：**老熟幼虫体长27.2～31.5mm，前胸前缘宽2.1～2.5mm，体细长，扁圆筒形，暗红色或红褐色。头扁平梯形，上有纵沟4条，大颚漆黑色。体背线位置有较浅细的凹陷沟，气门在各节前缘，黑色，扁椭圆形。第一胸节特长，为中、后胸节之和。各体节前、后缘有边、上有纵细纹，从中胸节到第八腹节在亚背线位置、前缘有较小的半月形斑，斑上有纵细纹；尾节圆锥形，较长，有5个突起，末端有3个突起，以中间一个为长，呈"山"字形。**蛹：**体长10.5～12.8mm，初化蛹乳白色，洁白光亮；后渐变淡黄色，羽化前为灰黑色。头向前倾斜，触角锯齿状明显，触角上方有1根棕色刚毛，前胸后缘、近小盾片处有1对棕色刚毛，翅芽达第三节腹节后缘，后足跗节末端达第四腹节后缘。**土茧：**老熟幼虫化蛹前需做土茧，长约22mm。较扁，瓜子形。茧壁较薄，茧外粗糙，内壁光滑。

生物学特性　浙江3～4年1代。以成虫及各龄幼虫越冬。每年出笋季节，即4月下旬到7月上旬是越冬成虫出土及活动期，成虫不补充营养，偶取食竹

榕八星天牛危害状（示羽化孔）　　榕八星天牛危害状（张润志　整理）
（张润志　整理）

肩下及肩外占1/3；翅末端平截，外端角略尖，内端角呈刺状（陈世骧等，1959；蒋书楠，1989）。**卵：**长6～8mm，宽2～3mm；乳白色，长椭圆形，略扁平。**幼虫：**老龄幼虫体长约80mm，前胸宽可达17mm。本种幼虫与橙斑白条天牛相似，但前胸后背板褶具5或6排钝齿形颗粒，前排最大，向后各排渐次细小，第一排由22～28个颗粒组成；上颚背中部隆凸，切近弧形。**蛹：**初为黄白色。将羽化时为黑褐色，密生绒毛。

生物学特性　广州1～2年1代。以老熟幼虫越冬。成虫期为4月下旬至10月上旬，5月上旬开始产卵，卵期5～8天（7～8月），幼虫孵化后，初始在韧皮部与木质部之间蛀食，稍大后进入木质部蛀食，12月上、中旬停止蛀食进入越冬状态，翌年3月化蛹，蛹期30天左右（刘东明等，2003）。广州4月下旬始见成虫，一直到10月仍有成虫活动，寿命4～5个月。成虫多于夜晚求偶活动，一生能交尾数次。取食嫩叶及绿枝以补充营养，白天除产卵外常静伏于树干上。雌虫常选择树干较大者并在离地数面2m以下的树干上产卵，雌虫先选择适当部位，咬一扁圆形的刻槽，有时深达木质部，然后将产卵管插入，1刻槽内常产卵1粒，并分泌一些胶状物覆盖，有时也将卵产在大的分枝上，同一株树可产几粒至十几粒。卵粒分批产下，分批成熟，6～8月为产卵高峰期，9月下旬以后未见产卵。幼虫孵化后，在皮下取食造成弯曲的坑道，一段时间内主要在韧皮部与木质部间取食，稍大后进入木质部蛀食，进入孔圆形稍扁，蛀道不规则，上下纵横，切断树木输导组织。高龄幼虫往往爬出木质部孔口在树皮下大面积取食边材，排出的虫粪和木屑充塞在树皮下，使树皮鼓胀开裂。虫龄越大，排出的木屑越粗越长。一株可有多头危害。幼虫老熟后在木质部筑蛹室化蛹。该种天牛多半在移栽后保养不善的大树上发生危害，尚未见危害小苗者，种植多年且生长良好的榕树很少发生（刘东明等，2003）。

防治方法

1. 严格检疫制度。杜绝带虫苗木的调动和栽移植，防止榕八星天牛的传播扩散。

2. 树干缠草绳。产卵期可在树干上缠草绳，产卵期过后解下草绳集中烧毁。既可防止成虫在树干上产卵，又可避免新移栽植株树干水分过度蒸发及阳光暴晒，有利于移植树恢复生势。

3. 化学防治。①低龄幼虫在韧皮部危害而尚未进入木质部时，用化学药剂喷涂树干，防治效果显著。常用药剂有：20%噻虫嗪悬浮剂、45%丙溴·辛硫磷乳油1000～1500倍。②药剂注射法防治已蛀入木质部的幼虫。常用药剂有：50%杀螟硫磷、50%马拉硫磷乳油、25g/L高效氯氟氰菊酯乳油、20%呋虫胺悬浮剂20～40倍液，一般用量按树干直径每厘米0.5～1mL的药液量，用注射器注入或用药棉蘸药塞入虫孔，并用水泥封堵孔口。③根据成虫有补充营养习性，在羽化高峰期向寄主树冠、基干喷常用胃毒剂或触杀剂即可（刘东明等，2003）。

参考文献

陈世骧等，1959; 蒋书楠，1989; 刘东明等，2003.

（伍有声，高泽正，刘东明）

164 杉棕天牛

分类地位　鞘翅目 Coleoptera　天牛科 Cerambycidae

英文名称　*Callidiellum villosulum* (Fairmaire)

分布　上海，江苏，浙江，福建，江西，河南，湖北，湖南，广东，广西，四川，贵州等地。

寄主　杉木、柳杉。

危害　杉树常见的蛀干害虫之一。一般多危害3～5年生的幼树，也危害成年树上部枝干。以幼虫在杉木、柳杉的韧皮部和木质部间蛀食，形成不规则的扁圆形蛀道，切断树干的营养和水分，使杉树干枯死亡；老熟幼虫还蛀入木质部，影响材质。

形态特征　**成虫：**体长6～12mm，栗褐色，全身稀疏被有较长的灰色细毛。头胸部有较浅的刻点，额近方形，两触角间有1条横脊；触角棕黑色，雄成虫触角略长于体，雌成虫触角为体长的2/3，柄节有较粗的刻点。前胸宽度大于长，两侧圆钝，无侧刺突，背面有极不明显的瘤突，胸部腹面及各足腿节棕红色，前、中、后足腿节特别粗。鞘翅肩部栗色，余为淡黄褐色，刻点较胸部深、大，翅末圆钝。**卵：**长1mm左右，乳白色。**幼虫：**老熟幼虫长10mm左右。淡黄色。体略扁。口器黑褐色。前胸背板上有1对呈片状的褐色斑点，胸足退化。**蛹：**长7～10mm。长椭圆形，乳白色。触角贴于体侧，自第二对胸足下边弯回卷曲。

生物学特性　浙江仙居1年1代。以成虫在木质部蛀道端部蛹室内越冬。2月底成虫在蛹室内开始活动，咬食木质部。3月上旬成虫咬羽化孔外出，3月下旬至4月上旬为成虫出现盛期，5月上旬仍有成虫出现。成虫外出后即行寻偶交尾。交尾时间多在8:00～10:00。有多次交尾和产卵的现象。3月中旬至5月中旬为产卵期，卵产在树皮裂缝中。

3月下旬始见幼虫孵出，幼虫逐步蛀入韧皮部和木质部间蛀食，蛀道扁圆形，内有虫粪和木屑。8月后老熟幼虫蛀入木质部内。侵入孔扁圆形，深1cm左右，最深3～5cm。9月下旬开始化蛹，蛹期10～15天。10月初羽化为成虫。11月底成虫以咬食的细木粉屑堵塞侵入孔，在蛹室内越冬。春季过度低温，越冬成虫死亡率高。

防治方法

1. 加强栽培管理，勿使树木特别是新移植树木衰弱是关键措施。及时砍伐虫害木或虫害枝，并烧毁，消灭虫源。

2. 在3～5月成虫交尾产卵时，人工捕杀。

参考文献

仙居县林科所，1978；杨子琦，曹华国，2002.

（高兆蔚）

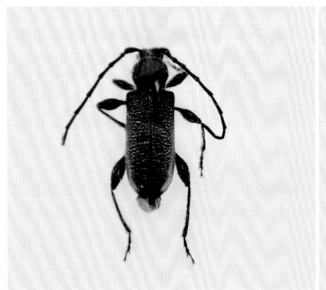

杉棕天牛雌成虫（《上海林业病虫》）

杉棕天牛雄成虫（《上海林业病虫》）

165 花椒虎天牛

分类地位 鞘翅目 Coleoptera　天牛科 Cerambycidae
拉丁学名 *Clytus validus* Fairmaire
中文别名 花椒跗虎天牛

分布 四川（西北部），西藏（南部），甘肃（东南部）。

寄主 花椒。

危害 成虫取食花椒树嫩梢、树叶。幼虫蛀害花椒树干木质部，被害处具10～13mm虫孔，危害严重时被害木生长衰弱、萎蔫、枯死。

形态特征 **成虫：** 体长16～20mm，黑色，被黄绒毛。头部刻点细密、头后刻点粗，额中央1纵沟；触角11节，长度约为体长的1/3。前胸背板两侧圆弧形、刻点皱纹状，中区1大型黑斑；鞘翅基部1圆黑斑、中部2小黑斑、中部之后1较大的横黑斑（萧刚柔，1992）。**卵：** 椭圆形，长1.0～1.2mm。初乳白色，后呈黄色。**幼虫：** 初孵幼虫乳白色，头呈淡黄色；2～3龄头部黄褐色，3龄以上褐色。老熟幼虫体长23～28mm，淡黄色。**蛹：** 初淡黄色，渐变黄色，体长15～20mm，前胸具褐色小短刺。

生物学特性 2年1代，少数跨3个年头，少数1年1代。1年1代的地区，均以幼虫越冬，翌年4月上旬气温达到10℃时越冬幼虫出蛰、取食，5月下旬至7月上旬化蛹，6～8月上旬成虫羽化，6月下旬至8月上旬产卵，7月下旬至9月上旬卵孵化。9月初孵幼虫开始危害直至气温低于10℃时进入越冬状态。在2年1代的地区，第一年5月下旬至7月下旬成虫羽化，6月下旬至8月中旬产卵，7月下旬至9月初幼虫孵化、危害至越冬，翌年3月越冬幼虫继续危害至10月下旬越冬；第三年3～4月越冬幼虫继续危害，4月下旬至7月下旬化蛹，5月底至8月上旬羽化。成虫取食花椒叶补充营养，雌、雄成虫均可多次交尾，每雌产卵1～2次，产卵时成虫在树干基部4～50cm处咬筑刻槽，每刻槽产卵5～49粒。成虫寿命17～25天，卵期13～16天，幼虫期655～680天；老熟幼虫在蛀食道末端做蛹室化蛹，蛹期18～25天

花椒虎天牛成虫（李镇宇　提供）

（萧刚柔，1992；李孟楼等，1989；杨雷芳等，2009）。

防治方法

1. 及时清除年老、生长衰弱、危害严重的老龄椒树，10月及时修剪病、虫害枝，秋末或春初施足基肥，促进椒树发育。11月底到翌年3月底前，用器械敲击有油渍斑蛀害部位、杀死低龄幼虫。

2. 危害严重时，可在4月用350g/L吡虫啉悬浮剂，在树干基部打孔注药防治蛀入花椒树树干的幼虫。

参考文献

李孟楼等, 1989; 萧刚柔, 1992; 杨雷芳等, 2009.

（王鸿喆，李孟楼）

166 栗肿角天牛

分类地位	鞘翅目 Coleoptera　天牛科 Cerambycidae
拉丁学名	*Neocerambyx raddei* Blessig
异　　名	*Massicus raddei* (Blessig), *Mallambyx raddei* (Blessig)
英文名称	Deep mountain longhorn beetle
中文别名	栗山天牛、高山天牛

　　栗肿角天牛原产于日本，近年来在我国吉林、辽宁、内蒙古等地暴发成灾，严重危害天然柞树林。该虫具有传播速度快、隐蔽性强、防治难度大、危害周期长等特点，大发生时，常常造成林木大面积死亡，给林业生产带来巨大的经济损失。

　　分布　河北，山西，内蒙古，辽宁，吉林，黑龙江，上海，江苏，浙江，安徽，福建，江西，山东，河南，湖北，湖南，海南，四川，贵州，云南，西藏，陕西，台湾等地。朝鲜，韩国，日本，俄罗斯。

　　寄主　锥栗、板栗、栎、青冈栎、千金榆、光叶榉、桑树、无花果、肉桂、卫矛、水曲柳、苹果、柑橘、柚树、泡桐等。

　　危害　初孵幼虫侵入孔圆形，直径约1.5mm，侵入孔处堆积有白色、稀、小球形木屑和粪便。蛀入木质部后随着幼虫虫龄增加，蛀道逐渐加长、加宽，蛀道壁光滑，多个幼虫蛀道交错钻蛀，使树干横切面呈不规则筛眼状，在侵入孔周围堆满白色锯末状粪便。被害严重林分内，可见被害树下成堆的

褐色虫粪和木屑。

　　形态特征　**成虫：**体长40～60mm。体较大，底色红褐黑色，腹面和腿节棕红色，全体被灰黄色绒毛，触角近黑色。**幼虫：**老熟幼虫体长65～70mm，乳白色。前胸背板前缘具2个并列的淡黄色"凹"字形纹。

　　生物学特性　吉林、辽宁3年1代，跨越4个年度。以幼虫在柞树主干、大侧枝内蛀食危害越冬，危害期长达3年之久。成虫6月末开始羽化，并啃食树皮补充营养，7月中旬为羽化盛期；7月上旬开始产卵。卵于7月下旬开始孵化，当年幼虫蜕皮1～2次，到10月上旬开始越冬。越冬幼虫翌年4月上旬开始活动，又蜕皮1～2次，成为壮龄幼虫，到10月上旬开始越冬；第三年壮龄幼虫于4月上旬开始活动，蜕皮2～3次，10月上旬以老熟幼虫开始越冬；第四年5月下旬开始化蛹。

　　成虫具群集习性，飞翔能力强，并具有较强的趋光性。栗肿角天牛危害阳坡重于阴坡；山脊重于山中；大径树木重于小径木；林缘重于林内；大龄林重于低龄林。

　　防治方法：

　　1. 检疫措施。加强疫区检疫工作，对外运的带虫原木应就地采用溴甲烷、硫酰氟或磷化铝片剂进行熏蒸处理，也可将虫害木浸泡水中1个月以上，经处理合格后方可调运。

　　2. 营林措施。对受害较轻的林分进行卫生择伐，消灭虫源；对中度受害林分，根据不同地块的受害情况，分轻重缓急加快采伐，力争将天牛消灭在幼虫期；重度受害已失去挽救价值的林分，进行皆伐。采伐木应及时进行处理。

　　3. 物理防治。黑光灯诱集捕捉成虫；白天人工捕捉群集成虫。

　　4. 生物防治。人工招引益鸟；充分利用管氏肿

栗肿角天牛雌成虫（徐公天　提供）

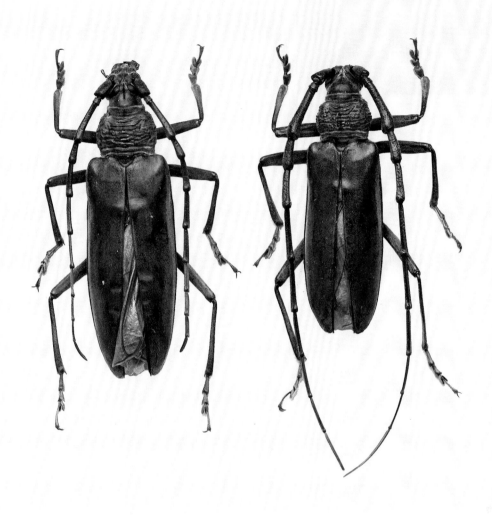

栗肿角天牛雌成虫（左）和雄成虫（右）（李成德　提供）

腿蜂、花绒寄甲等寄生性和捕食性天敌。

　　5. 化学防治。①成虫羽化期：喷50%杀螟硫磷乳油800倍液，或50%对硫磷乳油、45%丙溴·辛硫磷、25g/L高效氯氟氰菊酯、90%敌百虫等1000倍液。②产卵槽涂药：用45%丙溴·辛硫磷1份、高渗有机硅助剂1份、水20份，搅拌均匀后涂于卵槽内。③堵虫孔：发现新鲜粪便排出的虫孔，用细铁丝钩出虫粪，塞入用25g/L高效氯氟氰菊酯浸过的棉球，或56%磷化铝0.15g，而后用黄泥封堵虫孔。

④注射：在干部注射药：水为1：1的药液0.5mL。有效药剂为：50%甲胺磷乳油，或20%噻虫嗪悬浮剂，或25%亚胺硫磷乳油，或25g/L高效氯氟氰菊酯乳油；亦可注射20%氨水20～30mL。⑤带虫原木熏蒸：帐幕内温度在15℃以上时，用磷化铝（9g/m³）熏蒸7天。

参考文献

孙晓玲等，2006; 党国军，2007; 李光明等，2007.

（李成德，李兴鹏）

分类地位	鞘翅目 Coleoptera　天牛科 Cerambycidae
拉丁学名	*Aegosoma sinicum* White
异　　名	*Megopis sinica* (White)
英文名称	Thin-winged longicorn beetle
中文别名	中华薄翅天牛、薄翅天牛、薄翅锯天牛

167 中华裸角天牛

　　中华裸角天牛幼虫蛀食木质部，幼虫孵化后常聚集在同一树洞中蛀食危害，常将小疤蛀成大洞，受害严重的树木主干，常被蛀成蜂窝状空洞，遇大风或高负载量而折断死亡，严重影响树木生长、结果（王志明等，1991）。

　　分布　北京，天津，河北，山西，内蒙古，辽宁，吉林，黑龙江，上海，江苏，浙江，安徽，福建，江西，山东，河南，湖北，湖南，广西，四川，贵州，云南，西藏，陕西，甘肃，台湾等地。朝鲜，日本，越南，缅甸。

　　寄主　梧桐、海棠、栗、白背野桐、油桐、橡胶、枫杨、杨树、柳树、白蜡树、桑、榆、栎、苹果、山楂、枣、花椒、矮紫杉、云杉、臭冷杉、松类。

　　危害　幼虫在枝干皮层和木质部内蛀食，常将小疤蛀成大洞，受害严重的树木主干被蛀成蜂窝状空洞，蛀道走向不规律，蛀道内充满粪屑。

　　形态特征　**成虫：**体长30～52mm，体宽8.5～14.5mm，棕褐色，头部密布颗粒状小刻点，上颚黑色，前额中央凹陷，后头较长，自中央至前额有1细纵沟。触角基部5节粗糙，密布棘刺。前胸背板前缘窄，基部宽阔，呈梯形，密布颗粒状刻点和灰黄短毛。鞘翅宽于前胸，向后渐窄。鞘翅上各具3条纵隆线，外侧1条不太明显。雌虫腹部末端有明显的产卵器。**卵：**乳白色，长3～6mm，长椭圆形。**幼虫：**老龄幼虫体长50～70mm，圆筒形，乳白色，口器黄褐色，上颚褐色。前胸背板淡黄色，中央有1条平滑纵线，两边有凹陷斜纹1对。**蛹：**体长30～60mm。初

中华裸角天牛雌成虫（徐公天　提供）

中华裸角天牛雄成虫（徐公天　提供）

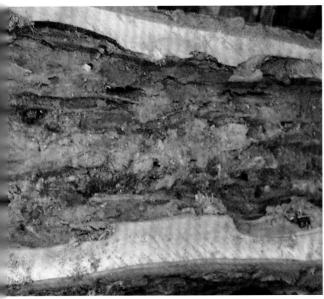

中华裸角天牛幼虫蛀道（徐公天 提供）

中华裸角天牛成虫羽化孔（徐公天 提供）

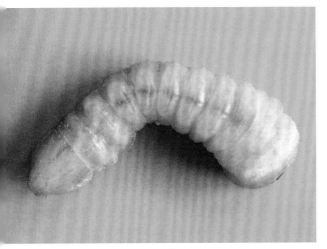

中华裸角天牛幼虫（徐公天 提供）

化蛹时乳白色，后渐变为黄褐色。后胸腹面有1个疣状突起（萧刚柔，1992；杨子琦等，2002）。

生物学特性 2～3年1代。以幼虫在树干蛀道内过冬。成虫羽化期为6月下旬至7月上旬。交配期在7月中旬，产卵期7月中、下旬，约经7天后，卵孵化成幼虫，经2～3年，幼虫蛀食发育成熟后蜕皮化蛹，进而再羽化为成虫，2～3年完成1个完全变态的生活史（王志明等，1991）。成虫于6～7月大量出现，啃食树皮补充营养，具趋光性，每雌可产卵200～300粒。一般选择有伤口、孔洞和腐朽、被病虫害侵害的树干产卵，也喜产卵于其他天牛的老蛀道中，为典型的次期性害虫。成虫寿命30～50

天。幼虫孵化后蛀入树皮及木质部危害，蛀道长可达40cm，上下蛀食。老熟幼虫在近树皮处做蛹室化蛹。成虫羽化后咬破树皮飞出，羽化孔椭圆形（杨子琦等，2002；王直诚，2003）。

防治方法

1. 营林措施。加强抚育管理，增强树势；及时砍伐枯死木，更新衰老树，减少产卵场所，杜绝虫源。

2. 人工防治。①人工捕捉成虫，减少虫源。②在成虫羽化前填补腐疤、烂洞，以阻止其在树体上产卵。或在6月，用硫磺粉0.5kg、石灰5kg、水20kg拌成浆液涂刷树干，阻止成虫产卵，如在其中加入适量泡花楠浸入液，可大大提高石灰浆黏性，持久不落。③初孵幼虫盛发期，刮除粗翘皮，可消灭部分卵和幼虫。④及时掏杀幼虫，掏清后用水泥填好树洞，以防止害虫再次侵入，同时可起到增强树干支撑的作用。

3. 药剂防治。①将磷化铝药剂塞入树洞中，密封洞口毒死害虫。应用磷化铝插塞虫孔进行防治，其防治效果达80%左右。②用M99-1引诱剂进行诱杀（杨子琦等，2002；王志明等，1991）。

参考文献

陈世骧等，1959；王志明等，1991；萧刚柔，1992；赵锦年等，2001；杨子琦等，2002；王直诚，2003.

（颜容，崔亚琴，王问学）

168	松墨天牛	分类地位	鞘翅目 Coleoptera　天牛科 Cerambycidae
		拉丁学名	*Monochamus alternatus* Hope
		异　名	*Monochamus tesserula* White
		英文名称	Japanese pine sawyer beetle
		中文别名	松褐天牛

松墨天牛是松树上的主要蛀干害虫及松材线虫病的传播媒介昆虫。

分布　河北，江苏，浙江，福建，江西，山东，河南，湖南，广东，广西，四川，贵州，云南，西藏，陕西，台湾等地。朝鲜，老挝，越南，日本等国。

寄主　马尾松、黑松、赤松等松属植物。

危害　树干被蛀后，外观有虫孔，树干内有蛀道，后期枝干枯死。

形态特征　成虫：体长15～28mm，宽4.5～9.5mm，橙黄色至赤褐色。触角棕栗色，雄虫触角第一、二节全部和第三节基部具有稀疏的灰白色绒毛；雌虫触角除末端2、3节外，其余各节大部灰白色，只末端一小环为深色。雄虫触角超过体长1倍多，雌虫触角约超出1/3。前胸宽大于长，多皱纹，侧刺突较大。前胸背板有两条相当阔的橙黄色纵纹，与3条黑色绒纹相间。小盾片密被橙黄色绒毛。每一鞘翅具5条纵纹，由方形或长方形的黑色及灰白色绒毛斑点相间组成。腹面及足杂有灰白色绒毛。**卵**：长约4mm，乳白色，略呈镰刀形。**幼虫**：乳白色，扁圆筒形，老熟时体长可达43mm。头部黑褐色，前胸背板褐色，中央有波状横纹。**蛹**：乳白色，圆筒形，体长20～26mm。

生物学特性　山东、江苏、浙江、安徽等地1年1代，广东1年2代为主。浙江省该虫以老熟幼虫在木质部的坑道内越冬。成虫羽化后咬一直径8～10mm的圆形羽化孔外出，成虫羽化外出后体表即有线虫附着。5月中旬羽化、取食；5月下旬至7月为卵期，幼虫孵化后蛀入树皮下危害，晚秋蛀入木质部，成虫补充营养，啃食嫩枝皮。成虫产卵活动需要较多的光线，在温度20℃左右最适宜，故一般在稀疏的林分发生较重，郁闭度大的林分，则以林缘感染最多；或自林中空地先发生，再向四周蔓延。伐倒木

松墨天牛成虫（蒋平　提供）

松墨天牛成虫（蒋平　提供）

松墨天牛成虫（张润志　拍摄）

松墨天牛幼虫危害状（张润志　拍摄）

松墨天牛幼虫（张润志　拍摄）

松墨天牛蛹腹面（左）和背面（右）（张润志　拍摄）

松墨天牛产卵刻槽（张润志　拍摄）

松墨天牛低龄幼虫危害状（张润志　拍摄）

如不及时运出林外，留在林中过夏，或不经剥皮处理，则很快即被该虫侵害。啃食嫩枝、树皮补充营养，昼夜都能活动。5～6月为成虫活动盛期。成虫羽化后的活动可分为3个阶段，即移动分散期、补充营养期、产卵期。成虫性成熟后，在树皮上咬一眼状刻槽，然后于其中产1粒至数粒卵。幼虫孵出后即蛀入皮下，初龄幼虫在树皮下蛀食，在内皮和边材形成宽而不规则的平坑，使树木输导系统受到破坏，坑道内充满褐色虫粪和白色纤维状蛀屑。秋天穿凿扁圆形孔侵入木质部3～4cm，随即向上或下方蛀纵坑道，坑道长约5～10cm，然后弯向外蛀食至边材，在坑道末端筑蛹室化蛹，整个坑道呈"U"状。

防治方法

1. 病死树清理。通过清理病死树和小面积皆伐，清除林内的死树是目前生产上最常用的措施。

2. 化学防治。用25%灭幼脲Ⅲ胶悬剂1000～1500倍液，在松墨天牛羽化盛期前后防治2次，当年松树枯死量下降40%，该虫幼虫数量下降20.15%。

3. 诱杀。引诱剂可用以大量诱杀松墨天牛，以降低林中虫口密度。

4. 生物防治。应用较多的是管氏肿腿蜂以及白僵菌黏膏。

参考文献

张连芹等，1992；徐福元，1994；孙继美等，1997；柴希民等，2003.

（蒋平，王淑芬）

169 云杉大墨天牛

分类地位　鞘翅目 Coleoptera　天牛科 Cerambycidae

拉丁学名　*Monochamus urussovii* (Fischer-Waldheim)

中文别名　云杉大黑天牛

云杉大墨天牛是林区主要蛀干害虫之一。幼虫主要危害兴安落叶松、白桦过火木、枯倒木、生长衰弱木、风倒木以及贮木场入库后长期存放的木材。如果林木一旦被危害，防治难度很大。

分布　河北，内蒙古，辽宁，吉林，黑龙江，江苏，山东，陕西等地。俄罗斯，芬兰，蒙古，朝鲜，日本等国。

寄主　红皮云杉、鱼鳞云杉、落叶松、红松、臭冷杉、长白落叶松、兴安落叶松、白桦。

危害　幼虫危害伐倒木、生长衰弱的立木、风倒木以及贮木场中原木，形成粗大虫道；成虫啃食活树小枝嫩皮。

形态特征　**成虫：**体长21～33mm。体黑色，带墨绿色或古铜光泽。雄虫触角长约为体长的2.0～3.5倍，雌虫触角比体稍长。前胸背板有不明显的瘤状突3个，侧刺突发达。小盾片密被灰黄色短毛。鞘翅基部密被颗粒状刻点，并有稀疏短绒毛，愈向鞘翅末端，刻点渐平，毛愈密，末端全被绒毛覆盖，呈土黄色，鞘翅前1/3处有1条横压痕。雄虫鞘翅基部最宽，向后渐宽。雌虫鞘翅两侧近平行，中部有灰白色毛斑，聚成4块，但常有不规则变化。**卵：**肾形，长4.5～5.0mm，宽1.2～1.5mm，黄白色。**幼虫：**老熟幼虫体长37～50mm，头壳宽3.0～5.9mm，乳黄色。头长方形，后端圆形。约2/3缩入胸部。前胸最发达，长度为其余两胸节之和，前胸背板有凸形红褐色斑。胸、腹部的背面和腹面有步泡突，背步泡突上有2条横沟，横沟两端有环形沟，腹步泡突上有1条横沟，横沟两端有向后的短斜沟。**蛹：**体长25～34mm，白色至乳黄色，前胸背板有发达的侧刺突，腹部可见9节。

生物学特性　内蒙古大兴安岭林区一般2年1代或1年1代。以大小幼虫越冬。成虫在6月上旬开始羽化，6月下旬至9月上旬是产卵期，7月下旬至8月上旬为产卵盛期，7月上旬幼虫开始孵化，在树皮下啃食韧皮部和边材表层，被害部呈不规则形，经过1个月左右，幼虫开始向木质部筑垂直的坑道，至9月末钻入坑道内越冬。第二年5月从木质部钻出到韧皮部取食，到7月中旬幼虫成熟，再次钻入木质部中筑坑道，并在坑道末端做蛹室，幼虫共有6龄。老熟幼虫在蛹室中再次越冬，第三年5月上旬化蛹。成虫羽化后在树干内的蛹室中滞留约7天，然后从羽化孔中钻出，羽化孔直径约为8mm。成虫必须经过补充营养，否则不能繁殖，因此在大量羽化期间云杉树冠部云集了大量的云杉大墨天牛成虫。雌虫自羽化飞出后经过10～21天开始产卵。雌虫交配后找到合适的树干，开始咬"一"字形刻槽，然后掉过头来将产卵器插入，每次产卵1～2粒，一生可产卵达14～58粒，平均约为30粒。在木质部的坑道有马蹄形，弧形和直线形3种。以危害倒木和衰弱木为主，

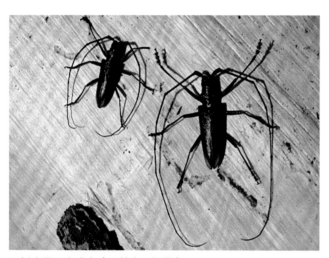

云杉大墨天牛成虫（严善春　提供）

云杉大墨天牛卵（严善春　提供）

云杉大墨天牛幼虫（严善春　提供）　　云杉大墨天牛危害状（严善春　提供）　云杉大墨天牛危害状（严善春　提供）

也可以在成虫期补充营养时危害嫩枝，特别是云杉针叶。

防治方法

1. 在云杉大墨天牛严重发生疫区和无虫的保护区之间严格进行检疫，严禁带虫原木、木材传播和扩散。

2. 选育抗虫树种，营造混交林或设置饵木林诱杀。

3. 保护花绒寄甲、啄木鸟等天敌。

4. 用硫酰氟熏蒸原木和木材；用磷化锌毒签堵塞活立木虫洞以消灭幼虫。

5. 用辛硫磷防治。将新伐倒的红松原木，用45%丙溴·辛硫磷乳油40倍水剂（加食盐少许，以增加渗透性）喷干。

6. 利用有效积温预测法、历期预测法较为准确地对卵期、幼虫期以及对各个虫态的发生时间及始盛期、高峰期等进行预报。在此基础上，对成虫进行化学药剂击避及灭卵防治。

参考文献

孟根等, 1990; 邵显珍等, 2001.

（严善春，施振华）

170 狭胸橘天牛

分类地位	鞘翅目 Coleoptera 天牛科 Cerambycidae
拉丁学名	*Philus antennatus* (Gyllenhal)
中文别名	狭胸松天牛

分布 河北，浙江，福建，江西，湖南，广西，海南，香港等地。印度。

寄主 湿地松、马尾松、柑橘、桑、茶。

危害 在松林首先出现单株枯死，然后死亡区由中心向四周扩展，死树圈不断扩大；植株最初出现短梢、黄叶、落针，树干停止流脂而死亡；挖掘树根可见须根全无，粗根、主根伤痕累累，流出松脂与泥沙凝固成团。

形态特征 成虫： 体中型，全体棕褐色，密被灰黄色短毛，腹面及足部绒毛较长而密。雌虫体长27.3～31.2mm，前胸背板宽4.7～5.9mm，触角长15.1～17.0mm。头部略下垂，几乎与前胸等宽，后头稍狭。触角细长，雌虫触角长达鞘翅中部，雄虫长于体长，外缘略成齿状，柄节粗大，短于第三节。前胸呈梯形，前半部浑圆，后半部两侧具脊，表面具细刻点，两侧前、后方各具1光滑小区。鞘翅宽于前胸，后方稍窄，末端圆形。腹面具刻点及密毛，足内侧具缨毛，后足第一跗节长于其余2节之和。雄虫体长22.3～24.1mm，前胸背板宽3.9～4.8mm，触角长26.5～31.0mm。体形比雌虫小，触角粗长，超过体长约1.3倍，触角3～6节略呈锯齿状，柄节粗短，第三节以后各节几乎等长。**卵：** 未成熟卵乳白色，梭形，一端稍尖；成熟卵乳黄白色，梭形，受精孔浅褐色。成熟卵长2.5～3.5mm，宽0.8～1.2mm，平均1.0mm。**幼虫：** 初孵幼虫体长4.5～5.5mm，前胸宽1.7～3.1mm。老熟幼虫体长26.6～37.2mm，前胸宽6.4～11.5mm，体粗壮，中型，肥硕，近似长方体形，末3节圆筒形，向后渐细，第九腹节背板各后伸，超过尾节。乳黄色，全身密被均匀短绒毛。前胸背板中沟呈乳白色宽大的陷沟，中沟前段呈三角形光滑面，中区具乳白色光滑的横沟与中沟后段呈"T"形斑纹，后区在中沟两侧呈弧形拱起。各腹节步泡突不具横沟及瘤突，具4条纵向浅陷沟。胸足爪具1粗毛，气门不具缘室，

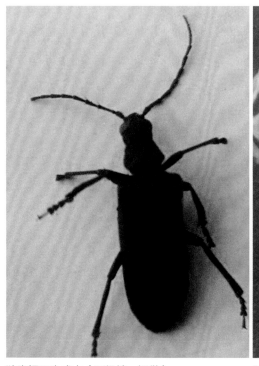

狭胸橘天牛成虫（王缉健 提供）

狭胸橘天牛蛹（背面）
（王缉健 提供）

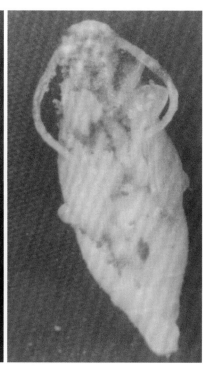

狭胸橘天牛蛹（腹面）
（王缉健 提供）

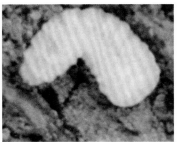

狭胸橘天牛成虫（左雄、右雌）（王缉健 提供）　狭胸橘天牛幼虫（王缉健 提供）

狭胸橘天牛危害状（王缉健 提供）

肛门三裂片。**蛹**：奶油色，体毛和端刺黄褐色。雄蛹长30.0mm，宽5.6mm，较小，长梭形，腹部锭子形；雌蛹长21.5～22.5mm，长圆柱形，略扁（尹新明，1994）。

生物学特性　广西博白2年以上完成1代。幼虫最少有6龄。2月中旬成虫开始出土，3月下旬交尾，交尾后在晚上或白天产卵，幼虫4月上旬孵化，卵期19～34天，2龄前是幼虫扩散阶段，历时10～15天。老熟幼虫在9月中旬陆续开始化蛹，10月中旬成虫羽化后在土穴中越冬。

以幼虫在土中或成虫在树根附近的土层内越冬，2月中旬成虫出土，洞口直径8～13mm，各孔独立。成虫白天钻入土块中隐蔽，晚间外出活动，雄虫入夜时分极为活跃。交尾多发生在傍晚以后，22:00左右活动较强，交尾时间10多分钟，交尾后雄虫离开，雌虫稍息几分钟后爬走或选择场所产卵。卵产于树干1.5m以下的树皮缝内，排列整齐，上有

雌虫分泌的胶状物质和体上脱下的绒毛覆盖。其色泽略比松树皮淡。产卵后的成虫栖息于树干下部或树基土表，约1周后死亡。在25～30℃条件下，经过约3～5周幼虫孵化。初孵幼虫从树皮缝中的卵壳缝隙中拱出并立即弹跳下落，便可在土表爬行，在30分钟内都能找到土层的孔隙、分散钻入土中，寻找到近地表的细根后，各自取食。入土幼虫，先取食湿地松的须根，随着虫龄的增大，逐渐取食根皮、韧皮部以至木质部，除了裸露在地表的侧根外，危害遍及所有侧根和主根。活动深度自地表以下2～150cm。根皮被食害后，伤口溢出的松脂黏结泥土凝结成团状，使根部输导功能受阻，树势衰退。受害2～3年的植株，针叶由绿变青灰色，到不能抽新梢、无松脂分泌，干部严重失水而枯死。被害林分的表土层多为砂质壤土，厚度在60～100cm以上，过硬的板结土层有虫也难造成寄主死亡。老熟幼虫在根际土壤深土中筑室化蛹，蛹室长椭圆形（王缉健，1989）。

防治方法

1. 营林措施。营造混交林，减少纯林，特别在土质疏松的虫灾区，更新其他抗虫树种，防止害虫定居后蔓延成灾；对早期出现的虫害地段要及时处理，阻止其向四周扩散。

2. 人工防治。捕杀成虫：成虫出土时间比较整齐，而且都在植株下部栖息交尾和产卵，在此期间可以进行人工捕捉。锤打卵块：卵期稍长，可在林间小心调查，发现卵块后用锤子敲打该处树皮，将卵击烂，阻止其孵化。

3. 保护天敌。多种鸟类对成虫及多种蚂蚁对初孵若虫有捕杀作用。

4. 化学防治。成虫出土、产卵阶段、卵期可使用有内吸、触杀作用的药剂均匀喷布植株树干近地面2m的部位，用量为喷布树干至滴水，毒杀成虫和阻止卵粒的孵化（萧刚柔，1992）。

参考文献

王缉健, 1989; 萧刚柔, 1992; 尹新明, 1994.

（王缉健，黄金义，蒙美琼）

171 竹红天牛

分类地位 鞘翅目 Coleoptera 天牛科 Cerambycidae

拉丁学名 *Purpuricenus temminckii* (Guérin-Méneville)

中文别名 竹紫天牛

分布 河北，辽宁，江苏，浙江，安徽，福建，江西，山东，河南，湖北，湖南，广东，广西，四川，贵州，云南，台湾。朝鲜，日本。

寄主 黄古竹、黄槽竹、毛环水竹、京竹、斑竹、寿竹、实心竹、角竹、淡竹、毛竹、强竹、红竹、台湾桂竹、篌竹、紫竹、高节竹、石竹、芽竹、刚竹、金竹、乌哺鸡竹等刚竹属，菊竹、孝顺竹、撑篙竹、粉箪竹、青皮竹等簕竹属种类，衢县苦竹、苦竹等苦竹属中粗秆种类。

危害 危害活立竹。春天成虫在竹上部飞绕，寻适宜立竹产卵，卵产于竹节上下10cm范围内竹秆上，幼虫孵化后直接钻入竹秆内取食危害。落雨时，雨水延竹秆下流，可从幼虫侵入孔进入竹腔内，长期受雨水浸泡，秆内竹黄发黑，竹叶发黄、脱落，竹腔内易蓄积水。危害伐倒竹，成虫于竹秆上产卵或在竹秆伤口处产卵，初孵幼虫从竹秆蛀入竹青下危害，取食竹肉，被害竹竹材内纵横被蛀成孔洞，蛀屑、虫粪堆于竹腔内，竹材失去利用价值。

形态特征 成虫：体长11～19mm。头黑色，唇基黄色；复眼在触角外方，黑色；颊部被白色绒毛；触角黑色，11节，雄虫为体长1.5倍，雌虫长达鞘翅后缘。前胸横置，背板红色，两侧以下黑色，背板上有5个黑斑，前2、后3，后缘正中黑斑处可见一瘤状突起，两侧有瘤状侧刺突。小盾片黑色。鞘翅红色，肩部有纵向突起。胸、腹部腹面黑色。卵：长2.5mm，长卵圆形乳白色，卵面光洁。

幼虫：初孵幼虫体长3mm，乳白色，侵入孔直径约

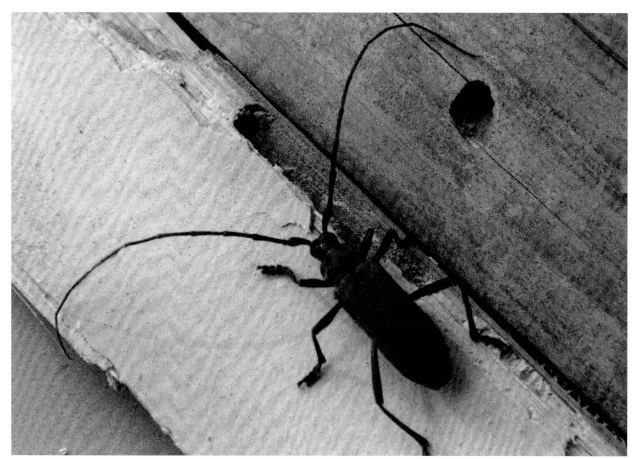

竹红天牛成虫（徐天森　提供）

竹红天牛蛹（徐天森　提供）

竹红天牛蛹被寄生（徐天森　提供）

竹红天牛幼虫（徐天森　提供）

2mm。老熟幼虫体长25.5～34.5mm，幼虫前胸背板宽5.8～7.5mm，体淡黄色，头浅橙黄色，大半缩于前胸内，大颚黑色，前胸背板白色，硬皮板占背板约1/3，棕黄色，被背线平分为二，侧面也各有1块硬皮板，硬皮板后有颗粒状刻点。**蛹**：长17～22mm，体扁、初化蛹乳白色，后为黄白色。头向前倾斜，前胸将头遮去大半。复眼长卵圆形，竖置。触角从复眼内侧中部伸出，雄虫触角沿体侧下沿至第四腹节末，再似回形针绕向上，末端达触角基部；雌虫触角沿体侧下沿至第二腹节末，或达第三腹节上端回旋绕向上，末端达中足跗节末端。前胸侧观为倒三角形，后缘正中有一瘤状突起，两侧有瘤状侧刺突。腹部背中线清晰，翅芽达第三、四腹节间，后足腿节末达第四、五节间。

生物学特性　多数1年1代，少数2年1代。以成虫在竹材中越冬，也有以幼虫越冬的。据调查：在浙江龙泉竹红天牛危害雷竹者为2年1代，以成虫与幼虫在竹枝秆内越冬。成虫寿命长达210～230天，春天当旬平均气温在15℃以上时，约4月中旬，成虫开始从竹秆蛀道中蛀孔钻出，并交尾、产卵，4月下旬至5月上旬为产卵盛期。卵经15～25（21）天孵化，5月中、下旬至6月初出现成虫，幼虫期需270天以上，8月中、下旬开始化蛹，9月中、下旬开始羽化成虫。羽化期为20～30天。以成虫与幼虫在竹枝秆内越冬。成虫寿命长达210～230天，春天当旬平均气温在15℃以上时，约4月中旬，成虫开始从竹秆蛀道中蛀孔钻出，并交尾、产卵，4月下旬至5月上旬为产卵盛期。卵经15～25（21）天孵化，5月中、下旬至6月初出现成虫，幼虫期需270天以上，8月中、下旬开始化蛹，经14～18天于9月中、下旬开始羽化成虫。羽化期为20～30天。

防治方法　利用天敌。偶见有1种茧蜂和1种姬蜂寄生。

参考文献

徐天森等，2004.

（徐天森，伍建芬）

172 山杨楔天牛

分类地位　鞘翅目 Coleoptera　天牛科 Cerambycidae

拉丁学名　*Saperda carcharias* (L.)

英文名称　Large popar borer

分布　吉林，黑龙江等地。俄罗斯，朝鲜，西欧等。

寄主　山杨、旱柳、毛白杨。

形态特征　成虫：体黑色，被灰黄色伏毛及稀疏的淡色和暗色竖刚毛。雌体长28mm，宽10mm；雄体长26mm，宽8mm。头部在额上中央有深纵沟，向上直达头顶后缘。复眼黑色，有光泽。触角各端部黑色，其余部分密被灰黄色毛，雄虫触角略比体长，雌虫触角较短，不超过鞘翅末端。前胸背板长与最宽处的宽度几相等，中央有脊状纵隆线，密被灰黄色毛和粗刻点。鞘翅狭长，宽于前胸背板，肩部突出，满布黑色而有光泽的粗刻点，基部刻点较大而密，向端部刻点逐渐变细，密被土黄色毛。雄虫鞘翅向后收缩，雌虫鞘翅两侧近于平行。**卵：**椭圆形，黄色。**幼虫：**体长45mm，被稀疏浅色短毛，在背步泡突上具或多或少成片的小刺。在其后斜面和斜侧沟上无小刺。在头部前缘附近有4个凹窝，每个凹窝各有1根毛。前胸背板肉桂色，有1条中纵沟和2条侧沟。腹步泡突具1条横沟和2条斜侧沟。**蛹：**淡黄白色，长26mm。

生物学特性　2年1代。以幼虫越冬。当年孵出的幼虫在树皮下啃食，越冬后，在木质部咬成垂直坑道，在幼树上坑道长达20～30cm，在较大的树木上则长达1.0～1.5m，再次越冬后，幼虫做成几乎进

山杨楔天牛成虫（严善春　提供）

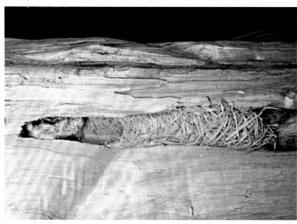

山杨楔天牛蛹室（严善春　提供）

山杨楔天牛排泄物（严善春　提供）

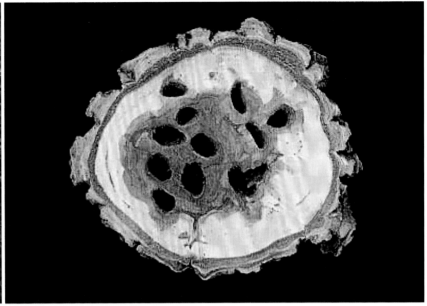

山杨楔天牛幼虫（严善春　提供）　　山杨楔天牛幼虫蛀食坑道（严善春　提供）

入树皮的侧坑道。在垂直坑道上端化蛹。成虫在7～9月出现。在进行补充营养时将树叶食成孔洞，或在幼树的干和枝条上环啃树皮，从而严重影响树木生长。

防治方法

1. 加强检疫，杜绝其传播蔓延。

2. 加强抚育管理，增强林分长势，提高林分抗虫力。

3. 人工捕杀成虫。

4. 树干涂刷，阻止卵孵化。

5. 成虫期化学药剂防治。在成虫羽化年份的成虫羽化前，用毒杆和棉球蘸25g/L高效氯氟氰菊酯原液塞入山杨楔天牛害虫孔内，然后将虫孔用泥封死，毒杀羽化前成虫、蛹。成虫羽化期在山杨楔天牛发生危害林区内用8%氯氰菊酯微胶囊（绿色威雷）200～300倍液，喷于树干基部有该虫危害虫孔部位，或浇灌有该虫危害虫孔的树干基部均可以阻止该虫成虫羽化后从危害虫孔出来。

6. 幼虫期化学药剂防治。危害比较严重，已造成树木枯死或濒临死亡，应将枯死木或濒死木材伐掉；林木伐倒后，将树木地上50cm以下部分截取下来并集中烧毁，以杀灭成虫、蛹或幼虫。幼虫危害期，用磷化锌毒扦插入危害虫孔即可。

参考文献

萧刚柔, 1992; 宿秀凤等, 2005.

（严善春，刘宽余）

分类地位	鞘翅目 Coleoptera 天牛科 Cerambycidae
拉丁学名	*Saperda populnea* (L.)
异 名	*Cerambyx populneus* L.
英文名称	Small poplar borer
中文别名	青杨天牛、青杨枝天牛、杨枝天牛、山杨天牛

173 青杨楔天牛

青杨楔天牛是一种危害杨柳科植物的重要蛀干性害虫，一旦大面积发生和扩散，不仅会毁掉绿化成果，而且还危及道路行人及交通安全，并将进一步对生态环境产生不良影响。在我国东北以及西北地区已造成严重危害（刘娥等，2009）。

分布 北京，河北，内蒙古，辽宁，吉林，黑龙江，江苏，安徽，山东，河南，西藏，陕西，甘肃，青海，新疆等地。朝鲜，蒙古，俄罗斯；欧洲（国家林业局森林病虫害防治总站，2008）。

寄主 毛白杨、银白杨、河北杨、加杨、小叶杨、欧美杨、箭杆杨、青杨、旱柳、绢柳等。

危害 以幼虫蛀食枝干，特别是枝梢部分；被

害处形成纺锤状瘿瘤，阻碍养分的正常运输，使枝梢干枯，易遭风折，或造成树干畸形，呈秃头状，如在幼树主干髓部危害，可使整株死亡。

形态特征 成虫：体长11～14mm，体黑色，密被金黄色绒毛，并杂有黑色长绒毛。复眼黑色，触角鞭状，柄节粗大，鞭节各节基部2/3为灰白色；前胸无侧刺突，两侧各有1条金黄色宽纵带；鞘翅满布黑色粗点刻，并着生淡黄色短绒毛，两翅鞘各有金黄色绒毛斑4～5个。**卵：**长约2.4mm，宽约0.7mm。长卵形，一端稍尖，中间略有弯曲。**幼虫：**体长10～15mm，初孵幼虫为乳白色，后变为浅黄色；老熟幼虫时成深黄色，头黄褐色，气孔褐色，身体背

青杨楔天牛雄虫（李镇宇 提供）

青杨楔天牛雌虫（徐公天 提供）

青杨楔天牛危害造成的虫瘿（徐公天　提供）

青杨楔天牛幼虫（徐公天　提供）

面有1条明显的中线。**蛹**：长11～15mm，初蛹为乳白色，以后逐渐变为褐色，腹部背中线明显（张星耀等，2003）。

生物学特性　1年1代。以老熟幼虫在枝干的虫瘿内越冬。翌春开始活动，在北京越冬幼虫在3月下旬化蛹，蛹期20～34天。4月中旬出现成虫，成虫有群集性，补充营养时咬食叶片边缘呈缺刻状，2～5天后交配。5月中旬发现卵，多将卵产于1～3年生的幼干和枝梢上的圆形羽化孔中，5月为幼虫孵化期，幼虫孵出后蛀入枝干内危害，初期蛀食边材和韧皮部，后围绕枝干环食，被害处逐渐形成纺锤状虫瘿，其蛀食的排出物堆集在坑道内，有时从刻槽的裂缝处被挤出。10月上、中旬老熟幼虫在坑道内筑蛹室越冬。该虫喜光喜温，栽植稀疏、长势较弱的林地发生严重。主要天敌有青杨天牛蛀姬蜂，其寄生于幼虫体内（王直诚，2003）。

防治方法

1. 加强检疫，防止带虫苗木出圃和调运。

2. 对苗木或幼树可结合人工修剪，剪除虫瘿集中烧毁，以防止虫害扩散蔓延。

3. 保护和利用天敌，如青杨天牛蛀姬蜂。

4. 成虫出现初期，喷洒25g/L高效氯氟氰菊酯乳油（徐公天等，2007）。

参考文献

王直诚，2003；张星耀等. 2003；盛茂领，2005；徐公天等，2007；国家林业局森林病虫害防治总站，2008；刘娥等，2009.

（周在豹，徐崇华）

174 双条杉天牛

分类地位　鞘翅目 Coleoptera　天牛科 Cerambycidae

拉丁学名　*Semanotus bifasciatus* (Motschulsky)

英文名称　Juniper bark borer

双条杉天牛幼虫在韧皮部蛀成螺旋式或纵横交错的扁圆形不规则坑道，老熟幼虫蛀入木质部，导致树势衰弱，常造成风折，甚至整株枯死。

分布　北京，河北，山西，内蒙古，辽宁，浙江，安徽，江西，山东，湖北，广东，广西，四川，贵州，陕西，甘肃，宁夏等地。朝鲜，日本。

寄主　侧柏、圆柏属、扁柏属等植物。

危害　幼虫钻蛀新植树木和衰弱木，被害处树皮缝出现少量碎屑，用手按时树皮发软，剥开树皮，内有碎木屑和虫粪。树上针叶逐渐枯黄，枝干上常见到扁圆形羽化孔。

形态特征　**成虫：**雄虫体长11.0～17.2mm，雌虫体长10.6～18.5mm。体形扁阔。头部黑色，向体前方伸出，具细密点刻。口器朝向前下方。触角黑褐色、较短，雌虫触角约为体长的1/2，雄虫触角略短于体长。前胸黑色，两侧圆弧形，具有较长的淡黄色绒毛，背板中部有5个光滑的小瘤突，前面2个圆形，后面3个尖叶形，排成梅花状。中、后胸腹面均有黄色绒毛。鞘翅上有2条棕黄色或驼色横带，色较暗，油浸状，基部淡色带色较深，常呈褐色，近中部黑色横带处色变淡，中部黑色横带常连成一片。足黑褐色，被黄色竖毛。腹部棕色，被黄褐色毛，腹末微露于鞘翅外。**卵：**长约1.6mm，长椭圆形，后端尖细，白色。**幼虫：**老龄幼虫体长22mm，前胸宽4mm，体圆形略扁，中等粗，向后端明显收狭，初龄淡红色，老熟乳白色，前胸背板有1个"小"字形凹陷及4块黄褐色斑纹。头颅黄褐色，近梯形，横宽，后部显著宽。额前缘锈色，极光滑，中额线模糊。无足。**蛹：**长约15mm，淡黄色，触角自胸背迂回到腹面，末端达中足腿节中部。

生物学特性　1年1代，以成虫在树干木质部的蛹室内越冬；少数2年1代者，以幼虫在木质部边材的虫道内越冬。翌年3～4月越冬成虫咬一羽化孔外出，不需进行补充营养，产卵于树干2m以下树皮缝内。卵期10～20天。初孵幼虫停留在树皮上取食皮层，1～2天后蛀入皮层危害，造成流脂；5月危害韧皮部和边材部分，在边材上形成明显的扁平虫道，虫道上下盘旋，有的横断树干，长度可达90～120cm，其内充满木屑和虫粪。危害树干的位置多在2m以下。7～9月幼虫蛀入木质部，虫道近圆形，塞满坚实蛀屑，一般向下蛀食一段距离后，即在靠近边材部位筑蛹室。8～10月幼虫在蛹室内化蛹。蛹

双条杉天牛成虫（徐公天　提供）

引诱双条杉天牛成虫的饵木小堆（徐公天　提供）

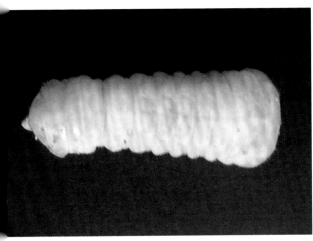

双条杉天牛幼虫（徐公天　提供）

双条杉天牛幼虫蛀孔（徐公天　提供）

双条杉天牛幼虫排粪孔（徐公天　提供）

双条杉天牛幼虫蛀道（徐公天　提供）

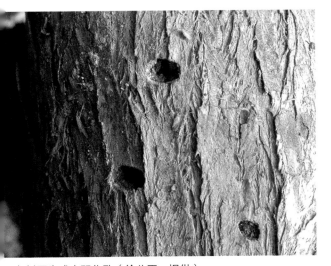

双条杉天牛成虫羽化孔（徐公天　提供）

林分；健康木和衰弱木都能受害，但健康木受害后流脂多，幼虫可被树脂封死，因此衰弱木受害往往重于健康木。幼虫和蛹有酱色刺足茧蜂寄生。

防治方法

1. 加强管理。及时清除虫源、衰弱木、枯萎木、风倒木等。

2. 生物防治。幼虫危害期林间释放管氏肿腿蜂或蒲螨，可以持续控制。

3. 诱集法防治。于2月底用饵木（新伐衰弱木直径4cm以柏树木段）堆积诱杀成虫，也可以使用柏木油或从侧柏树皮精油中分离出来的烯烃类物质作为诱捕剂诱杀成虫。

参考文献

于丽辰等，1997；杨子琦等，2002；徐公天，2003.

（乔秀荣，高瑞桐，秦锡祥，周至明）

期20～25天。一般9～11月羽化为成虫，成虫在蛹室内越冬。双条杉天牛的危害，一般纯林重于混交林，中龄林重于幼龄林，郁闭度大的林分重于稀疏

357

175 粗鞘双条杉天牛

分类地位	鞘翅目 Coleoptera　天牛科 Cerambycidae
拉丁学名	*Semanotus sinoauster* Gressitt
英文名称	China fir borer
中文别名	皱鞘双条杉天牛

粗鞘双条杉天牛以幼虫在树干韧皮部及边材蛀食，导致杉木枯死，是杉木的毁灭性害虫。

分布　江苏，浙江，安徽，福建，江西，河南，湖北，湖南，广东，广西，四川，贵州，台湾等地。朝鲜，日本。

寄主　杉木、柳杉等。

危害　幼龄幼虫危害木质部和形成层交接处，产生扁平不规则的虫道，随着幼虫发育蛀道逐渐加宽加深，进入木质部，使树干内形成空洞，造成林木死亡。蛀食过程中，粪便及木屑不排出，前蛀后填。初龄幼虫危害处外观有流脂，严重受害植株生长衰弱。

形态特征　成虫：雌虫体长12～23mm，宽3.5～6.5mm；雄虫体长11～21mm，宽2.9～4.0mm。体扁阔，头部黑色，具有细刻点。触角黑褐色，雌虫触角约为体长的1/2，雄虫触角约与体等长。前胸黑色，两侧圆弧形，具浓密淡黄色绒毛。前胸背板具有5个光滑的瘤突呈梅花形排列。中、

后胸腹面棕色，均被黄色绒毛。足黑褐色，鞘翅棕黄色，鞘翅上有2条棕黄色或驼色带和2条黑色宽横带相间。鞘翅末端圆形，基部刻点粗大，略显皱痕，其余翅面刻点较小。雌虫腹端露出。**卵**：长2～3mm。长椭圆形，后端尖细，初产时为乳白色，孵化前为淡黄色，半透明。**幼虫**：老龄幼虫体长25～35mm，乳白色或淡黄色，体略呈扁圆筒形；上颚强大，黑褐色；前胸背板宽阔，侧缘略呈半圆形，黄褐色，密生毛；中胸以后各节渐次狭小；气门椭圆形，褐色，位于中胸的1对最大。**蛹**：体长20～25mm，淡黄色，头部下颚倾于前胸下，口器向后，触角自胸背迂回到腹面，末端达中足腿节中部。

生物学特性　1年1代或2年1代。1年1代的个体，以成虫在树干蛀道蛹室内越冬；2年1代的个体，第一年以幼虫在蛀道内越冬，第二年以成虫在蛀道蛹室内越冬，跨3个年头。正常发育季节，成虫羽化后在蛹室内停留30～60天，以成虫越冬的，停留时间长达180～200天。林内气温达10℃以上时，

粗鞘双条杉天牛成虫（徐公天　提供）

粗鞘双条杉天牛成虫（徐公天　提供）

成虫出孔活动，羽化孔圆形，直径3～6mm。较为温暖的地区，冬季可见成虫。晴天12:00～16:00成虫大量出孔，遇阴雨天常停留1至数天。成虫白天活动，早晚隐蔽在树皮裂缝、树杈附近或根茎萌芽丛中，受害严重的树整株均可产卵。不善飞翔，有假死性。成虫出孔不久雄虫爬行寻找雌虫交尾，交尾姿势为背负式，持续3～10分钟，两性均可多次交尾。第一次交尾1～3天后，雌虫爬行寻找树皮缝产卵，卵多单产，也有少数2～6粒产在一起，同时分泌出淡黄色黏液将卵粘在皮缝里。产卵部位一般在树干2m以下，少数在干基和根颈处。每雌平均产卵50～80粒。成虫一般不补充营养，雌雄性比为1.65∶1，出孔后雌虫寿命7～38天，雄虫4～25天，雌虫产卵期5～20天。卵经10～20天孵化，初卵幼虫在韧皮部与边材之间蛀食危害。蛀道扁圆形不规则，蛀道内充满木屑和排泄物，流脂量也增多。随后在木质部向下蛀食，蛀道随虫体增大而变粗，粪便及木屑也不排出，前蛀后填。幼虫老熟后，在蛀道末端向树干髓心方向蛀蛹室通道（羽化孔），再竖直向下蛀成蛹室，蛹室上方充满木屑，封口呈椭圆形。老熟幼虫在蛹室内经3～4天的预蛹期后，蜕皮化蛹，再经15～25天的蛹期后羽化为成虫。成虫出木前先排开蛹室通道的粪便及木屑，再咬破树皮做成羽化孔。

防治方法

1. 选择立地条件好的林地造林，营造块状或带状混交林；选用青枝杉薄皮型的抗虫品系。定期清除树干上的萌生枝条，保持树干光滑，改善林地通风透光状况，减少成虫产卵和幼虫孵化率。适时进行间伐，伐除虫害木、枯立木、濒死木等，以调整林分疏密度，增强树势。

2. 保护和招引啄木鸟，在15～20hm²林地内，设4～5段巢木，巢木间距100m左右，每年秋季清扫维修1次。释放管氏肿腿蜂，防治低龄幼虫期。

3. 初龄幼虫期施用35%快克乳油100倍、在3～4月对受害严重的林分用20%噻虫嗪悬浮剂1000～1500倍液喷2m以下树干至湿，杀死外出活动成虫。

4. 在初孵幼虫期用木锤敲击流脂处，杀灭幼虫；成虫期进行人工捕捉。

参考文献

萧刚柔, 1992; 丁冬荪等, 1997; 胡长效, 2003; 徐志忠, 2009.

（嵇保中，张凯，张连芹，邵立超，王淑芬）

176 刺胸毡天牛

分类地位 鞘翅目 Coleoptera　天牛科 Cerambycidae

拉丁学名 *Thylactus simulans* Gahan

刺胸毡天牛幼虫蛀食树木枝条和主干，使枝条、主干枯黄或折断，严重影响树木生长。

分布 湖南（宁乡、邵阳、衡南、石门、江华等），广西（猫儿山），贵州，云南（玉溪、元江、思茅、勐腊、双江）等地。越南，印度，老挝。

寄主 楸树、滇楸、梓树、白花泡桐等。

危害 成虫产卵前在当年的新枝条上，啃食2～5圈刻环，产卵后刻环上的枝条枯萎，幼虫在刻环内孵化后向下蛀食，外表可见纵向排列圆形排粪孔。当年的幼虫排粪孔间距离2～10cm，第二年约10～30cm，孔径约3mm（张贤开等，1986）。

形态特征 成虫： 体长21～32mm。全体被覆厚密浅灰黄色至黑褐色倒伏绒毛。两鞘翅基部合成1个黑褐色倒三角形大斑，其顶角沿翅缝延伸呈黑褐色断续宽纵带。雄虫第三至第五腹节两侧各有1个长满绒毛的凹窝。**卵：** 长3.2～3.8mm。黄白色。**幼虫：** 老龄幼虫长33～46mm，乳白色至黄白色（彭建文，1992）。

生物学特性 湖南长沙2年1代，跨3个年度。以幼虫越冬2次，至第三年5月上旬开始化蛹，蛹室下端有1个排水小孔，上端备有裸露或仅留表皮的不规则羽化孔。蛹期18～31天。成虫5月下旬始见羽化，寿命15～33天。成虫羽化后啃食当年生小枝皮补充营养，羽化后雌、雄成虫即可交配，交配后10天即可产卵。卵产于当年生小枝内，其上有刻环2～5圈，1头雌虫一生产卵44粒左右。卵6月中旬开始孵化，卵期9～14天。幼虫孵化后向下蛀食，当年幼虫可以蛀食28～193cm，第二年还可蛀食60～123cm的隧道，被害枝干上可见纵向排列圆形的排粪孔。幼虫历期658天（张贤开等，1986）。

防治方法

1. 营林措施。加强林木抚育管理，使植物枝壮叶茂，以减少适于产卵小枝的形成。

2. 人工防治。剪除萎蔫、枯黄的枝干，集中烧毁。

3. 灯光诱杀成虫。成虫期在林间悬挂100瓦普通白炽灯或20瓦的诱虫灯，捕杀成虫。

参考文献

张贤开等，1986; 彭建文等，1992.

（童新旺，张贤开，左玉香）

刺胸毡天牛成虫（李镇宇　提供）

177	家茸天牛	分类地位	鞘翅目 Coleoptera　天牛科 Cerambycidae
		拉丁学名	*Trichoferus campestris* (Faldermann)
		中文别名	家天牛

分布　北京，河北，山西，辽宁，山东，河南，四川，贵州，云南，陕西，甘肃，青海，新疆等地。日本，朝鲜，俄罗斯，蒙古。

寄主　刺槐、杨树、柳树、榆、香椿、白蜡树、桦、柚木、云杉、枣树、丁香、苹果、梨树。

危害　幼虫在枝干皮下钻蛀坑道，造成林木枯死。用新采伐的木材做橡木受害最重。不到几年，即被蛀食一空，造成房倒屋塌。

形态特征　成虫：体长13～14mm。褐色。全身密被黄色绒毛。前胸近球形，背面中央后端有1条浅纵沟。**幼虫：**体长20mm。黄白色。

生物学特性　河南1年1代。以幼虫在被害枝干内越冬。翌年3月恢复活动，在皮层下木质部钻蛀扁宽的坑道，并将碎屑排出孔外。4月下旬至5月上旬开始化蛹，5月下旬至6月上旬羽化。成虫有趋光性。喜产卵于直径3cm以上的橡材皮缝内，以冬、春季新采伐的枝干最为喜爱。未经剥皮或采伐后未充分干燥的木材亦可产卵。卵散产，经10天左右孵化为幼虫，钻入木质部与韧皮部之间，蛀成不规则的扁宽坑道，10月后越冬。

防治方法

1. 人工防治。冬、春季节新采伐的木材，要及时剥皮处理，或将其浸泡水中，消灭幼虫。

2. 化学防治。房屋橡木发现幼虫蛀食时，可喷射50%敌敌畏乳油加煤油混合液（1∶3），喷后关闭门窗。对于堆积场上的木材，喷洒25g/L高效氯氟氰菊酯、3%噻虫啉微囊悬浮剂200倍液，喷后用塑料布覆盖熏杀。

家茸天牛成虫（李镇宇　提供）

参考文献

杨有乾等, 1982; 萧刚柔, 1992; 河南省森林病虫害防治检疫站, 2005.

（杨有乾）

分类地位	鞘翅目 Coleoptera 天牛科 Cerambycidae
拉丁学名	*Xylotrechus rusticus* (L.)
英文名称	Gray tiger longicorn beetle
中文别名	青杨虎天牛

178 青杨脊虎天牛

近年来，青杨脊虎天牛危害日趋严重，在东北地区已泛滥成灾，大片农田防护林、防风林及风景林被害致死，是一种危险性蛀干害虫。

分布 内蒙古，辽宁（本溪），吉林（长春、松原、白城、白山和吉林），黑龙江（齐齐哈尔、哈尔滨、绥化），上海，江苏、新疆（阿勒泰地区哈巴河、布尔津、阿勒泰、福海、富蕴和喀什斯等天然河谷林及山区林区）。朝鲜，日本，蒙古，俄罗斯（高加索和西伯利亚地区），伊朗，土耳其及欧洲。

寄主 杨属、柳属、桦木属、栎属、水青冈属（山毛榉属）、椴树属、榆属以及西伯利亚云杉等多种植物（金格斯等，2006）。

危害 幼虫钻蛀树木的枝、干或根部，破坏输导

青杨脊虎天牛危害状（严善春 提供）

青杨脊虎天牛雌成虫（徐公天 提供）

青杨脊虎天牛雄成虫（徐公天 提供）

组织，深入到木质部蛀食，形成不规则的孔道，使树木生长势衰弱或风折死亡。成虫在树皮夹缝或裂缝中产卵。幼虫期只在本株危害，不能迁移，成虫活跃，善于爬行，可在短距离内迁移（程立超，2007）。

幼树不受其害，而中、老龄树木因其树皮粗糙，适于产卵，受害较重。在同一林地，林缘比林内受害重，孤立木比群栽林受害重，粗树皮种比光皮树种受害重。同一植株，干比粗枝受害重，干下部比上部受害重，干径越粗则受害越重（李成德，2004）。

形态特征 **成虫：** 体长11～22mm，宽3.1～6.2mm。体褐色至黑褐色，头部与前胸色较暗。头顶中间有两条隆线，至眼前缘附近合并，直至唇基附近，呈倒"V"字形，隆线上被刻点，后头中央至头顶有1条纵隆线，额至后头有2条平行的黄绒毛组成的纵纹。触角着生处较接近，雄虫触角长达鞘翅基部，雌虫略短，达前胸背板后缘；第一节与第四节等长，短于第三节，末节长显胜于宽；基部5节的端部无绒毛。前胸球状隆起，宽略大于长，密布不规则细皱脊；背板具2条不完整的淡黄色的斑纹。小盾片半圆形；鞘翅两侧近于平行，内外缘

末端钝圆；翅面密布细刻点，具黄色模糊细波纹3条或4条，在波纹间无显著分散的淡色毛；基部略呈皱脊。体腹面密被淡黄色绒毛。足中等大小，前足基节窝圆形，外方不呈角状；中足基节窝外方向后侧片开放；后足腿节较粗，胫节距2个，第一跗节长于其余节之和。**卵：**长卵形，长约2mm，宽约0.8mm。乳白色。**幼虫：**触角第二节为基宽的1.5倍，前胸背板后区骨化板密布褐色点状微粒，步泡突无网状线痕。黄白色，老熟时长30～40mm，体生短毛。头淡黄褐色，缩入前胸内。前胸背板上有黄褐色斑纹。腹部除最末节短小外，自第一节向后逐渐变窄而伸长。**蛹：**黄白色，长18～32mm。头部下倾于前胸之下，触角由两侧曲卷于腹下。羽化前复眼、附肢及翅芽均变为黑色。

生物学特性 辽宁沈阳1年1代。10月下旬开始以老龄幼虫在干、枝的木质部深处蛀道内越冬。翌年4月上旬越冬幼虫开始活动，继续钻蛀危害，蛀道不规则，迂回曲折。化蛹前蛀道伸达到木质部表层，并在蛀道末端堵以少许木屑，4月下旬开始在此化蛹，头朝外。5月下旬成虫开始羽化飞出，6月初为羽化盛期。羽化孔圆形，孔直径4～7mm。

成虫活跃，善于爬行，能做短距离飞行。成虫羽化后即可在干、枝上交尾、产卵。卵成堆产在老树皮的夹层或裂缝里，因此外表较难发现产卵处。雌虫每次产卵可长达1小时，产卵成堆，几粒至几十粒不等。卵期10～12天。幼虫孵化后先在产卵处的皮层内群栖蛀食，并通过产卵孔向外排出很纤细的粪屑，此时只有仔细观察才可发现幼虫食害。7天后幼虫开始向内蛀食，在木质部表层群栖凿道，但排泄物不再排出干外，均堵塞在蛀道内，因此外部很难察觉此处有幼虫钻蛀危害。随着虫体的增长，幼虫继续在木质部表层穿蛀凿道，蛀道逐渐加宽，由群栖转向分散危害，各蛀其道。蛀道宽7～10mm，纵横交错地密布在木质部表层。由于蛀道内堵满虫体排泄物，造成韧皮部与木质部完全分离，树皮成片剥离，疏导组织被彻底切断，树势开始明显减弱。7月下旬幼虫达中龄后，开始由表层向木质部深处钻蛀，呈不规则的弯曲蛀道，尽管纵横密布，但各蛀道互不打通。蛀入孔为椭圆形，长10mm，宽8mm。10月下旬幼虫开始在蛀道内越冬。该虫只危害树木的健康部位，已经危害过的干、枝，第二年不再危害，被害部位虫口密度较大。

防治方法

1. 化学防治。老熟幼虫活动期（6月下旬至7月上旬），用50%杀螟硫磷2倍液涂抹干部，杀虫效果达91%。初孵幼虫期（7月下旬至8月上旬），用棉花蘸2.5%溴氰菊酯乳油400倍液塞孔，防治效果达95%以上；25%灭幼脲Ⅲ号胶悬剂1000倍液或25%溴氰菊酯1200倍液常量喷雾，于喷药后采集受药枝条饲虫，杀虫效果达95%以上。用50%杀螟硫磷乳油、50%西维因乳油、2.5%溴氰菊酯水乳剂1:100倍液、45%丙溴·辛硫磷+80%DDVP乳油以1:1混合1000～

青杨脊虎天牛成虫（任利利 提供）

青杨脊虎天牛成虫交尾状（任利利 提供）

青杨脊虎天牛幼虫（严善春　提供）

青杨脊虎天牛蛹（严善春　提供）

2000倍液，喷洒防治成虫，杀虫效果达97.2%以上。

2. 大力保护和招引啄木鸟等天敌。经调查，捕食青杨脊虎天牛成虫的鸟类主要有：杜鹃、喜鹊、麻雀、乌鸦、戴胜、画眉等。

3. 营林措施。主要是皆伐、间伐和营造混交林等方式（孟祥志，2002）。

4. 对轻度发生虫害的树木要进行剥皮结合堵孔法。对虫孔数较少的被害木，虫孔部位剥皮即可消灭幼虫和蛹，已经侵入木质部的幼虫用50%噻虫嗪水分散粒剂、25g/L高效氯氟氰菊酯等药剂堵孔，也可用磷化铝片（1/16～1/8片）放入虫孔，再以泥封口。

5. 树干注射。对受害较轻的活立木进行药物注孔，即用0.3%氯菊酯等药剂注入树体可直接杀灭树内上部幼虫。方法是用兽用注射16号针头，吸满药液，然后选有新鲜虫粪的虫孔徐徐注入药液，当见有药液从蛀流出，即抽出针头，用泥封蛀孔。

6. 诱杀成虫。成虫期在林区内设置诱虫灯诱杀成虫，诱杀作用很好，可以起到一定的防治作用，同时也可以有效地采集该虫和其他各类昆虫的成虫标本。

7. 活立木熏蒸。发现幼虫向下蛀食，并有排粪孔时，则用磷化铝毒签、磷化铝片等堵下面2～3个排粪孔，其余排粪孔以泥堵死，进行毒气熏杀。该虫危害严重的衰弱木、枯立木和风倒木等要及时伐除运出林区，集中堆放熏蒸处理，清除被害木时要注意林地周围的其他树种的安全，以防止害虫的侵染。

8. 卵孵化初期，在幼虫孵化率30%以上时，高效氯氟氰菊酯0.125%药液喷洒主干和大树枝条，杀死初孵幼虫。

9. 树干涂白、人工捕杀成虫、刮除槽中虫卵和初孵幼虫等措施，也可以减少害虫来源（金格斯等，2006）。

参考文献

蒋书楠等，1985；孟祥志，2002；黄咏槐，2004；李成德，2004；程红等，2006；金格斯等，2006；严善春等，2006；张玉宝等，2006；程立超，2007；左彤彤等，2008.

（严善春，徐公天）

179 合欢双条天牛

分类地位	鞘翅目 Coleoptera　天牛科 Cerambycidae
拉丁学名	*Xystrocera globosa* (Olivier)
中文别名	双条合欢天牛

分布　河北,辽宁,吉林,黑龙江,上海,江苏,浙江,山东,广东,广西,四川,台湾等地。印度,斯里兰卡,缅甸,泰国,马来西亚,印度尼西亚,朝鲜,日本,菲律宾,埃及,美国(夏威夷)。

寄主　合欢、槐树、桑、桃树、木棉等。

危害　幼虫危害树木韧皮部及木质部,老熟幼虫蛀入边材或心材形成孔洞,轻者抑制树木正常生长、材质变坏,重则造成风折或死亡。危害部位以主干和大枝分叉处为主,直径10cm左右大枝易受害。

形态特征　**成虫:**体红棕色至黄棕色,头部中央具纵沟。前胸背板周围和中央以及鞘翅中央和外缘具有金属蓝或绿色条纹。足各腿节棒形。幼虫体乳白色带灰黄;前胸背板前缘有6个灰栗褐色斑点,横向排列成带状。

生物学特性　上海1年3代;山东1年1代,部分发生2代。以幼虫在树干蛀道内越冬,越冬虫龄不整齐,3月中旬开始活动,3月底越冬幼虫开始危害。5月上旬幼虫老熟化蛹,5月下旬出现成虫,6月底至7月中旬为成虫羽化盛期。成虫羽化后即可交尾产卵,卵期10~15天。成虫具有趋光性。该虫幼虫、成虫持续时间很长,幼虫各龄交错。

防治方法

1. 每年3~4月幼虫孵化期,在树干上喷洒25g/L高效氯氟氰菊酯1000~1500倍。6~7月成虫期,用8%氯氰菊酯微囊悬浮剂150~200倍液喷干。

2. 灯光诱杀和人工捕捉成虫。

3. 秋季到翌年春季及时清除受害木,消除虫源。

参考文献

张艳秋等, 2002; 马兴琼, 2007; 王焱, 2007; 徐公天等, 2007.

（邱立新，舒朝然，姜海燕）

合欢双条天牛卵（王焱　提供）

合欢双条天牛幼虫（王焱　提供）

合欢双条天牛成虫（王焱　提供）

合欢双条天牛蛹（王焱　提供）

180 **紫穗槐豆象**	分类地位　鞘翅目 Coleoptera　叶甲科 Chrysomelidae
	拉丁学名　*Acanthoscelides pallidipennis* (Motschulsky)
	异　名　*Bruchus collusus* Fall., *Bruchus perplexus* Fall., *Acanthoscelides plagiatus* Reiche et Saulcy

分布　北京，天津，河北，内蒙古，辽宁，吉林，黑龙江，河南，陕西，宁夏，新疆等地。俄罗斯，朝鲜，美国，以及欧洲东南部。

寄主　紫穗槐种子。

危害　一般年份种子被害率为4.5%～65.0%，受害种子被蛀食一空，丧失发芽力，失去利用价值。

形态特征　**成虫**：体长2.0～2.6mm，宽1.1～1.7mm，卵圆形。头黑灰色，较小，比前胸狭；头顶密布圆形刻点，疏生白色细毛；额区密生白色线毛；复眼肾形，黑色。触角11节，锯齿状，基部1～4节较细，棕色，其余各节向端部逐渐膨大，各节密生白色短毛。前胸背板黑灰色，中域略隆起，有3条明显纵向毛带，中间的毛带贯穿整个背板，两侧的毛带则稍短。小盾片呈长方形，表面密布白色细毛，后端两侧呈角状突出，后缘呈凹窝状。鞘翅棕色，近中缝处颜色较深。每个鞘翅有10条刻点沟，沟间密被白色毛，形成11条白色毛带。由于毛被疏密不同，毛稀疏处露出鞘翅底色，形成棕色斑纹。鞘翅第三、第四列毛带基部1/4处各有1个深色斑，端部1/4处有1个棕色斑，2个色斑中间为白色毛带。鞘翅两侧第八、第九2条毛带中部各有1个较大棕色斑，端部有1个淡棕色斑。腹部背面可见7节，

1mm

紫穗槐豆象（李镇宇　提供）

紫穗槐豆象（李镇宇　提供）　　　　　　　　　　　　紫穗槐豆象（李镇宇　提供）

腹面可见5节。雄虫臀板向腹面强烈弯曲，雌虫腹部腹面见不到臀板。**卵**：长0.5mm，宽0.2mm，长椭圆形。淡黄色，半透明，孵化前颜色稍变深。少数卵的一端带有1～2根透明长丝，其长度约为卵长的1.0～1.5倍。**幼虫**：长0.4～0.5mm，初孵幼虫淡乳黄色。头部和单眼深褐色。共4龄。1龄幼虫有稀疏、淡色、较长刚毛，胸足3对。2龄幼虫后胸足开始退化。老熟幼虫无足，黄色，体长2.4～3mm；虫体柔软，肥胖；气门圆形。**蛹**：长2.7mm，宽1.6mm。乳黄色。复眼"U"形。初期为淡红色，接近羽化时复眼、触角、足的腿节及胫节端部颜色均逐渐变至深褐色。气门圆形。

生物学特性　黑龙江牡丹江市1年2代。以2～4龄幼虫在野外紫穗槐宿存荚果种子或仓储种子内越冬。翌年5月下旬至6月上旬在种子内化蛹，蛹期8～10天。新羽化成虫在被害种子内停留3～5天后飞出。羽化孔边缘不整齐，圆形，直径0.8～1.0mm，羽化孔多位于种荚上端1/4处。6月中旬始见第一代成虫，6月下旬为成虫羽化盛期。成虫飞翔力强；喜在紫穗槐花序和种荚间爬行，受惊后有坠地假死习性；晴天气温较高时活动力增强。成虫寿命17～34天。成虫取食紫穗槐花蜜，啃食花瓣和幼嫩种荚

皮。室内饲养条件下兑水、糖蜜水及阳光均有正趋性。成虫由羽化孔钻出后即可交尾，交尾在10:00左右最多，一般历时8～39分钟。交尾后3天开始产卵。7月初成虫开始产卵，卵产在前一年宿存荚果的花萼与种荚间缝隙中。多单产，有时也产在种荚表面老羽化孔中，一般1个种荚上产卵2～5粒。7月上旬始见幼虫，初孵幼虫直接咬穿卵壳底部蛀入种子，7月下旬至8月上旬幼虫老熟并化蛹。8月上、中旬第二代成虫羽化，8月中旬始见第二代成虫在当年成熟的紫穗槐种荚上产卵。8月下旬始见越冬代幼虫，9月中旬以2～4龄幼虫越冬，1头幼虫只危害1粒种子。紫穗槐种子内的该虫在常温仓储条件下，可正常发育并完成全部生活史，并可繁殖后代，反复危害。

防治方法

该虫的发生与紫穗槐平茬关系密切。平茬的林分发生少，危害轻。

在仓库中甲硫酰氟30～50g/m³密室熏蒸3～4天。低温条件下，用磷化铝12g熏蒸3～4天，杀虫效果良好，对种子发芽率无不良影响。

参考文献

谭娟杰等，1980；张生芳等，1991；张生芳等，1998.

（高明臣，李镇宇）

181 柠条豆象

分类地位	鞘翅目 Coleoptera 叶甲科 Chrysomelidae
拉丁学名	*Kytorhinus immixtus* Motschulsky
异 名	*Mylabris immixta* Baudi

分布 内蒙古，黑龙江，陕西，甘肃，青海，宁夏，新疆等地。俄罗斯，蒙古。

寄主 小叶柠条等锦鸡儿属植物的种子。

形态特征 成虫：长3.5～5.5mm，宽1.8～2.7mm，长椭圆形。体黑色，触角、鞘翅、足黄褐色。头密布细小刻点，被灰白色毛。触角11节，雌虫触角锯齿状，约为体长的1/2；雄虫触角栉齿状，与体等长。前胸背板前端狭窄，布刻点，被灰白色与污黄色毛，中央稍隆起，近后缘中间有1条细纵沟。小盾片长方形，后缘凹入，被灰白色毛。鞘翅具纵刻点沟10条，肩胛明显，鞘翅末端圆形；翅面大部分为黄褐色，基部中央为深褐色，被污黄色毛，基部近中央处有1束灰白色毛；两侧缘间略凹，两端向外扩展。腹部末2节外露，布刻点，被灰白色毛。卵：长约0.2mm，宽约0.1mm，椭圆形，初产时淡黄色，孵化前变为褐色。幼虫：老熟时体长4～5mm。头黄褐色，体淡黄色，多皱纹，弯曲呈马蹄形。蛹：长4～5mm，宽3mm，淡黄色。

生物学特性 1年1代。以老熟幼虫在种子内越冬。翌春化蛹，4月底至5月上、中旬羽化、产卵，5月下旬孵出幼虫，8月中旬幼虫即进入越夏过冬期。老熟幼虫还有滞育现象，长达2年之久。

成虫的出现与柠条开花、结荚时期相吻合。成虫飞翔力较强，行动迅速，遇惊即飞；雄虫比雌虫更甚。成虫白天栖息于阴暗处，傍晚飞出活动，不断用头管插入花筒吸取蜜汁，并取食萼片或嫩叶

柠条豆象雌虫（李镇宇 提供）

柠条豆象雄虫（李镇宇 提供）

作为补充营养。成虫羽化2～3天后交尾、产卵。雄虫寿命7～8天，雌虫8～12天，最长19天。卵散产于果荚外侧靠近萼冠外，每果荚有卵3～5粒，最多达13粒。卵期11～17天。幼虫多从卵壳下部钻入果荚内，个别幼虫从卵壳旁或爬行一段时间后再钻入果荚，虫道为直孔。幼虫多从种脐附近蛀入种子危害。幼虫共5龄，1头幼虫一生只危害1粒种子。被害种子的种皮呈黑褐色，表面多有小突起，常有胶液溢出，与健康种子极易区别。柠条种子采收后在阳光下曝晒时，常见有带虫种子向上跳动。

该虫发生危害的规律是：纯林重于混交林，疏林重于密林，未平茬林分重于平茬林分。

防治方法

1. 检疫措施。严格实施森林植物种实害虫的产地检疫和调运检疫，把住种子采收、入库、调运关。

2. 营林措施。营造乔灌混交林，结合割条生产有计划地大面积进行柠条、紫穗槐林的平茬更新复壮；或全面采净当年的荚果加以处置。

3. 种子处理。①采收柠条种子后，用0.5%～1.0%食盐水漂选，将带虫种子拣出并歼灭其中害虫。②播种前用50～70℃热水浸烫种子10～40分钟，对柠条豆象奏效。

4. 药剂防治。①林内喷洒45%丙溴·辛硫磷1000～1500倍液毒杀成虫；50%杀螟松乳油500倍液毒杀幼虫和卵。②种子入库前，用25%敌百虫粉剂拌种，种子与药剂的重量比为400：1，拌种均匀后装袋库存。③熏蒸。常温下每麻袋种子用磷化铝片剂1.5g，熏蒸袋内密闭6天；用溴甲烷或硫酰氟30～35g/m³，密闭熏蒸2～3天。低温条件下，用磷化铝12g，1m³用溴甲烷或硫酰氟35～40g，熏蒸3～4天，杀虫效果良好，对种子发芽率无不良影响。

5. 生物防治。柠条豆象幼虫的天敌昆虫有豆象盾腹茧蜂和凹面灿姬小蜂，前者寄生率7.86%～26.93%，后者为9.79%～15.68%。另外，还有埃姬蜂、甲腹茧蜂、豆象长缘小蜂。据试验，应用柠条豆象幼虫繁殖管氏肿腿蜂获得成功，为防治这一害虫提供了新的可能性。

参考文献

能乃扎布等, 1980; 谭娟杰等, 1980; 邹立杰等, 1989; 张生芳等, 1998.

（李宽胜，郑文翰，邹立杰）

182 杨毛臀萤叶甲
无毛亚种

分类地位	鞘翅目 Coleoptera　叶甲科 Chrysomelidae
拉丁学名	*Agelastica alni glabra* (Fischer von Waldheim)
异　　名	*Agelastica orientalis* Baly
英文名称	Oriental leaf beetle
中文别名	杨蓝叶甲、杨柳兰叶甲、柳蓝金花虫、东方叶甲

分布　内蒙古，新疆。俄罗斯，以及欧洲，北美。

寄主　特别喜食的树种：杨、柳。一般喜食的树种：苹果、梨、扁桃、桃树、榆、葡萄、桑。

形态特征　**成虫**：体椭圆形。蓝黑色，具紫色光泽。雄虫体长7.0～7.5mm；雌虫体长7.5～8.0mm。头部宽大于长。头部及前胸背板黑色，密生小黑点。触角黑色。第二至第四节较细小，第五至第十一节渐膨大。鞘翅宽于前胸，深蓝色，其上密生成行的刻点。**卵**：椭圆形，长2～3mm。橘黄色。**幼虫**：老熟幼虫体长11～12mm。体较扁平。黑灰色，具光泽。体两侧各具2行黑色乳头状突起，其上密生长短不等的毛。腹部腹面棕褐色。**蛹**：长椭圆形。体长6～7mm。橘黄色。

生物学特性　新疆1年1代。以未交尾的成虫钻入树干周围的枯枝落叶下2～4cm深土层中越冬。翌年3月底当日平均气温达10℃左右时，便钻出地面开始取食活动。4月中旬交尾，2～3天后就开始产卵。产卵期近2个月，成虫的活动期均为50余天，至6月上旬都可见到越冬成虫在交尾和产卵。卵于4月下旬孵化，卵期均7（5～13）天。1龄幼虫期均为11（9～13）天。其发育起点温度为11.5℃，有效积温为82.6℃；2龄幼虫期为13（9～15）天；3龄为14（13～20）天。幼虫期至6月下旬，幼虫共3龄，历期约44天。老熟幼虫行动缓慢，常易被风吹雨打坠落在地或沿着树干爬到地面，钻入树干周围较疏松的2～3cm深的表土层内，入土距树干很近，以15cm以内最多。老熟幼虫经3天左右筑约6～7mm长的土室，在其内静息，2～3天后化蛹。预蛹期为5～7天。5月下旬为化蛹始期，7月上旬为末期。蛹经25（20～28）天开始羽化，7月上旬第一代成虫羽化，成虫羽化钻出土室后在土室顶端留一小圆孔。成虫于7月中旬至9月上旬在地下越夏，9月中旬又上

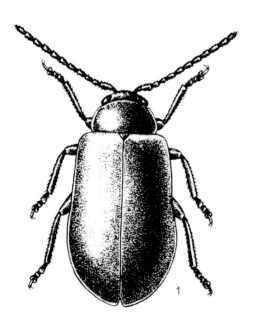

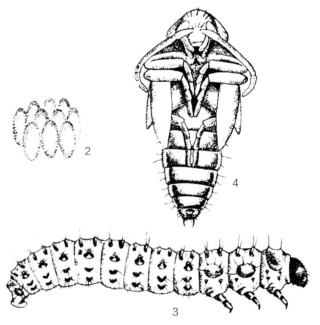

杨毛臀萤叶甲无毛亚种（张培毅　绘）

1. 成虫；2. 卵；3. 幼虫；4. 蛹

树危害至10月中、下旬越冬。其寿命长达1年之久。

该虫分布于海拔2000m以下，一般在海拔1500m以下易成灾。以幼虫和成虫危害。受害叶片表面呈现大小不等的网眼或在叶缘形成缺刻，使残叶干枯卷缩，早脱落。受害严重的幼树除了枝条顶端的几片嫩叶外，其余全被食害，形似火烧。杨毛臀萤叶甲无毛亚种的成虫每年3月底出蛰时间比较集中，1～3天内可全部爬出。白天常数百头群集停伏于地表低洼处或杨树干基周围，夜晚则群集潜伏于杨树干基附近的土缝中。4月上旬当杨柳叶萌发时，成虫不再入土，开始分散在树上取食嫩叶和嫩芽。经3～4天补充营养后便开始交尾，一生可交尾多次，每次30分钟。雌雄性比1：1。成虫飞翔能力弱，只能飞行1.5～5.0m。善爬行，可短距离迁飞到邻近树上继续危害。有假死性，遇惊扰时体肢收缩，坠落于地，几分钟后随即飞逃。成虫可在24小时内取食叶肉1.5～2.0cm^2，但忍耐饥饿力亦强，断食后可存活6～16天。成虫产卵时多选择完整无缺的叶片，卵聚产于叶背面。每头雌虫一生可产卵5～6块，每块卵32粒左右。如受惊扰会散产或少产。每产1块卵需要30分钟，产2块卵间隔时间长为7（5～11）天；卵成块状单层竖立在叶片上。一般每片杨树叶上有卵1～3块，柳树叶上1块。刚产下的卵为淡黄色，2天后变为橘黄色。外表被雌虫分泌的黄色黏液所粘连，不易被风雨吹干脱落；卵的发育起点温度为16.5℃，有效积温为63.7天度。孵化率为95%～100%。刚孵化的幼虫体为橘黄色，取食2～3小时后逐渐变黑。初龄幼虫群集于卵壳上，1～2天后才离开，群集于叶尖部，整齐排列成半圆形或方形，头朝上取食。先将叶肉咬成小孔洞，然后从孔缘蚕食，5月后分散取食。幼虫在枝条上每分钟可爬行5～6cm。在24小时内幼虫取食量为2.0～3.8cm^2。随着幼虫虫龄的增加，食叶量也不断增大。1龄幼虫啃食叶肉，在叶表面上形成小缺刻；2、3龄幼虫大量啃食，仅留下表皮，整个叶片呈半透明的网眼状。幼虫边取食时边排出黑色粒状粪便于叶面上。当受害叶片干枯卷缩时便自行离去寻找新鲜叶片。幼虫每次蜕皮前，停止取食，并将腹末黏附于叶片上，缩短身体1小时后蜕下老皮。幼虫爬走，蜕皮仍留于原处。幼虫受惊扰时能自体两侧乳头状疣突

的翻缩腺孔中排出珠状深黄色恶臭液，借以御敌。老熟幼虫钻入树干周围较疏松的表土层内筑土室化蛹。当年的成虫不交尾。成虫有越夏的习性，每年7月中旬至9月上旬当日平均气温超过25℃时，便潜伏于树下枯枝落叶层内或表土层中越夏。9月中旬气温下降时又出蛰危害30余天后于10月中、下旬开始下树隐伏在枯枝落叶下，随着气温下降则潜入2～4cm深的土中越冬。

防治方法　防治指标为10年以下的杨、柳及苹果树上有4块卵／株、幼虫120头／株。

1. 营林措施。选择新疆杨、银白杨、牛津杨、波兰15A体两侧乳头状疣等白杨派抗虫树种营造混交林；每年早春和晚秋时结合中耕除草清除枯枝落叶下的蛹和成虫，并集中烧毁做肥料；冬、夏两季深翻土地可破坏成虫的越冬和越夏场所。

2. 人工防治。每年4月上旬至6月中旬人工可摘除卵块和初龄幼虫或捕捉成虫；摇动树干可震落成虫，集中处理；在6月下旬化蛹盛末期结合人工铲除杂草，将地表5cm深，树干周围50cm范围的土壤翻晒，可破坏蛹的正常发育。

3. 生物防治。保护和利用蠋敌和罗思尼氏斜结蚁捕食卵和初龄若虫。

4. 仿生药剂防治。在5月中、下旬用5.7%甲维盐阿维菌素苯甲酸盐微乳剂2000倍或25%的灭幼脲Ⅲ号胶悬剂2000倍液防治2龄以下幼虫，施药时要注意喷布均匀。

5. 化学防治。每年早春或晚秋时用40%毒死蜱·辛硫磷乳油800～1000倍浇灌土壤处理可灭杀蛹和成虫；在3月下旬至4月上旬或6月中旬至7月初用溴氰菊酯毒笔在光滑的树干（树干不光滑则需刮平）上涂毒环2～3道，可防治越冬出蛰的成虫或3龄老熟幼虫。配方：2.5%溴氰菊酯乳油、防雨剂、水、石膏粉、滑石粉其比例为1.5：2：42：40：5；在4月上旬至6月下旬可用40%菊杀或菊马乳油2 000倍液防治幼虫和成虫；5～6月用2.5%的溴氰菊酯乳油2000～4000倍液喷雾防治1、2龄幼虫。

参考文献

杨秀元，1981；王爱静，1984、1995；萧刚柔，1992.

（王爱静）

183	**榆紫叶甲**

分类地位	鞘翅目 Coleoptera　叶甲科 Chrysomelidae
拉丁学名	*Ambrostoma quadriimpressum* (Motschulsky)
英文名称	Leaf beetle
中文别名	榆紫金花虫

　　榆紫叶甲是榆树主要食叶害虫，严重时每年初春可将榆树叶全部食光，严重影响榆树生长。

　　分布　北京，河北，内蒙古，辽宁，吉林，黑龙江。俄罗斯（西伯利亚）。

　　寄主　主要危害白榆、黄榆、春榆。

　　危害　取食榆树叶片，使叶片形成不规则的缺刻；取食榆树芽苞时，造成榆树不能发叶。

　　形态特征　**成虫：**体长10.4～11.0mm，近椭圆形。前胸背板及鞘翅上有紫红色与金绿色相间的色泽，尤以鞘翅上最为显著。后翅红色。腹部可见5节，雌虫第五节末端钝圆。**卵：**长1.65～2.30mm，宽0.8～1.1mm，颜色不一，浅白色至棕黄色。**幼虫：**体长1.5～10.5，灰白色至乳黄色。**蛹：**体长11.5mm，乳黄色，体略扁，近椭圆形。

　　生物学特性　吉林西部1年1代，以成虫越冬。越冬成虫于翌年4月中旬开始出现，8月中旬产卵结束。卵期因温度不同，发育期差异较大，一般为5～17天。5月上旬开始孵化，幼虫期约18天，老熟幼虫5月下旬开始化蛹，一直持续到6月上旬，蛹期约9天。新成虫6月中、下旬开始羽化，10月中、下旬下树越冬。

　　成虫在树干基部3～12cm的土内越冬，寿命一般为264～789天，长者可经2次越冬。成虫有翅不飞，有假死现象。成虫上树后1～2天开始取食，以夏眠前食量最大。越冬成虫在7～8月天气炎热时进入夏眠，此时停止取食。成虫产卵于小枝或叶片上，雌虫一年平均产卵812粒左右。幼虫随虫龄增加取食量增大，至老熟幼虫入土化蛹。新成虫羽化后爬上树冠补充营养，但当年不产卵。

　　防治方法　榆紫叶甲的天敌种类较多，如螳螂、叶甲长足寄蝇、榆紫叶甲赤眼蜂等天敌对该虫种群数量都有显著的控制作用。控制农药的使用可以保护天敌，有利于发挥自然天敌对该虫种群的控制作用。因此，其防治策略首先是以生态控制为基础，在其种群密度较高时，用杀虫胶环压低虫口，然后利用天敌控制该虫的种群密度，将榆树的失叶率控制在30%以内。

　　1. 营林措施。营造混交林，发挥生态控制作

榆紫叶甲成虫（徐公天　提供）

榆紫叶甲成虫交尾（徐公天　提供）

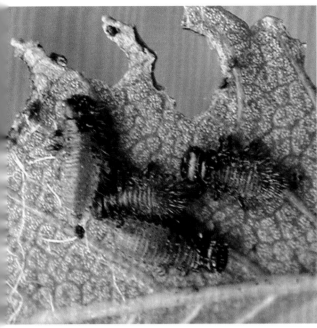

榆紫叶甲1龄幼虫（徐公天　提供）

榆紫叶甲卵（徐公天　提供）

榆紫叶甲幼虫（徐公天　提供）

榆紫叶甲危害状（徐公天　提供）

用。特别是杨、榆带状混交林，有利于天敌定居与繁育。

　　2. 生物防治。在危害期可按比例释放蠋蝽（蠋蝽可捕食榆紫叶甲的卵、幼虫及成虫，对幼虫的捕食量因虫龄的不同而有显著差异，一般为0.4～1.9头/天），防治幼虫效果可达60%～80%。释放异色瓢虫成虫捕食榆紫叶甲卵，有一定效果。

　　3. 化学防治。在越冬成虫、新羽化成虫沿树干爬上时可用杀虫胶环在树干上涂10cm闭合环，或在树冠、枝干上喷8%氯氰菊酯微胶囊（绿色威雷）200倍液，在卵孵化盛期，用3%高渗苯氧威、25%灭幼脲Ⅲ号悬浮剂、1.8%阿维菌素、20%阿维菌素1000～1500倍液，均可取得好的防治效果。

参考文献

　　余恩裕等，1984；高长启等，1987；余恩裕等，1987；毕湘虹，1989；周玉石等，1990；萧刚柔，1992；高长启等，1993；安瑞军等，2005；王秀梅等，2012；张玉军等，2013.

　　（高长启，张晓军，李亚杰，李镇宇）

184 二斑波缘龟甲

分类地位	鞘翅目 Coleoptera 叶甲科 Chrysomelidae
拉丁学名	*Basiprionota bisignata* (Boheman)
中文别名	泡桐叶甲、泡桐金花虫

分布　河北，江西，山东，河南，湖北等地。

寄主　泡桐、梓、楸。

危害　成虫和幼虫啃叶上表皮及叶肉，残留下表皮，呈箩网状。严重时整个树冠呈灰黄色，造成早期落叶。

形态特征　成虫：体橙黄色。椭圆形。体长12mm，宽10mm。触角基部5节淡黄色，端部各节黑色。前胸背板向外延展。鞘翅背面凸起，两侧向外扩展，形成边缘，中间有2条明显的淡黄色隆起线，近末端1/3处各有1个大的椭圆形黑斑。**幼虫：**体长12mm。淡黄色。纺锤形。体各节有1个淡黄色肉刺突，末端2节背面也有2个肉刺突，向背上方翘起，上附蜕皮。

生物学特性　河南大多1年发生2代，仅少数个体发生1代，部分个体发生3代。以成虫在石块下、枯枝落叶层、杂草或灌木丛下越冬。翌年4月初开始出蛰，飞到新叶上取食、交尾、产卵。经9天左右，幼虫孵化。5月下旬幼虫老熟，化蛹。6月上旬出现第一代成虫。第二代成虫发生于8～9月，10月底开始越冬。

成虫白天活动，夜晚静栖。无趋光性。产卵于叶背面，数十粒聚集在一起，竖立成块。幼虫孵化后，群集叶面，啃食上表皮及叶肉，残留下表皮，虽箩网状，叶片随即枯黄，脱落。幼虫每次蜕掉的皮，粘附尾部，向体后上方翘起，长期不掉。老熟幼虫将尾端粘附于叶背，然后化蛹。成虫羽化后，在叶面啃食。5月下旬至6月中旬和7月下旬至8月中旬，成虫和幼虫同期出现，危害最重。

防治方法

1. 化学防治。6月初幼虫发生盛期，喷洒25%灭幼脲Ⅲ号胶悬剂2500倍液，或50%辛硫磷乳油1000倍液或20%速灭杀丁乳油6000倍液。

2. 保护天敌。叶甲姬小蜂、多刺蚁，麻雀等天敌，对抑制其数量具有很大作用，应加强保护。

参考文献

杨有乾等，1982；魏向东等，1991；萧刚柔，1992；河南省森林病虫害防治检疫站，2005.

（杨有乾）

二斑波缘龟甲成虫（李镇宇　提供）

5mm

二斑波缘龟甲成虫（李镇宇　提供）

分类地位	鞘翅目 Coleoptera　叶甲科 Chrysomelidae
拉丁学名	*Brontispa longissima* (Gestro)
异　　名	*Oxycephala longipennis* Gestro, *Brontispa castanea* Lea, *Brontispa javana* Weise, *Brontispa reicherti* Uhmann, *Brontispa selebensis* Gestro, *Brontispa simmondsi* Maulik
英文名称	Coconut leaf beetle, Coconut hispid, Palm leaf beetle, Palm heart leaf miner
中文别名	椰棕扁叶甲、红胸叶甲、椰子刚毛叶甲、椰长叶甲

185 椰心叶甲

椰心叶甲是棕榈科植物的一种毁灭性害虫，也是国际上重要的检疫性害虫。自20世纪90年代随棕榈科苗木引种传入我国以来，对椰子产业和观赏棕榈科植物的种植业构成了严重威胁，对景观建设、旅游业构成了潜在威胁。

分布　广东（广州、深圳、珠海、佛山、江门、东莞、中山、湛江、茂名、汕头、揭阳、汕尾、阳江、清远），广西（北海），海南，香港，台湾。印度尼西亚，马来西亚，越南，马尔代夫，澳大利亚，瑙鲁，斐济，巴布亚新几内亚，瓦努阿图，所罗门群岛，法属新喀里多尼亚，萨摩亚，密克罗尼西亚，法属波利尼西亚，美国（关岛）等。

寄主　椰子树、大王椰子、克利椰子、蒲葵、华盛顿椰子、光叶加州蒲葵、孔雀椰子、鱼尾葵属、红棕榈、椰枣、西谷椰子、桃榔、油棕、糖棕、海枣、刺葵、假槟榔、山葵、散尾葵、酒瓶椰子、槟榔、巴拉卡棕属、肖斑棕属、省藤属等。

危害　以成虫、幼虫2种虫态危害寄主尚未展开和初展开的心叶，影响寄主植物的生长，危害严重时可导致植株死亡。

形态特征　**成虫：**成虫体长8～10mm，宽1.9～2.1mm。体扁平狭长，头部、复眼、触角均呈黑褐色，前胸背板橙黄色，鞘翅蓝黑色具有金属光泽，其上有由小刻点组成的纵纹数条。腹面黑褐色，足黄色。**幼虫：**老熟幼虫8～9mm。体扁呈黄白色，头部黄褐色。尾突明显，呈钳状。

生物学特性　海南1年3～5代。成虫羽化后无需取食即可交配，成虫产卵期长，平均产卵119粒，世代重叠现象明显。

椰心叶甲主要危害4年以上的棕榈科植物。成虫产卵于棕榈科植物未展开的心叶，卵上常覆盖排泄物或嚼碎的叶片，幼虫孵化后，沿箭叶叶轴纵向取食叶片的薄壁组织，在叶上留下与叶脉平行、褐色至深褐色的狭长条纹，严重时食痕连成坏死斑，

椰心叶甲危害状（张润志　拍摄）　　　　椰心叶甲成虫取食心叶（徐公天　提供）

椰心叶甲成虫（张润志　拍摄）

椰心叶甲幼虫取食（徐公天　提供）

叶尖枯萎下垂，整叶坏死，导致树势减弱、果实脱落、茎干变细，甚至整株死亡。成虫交配产卵期间需大量取食未展开的心叶（与幼虫取食方式相同），由此造成的经济损失更甚于幼虫，成虫及幼虫常聚集取食。成虫惧光，喜聚集在未展开的心叶基部活动，见光即迅速爬离，寻找隐蔽处。成虫具有一定的飞翔能力，可近距离飞行扩散，白天多缓慢爬行。成虫具假死现象。

防治方法

1. 加强检疫。禁止从疫区调入棕榈科植物，加强对棕榈科植物的调运检疫。加强疫情监测，重点对椰心叶甲喜食的棕榈科植物进行检查，发现疫情及时处理。发现疫情时可在心叶上挂椰甲清粉剂包进行防治，每树1～2包，1～2月后进行换药。

2. 生物防治。利用椰扁甲啮小蜂防治椰心叶甲，田间蛹的寄生率72%～92.78%，防治效果较好（李朝绪等，2008；黄小青等，2007；丁少江等，2007）。利用绿僵菌能有效控制椰心叶甲危害，椰树恢复健康生长，药后3天防治效果为37.0%；15天时达最高，防治效果为81.1%；100天时防治效果为45.1%（丁福章等，2006；吴青等，2006）。

3. 化学防治。采用椰甲清或50%吡·单杀淋溶性粉剂挂袋法防治或预防椰心叶甲，可有效控制椰心叶甲的危害和传播（张志祥等，2008）。使用吡虫啉·高效氯氟氰菊酯注干液剂，注药量0.7mL/cm（胸径），30天防治效果达95.10%（唐光辉等，2006）。用10%阿维除虫脲0.1%和0.05%药液防治各种虫态的椰心叶甲效果均好，120天内药效达100%，持效期长达150天（苗建才等，2006，2009）。还可用虫线清（丁硫克百威+喹硫磷）加水按1∶1混合的药液注射树干，用量50g/株；50%吡·杀单水分散粒剂挂小包于心叶处，预防椰心叶甲；在虫害发生后，稀释600～800倍液从心部喷淋直至茎干流水为止，适当封包树干可提高防效。

4. 生物防治与化学农药配合使用。低剂量杀虫单与绿僵菌混用防治椰心叶甲成虫具有协同作用，防治椰心叶甲的致死率可达93.33%，明显高于单独使用绿僵菌（75.56%）和单独使用杀虫单（10%～30%）的效果（秦长生等，2008）。

参考文献

中华人民共和国动植物检疫局，农业部植物检疫实验所，1997；黄法余等，2000；容煊雄等，2003；曾玲等，2003；钟义海，2003；陈铣等，2004；陈义群等，2004；伍筱影等，2004；周荣，曾玲，崔志新等，2004；周荣，曾玲，梁广文等，2004；周荣等，2004；丁福章等，2006；苗建才等，2006；吴青等，2006；覃伟权等，2006；唐光辉等，2006；丁少江等，2007；黄小青等，2007；李朝绪等，2008；李科明等，2008；秦长生等，2008；张志祥等，2008；苗建才等，2009.

（黄少彬，温秀军）

186	桤木叶甲	分类地位　鞘翅目 Coleoptera　叶甲科 Chrysomelidae
		拉丁学名　*Plagiosterna adamsi* (Baly)
		异　名　*Chrysomela adamsi ornaticollis* Chen
		中文别名　桤木金花虫

分布　安徽，重庆，四川，云南等地。

寄主　桤木。

危害　偶发型。成虫、幼虫均只以桤木叶片为食，将叶片吃成网孔状或成缺刻。大发生时食尽全株叶片，幼树被害后多形成枯梢。

形态特征　**成虫：** 体长4.5～8mm，金蓝绿色，具刻点。前胸背板黄色、中央1绿色斑及1纵凹线，外缘中部各1小绿点，肩瘤大。腹板绿色，触角1～7节黄褐色、8～11节黑色（萧刚柔，1992）。**卵：** 长约1.4mm，宽约0.6mm。初乳白色，后黄白色。

幼虫： 1龄体长1.2～1.5mm，2龄2.5～5mm，3龄6～11mm。中、后胸及腹部两侧各1黑点，1～6腹节背中线两侧各1方形毛片，1～8腹节气门线下各1突起。**蛹：** 长5～6mm，浅黄褐色，翅芽及腹部两侧黑褐色。

生物学特性　四川1年3代。以成虫越冬，世代重叠。卵期4～6天，幼虫期10天，预蛹期1～3天，蛹期3～6天，成虫寿命2～3个月。幼虫3龄，成虫羽化后取食叶片补充营养，有假死性，食叶量大于幼虫，每雌产卵49～601粒。天敌有食虫虻、猎蝽、瓢虫、寄生蜂等（萧刚柔，1992）。

防治方法

1. 化学防治。虫口密度过大时，可喷洒25g/L高效氯氟氰菊酯乳油或40%噻虫嗪乳剂800～1200倍液或45%丙溴·辛硫磷乳油1000倍液或12%噻虫·高氯氟悬浮剂800～1200倍液，但应于幼虫期进行；飞防时则以单位面积计算药量。

2. 生物防治。在成片高大的林内，在幼虫发生期可施放杀虫热雾剂、白僵菌或绿僵菌，用药7.5～15kg/hm²。但要注意保护天敌。

参考文献

萧刚柔，1992.

（李孟楼，吴次彬）

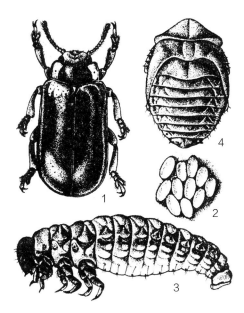

桤木叶甲（朱兴才　绘）

1. 成虫；2. 卵；3. 幼虫；4. 蛹

桤木叶甲成虫（李镇宇　提供）

桤木叶甲成虫及幼虫（李孟楼　提供）

187 白杨叶甲

分类地位	鞘翅目 Coleoptera　叶甲科 Chrysomelidae
拉丁学名	*Chrysomela populi* L.
英文名称	Poplar leaf beetle
中文别名	杨柳红叶甲、白杨金花虫、杨叶甲

分布　北京，河北，山西，内蒙古，辽宁，吉林，黑龙江，山东，河南，湖北，湖南，四川，贵州，陕西，青海，宁夏，新疆（沙湾、石河子）等地。日本，朝鲜，俄罗斯（西伯利亚），印度；欧洲，北美。

寄主　加杨、钻天杨、唐柳、胡杨、毛白杨、大官杨、健杨、苦杨、柳树。

形态特征　**成虫：**雌虫体长12～15mm，宽约8～9mm；雄虫体长10～11mm，宽约6～7mm。椭圆形，体蓝黑色，具金属光泽。触角短，11节。前胸背板蓝紫色，具金属光泽，两侧各有1条纵沟，纵沟之间较平滑，其两侧有较粗大的刻点。小盾片蓝黑色，三角形。鞘翅橙红色或橙褐色，鞘翅比前胸宽，密布刻点，沿外缘有纵隆线。**卵：**长椭圆形，长约2mm，宽0.8mm。初产时为淡黄色，近孵化时为橙黄色或黄褐色。**幼虫：**老龄幼虫体长15～17mm，体躯带有橘黄色光泽。头黑色。前胸背板有"W"形黑纹，其他各节背面有黑点2列。第二、三节两侧各具1个黑色刺状突起，以下各节侧面于气门上、下线上亦分别具有同样的黑色疣状突起，受惊时由这些突起中溢出乳白色液体，有恶臭。**蛹：**体长9mm左右，灰白色，羽化时变为橙黄色。

生物学特性　大部分地区1年2代，但在河北坝上、吉林白城地区1年1代。以成虫在落叶层下或浅土层中越冬。翌年4月下旬至5月（陕西）、4月上旬（河北中南部）、4月下旬（辽宁）成虫开始活动，交尾产卵。卵期7～9天，幼虫共4龄，幼虫期12～19天，蛹期5～8天，成虫寿命25～30天，成虫于9月中旬后下树越冬。

成虫于4月下旬（辽宁）开始产卵，卵产在叶上，聚集成块，每块卵数量不等，少则几粒，最多达74粒。产卵量1雌虫最多产卵695粒，孵化率可高达100%。幼虫孵化后，密集在卵壳上，以卵壳为食，以后群集叶上危害，一般夜间取食多，而白天较少。老熟幼虫最末一次蜕皮后，经3～5天进

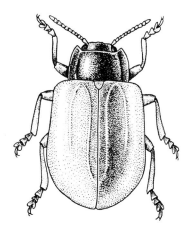

白杨叶甲成虫（张培毅　绘）

白杨叶甲成虫（徐公天　提供）

白杨叶甲成虫交尾（徐公天　提供）

白杨叶甲卵（徐公天　提供）

白杨叶甲1龄幼虫（徐公天　提供）

白杨叶甲老龄幼虫（徐公天　提供）

白杨叶甲幼虫群体食叶（徐公天　提供）

白杨叶甲蛹（徐公天　提供）

白杨叶甲食害杨树叶的食孔（徐公天　提供）

入前蛹期。老熟幼虫化蛹时，尾端粘在叶背上，虫体收缩。当年羽化的成虫，当日平均气温超过25℃时，便潜伏于落叶下、草丛荫庇处、松散土壤表层越夏。8月下旬又恢复活动取食，遇惊扰时有假死现象。

防治方法

1. 冬耕、冬灌，清除落叶，破坏成虫越冬场所。

2. 利用成虫假死性，震动树干，待成虫落地后消灭。

3. 利用50%杀螟硫磷乳油1200倍液、25g/L高效氯氟氰菊酯乳油或50%马拉硫磷1000倍液或45%丙溴·辛硫磷乳油1000倍液或12%噻虫·高氯氟悬浮剂800～1200倍液喷雾毒杀幼虫和成虫。

4. 保护利用林中的螳螂及寄生蜂等天敌。

参考文献

陈誉, 1958; 河北省林业研究所, 1959; 李亚杰, 1978; 文守易, 徐龙江, 1987; 萧刚柔, 1992.

（文守易，张世权）

188 核桃扁叶甲

分类地位	鞘翅目 Coleoptera　叶甲科 Chrysomelidae
拉丁学名	*Gastrolina depressa* Baly
异　名	*Gastrolina depressa depressa* Baly
中文别名	核桃扁叶甲指名亚种

　　树木被害后，景观质量降低，连续危害可导致树势衰弱，致使一些大树枯死，甚至影响树木正常生长和发育。

　　分布　江苏，浙江，安徽，福建，山东，河南，湖北，湖南，广东，广西，四川，贵州，陕西，甘肃。朝鲜，日本，俄罗斯（西伯利亚）。

　　寄主　核桃、枫杨。

　　危害　成虫、幼虫取食叶片，将叶片咬食成网状，甚至吃光，仅留下叶脉和叶柄。

　　形态特征　**成虫：**体长5～7mm。身体背面扁平，触角颇短，不及鞘翅基缘，第三节较细长，前胸背板基部狭于鞘翅，宽约为中长的2倍。基缘具边框，前缘凹进颇深。鞘翅刻点粗密，行列极不整

齐，肩部外沿显著隆起，缘折内沿无毛，前足基节窝开放，中胸腹板超过前足基节。足全部黑色。触角6～11节丝状，额唇基区不形成三角凹陷。受精囊端部和基部均较宽。**卵：**平均长1.0mm，宽0.5mm，长椭圆形，顶端稍尖。初产卵米黄色，后变为灰黑色。**幼虫：**1龄幼虫体长1.5～3.0mm，宽0.7～1.0mm，初孵幼虫为淡黄色，经一段时间后变为黑色。老熟幼虫平均体长8.0～10.0mm，体宽1.5～2.0mm。体背两侧有瘤突。**蛹：**平均长5.9mm，宽3.0mm，刚化蛹时乳黄色，后变为浅灰黑色，体有瘤突。

　　生物学特性　江苏1年2代，危害枫杨。以成虫越冬，翌年春枫杨发芽出蛰活动，交尾产卵于叶

核桃扁叶甲成虫（侧面）（徐公天　提供）

核桃扁叶甲（李镇宇　提供）

核桃扁叶甲成虫（背面）（徐公天　提供）

核桃扁叶甲（腹面）（李镇宇　提供）

核桃扁叶甲幼虫（徐公天　提供）

核桃扁叶甲蛹壳（徐公天　提供）

核桃扁叶甲危害状（徐公天　提供）

背，卵粒竖立排成块状，卵块有卵10～15粒不等，卵期5～7天，老熟幼虫以末端粘于叶背化蛹，6月成虫羽化。遇高温，成虫聚集树缝、树干下等隐蔽场所休眠。8月初，成虫开始交尾产卵。8月下旬产卵终止，在秋季造成第二代危害，成虫于10月中旬开始越冬（仲秀林等，2001）。在安徽岳西县1年4代，以成虫在石块和树洞缝隙处越冬（余方北，1988）。在山东泰安地区，1年2～3代，有世代重叠，以成虫在土壤中越冬。翌年4月上旬开始上树活动，补充营养后即交尾产卵。20℃条件下卵期平均（4.95±0.41）天，第一代幼虫5月达到危害高峰。幼虫共3龄，初龄幼虫集中危害，25℃条件下，平均历期2～3天，2龄后分散，平均历期2～3天，老熟幼虫在3～4天后不再取食，进入预蛹期，1～2天后化蛹，蛹期2～3天。成虫羽化后即取食危害，补充营养，交尾产卵。25℃条件下成虫产卵前期为（8.79±0.55）天。全世代历期为（23.73±2.02）

天。5月底出现2代幼虫。6月中旬1代或2代成虫遇高温在浅土层或枯落物中越夏。7月底1代或2代成虫开始进行第二次危害，并交尾产卵孵化。8月达到第二次危害高峰。9月下旬2代或3代成虫开始下树越冬（孟庆英，2007）。

防治方法

1. 刮除树干粗翘皮，将地面粗枝、脱落树皮及枯枝落叶搜集起来烧毁，以杀灭其中的成虫。

2. 利用产卵、低龄幼虫的群集性人工摘除虫叶，集中烧毁；利用成虫假死习性，在成虫产卵前，摇晃或用器物敲击树干将成虫震落掉地，进行地面喷药毒杀。

3. 药剂防治。可选用1.2%苦参碱·烟碱烟剂熏烟防治；8%氯氰菊酯微胶囊悬浮剂200倍液、3%高渗苯氧威乳油3000倍液、2.5%溴氰菊酯乳油8000～10000倍液或25%西维因可湿性粉剂200～1000倍液或45%丙溴·辛硫磷乳油1000倍液或12%噻虫·高氯氟悬浮剂800～1200倍液喷雾防治。90%敌百虫晶体500～800倍液防治幼虫和成虫。

4. 利用和保护天敌。常见天敌主要有奇变瓢虫、龟纹瓢虫、异色瓢虫、十五星裸瓢虫、六斑异瓢虫、益蝽、蠋蝽及步甲等。其中瓢虫可取食卵、幼虫和蛹，对核桃扁叶甲的抑制作用很大，应加以保护和利用。

参考文献

余方北, 1988; 虞佩玉等, 1996; 仲秀林等, 2001; 葛斯琴等, 2003; 孟庆英, 2007.

（李镇宇，潘彦平，章彦）

189	黑胸扁叶甲	分类地位	鞘翅目 Coleoptera　叶甲科 Chrysomelidae

分类地位　鞘翅目 Coleoptera　叶甲科 Chrysomelidae

拉丁学名　*Gastrolina thoracica* Baly

异　名　*Gastrolina depressa thoracica* Baly

中文别名　核桃扁叶甲黑胸亚种

核桃受害后影响结果；核桃楸被害后，可使树势衰弱和死亡。

分布　北京，河北，辽宁，吉林，黑龙江，湖北，四川，甘肃。朝鲜，日本，俄罗斯（西伯利亚）。

寄主　核桃、核桃楸。

形态特征　**成虫：**体长6.5～8.3mm。前胸背板中部黑色，两侧区棕黄色或棕色，受精囊端部较窄长，基部较细外，其他特征与核桃扁叶甲相似。**卵：**长1.5～2.0mm，长椭圆形，橙黄色，顶端稍尖。**幼虫及蛹：**形态和核桃扁叶甲相似。

生物学特征　吉林、辽宁1年1代。以成虫在枯枝落叶层、树皮缝内越冬。翌年4月下旬越冬成虫开始活动，以刚萌出的核桃楸叶补充营养，并交尾产卵，雌雄成虫有多次交尾和产卵的习性，每雌可产卵90～120粒，最高达167粒，多产于叶背，新羽化成虫多于早、晚活动取食，于6月下旬开始越夏，至8月下旬才又上树取食。成虫不善飞翔，有假死性，无趋光性。成虫寿命320～350天，雌雄比近1∶1，初孵幼虫群集，仅食叶肉，3龄后食量大增，并开始分散危害，取食叶片，留下叶脉、叶柄，幼虫老熟后多群集于叶背，呈悬蛹状化蛹。

防治方法　参见核桃扁叶甲。

参考文献

王维翔等，1988；萧刚柔，1992；葛斯琴等，2003；许水威等，2004.

（李镇宇，余思裕，潘彦平）

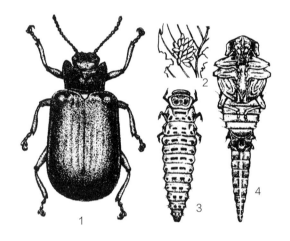

黑胸扁叶甲（余恩裕　绘）

1. 成虫；2. 卵；3. 幼虫；4. 蛹

黑胸扁叶甲成虫及卵（李凯　提供）

<table>
<tr><td rowspan="3">190</td><td rowspan="3">淡足扁叶甲</td><td>分类地位</td><td>鞘翅目 Coleoptera　叶甲科 Chrysomelidae</td></tr>
<tr><td>拉丁学名</td><td>*Gastrolina pallipes* Chen</td></tr>
<tr><td>中文别名</td><td>核桃扁叶甲淡足亚种</td></tr>
</table>

核桃受害后，严重影响核桃产量。

分布　云南漾鼻、维西、云龙等地。

寄主　核桃。

危害　成虫、幼虫取食叶片，对核桃产量造成很大损失。

形态特征　**成虫：**体长5.3～7.1mm，宽2.8～3.9mm。足淡棕黄色，腿节端部、胫节及跗节黑色；触角6～11节近栉齿状，额唇基区形成一个明显的三角形凹陷。其他特征与核桃扁叶甲相似。**卵：**长1.3～1.5mm，宽0.6mm，初产时乳白色，后至淡黄色，顶端透明发亮。**幼虫：**1龄幼虫体长1.5～3.2mm，2龄幼虫体长3.4～5.8mm，3龄幼虫体长9.0～10.5mm，头和足黑色，体腹面及腹末端肉突黄白色。体背初龄幼虫为瓦灰色或黑灰色。老熟幼虫为暗黄褐色或灰褐色；体各节具黑色毛瘤。**蛹：**长5～6mm，宽3～4mm。暗褐色，背有对称的斑纹。

生物学特征　云南漾鼻地区1年1代。以成虫在树木翘皮裂缝或脱落的树皮下越冬。每年3月上、中旬越冬成虫上树危害核桃嫩叶，然后交配产卵，产卵期可持续20～30天，每雌可产卵383～430粒。产卵于叶背，呈块状，每一卵块有卵25～45粒，最多可达92粒。卵经5～7天孵化，初孵幼虫在叶背面啃食叶肉，食量甚微，3龄幼虫取食全叶，幼虫期19天左右，老熟幼虫经1～3天蛹前期，将腹末端固定于叶背或枝干上倒悬化蛹。蛹历期5～7天。刚羽化的成虫为淡黄色，静伏于蛹壳上不动，以后变成紫铜色或青蓝色，1～2天后开始取食，随后进入越冬场所。成虫历期350～380天，成虫喜干燥环境，冬季低温可导致成虫大量死亡。

防治方法　参见核桃扁叶甲。

参考文献

杨源等，1982; 葛斯琴等，2003.

（李镇宇，潘彦平）

淡足扁叶甲（背面）（李镇宇　提供）

淡足扁叶甲（腹面）（李镇宇　提供）

191	八角叶甲	分类地位　鞘翅目 Coleoptera　叶甲科 Chrysomelidae
		拉丁学名　*Oides leucomelaena* Weise
		中文别名　八角瓢萤叶甲

分布　浙江，安徽，福建，湖北，广东，广西，云南等地。

寄主　八角和五味子属植物。

危害　在广西遍布于所有八角种植区，幼虫、成虫吃光八角树叶和嫩梢、幼芽，造成枯枝、果实歉收，甚至全株枯死，严重影响八角的生产。

形态特征　成虫：雌虫体长12~16mm，宽8~10 mm；雄虫较小，体长10~13mm，宽6~8mm。体椭圆形，黄褐色有黑斑，具金属光泽。头顶有黑斑

1对；复眼黑色，椭圆形，突出；触角线状，11节，第一至第七节淡黄，末端4节黑色；下唇须和下颚须末节均为褐色。前胸背板有大小黑斑各1对，小盾片三角形，暗红褐色。翅鞘上有10或12块大黑斑，横列成3排，前2排各4块，中间4块最大，后排2或4块，即左右鞘翅端部的斑块连成一片或分成2斑。**卵：**宽长各约0.4mm×0.8mm，椭圆形，淡黄色。常10余粒至数十粒集产成卵块，外被胶质物，形成卵囊，坚硬，馒头状，宽约1cm，牢固地粘附在小枝杈间或叶腋间，灰褐色近似八角树皮。**幼虫：**老熟时体长10~18mm，宽4~8mm，扁筒形，体上有具光泽的蓝黑色斑块。头部蓝黑色，上唇及唇基淡黄色。中、后胸及腹部第一至第八节在气门上线处各有1个短刺，蓝黑色；前胸及腹部第一至第八节在气门下线处各有1个较长的刺；中、后胸有刺2个，前小后大，刺尖端蓝黑色。前胸背板有1对蓝黑色大斑。中、后胸及腹部第一至第八节背面有横纹，把每节分成2小节，每小节背上有1对横置的蓝黑色斑块；亚背线处每小节有1个圆形蓝黑色斑；腹部每节的后小节上，在前述2斑之间有1个小斑。气门圆形，气门圈蓝黑色。3对

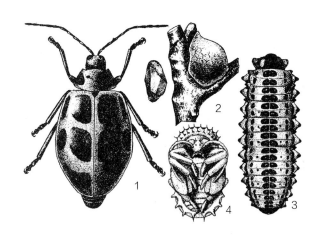

八角叶甲（张培毅　绘）
1. 成虫；2. 卵块及卵放大；3. 幼虫；4. 蛹

八角叶甲（王缉健　提供）

八角叶甲成虫与取食咬痕（王缉健　提供）　　　八角叶甲危害状（王缉健　提供）

胸足末端2节均为蓝黑色。**蛹**：体长7～12mm，淡黄色；头部额中有刺2对；前胸背面有刺3列：前缘一列10个，中间一列2个，后缘一列8个。中、后胸及腹部背面每节有刺4个；腹部第一至第八节在气门线下有较大的刺各1个。腹端有刺1对。蛹室椭圆形，长、宽分别约为20mm和15mm，由泥土堆成，内壁光滑，不太坚实，易破裂。

生物学特性　1年1代。以卵块越冬。翌年2月下旬开始孵化，3月上、中旬为孵化盛期，3月下旬为孵化末期。3～5月为幼虫危害期，少数延续至6月。4月下旬开始化蛹，5月为化蛹盛期，6月为化蛹末期。5月中旬开始羽化，6月为羽化盛期，7月为羽化末期；5月中旬到8月是成虫危害期；6～8月为产卵期，少数持续到9月。卵期245～254天；幼虫期27～59天；预蛹期10～12天，蛹期8～16天；成虫寿命42～82天。

卵孵化率很高，达98%以上，但初孵幼虫抗寒力很弱，遇强冷空气和阴雨低温天气，死亡率也高。幼虫3龄：初孵时先群栖于卵块上，缓慢爬动，3～4小时后，沿着小枝爬上，群集于嫩梢上取食嫩芽新叶，渐长分散危害；1、2龄幼虫食量较小，3龄幼虫食量大增，危害最严重，觅食活动多在黄昏及夜晚，除个别幼虫白天活动取食外，多数处于停食休息状态，受触动惊扰时，即卷缩呈假死状，稍后

才爬行；老熟时，沿树干爬下或坠落地面，在树根周围及树冠幅下入土1～2cm深处造土室、化蛹，蛹室多造在土质较实的地方，松土处很少，蛹室上盖有挖出的碎土，但也有一端露出地面的。

成虫多在早上或傍晚羽化，初出土时，体翅柔软，只能在林冠下草丛中栖息爬行，2～3小时后，体翅变硬始飞上八角树危害。早上日出后及傍晚和雨后初晴时最活跃；经一段时间补充营养后始能交尾，交尾多在7:00～9:00和17:00～20:00进行。产卵前期约10～15天，此时危害最烈。产卵多在20:00～22:00。产卵时先以腹端探好位置，然后将卵产下。卵堆集成块。产卵同时分泌胶液，胶液干后形成坚硬的卵囊。每雌能产卵20～60粒，分几次产完，通常1个卵块有卵20～30粒。成虫飞翔力不强，常在树冠上短距离飞行，很少落到地面；有假死习性，受震动惊扰时即坠落，稍后又起飞；被捕时，口吐黄水。

天敌已知有白僵菌，当春末夏初气温升高、湿度大时，白僵菌常扩散流行，幼虫、蛹和成虫均可能被感染致死，一般死亡率35%左右，有时高达90%。此外，猎蝽和蚂蚁能捕食幼虫和成虫。

参考文献

凭祥市科技局等，1976；黄金义等，1986；张培坤，1989；吴先湘，2001。

（覃泽波）

192 黄点直缘跳甲	**分类地位** 鞘翅目 Coleoptera 叶甲科 Chrysomelidae
	拉丁学名 *Ophrida xanthospilota* (Baly)
	中文别名 黄点密点跳甲、黄斑直缘跳甲、黄栌胫跳甲、黄栌双钩跳甲

分布 北京，河北，山东（泰安、枣庄、临沂、淄博），四川等地。

寄主 黄栌。

危害 春季黄栌展叶后幼虫取食，严重时将叶片吃光仅留叶柄；夏、秋季节成虫补充营养将叶片咬成孔洞、缺刻，常导致枝梢干枯，影响黄栌的生长和观赏价值。

形态特征 **成虫：** 雌虫体长7.5～8.5mm，雄虫体长5.8～7.1mm。体型瘦长，长椭圆形。腹部末节腹面有一扁圆形凹窝。复眼黑色，两复眼间有2条平行纵沟。前胸背板横宽，前缘中部呈弧形凹进，后缘在小盾片前微凸，两侧缘内各有下陷凹窝。翅面刻点列整齐、清晰。近翅缝处1列刻点由翅基下伸至翅缝1/4处消失。翅面密布黄白色斑点，每翅面约70个。后足腿节肥大，胫节端部凹陷，在凹槽边缘密生硬鬃列。**幼虫：** 老熟幼虫体长8～13mm，躯体被有无色透明黏液，似蜡膜状。前胸背板有长方形暗红褐色斑纹，斑纹中央有1条白色细纹；中、后胸

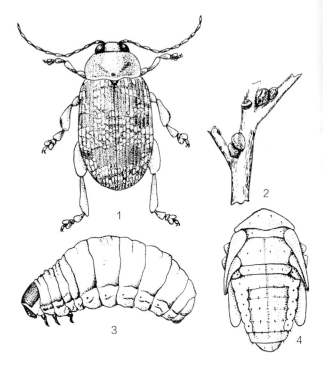

黄点直缘跳甲（胡兴平 绘）
1. 成虫；2. 卵块；3. 幼虫；4. 蛹

黄点直缘跳甲成虫（上视）（徐公天 提供）

黄点直缘跳甲成虫（右视）（徐公天 提供）

黄点直缘跳甲卵（徐公天　提供）

黄点直缘跳甲幼虫（右视）（徐公天　提供）

黄点直缘跳甲老龄幼虫（上视）（徐公天　提供）

黄点直缘跳甲幼虫食害状（徐公天　提供）

背侧面各有1个新月形褐斑。幼虫取食期间体背常被有黑色黏条状粪便。

生物学特性　山东泰山1年1代。以卵（块）在小枝上越冬。3月下旬黄栌发芽时幼虫孵化取食新叶，4月中旬幼虫盛发期，大部叶片被吃光，残留叶柄。4月下旬老熟幼虫落地化蛹，5月中旬为化蛹盛期，蛹期23～26天。5月下旬成虫开始羽化，经6～8天补充营养后交尾，6月中旬为始卵期。成虫寿命长达2个多月，产卵期相应延续到9～10月。该虫在北京地区各虫态历期要较山东泰山延迟10～20天。幼虫昼夜取食，被害叶片上留有黑色排泄物。

当黄栌叶片被吃光后，幼虫转而取食刺槐、臭椿、白毛杨、榆树等，但这些寄主并不适于其生长发育，常使幼虫死亡。

幼虫在树冠下土层1～3cm处做土茧化蛹。化蛹率60%～65%。成虫羽化率为52%左右，羽化后在杂草、灌木上静伏，然后到黄栌上取食。雌虫产卵多在树冠外围小枝分叉处、叶柄基部及顶芽一侧，卵块堆集重叠，成虫分泌黑色排泄物将卵块严密覆盖，形成保护层。每卵块有卵12～125粒。单雌产卵量95～210粒。

防治方法

1. 营林措施。黄点直缘跳甲食性较为单一，可营造混交林以抑制其扩散危害。

2. 保护天敌。卵期主要有赤眼蜂，其次为跳小蜂；幼虫期有蠋蝽，1头蠋蝽天食幼虫2～4头。蛹期天敌是蚂蚁，成虫期天敌除蠋蝽外，还有1种猎蝽，皆以口针刺入成虫腹部吸食。

参考文献

赵穗华，1985；白锦涛，1990.

（白锦涛，陈超，赵怀谦）

| 193 | 杨梢叶甲 |

分类地位 鞘翅目 Coleoptera 叶甲科 Chrysomelidae

拉丁学名 *Parnops glasunovi* Jacobson

中文别名 咬把虫、杨梢金花虫

杨梢叶甲在杨树集中种植地区呈上升趋势，有的地方已由次要害虫变成主要害虫。危害严重时，林内地面满是落叶，极大地削弱树势，特别是苗圃地，当该虫发生量大时，幼苗呈光杆状，严重影响光合作用，此苗移植后，如遇早春干旱，成活率便明显降低。

分布 北京，河北，山西，内蒙古，辽宁，吉林，黑龙江，山东，河南，陕西，甘肃，新疆等地。

寄主 杨、柳等。

危害 主要以成虫危害，咬食新梢及叶柄，并常将其咬断，造成大量落叶，严重时大面积被害树成为光枝秃梢。

形态特征 成虫： 体长6～7.5mm，长椭圆形。头、前胸背板和鞘翅黑褐色，表面密被黄色或黄绿色绒毛，体下绒毛灰白色。**卵：** 长椭圆形，顶端稍尖，初为乳白色，后变为乳黄色。**幼虫：** 老龄体长约7mm，乳黄色，体微向腹面弯曲。**蛹：** 长约5mm，近纺锤形，乳白色。

生物学特性 1年1代。以老熟幼虫在土中越冬。翌年4月开始化蛹，5月上旬至下旬开始羽化，5月中旬至6月上旬是盛发期。羽化后即开始交尾产卵，可延续到8月中旬。成虫羽化出土后即上树咬食叶柄及嫩梢，把叶柄和嫩梢咬去2/3，很快萎缩下垂，1～2天后相继脱落，叶片叶柄落满地面，也有把叶柄直接咬断的，危害严重时，可呈现光枝秃梢；成虫还啃食叶片，形成孔洞或叶缘呈缺刻状。成虫白天活动，中午减弱，天落前最盛。成虫有假死性，特别在早晨6:00之前，气温较低时更为明显，猛击树干可坠落地面；但在7:00以后，坠落途中即展翅飞逃。卵产于雌虫粘接的叶片夹层间、树

杨梢叶甲成虫（徐公天 提供） 杨梢叶甲成虫（徐公天 提供）

杨梢叶甲成虫（徐公天　提供）

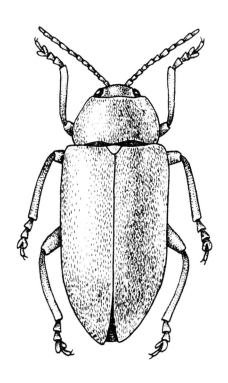

杨梢叶甲成虫（张培毅　绘）

皮缝、杂草、土缝等隐蔽处，卵粒直立成堆。幼虫孵出后坠地潜入取食杨、柳或杂草幼根。

防治方法

1. 灭杀幼虫及蛹。4月上旬幼虫化蛹前，结合中耕除草，用重耙破坏化蛹场所。

2. 捕杀成虫。利用成虫的假死习性，人工震落捕杀。

3. 化学防治成虫。于成虫发生盛期，可采用车载式高射程喷雾机、3WZ远射程喷雾机进行喷洒；对于苗木和低矮的幼树，用机动弥雾机或常规喷雾器喷洒。药物可用林得保（0.3%阿维菌素+100亿活芽孢/克苏云金杆菌）1000～2000倍液、10%吡虫啉1000～2000倍液、1.8%阿维菌素乳油2000～2500倍液、3%啶虫脒乳油1000～1500倍液或12%噻虫·高氯氟悬浮剂800～1200倍液。

参考文献

赵方桂等，1999; 孙绪艮等，2001.

（王海明，秦锡祥）

194	柳蓝叶甲	
	分类地位	鞘翅目 Coleoptera　叶甲科 Chrysomelidae
	拉丁学名	*Plagiodera versicolora* (Laicharting)
	中文别名	柳圆叶甲、柳蓝金花虫、橙胸斜缘叶甲

柳蓝叶甲是危害柳树的重要害虫之一，严重影响受害树木的观赏性，尤其对1～2年生柳树苗危害严重，导致苗木生长缓慢。

分布　北京，河北，内蒙古，辽宁，吉林，黑龙江，江苏，浙江，安徽，江西，山东，河南，湖北，四川，贵州，云南，甘肃，宁夏，台湾等地。日本，朝鲜，俄罗斯（西伯利亚），美国，加拿大及欧洲。

寄主　杨树、玉米、大豆、棉花、桑及各种柳树（杨振德，2006）。

危害　幼虫在叶部群集危害，被害叶片呈网状。

形态特征　成虫：体长3～5mm。全体深蓝色，有强金属光泽。头部横阔。触角第一至第六节较小，褐色，第七至第十一节较粗大，深褐色，有细毛。复眼黑褐色。前胸背板光滑，横阔，前缘呈弧形凹入。鞘翅上有刻点，略成行列。体腹面及足色较深，也具有金属光泽。卵：长0.8mm，椭圆形，橙黄色。幼虫：长6mm，体扁平，体灰黄色。头黑褐色，前胸背板中线两侧各有1个大褐斑，中、后胸背板侧缘有较大的乳头状黑褐色突起，亚背线上有黑斑2个，前后排列。腹部第一至第七节气门上线各有1个黑色较小的乳头状突起；在气门下线，各有1个黑斑，其上有毛2根。腹部腹面各节有黑斑6个，其上均有1～2根毛。腹部末端具有黄色吸盘。蛹：长4mm，椭圆形，腹部背面有4列黑斑。

生物学特性　北京1年6代，东北、内蒙古1年3代，宁夏银川1年3～4代，湖南1年5代，鲁东南地区1年7～8代（朱毅，2006）（夏中惠，1990）。以成虫于落叶、杂草及土中越冬。翌年春柳树发芽时出蛰活动，交尾产卵，卵成块产于叶背或叶面，每头雌虫可产卵1000～1500粒。卵经7天左右孵化，幼虫孵化后，多聚集危害，啃食叶肉，被害处灰白色透明，网状。幼虫共4龄，经5～10天老熟，以腹末粘附于叶上化蛹。蛹期约3～5天。该虫发生极不整齐，从春季到秋季都可见到成虫和幼虫活动。成虫具假死性（萧刚柔，1992）。

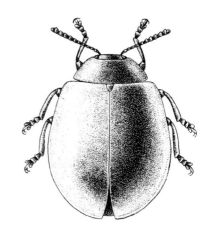

柳蓝叶甲成虫（张培毅　绘）

柳蓝叶甲成虫（左视）（徐公天　提供）

柳蓝叶甲成虫交尾（徐公天　提供）

柳蓝叶甲卵和幼龄幼虫（徐公天 提供）

柳蓝叶甲卵（徐公天 提供）

柳蓝叶甲幼龄幼虫群集（徐公天 提供）

柳蓝叶甲老龄幼虫(右视)（徐公天 提供）

柳蓝叶甲幼虫食害柳叶呈网状（徐公天 提供）

防治方法

1. 园林技术防治。清除园林、行道树、苗圃内杂草，减少隐蔽场所。冬季清除落叶、杂草和翻土，消灭越冬成虫。

2. 生物防治。保护利用天敌。

3. 物理机械防治。利用成虫假死性，在成虫盛发期，震落捕杀。

4. 药剂防治。在成、幼虫期喷洒1.2%烟·苦参碱1000倍液、1%吡虫啉可湿性粉剂2000倍液或45%丙溴·辛硫磷乳油1000倍液或12%噻虫·高氯氟悬浮剂800～1200倍液。

参考文献

夏中惠, 1990; 萧刚柔, 1992; 杨振德等, 2006; 朱毅等, 2006.

（陈超）

195 花椒跳甲

分类地位	鞘翅目 Coleoptera　叶甲科 Chrysomelidae
拉丁学名	*Podagricomela shirahatai* (Chôjô)
异　　名	*Clitea shirahatai* (Chôjô), *Podagricomela shirahatai* Chen
中文别名	花椒潜叶甲、花椒橘啮跳甲、串椒牛（陕西、甘肃）、红猴子（山西）

分布　陕西，甘肃陇东和陇南，山西吕梁及太行山，四川。

寄主　花椒。

危害　幼虫潜居叶内蛀食，成虫食嫩叶，叶片被蛀害后即焦黄、枯黑而脱落。

形态特征　**成虫**：体长4～5mm。椭圆形，褐红色，无光泽；头、触角、复眼和足黑色。头部沟纹完整，上唇前缘凹陷，触角长达后足基部。前胸背板刻点小而密，鞘翅刻点11行。前、中足腿节绒毛稀并无刻点，后足腿节宽为中足腿节的1.5倍，其后半部有刻点，后足胫节与跗节被毛密。爪单齿式（李孟楼，2002；杨云汉，1986）。**卵**：长0.8～1mm。扁椭圆形，黄白色。卵块初绿褐，后黑褐，覆成虫粪便而呈介壳状。**幼虫**：老熟幼虫体长5～8mm。头部、足黑色，腿节和胫节及体腹面略淡黄色。前胸背板及臀板各有1个褐斑。**蛹**：体长4～5mm。淡黄色，头黑褐，刚毛黑色。

生物学特性　山西、陕西、甘肃1年2代。以成虫在土中越冬。翌年4月上旬花椒发芽时出土取食椒叶，5月下旬至6月下旬产卵，卵期4～7天。幼虫蛀入叶内取食14～19天后于6月下旬落地入土化蛹，蛹期24～31天。第一代成虫7月中旬至8月上旬出土，上树取食椒叶补充营养8～15天后交配产卵，9月下旬第二代成虫羽化出土，10月后陆续入土越冬。

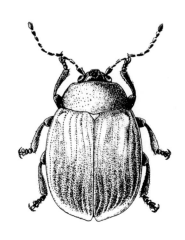

花椒跳甲成虫（朱兴才　绘）

成虫善跳，飞行迅速，白天取食椒叶，晚间多隐匿。雌成虫产卵2～3块，每块约14粒。幼虫孵出后先群集潜叶危害，2～3天后分散潜叶危害；被害叶初显块状透明斑，当发黄枯焦时幼虫即迁移危害，一叶常有虫3头以上；黑褐色呈丝状弯曲的粪便从蛀食孔排出。幼虫4龄，体色由白转黄后即出道入土结茧化蛹。6月下旬后严重受害树呈火烧状焦枯，使当年的果实难以成熟（冀卫荣等，1995；杜品等，1999；祁新华，2000；张炳炎，2006）。

防治方法

1. 经营管理与人工防治。5～9月在管理花椒园时，及时摘除卵块、捕杀潜叶幼虫。冬季应清除花椒园杂草枯叶、翻耕土壤、适当灌水。

2. 化学防治。对严重危害林应在4月下旬喷2.5%溴氰菊酯或45%丙溴·辛硫磷乳油1000倍液或12%噻虫·高氯氟悬浮剂800～1200倍液，或在3月下旬至4月上旬，用5%吡虫啉乳油：高效氯氟氰菊酯25g/L高效氯氟氰菊酯乳油：柴油=8：2：10的混合药剂树干涂药环。

参考文献

杨云汉，1986；冀卫荣等，1995；杜品等，1999；祁新华，2000；李孟楼，2002；张炳炎，2006。

花椒跳甲成虫（李镇宇　提供）

（王鸿喆，李孟楼，党心德）

196	漆树叶甲	分类地位	鞘翅目 Coleoptera　叶甲科 Chrysomelidae
		拉丁学名	*Podontia lutea* (Olivier)
		中文别名	漆树金花虫、野漆宽胸跳甲、大黄金花虫、黄叶甲、黄色漆树跳甲、黄色凹缘跳甲

分布　浙江，安徽，福建，江西，湖北，湖南，广东，广西，海南（尖峰岭），四川，贵州，云南，陕西，香港，台湾等地。越南，缅甸以及东南亚地区。

寄主　漆树、野漆、黄连木。

危害　成虫、幼虫取食漆树新芽、叶尖、叶片。受害严重者，叶片全被食光，仅残留叶脉，若连续受害，可导致死亡，严重影响树木生长和生漆产量。

形态特征　**成虫：**体长14～16mm。近椭圆形，棕黄色，具光泽。头部隐藏在前胸下面。触角12节，基部2～3节黄色，其余各节黑色或黑褐色，有短毛。复眼黑色。鞘翅上有由刻点形成的10条条纹。足腿节深黄色，胫节、跗节和爪均黑色。前、中足跗节第一节略呈三角形，隐5节。雌成虫腹部末节腹板后缘两侧有较深的狭凹陷，雄成虫则无。**卵：**长1.5～3.0mm，椭圆形，淡灰或灰白色，整齐地排列成块状。**幼虫：**体肥大，背部具有很多排列整齐的黑点，足基部白色，余为黑色。初孵幼虫头大身小，棍棒形，乳黄色；1龄幼虫淡黄绿色，2龄幼虫黄色，3龄幼虫体扁平，黄色或金黄色。**蛹：**长10.5～20.0mm，钝圆锥形，黄色，头和附肢色较深；触角垂于前、中足之上，翅之下；腹末具黑色尾刺1对。蛹室长椭圆形。

生物学特性　湖北1年1代。以成虫在土中、石块下越冬。翌年4月中、下旬漆树发叶时开始上树，先在叶尖、叶背危害，再危害叶缘，并开始产卵，时间上比漆树白点叶甲晚15～20天；5月上、中旬为产卵盛期，7月中旬终了，卵期15～19天，5月上旬幼虫开始孵出。孵化时间为每天的5:00～11:00，以6:00～8:00最多，孵化率一般达90%以上。幼虫期21～28天，5～6月为幼虫危害盛期，6月上旬开始化蛹，中、下旬为化蛹盛期，9月上旬终了。化蛹时，老熟幼虫将背上附着物脱掉，而坠地爬行至泥土疏松处入土，做蛹室藏于其中化蛹。蛹期27～31天，6月下旬成虫开始羽化，7月上、中旬为羽化盛期，9月下旬结束。

成虫羽化时，先咬破蛹室，将头部伸出，进而向外爬行，脱离蛹室至土面，约经1小时，即展翅飞翔上树，多停歇于叶背，一般在7:00～8:00可见成虫沿叶缘嚼食叶片，呈缺刻状，当年羽化的成虫，需活动半月后方进行交尾，雌、雄成虫均能多次交尾。亦可见越冬成虫上树后交尾，但持续时间不长。成虫交尾后，当年一般不产卵。于11月上、中旬下树入土或潜伏于枯枝落叶、杂草灌木丛和石缝中越冬。翌年4月中旬越冬成虫开始上树，在叶片背面产卵，少数产在花柄上。每次产卵6～35粒；每雌产卵量为86～400粒，一般270粒左右。

初孵幼虫常群集叶背尖端，吃叶肉，1～2天后分散至叶缘，沿叶缘啃食叶片，将叶片吃成缺刻；

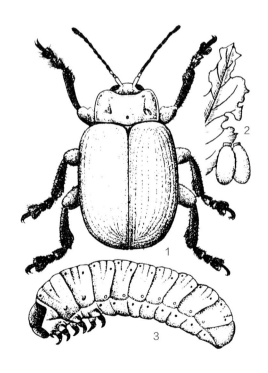

漆树叶甲（侯伯鑫　绘）
1.成虫；2.卵；3.幼虫

漆树叶甲成虫（王缉健　提供）

幼虫2龄后食量渐增，幼虫一生食叶总量可达32～49cm²。如受惊扰，头部立即收缩，停止取食。幼虫取食后靠尾部上翘将排泄的条状粪便附于背上。成虫具假死性，受惊即坠地，飞翔力弱，主要靠短距离飞行或爬行迁移扩散。

防治方法

1. 营林措施。在6月下旬至7月上旬，对漆树林地进行深翻土壤，可以破坏土茧，影响成虫羽化。并根据成虫越冬特点，冬季清理漆树林中枯枝落叶和杂草丛，堆积焚烧。利用成虫假死性和卵块易于发现的特点，人工震落成虫和摘除卵块。

2. 化学防治。在5月上、中旬和7月上、中旬的成虫期，以及6月下旬至7月上旬的幼虫盛期喷洒4.5%高效氯氟氰菊酯1000～1500倍液，或甲氰菊酯1000倍液或45%丙溴·辛硫磷乳油1000倍液或12%噻虫·高氯氟悬浮剂800～1200倍液。

参考文献

中国科学院动物研究所，1986；萧刚柔，1992；黄复生，2002；徐光余等，2008.

（陈京元，左俊杰，别润之）

197	**榆毛胸萤叶甲**

分类地位	鞘翅目 Coleoptera　叶甲科 Chrysomelidae
拉丁学名	*Pyrrhalta aenescens* (Fairmaire)
异　　名	*Galleruca aenescens* Fairmaire
中文别名	榆蓝金花虫、榆蓝叶甲、榆绿毛萤叶甲

　　榆毛胸萤叶甲是榆树的主要害虫之一，发生严重时，将叶片吃光，严重影响绿化景观。另外，成虫还具有飞至居民居住区越夏导致入户扰民。

　　分布　北京，河北，山西，内蒙古，吉林，黑龙江，江苏，安徽，山东，河南，湖南，四川，陕西，甘肃，台湾等地（范仁俊，1999；虞佩玉等，1996；林业部林政保护司，1988）。

　　寄主　榆、杨。

　　危害　以成虫、幼虫取食危害，将叶片食成孔洞或筛网状。

　　形态特征　**成虫**：体长7.5～9mm，宽3.5～4mm，近长方形，橘黄至黄褐色。触角第三节长于第二节，第三至第五节近等长。鞘翅绿色，有金属光泽。头顶有1个三角形黑斑。前胸背板宽约为长的2倍，中央有1个倒葫芦形黑斑，两侧深凹，各有1个椭圆形黑斑。鞘翅宽于前胸背板，两侧近平行，每鞘翅具不规则的纵脊线，刻点密。雄虫腹部末节腹

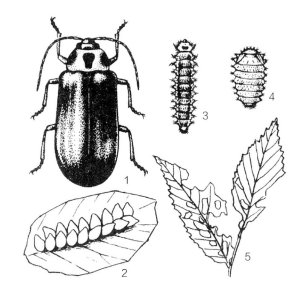

榆毛胸萤叶甲（邵玉华　绘）
1.成虫；2.卵；3.幼虫；4.蛹；5.被害状

板后缘中央深凹，臀板顶端向后伸突，雌虫末节腹板顶端为1小缺刻。**卵**：长径1.1mm，短径0.6mm。黄色，长椭圆形，顶端尖细。**幼虫**：老龄时体长11mm，虫体长形，略扁平，深黄色，中、后胸及腹部第一至第八节背面漆黑色。头部、胸足以及胴部所有的毛瘤均呈漆黑色。头部较小，表面疏生白色长毛。前胸背板近中央有1个四方形黑斑。中、后胸背面各分前、后两小节，前小节有4个毛瘤，两侧各有3个毛瘤；腹部背面1～8节也分两小节，前小节有4个毛瘤，后小节有6个毛瘤，两侧各有3个毛瘤。臀板深黄色，上面疏生刚毛。**蛹**：体长7.5mm左右，椭圆形，深褐色，腹两侧疣突明显（范仁俊，1999；虞佩玉等，1996；林业部林政保护司，1988）。

　　生物学特性　北京地区1年1～2代。以成虫在建筑物缝隙、砖块、土壤中及杂草间等处越冬。翌年4月上旬（榆树发芽期）越冬代成虫开始啃食芽叶；4月下旬开始产卵，卵产于叶背，成块，每块10余

榆毛胸萤叶甲成虫食叶（徐公天　提供）

榆毛胸萤叶甲成虫交尾（徐公天　提供）

榆毛胸萤叶甲刚产的卵（徐公天　提供）

榆毛胸萤叶甲产后几天的卵（徐公天　提供）

榆毛胸萤叶甲1龄幼虫（徐公天　提供）

榆毛胸萤叶甲老龄幼虫（徐公天　提供）

榆毛胸萤叶甲老熟幼虫（徐公天　提供）

榆毛胸萤叶甲幼虫群集于树干待蛹（徐公天　提供）

榆毛胸萤叶甲蛹及刚羽化成虫（徐公天　提供）

榆毛胸萤叶甲幼龄幼虫食害榆叶状（徐公天　提供）

榆毛胸萤叶甲成虫和老龄幼虫食害榆叶状（徐公天　提供）

粒，成双行整齐排列。卵期7～10天；5月上旬幼虫开始危害；6月上旬老熟幼虫群集在榆树枝干伤疤等处化蛹，蛹期10～15天；7月上旬羽化出成虫，进入第一次危害高峰期，并大量飞入公共场所和居民家中扰民。羽化较早的成虫可继续产卵繁殖，8月末新一代幼虫群集化蛹，9月末进入第二次成虫危害高峰期，严重发生时，可将榆树叶片全部食光。

防治方法

1. 利用幼虫在树干群集化蛹的习性，人工捕杀。

2. 化学防治。低龄幼虫期可使用10%吡虫啉可湿性粉剂1000倍液或45%丙溴·辛硫磷乳油1000倍液或12%噻虫·高氯氟悬浮剂800～1200倍液喷雾防治。成虫发生期可使用25%高渗苯氧威可湿性粉剂300倍液喷雾防治。

3. 保护和利用瓢虫、蠋蝽等天敌（徐公天，2007）。

参考文献

虞佩玉, 王书永等, 1996; 范仁俊, 1999; 徐公天, 2007.

（潘彦平，章彦，李亚杰）

分类地位	鞘翅目 Coleoptera　卷象科 Attelabidae
拉丁学名	*Byctiscus rugosus* (Gelber)
异　　名	*Byctiscus omissus* Voss
英文名称	Poplar leaf roller weevil
中文别名	光胸金象、山杨绿卷象

198 山杨卷叶象

山杨卷叶象以成虫、幼虫危害山杨的叶片和嫩枝，使之萎蔫以至枯死，严重影响林木的正常生长。

分布　陕西，甘肃，宁夏，新疆等地。蒙古，俄罗斯。

寄主　山杨及其他杨树。

危害　成虫产卵前，将叶柄或嫩枝基部咬伤，致使萎蔫后，再将同一枝上的3～4片叶子紧密地卷成叶筒，产卵于叶筒中，之后叶筒呈现枯萎状，极易识别。

形态特征　**成虫：**体长4.5～7mm。体绿色，具铜色或紫铜色闪光。喙、腿节、胫节均呈紫铜色。雄虫头部长度几乎不大于宽度，头顶、两侧和后面被横皱纹，额具纵皱纹刻点。喙伸向头的前下方，微弯曲，约为头长的2倍。触角黑色，着生于喙中央，11节，具疏生毛，前胸背板光滑，宽度略大于长度，两侧呈圆形，前缘具横缢，中央具1条浅纵沟，腹面有前伸的2刺，小盾片宽大于长度。鞘翅具粗大而密的刻点，但排列不甚规整，肩区稍隆起，两侧平行，后部向下圆缩。是具细刻点，着生有灰白色和灰褐色的绒毛。雌虫前胸背板较狭窄，腹面

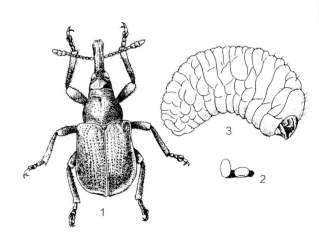

山杨卷叶象（朱兴才　绘）
1. 成虫；2. 卵；3. 幼虫

无前伸的2刺。**卵：**长约1mm，宽卵形，淡黄色，透明。**幼虫：**老熟幼虫体长约7mm，体乳白色，头赤褐色，体表疏生短毛。

生物学特性　1年1代。以成虫在枯枝落叶层或地下土室中越冬。翌年6月前后出蛰，取食并交尾产卵。雌成虫产于被其卷好的叶筒内，一般1个叶筒内产卵2～4粒。幼虫孵出后，即在叶筒内取食，待叶筒干落后，幼虫老熟即在土层中筑室化蛹。8月上旬前后成虫羽化越夏、过冬。

防治方法

1. 利用成虫假死习性，在成虫活动期，震动树干，捕杀落地成虫。

2. 成虫活动期，喷洒80%敌敌畏800倍液、2.5%溴氰菊酯水乳剂乳油1500倍液、10%溴氰菊酯2000倍液或45%丙溴·辛硫磷乳油1000倍液或12%噻虫·高氯氟悬浮剂800～1200倍液。

3. 卵及幼虫期，摘除被害的卷叶筒，集中烧毁。

参考文献

陕西省林业科学研究所，1984；陈元清，1990；萧刚柔，1992；闫海科等，2007。

（李莉，李宽胜，刘满堂，李孟楼）

山杨卷叶象成虫（嵇保中　提供）

199	剪枝栎实象		
		分类地位	鞘翅目 Coleoptera　卷象科 Attelabidae
		拉丁学名	*Cyllorhynchites ursulus* (Roelofs)
		异　　名	*Mecorhis ursulus*(Roelofs), *Cyllorhynchites cumulatus* (Voss)
		中文别名	板栗剪枝象鼻虫、剪枝栗实象、剪枝象甲、板栗锯枝虫

分布　河北，辽宁，吉林，江苏，浙江，安徽，福建，江西，山东，河南，湖北，湖南，四川，广东，云南。日本，俄罗斯。

寄主　板栗、茅栗、辽宁栎、蒙古栎、麻栎、栓皮栎、槲树。

危害　危害板栗、茅栗等栎类树种的结果枝，尤以板栗受害最重。成虫咬断果枝，使大量幼果早期掉落，直接影响产量及以后的结实。

形态特征　**成虫**：体长6.5～8.2mm，宽3.2～3.8mm。蓝黑色，有光泽，密被银灰色绒毛，并疏生黑色长毛。鞘翅上各有10列刻点。头管稍弯曲，与鞘翅等长。雄虫触角着生在头管端部1/3处，雌虫触角着生在头管端部1/2处。雄虫前胸两侧各有1个尖刺，雌虫则无。腹部腹面银灰色。**卵**：椭圆形，初产时乳白色，孵化前变成黄色。**幼虫**：初孵化时乳白色，老熟时黄白色。体长4.5～8mm，呈镰刀状弯曲，多横皱。口器褐色。**蛹**：初为乳白色，后变为淡黄色。头管伸向腹部；腹部末端有1对褐色刺毛。

生物学特性　1年1代。以老熟幼虫在土中筑土室越冬。翌年5月上、中旬开始化蛹，蛹期约1个月。6月上、中旬成虫开始羽化出土，可持续到8月上、中旬。成虫羽化后即破土而出，当天能上树取食花序和嫩栗苞，经一段时间（约1周）补充营养后即可交尾产卵。成虫产卵前先在距栗苞3～7cm处咬断果枝（卢英颐等，1992），但仍有皮层相连，果枝倒悬空中；然后再在栗苞上用口器刻槽，产卵其中，并以碎屑封口；最后将倒悬果枝相连的皮层咬

剪枝栎实象成虫（方明刚　提供）

剪枝栎实象成虫产卵（方明刚　提供）

剪枝栎实象卵（方明刚 提供）

剪枝栎实象危害状（方明刚 提供）

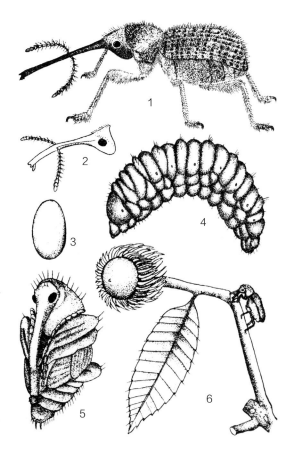

剪枝栎实象（徐天森 绘）

1.成虫；2.雄成虫头侧面；3.卵；4.幼虫；5.蛹；

6.成虫危害状

断，果枝落地。成虫在9:00～16:00较活跃，早晚很少活动，受惊即落地假死。成虫产卵于栗苞中。每头雌成虫能产卵25～35粒，危害重时，被害果枝落满地。卵在落地栗苞内发育，6月中旬开始孵化，幼虫蜕2次皮，20天左右成熟（萧刚柔，1992），咬1个圆孔爬出，钻入3～20cm深的土中筑椭圆形土室越冬。雨水多，湿度过大、过小，均不利于幼虫发育和成活。

防治方法

1．营林措施。彻底清除栗园内及林缘的茅栗、栎类树种及杂木，秋冬季节深挖栗园，施足基肥，减少虫源，增强栗树抗性。

2．人工防治。及时拣尽落地栗苞、果枝集中烧毁，减轻翌年危害。

3．化学防治。成虫危害期（6月中旬至7月中旬）喷4.5%高效氯氰菊酯乳油2000倍液或20%氰戊菊酯乳油2500倍液或45%丙溴·辛硫磷乳油1000倍液或12%噻虫·高氯氟悬浮剂800～1200倍液。

参考文献

中国科学院动物研究所，1986；罗希珍，1990；卢英颐等，1992；萧刚柔，1992；王海林等，1995；赵本忠等，1997.

（方明刚，刘振陆）

200	长足大竹象

分类地位	鞘翅目 Coleoptera　椰象甲科 Dryophthoridae
拉丁学名	*Cyrtotrachelus buquetii* Guérin-Méneville
英文名称	Bamboo weevil
中文别名	竹笋长足象、笋横锥大象

分布　福建，广东，广西，四川，贵州。

寄主　油竹、撑篙竹、籣竹、粉箪竹、崖州竹、单竹、青皮竹、光秆青皮竹、大眼竹、小佛肚竹、大佛肚竹、孝顺竹、橡竹、大木竹、马甲竹、甲竹、紫秆竹等籣竹属竹种，绿竹、吊丝球竹、大头典竹、大绿竹、花头黄竹等绿竹属竹种，吊丝竹、牡竹、马来甜龙竹、麻竹、毛龙竹、云南龙竹等牡竹属中种类。

危害　成虫多在径粗2cm以上的丛生竹竹笋上啄食笋肉补充营养，竹笋发育成新竹后，竹秆上有虫孔、凹陷，竹子断头、折梢、生长畸形，竹材利用率下降。

形态特征　**成虫**：雌虫体长25.5～36.8mm，雄虫体长26.5～41.2mm。体橙黄色或黑褐色，并有全黑的个体。头半球形。触角膝状，鞭节7节，末节膨大呈靴状，靴底为橙黄色。管状喙从头部前方伸出，雌虫喙长9.5～15.5mm，略光滑，从两侧触角槽各延伸有1个较宽的浅凹槽；雄虫喙长8.5～12.5mm，管状喙背面有1个明显的凹槽，凹槽两边有齿状突起，每边7～8枚。前胸背板成圆形隆起，后缘正中有1个形状稳定的大黑斑，顶端呈箭头状。鞘翅黄色或黑褐色，黄色个体前缘、后缘及翅中有不定型、大小不一的黑斑，外缘圆，臀角处有1个45°的突出齿；两翅合并后，在翅中下方合并处显出1个90°的突出齿。雌虫前足腿节长于或等于胫节，胫节内侧棕色毛短而疏；雄虫前足长大，腿节短于胫节，胫节下方棕色毛密而长。**卵**：长柱形，两端较圆，长径4.0～5.2mm，初产乳白色，有光泽，渐变为乳黄色，表面光滑，无斑纹。产卵穴在笋箨外，有纵向长34mm、宽4mm的产卵孔，孔边有被咬断的竖立的笋箨纤维。**幼虫**：初孵幼虫体长

长足大竹象成虫（徐天森　提供）

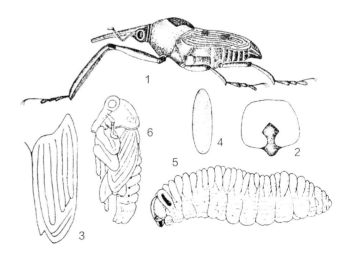

长足大竹象（徐天森　绘）
1. 成虫；2. 成虫前胸背板；3. 成虫鞘翅；4. 卵；
5. 幼虫；6. 蛹

长足大竹象卵及卵床 长足大竹象4龄幼虫（徐天森 提供） 长足大竹象老龄幼虫（徐天森 提供）
（徐天森 提供）

长足大竹象茧及蛹侧面（徐天森 提供） 长足大竹象茧及蛹背面 长足大竹象在土中刚羽化的成虫
（徐天森 提供） （徐天森 提供）

4.5～5.5mm，全体乳白色，取食后渐为乳黄色。老熟幼虫体长45～54mm。头的两颊及冠缝两侧黑褐色，上颚黑色。体多皱褶，将体分为很多小节，但腹面明显为12节，前胸背板较骨化，黄褐色，胸部在基线、气门下线、气门线位置各有1块硬皮板，背线色浅、明显，老熟幼虫模糊；尾部匙状。**蛹**：体长32～50mm，橙黄色。头顶突出，管状喙顶端有2个乳状突起，长达中胸后缘；前胸背板隆起，后缘弧形，中胸背板呈倒三角形，尖端覆盖后胸上，后胸在三角形尖的两侧有一倒"八"字纹。前胸气门在前胸侧面后缘，红色，前、后翅覆盖后足腿、胫节。各节节间很深。**土茧**：长椭圆形或长肾状形，外径长55～70mm，内径长38～55mm，土茧壁厚约10mm。土茧中以杂草纤维与泥土以及幼虫分泌液建成，很坚硬；外壁粗糙、内壁光滑。

生物学特性 广东、广西1年1代。广东成虫6月中旬开始出土，8月中、下旬为出土盛期，10月上旬成虫终见。幼虫取食期为6月下旬至10月中旬，7月中旬至10月下旬老熟幼虫入土化蛹，7月底、8月上旬到11月上旬成虫羽化，并以成虫在土下蛹室中越冬。卵需经3～4天孵化；初孵幼虫在笋中向上取食，3天左右幼虫开始斜行向上取食，快到达笋箨，又横行取食，以后再斜行向上取食，蛀食路线呈"Z"形，一直取食到笋梢，然后再转身向下取食，可将竹笋上半段笋肉吃光。幼虫在竹笋中取食12～16天老熟下地入土，经10天左右化蛹；再经11～15天，羽化成虫越夏越冬，在广西成虫出笋期要迟10～15天。

防治方法

保护天敌。卵有1种寄生蜂，幼虫常被白僵菌 *Beauveria* sp.寄生。

（徐天森）

201	大竹象	分类地位	鞘翅目 Coleoptera　椰象甲科 Dryophthoridae
		拉丁学名	*Cyrtotrachelus thompsoni* Alonso-Zarazaga et Lyal
		异　名	*Cyrtotrachelus longimanus* Gtyllenhaal, *Curculio longipes* F.
		中文别名	竹大象、竹笋大象虫、长足弯颈象、笋直锥大象

分布　福建，江西，湖南，广东，广西，四川，贵州，云南，台湾等地。印度，柬埔寨，越南，印度尼西亚，日本，菲律宾。

寄主　毛籤竹、坭黄竹、乡土竹、花竹、鱼肚腩竹、绵竹、藤枝竹、紫秆竹、油竹、青皮竹、粉箪竹、光秆青皮竹、撑篙竹、籤竹、崖州竹、大眼竹、小佛肚竹、大佛肚竹、孝顺竹、橡竹、大木竹、马甲竹等籤竹属，绿竹、吊丝球竹、大绿竹、花头黄竹等绿竹属，吊丝竹、牡竹、马来甜龙竹、毛龙竹、云南龙竹等牡竹属，苦竹、衢县苦竹、云和苦竹等苦竹属较细的竹笋种类。

危害　成虫在笋粗1～2cm较细的丛生竹、竹笋笋籤外将管状喙钻入竹笋中进行补充营养和啄建卵床、卵穴，造成竹笋秆上有很多虫孔，影响竹笋生长和竹笋发育成竹。能成竹者，竹秆上多有虫孔、凹陷，节间缩短、竹材僵硬，利用价值下降；初孵幼虫向笋上端取食直到笋梢，再转身向下取食，可取食产卵孔以下部位25～35cm的笋肉，幼虫蛀道中充满虫粪，笋梢发黄干枯，危害轻者造成成竹断梢，而大多被害竹笋不能生长而死亡。

形态特征　**成虫**：雌虫体长20～32mm，雄虫体长22～34mm。初羽化成虫体鲜黄色，出土后为橙黄色，其中有黄褐色和黑褐色个体。头黑色，触角膝状，着生于管状喙的后方月牙形沟中，柄节长4mm左右，鞭节7节，末节膨大呈靴状，靴底为橙黄色。喙从半球形的头部伸出，雌虫长8.5～10.5mm，雄虫长7.5～9.5mm。前胸背板后缘中央有1个或大或小、形状或圆或不规则形的黑斑。鞘翅外缘弧形，臀角钝圆、无尖刺，两翅合并时，中间凹陷。前足腿节、胫节与中、后足腿节、胫节等长；其他特征同长足大竹象。**卵**：长柱形，两端较圆，长径3.0～4.1mm，短径1.2～1.3mm，初产乳白色，有光泽，孵化前为淡棕色。产卵穴在笋籤外有明显的产卵孔，其纵向长约36mm，横向长约4mm，孔穴边上下有被咬断的、竖立的笋籤纤维，以上端多而密。

幼虫：初孵幼虫体长4mm，全体乳白色，取食后体乳黄色，头壳淡黄褐色，体多皱褶，体节不明显。老熟幼虫体长38～48mm，淡黄色，头黄褐色，沿冠缝外各有1条淡黄色的纵纹，呈不太宽的"八"字形。口器黑色，前胸背板骨化，前胸侧板及中胸、后胸背板、侧板均有深黄色的骨化区。体多皱褶，从腹部向上均能分清各个体节，背面皱褶同长足大竹象，每体节上有较多的小皱纵褶。尾部匙状，尾匙边骨化、黄色。**蛹**：体长34～45mm，初乳白色，后渐变土黄色。头顶、管状喙上在触角基部位置各有棕色刚毛1对，前胸背板有浅中沟，后缘有刻点区，中胸背板正中向下延伸小盾片达后胸节中。腹部各体节后缘呈皱褶式突起，正中有1列棕色齿状突起，每侧5枚，最外面1枚远离另4枚，齿突也大。暗色稍深。**土茧**：长椭圆形或长肾状形，外径长50～62mm，内径长38～55mm，土茧壁厚5mm不一。土茧中以笋籤纤维与泥以及幼虫分泌液建成，很坚硬；外壁粗糙，内壁光滑。

生物学特性　1年1代。以成虫越冬。在浙江

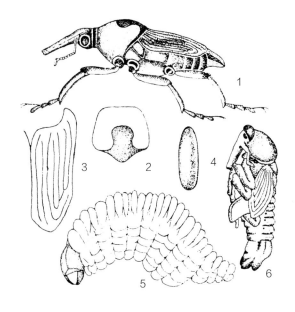

大竹象（徐天森　绘）

1～3.成虫及前胸背板、鞘翅；4.卵；5.幼虫；6.蛹

大竹象成虫（徐天森　提供）

大竹象在竹笋上产卵穴外观（徐天森　提供）　卵及卵床（徐天森　提供）

大竹象老龄幼虫（徐天森　提供）

大竹象茧及蛹的腹面（徐天森　提供）

大竹象茧及蛹背面（徐天森　提供）

温州6月中、下旬，广东广宁5月中、下旬，广西5月下旬，即日平均气温24～25℃时，越冬成虫开始出土，当日平均气温达27～28℃时，为成虫出土盛期；一天中以6:00～9:00、16:00～19:00成虫出土最多。出土24小时后成虫上笋，啄食笋肉补充营养。一天以6:00～7:00、8:00～10:00、15:00～17:00最为活跃。成虫取食期，浙江为6月中、下旬和广东为5月中旬开始，均终于9月下旬。幼虫取食期，浙江为6月上旬、广西为5月上旬、广东为5月中旬开始，均终于10月上旬。卵在浙江需经4～5天、广东经2～3天孵化，初孵幼虫向上取食，直到笋梢。3龄幼虫食量增大，再向下取食，可取食到产卵孔以下部位25～30cm长的笋肉。幼虫5龄。在浙江南部幼虫26～29天、广东12～15天老熟。老熟幼虫多于后半夜在蛀道中向上爬行，爬至离竹笋顶梢13～20cm处，将顶梢咬断，咬断切口整齐，并用笋纤维碎屑、粪便堵塞切口处蛀道孔，复转回身向下行约7cm处，再次将此段笋咬断，幼虫潜于此段笋梢内一起落地，竹

农称此段笋梢为"笋筒"或"笋尾"，笋筒长5.7～8.8cm。也有少数幼虫第一次咬断笋梢时，幼虫即潜入笋梢内一同落地，再咬断笋梢上半段，并弃之，幼虫仍潜在下半段笋筒中。在当天后半夜，幼虫伸出头、胸部，背着笋筒在地面蠕动爬行，寻找适宜地点爬出笋筒，以大颚掘土做穴；若入土前已天明，幼虫就躲留在笋筒中，待天黑后再入土。幼虫入土时，以大颚掘土，先以头向下钻，掘至一定深度，再横向斜行下钻，入土深度与土质软硬关系密切，浅者仅12cm，深者达55cm，一般入土25cm左右。幼虫掘土至适宜位置后，需数次返回地面入口处，拖入一些笋筒纤维，与土黏合筑成蛹室。幼虫在蛹室中体先缩短，需经10～12天，蜕皮化蛹，蛹经12～15天羽化成虫越冬。

防治方法

保护天敌。卵有1种寄生蜂，幼虫常被病原线虫、白僵菌寄生。

（徐天森）

分类地位	鞘翅目 Coleoptera　椰象甲科 Dryophthoridae
拉丁学名	*Otidognathus davidis* (Fairmaire)
英文名称	Bamboo shoot weevil
中文别名	笋象虫、杭州竹象虫、一字竹笋象

202　一字竹象

分布　江苏，浙江，安徽，福建，江西，河南，湖北，湖南，广东，广西，四川，陕西等地。越南。

寄主　毛金竹、假毛竹、白哺鸡竹、尖头青竹、安吉金竹、浙江淡竹、黄槽毛竹、乌芽竹、罗汉竹、花皮淡竹、白皮淡竹、淡竹、毛环水竹、毛竹、绿粉竹、红竹、花哺鸡竹、白夹竹、寿竹、水竹、天目早竹、绵竹、京竹、毛壳花哺鸡竹、黄秆乌哺鸡竹、黄间竹、斑竹、芽竹、筇竹、秋竹、雷竹、乌哺鸡竹、奉化水竹、灰水竹、浙东四季竹、簕竹、五月季竹、巨县苦竹、唐竹、红舌唐竹、天目箬竹、黄皮刚竹、金丝毛竹、紫蒲头石竹、石竹、肖山早竹、石绿竹、笔秆竹、早园竹、茶秆竹、云和苦竹、甜竹、刚竹、紫竹、苦竹、黄槽石绿竹、早竹等刚竹属56个种，唐竹属3个种，苦竹属4个种，南丰竹属、箬竹属、茶秆竹属各1个种，共6个属60余种竹竹笋。

危害　成虫在竹笋上啄食笋肉补充营养，被害笋发育为新竹的竹秆节间缩短、有虫孔和凹陷，材质僵硬，竹材利用率下降；初孵幼虫在竹笋产卵穴中取食，不断将产卵穴扩大变为危害孔洞，有的幼虫在竹笋小枝上取食，将竹笋小枝咬断。虫口密度特大时竹笋被危害致死。一般危害，竹笋即使生长成竹，被害竹也是虫口累累，竹节节间缩短，竹材僵硬、断头、折梢，竹枝稀疏，竹子光合作用减少，下年度出笋减少，质量下降，竹林林相破碎，伐竹后竹材利用价值大为下降。

形态特征　**成虫**：雌虫体长14.5～21.8mm，雄虫体长12.4～19.6mm。体棱形。雌虫初羽化为乳白色，渐变为淡黄色；雄虫赤黄色。头黑色；复眼椭圆形，黑色；管状喙稍向下弯曲，黑色。雌虫喙长5.4～8.4mm，细长、表面光滑，发亮；雄虫喙长4.4～7.5mm，粗短，有刺状突起，上方有1条沟，沟两侧为2列齿状突起。触角膝状，柄节长约3mm，鞭节7节，末节膨大呈靴状，靴底为锈黄色。前胸背板隆起圆球形，正中有1个棱形黑斑，后缘弯曲呈弓形；鞘翅正中各有黑斑1个，前缘近基部1/3处各有黑斑1个，肩角、外角、内角黑色。**卵**：长椭圆形，稍弯曲，长径3.09mm，短径1.07mm。成虫危害出笋小年笋所产的卵个体要小1/3。卵初产为玉白色，不透明，后渐变为乳白色，孵化前下半段透明。**幼虫**：初孵幼虫体长约3.1mm，乳白色，体壁柔软，透明，背线白色。3龄后体壁变硬，呈乳黄色，老熟幼虫平均体长20.81mm，黄色；头赤褐色；口器黑色，非常锐利；体多皱褶，气门不明显。幼虫5龄，各龄幼虫头壳宽分别为1.0～1.2、1.3～1.5、2.0～2.3、2.8～3.3、3.8～4.1mm。体长分别为2.8～3.5、4.4～6.5、8.3～9.8、14.1～17.6、20.7～24.8mm。尾部有深黄色的突起，微分为二。**蛹**：体长16～22mm，初化蛹乳白色，渐变为淡黄色，头紧挨于前胸下，前胸背板大，管状喙末端达中、后足间，翅芽达腹5节后缘。**土茧**：茧长23.5～27.6mm。泥质，长椭圆形，外壁粗糙，茧壁厚，内壁光滑。该幼虫入土后不再返回地面拖杂草、笋箨纤维入土，掺于土茧中，但土茧仍然坚硬。

一字竹象雌成虫（下）
（徐天森　提供）

一字竹象成虫交尾状
（徐天森　提供）

一字竹象卵（徐天森 提供）　　　一字竹象茧和蛹（徐天森 提供）　　　一字竹象危害毛竹（徐天森 提供）

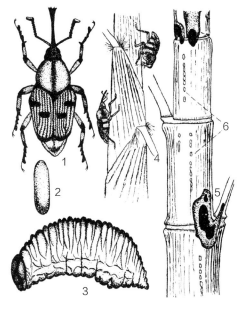  

正在取食的一字竹象3龄幼虫
（徐天森 提供）

竹笋笋肉被一字竹象幼虫
危害状（徐天森 提供）

一字竹象（徐天森 绘）

1. 成虫；2. 卵；3. 幼虫；4. 成虫产卵状；

5. 幼虫危害状；6. 成虫危害状

生物学特性　浙江在小径竹竹林中1年1代；在有出笋大小年的毛竹林中，分出笋大年型与出笋小年型，均为2年1代。以成虫越冬，4月底、5月初越冬成虫出土，6月上、中旬林中成虫终见。5月上、中旬成虫交尾、产卵，卵经3～5天孵化，5月底6月初幼虫老熟，经10～15天于6月中、下旬化蛹，7月羽化成虫越冬。在江苏与广西分别推迟或提前15～20天。在浙江奉化该虫危害奉化水竹，由于奉化水竹出笋期在5～6月，故该虫成虫约5月中、下旬出土，其他各虫态均要相应推迟15～20天。

防治方法

保护天敌。杜鹃、竹鸡、长尾蓝雀捕食成虫，幼虫常被病原线虫、白僵菌寄生。

参考文献

徐天森, 王浩杰, 2004.

（徐天森）

203	红棕象甲	分类地位	鞘翅目 Coleoptera　椰象甲科 Dryophthoridae
		拉丁学名	*Rhynchophorus ferrugineus* (Oliver)
		英文名称	Red palm weevil, Asian palm weevil, Sago palm weevil
		中文别名	锈色棕榈象、椰子隐喙象

分布　除海南分布较广外，上海、福建、广东、广西等地均为局部发生危害。

寄主　椰树、海枣（椰枣）、台湾海枣、银海枣、桄榔、油棕、糖棕、王棕、槟榔、假槟榔、酒瓶椰子、西谷椰子、三角椰子、甘蔗等。

危害　寄主受害后，叶片发黄，后期从基部折断，严重时叶片脱落仅剩树干，直至死亡。该虫是危害棕榈科植物的重要害虫。在海南，椰树遍布全岛，椰果和槟榔的收入占当地农民收入的80%以上，该虫的危害对地方经济发展造成了很大的影响。该虫许多寄主同时也是城市绿化的名贵树种。

形态特征　成虫：体红褐色，背面具2排黑斑，排列成前、后2行，前排3个或5个，中间1个较大，两侧的较小，后排3个，均较大。鞘翅短，每排鞘上具6条纵沟。**幼虫：**乳白色，无足，呈弯曲状，老熟幼虫头部黄褐色，腹部末端扁平，周缘具刚毛。

生物学特性　1年2～3代，发育不整齐，世代重叠。一年中有2个明显的成虫出现期，即6月和11月。雌虫通常在幼树上产卵，在树冠基部幼嫩松软的组织上蛀洞后产卵，有时也产卵于叶柄的裂缝、组织暴露或由犀甲等害虫造成损伤的部位。卵散产，1处1粒，每雌一生可产卵162～

350粒。幼虫孵出后即向四周钻蛀取食柔软组织的汁液，并不断向深层钻蛀，形成纵横交错的蛀道，取食后剩余的纤维被咬断并遗留在虫道的周围。该虫危害幼树时，从树干的受伤部位或裂缝侵入，也可从根际处侵入。危害老树时一般从树冠受伤部位侵入，造成生长点迅速坏死，危害极大。老熟幼虫用植株纤维结成长椭圆形茧，成虫后进入预蛹阶段。而后蜕皮化蛹，蛹期8～20天。成虫羽化后，在茧内停留4～7天，直至性成熟才破茧而出。

防治方法

1. 在产地检疫中，发现疫情，应销毁受害致死的树木。

2. 1～3月幼虫和成虫期，在被害寄主主干上人工钻1～2个孔用25g/L高效氯氟氰菊酯乳油50倍液，采用吊瓶滴灌的方法将药液慢慢输入寄主体内。树冠受害，可在植株叶腋处填放吡虫啉与沙子的拌和物；在伤口和裂缝处涂抹煤焦油或氯丹等。7～8月幼虫、蛹和成虫期，在幼虫初孵期用25g/L高效氯氟氰菊酯乳油800～1000倍液，或40%毒死蜱乳油1500倍液，或阿维菌素1500倍液，或12%噻虫·高氯氟悬浮剂1000倍液或50%吡虫啉·杀虫单水分散粒剂

红棕象甲成虫（《林业有害生物防治历》）

红棕象甲蛹（《林业有害生物防治历》）

红棕象甲危害干基部　　　红棕象甲危害树梢　　　　　红棕象甲成虫及危害状
（《林业有害生物防治历》）　（《林业有害生物防治历》）　（《林业有害生物防治历》）

红棕象甲幼虫（徐公天　提供）　　　　　红棕象甲蛹被寄生（徐公天　提供）

红棕象甲茧（《林业有害生物防治历》）

600～800倍液从心部喷淋，直至树干流液，喷淋后用薄膜封包树干效果更好。

　　3. 生物防治。斯氏线虫、异小杆线虫注孔，释放下盾螨 *Hypoaspis* sp. 寄生蛹和成虫。

参考文献

　　赵养昌等, 1980; 伍有声等, 1998; 吴坤宏等, 2001; 刘奎等, 2002; 覃伟权等, 2002; 张润志等, 2003.

（周茂建，李涛）

分类地位	鞘翅目 Coleoptera　椰象甲科 Dryophthoridae
拉丁学名	*Sipalinus gigas* (F.)
异　　名	*Hyposipatus gigas* F., *Sipalus gigas* (F.), *Sipalus hypocrita* Boheman, *Sipalus misumenus* Boheman, *Curculio gigas* F., *Rhynchophorus gigas* Herbst
英文名称	Large pine weevil
中文别名	松大象

204　松瘤象

幼虫钻蛀松树衰弱木、伐倒木树干和伐根，降低木材工艺价值，是松林采伐迹地、松贮木场的重要蛀干害虫。

分布　江苏（南京、宜兴），浙江（淳安、仙居、绍兴、乐清），安徽（宁国、黄山、泾县），福建（建阳、邵武），江西（吉安、信丰、九江），湖南（湘潭、汨罗、怀化），四川（德昌），贵州（遵义）等地。

寄主　马尾松、火炬松。

危害　蛀害松材木质部，形成众多蛀孔。木材蛀孔外或受害伐根的地面上，常堆积大量黄白色颗粒状蛀屑。

形态特征　**成虫：**体长14.2～25.0mm。体壁坚硬，基色为黑色，具灰褐色斑纹。头部呈小半球状，喙向下弯曲，基部1/3粗而无光泽；端部2/3平滑，黑色且光泽。前胸背板具粗大的瘤状突起，中央有1光滑纵条。每鞘翅具10条刻点列，每2条刻点列间稍隆起（萧刚柔，1992）。**幼虫：**体长16.0～27.0mm，乳白色，体肥大。头部黄褐色，腹部末端具3对棘状突起。

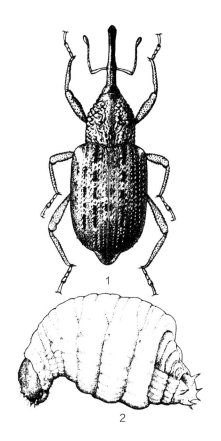

松瘤象（张翔　绘）
1.成虫；2.幼虫

松瘤象成虫（张润志　整理）

生物学特性　浙江淳安1年1代。以幼虫在木质部坑道内越冬。翌年3月下旬至5月下旬为蛹期，4月下旬至7月上旬为成虫期，5月上旬至7月中旬为卵期。5月中旬出现幼虫。

5月为成虫羽化盛期。羽化孔圆形，大多位于树干基部。成虫善爬行，具弱趋光习性。成虫喜聚集于壳斗科植物排出的树液处。喜在直径较大的衰弱松木、带皮原木和新采伐遗留的伐根树皮缝隙处产卵，并钻蛀危害。平均高14.5cm、直径21.8cm的马

松瘤象幼虫（张润志　整理）

松瘤象幼虫蛀食状（张润志　整理）

松瘤象危害状（张润志　整理）

松瘤象羽化孔（张润志　整理）

尾松伐桩中，平均寄生14.8头幼虫。幼虫孵化后不久，即蛀入木质部。随着虫龄增大，坑道体积随之增大。幼虫成熟时寄主体内出现众多的坑道。

防治方法

1. 加强抚育管理。松林内应及时清理衰弱木、濒死木、虫源木和新伐松木及伐根，以防松瘤象成虫产卵，滋生蔓延。

2. 应用300亿孢子/g白僵菌水分散油悬浮剂无纺布菌条进行防治。引诱剂诱杀，于5月越冬代成虫期，可在林中悬挂松类蛀干害虫引诱剂，诱杀效果颇佳。

3. 景观和松类种子园等特殊用途松林的严重发生地，可在成虫期设置频振式诱虫灯诱杀，以降低虫口密度。

参考文献

萧刚柔, 1992.

（赵锦年，王淑芬）

205 小黑象

分类地位 鞘翅目 Coleoptera 三锥象科 Brentidae

拉丁学名 *Pseudopiezotrachelus collaris* (Schilsky)

异　名 *Apion collare* Schilsky

中文别名 小黑象甲、豆长喙小象

分布 广东。

寄主 危害雷林1号桉、赤桉等多种桉树。嫩梢被咬断枯死，幼树无主梢后簇生呈扫帚状，严重影响高生长，虫口密度高的林地，被害率高达97%，其中1年生幼林危害最重、2年生的次之、3年生的最轻。

形态特征 **成虫：**体长2.0～3.5mm，虫体乌黑发亮。前胸两侧有白色绒毛，喙圆柱形、长约1.8mm，咀嚼式口器着生喙的顶端。棒状触角11节、柄节细长，端部3节膨大。复眼黑色。**卵：**长1.0～1.2mm，椭圆形、乳白色。**幼虫：**老龄幼虫3～4.5mm，淡黄色。头部褐色，体呈"C"形，背上着生疏短毛。**蛹：**长2.0～3.0mm，乳白色。

生物学特性 1年1代。以蛹在土室中越冬。翌年3月底至4月初成虫羽化出土，6月中旬为羽化盛期，羽化后第三天取食嫩梢补充营养。清晨从叶背爬到叶面，待露水干后取食嫩梢，下午爬到侧枝茎基部或叶背休息，傍晚爬到叶面取食后在叶背栖息。成虫飞翔力弱，有假死习性。成虫补充营养

1周后交尾，交尾后第三天成虫产卵于嫩梢内，卵散产，一般1个枝梢产卵1粒，产完卵成虫爬到距产卵处约3cm的地方取食剩下的皮层，使有卵的嫩梢枯死。成虫期长达5个多月，产卵70～90粒，卵6～9天后孵化，幼虫取食枯梢的软木质部。幼虫共4龄，4龄末期幼虫爬出树梢入土做室，并在土室中化蛹越冬。

防治方法

1. 营林措施。适当疏植以增加桉树的通风透光，提高生长势可减轻其危害。

2. 保护天敌。蜘蛛每天可捕食8～11头成虫，可抑制成虫的危害。

3. 化学防治。用25g/L高效氯氟氰菊酯乳剂800～1000倍液、20%氰戊菊酯乳油2000～5000倍液或45%丙溴·辛硫磷乳油1000倍液或12%噻虫·高氯氟悬浮剂800～1200倍液喷雾防治。

参考文献

冼升华等, 1998; 庞正轰, 2006.

（顾茂彬）

小黑象（张润志　拍摄）

206 核桃长足象

分类地位	鞘翅目 Coleoptera 象甲科 Curculionidae
拉丁学名	*Sternuchopsis juglans* (Chao)
异 名	*Alcidodes juglans* Chao
中文别名	核桃果实象

分布 河南，湖北，广西，重庆，四川，云南，陕西等地。

寄主 核桃、泡核桃。

危害 成虫蛀果或取食芽、嫩枝、叶柄，受害果面可见直径3～4mm的蛀孔及褐色汁液；幼虫蛀食种仁并排出黑褐色粪便，果面可见条状凹及水浸状伤疤，以至种仁发育不良，果实早落。

形态特征 成虫：体长9～12mm，喙长3.4～4.8mm，体墨黑色，稀被2～5叉状白鳞片。喙密布刻点。膝状触角11节，端部4节纺锤形。复眼黑色。前胸宽大于长、密布小瘤突，小盾片具中纵沟。鞘翅各有刻点沟10条。腿节膨大具1齿，齿端2小齿，胫节外缘顶端1个钩状齿，内缘2根直刺（萧刚柔，1992；李孟楼，2002）。**卵**：1.2～1.4mm，长椭圆形。初产乳白或淡黄色、半透明，后黄褐或褐色。

幼虫：体长9～14mm，乳白色，头黄褐或褐色，胸、腹部弯曲呈镰刀状，体侧具气门。**蛹**：体长12～14mm，黄褐色，胸、腹背面散生许多小刺，腹末1对褐色臀刺。

生物学特性 四川、陕西1年1代。以成虫越冬。四川于翌年4月上旬开始上树取食幼果、芽、嫩枝及叶柄补充营养，5月上旬为盛期，多次交尾、产卵。有假死性、喜光。5月上旬至8月下旬在果皮上咬蛀2～4mm的椭圆形孔产卵，5月下旬为盛期，产卵期38～102天。每果常产卵1粒，每雌产卵105～183粒。成虫产卵后于9～10月落地死亡，寿命497～505天。5月中旬卵始孵化，6月上旬为盛期，卵期3～8天。初孵幼虫于次日开始取食果皮，3～5天后蛀入果内，不转果危害。幼虫期16～26天，平均21天，幼虫危害期达3～4个月；老熟幼虫于5月中旬开始在树上僵果和落果中化蛹、6月下旬为化蛹盛期，蛹期6～7天，化蛹率约85%。6月下旬至7月上旬为成虫羽化盛期、羽化率为80%，羽化孔直径6～7mm，雌雄性比接近1：1；成虫出果上树危害，但不交尾、产卵，于11月在树干下部粗皮缝中越冬（萧刚柔，1992；李孟楼，2002；蒲永兰等，2003）。

防治方法

1. 在越冬成虫出现到幼虫孵化阶段，用每毫升含孢子量2亿个的白僵菌液喷雾防治成虫，或用灭幼脲Ⅲ号胶悬剂喷雾防治幼虫。

2. 黑光灯诱杀成虫。刮除根颈部粗皮，消灭其中越冬成虫。捡拾落果后与石灰混拌后深埋于土中。

保护红尾伯劳，啄食成虫。

参考文献

萧刚柔，1992；李孟楼，2002；蒲永兰等，2003.

（唐光辉，李孟楼，景河铭）

核桃长足象（张润志 拍摄）

核桃长足象（李镇宇 提供）

207 花椒长足象

分类地位 鞘翅目 Coleoptera 象甲科 Curculionidae

拉丁学名 *Sternuchopsis sauteri* Heller

分布 山西，浙江，福建，江西，湖南，四川（汶川、理县、茂县），云南，台湾。柬埔寨，越南。

寄主 花椒。

危害 只危害花椒。幼虫蛀食花椒枝干，蛀孔呈排孔状，易风折枯死；成虫取食花椒嫩梢，常使其折断枯死。

形态特征 成虫：体长17～20mm，宽5～6.4mm，黑色。前胸两侧、肩和翅面被分叉的鳞片和白粉。喙长度大于头胸之和，雌虫喙后端背面具细沟。触角第四至第六索节几呈球形，第七索节长度等于棒节长，雌虫的2倍于棒节。前胸密布顶端着生1根细毛的大颗粒，鞘翅除端部1/4外均散布长坑状刻点。足腿节具1个弯齿，前端具2个钝齿，前足胫节中部具1个钝齿，端齿发达（赵养昌等，1980；邓国藩，1983）。卵：长2.8～3.2mm，宽1.6～1.8mm，长椭圆形，乳白色。幼虫：老熟幼虫体长15～17mm，白色，头、前胸背板黄褐色。肥胖、多皱纹，被短毛，气孔明显。腹部两侧乳突上各生短毛2根。蛹：长12.5～14.1mm，长椭圆形，淡黄白色。体背具小刺，腹末具1对臀刺。

生物学特性 四川岷江2年1代，生活史不整齐。卵、幼虫、成虫均可越冬。3月下旬花椒发芽时，在花椒枝干内越冬的成虫出蛰活动、取食花椒嫩芽，4月下旬至6月中旬为活动盛期。4月上旬开始交配产卵，5月上旬至11月下旬为成虫产卵盛期；产卵前先在枝干阴面咬1个长形产卵坑，在坑中咬1～7个排成1列的产卵孔，每孔产1粒卵，再用黄褐色胶质物封盖产卵坑口。幼虫5龄，在枝干内向上蛀食，蛀孔外可见条状粪便，1幼虫蛀食花椒木质部体积约530mm^3，老熟幼虫在危害孔口处筑一具封盖的蛹室化蛹，成虫羽化后约15天即咬开封盖爬出，9月上旬至10月下旬为当年成虫发生高峰期；成虫飞翔距离约15m，具假死习性，落地后形似鸟粪。卵期16.1天，幼虫期352.5天，蛹期18.7天，成虫寿命39.5天，越冬成虫寿命约150天（周明宽，1993；吴宗兴，2003）。

防治方法

1. 及时清除花椒园断枝、枯枝和枯死木并烧毁，以降低虫口数量。

2. 对于严重受害花椒林，可在成虫发生高峰期喷洒2.5%溴氰菊酯乳油5000倍液，或20%甲氰菊酯乳油3000倍液，或5%氰戊菊酯乳油3000倍液或45%丙溴·辛硫磷乳油1000倍液或12%噻虫·高氯氟悬浮剂800～1200倍液防治。幼虫期防治，用45%丙溴·辛硫磷乳油30～60倍液或12%噻虫·高氯氟悬浮剂30～60倍液添加专用渗透剂后高浓度喷涂树干。注意：高浓度喷涂时禁止喷到周围的植物叶片上。

参考文献

赵养昌等，1980；邓国藩等，1983；周明宽等，1993；吴宗兴等，2003.

（王鸿喆，李孟楼）

花椒长足象（张润志 拍摄）

分类地位	鞘翅目 Coleoptera　象甲科 Curculionidae
拉丁学名	*Cryptorhynchus lapathi* (L.)
异　名	*Curculio lapathi* L.
英文名称	Poplar and willow borer
中文别名	杨干象鼻虫、杨干隐喙象

208　杨干象

　　杨干象是杨树苗木和幼树的毁灭性枝干害虫，幼虫环绕枝干蛀道取食韧皮部，切断树木的韧皮组织，轻者枝干干枯或折断，重者树木千疮百孔甚至死亡。同时，老熟幼虫在木质部中蛀道化蛹，降低使用价值。该虫以越冬卵或初孵幼虫随苗木调运进行远距离传播，成虫随地表径流和河水在同一流域内进行较远传播，被列为国内森林植物检疫对象。

　　分布　河北，山西，内蒙古，辽宁，吉林，黑龙江，陕西，甘肃，新疆。日本，朝鲜，俄罗斯，匈牙利，捷克，斯洛伐克，德国，英国，意大利，波兰，法国，西班牙，荷兰，加拿大，美国。

　　寄主　甜杨、小黑杨、北京杨、中东杨、加杨、白城杨、沙兰杨、中东杨、I-214杨、箭杆杨、小叶杨、107杨、108杨、郎坊杨、毛白杨、青杨、小青杨、银白杨、新疆杨、晚花杨、健杨、加青杨、赤杨、旱柳、伪蒿柳、爆竹柳、黄花柳、矮桦。

　　危害　主要危害苗木及幼树的2～4年生主干，有时也危害大树的侧枝。幼虫环绕枝干蛀食韧皮部，形成仅有表皮覆盖的横向坑道，并向表皮外咬出1～9个圆形排粪孔，由孔中排出黑褐色的粪

便。虫道表皮微下陷呈油浸状，后期常开裂，形成锯拉状伤疤。老熟幼虫于蛀道末端向上蛀入木质部，形成8～20cm的坑道，由坑道下端排出白色丝状木屑及大量树液。幼虫危害107杨等速生杨时，危害状为不规则的片状，后期被害处逐渐隆起、纵裂，从中央排出粪便和丝状木屑。

　　形态特征　**成虫**：体长7～10mm。长椭圆形，黑褐色或棕褐色；喙、触角及跗节赤褐色。全体密被灰褐色鳞片，其间散布的白色鳞片形成若干不规则横带。前胸背板两侧、鞘翅后端1/3部分及腿节上的白色鳞片较密，其间混杂直立的黑色鳞片簇，其中喙基部着生1对，胸前背板前方着生2个、后方着生3个，鞘翅上第二及第四条刻点沟的列间部着生6个。喙弯曲，表面密布刻点，中央具1条纵隆线。触角9节、膝状。复眼圆形，黑色。前胸背板宽大于长，两侧近圆形，前端极窄，中央具1条细纵隆线。鞘翅宽大于前胸背板，从后端1/3处向后倾斜，并逐渐缢缩，形成1个三角形斜面。臀板末端雄虫为圆形；雌虫为尖形。陕西宝鸡有红尾型，其全体淡色鳞片带有显著粉红色，鞘翅后端1/3斜面处更为明

杨干象成虫（徐公天　提供）

杨干象老龄幼虫（徐公天　提供）

显。**卵**：椭圆形，长1.3mm，宽0.8mm。**幼虫**：老熟幼虫体长9～13mm，圆筒状，略弯曲呈马蹄形，乳白色，有许多横皱纹，疏生黄色短毛。头部黄褐色，上颚黑褐色，下颚及下唇须黄褐色。头颅缝明显，前头上方有1条纵缝与头颅缝相连。头部前端两侧各有1根小的触角。唇基梯形，表面光滑，上唇横椭圆形，前缘中央具2对刚毛；侧缘各具3根粗刚毛，背面有3对刺毛；内唇前缘有2对小齿，两侧有3个小齿，中央有"V"形硬化褐色纹。其前方有3对小齿，最前方的1对较小，上颚内缘有1钝齿。下颚叶片细长带圆形，先端内侧有粗刺并列。下颚须及下唇须均为2节。前胸具1对黄色硬皮板。中、后胸各由2小节组成，腹部1～7节每节由3小节组成，胸部侧板及腹板隆起。胸足退化，在足痕处有数根黄毛。气门黄褐色。**蛹**：乳白色，长8～9mm。腹部背面散生许多小刺，前胸背板上有数个突出的刺。腹部末端具1对向内弯曲的褐色几丁质小钩。

生物学特性 本地种，1年1代。以初孵幼虫或卵（少数）在寄主枝干上的产卵孔内越冬，个别以成虫越冬。翌年3月底4月初越冬幼虫开始活动，卵也相继孵化。幼虫先在产卵孔底部向四周蛀食呈不规则的片状，而后逐渐深入韧皮部环绕木质部取食韧皮组织，形成仅有表皮覆盖的横向坑道，并不断从表皮咬出圆形排粪孔，在虫道上端形成内壁光滑的蛹室，虫道内也充满丝状木屑。6月上旬开始化蛹，6月中旬开始羽化。羽化后经6～10天爬出羽化孔，羽化盛期在7月中旬。刚爬出羽化孔的成虫只在早晚活动，不活动时沿树干下树后多潜藏于树下落叶、土石块下或土壤缝隙中。成虫补充营养时，喜欢取食死枝条上的韧皮组织，并留下许多针眼状的取食孔。成虫也在活枝条上的皮孔处或其他伤口处取食韧皮组织。伤口对成虫有诱集作用。成虫假死性强，稍受惊扰（如下雨、刮风、脚步声等各种触动或声响）便会收足坠地，长时间假死不动，环境安静后沿树干上树活动。成虫具耐水性。7月下旬开始交尾产卵，卵多产在树干2m以下的叶痕、枝痕、休眠芽、树皮裂缝、棱角、皮孔等木栓发达处。成虫产卵时先在合适部位咬蛀1个针刺状产卵孔，然后调头将1粒卵产于孔中，并分泌黑褐色膏状物质封住产卵孔。每雌平均产卵量44粒，产卵期平均36.5

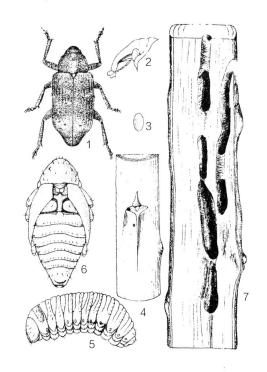

杨干象（邵玉华 绘）
1. 成虫；2. 头部侧面；3. 卵；4. 产卵孔；5. 幼虫；
6. 蛹；7. 被害状

天。成虫多将卵产在2～4年生的枝干上，有时1年生的枝干上产卵也很多，30多年生的树上也能产卵。早产的卵当年孵化，幼虫不取食，在原处越冬；部分后期产下的卵不孵化，在卵室内越冬。

防治方法

1. 实施流域整体防治策略，即同一流域内的杨干象同时进行治理，或先治理上游、再治理下游；在有杨干象发生的流域应先进行治理，清除虫源后再栽植杨树。

2. 加强植物检疫。将寄主苗木的检验样品用清水和小毛刷进行清洗后，用肉眼或借助手持放大镜检查叶痕、枝痕、休眠芽、树皮裂缝、棱角、皮孔等木栓发达处是否有针刺状产卵孔。对有产卵孔的苗木用2.5%溴氰菊酯乳油1000～2500倍液浸泡5分钟进行除害处理；带疫木材调运前必须就地剥皮并采用溴甲烷、硫酰氟熏蒸处理，用药量为30g/m³、气温20℃时，熏蒸时间24小时；热处理木材，在相对湿度达到60%，木材中心干球温度达到60℃条件下，处理10小时。

3. 人工防治。成虫期，利用成虫假死性，进行

杨干象老龄幼虫蛀食（徐公天 提供）

杨干象幼虫严重蛀食杨干（徐公天 提供）

杨干象幼虫蛀道呈刀砍状（徐公天 提供）

杨干象危害木大量风折（徐公天 提供）

震落捕杀；幼虫未蛀入木质部前用刀具刺杀或用锤击消灭。

4. 天敌利用。蟾蜍、家养鸡捕食成虫，家养鸡对成虫捕食率较高，范围仅限于村旁和宅旁；棕腹啄木鸟、大斑啄木鸟、黑毛蚁捕食幼虫；兜姬蜂、杨兜姬蜂、天牛兜姬蜂、蜡天牛蛀姬蜂、一种瘤姬蜂、球孢白僵菌、线虫、枝顶孢霉和镰刀菌寄生幼蛹或蛹。

5. 药剂防治。在杨干象幼虫未蛀入木质部前用45%丙溴磷·辛硫磷乳油30～60倍液或12%噻虫·高氯氟悬浮剂30～60倍液添加专用渗透剂后高浓度喷涂树干。注意：高浓度喷涂时禁止喷到周围的植物叶片上。或采用10%氯氰菊酯乳油20～100倍液，或2.5%溴氰菊酯乳油50～800倍液，或20%氰戊菊酯30～50倍液毛笔点涂虫道表面的排粪孔；或用10g/kg剂量的2.5%溴氰菊酯LD缓释膏、5g/kg剂量的2.5%溴

氰菊酯BD缓释膏、10g/kg剂量的25%灭幼脲Ⅲ号油胶悬剂点涂虫道表面的排粪孔。对老龄幼虫或蛹采用56%磷化铝片剂堵排粪孔防治，剂量0.05g/孔。成虫期可用25%灭幼脲油剂、15%～25%灭幼脲油胶悬剂、1%抑食肼油剂进行喷雾防治，可以降低产卵量；在成虫产卵前（7月20日前），用小毛刷将毒胶（黏虫胶与20%杀灭菊酯乳油或20%甲氰菊酯乳油以（20～40：1的比例混匀）在树干适当部位涂成宽5～10cm的闭合环（清除环上树干与地面的一切桥接物），阻杀成虫，翌年春季用毛笔点涂法防治毒环下幼虫。

参考文献

萧刚柔，1992；吴坚等，1995；王淑英等，1996；盛茂领，2005；唐冠忠，2005.

（唐冠忠，侯爱菊，李镇宇）

209	油茶象	分类地位	鞘翅目 Coleoptera　象甲科 Curculionidae
		拉丁学名	*Curculio chinensis* Chevrolat
		英文名称	Camellia weevil
		中文别名	茶籽象甲、山茶象、螺纹象

　　油茶象以成虫及幼虫危害油茶幼果，引起早期落果、空果，造成油茶大量减产。

　　分布　江苏，浙江（临海），安徽，福建，江西，湖北，湖南（慈利、汉寿、溆浦、会同、安仁、平江、益阳），广东，广西，四川，贵州（湄潭），云南（罗平、砚山、广南、邱北）等地。

　　寄主　油茶及山茶属等果实。

　　危害　成虫吸吮幼果果汁，果面留有黑点伤痕，同时还蛀食新梢、嫩茎，导致枯萎易折。幼虫取食种仁，导致落果、空果。

　　形态特征　**成虫：**长7～11mm（除头喙）。体椭圆形，黑色或酱褐色。全身疏生白色鳞片。鞘翅具纵刻点沟和由白色鳞片排成的白斑或横带。**幼虫：**体长10～20mm。老龄幼虫淡黄色，头赤褐色。

　　生物学特性　湖南2年1代，经历3个年度；云南1年1代，少数2年1代。以幼虫或上一代新羽化成虫在油茶树根际土室中越冬。以幼虫越冬者从头年6月中旬至翌年8月上旬才羽化成虫并继续在土室中越冬，幼虫在土室中长达13个月之久。越冬成虫于翌年4月下旬开始陆续出土，5月上旬开始在嫩果中产卵直至8月下旬（周石涓，1981）。

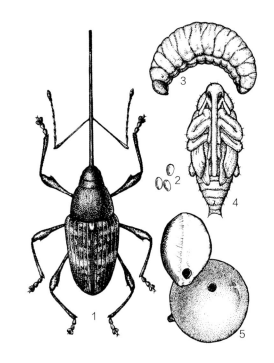

油茶象（张翔　绘）
1. 成虫；2. 卵；3. 幼虫；4. 蛹；5. 被害状

　　成虫出土后约7天才交尾产卵。产卵前先以管状喙口器咬穿果皮，并插入钻成小孔后，再将产卵管插入茶果种仁内产卵。每孔产卵1粒。每雌产卵51～179粒。产卵期44～54天。一般6月中、下旬是产卵盛期，卵期7～15天。幼虫孵化后蛀食种仁，一生可蛀食2～3粒，引起空果和落果。幼虫老熟后先在果壳上咬一小圆孔，然后爬出落地入土，通常入土深度3～6cm，最深不超过18cm。成虫喜荫蔽，具假死性（谭济才，2002）。

　　油茶象发生与环境有密切关系。当气温上升到17～19℃时成虫开始出现，在23～24℃时为盛期，在25～28℃时为末期。成虫喜荫蔽，在郁闭度大的油茶林，虫口密度大，受害较重，林中大于林缘。

　　防治方法

　　1. 营林措施。每年3月以前6月以后进行油茶林修枝、垦复，破坏幼虫土室、深埋幼虫或成虫，或

油茶象（张润志　拍摄）

油茶象成虫（王缉健　提供）

油茶象成虫（张润志　拍摄）

油茶象成虫（李镇宇　提供）

林粮间作造成幼虫、成虫不适生境。

2.人工防治。每年5～6月8:00～11:00，15:00～18:00捕杀成虫，落果高峰期（7～9月）在幼虫出果入土前每5天收集落果1次。收回落果应集中烧毁或倒入粪坑沤作肥料。

3.糖醋液诱杀成虫。在成虫盛发期（5～6月）利用油茶象成虫对糖醋味的趋性，于傍晚挂在林间，每5亩（1亩=1/15hm²）设置一处，可诱杀大量成虫。

4.化学防治。在幼虫出果盛期或成虫出土期，于地面喷洒98%杀螟丹（巴丹）1000倍液（112.5g/hm²）或10%联苯菊酯6000倍液，或45%丙溴·辛硫磷乳油1000倍液或12%噻虫·高氯氟悬浮剂800～1200倍液毒杀幼虫和成虫（谭济才，2002；萧刚柔，1992）。

参考文献

周石涓, 1981; 萧刚柔, 1992; 谭济才, 2002.

（童新旺，曾庆尧，甘家生，陈素芬）

210 栗实象

分类地位 鞘翅目 Coleoptera 象甲科 Curculionidae
拉丁学名 *Curculio davidi* Fairmaire
中文别名 板栗象鼻虫、栗蛆、栗象

分布 北京，河北，辽宁，江苏，浙江，安徽，福建，江西，山东，河南，湖北，湖南，广东，云南，陕西等地。

寄主 板栗、茅栗、锥栗。

危害 幼虫食害板栗子叶，种子常在短时间内被食一空，并可诱致菌类寄生，引发霉烟病，致采收后难以贮存运销。

形态特征 成虫： 体长6～9mm，雄虫略小。体黑色，鞘翅小有纵沟10条，由点刻组成。前胸与头部连接处、鞘翅近肩角处以及臀角处均各有1个白色斑或纹，此种斑纹均为白色鳞片所构成。**卵：** 长约1.5mm，椭圆形，初产时透明，近孵化时呈乳浊色，一端透明。幼虫老熟幼虫体长8.5～12mm，乳白至淡黄色，呈镰刀形弯曲，体多横皱，疏生短毛。**蛹：** 长7～11mm，灰白色。

生物学特性 我国北方地区大多2年1代。安徽宁国市（安徽省东南部）1～2年1代。1年1代跨2年发生率27.7%～45.5%，2年1代跨3年的发生率44.5%～72.3%，均以幼虫在土中越冬（吴丽芳，2011）。云南永仁县1年1代（起晓燕，2010）。

2年1代者，以幼虫在土内越冬。第三年6～7月在土内化蛹。成虫最早于7月上旬羽化，最迟于10月上旬羽化。8月（即板栗成熟前1个多月）方出土。9月为产卵盛期。幼虫在种子内生活约1个月，9月下旬至11月上旬，老熟幼虫陆续离开种子入土越冬。

初羽化成虫先取食花蜜，以后才以板栗和茅栗的子叶、嫩枝皮为食，栗园中为混生茅栗，成虫多喜在茅栗上活动取食。被害板栗子叶表面呈不规则刻槽状。补充营养期7～10天。成虫白天活动，颇敏捷，有假死性。日落后多停息于栗叶重叠处。趋光性不强。成虫经过补充营养后，即在总苞、叶上交尾，雌、雄成虫均可多次交尾。每次交尾长达4～7小时。雄虫寿命最短8天，最长16天，平均10.3天；雌虫最短为10天，最长19天，平均15.8天。交尾后次日即可产卵。产卵前，雌虫用喙在板栗总球苞上刺孔，深达子叶表层，咬成1～1.5mm深近三角形或圆形的刻槽，约需半小时再拔出喙将产卵管插入，产卵1粒，也有1次产卵3粒的。雌虫一生产卵最少2粒，最多18粒，产卵部位多集中于果实的基部。

卵经10～15天孵化，初孵化幼虫仅在子叶表层取食，虫道宽约1mm，2龄后随着虫龄增大，虫道逐渐扩大和加深。3～4龄时虫道宽约8mm，其中充满灰白色或褐色粉末状虫粪。虫道半圆形，多在果蒂的一方。果实采收后，幼虫仍在果内取食。幼虫共6龄。老熟后，在果皮上咬一直径为2～3mm的圆孔，爬出果外，钻入土内，做一约0.5cm×2cm的长圆形土室越冬。入土深度视土壤种类而异，沙壤土较深，黏重者较浅，一般深多为10～15cm。

在北方实生栗园，该虫发生数量与采收是否及时以及脱粒地点、脱粒方法有关。管理粗放，采收不及时或不彻底的，散落的种子内幼虫发育老熟后均就地入土。在栗园附近晒场堆积、待其后熟剖苞取栗以及在栗窖沤制脱粒的，均造成入土幼虫高度集中，每平方米地面越冬幼虫常达数百至千余头。在南方栗园，除上述情况外，还与栗园附近野生茅栗密度有密切关系。由于茅栗球苞针刺短疏、球肉薄，受害较板栗重。此种被害种子大多弃于林地，

栗实象成虫（张培毅 提供）

幼虫老熟后即在寄主树下越冬。据在南京、常熟、吴县、句容、溧阳、宜兴、新沂等7市（县）调查结果：有茅栗生长的山地栗园21个品种5628粒种子的被害率为8.26%～68.17%，而无茅栗生长的平地或山地栗园25个品种4913粒种子均无受害。

板栗总苞上的针刺长短、疏密因品种而异，长度10～21mm，刺束有硬软、疏密、直立、斜生之分。该虫对刺束长而密的品种，成虫的喙不易透过，因而品种间被害率有较大的差异。用不同品种接种结果，成虫喜在刺束短、稀疏、球内薄的品种上取食和产卵。据在同一林中观察：刺束长达21mm、硬性密生的品种，如焦杂、密刺、早盔，被害率为5.5%～16.98%；而刺束长10mm，分布稀疏可见苞肉的，为薄壳、真良乡、珍珠蒲、烂头观音等，被害率则高达31.76%～68.17%。

不同品种成熟期迟早与被害程度高低有密切关系。成熟早的品种在一定程度上可避过成虫危害。江苏边阳县8月末9月初成熟的早熟品种'处暑红'，被害率在5%以下，而10月上旬成熟的品种'重阳蒲''重阳红'，被害率高达44.27%～60.36%。

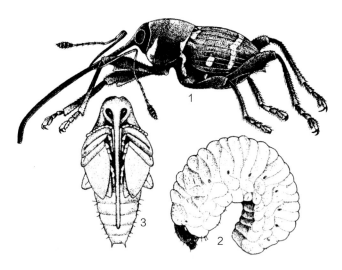

栗实象（1、2.朱兴才 绘；3.张培毅 绘）
1.成虫；2.幼虫；3.蛹

防治方法

1. 检疫。种子用板栗需经磷化铝熏蒸（20g/24小时）检验后，方可外调。二硫化碳熏蒸后的板栗种子易腐烂不耐贮藏，不宜采用。

2. 加强管理。北方栗园应及时采收栗实，不使种子散落林地。对该虫发生基地——堆放栗苞的晒场，于6月上、中旬前深翻15cm，破坏幼虫土室，消灭该虫于化蛹前，可以大幅度降低林内虫口。南方嫁接栗的山地栗园可将已成林结实的栗园内的野生栗全部砍除，附近荒山上的野生栗应尽快嫁接或结合秋季割草刈除。

3. 选育优良品种。推广成熟期早的'处暑红'、丰产质佳抗虫的'焦杂'等优良品种，还可以根据成虫发生期、产卵期及球苞特性选育丰产的抗虫品种。

4. 化学防治。成虫期施用50%杀螟硫磷乳油500倍液2次有较好防治效果。灭幼脲类杀虫剂对栗实象虽无直接杀伤作用，但能抑制其产卵和子代卵的孵化。其中，灭幼脲Ⅲ号胶悬剂500倍、1000倍和卡死克500倍、1000倍均可使下一代发生量下降90%以上。林间成虫羽化盛期喷雾防治结果：灭幼脲低容量喷雾（8300mg/kg）、卡死克（100mg/kg）防治2次，虫果率比对照下降94.5%、93.4%（吴益友，2001）。用苏云金杆菌与少量氨基甲酸酯类农药"万灵"（Lannate）复配成的高效Bt杀虫剂（施用量375g/hm²）和Bt生物杀虫剂（施用量750g/hm²）林间防治栗实象，虫果降低率分别为95%和92.3%。从喷施高效Bt的栗园所采坚果，"万灵"残留量小于0.01mg/kg，符合食用标准。

参考文献

孙永春，1963；郭从俭等，1965；中国科学院动物研究所，1986；陈吉忠等，1987；杨有乾等，1995；吴益友等，1999；吴益友等，2001；徐志宏等，2001；孙绍芳，2003；曾林等，2004；张海军等，2005；尹湘豫，2006；起晓燕，2010；吴丽芳，2011.

（孙永春，徐福元，蒋平，李镇宇）

211 沙棘象

分类地位　鞘翅目 Coleoptera　象甲科 Curculionidae

拉丁学名　*Curculio hippophes* Zhang, Chen et Dang

分布　辽宁，陕西，甘肃。

寄主　沙棘。

危害　初孵幼虫蛀食沙棘果实子叶，大幼虫蛀食种仁，种皮内部充满粉末状褐色虫粪。

形态特征　**成虫：**雌虫体长3.0mm，宽1.6mm。喙长1.6～2.0mm。褐色，被淡黄色鳞片，鞘翅具乳白色鳞片横带。索节7节，触角柄节与第一至第五索节等长，棒节4节。前胸背板刻点大而圆，小盾片密被乳白色鳞片，鞘翅沟间具2～3排鳞片。各足腿节亚端部具一大齿（萧刚柔，1992；张润志等，1992）。**卵：**乳白色，圆形。**幼虫：**老熟幼虫体长3～4mm，弯曲，无足。头黄褐色，口器黑褐色，胸、腹部乳白色。**蛹：**长3～4mm，宽1.5～2.0mm；初期乳白色，后期黄褐色，复眼黑色。腹部第一至第七节的背侧后缘各具小瘤突1列，每瘤突顶端生刚毛1根，臀节末端1对刺突。

生物学特性　陕西北部1年1代。以老熟幼虫在地下筑土室越冬。翌年6月上旬至8月中旬化蛹，蛹期20～25天。7月下旬至9月中旬成虫羽化、出土活动于沙棘丛补充营养，成虫具假死性；数天后交尾产卵于浆果侧面，1粒种实多只产卵1粒，每雌产量15～30粒。雌成虫寿命19～25天、雄成虫17～19天。卵期5～8天，8月中旬初孵幼虫在子叶表面蛀食，后蛀食种仁，幼虫4龄，在种实内取食时间15～20天。10月中旬老熟幼虫随种实掉落地面入土筑室越冬（萧刚柔，1992；陈孝达等，1990）。

防治方法

1. 危害严重地区，于冬季沙棘落叶后或早春萌动前，砍除沙棘丛，成虫可因无产卵场所而死亡，防治效果显著。

2. 8月上旬成虫羽化盛期，用2.5%溴氰菊酯4000倍液或45%丙溴·辛硫磷乳油1000倍液或12%噻虫·高氯氟悬浮剂800～1200倍液树冠喷药防治。

参考文献

陈孝达等，1990；萧刚柔，1992；张润志等，1992.

（唐光辉，李孟楼，陈孝达）

沙棘象（张润志　拍摄）

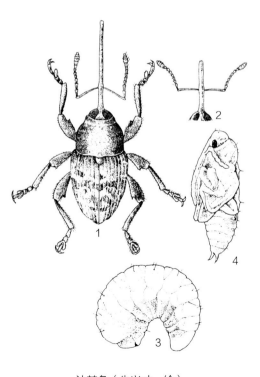

沙棘象（朱兴才　绘）

1. 雄成虫；2. 雌成虫头部；3. 幼虫；4. 蛹

212　大粒横沟象

分布　山东, 福建, 湖南(平江), 广西(桂林), 四川, 贵州, 云南(西双版纳), 台湾。日本。

寄主　油橄榄、苦楝、桃树、板栗、香椿等。

危害　幼虫在主干、根颈、枝丫处危害韧皮部, 严重时会使整株死亡。

形态特征　**成虫**: 体长13～15mm。黑褐色, 被覆白色或金黄色毛状鳞片。前胸背板有圆形大颗粒, 背板前半部中央有1条纵隆线, 特别凸起。前翅有刻点列, 刻点大, 行间宽。**卵**: 椭圆形, 长约1.5mm, 梨黄色。**幼虫**: 体弯曲, 老龄幼虫体长17～20mm。头部黄褐色, 虫体乳白色。**蛹**: 长16～18mm。体上布满对称排列的刺。

生物学特性　桂林1年2代或2年3代。前者以成虫在土里越冬, 后者以幼虫在树皮内越冬。1年2代

的, 1月下旬当气温6℃左右成虫从土里爬出来开始取食活动。2月中旬至3月中旬当气温上升到18℃左右开始交尾、产卵。在1个月左右的产卵期中, 进行1～3次交尾, 交尾后4～5天开始产卵, 卵散产于主干、根颈和大枝丫的皮层内, 多数每次产卵2粒, 少数4粒。幼虫孵化后在皮层内取食危害。5月中、下旬幼虫老熟, 在边材做椭圆形蛹室化蛹。蛹期15天左右。6月下旬至7月为第一代成虫羽化期。10月底11月初第二代成虫羽化并在树根周围和冠幅下土堆内越冬。以幼虫越冬的在1月下旬至2月上旬化蛹, 2月中旬羽化为成虫, 取食后, 于4月交尾产卵, 4月上旬至7月中、下旬为幼虫取食危害时间, 7月下旬至8月上旬化蛹, 8月上旬羽化为成虫, 取食后在10月交尾产卵, 孵化的幼虫为越冬幼虫。因此世代重叠, 同一时期在树上

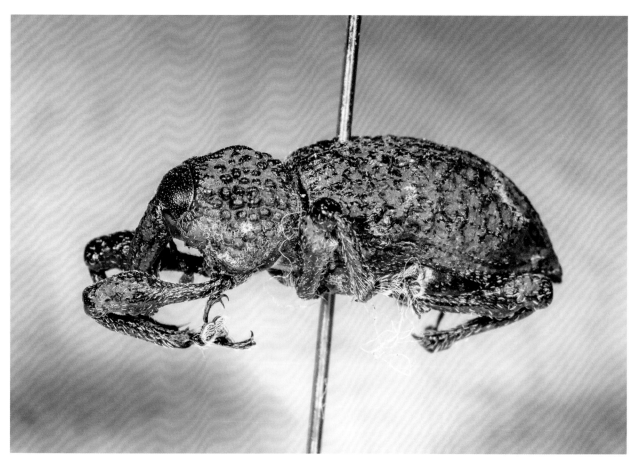

大粒横沟象（侧视）（张润志　拍摄）

大粒横沟象（上视）（张润志　拍摄）

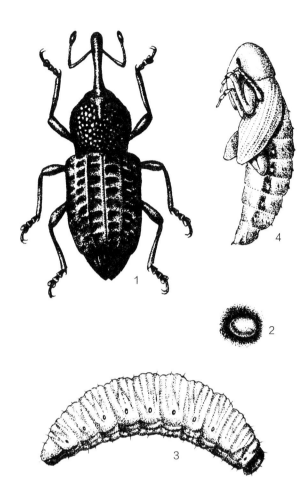

大粒横沟象（张培毅　绘）
1. 成虫；2. 卵；3. 幼虫；4. 蛹

可找到各龄幼虫。

　　成虫1年有3次出现高峰：第一次在2～3月；第二次在7～8月；第三次在10～11月。成虫有假死性。能飞翔。喜欢在树冠下部阴面活动，茅草丛生的林分，虫口密度大。有群聚越冬现象。幼虫危害初期在孔外有褐色粉末状虫粪排出，在根颈处常误被认为泥末而被忽视，虫龄增大，排泄物留存于树皮内，被害部位就不易发现。幼虫危害后，选成块状伤疤。若伤疤环绕树干一圈，树即枯死。

防治方法

　　1. 人工防治。利用成虫假死性和成虫越冬群聚性，采用人工捕杀成虫。

　　2. 化学防治。在危害部位用注射器注射300～500倍20%噻虫嗪悬浮剂、25g/L高效氯氟氰菊酯乳油1～2mL均能100%杀死幼虫或者7月幼虫期用45%丙溴磷·辛硫磷乳油30～60倍液或12%噻虫·高氯氟悬浮剂30～60倍液添加专用渗透剂后高浓度喷涂树干。注意：高浓度喷涂时禁止喷到周围的植物叶片上。

参考文献

　　萧刚柔, 1992.

（童新旺，钟孝武）

213 核桃横沟象

分类地位	鞘翅目 Coleoptera　象甲科 Curculionidae
拉丁学名	*Pimelocerus juglans* (Chao)
异　　名	*Dyscerus juglans* Chao
中文别名	核桃根颈象

分布　河北，山西，福建，河南，四川（绵阳、平武），云南（漾濞），陕西（商洛），甘肃（陇西）等地。

寄主　核桃、泡核桃。

危害　幼虫在核桃根颈部皮层中穿食，危害严重时致使树势衰弱、减产或致树木死亡。

形态特征　**成虫：**体长11～15mm，宽5.6～6.5mm。黑色，被黄褐色针状鳞片。喙密布刻点，触角沟上缘有沟，沟内1行刻点。前胸背板密布大刻点，具中纵脊。鞘翅具10条刻点沟，散生10余丛黄褐色绒毛斑。中足基节间1簇橙褐色绒毛，中、后足基节窝后缘各具1条弧形横沟（萧刚柔，1992；李孟楼，2002）。**卵：**椭圆形，长1.6～2mm，初乳白或黄白色，渐变米黄或黄褐色。**幼虫：**体长14～18mm，黄白或灰白色，头部棕褐色，口器黑褐色，前足退化处有数根绒毛。**蛹：**长14～17mm，黄白色，末端有两根黑刺。

生物学特性　四川和陕西2年1代。以成虫或幼虫越冬。以1龄幼虫越冬者翌年3～11月活动危害，以老熟幼虫越冬者第三年4月下旬化蛹、5月中旬至7月上旬羽化，成虫有假死性和趋光性，10月成对或数个在核桃根颈部皮缝内越冬。越冬成虫翌年3月下旬开始活动，4月上旬至5月上树取食叶片和果实等补充营养，多次交尾，6月上、中旬下树在根颈处3～10mm深的皮缝中咬1～1.5mm的圆孔产卵其中，用喙将卵顶到孔底后以碎屑封闭孔口。6月上旬卵开始孵化，卵期约8天。初孵化幼虫取食树皮后侵入韧皮部和木质部之间取食，虫道内充满黑褐色粪粒和木屑，幼虫期长达20～22个月。严重发生时表土下5～20cm处的根皮及距树干基部140cm范围的侧根虫道纵横交错，常使被害处环割（萧刚柔，1992；李孟楼，2002）。

防治方法

1. 5月于成虫产卵前，挖开根茎部土壤，涂抹浓石灰浆于根茎部，然后封土，防治效果可维持2～3年。冬季挖开根茎处泥土、剥去粗皮，可使越冬幼

核桃横沟象准备交尾，紧贴枝干的为雌虫（张培毅　提供）

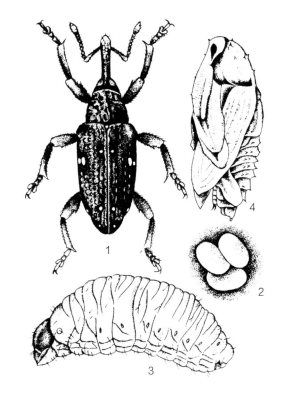

核桃横沟象成虫（上视）（李镇宇 提供）

虫死亡75%～85%。

2. 6～8月成虫发生期，用2.5%高效氯氟氰菊酯乳油4000倍液或45%丙溴磷·辛硫磷乳油1000倍液或12%噻虫·高氯氟悬浮剂800～1200倍液喷树冠。

3. 6月中下旬幼虫期用45%丙溴磷·辛硫磷乳油30～60倍液或12%噻虫·高氯氟悬浮剂30～60倍液添加专用渗透剂后高浓度喷涂树干。注意：高浓度喷涂时禁止喷到周围的植物叶片上。

参考文献

萧刚柔, 1992; 李孟楼, 2002.

（唐光辉，李孟楼，景河铭，韩佩琦）

核桃横沟象（朱兴才 绘）
1. 成虫；2. 卵；3. 幼虫；4. 蛹

214 臭椿沟眶象

分类地位 鞘翅目 Coleoptera 象甲科 Curculionidae

拉丁学名 *Eucryptorrhynchus brandti* (Harold)

中文别名 椿小象、气死猴

分布 北京，天津，河北，山西，辽宁，吉林，黑龙江，上海，江苏，河南，四川，陕西，甘肃。

寄主 臭椿、千头椿。

危害 幼虫主要蛀食树干和大枝的树皮和木质部，造成树木衰弱以至死亡。成虫以嫩梢、叶片、叶柄为食，造成树木折枝、伤叶、皮层损坏、流胶，枝干上常见圆形羽化孔。

形态特征 **成虫：**体长11.5mm左右，宽4.6mm左右。黑色或灰黑色。额部比喙基部窄得多。喙的中隆线两侧无明显的沟。头部有小刻点，前胸背板及鞘翅上密被粗大刻点。前胸前窄后阔。鞘翅坚厚，左右紧密结合。前胸几乎全部、鞘翅肩部及后端部密被雪白鳞片，仅掺杂少数赭色鳞片，鳞片叶状。其余部分则散生白色小点，鞘翅肩部略突出。**卵：**长圆形，黄白色。**幼虫：**长10～15mm，头部黄褐色，胸、腹部乳白色，每节背面两侧多皱纹。**蛹：**长10～12mm，黄白色。

生物学特性 1年1代。以幼虫或成虫在树干内和土内越冬。以成虫越冬的翌年4月下旬开始外出活动，4月下旬至5月中旬为成虫盛发期，成虫多在树干上产卵，先咬破树干韧皮部，产卵于其中，然后用喙将卵推到韧皮层内层。产卵处后期多流有白色液体。5月底幼虫孵化危害。以幼虫越冬的翌年5月化蛹，6～7月成虫羽化外出、产卵，8月下旬幼虫孵化危害。初孵幼虫先危害皮层，导致被害处薄薄的树皮下面形成一小块凹陷，稍大后钻入木质部危害。虫态很不整齐。成虫有假死性，如受惊很快蜷缩落地。成虫产卵前取食嫩梢、叶片、叶柄等补充营养1个月左右，然后开始产卵，卵期约8天。苗圃幼林、纯林受害较重。

防治方法

1. 严格检疫。不栽植带虫苗木，栽后要加强养护管理，增强树势。一旦发现受害严重即将枯死的苗木要及时伐除，避免蔓延。

2. 利用成虫不善飞、多在树干上活动及假死性

臭椿沟眶象成虫（张润志 拍摄）

臭椿沟眶象危害状（张润志 拍摄）

臭椿沟眶象成虫交尾（徐公天　提供）

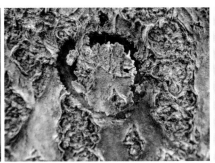

臭椿沟眶象成虫羽化前孔口
（徐公天　提供）

臭椿沟眶象老龄幼虫（徐公天　提供）

臭椿沟眶象幼虫（徐公天　提供）

臭椿沟眶象幼虫危害臭椿树干
（徐公天　提供）

臭椿沟眶象成虫（张润志　拍摄）

臭椿沟眶象危害状（张润志　拍摄）

（受到外界突然震动，害虫不动并坠落）捕捉杀灭。

3. 在幼虫危害期，用铁丝等工具从排粪口或树皮发黄且用手按松软的部位钩出幼虫杀死。

4. 成虫期喷洒含有8%氯氰菊酯的微胶囊剂（绿色威雷）200倍液。成虫盛发期，在距树干基部30cm处缠绕塑料布，使其上边呈伞形下垂，塑料布上涂黄油，阻止成虫上树取食和产卵危害。也可于此时向树上喷45%丙溴磷·辛硫磷乳油1000倍液，或12%噻虫·高氯氟悬浮剂30～60倍液添加专用渗透剂后高浓度喷涂树干，或在树干基部撒施25%西维因可湿性粉剂或2.5%敌百虫粉剂毒杀。

参考文献

萧刚柔, 1992; 杨子琦等, 2002; 徐公天; 2003.

（乔秀荣，万少侠，周嘉熹）

215	沟眶象	分类地位	鞘翅目 Coleoptera　象甲科 Curculionidae
		拉丁学名	*Eucryptorrhynchus scrobiculatus* (Motschulsky)
		异　名	*Eucryptorrhynchus chinensis* (Olivier)
		中文别名	椿大象、气死猴

沟眶象为椿树毁灭性蛀干害虫。

分布　北京，山西，辽宁，黑龙江，上海，江苏，河南（舞钢、舞阳），四川，陕西，甘肃，宁夏（灵武）等地。

寄主　臭椿。

危害　成虫危害嫩梢、叶片、叶柄，造成树木折枝、伤叶、皮层损坏，幼虫蛀咬食树皮、木质部，严重时致使树木死亡。危害症状表现为枝上出现灰白色的流胶和排出虫粪木屑。

形态特征　**成虫：**体长13.5～18mm，宽6.6～9.3mm。长卵形，体壁黑色，略具光泽。鞘翅被覆乳白、黑色和赭色细长鳞毛。鞘翅坚厚，上有刻点，散布白色并掺杂赭色（萧刚柔，1992）。**卵：**长圆形，黄白色。**幼虫：**长12～16mm，头部黄褐色，胸、腹部乳白色，每节背面两侧多皱纹。**蛹：**长11～13mm，黄白色。

生物学特性　1年1代。以幼虫和成虫在根部或树干周围2～20cm深的土层或树皮下越冬。以幼虫越冬的，翌年5月化蛹，7月为羽化盛期；以成虫在土中越冬的，4月下旬开始活动，5月上、中旬为第一次成虫盛发期，7月底至8月中旬为第二次盛发期。成虫有假死性，产卵前取食嫩梢、叶片补充营养，

危害1个月左右，便开始产卵，卵期8天左右。初孵化幼虫先咬食皮层，稍长大后即钻入木质部危害，老熟后在坑道内化蛹，蛹期12天左右（河南林业厅，1988）。

沟眶象成虫咬干（徐公天　提供）

沟眶象成虫（徐公天　提供）

沟眶象成虫交尾（徐公天　提供）

沟眶象老龄幼虫　　　　沟眶象蛹（徐公天　提供）
（徐公天　提供）

防治方法

1. 人工防治。利用成虫多在树干上活动、不喜飞和有假死性的习性，在5月上、中旬及7月底至8月中旬捕杀成虫。成虫盛发期，在距树干基部30cm处缠绕塑料布，使其上边呈伞形下垂，塑料布上涂黄油，阻止成虫上树取食和产卵危害。也可于此时向树上喷1000倍45%丙溴磷·辛硫磷乳油。

2. 化学防治。在5月底和8月下旬幼虫孵化初期，利用幼龄虫咬食皮层的特性，在被害处涂煤油、溴氰菊酯混合液（煤油和2.5%溴氰菊酯各1份），也可在此时用45%丙溴磷·辛硫磷乳油灌根进行防治。

参考文献

萧刚柔, 1992; 张执中, 1992; 河南林业厅, 1988.

（万少侠，周嘉熹）

沟眶象幼虫危害臭椿（徐公天　提供）

216 萧氏松茎象

分类地位	鞘翅目 Coleoptera　象甲科 Curculionidae
拉丁学名	*Hylobitelus xiaoi* Zhang
英文名称	Xiao pine weevil

萧氏松茎象是危害松科林木的钻蛀性害虫，自1988年在江西发现以来，在发生区造成了严重的经济损失。

分布　福建，江西，湖北，湖南，广东，广西，贵州。

寄主　湿地松、火炬松、马尾松、华山松、黑松。

危害　湿地松受害后，从蛀道流出紫红色稀浆状或花白色黏稠状油脂排泄物。火炬松和马尾松被害后排泄物多为白色粉状或块状。

形态特征　**成虫**：雌虫体长14～16mm，雄虫体长12～15mm。体壁暗黑色，前胸背板背面中央具纵向交会的大刻点，鞘翅行纹具较规则的大刻点。**幼虫**：幼虫体白色略黄，体柔软弯曲呈"C"形，节间多皱褶。老熟幼虫体长16～21mm。

生物学特性　江西赣南地区2年1代。以5龄和6龄幼虫为主在蛀道、成虫在蛹室或土中越冬。2月下旬越冬成虫出孔或出土活动，5月上旬开始产卵。5月中旬幼虫开始孵化，11月下旬停止取食进入越冬，翌年3月重新取食，8月中旬幼虫陆续化蛹。9月上旬成虫开始羽化。11月部分成虫出孔活动，然后在土中越冬。

成虫极少飞翔，善爬行，具假死性，白天在树干基部的树皮缝或枯枝落叶层下静栖，黄昏上树取食鲜嫩树皮补充营养。成虫的最适温区为22～25℃，并且其种群适宜在高湿的环境条件下生存。成虫产卵在寄主树皮内。幼虫孵化后进入寄主韧皮部取食，5龄后可蛀食树木形成层，切断有机养分的输送。该虫在植被盖度高、树干基部阴湿的林分发生严重。

防治方法

1. 营林措施。清除寄主周围的杂灌及枯腐物，并结合人工清理寄主树干基部的幼虫排泄物除掉隐藏于排泄物与地表内的成虫。

2. 人工防治。组织人员人工捉虫，方法是用刀砍开树皮顺虫道捕杀幼虫、蛹和未出孔成虫。

3. 生物防治。应用白僵菌无纺布菌条进行防治。3～4月选择林间有虫株率大于70%的林地，按8条/亩的密度将无纺布菌条绑在1m高树干上，用钉子固定。

4. 化学防治。3～5月选择有虫株率大于50%的林地，用喷粉机喷50%巴丹可溶性粉剂15kg/hm^2。选择虫株率大于75%的林地，于4月将含有8%氯氰菊酯的微胶囊（绿色威雷）加水20倍，对松林从树干基部喷雾至1.5 m高处。

参考文献

张润志，1997; 温小遂，施明清，匡元玉，2004; 温小遂等，2004; 温小遂等，2005; 彭龙慧等，2007; 温小遂等，2007; 唐艳龙等，2007; Wen X S et al., 2004; Wen X S et al., 2006; Wen X–S et al., 2007.

（温小遂）

萧氏松茎象成虫（张润志　拍摄）

分类地位	鞘翅目 Coleoptera　象甲科 Curculionidae
拉丁学名	*Hypomeces squamosus* (F.)
英文名称	Gold dust weevil
中文别名	蓝绿象、绿绒象虫、棉叶象鼻虫、大绿象虫

217 绿鳞象

分布　江苏，浙江，安徽，福建，江西，河南，湖北，湖南，广东，广西，四川，贵州，云南，台湾。越南，印度，印度尼西亚，柬埔寨，菲律宾。

寄主　茶树、油茶、柑橘、桑树、马尾松、栎类、板栗等近百种林木、果树和农作物。

危害　成虫取食林木的嫩枝、芽、叶，能将叶食尽，严重时还要啃食树皮，影响树势生长或导致全株枯死。

形态特征　**成虫：**体长15～18mm。纺锤形，越冬成虫在土下为紫褐色，出土取食后，成虫体上圆形刻点显出紫铜色，表面密被闪光的粉绿色鳞毛，少数灰色至灰黄色，表面常附有橙黄色粉末而呈黄绿色，有些个体密被灰色或褐色鳞片。头管背面扁平，具纵沟5条。触角短粗。复眼明显突出。前胸宽大于长，背面具宽而深的中沟及不规则刻痕。鞘翅上各具10行刻点。雌虫胸部盾板绒毛少，较光滑，

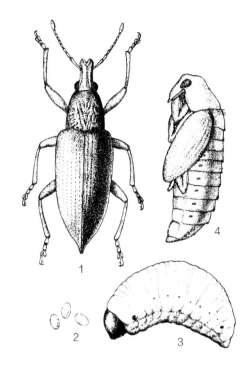

绿鳞象（张翔　绘）
1. 成虫；2. 卵；3. 幼虫；4. 蛹

绿鳞象交尾（贴在枝干上的是雌虫）（李镇宇　提供）

绿鳞象成虫（李镇宇　提供）　　　　绿鳞象成虫（王缉健　提供）

鞘翅肩角宽于胸部背板后缘，腹部较大；雄虫胸部盾板绒毛多，鞘翅肩角与胸部盾板后缘等宽，腹部较小。**卵：** 长约1.2～1.5mm，椭圆形，灰白色，孵化前呈黑褐色。**幼虫：** 老熟幼虫体长10～16mm，乳白色至淡黄色，头黄褐色，体稍弯，多横皱，气门明显，橙黄色，前胸及腹部第八节气门特别大。**蛹：** 体长12～16mm，乳白色或淡黄色。

生物学特性　江苏、安徽、江西、湖北、湖南、四川、云南1年1代；福建、广东、广西、台湾1年2代。以成虫或老熟幼虫越冬。4～6月成虫盛发。广东终年可见成虫。浙江、安徽多以幼虫越冬，6月成虫盛发，8月成虫开始入土产卵。云南西双版纳6月进入羽化盛期。福州越冬成虫于4月中旬出土，6月中、下旬进入盛发期，8月中旬成虫明显减少，4月下旬至10月中旬产卵，5月上旬至10月中旬幼虫孵化，9月中旬至10月中旬化蛹，9月下旬羽化的成虫仅个别出土活动，10月羽化的成虫在土室内蛰伏越冬。

成虫白天活动，咬食叶片形成缺刻或仅剩叶脉，早、晚多躲在杂草丛中、落叶下或钻入表土中，飞翔力弱，善爬行，有群集性和假死性，稍受触动即跌落地下。成虫一生可交尾多次，卵多单粒散产在叶片上。产卵期80多天，每雌产卵80多粒。幼虫孵化后钻入土中10～13cm深处取食杂草或树根。幼虫期80多天，9月孵化的长达200天。幼虫老熟后在6～10cm土中化蛹，蛹期17天。

防治方法

1. 人工防治。此类害虫均具假死性，故可进行人工捕捉。在成虫出土高峰期震动茶树，下面用塑料膜承接后集中烧毁。

2. 用胶粘杀。将配好的胶涂在树干基部，宽约10cm，象甲上树时即被粘住。涂一次有效期2个月。

3. 药物防治。成虫抗药能力很强，在成虫盛发期用90%的敌百虫、50%的敌敌畏1000倍稀释液，50%的辛硫磷800～1000倍稀释液，44%多虫清乳油2000倍稀释液，2.5%敌杀死、50%的马拉硫磷3000倍稀释液，20%的杀灭菊酯、10%的联苯菊酯4000倍稀释液喷杀，由于成虫有假死性，故喷药时，树冠和树下的地面均要喷湿。

4. 在成虫盛发期可以应用虫尸液防治。人工捕捉50头左右成虫，置于陶器内捣烂成浆，加水少许，在阳光下暴晒48小时，可闻到腐臭味后，用纱布滤取滤液，稀释400倍，喷施于树上，绿鳞象闻到尸臭拒食，从而减少危害，喷虫尸液3天后，虫口减退率达72.33%。

参考文献

萧刚柔，1992；张丽霞等，2002.

（仪向东，朱森鹤，李镇宇）

218	杨黄星象	分类地位	鞘翅目 Coleoptera　象甲科 Curculionidae
		拉丁学名	*Lepyrus japonicus* Roelofs
		中文别名	二黄星象虫、杨波纹象虫

　　杨黄星象是一种分布广泛的害虫，以危害苗木为主，在辽宁、吉林和山西等地因幼虫危害连年成灾。

　　分布　北京，天津，河北，山西，内蒙古，辽宁，吉林，黑龙江，上海，江苏，浙江，安徽，福建，江西，山东，河南，湖北，湖南，广东，广西，海南，重庆，四川，贵州，云南，西藏，陕西，甘肃，宁夏，青海，新疆。日本。

　　寄主　小青杨、北京杨、加杨和旱柳等。

　　危害　成虫和幼虫均危害杨树，成虫还可危害柳树。幼虫危害插条苗和定植苗的根部，先食害须根，然后啃食插穗韧皮，可将插穗韧皮完全啃光，致使整株苗木死亡（李亚杰，1983）。

　　形态特征　**成虫：**体长13mm左右。黑色，全体密被灰褐色鳞片。前胸背板两侧各有1条灰黄色纹，鞘翅后端各有1个灰黄色斑纹，分布于第四、五、六条刻点沟中。**卵：**长1.5mm，宽1.2mm，长圆形，初产卵乳白色。**幼虫：**老龄幼虫体长10～12mm，乳白色，头部棕褐色。**蛹：**椭圆形，白色，触角斜向伸置于前足腿节末端。中足位于前足下方，后足为鞘翅覆盖（萧刚柔，1992；徐公天，2007；李亚杰，1983）。

　　生物学特性　1年1代。以成虫及幼虫在土中根部附近越冬，苗木受害最重。东北地区4月中旬（北京4月上旬）越冬成虫出土活动，5月中旬（北京5月上旬）为盛期，越冬幼虫继续危害；5月上旬（北京4月下旬）成虫大肆产卵，卵产于表土层中，卵期8～10天，新孵幼虫潜入土中咬食苗木根部，6月中旬（北京6月上旬）危害最猖獗。7月中旬当年早期孵化的幼虫老熟，开始化蛹，8月上旬（北京7月下旬）羽化成虫。成虫爬行迅速，可做短距离飞行，常群栖于苗根的五叉股处。多在9:00～17:00活动，寻找食物和求偶，但温度高时成虫四处爬行，温度低时便潜伏于枯枝落叶层中。土壤湿度过大时，成虫活动缓慢，并很少取食，故在低洼潮湿地方发生的比较少。新羽化的成虫于8月下旬开始交尾产卵，至10月上旬随气温下降，成虫和新孵化的幼虫便被迫越冬（萧刚柔，1992；徐公天，2007；李亚杰，1983）。

杨黄星象成虫（徐公天　提供）

杨黄星象在柳树根部蛹室（徐公天　提供）　　　　杨黄星象危害柳苗根（徐公天　提供）

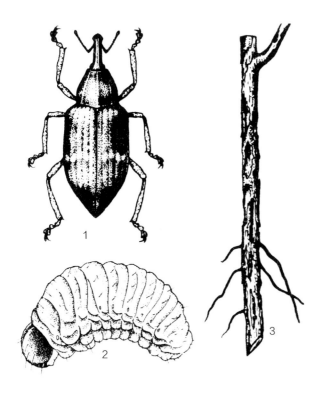

杨黄星象（1、3.邵玉华　绘；2.朱兴才　绘）
1.成虫；2.幼虫；3.被害状

防治方法

1. 春季对发生虫害的幼苗根部浇灌3%高渗苯氧威乳油3000倍液或50%辛硫磷乳剂800倍液，或50%杀螟硫磷1000～2000倍液。

2. 成虫期可喷25g/L高效氯氟氰菊酯1000～2000倍液。

3. 将每克含50亿孢子的白僵菌粉用清水浸泡2小时，兑成150倍液，在苗根附近开10cm×10cm的小坑，用喷壶浇入兑好的白僵菌液150～200g后覆土；或在苗根附近扎2个2～3cm粗14～15cm深的小孔，把药液灌到孔里，每株50～100g防治幼虫。

4. 利用其群栖性，人工捕杀成虫（萧刚柔，1992；徐公天，2007；李亚杰，1983；白城市苗圃，1975；王润喜，1978）。

参考文献

白城市苗圃, 1975; 王润喜, 1978; 李亚杰, 1983; 萧刚柔, 1992; 徐公天等, 2007.

（王金利，李亚杰，林继惠）

219	板栗雪片象	分类地位 鞘翅目 Coleoptera　象甲科 Curculionidae
		拉丁学名 *Niphades castanea* Chao
		中文别名 板栗象鼻虫

分布　江西，河南，陕西，甘肃等地。

寄主　板栗。

危害　幼虫蛀入栗实，造成栗苞脱落，随后蛀入栗实，取食果肉。

形态特征　**成虫：**体长9～11mm，宽4.5mm。栗褐色。每鞘翅上各有10条黑色纵沟。**幼虫：**体长15mm。体肥胖，稍弯曲。

生物学特性　河南1年1代。以幼虫在落地栗苞的栗实内越冬。翌年4月上旬开始化蛹，经20天左右，于4月下旬开始羽化。6月下旬开始交尾、产卵。7月上旬卵开始孵化，9月底至10月中旬被害栗实内越冬。

成虫羽化后，暂时在栗实内不动，随后向外咬孔钻出，飞到树上取食嫩枝皮层，白天潜伏于叶面隐蔽，傍晚活动最盛，受惊即坠地假死。卵散产，多产在栗实基部周围刺束下的栗苞上，一般1个栗苞产卵1粒。每个雌虫产卵3～35粒。幼虫孵化后，先在栗苞刺束基部取食苞肉，随后蛀入栗实基部取食，造成栗苞脱落。8月底至9月初，栗苞落地最

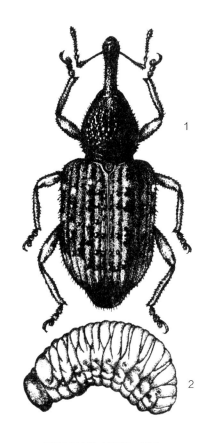

板栗雪片象（张翔　绘）
1. 成虫；2. 幼虫

板栗雪片象成虫（张润志　拍摄）

多。栗苞落地后，幼虫即在栗实内取食，危害至9月底，开始在其中越冬。

防治方法

1. 人工防治。冬春季节，彻底拾净落地栗苞，集中处理。

2. 化学防治。成虫在树上活动时，喷洒45%丙溴磷·辛硫磷乳油1000倍液。

参考文献

杨有乾等，1982；萧刚柔，1992；河南省森林病虫害防治检疫站，2005.

（杨有乾）

220	多瘤雪片象	分类地位　鞘翅目 Coleoptera　象甲科 Curculionidae
		拉丁学名　*Niphades verrucosus* (Voss)

分布　浙江（富阳、新昌、象山、天台、仙居、宁海、云和、开化），安徽（黄山、安庆、芜湖），福建（邵武、南平），江西（上饶、九江、宜春），湖南（怀化）。日本。

寄主　马尾松、黄山松、黑松、湿地松、华山松、火炬松、金钱松。

危害　幼虫钻蛀衰弱寄主树干皮层、主干，在皮层内形成不规则坑道。聚集危害时，皮层遭蛀一空，造成树皮与边材脱离，致树枯死。坑道内充塞红褐色粪粒和蛀屑，坑道连成一片。老龄幼虫在边材纵向咬筑蛹室，室外覆盖蛀丝团。

形态特征　成虫：体长7.1～10.5mm。体黑褐色。头部散布显著的坑形刻点。小盾片具雪白的毛。鞘翅具锈褐色和白色鳞片。腿节近端部的白色鳞状毛排成环状。腹部长有白色鳞片状毛（赵锦年，1987）。**幼虫：**体长9.0～15.6mm。体黄白色。头部黄褐色，上颚黑褐色。

生物学特性　浙江开化1年2代，少数1代。以中、老龄幼虫在树干皮层内越冬。3月下旬至6月中旬为蛹期。4月上旬至10月下旬为越冬代成虫期。5月上旬至6月下旬为第一代卵期。5月中旬至8月上旬为幼虫期。7月初至11月上旬为第一代成虫期。9月下旬至翌年5月下旬为第二代幼虫期。

成虫全天均能羽化，以12:00～16:00为最多，善爬行，喜食马尾松花苞和寄主嫩枝皮，具假死和饮水习性。雌、雄交配多在20:00～24:00。交配呈背负式，雌、雄成虫可多次交配，每次交配平均历时11分钟。成虫平均寿命为111.7（41～126）天。卵产于树皮缝隙间。卵历期3～4天。幼虫多分布于2m以下树干，在边材咬筑蛹室时，发出"嚓嚓"啮木声，顺着木纤维的排列方向筑蛹室，蛹室长1.1～3.3cm。蛹平均历期13.8（9～21）天。

该虫多发生在潮湿、土壤肥沃、杂草繁茂或山高雾重松林及存放新鲜原木的贮木场，常伴随马尾松角胫象发生（赵锦年，1987）。

防治方法

1. 饵木诱杀。被害林中设置衰弱松树段诱集成虫产卵，待卵孵化后剥皮集杀幼虫。

2. 应用白僵菌无纺布菌条进行防治。用胶粘杀，将配好的胶涂在树干基部，宽约10cm，象甲上树时即被粘住。保护天敌。兜姬蜂寄生多瘤雪片象幼虫和蛹，寄生率达32.7%，具一定的自然控制能力，该蜂成虫活动期林中禁喷杀虫剂。

3. 引诱剂诱杀。成虫期应用"蛀干类害虫引诱剂（专利号：ZL03115289.9）蜂进行诱杀，效果较佳。

参考文献

赵锦年等，1987；萧刚柔，1992；赵锦年等，2001.

（赵锦年）

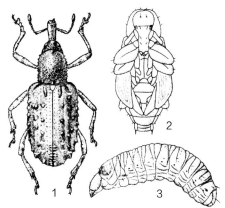

多瘤雪片象（瞿肖瑾　绘）
1. 成虫；2. 蛹；3. 幼虫

多瘤雪片象成虫（张润志　拍摄）

多瘤雪片象危害状（骆有庆　提供）

221 华山松木蠹象

分类地位　鞘翅目 Coleoptera　象甲科 Curculionidae
拉丁学名　*Pissodes punctatus* Langor et Zhang
英文名称　Armand pine weevil
中文别名　粗刻点木蠹象

华山松木蠹象寄主广泛，能取食的松科树种达17种，给我国的针叶林造成极大损失。

分布　四川，贵州，云南，甘肃。

寄主　油松、华山松、云南松、马尾松等。

危害　成虫以补充营养的方式钻蛀华山松光滑枝、干皮层，取食韧皮部组织，使皮层形成外小内大（外径0.4～0.7mm、内径1.2～2.8mm）的蛀食孔，造成枝、干大量流脂，呈现"泪迹斑斑"松脂留在树皮上，并取食松针叶鞘，造成松针脱落。初孵幼虫于皮层内取食韧皮部组织，形成不规则的弯曲坑道，当幼虫老熟时，用口器在木质部表面咬一长椭圆形蛹室化蛹，此时被害寄主已枯死。

形态特征　**成虫**：雌虫体长4.5～8.5mm，宽1.6～3.1mm。喙和头无密刻点；喙稍长于前胸背板；触角着生处稍窄于喙端部；触角棒长为宽的1.6倍；第一腹节适度凸起。雄虫体长4.3～8.2mm，宽1.5～3.0mm；黑色，前胸背板和头相邻部分红褐色；被有大小和形状各不相同的白色刚毛（Langor，1999；冯士明，司徒英贤，2004）。**卵**：椭圆形，长0.6～0.8mm，宽0.4～0.55mm，乳白色。**幼虫**：平均体长8.1mm，新月形，乳白色，头淡褐色，无足，体表密被后倾的微刺。**蛹**：平均体长8.4mm，乳白色，羽化前暗褐色（冯士明，司徒英贤，2004）。

生物学特性　云南寻甸1年1代。主要以老熟幼虫在蛹室内越冬。翌年4月开始化蛹，4月下旬至6月上旬为化蛹高峰期，蛹历期24～36天。6月下旬开始出现成虫，羽化高峰期在7月中旬至8月上旬。新羽化成虫补充营养10余天后，开始交尾，交尾10余天后，于7月下旬开始产卵。8月为产卵高峰期，卵历期18～20天，8月上旬开始出现初孵幼虫，孵化高峰期在8月中旬至9月上旬。10月上旬开始出现老熟幼虫，12月下旬至翌年1月上旬，老熟幼虫全部进入蛹室越冬（柴秀山，梁尚兴，1990；刘守礼等，2005）。成虫补充营养对寄主选择性不强，更趋向于健康植株，主要取食树干中上部；而

产卵主要产于树干的中下部（段兆尧等，1998；雷桂林等，2003）。蛹室和羽化孔主要分布于受害植株的中下部，且分布都存在相应的线性关系。卵、蛹、羽化孔在华山松上的分布均为聚集型（李双成等，2000）。雌成虫有分批产卵习性，一生产卵多批，故各虫态重叠现象普遍，世代不易区分（刘守礼等，2005）。寄主树势越弱越容易受害（刘菊华等，2005）。

防治方法

采取综合性营林措施，把华山松木蠹象的防治工作贯穿于华山松林分培育的全过程，提高华山松林分对虫害的抗御能力。可采用信息化学物质进行该虫的监测（泽桑梓等，2010）。其主要措施如下：

1. 营林措施。营造混交林育苗时尽可能采用华山松优良品系种子，就地优良法育苗，科学造林。阔叶树种选用旱冬瓜、马桑、女贞、杨梅等有一定

华山松木蠹象成虫（《林业有害生物防治历》）

华山松木蠹象单株被害状（《林业有害生物防治历》）

华山松木蠹象危害初期（《林业有害生物防治历》）

华山松木蠹象成虫羽化
（《林业有害生物防治历》）

华山松木蠹象被害状（《林业有害生物防治历》）

华山松木蠹象侵入孔（《林业有害生物防治历》）

防火性能的树种，以带状或块状混交方式为好。适时开展抚育间伐，增强树势，加强对森林火灾及其他森林病虫鼠害的预防，提高林分的生长势，提高林分抗虫能力。

2. 生物防治。于成虫羽化高峰期过后10～15天左右，在林间喷施Bt与阿维菌素的混配粉剂，一般连续喷粉2次，间隔期为15天左右，能有效降低害虫种群数量。也可喷施白僵菌制剂防治。

3. 化学防治。对危害严重、虫口密度在防治指标以上的林分（李双成等，2001），可在成虫羽化高峰（50%的蛹已羽化为成虫）过后15天左右，采用护林神1号（巴丹+阿维菌素）或护林神2号（3%巴丹粉剂）喷粉，连续喷粉2次，间隔期为10～15天，可有效杀灭成虫，短期内迅速大量降低虫源。

4. 清理蠹害木。于每年11月至翌年5月华山松木蠹象尚处在树干内的老熟幼虫越冬期清理蠹害木。清理的蠹害木要及时进行剥皮处理或以阿维菌素热雾剂进行熏蒸处理或12%噻虫·高氯氟悬浮剂30～60倍液添加专用渗透剂后高浓度喷涂树干。枝梢、树皮等要及时烧毁。对清理后的林间空地，及时进行补植补造（李永和等，2002；王革，2006）。

参考文献

柴秀山，梁尚兴，1990；柴秀山，梁尚兴，1992；段兆尧，雷桂林，1998；李双成等，2000；李双成，李永和，马进等，2001；李永和等，2002；雷桂林等，2003；冯士明，司徒英贤，2004；刘菊华等，2005；刘守礼等，2005；王革，2006；泽桑梓等，2010；Langor D W, 1999.

（张真，王鸿斌，孔祥波）

222 樟子松木蠹象

分类地位 鞘翅目 Coleoptera　象甲科 Curculionidae

拉丁学名 *Pissodes validirostris* (Sahlberg)

英文名称 Pine cone weevil

中文别名 樟子松球果象甲

樟子松木蠹象是危害樟子松球果的主要害虫,以成虫和幼虫取食球果鳞片和种子,造成球果早落。

分布　山西、内蒙古大兴安岭山地和呼伦贝尔高原樟子松各自然分布区,黑龙江大兴安岭,甘肃祁连山林区。俄罗斯(西伯利亚),日本,朝鲜,土耳其,芬兰,波兰,匈牙利,德国,法国,西班牙。

寄主　樟子松、华山松、油松、欧洲赤松、意大利五针松、黑松、北美黄杉。

危害　主要是幼虫在球果内危害,幼虫开始危害时,产卵孔周围变成深褐色,以后沿着鳞片蛀成隧道,并在被害球果上出现1条深褐色弯曲而突起的条纹,上面布满松脂。以后幼虫便进入鳞片基部及果轴危害,严重的将果轴全部吃空。球果被害后发育不良,萎缩脱落,尤其是早期被害的球果到8月中旬后即大量脱落(李亚白等,1981)。在长春地区,该虫是樟子松人工林的一种主要害虫,以幼虫蛀食樟子松衰弱木枝及主干,侵入树干后,由于阻碍树液流通,致树木枯死(孟祥志等,2000)。

该虫的发生危害规律是:孤立木重于成片林,阳坡重于阴坡,松桦或松杨混交重于纯林,而且樟子松的比例越小被害越严重(李成德,2004)。

形态特征　**成虫:**体长5.5~6.3mm,宽1.8~2.0mm。黑褐色,全体有许多刻点,刻点上被有白色或砖红色的羽状鳞片。喙黑色,圆柱形,前端略扁粗,伸向前下方。头黑褐色呈三角形。触角膝状,着生于喙中部两侧,第一节长,锤状部分8节。胸部前端尖,自中部向后较宽,两侧呈弧形,背面两边各有1个由很多羽状鳞片组成的白斑;中隆线明显;前胸背板与头部连接处呈褐色,前胸背板中央有1条纵隆带;腹面在中、后胸连接处有1条由黄色鳞片组成的横带。前胸背板后部与鞘翅连接处中央有1个鳞片组成的圆形白点。肩部略呈直角,翅向后逐渐变窄,将整个腹部覆盖;雄虫鞘翅略超过腹部末端,雌虫鞘翅与腹末等齐。鞘翅上各有11条由刻点构成的细沟,鞘翅中部有由白色及黄色鳞片形成的2条不规则横带,前横带有时呈斑点状,后横带宽而明显,几横贯全翅。腿上被白色鳞片,后腿胫节外侧有齿状刚毛,跗节3节,每节腹面有1丛黄色绒毛,爪可以自由活动。**卵:**长0.8~0.9mm,宽0.5~0.6mm。卵圆形,乳黄色,呈半透明状。较尖的一端约占卵长的1/4,略透明,较钝的一端约为卵长的3/4,乳黄色。**幼虫:**乳白色,体圆筒形,共5龄。1龄幼虫乳白色,体半透明,头淡黄色,无刚毛,体节未显现,头宽0.3mm,体长0.7~1.7mm。2龄幼虫乳白色,头黄色,无刚毛,体节已显现,头宽0.5mm,体长1.7~3.3mm。3龄幼虫乳黄色,头部有刚毛,体节清楚,头宽0.8mm,体长3.2~7.0mm。4、5龄幼虫头壳及口器褐色,体白色,全身有刚毛,体节明显,4龄幼虫头宽1.1~1.15mm,体长5.0~8.0mm。5龄幼虫头宽1.3mm,体长7.0~8.7mm。**蛹:**长6.0~6.6mm,乳白色,附肢紧贴身体,腹部能活动(李成德,2004;孟祥志等,2000;李亚白等,1981)。

生物学特性　1年1代。以成虫在树干或粗枝上的树皮下越冬。翌年5月中旬开始活动,5月下旬、6月初开始产卵,6月中、下旬为产卵盛期,卵期

樟子松木蠹象幼虫(严善春　提供)

10～13天。6月中上旬为孵化盛期,幼虫期40～45天。7月中、下旬幼虫化蛹,9月上旬为化蛹末期,蛹期10～15天。成虫于8月上旬羽化,8月底9月初为羽化盛期,9月中旬为羽化末期。

成虫具趋光性,羽化后一般不飞翔,爬行到当年生的枝条及叶鞘上取食补充营养,补充营养后,便陆续潜入树干或粗枝上的树皮下越冬。9月中、下旬羽化的成虫,不进行补充营养,便钻入树干薄皮下越冬。成虫上树后,遇到裂缝较深的树皮即钻入隐藏,不久再转移,直至找到最适合的场所为止。成虫越冬,一般是单个的,少部分3～4个挤在一起。越冬部位从地面1m以上直至离树梢1.2m处,以离地面5～7m处最多,占全部越冬成虫的50%以上,树干阳面及树枝分叉处上下最集中。在幼树林内,越冬部位可下移至树干基部。成虫越冬后,翌年大部分出来产卵活动,有少部分成虫仍继续滞育。据1962—1964年的观察,这类滞育成虫约占全部越冬成虫的20%。

越冬成虫,要在日平均气温达10℃以上,最低温度不低于-2℃时才开始活动。一般是8:00～12:00爬到嫩枝上进行补充营养。成虫活动初期如温度突然下降,部分成虫又钻入树皮下隐蔽,待温度回升后再出来活动。6月上旬日平均气温达18℃时,成虫进入活动盛期,大批成虫出来取食樟子松雄花和嫩果鳞片。成虫具喜光性,多在树冠顶部及阳面活动,夜晚和有大风的白天又钻入球果的果柄处隐蔽。成虫进行多次交尾,当温度达18～20℃时进行。交尾时间一般多在9:00～15:00。由雄虫主动寻

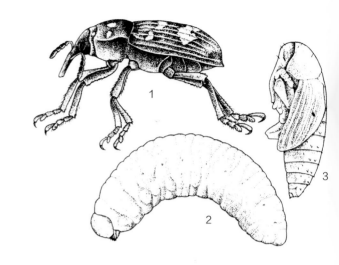

樟子松木蠹象(朱兴才 绘)
1. 成虫;2. 幼虫;3. 蛹

找配偶,有时同一雄虫可与同一雌虫连续交尾4次才离开。在交尾产卵期间。成虫多在嫩果上进行补充营养。雌虫产卵时先用喙在幼果鳞片上扎产卵孔,每孔产卵1粒,每个球果上一般产3～5粒卵,最多可达28粒。每雌每年产卵30～31粒。成虫产完卵后,于7月上旬开始陆续进入树皮进行第二次越冬,翌年又进行交尾产卵。

防治方法

1. 人工防治。由于被害球果中有80%～90%萎缩脱落,可在7～8月成虫羽化期前组织群众手捡地面落果,待集中消灭。

2. 生物防治。在被害球果的落果中,短角曲姬蜂、宽颊曲姬蜂、密点曲姬蜂、沙曲姬蜂、球象曲姬蜂可加以利用(盛茂领,2010)。

3. 化学防治。在成虫活动期间,1%苦参碱可溶性液剂800倍液和0.5%藜芦碱可溶性粉剂500倍液,室内和林间防治效果均达到90%以上(邓勋,2009)。樟脑平均相对趋避效果为97.78%,风油精和六神花露水混合液(1:3)趋避效果为95.56%(马晓乾,2008)。

参考文献

李亚白等,1981;孟祥志等,2000;李成德,2003;马晓乾等,2008;邓勋等,2009;盛茂领等,2010.

(严善春)

樟子松木蠹象危害状(严善春 提供)

223	云南木蠹象		
		分类地位	鞘翅目 Coleoptera　象甲科 Curculionidae
		拉丁学名	*Pissodes yunnanensis* Langor et Zhang
		英文名称	Yunnan pine weevil
		中文别名	云南松梢木蠹象

云南木蠹象危害8～12年树龄松树的3～5年生枝条嫩梢或直径约4cm的主干顶梢，造成梢枯和形成"断头"树，连续数年受害，幼树大面积死亡。

分布　四川（盐源、美姑、芦定、木里、冕宁、布拖、越西、德喜），贵州（威宁），云南（丽江、大理、保山、楚雄、嵩明、昆明、石林、会泽）等地（四川省森林病虫害普查办公室，1985）。

寄主　云南松、马尾松、高山松。

危害　成虫在嫩梢鳞片中脊蛀洞取食和产卵，幼虫蛀食嫩梢髓部或树茎干顶部的形成层和木质部边材，并在蛀道内做蛹室化蛹。

形态特征　**成虫**：体长6.6～7.2mm，宽2.7mm。体褐色。喙端半2/3、前胸背板侧缘和后缘、鞘翅不包围横带的剩余部分、体腹面和足暗褐色，背和体腹面被覆较稀疏的横向白色的、不同大小和形状的刚毛，微刻纹微网纹，大小相同。喙与前胸背板等长，稍弯曲，喙端稍宽，基半刻点密而皱。头部刻点、鳞片稀，触角着生在喙中点稍后，柄节短于索节；第一索节比第二索节与第三索节之和长10%；棒节卵形，长为宽的1.5倍。前胸背板宽胜于长，但窄于鞘翅宽的15%，两侧基部4/5中等圆凸；前缘窄缩成"领状"；后角呈亚直角；后缘波状；两侧、领和盘区刻点浅，盘区刻点皱；缺背中刻痕；中隆线被覆卵形和长形鳞片并沿中线和两侧集中。小盾片小，卵形，隆起，具鳞片。鞘翅两侧前2/3近平行；肩部至前斜带稍加宽，翅坡窄缩；前缘波状，肩圆；前缘至翅坡大多数行间直，行间3和5强烈隆起，并比其他行间更宽，行间7和9稍隆，前半高于后半；行间3向前缘强烈隆起；行间3和肩形成一凹隔，行间5形成斜胝；行间表面稍皱；行纹深度适中；刻点分隔分明，圆至卵形；前斜带白色，卵形至长形，在行间2和8间扩展；鞘翅其余部分鳞片稀。体腹面刻点密而浅。足腿节和胫节密被长鳞片，后腿节鳞片不成带状。**幼虫**：体长8～9mm，淡红色，新月形。内唇感器分布前区1对，侧端3对，区内有1对长感器，其内侧前、后各有1对小感器；上颚有3齿，内齿尖，长而弯，外表面有1根刚毛。

云南木蠹象雌成虫（《林业有害生物防治历》）

正外出的云南木蠹象成虫（《林业有害生物防治历》）

云南木蠹象幼虫（《林业有害生物防治历》）

云南木蠹象蛹及蛹室（《林业有害生物防治历》）

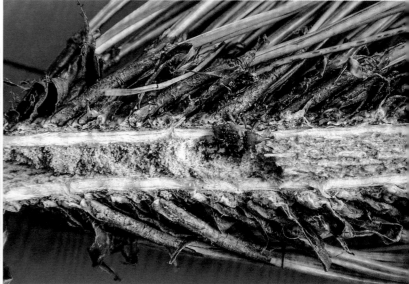

云南木蠹象危害状（《林业有害生物防治历》） 云南木蠹象对枝梢的危害（《林业有害生物防治历》）

下颚内侧有5根等长，截形指状物，其下方有2根刚毛。气门属环状双孔气门，瓣状环突包围次生气门，环裂和次生气门明显（司徒英贤，2000）。

生物学特性 1年1代。以幼虫在受害枝内越冬。该虫多发生于海拔2400～2800m，高寒山区8～12年生的云南松林分，尤以阴坡、低洼地、黏性土壤的飞播林分发生严重。成虫喜温暖，避日晒，白天藏在针叶丛中，傍晚取食和交尾，产卵前成虫补充营养2周，交尾后2周内产卵，卵产于枝节居多，每次产出1～2粒卵。幼虫危害髓部、韧皮部和木质部边材，在蛀道内做蛹室化蛹。5月上旬以后遇晴天，成虫羽化整齐，有利扩散。5月下旬至8月中旬产卵，6月上旬卵开始孵化，幼虫在枝条内取食和越冬，并于翌年3月下旬至4月下旬化蛹。9月下旬短日照开始时，产卵后成虫滞育和死亡。

防治方法

1. 每年3～4月幼虫化蛹前清理受害枝干，就地烧毁。受害木需刮皮处理，或用磷化铝片20g/m³原木帐幕熏蒸3天，或用12%噻虫·高氯氟悬浮剂30～60倍液添加专用渗透剂后高浓度喷涂树干，避免药物飘洒到其他植物叶片上。

2. 加强虫情监察，当30%受害梢出现羽化孔时用25g/L高效氯氰菊酯乳油超低容量喷雾（张毅宁等，1999）。

参考文献

四川省森林病虫害普查办公室，1985；张毅宁，1999；司徒英贤等，2002；Langor et al.，1999.

（司徒英贤）

224 杨潜叶跳象

分类地位　鞘翅目 Coleoptera　象甲科 Curculionidae

拉丁学名　*Rhynchaenus empopulifolis* Chen

　　杨潜叶跳象危害后易引起树势衰弱，引发杨树溃疡病、杨树黑叶病、天牛等次期病虫害的发生，对树木造成更大的威胁。

　　分布　北京，河北，山西，内蒙古，辽宁，吉林，山东等地。

　　寄主　小叶杨、青杨、北京杨、加杨，其中小叶杨受害最严重。

　　形态特征　**成虫：**体长2.3～2.7mm，宽1.3～1.5mm，近椭圆形，黑色至黑褐色。喙、触角和足的大部分为浅黄褐色，足的基节、腿节端部有时为红褐色或黑褐色。前胸被覆黄褐色向内指的尖细卧毛，鞘翅各行间除1列褐色长尖卧毛外，还散布短细的淡褐色卧毛；小盾片密被白色鳞毛，眼周围、体腹面和足的毛为浅褐色或白色。

　　生物学特性　北京1年1代，山东1年2代。以成虫越冬。翌年3月下旬越冬成虫开始出蛰上树，危害叶芽、幼叶和成叶的下表皮及叶肉。4月上旬成虫进入交尾期，4月中旬成虫开始产卵，孵化期持续半个月，幼虫孵化后即开始潜入叶肉内危害。4月下旬幼虫老熟后随叶苞掉落地面，进入预蛹期，5月上旬进入预蛹期末期，蛹期10天。5月上旬成虫羽化，羽化期为20天；羽化后继续上树取食叶肉，一直危害到10月下旬；9月下旬成虫开始向树下运动，危害树冠下部叶片。10月下旬成虫在枯枝落叶、石头下和表土中越冬。

　　防治方法

　　1. 化学防治。用25g/L高效氯氰菊酯乳油1000倍液进行土壤处理，对成虫和蛹的防治起到很好的效果；或用20%康福多可溶性液注干（每厘米胸径用药剂量0.4mL）防治杨潜叶跳象，同时兼治杨雪毒蛾，又可达到保护寄生性天敌昆虫的目的，杨潜叶

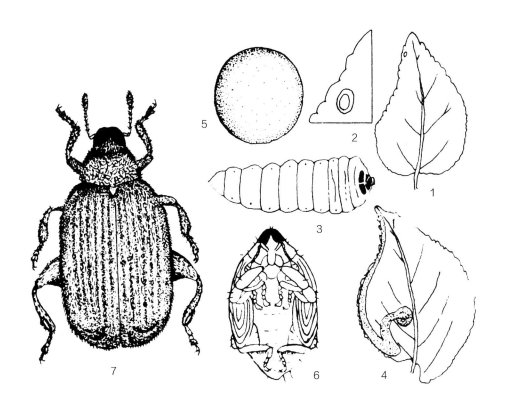

杨潜叶跳象（张连翔、陈远超　绘）

1、2. 产卵部位和卵；3. 幼虫；4. 幼虫潜叶隧道；5. 叶苞；6. 蛹；7. 成虫

杨潜叶跳象成虫（徐公天　提供）

杨潜叶跳象成虫（徐公天　提供）

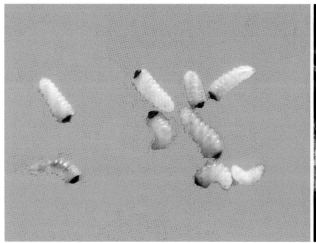

杨潜叶跳象初龄幼虫（徐公天　提供）

杨潜叶跳象叶苞（徐公天　提供）

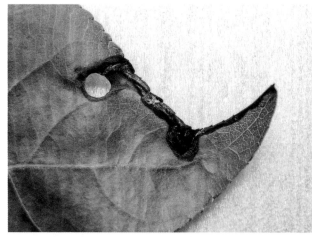

杨潜叶跳象幼虫蛀道（徐公天　提供）

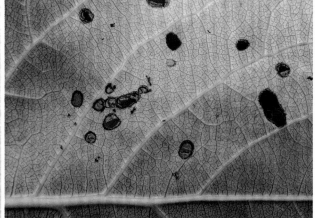

杨潜叶跳象食痕（徐公天　提供）

跳象在幼虫期间，可使用12%噻虫·高氯氟悬浮剂1000倍液喷雾防治。

2. 生物防治。寄生小蜂天敌有密云金小蜂、皮金小蜂、瑟茅金小蜂，以及杨跳象三盾茧蜂。

参考文献

萧刚柔，1992；王小军等，2006；姚艳霞等，2008；侯雅芹等，2009.

（侯雅芹，王小军，李金宇，张连翔，陈远超）

225	食芽象甲	**分类地位** 鞘翅目 Coleoptera 象甲科 Curculionidae
		拉丁学名 *Scythropus yasumatsui* Kono et Morinoto
		中文别名 枣飞象、枣芽象甲、小白象、小灰象鼻虫

分布 北京，河北，山西，辽宁，江苏，河南，陕西，甘肃等地。

寄主 枣、苹果、梨树、核桃、杨树、泡桐、桑、棉、大豆等，以枣受害较重。

危害 是枣树上出现最早的叶部害虫之一。以成虫取食枣树的嫩芽，严重时能将嫩芽全部吃光，长时间不能正常萌发，枣农俗称"迷芽"，造成二次发芽，大量消耗树体营养，导致枣树开花结果推迟。幼叶展开后，成虫继而食害嫩叶，将叶片咬成半圆形或锯齿形缺刻，大发生时能吃光全树的嫩芽，从而削弱树势，推迟生长发育，严重降低枣果的产量和品质。幼虫在土中还危害植物的地下根系。

形态特征 **成虫：** 灰白色，雄虫色较深，喙粗。头部背面两复眼之间凹陷。触角肘状，棕褐色，头宽喙短，喙宽略大于长，前胸背板棕灰色，鞘翅弧形，每侧各有细纵沟10条，两沟之间有黑色鳞毛，鞘翅背面有模糊的褐色晕斑，腹面银灰色。后翅膜质，能飞。足腿节无齿，爪合生。**幼虫：** 弯纺锤形，无足，前胸背板淡黄色，胴部乳白色，头部褐色。

生物学特性 黄河流域1年1代。以幼虫在地下越冬。一般4月上旬化蛹。4月中、下旬枣树萌芽时成虫出土，群集树梢啃吃嫩芽，枣芽受害后尖端光秃，呈灰色。幼叶展开后，成虫将叶片咬食成半圆形或缺刻。5月中旬气温较低时，该虫在中午前后危害最凶。成虫有假死性，早晨和晚上不活泼，隐藏在枣股基部或树杈处不动，受惊后则落地假死。白天气温较高时，成虫落至半空又飞起来，或落地后又飞起上树。成虫寿命为70天左右。4月下旬至5月上旬，成虫交尾产卵。卵产在枣吊上或根部土壤内。5月中旬开始孵化，幼虫落地入土，在土层内以植物根系为食，生长发育。

食芽象甲成虫（《林业有害生物防治历》）

食芽象甲危害状（《林业有害生物防治历》）

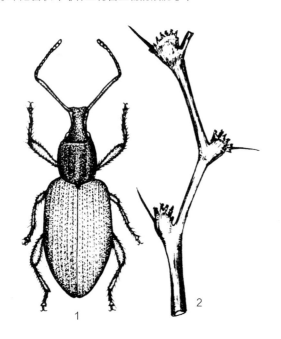

食芽象甲（杨有乾　绘）
1. 成虫；2. 被害状

食芽象甲危害状（《林业有害生物防治历》）

防治方法

1. 化学防治。在成虫出土羽化期，于树干基部外半径为1m范围内的地下，浇灌50%辛硫磷150～200倍液，也可在树干周围挖5cm左右深的环状浅沟，在沟内撒西维因药粉，毒杀出土的成虫。成虫危害期，喷洒25g/L高效氯氟氰菊酯乳油或20%呋虫胺悬浮剂1000～1500倍液。幼虫期用12%噻虫·高氯氟悬浮剂1000倍液或50%吡虫啉·杀虫单水分散粒剂600～800倍液从心部喷淋直至树干流液，喷淋后若结合薄膜封包树干，防治效果更好。

2. 利用成虫有假死性，在早、晚震落捕杀成虫，树下铺塑料布以便搜集成虫。

参考文献

杨有乾等，1982；田光合，1991；萧刚柔，1992；宋金凤，2004；河南省森林病虫害防治检疫站，2005；胡维平，梁廷康，2008.

（盛茂领，杨有乾）

| 226 | 球果角胫象 |

分类地位 鞘翅目 Coleoptera　象甲科 Curculionidae

拉丁学名 *Shirahoshizo coniferae* Chao

中文别名 华山松球果象虫

分布 四川，云南，陕西等地。

寄主 华山松、云南油杉。

危害 球果角胫象是华山松球果种子的重要害虫之一。由于成虫取食寄主嫩梢补充营养，使之呈枯萎状。幼虫蛀食球果鳞片及种子，受害果呈灰褐色，表皮皱缩，松软易破碎。种子受害后，种仁被蛀食一空，种壳上留一近圆形虫孔，孔口堵有丝状木屑。因而严重影响树木的正常生长、天然更新及造林用种。

形态特征 **成虫：**体长5.2～6.5mm。体壁黑褐或红褐色，被黑褐色鳞片。前胸背板有白色鳞片构成的4个小斑点。在鞘翅第四、五行间中间前方各有1个白色鳞片斑。另外，在前胸背板和鞘翅上还有一些散生的白色鳞片。黑褐色鳞片集中于额区，前胸背板前端，中线两侧和外缘附近，以及鞘翅行间。**卵：**椭圆形，长0.7mm，淡黄色，半透明。**幼虫：**老熟幼虫体长6～8mm，体黄白色，头淡褐色。**蛹：**体长约7mm，裸蛹，黄白色，复眼紫色。

生物学特性 1年1代。以成虫在土内或球果的种子内及果鳞内侧越冬。翌年5月中旬成虫大量出现，6月上旬始产卵，卵堆产于2年生球果鳞片上缘的皮下组织，外观呈蜡黄色，有流脂溢出。每个球果上一般有卵1～3堆，多者达6堆，每堆卵数10粒左

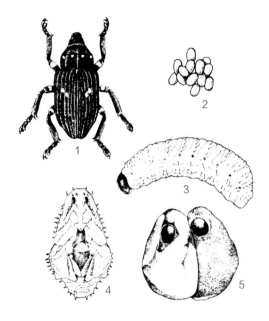

球果角胫象（朱兴才　绘）
1. 成虫；2. 卵；3. 幼虫；4. 蛹；5. 种子被害状

右，最多28粒。6月下旬孵出幼虫，从球果鳞片上缘皮下组织成排地、自上而下地蛀食，至鳞片基部再分头蛀入种子及其他鳞片内侧，继续取食至8月化蛹于其中。

防治方法

1. 结合采种摘除虫害果，集中烧毁。

2. 加强种子检疫，对带有害虫的种子，用磷化铝熏蒸，每吨种子用药9～30g，熏蒸3天。

3. 幼虫初孵期，飞机喷洒50%杀螟硫磷乳油30～50倍液，或25g/L高效氯氟氰菊酯乳油10倍液，或用12%噻虫·高氯氟悬浮剂1000倍液或50%吡虫啉·杀虫单水分散粒剂600～800倍液从心部喷淋直至树干流液，喷淋后若结合薄膜封包树干，防治效果更好。

参考文献

李宽胜等，1966；赵养昌等，1980；中国林木种子公司，1988；武春生，1988；萧刚柔，1992；李宽胜，1999.

（李莉，李宽胜）

球果角胫象成虫（张润志　拍摄）

227 马尾松角胫象

分类地位	鞘翅目 Coleoptera　象甲科 Curculionidae
拉丁学名	*Shirahoshizo patruelis* (Voss)
中文别名	松白星象

　　幼虫钻蛀马尾松等衰弱松树皮层，致使植株枯萎死亡，木材极易腐朽，材质不堪利用。

　　分布　江苏（南京），浙江（杭州、开化、遂昌、景宁、余姚、定海），安徽（青阳、黄山、安庆），福建（建阳、光泽），江西（婺源、宜春、萍乡），湖北（麻城、红安）、湖南（岳阳、益阳、靖县、怀化），广西（玉林、桂平、博白），四川（宣汉、綦江、南充），贵州（毕节、水城），云南（文山、红河），台湾。日本。

　　寄主　马尾松、黄山松、黑松、华山松、湿地松、火炬松、云南松、晚松、金钱松。

　　危害　幼虫在皮层内钻蛀的坑道呈块状，并在边材纵向咬筑蛹室，室外覆盖疏松的椭圆形蛀丝团。虫口密度高时，造成树皮与边材脱离。

　　形态特征　**成虫**：体长4.7～6.8mm。体红褐或灰褐色。前胸背板中间有4个白色鳞片组成的斑点，排列成一直线。鞘翅中央前、后各具2个鳞片组成的小白斑（赵锦年，1988）。**幼虫**：体长7.0～12.0mm。体黄白色，略弯曲。头淡褐色。

　　生物学特性　1年1～4代，因地区不同而异。在浙江省开化县1年2代，以中龄幼虫在树皮层越冬。翌年3月中旬幼虫成熟，3月下旬至6月上旬为蛹期。5月中旬越冬代成虫羽化。5月下旬至7月下旬为第一代幼虫危害期。7月下旬始见第一代成虫。8月上旬始见第二代幼虫，11月底越冬。

　　成虫羽化后，滞留蛹室4～6天，咬直径2.0～3.5mm圆形羽化孔爬出。一天中以14:00～18:00爬离寄主最多。善爬行，具趋光和假死习性，假死持续

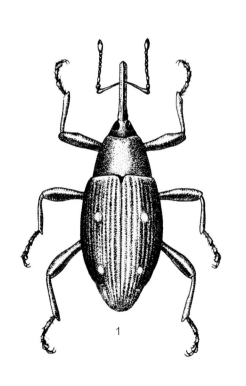

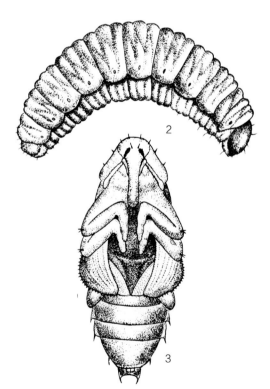

马尾松角胫象（张培毅　绘）

1. 成虫；2. 幼虫；3. 蛹

马尾松被害状（张润志　整理）

马尾松角胫象危害状（张润志　整理）

时间为2.0～2.5秒。假死时虫体腹面向上，3对足紧贴于腹面，这与虫体死之时3对足紧靠一起伸向腹面下方，有明显区别。成虫寿命41～62天，夏季取食松枝嫩梢皮。初孵幼虫十分活泼，初龄幼虫在树皮层中弯曲钻蛀，中龄后沿原坑道周围蛀食，至成熟时，坑道连成一片，并在边材咬筑平均长1.1cm的蛹室，蛀屑和粪粒充塞其中。蛹历期11～18天（赵锦年，1988）。

防治方法

1. 清理林地。风倒木、风折木、衰弱木和高山地区大量的雪压松木是该虫繁衍的良好场所，应及时清理出山场。

2. 饵木或引诱剂诱杀。5月中旬至6月成虫期，在被害林中设置饵木或悬挂"蛀干类害虫引诱剂"诱捕装置。前者诱其成虫聚集产卵，剥皮杀灭幼虫；后者直接诱杀成虫。

参考文献

赵锦年等, 1988.

（赵锦年）

分类地位	鞘翅目 Coleoptera　象甲科 Curculionidae
拉丁学名	*Sternochetus gravis* (F.)
异　　名	*Cryptorrhynchus gravis* (F.), *Cryptorrhynchus frigidus* (F.), *Rhynchaenus frigidus* (F.), *Curculio frigidus* F.
英文名称	Mango pulp weevil
中文别名	果肉杧果象

228 杧果果肉象

杧果果肉象是危害杧果果实最严重的害虫，虫害率达20%～50%；其幼虫蛀食果肉，虫粪污染果肉，使果肉失去食用价值。20世纪90年代，该虫曾被列入二类进境植物检疫危险性害虫（国家动植物检疫局，1997）。

分布　广西（百色），云南（景洪、勐腊、勐海、普洱、景谷、景东、镇源、元江、云县、双江、临沧、勐定、潞西和瑞丽）等。泰国，缅甸，马来西亚，印度，印度尼西亚，巴基斯坦，巴布亚新几内亚，孟加拉国（张润志等，2001）。

寄主　热带雨林中的野生杧、暹逻杧（本地小杧）、印度杧的栽培品种'三年杧''象牙杧''吕宋杧''马切苏杧''球杧'。

危害　幼果期在果肉内做不规则的线状蛀食道危害，果实生长成熟期，在蛀食道内蛀食一个较大的坑洞，并与虫粪组合成一个坚实蛹室，在其中化

蛹。果实后熟期间，在果肉中蛀食一个孔道，羽化而出。

形态特征　**成虫：**体长4.1～5.2mm，长宽比为5：4，卵圆形。体壁黄褐色，被覆鲜黄色、淡褐色、暗褐色至黑色鳞片，触角锈赤色。头部密布刻点，被覆直立暗褐色鳞片；喙弯，端部稍宽，密布深刻点，中隆线明显；触角位于喙端部1/3处，索节第一节与第二节等长，第三节长略大于宽，棒卵形，长2倍于宽，密被绵毛，节间缝不明显；额无中窝。前胸背板1.3倍于长，基部1/2两侧平行，向前渐窄缩，基部二凹形，中间猛突出，密布深刻点，被暗褐色鳞片，沿中隆线被覆鲜黄色鳞片，中间两侧常有2个淡褐色鳞片斑，中隆线细。小盾片圆，被黄褐色鳞片。鞘翅长约为宽的1.5倍，前端3/5两侧平行，翅坡窄而扁，肩明显，被暗褐色鳞片，肩至行间呈三角形鲜黄色鳞片斑，后端有时有不完全

杧果果肉象（张润志　拍摄）

杧果果肉象成虫（张润志　拍摄）

的直带，行纹宽，刻点长方形，行间略宽于行纹，行间3、5、7较隆，具少数鳞片小瘤。腿节各具一齿，腹面具沟，胫节直。腹肢板2～4各有刻点3排（赵养昌等，1980）。**幼虫**：新月形，乳白色，体长4.2～5.5mm。内唇感器：前区1对；侧端3对，其外侧1对稍长，其余2对较小；内唇中区3对。上颚有3齿，外齿明显，内齿弯，中齿稍短。下颚内侧有4根等长指状物，内侧有2根远隔的刚毛（司徒英贤等，2000）。**蛹**：裸蛹，米黄色。羽化前其复眼淡紫红色。

生物学特性　1年1代。以成虫在树皮缝、树枝断口内过冬。每年2月下旬至3月中旬越冬成虫取食嫩梢补充营养，3、4月交配产卵。3月下旬至6月上旬为幼虫期，5月下旬至6月中旬为预蛹期。6月化蛹，成虫6、7月羽化（黄雅志等，1986）。

成虫喜温畏强光，夜间交配产卵。卵产于果表，并被附腺分泌物黏附着，该分泌物干燥后呈黑色，随果实生长而脱落。幼虫孵化后直接经果皮进入果内，取食果肉，其蛀道线状，不规则。老龄幼虫蛀食蛹室，并以虫粪包围，在其中化蛹。果实后熟期间，果内产生大量CO_2，成虫在果肉内钻蛀通道而出。成虫随果实销售，运输而传播，亦能随苗木和接穗传播。秋分节令以后，成虫隐蔽滞育。

防治方法

花期前和幼果期喷25g/L高效氯氟氰菊酯乳油1000倍液加50%巴丹可溶性粉剂1500倍液防治补充营养和产卵阶段的成虫。茎干伤口、断面用沥青（1份）加柴油（2份）稀释后涂封，树洞填塞石灰渣，清除成虫越冬场所。果实收获期清除果园内的落果，禁止在园内食用和堆积收获果实，防止害虫脱果后留在果园内。加强对运输工具和集销地的检疫，防止害虫向热带地区的杧果产区传播（司徒英贤，1992）。

参考文献

赵养昌等，1980; 陈元清，1984; 黄雅志等，1986; 中国科学院动物研究所，1986; 司徒英贤，1992; 司徒英贤，1993; 周又生等，1995; 中华人民共和国动植物检疫局等，1997; 司徒英贤等，2000; 张润志等，2001.

（司徒英贤）

分类地位	鞘翅目 Coleoptera　象甲科 Curculionidae
拉丁学名	*Sternochetus mangiferae* (F.)
异　　名	*Cryptorrhynchus mangiferae* F.
英文名称	Mango weevil, Mango stone weevil, Mango nut weevil, Mango seed weevil
中文别名	印度杧果果核象

229 杧果果核象

　　杧果果核象是世界性的杧果重要害虫，原发生于印度。害虫的幼虫危害果核内的子叶，造成果实生长期大量落果，种子受害不能萌发，影响育苗和大田繁殖；成虫还危害苗木的嫩叶和嫩梢；笼养条件下成虫取食杧果果实、苹果、花生、土豆、桃、李和豆角（Butani，1979；Balock，等，1963；Pope，1929）。

　　分布　害虫发生于南北回归线之间广阔的地区，如：印度（金奈）（Fletcher，1914），新西兰（Block J W，1983），菲律宾，印度尼西亚（爪哇岛），泰国，越南，日本（Sasscer，1914），缅甸（Ghosh，1924），孟加拉国，马来西亚，巴基斯坦，斯里兰卡，黎巴嫩，尼泊尔，不丹，阿拉伯联合酋长国，阿曼，南非，马达加斯加，毛里求斯，坦桑尼亚（桑给巴尔）（Aderis，1913），乌干达（Hargreaves，1924），肯尼亚，莫桑比克，赞比亚，加蓬，斐济，加纳，尼日利亚，美国（夏威夷）（Singh，1960），澳大利亚（昆士兰）（Stephens，1914），法属新喀里多尼亚（Hill D，1975），荷兰（Franssen，1938），法国（留尼汪岛、瓦利斯岛），马里亚纳群岛（张润志等，2001）。

　　寄主　危害印度杧的栽培品种，甜味品种（即多胚型品种）易受害，晚熟品种受害重；如：'尼鲁姆杧'和'孟加劳拉杧'的受害率分别为100%和98%；而松香味重的单胚型品种如印度著名的'阿方索杧'受害率为73%；夏威夷的'哈丁杧''派利杧''中国杧'和'阿萍杧'（华人寸阿萍从云南腾冲引种）较抗虫（Butani，1979）。

　　危害　幼虫经果肉蛀入子叶危害，子叶变黑，剩下腐烂的团块，种子失去萌发力。生长期或生长成熟期的果实受害，造成大量落果和果实腐烂。成虫亦取食苗木的嫩叶和嫩梢（Singh L B，1960）。

　　形态特征　（参照澳大利亚标本）平均体长8.0mm，体宽4.2mm，体黑色。被覆鲜黄色、黄褐色、暗褐色和暗黑色鳞片。保存标本鲜黄色褪色呈黄白色。喙略弯曲，喙端至触角着生处的距离比触角着生处至喙基部的距离短10%，喙端半几乎全光裸，刻点少而稀；其半刻点粗被覆黄褐色鳞片；中隆线明显。触角第一索节稍长于第二索节。额无中窝，两复眼间和头顶被覆黄褐色鳞片，刻点粗。前胸背板宽胜于长，外缘1/3两侧平行，向前缘急窄缩；基缘二凹状，中间猛凸出。前胸背板被黄褐色鳞片；中隆线被鲜黄色鳞片，其中央有1稍斜向上的鲜黄色小斑；盘区下方，中隆线两侧各有由暗褐色鳞片组成的宽纵带；外缘端半散布单个直立的暗黑色鳞片。小盾片盾形，密被黄褐色鳞片，鞘翅宽于前胸背板，肩角明显。斜带和直带鲜黄色，斜带斜至翅中部止于行间3；行间3和行间5高于其他行间，其上有2～3个短条状黑鳞片斑，并将直带间隔成条状带；刻点窄长方形。足腿节内侧有1齿，齿与腿节端之间深内凹状。虫体腹面，后胸腹板的腹中沟深，末端不分叉。雄虫外生殖器阳茎端扁宽；骨叉中部稍弯，端部弯曲；骨化棒端部有短凸，不呈钩状；雌虫受精囊蝌蚪形，后半段弧形并渐收缩，尾端宽约为刚收缩部分宽度的1/3；第八腹节骨片花瓶状；顶端"领状"收缩。

　　生物学特性　印度马德拉：产卵历期1～3周，卵期7天，蛹期7天，生活史周期50天（Suramanyan，1925）。印度尼西亚爪哇：卵期5.5～7天，幼虫期30～36天，蛹期5天（Singh L B，1960）。美国夏威夷：3～4月，气温13～17℃条件下，卵期7天；5月下旬至6月卵期5～6天，幼虫期22天。蛹期7天。生活周期40天（Balock等，1964）。Tandon（1985）认为幼虫期平均1个月；Hansen（1987）则认为70天。

　　成虫有假死性和群集性，在果园杧果栏栅缝

亡果果核象成虫（张润志　拍摄）

杧果果核象头喙背面（张润志　拍摄）

中、果核内壁、树洞、树干疏松树皮内隐蔽；夜间取食，交尾，傍晚产卵，并多次交尾和多次产卵。成虫滞育与长天照有关。在有水和食物存在条件下，成虫能生存21个月，而缺水缺食物条件下存活140天。卵产于果表面，卵单产，有50%的卵能被分泌物覆盖保护；每头雌虫卵量147～281粒，每天产卵量15粒；果表面卵数最多为31粒。幼虫孵化后经果肉蛀入种子危害，果内幼虫数最多为6头，幼虫共5龄。老龄幼虫在子叶内化蛹，亦在土中化蛹。

防治方法

1. 果园管理。每年8月消灭树皮缝和树洞中的成虫，并用煤油乳剂涂封，果实生长成熟期，每周2次收集并销毁落果。

2. 化学防治。成虫越冬期、抽花序和坐果前施用杀虫剂，效果良好。喷洒0.01%倍硫磷能有效地防治害虫。

3果实收后处理。2℃下贮存5天或4℃下贮存

24天能杀死果肉所有虫态，但伤害果实，溴甲烷熏蒸：剂量3g/m³，在12℃下熏蒸8小时，杀死全部虫态，但伤果实。溴化物的残留量也易出事故。60kr辐射剂量是延长绿果后熟和防治各种病虫害的最适合剂量，在果实30℃下可贮藏21天。蒸汽热处理是最安全的方法：蒸汽温度46℃或48℃（相对湿度58%和98%），果温43.3℃，受热6小时，可有效地防治各种病虫害。微波辐射处理：2450MHz，700瓦，处理10～15秒，重复4～8次，果核平均间隔温度51℃，可致50%象虫死亡。

参考文献

张润志等，2001; Flecher, 1914; Sir Guy et al., 1935; Gangolly S R et al., 1957; Behari Singh, 1960; Balock J W et al., 1964; Hill D, 1975; Atwals, 1976; Shukla R P, 1985; James D, 1987.

（司徒英贤）

分类地位	鞘翅目 Coleoptera　象甲科 Curculionidae
拉丁学名	*Sternochetus olivieri* (Faust)
异　名	*Cryptorrhynchus olivieri* Faust, *Cryptorrhynchus olivieri* (Faust)
英文名称	Mango seed weevil

230　杧果果实象

杧果果实象的幼虫危害果核内的种仁，使其失去萌发力，影响育苗繁殖和良种推广；其在果肉中的羽化通道易导致果肉感病腐烂。7～8月成虫危害苗圃内幼苗的叶、梢影响苗木生长（司徒英贤，1991）。

分布　广西（百色、南宁），云南（景洪、勐腊、勐海、普洱、元江、景谷、镇源、景东、云县、双江、勐定、永德、临沧、潞西、瑞丽）等地。越南，柬埔寨。

寄主　暹罗杧的野生小种：青皮杧，本地小杧；印度杧的栽培品种：'三年杧''象牙杧''马切苏杧''吕宋杧'（Carabao）'印度球杧''缅甸1号''缅甸2号''紫花杧''椰香杧''鹰嘴杧''元江象牙杧'。

危害　果实生长成熟期，原幼龄幼虫对内果皮的蛀入孔因不能随生长而愈合，在果核木栓化后仍留下一个孔洞，这也是成虫的羽化孔，这是该虫危害的识别特征。将果核破开后，种仁危害部分呈黑色粉末状，余下的子叶残缺不全，种子失去萌发力（司徒英贤，1989）。

杧果果实象成虫（侧视）（张润志　拍摄）

形态特征　**成虫：**平均体长7.61mm，宽4.45mm；最大个体的长和宽分别为：8.20mm和4.60mm，最小个体的长和宽分别为5.7mm和3.42mm。虫体黑色，被覆鲜黄色、锈赤色、黑褐色和黑色鳞片。越冬后的成虫其鲜黄色鳞片褪色呈黄白色或整体呈黑褐色、喙略弯曲，喙长不达中足基节之后；端部稍宽，刻点细，鳞片少；中隆线明显；基半刻点较粗，鳞片稍密，触角着生在喙中央，触角沟直，长达眼叶基部。第一索节和第二索节等长，第七索节长宽相等；棒节端部尖细，节间不明显，密被绵毛，长2倍于宽。额窄于喙基部，有中窝，被覆鳞片。前胸背板宽为长的1.5倍，外缘基半弧形突出，中部向前缘强烈窄缩，基部二凹形，中间猛凸出；皱刻点深而密，不规则，表面平滑；中隆线显著；其近前缘和中部两侧各有1对竖立的黑鳞片丛，后1对更显著；中隆线和中部鳞片丛间被覆鲜黄色的圆形鳞片。小盾片圆形被覆鲜黄色鳞片。鞘翅长约为宽的1.8倍，基半3/5以前两侧近平行；肩角明显，窄于翅中最宽处，翅端窄缩，翅坡较平缓；被覆锈赤色鳞片。斜带宽阔，鳞片鲜黄色；从翅基部向下延至前缘1/3处，并从肩部斜向行间3，个别个体延至行间1；直带宽，鲜黄色；行间3、5、7较隆，刻点近方形；奇数行间有鳞片瘤，而行间3、5、7鳞片瘤更显著。腿节具齿，后腿节端半黄色带显著。腹部背面可见7节，第七节基部两侧各有1个近半圆形的发育器，上有12～16条纵向的育锉。雄成虫第七节端缘内册，而雌成虫则与臀板连成一片。两性成虫第二至第四腹板各有2排刻点，雄虫外生殖器的骨叉柄部较直而不弯。骨化棒端部钩状（赵养昌等，1980；司徒英贤，1989）。**幼虫：**新月形幼龄幼虫乳白色，背血管紫棕色，老龄幼虫银灰色，有光泽。内唇感器：前区1对；侧端2对；中区纵列3对，中间1对的内侧又有1对小型感器。

生物学特性　1年1代。以成虫在树洞、树皮

杜果果实象成虫（上视）（张润志　拍摄）　杜果果实象成虫（横向上视）（卜文俊　提供）

缝、伤口的翘皮下，茎基的气根丛中和果园内用作燃料的杜果树柴堆中过冬。卵期7～8天，幼虫期40天，预蛹期2天，蛹期9天，成虫期60天，个别雌成虫在无水无食物条件下，能存活121天，成虫寿命一般为13～15个月。2月下旬至4月中旬，越冬成虫在嫩梢上补充营养；3月下旬至5月中旬成虫交尾产卵；5月下旬至6月中旬为幼虫期；预蛹和蛹多见于6月中、下旬；6月下旬至7月中旬成虫羽化盛期。

成虫喜湿润而忌避过分潮湿或过分干燥环境，喜温但避强光，多隐蔽在花序、果枝或叶背的背光处。有假死性。傍晚以后飞翔和活动，经发声器与鞘翅摩擦发声集结、交尾，午夜以后活动减少，往往多头雄虫角逐争夺雌虫。交尾时间最长达8小时，成虫多次交尾多次产卵。卵产在幼果的果表面上，并由附腺分泌的乳白色物黏附着，分泌物干燥后呈黑色、坚硬、不溶于酒精等有机溶剂，随着果实生长而脱落。1729个果中，有卵果率为51.8%，果表卵量2～7粒共占22.4%。幼果内常见幼虫有2～3头，但因营养竞争，果核内最终只见1头成虫，当幼果长至果长4～6cm时，孵化晚的幼虫如不能蛀穿韧性膜状的内果皮而进入种仁会继相死亡。当果实黄熟，果内O_2减少、乙烯和CO_2增多时，成虫会脱果而出。室外饲养表明，当气温下降至-1℃，连续2天，越冬成虫全部死亡。成虫随杜果果实运输和销售远距离传播（司徒英贤，1989）。

防治方法

1. 加强营林管理。种植芽接树，使茎干矮化，便于管理；清除越冬场所：树干涂白，断面锯平，伤口涂封沥青（1份）加柴油（2份）稀释液，树洞用石灰渣填封，园内不堆放枯枝落叶。

2. 保持园内清洁环境，不让害虫留在园内。果实生长成熟期，每周定时消除落果；不在园内食用果实，乱丢果核；不在园内堆放或贮存果实，以防害虫脱果。

3. 花前期和坐果后期喷氰戊菊酯1∶2000倍液、25g/L高效氯氟氰菊酯乳油1500倍或12%噻虫·高氯氟悬浮剂1000倍液喷雾，防治越冬成虫。

4. 成虫交尾阶段，笼养雌成虫，傍晚经发声，诱捕雄成虫（司徒英贤，1991）。

参考文献

赵养昌等, 1980; 陈元清, 1984; 司徒英贤等, 1989; 司徒英贤, 1991; 司徒英贤, 1993; 张润志等, 2001.

（司徒英贤）

231 **大灰象**

分类地位 鞘翅目 Coleoptera 象甲科 Curculionidae

拉丁学名 *Sympiezomias velatus* (Chevrolat)

异　名 *Sympiezomias lewisi* Roelofs

分布 北京，河北，山西，内蒙古，辽宁，吉林，黑龙江，山东，河南，湖北，陕西等地。日本。

寄主 核桃、板栗、枣、刺槐、桑、杨、紫穗槐、大豆、甜菜等41科70属100余种植物。

形态特征 **成虫:** 体长10mm左右，黑色，全体密被灰白色鳞毛。前胸背板中央黑褐色，两侧及鞘翅上的斑纹褐色。头部较宽，喙粗而宽，表面具3条纵纹，中央1黑色沟，先端呈三角形凹入，边缘生有长刚毛。前胸背板中央有1条细纵沟，整个胸部布满粗糙而凸出的圆点，小盾片中央有1条纵沟。鞘翅末端尖锐，鞘翅上各具1个近环状的褐色斑纹和10条刻点列，后翅退化。**卵:** 长椭圆形，长1mm，宽0.4mm，初产时乳白色，两端半透明，近于孵化时乳黄色。**幼虫:** 老熟幼虫体长14mm，乳白色，头部米黄色，上颚褐色，先端具2齿，后方有一钝齿，内唇前缘有4对齿状突起，中央有3对齿状突起，后方有2个呈三角形的褐色纹。**蛹:** 长椭圆形，长9~10mm，乳黄色，复眼褐色，喙下垂达于前胸，上颚

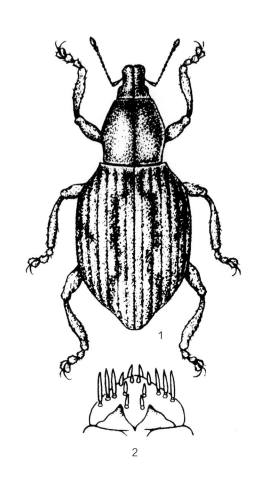

大灰象（邵玉华　绘）

1. 成虫；2. 幼虫内唇

大灰象成虫（徐公天　提供）

较大，鞘翅尖端达于后足第三跗节基部，体尾端向腹面弯曲，其末端两侧各具1刺。

生物学特性 辽宁2年1代。以成虫和幼虫越冬。4月上、中旬越冬成虫出土活动，群集于苗木上取食和交尾。5月下旬成虫在叶片上产卵，6月上旬以后陆续孵化为幼虫，9月下旬幼虫做土室越冬。翌年春暖后继续取食，至6月上旬开始化蛹，7月中旬羽化为成虫，并在原处越冬。一个世代需历时2年。

成虫不能飞翔，在4月下旬温度较低时，成虫多潜伏在土块间隙中或植物残株下面，很少爬出地面活动。雨后常有不少成虫被泥土粘住不能活动而死

大灰象成虫（徐公天　提供）

亡。成虫喜食幼嫩多汁的幼苗，食量不大，但由于群聚危害，幼苗受害便无一幸存。成虫产卵期可达19～86天；产卵量为374～1172粒。

初孵幼虫脱离卵壳落地后，迅速爬行，寻找土块间隙或松软表土入土内取食。幼虫只取食一些腐殖质和微细的根系，对苗木无害。

防治方法

1. 在苗圃及草坪，可用2亿孢子/mL的白僵菌灌根，1年灌2次，分别在5月下旬和9月上旬。

2. 90%敌百虫晶体1000倍液于5月下旬和9月上旬喷施2次。

3. 在幼虫期结合整地撒施15%毒死蜱·辛硫磷颗粒剂或50%吡虫啉·杀虫单水分散粒剂8g/m²加30～50倍细土拌匀，撒在苗床上，并翻入土中，毒杀幼虫。

4. 保护叉突节腹泥蜂捕食大灰象成虫。

参考文献

张执中, 1959; 娄慎修等, 1991; 杨子琦等, 2002; 徐志华, 2006.

（张执中，李镇宇）

232 建庄油松梢小蠹

分类地位　鞘翅目 Coleoptera　象甲科 Curculionidae

拉丁学名　*Cryphalus tabulaeformis chienzhuangensis* Tsai et Li

分布　陕西（马栏）。

寄主　油松。

危害　雌成虫在衰弱木枝梢部叶痕处咬一孔侵入，诱来雄虫交配、产卵。母坑道为共同坑道。危害严重时造成枝梢枯死。

形态特征　成虫： 体长1.5～1.7mm，褐色。雄虫额上方1条横隆堤，雌虫则无，额面有纵向条纹和颗瘤。前胸背板前半部颗瘤散生，其前缘具4～6颗瘤、中间2枚较大。鞘翅肩角显著，刻点沟不凹陷，沟间部平坦（萧刚柔，1992；周嘉熹，1994）。**卵：** 长椭圆形，长0.7～0.8mm，宽0.2～0.3mm，白色半透明，表面光滑。**幼虫：** 体长2mm，微弯，乳白色，口器深褐色，体具稀疏刚毛。**蛹：** 长2mm，初化时乳白色，后黄褐色。

生物学特性　陕西马栏林区1年2代。以成、幼虫在油松枝干皮层内越冬。5月上旬越冬虫态开始活动，在皮下补充营养，越冬幼虫5月中、下旬化蛹，7月上、中旬第一代成虫羽化并出孔。7月中旬成虫入侵产卵、下旬卵即孵化，8月上旬化蛹，8月中旬第二代成虫羽化。8月下旬产卵，9月下旬化蛹并陆续羽化，10月下旬成虫与部分幼虫即在树皮下越冬。雌虫产卵15～40粒，卵期约10天。越冬成虫死亡率为51.6%，其中天敌捕食率为12.1%，捕食性天敌有啄木鸟、郭公虫、阎甲、螳螂、猎蝽、蚂蚁等。该虫危害衰弱木，对新鲜油松枝条有很强的趋性。α−蒎烯和β−蒎烯也有明显的诱集力（周嘉熹，1994；周嘉熹等，1997）。

防治方法

1. 适度间伐，清除衰弱木和虫害木。设置松树饵枝诱集，或用α−蒎烯和β−蒎烯诱集以预测成虫出现期，幼虫期利用45%丙溴磷·辛硫磷乳油30～60倍液或12%噻虫·高氯氟悬浮剂30～60倍液添加专用渗透剂后高浓度喷涂树干。注意：高浓度喷涂树干时禁止喷到周围的植物叶片上。

2. 1～2月清理虫害木后，按15kg/hm²喷施拟青霉菌粉剂，对轻度、中重度危害区有较好的防治效果。

参考文献

萧刚柔，1992；周嘉熹，1994；周嘉熹等，1997.

（唐光辉，李孟楼，周嘉熹）

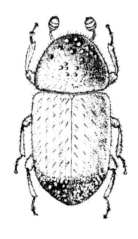

建庄油松梢小蠹成虫（周嘉熹　绘）

建庄油松梢小蠹成虫（上视）（中国科学院动物研究所国家动物博物馆　提供）

建庄油松梢小蠹成虫（侧视）（中国科学院动物研究所国家动物博物馆　提供）

建庄油松梢小蠹成虫（前视）（中国科学院动物研究所国家动物博物馆　提供）

233	油松梢小蠹	分类地位　鞘翅目 Coleoptera　象甲科 Curculionidae
		拉丁学名　*Cryphalus tabulaeformis* Tsai et Li
		中文别名　松梢小蠹虫

分布　河北，河南，陕西等地。

寄主　油松。

危害　成虫和幼虫在枝干皮层下钻蛀坑道，造成枝梢枯死。

形态特征　**成虫：**体长1.5～2.2mm，椭圆形，褐色。雄虫额上方有一横向隆堤，额面有额瘤。前胸背面前缘有4～5个颗瘤，中间2个较大。鞘翅上刻点细小，排列松散。**幼虫：**体长2mm，白色，微弯。

生物学特性　河南1年2代。以成虫和幼虫在枯死的枝干皮层内越冬。翌年4～5月越冬成虫开始活动，在皮层下蛀食，进行补充营养，随后咬孔飞出，在幼树枝干上咬孔侵入，在皮层下钻较宽阔的纵向母坑道，深入木质部。雌、雄交配后，在坑道

油松梢小蠹成虫（徐公天　提供）

油松梢小蠹幼虫（徐公天　提供）

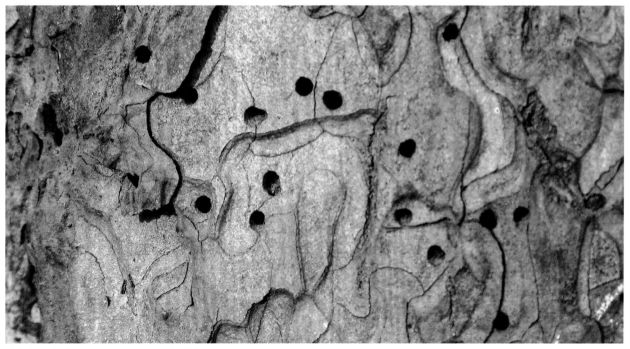

油松梢小蠹成虫羽化孔（徐公天　提供）

油松梢小蠹危害状（徐公天　提供）

两侧产卵。幼虫孵化后，向母坑道两侧横向钻蛀，形成子坑道。6～7月第一代成虫开始羽化，咬孔飞出，继续产卵繁殖危害。由于成虫和幼虫反复危害，皮层下被钻蛀一空，当年即出现枯梢。受害严重的幼苗，夏末秋初即出现枯死。9～10月第二代成虫羽化后，即在原坑道内越冬。

成虫喜在健康的幼树枝干上产卵繁殖危害，对油松的生长发育威胁最大。

防治方法

1. 人工防治。早春和晚秋，在林区加强检查，发现枯死枝梢和植株，及时剪除伐掉，集中浸泡在水中，或用火烧毁。

2. 化学防治。发生面积大、危害严重的林区，掌握成虫羽化飞出盛期，用飞机超低容量喷洒50%灭幼脲Ⅲ号，用量600g/hm²，或低容量喷洒450g/hm²。幼虫期用45%丙溴磷·辛硫磷乳油30～60倍液或12%噻虫·高氯氟悬浮剂30～60倍液添加专用渗透剂后

油松梢小蠹蛀道（徐公天　提供）

高浓度喷涂树干。注意：高浓度喷涂树干时禁止喷到周围的植物叶片上。

参考文献

殷蕙芬等，1984；萧刚柔，1992；杨有乾，2000.

（杨有乾）

华山松大小蠹

分类地位	鞘翅目 Coleoptera　象甲科 Curculionidae
拉丁学名	*Dendroctonus armandi* Tsai et Li
英文名称	Chinese white pine beetle
中文别名	大凝脂小蠹、大凝脂小蠹甲

　　华山松大小蠹是一种严重的毁灭性蛀干害虫，往往造成华山松林大面积枯死，给林业生产带来巨大损失。

　　分布　河南，湖北，四川，陕西，甘肃。

　　寄主　主要危害华山松，间或危害油松。

　　危害　以成虫、幼虫危害华山松健康立木，呈团状分布。被害树干的中、下部具大型漏斗状凝脂，此乃成虫入侵孔之所在处，呈红褐色或灰褐色。华山松大小蠹为先锋虫种，由于它的入侵导致树势衰弱，伴随而来的有松十二齿小蠹*Ips sexdentatus*、松六齿小蠹*Ips acuminatus*、松纵坑切梢小蠹*Tomicus piniperda*、云杉四眼小蠹*Polygraphus poligraphus*、肾点毛小蠹*Dryocoetes hectographus*、黑根小蠹*Hylastes parallelus*及梢小蠹*Cryphalus* spp.等10多种小蠹，同时还有松树皮象*Hylobius abietis haroldi*和多种天牛，如松幽天牛*Asemum amurense*、松瘤天牛*Morimospasma paradoxum*、小灰长角天牛*Acanthocinus griseus*、松刺脊天牛*Dystomorphus notatus*等。因而加速了针叶枯黄以至整株枯死，树皮脱落，形成大面积枯立木。

　　形态特征　**成虫：**体长4.4～6.5mm，长椭圆形，黑色或黑褐色，有光泽，唯触角及跗节红褐色。触角锤状部近扁圆形，顶端稍钝。额表面粗糙，呈颗粒状，被有长而竖起的绒毛，中央有1条浅纵沟。前胸背板宽大于长，前端收窄，缩成横缢状，后端较宽；背面密被大小刻点及长短绒毛，中央具1条隐约可见的光滑纵线；前缘中央向后凹陷，后缘两侧向前凹入，中央向后突出成钝角。鞘翅基缘有锯齿状突起，两侧缘平行，背面粗糙，点沟显著，两侧和近末端处点沟逐渐变浅，列间宽于刻点沟，有粗糙横皱褶，沟间除1列竖立的长绒毛外，还有不甚整齐而散生的短绒毛，这些绒毛在斜面上甚短，不显著。腹面有较密而倒伏的绒毛和细小的刻点。**卵：**椭圆形，长约1mm，宽0.5mm，乳白色。

　　幼虫：体长约6mm，乳白色，头部淡黄色，口器褐色。**蛹：**长约4～6mm，乳白色，腹部各节背面均有1横列小刺毛，末端有1对刺状突起。

　　生物学特性

　　华山松大小蠹的世代数因海拔高低而有不同。在秦岭林区海拔1700m以下林内，1年2代；在2150m以上林带内，1年1代；在1700～2150m的林带内，则2年3代。每一世代的有效积温总和约为495.5℃。其发育起点温度为9.6℃。一般以幼虫越冬，也有以

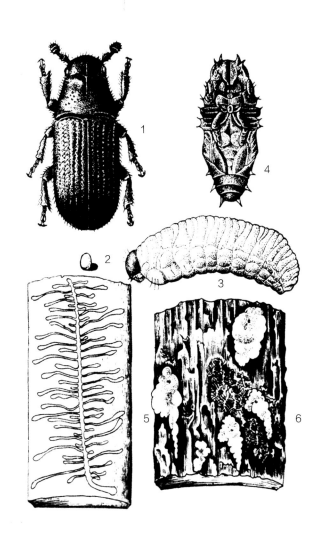

华山松大小蠹（朱兴才　绘）

1. 成虫；2. 卵；3. 幼虫；4. 蛹；5. 边材上的坑道；
6. 树干被害后的凝脂

蛹和成虫越冬的。

华山松大小蠹母坑道为单纵坑，坑道长10～60cm，坑宽2～3mm。子坑道由母坑道两侧向外伸出，长2～5cm。每母坑道内有雌、雄成虫各1头，开始蛀入时做靴形交配室。雌虫将卵产于母坑道两侧，产卵量约50粒，最少20粒，最多100余粒。初孵幼虫仅危害韧皮部，随着幼虫虫体的增长，子坑道逐渐变宽加长，并触及边材部分，其排泄物填充于子坑内，老熟后于子坑端部筑蛹室化蛹。初羽化成虫在蛹室周围及子坑处取食韧皮部，作为补充营养，严重时树干周围韧皮部因被啮食而形成环割，输导组织全遭破坏。成虫完成补充营养后，即破孔而出，重新侵害周围健康立木。一般只危害中龄林以上的林分。

华山松大小蠹的发源地在秦岭林区有常发地与扩散地两个类型。前者主要分布在纯林，低地位级，高龄级，疏密度小，海拔1800～2100m，山上部，坡度大，阳坡及陡峭—油松—华山松林与坡

上—华山松林型的林分中，且多为旧的发源地。后者主要分布在混交林，高地位级，低龄级，疏密度大，海拔1700m和2200m左右，山下部，坡度小，阴坡及洼地—缓坡—华山松和沙地—华山松林型的林分中，且多为新的发源地。

华山松大小蠹的天敌种类较多，其中寄生性昆虫有秦岭刻鞭茧蜂、小蠹长尾广肩小蜂、松蠹短颏金小蜂、松蠹长尾金小蜂、木小蠹长尾啮小蜂、奇异小蠹长尾金小蜂、松蠹狄金小蜂、方痣小蠹狄金小蜂、隆胸罗葩金小蜂、长痣罗葩金小蜂、瘿氏截尾金小蜂、长腹丽旋小蜂、木蠹长尾啮小蜂、松蠹啮小蜂等10多种。捕食性昆虫有蚂蚁、隐翅甲、步行甲、郭公甲和阎魔甲。另外还有菌类、螨类、线虫及鸟类等（杨忠岐，1996；陕西省林业科学研究所，1990）。

防治方法

1. 合理规划造林地，选择良种壮苗造林，加强抚育管理，定期进行卫生伐除，清除刚感染害虫的

华山松大小蠹侵入孔和松脂流出形成凝脂呈漏斗状
（《林业有害生物防治历》）

华山松大小蠹幼虫及蛀道（《林业有害生物防治历》）

新侵木、衰弱木、枯萎木和新枯立木。保持林内环境卫生，保护林木免遭其他病虫危害，以提高林木的生长力和抵抗蛀干害虫的能力。

2. 营造混交林，在海拔较低的地方，营造油松、华山松、栎类和其他阔叶树的混交林；在海拔较高的地方，营造华山松、山杨和桦木等针阔叶树的混交林。

3. 可用2亿孢子/mL的白僵菌灌根，注意保护和利用天敌。幼虫期用45%丙溴磷·辛硫磷乳油30～60倍液添加专用渗透剂后高浓度喷涂树干。注意：高浓度喷涂树干时禁止喷到周围的植物叶片上。

4. 使用合成外激素，使虫群迷向而失掉正常的联络和扩散，以减轻树木的受害程度。

参考文献

蔡邦华，李兆麟，1959；任作佛等，1959；李宽胜，1989；陕西省林业科学研究所等，1990；萧刚柔，1992；杨忠岐，1996.

（李宽胜，李莉）

华山松大小蠹成虫（《林业有害生物防治历》）

华山松大小蠹危害状（《林业有害生物防治历》）

分类地位	鞘翅目 Coleoptera 象甲科 Curculionidae
拉丁学名	*Dendroctonus micans* (Kugelann)
英文名称	Great spruce bark beetle
中文别名	家族道大韧皮小蠹

235 云杉大小蠹

分布 黑龙江，四川，甘肃等地。奥地利，比利时，捷克，斯洛伐克，丹麦，芬兰，德国，匈牙利，意大利，荷兰，挪威，波兰，罗马尼亚，瑞典，瑞士，土耳其，英国，俄罗斯，日本。

寄主 鱼鳞云杉、云杉、青海云杉、红皮云杉、罗汉松。

危害 主要危害云杉，寄居于树干中下部，也可直接危害健康木。在黑龙江大海林，本种与云杉八齿小蠹*Ips typographus*同时发生，造成鱼鳞云杉大面积枯死。

形态特征 成虫： 体长7.2~7.9mm，黑色具强光泽。头部额区略平，上有粗刻点和稀而细长的茸毛。触角和跗节红褐色。前胸背板中央有1条明显的光滑的纵线。小盾片极小，不显著。鞘翅上的刻点沟由大而不深的刻点组成。列间部较刻点沟为宽，上有刻点和瘤起，这些刻点和瘤起只在鞘翅的基部、小盾片附近显著，向后逐渐变稀、变小，在鞘翅斜面上近乎消失。整个鞘翅稀布着长而竖起的棕色绒毛，绒毛在鞘翅的斜面上较长，也较密。

生物学特性 在我国1年1代。以成虫和幼虫越冬。在甘肃省祁连山林区成虫于8月中、下旬出现，成虫在云杉上危害后，被害木的流脂很容易找到此虫，母坑道短而弯曲，在其顶部成虫咬一个较膨大的卵室，卵散产于室内，幼虫孵化后密集地向周围咬食，成共同坑。

防治方法

1. 在伐区，所有采伐的原木，必须在夏季前运出林区。伐区的伐根要进行剥皮。云杉属浅根系树种，易风倒。风折木、风倒木、雪倒木必须在5月底前清除或剥皮。

2. 保护祁连山丽旋小蜂。

参考文献

殷蕙芬, 1984; 杨忠岐, 1996.

（李镇宇）

云杉大小蠹成虫（卜文俊 提供）

236 | 红脂大小蠹

分类地位	鞘翅目 Coleoptera　象甲科 Curculionidae
拉丁学名	*Dendroctonus valens* LeConte
英文名称	Red turpentine beetle
中文别名	强大小蠹

　　1998年在我国山西阳城、沁水首次发现红脂大小蠹危害，该虫属外来入侵害虫。推测该虫引入与20世纪80年代后期山西从美国引进木材有关。与北美洲发生情况不同的是，该虫不仅攻击树势衰弱的树木，也对健康树进行攻击，导致发生区内寄主的大量死亡。1999年底，该虫在河北、河南、山西3省发生面积$52.6 \times 10^4 hm^2$，其中严重危害面积$13 \times 10^4 hm^2$，个别地区油松死亡率高达30%，导致600多万株的松树枯死（李计顺等，2001）。

　　分布　北京，河北，山西，河南，陕西，甘肃等地。美国，加拿大，墨西哥，危地马拉和洪都拉斯等。

　　寄主　在我国寄主有油松、华山松、白皮松。在北美发现的寄主树木包括松属、云杉属、黄杉属、冷杉属和落叶松属的40多种针叶树（张真等，2005）。

　　危害　侵入孔一般在寄主基干部2m以下，侵入孔周围出现凝结成漏斗状块的流脂和蛀屑的混合物，新侵入孔的凝结块一般红褐色，湿软。随着时间的推移，凝脂变硬，变干，呈灰褐色。该虫为集体坑道，没有明显的母坑道和子坑道，坑道呈扇形、"L"形、长形等多种形状（Smith，1961；苗振旺等，2001）。

　　形态特征　**成虫:** 体圆柱形，长5.7~10.0mm，淡红色至暗红色（殷惠芬，2000）。**卵:** 圆形至长椭圆形，乳白色，有光泽，长0.9~1.1mm，宽0.4~0.5mm。**幼虫:** 老龄幼虫体长平均11.8mm，头宽1.79mm，腹部末端有胴痣，上下各具有1列刺钩，呈棕褐色，每列有刺钩3个，上列刺钩大于下列刺钩，幼虫借此爬行。虫体两侧有1列肉瘤，肉瘤中心有1根刚毛，呈红褐色。**蛹:** 平均体长7.82mm，翅芽、足、触角贴于体侧。蛹初为乳白色，之后渐变浅黄色，头胸黄白相间，翅污白色，直至红褐色、暗红色，即羽化为成虫（苗振旺等，2001）。

　　生物学特性　该虫主要危害目标是已经成材且长势衰弱的大径立木，在新鲜伐桩和伐木上危害尤其严重。1年1~2代。虫期不整齐，一年中除越冬期外，在林内均有该虫成虫活动，高峰期出现在5月中、下旬，有时8月出现2个高峰。雌成虫首先到达树木，蛀入内外树皮到形成层，木质部表面也可被刻食。在雌成虫侵入之后较短时间里，雄成虫进入坑道。当达到形成层时，雌成虫首先向上蛀食，连续向两侧或垂直方向扩大坑道，直到树液流动停止。一旦树液流动停止，雌成虫向下蛀食，通常达到根部。侵入孔周围出现的凝结成漏斗状块的流脂

红脂大小蠹成虫（张润志　拍摄）

红脂大小蠹成虫头部（张润志　拍摄）

红脂大小蠹成虫群集危害（张润志　拍摄）

红脂大小蠹幼虫（买国庆　拍摄）

红脂大小蠹共同蛀道（徐公天　提供）

红脂大小蠹蛹（徐公天　提供）

红脂大小蠹成虫在蛀道内越冬（徐公天　提供）

红脂大小蠹漏斗状凝脂（徐公天　提供）

熏蒸扑灭红脂大小蠹（徐公天　提供）

挂设性诱捕器引诱红脂大小蠹成虫（徐公天　提供）

和蛀屑的混合物，被认为是典型的侵入症状。各种虫态都可以在树皮与韧皮部之间越冬，且主要集中在树的根部和基部（Smith，1961；吴坚等，2000；苗振旺等，2001；常宝山等，2001）。

防治方法　幼虫期用45%丙溴磷·辛硫磷乳油30～60倍液或12%噻虫·高氯氟悬浮剂30～60倍液添加专用渗透剂后高浓度喷涂树干（注意：高浓度喷涂树干时禁止喷到周围的植物叶片上）。加强检疫，避免进一步扩散蔓延；杜绝乱砍滥伐，对严重受害树清除后，必须对伐根进行熏蒸或覆土等处理，消灭残余小蠹和避免再次在伐桩上产卵危害。在成虫侵入期采用菊酯类农药在树基部喷雾或对树干基部绑扎塑料布进行熏蒸防治，可防止成虫侵害。用信息素可有效地对该虫进行监测和防治（张真等，2005；张真，张旭东，2009）。

参考文献

吴坚等，2000；殷惠芬，2000；常宝山，刘随存，赵小梅等，2001；李计顺等，2001；苗振旺，周维民，霍履远等，2001；张真，王鸿斌，孔祥波，2005；张真，张旭东，2009；Smith R H，1961；Eaton C B et al.，1967.

（张真，王鸿斌）

237 六齿小蠹

分类地位	鞘翅目 Coleoptera　象甲科 Curculionidae
拉丁学名	*Ips acuminatus* (Gyllenhal)
英文名称	Engraver beetle

分布　北京，河北，内蒙古，辽宁，吉林，黑龙江，湖北，四川，云南，陕西，新疆等地。蒙古，朝鲜，日本，俄罗斯；欧洲。

寄主　红松、华山松、高山松、油松、马尾松、云南松、樟子松、思茅松、落叶松、长白松、新疆云杉。

危害　母坑道甚长，复纵坑向上、下方伸出；子坑道疏少、短小，间隔约5mm。母坑道的多少由每个"家族"雌、雄比决定，以1雄6雌者为多，1雄5雌者次之，1雄4雌以下和1雄8雌以上者很少。

形态特征　**成虫：**体长3.8～4.1mm，圆柱形，赤褐色至黑褐色，有光泽。眼肾形，额中部稍隆起，遍生粗大、分布不均的刻点。在两眼之间额部中心常有2～3枚较大的颗粒。鞘翅长为前胸背板长的1.4倍。鞘翅上刻点沟中刻点显著，翅盘开始于鞘翅2/3处，两侧各有3齿，由小渐大。雄虫第三齿扁桩状，末端分叉；雌虫3齿均尖锐。

生物学特性　黑龙江、内蒙古呼伦贝尔盟1年1代。成虫在树皮内蛀盲孔越冬。越冬成虫扬飞及产卵期甚长，5～8月随时可见成虫迁飞和入侵。雌虫产卵量约30粒。在云南峨山1年3～4代，因此全年都能在受害树的树皮下见到各个虫态。

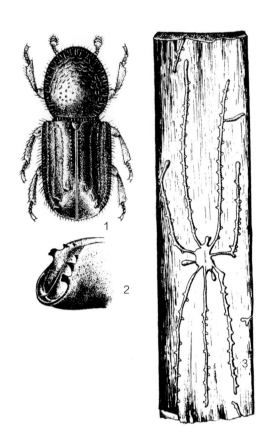

六齿小蠹（朱兴才　绘）
1. 成虫；2. 成虫鞘翅末端的凹陷；3. 被害状

防治方法

1. 及时清理林区间伐后的小径木及间伐时伤害的个别活立木。值得注意的是伐倒木上的六齿小蠹向衰弱木扩散，然后再由衰弱木向健康木扩散。幼虫期用45%丙溴磷·辛硫磷乳油30～60倍液或12%噻虫·高氯氟悬浮剂30～60倍液添加专用渗透剂后高浓度喷涂树干（注意：高浓度喷涂树干时禁止喷到周围的植物叶片上）。

2. 可用2亿孢子/mL的白僵菌灌根。保护小蠹虫的寄生蜂，如暗绿截尾金小蜂、六齿小蠹广肩小蜂等。

参考文献

殷蕙芬，黄复生，李兆麟，1984；萧刚柔，1992；杨忠歧，1996.

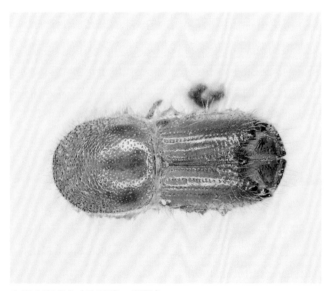

六齿小蠹成虫（李镇宇　提供）

（李镇宇，于诚铭，陈尔厚，黄忠恬）

238	重齿小蠹	分类地位	鞘翅目 Coleoptera 象甲科 Curculionidae
		拉丁学名	*Ips duplicatus* (Sahalberg)
		英文名称	Northern bark beetle
		中文别名	复小蠹、双歧小蠹

在大发生区内，无论衰弱木还是健康木均被侵害；虫口密度较大时，造成树木的正常生理机能严重破坏，立木便很快枯死。

分布 内蒙古，黑龙江（带岭）。俄罗斯，芬兰，波兰，捷克，斯洛伐克，德国，瑞典，挪威。

寄主 红皮云杉、沙地云杉。

形态特征 成虫：体长3.4～4.0mm，圆柱形，黄褐色至黑褐色，有光泽。翅盘外缘上各有4齿，其中第二齿和第三齿发生在共同的基部上，两齿距第一齿较远，距第四齿较近，第二、三、四齿的端头等距排列，4齿间的距离可用1-2、3、4符号来表示；4齿中前3齿尖锐，后1齿圆钝；两性翅盘相同。

生物学特性 内蒙古1年1代。以成虫在土中越冬。越冬成虫于5月底6月初出现，6月上、中旬达盛期，并开始交尾产卵。卵于6月中、下旬孵化为幼虫，6月底达孵化盛期。老熟幼虫于6月底7月初开始化蛹，7月上、中旬达盛期。成虫于7月上、中旬羽化，7月下旬达盛期。经补充营养后，成虫于

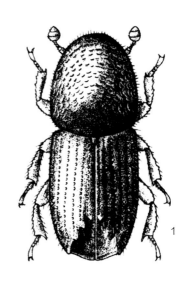

重齿小蠹
1. 成虫；2. 成虫鞘翅末端的凹面

8月上、中旬入土越冬。有时本种与云杉八齿小蠹*Ips typographus*、十二齿小蠹*Ips sexdentatus*等种类同时发生。

防治方法

1. 生物防治。寄生性天敌有暗绿截尾金小蜂、红松丽旋小蜂、奇异小蠹长尾金小蜂、针叶树丽旋小蜂。

2. 聚集信息素的利用。小蠹二烯醇（Id）+反-月桂烯醇（EM）+埃马丁醇（At）（20mg+20mg+2mg）的信息素组分配比对重齿小蠹的诱捕效果较好。

参考文献

殷惠芬等，1984；王贵成，1992；杨忠岐，1996；陈国发等，2009.

重齿小蠹被害状（李镇宇 提供）

（南楠，李镇宇，王贵成）

239 天山重齿小蠹

分类地位	鞘翅目 Coleoptera 象甲科 Curculionidae
拉丁学名	*Ips hauseri* Reitter
英文名称	Hauser's engraver
中文别名	云杉重齿小蠹

分布 新疆[乌鲁木齐、昌吉、石河子、乌苏、哈密、伊犁（昭苏）、阿勒泰等]。塔吉克斯坦，吉尔吉斯斯坦。

寄主 雪岭云杉、西伯利亚落叶松。

危害 成虫和幼虫在树皮层下蛀食隧道，影响树木的养分输导。受害严重的树木，针叶变黄或红，枝条下垂，蛀孔流脂极易造成枯死（文守易等，1959）。

形态特征 **成虫：**体长4～4.8mm，圆柱形。眼肾形。前胸背板深褐色，瘤区颗瘤圆小低平，背板的绒毛细长稠密，呈倒圆柱形分布，刻点区的刻点圆小，两侧稠密，中部疏散，有宽阔无点的背中线。刻点区无毛。鞘翅褐色，刻点沟不凹陷，沟间部宽阔平坦，绒毛细长。翅盘两侧各有4齿，其中第二齿与第三齿着生在共同的基部上，但两齿的端头距离较远。雄虫第一齿呈锥形，第二齿基阔顶尖，呈扁三角形，第三齿粗大顶部扩大，第四齿最细小；雌虫4齿均呈锥形，等距排列（殷蕙芬等，1984）。**卵：**卵圆形，初产时为乳白色，孵化时变为暗灰色。**幼虫：**初孵幼虫为乳白色，后变为棕红色。老熟幼虫体长4～4.8mm，头部褐色。**蛹：**体长4～4.5mm，乳白色，羽化前为淡黄色。

生物学特性 在新疆乌鲁木齐南山1年1代。以成虫越冬。翌年5月下旬开始活动，6月上旬蛀入树皮内产卵，卵期7～15天。6月中旬孵化，幼虫期20～25天。7月上旬开始化蛹，蛹期4～6天。7月中旬羽化，成虫约经40天补充营养，于8月下旬开始越冬。该虫在树上的垂直分布，自露出根部直至顶梢直径3cm和粗枝基部都有，但以中部和薄皮处最多（萧刚柔，1992）。

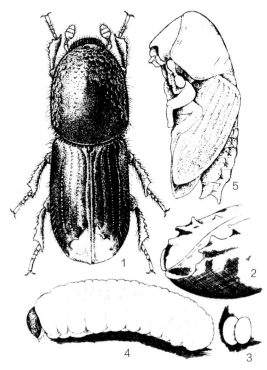
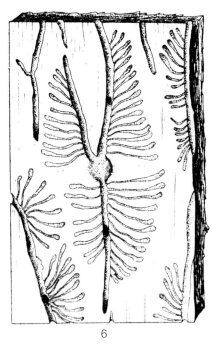

天山重齿小蠹（朱兴才 绘）
1. 成虫；2. 成虫鞘翅末端；3. 卵；4. 幼虫；5. 蛹；6. 被害状

成虫在晴天9:00开始活动至黄昏时为止，每天以11:00～15:00活动最盛；浓雾、大风、雨天均少活动。出蛰的越冬成虫，在伐倒的饵木上来回或上下转圈爬行，有时找不到合适的地方，飞向他处或重新回到原处附近，寻找适合位置，一般在树皮裂缝、受伤及有节处啃咬侵入孔。侵入孔由雄虫啃咬，直至交配室形成，其余个体才陆续进入，但一般不超过5头，否则即被逐出。交配后，雌虫开始筑母坑道，母坑道一般3～5条，长7～10cm，宽约2mm，母坑非常干净，成虫在里面通行无阻。母坑道开始呈星状分出，以后呈直线纵列。在母坑道中央或靠两端有1～3个开孔。雌虫在交配室交尾后1～2天产卵，在一个世代中，有2个产卵高峰，分别为6月上旬和7月上旬，卵多产在母坑道一侧，距离不等，以交配室附近为多，每头雌虫最多产卵22粒，一般15粒，最少8粒。

初孵幼虫从母坑道侧缘的卵室向外啃咬子虫道，子虫道开始很窄，以后随幼虫个体增大而加宽，子虫道内塞满木屑和粪便，全部子坑道排列成扇状。

蛹室在子坑道的末端，椭圆形，长5～7mm，以木屑覆盖，老熟幼虫在蛹室内化蛹。当年羽化的新成虫，在蛹室附近补充营养，所咬虫道不规则，咬成一大片，于8月下旬开始越冬。以土壤中越冬的较多。越冬虫口密度以靠近树干基部60cm以内最多，深可达30cm（文守易等，1987）。

防治方法

1. 营林措施。严禁将未剥皮的原条、原木在林区长期存放。及时采伐被害木，清理火烧迹地和林内的风倒木、风折木、雪压木，保持林内卫生条件。

2. 人工防治。设置饵木诱杀。幼虫期用45%丙溴磷·辛硫磷乳油30～60倍液或12%噻虫·高氯氟悬浮剂30～60倍液添加专用渗透剂后高浓度喷涂树干（注意：高浓度喷涂树干时禁止喷到周围的植物叶片上）。

3. 生物防治。可用2亿孢子/mL的白僵菌或150亿孢子/g的球孢白僵菌可湿性粉剂灌根。保护天敌，如隐翅虫、红斑郭公虫、步甲、白翅啄木鸟、小斑啄木鸟（新疆亚种）、斑啄木鸟（新疆亚种）等。

4. 化学防治。成虫入土越冬后和翌年5月成虫出土前，在被害木周围喷撒有毒农药防治。

参考文献

文守易等，1959；殷蕙芬等，1984；文守易等，1987；萧刚柔，1992.

（文守易）

天山重齿小蠹危害后形成的蛀孔（李镇宇　提供）　　天山重齿蠹在树皮上形成的坑道（李镇宇　提供）

240 光臀八齿小蠹

分布 四川，云南，甘肃，青海，新疆。欧洲。

寄主 青海云杉。

危害 幼虫蛀害青海云杉树枝、伐桩、衰弱立木树干、风倒木、带皮原木。

形态特征 成虫： 与云杉八齿小蠹相似。体长4.1～5.5mm，亮黑褐色。额中央有1个大瘤突，前胸前部两侧有鱼鳞状小齿。鞘翅端凹陷两侧4齿，第三齿最大，常呈束腰状、尖端纽扣状，2齿与3齿间距最大，凹窝表面亮滑，翅盘底面光亮（萧刚柔，1992；李孟楼，2002）。**卵：** 乳白色，椭圆形，长1.0mm，宽0.5～0.7mm，表面亮。**幼虫：** 体长6.0mm，乳白色，取食期为浅棕红色。**蛹：** 长约5.0mm，乳白或略黄白色，羽化前淡黄色。

生物学特性 甘肃省祁连山北坡1年1代。以成虫在树干基部1m范围内0～18cm深的苔藓层和枯枝落叶层内、风倒木、带皮原木、树枝、伐桩以及立木干基部虫道内越冬。翌年4月底至5月初越冬成虫出土侵入寄主，雄虫先蛀入韧皮部咬筑交配室，同时释放外激素招引1～4头雌虫交配，随后雌虫咬筑母坑道及卵室产卵，卵室对称排列，坑道为复纵坑。母坑道1～4条，长5～20cm，宽2.1～3.3mm。子坑道对称排列，长4～6cm，近交配室者较长。每雌约产卵50粒。5月中、上旬为产卵盛期，卵期7～15天；5月下旬至6月上旬幼虫孵化后自母坑道两侧咬筑子坑道，幼虫期15～25天。6月中、下旬老熟幼虫在子坑道末端咬椭圆形蛹室化蛹，蛹期10～15天，6月下旬成虫羽化后在蛹室附近取食韧皮部补充营养约1个月，再咬孔飞出入侵补充营养，部分则在

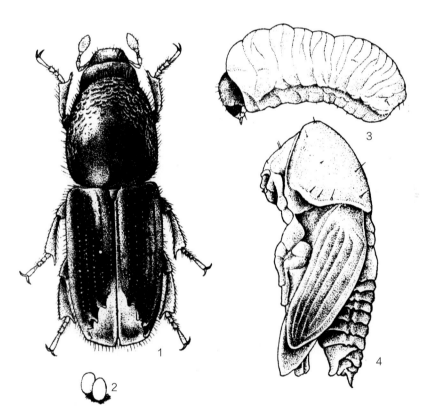

光臀八齿小蠹（朱兴才 绘）
1.成虫；2.卵；3.幼虫；4.蛹

蛹室附近补充营养直到越冬。9月中、下旬林内气温低于7℃时即进入地下越冬。成虫喜通风、透光、较潮湿的场所，林木被害率随着林分郁闭度的增大而降低，随着抚育强度的增加而提高（萧刚柔，1992；李孟楼，2002；薛永贵，2008）。

防治方法 成虫发生期使用云杉八齿小蠹信息素诱杀，效果良好。定期清理林内虫害损毁较严重的被害木，并进行杀虫处理。

参考文献

萧刚柔, 1992; 李孟楼, 2002; 薛永贵, 2008.

（李孟楼，傅辉恩）

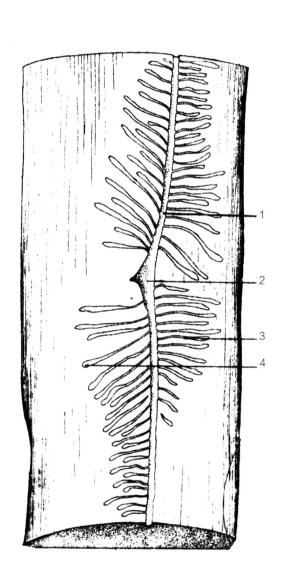

光臀八齿小蠹在边材上的危害状（朱兴才　绘）
1.母坑道；2.交配室；3.子坑道；4.蛹室

光臀八齿小蠹成虫（李镇宇　提供）

分类地位	鞘翅目 Coleoptera　象甲科 Curculionidae
拉丁学名	*Ips sexdentatus* (Börner)
异　名	*Dermestes sexdentatus* Borner, *Bostrichus pinastri* Bechstein, *Tomicus stenographus* Duftschmidt, *Ips typographus* De Geer
英文名称	Six-toothed bark beetle
中文别名	松十二齿小蠹

241 十二齿小蠹

　　十二齿小蠹是我国北方针叶林区的重要次期性害虫，常与六齿小蠹等其他小蠹虫混合发生，进一步加快衰弱木的死亡。本种还能直接侵害健康树，为先锋种，因而常造成重大危害。

　　分布　北京，河北，内蒙古，辽宁，吉林，黑龙江，河南，四川，云南，陕西，甘肃，新疆。朝鲜，韩国，蒙古，泰国，土耳其，俄罗斯；欧洲。

　　寄主　红松、樟子松、油松、华山松、思茅松、落叶松、红皮云杉、鱼鳞云杉等。

　　形态特征　**成虫：**体长5.8～7.5mm。圆柱形，褐色至黑褐色，有强光泽。鞘翅末端翅盘两侧各具6个齿，第四齿最大，呈纽扣状。**幼虫：**体长约6.7mm，圆柱形，体肥硕，多皱褶，向腹面弯曲呈马蹄状。

　　生物学特性　黑龙江1年1代，秦巴林区1年1～2代，均以成虫越冬。由于成虫寿命较长，各地有不同的物候群，所以生活史不整齐。在黑龙江带岭林区有2个物候群：一个在早春5月中、下旬开始活动并筑坑道产卵，子代至7月中旬羽化为新成虫，当年可转移到其他处所进行补充营养。另一物候群于7月上旬开始筑坑道产卵，直至8月中旬才羽化为新成虫，它们通常不离开原坑道，就在蛹室附近向木质部内咬筑深2～3cm的盲孔，头向内钻入越冬。

　　该虫的每个"家族"由1雄虫和2～4雌虫所组成，形成复纵坑。母坑道2～4支，多1上2下，长约40mm，宽约5mm；子坑道稀而短，长25～50mm。整个坑道位于皮层内。坑道内蛀屑红褐色，清晨或湿润天气堆在树干基部和根颈，像漏斗状花朵一般。全部坑道都在韧皮部中，边材上仅留下浅痕。主要寄生在树干干基和主干的厚树皮部分。成虫喜光，疏林地、日照良好的阳坡、林相残破的火灾迹地、采伐迹地、

十二齿小蠹成虫（李镇宇　提供）

十二齿小蠹鞘翅末端（李镇宇　提供）

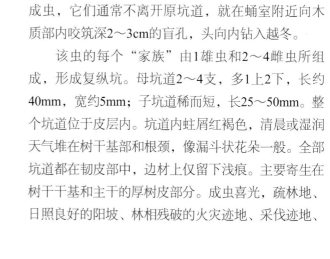

十二齿小蠹成虫（李成德　提供）

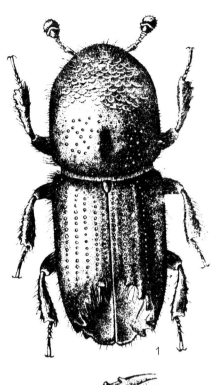

十二齿小蠹（朱兴才　绘）

1. 成虫；2. 成虫鞘翅末端

十二齿小蠹危害状（朱兴才　绘）

公路及森林铁路沿线的过熟衰老林木受害较重。此外，林内未剥皮原木、新伐倒木和枯立木均可促使小蠹虫发生地的形成和发展。

防治方法

1. 检疫措施。严禁调运虫害木。对虫害木要及时进行药剂或剥皮处理，以防止扩散。

2. 营林措施。选择抗逆性强的树种或品种；营造针阔混交林，加强抚育，封山育林，增加生物多样性。适龄采伐，合理间伐；伐根宜低并剥皮；及时清除林内风倒木、风折木、枯立木。虫害木要先采取卫生择伐，新伐木应及时剥皮或运出林外。贮木场应远离林分。

3. 饵木诱杀。当有虫株率低于2%时，在小蠹虫扬飞入侵前，采伐少量衰弱树作饵木，1～2根/800m²，待新的子坑道大量出现而幼虫尚未化蛹时，应将饵木予以刮皮、歼灭幼虫。

4. 生物防治。可用2亿孢子/mL的白僵菌或150亿孢子/g的球孢白僵菌可湿性粉剂灌根。十二齿小蠹有松扁腹长尾金小蜂等多种寄生蜂，应注意保护利用。

5. 原木楞垛熏蒸处理。选用0.12mm厚的农用薄膜，粘合成与楞垛相应大小的帐幕，覆盖并密封，投入溴甲烷10～20g/m³，或磷化铝3g/m³，或硫酰氟30g/m³，密闭熏蒸2～3昼夜。本法除可歼灭小蠹外，还兼治蛀入木质部的天牛幼虫。

6. 信息素诱杀。成虫扬飞期，利用十二齿小蠹引诱剂诱杀成虫。1hm²悬挂1个诱捕器，诱捕器距地面1.5m，可迅速降低种群密度和交配成功率。

参考文献

萧刚柔, 1992; 李成德, 2004; FAO, 2009.

（李成德，戚慕杰，于诚铭）

242 落叶松八齿小蠹

分类地位 鞘翅目 Coleoptera　象甲科 Curculionidae

拉丁学名 *Ips subelongatus* (Motschulsky)

英文名称 Larch bark beetle

落叶松八齿小蠹是落叶松等多种松树的重要蛀干害虫，由于其生活史主要在寄主皮内度过，破坏了树木的输导组织，常可造成林木成片枯死。

分布 北京，山西，内蒙古，吉林，黑龙江，浙江，山东，云南，新疆。日本，蒙古，俄罗斯（远东沿海地区、西伯利亚）。

寄主 主要危害落叶松，偶有危害红松、赤松、樟子松、红皮云杉和鱼鳞云杉的记载。

危害 该虫产卵于寄主树干部，从干基到较粗枝干均可侵入危害。幼虫期在树干韧皮部取食，破坏树木的输导组织，导致树木生长衰弱至枯死。

形态特征 成虫：体长4.4～6.0mm，初羽化成虫乳白色，渐变淡黄色、黄色、茶褐色、黑褐色，有光泽。**卵：**椭圆形，乳白色，微透明，有光泽。**幼虫：**乳白色，头壳灰黄色至黄褐色；老熟幼虫体长4.2～6.5mm。**蛹：**体长4.1～6.0mm，乳白色。

生物学特性 发生代数与所发生地区的气温有直接关系，不同地区、不同温度条件1年发生代数有明显差异。吉林四平地区1年2代，部分个体1年3代。在吉林越冬成虫4月末开始扬飞，5月上旬开始交尾，5月中旬幼虫开始孵化，7月上旬见第一代新成虫，第一代新成虫8月上旬开始产卵，8月中旬见幼虫，8月下旬见蛹，9月上、中旬见越冬代新虫，10月中旬开始越冬。

该虫的发育受温度影响较大，一般18℃时需48天完成一代，在22℃时需33天完成一代。再加上该虫产卵期较长，生活史很不整齐，并常可见"姊妹"代的现象。该虫在吉林长春地区1年有3次扬飞高峰期，分别为5月上、中旬和6月中旬、7月中旬。

防治方法

1. 落叶松八齿小蠹可通过飞翔、调运虫源木等方式扩散。因此首先要加强检疫和监测，严禁虫源木的调运，及时消灭虫源基地，将灾害控制在萌芽阶段。在防治策略上应由轻向重进行围歼式歼灭，首先清除虫源木再采取其他防治技术。

2. 适地适树，营造混交林，提高林分的抗虫能力。

3. 可用商用聚集信息素（小蠹烯醇、小蠹二烯醇和3-甲基-3-丁烯-1-醇）进行监测，及时掌握虫情动态。

4. 卫生伐。及时清除虫原木，并将伐下的虫原

落叶松八齿小蠹在树皮上危害状（李镇宇　提供）

木及时处理，防止虫原木扩散。

5. 应用落叶松八齿小蠹聚集信息素进行诱杀。一般发生较轻的林分2hm²挂1套诱捕器，中度发生的1hm²挂1套诱捕器，重度发生的先进行卫生伐后1hm²挂1套诱捕器。

6. 饵木诱杀。在林间空地、林缘和郁闭度较小（0.5以下）的林分中设置饵木，在小蠹虫扬飞前设置完毕。在小蠹虫羽化前，将饵木剥皮或用药剂、水浸等处理杀死卵、幼虫和蛹。

参考文献

张庆贺, 刘篆芳, 孙玉剑等, 1990; 萧刚柔, 1992; 高长启, 任晓光, 王东升等, 1998; 宋丽文, 2005.

（高长启，宋丽文，于诚铭）

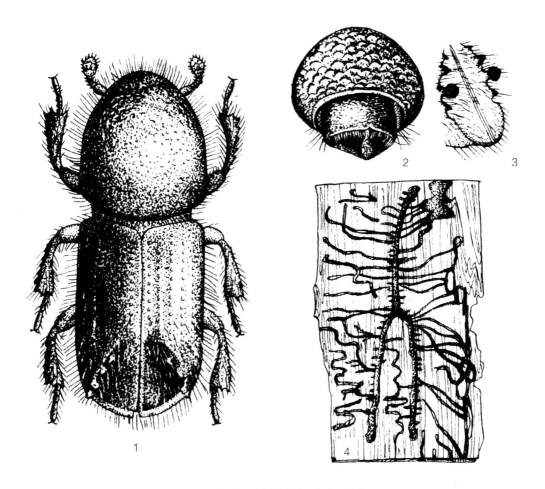

落叶松八齿小蠹（于长奎 绘）
1. 成虫；2. 成虫头部；3. 成虫鞘翅末端；4. 被害状

243	云杉八齿小蠹	分类地位	鞘翅目 Coleoptera　象甲科 Curculionidae
		拉丁学名	*Ips typographus* (L.)
		英文名称	European spruce bark beetle

　　云杉八齿小蠹是最具有危险性的小蠹虫之一。生存、繁殖能力强，其主要生活史在寄主皮内度过，破坏树木的输导组织，常可造成林木成片枯死。

　　分布　内蒙古，吉林，黑龙江，四川，甘肃，青海，新疆。日本，朝鲜，俄罗斯，捷克，丹麦，瑞典，挪威，芬兰，法国。

　　寄主　挪威云杉、红皮云杉、鱼鳞云杉、雪岭云杉、黑松、樟子松等。

　　危害　主要寄生在树干的中、下部，成虫从树皮鳞片缝隙处钻孔侵入，筑坑道于韧皮部与边材之间，多为复纵坑。成、幼虫取食韧皮部，破坏树木的输导组织。最初危害特征不明显，严重时针叶变黄绿而脱落，猖獗发生时可导致树木成片枯死。

　　形态特征　**成虫**：体长4.2～5.5mm，红褐色至黑褐色，有光泽，被褐色绒毛。复眼肾形。触角5节，锤状部扁椭圆形。额面均匀散布粗糙颗粒，额下部中央、口器上方有1个瘤状大突起。鞘翅后半部呈斜面形，斜面两侧缘各具4个独立分开的齿突，第三个呈纽扣状，余为圆锥形，第一齿最小，第一与第二齿间的距离最大。**幼虫**：体长5mm，弯曲，乳白色。**蛹**：体长4～6mm，乳白色。

　　生物学特性　在中欧和北欧的一些高纬度寒冷地区1年1代，而在欧洲南部扬飞较早，通常1年2代。在吉林省东部山区1年1代，春季当气温上升到20℃左右（5月末6月初）开始扬飞，林间实际观测以接骨木和榆叶绣线菊现蕾期作为开始扬飞的标志。

　　扬飞后雄虫先侵入寄主，通过信息素引诱雌虫入内交尾，一般1个侵入孔为1雄2雌，也有1雄3雌，

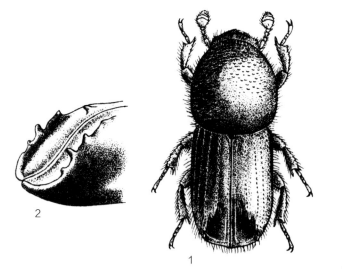
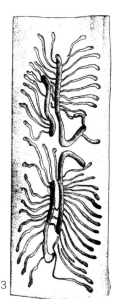

云杉八齿小蠹（朱兴才　绘）

1. 成虫；2. 成虫鞘翅末端；3. 被害状

云杉八齿小蠹在树皮上的危害状（李镇宇 提供）

最多不超过5头雌虫。侵入寄主1～2天后开始产卵于韧皮部和木质部间，从卵到新成虫共需33～55天，新成虫在树皮内停留28～30天，最长可达60天才飞出。新成虫补充营养后于10月中、下旬开始越冬。1年1代的云杉八齿小蠹，一般以成虫在树干基部的枯枝落叶层土下越冬，少数在韧皮部内越冬。

该虫喜通风透光，但又不喜欢阳光直射环境。因此，在林缘和林间空地发生较重，发生严重区呈带状或团块状分布，逐渐向四周扩散。

防治方法

1. 加强检疫和监测，严禁虫源木的调运，及时消灭虫源基地，将灾害控制在萌芽阶段。在防治策略上应由轻向重进行围歼式歼灭。

2. 营林措施。及时清理林间倒木、衰弱木及过高的伐根，以保持良好的林间卫生环境。在云冷杉林达到生理成熟时进行合理间伐，间伐要保持小比例和长间隔，一次性间伐一般不超过20%，两次间隔8年以上，可有效预防小蠹虫的发生。

3. 信息素防治。5月中旬林间设置诱捕器，以小蠹二烯醇、顺-马鞭草烯醇和2-甲基-3-丁烯-2-醇3种诱芯混合使用对云杉八齿小蠹的发生区、发生时间以及危险性进行监测，当发现危害达到危险阈值时开始防治。在清除虫源木的基础上，可采用顺-马鞭草烯醇和2-甲基-3-丁烯-2-醇2种诱芯组合，1hm²悬挂1～2个诱捕器即可达到良好的防治效果。

4. 在越冬成虫扬飞前可设饵木诱杀，当饵木中的云杉八齿小蠹发育至蛹期开始杀灭虫源处理。

参考文献

萧刚柔, 1992; 孙晓玲, 2006a, b.

（高长启，孙晓玲，黄旭昌）

244	柏肤小蠹

分类地位 鞘翅目 Coleoptera 象甲科 Curculionidae

拉丁学名 *Phloeosinus aubei* (Perris)

英文名称 Cypress bark beetle

柏肤小蠹是侧柏的主要蛀干害虫之一。该虫虫体微小，生活隐蔽，主要蛀害寄主的韧皮部，破坏树体的输导组织，致使整株枯死（董存玉，1997）。

分布 北京，江苏，山东，河南，云南，陕西，台湾等地。日本，朝鲜，俄罗斯，德国，法国，意大利，西班牙，保加利亚。

寄主 侧柏、圆柏。

危害 柏肤小蠹对侵入的柏树有一定的选择性，生长势衰弱或新移植后生长势未恢复的柏树易受侵害；成虫补充营养时，主要咬食直径在2cm左右的小枝，影响树形和树势，严重时常见树下有成堆被咬折断的枝梢；在繁殖期危害树木主干和主枝，造成枯枝和树木死亡。

形态特征 成虫： 体长2.1～3.0mm，赤褐色或黑褐色，无光泽。头部小，藏于前胸下，触角赤褐

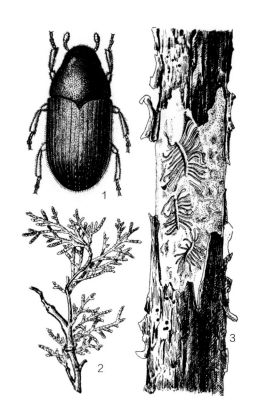

柏肤小蠹（1.张翔 绘；2、3.周德芳 绘）
1.成虫；2、3.小枝与干的被害状

色，球棒部呈椭圆形，体密被刻点及灰色细毛，鞘翅前缘弯曲呈圆形。每个鞘翅有9条纵纹，鞘翅斜面具凹面，雄虫鞘翅斜面有齿状突起。**卵：** 白色，圆球形。**幼虫：** 老龄幼虫体长2.5～3.5mm，初孵幼虫乳白色，头淡褐色，体弯曲。**蛹：** 体长2.5～3.0mm，乳白色（萧刚柔，1992）。

生物学特性 北京1年1代。以幼虫和成虫在树皮蛀道内越冬，1年有2个危害高峰，4月成虫开始飞出，在衰弱柏树上蛀孔侵入皮下，雄虫跟随而入，雌、雄交尾后做母坑道，母坑道一般与被害枝干平行，并在坑道内产卵，每次产卵20～30粒，幼虫孵化后在树皮和木质部之间向坑道两侧呈放射状蛀食危害，5月中、下旬幼虫老熟，在蛀道末端化蛹，6月上旬成虫羽化飞出，转移到树冠上直径2cm左右的小枝蛀食补充营养，被害枝易风折落地，

柏肤小蠹成虫（徐公天 提供）

柏肤小蠹成虫（徐公天　提供）

柏肤小蠹幼虫（徐公天　提供）

柏肤小蠹幼虫在蛀道内（徐公天　提供）

柏肤小蠹蛀道（徐公天　提供）

9月下旬成虫再回到较粗枝干上潜入越冬（徐公天，2007）。

江苏徐州地区1年2～3代。以幼虫及成虫越冬。越冬成虫于翌年4月上旬飞出活动，越冬幼虫也相继发育成蛹，羽化成虫，寻找寄主补充营养，侵入危害。5月中旬为越冬代成虫侵入盛期，6月中旬停止侵入。第一代卵于4月上旬产出，6月上旬出现第一代蛹，6月中旬开始羽化，7月中旬为羽化盛期；第二代卵始见于6月中旬，8月上旬出现第二代成虫；9月下旬前羽化的第二代成虫可产出第三代卵，并发育为幼虫，早期幼虫于9月下旬发育为蛹，进一步羽化为成虫，10月下旬羽化结束。此代成虫大多数不再侵害新寄主，并连同此期第二、三代幼虫和成虫进入越冬期（董存玉，1997）。

在山西太原地区1年2～3代，以成虫在柏树枝梢内越冬或以幼虫在柏树主干内越冬，翌年4～5月越冬代成虫陆续飞出，侵入危害并产卵，5月下旬卵孵化，7月上旬幼虫老熟化蛹，7月中旬羽化为第一代成虫。第二代卵孵化、幼虫发育、化蛹到成虫产卵需经历2个多月的时间。9月中旬，第三代成虫飞出。早期羽化的成虫交尾产卵，以幼虫进入越冬期。后期羽化的成虫直接越冬，这第二代实际就是越冬代（祁庆兰，1987；吕小红，2000）。

在山东济南、泰安地区1年1代，以成虫在柏树枝梢内越冬。翌年3～4月陆续飞出。雌虫寻找生长势弱的侧柏、圆柏蛀圆形孔侵入皮下，雄虫跟踪进入，并共同筑成不规则的交配室在内交尾。交尾后在雌虫向上咬筑单纵母坑道，并沿坑道两侧咬筑卵室在其中产卵。在此期间，雄虫在坑道将雌虫咬筑的母坑道产生的木屑由侵入孔推出孔外。母坑道长

柏肤小蠹成虫羽化孔（徐公天　提供）

蒲螨捕食柏肤小蠹幼虫（徐公天　提供）

15～45mm。雌虫一生产卵26～104粒。卵期7天。4月中旬出现初孵幼虫，由卵室向外，沿边材表面（主要在韧皮部）蛀细长而弯曲的幼虫坑道。幼虫坑道30～41mm。幼虫发育期45～50天。5月中、下旬老熟幼虫在坑道末端与幼虫坑道呈垂直方向咬筑1个深约4mm的圆筒形蛹室在其中化蛹，蛹室外口用半透明膜状物封住。蛹期约10天。成虫于6月中、下旬为羽化盛期。初羽化的成虫，体色稍淡（淡黄褐色）。羽化后沿羽化孔向上爬行，经过一段时间即飞向健康的柏树冠上部或外缘的枝梢，咬蛀侵入孔向下蛀食，进行补充营养。枝梢常被蛀空，遇风吹即折断。成虫至10月中旬后进入越冬状态（范迪，1985）。

防治方法

1.加强养护管理。对柏树适时浇水、施肥、中耕松土，对古柏要进行复壮，延缓衰弱，提高抗虫力；精细移植苗木，避免移植过程中伤害苗木，选择雨季移植或避开小蠹产卵期移植。

2.清除虫害木。在虫害发生区，在该虫越冬期至翌年成虫羽化前，即当年10月至翌年4月中旬前清除带虫木；及时剪除新枯死的带虫枝和伐除新枯死的带虫树，防止扩大蔓延；伐倒木应在2月底以前剥皮，以防小蠹产卵形成虫源。

3.设置饵木。在成虫侵入期，即4月上旬前，设置直径2mm左右的新鲜柏树枝条或柏木段诱杀成虫，待侵入结束后，集中销毁。

4.药剂防治。在成虫补充营养时期喷药防治，尤其是越冬成虫虫态相对整齐的时期进行喷药防治，效果最为明显；对树干中的成虫、幼虫和蛹可用敌敌畏熏蒸防治。另外在幼虫期用45%丙溴磷·辛硫磷乳油30～60倍液或12%噻虫·高氯氟悬浮剂30～60倍液添加专用渗透剂后高浓度喷涂树干（注意：高浓度喷涂树干时禁止喷到周围的植物叶片上）。

5.生物防治。禁止林内滥用农药，可用2亿孢子/mL的白僵菌或150亿孢子/g的球孢白僵菌可湿性粉剂灌根，保护异色郭公虫等优势天敌（杨燕燕，2005），释放蒲螨，取食成虫和幼虫（张佐双，2008）。其他主要寄生蜂天敌有柏蠹长体刺角金小蜂、柏蠹黄色广肩小蜂、柏小蠹唠小蜂、华肿脉金小蜂和小蠹长胸肿腿金小蜂。

参考文献

范迪，1985；祁庆兰，1987；萧刚柔，1992；杨忠歧，1996；董存玉，1997；吕小红等，2000；杨燕燕等，2004；徐公天，2007；张佐双等，2008.

（陈超，范迪）

245 杉肤小蠹

分类地位　鞘翅目 Coleoptera　象甲科 Curculionidae

拉丁学名　*Phloeosinus sinensis* Schedl

　　我国南方杉木林中常见的蛀干害虫。成、幼虫分别在韧皮部与边材之间蛀食单纵母坑道和众多子坑道，阻滞营养物质和水分的输送，造成零星或成片杉木枯死。

　　分布　浙江（淳安、遂昌、开化、武义、龙泉），安徽（旌德、广德、泾县、黄山），福建（建阳、南平、三明），江西（奉新、进贤、分宜），河南（新县），湖南（怀化、江华），重庆（万州），陕西（安康）。

　　寄主　杉木。

　　危害　越冬成虫聚集钻蛀杉木干部，导致树脂分泌并外溢，雌成虫在紧靠木质部的皮层上咬筑单纵母坑道。幼虫在母坑道两侧钻蛀子坑道。

　　形态特征　**成虫**：体长3.0～3.8mm，深褐或赤褐色。复眼肾形。前胸背板呈梯形。鞘翅斜面沟间部位颗瘤排列稠密，第一、三沟间部在10枚以上，第二沟间部上6～7枚（赵锦年，1988）。**幼虫**：体长5.0mm，取食幼虫体紫红色，成熟幼虫黄白色。

　　生物学特性　安徽旌德1年1代。以成虫分散在杉木树干皮层内越冬。翌年3月下旬至4月下旬，越冬成虫聚集侵害5～15年生杉木，3月下旬至5月中旬

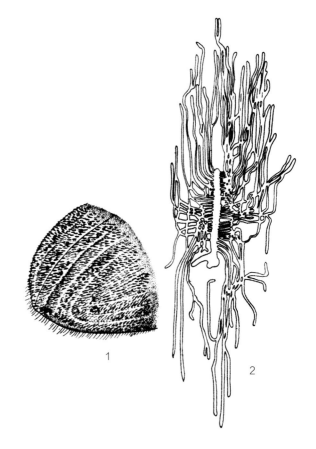

杉肤小蠹（瞿肖瑾　绘）
1. 成虫鞘翅末端；2. 坑道

杉肤小蠹成虫（上视）
（中国科学院动物研究所国家动物博物馆　提供）

杉肤小蠹成虫鞘翅末端
（中国科学院动物研究所国家动物博物馆　提供）

杉肤小蠹成虫（侧视）
（中国科学院动物研究所国家动物博物馆　提供）

杉肤小蠹头部
（中国科学院动物研究所国家动物博物馆　提供）

为卵期。4月初至6月中旬为幼虫期。5月上旬至7月下旬为蛹期。5月中旬出现第一代成虫。

越冬成虫钻蛀2.5mm左右圆孔，孔外具流脂。被害株流脂点达200～300处。雌成虫咬筑单纵母坑道，雄成虫在其后把蛀屑推出孔外。交尾多在19:00～21:00进行，交尾后雌成虫边筑母坑道边向坑道两侧咬筑卵室，1室1卵。产后即用蛀屑封住室口，每雌平均产卵48粒。卵历期3～5天。幼虫分别上下钻蛀子坑道，数目基本相等。幼虫平均化蛹率为91.8%，蛹平均历期8～9天。羽化后的成虫滞留蛹室内。7月上旬始第一代成虫陆续咬出，飞离被害木，飞往健康杉株，在皮层内筑越冬穴。穴外无蛀屑和流脂（赵锦年，1988）。

防治方法

1. 饵木引诱。早春伐除生长衰弱的杉株，置于林中，引诱成虫聚集钻蛀和产卵，5月初剥皮焚毁杉皮，以杀灭成、幼虫。

2. 保护天敌。广肩小蜂是该虫主要天敌。6月成虫羽化，寻找新寄主时期，林中应禁施杀虫剂。

3. 化学防治。3月下旬树干附有黄褐色粉状蛀屑或蛀孔外具白色流脂时，喷洒75%辛硫磷乳油800～1000倍液，可基本杀灭皮层内聚集的成虫，或在幼虫期用45%丙溴磷·辛硫磷乳油30～60倍液或12%噻虫·高氯氟悬浮剂30～60倍液添加专用渗透剂后高浓度喷涂树干（注意：高浓度喷涂树干时禁止喷到周围的植物叶片上）。

参考文献

苏世友等, 1988; 赵锦年等, 1988; 萧刚柔, 1992; 杨忠岐, 1996.

（赵锦年）

246	中穴星坑小蠹

分类地位　鞘翅目 Coleoptera　象甲科 Curculionidae

拉丁学名　*Pityogenes chalcographus* (L.)

英文名称　Sixtoothed spruce bark beetle

分布　北京，内蒙古，辽宁，吉林，黑龙江，四川，新疆。日本，朝鲜，俄罗斯。

寄主　在其分布区内几乎危害所有的针叶树。在东北大、小兴安岭和长白山林区危害红皮云杉、鱼鳞云杉、红松和樟子松；在新疆乌鲁木齐南山和哈密林区危害雪岭云杉。通常在各个地区都偏嗜云杉。在北京可危害白皮松。

形态特征　**成虫**：体长1.4～2.3mm。褐色，有光泽，毛较少。雄虫额下部稍凹陷，上部微隆，有时额中部有1瘤；雌虫额中部有横椭圆形深凹陷，凹陷下方的额部稍突起，底面色浅淡至黄褐色，呈天鹅绒状。前胸背板后半部有平滑中线，刻点较深大、明显。鞘翅长为前胸背板长的1.6倍，为两翅合宽的1.7倍；刻点沟刻点细弱，在翅端不易识别，沟间部无刻点。雄虫鞘翅斜面第二齿一般位于正中略

微靠近第三齿，第三齿下方翅缝还有1个小瘤；雌虫鞘翅斜面纵沟窄而浅，3对齿均细小、不明显。

生物学特性　在东北大、小兴安岭原始针叶林或人工林及在呼伦贝尔沙地樟子松林带常与六齿小蠹、十二齿小蠹、月穴星坑小蠹等伴随发生。主要危害寄主树木的薄皮部分、树冠及老树的枝丫，也选择日照良好的倒木寄居。

在呼伦贝尔盟地区，1年1代，以成虫越冬。筑坑道繁殖于樟子松枝丫树皮下，从卵到成虫的发育历期需时1.5个月。生活史不整齐，从6月初到8月初，在坑道内都可发现成虫。在树皮下或树皮内取得补充营养。坑道主要筑于韧皮部，也触及边材上。交配室大而显著在厚皮部内，母坑道3～6条，呈放射状，自交配室向周围伸展；子坑道密集，自母坑道垂直伸出，如同一"家族"族条母坑道相接

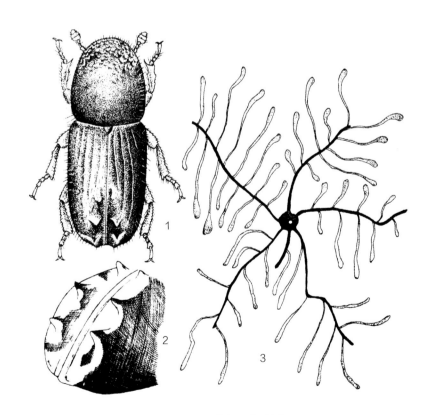

中穴星坑小蠹（朱兴才　绘）

1. 成虫；2. 成虫鞘翅末端；3. 坑道

中穴星坑小蠹成虫（上视）（李镇宇　提供）

中穴星坑小蠹成虫（侧视）（徐公天　提供）

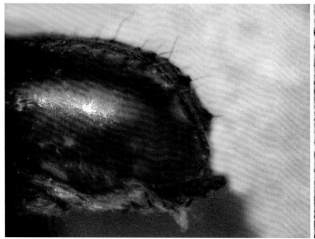

中穴星坑小蠹成虫鞘翅(坡面)（徐公天　提供）

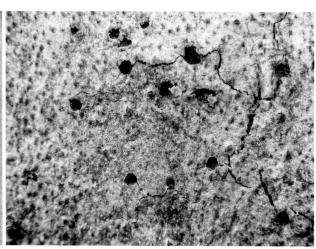

中穴星坑小蠹成虫羽化孔（徐公天　提供）

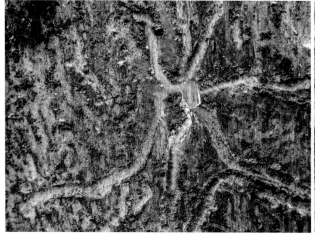

中穴星坑小蠹蛀道（徐公天　提供）

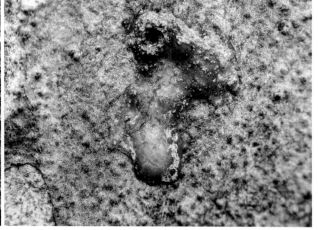

中穴星坑小蠹被白皮松流胶包围致死（徐公天　提供）

近时，子坑道只从两母坑道的外侧伸出，蛹室位于韧皮部内。

防治方法

可用2亿孢子/mL的白僵菌或150亿孢子/g的球孢白僵菌可湿性粉剂灌根，保护中穴星坑小蠹的寄生性天敌木小蠹长尾金小蜂、奇异小蠹长尾金小蜂、双斑肿脉金小蜂、小蠹长尾广肩小蜂、云杉小蠹璞金小蜂。

参考文献

蔡邦华等，1959；文守易等，1959；于诚铭，1959；殷蕙芬等，1984；蒋玉才等，1989；萧刚柔，1992；杨忠岐，1996.

（李镇宇，于诚铭）

247	脐腹小蠹	分类地位	鞘翅目 Coleoptera　象甲科 Curculionidae
		拉丁学名	*Scolytus schevyrewi* Semenov
		英文名称	Banded elm bark beetle

分布　河北，黑龙江，河南，陕西，宁夏，新疆等地。土库曼斯坦，乌兹别克斯坦，塔吉克斯坦，吉尔吉斯斯坦。

寄主　白榆、新疆大叶榆、春榆。文献记载还有柳树。

形态特征　成虫：体长3.19～4.17mm，平均3.64mm，雌、雄间无明显差异，个体间差异较大。头黑色，触角黄色至黄褐色。雌虫额面稍突，有趋向唇基的条纹；雄虫额面平凹，在额周缘上长有向内弯曲的黄色额毛。前胸背板前缘和后缘红褐色，中部黑褐色，上有刻点。前胸背板长1.39mm，宽1.54mm，长宽比为1：1.1。小盾片黑色。鞘翅红褐至黑褐色，部分个体在鞘翅1/2～3/4处有1条色泽略深的横带，侧缘和后缘微锯齿形，长1.87mm，宽1.55mm，长为宽的1.2倍。胸部两侧、腹板黑色。足红褐色，有黄褐色的绒毛，腿节近基部和端部有黑褐色斑纹。腹部自第二节腹板向上极度收缩，与第一腹板呈钝角，第二腹板中部的瘤突黑色，端部扁宽。雄性成虫第七腹节背板有1对长刚毛。**卵：**长0.82mm，宽0.56mm，椭圆形。初产时白色，半透明，后渐为乳白色，临孵化时乳黄色。**幼虫：**老熟幼虫头壳乳黄色，后部缩入前胸，上颚黑色，上唇白色，体乳白色，体长4.8～7.5mm。**蛹：**体长3.5～4.8mm，乳白色。前翅达第五腹节，翅面上有圈式脊纹；后翅长于前翅，两翅端相接。腹部背板后缘有1对角状突起，第三至第七节上的突起大而明显。

生物学特性　新疆奎屯地区1年2代，少数3代。以老熟幼虫越冬。越冬幼虫于4月上旬当气温达15℃时开始化蛹，4月中旬达化蛹盛期，4月下旬开始羽化，5月上旬为羽化盛期。第一代幼虫于5月底、6月初开始化蛹，7月上旬为羽化高峰，7月下旬羽化结束。第二代一部分幼虫筑蛹室越冬，另一部分则继续化蛹、羽化、进入第三代。由于成虫寿命和产卵期长，所处的环境差别又大，所以各虫态参差不齐，世代重叠。

初羽化的成虫，在蛹室内滞留2～5天后钻孔出蛹室，以14:00～20:00出孔数量最多，占80%以上。出孔的成虫在幼嫩枝条的枝丫处啃食嫩皮作为补充营养，之后飞至适于定居的树干上。雌成虫寻找树皮裂痕处钻蛀侵入孔和母坑道，母坑道在侵入孔上方韧皮部内，单纵坑，长4～6cm，最长达9cm；雄虫在树干上爬行，寻找侵入孔，遇孔即钻入其内将雌虫拖至孔口处交尾，交尾后又寻找其他雌虫交尾。该虫在孔口外交尾，故母坑道无交配室。

雌虫在钻蛀母坑道的同时，于坑道侧壁上咬筑卵室，将卵产入卵室内，再用碎屑将卵室口封严。1室1卵，紧紧相连，排列整齐。正常母坑道有卵室23～123个，一般在60个以上。雌虫产完卵，守护在母坑道进口处，直至死亡。

雌虫随筑坑道随产卵，卵也依次孵化。幼虫孵化后，向母坑道外侧取食韧皮层，形成子坑道。子坑道初与母坑道垂直，以后向上或向下纵向延伸，也有弯曲或交叉的。虫口密度大时，子坑道纵横交错，韧皮部呈碎屑状，难以辨认。幼虫5龄，老熟时在子坑道尽头接近树皮表面处做一斜向表皮的蛹室。

脐腹小蠹成虫（上视）（徐公天　提供）

脐腹小蠹成虫（侧视）（徐公天　提供）

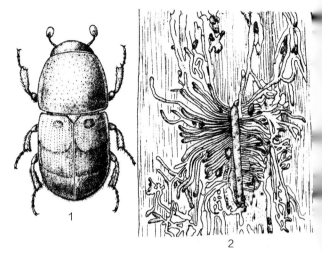

脐腹小蠹（瞿肖瑾　绘）
1. 成虫；2. 坑道

各虫态历期长短与温度高低有关。在26℃下：卵期3～5天，平均3.8天；幼虫期18～23天，平均21天；蛹期5～7天，平均6天；成虫期6～43天，平均20天。在自然情况下，完成1代需40～45天。

该虫对榆树危害的程度取决于树势的强弱。生长正常的树，侵入孔数量极少且浅，无母坑道，对生长无不良影响；树势衰弱的植株，随着衰弱程度的加重，侵入孔的数量也随之增加，受害也越加严重。由于脐腹小蠹对衰弱植株连续不断地重复侵害，导致植株更加衰弱，直至死亡。

该虫在寄主体内的发育及存活状况，与植株的生理状况有关。成虫在树势衰弱但树液尚在流动的活树皮层内，虽能钻孔产卵，由于树液的包围，成虫寿命短，产卵量少，孵化的幼虫也不能完成其发育而夭折死亡。最适于该虫定居繁殖的是死亡不久、树液停止流动、皮层保持完好的植株或部位，成虫能在皮层内正常生活，大量产卵，孵化的幼虫也能正常地完成其发育，并羽化出大量成虫，这是重要的虫源地。

砍伐后未做剥皮处理的堆木，伐树时遗留的高桩，因病、冻、鼠害致死的树木，最易形成虫源地，并向周围蔓延，侵害林木，扩大危害。因此，虫源的有无、多少和距虫源地远近直接影响到榆树受害的轻重。

天敌：脐腹小蠹的成虫，体外有寄生螨1种。幼虫有四斑金小蜂和茧蜂寄生，复合寄生率达14%～42.4%。

防治方法

可用2亿孢子/mL的白僵菌或150亿孢子/g的球孢白僵菌可湿性粉剂灌根。保护脐腹小蠹寄生性天敌昆虫：刺角卵腹啮小蜂、隆胸小蠹啮小蜂、大痣小蠹狄金小蜂、果树小蠹四斑金小蜂、黑青金小蜂、普通小蠹广肩小蜂、五营痣斑金小蜂、小蠹凹面四斑金小蜂、小蠹长胸肿腿金小蜂、小蠹棍角金小蜂、小蠹红角广肩小蜂、小蠹尾带旋小蜂、小蠹蚁形金小蜂、小蠹圆角广肩小蜂、榆蝶胸肿腿金小蜂、榆蠹短颊金小蜂、榆平背广肩小蜂、榆小蠹灿姬小蜂、榆小蠹丽旋小蜂、榆痣斑金小蜂、张氏扁胫旋小蜂、紫色小蠹刺金小蜂。

参考文献

殷蕙芬等, 1984; 李清西等, 1987; 杨忠岐, 1996.

（王占亭，李镇宇）

248 横坑切梢小蠹

分类地位	鞘翅目 Coleoptera　象甲科 Curculionidae
拉丁学名	*Tomicus minor* (Hartig)
异　　名	*Blastophagus minor* Hartig
英文名称	Lesser pine shoot beetle

横坑切梢小蠹常使树木迅速枯死，被害枝梢易风折，严重时被"剪断"的枝梢竟达到树冠枝梢的70%以上。

分布　河北，江西，河南，四川，云南，陕西，甘肃。东南亚地区；日本，俄罗斯，丹麦，法国。

寄主　马尾松、油松、云南松。

形态特征　**成虫：**体长3.4～4.7mm。鞘翅沟间部的刻点较稀疏，自翅中部起各沟间部有1列竖毛，鞘翅斜面第二沟间部不凹陷，上面的颗粒和竖毛依然存在，直到翅端。

本种与纵坑切梢小蠹极为相似，两者区别在于纵坑切梢小蠹的鞘翅斜面第二沟间部凹陷，其表面平坦，没有颗粒和竖毛。

生物学特性　常与纵坑切梢小蠹伴随发生。1年1代。成虫于4月下旬开始陆续羽化，5月下旬结束；羽化后即飞到树冠上蛀食枝梢，直到11月发育成熟，开始繁殖。在我国北方，成虫于秋末冬初在松树嫩梢或土内越冬；而冬季在昆明地区无越冬习性，它们或在枝梢继续蛀食，或飞到树干上蛀坑产卵。主要侵害衰弱木和濒死木，亦可侵害健康木，多在树干中部的树皮内蛀虫道，母坑道复横坑，子坑道向上下方垂直伸展。

防治方法

1. 生物防治。可用2亿孢子/mL的白僵菌或150亿孢子/g的球孢白僵菌可湿性粉剂灌根。常见的天敌寄生蜂有：长痣罗葩金小蜂、奇异小蠹长尾金小蜂、秦岭刻鞭茧蜂、双斑肿脉金小蜂、西北小蠹长尾金小蜂、小蠹长尾广肩小蜂、针叶树丽旋小蜂。

2. 信息素利用。利用云南松挥发性化学成分 α - 蒎烯、表雪松烯（Di-epi-cedrene）、雪松烯等，来监测和防治横坑切梢小蠹是一种可行且较为理想的方法（路荣春，2008）。

参考文献

殷惠芬等，1984；萧刚柔，1992；杨忠岐，1996；叶辉等，2004；路荣春，2008.

（南楠，李镇宇，高长启）

横坑切梢小蠹（朱兴才　绘）

1. 成虫；2. 被害状

横坑切梢小蠹成虫（李镇宇　提供）

横坑切梢小蠹成虫（李镇宇　提供）

分类地位	鞘翅目 Coleoptera　象甲科 Curculionidae
拉丁学名	*Tomicus piniperda* (L.)
异　名	*Blastophapus piniperda* L.
英文名称	Pine shoot beetle

249 纵坑切梢小蠹

分布　北京，辽宁，吉林，江苏，浙江，安徽，福建，山东，河南，湖南，重庆，四川，贵州，云南，陕西，甘肃等地。朝鲜半岛；日本，俄罗斯，蒙古，瑞典，荷兰，芬兰及北美洲部分国家。

寄主　樟子松、油松、黑松、马尾松、红松、赤松、思茅松、火炬松、湿地松、晚松。

危害　纵坑切梢小蠹是世界性重大害虫，分布广，危害严重。主要寄生在树干的中下部，在韧皮部与边材间筑单纵坑。幼虫在韧皮部取食，破坏树木的输导组织，成虫补充营养时危害新梢，导致被害梢枯黄或风折。严重时导致树木枯死。

形态特征　**成虫：**体长3.4～5.0mm。头部、前胸背板黑色，鞘翅红褐色至黑褐色，有光泽。眼长椭圆形。触角锤状部3节，椭圆形。前胸背板长度与背板基部宽度之比为0.8。鞘翅长度为前胸背板长度的2.6倍，为两翅合宽的1.8倍，翅基部沟间部生有横向瘤堤，小颗瘤后面各伴生1根刚毛，挺直竖立，持续地排至翅端；斜面第二沟间部凹陷，其表面平坦，没有颗瘤和竖毛。**幼虫：**体长5～6mm。头黄色，口器褐色，体乳白色。**卵：**长约0.9mm，宽约0.6mm。淡白色，椭圆形。**蛹：**体长4.5mm左右，白色，腹面末端有1对针突。

生物学特性　吉林1年1代。以成虫在树干基部落叶层或土层下约5cm处的树皮内越冬。翌年4月上、中旬开始离开越冬场所扬飞，一部分飞向倒木、衰弱木、伐根等处蛀入后交尾产卵；另一部分则飞向枝梢，蛀入补充营养。1年有2次扬飞高峰期，分别在4月末至5月初和5月中旬，以第一次扬飞的数量最多。产卵盛期为5月上、中旬，卵发育历期9～11天，6月上旬为孵化盛期。幼虫发育历期5～20天；6月中、下旬为化蛹盛期，蛹发育历期8～9天。7月中旬为羽化盛期，新羽化成虫扬飞后蛀入嫩梢，补充营养至10月中、下旬开始越冬。

在繁殖期内，雌成虫先侵入新倒木、衰弱木等繁殖场所，然后释放信息素引诱雄虫前来交尾，并在树干上筑一纵向坑道，将卵产在坑道两侧，每头雌成虫产卵量一般为40～70粒，幼虫沿与母坑道垂直的方向筑子坑道，成虫产卵期长达80天之久，因此生活史很不整齐。新成虫羽化后先飞向新梢补充

纵坑切梢小蠹成虫（徐公天　提供）

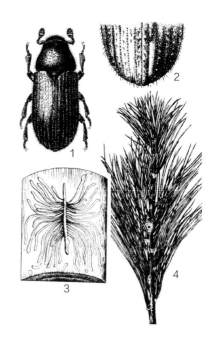

纵坑切梢小蠹（朱兴才　绘）

1. 成虫；2. 成虫鞘翅末端；3、4. 干枝被害状

营养，翌年春寻找寄主交尾产卵。羽化较晚的成虫翌年春还需进行一段时间的补充营养后再进入繁殖阶段。该虫喜温喜光，因此在林缘和林间空地发生重于林内。

防治方法 纵坑切梢小蠹可通过飞翔、调运虫源木等方式扩散。因此，首先要加强检疫和监测，严禁虫源木的调运，及时消灭虫源基地，将灾害控制在萌芽阶段。在防治策略上应由轻向重进行围歼式歼灭，在防治方法上首先清除虫源木再采取其他防治技术。

1. 预防措施。①应用信息素监测该虫的发生区与发生期，及时清除虫源木，将虫源基地消灭在萌芽之中。②清除风折风倒木、濒死木及过高的伐根等小蠹虫滋生场所。③加强检疫，控制虫源扩散。

2. 治理措施。①加强经营管理，促进林木健康生长，增加生物多样性，提高林分自身抗虫能力。②清除虫源木，压低小蠹虫种群数量，控制虫源扩散。③在清除虫源木的基础上，在该虫扬飞前挂信息素诱捕器进行诱杀，诱芯用α蒎烯+壬醛+反式马鞭草烯醇，每公顷挂1套即可。④药剂防治：在早春越冬成虫未离开越冬处之前，可将树干基部土层扒开，在该虫越冬部位施具触杀、熏蒸作用的杀虫剂，如在幼虫期，用45%丙溴磷·辛硫磷乳油30～60倍液或12%噻虫·高氯氟悬浮剂30～60倍液添加专用渗透剂后高浓度喷涂树干（注意：高浓度喷涂树干时禁止喷到周围的植物叶片上），然后将土复原踏实，杀虫效率可达95%以上。⑤保护小蠹虫天敌昆虫长志罗葩金小蜂、秦岭刻鞭茧蜂、隆胸罗葩金小蜂、木小蠹长尾金小蜂、小蠹长体广肩小蜂、小蠹长尾广肩小蜂、小蠹尾带旋小蜂。

参考文献

赵锦年等，1991；萧刚柔，1992；杨忠岐，1996；赵锦年等，2004；宋丽文等，2005.

（高长启，宋丽文，赵锦年，李镇宇）

纵坑切梢小蠹成虫在蛀道内（徐公天 提供）

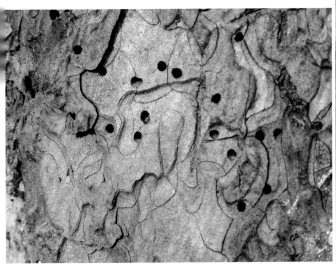

纵坑切梢小蠹成虫羽化孔（徐公天 提供）

纵坑切梢小蠹蛀道（徐公天 提供）

250	枣叶瘿蚊	分类地位	双翅目 Diptera 瘿蚊科 Cecidomyiidae
		拉丁学名	*Dasineura datifolia* Jiang
		中文别名	枣蛆、卷叶蛆、枣芽蛆

枣叶瘿蚊发生世代多，第一代发生时正值枣树发芽展叶期，危害严重时，影响结果枝抽生、展叶和开花结果。一般幼树、矮树和苗龄较大树、高树受害严重。1999年春，在陕西关中东部普遍大发生，成为春季枣树萌芽展叶生长期的主要害虫。从4月上、中旬开始，未展叶的枣芽即开始受到危害，4月上、中旬进入危害盛期，大都发生在主枝顶芽、二次枝先端嫩叶和枣吊端部幼叶，受害株率和端部嫩叶被害率高达100%，整个尖端嫩叶一片紫红，逐渐干枯脱落，严重影响了枣树的正常生长和开花结实。

分布 北京，河北，山西，山东，河南，四川，陕西等地。

寄主 枣树。

危害 主要危害枣树的嫩梢、嫩叶，以幼虫吸食汁液，刺激叶片两边向叶表纵卷，被害叶片变深红色，变厚变脆，直至变黑早落，嫩梢不能生长，严重削弱树势，并影响枣树的产量和质量。

形态特征 **成虫：**体长1.4～2mm，似小蚊虫。体橙红色或灰褐色，满布灰黄色细毛，胸部隆起。腹部灰黄色或橙黄色至橙红色。足细长。**卵：**长0.3mm，长椭圆形，一端稍狭，琥珀色，有光泽，外被一层胶质。**幼虫：**老龄时体长2.5～3mm，乳白色，头尾细，体肥圆，蛆状，胸部具琥珀色"Y"形骨片。近化蛹时淡黄色。**蛹：**体长1～1.4mm，初为

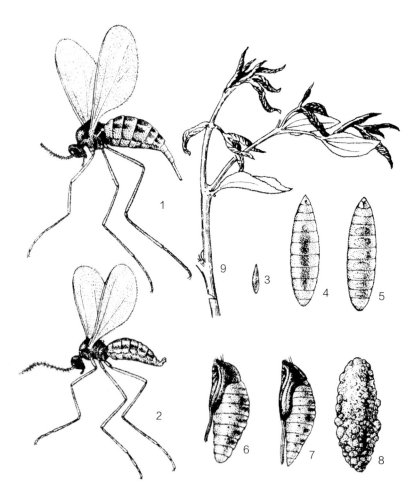

枣叶瘿蚊（周德芳 绘）

1.雌成虫；2.雄成虫；3.卵；4.幼虫背面；5.幼虫腹面；6.雌蛹；7.雄蛹；8.茧；9.被害状

枣叶瘿蚊危害状（《上海林业病虫》）

乳白色，后变黄褐色，头部顶端具额刺1对。**蛹**：椭圆形，灰白色，质软，外缀小土粒，形成小米粒大小的土茧。

生物学特性　陕西关中东部1年5～6代。以老熟幼虫在土内作茧在树下土壤浅层处越冬。翌年4月上旬升至土表另作茧化蛹。每年幼虫危害的高峰次数与时间略有不同，一般5～7次高峰，时间约在4月下旬至5月中旬，5月下旬至6月上、中旬，6月中、下旬至7月中旬，7月中、下旬至8月上、中旬，8月中、下旬，一直可延续到10月上旬。老龄幼虫从9月开始，陆续入土作茧越冬。全年以5～6月危害较重。成虫飞翔力不强，喜阴怕强光。单雌产卵40～100余粒，多在夜间产卵于未展开的嫩叶缝隙处，幼虫孵化后，吸食叶液，刺激叶肉组织，叶片两边向叶面纵卷，幼虫藏在其中危害。受害嫩叶呈浅红色或紫红色，叶肉增厚，叶质变硬发脆，不能伸展，最后变黑枯萎脱落，一卷叶内常有数头甚至10余头幼虫。

防治方法

1. 消灭越冬虫源。在秋末冬初或早春，把老熟幼虫和茧蛹翻入土层深处，可阻碍成虫正常羽化出土。

2. 药剂防治。①春季枣芽萌动时，地面喷洒25%对硫磷微胶囊剂200～300倍液，或撒施3%辛硫磷颗粒剂每亩3～5kg，施药后浅锄1遍，杀死化蛹幼虫。②幼虫发生期喷1.8%阿维菌素2500～3000倍液、1%甲维盐4000～5000倍液或12%噻虫·高氯氟悬浮剂1000倍液，每隔10天喷1次，连喷3次。防治的重点是越冬代和第一代幼虫。

3. 保护利用天敌金小蜂*Nasonia* sp.。

参考文献

萧刚柔, 1992; 赵方桂等, 1999; 赵玲爱等, 1999.

（王海明，仝德全）

251 刺槐叶瘿蚊

分类地位	双翅目 Diptera　瘿蚊科 Cecidomyiidae
拉丁学名	*Obolodiplosis robiniae* (Haldemann)
英文名称	Black locust gall midge

分布　北京，河北，辽宁，山东等地。意大利等欧洲国家，美国，日本，韩国。

寄主　刺槐、香花槐。

形态特征　**成虫：**雌虫体长3.2～3.8mm，触角丝状14节，复眼大，几乎占据头顶大部分，胸部背面红色隆起，胸部背面有3个黑色纵纹延伸至中胸，侧面2个黑斑向后延伸至胸部后缘，前翅翅面覆有很密的黑色绒毛，上具3条纵脉，腹部橘红色。雄虫体长2.7～3.0mm，触角26节，腹部背面黑褐色，具有浅色而较多的细毛。雌、雄成虫足细长，密被鳞片，前足胫节和中足胫节均白色。**卵：**长0.27mm，宽0.07mm，长卵圆形，淡褐红色，半透明。**幼虫：**体长2.8～3.6mm，纺锤形至长椭圆形，初龄幼虫体白色，老龄体红色，腹部腹面有一"Y"形骨片，头顶圆突2个。**蛹：**体长2.6～2.8mm，淡橘黄色。腹部2～8节背面每节基部生有1横排褐色刺突，头顶两侧各生有1个褐色的长刺，直立而伸出于头顶。

生物学特性　北京1年5代。以老龄幼虫在土壤中越冬。4月中旬越冬代成虫羽化，4月中、下旬即达到羽化高峰。4月下旬第一代幼虫孵出，5月下旬为幼虫盛发期。越冬代老龄幼虫9月下旬开始下树，历时4～5天即可完成下树。幼虫在表土中结茧越冬，少部

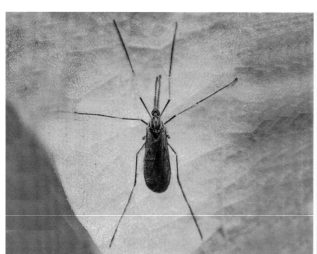

刺槐叶瘿蚊成虫（上视）（徐公天　提供）

刺槐叶瘿蚊成虫展翅（徐公天　提供）

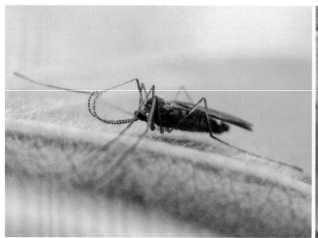

刺槐叶瘿蚊成虫（侧视）（徐公天　提供）

刺槐叶瘿蚊幼虫（徐公天　提供）

分老龄幼虫残留在落叶的虫瘿内。成虫的飞翔能力不强。雌雄性比约为4∶7，雌虫产卵量40～80余粒。主要产于新梢嫩叶叶片主脉两侧，叶边缘。初孵幼虫经3～5天即由叶片背面孵化处聚集到叶缘附近取食。刺激叶片组织增生肿大，导致叶片沿侧缘向背面纵向皱卷形成虫瘿。幼虫在虫瘿中取食危害。一般1个虫瘿内有幼虫3～8头，多则一片叶可达32头幼虫。秋末老龄幼虫随落叶散落于地上，约有90%分布到枯枝落叶下面的表土层中，5%分布于没有枯枝落叶的表土，另有5%存于虫瘿内。

刺槐叶瘿蚊老龄幼虫（徐公天　提供）

刺槐叶瘿蚊幼虫（徐公天　提供）

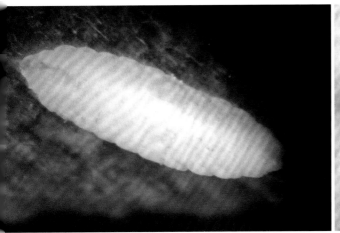

刺槐叶瘿蚊幼虫（徐公天　提供）

刺槐叶瘿蚊蛹（侧视）（徐公天　提供）

刺槐叶瘿蚊蛹腹面（徐公天　提供）

刺槐叶瘿蚊蛹背面（徐公天　提供）

刺槐叶瘿蚊幼虫造成刺槐叶反卷（徐公天　提供）

刺槐叶瘿蚊幼虫造成刺槐叶正卷（徐公天　提供）

刺槐叶瘿蚊幼虫造成黄叶（徐公天　提供）

刺槐叶瘿蚊导致白粉病发生（徐公天　提供）

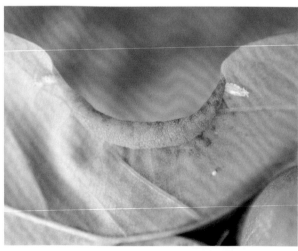

刺槐叶瘿蚊蛹壳（徐公天　提供）

防治方法

1. 清除地表枯枝落叶，使老龄幼虫失去滋生的条件，明春成虫羽化率明显降低。

2. 深翻土壤。翻土厚度超过2cm以上，使老龄幼虫即便化蛹但无法羽化为成虫，达到降低虫口的目的。

3. 化学防治。在越冬代成虫羽化高峰期与刺槐展叶盛期一致。用10%吡虫啉1000倍液，4.5%高效氯氰菊酯1500倍液或40%啶虫·毒死蜱乳油1000倍液或12%噻虫·高氯氟悬浮剂1000倍液喷雾。

4. 保护寄生于幼虫体内的瘿蚊长腹细蜂。

参考文献

杨忠岐等, 2006; 徐公天等, 2007; 穆希凤等, 2010.

（穆希凤，孙静双，徐公天，李镇宇）

252 柳瘿蚊

分类地位 双翅目 Diptera 瘿蚊科 Cecidomyiidae

拉丁学名 *Rabdophaga salicis* (Schrank)

英文名称 Salix gall midge

中文别名 柳树癌瘤

柳瘿蚊在山东临沂、济宁、菏泽等地的局部范围内发生严重。受害树树势衰弱，甚至枝干枯死，瘿瘤木材弯曲，不仅降低木材的工艺价值，还影响环境美化。

分布 江苏，安徽，山东，河南，湖北，宁夏，新疆等地。

寄主 柳、杞柳。

危害 以幼虫在形成层危害，引起组织增生，树干上形成瘿瘤。侵害部位变黑、肿胀，甚至使新枝、梢干枯，长期危害则造成寄主枯死。

形态特征 成虫： 雌虫体长3～4mm，深赤褐色；头部和复眼黑色，触角灰黄色、念珠状，各节有轮生刚毛；前翅膜质透明，后翅特化成平衡棒；中胸背板发达，褐色，多毛；腹部暗红色，末节延伸为伪产卵器，长约为腹部的1/2。雄虫较小，深紫红色，腹部末端向上弯曲。**卵：** 长椭圆形，橘红色，半透明。**幼虫：** 末龄体长4～5mm，长椭圆形，初为乳白色，半透明，后为橘黄色。前胸腹面有1个"Y"形骨化片。**蛹：** 椭圆形，长3～4mm，橘黄色。

生物学特性 1年1代。以老熟幼虫在被害部皮下越冬。翌年3月越冬幼虫开始化蛹。3月下旬至4月羽化为成虫，随气温的变化，3月末、4月上旬、

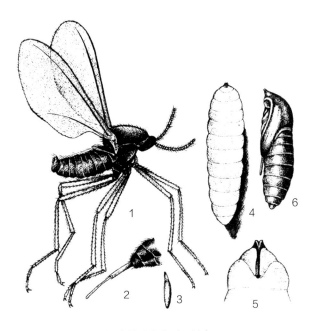

柳瘿蚊（朱兴才 绘）

1.雄成虫；2.雌成虫末端；3.卵；4.幼虫；5.幼虫腹面；6.蛹

4月中旬出现3次羽化高峰，气温高羽化多，尤其雨后天晴，则大量羽化。羽化后随即交尾产卵。卵期6～10天。幼虫在皮下危害至11月越冬。老熟幼虫化蛹前先做蛹室，并咬1个不完全穿透表皮的羽化孔；化蛹后蛹体向外蠕动直至一半体躯露出树表皮止，成虫羽化后蛹皮密集在羽化孔上，极易发现。成虫多产卵在旧羽化孔里的形成层和木质部之间，每孔内可产卵几十粒至上百粒。初孵幼虫做短距离爬行即取食形成层。"柳瘿"一般比正常的枝干粗1～5倍，其形成有一定的过程。初次危害时，成虫产卵在枝干叶芽芽痕内，孵化的幼虫即从嫩芽基部钻入皮下，这时虫口密度小，对枝干影响不大；翌年虫口密度加大，枝干开始轻度瘤肿。年复一年，幼虫集中危害瘤肿边缘组织，引起新生组织的增生，瘿瘤越来越大，左右延伸绕树干一圈，这样就形成了完整的大瘿瘤。

柳瘿蚊越冬幼虫（徐公天 提供）

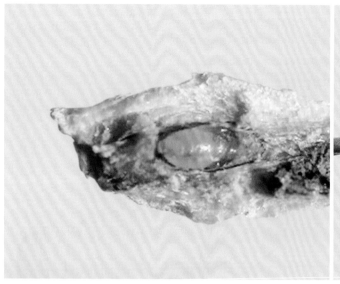

柳瘿蚊蛹（徐公天 提供）

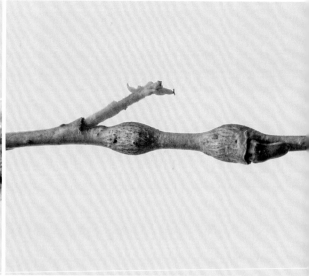

柳瘿蚊虫瘿（徐公天 提供）

柳瘿蚊成虫羽化孔（徐公天 提供）

柳瘿蚊天敌——寄生蜂（徐公天 提供）

防治方法

1. 加强检疫。避免直接用柳干扦插造林，杜绝带虫苗出圃，禁止未经处理的带虫干枝外运。

2. 结合修枝抚育，除去枝干上的瘿瘤并烧毁。

3. 抓住成虫羽化和产卵时期短而又集中的特点，在3月上、中旬将瘿瘤外糊一层泥，泥外缠上一层稻草，使其成虫羽化后飞不出来，或用刀削去瘿瘤外的薄皮，使幼虫不能化蛹，最后干瘪而死。

4. 药物防治。①被危害树木较小或初期危害的，在冬季或3月底以前，把危害部树皮铲下，或把瘿瘤锯下，集中烧毁。②3月下旬用20%呋虫胺原液，兑水2倍涂刷瘿瘤及新侵害部位，并用塑料薄膜包扎涂药部位，可彻底杀死幼虫、卵和成虫。③春季在成虫羽化前用机油乳剂或废机油仔细涂刷瘿瘤及新侵害部位，可以杀死未羽化的成虫和老熟幼虫及蛹。④5～6月在瘿瘤上钻2～3个孔（孔径0.5～0.8cm，深入木质部3cm），向孔注射1～2mL20%呋虫胺原液3～5倍液，然后用黏泥封口，防止药液向外挥发或用45%丙溴磷·辛硫磷乳油30～60倍液或12%噻虫·高氯氟悬浮剂30～60倍液添加专用渗透剂后高浓度喷涂树干。

参考文献

萧刚柔，1992；赵方桂等，1999；孙绪艮等，2001.

（王海明，汪永俊）

253 竹笋绒茎蝇

分类地位　双翅目 Diptera　茎蝇科 Psilidae

拉丁学名　*Chyliza bambusae* Yang et Wang

分布　上海，江苏，浙江，安徽，福建，江西，湖北，湖南，广东，广西，四川等地。

寄主　毛竹、早竹、淡竹、早园竹、红竹、黄槽毛竹、乌哺鸡竹、白哺鸡竹、五月季竹、花毛竹、水竹、黄古竹等刚竹属中笋根较粗的竹种。

危害　以初孵幼虫从被害竹笋嫩根的生长点侵入，取食竹笋嫩根，笋根停止生长，随后将笋根中髓蛀空，使可生长成80～150cm长的笋根仅能生长到10～20cm，笋根失去吸收水分、养分的能力，竹笋生长衰弱或死亡，被害竹笋生长成竹后竹秆的尖削度大、出材率低，竹根短、入土浅，失去牵引和支撑作用，竹子很容易倒伏。

形态特征　**成虫：**雌虫体长6～7mm，翅长5～6mm；雄虫体长6～8mm，翅长5～6mm。头黄褐

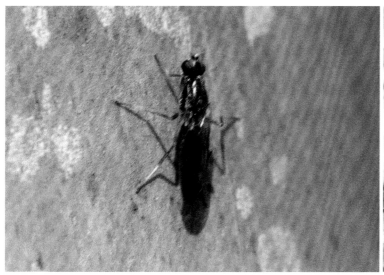

竹笋绒茎蝇成虫（徐天森　提供）

竹笋绒茎蝇严重危害状（毛竹笋嫩根）（徐天森　提供）

竹笋绒茎蝇老熟幼虫（徐天森　提供）

竹笋绒茎蝇在笋根中化蛹（徐天森　提供）

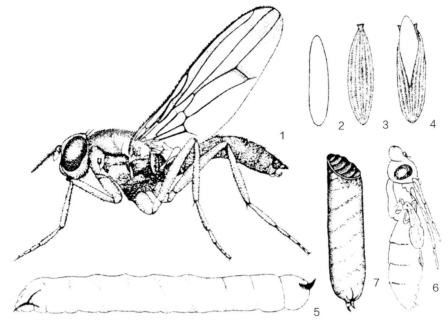

竹笋绒茎蝇（徐天森　绘）
1. 成虫；2～4. 卵；5. 幼虫；6、7. 蛹

色，额陷入，额间具1个大黑斑，中额板具黑色宽条纹；复眼大，后缘微凹，3枚单眼较靠近，具单眼鬃；触角芒羽状。胸背面黄褐色，密布具微毛的刻点，背侧具1对翅前鬃、2对翅上鬃，背板后缘具2对鬃。小盾片黄褐色，有3对小盾鬃，末端1对较粗大。翅狭长，透明，顶端烟褐色，翅前缘在1/3处具1个缺刻，并延伸一折痕横贯翅面。足细长，淡黄色，具绒毛，跗节显著长于胫节。腹部细长，黑褐色，具绒毛和刚毛。**卵：**长椭圆形，一头稍尖，乳白色。长径0.86～0.95mm，短径0.24～0.27mm。卵壳外有乳黄色的鞘，其长径为0.90～0.98mm，一端有颈状突起，鞘表面有10余条隆起纵脊。**幼虫：**初孵幼虫体长0.75～0.90mm。幼虫3龄，各龄幼虫体长分别为0.75～1.21mm、3.15～5.08mm、8.5～11.5mm。淡黄色，口钩黑色，透过中胸体壁隐约可见。体12节，前胸背板有1对骨片，半月形，浅黑色，下方为羽状气门。从中、后胸节节间至第四、五腹节节间背面，后胸与第一腹节节间至第五、六腹节节间腹面，每节有棕黑色刺突，排列方式与排列数不一，末节末端有"山"字形棕色斑，尾端截面黑色，尾气门呈羊角形翘起，黑色。**蛹：**体长6.2～7.5mm，初化蛹乳白色，越冬前为乳黄色，头顶有囊状突起。近羽化时，复眼、单眼橙红色，口

器、触角、翅、足的跗节及部分毛浅黑色。蛹壳长圆筒形，长径6.45～8.06mm，浅棕色至红棕色，前端倾斜、截形、凹陷、黑色，有5～6个褶迹。蛹壳外可见10个斜向节纹，可见幼虫节间突起痕迹。末端有黑色羊角形突起。蛹在笋根中前端向下，便于羽化出行。

生物学特性　浙江1年1代。以蛹在被蛀食空的笋（竹）根中越冬；在大小年出笋分明的竹林，少数蛹滞育1年，为2年1代。翌年3月下旬、4月上旬，即日平均气温上升到12℃以上时，成虫开始羽化，雄成虫比雌成虫早羽化2天；日平均气温15℃以上出现羽化高峰，4月底成虫终见，4月中旬成虫交尾产卵，卵4～10天孵化，幼虫4月中旬至5月下旬危害。幼虫经18～25天老熟，在被蛀食笋根蛀道中化蛹，5月底幼虫终见。

防治方法

保护天敌。竹笋绒茎蝇天敌较少，成虫羽化出土时或在笋根产卵时，常被双齿多刺蚁等蚂蚁捕食，在竹上被斜纹猫蛛捕食。寄生性天敌有蝇茧蜂、锤角细蜂（锤角细蜂科），对抑制笋绒茎蝇虫口密度起重要作用。蝇茧蜂寄生笋绒茎蝇幼虫，是该蝇主要天敌，平均寄生率26.08%，锤角细蜂寄生笋绒茎蝇幼虫，平均寄生率12.18%。

（徐天森）

254 毛笋泉蝇

分类地位 双翅目 Diptera　花蝇科 Anthomyiidae

拉丁学名 *Pegomya phyllostachys* (Fan)

分布 上海，江苏，浙江，安徽，福建，江西，湖北，湖南，四川等地。

寄主 毛竹、金丝毛竹、淡竹、石竹、黄槽毛竹、早竹、早园竹、花哺鸡竹、白哺鸡竹、雷竹、红竹、甜竹、龟甲竹、五月季竹、斑竹、乌哺鸡竹、紫竹、金竹、高节竹、角竹、水竹、篌竹、黄古竹等。

危害 成虫多在生长较衰弱的竹笋上产卵，幼虫在笋中取食。以毛竹为例，初孵化幼虫沿外笋箨内壁下行取食，食迹两侧水渍状，取食至笋箨着生节处蛀入笋中危害，幼虫入笋后无定向地纵、横取食，每取食迹两侧均出现水渍状，使竹笋很快腐烂，被害竹笋大多死亡，失去食用价值。幼虫老熟后再蛀食至笋箨处，沿笋箨内壁蠕动向上，到笋箨边滚落地面入土化蛹；在初孵幼虫下行蛀食至笋箨节处时，竹笋生长若仍很旺盛，幼虫即不能蛀食笋肉而死亡，竹笋生长成竹后，在竹子下部竹节上留下幼虫蛀食痕迹。成虫产卵于竹径较细的竹笋或竹笋的小枝时，由于笋箨薄，初孵幼虫可以直接蛀入竹笋内危害，被害竹笋多死亡或仅小枝腐烂而死。

形态特征 **成虫：** 体长7～8mm，灰色。额很狭，额间褐色至深褐色，额鬃列7～8枚。触角长，黑

毛笋泉蝇成虫（徐天森　提供）

毛笋泉蝇卵（徐天森　提供）

毛笋泉蝇幼虫（徐天森　提供）

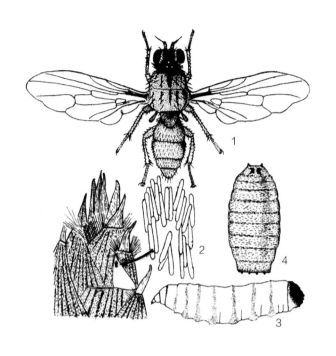

毛笋泉蝇（徐天森　绘）
1.成虫；2.产卵地点及放大的卵；3.幼虫；4.蛹

毛笋泉蝇危害后竹上伤痕
（徐天森　提供）

毛笋泉蝇危害状
（徐天森　提供）

色。复眼暗红色，雌虫离眼式，雄虫复眼大，接眼式；单眼棕黄色。胸部背面浅灰色被粉，有暗色正中条，中鬃2行，仅沟前第二对和小盾片前1～2对较长，余为毛状。翅透明，翅基微黄，平衡棒黄色。足黄色，足各跗节黑色。腹背灰色被粉，有轮廓清晰的暗色正中条。**卵：** 长柱形，长径1.75～2.00mm，短径0.23～0.24mm，乳白色。卵无规则地块产，每卵块有卵50粒左右。**幼虫：** 初孵幼虫体长1.70～2.01mm，乳白色。老熟幼虫体长8.0～11.5mm，黄白色，略呈圆锥形，12节，第六至第九节略粗。头尖，尾部截状；口钩黑色；前气门色略深，胸后至第七腹节前各节间略突起，以腹面明显，突起处分布斜向整齐的短刚毛，红褐色至褐色。腹末黑色，截面中间上方有气门1对，椭圆形，颇突出，有3对棕色气门裂，略呈长卵圆形，扇形排列；有7对乳状突起。**蛹：** 体长4.2～5.3mm，乳黄色，体短粗，复眼上方有1对突起，足跗节达尾末。蛹壳椭圆形，长径5.8～7.2mm，短径

2.5～3.0mm；黑褐色；可见10节，各节有环状皱纹，头部有突起皱纹1对，尾部截形，气门及乳突位置、数目与幼虫一致。

生物学特性　1～2年1代。以蛹在土中越冬。在浙江3月上、中旬成虫羽化，4月上旬羽化终止，并留有30%的蛹在土中滞育，越2个冬天，第三年羽化。3月中旬成虫开始交尾，3月下旬为交尾高峰；3月底4月上旬开始产卵，4月中旬为产卵高峰，卵产于两笋箨上部之间。在相对湿度大时，卵经3～5天孵化。随着竹笋生长，内笋箨外壁的毛可将卵带至外笋箨的内壁外，卵周围小环境相对湿度减小，卵即不能孵化。幼虫在笋中取食20天左右老熟，于4月下旬至5月上旬入土化蛹，与留在土中上代的蛹一起越冬。

防治方法

保护天敌：线纹猫蛛捕食成虫。

（徐天森）

255 落叶松球果花蝇

分类地位	双翅目 Diptera　花蝇科 Anthomyiidae
拉丁学名	*Strobilomyia* spp.
英文名称	Cone flies

落叶松球果花蝇（*Strobilomyia* spp.）是落叶松的重要种实害虫，常暴发危害落叶松球果和种子，造成落叶松种子大量减产。

分布　山西，内蒙古（古源、甘河），黑龙江（齐齐哈尔、伊春、五营），新疆。日本，俄罗斯（西伯利亚）；欧洲（奥地利境内阿尔卑斯，模式产地）。

大兴安岭地区落叶松球果花蝇种团由以下6种组成：黑胸球果花蝇*Strobilomyia viaria*（Huckett）、贝加尔球果花蝇*Strobilomyia baicalensis*（Elberg, 1970）、落叶松球果花蝇*Strobilomyia laricicola*（Kårl, 1928）、稀球果花蝇*Strobilomyia infrequens*（Ackland, 1965）、斯氏球果花蝇*Strobilomyia svenssini* Michelsen及黄尾球果花蝇*Strobilomyia luteoforceps*（Fan et Fang, 1981）。黑胸球果花蝇为优势种。

①落叶松球果花蝇在国内主要分布于黑龙江（伊春、五营），内蒙古（古源、甘河）。在国外主要分布于日本，俄罗斯（西伯利亚）；欧洲（奥地利境内阿尔卑斯，模式产地）。

②贝加尔球果花蝇在国内主要分布于黑龙江（伊春、五营、牡丹江），内蒙古（古源、甘河）。在国外主要分布于俄罗斯（西伯利亚贝加尔湖，模式产地）。

③斯氏球果花蝇在国内主要分布于黑龙江（伊春、五营、牡丹江）。在国外主要分布于欧洲（奥地利，模式产地），北美。

④黑胸球果花蝇在国内主要分布于内蒙古（吉文，模式产地；古源），辽宁（抚顺、本溪），黑龙江（伊春）。在国外主要分布于俄罗斯（西伯利亚贝加尔湖地区）。

⑤稀球果花蝇在国内主要分布于山西（文水），内蒙古（鄂伦春旗、古源、甘河），黑龙江（伊春），辽宁（抚顺）。在国外主要分布于俄罗斯（西伯利亚），英国（模式产地）。

⑥黄尾球果花蝇在国内主要分布于黑龙江（伊春、五营，模式产地）。

寄主　在中国危害落叶松。在日本、朝鲜北部危害朝鲜落叶松，在俄罗斯（西伯利亚）危害新疆落叶松、长白落叶松（范滋德，1988）。

危害　幼虫期在球果内取食危害。幼虫孵出后立即蛀入鳞片基部，取食幼嫩种子，食完一粒种子后，转移到邻近的种子危害。幼虫单以种子为食料，有的连种壳一起吃掉。1个球果内有1条幼虫时，能食害全部种子的80%，如有2条幼虫，便可将种子全部吃光。球果受害初期，外部症状不明显，以后受害种子的鳞片发育不良，较正常鳞片为小，变色而提前干枯，球果弯曲呈畸形。

落叶松球果花蝇幼虫（严善春　提供）

形态特征 成虫：体长4～5mm。形似家蝇，但较瘦小。雄虫眼裸，复眼暗红色，两眼毗连，眼眶、颚和颊具银灰色粉被；触角长不达口前缘，芒基部2/5裸，呈纺锤形增粗，上倾口缘鬃3（或2）行，中喙略短，粉被薄；胸部黑色，被灰色粉；翅基浅灰褐色，前缘脉下面的毛止于第一脉相接处，腋瓣白色；足黑色，腹部扁平，较短，向末端膨大，具银灰色粉被，在中央形成1条较宽的纵带；第五腹板侧叶端部明显变狭，外缘明显内卷，后观肛尾叶略呈心脏形。雌虫复眼分开，间额微棕色，向后色渐暗，具间额鬃，粉被灰色；胸背无明显纵条，腹全黑，略具光泽。**卵：**长约1.1～1.6mm，宽0.3～0.5mm。长椭圆形，乳白色。一端略粗，中间稍弯曲。卵壳表面有六角形网状纹。**幼虫：**老熟幼虫体长6～9mm。圆锥形，淡黄色，不透明。头部尖锐，有黑色口钩1对。胸部第一节两侧有1对扁形的前气门，体各节边缘略呈环状隆起，并有成排的短刺，以助移动。腹部末节呈截形，截面有7对乳头状肉质突起，后气门褐色突起。**蛹：**体长3.0～5.5mm。长椭圆形，红褐色。口钩陷入，前气门保留，形成围蛹前端的1对突起；腹末的气门和突起依然可见。

落叶松球果花蝇种团形态特征区别：

①落叶松球果花蝇：翅基不带黄色；触角不达口前缘，触角芒基部2/5明显增粗；前缘脉下面的毛较少超过中段，翅几乎透明，仅翅基稍暗；腋瓣及缘缨均白；中喙略短；腹部背板有狭长的暗色前缘带；肛尾叶无长鬃；第五腹板侧叶宽，端部1/4变狭，外缘明显向内卷，内缘有1行短、密较整齐又不太细的鬃列，鬃列的内面有1行小毛，仅在基部和亚端部有个别鬃相重。体长4～5mm。

②贝加尔球果花蝇：翅基或多或少带黄色，这部分翅脉亦黄；触角几乎达于口前缘；前缘脉下面几乎全长都有毛；第五腹板侧叶外缘至多仅稍微内卷；第五腹板侧叶外面无显然较长大的鬃，侧叶宽短，相当突立于腹下，内缘有较密的短细鬃，内面尚有1行毛；上倾口缘鬃2行；侧面观肛尾叶末端尖，侧尾叶末端向前钩曲。体长5.0～5.5mm。

③斯氏球果花蝇：第五腹板侧叶有显然长大的鬃；第五腹板侧叶内缘有疏的细长毛而无鬃，这列毛内方还有1行小毛，侧叶近于半圆形，呈球面膨隆，末端圆；侧面观肛尾叶末端不钩曲。体长5.5mm。

④黑胸球果花蝇：第五腹板侧叶内缘具有成列的不很长的鬃；第五腹板侧叶薄，端部无凹缢，内缘至端段常光滑，末端圆，内面无绒毛，侧叶内缘有鬃1行，鬃列在基部较密，渐向端部去鬃列渐偏向外斜行，鬃亦减弱如毛。鬃列内面有1行细毛；侧尾叶内枝内缘近端有明显凹入。体长5mm。

⑤稀球果花蝇：上倾口缘鬃1行；第五腹板侧叶狭，端部稍变狭，亚端外面有一轻微凹缢入，侧叶内面绒毛略发达，因而显得侧叶较厚；内缘鬃长而疏，约10个成列，在这列的内面有2行毛。仅靠鬃列的1行稍粗；肛尾叶端部仅有1对鬃；腋瓣白或淡黄，缘缨淡黄以至黄色。体长4.5～5.0mm。

⑥黄尾球果花蝇：上倾口缘鬃2行，第五腹板侧叶较宽，略呈钝三角形，端部内缘有一小片淡色缘毛状膜质缘，侧叶内缘鬃列主要位于中段，至端部变得疏细而呈毛状，鬃列内面有1行略小的鬃，在中段甚至呈3行；肛尾叶端部有2对鬃，正中的1对长仅达于侧尾叶末端，腋瓣淡黄以至黄色，缘缨带灰色。体长4.5～5.0mm。

生物学特性 多数1年1代，少数因蛹有滞育现象，2年1代。以蛹在林内落叶层与土表间越冬，5月上旬开始羽化，5月中、下旬为羽化盛期，6月下旬为末期。5月中旬成虫产卵，5月下旬幼虫孵化，5月下旬至6月初为孵化盛期，6月中旬幼虫陆续老熟，6月下旬老熟幼虫离开球果，落地化蛹越冬。

在大兴安岭林区1年1代或2年1代，以蛹在落叶层及表土层内越冬。成虫于5月上旬开始羽化，5月中、下旬产卵，5月下旬卵孵化。6月上、中旬为产卵末期。幼虫取食25～30天后于6月下旬、7月上旬老熟幼虫脱离果坠地化蛹越冬。成虫羽化都在白天，尤以6:00～12:00最多，占羽化总数的90%以上。刚羽化的成虫，翅不展开，身体灰白色，静伏地面，半小时后开始活动。成虫羽化与气温密切相关，日平均气温在10℃左右开始羽化，温度升高，羽化数增多，反之减少。成虫在夜间、清晨和傍晚温度较低时，躲在树皮裂缝或枯枝落叶内；待太阳出来后，开始在地面杂草上活动；到10:00，气温升高，成虫由低层向树冠转移；当太阳西沉时又转向低层，一天以中午最为活跃。其活动温度为12～26℃。成虫活动2～3天开始产卵。产卵前需进行补充营养。

成虫产卵以中午最多。产卵时以腹部在球果鳞片上探索，然后伸出产卵管插入鳞片间产卵。产1粒卵，约需2～5分钟，产完1粒后又飞到另一球果上产卵。卵单产，在球果鳞片未展开时，产于球果基部的针叶或苞鳞上；如果球果鳞片张开，则产在鳞片间近种子的部位。一般每球果内产卵1～2粒，多者3～5粒，结实少的年份，个别球果上的卵粒数达18～24粒。雌虫寿命6～44天，平均18.6天；雄虫5～22天，平均11天。卵期7～10天。

幼虫老熟后，爬出球果坠地，在枯枝落叶层或地下1～3cm处化蛹。山西有在球果内化蛹越冬的。老熟幼虫落地与当地降水量密切相关，一阵大雨后，老熟幼虫纷纷落地化蛹。

幼虫分布与林型、坡向、郁闭度和树冠部位有关。虫口密度，阳坡大于阴坡，落叶松矶踯躅林大于落叶松草类林和落叶松杜鹃林，郁闭度较小的落叶松纯林大于郁闭度较大的混交林，树冠阳面大于阴面。

防治方法

1. 预测预报。做好发生期和发生量预测预报，当每株林木的虫口密度达到中等被害程度、当年结实为中等以上年份，再加上虫期预测观察，做好防治准备。

2. 物理防治。①在成虫羽化期，利用花蝇趋光、波、色、味的特性诱杀成虫，如利用花蝇趋光性使用频振式杀虫灯诱杀，每灯控制面积2～5.4hm²。还可在成虫羽化期利用花蝇对糖醋味的趋性，在林内设置诱捕器诱杀。诱杀剂的配方为：白糖40g、白醋30mL、白酒20mL、水200mL或用白酒1份、醋4份、白糖3份、水5份、敌百虫少许，混合后装入瓦盆或罐头瓶中，液量占容器的90%为宜。②无蜜蓝杯诱捕器诱捕效果最佳（严善春，1997；2000；2002）。③花蝇产卵盛期，在落叶松树冠喷施外源植物挥发性物质松节油、樟脑、丁香油等，能改变球果挥发性物质中主要组分的相对含量及其

总量，可以干扰该虫对寄主的定位及选择过程，从而达到抑制该虫危害球果的目的。喷施松节油和樟脑，对该虫都表现出良好的驱避作用（严善春，1999；2003）。

3. 化学防治。①在幼虫孵化前采取干基注射50%甲胺磷和40%氯化乐果乳油防治该虫幼虫，效果较好。由于属树体内用药，不受降水影响，药效期长，节省农药，是一种经济上合理、技术上可行且非常安全的化学防治方法。目前用来喷药防治该虫的有效药剂有氰菊酯、敌杀死（张恩生，2000；秦秀云等，2001；赵铁良等，2002）。②利用5%杀铃脲乳油、25%灭幼脲Ⅲ号胶悬剂、20%杀铃脲胶悬剂、5%伏虫灵乳油和30%辛脲乳油等昆虫生长调节剂，在大兴安岭进行了落叶松球果花蝇防治试验。试验结果表明，球果被害率可减少20%～80%，种子被害率减少35%～40%。由球果和种子被害率分析可见，二次施药的防治效果明显好于一次施药的防治效果（迟德富等，1999）。

4. 营林措施。在种子园和母树林内，当幼虫落地化蛹后采取清除林地杂草、灌木以及枯枝落叶方法破坏蛹越冬环境，同时结合土壤压青和中耕除草对土壤进行深翻，彻底破坏蛹的越冬环境，可大幅度地降低虫口密度，再加之种子园周围有大宽度的隔离带，可有效地减轻花蝇危害（张丹丹，2001）。

参考文献

范滋德，1992；萧刚柔，1992；孙江华，A. Roques，方三阳，1996；严善春，胡隐月，阵订繁等，1997；严善春，张旭东，胡隐月等，1997；范滋德，1988；严善春，姜海燕，李立群等，1998；迟德富，孙凡，乔润喜等，1999；严善春，胡隐月，孙江华等，1999；秦秀云，李凤华，张立清等，2000；严善春，孙江华，A. Roques等，2000；张恩生，2000；徐影，宋景云，姚殿静，2001；张丹丹，迟德富，蒋海燕等，2001；严善春，姜兴林，徐芳玲等，2002；赵铁良，孙江华，严善春等，2002；严善春，孙江华，迟德富等，2003；李成德，2004；严善春，迟德富，孙江华，2004；尹艳豹，赵启凯，姜兴林，2005；陈钦华，田立明，林树财等，2008；.

（严善春，徐崇华，曹静倩）

256 枣实蝇

分类地位	双翅目 Diptera　实蝇科 Tephritidae
拉丁学名	*Carpomya vesuviana* Costa
英文名称	Jujube fruit fly

分布　枣实蝇是中国于2007年发现的新入侵有害生物。目前仅分布于新疆吐鲁番地区的鄯善、托克逊、吐鲁番。

危害　以幼虫蛀食果肉进行危害，不蛀食枣核和种仁，危害时果面可形成斑点和虫孔，内部蛀食后形成蛀道，并引起落果，导致果实提早成熟和腐烂。

寄主　枣属植物。

形态特征　**成虫：**体黄色。胸部裂合线具4条白色或黄色斑纹，胸部盾片为黄色或红黄色，中间具3个黑褐色的细窄条纹，两侧各有4个黑色斑点；横缝中后部有2个近似椭圆形黑色大斑点，近后缘的中央于两小盾片前鬃之间有1个褐色圆形大斑点；横缝后另有2个近似叉形的白黄色斑纹。翅透明，具4个黄色至黄褐色横带，横带的部分边缘带有灰褐色。

幼虫：蛆形，白色或黄色。第三至第七腹节腹面具条痕，第八腹节具数对大瘤突。前气门具20～23个指状突；后气门裂大，长为宽的4～5倍。

生物学特性　年发生代数因地区不同而不同，一般1年6～10代不等，世代重叠。以蛹在寄主植物根部周围的土壤中越冬，也可在堆果场、贮果库以及麻袋、塑料袋等包装材料中以及干枣内化蛹越冬。成虫多在9：00～14：00羽化，白天交配、产卵，晚间在树上歇息，成虫将卵产于表皮下，卵为单产，平均每雌可产卵19～22粒，因枣果种类不同，大小不一，每果一般有卵1～6粒，甚至更多。幼虫孵化后蛀食果肉并向中间蛀食，1～2龄幼虫是危害枣果的主要龄期。幼虫一般在树冠垂直投影范围内的土壤中化蛹，此外还可在麻袋、塑料袋等包装材料以及干枣内化蛹。

防治方法　以新疆地区为例：

1. 1～3月和11～12月，定期翻晒树下及周围的土壤或在树下撒毒土，防治越冬蛹。

2. 4～10月，①使用诱捕器、色板等诱杀枣实蝇成虫。引诱剂可选用糖醋液、甲基丁香酚或引诱剂＋马拉硫磷。诱捕器的设置密度一般为1～2个/亩；发生较重的地方，可增加设置诱捕器的数量。②覆盖地膜阻止羽化成虫飞出，注意定期检查地膜是否破裂，并及时补补。③在果树结果期间，应及时捡拾落果，摘除树上虫害果，收集的枣果应集中销毁。

3. 对可能携带枣实蝇的枣属植物、枣果及繁殖材料实行严格检疫，防止该虫传播扩散。检疫中一旦发现该虫应就地进行集中除害处理。

4. 可通过施放枣实蝇的天敌茧蜂和寄生蜂进行生物防治。

5. 对枣实蝇危害严重的枣园，可采取嫁接换头和向枣树喷洒落花素的方式进行停产休园，停产休园应持续2年以上。

参考文献

国家林业局植树造林司等，2005；张润志等，2007；阿地力·沙塔尔等，2008；国家林业局森林病虫害防治总站，2008；吴佳教等，2008.

（赵宇翔）

枣实蝇成虫（张润志　拍摄）

枣实蝇幼虫和危害状（张润志　拍摄）

枣实蝇成虫及被害果（卜文俊　提供）

257	高山毛顶蛾	分类地位	鳞翅目 Lepidoptera 毛顶蛾科 Eriocraniidae
		拉丁学名	*Eriocrania semipurpurella alpina* Xu

高山毛顶蛾为青海省内桦树的重要食叶害虫，以幼虫潜叶危害白桦、红桦、糙皮桦等，对桦树造成严重的危害，不仅降低了桦树的木材生长量，制约祁连山水源涵养林的重要建群树种生态系统稳定性，更重要的是直接影响当地旅游业发展和农牧民生产生活，对地方经济造成巨大损失。

分布 青海海东地区。

寄主 白桦、红桦、糙皮桦。

危害 主要以幼虫潜叶危害桦树，取食叶肉，仅剩表皮，造成树叶干枯焦黄，其中白桦叶片受害率约为100%，红桦受害率约78%，糙皮桦受害率为35%。

形态特征 成虫： 雄虫体棕褐色带紫色光泽，头顶和颈部具黄褐色长毛；翅披针形，翅展11.00～15.00mm，散生金色鳞片，中央具金色三角形斑，翅外缘具棕褐色长毛。雌虫翅展9.0～12.00mm，翅斑及特征同雄虫。**卵：** 椭圆形，长约0.35～0.40mm，宽约0.20～0.25mm。**幼虫：** 属于全头无足型，4龄。1龄幼虫体长0.7～1.7mm，头壳黑褐色，体乳白色。2龄幼虫体长1.8～3.0mm，前胸背板和腹板黑褐色，体表具黑色小瘤点。3龄幼虫体长3.6～5.5mm，头褐色稍带红色，头部半缩入体内，黑褐色的前胸背板和腹板中央具不规则白斑。4龄幼虫体长7.5～9.0mm，前胸背板和腹板无黑褐色斑。**蛹：** 强颚离蛹，黑褐色。体长4.0～4.5mm。**茧：** 长椭圆形，长约3.4～3.8mm，宽约1.8～2.0mm。

生物学特性 1年1代。以老熟幼虫下树结茧越冬。翌年4月中旬开始化蛹，4月下旬为化蛹盛期，5月中旬化蛹结束。4月下旬始见成虫，5月上、中旬为羽化高峰期，5月下旬羽化结束。成虫白天活动，具假死性；交尾多在树干上进行，时间20～40分钟。卵单产于叶背面表皮下，卵期7～10天。幼虫4龄。5月下旬至7月上旬为幼虫危害期，6月下旬老熟幼虫开始钻出叶片，下树在腐殖质0～12cm处结茧越冬，茧内老熟幼虫弯曲呈"C"形，直到翌年4月中旬开始化蛹。蛹期8～14天。

高山毛顶蛾成虫（李涛 提供）

高山毛顶蛾卵（李涛 提供）

高山毛顶蛾1龄幼虫（李涛 提供）

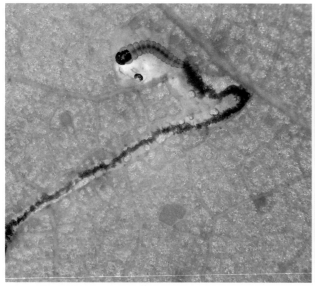

高山毛顶蛾2龄幼虫（李涛　提供）

高山毛顶蛾3龄幼虫（李涛　提供）

高山毛顶蛾蛹（李涛　提供）

高山毛顶蛾越冬茧（李涛　提供）

防治方法

1. 保护和利用寄生性天敌昆虫。越冬茧寄生性天敌有2种：基镰尾姬蜂和毛顶蛾邻凹姬蜂，其中基镰尾姬蜂对越冬茧的平均寄生率为28.0%～30.3%。幼虫期寄生性天敌为毛顶蛾格姬小蜂，对幼虫平均寄生率约为33.8%。

2. 药物防治。成虫羽化盛期，喷施1.8%阿维菌素乳油或1.2%苦参烟碱乳油，一百片叶，幼虫危害率降低了76.4%，防治效果较好。

参考文献

萧刚柔, 1992; 张增来等, 2011; 才让旦周等, 2013; Yu DS 等, 2015; 李涛, 曾汉青等, 2016; 章英等, 2016; Li Tao 等, 2017; 李涛, 孙淑萍等, 2017.

（李涛）

258	桉蝙蛾	**分类地位** 鳞翅目 Lepidoptera　蝙蝠蛾科 Hepialidae
		拉丁学名 *Endoclita signifer* (Walker)
		中文别名 葡萄胚蝙蛾

　　桉蝙蛾是严重危害中、幼龄速生桉的蛀干害虫，同时危害多种植物。受害桉树生长受阻，引起风折，影响林木的产量和质量。

　　分布　广东，广西。

　　寄主　巨尾桉、广林9号、巨圆桉、朴树、白背桐、黄皮、筋仔树、土蜜树、毛桐、山黄麻、山杜英、大青叶、宜昌木姜子、红帽顶、野秋海棠、猪糠木等。

　　危害　幼虫从树干钻入，将蛀食的木屑和粪便推至洞口外，用丝状物粘连成虫苞，并逐渐增大；蛀孔外口比较宽大，蛀道平行进入至植株的髓部后向下垂直危害，造成外部有喇叭状出口，髓部蛀虫道。从粘附在树干上突出的虫苞，可以明确害虫发生。

　　形态特征　**成虫：**雌蛾体长50.2～60.8mm，平均60.0mm，翅展80.6～110.4mm，平均90.9mm。雄蛾体长40.7～50.6mm，平均50.5mm，翅展70.9～100.6mm，平均80.9mm。体色有灰褐色和棕褐色两型。后足特别细小、明显退化。前翅中室基部有1条基端略粗、外端稍细的银白色横条斑，中室端部有1个较粗似扁"人"字形的银白色条斑，有部分成虫的这2处斑纹或为浅金色。前、中足发达，爪较长，借以攀附物体。雄蛾后腿节背面密生橙黄色刷

状长毛，雌蛾则无。成虫栖息时多似蝙蝠悬挂或如吊钟状。**卵：**圆形或近圆形，长径约0.6mm，短径约0.5mm。初产时白色或乳白色，略带金属光泽，卵壳表面有均匀的突起小颗粒；产后数小时至孵化前卵粒为黑色。**幼虫：**初孵幼虫体长1.9～2.3mm，头宽0.3～0.4mm，头浅褐色，胸腹呈半透明的肉白色，臀足末节浅褐色，爪尖削、锐利，体节有稀疏的刚毛，腹末节刚毛较多且长。老熟幼虫长筒形，体长72.4～110.8mm，头宽7.1～11mm，头部黑褐色、体乳白色。**蛹：**圆筒形，黄褐色。头顶深褐色。雄蛹腹末节腹面有褐色小突起；雌蛹体长55.0～77.0mm，雄蛹体长37～55mm，雌蛹腹末倒数第二节、腹面正中有一明显纵沟，为雌虫生殖孔，雄虫缺如。

　　生物学特性　广西博白多数1年1代。以幼虫在寄主内继续危害中越冬，无明显停止取食的现象。预蛹期为2月上旬至3月上旬；蛹期为2月中旬至4月下旬，2月中旬为蛹盛期；成虫期为4月中旬至5月下旬；卵期为4月中旬至6月上旬；初孵幼虫在4月下旬始现。

　　当幼虫老熟将近化蛹前，吐丝将虫道出口做1～2道封闭。幼虫钻至虫道较深处化蛹。近羽化前，蛹体向上蠕动至洞口，并将洞外的虫苞向外顶起，形

桉蝙蛾不同体色交尾（王缉健　提供）

桉蝙蛾栖息状（王缉健　提供）

受白僵菌感染的桉蝙蛾幼虫（王缉健　提供）

桉蝙蛾尚未形成虫苞状（王缉健　提供）

桉蝙蛾初产卵粒（王缉健　提供）

白僵菌在桉蝙蛾虫道生长（王缉健　提供）

桉蝙蛾老熟幼虫和蛹（王缉健　提供）

成一个拇指头大小的突起，此处将是成虫羽化的出口。羽化前蛹体再次在突起处将虫苞顶破，把蛹体一半左右探出孔口。成虫多数在每天16:00～18:00羽化。蛹体头背和前胸中线开裂，腹面则裂至第一腹节，成虫向前钻出，爬上离蛹壳20～25cm的上方，

经过5分钟左右膨大，身体达到正常长度后，再经过约10分钟的翅膀充气，完成羽化过程，栖息于展翅位置或爬离。当天晚上则飞行、寻偶、交尾；未曾有适当距离的飞翔活动或在非林区自然环境时，往往不拒绝交尾。交尾时间在3个小时以上。多数成虫交尾姿势比较特殊：雌虫在上方，前、中足抓附物体；雄虫腹末向上，全体悬空，仅靠生殖器与雌虫连接，直到交尾结束。交尾后或不交尾都能产卵。成虫以自然栖息状态或在飞翔中产卵，散产，撒落在地面或枯枝落叶层。2～4天产完，每雌虫可产卵数百到数千粒。曾测定1头雌虫，其产卵达到5286粒。未经交尾产下的卵不能孵化；卵粒孵化对温度、湿度要求严格，通常交尾后其卵的孵化率也不足1/3。初孵幼虫在潮湿的旧虫苞或枯枝落叶层中活动，取食其他物质。稍大后幼虫爬上树干，从树木

安蝙蛾蛹（自左至右：雄蛹、雌蛹、近羽化的蛹）
（王缉健　提供）

药水诱出桉蝙蛾幼虫（王缉健　提供）

新形成的桉蝙蛾虫苞（王缉健　提供）

桉蝙蛾蛹壳（王缉健　提供）

桉蝙蛾近孵化的卵（王缉健　提供）

集中的受害木与桉蝙蛾虫苞（王缉健　提供）

伤口、枝条基部或叶腋处钻入，逐渐形成虫苞。在大面积营造桉林后，该虫主要危害速生桉一二年生幼林，以公路或林道两侧、尤其是路的下侧最易发生和受害严重，虫源地的山窝地段也有成片发生；最严重地段受害株率可达85%。虫苞在1m以下树干发生的占80%，偶有在高达7m处出现。每株树上虫苞以1～3个为常见，最多有17个。虽然多头幼虫在蛀道内危害，但虫道都是平行向下，互不贯穿，由于幼虫反复往返在洞内爬行和摩擦，虫苞道四周均呈黑褐色。

防治方法

1. 造林前修除林地上的杂灌，尤其是其他杂木寄主的伐根，运出林外或烧毁；主伐后注意清理有虫孔的桉树伐桩，此时幼虫常沿蛀道深入地表以下躲避。

2. 人工防治。在虫苞直径达1～2cm时，直接用硬木敲打虫苞处，把幼虫打死。从虫苞孔口塞入如铝线（较硬又能弯曲）金属丝，向内反复冲刺，以感觉到有阻力为宜，杀死洞内幼虫。

3. 灌捉。虫苞直径大于3cm后，已经形成垂直虫道，可用1份酒精加入20份清水，用注射器注入10～20mL，幼虫在3～5分钟内会爬出洞口。

4. 药杀。用注射器或药棉把25g/L高效氯氟氰菊酯乳油1～2mL注（塞）入洞内，幼虫当天死亡。或在幼虫期间用45%丙溴磷·辛硫磷乳油30～60倍液或12%噻虫·高氯氟悬浮剂30～60倍液添加专用渗透剂后高浓度喷涂树干。

5. 容易发生虫害林区，在冬春喷放白僵菌，可以重复感染幼虫或蛹直至死亡。

6. 保护天敌。蝙蝠、变色树蜥、茅根鼠、蚂蚁、鸟类、蛇类都是捕捉成虫、幼虫和卵粒的天敌。尤其是蚂蚁捕食卵粒和幼虫的能力很强，可将虫苞刮除，蚂蚁等天敌可入侵捕杀。

参考文献

奚福生等，2007；杨秀好等，2013.

（王缉健）

259 柳蝙蛾

分类地位	鳞翅目 Lepidoptera 蝙蝠蛾科 Hepialidae
拉丁学名	*Endoclita excrescens* (Butler)
异　名	*Phassus excrescens* (Butler)
英文名称	Swift moth, Japanese swift moth
中文别名	疣纹蝙蝠蛾、东方蝙蛾、水曲柳蝙蝠蛾

柳蝙蛾为国内森林植物检疫对象，危害多种乔、灌木，该虫已对水曲柳工业用材林的营造和利用构成了极大的威胁。在山东、湖北广大果树栽培区，危害多种果树，给我国经济林的营造与生产带来了巨大损失，防治工作迫在眉睫（温振宏等，2003）。

分布 河北（承德），辽宁，吉林，黑龙江，浙江（义乌），安徽，山东，湖北（孝感）等地。俄罗斯（西伯利亚），日本等。

寄主 林木有水曲柳、花曲柳、刺槐、旱柳、蒿柳、糖槭、臭椿、梧桐、白桦、怀槐、蒙古栎、板栗、核桃、桐树、文冠果、枫树、银杏、核桃楸、卫矛、水杉、枫杨、榆、桑、构树、悬铃木、白蜡树、花椒、鼠李、连翘、紫丁香、紫穗槐、接骨木、沙棘等；果树有苹果、梨树、桃树、樱桃、葡萄、枇杷、猕猴桃、山楂、杏、柿树、石榴等。还发现在啤酒花、玉米、小麦、茄子等农作物及地黄芪、豚草、黄蒿、野艾蒿、柳叶蒿、黄花蒿、草木犀、刺果甘草、大蓟、白藓皮、益母蒿、红蓼等多种杂草上亦能寄生。国外报道危害树种包括杨属、柳属、桤木属、栗属、栎属。

危害 以幼虫危害幼树枝干，直接蛀入树干或树枝，危害大树时多由旧虫孔或树皮裂缝蛀入。啃食木质部及蛀孔周围的韧皮部，绝大多数向下蛀食坑道，边蛀食边用口器将咬下的木屑送出，粘于坑道口的丝网上。从外观可见有丝网粘满木屑缀成的木屑包。幼虫隐蔽在坑道中生活，其蛀孔常在树干下部、枝杈或腐烂的皮孔处，不易发现，又因其钻蛀性强，造成坑道面积较大，难以愈合而影响成材，对于果树则降低果实产量和质量。尤其对幼树危害最重。轻则阻滞养分、水分的输送，造成树势衰弱，重则失去主枝，且常因虫孔原因，使雨水进入而引起病腐（甄志先，2001）。

形态特征 **成虫：**体长30～45mm，翅展60～70mm。茶褐色。触角丝状，极短小。前翅前缘有7个近环状斑纹，中央有1个深褐色带绿色的大三角形斑，外缘有并列模糊不清的括弧形斑组成的宽带，直达后缘；后翅乌褐色，无明显斑纹。前、中足发达，爪较长；后足退化、细小，雄蛾后足腿节背面密生橙黄色刷状长毛——毒鳞。**卵：**直径0.6～0.7mm，球形。初乳白色，后变黑色，有光泽。**幼虫：**老熟幼虫体长44～57mm，头红棕色至深褐色，体乳白色，长圆筒形。前胸盾大而色深，中胸至腹部第八节各节背面有黄褐色大型毛片。**蛹：**

柳蝙蛾成虫（展翅）（徐公天　提供）

柳蝙蛾成虫（徐公天　提供）

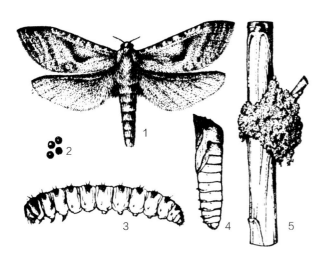

柳蝙蛾（邵玉华　绘）
1.成虫；2.卵；3.幼虫；4.蛹；5.危害状

柳蝙蛾幼虫（严善春　提供）

柳蝙蛾蛹（徐公天　提供）

柳蝙蛾蛹壳（徐公天　提供）

体长29~60mm，黄褐色，头顶深红褐色，中央有隆起的纵脊。翅极短。腹部第三至第七节背面生倒刺2排；腹面第四至第六节生有波纹状倒刺1排，第七节2排，第八节1排（李成德，2003）。

生物学特性　辽宁大多1年1代，少数2年1代。以卵在地面越冬，或以幼虫在树干基部和胸高处的髓部越冬；母条林则于地下根茎里越冬。翌春5月中旬开始孵化。6月上旬转向杨、柳或杂草等茎中食害。8月上旬开始化蛹，9月下旬化蛹终了。8月下旬羽化为成虫。羽化盛期为9月中旬，终见于10月中旬。成虫羽化后就交尾、产卵。以卵越冬。部分后期孵化的幼虫，或受其他干扰发育迟缓的幼虫即以幼虫越冬。翌年7月下旬开始羽化为成虫，随即产卵，2年完成1代。

成虫多集中于16:00~18:00羽化。成虫白天多悬挂于树干、下木或杂草上不动，直到日落后才开始飞翔、交尾和产卵。成虫具背光性，起飞时间的迟早与日落时间的早晚相吻合。成虫能在2m多高的空中交尾。羽化后当晚即交尾，交尾时间最短14小时20分，最长达45小时6分。交尾后随即产卵，产卵无固定场所，多数随着两翅的颤抖，将卵粒一一产下，有的边交尾边产卵；多数不交尾就产卵。在野外饲养笼中发现个别在飞行中产卵。成虫产卵量较大，平均每只雌虫可产卵2738（685~8423）粒。产卵历期10天左右。成虫寿命：雌虫平均11（8~13）天，雄虫平均10（7~13）天。产下的卵没有黏着性，散落在地面或地被物上。初产卵乳白色，

经4~6小时逐渐变灰色，最后变成黑色。未经交尾产下的卵不孵化，约经3天表面逐渐干瘪。由于以卵越冬，所以卵期较长，平均241（239~243）天。幼虫十分活泼，行动敏捷，如受惊扰便急忙后退或吐丝下垂。幼虫钻蛀危害幼苗或枝条，可以直接蛀入，个别的也有由叶腋蛀入的，蛀入部位的平均直径为1.5（0.8~2.2）cm，距地面的高度平均为153（24~246）cm。大树则多半是由旧虫孔或树皮裂缝蛀入。幼虫蛀入枝干后，绝大多数向下钻蛀坑道。坑道内壁光滑，幼虫经常啃食坑道口周围的边材，坑道口常呈现环形凹陷，故易于风折。幼虫往

柳蝙蛾危害状（徐公天　提供）

柳蝙蛾幼虫蛀孔（徐公天　提供）

往边蛀食边用口器将咬下的木屑送出，粘于坑道口上的丝网上。丝网粘满木屑连缀成木屑包。初孵化的幼虫，先取食枯枝落叶层下面的腐殖质，2、3龄以后，开始转向2年生树苗或大树萌条及大蓟等杂草上。在自然情况下很少转移，侵入杂草中的幼虫因茎较细，多由7月下旬开始转移到附近的大树上。幼虫在不同寄主植物上的发育速度不一，所以幼虫期间的蜕皮次数和各龄幼虫所历时间不同，特别是1年1代和2年1代的幼虫相差更为悬殊。在旱柳上的幼虫发育较快，个体也较大，一般皆先期羽化。发育较晚的幼虫，当年就停止发育，在坑道先端做一薄的木屑塞封闭坑道口，并用木屑和新吐出的白丝做成筒状长茧，头部向上在其中休眠越冬。整个幼虫期间较长，历时3～4个月。化蛹前老熟幼虫停止取食，不再爬出坑道口活动，在近坑道口处吐丝做一个白色薄膜封闭坑道，然后在坑道底部头部向上化蛹，一般幼虫做薄膜封闭坑道后端。经2～3天化蛹，近羽化时蛹变成深褐色。由于体节生有倒刺，蛹在坑道中借腹部的蠕动，可以上下活动自如。中午常见蠕动至坑道口的蛹体，如受惊动便迅速退回坑道中。

幼虫和蛹均有不同种类的天敌，如白僵菌、赤胸步甲、螳螂、蚕饰腹寄蝇、蝙蛾小寄蝇（学名未定）、棕腹啄木鸟等（萧刚柔，1992）。

防治方法

1. 严格检疫。苗木出圃前，严格履行产地检疫，把住割条、掘苗、过数三大关口，及时挑出带有木屑包的苗木。

2. 营林措施。①选择抗虫树种。据观察，小青杨、白城杨被害较轻，应大力推广。②全面清除、烧毁带有虫苞的苗木，消灭虫源，压低虫口密度。

3. 药剂防治。①5月中旬至6月上旬，初龄幼虫在地面活动时期（2～3龄），用氯氰菊酯1：1000倍液喷洒地面和树干基部，杀虫效果良好。为将绝大多数幼虫消灭到地面，每7天喷1次，连续喷2～3次。②6月中旬至7月中旬，中龄幼虫转入树干时期，用10%除虫精乳油1：10或5.7%甲氨基阿维菌素苯甲酸盐10倍液蘸棉球堵孔，毒杀幼虫，杀虫率达90%以上。③8～9月老熟幼虫在坑道化蛹时期，用2%灭除威毒泥（药与黏土为1：10）堵孔，或磷化锌毒签插入虫道，杀虫效果在95%以上。或用45%丙溴磷·辛硫磷乳油30～60倍液或12%噻虫·高氯氟悬浮剂30～60倍液添加专用渗透剂后高浓度喷涂树干进行防治。

4. 保护天敌。据初步观察，在幼虫期和蛹期均有不同种类的天敌，如卵孢白僵菌对幼虫和蛹有寄生能力；赤胸步甲、螳螂的若虫和成虫能钻入幼虫虫道，擒食幼虫和蛹；蚕饰腹寄蝇蝇蛆寄生于老熟幼虫体内；棕腹啄木鸟秋冬季常取食幼虫，应大力保护（李洪涛，2004）。

参考文献

萧刚柔，1992；甄志先等，2001；温振宏，2003；李成德，2004；李洪涛等，2004.

（严善春，李亚杰，林继惠）

260	疖蝙蛾	分类地位	鳞翅目 Lepidoptera　蝙蝠蛾科 Hepialidae
		拉丁学名	*Endoclita nodus* (Chu and Wang)
		异　　名	*Phassus nodus* Chu et Wang

疖蝙蛾幼虫食性极杂，钻蛀多种针、阔叶树和果树及珍稀树种，是农林业生产和城市绿化的重要害虫。

分布　浙江（杭州、富阳、临安、淳安、绍兴、奉化、宁海、象山、新昌、文成），安徽（旌德、芜湖、黄山、岳西），江西（九江、南昌、宜春、德兴、奉新），河南（嵩县、洛阳、新县），湖南（长沙）。

寄主　柳杉、杉木、泡桐、板栗、鹅掌楸、含笑、黄兰、蓝果树、香椿、楠木、杜英、枫杨等26科51种。

危害　幼虫环蛀针叶树皮层一圈后蛀入心材，被害株迅即枯死；钻蛀阔叶树，从表皮近水平蛀至心材，并向下蛀成圆柱形坑道。蛀孔外附有环状或囊状蛀屑苞。

形态特征　**成虫：**体长28.0～55.0mm，翅展60.0～111.0mm。体赭棕色布满深棕色丛状毛。触角丝状，很短。前翅黄褐色，前缘有4个由黑色与棕黄色线纹组成的斑，在近中部有一疖状隆起；翅中三角区呈黄褐色（赵锦年，1988）。**幼虫：**体长52.0～79.0mm。黄褐色，头部棕黑色。前胸背板骨化强。胴部背面各节均具一大二小、排成"品"字形的3块黄褐色的毛基片。

生物学特性　浙江2年1代。以卵越冬。4月卵孵化，4月中旬至翌年8月下旬为幼虫期，8月上旬至9月为蛹期，8月中旬至10月上旬为成虫期。

初孵幼虫在林间的落叶层或腐殖质丰富的土中，先吐丝缀叶，粘连腐殖质碎屑，形成疏松的团

疖蝙蛾成虫（胡兴平　绘）

疖蝙蛾成虫（《上海林业病虫》）

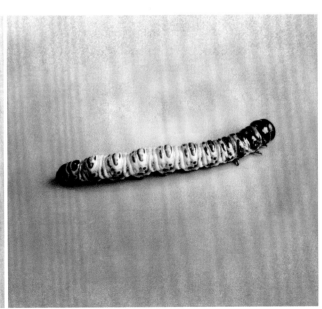

疖蝙蛾幼虫（《上海林业病虫》）

疖蝙蛾蛹（《上海林业病虫》）

疖蝙蛾虫苞内蛀食状（《上海林业病虫》）

疖蝙蛾虫苞（《上海林业病虫》）

状物，居于其中并以此为食。初龄幼虫极为活泼。3龄幼虫钻蛀林木树干，针叶树遭蛀一圈，寄主迅即枯萎，幼虫转株危害；阔叶树幼虫直接蛀入心材，直至成虫羽化，一般不转株危害。幼虫常爬至孔口，啃食边材，日久形成一圆勺状凹陷。蛹在坑道内可借助腹节上的刺突上下自由活动。蛹期15～20天。成虫羽化时间以14:00～20:00为最多。羽化后的成虫昼间悬挂于灌木、杂草上。入暮时雄蛾以高速直冲式飞翔，雌蛾则摇腹摆动。雌雄交配多在19:00～21:00进行，长达22小时。产卵无固定场所。雌蛾飞行或停歇树干时借助摆尾产卵于地面。每头雌蛾平均可产3960（1604～6904）粒卵（赵锦年，1988）。

防治方法

1. 人工防治。苗圃是该虫主要发生地，苗木是主要传播媒体。出圃苗木，发现具蛀屑苞者，应立即捡出焚毁；林中应及时清除垃圾和枯枝败叶；山区林地，结合抚育，挖除林下大青、野桐子等灌木丛，以清除初龄幼虫取食、栖息场所和中龄幼虫越冬场所。

2. 化学防治。被害树出现蛀屑苞时，用注射器将50%吡虫啉·杀虫单水分散粒剂和40%杀螟硫磷乳油各500倍液，注入通直坑道内，杀灭幼虫。或用45%丙溴磷·辛硫磷乳油30～60倍液或12%噻虫·高氯氟悬浮剂30～60倍液添加专用渗透剂后高浓度喷涂树干进行防治。

3. 生物防治。幼虫期向坑道口喷150亿/g球孢白僵菌菌液或菌粉，寄生率较高。

参考文献

赵锦年等，1988；赵锦年，1990；萧刚柔，1992；朱弘复等，2004.

（赵锦年）

261	刺槐谷蛾	分类地位	鳞翅目 Lepidoptera 谷蛾科 Tineidae
		拉丁学名	*Dasyses barbata* (Christoph)
		异 名	*Hapsifera barbata* (Christoph)
		中文别名	串皮虫

分布 北京，辽宁，山东等地。俄罗斯，日本。

寄主 刺槐、槐树。在欧美杨、旱柳、白榆、板栗、栓皮栗、枣等寄主的伤口处也有发现。

危害 危害部位枝干增生膨大，树皮翘裂、剥离，皮下充满腐烂组织。

形态特征 **成虫：** 雌虫体长7～10mm，翅展17～22mm；雄虫体长5～8mm，翅展13～17mm。体灰白色至黑褐色。前翅灰白，杂以灰褐色或黑褐色鳞片，基部有竖立的黑褐色鳞片丛，距翅基1/3和2/3处还有数丛竖立斜生的黑褐色鳞片丛，亚外缘线有斜生鳞片丛5～7小丛。**卵：** 圆形，初为白色，近孵化时黄褐色。**幼虫：** 体长20mm，头红褐色，前胸背板唇形，前半部淡褐色，后半部深褐色。腹足趾钩为单序环状，臀足趾钩为单序中带。**蛹：** 体长10mm，红褐色，外被灰白色薄茧，顶端平，有圆形茧盖。

生物学特性 北京、山东均1年2代。以幼虫在树皮下蛀道内做薄茧越冬。翌年3月下旬越冬幼虫出茧取食危害。5月中旬开始化蛹，5月下旬出现成虫。成虫产卵于植株伤口处为多，树权及树干裂缝处也可产卵。卵上覆以黄卵絮，每雌产卵24～146粒，平均69粒。初孵幼虫在卵壳附近潜入老皮下韧皮部危害，并吐丝缀连虫粪盖蛀道口；蛀道不规

刺槐谷蛾成虫（徐公天 提供）

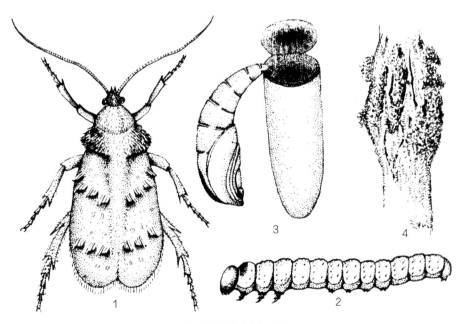

刺槐谷蛾（郭树嘉 绘）
1. 成虫；2. 幼虫；3. 成虫羽化后保留的蛹皮和茧；4. 危害状

刺槐谷蛾成虫（侧视）（徐公天　提供）

刺槐谷蛾幼虫危害槐树主干（徐公天　提供）

则，多纵条走向，多出现于8月上旬至9月中旬。8月中旬可见幼虫孵出。10月下旬幼虫陆续越冬。

防治方法

1. 用25g/L高效氯氟氰菊酯乳油20倍液喷射树干防治幼虫效果良好，或在幼虫期用45%丙溴磷·辛硫磷乳油30～60倍液或12%噻虫·高氯氟悬浮剂30～60倍液添加专用渗透剂后高浓度喷涂树干（注意：高浓度喷涂时禁止喷到周围的植物叶片上）。

2. 在幼虫侵入期用20%除虫脲胶悬剂7000倍液喷雾。冬春可以喷放白僵菌，能够重复感染幼虫或蛹至死亡。

参考文献

孙渔稼等，1989；萧刚柔，1992；《山东林木昆虫志》编委会，1993；徐公天等，2007；姜莉等，2009.

（李镇宇，徐公天，南楠，孙渔稼）

262	**蔗扁蛾**	**分类地位** 鳞翅目 Lepidoptera　谷蛾科 Tineidae
		拉丁学名 *Opogona sacchari* (Bojer)
		异　名 *Alucita sacchari* Bojer
		英文名称 Banana moth
		中文别名 香蕉蛾

　　蔗扁蛾自20世纪90年代初传入我国，在10多个省发生危害，特别是以培育巴西木、发财树等为主的花卉苗木生产基地危害严重，而且还危害香蕉、甘蔗等经济作物，对我国花卉产业、热带农业和制糖业构成巨大威胁。

　　分布　北京，河北，辽宁，上海，浙江，江西，山东，广东，广西，海南，新疆等地。日本，印度，南非，马达加斯加，毛里求斯，卢旺达，塞舌尔，尼日利亚，圣赫勒拿马（英属），佛得角，法国，德国，希腊，英国，比利时，芬兰，瑞典，意大利，丹麦，荷兰，波兰，葡萄牙，西班牙，瑞士，巴西，秘鲁，委内瑞拉，巴巴多斯，洪都拉斯，美国，百慕大（英属）等地（国家林业局，2005）。

　　寄主　甘蔗、巴西木（香龙血树）、金边香龙血树、发财树（马拉巴栗）、巨丝兰、苏铁、一品红、天竺葵、鱼尾葵、散尾葵、大王椰子、国王椰子、鹅掌柴、木棉、合欢、木槿、橡皮树、菩提树、构树、棕竹、香蕉等（国家林业局，2005）。

　　危害　以幼虫钻蛀在寄主植物皮层内蛀食，轻时茎干会出现虫道，并有少量虫粪排出；重时表皮内的肉质部分全部被吃完，其间充满粪屑，并分布有多处咬破表皮的通气孔。当茎的输导组织被渐渐蛀食破坏而失水、失养分死亡，幼虫则继续蛀食韧皮部周围，导致巴西木等花木枝叶逐渐萎蔫、枯黄，并造成整株枯死。植株受害死亡后，幼虫可继续蛀食，化蛹及羽化繁殖，完成其生活年史。

　　幼虫钻入寄主植物内部取食，轻度危害不易察觉，但重者严重阻碍植物的正常生长发育或全部枯死，使植株失去价值。在巴西木上，该虫多在柱桩的中上部取食，幼虫首先取食寄主的韧皮部，植株的韧皮部几乎全部被取食干净，仅留下外皮和木质部，在外皮和木质部间充满幼虫的粪便和碎木屑，外皮上能见到幼虫推出的粪屑等物，用手轻捏柱桩有中空的感觉，树皮与木质部极易分开。取食完韧皮部以后，幼虫钻入木质部，在无皮的柱桩上能见到弯弯曲曲深浅不一的虫道，有些幼虫能深达柱桩的中心髓部，并把髓部吃空。受到严重危害的巴西木，一般不能正常发芽，即便发芽，也会由于养分供应不足而逐渐枯死或发育不良，失去观赏价值。

蔗扁蛾幼虫（徐公天　提供）

蔗扁蛾幼虫危害榕树主干（徐公天　提供）

在发财树上，该虫多在树干基部危害，其危害状与巴西木类似，受害严重的树干基部，内部全部被吃空腐化，轻轻扳动即能折断。3～5枝股式栽培受害后则出现死边而严重影响观赏价值。其他观赏植物如旅人蕉，多在嫩的心部危害，造成烂心而影响植株生长（蔡庆霞，2007年；沈杰等，2002）。

形态特征 成虫：体长8～10mm，翅展18～26mm。体黄褐色。头部鳞片大而光滑，头顶的色暗且向后平覆，额区的则向前弯覆，二者之间由一横条蓬松的竖毛分开，颜面平而斜、鳞片小而色淡；下唇须粗长斜伸微翘，下颚须细长卷折，喙极短小。触角细长纤毛状，长达前翅的2/3，梗节粗长稍弯。胸背鳞片大而平滑，体较扁，翅平覆。前翅深棕色，披针形，中室端部和后缘各有1个黑色斑点，后缘有毛束，停息时毛束翘起如鸡尾状，雌虫前翅基部有一黑色细线，可达翅中部；后翅色淡，披针形，黄褐色，后缘有长毛。后足长，超出后翅端部，后足胫节具有长毛。腹部腹面有2排灰色点列。雄蛾外生殖器小而特化；雌蛾产卵管细长，常伸露腹端。停息时，触角前伸；爬行时，速度快，形似蜚蠊，并可做短距离跳跃。卵：长0.5～0.7mm，宽0.3～0.4mm，淡黄色，卵圆形。幼虫：老龄幼虫体长30mm，宽3mm，乳白色，透明。头红棕色，每个体节背面有4个毛片（黑斑），矩形，前2后2成2排，各节侧面亦有4个小毛片（黑斑）。蛹：体长10mm，棕色，触角、翅芽、后足相互紧贴，与蛹体分离。腹端有1对粗壮的黑褐色钩状臀棘，向背面弯突（沈杰，2002年；程桂芳，杨集昆，1997）。

生物学特性 蔗扁蛾在15℃条件下，生活周期大约为3个月，即卵期12天，幼虫期50天，蛹期20天，成虫期6天。在温度较高的条件下，生活周期可能会缩短，1年可发生8代。

北京1年3～4代。以幼虫在温室盆栽花木的盆土中越冬。第二年温度适宜时幼虫上树危害，以在3年以上巴西木木段的干皮内蛀食为多。小巴西木有抗性。有时可蛀入木质部表层，留下轻微痕迹；少数可从伤口、裂缝处钻入木段髓部，造成空心。幼虫期长达45天，共7龄。老熟幼虫夏季多在木桩顶部或上部的表皮吐丝结茧化蛹，茧外粘着木屑和纤维

等；秋冬季多在花盆土下结茧化蛹，茧外粘着土粒等。蛹期15天左右。羽化前蛹顶破丝茧和树表皮，蛹体一半外露。成虫羽化后，外露的蛹壳经久不落；成虫爬行能力很强，爬行迅速，像蜚蠊，并可做短距离的跳跃。成虫有补充营养和趋糖的习性，寿命约5天，卵散产或集中块产，卵期4天。幼虫孵化后吐丝下垂，很快钻入树皮下危害。幼虫有食土的习性，在肠胃中可见土粒，粪便中亦有土粒（程桂芳，杨集昆，1997；国家林业局，2005）。

防治方法

1. 加强检疫。加强对外、对内植物检疫，有力地控制蔗扁蛾的发生、传播和蔓延。大量进口巴西木后，应及时检查，剔除带虫桩，及时销毁。

2. 药液浸泡。用25g/L高效氯氟氰菊酯乳油1500倍液浸泡巴西木桩5分钟后拿出晒干再植入盆中。

3. 刷干。新植的巴西木桩要加强保护，用5.7%甲氨基阿维菌素苯甲酸盐500倍液刷干。开始时每10天1次，以后间隔逐渐延长至1个月1次，有很好的保护效果。

4. 及时处理严重被害后淘汰的巴西木。淘汰的巴西木应及时烧毁或用25g/L高效氯氟氰菊酯乳油1000倍液+45%丙溴·辛硫磷乳油1000倍液均匀喷布后封盖塑料布熏蒸，3天1次，连续3次。

5. 尽量不选择蔗扁蛾偏嗜的植物，如巴西木、发财树、海南铁、马拉巴栗等。并且，应尽量将其嗜好的种类隔离种植，以免相互传播。在北京地区，该虫不能在室外越冬，可利用冬季温室植物种类的选择来控制该虫的发生。

6. 锯口处理。巴西木栽培中一般留有锯口，这种创伤伤口正是蔗扁蛾最好的产卵部位。所以，锯口保护是重要的防治措施。调查发现，封红色蜡、黑色蜡的被害率低，封白色蜡的被害率高。封蜡均匀的保护作用好，封蜡不严的受害重。色蜡是把色粉加入溶化的蜡水里调匀即成。蘸蜡时应尽量使蜡均匀，封严密。封蜡后再刷一遍杀虫剂，保护效果更好。

7. 越冬季节的防治。消灭虫源。在北京地区，越冬季节是防治该虫的有利时机。①撒毒土。在温度较低的温室里，幼虫有下土的习性。可用90%敌

蔗扁蛾幼虫危害巴西木主干（徐公天　提供）

百虫晶体1：200的比例均匀混入细沙土中，撒在花盆土表，7～10天1次，连续3次，防治效果显著。②挂敌敌畏布条。越冬季节温室较密闭，可在室内挂布条，每30m³挂1个布条，蘸上25g/L高效氯氟氰菊酯乳油100倍液，每2天蘸药液1次，连续进行3个月，可除治温室中的蔗扁蛾。

　　8. 夏秋季的防治。北京夏秋季节高温高湿，有利于该虫的发生。此期应抓紧防治，压低虫口数量，防止向其他植物上蔓延。①药剂防治。可用喷药、灌药等方法。喷药重点喷干用45%丙溴磷·辛硫磷乳油30～60倍液或12%噻虫·高氯氟悬浮剂30～60倍液添加专用渗透剂后高浓度喷涂树干。（注意：高浓度喷涂树干时禁止喷到周围的植物叶片上）。可每7天喷施1次，连续喷施3～5次。灌药所用药剂同上，从巴西木桩顶部灌药，使之淋洗整个干部。②斯氏线虫防治。可用注射器将斯氏线虫

（中国农业科学院生物防治研究所提供）稀释液注入被害桩皮下，应尽量使线虫液在被害干、皮间空隙处均匀分布。用每毫升含侵染期线虫1000～2000头的线虫液，每株约100mL。由于该线虫不耐高温，在低温时也不活跃，所以最好选在春、秋温暖季节进行防治，且秋季温度高时效果好。

　　9. 做好虫情监测，掌握发生动向，及时指导防治。可用糖水诱集、性诱法诱集等方法进行虫情监测。蔗扁蛾是一种多食性的小蛾，它潜在的、更大的威胁是转移到花卉生产以外的其他植物上去，造成难以估量的损失（程桂芳等，1998）。

参考文献

程桂芳，1997；程桂芳，杨集昆，1997a, b；程桂芳等，1998；沈杰等，2002；孙学海，2003；国家林业局植树造林司等，2005.

（关玲）

分类地位	鳞翅目 Lepidoptera　袋蛾科 Psychidae
拉丁学名	*Amatissa snelleni* (Heylaerts)
异　　名	*Kophene snelleni* Heylaerts
中文别名	线散袋蛾

263 丝脉袋蛾

丝脉袋蛾与其他袋蛾一样，一是有袋囊的长期保护，二是有杂食性的特点，往往容易暴发成灾，一不小心就会有灾情出现。

分布　浙江，江西，湖北，湖南，广东，广西，云南等地。印度。

寄主　桉树、樟树、垂柏、柑橘、荔枝、杧果、苹果、李树、桃树、沙梨等。

危害　低龄幼虫将叶片咬成圆形小孔，往往留下网状叶脉或膜状薄层；成虫期或高虫口阶段将植株叶片全部吃光，或留下老叶叶片中脉或近基部一小部分，远看林木树冠变为灰黄色。

形态特征　成虫：雌虫体长13～23mm，宽4～7mm，淡黄色；头小，生1对刺突；胸背略弯，中央有1条褐色纵线。雄虫体长11～15mm，翅展28～33mm；前翅顶角尖，外缘直斜，横纹上有黑棕色纹，R_3与R_4脉共柄，R_5脉分离或与R_3+R_4脉有一短柄；体、翅灰褐色至黄褐色。**卵：**长0.7～0.8mm，椭圆形，米黄色。**幼虫：**老龄幼虫体长17～25mm，宽4～6mm。头部和胸部背板灰褐色，散布黑褐色斑点。各胸节背板分成2块，中线两侧近前缘处有4个黑色毛片，前胸毛片呈正方形排列，中、后胸毛片横向排列。腹部淡紫色，臀板黑褐色（萧刚柔，1992）。

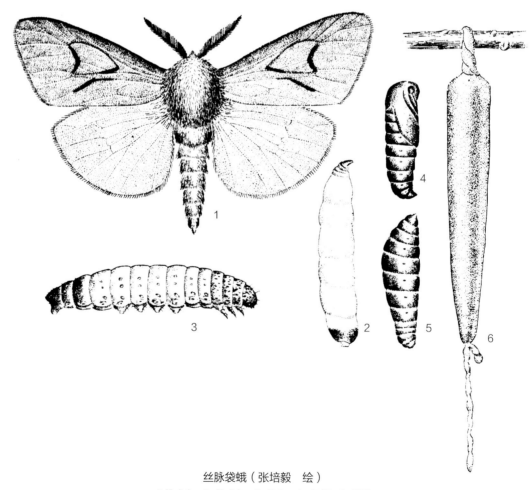

丝脉袋蛾（张培毅　绘）

1.雄成虫；2.雌成虫；3.幼虫；4、5.蛹；6.袋囊

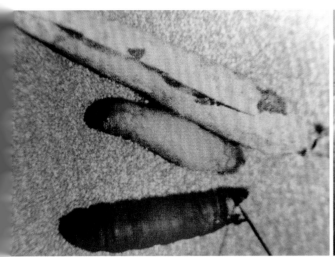

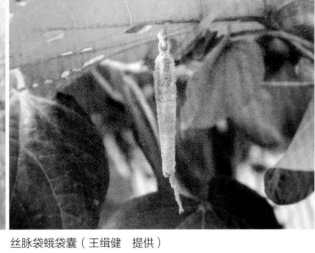

脉袋蛾幼虫和蛹（王缉健　提供）

丝脉袋蛾袋囊（王缉健　提供）

生物学特性　广西1年1代。以老熟幼虫在袋囊内越冬。2月中、下旬大量化蛹，4月上、中旬为羽化盛期，4月中、下旬为产卵盛期，4月下旬至5月上旬为幼虫孵化盛期，6～7月危害最重。10月中、下旬以老熟幼虫越冬。

幼虫把叶片咬成缺刻或孔洞，每年4～10月为危害期。老熟幼虫用丝束绕缠枝条，将袋囊悬挂于小枝条上越冬。雄蛾对黑光灯有趋性。雌虫产卵于袋囊内蛹壳里（黄金义，1986）。

防治方法　见白囊袋蛾防治方法。

参考文献

黄金义等, 1986; 萧刚柔, 1992.

（王缉健，陈列，陈铸尧）

264 白囊袋蛾

分类地位	鳞翅目 Lepidoptera　袋蛾科 Psychidae
拉丁学名	*Chalioides kondonis* Matsumura
英文名称	Kondo white psychid
中文别名	白蓑蛾、白囊蓑蛾、棉条蓑蛾、橘白蓑蛾、茶树白囊蓑蛾

白囊袋蛾为多种林木的常发性害虫。

分布　上海，江苏，浙江，安徽，福建，江西，河南，湖北，湖南，广东，广西，四川，贵州，云南，台湾等地。日本。

寄主　茶树、柳、竹、樟、李树、杏、梅、杨、榆、桑、槐树、栎、栗、梨树、桃树、柿树、枣、油桐、油茶、紫荆、乌桕、枫杨、核桃、合欢、相思、杨梅、紫薇、扁柏、苹果、枇杷、石榴、女贞、白兰、刺槐、柑橘、黄檀、紫穗槐、三角枫、羊蹄甲、黄花槐、悬铃木、重阳木、山核桃、凤凰木、木麻黄、麻叶绣球等。

危害　喜集中危害，幼虫在护囊中咬食叶片、嫩梢或剥食枝干、果实皮层，造成局部树冠光秃。

形态特征　成虫：雌虫体长9～16mm，蛆状，足、翅退化，体黄白色至浅黄褐色微带紫色；头部小，暗黄褐色；触角小，突出；复眼黑色；各胸节及第一、二腹节背面的硬皮板具有光泽，其中央具褐色纵线，体腹面至第七腹节各节中央皆具紫色圆点1个，第三腹节后各节有浅褐色丛毛，腹部肥大，尾端收小似锥状。雄体长8～11mm，翅展18～21mm；浅褐色，密被白长毛，尾端褐色；头浅褐色，复眼黑褐色球形；触角暗褐色羽状；前、后翅透明，仅前翅基

部和后翅臀角处颜色微暗，后翅基部有白色长毛。**卵**：长0.8mm，椭圆形，浅黄至鲜黄色。**幼虫**：老熟幼虫体长28mm左右，头部橙黄色至褐色，上具暗褐色至黑色云状点纹；各胸节背面硬皮板黄褐色，上有黑色点纹，在侧面连成3纵行，中、后胸背中脊各分成2块；胸、腹部肉红色，各节背面两侧都有深色点纹。第八、九腹节背面具褐色大斑，臀板褐色，有胸腹足。**袋囊**：雄虫袋囊长约30mm，雌虫袋囊长约38mm，长圆锥形，灰白色，以丝缀成，较紧密，上具纵隆线9条，外表光滑，不附有枝叶。**蛹**：雄蛹体长8～11mm，深褐色，纺锤形，腹部第三至第六节后缘和第八、九节前缘各有1列小刺。雌蛹体长12～16mm，深褐色，长筒形，第二、五腹节背面后缘和第七节的前缘各有1列小刺。

生物学特性　1年1代。以低龄幼虫在枝干上的袋囊内越冬。翌春寄主发芽展叶期幼虫开始危害，6月老熟化蛹。蛹期15～20天，6月下旬至7月羽化，雌虫仍在袋囊里，雄虫飞来交配，产卵在袋囊内，每雌可产卵千余粒，卵期12～13天，幼虫孵化后先食卵壳，然后爬出袋囊，吐丝下垂分散传播，找适合场所后立即吐丝缠身，常数头在叶上群居食害叶肉。随幼虫生长，袋囊逐渐扩大，幼虫活动时携

白囊袋蛾成虫（王焱　提供）

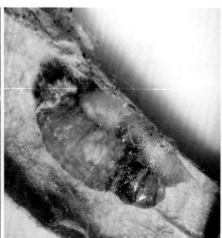

白囊袋蛾蛹（王焱　提供）

白囊袋蛾危害状（假萍婆）（张润志　整理）

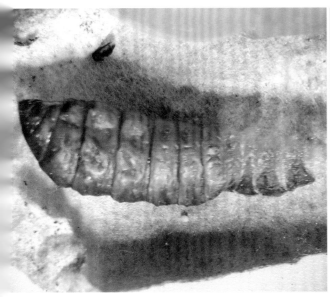

囊袋蛾蛹（王焱　提供）

成虫羽化后拖出的半个蛹壳
（王焱　提供）

假萍婆上白囊袋蛾袋囊
（张润志　整理）

大叶相思上白囊袋蛾袋囊（张润志　整理）

木麻黄上白囊袋蛾袋囊（张润志　整理）

马占相思上白囊袋蛾袋囊（张润志　整理）

囊而行，取食时头胸部伸出囊外，受惊扰时缩回囊内。幼虫危害至秋后，10月中、下旬陆续向枝条上转移，将袋囊固定后，用丝封口进入越冬。

防治方法

1. 修剪枝干时注意及时摘除袋囊，并注意保护天敌。

2. 在低龄幼虫期喷洒90%晶体敌百虫800～1000倍液或25g/L高效氯氟氰菊酯乳油1200倍液、50%杀螟硫磷乳油1000倍液、50%辛硫磷乳油1500倍液、2.5%溴氰菊酯乳油4000倍液或45%丙溴磷·辛硫磷乳油1000倍液，或20亿PIB/mL甘蓝夜蛾核型多角体病毒悬浮剂1000～1500倍液。

3. 幼虫期喷洒苏云金杆菌制剂。

4. 利用黑光灯和活雌蛾性信息素诱杀雄蛾。

参考文献

萧刚柔, 1992; 徐明慧, 1993.

（嵇保中，张凯，陈铸尧，陈列）

分类地位	鳞翅目 Lepidoptera　袋蛾科 Psychidae
拉丁学名	*Acanthoecia larminati* (Heylaerts)
异　　名	*Clania larminati* (Heylaerts)
中文别名	油桐袋蛾

265 蜡彩袋蛾

蜡彩袋蛾为林木和园林常见食叶害虫，大发生时影响林木生长和景观。

分布　安徽，福建，江西，湖南，广东，广西，四川，贵州，云南等地。日本。

寄主　茶、桑、柿树、油桐、侧柏、黄檀、黄槐、阴香、杧果、板栗、柑橘、龙眼、苹果、橄榄、白兰、月季、山茶、南洋楹、悬铃木、孔雀豆、凤凰木、柠檬桉、羊蹄甲、八宝树、台湾相思、海南红豆、锡兰橄榄等。

形态特征　**成虫：**雄虫体长6～8mm，翅展18～20mm；头胸部灰黑色，腹部银灰色；前翅灰黑色，基部白色，后翅白色，边缘灰褐色。雌虫体长13～20mm，乳白色至黄白色，圆筒形。**卵：**长0.6～0.7mm，椭圆形，米黄色。**幼虫：**老龄幼虫体长16～25mm，头、胸腹节的毛片以及第八至第十腹节背面均呈灰黑色，其余黄白色。**蛹：**雄蛹体长9～10mm，头、胸部和触角、足、翅以及腹部背面均为黑褐色，腹部腹面、背面节间灰褐色，腹部第四至第八节背面前缘和第六、七节后缘各有小刺1列。雌

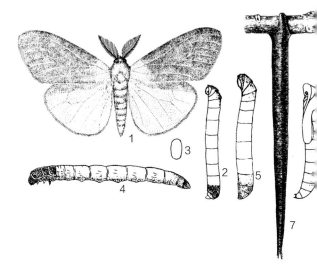

蜡彩袋蛾（1、7.张培毅　绘；2～6.朱兴才　绘）
1.雄成虫；2.雌成虫；3.卵；4.幼虫；5、6.蛹；7.袋囊

蛹体长15～23mm，长筒形，全体光滑，头、胸部和腹末背面均黑褐色，其余黄褐色。**袋囊：**长锥形，雌虫袋囊长30～50mm，雄虫袋囊长25～35mm。丝质，褐色，囊外无碎叶、枝梗。

生物学特性　福建北部、广西南宁1年1代。以老熟幼虫在袋囊内越冬，常10多个袋囊紧密排列于枝叶上，越冬期间如遇气温特别暖和时，幼虫能取食。翌年2月中、下旬化蛹，3月上、中旬羽化，约持续15天；3月下旬至4月上旬产卵盛期，5月上、中旬卵孵化，6～7月幼虫危害重，10月中、下旬开始越冬。雄幼虫7龄，雌幼虫8龄。卵期30～39天；雄幼虫期306天，雌幼虫期323天；雌蛹期16天，雄蛹期28天；雄成虫寿命3.5天。

防治方法　参考大袋蛾防治方法。

参考文献

萧刚柔，1992；徐明慧，1993；姜翠玲，钟觉民，1995。

（嵇保中，张凯，陈铸尧，陈列）

蜡彩袋蛾袋囊

266 茶袋蛾

分类地位	鳞翅目 Lepidoptera　袋蛾科 Psychidae
拉丁学名	*Eumeta minuscula* Butler
异　　名	*Cryptothelea minuscula* Butler, *Clania minuscula* Butler
英文名称	Tea bagworm
中文别名	小巢袋蛾

茶袋蛾与其他袋蛾一样，一是有袋囊的长期保护，二是有杂食性的特点，往往容易暴发成灾，一不小心就会有灾情出现。

分布　江苏，浙江，安徽，福建，江西，湖北，湖南，广东，广西，四川，贵州，台湾等地。日本。

寄主　桉树、马尾松、扁柏、木麻黄、垂柳、重阳木、悬铃木、白榆、黄檀、核桃、红翅槭、乌桕、油桐、石榴、沙梨、桃树、李、杏、樱桃、柑橘等。

危害　低龄幼虫将叶片咬成圆形小孔，往往留下网状叶脉或膜状薄层；成虫期或高虫口阶段将植株叶片全部吃光，或留下老叶叶片中脉或近基部一小部分，远看林木树冠变为灰黄色。

形态特征　**成虫：**雄虫体长10～15mm，翅展23～30mm；体翅暗褐色，沿翅脉两侧色较深，前翅M_2脉与Cu_1脉间有2个长方形透明斑，体密被鳞毛，胸部有2条白色纵纹。雌虫体长15～20mm，米黄色，胸部有显著的黄褐色斑，腹部肥大，第四至第七节周围有蛋黄色绒毛。**卵：**长约0.8mm，椭圆形，米黄色或黄色。**幼虫：**老龄幼虫体长16～28mm，头黄褐色，散布黑色网状纹，胸部各节有4个黑褐色长形斑，排列成纵带，腹部肉红色，各腹节有2对黑点状突起，呈"八"字形排列。**蛹：**雌蛹体长约20mm，纺锤形，头小；腹部第三节背面后缘，第四和第五节前、后缘，第六至第八节前缘各有小刺1列，第八节小刺较大而明显。**袋囊：**长25～30mm，囊外附有较多的平行排列的小枝梗。

生物学特性　广西1年3代。以老龄幼虫越冬。越冬幼虫于3月化蛹，4月上旬成虫羽化并产卵。第

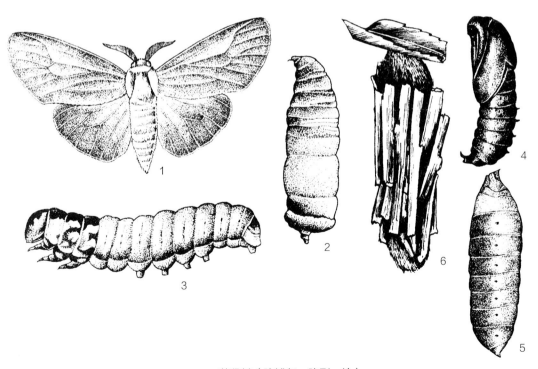

茶袋蛾（陈铸尧、陈列　绘）
1. 雄成虫；2. 雌成虫；3. 幼虫；4. 雄蛹；5. 雌蛹；6. 袋囊

茶袋蛾成虫（王缉健　提供）

茶袋蛾袋囊（王缉健　提供）

茶袋蛾雌蛹（《上海林业病虫》）

茶袋蛾袋囊（王缉健　提供）

一代幼虫孵化盛期为4月中、下旬，6月上旬化蛹；第二代幼虫孵化盛期为6月下旬至7月上旬，8月上旬化蛹。越冬代幼虫孵化盛期为8月下旬至9月上旬，幼虫危害至11月中、下旬始越冬（黄金义，1986）。

　　1～2龄幼虫啃食叶肉，留下半透明黄褐色薄膜，3龄后危害叶片，使叶片形成孔洞、残缺或仅剩主脉，或咬食枝条皮层；严重危害后的植株影响生长或引起林木枯死。11月中旬以后幼虫停止取食，

逐渐向枝梢端部转移，越冬前幼虫用长10～20mm的丝束，将袋囊垂挂于林木小枝上。常多个袋囊排列在一起。每雌虫产卵120～990粒，卵产在袋囊内蛹壳中。卵期第一代15～20天，第二、三代各约7天（萧刚柔，1992）。

　　防治方法　见袋蛾防治方法。

参考文献

　　黄金义等，1986; 萧刚柔，1992.

（王缉健，陈铸尧，陈列）

267	黛袋蛾	分类地位	鳞翅目 Lepidoptera 袋蛾科 Psychidae
		拉丁学名	*Dappula tertia* (Templeton)
		中文别名	桐袋蛾

黛袋蛾是速生桉林中袋蛾成灾时虫口最多的种类。黛袋蛾与其他袋蛾一样，一是有袋囊的长期保护，二是有杂食性的特点，往往容易暴发成灾。

分布 浙江，江西，湖北，湖南，广东，广西等地。斯里兰卡。

寄主 桉树、油桐、木麻黄、板栗、杧果、人心果、蝴蝶果、荔枝、龙眼、枇杷、柿树、人面果、油茶、肉桂、八角、桃花心木、灰木莲、大叶相思、银桦、红锥、乌桕、黄梁木、银杏、油杉、油梨、木荷、柑橘、咖啡、垂柏、樟、黄檀等。

危害 低龄幼虫将叶片咬成圆形小孔，往往留下网状叶脉或膜状薄层；成虫期或高虫口阶段将植株叶片全部吃光，或留下老叶叶片中脉或近基部一小部分，远看林木树冠变为灰黄色。

形态特征 成虫： 雄虫体长15～18mm，翅展30～35mm，体翅灰黑色，前翅中室顶端和R脉处各有一个黑色长斑，顶角较突出，后翅灰暗褐色，翅脉棕色。雌虫体长14～24mm；淡黄色，头小；胸背隆起，深褐色。**卵：** 长0.7～0.8mm，椭圆形，米黄色。**幼虫：** 老龄时体长23～30mm，胸部背板黑褐色，前、中胸背板中线白色，两侧各有1个白色长斑，组成"川"字形，后胸背中线两侧各有1个黄白斑，呈倒"八"字形。腹部黑色，各节有许多横皱纹。**蛹：** 雌蛹体长12～17mm，深褐至黑褐色；腹部背面第三、四节后缘，第五和第六节前、后缘，第七至第九节前缘各有小刺1列。雄蛹体长14～25mm，深褐色；胸、腹部第一至第五节背面中央有1条纵脊；腹部背面第二节后缘，第三至第五节前、后缘，第六至第八节前缘各有刺1列。**袋囊：** 长28～50mm，褐色，长锥形，质地密致柔韧，囊外附缀有破碎叶片，有时粘有半叶或全叶（萧刚柔，1992）。

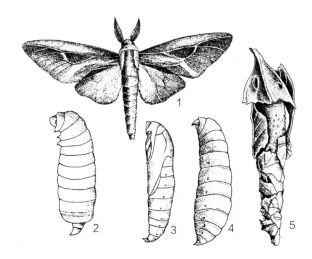

黛袋蛾（朱兴才 绘）

1. 雄成虫；2. 雌成虫；3. 雄蛹；4. 雌蛹；5. 袋

黛袋蛾低龄护囊（王缉健 提供）

黛袋蛾成虫羽化（王缉健 提供）

黛袋蛾幼虫取食（王缉健　提供）

黛袋蛾幼虫（王缉健　提供）

黛袋蛾蛹（王缉健　提供）

黛袋蛾预蛹（王缉健　提供）

黛袋蛾袋囊（王缉健　提供）

生物学特性　广西1年1代。以老熟幼虫越冬。2月中旬为化蛹盛期，3月中、下旬为羽化盛期，3月下旬至4月上旬为产卵盛期，卵期15～20天，4月中、下旬为幼虫孵化盛期。6～7月危害最烈，10月下旬进入越冬。

食性复杂。幼虫把叶片咬成孔洞或缺刻，把叶片吃光后可继续取食树皮。每雌产卵1500～2000粒，卵产在袋囊内蛹壳中。越冬时以丝将袋囊黏固在林木枝条上。

防治方法　见大袋蛾防治方法。

参考文献

黄金义等, 1986; 萧刚柔, 1992.

（王缉健，陈镈尧，陈列）

268	**大袋蛾**

分类地位	鳞翅目 Lepidoptera　袋蛾科 Psychidae
拉丁学名	*Eumeta variegata* (Snellen)
异　　名	*Cryptothelea variegata* Snellen, *Clania variegata* (Snellen)
英文名称	Paulownia bagworm
中文别名	蒲瑞大蓑蛾、大蓑蛾、避债蛾、吊死鬼、布袋虫

大袋蛾是一种危险性食叶害虫，经常猖獗成灾，被称为"不冒烟的森林火灾"。该虫具有食性杂、食量大、繁殖力强、易传播扩散等特点，尤其嗜食泡桐。20世纪80~90年代，山东省菏泽市大搞农桐间作，大面积连片的泡桐为其暴发提供了适宜条件，造成大面积成灾，给桐木生产基地安全造成了极大威胁。

分布　河北，上海，江苏，浙江，安徽，福建，江西，山东，河南，湖北，广东，四川，贵州，云南，台湾等地。印度，日本，斯里兰卡，马来西亚。

寄主　泡桐、刺槐、法桐、榆树、臭椿、麻栎、重阳木、紫叶李、紫荆、蜡梅、月季、蔷薇、山茶、苹果、山楂、石榴、樱花、紫薇等。

危害　初龄幼虫啮食叶下表皮及叶肉组织，3龄以后幼虫蚕食叶片，造成孔洞，严重时仅留叶脉，同时还啮食茎秆表皮。

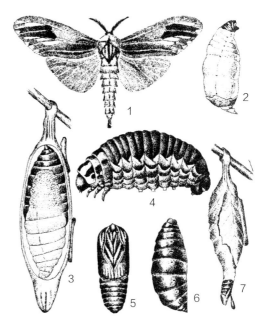

大袋蛾（张培毅　绘）
1.雄成虫；2.雌成虫；3.雌袋囊（示卵）；4.幼虫；5、6.蛹；
7.雄袋囊

大袋蛾袋囊（张润志　整理）

形态特征　成虫：雌雄异型。雌虫体长22~30mm，体肥大，体壁透明，体外可见所怀卵粒；无翅；足、触角、口器、复眼均有退化，乳白色；头部小，淡赤褐色；胸部背中央有1条褐色隆基，胸部和第一腹节侧面有黄色毛，第七腹节后缘有黄色短毛带，第八腹节以下急骤收缩，外生殖器发达。雄虫体长15~20mm，翅展35~44mm；体黑褐色，有淡色纵纹；前翅红褐色，端部有5个透明斑，后翅黑褐色，略带红褐色；前、后翅中室内中脉叉状分支明显。**卵：**直径0.8~1.0mm，椭圆形，初为乳白色，后变为淡黄棕色，有光泽。**幼虫：**体扁圆形，体表光滑油润。胸足3对，腹足及尾足退化。幼虫老熟后，雌雄区别明显。雌幼虫黑色，体肥大，平均体长21.5mm，头部黑褐色，各缝线白色；胸部褐色有乳白色斑；腹部淡黄褐色；胸足发达，黑褐色，腹足退化呈盘状，趾钩15~24个。雄幼虫黄褐色，

大袋蛾蛹（张润志 整理）

体躯甚小，平均体长13.9mm。**蛹**：雌蛹体长25～30mm，纺锤形，红褐色；头小；胸部3节愈合；无翅芽，仅有3对胸足痕迹。雄蛹体长18～24mm，长椭圆形，黑褐色，有光泽；第三至第五腹节背板前缘各有1横列刺突；腹末弯曲，有1对臀棘。**袋囊**：纺锤形，囊外附有较大的碎叶片，有时附有少数零散的枝梗。雌袋囊大，饱满；雄袋囊小，较瘦削。

生物学特性 多数地区1年1代，少数地区1年2代。以老熟幼虫在袋囊中越冬。翌年5月上、中旬化蛹，5月中、下旬成虫羽化。雄蛾喜在傍晚或清晨活动，雌蛾羽化后仍在袋囊中，将头部露出囊外，分泌性信息素引诱雄蛾，翌日即可交配，交尾后1～2天产卵，将卵产在袋囊的蛹壳内，每雌平均产卵676粒，个别高达3000粒，雌虫产卵后干缩死亡。幼虫多在孵化后1～2天下午先取食卵壳，后爬上枝叶或飘至附近枝叶上，吐丝粘缀碎叶营造袋囊并开始取食，经3～4小时囊即可造成。除雄成虫外，雌、雄各虫态都在囊中；袋囊形成后，幼虫始行取食；幼虫取食和活动时，头、胸伸出囊外，负囊而行；随虫体增大，袋囊也延长和扩大。幼虫体小时囊竖立，后变成下垂，遇惊扰时虫体缩入囊内。幼虫取食多在清晨、傍晚和阴天，晴天中午很少取食。以7～9月危害最烈。幼虫喜光，故树冠外层危害严重。11月幼虫封囊越冬，越冬时幼虫将虫囊口用丝环系在植株的枝条上，少数在干上，或叶脉上。初孵幼虫在袋囊内滞留一段时间后蜂拥而出，有群栖习性，可吐丝下垂，借风力扩散，降落叶片上先营造自己的袋囊。幼虫共5龄。秋季幼虫老熟，在封口前大量取食，危害严重。

防治方法

1. 人工防治。冬季结合修剪，摘除虫囊，集中烧毁或饲喂家禽，防治效果显著。

2. 诱杀成虫。利用成虫的趋光性，用频振式杀虫灯和活雌蛾性信息素诱杀雄成虫。

3. 根基打孔注射内吸剂防治法。于幼虫孵化期，在树干基部，用尖头锥、耙钉或特制的工具，环树打孔，每20cm一个，每孔注射30%氯胺磷2mL，用树叶覆盖孔口，并用泥土压实，通过内吸作用将幼虫杀死。

4. 药剂喷雾防治。幼虫危害期，用0.18%阿维菌素·100亿活芽孢/苏云金杆菌1000倍液、5.7%甲氨基阿维菌素苯甲酸盐微乳剂3000～5000倍液、青虫菌和大蓑蛾核型多角体病毒混合液600倍液，或Bt200倍液或12%噻虫·高氯氟悬浮剂1000倍液或20亿PIB/mL甘蓝夜蛾核型多角体病毒悬浮剂1000～1500倍液等进行叶面喷施。

5. 生物防治。保护和利用天敌昆虫，天敌有四斑尼尔寄蝇、红尾追寄蝇、新怯寄蝇（简须新怯寄蝇）、萍缘刺蛾寄蝇、家蚕追寄蝇、蓑蛾疣姬蜂、桑蟥疣姬蜂小蜂、白僵菌等，其中四斑尼尔寄蝇寄生率可高达50%以上，应予保护。

参考文献

萧刚柔，1992；赵方桂等，1999；孙绪艮等，2001.

（王海明，陈镈尧，陈列）

269	褐袋蛾	分类地位	鳞翅目 Lepidoptera　袋蛾科 Psychidae
		拉丁学名	*Mahasena colona* Sonan
		中文别名	乌龙墨蓑蛾

褐袋蛾与其他袋蛾一样，一是有袋囊的长期保护，二是有杂食性的特点，往往容易暴发成灾，一不小心就会有灾情出现。

分布　江苏，浙江，安徽，福建，广东，广西，四川，贵州，台湾等地。印度。

寄主　桉树、油茶、油桐、八角、乌桕、茶、樟、悬铃木、扁柏、荔枝、龙眼、柑橘、杧果等。

危害　低龄幼虫将叶片咬成圆形小孔，往往留下网状叶脉或膜状薄层；成虫期或高虫口阶段将植株叶片全部吃光，或留下老叶叶片中脉或近基部一小部分，远看林木树冠变为灰黄色。

形态特征　**成虫：**雄虫体长约15mm，翅展24～26mm；全体褐色，翅面无斑纹，腹部带有金属光泽。雌虫蛆状，无翅无足；体长约15mm，头小，淡黄色。**卵：**椭圆形，乳黄白色。**幼虫：**老龄幼虫体长18～25mm，头褐色，散生暗褐色斑纹，各胸节背板淡黄色，侧背上、下有不规则的黑褐色斑，侧面看大致排列成2行。**蛹：**体长20～25mm，雌蛹尾端有刺3根。**袋囊：**长25～40mm，粗大。似灯笼状，枯褐色，丝质疏松，囊外附有许多碎叶片，呈鱼鳞状疏散排列（萧刚柔，1992）。

生物学特性　广西1年1代，以老龄幼虫在袋囊内越冬；安徽合肥多以幼龄幼虫越冬。广西于翌年3月开始活动取食，6月中旬化蛹，蛹期18～21天，7月上、中旬成虫羽化并产卵，7月下旬幼虫出现。8～9月危害最烈，10月中、下旬以老熟幼虫越冬（黄金义，1986）。

幼虫取食叶片，使受害叶片形成孔洞或缺刻，或仅剩下主脉。老熟幼虫逐渐向枝梢端部转移，用丝束将袋囊黏固在枝条上越冬。雌虫将卵产于袋囊内的蛹壳中。

防治方法　见袋蛾防治方法。

参考文献

黄金义等，1986; 萧刚柔，1992.

（王缉健，陈铸尧，陈列）

褐袋蛾成虫（王缉健　提供）

褐袋蛾袋囊（王缉健　提供）

袋蛾防治方法

1. 加强测报工作。注意巡查以及时发现虫源地，袋蛾的发生往往是由一个相对集中的中心向四周扩散蔓延而形成灾害的，明确虫源地可以及时、有效地控制害虫的发生。

2. 清除虫源。新造林区，要注意清除杂灌、做好炼山工作，减少林地杂灌上遗留下来的虫源；在林区内发现袋蛾，要及时将袋囊摘除，踩死或烧毁；调运苗木前要清理枝叶上的害虫，不要把害虫带入新造林区。

3. 保护和利用天敌。如白僵菌、病毒、小蜂、姬蜂、寄生蜂、瓢虫、蚂蚁、蜘蛛、鸟类等，对害虫有一定的控制作用，要加强保护。

4. 生物制剂防治。宜在幼虫低龄阶段，叶片湿度较大时，选择喷放白僵菌、1亿～2亿芽孢/mL青虫菌液或苏云金杆菌（3.5亿活芽孢/g等1∶1000倍液），或15～20g/hm² 森得保可湿性粉剂1500倍液喷雾，或加入中性载体30～35倍拌匀后喷粉；如在桑园附近，可用鱼藤皂液或除虫菊液（1∶100）喷湿袋囊。

5. 化学药剂防治。喷雾法：选用90%敌百虫晶体、25g/L高效氯氟氰菊酯乳油、50%杀螟硫磷任一种的1000倍液，或2.5%溴氰菊酯水乳剂乳油2000～3000倍液或45%丙溴磷·辛硫磷乳油1000倍液或12%噻虫·高氯氟悬浮剂1000倍液或20亿PIB/mL甘蓝夜蛾核型多角体病毒悬浮剂1000～1500倍液喷湿枝叶，对多种袋蛾防治效果很好。

270	元宝枫细蛾

分类地位 鳞翅目 Lepidoptera　细蛾科 Gracillariidae
拉丁学名 *Caloptilia dentata* Liu et Yuan
中文别名 元宝枫花细蛾

鳞翅目

细蛾科

分布　北京，辽宁。

寄主　元宝枫、五角枫、珍珠梅。

形态特征　**成虫：**分夏型和越冬型。夏型体长4～4.6mm；触角长过于体；胸部黑褐色，腹背灰褐色，腹面白色；前翅狭长，翅缘有黄褐色长缘毛，翅中有金黄色三角形大斑1个，后翅灰色，缘毛较长。越冬型体形稍大，体色较深，腹足3对，趾钩单序缺环。**幼虫：**幼龄潜叶期体扁平，半透明；老龄卷叶期胸足发达。**蛹：**体背部黄褐色，有许多黑褐色粒点，腹面浅黄绿色；触角超过体长，复眼红色。

生物学特性　北京地区1年3～4代。以成虫在草丛根际越冬。翌年4月上旬元宝枫展叶时成虫出现，喜食花蜜补充营养，白天潜伏在草丛中或寄主叶背，栖息时倾斜呈"坐"字状。成虫产卵于叶主脉附近，每叶片产卵1～3粒，卵期约10天。4月下旬为

元宝枫细蛾成虫（徐公天　提供）

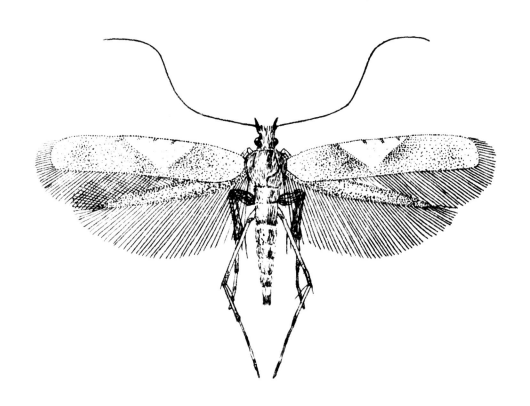

元宝枫细蛾成虫（胡兴平　绘）

幼虫潜叶盛期，其后从叶尖钻出潜道，进行卷叶危害，5月上旬为幼虫卷叶危害盛期。5月、7月中旬、9月、10月为各代成虫发生期。

防治方法

1. 营林措施。清除杂草，消灭越冬虫源。

2. 生物防治。保护小茧蜂、蚜小蜂、姬小蜂、蚂蚁、蜘蛛等天敌。

3. 化学防治。喷洒1.8%阿维菌素乳油2000倍药液，或5.7%甲氨基阿维菌素苯甲酸盐微乳剂3000～5000倍液或45%丙溴磷·辛硫磷乳油1000倍液或12%噻虫·高氯氟悬浮剂1000倍液，但避免在卷叶期喷药，不仅效果不好，反而会大量杀伤天敌。

参考文献

萧刚柔, 1992; 徐公天等, 2007.

（徐公天，南楠，李镇宇，张佐双，周章义）

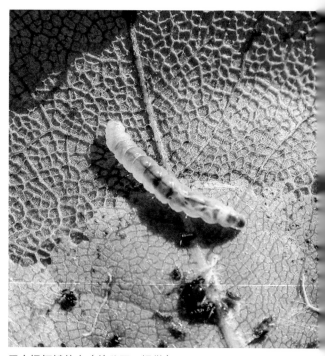

元宝枫细蛾幼虫（徐公天　提供）

元宝枫细蛾幼虫离叶落地孔（徐公天　提供）

元宝枫细蛾幼虫危害元宝枫叶（徐公天　提供）

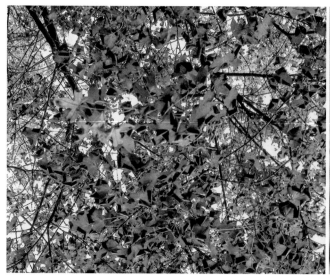

元宝枫细蛾幼虫严重危害元宝枫（徐公天　提供）

元宝枫细蛾危害珍珠梅（徐公天　提供）

271　柳丽细蛾

分类地位　鳞翅目 Lepidoptera　细蛾科 Gracillariidae

拉丁学名　*Caloptilia chrysolampra* (Meyrick)

　　柳丽细蛾幼虫将柳叶自先端卷织成"粽子"状苞，虫体在该苞内蚕食和发育，使叶片不完整。一方面影响树叶的光合作用，另一方面树冠上的大量虫苞影响美观。

　　分布　北京，天津，河北，山西，内蒙古，辽宁，吉林，黑龙江，浙江，山东，陕西，甘肃，青海，宁夏，新疆等地。

　　寄主　柳属植物。

　　危害　幼虫将柳叶从尖端往背面一般卷叠4折，卷成"粽子"状，在内啃食叶肉呈网状。

　　形态特征　**成虫：**体长约4mm，翅展约12mm。前翅淡黄色，近中段前缘至后缘有淡黄白色大三角形斑1个，其顶角达后缘，后缘从翅基部至三角斑处有淡灰白色条斑1个，停落时两翅上的条斑汇合在体背上呈前钝后尖的灰白色锥形斑，翅的缘毛较长，淡灰褐色，尖端的缘毛为黑色或带黑点，顶端翅面上有褐斑纹。触角长过腹部末端。足长约接近体长，颜色白、褐相间。**幼虫：**老龄幼虫体长5.3mm左右，长筒形略扁，幼龄时乳白色略带黄色，近老熟时黄色略加深。**蛹：**近梭形，体长约4.8mm。胸背黄褐色，腹部颜色较淡。**茧：**丝质灰白色，近梭形。

　　生物学特性　北京、河北1年可发生数代。以老龄幼虫或蛹在虫苞内越冬。翌年6月上、中旬多在树冠低层有幼龄幼虫，将柳叶从尖端往背面一般卷叠4折，呈"粽子"状，幼虫在虫苞内啃食叶肉呈网状，7月中旬有蛹和成虫，7月下旬多为大小不等的幼虫、未见蛹，8月上旬多数幼虫老熟，以后各代重叠，虫态不整齐。一直危害至9、10月。

　　防治方法

　　1. 少量发生危害时，可直接用手摘除虫叶，并及时销毁。

　　2. 初见低龄幼虫时，可用渗透性较强的20%噻虫嗪1000倍液、1.8%阿维菌素乳油1∶3000倍液或2%噻虫嗪微囊悬浮剂1000～2500倍液或45%丙溴磷·辛硫磷1000倍液或12%噻虫·高氯氟悬浮剂1000倍液或20亿PIB/mL甘蓝夜蛾核型多角体病毒悬浮剂1000～1500倍液喷雾。

　　3. 该虫盛发时，可发现有一种小蜂寄生，有时寄生率相当高，应注意予以保护和利用。

参考文献

徐公天, 2003.

（徐公天，乔秀荣）

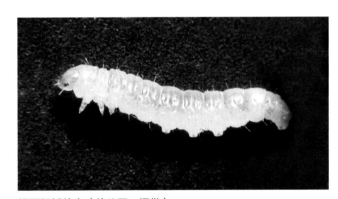

柳丽细蛾幼虫（徐公天　提供）

柳丽细蛾幼虫危害柳叶呈"粽子"形（徐公天　提供）

柳丽细蛾幼虫成群危害柳叶（徐公天　提供）

272 木兰突细蛾

分类地位	鳞翅目 Lepidoptera　细蛾科 Gracillariidae
拉丁学名	*Gibbovalva urbana* (Meyrick)
异　名	*Acrocercops urbana* Meyrick
英文名称	Magnolia leafminer

木兰突细蛾是一种寄主较广泛的食叶性害虫，在寄主叶上潜叶危害，对园林绿化的优良树种——木兰科植物的生长造成较大的损害，影响其光合作用及景观效果。

分布　北京（香山），江苏（南京），浙江（杭州），福建（南平、三明、漳州、莆田、福州），江西（庐山），湖北（武汉），广东（广州），广西（桂林）等地。日本，印度。

寄主　白兰、含笑、厚朴、天女花、荷花玉兰、二乔玉兰、鹅掌楸、木莲、合果木、观光木等70多种木兰科植物。

危害　幼虫潜叶危害，低龄幼虫取食皮下组织形成线状隧道，高龄后取食叶肉，逐渐将隧道连成斑块状，斑块内近中部经常有黏结成团的粪便堆集，被害叶片逐渐枯黄脱落。

形态特征　**成虫：**雄虫体长2.94～3.59mm，前翅长3.15～4.00mm；雌虫体长3.28～3.74mm，前翅长3.47～4.20mm；头部、面部白色，头顶混有少许灰、褐色鳞片。下唇须向上曲，超过头顶，有4条黑色环状斑。下颚须基部淡黄色，末端黑色。触角基部白色，大部呈灰褐色。前翅狭长，前、后缘接近平行，底色白，由基部向外有4条带状斜斑从前缘伸

向后缘，近翅基的斜带通常不达后缘，近翅端的斜带较宽，其前半部为白纹分隔，4条斜斑彼此之间各有3枚排列成行的黑斑点，翅端有1个棕黑色斑，斑中有1个白点，缘毛浅棕色，向臀区外扩展呈锐角，边缘褐色；后翅披针形，深灰色，缘毛长。成虫各腹节前缘鳞片黑色，足和距均较粗壮，足有黑、白间纹，中足胫节腹面端半部有黑色梭状排列鳞毛束。雄性外生殖器抱器背中部有1个指状突（井上宽等，1982；黄邦侃，2001；Kumata T，1988）。

卵：长0.51～0.56mm，宽0.33～0.40mm。初产卵扁椭圆形，液点状透明，后转浅黄白色，稍隆起，表面有光泽。**幼虫：**低龄幼虫体稍扁浅黄白色，半透明。头扁，近三角形，与膨大的前、中胸构成椭圆形，前胸最宽，体后部渐窄。口器发达，前伸，近倒梯形，浅黄褐色。体腹节间显著凹陷，第一至第八腹节各节呈近椭圆形。第九、十腹节窄长，臀足后伸。老熟幼虫体长5.05～6.84mm，宽0.84～1.08mm，头宽0.55～0.58mm。体橙黄色，头黄褐色，结茧前幼虫变桃红至红色，腹面色稍淡。体披白色半透明稀疏刚毛，单眼2枚，眼区及蜕裂线暗褐色，胸足3对，有浅灰黑色斑，腹足3对，趾钩不发达，臀足1对，后伸，腹部末3节较窄。**蛹：**长7.0～

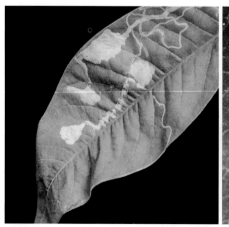

木兰突细蛾危害状（潜道）
（张润志　整理）

木兰突细蛾卵（张润志　整理）

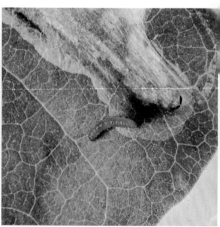

木兰突细蛾幼虫从泡状虫斑爬出准备结茧化蛹
（张润志　整理）

8.77mm，宽3.64～5.0mm，黄白色至浅黄褐色，扁椭圆形，表面附有污白色小颗粒数粒。**蛹**：体长约4.77mm，宽约0.82mm，黄色，复眼红色。前额上有1个红色尖突，触角超出体末端约0.80mm。

生物学特性　在广州华南植物园，该虫年发生多代，世代重叠。幼虫自3月开始出现危害，3月初至3月底为第一代幼虫发生危害期，3月下旬至4月中旬为第二代幼虫发生危害期。成虫羽化后无须补充营养，交尾后次日即可产卵，单粒散产，产于较嫩叶片的上表面，成虫栖息时用后足及体翅末端做固定，前、中足把身体前部撑起约呈45°角坐姿。触角几乎不停地高速颤动。死亡前颤速减慢至停止颤动。成虫受惊扰时做跳跃式近距离飞行。2003年3、4月，在室内白天最高气温28.2℃，最低气温20.5℃，平均气温23.5℃饲养条件下，卵历期2～4天，幼虫历期7～12天，蛹历期10～12天；1998年5月室内白天最高气温32.2℃，最低气温19.8℃，平均气温27.1℃时，卵历期2～3天，幼虫历期8～9天，蛹历期8～9天。幼虫孵化后吃掉卵壳即潜入叶表皮下先做线状隧道。1龄幼虫的线状隧道较窄，蜕皮后头壳留在隧道内；2龄隧道较宽，蜕皮后头壳多半留在线状隧道内；3龄后隧道渐扩大呈斑块状。1～3龄主要取食皮下组织，4龄开始食叶肉。3～4龄蜕皮后头壳留在斑块内近边缘处，排出的粪便黏结成团，堆在斑块内近中部，幼虫共5龄。幼虫老熟后在斑状蛀道近边缘处咬开1个月牙形裂口，并从该处爬出，吐丝下垂至地表枯枝落叶等处结茧化蛹，室内器皿饲养观察，可见结茧于器皿

边缘角落处。结茧后通常经2天化蛹。成虫寿命2～4天（伍有声等，2004）。幼虫天敌有姬小蜂科中的3～4种，以多胚跳小蜂和绒茧蜂为主，蛹期有姬小蜂科中的*Pediobius*属2～3种；捕食性天敌有陆马蜂、广腹螳螂、食虫虻等，能捕食虫斑中的幼虫（兰斯文等，1993）。

防治方法

1. 加强抚育管理，促进林木生长，提早林分郁闭。冬季及时清除地面枯枝落叶，劈除杂灌木。

2. 物理防治。在木兰突细蛾各成虫的出现盛期，以黑光灯、杀虫灯诱杀成虫。

3. 化学防治。在各代幼虫盛期，喷洒50%辛硫磷乳剂、40%水胺硫磷乳剂，或用2.5%溴氰菊酯乳剂2500～4000倍液或45%丙溴磷·辛硫磷乳油1000倍液或12%噻虫·高氯氟悬浮剂1000倍液或20亿PIB/mL甘蓝夜蛾核型多角体病毒悬浮剂1000～1500倍液喷雾，均有良好效果。

4. 冬春可喷放白僵菌，能够重复感染幼虫或蛹至死亡。保护天敌。幼虫期有姬小蜂、跳小蜂和绒茧蜂等，蛹期有姬小蜂，捕食性天敌有胡蜂、陆马蜂、广腹螳螂、食虫虻等。化学防治时尽量与天敌发生高峰期错开，避免杀伤天敌（兰斯文等，1993）。

参考文献

井上宽等，1982；兰斯文等，1993；黄邦侃，2001；伍有声，高泽正，2004；Kumata T, Kuroko H, 1988.

（伍有声，高泽正）

  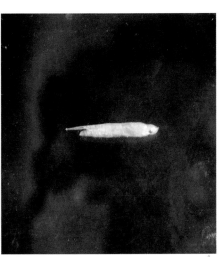

木兰突细蛾成虫（张润志　整理）　　木兰突细蛾茧及留在羽化孔口上的蛹壳　　木兰突细蛾蛹（张润志　整理）

（张润志　整理）

273 榕细蛾

分类地位　鳞翅目 Lepidoptera　细蛾科 Gracillariidae

拉丁学名　*Melanocercops ficuvorella* (Yazaki)

异　名　*Acrocercops ficuvorella* Yazaki

英文名称　Fig leafminer

榕细蛾是一种潜叶危害的微小昆虫，造成线状和斑块状隧道，虽然不能致整株榕树枯死，但能影响光合作用和观赏价值。

分布　广东（广州）。日本。

寄主　细叶榕、笔管榕、对叶榕、无花果、薜荔、天仙果等榕属植物。

危害　幼虫孵化后从着卵处钻入表皮下取食，最先形成线状蛀道，随着虫龄增大，线状蛀道末端开始扩展，形成白色（后期污黄褐色）水泡状斑块，幼虫匿藏其中取食及排泄，排出的粪粒分散于斑块虫道内。

形态特征　**成虫：**雌虫体长2.72～2.95mm，前翅长2.63～3.10mm；雄虫体长2.27～2.77mm，前翅长2.21～2.85mm。浅灰褐色，有光泽。头浅灰褐色，颜面色浅，唇须细长稍上弯。触角浅黄褐色细长。复眼红褐带黑色斑纹。前翅浅灰褐色，近端部1/4部分色浅，中间有1枚圆形黑斑。足胫节黑褐色与黄白相间，后足胫节背面有1排长刺毛，离胫节基部0.5mm处有1对距，其中1枚长达0.72mm，约为胫节长的0.65倍。腹部浅灰褐色与白色相间，腹部末端鳞毛黑色，雌虫的呈截状，雄虫的则杂有黄白色鳞毛。雄性外生殖器的抱器瓣中部较宽，端部较狭，钝圆，有下弯的粗毛刺多根，抱器背近基部约1/3处有1列约20根长刚毛，其长度远超出抱器瓣的末端。**卵：**长0.37～0.41mm，宽0.31～0.33mm，微小，椭圆形，初产浅黄白色，近透明，表面有网状

榕细蛾危害状（张润志　整理）

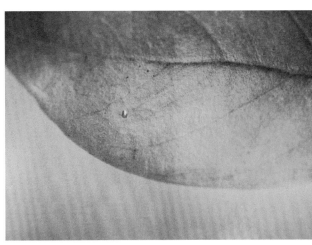

榕细蛾卵（张润志　整理）

榕细蛾茧（张润志　整理）

榕细蛾蛹（张润志　整理）

蛀道内的榕细蛾幼虫（张润志　整理）

饰纹。**幼虫**：低龄幼虫体黄白色，半透明，前端宽后端窄，头扁近三角形，褐色，口器发达前伸，椭圆形，头壳后缘半圆形凹陷。老龄幼虫体长4.40～4.56mm，宽0.53～0.58mm，浅黄褐色微带浅红，结茧前体稍缩短，颜色变桃红色，各胸节背面后大半部黄色；头浅黄褐色，宽0.37～0.45mm。胸足3对，腹足位于第三至第五腹节，臀足1对。**茧**：长5.87～7.01mm，宽2.64～3.25mm，污白色或带浅黄褐色，椭圆形，表面附有污白色和黑色小颗粒数粒。**蛹**：体长3.28～3.53mm，宽0.56～0.65mm。体浅黄色，各腹节有桃红色粗环带。复眼桃红色或较暗。

生物学特性　广州地区4月下旬可见幼虫开始危害嫩叶，8月下旬、10月下旬至11月有2个危害高峰期。成虫产卵时喜欢选择未转深绿色的嫩叶将卵产于叶正面，单粒散产，每叶1～3粒不等。幼虫孵化后吃掉卵壳，后从着卵处钻入表皮下取食，最先形成线状蛀道，随着虫龄增大，线状蛀道末端开始扩展，形成白色（后期污黄褐色）水泡状斑块，幼虫匿藏其中取食及排泄，排出的粪粒分散于斑块虫道内。幼虫5龄，老龄幼虫近化蛹时从斑块边缘咬一弧形开口钻出落地，在残枝落叶或隙缝处结茧化蛹，在室内玻皿饲养时，通常在皿边缘拐角处结茧化蛹。成虫羽化后，不需补充营养，进行交尾产卵，成虫行动迅速，静止时以后足及体翅末端做固定，用前、中足把身体向上撑起约呈45°姿势，触角不停颤动。幼虫天敌有姬小蜂科1种。

防治方法　可参考木兰突细蛾的防治。

参考文献

伍有声, 高泽正, 2004.

（伍有声，高泽正）

541

274	**杨白潜蛾**

分类地位	鳞翅目 Lepidoptera　潜蛾科 Lyonetiidae
拉丁学名	*Leucoptera sinuella* (Reutti)
异　　名	*Leucoptera susinella* (Reutti)
中文别名	夹皮虫

　　杨白潜蛾是杨树的主要害虫之一。杨树叶片被潜食后变黑、焦枯，严重时满树枯叶，提前脱落，对树木生长影响很大。

　　分布　北京，河北，内蒙古，辽宁，吉林，黑龙江，山东，河南等地。日本，俄罗斯及西欧一些国家。

　　寄主　毛白杨、杂交杨、唐柳等。

　　危害　以幼虫在叶内潜食，大发生时虫斑相连，成片林木叶片枯焦。

　　形态特征　**成虫：**体长3～4mm，翅展8～10mm。头部白色，头顶微呈乳黄色，有1束白色长毛簇。触角基部宽大，密布白色长鳞毛，常将复眼遮盖。喙短，仅达前足腿节的1/3处。胸部白色。前翅白色，有光泽，近端部有4条褐色纹，臀角有1个近三角形斑，斑的顶角及底边黑色，其余为灰色；后翅白色，呈狭披针形，缘毛很长。各足灰白色，中足胫节有1对端距，1长1短；后足胫节有向后斜伸的长毛，并有中距、端距各1对。腹部白色。**卵：**长约0.3mm，扁圆形，卵壳表面有网状纹。**幼虫：**老龄幼虫体长约6.5mm，乳白色，体扁平。头部较小；口器褐色，向前伸。前胸扁平，背板乳白色。各足均较小，主要靠体节伸缩移动。头部及各体节侧面均有3根长毛。**蛹：**体长3mm左右，梭形，浅黄

杨白潜蛾幼虫（徐公天　提供）

杨白潜蛾幼虫初期蛀道（徐公天　提供）

杨白潜蛾幼虫后期蛀道（徐公天　提供）

杨白潜蛾结茧状（徐公天　提供）

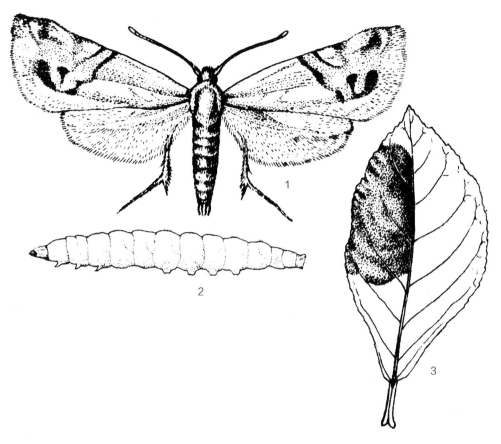

杨白潜蛾（1、3.邵玉华　绘；2.朱兴才　绘）

1.成虫；2.幼虫；3.被害叶

色，藏于白色"H"形茧内。

生物学特性　北京1年3代。以蛹结茧在被害叶片或树皮缝中越冬。各代成虫分别于5月初、7月下旬、8月下旬出现。成虫羽化后喜停留在杨树叶片基部的腺点上，有趋光性。羽化当天交尾产卵，交尾以11:00～16:00最盛。雌虫交尾后在叶面静止约半小时，其后来回爬行，寻找适宜的产卵部位。卵一般产在老嫩适中的叶片正面，贴近主脉或侧脉，与叶脉平行排列，多3～5粒呈块状或条状，单雌平均产卵量40余粒。卵的孵化率很高，每个卵块所有卵粒都在同一天孵化。幼虫孵化后从卵壳底部蛀入叶肉，幼虫不能穿过主脉，老熟幼虫可以穿过侧脉取食，虫斑内充满粪便，因而呈黑色，几个虫斑相连形成1个棕黑色坏死大斑，致使整个叶片焦枯脱落。幼虫老熟后从叶片正面咬孔而出，生长季节多在叶背吐丝结"H"形白色茧化蛹，越冬茧大多分布在叶正面、树皮缝等处。最后一代老熟幼虫爬到树皮缝内、粗皮下或落叶上结茧化蛹越冬。

防治方法

1. 冬春季节清除林内落叶，集中烧毁，或倒在坑内沤肥，消灭越冬虫蛹，减少虫源。

2. 成虫产卵期和幼虫发生期，向叶面喷0.2%甲维盐1500～2000倍液、1.8%阿维菌素2000～2500倍液、5%氟铃脲2000～3000倍液、25%灭幼脲Ⅲ号胶悬剂600～800倍液、0.3%阿维菌素100亿活芽孢/苏云金杆菌1000～2000倍液或45%丙溴磷·辛硫磷乳油1000倍液或12%噻虫·高氯氟悬浮剂1000倍液或20亿PIB/mL甘蓝夜蛾核型多角体病毒悬浮剂1000～1500倍液等。

3. 苗圃地、丰产林、林场可于成虫发生期，设置黑光灯或频振式杀虫灯诱杀成虫。

参考文献

萧刚柔, 1992; 赵方桂等, 1999; 孙绪艮等, 2001.

（王海明，张世权）

275	白杨透翅蛾		
		分类地位	鳞翅目 Lepidoptera　透翅蛾科 Sesiidae
		拉丁学名	*Paranthrene tabaniformis* (Rottemburg)
		英文名称	Dusky clearwing
		中文别名	大透翅蛾

分布　北京，河北，山西，内蒙古，辽宁，吉林，浙江，河南，陕西，新疆等地。俄罗斯。

寄主　杨、柳。

危害　大多发生在苗圃地幼苗上。幼虫蛀入苗木枝干，形成虫瘿，受害木易遭风折。

形态特征　**成虫：**体长11~20mm，翅展22~38mm。前翅窄长，褐黑色，中室与后缘略透明；后翅全部透明。腹部青黑色，有5条橙黄色环带。**幼虫：**体长30~33mm。黄白色。臀节背面有2个深褐色刺，略向背上方翘起。

生物学特性　河南、北京多1年1代，少数有第二代。以幼虫在虫道内越冬。翌年4月幼虫恢复活动取食。5月底6月初，幼虫开始化蛹，6月初成虫开始羽化（北京最早5月上、中旬即可见成虫），6月底7月初为羽化盛期。成虫羽化时，蛹体伸出羽化孔外1/3，羽化后蛹壳遗留在孔外，经久不掉。成虫白天在林间迅速飞翔，交尾、产卵。夜晚静伏不动。卵多产于1~2年生幼树叶柄基部的枝干上及缝隙内。卵期10天左右。幼虫孵化后，直接钻入树皮下，或从伤口处蛀入，在木质部与韧皮部之间，围绕枝干钻蛀虫道，随后向上蛀成虫道，并将虫粪和碎屑堆在孔外。隧道长度约2~10cm。幼虫蛀入树干后，很少转移。被害处逐渐形成虫瘿，极易折断，这时幼虫再转移至其他适宜部位侵入。幼虫危害至秋后，在虫道末端吐少量丝缕做薄茧越冬。

防治方法

1. 加强检疫。对于引进的苗木、插条，要严格检查，剪掉虫瘿，防止向外传播。

2. 人工防治。幼虫蛀入时，在枝干上发现蛀屑和小瘤，及时用刀削掉虫瘿。严重时可在虫瘿下部截枝，促进幼芽萌发。

3. 化学防治。幼虫初蛀入枝干时，用注射器

白杨透翅蛾成虫（李镇宇　提供）

白杨透翅蛾幼虫（《上海林业病虫》）

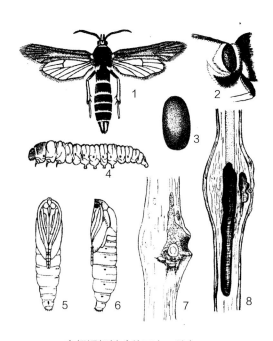

白杨透翅蛾（徐天森　绘）

1. 成虫；2. 成虫头的侧面；3. 卵；4. 幼虫；5. 蛹；

6. 蛹的侧面；7、8. 被害状

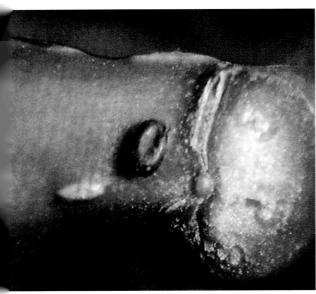

白杨透翅蛾卵（《上海林业病虫》）

白杨透翅蛾幼虫危害状（《上海林业病虫》）

白杨透翅蛾蛹（《上海林业病虫》）

白杨透翅蛾蛹壳（《上海林业病虫》）

白杨透翅蛾侵入时的危害状（《上海林业病虫》）

注入高效氯氰菊酯25g/L高效氯氟氰菊酯乳油500倍液，毒杀幼虫，或用45%丙溴磷·辛硫磷乳油30～60倍液或12%噻虫·高氯氟悬浮剂30～60倍液添加专用渗透剂后高浓度喷涂树干（注意：高浓度喷涂时禁止喷到周围的植物叶片上）。

4. 挂性诱剂。成虫出现时，挂白杨透翅蛾性诱剂（反，顺13-十八碳二烯醇），诱芯剂量200μg，附加黏胶型诱捕器，挂于林内及林缘1m高度，可诱捕100～150m范围内的雄成虫，诱捕及监测效果良好。

参考文献

杨有乾等，1982；萧刚柔，1992；张星耀等，2003；河南省森林病虫害防治检疫站，2005.

（杨有乾，李镇宇）

分类地位	鳞翅目 Lepidoptera　透翅蛾科 Sesiidae
拉丁学名	*Sesia siningensis* (Hsu)
异　　名	*Sphecia siningensis* Hsu, *Aegeria apiformis* Clerck
英文名称	Poplar bole clearwing moth, Hornet moth
中文别名	杨大透翅蛾

276 杨干透翅蛾

分布　山西，内蒙古，山东，云南，西藏，陕西，甘肃，青海，宁夏等地。

寄主　青杨、箭杆杨、加杨、河北杨、合作杨、小叶杨、欧美杨、新疆杨以及旱柳等。

形态特征　**成虫**：雌虫体长25～30mm，翅展45～55mm；雄虫体长20～25mm，翅展45～50mm。外形极像马蜂。前、后翅均透明，前翅狭长，后翅扇形，翅边缘毛为深褐色，后翅M₃脉和Cu脉共柄。腹部具有5条黄褐色相间环带。前足基节黄红褐色，后足胫节外侧有1个白斑。雌蛾触角褐色，棍棒状，端部尖而稍弯向后方，顶端生有黄褐色小毛束，腹末尖；雄虫触角栉齿状较平直，栉齿外侧具纤毛。腹部瘦小，末端具有1束褐色密集的鳞毛丛。**卵**：长径1.2～1.4mm，短径0.6～0.8mm，长椭圆形较扁平，表面微凹入，初产时枣红色，近孵化时黄褐色。**幼虫**：老熟幼虫体长40～45mm，圆筒形。初孵幼虫头黑色，体灰白色。老熟幼虫头暗褐色，体乳黄色。前胸背板两侧各具有1条褐色浅沟，前缘近背中线处有2个并列的褐斑。体末端背部后方具1个很小的深褐色细刺。**蛹**：体长24～32mm，纺锤形，褐色。腹部第二至第六节背面有细刺2排，腹末具粗壮的臀刺10根。

生物学特性　在我国发生区内均为2年1代，跨3个年度。第一年以幼虫潜入树皮下越冬，翌年3月下旬开始活动，蛀入木质部危害，至10月上旬幼虫在木质部内越冬，第三年幼虫危害到8月上旬，然后幼虫化蛹，化蛹盛期在8月中旬末，8月上、中旬成虫出现。山西太谷成虫羽化高峰在9月

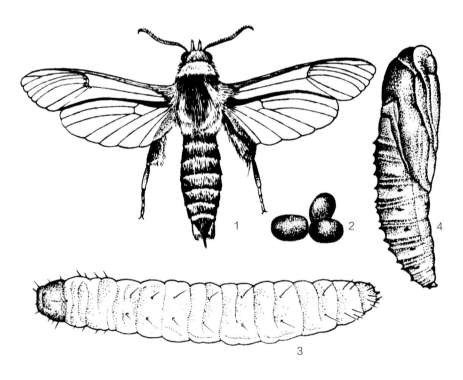

杨干透翅蛾（朱兴才　绘）
1. 成虫；2. 卵；3. 幼虫；4. 蛹

上旬，幼虫期可达22个月。不同地区羽化高峰有所不同，榆林地区成虫羽化高峰期在8月下旬至9月上旬，青海西宁成虫羽化有6月上旬和8月中旬2个高峰期。

成虫白天活动，夜间无趋光性。羽化多集中于9:00～10:00。羽化前蛹体摆动，使体节上的倒刺与孔壁摩擦，使虫体顶破羽化孔。蛹体的1/3～1/2露出羽化孔，蛹壳留在羽化孔中。卵散产于大树干基树皮裂缝。幼虫孵化后，从树皮裂缝的幼嫩组织或伤口蛀入树皮中取食，于10月下旬在韧皮部与木质部之间越冬，翌年春蛀入木质部，虫道与树干垂直方向一致，老龄幼虫横向取食至树皮，咬一个仅留

表皮的圆形羽化孔，并做蛹室化蛹。多数幼虫蛀食树干基部30cm以下部位，少数蛀食上部伤口或枝杈处。由于蛀入期分散，虫龄极不整齐。

防治方法

1. 加强检疫。严禁从杨干透翅蛾发生区调运杨树木材及移栽大树，防止人为扩散蔓延。

2. 利用杨干透翅蛾性信息素（Z,Z13-18:OH）诱杀成虫。每隔100m挂1个诱捕器（800μg/诱芯），置于树冠下部，有效诱蛾距离可达2000m。可降低雌蛾交配率28.1%～96.5%，平均降低42.8%～47.6%，连续诱蛾3年后，虫口密度降低38.2%。

3. 保护和利用天敌。利用1∶20的白僵菌液，棉球蘸菌液塞蛀孔，泥土封口，幼虫感病率可达66%。

4. 化学防治。以磷化铝0.4g塞入虫孔，泥土封口，或采用磷化锌毒签插入虫孔，熏蒸处理，幼虫和蛹的死亡率可分别达到96%、89%以上。

参考文献

徐振国，1981；张志勇，1983；李镇宇等，1989；萧刚柔，1992；徐守珍等，1996；冯士明等，1999；张星耀等，2003；黄大庄等，2004.

（李镇宇，陶静，徐振国，屈秋耘，王新民）

杨干透翅蛾危害后的风倒木（李镇宇　提供）

杨干透翅蛾性信息素诱集雄蛾（李镇宇　提供）

277 板栗兴透翅蛾

分类地位　鳞翅目 Lepidoptera　透翅蛾科 Sesiidae

拉丁学名　*Synanthedon castanevora* Yang et Wang

分布　北京，河北，山东等地。

寄主　板栗。

形态特征　**成虫**：雌虫体长约10mm，翅展约19mm；雄虫体长约9mm，翅展约16mm。全体黑色，具蓝紫色光泽。头基部被白色鳞毛，沿复眼内缘密生白鳞。前、后翅透明，前翅中室端具黑色横带。雌虫腹部6节，第二、四、六节背面后缘具黄色横带（中间的较宽）；雄虫腹部7节，第二、四、六节具黄色横带，有的第七节具细黄色鳞环，但多数个体不明显。腹部末端具发达的扇形鳞片，黑色，两侧端部白色。**卵**：长约0.4mm，宽约0.3mm。椭圆形稍扁，中央微凹，黑褐色，外饰灰白色网状花纹。**幼虫**：初孵幼虫体长约0.9mm，体白色，半透明，头浅黄褐色，单眼区红褐色。体被细长刚毛。3龄后幼虫前胸背板出现浅褐色倒"八"字形纹。老熟幼虫体长12～15mm，乳白色，头红褐色，1～5个单眼旁具黑色斑点。胸足发达，浅黄褐色；腹足4对，趾钩单序二横带，臀足1对，仅具1列趾钩。臀板与体色同，上布有褐色斑点。**蛹**：体长约10mm，宽约2mm。初为黄褐色，近羽化时黑褐色。**茧**：长约11.5mm，宽约3.6mm。长纺锤形，外粘有褐色虫粪，顶端织有圆盖。

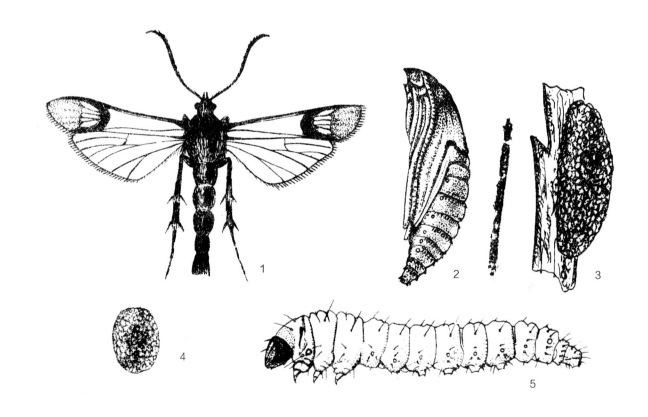

板栗兴透翅蛾（胡兴平　绘）
1. 成虫；2. 蛹；3. 茧；4. 卵；5. 幼虫

板栗兴透翅蛾（李镇宇　提供）

生物学特性　河北1年2代。以3～5龄幼虫越冬。翌年4月初开始活动，4月中旬开始化蛹，5月上旬成虫开始羽化，5月中、下旬为羽化盛期，6月上旬为末期。新一代幼虫5月底6月初开始孵化，6月中旬为孵化盛期。7月中旬开始化蛹，7月底8月初化蛹盛期，7月底至8月中旬末为成虫羽化盛期。越冬代幼虫孵化盛期在8月中、下旬。幼虫危害到11月上旬，在原危害处的末端蛀一稍深的槽，结扁椭圆形茧越冬。

成虫白天羽化，白天活动，晚上静伏不动，无趋光性。成虫羽化后次日开始产卵，卵散产于主侧枝干的粗皮裂缝内，以虫疤、伤口处最多。幼虫白天孵化，孵化时，先从卵顶端咬破卵壳，然后爬出。幼虫孵化后，迅速找到适当部位，先吐丝粘连木组织或虫粪将缝口堵住，然后开始取食浅层韧皮组织，以后幼虫逐渐进入深层，呈片状蛀食。树干被害后，除其树皮鼓起并发红，从皮缝中见到很细的褐色虫粪，随着被害部位的增大，树皮逐渐外胀、纵裂，树皮内和木质部间充满褐色虫粪，并以丝连缀。越冬幼虫出蛰取食阶段及第一代幼虫近老熟阶段是危害最厉害的时期，故树木常在5月或7月死亡。

防治方法

1. 保护和利用天敌。绒茧蜂寄生率约为17%，金色赖斯寄蝇寄生率约为10%～12%，中华棱角肿腿蜂寄生率为2%。

2. 利用引诱剂（Z3,Z13-18:OH）诱集成虫，具有一定效果。

3. 卵孵化初期在虫疤周围喷洒农药，如10%氯氰菊酯乳油2000倍液或45%丙溴磷·辛硫磷乳油1000倍液或12%噻虫·高氯氟悬浮剂1000倍液防治，每隔10天喷药1次，连喷2次，可杀死初孵幼虫。

参考文献

伍佩珩，李镇宇，陈周羡，1988；刘惠英，周庆久，吴殿一，1989；杨集昆等，1989；萧刚柔，1992；刘惠英，周庆久，1994.

（李镇宇，陶静，刘惠英，周庆久）

278 白钩雕蛾

分类地位 鳞翅目 Lepidoptera 雕蛾科 Glyphipterigidae

拉丁学名 *Glyphipterix semiflavana* Issiki

分布 河北，辽宁，吉林，浙江（余姚），福建，江西（南昌、庐山、井冈山），河南，湖南（衡山）等地。日本。

寄主 楠竹等刚竹属植物。

危害 幼虫在当年新竹的新抽叶及老竹换叶的新抽叶鞘中取食，致竹叶的中心叶不能抽出而枯蔫。

形态特征 **成虫:** 体长4～5mm，翅展14mm左右，体灰黑色。前翅深灰黑色，在前缘距翅基2/5处至翅顶角有6个短白色条斑，第二和第三条斑下方有1枚银白色斑点，臀角处有5枚银白色斑点。**卵:** 卵圆形，乳白色，卵面有纵条纹。**幼虫:** 体长7.2～10.5mm，淡粉绿色，体半透明，可见体内白色组织。**蛹:** 体长6mm，前胸背板两侧有1对棘（徐天森，2004）。

生物学特性 浙江、江西1年1代。以老龄幼虫在被害竹枯叶鞘中越冬。翌年3月底4月上旬，经连续数天日平均气温在10℃以上时，越冬幼虫开始活动，从侵入孔爬出，在叶鞘、小枝、竹秆上吐丝结网状茧。有时幼虫需爬行或吐丝下垂另找适宜地点吐丝结网状茧，并在茧中化蛹，蛹期25天左右。4月中旬至5月中旬，当日平均气温20℃时，成虫羽化。成虫于竹叶叶鞘的上端或叶耳处产卵。初孵幼虫在叶鞘上爬行，大多由叶鞘基部钻入叶鞘，并在内危害，蛀入孔很细，1～2天后可见1个深褐色小斑。6月下旬幼虫老熟，并在此越夏越冬（吕若清，1988）。

防治方法

1. 化学防治。幼虫取食期间用50%甲胺磷2000倍液喷雾，24小时幼虫死亡率62.5%，48小时达84.0%

2. 保护天敌。在幼虫爬出叶柄，织结茧时常被丽圆蛛、猫蛛、盗蛛捕食。

参考文献

吕若清，1988; 徐天森等，2004.

（童新旺）

白钩雕蛾危害中心叶呈枯死状（徐天森 提供）

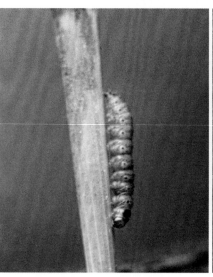

白钩雕蛾成虫（徐天森 提供）　　白钩雕蛾老熟幼虫（徐天森 提供）　　白钩雕蛾茧（徐天森 提供）

279 核桃举肢蛾

分类地位 鳞翅目 Lepidoptera 举肢蛾科 Heliodinidae

拉丁学名 *Atrijuglans hetaohei* Yang

分布 北京，河北，山西，山东，河南，四川，贵州，陕西等。

寄主 核桃、核桃楸。

形态特征 **成虫：**体长6mm左右，翅展14mm左右。体黑色具光泽。触角丝状褐色，密被白色毛。头部褐色，被银灰色大鳞片。下唇须银白色，细长，向上弯起过头顶。复眼红色。前翅黑色，基部1/3处有1个近椭圆形白斑，2/3处有1个内弯的月牙形白斑，缘毛很长。腹背黑褐色，第二至第六节密生横列的金黄色小刺；体腹面银白色，后足粗壮，胫节、跗节上有3束黑白相间的环状鬃毛。**卵：**椭圆形，长0.3～0.4mm，乳白色，近孵化时呈红黄色。**幼虫：**老熟幼虫体长9.5～12mm，头部黄褐色，体浅黄色，背中央有紫红色斑点，腹足趾钩单序环状。**蛹：**体长5～6mm，宽约2.5mm，初期黄白色，近羽化时黑褐色，并可见红色复眼。触角伸达翅端部与后足齐，气门突出，清晰可见。**茧：**长6～9mm，宽3～6.5mm，淡褐色扁椭圆形，上缀细土，外观与土色相似，在茧的一较宽处，有一明显淡红色或灰白色缝线，常露于土表为成虫羽化时的出口。

生物学特性 北京、四川、陕西1年1～2代；河南1年2代。均以老熟幼虫结茧在土中越冬。北京地区成虫最早出现在5月上旬，盛期为5月底6月初。幼虫5月中旬即有少量蛀入果内，此代幼虫蛀入核桃果内，正处于核桃果实生长期，内果皮尚未硬化，幼虫可蛀入内果皮，并进入子叶内部，而在外表皮看不出被害状。每个果内一般有幼虫1～2头。从6月中旬至7月初可形成大量落果。而越冬代幼虫危害盛期在8月中旬，这时内果皮已硬化，幼虫只能在中果皮内危害。由于第一代幼虫危害造成大量落果，使树上果实减少，被害果虫口密度增加。平均每果幼虫可达5头，最多可达25头，被害果由于核桃中果皮内单宁被氧化而变黑色，即群众所称核桃黑。

核桃举肢蛾在平原地区和阳坡发生轻，而阴坡发生严重。

防治方法

1. 在山区缺水地区，于秋季核桃采收后，对土壤翻耕，使越冬茧不能羽化为成虫。

2. 6月中旬形成大量落果及时清理除埋，可减轻下一代危害；及时清除被害黑果。

3. 20%速灭杀丁或2.5%溴氰菊酯3000～4000倍液，在成虫羽化盛期喷洒，10～15天后再喷1次。

4. 采用芫菁夜蛾线虫北京品系（*Steinernema feltiae* Beijing）田间喷施，剂量为9万～13万头/m²，在土壤含水量13%左右，防治在土壤中结茧的幼虫，其防治效果为54%～77.2%。

参考文献

李镇宇等，1965；王永宏等，1997；徐志华，2006.

（李镇宇，刘锦）

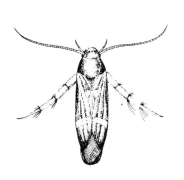

核桃举肢蛾成虫（张培毅 绘）

核桃举肢蛾成虫（李镇宇 提供）

核桃举肢蛾幼虫及被害果（张润志 整理）

280 柿举肢蛾

分类地位	鳞翅目 Lepidoptera 举肢蛾科 Heliodinidae
拉丁学名	*Stathmopoda masinissa* Meyrick
异 名	*Kakuvoria flavofasciata* Nagano
英文名称	Persimmon fruit moth
中文别名	柿蒂虫、柿实蛾、柿食心虫、柿烘虫

分布 北京，河北，山西，江苏，安徽，山东，河南，湖北，陕西，台湾。日本，斯里兰卡（朱弘复等，1997；萧刚柔，1992；马琪，2006）。

寄主 柿、君迁子（黑枣）。

危害 幼虫蛀果危害，亦蛀嫩梢。多从果梗或果蒂基部蛀入果内，幼果期造成落果或干枯，俗称"僵果"；果实成熟前提早变黄早落，俗称"烘柿""红脸柿""旦柿"。严重影响产量（明广增等，2002）。

形态特征 成虫： 雌虫体长7mm左右，翅展15～17mm；雄虫略小。头部及下唇须黄褐色，有光泽，复眼红褐色，触角丝状，雄虫各节具短毛。胸前中央黄褐色。翅紫褐色狭长，缘毛较长，后翅缘毛尤长，前翅近顶角有1条斜向外缘的黄色带状纹。足和腹部黄褐色。后足长，静止时向后上方伸举，胫节密生与翅同色长毛丛。**卵：** 椭圆形，长约0.5mm，初产乳白色，后变淡粉色，表面有细微纵纹，上部有白色短毛。**幼虫：** 初孵幼虫体长0.9mm，头部赤红色，胸部淡褐色。老熟时体长9～10mm，头褐色，前胸

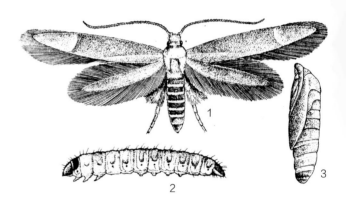

柿举肢蛾（朱兴才 绘）
1. 成虫；2. 幼虫；3. 蛹

背板和臀板暗褐色，身体背面淡紫色，中、后胸背有"×"形皱纹，中部有1横列毛瘤，中、后胸及腹部第一节色较浅，各节具小黑点。各腹节背面有一横皱，毛瘤上各生1根白色细毛。胸足浅黄。**蛹：** 体长约7mm，褐色。**茧：** 椭圆形，长7.5mm左右，污白色，附有微小的木屑和虫粪。

生物学特性 1年2代。以老熟幼虫在树皮缝、根附近5～10cm深的土中（明广增等，2002）或被害果内结茧越冬。其中，根颈不同部位结茧所占比例分别为27.1%，树干51.6%，大枝9.28%，柿蒂内2.06%。越冬幼虫在翌年4月中、下旬开始化蛹，蛹期一般19天左右，4月底或5月上旬成虫开始羽化，5月中、下旬为羽化盛期（柿树初花后7～8天或落花2～3天）。5月下旬第一代幼虫开始孵化危害幼果，6月为危害盛期。7月上旬出现第一代成虫，盛期7月中、下旬至8月上旬。第二代幼虫8月初开始危害柿果，直至采收期，8月底以后幼虫陆续老熟作茧越冬。

柿举肢蛾成虫（穆希凤 提供）

举肢蛾危害状（穆希凤　提供）

柿举肢蛾受害柿子与正常柿子
（穆希凤　提供）

柿举肢蛾在树皮下越冬蛹
（穆希凤　提供）

柿举肢蛾幼虫（穆希凤　提供）

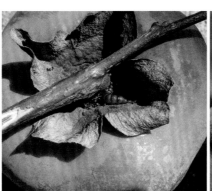

柿举肢蛾幼虫危害状（穆希凤　提供）

柿举肢蛾（右）与桃蛀螟（左）共同危害
柿子（穆希凤　提供）

柿举肢蛾的发生与温度、湿度关系密切。春季温度较高时，越冬代幼虫提前化蛹，成虫发生就早；当温度较低时，成虫发生较晚。湿度较大时有利于成虫羽化，雨后湿度增大常会出现成虫羽化高峰。成虫有趋光性，白天多静伏在柿叶背面或其他阴暗部位，夜间活动，以20:00～24:00最活跃。卵多产在果梗与果蒂缝隙处、果梗上、果蒂外缘。卵散产，1头雌虫产卵约30粒，卵期7天左右。第一代幼虫孵化后，多自果梗蛀入幼果内危害，蛀孔外堆有以丝连缀的虫粪。被害果由绿色变为灰褐色，最后干枯悬挂在树上，不易脱落。幼虫有转果危害习性，多雨高湿天气尤为明显，1头幼虫能危害幼果3～6个。幼虫老熟后在柿蒂缝或柿果内及树皮裂缝内作茧化蛹。第二代幼虫一般在柿蒂下危害果肉，造成被害果变红、变软、提早脱落。

防治方法

1. 树干绑草诱集。8月初即老熟幼虫越冬前，在主干及主枝上绑草把，诱集幼虫入内越冬，冬季清园时解下烧毁。

2. 树盘耕翻。入冬前对树盘土壤进行耕翻，以10cm为宜，消灭越冬幼虫。

3. 发芽前刮除枝干老粗皮，摘除残留柿蒂及干果，集中烧毁。6～8月及时摘除被害果，压低虫口数量。

4. 成虫期黑光灯诱杀。

5. 各代成虫盛发期（幼虫初孵化期）药剂防治。用2.5%灭扫利2500倍液、21%灭杀毙2500倍液或25%灭幼脲Ⅲ号2000倍液等进行喷雾防治。

6. 蛹期有柿蒂虫姬蜂应注意保护。

参考文献

王平远等，1983；萧刚柔，1992；朱弘复，王林瑶，1997；明广增等，2002；汪社层等，2008；张志翔，2008.

（穆希凤，韦雪青，梁明汉）

281 水曲柳巢蛾

分类地位 鳞翅目 Lepidoptera 巢蛾科 Yponomeutidae

拉丁学名 *Prays alpha* Moriuti

水曲柳巢蛾是水曲柳幼树嫩梢及叶部的重要害虫，以幼虫蛀食新芽、嫩梢及叶片，轻则导致芽、梢枯萎，叶片穿孔而枯黄，重则幼树不能正常生长发育，形成多梢，连年受害可使整株死亡。

分布 黑龙江。日本。

寄主 水曲柳。在日本还危害核桃楸。

危害 越冬幼虫蛀入新芽、嫩梢或叶柄基部后，孔外有丝和褐色虫粪附着，受害新芽和嫩梢逐渐发黑、枯萎，形成多梢，俗称"五花头"。第一代幼虫7～8月在叶片上危害，吐丝缀叶呈微卷状，在丝网下取食叶肉和上表皮，只留下表皮，使叶片上形成不规则褐色斑，最后形成穿孔，叶片干缩或枯萎。

形态特征 成虫： 翅展12～18mm。体背面灰白色，腹部腹面及足银白色。前翅前半部灰褐色，后半部白色，中央有1个大三角形褐斑，臀角处有1个小褐斑，后缘有分散褐条斑；后翅基角银白色，向外缘颜色逐渐加深至褐色，缘毛长。**幼虫：** 老熟幼虫体长10～11mm。淡黄绿色。背中线细，砖红色。每体节背面两侧前半部各有1块不规则的砖红色斑。

生物学特性 黑龙江1年2代。以初龄幼虫越冬。翌年5月中旬越冬幼虫开始活动，5～6月蛀食水曲柳嫩梢、新芽和叶柄基部。6月中旬幼虫老熟，爬出蛀道在叶柄间、小枝杈间或叶片上，吐丝做稀疏网状薄茧化蛹。越冬代成虫及第一代幼虫在6月下旬前后至7月上旬出现，7～8月在叶片上危害，吐丝缀叶呈微卷状。7月下旬幼虫老熟，在叶片上吐丝做薄茧化蛹。7月下旬至8月中旬第一代成虫出现，在枝、叶上产卵，卵单产。8月中旬后越冬代幼虫出现，在顶芽或侧芽的芽鳞等处潜伏越冬。

纯林受害重，混交林受害轻；受害部位以主、侧梢为主，叶柄受害轻。

防治方法

1. 营林措施。营造混交林，落叶松与水曲柳混栽，受害较轻。适当提高林分郁闭度。

2. 物理防治。人工剪除网巢枝叶，集中烧毁。

3. 生物防治。冬春可喷放白僵菌，能够重复感染幼虫或蛹至死亡。或用20亿PIB/mL甘蓝夜蛾核型多角体病毒悬浮剂1000～1500倍液防治。据报道，幼虫期天敌有蜘蛛及2种绒茧蜂*Apanteles* spp.，蛹期有绒茧蜂、瘤姬蜂等天敌，应注意保护利用。

4. 化学防治。幼龄幼虫期，用25g/L高效氯氟氰菊酯乳油1500～2000倍液，或50%辛硫磷乳油、50%杀螟硫磷乳油1000倍液或45%丙溴磷·辛硫磷乳油1000倍液或12%噻虫·高氯氟悬浮剂1000倍液，常量喷雾。

参考文献

萧刚柔，1992.

[Byun Bong-Kyu（韩国），李成德，钱范俊]

水曲柳巢蛾成虫（李成德 提供）

分类地位	鳞翅目 Lepidoptera　巢蛾科 Yponomeutidae
拉丁学名	*Yponomeuta padella* (L.)
异　名	*Phalaena padella* L., *Hyponomeuta variabilis* Zeller
英文名称	Cherry ermine moth
中文别名	巢虫、网子虫、罗网虫、网虫、苹巢蛾、苹叶巢蛾

282　苹果巢蛾

　　苹果巢蛾是果树重要的食叶害虫，经常在果园暴发成灾。大发生时，将整株叶片全部吃光，远看像火烧一般，所结的果实干枯脱落，并严重影响翌年结果，常常造成重大经济损失。

　　分布　北京，天津，河北，山西，内蒙古，辽宁，吉林，黑龙江，江苏，山东，陕西，甘肃，青海，宁夏，新疆等地。朝鲜，日本，蒙古，俄罗斯；欧洲，北美洲。

　　寄主　苹果、海棠、山荆子、沙果、山楂、梨树、樱桃、杏及其他木本蔷薇科植物。

　　危害　被害植物枝叶上有丝质网巢，严重时，整个树冠形成丝巢，早上有雾时，好似罩上一层塑料薄膜。

　　形态特征　**成虫**：翅展19～22mm。体白色，有丝织光泽。胸部背面有5个黑点。前翅有35～45个小黑点，排列成行；后翅灰褐色。**幼虫**：老熟幼虫体黑灰褐色，体长13.7mm。单眼近馒头形，上颚分为5齿。

　　生物学特性　属专性滞育害虫，全国各地均为1年1代。以1龄幼虫在卵壳下越夏、越冬。越冬幼虫于4～5月苹果花芽开放到花序分离之时开始出壳危害。幼虫共5龄。5月下旬至6月老熟幼虫在巢内吐丝结薄茧化蛹，茧透明。6月中旬为羽化盛期，产卵延

苹果巢蛾雄成虫（徐公天　提供）

苹果巢蛾雌成虫（徐公天　提供）

苹果巢蛾幼龄幼虫（徐公天　提供）

苹果巢蛾老龄幼虫（徐公天　提供）

苹果巢蛾幼虫危害状（徐公天　提供）

至7月上旬结束，产卵呈块状，大部分卵块产在2年生表皮光滑的枝条上。约经13天的卵期后，1龄幼虫在卵壳内越夏、越冬。

越冬幼虫出蛰后成群将嫩叶用丝缚在一起，取食叶肉，然后从残叶内爬出，再吐丝连缀若干新叶片，隐藏其中取食，将巢内叶片食尽，再进一步扩大丝巢，形成很大的网巢。

防治方法

1. 物理防治。人工剪除网巢及卵块枝，集中烧毁。

2. 生物防治。（36～84）×10^{8}个/mL的苏云金杆菌液喷雾，防治3～5龄幼虫。据报道，苹果巢蛾有棕角巢蛾姬蜂、桑蟥聚瘤姬蜂、舞毒蛾黑瘤姬蜂等寄生蜂，应注意保护利用。

3. 化学防治。防治前用竹竿将网巢捅破。用25g/L高效氯氟氰菊酯乳油1500倍液、2.5%溴氰菊酯水乳剂2000倍液、40%噻虫嗪1500倍液、50%辛硫磷乳油1000倍液或45%丙溴磷·辛硫磷乳油1000倍液或12%噻虫·高氯氟悬浮剂1000倍液，防治3龄以前幼虫。

参考文献

萧刚柔, 1992; 方岩, 2000; 赵连吉等, 2000.

[Byun Bong-Kyu（韩国），李成德，白九维]

283	鸦胆子巢蛾	分类地位	鳞翅目 Lepidoptera　巢蛾科 Yponomeutidae
		拉丁学名	*Atteva fabriciella* Swederus
		英文名称	Ailanthus webworm
		中文别名	乔椿巢蛾

分布　广东，广西，四川，云南，澳门。泰国，印度尼西亚，菲律宾，印度，斯里兰卡。

寄主　鸦胆子。

危害　幼虫吐丝缀叶取食。

形态特征　**成虫：**雄虫体长12.5～13mm，前翅长约13mm；雌虫12.0～12.5mm，前翅约14mm。头顶在两触角间暗褐色，其余白色。额被紧密银白色鳞毛，唇须基节白色，2～3节内侧白色、外侧大部分暗褐色。触角暗褐色。领片后半部白色。中胸前面有1对白点，后缘白色；后胸有1对白斑。前翅黄褐色，缘毛白色，具光泽，有33～46枚大小、形状各异的白色斑点；后翅橙色，基部色稍淡，外缘黄褐色，缘毛污黄褐色。前足黑褐色，中、后足色递浅。雄蛾后足白色，胫节及跗节前半部被长毛。腹部与前翅同色，腹面各节后缘白色，唯雄蛾则扩展成三角形白斑（伍有声等，2004）。**卵：**长0.73～0.75mm，宽约0.42mm，浅黄色，不规则椭圆形，稍扁。**幼虫：**老龄幼虫体长26～28mm，头宽2.0～2.7mm。体浅黄色，光滑，头和胸足黑褐色，触角基部、额区、后唇基、颏、下颚均与体色相近，雌

鸦胆子巢蛾成虫（张润志　整理）

丝网上的鸦胆子巢蛾（张润志　整理）

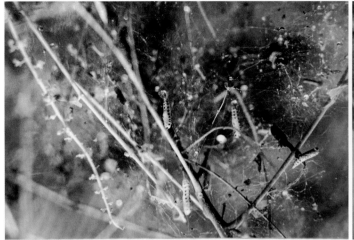

鸦胆子巢蛾在丝网上化蛹（张润志 整理）

鸦胆子巢蛾在叶背上产的卵（张润志 整理）

虫头顶黑褐色部分呈锯齿状。各胸节具黑褐色呈带状斑纹绕体一周，腹部各节均具4枚不规则形黑褐斑，斑间几近相接构成不完整环带；胸足发达，腹足5对，除臀足1对齿钩为多序缺环外，其余4对齿钩均为多序环形（伍有声等，2004）。**蛹**：体长15.4～17.1mm，宽3.05～3.6mm，初蛹体浅黄色，头部及翅芽色稍淡。复眼红褐色，头两侧各有1枚弯月形黑斑（雌蛹无），第五至第八腹节具4枚黑斑，第九至第十腹节两侧具黑斑，雄蛹的黑斑为细长条状，雌蛹仅第九腹节背面有1对小黑斑；雄蛹翅芽上有散生条形黑斑（伍有声等，2004）。

生物学特性 广州地区1年2代，幼虫危害期在5～7月。成虫白天多栖息于寄主丛中，不易发现，夜间活动，比较活跃，取食叶片上的露水，并做飞翔和交尾。成虫羽化后3～4天产卵，卵散产在叶面上，卵期约13天。幼虫共5龄，幼虫历期约4～12天，成虫寿命10多天。刚孵化的幼虫群聚在叶上做成稀疏的丝巢，仅剩表皮，低龄幼虫开始吐丝缠绕枝叶做成稀疏的丝巢，并在其中取食叶片。随着虫龄的增长，逐渐将巢内的叶片吃尽，再进一步扩大丝巢。严重时可将整个枝条缠成巨大而不紧密的丝巢，并将巢内叶片吃光，仅剩被丝缠绕缀合的秃枝。老熟幼虫在丝网上结茧化蛹，蛹呈倒挂状（伍有声等，2004）。

防治方法

1. 人工防治。剪除结网巢的枝叶，集中烧毁。

2. 化学防治。在1～2龄幼虫期，用80%～90%敌百虫可溶性粉剂或90%敌百虫晶体1000～1500倍液，或25g/L高效氯氟氰菊酯乳油1500～2000倍液，或50%马拉硫磷乳油1000倍液或45%丙溴磷·辛硫磷乳油1000倍液或12%噻虫·高氯氟悬浮剂1000倍液喷雾防治。

3. 生物防治。苏云金杆菌（Bt）可湿性粉剂（8000国际单位/mg）的150～200倍液或青虫菌高孢子粉（100亿个/g以上）用水稀释为200～300倍液进行防治，效果明显。若用敌百虫与青虫菌混用，效果则会更佳（伍有声等，2004），幼虫期可用20亿PIB/mL甘蓝夜蛾核型多角体病毒悬浮剂1000～1500倍液喷雾防治。

参考文献

伍有声等，2004.

（伍有声，高泽正）

284 兴安落叶松鞘蛾

分类地位	鳞翅目 Lepidoptera 鞘蛾科 Coleophoridae
拉丁学名	*Coleophora obducta* (Meyrick)
异 名	*Protocryptis obducta* Meyrick, *Coleophora dahurica* Falkovitsh, *Coleophora longisignella* Moriuti
英文名称	Dahurian larch case bearer, Xingan larch case bearer

落叶松鞘蛾是落叶松叶部害虫区系里重要的潜叶性类群，兴安落叶松鞘蛾是最引人注意的，也是研究最早的一种，当时是作为欧洲落叶松鞘蛾所记录。自1956年在辽宁省发现以来，先后在我国几个省区内发生，严重影响树木的生长和发育，甚至会造成大量林木枯死。

分布 河北，内蒙古（大兴安岭地区），辽宁，吉林，黑龙江，新疆。俄罗斯（远东地区）。

寄主 落叶松、华北落叶松、长白落叶松和日本落叶松。

危害 危害落叶松针叶，最初呈现一片灰白色，2~3天后变为枯黄色，状似火烧。

形态特征 **成虫：**前翅面多为银灰色，缘毛长。唇须细长而下垂，末端尖。雌成虫外生殖器交配囊及其刺突较大，囊导管刺化带后继部分呈三角形或矛形，向顶端尖削，其内中带不发达，中带末端不分叉。雄成虫外生殖器小瓣宽大，下角明显，沿抱器瓣表面看去，丘状突方显得清楚，具有明显的抱握器。**卵：**半球形，黄色，表面有棱起11~13条。孵化后卵壳呈灰白色。**幼虫：**老熟幼虫黄褐色，前胸盾黑褐色，闪亮光，具"田"字形纹。

蛹：初为鲜红色，后变为黑褐色。雄蛹前翅明显地超过腹末端，雌蛹前翅一般不超过腹末端。

生物学特性 1年1代。多以3龄、少数以2龄幼虫在短枝、小枝基部、树枝粗糙及开裂等处越冬。翌年4月下旬落叶松萌芽时越冬幼虫苏醒，蜕皮后开始取食，出蛰盛期5月上旬。4龄幼虫期12~17天，约于5月10日化蛹，5月中旬为盛期，蛹期约16~19天。成虫早、晚羽化，6月上旬为盛期，雌雄性比约1：（1~1.4）。成虫寿命约3~7天。6月中旬为产卵盛期，卵散产于针叶背，每叶多具1卵，最多9粒，每雌产卵量约30粒，卵期约15天；6月下旬开始孵化，7月上旬为孵化盛期。孵化的幼虫从卵底中央直接钻入叶内潜食，直至9月下旬、10月上旬3龄幼虫（少数为2龄幼虫）开始制鞘为止。4龄幼虫期具有暴食性，且食性专一，幼虫期全部生活在落叶松树上。4龄幼虫具趋光性。

防治方法

1. 杀虫灯诱杀。6月上旬至6月底成虫羽化期内，在林区悬挂频振式杀虫灯进行诱杀，每灯平均

兴安落叶松鞘蛾成虫（严善春 提供）

兴安落叶松鞘蛾卵（严善春 提供）

兴安落叶松鞘蛾卵（严善春　提供）

兴安落叶松鞘蛾危害状（严善春　提供）

诱杀鞘蛾量5000头左右，有效地控制了该虫羽化后的产卵量。杀虫灯诱杀不污染环境而且有很好的防治效果，属无公害防治，但缺点是大面积防治困难，成本高（任丽，2005）。

2. 药剂防治。①在4龄幼虫期喷洒25%灭幼脲Ⅲ号胶悬剂2000倍液防治效果达90%。②用0.9%阿维菌素油烟剂（阿维菌素+0号柴油）地面喷烟防治兴安落叶松鞘蛾成虫，用药量276mL/hm²，校正虫口减退率可达85%，最高达95.7%。③用20%灭阿可湿性粉剂（600g/hm²）和0.9%阿维菌素油剂（276mL/hm²）防治1～2龄幼虫，3天后虫口减退率达60%以上或用20亿PIB/mL甘蓝夜蛾核型多角体病毒悬浮剂1000～1500倍液防治。

3. 天敌控制。落叶松鞘蛾的天敌主要包括大山雀和麻雀，落叶松鞘蛾幼虫期长，且以3龄幼虫越冬，这就为天敌提供了丰富食源。另外，林区内还有蜘蛛类和蜂类天敌（任丽，2005）。

4. 性引诱剂防治。6月4～18日，5块标准地的诱捕器中，自制130μg剂量的性信息素橡皮塞诱芯共诱集到成虫5490头，可见性信息素对落叶松鞘蛾的诱杀效果较明显，投入使用后可较大幅度降低虫口密度（刘修英，2008）。

5. 飞机防治。1.8%阿维菌素120g/hm²防治效果最好，飞机作业高度距树冠5～20m，作业时速160km/h。作业时间为3:30～9:30，16:30～19:30，气温10～25℃，风速1～4m/s（郝玉山，2003）。

6. 喷施植物挥发物。雌虫对S-α-蒎烯、S-β-蒎烯、水芹烯、3-蒈烯、月桂烯、叶醇等6种物质在一定浓度下表现出明显的趋向偏好（P<0.05），雄虫对罗勒烯、月桂烯、莰烯、叶醇等4种物质在一定浓度下表现出明显的趋向偏好（P<0.05）。进一步筛选对雌虫有活性的挥发物成分，喷施到健康落叶松苗上，观察幼虫的取食行为。结果表明：喷施挥发物的样枝上，0.004mol/L月桂烯造成幼虫的死亡虫数最少，与对照差异不显著（P>0.05），其他样枝上幼虫死亡率较对照差异极显著（P<0.01），其中，S-α-蒎烯0.04mol/L造成幼虫的死亡率最高，达86.67%（严善春，2009）。

参考文献

萧刚柔，1992；郝玉山，2003；李忠孝，2003；舒朝然，2003；任丽，2005；刘修英，2008；严善春，2008；严善春，2009.

（严善春，杨立铭，余恩裕）

285 华北落叶松鞘蛾

分类地位　鳞翅目 Lepidoptera　鞘蛾科 Coleophoridae
拉丁学名　*Coleophora sinensis* Yang
英文名称　Chinese larch case bearer

华北落叶松鞘蛾是危害华北落叶松的主要害虫之一。该虫为潜叶蛀食，生活隐蔽，初期危害不易被发现。大面积暴发后，使华北落叶松针叶全部或大部分枯黄干死，甚至植株死亡。

分布　河北，山西，内蒙古，河南等地。

寄主　华北落叶松。

危害　被蛀食叶片提前发黄、枯干、脱落，危害严重时，受害林分像火烧过一样，呈现红色状。

形态特征　**成虫：** 体、翅暗灰色，闪绢丝光泽。前翅窄而长，后翅呈明显的狭披针形，前、后翅都有缘毛，前、后翅脉退化。腹部一节的背板上均有纵向具刺的长方形薄片。雌蛾腹部最末端呈现三角形，其上绒毛丛生；雄蛾抱器瓣小，抱器腹没有突起物，小瓣短而宽，其端缘呈明显的圆弧形。**卵：** 半球状，表面有10～15条宽度一致的棱起。新产下的卵表面呈现米黄色，并且有水晶般的光泽，最后变为暗灰色。**幼虫：** 圆桶形，共4龄。腹足退化，幼虫第三至第六腹节及臀节有二横式趾钩。老熟幼虫前、中、后胸两侧各有1个棕黑色圆形小斑，中胸背部有1个长椭圆形褐色斑。**蛹：** 蛹化于筒鞘内，黑褐色，其他部位的颜色较翅稍浅。

生物学特性　1年1代。以幼虫做鞘在枝干皮缝、芽苞及落叶层下越冬。翌年4月下旬至5月初，幼虫负鞘移动到芽苞、嫩叶上取食危害，5月上旬开始化蛹，最早于5月4日发现蛹，5月下旬至6月初为化蛹盛期。6月上旬开始羽化，6月中旬达到羽化盛期。成虫羽化后经过2～3天即开始进行交尾产卵，

卵于7月上旬开始孵化，孵化幼虫由卵底咬破卵皮钻入叶内潜食危害，9月下旬幼虫开始做鞘越冬。

成虫有明显的趋光性，一旦受惊，便迅速从一个枝到另一个枝做短距离飞翔。绝大多数的卵产在针叶背面端半部中脉的一侧。卵单产，通常一片叶子只产1粒卵。

防治方法

1. 天敌防治。天敌是自然界中能直接消灭鞘蛾的生物体，包括食虫鸟、寄生性天敌、蜘蛛、蚂蚁及蝽象等，对控制落叶松鞘蛾种群密度起着重要作用。

2. 烟剂防治。5月上旬，在每天4:00～8:00、18:00～22:00无风且有逆增温时用烟雾机喷施1.2%苦烟乳油和零号柴油按1∶4比例配成烟雾剂，用纯药量600mL/hm²，防治效果能达到95%以上。

3. 药剂防治。春季用灭幼脲Ⅲ号胶悬剂；秋季用灭幼脲Ⅱ号胶悬剂与氧化乐果或溴氰菊酯乳油混合，效果更好。或用20亿PIB/mL甘蓝夜蛾核型多角体病毒悬浮剂1000～1500倍液防治。

4. 性信息素诱捕器。在成虫羽化初期，利用华北落叶松鞘蛾性信息素（有效成分Z5-10:OH，剂量100μg）诱捕器进行捕杀，有虫株率下降50.1%，平均虫口密度下降81.2%，可明显降低害虫基数。

参考文献

师光禄, 2002; 侯德恒, 2003; 李后魂, 2003; 李贺明, 2006; 马云平, 2007; 梁小明, 2008.

华北落叶松鞘蛾与兴安落叶松鞘蛾的区别

种　名	华北落叶松鞘蛾	兴安落叶松鞘蛾
前翅颜色	深褐色，有弱的丝绢光泽	浅黄至灰褐色，有明显的丝绢光泽
腹背刺斑	长约为宽的 1 倍；第三背板每个刺斑有短刺 33 根	长约为宽的 4 倍；第三背板每个刺斑有短刺 26 根
抱器瓣	半圆形，端部偏下略凹缺；抱器腹狭小	近三角形，末端钝尖；抱器腹狭窄，短小
雌性第八腹节侧后角	大于 45°	等于 45°
囊突	有细长、端部强烈弯曲成钩状的中突，长约与囊突基部的宽相等	中突粗壮，中部平缓弯曲，中突长约为囊突基部宽的 1/2
雌性外生殖器	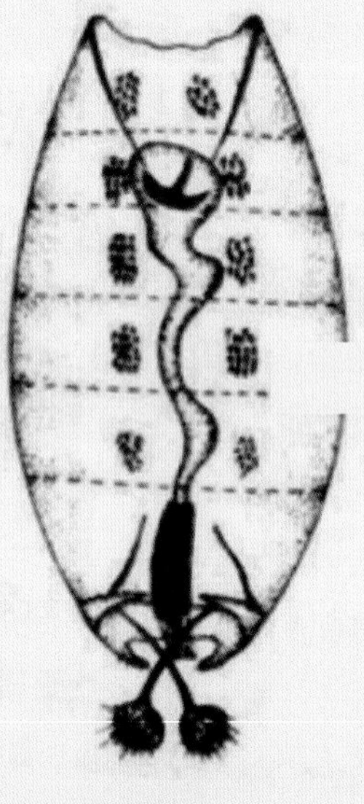 （杨立铭　绘）	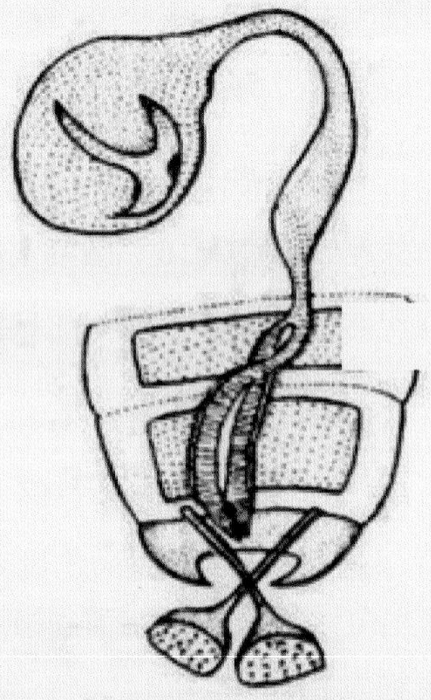 （张培毅　绘）

（严善春，杨立铭）

286	油茶织蛾	分类地位	鳞翅目 Lepidoptera 织蛾科 Oecophoridae
		拉丁学名	*Casmara patrona* Meyrick
		中文别名	油茶蛀蛾、油茶蛀茎（梗）虫、茶枝蛀蛾、茶枝镰蛾

油茶织蛾幼虫蛀食枝干，造成叶子凋萎及蛀道上部枝条枯死。10年生幼树受害最严重，常全株死亡。

分布　浙江，安徽，福建，江西，湖北，湖南，广东，广西，贵州，台湾等地。印度、日本。

寄主　油茶、茶树。

危害　幼虫蛀食枝条，被害枝背阴面每隔一定距离有1个圆形排泄孔，在排泄孔下方有黄棕色颗粒状粪便，受害枝干常中空枯死，老茶园和种植密度大的油茶林发生严重。

形态特征　**成虫：**体长12～16mm，翅展32～40mm。体被灰褐色和灰白色鳞片。触角丝状，灰白色，基部膨大、褐色。下唇须镰刀形，向上弯曲，超过头顶；第二节粗，有黑褐色和灰褐色鳞片；第三节纤细，灰白色；第三节末端尖，呈黑色。前翅黑褐色，有6丛红棕色和黑褐色竖鳞，在基部1/3内有3丛，在中部弯曲的白纹中有2丛，另一丛在此白纹的外侧；后翅灰黄褐色。足褐色，前胫节灰白色，有黑色长毛；后胫节有褐、灰两色相间的长毛。腹部褐色，有灰白斑，带光泽。**卵：**长1.1mm，扁圆形，赭色。卵上有花纹，中间略凹。**幼虫：**体长25～30mm，乳黄白色。头部黄褐色，前胸背板淡黄褐色，腹末2节背板骨化，黑褐色。**蛹：**体长16～24mm，长圆筒形，黄褐色。腹部末节腹面

油茶织蛾成虫（嵇保中　提供）

有1对小突起。

生物学特性 1年1代。以幼虫在被害枝干内越冬。越冬期间，日平均气温在10℃以上仍能取食。翌年3～4月开始化蛹，4～5月为化蛹盛期；5～6月为成虫羽化盛期，6月中、下旬幼虫大量发生。卵期平均19.5天。幼虫期包括越冬幼虫在内长达9个月以上；蛹期1个月左右；成虫寿命4～10天。幼虫孵化后从嫩梢或顶芽基部爬行到嫩梢顶端叶腋间蛀入，蛀食前，先在蛀入点上方吐一层丝遮蔽虫体。刚孵化的幼虫食量小，虫道很细。但因嫩梢细小，被全部蛀空，仅剩下表皮层，枝梢逐渐呈现枯萎状。后由上而下蛀食木质部，每隔一定距离于枝上的背阴面咬1个圆形排泄孔，在排泄孔下方可见黄棕色颗粒状粪便，这是鉴定此虫危害状的主要特征。如果在枝干下方发现比排泄孔稍大而椭圆形的孔洞，外部有丝黏结封闭时，则幼虫已化蛹。每条幼虫一生蛀食枝干长度可达104cm。一个虫道一般有排泄孔7～9个，最多13个，从上向下孔径逐渐加大。虫道中还可看到许多被幼虫咬过而未穿孔的痕迹。幼虫在虫道中很活泼，进退自如，能转换方向。幼虫老熟后，在虫道中、上部咬一个比附近排泄孔稍大的近圆形羽化孔，孔径约3.5mm，并吐丝结膜，把孔口封闭。在孔下3～7cm处做一蛹室，并在蛹室上、下端吐丝塞住。从吐丝到化蛹约需3天。成虫一般傍晚羽化。如遇闷热天气，则下午也能大量羽化。成虫飞翔力强，昼伏夜出。雨天或有风天气活动减少。成虫夜间活动，有趋光性。成虫羽化后第二天晚上才交尾，交尾持续2～3小时。大多数雌蛾一生只交尾1次。选择老茶林和郁闭度高、比较阴湿的油茶林产卵。卵散产于嫩梢上或顶芽基部。每处产卵1粒。每头雌蛾可产卵30～80粒。有的1天即可产完，有的需经4～5天才产完。卵多在12:00～16:00孵化。

防治方法

1. 每年8月剪除被害枯枝，集中烧毁。对较密的油茶林应及时疏伐与修剪，密度控制在900～1500株/hm²，保证林内通风透光。

2. 在羽化盛期进行灯诱，连续2～3年，可大大降低虫口基数。

3. 初孵幼虫期和幼虫潜居卷叶危害期，用20%氰戊菊酯乳油，用量30～60mL/hm²，兑水稀释进行低容量和超低容量喷雾。

参考文献

萧刚柔，1992.

（嵇保中，张凯，沈光普）

287 杉木球果尖蛾

分类地位 鳞翅目 Lepidoptera 尖蛾科 Cosmopterigidae

拉丁学名 *Macrobathra flavidus* Qian et Liu

英文名称 Chinese fir cone webworms

杉木球果尖蛾是1997年由钱范俊、刘友憔鉴定发表的新种。在我国南方杉木产区常与杉木球果麦蛾混同发生，影响杉木良种的产量。

分布 福建。

寄主 杉木。

危害 与杉木球果麦蛾相似。主要以幼虫蛀食球果的苞鳞、果轴及种子。引起球果部分或全部苞鳞变红褐色、枯萎；小幼果受害后形成小枯果；球果一侧受害形成畸形果。

形态特征 成虫： 翅展12～14mm。头、胸、腹背灰褐色。复眼红褐色。下唇须特别细长，强烈向上弯曲。触角黑褐色，有白色斑。足灰褐色，胫节和跗节上有白斑。前翅披针形、黑褐色、翅面从基部1/6～1/2间有1条淡橘黄色宽条斑；后翅淡灰褐色、狭长、顶角尖；缘毛长、色淡。**幼虫：** 体长8～13mm。玫瑰红或浅紫红色，节间有白色环，虫体似红白相间环状。头部、前胸背板、第九腹节背板及臀板淡褐色。臀栉有4齿突。

生物学特性 福建1年1代。以幼虫越冬。翌年春越冬幼虫转移到当年已散粉的雄球花序中栖居并化蛹。5月上旬成虫出现，5月中、下旬为成虫羽化盛期。6月新幼虫先潜藏于当年枯萎雄球花序中，8～11月相继转移进入当年生球果中钻蛀危害。11月中、下旬幼虫在枯萎雄球花序或被害球果蛀道内越冬。

防治方法 同杉木球果麦蛾防治方法。

参考文献

钱范俊等，1997；钱范俊等，1998.

（钱范俊）

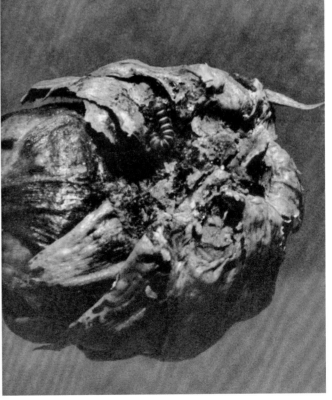

杉木球果尖蛾成虫（钱范俊　提供）　　　　　杉木球果尖蛾幼虫及危害状（钱范俊　提供）

288 茶梢尖蛾

分类地位	鳞翅目 Lepidoptera　尖蛾科 Cosmopterigidae
拉丁学名	*Haplochrois theae* (Kusnezov)
异　名	*Parametriotes theae* Kusnezov
英文名称	Tea moth
中文别名	茶梢蛾

茶梢尖蛾以危害普通油茶为主，分布在丘陵地区的油茶林普遍受害，严重林分被害株率70%～85%，被害树开花结实梢率较健康株减少80%，是油茶的主要害虫之一。

分布　江苏，浙江，安徽，福建，江西，河南，湖北，湖南，广东，广西，四川，贵州，云南，陕西等地。日本，俄罗斯，印度。

寄主　油茶、茶树、山茶。

危害　幼虫潜食叶肉、蛀食枝梢及叶柄基部。被害顶梢失水，嫩梢膨大粗肿畸形，叶片枯黄，早期枯梢。幼虫蛀入梢内，随着虫体变大而加深，枝梢不能正常形成花芽，被害梢枯死后，幼虫即另转蛀新梢，造成满树枯黄。

形态特征　**成虫**：雌虫体长4～7mm，翅展9～14mm，灰褐色，具光泽。触角丝状，基部粗，与体长相等或稍短于前翅。唇须镰刀形，向两侧伸出。头顶和颜面紧被平伏的褐色鳞片。前翅灰褐色，狭长，披针形，缘毛长，有光泽，散生许多小黑鳞，翅中央近后缘有1个大黑点，离翅端1/4处还有1个小黑点。后翅狭长，基部淡黄色，端部灰黑色，缘毛长于翅宽、黑灰色。雄虫体长4～5mm，体色略浅，腹部稍尖瘦。**卵**：长椭圆形，两头稍平，初产时乳白色透明，3天后变为淡黄色。**幼虫**：老龄幼虫体长8～10mm，淡橘黄色，体被稀疏细短毛。头棕褐色，胸、腹各节黄白色。**蛹**：体长5～7mm，圆柱形，黄褐色，头部微褐；翅痕、触角明显。末节腹面生有1对棍状突起，向上伸出。

生物学特性　安徽1年1代。以幼虫在叶肉内越冬，叶表形成不规则半透明黄褐色的虫斑。翌年3～4月越冬幼虫转入嫩梢危害，5月上、中旬化蛹，经15～24天羽化，成虫发生于5月底至7月。6月中、下旬幼虫陆续孵出后即潜叶或蛀梢危害，幼虫期自6月至翌年5月长达10个月之久。10月中旬陆续进

入越冬场所内危害。成虫一般晴天下午羽化，羽化适宜条件为日平均气温20～25℃、相对湿度75%～95%。成虫寿命一般10天左右，初羽化出来的成虫不善活动，约20分钟后即开始飞翔寻找适当场所，白天静伏于小枝上，黄昏和夜晚活动、交配，趋光

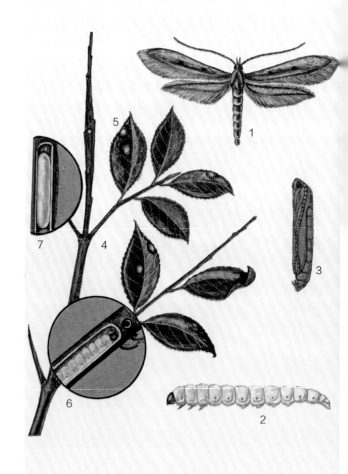

茶梢尖蛾（唐尚杰　绘）

1. 成虫；2. 幼虫；3. 蛹；4. 油茶被害状；5. 初孵幼虫危害潜斑；

6. 幼虫蛀梢危害状；7. 茧

茶梢尖蛾（嵇保中　提供）
1. 成虫；2. 卵；3. 蛹

性强，飞翔力弱。卵多产在叶柄与小枝相接的表皮裂缝中，产卵1～2粒或3～4粒，比较隐蔽，卵期10～15天。每雌可产卵50余粒。幼虫孵化多在10:00前。初孵幼虫约经30分钟开始活动，爬向叶背，咬破表皮，潜入叶肉，向四周啃食，叶面逐渐出现黄褐色圆形潜斑，虫斑的正反表层稍隆起，斑点直径3～5mm，大部分靠近叶脉中部，一片叶上潜斑多达20～50个。后渐而进入越冬状态，翌年寄主抽梢放叶时，再从叶肉内转蛀嫩梢危害。随着虫体增大，食料增加，幼虫大量啃食隧道周围木质部，仅留表皮，致使被害嫩梢大量失水而干枯死亡。幼虫有转移危害习性，一头幼虫能危害1～3个春梢。福建南部、广东、江西除高海拔林分外，大部分1年2代，以幼虫在被害芽梢内或叶片内越冬，初孵幼虫先潜入叶片取食叶肉，形成黄褐色虫斑，2～3龄后蛀入附近嫩梢，蛀道短而直，蛀道内充塞黄绿色虫粪，被害梢附近常可见木屑状排泄物。幼虫可转梢危害，老熟幼虫在被害梢上咬一圆形羽化孔，并在下方作茧化蛹。

防治方法

1. 成虫羽化前修剪被害梢于纱笼内，待寄生蜂等天敌羽化后，将被害梢销毁。

2. 受害严重的茶林，3～4月幼虫转移时，喷洒25g/L高效氯氟氰菊酯乳油稀释800～1000倍液、90%晶体敌百虫500～1000倍液或2%噻虫嗪900～25000倍液，或20亿PIB/mL甘蓝夜蛾核型多角体病毒悬浮剂1000～1500倍液。

3. 用45%丙溴磷·辛硫磷乳油30～60倍液或12%噻虫·高氯氟悬浮剂30～60倍液添加专用渗透剂后高浓度喷涂树干（注意：高浓度喷涂树干时禁止喷到周围的植物叶片上）。

参考文献

萧刚柔，1992；巢军等，2007；徐光余等，2007.

（嵇保中，张凯，朱森鹤）

	289	梅木蛾	分类地位	鳞翅目 Lepidoptera　祝蛾科 Lecithoceridae

分类地位　鳞翅目 Lepidoptera　祝蛾科 Lecithoceridae

拉丁学名　*Scythropiodes issikii* (Takahashi)

异　名　*Depressaria issikii* Takahashi, *Odites issikii* (Takahashi), *Odites plocamopa* Meyrick, *Odites perissopis* Meyrick

中文别名　樱桃堆砂蛀蛾、五点木蛾、五点梅蛾、卷边虫

分布　辽宁，河北（乐亭），山东、陕西关中北部。日本。

寄主　苹果、沙果、梨树、葡萄、樱桃、李、桃、杏、枣，也危害栀子、榆、杨、柳等。

危害　初孵幼虫在寄主叶片啃食长2～3mm的"一"字形隧道藏于其中、取食叶肉，2龄以上幼虫在叶缘咬破叶片，吐丝缠缀卷扁圆柱形叶苞，白天潜于其中，傍晚至夜间取食。发生量大时，寄主叶片常被食尽。

形态特征　**成虫**：雌虫体长8～10mm，翅展17～20mm；雄虫体长7～9mm，翅展15.5～19.5mm。体黄白色。复眼黑色，唇须第三节外侧有褐斑。前翅淡褐色，近翅基处有2个小圆黑斑；后翅灰白色。胸背正中1个黑斑，腹背浅黄色（萧刚柔，1992）。**卵**：长圆形，初米黄色，渐变为淡黄色，卵面花纹细密。**幼虫**：初龄幼虫污褐色。老熟幼虫体长10～12mm，污绿或暗绿色；头部、前胸足黑褐色，前胸

背板及腹节背面污褐色，中、后胸足淡褐色，腹足灰褐色。**蛹**：体长8～10mm，暗红褐色，头顶具1个菊花状突起，腹末两侧各具1个倒钩形刺突。

生物学特性　陕西、河北1年2代。以初龄幼虫在果园杂草、落叶及树干粗皮裂缝中结薄茧越冬。翌年4月上旬越冬幼虫出蛰，4月中旬至5月下旬卷叶危害，5月下旬至6月上旬在桶状卷叶内化蛹，蛹期约20天，6月上、中旬越冬代成虫羽化，6月中旬开始产卵，卵期10～15天。第一代幼虫7月上旬至7月中、下旬危害，8月中、下旬为蛹期，8月下旬至9月上旬第一代成虫羽化、交尾、产卵，9月中旬为孵化盛期。第二代幼虫孵化后啃食叶肉，随后结薄茧越冬。

成虫多夜间羽化，具趋光性，白天潜伏于叶背或枝干上，次日夜间交尾后2～4天陆续散产卵于叶背主脉两侧，少数成堆，每雌平均产卵70粒。成虫寿命4～5天，卵期10～15天。幼虫5龄。初孵幼虫爬行或

梅木蛾成虫（徐公天　提供）

梅木蛾成虫（展翅）（徐公天　提供）

梅木蛾蛹（徐公天　提供）

梅木蛾茧（徐公天　提供）

梅木蛾幼虫卷叶状（徐公天　提供）

吐丝随风飘荡分散后多在叶背面咬食，并以叶组织筑"一"字形隧道，取食3～5天后再卷叶成扁形叶苞，随虫龄增大所卷叶苞越大，幼虫受刺激时迅速退出叶苞、吐丝垂悬于空中（萧刚柔，1992；刘世贤，2003；王俊民等，2003；王信祥，2006）。

防治方法

1. 人工防治。冬季刮除老树皮、翘皮，清除果园枯枝、落叶及杂草，以降低越冬幼虫数量；幼虫期及时清除卷叶，成虫期每间隔100m设立1台黑光灯诱杀成虫。

2. 危害严重时，可在初孵幼虫至小幼虫卷叶期，喷5.7%甲氨基阿维菌素苯甲酸盐微乳剂稀释3000～5000倍液+25%灭幼脲Ⅲ号胶悬剂1500倍液，或5%顺式氰戊菊酯乳油、5%高效氯氟氰菊酯乳油2000倍液喷雾防治。成虫发生高峰期喷25g/L高效氯氟氰菊酯乳油稀释800～1000倍液防治。或用20亿PIB/mL甘蓝夜蛾核型多角体病毒悬浮剂1000～1500倍液。

参考文献

萧刚柔，1992；刘世贤，2003；王俊民等，2003；王信祥，2006；徐公天等，2007.

（王鸿喆，李孟楼，谌有光）

290 | **山杨麦蛾**

分类地位	鳞翅目 Lepidoptera 麦蛾科 Gelechiidae
拉丁学名	*Anacampsis populella* (Clerck)
异 名	*Anacampsis tremulella* Duponchel, *Anacampsis laticinctella* Wood
英文名称	Sallow leafroller moth
中文别名	杨背麦蛾

分布 河北，山西，内蒙古，辽宁，吉林，黑龙江（伊春），陕西，甘肃，青海（循化），宁夏，新疆（北屯）等地。蒙古，韩国，日本，俄罗斯；欧洲，南非。

寄主 黑杨、欧洲山杨、黄花柳、匍匐柳、白柳、桦树、槭树。

危害 幼虫卷叶危害，吐丝将叶卷成圆筒状，卷成的圆筒与叶的主脉平行，筒的上端稍细，下端略粗，或上下粗细一样。卷叶两端开放，幼虫可以自由出入。

形态特征 成虫： 翅展14.0～19.0mm。头部褐色，额灰白色。下唇须第一、三节褐色，第二节端部灰白色；第三节长于第二节，灰白色，腹面有褐

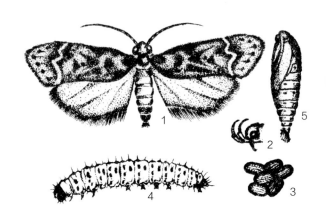

山杨麦蛾（赵仁 绘）
1. 成虫；2. 成虫头的侧面；3. 卵；4. 幼虫；5. 蛹

山杨麦蛾（青海循化）（李后魂 提供）

山杨麦蛾成虫（展翅）（徐公天 提供）

色纵线。胸部、翅基片和前翅褐色，混杂有灰白色鳞片。前翅中室中部和端部、翅褶1/3和1/2处分别有1个模糊的黑斑点，3/4处有1条灰白色曲折横带，沿外缘有若干个小黑点，缘毛褐色，有时前翅中部大部分以及胸部末端颜色强烈加深；后翅浅褐色，缘毛灰色。足灰褐色，后足胫节背面被灰白色鳞毛。腹部褐色，第二至第四节背面黄褐色。雄性外生殖器爪形突宽，末端圆，边缘具长刚毛，腹面具2列钉突；颚形突近环状，中部略呈叶状突起；抱器瓣短，不达爪形突；囊形突细长，端部渐扩大，末端截形。雌性外生殖器第八腹节后背中片呈三角形或钟罩形；囊导管短于交配囊；交配囊内面密布小刺；囊突锯条形。**卵：** 椭圆形，长0.8mm，宽0.4mm，有纵脊。初产时淡黄色，后逐渐变为淡红色。**幼虫：** 淡黄色，老熟幼虫黄绿色，体长12.0～14.0mm。头、前胸背板及胸足漆黑色。中、后胸背面各有2对横向排列的黑色圆形毛片，腹部各节背面各有2对"八"字形排列的黑色圆形毛片。肛上板褐色。**蛹：** 体长8.0～10.0mm，黄褐色。羽化前颜色加深。腹部被细刚毛，臀棘20余根。

生物学特性 1年1代。以卵在树皮缝隙中越

冬，翌年4月寄主芽苞开放时开始孵化。5月下旬在卷叶中开始化蛹，6月中、下旬为化蛹盛期。6月下旬为羽化盛期，产卵高峰可延至7月下旬至8月上旬。卵期长达9个月左右。

　　幼虫在卷叶内栖居，取食所卷的部分叶片及附近的叶片，粪便亦排泄在内。由于幼虫期较长，常转叶危害，有的多达十几个叶片。幼虫活泼，受到惊扰有弹跳倒退特性，爬行很快。幼虫的危害可分3个阶段。①芽期：初孵幼虫吐丝下垂或爬行，从嫩芽处蛀入危害，1个嫩芽有1～3头幼虫，此阶段持续1周左右。②单卷叶期：寄主开始抽梢展叶，幼虫由淡黄色逐渐成为黄绿色，多在5:00～10:00及21:00左右吐丝将单片嫩叶纵卷缝合成筒状，其余时间在卷叶内取食危害，将卷叶吃成网眼状，此阶段历时10天左右。③多卷叶期：幼虫渐由黄绿色转为浅绿色，寄主叶片已展放定型，幼虫可以逐层纵卷4张左右叶片在内取食至老熟。老熟幼虫一般在栖居处吐丝结一薄茧化蛹。卷叶枯黄并逐渐脱落，其内的老熟幼虫或蛹也一并落地。主要危害10年生以上杨树，疏林、孤立木和林缘更易受害，受害严重时树枝光秃，对寄主生长有较重影响。

　　成虫多集中在上午羽化，白天潜伏于树干粗糙处，夜晚出来活动，趋光性不强。成虫寿命40天左右，20:00～23:00十分活跃，在树干上快速爬行寻找半翅目昆虫的含糖分泌物等补充营养，并相互追逐交尾后在隐蔽处产卵，产卵位置多选择枯枝与活树枝相交的粗皮缝，卵集中10～40粒呈块状，产卵量平均60粒左右。交尾历时1小时左右，可多次交尾，从羽化到产卵往往历时1个月有余。

防治方法

　　1. 卷叶数量不多时，可以人工剪除。

　　2. 对低龄幼虫可喷洒烟参碱1000倍液进行防治。或用20亿PIB/mL甘蓝夜蛾核型多角体病毒悬浮剂1000～1500倍液。

参考文献

刘友樵等, 1979; 李后魂, 2002.

[李后魂，Byun Bong-Kyu（韩国），李成德，张志勇]

山杨麦蛾中龄幼虫（徐公天　提供）

山杨麦蛾老龄幼虫（徐公天　提供）

山杨麦蛾蛹（徐公天　提供）

山杨麦蛾幼虫食害杨叶（徐公天　提供）

山杨麦蛾幼虫卷叶危害杨叶（徐公天　提供）

分类地位	鳞翅目 Lepidoptera 麦蛾科 Gelechiidae
拉丁学名	*Anarsia lineatella* Zeller
异 名	*Anarsia pruniella* Clemens
英文名称	Peach twig borer
中文别名	桃芽蛾

291 桃条麦蛾

分布 陕西（澄城），新疆（喀什、疏附、伽师、泽普、精河、乌鲁木齐、塔城）。日本，伊朗，阿富汗，土耳其，印度，中东；欧洲，北非，北美洲。

寄主 李、黑刺李、欧洲李、酸梅、山杏、樱桃、巴旦杏、蒙古扁桃、苹果、小苹果、沙果、西洋梨、鞑靼槭、栓皮槭、柿树。

危害 幼虫取食桃树芽、嫩枝和果实。危害芽时蛀孔处留下虫丝和虫粪。危害嫩枝时蛀孔上部逐渐萎蔫下垂至干枯。后期幼虫危害幼果。

形态特征 成虫：翅展10.0～14.5mm。头部褐色，散布灰白色鳞片。下唇须外侧深褐色，内侧灰白色；第二节腹面鳞毛簇呈斜方形，末端灰白色；雌性第三节灰白色，混杂褐色鳞片，1/3和1/2处褐色。胸部及翅基片褐色，散布灰白色鳞片。前翅褐色，散生黑色竖鳞片，前缘有外斜的短横线，中部的最大，翅褶和中室有不规则的深色纵条纹，中室末端略后方有一纵向白色长斑，缘毛灰褐色，基部有白顶的褐色鳞片；后翅及缘毛灰色。足黑褐色，跗节有白环；后足胫节浅褐色，背面具灰白色长鳞毛。腹部灰色，两侧褐色，末端灰白色，有时带赭色。雄性外生殖器爪形突桃形，前缘略凹，后半部渐窄。背兜狭长，中部宽。抱器瓣不对称：左抱器瓣宽，抱器背有膜质突起，端部窄，近方形，具掌状鳞片，抱器腹1/3处有一强壮的突起；右抱器瓣基半部狭窄，两侧平行，端半部膨大，端部近圆形向背面突起，具掌状鳞片，腹缘强烈突起，中部伸出一细长突起。雌性外生殖器产卵瓣宽大，第八腹节前缘凹入，骨化。前表皮突宽短，角状。交配孔漏斗状，前方有圆形膜囊。囊导管短于交配囊。交配囊长椭圆形，内表面具小刺突；囊突吊钟状，前缘中部凹入，后缘中部略凹，两侧具细齿，边缘骨化较强。**卵：**椭圆形，长0.5mm，宽0.3mm。表面有不规则的皱纹。初产时白色，后变为淡黄色，孵化

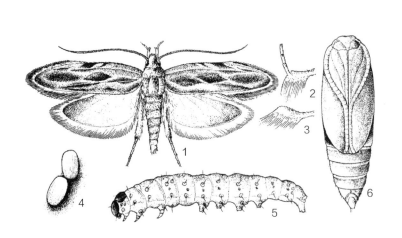

桃条麦蛾（朱兴才 绘）
1.成虫；2.雌蛾下唇须；3.雄蛾下唇须；4.卵；5.幼虫；6.蛹

桃条麦蛾危害状（朱兴才 绘）
1.侧梢被害状（枯枝皮裂）；2.化蛹场所；
3、6.被害幼果及幼虫出果；4.主梢被害状；
5.幼虫潜入冬芽蛀入孔

桃条麦蛾成虫（新疆泽普）（李后魂　提供）

前为紫色。**幼虫：**初孵化幼虫体长0.7～0.8mm，白色，2～3小时后变为棕褐色。老熟幼虫体长10.0～12.0mm。头、前胸背板及胸足黑褐色。全体毛片与气门缘淡褐色。肛上板淡褐色。腹足趾钩全环（张学祖于1980年记载为双序二横带），双序占3/4，单序占1/4。臀足双序缺环。**蛹：**体长5.5～7.0mm，棕褐色，被细刚毛。腹部末端及生殖孔附近具有许多的棘刺，臀棘钩状。

生物学特性　新疆1年4代。以低龄幼虫10月中、下旬在桃树或杏树等寄主枝梢的冬芽中越冬。越冬代幼虫翌年4月上、中旬平均气温达10℃左右时开始危害。经历18～25天幼虫老熟化蛹，蛹经历10～12天羽化为成虫，成虫寿命8～12天。以后各代的历期为卵6～10天，幼虫9～12天，蛹8～13天，成虫2～9天。

越冬代幼虫于早春3月中旬寄主芽膨大时出蛰危害，被害芽失去开放能力，当花芽开放时也取食嫩叶。幼虫可在叶芽、花芽、幼果、枝梢等处蛀孔，被蛀树芽枯死、幼果脱落，枝梢从蛀孔以上逐渐萎蔫、下垂、干枯。第一代幼虫危害期在5月中旬至6月中旬之间。前期主要蛀食新梢，新梢蛀孔上部逐渐萎蔫、下垂、干枯或流胶。随着新梢的老化和幼果的膨大，后期的幼虫多直接危害幼果。幼树的新梢被害率高于老树。第二代幼虫危害期在6月下旬至7月下旬，全部蛀果，被害桃果流出较多桃胶。第三代危害期在8月，此次危害最严重，除继续蛀果外，还可危害秋梢。一般1个桃内只有1头幼虫。第四代幼虫于9月下旬开始蛀芽越冬。成虫有较强的趋糖醋习性。雌虫寿命7～8天，雄虫寿命3～4天。羽化后2～3天即可产卵。卵期4～9天，蛹期约10天。每一个代寿命超过1个月（注：桃条麦蛾在我国曾为沙棘条麦蛾*Anarsia eleagnella* Kuznetzov，1957年误订，后者危害沙棘*Hippophae* sp.和胡颓子*Elaegnus* sp.。两者在分布上有一定重叠，生物学研究在一定程度上存在混乱，有张冠李戴的现象）。

防治方法

1. 加强检疫。严格检查引进和调运的接穗。

2. 做好果园清洁，清除地下落果。对树干基部进行涂白处理。

3. 利用成虫趋糖醋液的习性，按砂糖：醋：水=1：2：15比例兑糖醋液，放在树干或地上合适的地方诱杀成虫。或用45%丙溴磷·辛硫磷乳油30～60倍液或12%噻虫·高氯氟悬浮剂30～60倍液添加专用渗透剂后高浓度喷涂树干（注意：高浓度喷涂树干时禁止喷到周围的植物叶片上）。或用20亿PIB/mL甘蓝夜蛾核型多角体病毒悬浮剂1000～1500倍液喷施。

4. 在低龄幼虫期喷洒触杀剂，按生活史在新疆于桃花膨大时或在落花后喷第一次药；第二次喷药在5月下旬至6月上旬；第三次喷药在7月上旬。

5. 桃树生长期可人工剪除蛀梢并集中销毁。

参考文献

白九维等，1980；张学祖，1980；李后魂，2002；姑丽巴哈尔·买买提等，2007.

（李后魂，马文梁）

292 竖鳞条麦蛾

分类地位 鳞翅目 Lepidoptera 麦蛾科 Gelechiidae

拉丁学名 *Anarsia squamerecta* Li et Zheng

分布 山东（商河），陕西（澄城）等地。

寄主 槐树。

形态特征 **成虫：** 翅展11.5～13.5mm。头部褐色，额灰白色。下唇须褐色，散布灰白色鳞片，内侧灰褐色；第二节腹面鳞毛簇长方形；雌性第三节基部和中部褐色，1/3处和末端灰褐色。胸部及翅基片褐色，混有少量灰白色鳞片。前翅前缘基部略凸，中部稍凹，后缘直，翅顶钝；褐色，散布灰色鳞片，密布黑色竖鳞形成斑点；前缘具黑色短横线，中部呈半圆形黑斑；近翅基部有1个黑点；中室有扩散成边界不清的大黑斑向后延伸到翅褶末端；翅褶与后缘间有2个黑色鳞片簇；翅端部黑色鳞片较多；缘毛灰褐色，混有褐色鳞片；雄性腹面近基部有长毛撮。后翅基半部灰白色，端半部灰褐色，缘毛灰褐色。前、中足深褐色，胫节和跗节具白色环纹；后足褐色，腿节末端灰白色，胫节背面密被灰白色长鳞毛，距黑褐色，末端灰白色，跗节深褐色，有灰白色环纹。雄性外生殖器爪形突窄，约与背兜末端等宽，前缘中部深凹，后缘中部突出，末端弯曲；背兜狭长，两侧近平行，基部宽；抱器瓣

不对称；左抱器瓣椭圆形，末端具掌状鳞片，抱器腹近基部伸出骨化的细长突起，强烈弯曲，远长于抱器瓣；右抱器瓣基半部狭窄，端半部宽，末端不规则突出，具掌状鳞片，抱器腹末端有一具毛的突起，2/3处长出1根细长的突起，长约为抱器瓣长度的1/2；阳茎基部2/5粗壮，端部3/5细长。雌性外生殖器产卵瓣宽短，具长刚毛。前表皮突很宽，长度不超过后表皮突的1/2。第八背板后缘骨化，中部深切；第八腹板前缘中部向前突出，管状，末端渐窄，长度超过后表皮突的1/2。交配孔骨化，不规则形。交配囊近圆形。囊突宽齿状，位于交配囊底部。**卵：** 长椭圆形，0.45～0.55mm×0.20～0.25mm。乳白色，近孵化时淡褐色。**幼虫：** 老熟幼虫长8.0～10.5mm，头部、前胸背板以及臀板黑色；腹部紫棕色或褐色，每节有2排黑褐色毛片，前排4个，后排2个，上面各生1根刚毛。雄性幼虫第四至第五腹节背面有2个黑斑。臀板有稀疏刚毛，后方有臀栉5～6根，中间2根较粗大。腹足趾钩为双序缺环，臀足趾钩分为左右两簇，每簇有趾钩10多根。**蛹：** 体长4.5～6.0mm，栗褐色，密布短毛。腹部末

竖鳞条麦蛾成虫（陕西杨凌）

（李后魂　提供）

端2节向腹面弯曲，腹面密生钩状毛。腹末有一分叉的臀棘。

生物学特性　山东商河1年1代。以3龄幼虫在枝条伤口、芽缝中越冬。翌年4月中旬出蛰，下旬为盛期。5月上旬化蛹，5月中旬达到盛期并有成虫羽化，5月下旬为成虫羽化盛期。5月下旬至6月中旬为卵期，幼虫潜叶危害至9月上、中旬越冬。

发生与气候及立地条件有关。进入4月中旬，连续5天平均气温达13℃以上时，幼虫开始出蛰；连续5天平均气温在15℃以上时，幼虫大量出蛰危害。在立地条件好、树势强的槐树上，发生轻；立地条件差、树势弱的树上发生较重。同一株树的树冠上部发生多于树冠下部，树冠外围发生重于树冠内部。常与槐树林麦蛾*Dendrophilia sophora*混合发生。主要以越冬代幼虫危害，造成大量卷叶。

成虫全天均可羽化，但以11:00～14:00羽化最多，占69.3%，羽化后蛹壳的1/3露出卷叶外。成虫白天静伏于叶片背面或枝条上，傍晚后活动频繁。成虫羽化后3～4天开始交尾产卵，产卵量38～56粒，平均46粒。成虫寿命5～16.5天，平均10.5天。雌雄性比为2.71：1。卵主要产在叶片背面主脉两侧的绒毛之间，单产，一般1片叶只产1粒卵，最多有3粒卵。卵期8～12天。初孵幼虫自叶背主脉和第一侧脉间基部蛀入表皮取食。初期蛀道呈长条形，沿侧脉向前发展，边缘比较整齐；到中后期，蛀道出现分支，面积增大，至越冬前，虫斑达12～17mm^2。在蛀道的基部有1个通气孔，粪粒一般排在孔口外侧。幼虫有转叶危害习性，一般在8月下旬至9月上旬，幼虫进入3龄后，食量较大，蛀至叶片边缘，部分幼虫便从基部小孔爬出，再转移蛀入相邻的叶片。幼虫的危害期较长，6月下旬至7月上旬进入2龄，8月中旬大部分进入3龄，于9月中、下旬开始越冬。翌春，槐树新梢萌发5～10cm时，幼虫开始出蛰，在幼嫩新梢末端或复叶端部吐丝缀连2～7个叶片危害，受害复叶后期枯黄脱落。幼虫极活泼，受惊则快速退出卷叶，吐丝下垂。幼虫老熟后，大部分都自卷叶中爬出，到相邻枝梢的叶片背面，沿一侧边缘纵卷直径5mm左右形成筒状，在卷筒内结白色薄茧化蛹，少部分直接在卷叶内结茧化蛹。蛹期10.5～16天，平均13.8天。

防治方法

在4月下旬幼虫出蛰高峰期，可用40%久效磷、50%噻虫嗪水分散粒剂1.5～2.0g/亩或20亿PIB/mL甘蓝夜蛾核型多角体病毒悬浮剂1000～1500倍液喷雾防治。

参考文献

李后魂, 2002; 闫家河等, 2002; Li Houhun et al., 1998.

（李后魂，闫家河）

竖鳞条麦蛾成虫（张润志　整理）

竖鳞条麦蛾幼虫潜叶危害状（张润志　整理）

293 **国槐林麦蛾**

分类地位　鳞翅目 Lepidoptera　麦蛾科 Gelechiidae

拉丁学名　*Dendrophilia sophora* Li et Zheng

分布　山东（商河），陕西（杨凌、洋县），甘肃（康县）等地。

寄主　槐树、龙爪槐。

危害　幼虫取食叶片和花序，影响树木生长。

形态特征　**成虫：**翅展11.0～13.5mm。头部灰褐色，额灰白色。下唇须第一节褐色；第二节外侧褐色，基部和1/3处白色，腹面鳞毛簇赭褐色，内侧灰白色，混有浅褐色鳞片；第三节灰白色，1/3和2/3处黑色，背面1/3处有发达的鳞毛簇。触角柄节，灰白色，端部深褐色，鞭节灰褐相间。胸部和翅基片褐色，散生灰白色鳞片。前翅窄长，褐色，散布灰白和赭色鳞片；基部赭色，近基部有1个黑色小鳞片簇，其端部白色；前缘基部1/3赭色，1/6和1/3处有明显的鳞片簇，3/5处鳞片簇小；中室中部有1个扩散到前缘的黑色大斑，近臀角处有1个不规则的深褐色斑；翅端散布黑色鳞片；缘毛深灰色，混有深褐色鳞片。后翅及缘毛灰色。前翅R$_4$、R$_5$和M$_1$脉共柄，后翅M$_2$和M$_3$脉具短柄。足黑色，跗节有白环；中、后足胫节基部赭色。腹部背面灰褐色，侧面深褐色，腹面灰白色。雄性外生殖器爪形突近圆形，中突到达爪形突1/2处；颚形突基部宽，端部2/3细长弯曲，末端尖；背兜宽，前缘凹；抱器瓣狭长，端部1/3较宽，末端圆；抱器小瓣和阳茎基叶相似，末端圆，具毛；囊形突细长；阳茎基部膨大，

国槐林麦蛾 (陕西杨凌)（李后魂　提供）

卷叶中的国槐林麦蛾中龄幼虫（张润志　整理）

国槐林麦蛾幼虫粘叶复叶端部1~5片叶，常咬断顶叶柄致萎蔫在内取食状（张润志　整理）

端部3/5细长，略弯。雌性外生殖器产卵瓣宽大；前表皮突长约为后表皮突的1/2；第八腹板窄，后缘骨化，后缘骨化，呈"M"形突出，中部凹陷，两侧有褶边；前缘凹；交配孔漏斗形；囊导管细长，约与交配囊等长，略骨化；交配囊长椭圆形，有略微骨化的螺旋状脊；囊突近圆形，有斜升带齿的脊。本种与暗林麦蛾*Dendrophilia neotaphronoma* Ponomarenko相似，主要区别是：①前翅斑纹清晰；②雌性外生殖器交配囊有螺旋状脊；③囊突近圆形，有斜升带齿的脊。**卵**：长椭圆形，0.38~0.40mm×0.18~0.26mm。初产乳白色，近孵化时淡红色。**幼虫**：老熟幼虫体长6.42~9.20mm，头部、前胸背板黑色；前胸侧板有2个黑斑，上大下小；胴部浅红至深红色，具淡色细毛，末端几节具黑而长的毛；臀栉6枚，中间2根粗而长，两侧各2根较细而短。前足褐色，中、后足跗节褐色，其余淡白色。腹足趾沟单序缺环。低龄幼虫胴部黄白色，其余特征同老熟幼虫。**蛹**：体长4.82~5.90mm，红褐色，两端色较深。体密被黄色刚毛，其中尤以头部、前胸部、腹末为最密。肛孔附近毛长而稀疏。腹末2~3节常向腹面弯曲。气门大而突出。

生物学特性　陕西杨陵1年至少发生2代，4月上旬越冬代成虫出现。山东商河1年3代，以2龄幼虫在枝条的芽缝、伤口内越冬。翌年3月下旬越冬幼虫开始出蛰，蛀入叶芽取食，5月初出现蛹，5月中、下旬为化蛹盛期，成虫5月下旬始现，6月上、中旬为羽化产卵盛期。第一代幼虫6月中旬出现，7月上旬出现蛹，7月下旬至8月上旬为成虫羽化产卵盛期。

第二代幼虫7月下旬始现，7月中、下旬为危害盛期，8月中旬出现蛹，8月下旬出现成虫，但没有第一代集中。第三代幼虫9月上旬出现，取食一段时间后在芽缝或伤口内做薄茧越冬。

成虫活跃，飞翔能力强。白天静伏，夜间活动迅速，互相追逐，有趋光性。寿命3~5天，喂以10%糖水可延长寿命至7天以上，最长可达14天。越冬代成虫平均寿命8.4天；第一代雌成虫6.0天，雄成虫5.2天；第二代雌成虫8.0天，雄成虫7.2天。雌雄性比约为1：1.1。成虫羽化1~2天即可交尾并产卵。卵散产于叶芽、叶背基部主脉两侧的绒毛间、幼嫩梢端的叶片背面和花序的花蕾上。卵单产，极少2~3粒黏在一起。卵历期7~11天。

幼虫极活泼，受惊扰可自卷叶中快速退出，吐丝下坠。最初只卷缀2片小叶，啃食叶肉；随着虫龄增加，最多可将9片小叶缀在一起，进行蚕食。少部分越冬幼虫则直接从越冬处钻出，到复叶或新梢处卷叶危害。幼虫常将复叶顶端小叶片的小叶柄咬断，几天后即枯黄，故卷叶中常有一发黄的叶片，这是该虫卷叶危害的一个典型症状。由于幼虫的取食，缀叶内部多被食害污染、皱缩纵卷扭曲，后期整叶变黄干枯脱落。幼虫有转移危害习性，越冬代幼虫转叶率可达43%。第一代幼虫有3种危害方式：一是同越冬代幼虫相同，在复叶端部卷叶危害，这种类型的占60%。二是约有40%的幼虫将复叶中部或端部的2片相靠近的叶片背面缀连一起，在内啃食叶肉，这种情况是产于老叶背面的卵孵化后，幼虫在叶主脉两侧啃食叶肉，并吐丝粘碎屑及粪便潜居其中，一般呈条状。3龄前，每龄幼虫临蜕皮前均在缀叶丝内不食不动，蜕皮后头伸出取食；3龄后，直接在叶片背面取食叶肉，有的再转叶卷叶危害。三是在有花序的大树上，由于无幼嫩的新梢叶，除有少量幼虫在老叶背面缀叶危害以外，大多在花序间危害。花序被害率40%～90%，每个花序有虫1～6条，每条幼虫可吐丝缀连3～8个花蕾，并在空花蕾或花蕾之间吐丝连缀取食，危害后的花蕾被食空变黑。幼虫期约28天。5月中、下旬老熟幼虫在卷叶中结薄茧化蛹，蛹期8～10天。5月下旬第一代成虫出现，6月中旬是羽化高峰期。

第二代幼虫除有少部分在萌发的梢上卷叶危害外，多数缀叶危害。由于槐树花期较长，从6月中旬至10月中旬可断续开放，因此也有少数第二代幼虫在花序间缀连危害。第三代小幼虫主要在叶背潜叶危害，2龄后爬出叶片，在枝条的芽缝或伤口内做薄茧越冬。卷叶或缀叶危害的幼虫均为淡绿色，临蜕皮前的半天，活动减缓，体色渐变色为黄白至白色。蜕完皮的幼虫静止0.5～1小时后开始取食，其体色也渐变为淡绿色。但在危害花序的幼虫中，则始终未见到幼虫变绿的现象。幼虫老熟后体色变为浅红至深红色的占90%以上，黄白色的不到10%。老熟幼虫在腹部第五节背面出现褐斑者为雄性，无褐斑的为雌性。幼虫龄期有6龄、5龄和7龄的分化。6龄型的约占72.1%，5龄型的占16.4%，7龄型的占11.5%。龄型的分化可能由遗传因素所决定，但龄期增加与食料、温度、湿度、光照等方面不适有关，表现为生长发育不良、行动迟缓、历期延长等。虽然3种龄型的幼虫均能化蛹羽化，并与性别无关，但是7龄型幼虫中约60%的个体在后期化蛹不正常而死亡。

各代老熟幼虫化蛹场所不尽相同。越冬代幼虫化蛹场所主要在卷叶内，只有少量爬出卷叶，沿枝条、树干爬至地面杂草、叶片内做薄茧化蛹。第一代幼虫，在卷叶内危害的有3/4爬出卷叶，在树干裂缝、伤口或地下杂草、叶片上化蛹，1/4在卷叶内化蛹；缀叶危害的，有20%在2片至多片缀叶中化蛹，80%爬出缀叶，在枝干裂缝或地面杂草、叶片上化蛹；在花序内危害的，全部爬出被害花序，在树干裂缝、伤口内化蛹。第二代幼虫，在缀叶中危害的仍有1/4在缀叶中化蛹，其余均爬出卷叶、缀叶或花序，在枝干裂缝、伤口皮下或直径0.5cm以上的干枝髓内作茧化蛹。

国槐林麦蛾喜光，林缘受害较重，发生区行道树木被害率可达100%。可与槐木虱*Cyamophila willieti*等害虫混合发生，造成较严重危害。

主要天敌：幼虫期有2种绒茧蜂、埃姬蜂、希姬小蜂、柄腹姬小蜂、啮小蜂、稻苞虫兔唇姬小蜂等寄生性种类；广腹螳螂、一种黑蚂蚁、几种蜘蛛等捕食性种类。蛹期的寄生性天敌主要有黑瘤姬蜂、啮小蜂等。其中，绒茧蜂是越冬代幼虫的重要寄生性天敌，成虫产卵于2龄幼虫体内，在幼虫4～6龄时绒茧蜂幼虫爬出寄主体外结白茧，而寄主幼虫仍可活3～6天，但已不能取食。该绒茧蜂寄生率一般在30%左右，最高可达40.6%。第一代幼虫中的主要寄生蜂

国槐林麦蛾成虫背面观（张润志　整理）

国槐林麦蛾成虫腹面观（张润志　整理）

为啮小蜂、希姬小蜂，其寄生率15%～30%，每种小蜂均能在1只寄主幼虫体外寄生2～7头小幼虫。第二代幼虫的主要天敌为另一种绒茧蜂，其最高寄生率可达66.7%，一般在40%左右。该茧蜂产卵于2～3龄幼虫中，茧蜂幼虫成熟临脱出寄主体外前一天，寄主幼虫全体变为淡红色，脱出后随即附在卷叶或枝条上作茧，而寄主幼虫仅剩一层薄皮。蜘蛛捕食幼虫时，守在卷叶或缀叶旁，借幼虫爬出茧外取食或转移危害时，伺机捉住。蜘蛛对第一和第二代刚开始卷叶或缀叶的幼龄幼虫捕食效果比较明显。

防治方法

以20%呋虫胺悬浮剂1000倍液喷雾，杀虫率在95%以上。或用20亿PIB/mL甘蓝夜蛾核型多角体病毒悬浮剂1000～1500倍液喷施防治。

参考文献

闫家河等, 2001; 李后魂, 2002; Li Houhun et al., 1998.

（李后魂，闫家河）

国槐林麦蛾成虫羽化后蛹壳外露状（张润志　整理）

国槐林麦蛾老熟幼虫（张润志　整理）

国槐林麦蛾蛹（张润志　整理）

分类地位	鳞翅目 Lepidoptera　麦蛾科 Gelechiidae
拉丁学名	*Dichomeris bimaculatus* Liu et Qian
英文名称	Chinese fir cone gelechiid

294 杉木球果麦蛾

　　杉木球果麦蛾是刘友樵、钱范俊于1994年鉴定发表的新种。1990年在我国南方杉木产区，平均球果虫害率11.6%（最高43.1%）。该虫是危害杉木球果种子的最重要害虫，也是影响杉木种子园良种产量的重要因素之一。

　　分布　福建。

　　寄主　杉木。

　　危害　主要以幼虫钻蛀危害球果的苞鳞、果轴及种子。其主要危害状为：①球果变色枯萎。被害球果初期无明显征状，之后受害苞鳞局部变红褐色，后期苞鳞全部变色，由红褐转棕褐、枯黄色。球果上变色苞鳞由数枚至10多枚或更多连片排列，严重危害后期整个球果变色。在苞鳞缝隙间可见少量棕褐色虫粪及丝黏附。②形成小枯果。幼果受害后即停止生长发育，形成棕褐色至枯黄色小枯果。③球果畸形。若幼果仅一侧受害，则可形成畸形果，在受害一侧可见变色苞鳞及棕褐色虫粪及丝黏附外露。

杉木球果麦蛾成虫（钱范俊　提供）

杉木球果麦蛾幼虫及危害状（钱范俊　提供）

形态特征 成虫： 体长4～7mm，翅展10～13mm。头、触角黄褐色。前翅披针形，银灰色，近中部有2个黑色斑点；后翅梯形，翅顶强烈突出，银灰色；前、后翅缘毛长，灰色。**幼虫：** 体长8～12mm，白色。头、前胸背板及臀板褐色。胸、腹各节近前缘红褐色，虫体似呈红白相间环状。

生物学特性 福建1年1代。以幼虫越冬。翌年3月部分老熟幼虫在越冬场所化蛹。3月中旬至5月下旬为成虫发生期，5月中旬成虫羽化盛期。4月出现新幼虫，开始钻入当年生枯萎雄球花序中，6～7月可转移钻蛀发育不良的小幼果。8月后陆续转移钻蛀新球果，期间每头幼虫可转移1～2次。3月下旬后，其他尚未老熟的越冬幼虫则从越冬场所转移进入当年生枯萎雄球花序中或滞留原处直至化蛹。越冬幼虫虫龄极不整齐。11月中、下旬在被害球果蛀道或当年生枯萎雄球花序中越冬。

防治方法

1. 选育栽植抗虫杉木无性系。如431、14等。

2. 对树龄及郁闭度较大的虫害严重林分，可实施强度修枝。

3. 秋季采种应摘尽树上所有球果（包括健果、虫害果、变色果及枯果）。清除树上残存的雄球花序，以有效杀灭越冬幼虫。

4. 在成虫羽化盛期，用溴氰菊酯油烟剂喷施烟雾或用烟剂杀灭成虫。

参考文献

钱范俊等，1990; 钱范俊等，1992; 钱范俊等，1994; 钱范俊等，1995; Liu Youqiao et al., 1994.

（钱范俊）

杉木球果麦蛾蛹（钱范俊 提供）

杉木球果麦蛾危害后球果呈枯果状（钱范俊 提供）

分类地位	鳞翅目 Lepidoptera　蛀果蛾科 Carposinidae
拉丁学名	*Carposina sasakii* Matsumura
异　　名	*Carposina niponensis* Walsingham
英文名称	Peach fruit moth (borer)
中文别名	桃小、桃小食心虫

295　桃蛀果蛾

桃蛀果蛾是危害多种果实的重要果树害虫。被害果品质降低，严重者不能食用，造成严重经济损失。

分布　北京，天津，河北，山西，内蒙古，辽宁，吉林，黑龙江，上海，江苏，浙江，安徽，福建，山东，河南，湖北，湖南，四川，云南，陕西，甘肃，青海，宁夏，台湾等地。日本，朝鲜，韩国，俄罗斯远东地区等。

寄主　苹果、海红、枣、山楂、桃树、杏、梨树等。在韩国有扁桃、山杏、野山楂、三叶海棠、西府海棠、花楸属植物等（花保祯，1996）。

危害　危害苹果等仁果类，幼虫多由果实胴体蛀入，蛀孔流出泪珠状果胶，不久干涸呈白色蜡质粉末，蛀孔愈合成一小黑点略凹陷。幼虫入果后

常直达果心，并在果肉中乱窜，排粪于隧道中，俗称"豆沙馅"，没有充分膨大的幼果受害后多呈畸形，俗称"猴头果"。危害枣、桃、山楂等植物多在果核周围蛀食果肉。

形态特征　**成虫：**雌虫体长7～8mm，翅展16～18mm；雄虫体长5～6mm，翅展13～15mm。体灰褐色。前翅灰白色，在翅中央靠近前缘部分具有蓝黑色、近似三角形的大斑1个，基部和中部具有7簇蓝褐色的斜立鳞片。雄性下唇须短而上翘，雌性下唇须长而直，且雄性触角每节腹面两侧具纤毛，雌性触角无此纤毛。**卵：**初产时橙色，后渐变为橙红乃至鲜红色。近球形，表面密生刻纹，顶端环生2～3圈"Y"形外生物。**幼虫：**体长13～16mm，短圆形，橙红色或桃红色。头部黄褐色，前胸背板、臀

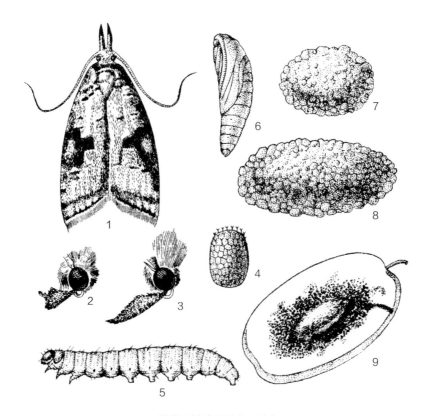

桃蛀果蛾（周德芳　绘）
1. 成虫；2. 雄蛾头部侧面；3. 雌蛾头部侧面；4. 卵；5. 幼虫；6. 蛹；7. 冬茧；8. 夏茧；9. 危害状

桃蛀果蛾成虫（中国科学院动物研究所国家动物博物馆　提供）

板均褐色。**茧**：越冬茧扁圆形，长约4.5～6.2mm，质地紧密；夏茧纺锤形，长约7.8～9.8mm，质地疏松，一端有孔。

生物学特性　在苹果、枣上1年发生1～2代；在酸枣、山楂、梨和杏上1年只发生1代；在河南黄河故道、江苏南京附近、四川西部和安徽怀远县石榴上1年可发生1～3代（花蕾，1995）。以老熟幼虫做扁圆形茧在寄主树冠下土深3～10cm处越冬。第二年幼虫出土，于地表结夏茧化蛹羽化。成虫产卵在叶脉分杈或果实梗洼处，幼虫危害20～30天老熟脱果，1年1代的幼虫脱果后入土结冬茧越冬；1年2代的则于地表结夏茧，化蛹羽化后继续危害。

该虫由于长期适应不同的寄主，在我国东北、山东和陕西苹果产区，越冬幼虫出土始于5月上旬，盛期在5月下旬至6月中、下旬；越冬幼虫出土盛期基本在6月底至7月初；在梨和山楂园中推迟到7月中旬甚至更晚（花蕾等，1993）。幼虫在苹果内取食14～35天，枣内9～26天，山楂内平均45天，梨内20天左右脱果。8月下旬以后脱果者只发生1代，

7月下旬以前脱果者可发生第二代（吕佩珂等，2002）。

防治方法　综合防治的总体策略为"地面防治为主，树上防治为辅，配合人工防治"（花蕾，1995）。

1. 农业防治。①越冬幼虫出土前，对树盘深翻除草，在树干周围培土诱集幼虫越冬，冬季将土散开，使冬茧暴露于地面冻晒致死。第一代幼虫在地面结夏茧时，沿树冠下地面铲4cm左右厚的土层，翻压在原处将夏茧压死，减少下一代害虫数量。中熟和晚熟品种采收时，果内带有大量未脱果幼虫，在堆果场所周围培土诱集幼虫，集中埋杀。②地膜覆盖。幼虫出土前先将树盘平整、耙细，地面可喷洒毒死蜱或三唑磷等药剂，然后用地膜覆盖树盘，四周及缝穴处用土压实，防止成虫危害。

2. 生物防治。①在第一代幼虫脱果期，用白僵菌（2kg/亩）加25%辛硫磷微胶囊（0.15kg/亩），兑水150kg，在树盘下喷洒，喷后覆草，防治效果达90%以上。②每亩用含1亿～2亿条侵染期小卷蛾线虫或异小杆线虫的悬浮剂喷施果园土表，害虫死亡率可达90%以上。③在不宜利用线虫防治地区，可用桃小甲腹茧蜂防治。当正常茧与被寄生茧比为50：50～60：40时，不必另行放蜂，如为70：30，则需加放桃小甲腹茧蜂。④使用引诱剂Z7-20：ket-11和Z7-19：ket-11按19：1配比，用5mg剂量进行测报和防治。

3. 化学防治。①药剂处理土壤。越冬盛期前，成年果园树下土表施用2.4～3kg/hm²三唑磷、毒死蜱，防效期20～30天（幕卫等，2007）。幼虫出土期用45%毒死蜱乳油1000～1500倍液。②树上喷药。25g/L高效氯氟氰菊酯乳油，使用浓度稀释800～1000倍液，防治效果可达80.7%～87.3%。

4. 物理防治。可用黑绿双光灯诱杀桃成虫（侯无危等，1994）。

5. 人工防治。于成虫产卵前果实套袋。采摘虫果。

参考文献

北京农业大学，1983；花保桢，1992；花蕾等，1993；侯无危等，1994；花蕾，1995；花保桢，1996；包建中等，1998；李定旭，2002；吕佩珂等，2002；幕卫等，2007.

（刘丽，仝德全）

296 黄胸木蠹蛾

分类地位 鳞翅目 Lepidoptera 木蠹蛾科 Cossidae
拉丁学名 *Cossus cossus chinensis* Rothschild
异　　名 *Cossus chinensis* Rothschild

分布 江苏，浙江，安徽，福建，江西，山东，湖北，湖南，广西，四川，云南，陕西，甘肃，宁夏等地。

寄主 刺槐、杨、核桃、美国山核桃、板栗、垂柳、龙爪柳、旱柳、柑橘、柿树等。

危害 以幼虫蛀食树木的韧皮部和边材，蛀成纵横交错的不规则坑道，从而使树干形成溃疡、枝干腐朽，导致树势衰弱，呈现枯梢和秃顶，最后整株枯死。

形态特征 **成虫**：个体变化较大，雌虫体长32～39mm，翅展68～87mm；雄虫体长23～32mm，翅展56～68mm。触角栉齿状，头顶毛丛、领片、翅基片以及整个胸部背面皆为乳黄色。前翅除前缘的短黑纹外无明显条纹，顶角前下方和中室端半部及中室之后1A脉之前有2个白云状斑；后翅很暗，条纹较正面明显。中足胫节1对距，后足胫节2对距，中距位于胫节端部1/5处；后足基跗节正常，不膨大，爪间突退化。**幼虫**：初孵幼虫粉红色，体长3～4mm，宽0.5～0.8mm；老熟幼虫体长60～92mm，宽13～18mm。体背紫红色，具光泽，侧面桃红间黄白色，腹面粉红间淡黄色。头紫黑色，前胸背板红褐色，上有"凸"字形的大黑斑1个，凸斑中央常具纵纹，将凸斑分为两半。体侧及腹部各节上常密生规则的小突

瘤，每一突瘤上着生浅褐或黄白色纤毛1根。胸足黄褐色，腹足淡黄色，趾钩双序全环状，臀足发达。

生物学特性 云南昆明地区2年1代。以幼虫在树干内越冬。老龄幼虫3月上旬开始化蛹，成虫始见于3月下旬，终见于6月上旬。初孵幼虫4月中、下旬开始出现，11月下旬进入越冬期。

成虫白天隐蔽，夜间活动，具趋光性，雄蛾飞翔力较强，一次可飞行几十至上百米。成虫羽化当天即可交尾产卵，交尾时间多在20:00～21:00进行，历时20～30分钟。卵散产或聚产，多产于枝干的树皮缝隙内，单雌产卵量385～768粒，卵期15～20天，孵化率达95.3%以上。成虫寿命：雌虫4～8天，雄虫3～7天；雌雄性比：野外为1∶0.88，室内人工饲养为1∶1.44。幼虫多在上午孵化，初孵幼虫常十几头至几十头群居危害，先在老蛀道周围蛀食韧皮部，后逐步深入木质部蛀食，被害部位树皮常凸翘龟裂，最后剥落，形成溃疡。老熟幼虫多在树木下部蛀道内结茧化蛹，蛹期19～28天。

防治方法

1.营林措施。及时修剪被害枯萎枝条，伐除严重受害的濒死木并进行虫害处理，防止扩散危害。多树种混栽，以隔断食源，抑制其繁殖和蔓延。

2.物理防治。成虫期用黑光灯诱杀成虫。

3.化学防治。幼虫危害期，用磷化铝片塞蛀孔，然后用黏泥封口；成虫产卵及卵孵化期，用溴氰菊酯水乳剂、氰戊菊酯等喷洒成虫喜欢产卵的主干及皮层粗糙的大枝，均有较好的防治效果。或用20亿PIB/mL甘蓝夜蛾核型多角体病毒悬浮剂1000～1500倍液喷施防治。或用45%丙溴磷·辛硫磷乳油30～60倍液或12%噻虫·高氯氟悬浮剂30～60倍液添加专用渗透剂后高浓度喷涂树干（注意：高浓度喷涂树干时禁止喷到周围的植物叶片上）。

参考文献

吴琳，黄志勇，1989；花保祯等，1990；徐公天，2003；陈鹏，刘宏屏，卢南等，2006.

（宗世祥）

黄胸木蠹蛾成虫（梁家林　提供）

297 东方木蠹蛾

分类地位 鳞翅目 Lepidoptera 木蠹蛾科 Cossidae

拉丁学名 *Cossus orientalis* Gaede

异 名 *Cossus cossus orientalis* Gaede, *Cossus cossus changbaishanensis* Hua et al.

东方木蠹蛾是一类重要的林木蛀干害虫。

分布 北京，天津，河北，山西，内蒙古，辽宁，吉林，黑龙江，山东，河南，陕西，甘肃，宁夏；俄罗斯（东西伯利亚），朝鲜，日本等。

寄主 青杨、欧美杨、沙兰杨、新疆杨、旱柳、垂柳、龙爪柳、白榆、槐树、刺槐、桦树、山荆子、白蜡树、稠李、梨树、桃树、丁香等。

危害 幼虫蛀入枝、干和根茎的木质部内危害，蛀成不规则的坑道，造成树木的机械损伤，破坏树木的生理机能，使树势减弱，形成枯梢或枝、干遇风折断，甚至整株死亡。

形态特征 成虫： 体灰褐色，粗壮。雌虫体长28.1～41.8mm，翅展61.1～82.6mm；雄虫体长22.6～36.7mm，翅展50.9～71.9mm。触角单栉齿状，基部栉齿宽窄相等，中部栉齿很宽，末端栉齿又渐细小。头顶毛丛和领片鲜黄色；翅基片和胸部背面土褐色；中胸前半部深褐色，后半部白、黑、黄色相间；后胸有1条黑横带。前翅基半部银灰色，仅前缘具8条短黑纹，中室内3/4处及稍外有2条短横线，翅端半部褐色，在臀角Cu_2脉末端有1条伸达前缘并与之垂直的黑线，亚外缘线一般明显，缘毛灰褐色；后翅浅褐色，中室白色，翅反面有明显的褐色条纹，中部有1个明显的黑褐色圆形斑纹。中足胫节1对距；后足胫节2对距，中距位于胫节端部1/3处，基跗节膨大明显，爪中垫退化。成虫分为黄褐色和浅褐色2种色型。**幼虫：** 扁圆筒形，体粗壮，头部黑色，胸、腹部背面紫红色，略显光泽；腹面桃红色。前胸背板有1个"凸"形黑斑，中间有1条白色纵纹，伸达黑斑中部；中胸背板有1个深褐色长方形斑；后胸背板有2个褐色圆斑。臀板半骨化。腹足趾钩为三序环状；臀足为双序横带。

生物学特性 山东、辽宁沈阳均为2年1代，经过2次越冬。越冬幼虫于翌年4月下旬开始羽化。成虫出现期各年有异，4月下旬至6月中旬为成虫羽化期，5月上、中旬为羽化盛期。成虫羽化后飞翔交

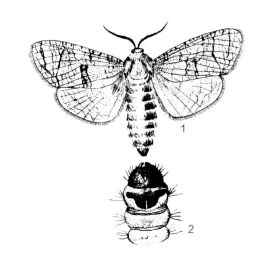

东方木蠹蛾（胡兴平 绘）

1. 成虫；2. 幼虫头及前胸

东方木蠹蛾成虫（徐公天 提供）

东方木蠹蛾成虫（徐公天 提供）

东方木蠹蛾老熟幼虫（徐公天　提供）

东方木蠹蛾蛹前幼虫（徐公天　提供）

东方木蠹蛾幼虫蛀孔（徐公天　提供）

芳香木蠹蛾危害状（徐公天　提供）

尾、产卵。卵期13～21天。初孵幼虫蛀食树干，当年9月中、下旬发育到8～10龄开始越冬。翌年3月下旬出蛰活动，4月上旬至9月中、下旬为幼虫的危害盛期。至秋末，15～18龄老熟幼虫钻土做薄茧越冬。第三年春，越冬幼虫重做化蛹茧。4月上、中旬野外即可看到成虫。

初孵幼虫喜欢群居，蛀食树干、枝韧皮部，随后进入木质部。被害枝干上常见幼虫排出的粪堆，白色或赤褐色。

防治方法

1. 营林措施。①着重改变林木组成，如在杨树防护林内逐渐淘汰受害最重的沙兰杨、青杨等，更换成毛白杨等。②对虫口密度过大、无保留价值的林带及时处理，减少虫源。③修枝。一是修枝要避免在东方木蠹蛾东方亚种产卵前的春季进行，二是伤口要平滑。④在经营片林时既要考虑树种的混交，又要保持林分的郁闭度在0.7以上。

2. 化学防治。用50%倍硫磷乳油1000～1500倍液，50%噻虫嗪水分散粒剂1.5～2.0g/亩杀死尚未蛀入干内的初孵幼虫。25g/L高效氯氟氰菊酯乳油20～30倍液注射虫孔。或用45%丙溴磷·辛硫磷乳油30～60倍液或12%噻虫·高氯氟悬浮剂30～60倍液添加专用渗透剂后高浓度喷涂树干（注意：高浓度喷涂树干时禁止喷到周围的植物叶片上）。

3. 性信息素诱杀成虫。应用人工合成性诱剂B种化合物（顺-5-十二碳烯醇乙酸酯）诱杀。

4. 生物防治。冬春可以喷放白僵菌，能够重复感染幼虫或蛹至死亡。用1000条/mL斯氏线虫防治幼虫，死亡率达100%。

参考文献

方德齐，陈树良，1982；方德齐等，1984；花保祯，周尧，方德齐等，1984；方德齐等，1986；方德齐，陈树良，李宪臣，1992；萧刚柔，1992.

（李宪臣，陈树良，娄慎修，方德齐）

298	沙柳木蠹蛾

分类地位　鳞翅目 Lepidoptera　木蠹蛾科 Cossidae

拉丁学名　*Deserticossus arenicola* (Staudinger)

异　名　*Cossus arenicola* Staudinger, *Holcocerus arenicola* (Staudinger)

中文别名　沙柳线角木蠹蛾

分布　内蒙古，陕西（神木、榆林、横山、靖边和定边），甘肃，青海，宁夏（灵武、盐池），新疆等地的沙漠区。土耳其，俄罗斯，阿富汗，蒙古，伊朗。

寄主　沙柳、沙棘、小红柳、柠条、踏郎等。

危害　主要以幼虫危害沙柳的根部，特别对迎风沙坡、小沙丘顶部主根或根茬外露的老沙柳危害更严重。幼虫一般可向根下钻蛀40～50cm，最深可达110cm。蛀道呈纵向，相互串通，甚至连成一片。幼虫十分密集，常数十头拥挤在一个蛀道内，至后期，整个根内几成空心，全被紫红色木屑和虫粪所充塞，致整株枯死。

形态特征　**成虫：**雄虫体长20～24mm，平均22mm；翅展45～56mm，平均50.5mm，体翅灰褐色；触角线状，粗壮，扁平无栉节；下唇须中等长度，紧贴额面，几达触角基部；领片、翅基片及中胸背板褐灰色，后胸有1条宽约1mm的黑色横带，黑带之前有1条同样宽度的白横带，很明显；腹部灰色，两侧有浓密毛丛，末端有臀毛丛；翅形与榆木蠹蛾（*Yakudza vicarius*）相似，前翅顶角钝圆，后缘中央稍凹入，翅长与臀角处宽度之比为2.2：1，翅底色暗灰色，中室及前缘2/3颜色较暗，中室末端有1个小白点，中室之后、1A脉之前有1个浅灰色无纹区，很明显，翅端半部布满极细的网纹，亚外缘线明显，但变化较大，有时仅为1条简单的、与外缘平行的黑线，有时经过数次分叉又合并，使亚外缘线上有几个圆圈，缘毛有弱格纹，前翅反面灰色，条纹弱，但前缘白色，黑短纹很明显；后

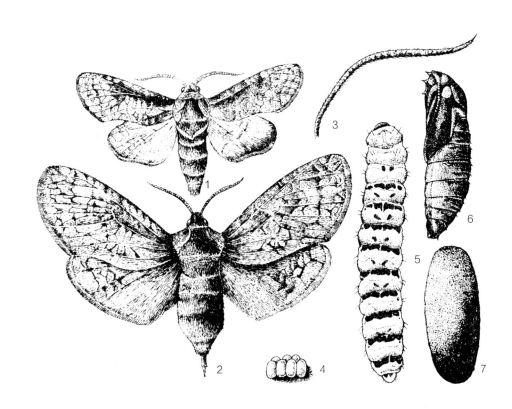

沙柳木蠹蛾（朱兴才　绘）

1. 雄成虫；2. 雌成虫；3. 雌虫触角；4. 卵；5. 幼虫；6. 蛹；7. 茧

翅反面仍无条纹；中足胫节1对距，后足胫节2对距，中距位于胫节末端1/3，后足基跗节稍粗，但不膨大，爪间突退化。雌虫体长26～33mm，平均29.5mm；翅展51～67mm，平均59mm；触角相对较短，不到前翅前缘中央，腹部极长，末端有突出的产卵管；前翅斑纹与雄虫相似，后翅有极弱条纹。

卵：长1.4～1.8mm，宽1.1～1.3mm，初产灰白色，椭圆形，其上有褐色短纹，横排成纵行，孵化前暗灰色。**幼虫：**初孵幼虫体长3.0mm左右，头壳宽0.42～0.62mm，头及前胸背板暗褐色，体淡红色，被白色柔毛，每节背面有2道桃红色斑纹。老龄幼虫50～60mm，头黑褐色，冠缝及额的两侧为紫红色。体黄白色，前胸盾较硬，上有长方形黄红色斑，约占前胸盾3/4，前胸背板横列淡红色斑3个，中间长方形，两侧为倒三角形。腹部每节背面有2条由红色斑点组成的横带，前带宽长而色深，后带细色浅，长度约为前带1/2。腹面黄白色，每节有浅紫色斑纹。胸足橙黄色，跗节和爪紫红色，腹足退化，仅留足掌及趾钩，趾钩为双序环，臀足趾钩双序横带。**蛹：**体长19～37.8mm，宽5.8～12.7mm，深褐色，腹部腹面色较淡。胸背面蜕裂线明显，中干终止于后胸后缘。前、中、后胸背中线长度比例为1：3：0.8，前、中胸皱纹甚多，中胸后缘中央突出部分呈截平状，前翅伸达腹部第三节近后缘。雄

蛹腹部背面2～7节前、后缘各具齿状突1列，前列齿粗，伸过气门，后列齿细，伸不过气门，8节前缘和9节中部仅具1列粗齿；雌蛹第七节仅前缘具1列粗齿，后缘无齿，其他同雄蛹。**茧：**长23.1～34.1mm，最宽处直径10.6～15.1mm。由丝与沙土缀合而成，长椭圆形，外部土褐色，内部白色，质地细密而结实。靠近蛹头部的一端，茧较薄，方便成虫羽化而出，靠近蛹尾部的茧较厚，依据此可以判断茧内蛹的位置。雄茧小而两端稍尖；雌茧大，头部一端大而圆钝，有些中部略弯。

生物学特性 青海2年1代；陕西4年1代。以各龄幼虫在坑道内越冬。老龄幼虫于翌年5月出蛀道入沙化蛹。5月底6月初成虫开始羽化，6月中旬达盛期。卵期25天左右，初孵幼虫于6月底至7月上旬始见，10月下旬幼虫开始越冬。成虫始见于5月底，终见于7月中旬，羽化高峰期集中在6月中、下旬。

成虫夜间活动，白天隐于沙柳丛基部不动，20:30～22:00较活跃，22:30后大部分成虫趋于安静，唯少数可见间断性活动到夜间零点。从凌晨1:00～4:00灯下仍可诱到少量成虫。成虫交尾集中在20:30～21:30，交尾时间最短6～27分钟，平均15分钟。雌蛾一生只交尾1次，雄虫有重复交尾现象。交尾后，雌蛾寻找合适产卵地开始产卵，多在根皮裂缝和靠近沙土的根基处产卵。每雌蛾产卵量38～665

沙柳木蠹蛾成虫（宗世祥　提供）

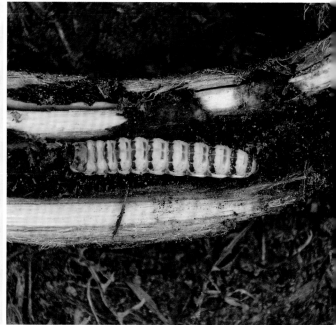

沙柳木蠹蛾幼虫（宗世祥　提供）

粒不等。

成虫寿命与气温关系密切，连续高温寿命短，连续低温则寿命长。寿命最短1天，最长8天，雌虫略长于雄虫，雌雄性比约为0.68：1。成虫趋光性强。

卵呈块状，排列紧密，每块卵最少15粒，最多186粒，平均81.1粒。卵期最长40天，最短18天，平均24.8天，孵化率72.6%～100%。

幼虫孵化后即钻入皮层，并顺皮层向下蛀食，当年至越冬前一般可向下蛀食10～20cm。蛀道多在表皮里，极少数可钻入边材，到第二年即可蛀入心材。幼虫在钻蛀过程中，木屑和虫粪均从根外的侵入孔排出。不同年群的幼虫，其排泄物的形状、大小、颜色也相异（当年群排泄物淡黄色，丝状；二年群排泄物褐色，小块状；三年群排泄物紫红色，圆筒状；四年群排泄物暗褐色，不规则的大块状、片状）。幼虫危害至第三年后期到第四年，由于虫口密度过大，食料不足，有转移危害习性。

防治方法

1. 营林措施。平茬更新，当沙柳生长到3～5年后，在每年3月解冻以前，将沙柳主干连同地下10cm左右的垂直根系一起挖出烧毁。

2. 物理防治。利用成虫的趋光性，每年6～8月在虫口较大地区用黑光灯诱杀，可消灭大量成虫。

3. 化学防治。幼虫期采用45%丙溴磷·辛硫磷乳油、马拉硫磷乳油和25g/L高效氯氟氰菊酯乳油进行树干注药或虫孔注药，或用45%丙溴磷·辛硫磷乳油30～60倍液或12%噻虫·高氯氟悬浮剂30～60倍液添加专用渗透剂后高浓度喷涂树干（注意：高浓度喷涂树干时禁止喷到周围的植物叶片上）。或采用阿维菌素微囊颗粒剂进行熏蒸，均具有一定的效果。

4. 生物防治。榆林沙蜥和黑瘤姬蜂是最重要的天敌，对蛹的寄生率可高达17.78%和8.58%；同时可利用白僵菌防治幼虫，在雨后湿润的天气于虫林内喷洒。

5. 性信息素诱杀成虫。成虫期利用沙柳木蠹蛾性信息素诱芯诱杀雄成虫，将三角形黏胶诱捕器挂在沙柳林内，距地面高度1m，诱捕器之间间隔距离100m，每隔3～5天收集1次成虫，1个月更换1次诱芯。连续应用4年，可有效地控制沙柳木蠹蛾危害。此法是最为有效的监测和控制措施。

参考文献

胡忠朗, 陈孝达, 杨鹏辉, 1984; 胡忠朗, 陈孝达, 杨鹏辉, 1987; 花保祯, 周尧, 方德齐等, 1990; 郭中华, 于素英, 张继平等, 2000; 栗大海, 2004; 谢文娟, 2008; 荆小院, 张金桐, 骆有庆等, 2010; 姚东华, 柳培华, 荆小院等, 2011; Jing Xiaoyuan, Zhang Jintong et al., 2010.

（宗世祥，骆有庆，胡忠朗）

沙柳木蠹蛾蛹壳（宗世祥　提供）

沙柳木蠹蛾幼虫危害状（宗世祥　提供）

分类地位	鳞翅目 Lepidoptera　木蠹蛾科 Cossidae
拉丁学名	*Deserticossus artemisiae* (Chou et Hua)
异　名	*Holcocerus artemisiae* Chou et Hua
英文名称	Sagebrush carpenter worm
中文别名	沙蒿线角木蠹蛾

299 沙蒿木蠹蛾

　　沙蒿木蠹蛾是典型的古北区种亚细亚区昆虫，我国其他地区均无分布。2006年以来，该虫在内蒙古、宁夏、陕西、甘肃等地大面积暴发，造成沙蒿大面积死亡。

　　分布　内蒙古（西部），陕西北部，甘肃，宁夏（银川、盐池、香山、灵武）等地的干旱荒漠草原区。

　　寄主　黑沙蒿、白沙蒿、骆驼蓬。

　　危害　主要以幼虫危害沙蒿的主茎和根部，初孵幼虫先钻蛀根部的韧皮部，之后蛀食根部的木质部，大部分木质部被蛀空，导致枝条部分枯死，严重时整株枯死，受害根部松散干枯，易从土中拔出。

沙蒿木蠹蛾幼虫及危害状（宗世祥　提供）

沙蒿木蠹蛾成虫（宗世祥　提供）

　　形态特征　**成虫：**雄虫体长19.2～23.9mm，平均21mm；翅展36.3～47mm，平均42.9mm；体翅灰褐色；触角线状，黄褐色，扁平无栉节，伸达前翅前缘的2/3；下唇须较长，黄褐色，端部黑色钝圆，沿复眼方向弯曲，可达复眼1/2；头顶毛丛、翅基片及胸前部灰褐色，靠近翅基部有2条黑色毛丛，呈"八"字形，胸后部有前白后黑2条横带，腹部浅灰褐色；前翅顶角钝圆，前缘底黄褐色，有1列小黑点，臀前区中央微凹，前翅底白色，翅基暗褐色；中室之后、2A脉之前有1个大的卵形白斑，较为明显，1A脉从白斑中间穿过，2A脉之后暗褐色，端半部的网状条纹极细，端部翅脉间有数条暗色纵条纹，缘毛短，有黑褐色纹；后翅褐灰色，基部黄褐色，无条纹，缘毛上黑褐色纹不明显；前翅反面暗灰色，前缘的1列黑点明显，端半部和缘毛的条纹隐约可见，后翅反面无条纹；中足胫节1对距，足后胫节2对距，中距位于胫节端部2/5处，后足基跗节稍膨大，中垫退化。雌虫体长19.3～27.1mm，平均23mm；翅展42.6～57.5mm，平均48.4mm；腹部较粗，圆筒形，极长，末端有突出的产卵管；翅形和斑纹与雄虫相似，卵形白斑及黑色翅脉不如雄虫清晰；触角较短，仅伸达前翅前缘1/3。**卵：**椭圆形，长径1.7～1.8mm，短径1.4～1.5mm，卵壳上有横纵脊纹。初产时卵壳外层裹附着黑褐色黏着物，与沙蒿根部颜色相近。**幼虫：**初孵幼虫体长4.8～5.2mm，体色初为淡红色，后逐渐加深。老龄幼虫化蛹前红色体色退去，变为黄白色略带粉色，散布紫红色斑块。头部深褐色，前盾片黄色，背线黄白色，每体节背线两侧有1对近方形的紫红色斑，上生1根褐色刚毛，体侧至气孔线之间分布不规则紫红色斑。腹面淡色，胸足黄色，腹足趾钩42～69个，为单序全环式，其中有少数趾钩长短相间。**蛹：**体长23.1～34.1mm，宽10.6～15.1mm，深褐色。头、胸及翅芽黑褐色，头部前面有3个小突起。腹部褐色，

沙蒿木蠹蛾卵（宗世祥　提供）　　沙蒿木蠹蛾幼虫（宗世祥　提供）　　沙蒿木蠹蛾蛹（宗世祥　提供）

背面具成排锯齿，第一至第五节每节有2行齿，前行齿粗大，后行齿细小，第六至第八节每节有1列齿，腹端齿突1对。**茧：**长23.1～34.1mm，最粗处直径10.6～15.1mm，土褐色。由丝与沙土缀合而成，长椭圆形，中间略弯曲。靠近蛹头部的一端，茧较薄，方便成虫羽化而出，靠近蛹尾部的茧较厚，依据此可以判断茧内蛹的位置。

生物学特性　宁夏2年1代。以各龄幼虫在坑道内越冬。老龄幼虫于翌年5月中旬从受害黑沙蒿根部钻出，在周围的沙土中吐丝结茧、化蛹。蛹期16～23天，平均20天。成虫始见于6月初，终见于8月末，期间经历3个高峰期，分别是6、7、8月的上旬。卵初见于6月中旬，初孵幼虫初见于6月下旬，各龄幼虫于10月中旬开始越冬。

成虫夜间活动，白天隐于沙蒿茧及危害状根颈部或土缝中，羽化后不久即交配产卵，20:00后开始活动，21:00～23:00活动最盛。雌蛾一生只交尾1次，交尾并产卵后的雌蛾在次日19:00～21:00仍可展现召唤行为，但不能吸引雄蛾。交尾后，雌蛾寻找合适产卵场所开始产卵，产卵时间持续2～3个小时，在多处不同的地点产卵。雌蛾怀卵量在80～100粒左右。成虫寿命2～5天，其中交尾后雌蛾平均寿命1.5天，交尾后的雄蛾平均寿命2天。成虫趋光性强，在距发生危害区1000～2000m处用黑光灯可诱到大量成虫。

卵散产于沙蒿周围1～2cm深的沙土中，个别黏在根基部。卵期9～12天。初孵幼虫就近潜到沙蒿根部：首先在韧皮部或在木质部与韧皮部之间蛀食危害，虫体长大后移至根颈部较粗大的部位危害，蛀食木质部，形成隧道。幼虫老熟后，从沙蒿根部的蛀食部位钻入根部附近的沙土中，贴着根附近的表面，以沙土结茧化蛹。成虫产卵时对寄主选择不严，有的卵产在刚死不久的植株上，幼虫孵化后以枯死的植株为食，仍可完成发育。

防治方法

1. 营林措施。地上枝叶有部分发黄枯萎者，多半地下有木蠹蛾，应拔除集中烧毁，可减轻虫口密度。

2. 物理防治。利用成虫的趋光性，每年6～8月在虫口密度较大地区用200瓦黑光灯诱杀，可消灭大量成虫。

3. 化学防治。用45%丙溴磷·辛硫磷乳油，或25g/L高效氯氟氰菊酯乳油，或50%马拉硫磷等，加少量水进行微量喷雾。或用45%丙溴磷·辛硫磷乳油30～60倍液或12%噻虫·高氯氟悬浮剂30～60倍液添加专用渗透剂后高浓度喷涂树干（注意：高浓度喷涂树干时禁止喷到周围的植物叶片上）。或用20亿PIB/mL甘蓝夜蛾核型多角体病毒悬浮剂1000～1500倍液喷施防治。

4. 生物防治。冬春可以喷放白僵菌，能够重复感染幼虫和蛹至死亡。幼虫期利用天敌蒲螨，具有一定的防治效果。

5. 性信息素诱杀成虫。成虫期利用沙蒿木蠹蛾性信息素诱芯诱杀雄成虫，将三角形黏胶诱捕器挂在沙蒿丛内，距地面高度1m，诱捕器之间间隔距离100m，每隔3～5天收集1次成虫，1个月更换1次诱芯。连续应用2年，可有效地控制沙蒿木蠹蛾危害。此法是最为有效的监测和控制措施。

参考文献

甄常生, 1988; 陈孝达, 1989; 花保祯等, 1990; 高兆宁, 1999; 贺达汉等, 2000; 贺达汉, 2004; 徐柱, 2004; 刘爱萍等, 2005; 姚艳芳等, 2009; 张金桐等, 2009; Zhang Jintong, et al., 2009; Zong Shixiang, et al., 2009.

（宗世祥，骆有庆）

300 沙棘木蠹蛾

分类地位	鳞翅目 Lepidoptera　木蠹蛾科 Cossidae
拉丁学名	*Eogystia hippophaecola* (Hua, Chou, Fang et Chen)
异　　名	*Holcocerus hippophaecolus* Hua, Chou, Fang et Chen
英文名称	Seabuckthorn carpenter worm, Sandthorn carpenter worm

　　沙棘木蠹蛾是我国的特有种，至今国外尚未见有关于其发生危害的报道。2001年以来，沙棘木蠹蛾在我国大面积暴发，是迄今为止我国沙棘林最严重的蛀干害虫，给我国的沙棘产业造成了巨大的损失。

　　分布　河北（张家口、保定），内蒙古（赤峰、鄂尔多斯、准格尔旗、达拉特旗、凉城），山西（朔州），辽宁（建平、凌源、北票、朝阳、喀左），陕西（榆林、横山、靖边），甘肃（定西），宁夏（彭阳、隆德、中卫）等地。

　　寄主　沙棘、白榆、苹果、梨树、桃、沙柳、山杏、沙枣等。

　　危害　主要以幼虫危害沙棘的主干和根部。主干受害处挂满了絮状的虫粪，常造成树木表皮干枯；受害根基部周围多见有被推出地面的粪屑，树根大部分被蛀空，导致整株枯死。

　　形态特征　**成虫：**雄虫体长21～36mm，翅展49～69mm；雌虫体长30～44mm，翅展61～87mm。灰褐色。雌、雄触角均为线状，伸至前翅中央。头顶毛丛和领片浅褐色，胸中央灰白色，两侧及后缘、翅基片暗黑色。前翅灰褐色，前缘有1列小黑点，整个翅面无明显条纹，仅端部翅脉间有模糊短纵纹；后翅浅褐色，无任何条纹，翅反面似正面。

中足胫节1对距，后足胫节2对距，中距在胫节3/5处，跗节腹面有许多黑刺，每一跗分节的末端为黑色，前跗节无爪间突。**幼虫：**扁圆筒形，初孵幼虫体长2.02mm，头宽0.44m；老龄幼虫体长60～75mm，头宽6.5～7.5mm。头部黑色，胸腹部背面桃红色，前胸背板橙红色，并有一橙黄色"W"纹，腹足趾钩双序全环状，臀足趾钩双序中带状。

　　生物学特性　辽宁建平4年1代。以幼虫在被害沙棘根部的蛀道内越冬，极少数初龄幼虫在主干韧皮部和木质部之间越冬。老龄幼虫于5月上、中旬入土化蛹，成虫始见于5月末，终见于9月初，期间经历2次羽化高峰：第一次6月中旬，第二次7月下旬。初孵幼虫6月上旬始见，10月下旬开始越冬。

　　成虫羽化多集中在16:00～19:00。羽化后先在地面上静伏不动，至20:00左右开始活动。羽化当日即可交配，交配高峰在21:30左右，历时15～40分钟。雌虫一生只交尾1次，而雄虫有重复交尾现象。雌虫昼夜均可产卵，但以夜间产卵居多，一般在交配后的第二天20:30～22:00。卵常成块堆集，十几粒至上百粒不等，雌虫产卵量73～617粒，怀卵量134～641粒，卵期9～33天，室内孵化率达90%以上。雌雄性比约0.91：1，成虫寿命：雄虫2～8天，

沙棘木蠹蛾雄成虫（宗世祥　提供）

沙棘木蠹蛾羽化成虫和蛹壳（宗世祥　提供）

沙棘木蠹蛾危害沙棘根部状（宗世祥　提供）

沙棘木蠹蛾茧（宗世祥　提供）

沙棘木蠹蛾蛹（宗世祥　提供）

沙棘木蠹蛾卵（宗世祥　提供）

沙棘木蠹蛾树干部受害状（宗世祥　提供）

雌虫3～8天。

　　幼虫常十几头至上百头聚集危害，初孵幼虫先取食部分卵壳，然后开始蛀食树干的韧皮部，小幼虫常于同年入冬前由树干表面转移至基部和根部进行危害。幼虫共16龄。老熟幼虫在树基部周围10cm深的土壤中化蛹，化蛹前先结一土茧，然后在茧内经过预蛹期，再进入蛹期。蛹期26～37天。

防治方法

　　1. 营林措施。平茬更新，11月至翌年3月，将沙棘主干连同地表以下20cm的垂直根系一起挖出，用高效氯氰菊酯处理根部幼虫，或将其远离林地进行粉碎、烧毁。

　　2. 物理防治。成虫期用黑光灯诱杀可对虫口密度的减少起到明显作用。

　　3. 化学防治。幼虫期根部施用磷化铝丸剂进行熏蒸，用中西杀灭菊酯、对硫磷、甲拌磷粉剂等灌根，均具有较好的防治效果。由于沙棘本身的生长特点及经济价值，此方法只适合在局部范围内采用。或用45%丙溴磷·辛硫磷乳油30～60倍液或12%噻虫·高氯氟悬浮剂30～60倍液添加专用渗透剂后高浓度喷涂树干（注意：高浓度喷涂树干时禁止喷到周围的植物叶片上）。或用20亿PIB/mL甘蓝夜蛾核型多角体病毒悬浮剂1000～1500倍液喷雾防治。

　　4. 生物防治。冬春可以喷放白僵菌，能够重复感染幼虫或蛹至死亡。幼虫期采用小卷蛾斯氏线虫，林间感染率可达13.2%～48%，野外接种白僵菌，致死率达11.5%～50%。由于成本高，寄生率有限，此方法较少采用。

　　5. 性信息素诱杀成虫。成虫期利用沙棘木蠹蛾性信息素诱芯诱杀雄成虫，将三角形黏胶诱捕器或沙棘木蠹蛾诱捕器挂在沙棘林内，距地面高度1m，诱捕器之间间隔距离100m，每隔3～5天收集1次成虫，1个月更换1次诱芯。连续应用4年，可有效地控制沙棘木蠹蛾危害。此法是最为有效的监测和控制措施。

参考文献

　　花保祯等, 1990; 田润民等, 1997; 骆有庆等, 2003; 马超德, 2003; 贾峰勇, 许志春, 宗世祥等, 2004; 路常宽, 许志春, 贾峰勇等, 2004; 路常宽, 宗世祥, 骆有庆等, 2004; 宗世祥, 贾峰勇, 骆有庆等, 2005; 宗世祥, 骆有庆, 路常宽等, 2006.

　　　　　　　　　　　　　　　（宗世祥，骆有庆）

301 小线角木蠹蛾

分类地位	鳞翅目 Lepidoptera 木蠹蛾科 Cossidae
拉丁学名	*Streltzoviella insularis* (Staudinger)
异 名	*Holcocerus arenicola* var. *insularis* Staudinger, *Holcocerus insularis* Staudinger
中文别名	小褐木蠹蛾、小木蠹蛾

小线角木蠹蛾是一类重要的林木蛀干害虫。

分布 北京，天津，河北，内蒙古，辽宁，吉林，黑龙江，上海，江苏，安徽，福建，江西，山东，湖南，陕西，宁夏。俄罗斯等。

寄主 白蜡树、构树、丁香、白榆、槐树、银杏、柳、麻栎、苹果、白玉兰、悬铃木、元宝枫、海棠、冬青卫矛、柽柳、山楂、香椿、榆叶梅、麻叶绣球等。

危害 受害植株常发生风折、枯枝甚至整株死亡，幼虫蛀干后排出粪屑挂满树干、树枝或飘落地面，严重影响城市的绿化美化效果。

形态特征 成虫：体灰褐色。雌虫体长18～28mm，翅展36～55mm；雄虫体长14～25mm，翅展31～46mm。触角线状，很细。雌虫触角鞭节58～60节，雄虫触角鞭节71～73节。下唇须灰褐色，伸达复眼前缘。头顶毛丛和领片鼠灰色，胸背部暗红褐色。腹部较长。前翅顶角极为钝圆，翅长为臀角处

小线角木蠹蛾成虫（展翅）（徐公天 提供）

宽的2.1倍，翅面密布许多细而碎的条纹；亚外缘线顶端近前缘处呈小"Y"形，向里延伸为一黑线纹，但变化较大；外横线以内至基角处，翅面均为暗色，缘毛灰色，有明显的暗格纹。后翅色较深，有不明显的细褐纹，缘毛暗色格纹不明显。中足胫节1对距，后足胫节2对距，中距位于胫节端部1/3处，后足基跗节不膨大，中垫退化。翅面花纹及翅脉常有变化。**幼虫：**体长显著小，胸、腹背面浅红色，腹面黄白色。头部褐色。前胸背板深褐色斑纹，中间有"◇"形白斑，中、后胸背板半骨化的斑纹均为浅褐色。

生物学特性 山东济南2年1代，经过2次越冬，跨过3个年度。越冬幼虫于翌年5月上旬开始化蛹，8月上旬末成虫羽化。成虫初见6月上旬，盛期为6月下旬至7月中旬，末期为8月中、下旬。当年初孵幼虫始于6月上旬，终孵于9月中旬，7月中、上旬为盛期。成虫羽化后当晚即进行交尾，卵期9～21天。初孵幼虫先取食卵壳，3龄后危害树干，当年10月开始越冬。翌年幼虫继续在树干内危害，越冬后出蛰幼虫于5月上旬开始在树干蛀道内化蛹，5月下旬至6月下旬为盛期，末期为8月上旬末。6月上旬即可见到成虫。

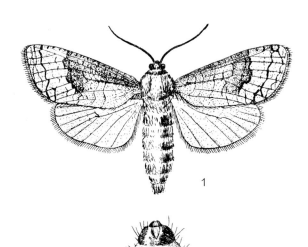

小线角木蠹蛾（胡兴平 绘）

1. 成虫；2. 幼虫头及前胸

小线角木蠹蛾成虫（徐公天　提供）

小线角木蠹蛾幼虫排粪孔（徐公天　提供）

小线角木蠹蛾幼虫排粪末（徐公天　提供）

小线角木蠹蛾蛹壳残留在羽化孔中（徐公天　提供）

小线角木蠹蛾导致白蜡树风折（徐公天　提供）

　　初孵幼虫有群集性。幼虫孵化后先取食卵壳，然后蛀入寄主枝干表层、韧皮部危害。3龄以后各自向木质部钻蛀，形成椭圆形侵入孔。数十头幼虫聚集于一隧道内危害，对树干破坏性较大。粪屑粘连成棉絮状悬挂在粪口周围的枝干上。被害严重的树干、树枝几乎全部被粪屑包裹。

防治方法

1. 营林措施。参照东方木蠹蛾东方亚种。

2. 化学防治。①用25g/L高效氯氟氰菊酯乳油、20%氰戊菊酯乳油500倍液注射虫孔。②用磷化锌毒签。或用45%丙溴磷·辛硫磷乳油30～60倍液或12%噻虫·高氯氟悬浮剂30～60倍液添加专用渗透剂后高浓度喷涂树干（注意：高浓度喷涂树干时禁止喷到周围的植物叶片上）。

3. 生物防治。冬春可以喷放白僵菌，能够重复感染幼虫或蛹至死亡。用芜菁夜蛾线虫A11品系水悬液20 000条/mL防治小线角木蠹蛾幼虫，死亡率在99%以上。

参考文献

高瑞桐等，1983；花保桢等，1984；蒋三登等，1987；萧刚柔，1992；张金桐等，2001.

（李宪臣，方德齐，蒋三登，陈树良）

分类地位	鳞翅目 Lepidoptera　木蠹蛾科 Cossidae
拉丁学名	*Yakudza vicarius* (Walker)
异　名	*Holcocerus vicarius* (Walker), *Cossus vicarius* Walker, *Holcocerus japonicus* Gaede
英文名称	Elm carpenter moth
中文别名	柳干木蠹蛾、榆木蠹蛾

302 榆线角木蠹蛾

榆线角木蠹蛾是一类重要的林木蛀干害虫。

分布　北京，天津，河北，内蒙古，辽宁，吉林，黑龙江，上海，江苏，安徽，福建，江西，山东，河南，湖南，四川，云南，陕西，甘肃，宁夏。俄罗斯，朝鲜，越南，日本等。

寄主　白榆、刺槐、麻栎、金银花、花椒、柳、杨、核桃、苹果等。

危害　在土层上下的根茎内部危害呈蜂窝状。

形态特征　**成虫：**体粗壮，灰褐色。雌虫体长25～40mm，翅展68～87mm；雄虫体长23～34mm，翅展52～68mm。触角均为线状，雄虫触角鞭节71节，先端3节短细，尤以第三节最短；雌虫鞭节73～76节，先端2节短细。下唇须紧贴额面，伸达触角基部。头顶毛丛，领片和肩片暗灰褐色，中胸背板前缘及后半部毛丛均为鲜明白色，小盾片毛丛灰褐色，其前缘为1条黑色横带。前翅灰褐色，翅面密布许多黑褐色条纹，亚外缘线黑色，明显，外横线以内中室至前缘处呈黑褐色大斑；后翅浅灰色，翅面无明显条纹，其反面条纹褐色，中部褐色圆斑明显。雌虫翅缰由11～17根硬鬃组成。中足胫节1对距，后足胫节2对距，中距位于端部1/4处，后足基跗节膨大，中垫退化。**幼虫：**扁筒形。初孵幼虫体长3mm左右，老龄幼虫体长63～94mm。胸、腹背面鲜红色，腹面色稍淡。头部黑色。前胸背板骨化，褐色，上有1个浅色横"B"形斑痕。幼龄幼虫该斑痕黑褐色，5龄以后变浅。环痕前方有一长方形浅色斑纹；后胸背板有2枚圆形斑纹。腹足深橘红色，趾钩三序环状，趾钩数为82～95个；臀足趾钩双序横带，趾钩数为19～23个。体色从幼虫至老龄均为鲜红色。

生物学特性　在山东野外2年1代，幼虫经过2次

榆线角木蠹蛾（胡兴平　绘）
1. 成虫；2. 幼虫头及前胸

榆线角木蠹蛾成虫（徐公天　提供）

越冬，跨过3个年度。林内4月下旬初始化蛹，成虫始见期5月中旬至8月中旬，9月中旬尚可见到个别成虫。成虫昼夜均可羽化，羽化高峰为5月中旬至6月上旬。成虫羽化后当夜交尾。6月中、下旬为幼虫孵化盛期。当年幼虫于10月在根茎内越冬。第二年群居末龄幼虫于10月中、下旬由虫道中爬出寻觅松软土壤，在土中做土质薄茧，在茧内越冬。翌年4月上旬，幼虫由越冬茧中爬到土中作茧化蛹。少数未达到末龄的2年幼虫仍在根茎内进行第二次越冬，翌年4月开始取食，到达末龄后作茧化蛹。

榆木蠹蛾初孵幼虫多群集取食卵壳及树皮，2～3龄幼虫分散寻觅伤口及树皮裂缝侵入到韧皮部及边材危害，发育到5龄时，沿树干爬行到根茎部钻入危害，在土层上下的根茎部内危害呈蜂窝状。

防治方法

1. 营林措施。参照东方木蠹蛾东方亚种。

2. 化学防治。①用2.5%溴氰菊酯、20%氰戊菊酯3000～5000倍液喷雾杀死初孵幼虫。②用50%马拉硫磷乳油、20%氰戊菊酯乳油100～300倍液注射虫孔。或用45%丙溴磷·辛硫磷乳油30～60倍液或12%噻虫·高氯氟悬浮剂30～60倍液添加专用渗透剂后高浓度喷涂树干（注意：高浓度喷涂树干时禁止喷到周围的植物叶片上）。

3. 磷化铝片剂堵塞虫孔熏杀根、干内的榆线角木蠹蛾幼虫。

4. 生物防治。①以1亿～8亿孢子/g白僵菌液喷杀幼虫，死亡率达17.85%～100%；以白僵菌黏膏涂在排粪孔口；注射器对蛀虫孔口喷注$5×10^8$～$5×10^9$孢子/mL白僵菌液，死亡率达95%以上。②释放黑卵蜂，保护利用刺猬、中华大刀螂、榆林沙蜥等天敌。

参考文献

花保祯等，1984；方德齐等，1987；萧刚柔，1992.

（李宪臣，方德齐，陈树良）

303 咖啡木蠹蛾

分类地位	鳞翅目 Lepidoptera　木蠹蛾科 Cossidae
拉丁学名	*Polyphagozerra coffeae* (Nietner)
异　　名	*Zeuzera coffeae* Nietner
中文别名	钻心虫、咖啡豹蠹蛾

咖啡木蠹蛾能钻蛀各种树木枝条致使受害部位枯萎，但对速生桉的危害最为严重，害虫发生区的断头树不断出现，使局部的幼树失去主梢，影响长势和材积产量。

分布　江苏，浙江，福建，江西，河南，湖南，广东，广西，四川，台湾等地。印度，斯里兰卡，印度尼西亚。

寄主　桉树、木麻黄、板栗、台湾相思、乌桕、蝴蝶果、香椿、红锥、荔枝、龙眼、咖啡、金鸡纳、水杉、刺槐、番石榴、核桃、山核桃、枫杨、悬铃木、黄檀、柑橘、苹果、梨树等。

危害　害虫将寄主的主梢头蛀空后断落、枯萎，影响植株高生长。

形态特征　**成虫：** 雌虫体长18～20mm，翅展40～50mm，触角丝状；雄虫体长11～15mm，翅展33～36mm，触角基部羽毛状，端部丝状。体被灰白色鳞片，胸背有青蓝色斑点6个。前翅各室有蓝灰色斑点，后翅上的斑点较淡，中部有1个较大蓝黑色斑。腹部背面各节有3条纵纹，两侧各有1个圆斑，第三腹节以下各节具灰黑小点围绕排成的横带纹。**卵：** 长椭圆形，嫩黄色。**幼虫：** 老龄幼虫体长约30mm，体红色，头深褐色。体上着生白色细毛。前胸背板黄褐色，前半部有1个黑褐色近长方形斑，后缘有黑色齿状突起4列，形似锯齿状；臀板黑褐色。**蛹：** 体长18～26mm，赤褐色，腹末有多枚臀棘（萧刚柔，1992）。

生物学特性　1年2代。以幼虫在被害枝干内越冬。越冬后幼虫在被害株内继续取食或转枝危害，2月下旬化蛹，越冬代成虫期在4～6月，第一代在8～10月初（黄金义，1986）。

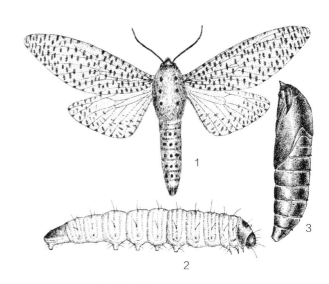

咖啡木蠹蛾（张培毅　绘）
1. 成虫；2. 幼虫；3. 蛹

咖啡木蠹蛾初羽化成虫（王缉健　提供）

咖啡木蠹蛾幼虫（王缉健　提供）

卵产于小枝嫩梢顶端或腋芽处，单粒散产。幼虫进入幼嫩的速生桉主梢木质部内取食，先环绕蛀食一圈，然后继续沿木质部中心向上取食，由于桉树的生长速度快，在受虫危害的同时速生桉的主梢仍可正常生长，当主梢生长到蛀入孔上方70～80cm时，此时枝条外观尚无明显的枯萎症状，但幼虫已经发育成熟，由于此时枝条过长其重量增加、下方受虫蛀害不胜重负，枝条会自行折断或因风断落，幼虫在枝条内仍然取食，并在蛀道内化蛹。老熟幼虫在化蛹前，咬透虫道边的木质部，在皮层处做一近圆形的与树皮略为分离的羽化孔盖，在孔盖下方另咬一小孔与外界相通，在孔盖与小孔之间幼虫吐丝缀合木屑将虫道堵塞，并筑成一斜向的羽化孔道。在羽化孔上方幼虫用丝和木屑封隔虫道，筑成长20～30mm的蛹室，幼虫头部朝下，经3～5天蜕皮化蛹，蛹期13～37天。羽化前，蛹体顶破蛹室丝网及羽化孔盖半露于羽化孔外，羽化后蛹壳留在羽化孔口，长久不落，是该虫最明显的特征之一。成虫全天都可以羽化。20:00～23:00交尾最多。交尾后1～6小时产卵，产卵期1～4天，每雌产卵约600粒。卵多产于雌虫羽化孔内，卵期9～15天。幼虫孵化后，叶丝下垂，随风扩散。11月下旬幼虫停止取食，在蛀道内吐丝缀合虫粪、木屑、封闭虫道两端静伏越冬。

防治方法

1. 人工防治。咖啡木蠹蛾危害状明显，在桉树梢头下垂时，幼虫正在断落部位木质部内取食，可将断落梢头撕开，杀死其中幼虫，或将断梢集中带离林地后烧毁；有明显虫孔部位的，可以用小铁丝导入，刺死蛀道内幼虫。

2. 灯光诱杀。成虫有明显的趋光性，发生量较大的林区可在成虫期用黑光灯诱杀成虫。

3. 化学防治。在幼虫尚未进入木质部时期，可以喷施50%倍硫磷或20%噻虫嗪悬浮剂1500倍液；或用45%丙溴磷·辛硫磷乳油30～60倍液或12%噻虫·高氯氟悬浮剂30～60倍液添加专用渗透剂后高浓度喷涂树干（注意：高浓度喷涂树干时禁止喷到周围的植物叶片上）；对较细小的嫩树，可用50%噻虫嗪水分散粒剂兑水20～40倍，涂于树干上。

参考文献

黄金义, 蒙美琼, 1986; 萧刚柔, 1992.

（王缉健，唐祖庭，秦旦人）

咖啡木蠹蛾幼虫危害状（王缉健　提供）

咖啡木蠹蛾蛹和初产卵粒（王缉健　提供）

咖啡木蠹蛾受害枝干（王缉健　提供）

304 六星黑点豹蠹蛾

分类地位	鳞翅目 Lepidoptera　木蠹蛾科 Cossidae
拉丁学名	*Xyleutes persona* (Le Guillou)
异　名	*Zeuzera leuconotum* Butler
英文名称	Oriental leopard moth
中文别名	豹纹蠹蛾、六星黑点蠹蛾、白背蠹蛾、枣树截干虫、胡麻布蠹蛾、栎豹斑蛾

分布　北京，天津，河北（沧县、晋县、赵县、束鹿），山西，上海，江苏，浙江，安徽（泾县），福建，江西，山东（临沂、郯城、临沭、莒南、日照），河南，湖北，湖南，广东，广西（钟山），四川，甘肃，台湾等地。日本，朝鲜，印度等。

寄主　该虫食性杂，危害百余种阔叶树、花卉以及农作物，包括白蜡树、槐树、刺槐、杨、榆、垂柳、悬铃木、栾树、椿、杜仲、桃树、苹果、梨树、柿树、枣树、山楂、海棠、金银花、蜡梅等。

危害　以幼虫蛀食寄主枝梢，枝梢表面常有幼虫钻蛀后留下的蛀孔。被害枝条的木质部和髓心被蛀空成虫道，并排出大量颗粒状木屑，常造成枝梢干枯、折断，严重时，新抽枝梢全部枯死。

形态特征　**成虫：**雌虫体长18～30mm，翅展33～46mm；雄虫体长18～23mm，翅展29～37mm。雌虫触角丝状，雄虫触角基半部羽毛状、端半部丝状。全体被灰白色鳞片，翅面有许多蓝黑色斑纹，后翅色浅。前胸背板有6个明显蓝黑色斑点，排成2行，腹部每节也都有若干大小不等的蓝黑色斑。**幼虫：**初孵幼虫黑褐色，后深红色，老熟幼虫体长约

35mm，每节有黑色毛瘤，其上有毛1～2根，前胸背板骨化为黑斑，中央有条黄线，腹末臀板也常具1个大块黑色亮斑。

生物学特性　山东、安徽、天津等地1年1代。以幼虫在被害枝干内越冬。老熟幼虫5月上旬开始化蛹，5月中旬成虫羽化直到7月上旬结束，5月下旬始见初孵幼虫。成虫羽化多在16:00～20:00，羽化时将半截蛹壳留于羽化孔中，羽化当晚即可交尾产卵，卵常产于树缝及枝丫分权处，平均产卵量约400粒，卵期20～23天。初孵幼虫在韧皮部与木质部间蛀食，后深入木质部，蛀道较长，有多个排粪孔。老熟幼虫化蛹前在被害枝内咬穿蛀道壁的木质部，而留韧皮部做成羽化孔，然后在羽化孔上方的蛀道内吐丝缀合木屑堵塞两端，构成蛹室，头部朝下蜕皮化蛹，蛹期17～24天。成虫寿命：雌蛾3～7天，雄蛾2～5天。

防治方法

1. 营林措施。及时修剪清除虫害枝、枯萎枝、衰弱枝、风折枝，培育壮苗，提高林木抗病虫能力。

2. 人工防治。成虫期用黑光灯诱杀。

3. 化学防治。卵孵化盛期，用5.7%甲氨基阿维

六星黑点豹蠹蛾成虫（徐公天　提供）

六星黑点豹蠹蛾幼虫（徐公天　提供）

六星黑点豹蠹蛾蛹（徐公天　提供）

六星黑点豹蠹蛾蛹壳外露（徐公天　提供）

六星黑点豹蠹蛾羽化孔（徐公天　提供）

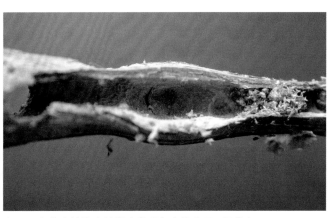

六星黑点豹蠹蛾幼虫蛀道（纵观）（徐公天　提供）

六星黑点豹蠹蛾幼虫排粪末（徐公天　提供）

六星黑点豹蠹蛾幼虫蛀害木槿枝干（徐公天　提供）

菌素苯甲酸盐微乳剂稀释3000～5000倍液或50%杀螟硫磷乳油1000倍液防治；幼虫蛀入期，用小棉球蘸25g/L高效氯氟氰菊酯乳油从虫孔塞进，或在蛀道内塞入阿维菌素微囊颗粒剂，然后用黏泥将虫孔封严，进行熏杀。或用45%丙溴磷·辛硫磷乳油30～60倍液或12%噻虫·高氯氟悬浮剂30～60倍液添加专用渗透剂后高浓度喷涂树干（注意：高浓度喷涂树干时禁止喷到周围的植物叶片上）。

4. 生物防治。苏云金杆菌、白僵菌、蒲螨对幼虫均有很好的抑制作用，应加强研究和利用。

参考文献

朱弘复等，1975；曹子刚等，1978；王云尊，1989；胡奇，2002；徐公天，2003；陈士军等，2006；吕玉里等，2006.

（宗世祥）

305 多斑豹蠹蛾

多斑豹蠹蛾是沿海防护林木麻黄等树种的主要害虫,以幼龄虫钻食嫩梢小枝,使枝叶枯萎,中、老龄幼虫钻蛀主干、主根。虫道中空,破坏木质部,切断输导系统,重者引起整株枯死或风折,轻者新枝不长,老枝萎缩,树干畸形。其危害给沿海防护林体系建设带来极大威胁。

分布 福建(福鼎、霞浦、宁德、连江、福州、福清、平潭、闽侯、莆田、仙游、惠安、晋江、厦门、同安、长泰、东山、漳浦、长乐、泉州、漳州),广东,广西。印度,孟加拉国,缅甸,日本。

寄主 木麻黄、黑荆树、南岭南檀、台湾相思、大叶相思、银桦、丝棉、玉兰、龙眼、荔枝、余甘子。日本记载的寄主有柳杉、梨树、栎树、檀香、冬青等。

形态特征 **成虫:** 雌虫体长25~44mm,翅展40~70mm,体灰白色(黄金水等,1988)。**幼虫:**老熟幼虫体长30~80mm,体浅黄色或黄褐色。前胸背板发达,后缘有1个盘状黑斑,上面生有4列锯齿状小刺和许多小颗粒。

生物学特性 福建1年1代。以大龄幼虫于12月初在木麻黄树干基部的蛀道内越冬。翌年2月下旬又重新开始蛀食;6月上旬为化蛹盛期,蛹期20天;6月

中、下旬为羽化盛期;7月上、中旬为孵化盛期,卵期18天;幼虫期313~321天。

成虫羽化时间为14:00至次日凌晨,以16:00~20:00最多,占总数的95%。成虫羽化后数小时即可交尾产卵,一般在21:00后进行。交配后0.5小时即可开始产卵,喜欢把卵产于树皮裂缝中,分别产在3~5处,产卵场所比较隐蔽。产卵历期2~3天,产卵量平均700粒,并有遗腹卵80~130粒,平均110粒,卵期16天。雌雄性比为1.46:1,雌虫寿命平均6天,雄虫寿命平均4天。雄蛾有较强的趋光性,灯诱到的均为雄成虫。雌蛾腹部肥大,充满卵粒,仅能缓慢爬行或短距离飞行。

幼虫共19龄(黄金水等,1990)。孵化时卵块表层卵粒先孵化,孵化后幼虫取食卵壳,吐丝覆盖卵块表面后又钻入丝膜内部;2天后各自分散爬行,或吐丝随风飘移到较近的小枝叶上。10龄前幼虫有多次转株转位取食的习性,侵入孔多在离地面20~100cm高的树干上,侵入孔也就是排粪孔。侵入后沿髓心蛀食,蛀成一纵直道,虫道内大部分畅通,很少有粪屑堵塞。在夏季,幼虫沿髓心向根部蛀食,可深入地下10~20cm的主根中避暑。老龄幼虫化蛹前,在皮层上预划1个直径1cm的近圆形的羽化孔盖,孔盖边缘与树皮略为分离,羽化孔多分布在离地面200cm以下的树干上。

防治方法

1. 加强虫情监测,及时预测预报。在林间设立诱虫灯,不但可以诱杀部分雄成虫,还可根据灯诱成虫高峰期,参考木麻黄生长发育期(此时为球果期)预测初孵幼虫盛期,及时采取防治措施。

2. 营林措施。混交林具有一定的抑制多斑豹蠹蛾危害的作用,多斑豹蠹蛾对湿地松、黑松、马尾松3种针叶树不啃食,更不能蛀入;对柠檬桉、苦楝能蛀入取食一段时间,但生长发育不良,不能完成生活史,这5种树种可作为混交树种。

3. 人工防治。根据蛹期位置固定的特点,可采

多斑豹蠹蛾成虫(徐公天　提供)

多斑豹蠹蛾成虫（黄金水　提供）

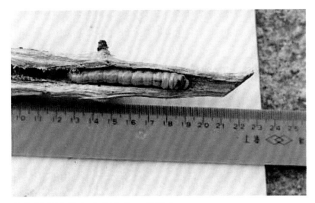

多斑豹蠹蛾幼虫（黄金水　提供）

多斑豹蠹蛾羽化孔（黄金水　提供）

用就地从木麻黄上折下一根长约10～15cm的小枝，找到羽化孔位置直接将小枝沿羽化孔向上插，插入深度必须超过7cm，可直接插死蛹，即使没有被直接插死的蛹也没有办法羽化出孔。

　　4. 生物防治。对已蛀入主干危害的幼虫，应用白僵菌黏膏涂孔防治，效果可达95%以上，是防治多斑豹蠹蛾的主要手段。或用45%丙溴磷·辛硫磷

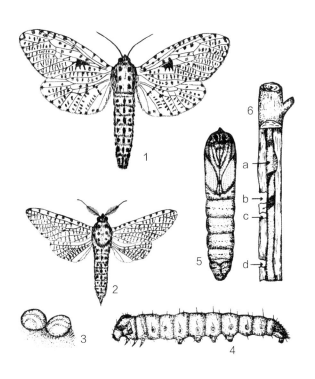

多斑豹蠹蛾（黄金水　绘）

1. 雌成虫；2. 雄成虫；3. 卵；4. 幼虫；5. 蛹；6. 虫道（a. 蛹室，b. 羽化孔，c. 通气孔，d. 排粪孔）

乳油30～60倍液或12%噻虫·高氯氟悬浮剂30～60倍液添加专用渗透剂后高浓度喷涂树干（注意：高浓度喷涂树干时禁止喷到周围的植物叶片上）。采用泡沫塑料塞孔施病原斯氏线虫，剂量25～20 000条线虫/头害虫范围内，多斑豹蠹蛾幼虫及蛹均能被寄生致死，林间以1000条线虫为宜。在已发现的8种天敌中，以蚂蚁类和白僵菌数量最多。分别对卵、幼虫、蛹、成虫期进行调查，天敌有黑蚂蚁、棕色小蚂蚁、广斧螳螂、蜘蛛、寄生蝇、白僵菌和1种细菌。

　　5. 性信息素诱集成虫。将当日羽化未经交配的雌虫置于小养虫笼内，笼子挂在林间离地面100cm高的树干上，在成虫发生期诱集雄性成虫，次日清晨取回。性引诱高峰在21:30～22:30；活体雌虫每2天取出更换1次，有一定的诱集效果。

参考文献

　　黄金水，黄远辉，何益良，1988；黄金水，何益良，林庆源，1990；黄金水，黄远飞，高美玲等，1990；黄金水，郑惠成，杨怀文，1992.

（黄金水，汤陈生）

306 **黄刺蛾**

分类地位	鳞翅目 Lepidoptera　刺蛾科 Limacodidae
拉丁学名	*Monema flavescens* Walker
异　　名	*Cnidocampa flavescens* (Walker)
中文别名	洋辣子、刺毛虫、毛八角、毒毛虫

近几年，黄刺蛾在山东菏泽市园林树种上猖獗危害。该虫发生后蔓延迅速，常表现暴发性，危害严重。

分布　除贵州、西藏、宁夏、新疆目前尚无记录外，几乎遍布全国各省（自治区、直辖市）。日本，朝鲜，俄罗斯。

寄主　枣树、苹果、梨、桃、杏、李、核桃、山楂、柿子、花椒、柑橘、枇杷、枫杨、朴树、杨、柳、桑、榆等多种果树和林木。

危害　初龄幼虫喜群集叶背啃食叶肉，形成透明斑块；大龄幼虫则分散食害，食量增大，常将叶片吃光，仅留叶柄。

形态特征　**成虫**：雌虫体长15～17mm，翅展35～39mm；雄虫体长13～15mm，翅展30～32mm。体橙黄色。前翅内半部黄色，外半部黄褐色，自顶角斜向后缘有2条暗褐色细纹，内1条成为翅面2种颜色的分界线，中室部分有1个黄褐色圆点；后翅灰黄色。足褐色。**卵**：扁椭圆形，一端略尖，长1.5mm，宽0.9mm，淡黄色，卵膜上有龟状刻纹。**幼虫**：老熟幼虫体长19～25mm，体粗大。略呈长方形，前端略大，体色鲜艳，黄绿色，大龄幼虫背部有1个哑铃形紫褐色大斑，体躯自第二节起，各节有4个枝刺。气门上线淡青色，气门下线淡黄色。头部黄褐色，隐藏于前胸下。**蛹**：椭圆形，粗大。体长13～15mm。淡黄褐色，头、胸部背面黄色，腹部各节背面有褐色背板。**茧**：椭圆形，12mm左右，质地坚硬，灰白色，上有黑褐色不规则纵纹，形似雀蛋。

生物学特性　我国北方1年1代。以老熟幼虫在枝杈处结茧越冬。5月中旬幼虫在茧内化蛹，蛹期15天左右，6月中旬出现成虫，成虫寿命4～7天，成虫趋光性较强，白天在叶背静伏，夜间活动，羽化后不久便交尾产卵，卵多产于叶背面。每雌虫可产

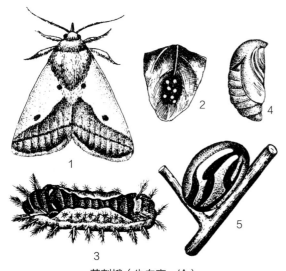

黄刺蛾（朱白亭　绘）
1.成虫；2.卵；3.幼虫；4.蛹；5.茧

黄刺蛾成虫（徐公天　提供）

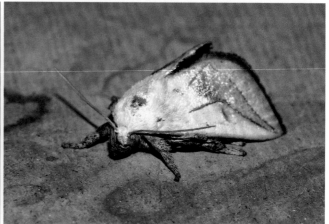

黄刺蛾成虫（侧视）（张润志　拍摄）

卵50～70粒，卵连片集中，半透明，卵期8天左右。幼虫多在白天孵化，共7个龄期，初孵幼虫先食卵壳，然后取食叶片的下表皮和叶肉，不食上表皮形成圆形透明小斑，叶片呈网状，幼虫稍大后逐渐分散，在4龄时取食叶片成孔洞，5龄以上幼虫能将叶片吃光，仅留叶脉，叶片呈网眼状。幼虫有毒刺，触及皮肤极疼痛。危害期7月中旬至8月下旬，9月上旬老熟幼虫在枝杈作茧越冬。

防治方法

1. 生物防治。天敌主要有上海青蜂、刺蛾广肩

黄刺蛾成虫（前视）（张润志　拍摄）

黄刺蛾茧（李镇宇　提供）

黄刺蛾幼虫（张润志　拍摄）

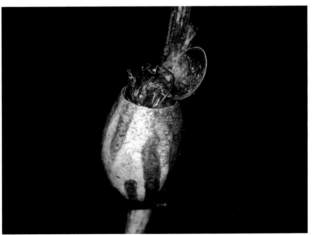
黄刺蛾蛹壳（张润志　拍摄）

黄刺蛾幼龄幼虫（徐公天　提供）

黄刺蛾老龄幼虫（徐公天　提供）

黄刺蛾蛹腹面（徐公天　提供）

黄刺蛾蛹背面（徐公天　提供）

黄刺蛾幼龄幼虫食害状（徐公天　提供）

黄刺蛾幼虫被茧蜂寄生（徐公天　提供）

小蜂、螳螂、核型多角体病毒等。上海青蜂是黄刺蛾的天敌优势种群，在茧蛹期寄生率很高，寄生茧容易识别，被寄生茧的上端有1个小圆孔。可于3月在林内设置由长30cm、宽30cm、高40cm，外面包有孔径3mm铁纱的木笼做成的上海青蜂保护器。在休眠期掰除黄刺蛾越冬茧，集中放入保护器内，上海青蜂羽化后爬出保护器，在自然环境中繁殖，而黄刺蛾则被截留在保护器内集中消灭，可有效降低黄刺蛾越冬基数。

2. 黑光灯诱杀。6月中旬至7月中旬越冬代成虫发生期，田间设置黑光灯诱杀成虫。

3. 人工防治。利用初孵幼虫群集习性，适时剪除虫叶，以消灭虫源和防止扩大危害；8月中、下旬老熟幼虫在枝干枝皮上寻找适当结茧场所期间，捕捉老龄幼虫，集中杀灭。

4. 化学防治。在幼虫初发期，叶面喷Bt乳剂600倍液、25%灭幼脲Ⅲ号胶悬剂1000倍液、5.7%氟氯氰菊酯乳油1000～2000倍液、20%除虫脲5000～6000倍液、25g/L高效氯氟氰菊酯乳油800～1000倍液、或30%蛾螨灵2000倍液或使用20亿PIB/mL甘蓝夜蛾核型多角体病毒悬浮剂1000～1500倍液。

参考文献

中国林业科学研究院, 1983; 赵方桂等, 1999; 孙绪艮等, 2001.

（王海明，陈铸尧）

分类地位	鳞翅目 Lepidoptera　刺蛾科 Limacodidae
拉丁学名	*Phlossa conjuncta* (Walker)
异　名	*Iragoides conjuncta* (Walker)
英文名称	Slug moth, Cup moth
中文别名	枣刺蛾、三角斑刺蛾

307 枣奕刺蛾

枣奕刺蛾是常发性林木食叶害虫。

分布　河北，辽宁，江苏，浙江，安徽，福建，江西，江西，山东，湖北，湖南，广东，广西，四川，贵州，云南，台湾等地。朝鲜，日本，越南，印度，泰国。

寄主　枣、梨树、柿树、桃树、杏、茶树、核桃、苹果、臭椿、酸枣、泡桐、刺槐、樱桃、杧果、悬铃木、海洲常山等。

危害　以幼虫取食叶片，低龄幼虫取食叶肉，稍大后即可取食全叶。

形态特征　**成虫**：体长约14mm。雄虫翅展28～31.5mm，触角短双栉状；雌虫翅展29～33mm，触角丝状。头和颈板浅褐色，身体和前翅红褐色，胸背上部鳞毛稍长，中间微显褐红色，两边为褐色。腹部背面各节有似"人"字形红褐色鳞毛。前翅基部棕褐色，中部黄褐色，近外缘处有2块近似菱形的斑纹彼此连接，近前缘1块为褐色，近后缘1块为红褐色，横脉上有1个黑点；后翅黄褐色。**卵**：长1.2～2.2mm，椭圆形，扁平。初产时鲜黄色，半透明。**幼虫**：初孵幼虫体长0.9～1.3mm，筒状，浅黄色，背部色稍深。头部及第一、二节各有1对较大的刺突，腹末有2对刺突。老熟幼虫体长约21mm，头小，缩于前胸下，体浅黄绿色，背上有绿色的云纹，各体节上有4个红色枝刺，胸背4个，中间2个，尾部2个较大。各体节两侧各有1个红色短刺毛丛。**茧**：长11～14.5mm，椭圆形，土灰褐色，质地坚硬。**蛹**：体长12～13mm，椭圆形，初为浅黄色，后渐变为浅褐色，羽化前为褐色，翅芽为黑褐色。

生物学特性　河南、河北1年1代。以老熟幼虫在树干基部周围表土层7～9cm深处结茧越冬。翌年

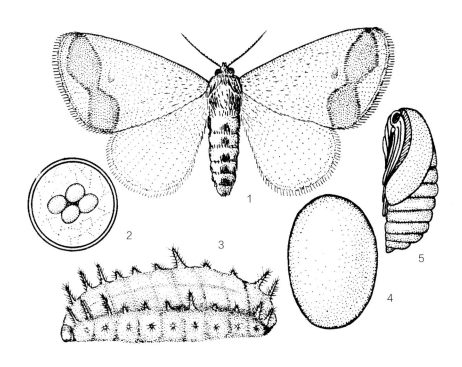

枣奕刺蛾（李桂良　绘）

1. 成虫；2. 卵；3. 幼虫；4. 茧；5. 蛹

枣奕刺蛾成虫（徐公天　提供）

枣弈刺蛾幼虫（上视）（徐公天　提供）

枣弈刺蛾幼虫(左视）（徐公天　提供）

枣弈刺蛾食害状（徐公天　提供）

6月上旬越冬幼虫化蛹，蛹期约20天。成虫6月下旬开始羽化，7月为羽化盛期，多在17:00～23:00羽化。成虫有趋光性，寿命1～4天。白天静伏于叶背，有时抓握树叶悬系倒垂，或两翅做支撑状，翘起身体，不受惊扰，长久不动。晚间追逐交尾，交尾时间长者达15个小时以上。交尾后次日即可产卵，卵聚集成块，呈鱼鳞状，多产于叶背。卵期7～8天，初孵幼虫短期聚集取食，然后分散在叶片背面危害，初期取食叶肉，稍大后取食全叶，只留粗叶脉和叶柄。7月下旬至8月中旬为严重危害期。8月下旬开始，老熟幼虫逐渐下树，入土结茧越冬。

防治方法

1. 幼龄幼虫群集取食，被害叶显现白色或半透明斑块等，甚易发现。此时斑块附近常栖有大量幼虫，及时摘除带虫枝、叶，加以处理，效果明显。老熟幼虫常沿树干下行至树干基部或地面结茧，可采取树干绑草等方法及时予以诱杀。冬、春季可结合农事挖除越冬茧。

2. 枣奕刺蛾茧内的老熟幼虫，上海青蜂的寄生率很高。被寄生的虫茧，上端有一寄生蜂产卵时留下的小孔，容易识别。在冬季或早春，剪下树上的越冬茧，挑出被寄生茧保存，让天敌羽化后重新飞回林内。

3. 成虫羽化期用灯光诱杀。

4. 发生严重年份，卵孵化盛期和幼虫低龄期喷洒90%敌百虫晶体8000倍液、4.5%高效氯氰菊酯或25g/L高效氯氟氰菊酯乳油800～1000倍液、50%马拉硫磷乳油2000倍液、2.5%溴氰菊酯乳油4000倍液。或使用20亿PIB/mL甘蓝夜蛾核型多角体病毒悬浮剂1000～1500倍液。

参考文献

萧刚柔, 1992.

（嵇保中，张凯，李桂良）

308	两色青刺蛾	分类地位	鳞翅目 Lepidoptera　刺蛾科 Limacodidae
		拉丁学名	*Thespea bicolor* (Walker)
		中文别名	竹刺蛾、两色绿刺蛾

分布　上海，江苏，浙江，安徽，福建，江西，湖北，湖南，广东，广西，四川，贵州，云南，台湾等地。斯里兰卡，印度，缅甸，印度尼西亚。

寄主　毛竹、刚竹、淡竹、红竹、贵州刚竹、黄槽毛竹、衢县红壳竹、台湾桂竹、紫竹、五月季竹、花皮淡竹、白夹竹、寿竹、乌哺鸡竹、白哺鸡竹、簍竹、甜竹、角竹、石竹、早竹、雷竹、水竹、斑竹、早园竹、丽水苦竹、苦竹、撑篙竹、龙头竹、青皮竹、粉箪竹、木竹、孝顺竹、毛环唐竹、唐竹、白皮唐竹、红舌唐竹等。

危害　以小幼虫啃剥食取竹叶下表皮，造成竹叶枯白，失去光合作用；4龄后幼虫取食全叶，取食量随虫龄增大而加大，末龄幼虫食叶量约占一生食叶的50%，可将竹子部分竹叶吃光，严重时竹子枯死。

形态特征　**成虫**：雄虫体长14～16mm，翅展30～34mm；雌虫体长13～19mm，翅展37～44mm。头顶、前胸背面绿色，腹部棕黄色。雌虫触角丝状；雄虫触角栉齿状，末端2/5为丝状。复眼黑色；下唇须棕黄。前翅绿色，前缘边缘、外缘、缘毛黄褐色，在亚外缘线、外横线上有2列棕褐色的小斑点，外横线上2点较大，亚外缘线上有4～6个较小，有时仅见到2～3个；后翅棕黄色。前、中足胫节、跗节外侧褐色，余为黄色。**卵**：扁椭圆形，长径约1.6mm，短径1.3mm，扁平，上覆盖透明的薄膜，初产淡黄色，渐变乳白色。卵块产，各卵粒间不相互覆盖，每卵块有卵10～24粒，最多偶有150余粒。**幼虫**：初孵幼虫体长1.3mm，乳白色。幼虫8龄。头黑色，一般隐于中胸下，体黄绿色，背线较宽，青灰色；从后胸到第八腹节节间处各有1个半圆形的墨绿色斑，共9对；在亚背线与气门上线之间亦为青灰色，上方每节有半圆形的墨绿色斑1个，共8对，与背线斑相对；两线之间为黄绿色，正中各生有刺瘤1个，共10个。气门黄色，圆形，生于青绿色气门线上；气门线与气门上线之间各节有刺瘤1个，刺瘤上方有绿色波状纵线1条，气门下方有黄色纵线1条；前胸节无刺瘤，与头同缩于中胸下，在爬行时

可伸出；中、后胸和第一、七、八腹节刺瘤上枝刺特别长；第八腹节后侧、第九腹节后缘各生黑色绒球状瘤状毛丛1对，每个瘤状毛丛下生有棕红色刺瘤1个。足特化为肉垫式吸盘。**蛹**：体长12～16mm，初化蛹乳白色，后渐变为棕黄色。翅芽尖达第六腹节末，后足跗节露出前翅外，腹部气门可见3对，腹部背面各节上半段着生由很多棕色小刺组成的宽带，腹末圆钝。**茧**：长15～21cm，双层，外层疏松，灰褐色，上端有1个圆形小孔；内层胶质，硬脆，棕色，上方较平，有1个成虫羽化后可顶开的盖，盖的上方在内外茧之间有一较大的空隙。

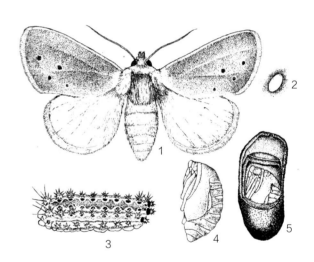

两色青刺蛾（徐天森　绘）
1. 成虫；2. 卵；3. 幼虫；4. 蛹；5. 茧

两色青刺蛾成虫（徐天森　提供）

609

两色青刺蛾低龄幼虫（张润志　提供）

两色青刺蛾幼虫（张润志　整理）

两色青刺蛾茧（徐天森　提供）

两色青刺蛾危害状（张润志　整理）

生物学特性　江苏、浙江1年1代；广东1年3代。均以老熟幼虫于土下的土茧中越冬。在浙江越冬幼虫于5月上、中旬化蛹，成虫于5月下旬初见，成虫期长，约8月中、下旬终见。在广东各代成虫出现期分别为4月中旬至5月下旬、6月下旬至7月下旬、9月上旬至10月上旬；幼虫取食期分别为4月下旬至6月中旬、7月上旬至8月下旬、9月上旬至11月上旬。

防治方法

1. 保护天敌。捕食性天敌卵期有中华草蛉、丽草蛉；幼虫期有黄足猎蝽、黑红猎蝽。寄生性天敌幼虫期有茧蜂、竹刺蛾小室姬蜂、紫姬蜂，另还有刺蛾寄蝇、白僵菌寄生。成虫期天敌有浙江红螯蛛、武夷豹蛛、浙江豹蛛、黄褐狡蛛捕食。

2. 灯光诱杀。成虫有趋光性，可以用黑光灯诱杀。

3. 人工灭杀。小幼虫群集在叶背剥食竹叶下表皮，留下枯白的上表皮，或在呈一字长队在竹秆上爬行，非常明显，可将竹叶摘下放脚下踏死。

4. 生物防治。毛竹林在虫情严重时，可用白僵菌粉炮消灭。或使用20亿PIB/mL甘蓝夜蛾核型多角体病毒悬浮剂1000～1500倍液。

参考文献

徐天森等，2004；徐天森等，2008.

（徐天森）

309	黄缘绿刺蛾	分类地位	鳞翅目 Lepidoptera　刺蛾科 Limacodidae
		拉丁学名	*Parasa consocia* Walker
		异　名	*Latoia consocia* (Walker)
		英文名称	Green cochlid
		中文别名	褐边绿刺蛾、绿刺蛾、青刺蛾

　　黄缘绿刺蛾寄主广泛，食性复杂。危害悬铃木、白蜡树、杨、柳、刺槐、山楂、苹果、梨、桃、柿、牡丹、芍药等多种园林植物、果树和花卉。以幼虫取食叶片危害，严重时将叶片吃光，致使树木秋季二次发芽，影响树木生长和发育。

　　分布　河北，山西，内蒙古，辽宁，吉林，黑龙江，江苏，浙江，安徽，福建，江西，山东，河南，湖北，湖南，广东，广西，陕西，台湾等地。日本，朝鲜，俄罗斯等地（萧刚柔，1992）。

　　寄主　悬铃木、白榆、刺槐、梨树、苹果、柿树、枣、栎、枫杨、麻栎、核桃、紫荆、白蜡树、杨、柳、泡桐、大叶黄杨、紫薇、紫荆、月季、桂花、樱花、海棠、山茶、柑橘、牡丹、芍药、桃树、李树等（萧刚柔，1992；贵州省林业厅，1987）。

　　危害　幼虫取食叶片，低龄幼虫啃食叶肉，使叶片呈网眼状，稍大可将叶片食成缺刻或孔洞，只残留叶脉和叶柄。

　　形态特征　**成虫**：雌虫体长15.5～17mm，翅展36～40mm；雄虫略小，体长12.5～15mm，翅展28～36mm。头顶及胸部背面淡绿色，胸部背面中央有1条棕色的纵线。前翅绿色，基部有1个棕色斑块，外缘有1条浅黄色宽带，带内常有褐色小点，其余部分均为绿色。复眼黑褐色。触角褐色，雌虫触角丝状，雄虫触角近基部十几节为单栉齿状。足褐色。**卵**：长径1.2～1.3mm，短径0.8～0.9mm，扁椭圆形，淡黄绿色。**幼虫**：老龄幼虫体长24～27mm，宽7～8.5mm。头红褐色，缩于前胸下。前胸背板黑色，身体翠绿色，前胸有黑色刺瘤1对；后胸至第七腹节每节都有2对蓝黑色斑，亚背线带红棕色，并带有10对黄绿色刺瘤；中胸至第九腹节，每节着生棕色枝刺1对，刺毛黄棕色，并夹杂几根黑色毛。**蛹**：体长15～17mm，宽7～9mm，卵圆形，棕褐色。**茧**：长14.5～16.5mm，宽7.5～9.5mm，圆筒形，棕

黄缘绿刺蛾成虫在紫荆叶片上（张润志　整理）

黄缘绿刺蛾成虫(展翅）（徐公天　提供）

褐色（萧刚柔，1992；贵州省林业厅，1987）。

生物学特性 长江以南地区1年2～3代。以幼虫结茧越冬。翌年4月下旬至5月上、中旬化蛹。5月下旬至6月成虫羽化产卵，6月至7月下旬为第一代幼虫危害活动期，7月中旬后第一代幼虫陆续老熟结茧化蛹；8月初第一代成虫开始羽化产卵，8月中旬至9月第二代幼虫危害活动，9月中旬以后陆续老熟结茧越冬。

东北地区1年1代。越冬幼虫6月化蛹，7～8月成虫羽化产卵，1周后孵化为幼虫，老熟幼虫8月下旬至9月下旬结茧越冬。

卵产于叶背，每块有卵数十粒，呈鱼鳞状排列。卵期5～7天。初孵幼虫不取食，以后取食蜕下的皮及叶肉；3、4龄后渐渐吃穿叶表皮；6龄后自叶缘向内蚕食。幼虫3龄前有群集活动习性，以后分散。幼虫期约30天。老熟幼虫于树冠下浅松土层、草丛中结茧化蛹。蛹期5～46天。成虫寿命3～8天。成虫具趋光性（萧刚柔，1992；贵州省林业厅，1987）。

防治方法

1. 营林措施。冬耕灭虫。结合冬耕施肥，将根际落叶及表土埋入施肥沟底，或结合培土防冻，在根际30cm内培土6～9cm，并稍予压实，以扼杀越冬虫茧。

2. 人工防治。因成虫具有趋光性，可在成虫羽化期于19:00～21:00用灯光诱杀。在幼虫下树越冬开始及越冬期人工捕杀老熟幼虫及茧、蛹。

3. 生物防治。可利用颗粒体病毒防治或喷施Bt乳剂600倍液。

4. 植物源杀虫剂。幼虫发生严重时，可喷施1.2%烟参碱乳油1000倍液或25%高渗苯氧威可湿性粉剂3000倍液（邢同轩，1991；邱强，2004；中国林业科学研究院，1983）。或使用20亿PIB/mL甘蓝夜蛾核型多角体病毒悬浮剂1000～1500倍液。

参考文献

贵州省林业厅，1987；邢同轩，1991；萧刚柔，1992；邱强，2004.

（李继磊，郭鑫，严衡元）

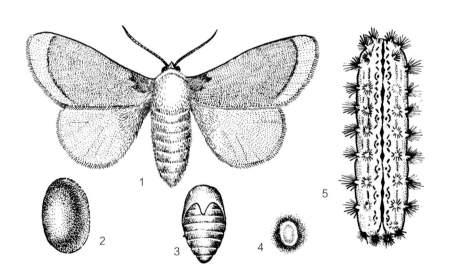

黄缘绿刺蛾（张培毅　绘）
1. 成虫；2. 茧；3. 蛹；4. 卵；5. 幼虫

310	扁刺蛾		
		分类地位	鳞翅目 Lepidoptera　刺蛾科 Limacodidae
		拉丁学名	*Thosea sinensis* (Walker)
		英文名称	Flattened eucleid caterpillar, Nettle grub
		中文别名	黑点刺蛾、扁棘刺蛾

扁刺蛾危害苹果、梨、桃、杨、梧桐等多种果树和林木。以幼虫取食叶片危害，发生严重时，可将寄主叶片吃光，造成严重减产。

分布　北京、河北、辽宁、吉林、黑龙江、江苏、浙江、安徽、江西、山东、河南、湖北、湖南、广东、广西、四川、云南、陕西、台湾等地。印度，印度尼西亚，朝鲜，越南。

寄主　柿、核桃、梧桐、杨、桑、花椒、柑橘、樟、苹果、梨树、山楂、杏、桃、枣、山茶、海棠、月季、桂花、大叶黄杨等（萧刚柔，1992；上海市林业总站，2004；徐公天等，2007；徐公天，2003）。

危害　在取食叶肉时，在叶片背面形成许多透明小网点，最后把叶片咬成缺刻、窟窿，或整个吃掉仅留叶柄。

形态特征　**成虫**：雌虫体长16.5～17.5mm，翅展30～38mm；雄虫体长14～16mm，翅展26～34mm。头部灰褐色，复眼黑褐色。触角褐色，雌虫触角丝状，雄虫触角单栉齿状。胸部灰褐色。翅灰褐色，前翅自前缘近中部向后缘有1条褐色线。前足各关节处具1个白斑。**卵**：长约1mm，长扁椭圆形，背面隆起，初产时淡黄绿色，后变灰褐色。**幼虫**：初孵时体长1.1～1.2mm，颜色比较淡。老龄幼虫椭圆形，扁平，体长20～27mm，淡鲜绿色。背中有1条贯穿头尾的白色纵线，线两侧有蓝绿色窄边，两边各有1列橘红至橘黄色小点，背两边丛刺极小，其间有下陷的深绿色斜纹，侧面丛刺发达，腹部各节背侧和腹侧间有1条白色斜线。**蛹**：体长10～14mm，椭圆形，初化蛹时为乳白色，近羽化时为黄褐色。**茧**：长13～16mm，近似圆球形，暗褐色（萧刚柔，1992；上海市林业总站，2004；徐公天等，2007；徐公天，2003）。

生物学特性　华北地区1年多1代，长江下游地区1年2代。以老熟幼虫在树下土中作茧越冬。翌年5月中旬化蛹，6月上旬开始羽化为成虫。6月中旬至8月底为幼虫危害期。

成虫多集中在黄昏时分羽化，尤以18:00～20:00羽化最盛。成虫羽化后，即行交尾产卵，卵多散产于叶面上，初孵化的幼虫栖息在卵壳附近，并不取食，蜕过第一次皮后，先取食卵壳，再啃食叶肉，留下一层表皮。幼虫取食不分昼夜均可进行。自6龄起，取食全叶，虫量多时，常从一枝的下部叶片吃至上部，每枝仅存顶端几片嫩叶。幼虫期共8龄，老熟后即下树入土结茧，下树时间多在20:00至翌晨6:00，而以2:00～4:00下树的数量最多。结茧部位的深度和距树干的远近均与树干周围的土质有关。黏

扁刺蛾成虫（徐公天　提供）

扁刺蛾雄成虫（展翅）（徐公天　提供）

扁刺蛾中龄幼虫（徐公天　提供）

扁刺蛾老龄幼虫（徐公天　提供）

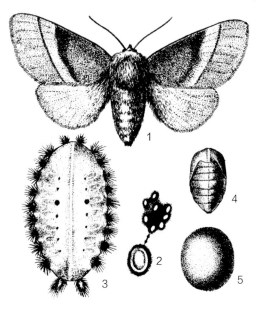

扁刺蛾（张培毅　绘）
1. 成虫；2. 卵及放大卵；3. 幼虫；4. 蛹；5. 茧

扁刺蛾幼虫食害状（徐公天　提供）

土地结茧位置浅而距离树干远，也比较分散。腐殖质多的土壤及砂壤地结茧位置较深，距离树干近，而且比较密集（萧刚柔，1992；徐公天等，2007；徐公天，2003；中国林业科学研究院，1980）。

防治方法

1. 营林措施。冬耕灭虫。结合冬耕施肥，将根际落叶及表土埋入施肥沟底，或结合培土防冻，在根际30cm内培土6～9cm，并稍予压实，以扼杀越冬虫茧。

2. 人工防治。因成虫具有趋光性，可在成虫羽化期于19:00～21:00用灯光诱杀。在幼虫下树结茧之前，疏松树干周围的土壤，以引诱幼虫集中结茧，然后收集消灭之。

3. 生物防治。冬春可以喷放白僵菌进行防治。可喷施每毫升400亿个球孢白僵菌菌液、Bt乳剂300～500g/亩。保护黑小蜂、赤眼蜂等天敌。

4. 植物源杀虫剂。幼虫发生严重时，可喷施5.7%甲氨基阿维菌素苯甲酸盐乳油3000倍液或25g/L高效氯氟氰菊酯乳油1000倍液，或20亿PIB/mL甘蓝夜蛾核型多角体病毒1000倍液（上海市林业总站，2004；邱强，2004；崔林等，2005）。

参考文献

萧刚柔, 1992; 邱强, 2004; 上海市林业总站, 2004; 崔林等, 2005; 徐公天等, 2007.

（李继磊，郭鑫，严衡元）

311 黄褐球须刺蛾

分类地位 鳞翅目 Lepidoptera 刺蛾科 Limacodidae

拉丁学名 *Scopelodes testacea* Butler

黄褐球须刺蛾是杂食性害虫，危害多种果树及园林观赏植物，严重发生时能将整株树叶吃光，对寄主植物的生长产生较大的影响，给我国的果树及园林绿化产业等带来较大的危害，造成较大的经济与生态损失。

分布 浙江，广东，广西，四川，云南等地。印度，斯里兰卡，马来西亚，印度尼西亚。

寄主 香蕉、大蕉、龙眼、荔枝、杧果、扁桃、人面子、莲雾、玫瑰苹果、蝴蝶果。另外，还危害其他园林观赏植物，如红花蕉、鹤望兰、八宝树、无忧花、肥牛木、密鳞紫金牛等。

危害 7龄前，幼虫群集于叶背取食活动，8龄后则分散取食，2～4龄噬食叶片下表皮和叶肉，留下半透明的上表皮，5龄后从叶缘向内咬食叶片。芭蕉科植物叶片被害后严重者仅留主脉。

形态特征 成虫： 雌虫体长18～23mm，前翅长26～30mm；体黄褐色，复眼黑色；触角较长，近基部约3/5部分为丝状，其余部分单栉齿状；下唇须基部较细向端部渐粗，大部分暗褐色，近端部白色，末端黑褐色；前翅黄褐色具闪光鳞片，后翅色淡近翅缘色较深；足灰黄褐色被棕色及灰白色鳞毛，跗节鳞毛较深。雄虫体长18～22mm，翅展20～23mm；触角较短，基部约1/3部分为双栉齿状，其余部分单栉齿状；前翅暗灰褐色，闪光，外缘色较深，后翅灰黄褐色，臀区污黄色；足除腹面带橙黄色外，其余部分被灰黑色鳞毛。雌、雄蛾的腹部均为黄色，第二至第七腹节背面中央各有1弧形黑色斑，腹面中央各有1对黑斑，斑之间为灰黄色闪光鳞片，腹末具黑色毛刷（伍有声等，2004）。**卵：** 椭圆形，长2.30～3.36mm，宽1.40～2.02mm，黄色具光泽。**幼虫：** 老龄幼虫长椭圆形，长约40～46mm，宽约20～22mm，高约15mm。体黄绿至翠绿色。腹面浅黄色，头浅黄褐色，头宽5.03～5.95mm；颚体褐色，颚端黑褐色，唇基区及单眼附近浅褐色。前胸浅褐色，体刺突发达，刺突上密生尖长刺，刺端褐至黑褐色；前胸背和侧面各1对，中、后胸背各1对，中、后胸之间侧刺丛1对，第一至第七腹节背和侧刺丛各1对，第七腹节的1对侧刺丛短小，其背面为1个绒状大黑斑，刺端黄褐至黑褐色，第八腹节1对背刺丛，刺丛基部背面有1个绒状黑斑。其余刺端黑褐色，体背面具靛蓝色斑点，其中，前、中胸各1对，后胸3颗，第一至第五腹节各4颗，第六腹节3颗，各节前面2颗斑点为一近扁方框所包围。第一至第六腹节侧各有1颗近棱形的靛蓝色斑，各斑略向后倾斜。**蛹：** 体长约20.2mm，宽约11.6mm；浅黄色，翅色较深，复眼黑褐色。**茧：** 长20～23mm，宽16～18mm；污黄至黑褐色，短椭圆形。

生物学特性 广州地区1年2代。以老龄幼虫结

黄褐球须刺蛾雄成虫（张润志 整理）

黄褐球须刺蛾老熟幼虫（张润志 整理）

黄褐球须刺蛾茧（张润志　整理）

黄褐球须刺蛾蛹（张润志　整理）

黄褐球须刺蛾卵　　　　黄褐球须刺蛾危害状
（张润志　整理）　　　（张润志　整理）

茧越冬。越冬代成虫5月上、中旬出现，第一代卵5月中旬出现，卵期约6天。第一代幼虫发生期在5月下旬至6月底，取食期约40天，前蛹期约46天，幼虫历期约86天。6月下旬开始结茧，8月中旬陆续化蛹，蛹期约28天。第一代成虫8月中旬开始出现，8月下旬至9月上旬为羽化高峰。越冬代卵在8月中旬出现，8月中旬至11月下旬均见越冬代幼虫危害。幼虫取食期约60天，在茧内的前蛹期约150天，该代幼虫历期约210天，蛹期约17天。幼虫共8～9龄，极少数10龄。以老龄幼虫在土表及寄主基部附近松土或枯枝落叶处结茧，偶见在未脱落的香蕉枯叶内结茧的现象。成虫有趋光性，晚上进行羽化，羽化当天交尾产卵。卵产在叶片背面或正面，呈鱼鳞状排列，蜡黄色，具光泽。幼虫孵化后，通常吃掉大部分卵壳。7龄前，幼虫群集于叶背取食活动，8龄后则分散取食，2～4龄噬食叶片下表皮和叶肉，留下半透明的上表皮，5龄后从叶缘向内咬食叶片。芭蕉科植物叶片被害后严重者仅留主脉（伍有声等，2004）。

每年6～8月，第一代幼虫中后期，往往因罹患多角体病毒病而造成大量个体死亡。

防治方法

1. 人工防治。摘除幼虫。幼龄幼虫群集取食，被害叶显现半透明至浅褐色的斑块，斑块上常群集大量幼虫，及时摘除带虫枝叶，集中烧毁。清除虫茧。可在寄主植株基部周围土壤中挖除虫茧。

2. 灯光诱杀。成虫具较强的趋光性，可在成虫羽化期于晚上用灯光诱杀。

3. 化学防治。可喷施5.7%甲氨基阿维菌素苯甲酸盐乳油3000倍液或25g/L高效氯氟氰菊酯乳油1000倍液，或用20亿PIB/mL甘蓝夜蛾核型多角体病毒1000倍液喷雾。

4. 生物防治。用苏云金杆菌可湿性粉剂（8000国际单位/mg）150～200倍液或球孢白僵菌水分散粒剂（含活孢子400亿个/g以上）300～500倍液等进行防治，效果明显，若用敌百虫与青虫菌混用，效果更佳。寄生性天敌有赤眼蜂、姬蜂科一种，应注意保护利用（伍有声等，2004）。

参考文献

伍有声，高泽正，2004.

（伍有声，高泽正）

<table>
<tr><td>312</td><td>竹小斑蛾</td></tr>
</table>

分类地位　鳞翅目 Lepidoptera　斑蛾科 Zygaenidae

拉丁学名　*Fuscartona funeralis* (Butler)

中文别名　竹斑蛾

分布　上海，江苏，浙江，安徽，福建，江西，湖北，湖南，广东，广西，四川，云南，台湾。日本，朝鲜，印度。

寄主　刚竹属、绿竹属、苦竹（大明竹）属、矢竹属、篸竹属、唐竹属、大节竹属、牡竹属中百余个竹种。

危害　3龄前幼虫群聚于竹叶背面，啃食竹叶下表皮，造成竹叶上表皮呈枯白状；4龄后幼虫逐渐分散，以小群体聚集于竹叶背面吃食全叶，幼虫取食量大，虫口密度大时，能将成片竹林竹叶吃光。危害轻者，影响竹子生长和出笋，重者造成竹子死亡。

竹小斑蛾刚羽化成虫（徐天森　提供）

竹小斑蛾初羽化雌成虫（徐天森　提供）

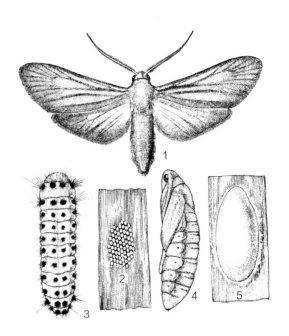

竹小斑蛾（张翔　绘）
1. 成虫；2. 卵块；3. 幼虫；4. 蛹；5. 茧

形态特征　**成虫：**雌虫体长9.5～11.5mm，翅展22.8～25.4mm；雄虫体长7.8～9.2mm，翅展17.8～21.5mm。体黑色，具青蓝色光泽。触角雌成虫丝状，长7.5mm，雄成虫羽毛状。翅黑褐色，前翅狭长，后翅顶角较尖，基部及翅中半透明，缘毛黑褐色。前足胫节有1对端距，后足胫节有2对距，分别位于中部与端部。**卵：**短柱形，两端略钝，长径0.65～0.78mm，短径0.46～0.56mm。初产乳白色，有光泽，近孵化时淡蓝色。卵块状，均匀地散产于竹叶背面，每卵块有卵25～150粒，偶见1个卵块有卵近300粒，每雌一生产卵400粒，多达800粒。**幼虫：**初孵幼虫体长0.8～1.0mm。乳白色，体被长毛，胸部第一节较宽大，头微黄，缩于前胸下。1龄末期前胸背面显出2个棕色斑点，后胸、腹部1、4、8、9节亦显有棕色斑纹。幼虫6龄，2龄幼虫在中胸以后各体节均有毛瘤，每节4个；亚背线上中胸、腹9节和气门线上的毛瘤具粗短刺和长毛，亚背线上其他各节毛瘤仅具粗短刺。以后各龄幼虫皆同，仅体色明显或更鲜艳。**蛹：**体长8.0～10.0mm，宽2.0～3.0mm，雄蛹较小。扁椭圆形，橙黄色，羽化前蓝

竹小斑蛾刚脱皮的幼虫（徐天森　提供）　结于勾梢后竹腔上的竹小斑蛾茧（徐天森　提供）　被寄生蝇寄生的竹小斑蛾蛹（徐天森　提供）

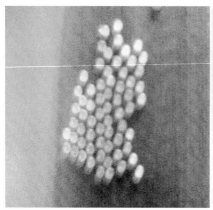

竹小斑蛾卵块（徐天森　提供）　竹小斑蛾1龄幼虫（徐天森　提供）　竹小斑蛾剥开的茧，示蛹背面（徐天森　提供）

黑色，腹部各节背面前半端被刺状小突起，以第三至第七腹节最为明显。臀棘10余根，触角、翅芽达第四腹节。**蛹：**长12～14mm，椭圆形或瓜子形，棕褐色，革质，表面细密坚硬；底层软，膜质，表层一端或全部密被或散被白色毛绒。

生物学特性　浙江1年3代；广东1年5代。均以老熟幼虫在茧内越冬。在浙江余杭越冬幼虫于4月中、下旬化蛹，4月底、5月上旬羽化成虫，5月中旬成虫交尾并产卵，5月下旬至7月上旬第一代幼虫危害，7月下旬至9月上旬第二代幼虫危害，9月中旬至10月下旬第三代幼虫危害，10月底至11月上旬化蛹越冬。在广州越冬幼虫1～2月化蛹，2月中旬羽化成虫，各代成虫期分别为2月中旬至4月上旬、4月底至6月上旬、6月下旬至7月底、8月上旬至9月上旬、9月中旬至11月中旬。各代幼虫取食期分别为3月初至5月下旬、5月中旬至7月上旬、6月底至8月下旬、8月中旬至10月下旬、10月上旬至12月下旬。

防治方法

1. 保护天敌。捕食性天敌：成虫期有竹鸡、画眉、杜鹃等鸟和浙江豹蛛、猫蛛、盗蛛、宽条狡蛛、武夷豹蛛等蜘蛛；卵期有牯岭草蛉、丽草蛉；幼虫期有七星瓢虫、红点唇瓢虫、横带瓢虫。寄生性天敌有斑蛾赤眼蜂，幼虫期有暗翅三缝茧蜂、黄茧蜂、绒茧蜂等。

2. 加强竹林管理。该虫是喜光性昆虫，合理经营竹林，采伐量不能过大，保持竹林生物多样化，不要除光林间小灌木、杂草等天敌的栖息场所。该虫常低虫口在林间发生。

3. 人工灭杀。竹小斑蛾产卵部位较低，小幼虫群集在竹叶背面剥食竹叶下表皮，留下枯白的上表皮，非常明显，幼虫无毒，将竹叶摘下踩死。

4. 生物防治。毛竹林在虫情严重时，可用白僵菌粉炮消灭。

5. 药剂防治。偶尔大发生时，虫口密度特别大，可喷施5.7%甲氨基阿维菌素苯甲酸盐乳油3000倍液或25g/L高效氯氟氰菊酯乳油1000倍液，或20亿PIB/mL甘蓝夜蛾核型多角体病毒1000倍液。

参考文献

徐天森等，2004；徐天森等，2008.

（徐天森）

313	重阳木斑蛾	分类地位	鳞翅目 Lepidoptera　斑蛾科 Zygaenidae
		拉丁学名	*Histia rhodope* (Cramer)
		中文别名	重阳木帆锦斑蛾

分布 江苏，浙江，福建，湖北，湖南，广东，广西，云南，台湾等地。印度，缅甸，印度尼西亚。

寄主 只危害重阳木。

形态特征 成虫：体长17～24mm，平均19mm；翅展47～70mm，平均61mm。头小，红色，有黑斑。触角黑色，双栉齿状，雄蛾触角较雌蛾宽。前胸背面褐色，前、后端中央红色；中胸背黑褐色，前端红色，近后端有2个红色斑纹，或连成"U"形。前翅黑色，反面基部有蓝光；后翅亦黑色，自基部至翅室近端部（占翅长3/5）蓝绿色。前、后翅反面基斑红色。后翅第二中脉和第三中脉延长成一尾角。腹部红色，有黑斑5列，自前而后渐小，但雌者黑斑较雄为大，以致雌腹面的2列黑斑在第一至第五或第六节合成1列。雄蛾腹末截钝，凹入；雌蛾腹末尖削，产卵器露出呈黑褐色。**卵：**长0.73～0.82mm，宽0.45～0.59mm。卵圆形，略扁，表面光滑。初为乳白色，后为黄色，近孵化时为浅灰色。**幼虫：**蛞蝓型。体肥厚而扁，头部常缩在前胸内，腹足趾钩单序中带。体具枝刺，有些枝刺上

具有腺口。1龄幼虫体长1.44～1.59mm，体浅黄色，生有不发达的枝刺，头部暗褐色，自中胸后半部起，体背两侧各有2条并列的淡褐色纵带纹，达第八腹节，后端几乎相接。2龄幼虫体长2.55～2.63mm，体上枝刺略较1龄明显，体背两侧各只有1条较宽的深褐色纵带纹，后端相接，呈长"U"形。其余特征与1龄幼虫相同。3龄幼虫体长4.40～4.47mm，体背面暗紫红色，体具显著的枝刺，头部淡褐色，前胸背面淡黄褐色。4龄幼虫体长7.21～7.32mm，头部褐色，前胸前侧缘黄色，前胸背板褐色，唯各体节背面中央有黑色短横条斑，背面两侧枝刺间有黑色圆形斑，在与这些体斑相应的位置，各体节相邻处也有黑色横条斑和圆形斑，组成体背3列黑色斑纹。5～7龄幼虫与4龄相似，唯体色较暗淡，呈粉灰红色至暗灰红色，体背面枝刺淡红至桃红色。5龄体长13.0～13.25mm，6龄18.83～20.25mm。部分有7龄。少数达8龄的幼虫体长24mm左右。幼虫中、后胸各具10个枝刺；第一至第八腹节皆具6个枝刺，第九腹节4个枝刺。位于腹部两侧的枝刺棕黄色，较长，体

重阳木斑蛾成虫（《上海林业病虫》）

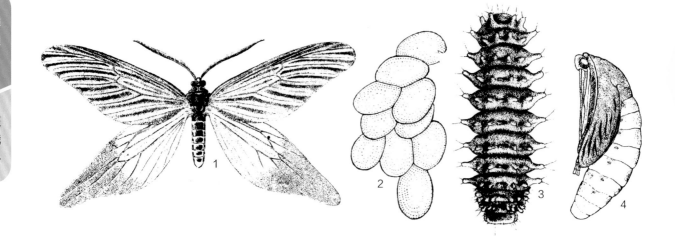

重阳木斑蛾（黄邦侃　绘）
1.成虫；2.卵；3.幼虫；4.蛹

背面的枝刺大都暗紫红色，较短。**蛹**：体长15.5～20mm，平均17mm。初化蛹时全体黄色，腹部微带粉红色。随后头部变为暗红色，复眼、触角、胸部及足、翅黑色。腹部桃红色，第一至第七节背面有1个大黑斑，侧面每边具1个黑斑，腹面露出翅端的第六、七节各有2个大黑斑并列。**茧**：长23～28mm，平均24.3mm；宽7.5～9mm，平均8.25mm。白色或略带淡褐色。

生物学特性　福建福州、湖北武昌1年4代。福州以不同龄的幼虫在重阳木枝干的木栓层下、木栓裂缝间、断枝切口凹陷处以及黏结重叠的叶片间潜伏过冬，也有极少数老熟幼虫入冬后在树下结茧化蛹越冬。冬季和暖之日越冬幼虫仍能取食危害。越冬幼虫至翌年3～4月老熟下树结茧，4月化蛹，4月中、下旬或5月上旬开始羽化为成虫，5月中、下旬为发蛾盛期。

福州第一代幼虫于5月下旬盛孵，6月上、中旬为食害盛期，6月中、下旬至7月上旬下树结茧化蛹，6月下旬至7月上旬为羽化盛期。第二代幼虫于7月上、中旬盛孵，7月下旬幼虫能在3～4天内把全树叶片吃光，8月上、中旬下地结茧化蛹，8月中、下旬为羽化盛期。第三代幼虫于8月下旬盛发，常见于9月上旬食尽全树绿叶，仅剩枝丫，10月中、下旬陆续见蛾。第四代幼虫发生于11月中旬，11月下旬开始越冬。各世代生活历期为：第一代61.1天（26.2℃），

第二代53.3天（30.4℃），第三代60.2天（23.8℃），第四代（越冬代）175.4天（16.4℃）。

武昌各代发生期分别为：4月下旬至6月中、下旬；6月中、下旬至8月上旬；8月上、中旬至9月中旬；9月下旬至翌年4月中、下旬。以第二、三代幼虫危害最烈。

成虫都在白天羽化，以中午为多。羽化率为59.3%～75.5%。成虫飞翔时间在16:00～18:00，其余时刻多栖息在树干枝叶荫处，不时缓缓爬行。常在羽化的当天或次日14:00～20:00交尾。将雌蛾放在养虫室内或饲养笼中，均能诱来雄蛾。成虫常飞往树木花间，吸食补充营养。成虫产卵于枝干皮下。卵粒紧密排列叠连成片。1次产卵5～20余粒，一般10粒左右。雌成虫怀卵量近1000粒。室内饲养观察雌虫只产卵236～241粒，产卵期5～6天。卵多在6:00～10:00孵化；黄昏及夜间孵化的甚少。在福州各世代卵期：第一代11～16天（平均温度22.8℃），第二代6天（30.5℃），第三代7天（27.9℃），第四代14天（21.7℃）。

幼虫大多于叶背取食叶片，食料缺乏时，亦取食叶柄及嫩枝的皮层。1～3龄幼虫多在叶背食害呈短条状透明斑，残留上表皮；4龄幼虫后期有的食叶，使叶穿孔或有缺刻，严重者所有叶片呈褐色，状如火焚，枯叶纷纷脱落；5龄以后被害叶全部呈缺刻，严重时叶片被吃光，仅存枝丫。幼虫取食不分昼夜，夜

重阳木斑蛾成虫（展翅）（李镇宇　提供）

间食叶量较白天约多1/5。幼虫一生食叶数约为15～20片。幼虫受惊扰时，体背一些枝刺上的腺口分泌出无色透明带有黏性的腺液，凝附于腺口上，挥发出一种腥臭，借以御敌。幼虫有食蜕习性。

在福州幼虫在气温10℃以上时常见取食，但以气温达13℃以上时取食较为频繁；8℃左右为进食温度的低限。幼虫共6～8龄，大部分为6龄或7龄。在福州各世代幼虫历期：第一代30～42天，平均33.3天（25.8℃）；第二代30～38天，平均34.3天（31.1℃）；第三代27～44天，平均33.4天（25.1℃）；第四代（包括越冬期）127～151天，平均136.8天（15.1℃）。幼虫老熟后多吐丝坠地作茧，有的沿树干爬行下地。坠地时刻多在6:00～8:00。下地后在叶面较宽大的鲜或枯的落叶正面上，经1～2天吐丝结薄茧。也有少数在其他薄片状物体上结茧。此外，有极少数在寄主树上和附近矮小灌木叶上作茧。

各世代蛹历期：第一代9～11天，平均9.8天（28.4℃）；第二代8～12天，平均10.1天（30.1℃）；第三代14～19天，平均15.7天（21.5℃）；第四代（越冬代）14～24天，平均20.2天（19.6℃）。少数化蛹过冬的，蛹期达1.5～2个月。据福州1951—1958年观察，此虫有隔年间歇大发生现象，其他年份仅零星发生。大发生年份的后期群体常受多种天敌寄生。这种自然控制可能是间歇大发生的一个主要因素。

天敌：卵寄生蜂第二代寄生率达27.7%以上；绒茧蜂寄生于幼虫，寄生率达5.8%～16.2%；另一种为茧蜂。寄蝇2种，数量较多的一种为日本追寄蝇。横带沟姬蜂寄生于蛹。此外还有细菌，寄生于幼虫。还有鸟类。

防治方法

化学防治。可喷施5.7%甲氨基阿维菌素苯甲酸盐乳油3000倍液或25g/L高效氯氟氰菊酯乳油1000倍液，或20亿PIB/mL甘蓝夜蛾核型多角体病毒1000倍液。

参考文献

黄其林, 1956; 郑汉业, 1957; 黄邦侃, 1980.

（黄邦侃）

分类地位	鳞翅目 Lepidoptera　斑蛾科 Zygaenidae
拉丁学名	*Illiberis ulmivora* (Graeser)
异　　名	*Inope ulmivora* (Jordan), *Procris pekinensis* Draeseke
英文名称	Elm leaf worm
中文别名	榆星毛虫

分布　北京，天津，河北（唐山），山西，山东，河南，甘肃（兰州）。

寄主　榆。

危害　食害榆树叶片呈缺刻，虫量大时可食尽被害榆树叶片。

形态特征　**成虫**：体长10～11mm，翅展27～28mm，黑褐色。腹节背面后缘、腹侧、腹末、足黄褐色，翅半透明（萧刚柔，1992）。**卵**：米黄或黄褐色，长椭圆形，0.5mm×0.4mm。**幼虫**：初孵幼虫体长1.0～1.1mm；老熟幼虫14～18mm，黄色，中胸至后胸、第三腹节后半部（部分第四、五腹节）及第八、九腹节黑色，每体节两侧具毛疣5个，疣毛淡黄色，围气门片黄褐色，趾钩为单序纵带。**蛹**：体长9～15mm，较扁，淡黄或黄褐色，腹背第一节前缘具横纵褶，第二至第九节近前缘1列茶褐色锥刺。

生物学特性　兰州1年1代。以老熟幼虫在落叶层、各种缝隙、树干孔洞中结茧化蛹越冬。翌年5月下旬至7月下旬羽化，6月上旬至8月上旬为卵期。幼虫期为6月中旬至10月中旬、7月中旬至8月中旬

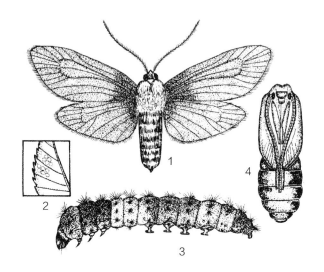

榆斑蛾（刘启雄　绘）
1. 雌成虫；2. 卵；3. 幼虫；4. 蛹

榆斑蛾幼虫（徐公天　提供）

危害重，幼虫期约40天，共8龄。8月上旬开始化蛹，预蛹期约8天。成虫多在上午约9:00羽化、性比1：1.08，交配后多产卵于新梢叶背，卵块单层、2层、3层排列，每雌产卵18～350粒，卵期7～10天。初孵幼虫整齐排列于卵块处；1～2龄仅食叶肉，被害叶呈"天窗状"透明；3龄后分散取食，有吐丝下垂习性；当食料严重不足时，7龄幼虫可提前下树、转移、结茧、化蛹、越冬（萧刚柔，1992；谢孝熹，1994）。

防治方法

注意林分管护，发生严重时于6月中旬剪除榆树的萌生新枝；或在成、幼虫期及卵期喷施5.7%甲氨基阿维菌素苯甲酸盐乳油3000倍液或25g/L高效氯氟氰菊酯乳油1000倍液，或20亿PIB/mL甘蓝夜蛾核型多角体病毒1000倍液。

参考文献

萧刚柔，1992；谢孝熹，1994.

（刘满堂，李孟楼，谢孝熹）

315	大叶黄杨长毛斑蛾	分类地位	鳞翅目 Lepidoptera　斑蛾科 Zygaenidae
		拉丁学名	*Pryeria sinica* Moore
		英文名称	Euonymus leaf notcher

近年来大叶黄杨长毛斑蛾在许多地方发生较重，危害严重时能将叶片食光，使其形成光杆，削弱树势，严重影响寄主植物的正常生长和绿化美化效果。

分布　河北，上海，江苏，安徽，福建，山东，河南等地。

寄主　大叶黄杨、卫矛、丝棉木、扶芳藤。

危害　初孵幼虫群集在嫩梢上取食，常造成连片枝叶卷缩枯萎，3龄后进入暴食期，常将叶片吃光，仅残留叶柄，幼虫食量不足时，还可转移危害。

形态特征　**成虫：**雌虫体长8～10mm，翅展28～30mm；虫体略扁，头、复眼、触角、胸、足及翅脉均为黑色；前翅略透明，基部1/3为淡黄色，端部有稀疏的黑毛，后翅色略浅，翅基部有黑色长毛；足基节及腿节着生暗黄色长毛；腹部橘红或橘黄色，上有不规则的黑斑；胸背及腹背两侧及腹部末端生有橙黄色长毛，以最后2节为最长；触角双栉齿状，端部稍粗，呈棒状，腹末有2簇毛丛，近腹面的毛丛基部黑色，端部暗黄色。雄虫体长7～9mm，翅展25～28mm；触角羽毛状，腹末有1对黑褐色长毛束。**卵：**长约0.5～0.7mm，扁平，椭圆形，淡褐色。初产黄白色，后渐变为苍白色。上被有胶质和雌蛾脱落的尾毛，通常3～7粒为1行，排成30～60mm的条形块。**幼虫：**老龄幼虫体长15～20mm。体粗短，圆筒形。初孵幼虫体淡褐色，2龄以后淡黄绿色；头小，黑色；前胸背板中央有1对椭圆形黑斑，呈"八"字形排列，在其两侧各有1个圆点。臀板中央有1个"凸"字形黑斑，两侧各有1个长圆形黑斑。体背至体侧背线、亚背线、气门上线、气门线处分布7条平行的黑色纵线，体表有毛瘤和短毛。**蛹：**体长9～11mm，初为黄白色，后变褐色，腹部背面体表仍保留有7条不明显的褐色纵纹，腹部各节前缘有1列排列整齐的小刺，腹末有2个臀棘。**茧：**长11～18mm，宽5～9mm，由灰白色或黄褐色丝质薄片组成，扁椭圆形，前宽后窄，形状似丝瓜籽，边缘有半透明的丝质膜。

生物学特性　1年1代。以卵在枝梢上越冬。

大叶黄杨长毛斑蛾成虫
（《上海林业病虫》）

大叶黄杨长毛斑蛾幼虫（《上海林业病虫》）

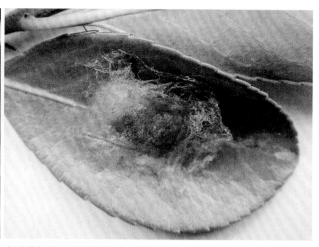

大叶黄杨长毛斑蛾茧（《上海林业病虫》）

大叶黄杨长毛斑蛾幼虫群集危害（《上海林业病虫》）

大叶黄杨长毛斑蛾危害状（《上海林业病虫》）

2月下旬当顶部嫩芽梢有萌动，卵即开始孵化。幼虫4龄，初孵幼虫群集在芽上危害，将芽吃成网状；2龄幼虫群集在叶背取食下表皮和叶肉，残留上表皮；3龄前有群集和吐丝下垂习性；3龄以后分散危害，进入暴食期，将叶片吃成孔洞、缺刻，重者吃光叶片，仅剩少量叶脉。幼虫有群体迁移危害的习性，呈点块状分布。4月上、中旬幼虫陆续老熟，4月下旬开始下树寻找枯枝落叶，吐丝结茧化蛹越夏越冬，时间长达半年。10月中旬成虫开始羽化，羽化时间多在5:00左右，飞翔能力不强，白天在树丛间飞舞，不久即交尾，在无干扰情况下交尾时间长达11小时之久，无重复交尾现象。成虫喜欢将卵产在1～2年生枝条上，卵呈块状，每产卵1粒静息3～5分钟，雌虫产卵后，即以腹部在卵块上磨动，将腹毛脱掉，很稀疏地粘在卵块上。每头雌虫一生产卵96～196粒，进入产卵期后的雌虫受惊动也不飞翔，直到将卵粒产完，体能耗尽而死在卵块上。成虫有数头群集在一根枝条上的习性。

防治方法

1. 人工防治。成虫期可利用其在树丛中飞舞，不善飞翔的特性进行人工捕捉；卵期可剪除产卵小枝，刮除卵块；幼虫期利用初龄幼虫群集取食的特性剪除带虫枝梢；茧蛹期可清扫树下枯枝落叶及杂物，集中烧毁。

2. 化学防治。幼虫发生期喷洒低毒无公害农药，可喷施5.7%甲氨基阿维菌素苯甲酸盐乳油3000倍液或25g/L高效氯氟氰菊酯乳油1000倍液，或20亿PIB/mL甘蓝夜蛾核型多角体病毒1000倍液。

参考文献

山东林木昆虫志编委会, 1993; 王海明等, 2005.

（王海明）

分类地位	鳞翅目 Lepidoptera 卷蛾科 Tortricidae

316 棉褐带卷蛾

拉丁学名	*Adoxophyes honmai* Yasuda
异 名	*Archips reticulana* Hübner，*Dichelia privatana* Walker，*Adoxophyes orana orana* (Fischer von Röslerstamm)
英文名称	Summer fruit tortrix moth
中文别名	苹小卷叶蛾、茶小卷叶蛾、棉小卷叶蛾、橘小黄卷叶蛾、网纹褐卷叶蛾、远东褐带卷叶蛾、桑斜纹卷叶蛾

棉褐带卷叶蛾危害多种农林植物，是水杉的重要食叶害虫。

分布 除云南、西藏外，全国各地均有分布。印度，日本，新加坡，韩国，印度尼西亚；欧洲。

寄主 茶树、山茶、梨、桃、李、樱桃、杏、杨、柳、桦、水杉、棉花、小麦、蚕豆、苜蓿、大豆、赤豆、绿豆、花生、芝麻、瓜类、山楂、蔷薇、梅花、石榴、柑橘、荔枝、扶桑、菊花、海桐、紫薇、苹果、花红、海棠、脐橙、忍冬、龙眼、银杏、刺槐、赤杨、向日葵、金丝桃、悬钩子、榆叶梅、十字海棠等。

危害 以幼虫危害苹果等细芽、叶片、花和果实，并吐丝缀连，致使幼芽、嫩叶不能伸展，叶片常缀连成团或两叶叠置，幼虫潜伏其中蚕食。坐果后常将叶片用丝网粘贴在果面上，啃食果皮、果肉，形成不规则的小坑洼，被害严重时坑洼连片，降雨后长出黑霉。危害水杉时，幼虫缀叶成苞，虫苞叶片被食残缺枯死后，则转苞危害。

形态特征 成虫： 体长6～8mm，翅展16～20mm。体棕黄色。前翅深黄色，后翅及腹部为淡黄褐色，后翅缘毛灰黄色。雄虫前翅基部具前缘褶，前缘拱起，基部狭窄，基斑褐色，翅面上有2条浓褐色不规则斜向条纹，自前缘向外缘伸出，外侧的1条较细，两翅闭合时中部的斜纹组成"V"形。**卵：** 长0.7mm，宽0.6mm，椭圆形。初产时淡黄色，半透明，近孵化时卵面显出幼虫黑褐色头壳。**幼虫：** 老熟幼虫体长13～17mm，体细长，头较小，头及前胸背板淡黄白色。头壳侧后缘处单眼区上方有1条栗棕色斑纹。幼龄幼虫淡黄绿色，老龄幼虫翠绿色。胸足淡黄或黄褐色。臀板淡黄，臀栉6～8根。雄虫3龄以后，腹部第五节背面可见黄色性腺。**蛹：** 体长9～10mm，黄褐色，较细长。腹部2～7节背面各有2横排刺突，前面1排较粗且稀，下面1排小而密。臀棘8根。

生物学特性 东北、华北1年3代；宁夏1年2代；山东1年3～4代；河南、安徽、江苏1年4代。均以2～3龄幼虫潜入树木枝干翘皮缝隙、大枝锯口周围死皮内越冬。大树上以主枝、主干上的裂翘

棉褐带卷蛾成虫（徐公天 提供）

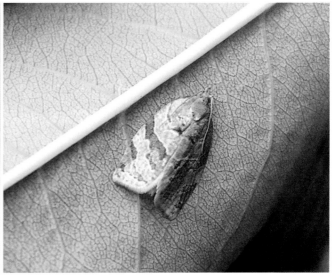

棉褐带卷蛾成虫（王焱 提供）

棉褐带卷蛾幼虫（徐公天 提供）

棉褐带卷蛾蛹（徐公天 提供）

棉褐带卷蛾蛹壳（徐公天 提供）

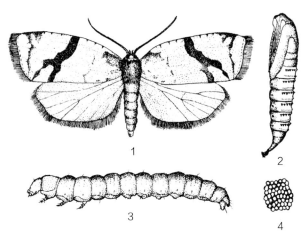

棉褐带卷蛾（汪永俊、范民生 绘）
1. 成虫；2. 蛹；3. 幼虫；4. 卵

皮里居多，小树上则是剪锯口、小枝贴有枯叶处居多。越冬幼虫在苹果花芽开绽时出蛰，越冬出蛰幼虫爬到花丛中或新鲜嫩叶间隙、吐丝缀连花蕾、幼叶，并潜入其中危害。幼虫稍大时将数个叶片用虫丝缠缀一起，卷成虫苞，继续在苞内危害。当虫苞叶片被食破碎、老化，营养状况变劣时，幼虫转出虫苞向新梢嫩叶爬去，重新卷苞危害。越冬代幼虫出蛰早的主要危害花蕾、幼叶，出蛰晚的除危害叶外，还危害幼果。

成虫羽化时间多在17:00左右。成虫白天很少活动，在树上遮阴处的叶上静伏，夜间活动觅偶交配。成虫有较强趋化性和弱趋光性，对糖醋液和果醋液趋性强。人工合成的棉褐带卷蛾性外激素成分为：顺-9-十四烯-1-醇乙酸酯和顺-11-十四烯-1-醇乙酸酯。成虫喜将卵产于较光滑的果面和叶片正面。卵粒排列呈鱼鳞状卵块，1头雌蛾可产卵块1～3个，卵块中卵粒数量不等，少的数十粒，多的近200粒，

一般为70～80粒。成虫产卵受湿度影响较大。在适宜温度下湿度越高产卵量越大，反之则少。因此，多雨年份发生量大，干旱年份发生轻微。卵期7天左右。刚孵出的幼虫分散在卵块附近叶的背面丝幕下、重叠的叶片间，啃食叶肉和果面。第三代幼虫在9、10月进入越冬场所。

防治方法

1. 春季树木发芽前，刮除主干、侧枝上裂翘皮、潜皮蛾危害的爆皮，连同越冬幼虫集中销毁。

2. 用黑光灯或糖醋液诱杀成虫。

3. 在第一代成虫发生期，释放赤眼蜂防治。放蜂适期的测报，是在林间悬挂棉褐带卷蛾性外激素水碗诱捕器，当诱到成虫时，自成虫出现向后推3～5天，即是成虫产卵始期，立即开始第一次放蜂，每间隔4～5天放蜂1次，连续放蜂4次。投放蜂卡可株投卡，也可隔株投卡。每亩次放蜂量3万头，每亩总放蜂量12万头。放蜂期间，若遇阴雨连绵，应适当增加放蜂量、放蜂次数，以保证足够的蜂量。

4. 药剂防治。在早春花木发芽前，喷施晶体石硫合剂50～100倍液，杀灭越冬幼虫，兼治越冬蚜虫和叶螨。在越冬代幼虫和第一代初孵幼虫期喷施5.7%甲氨基阿维菌素苯甲酸盐乳剂3000倍液，或用45%丙溴磷·辛硫磷防治。第一代幼虫发生期比较整齐，是全年药剂防治的重点时期。可选用50%杀螟硫磷1000倍液、25g/L高效氯氟氰菊酯乳油1000倍液，或20亿PIB/mL甘蓝夜蛾核型多角体病毒1000倍液。

参考文献

萧刚柔, 1992; 李建豪, 李东平, 1994; 曹秀云, 刘玉祥, 2009.

（嵇保中，张凯，汪永俊，范民生）

317 龙眼裳卷蛾

分类地位 鳞翅目 Lepidoptera 卷蛾科 Tortricidae
拉丁学名 *Cerace stipatana* Walker
中文别名 樟缀叶虫、龙眼小卷蛾

分布 浙江，江西，福建，湖南，四川，云南等地。印度，日本。

寄主 香樟、云南樟、灰木莲、油梨、龙眼、荔枝、枫香、木荷。

形态特征 **成虫：** 雌虫体长14～17mm，翅展46～54mm；雄虫体长10～12mm，翅展37～38mm。头部、翅肩片白色。触角黑色，有白环。唇须黑色，下垂，第一、二节下面及顶端白色。胸部黑色，腹部黄色，尾部黑色。前翅紫黑色，前缘具1排2～3mm长、越近顶角越短的横向白色条斑，条斑以内近基部有5排后部分枝、形状不一的近方形白斑，越近外缘处白斑条数越多，最外部有8～12排，翅中间直至外缘有红褐色斑带，斑带从外缘中部扩大呈黄褐色；后翅基部白色，外缘有一较宽的黑斑，具灰白色缘毛。**卵：** 圆形，扁而薄，卵块呈鱼鳞状排列，初产时白色，后期变淡黄色，近孵化时可见黑色点状的幼虫头部。**幼虫：** 初孵时头部黑色，体淡黄色。2龄后略带青绿色。老熟幼虫粉绿色，长29～32mm，宽3.5～4.5mm，胸部两侧各具1个黑斑。**蛹：** 体长17～21mm，青白色至青绿色。

生物学特性 浙江南部1年4代。以蛹在寄主被害的叶苞中越冬。翌年3月中、下旬开始羽化为成虫。4月上、中旬产卵。卵期3天左右，孵化后即能分散危害。幼虫先在缀叶中取食，幼龄期只取食一层叶肉，3龄以后即能咬食叶片呈缺刻或孔洞。待到虫粪充塞其中后，即外出另缀新叶危害。缀叶时常将枝梢顶部3～4张叶片连在一起，呈卷筒状，在缀叶中咬2个圆形孔洞。一遇触动，即从圆孔外逃。幼虫共5龄，历期13～17天。预蛹期2～3天，化蛹于叶苞中。蛹期5～6天。羽化后成虫经1天即交尾。交尾后第二天产卵。卵呈块状，多产于叶正面主、侧脉上。每头雌虫可产卵1～3块，卵粒128～367粒。雌雄性比为1∶1.7。雌虫寿命5～7天，雄虫3～4天。第一代成虫盛发期为5月上、中旬，第二代6月中、下旬，第三代7月下旬至8月上旬，第四代9月中、下旬，第五代出现于11月上、中旬。以第二、三代危害严重。第三代以后天敌寄生率大增，虫口数量显著下降。

天敌卵期有松毛虫赤眼蜂；幼虫期有扁股小蜂、茧蜂、绒茧蜂；蛹期有广大腿小蜂、龙眼裳卷蛾黑瘤姬蜂、舞毒蛾黑瘤姬蜂，以广大腿小蜂及龙眼裳卷蛾黑瘤姬蜂寄生率最高，二者共约占寄生率的70%～80%。此外，还发现大山雀和黄莺取食幼虫。

防治方法

化学防治。可喷施高效氯氟氰菊酯（20g/L）1000～1500倍液或吡虫啉·杀虫单（50%水分散粒剂）600～800倍液或45%丙溴磷·辛硫磷乳油1000～1500倍液。

参考文献

童新旺，劳光闵，1984；姜景峰，胡志莲，1990；刘友樵，李广武，2002.

（刘永正，谢佩华）

龙眼裳卷蛾成虫（中国科学院动物研究所国家动物博物馆 提供）

318 角色卷蛾

分类地位　鳞翅目 Lepidoptera　卷蛾科 Tortricidae

拉丁学名　*Choristoneura lafauryana* (Ragonot)

异　名　*Tortrix lafauryana* Ragonot

角色卷蛾是中国东北林区的一种重要害虫，幼虫主要危害落叶松的针叶及当年生嫩梢，同时对各种阔叶乔灌木也有危害。

分布　辽宁，吉林，黑龙江。日本，朝鲜，俄罗斯；欧洲。

寄主　以落叶松为主，也危害杨梅及各种阔叶乔灌木。

危害　缀叶取食针叶；危害嫩梢时有3种被害状：①从嫩梢基部咬断，约占90%；②从嫩梢中部咬断，约占8%；③从主梢顶部咬断，约占2%。

形态特征　**成虫**：翅展19～25mm。雄虫前翅黄褐色，有前缘褶，但基部缺少；基斑不清楚；中带经常中断；端纹很明显。雌虫灰褐色，斑纹不明显。后翅淡灰黄色。**卵**：椭圆形，黄褐色。**幼虫**：体长20mm左右。体绿色，有深色背线，头部及前胸

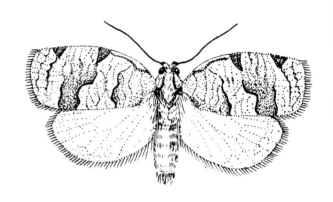

角色卷蛾成虫（胡兴平　绘）

背板绿褐色。**蛹**：体长11mm左右，黄褐色（刘友樵等，2002）。

生物学特性　1年1代。以幼龄幼虫越冬。翌年5月下旬开始活动危害，幼虫期除危害针叶外，还能危害嫩梢。据调查，幼虫先咬断侧梢，后咬断主梢，一生可连续转移危害多次。6月下旬老熟化蛹，7月上旬陆续羽化成虫，产卵在针叶背面，9月开始以幼龄幼虫越冬。

一般发生在幼林，以0.4～2.5m高，5～10年生的落叶松幼林受害最严重，被害率达17.4%。10年生以上的落叶松主梢也有被害的，但随着树龄增大、树木增高，害情逐渐减轻（陆文敏，1987）。

防治方法

加强营林措施，采用白僵菌粉防治幼虫，保护天敌。在幼虫危害期喷洒农药。

化学防治。可用（20g/L）高效氯氟氰戊菊酯1000～1500倍液或50%吡虫啉·杀虫单水分散粒剂600～800倍液或45%丙溴磷·辛硫磷乳油1000～1500倍液。

参考文献

陆文敏，1987; 萧刚柔，1992; 刘友樵，李广武，2002.

（武春生，陆文敏）

角色卷蛾成虫（中国科学院动物研究所国家动物博物馆　提供）

319	苹果蠹蛾	分类地位	鳞翅目 Lepidoptera　卷蛾科 Tortricidae
		拉丁学名	*Cydia pomonella* (L.)
		英文名称	Codling moth

分布　自20世纪50年代由中亚传入我国新疆，现分布新疆、甘肃地区。

寄主　苹果、花红、海棠、沙梨、香梨、榅桲、山楂、野山楂、李、杏、巴旦杏、桃、核桃、石榴以及栗属、榕属（无花果属）、花楸属等。

危害　主要以幼虫蛀果危害，可导致果实成熟前大量脱落和腐烂，是苹果、梨、桃、核桃等果实的毁灭性害虫，严重影响着林果产品的生产和销售。

形态特征　**成虫：**全体灰褐色而带紫色光泽，雌虫色淡，雄虫色深。臀角处的翅斑色最深，为深褐色，有3条青铜色条纹；翅基部颜色次之，为褐色，此褐色部分的外缘突出略呈三角形，其中有色较深的斜行波状纹；翅中部颜色最浅，为淡褐色。雄蛾前翅反面中区有1个大黑斑，后翅正面中部有一深褐色的长毛刺，仅有1根翅缰。雌蛾前翅反面无黑斑，正面无长毛刺，有4根翅缰。卵极扁平，中央部分略隆起。初产时如一极薄蜡滴，发育到一定阶段出现一淡红色的圈，此阶段称红圈期。**幼虫：**初孵幼虫体淡黄色，稍大变淡红色，成长后呈红色，背面色深，腹面色很浅。成长幼虫头部黄褐色，前胸盾淡黄色。

生物学特性　1年1～3代。以老熟幼虫在果树树干裂缝和根部周围的土壤中越冬，也有部分在堆果场、贮果库及果箱、果筐里越冬。成虫羽化后1～2天进行交尾产卵。卵多产在叶片的正面和背面，部分也可产在果实和枝条上，尤以上层的叶片和果实着卵量最多。刚孵化的幼虫，先在果面上四处爬行，寻找适当蛀入处蛀入果内。蛀入时不吞食果皮碎屑，而将其排出蛀孔外。幼虫从孵化开始至老熟脱果为止。非越冬的当年老熟幼虫，脱离果实后爬至树皮下，或从地上的落果中爬上树干的裂缝处或树洞里作茧化蛹，也可在地面上的其他植物残体或土缝中，以及果实内、果品运输包装箱及贮藏室等处作茧化蛹。越冬代成虫一般于4月下旬至5月上旬开始羽化。

防治方法　以新疆地区为例：

1. 1～3月和11～12月进行越冬幼虫的防治，刮除果树主干和主枝上的粗皮、翘皮。刮完树皮后，可用5波美度的石硫合剂涂刷，或用涂白剂涂刷。将被刮除的树皮和越冬害虫全面收集，然后集中烧毁或深埋。

2. 4～10月，①设置苹果蠹蛾性诱芯诱杀成虫，设置密度一般为2～4个/亩；②使用双管手挂式迷向信息素进行迷向法苹果蠹蛾防治，悬挂于树冠上部1/3处稍粗且通风较好的枝条上，距地面高度不低于

苹果蠹蛾雄成虫（张润志　拍摄）

苹果蠹蛾雌成虫（张润志　拍摄）

苹果蠹蛾卵（杜磊　拍摄）

苹果蠹蛾越冬幼虫（张润志　拍摄）

苹果蠹蛾蛹（贾迎春　提供）

苹果蠹蛾危害的果实（张润志　拍摄）

苹果蠹蛾危害状（张润志　拍摄）

1.7m，一般挂1～2个/亩；③摘除虫蛀果和收集地面上落果，并及时清除果园中的废纸箱、废木堆、废化肥袋、杂草、灌木丛等所有可能为苹果蠹蛾提供越夏越冬场所的材料，清理出来的虫蛀果应集中深埋；④用胡麻草或粗麻布在果树的主干及主要分枝处绑缚宽15～20cm的草、布环，诱集苹果蠹蛾老熟幼虫，果实采收之后取下集中烧毁，防治时可在草、布环上喷高浓度杀虫药剂，防治效果会更好；⑤将果实套袋阻止苹果蠹蛾蛀果危害；⑥可选用50%辛硫磷乳油1000～1500倍液、2.5%杀灭菊酯乳油4000倍液、2.5%敌杀死乳油4000～6000倍液、高渗苯氧威2000～3000倍液进行喷雾防治，每年可进行2次，每次连续喷施2～3次。各次喷药的时间间隔一般在7～10天左右。

3. 对可能携带苹果蠹蛾的寄主植物及其果实进行严格检疫，防止该虫随果品、寄主植物传播扩散。

4. 注意保护苹果蠹蛾的天敌，如鸟类、蜘蛛、步甲、寄生蜂、真菌、线虫等。还可通过释放赤眼蜂、喷施苏云金杆菌（Bt）和 *Granulosis virus*（GV）颗粒病毒等进行防治。

参考文献

黄玉珍，2000；国家林业局植树造林司等，2005；秦占毅等，2007；国家林业局森林病虫害防治总站，2008；闫玉兰，2008；周昭旭等，2008.

（赵宇翔）

320 柳杉长卷蛾

分类地位 鳞翅目 Lepidoptera 卷蛾科 Tortricidae

拉丁学名 *Homona issikii* Yasuda

分布 安徽，浙江，江西，湖南，福建，台湾等地。日本。

寄主 柳杉。

危害 以幼虫卷苞取食针叶、嫩梢，少数还取食球果，严重时可见树冠上虫苞累累，针叶大部分被吃光，枝梢枯死，似火烧一般。

形态特征 成虫：雌虫体长10~12mm，翅展28mm；雄虫体长8~11mm，翅展24mm。触角丝状，灰色，下唇须褐色，紧贴头部向上弯曲，第二节长，末节短小。头胸褐色，腹部灰褐色。前翅灰黄色，有紫褐色斑，基斑、中横带、端纹明显，中横带在靠近前缘有断开，雄蛾前翅前缘褶宽大；后翅灰褐色，雄蛾腹末具灰黄色毛丛。**卵：**长1~1.2mm，宽0.6mm，扁卵圆形。初产时淡黄色，后渐加深，至孵化时黄褐色，卵壳薄而半透明。**幼虫：**老熟幼虫体长21mm。初孵幼虫头及前胸背板褐色，中、后胸和腹部为淡黄色；2龄后头、前胸背板及胸足变暗红褐色；3~5龄幼虫中、后胸及腹部为淡褐色至绿褐色，臀板深褐色，上有多根刚毛。3龄后腹部第五节背面具淡紫红色斑。气门卵圆形，围气门线暗红褐色，身体各节具多数褐色毛片。**蛹：**体长12mm，宽3mm，纺锤形。初时淡黄色，后变暗红褐色。第二至第八腹节背面有2列刺突，前列粗而疏，后列细而密，各节具多数毛。蛹末端钝，有8根钩状臀棘。

生物学特性 浙江1年2代。以1、2龄幼虫在被其蛀食中空变褐的针叶内越冬。翌年4月中、下旬开始活动取食，5月上、中旬新梢大量萌发时恰为越冬后幼虫危害盛期，5月中旬开始化蛹，5月下旬至7月中旬成虫羽化。第一代卵产于6月上旬至7月中旬，幼虫自6月中旬至9月上旬出现，8月为第一代幼虫危害盛期，8月中旬开始化蛹，8月下旬至10月上旬出现第一代成虫。第二代卵产于9月上旬至10月上旬，9月下旬开始孵化。幼虫孵化后即蛀入针叶内取食叶肉，并在其中越冬。

成虫白天和夜间均可羽化，但以13:00~16:00为多，白天一般不活动，多停息在林内枝叶及地被物上，夜间活动活跃，有趋光性。雌雄性比1.34∶1。

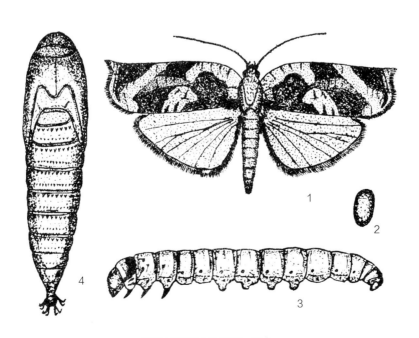

柳杉长卷蛾（徐德钦 绘）
1. 成虫；2. 卵；3. 幼虫；4. 蛹

柳杉长卷蛾雄成虫
（中国科学院动物研究所国家动物博物馆　提供）

柳杉长卷蛾雌成虫
（中国科学院动物研究所国家动物博物馆　提供）

羽化后经1～2天开始交尾，白天和夜间均可交尾，但以1:00～5:00为多，交尾前雌蛾前翅斜举，腹部往下弯曲。雌、雄蛾均只交尾1次，交尾时间可持续3.5～5.5小时。交尾后当天便开始产卵，产卵历期2～6天。白天和夜间均可产卵，每雌蛾产卵2～10次，每次间隔3～18小时，共产卵43～254粒，平均93粒。卵产于嫩枝表面及针叶基部，覆瓦状排列呈块状，每块2～13粒，平均9粒。成虫寿命越冬代雌蛾6.4天、雄蛾3.8天，第一代雌蛾7.7天、雄蛾4.5天。

卵期第一代8.1天，产下5～7天后卵中可见小黑点。幼虫昼夜都可孵化，但以6:00～12:00为多。孵化时幼虫先咬破卵壳，随后钻出，沿小枝和针叶爬动，在小枝上相邻的几条针叶间吐丝结薄网。1～2龄幼虫隐藏于针叶内蛀食叶肉，使针叶只剩透明的表皮，最后整条针叶中空变褐枯死，幼虫即转移至邻近的针叶上危害并可转移多次，因此在小枝上可见成簇的变褐针叶，据此可发现越冬幼虫及第一代初龄幼虫。3龄幼虫从针叶内爬出，吐丝把邻近的嫩枝及针叶织成虫苞，在苞内取食整条针叶及枝皮，每个虫苞可有1～10个、一般5～6个嫩梢或小枝。越冬代幼虫越冬后先卷苞取食去年生小枝和针叶，4龄后则转移至当年生的嫩梢上卷苞取食危害，甚至咬断嫩梢。第一代幼虫一般危害当年生枝梢。每个虫苞内只有1条幼虫，每条幼虫可转苞3～5次。幼虫受惊时有吐丝下垂习性。幼虫共5龄，老熟后在虫苞内化蛹。预蛹期2～5天。蛹期越冬代11.2天，第一代5.9天。

该虫在10年生左右的柳杉林中危害最重。越冬幼虫开始活动时间与4月的天气有较密切的关系，4月阴雨天少且气温较高，活动时间则较早，反之则较迟。不同年份虫口变化幅度较大，如浙江文成，1985年和1988年严重发生，株平均虫口100多条，重株达500条，1986年和1987年轻微，株平均虫口不到10条。

防治方法

1. 生物防治。柳杉长卷蛾天敌较多。幼虫和蛹有长距茧蜂、松毛虫埃姬蜂、高缝姬蜂、软姬蜂、广大腿小蜂、扁股小蜂、腹柄姬小蜂、白僵菌及蚂蚁、蜘蛛。越冬代天敌以长距茧蜂及白僵菌为常见，长距茧蜂寄生于幼虫体内，当寄主幼虫老熟吐丝结茧时刚好吃光寄主幼虫虫体，在虫苞内结10～34个长柱形黄褐色胶茧，在茧内化蛹，寄生率可达26.1%，白僵菌寄生率可达24.5%。第一代幼虫和蛹的天敌以广大腿小蜂为常见，寄生率可达34.2%。

2. 化学防治。可用高效氯氟氰戊菊酯（20g/L）1000～1500倍液或吡虫啉·杀虫单（50%水分散粒剂）600～800倍液或丙溴磷·辛硫磷（45%乳油）1000～1500倍液。

参考文献

杨秀元等，1981；中国科学院动物研究所，1983；徐德钦，1987；沈光普等，1988；刘友樵，李广武，2002.

（徐德钦）

321	苹褐卷蛾	分类地位　鳞翅目 Lepidoptera　卷蛾科 Tortricidae
		拉丁学名　*Pandemis heparana* (Denis et Schiffermüller)
		异　名　*Tortrix heparana* Denis et Schiffermüller
		英文名称　Apple brown tortrix, Dark fruit-tree tortrix
		中文别名　苹果褐卷叶蛾、褐带卷叶蛾、鸢色卷叶蛾、柳弯角卷叶蛾、柳曲角卷叶蛾

苹褐卷蛾是多种林木、果树及园林植物的重要害虫。由于其繁殖量大，世代多，世代重叠严重，给防治带来了很大困难，经常造成经济、生态上的重大损失。

分布　北京，河北，山西，内蒙古，辽宁，吉林，黑龙江，上海，江苏，浙江，安徽，山东，河南，湖北，湖南，重庆，四川，陕西，甘肃，青海，宁夏等地。朝鲜，韩国，日本，俄罗斯，印度；欧洲。

寄主　苹果、梨树、杏、桃树、樱桃、柳、榛、鼠李、水曲柳、栎、绣线菊、毛赤杨、山毛榉、榆、椴、花楸、越橘、珍珠菜、蛇麻、桑、小叶女贞、火棘、槐树、银杏、三球悬铃木等。

危害　初孵幼虫食害叶肉呈筛孔状，长大后分散吐丝缀连2～3叶或纵卷1叶，亦常把叶片缀连果实上啃食果皮呈不规则凹陷伤疤。

形态特征　**成虫：**翅展16～25mm。前翅褐色，基斑明显，中带起自前缘中部，止于臀角，前窄后宽；后翅灰褐色。**幼虫：**头部及前胸背板淡绿色，

苹褐卷蛾成虫（白九维　绘）

苹褐卷蛾成虫（李成德　提供）

苹褐卷蛾成虫（侧视）（徐公天　提供）

体深绿而稍带白色，大多数个体前胸背板后缘两侧各有1个黑斑，毛瘤色稍淡。

生物学特性　辽宁兴城1年2代；河北昌黎、山东青岛、陕西南部地区1年3代；安徽合肥1年5代。以幼龄幼虫在树干粗皮裂缝、剪锯口等处结白色薄茧越冬。在辽宁兴城5月上旬越冬幼虫开始活动，食害幼嫩的芽、叶和花蕾。5月下旬幼虫稍大即卷叶危害，6月中旬幼虫老熟后，在卷叶内化蛹，6月下旬至7月中旬成虫羽化、交尾产卵。7月上旬为产卵盛期，卵数十粒至百余粒排列成鱼鳞状卵块。第一代幼虫发生在7月中旬至8月上旬，8月中旬化蛹，8月下旬至9月上旬第一代成虫出现，继续产卵繁殖。第二代（越冬代）幼虫发生在9月上旬至10月，10月上、中旬幼龄幼虫寻找适合场所结茧越冬。

成虫昼伏夜出，有趋化性及趋光性。幼虫活泼，如遇惊扰即吐丝下垂，触动后有倒退或弹跳习性。

防治方法

1. 人工防治。①生长季剪除被害缀叶以集中杀死幼虫；②秋冬季彻底刮除树体粗皮、翘皮、剪锯口周围死皮，消灭越冬幼虫；③成虫盛发期利用黑光灯进行诱杀；④树冠内挂糖醋液诱盆诱集成虫，配液用糖：酒：醋：水为1：1：4：16配制。

2. 生物防治。①越冬幼虫出蛰盛期或第一代卵孵化盛期，喷施含100亿活孢子/mL的苏云金杆菌（Bt）乳剂的800倍液；②卵期释放松毛虫赤眼蜂。产卵始盛期开始隔株或隔行放蜂，每代放蜂3～4次，间隔5天，每株放有效蜂1000～2000头。

3. 化学防治。幼龄幼虫期喷洒1.8%害极灭3000～4000倍液，或复方虫螨治可湿性粉剂600倍液；25g/L高效氯氟氰菊酯乳油、90%敌百虫晶体、48%毒死蜱乳油、25%喹硫磷、50%杀螟硫磷、50%马拉硫磷乳油1000倍液、2.5%高效氯氟氰菊酯乳油、2.5%溴氰菊酯水乳剂乳油、20%氰戊菊酯乳油3000～3500倍液、10%联苯菊酯乳油4000倍液或52.25%农地乐乳油1500倍液，以及其他菊酯类杀虫剂混配生物杀虫剂。化学防治应注意保护天敌，果园慎用。可用球孢白僵菌（400亿个孢子/g水分散粒剂）2000～3000倍液或20亿PIB/mL甘蓝夜蛾核型多角体病毒1000～1500倍液。

参考文献

萧刚柔，1992；赵国荣，蔡燕苹，杨春材，1997；杜良修，杜铖瑾，1999；刘友樵，李广武，2002.

[Byun Bong-Kyu（韩国），李成德，白九维]

322 肉桂双瓣卷蛾

分类地位　鳞翅目 Lepidoptera　卷蛾科 Tortricidae

拉丁学名　*Polylopha cassiicola* Liu et Kawabe

　　肉桂双瓣卷蛾是1993年发表的一个新物种。广西、广东和福建发生普遍，危害严重，是当前危害肉桂的最主要害虫。

分布　福建，广东，广西。

寄主　肉桂、樟树、黄樟。

危害　幼虫主要蛀食肉桂嫩梢，导致新梢枯死、侧梢丛生，严重影响肉桂的正常生长。

形态特征　**成虫**：翅展11～14mm。触角淡褐色。前翅长椭圆形，前缘弯曲，外缘倾斜，底色灰褐色，有闪光，部分夹杂橘红褐色，特别是在前缘和顶角，基斑比较明显，翅面上有3～4排成丛的竖鳞；后翅呈亚四边形，无栉毛。**卵**：初产时乳白色，圆形，直径0.1～0.13mm，平均0.12mm，近孵化时变黑褐色。**幼虫**：老熟幼虫体长7.3～10.1mm，平均8.2mm；头壳宽0.53～0.70mm，平均0.57mm。头部黑褐色，前胸背板黑褐色，呈半圆形但中央等分间断。第九节背面有1个半椭圆形的黑褐色斑块。腹足趾钩呈全环单序，臀足半环单序。**蛹**：体长3.8～8.7mm，平均4.4mm。黄褐色，近羽化前变黑色。第二、九腹节背面各有1横列黑褐色短突刺，第三至第八节各节有2横列黑褐色短突，前列粗而短呈圆锥状，后列小而密。腹部末端有钩状臀棘4根（刘友樵等，2002）。

生物学特性　广西岑溪、福建华安1年7代，世代重叠。各虫态随时可见，没有冬夏休眠滞育现象。第一代幼虫于2月下旬至3月下旬危害樟树、黄樟嫩梢和少量肉桂晚冬梢。第二代幼虫在4月上旬至5月上旬正遇上肉桂春梢萌发高峰期，以至造成一片枯萎。直到第七代仍在危害肉桂（冼旭勋，1995）。

防治方法

1. 生物防治。加强监测调查。在肉桂春梢期重点抓好第一代幼虫防治，可有效降低林间种群数量，对控制虫情蔓延成灾至关重要。选用喷白僵菌粉时应掌握在第一代幼虫下树结茧前的有利时机，将菌粉均匀喷撒在枯枝落叶上，让幼虫或蛹接触到白僵菌分生孢子，使其致病而不能正常化蛹和羽化，有效降低次代虫口基数。或喷施球孢白僵菌（400亿个孢子/g水分散粒剂）2000～3000倍液或20亿PIB/mL的甘蓝夜蛾核型多角体病毒1000～1500倍液。

2. 营林措施。发展种植肉桂时，注意适地适树。选择土层厚、质地疏松、排水良好的地方种植，以增强肉桂林自身对肉桂双瓣卷蛾的抵抗力。同时应适时加强抚育管理，铲除杂草，消灭和减少越冬蛹。对林间天敌要加以保护和利用，创造有利于天敌繁衍栖息的环境，恢复和增加天敌种群数量，丰富生物多样性，逐步实现对该虫的生态调控。

3. 化学防治。采用5.7%甲氨基阿维菌素苯甲酸盐3000～5000倍液，高效氯氟氰戊菊酯（20g/L）1000～1500倍液或吡虫啉·杀虫单（50%水分散粒剂）600～800倍液或丙溴·辛硫磷（45%乳油）1000～1500倍液。

参考文献

刘志诚, 彭石冰, 1992; 冼旭勋, 1995; 刘友樵, 李广武, 2002; 郑宝荣, 2007.

（武春生）

肉桂双瓣卷蛾成虫（中国科学院动物研究所国家动物博物馆　提供）

323	落叶松卷蛾	分类地位	鳞翅目 Lepidoptera 卷蛾科 Tortricidae
		拉丁学名	*Ptycholomoides aeriferanus* (Herrich-Schäffer)
		异 名	*Coccyx aeriferana* Herrich-Schäffer

落叶松卷蛾是落叶松人工林的重要食叶害虫，大发生时被害林木一片枯黄，形同火烧，幼树连年受害后即可枯死。

分布 河北，内蒙古，辽宁，吉林，黑龙江等地。韩国，日本，俄罗斯；欧洲。

寄主 落叶松、尖叶槭、桦。

危害 树冠中、下部针叶被食殆尽，被害林木一片枯黄，形同火烧。

形态特征 **成虫：**翅展19～23mm。前翅棕黄色，夹杂有一些白灰色纹，基斑、中带和端纹黑褐色；后翅暗褐色。**幼虫：**体绿色，亚背线深绿或浅绿色。头部淡黄褐色，有褐色斑纹。前胸背板有褐色斑2对。

生物学特性 1年1代。以初孵幼虫潜入树皮缝隙、枝条芽苞或枯枝落叶等场所吐丝做小白茧越冬。翌年4月中旬钻入树冠下部枝条的芽苞中，头朝叶心，危害叶心基部。树冠下部针叶食尽后即转移至树冠中部，头朝叶端或缀丝于枝条叶丛间继续危害。5月下旬幼虫老熟，化蛹于叶丛、树皮缝隙或林冠下枯枝落叶层内。6月下旬羽化、交尾。

成虫有趋光性。卵产于针叶正面，排成单行或双行，一般2～6粒，最多15粒。初孵幼虫不取食即寻找越冬场所越冬。幼虫稍遇惊扰即首尾摆动，迅速进退或吐丝下垂逃避。

落叶松卷蛾成虫（朱兴才 绘）

防治方法

1. 营林措施。营造混交林，及时进行幼林的抚育间伐，保持林内卫生。

2. 物理防治。成虫盛发期，利用黑光灯诱杀成虫。

3. 生物防治。飞机喷洒20%复方苏云金杆菌（Bt）乳剂10倍液。据报道，幼虫和蛹期有绒茧蜂 *Apanteles* sp.、姬蜂科的 *Ephialtes* sp.、*Dirophanes* spp.以及寄生蝇等寄生性天敌，具有较高的寄生率，应注意保护利用。可用球孢白僵菌（400亿个孢子/g水分散粒剂）2000～3000倍液或20亿PIB/mL的甘蓝夜蛾核型多角体病毒1000～1500倍液。

4. 化学防治。①施放苦·参碱烟剂，用药量7.5kg/hm²；②飞机喷洒90%敌百虫乳油80倍液，或90%敌百虫乳油与20%噻虫嗪悬浮剂1：1混合80倍液，或25g/L高效氯氟氰菊酯乳油100倍液+20%噻虫嗪悬浮剂80倍液，或90%敌百虫乳油80倍液+25g/L高效氯氟氰菊酯乳油100倍液，均可达到95%以上的防治效果。采用5.7%甲氨基阿维菌素苯甲酸盐3000～5000倍液，高效氯氟氰戊菊酯（20g/L）1000～1500倍液或吡虫啉·杀虫单（50%水分散粒剂）600～800倍液或丙溴·辛硫磷（45%乳油）1000～1500倍液。

参考文献

黑尤江省勃利县林木病虫害防治站，1974；萧刚柔，1992；刘友樵，李广武，2002.

[Byun Bong-Kyu（韩国），李成德，张润生，刘友樵，白九维]

落叶松卷蛾成虫（李成德 提供）

分类地位	鳞翅目 Lepidoptera　卷蛾科 Tortricidae
拉丁学名	*Ancylis mitterbacheriana* (Denis et Schiffermüller)
异　　名	*Phalaena* (*Tortrix*) *mitterbacheriana* Denis & Schiffermüller, *Tortrix retusana* Haworth
英文名称	Mitterbach's red roller moth

324 栎镰翅小卷蛾

分布　山东。俄罗斯；欧洲。

寄主　麻栎、栓皮栎。

危害　以幼虫包叶危害，受害的叶片沿主脉纵卷，形成满树的"饺子"叶。

形态特征　**成虫：**雄虫翅展18～22mm，雌虫翅展18～27mm。颜面和下唇须灰白色。触角灰褐色，基部夹杂有白色环。下唇须向上举，第二节膨大，末端尖，呈灰褐色。前翅狭长，顶角明显突出，再结合缘毛上的花纹，很像镰刀，灰白色，有褐色斑，前缘由基部至顶角由灰白色和褐色相间的平行线组成钩状纹，由中室上缘向下，由褐色鳞片组成"W"形斑；后翅、足和腹部灰白色。**卵：**扁椭圆形，初产时鲜红色，后变成深红色，孵化前暗灰色。**幼虫：**老熟幼虫体长13～15mm，头部褐色，胸腹部黄白色。前胸背板有6块膝状斑，气门上方的2块大，有4～5个边角；背中线两侧靠后缘的2块次大，略呈"弯月"形，前方的2块小而圆。体节毛瘤明显，中、后胸背面的4个毛瘤排成单列，每个毛瘤上生2根刚毛；各腹节背面的4个毛瘤排成梯形，前

栎镰翅小卷蛾成虫
（中国科学院动物研究所国家动物博物馆　提供）

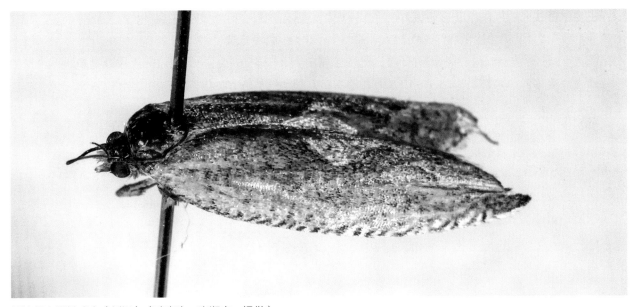

栎镰翅小卷蛾成虫（侧视）（武春生、张润志　提供）

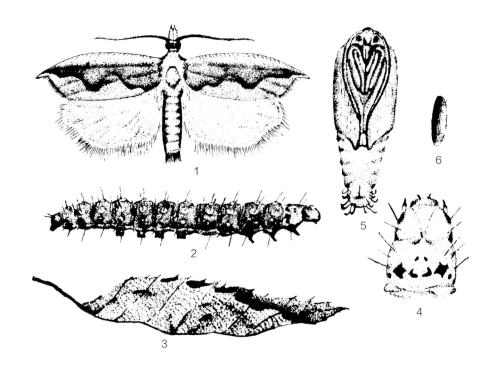

栎镰翅小卷蛾（王家双　绘）
1. 成虫；2. 幼虫；3. 被害状；4. 幼虫头及前胸背板；5. 蛹；6. 卵

窄后宽，每个毛瘤上生1根刚毛。趾钩单序双环式，外轮为全环，内轮为半环；臀足趾钩二横带。**蛹：**体长7.5～9.5mm，暗棕色。胸部有1条浅色的背中线。腹部第二至第七节背面各有2列刺，前一列大，后一列小；第八、九腹节背面各有1列。腹末端具钩状臀棘12根，其中肛孔两侧各2根（刘友樵等，2002）。

生物学特性　1年1代。以老熟幼虫在所卷叶片内越冬。翌年1月下旬开始化蛹，蛹期34天。3月初羽化成虫。3月下旬当麻栎枝芽萌发时产卵，然后孵化，幼虫危害直到10月才老熟，11～12月随其卷叶脱落于地面（仍在卷叶内）越冬。

成虫多自树枝的基部往上边爬边产卵，至顶端转换产卵枝。卵单粒散产。产卵量123～236粒。幼虫多在10:00～17:00孵化，以13:00前后为最多。初孵幼虫体长1.2mm，沿枝迅速爬行到新抽出或正在萌动的幼嫩枝芽、花芽时，钻于芽鳞下，吐少量丝。然后剥食幼枝的皮层或在叶芽、花芽内串食。初孵幼虫经11～14天进行第一次蜕皮。蜕皮后继续躲在芽鳞下危害，多数转移到刚刚展放1/3的嫩叶上，在叶缘向里卷一小室危害。3龄以后的幼虫，则将叶片沿中脉纵折，吐丝"缝合"成一个长2.5cm、宽1cm的虫室危害，一片叶有多达3个虫室者。1头幼虫一生卷2～4个叶片，其转移时多趋向上部较嫩的叶片。幼虫自开始卷叶起，便有一种蚜虫与其共居（可能是共生关系），直到老熟化蛹。幼虫6龄（董彦才，朱心博，1990）。

防治方法

1. 保护和利用天敌。对天敌数量多或害虫发生量小的林分，尽量避免施用化学药剂。

2. 在成虫发生期，进行灯光诱杀。

3. 每年1～2月清除林间的枯枝落叶。

4. 发生重的林分，可在幼虫孵化盛期使用内吸性药剂进行树冠喷雾。

参考文献

董彦才，朱心博，1990; 刘友樵，李广武，2002.

（武春生，董彦才，朱心博）

325	枣镰翅小卷蛾

分类地位	鳞翅目 Lepidoptera　卷蛾科 Tortricidae
拉丁学名	*Ancylis sativa* Liu
异　　名	*Cerostoma sasahii* Matsumura
英文名称	Ziziphus leaf roller
中文别名	枣黏虫、枣小卷蛾、枣实菜蛾、枣小蛾、裹黏虫

南北枣产区，危害枣树和酸枣。其不仅在北方枣产区危害严重，在南方枣产区亦为主要害虫，对枣产量影响极大（邱强等，2004）。

分布　河北，山西，山东，河南，湖北，湖南，陕西等地（刘友樵等，2002）。

寄主　枣、酸枣（刘友樵等，2002）。

危害　刚从卵中孵化的小幼虫即可危害枣芽，继而吐丝卷嫩叶食害边缘，后用丝将叶缘黏起包成饺子形，幼虫老熟后即在卷叶内作茧化蛹。幼虫吐丝黏缀食害芽、花、叶和蛀食果实，造成叶片残缺、枣花枯死、枣果脱落（王平远等，1983；邱强等，2004）。

形态特征　**成虫：**体长6～7mm，翅展14mm左右。全体灰褐黄色，复眼暗绿色。触角褐黄色，长约3mm。下唇须下垂，末节小，部分隐藏在第二节鳞毛中。前翅褐黄色，前缘有黑、白相间的钩状纹10余条，在前几条的下方，有斜向翅角的银色线3条，最下的1条最长并与近外缘的1条银色线汇合，翅面中央有黑褐色纵线纹3条，其他斑纹不明显，翅顶角突出并向下呈镰刀状弯曲。**卵：**椭圆形，初产时白色，第二天黄色，第三天杏黄色，以后逐渐变红，最后变成橘红色。**幼虫：**初孵幼虫头部黑褐色，腹部黄白色，取食后变为绿色。老龄幼虫体长15mm。头部淡褐色，有黑褐色花斑点，胸、腹部黄白色，前胸背板及肛上板均褐色，体疏生黄白色短毛。趾钩呈双序环，臀足为双序带（刘友樵等，2002；萧刚柔等，1992）。**蛹：**体长7mm，纺锤形，在薄茧中。刚化蛹时绿色，后渐变为黄褐色，近羽化时黑褐色。每腹节背面有2列齿状刺突，起止达气门线。尾端有5个较大刺突和12根钩状长毛，臀棘8根（刘友樵等，2002）。

生物学特性　1年3～4代。以蛹在树皮缝隙内越冬。翌年3月中、下旬羽化，产卵。4月中旬至5月中旬孵化，寻找枣芽危害，继而吐丝卷叶食害边缘，以后用丝将叶缘粘起包成饺子形，幼虫老熟后即在卷叶内作茧化蛹。5月下旬至6月下旬出现第一代成虫，7月中旬至8月中旬出现第二代成虫。第三代幼虫于9月上旬开始老熟，钻入树皮缝隙等处结茧化蛹越冬（王平远等，1983）。

成虫在白天羽化。羽化后，蛹壳半截露在茧外。羽化率80%～87%。雌雄性比为1∶1。成虫白天多静伏枣叶中，夜晚交尾、产卵。有较强的趋光性。雌、雄均可多次交尾，交尾后1～2天即可产卵。卵多散产，偶尔也有4～5粒产在一起的。产卵位置：越冬代产在光滑的枣枝上，其余各代产在叶上，80%以上产在枣叶的正面。以第一代成虫产卵数量最多，每头雌虫平均产卵200多粒。

各代幼虫均吐丝黏缀枣花、枣叶及枣吊，隐蔽在里面危害。幼虫一受惊动，便从隐蔽处吐丝下坠，触动时，常常跳动几次或迅速倒退。第一代幼虫主要啃食未展开的嫩芽，使被害芽枯死再萌发2次芽。枣树展叶后，吐丝将叶卷成筒状，从里边取食叶肉。第二代幼虫吐丝黏缀枣花或叶片，啃食

枣镰翅小卷蛾成虫（李镇宇　提供）

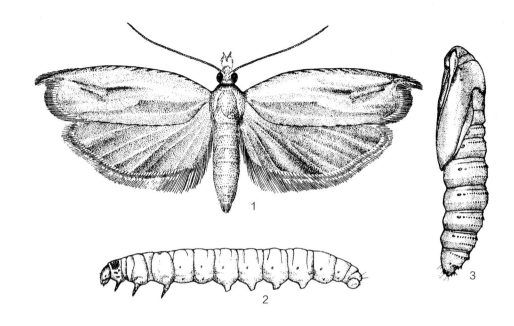

枣镰翅小卷蛾（张翔　绘）
1. 成虫；2. 幼虫；3. 蛹

叶肉。第三、四代幼虫除吐丝粘枣叶啃食叶肉外，还常将1、2片枣叶粘在枣上，在其中危害枣的果皮或果肉，造成落果。幼虫经过4次蜕皮，变为老熟幼虫。第一至第三代老熟幼虫结一白色的薄丝茧化蛹。如有第四代发生，则老熟幼虫于9月下旬至10月上旬，从被害叶中爬出，寻找越冬场所，在枝干老皮缝隙中结一灰白色丝茧，化蛹越冬。以在主干老翘皮下越冬的占越冬总数的70%以上；其次是主枝老皮下，占20%；少数在黄刺蛾老茧壳或树疤节处越冬。蛹的自然死亡率为8%～19%。

　　该虫危害常使大片枣树枯黄，如同火烧，轻者减产40%，重者减产达80%～90%。该虫的大发生和天气条件关系很大。年降水量较大，5～7月阴雨连绵，天气湿热，容易大发生（萧刚柔等，1992）。

防治方法

　　1. 人工防治。绑草把杀蛹。于9月上旬以前，在主干分叉处绑好3cm厚的草把，引诱第三代幼虫入草把化蛹，11月之后解下草把，并将贴在树皮上的虫茧全部刮掉，集中烧毁。冬季刮除树干的粗皮，锯去残破枝头，集中烧毁。主干涂白，并用胶泥堵塞树洞，以消灭越冬蛹。

　　2. 生物防治。保护利用松毛虫赤眼蜂防治，在第二代成虫产卵期（7月中、下旬开始），每株释放松毛虫赤眼蜂3000～5000头，田间卵被寄生率可达85%以上。

　　3. 性信息素诱集成虫。利用性信息素诱杀成虫，性信息素组分为E9-12:Ac和Z9-12:Ac，两种组分以8∶2的比例混合。对卵的有效减退率可达68.5%～85.2%。

　　4. 仿生药剂防治。喷洒Bt乳剂（0.5亿～1亿孢子/mL），或白僵菌可湿性粉剂（400亿孢子/g）300～600g/亩制剂。

　　5. 化学防治。可喷施5.7%甲氨基阿维菌素苯甲酸盐乳油3000倍液或25g/L高效氯氟氰菊酯乳油1000倍液，或20亿PIB/mL甘蓝夜蛾核型多角体病毒1000倍液，分别于5月初、6月中旬、8月下旬喷药3次（李连昌等，1984；王云尊，1988；包建中，古德祥，1998；王绪芬等，2006；孟德辉，2007）。

参考文献

　　王平远等，1983；李连昌等，1984；王云尊，1988；萧刚柔，1992；萧刚柔等，1997；包建中等，1998；刘友樵等，2002；邱强等，2004；王绪芬等，2006；孟德辉，2007.

（米莹，贾玉迪，孙金钟）

326 金钱松小卷蛾

分类地位 鳞翅目 Lepidoptera 卷蛾科 Tortricidae

拉丁学名 *Celypha pseudolarixicola* Liu

金钱松是我国特有的珍贵树种。随着金钱松栽培面积的增加和郁闭成林，金钱松小卷蛾的危害愈加严重。该虫主要以幼虫危害金钱松刚萌发的嫩芽，轻则影响林木生长，重则全株枯死，如湖南国有涟源龙山林场，发生面积逐年扩大，现已蔓延至约800hm²金钱松幼林，位于该林场的中国南方金钱松种子园中的27hm²母树林全部遭受其危害，致使结实受阻；湖南安化县芙蓉山林场的金钱松林因该虫的危害而枯死，以致砍伐殆尽；浙江莫干山风景区的金钱松林也连年遭受危害。

分布 浙江，江西，湖南。

寄主 金钱松。

形态特征 成虫：雄虫翅展11～14mm，雌虫翅展12～16mm。下唇须前伸，第一、二节基部黄色，第二节端部鳞片膨大，呈黑褐色，末节短小，黑褐色，略下垂。前翅近长方形，由深褐色与银棕色组成复杂的斑纹，前缘有系列白色钩状纹；后翅棕褐色。足黄色，前胫节褐色，各足跗节有褐色环。**卵：**扁圆形，0.5～0.8mm，初产时乳白色或淡黄色，近孵化时淡红色。**幼虫：**初孵幼虫头部黑褐色，胸部淡黄色，腹部淡红色，体长1～1.4mm，头宽0.2～0.3mm。老熟幼虫体长10～12mm，头部黄褐

色，体淡绿色，前胸背板有黑褐色"V"形斑纹，趾钩呈双序环。**蛹：**体长6.5～8.5mm，棕褐色，腹部每节背面有刺状突起2列，前列粗大稀疏，后列细小紧密（刘友樵等，2002）。

生物学特性 1年1代。以幼龄幼虫在伤口裂缝树皮下越冬，翌年5～6月成虫羽化。雌雄性比与金钱松受害程度有关，受害严重的林内，雌性占36%，雄性占64%；受害轻微的林内，雌性占56%，雄性占44%。成虫有一定的趋光性，诱虫灯下8:00～10:00最多。阴天或晴天10:00前，在树的中、下部及树下灌木丛静伏，偶尔飞翔。傍晚在树的中、下部及灌木丛内频繁活动，追逐交尾，交尾时间从7:30至次日早晨7:00，以8:00至次日凌晨2:00最多，交尾时间1.3～2小时，个别延长。卵均产在叶背主脉边缘，卵数粒或数十粒排列胶结在一起，个别散产，产卵量平均为32粒。初孵幼虫十分活泼，四处爬行，遇到伤口或裂缝，潜入树皮下滞育越冬，并取食旁边少量的树皮。翌年3月底，当金钱松嫩叶刚萌发时，该虫爬出取食嫩梢边缘的嫩叶，然后钻入嫩梢中央危害，并在枝条之间吐丝悬挂，随风飘荡，迁移觅食。当新叶展开时，幼虫吐丝将下部叶片缀合成筒形叶苞，隐居其中危害。叶片上部展开，从

金钱松小卷蛾成虫
（中国科学院动物研究所国家动物博物馆 提供）

金钱松小卷蛾成虫（展翅）
（中国科学院动物研究所国家动物博物馆 提供）

金钱松小卷蛾成虫（中国科学院动物研究所国家动物博物馆　提供）

顶部中央排出淡褐色粪便，从外表极易发现被害梢。据室外饲养观察，1条幼虫一年危害嫩梢1～3个。一般被害嫩梢中仅1条幼虫蛀食，严重地区也发现有2条幼虫同时危害同一嫩梢的情况。

该虫一般发生在低海拔山区，尤其是海拔400m左右的山地，危害特别严重。在同一海拔高度，东坡危害最重，西坡、南坡次之，北坡较轻；纯林重于混交林；林缘重于林内。林龄从3年生的幼苗至12年生的中幼林均遭受该虫危害，但以8年生左右2～3m高的金钱松纯林危害最重（徐光余，2008）。

防治方法

1. 化学防治。用90%敌百虫晶体500倍液、25g/L高效氯氟氰菊酯乳油1000倍液防治幼龄幼虫效果达98%；用敌敌畏油雾剂流动放烟，防治成虫效果达95%以上。高效氯氟氰戊菊酯（20g/L）1000～1500倍液或吡虫啉·杀虫单（50%水分散粒剂）600～800倍液或45%丙溴磷·辛硫磷乳油30～60倍液。

2. 白僵菌防治。在室外采用白僵菌粉防治幼虫，僵亡率达66.1%，至蛹期时，仍有41%感染致死。或用球孢白僵菌（400亿个孢子/g水分散粒剂）2000～3000倍液。

3. 保护和利用天敌。据调查，幼虫期天敌有绒茧蜂、茧蜂和长尾瘤姬蜂3种，寄生率高达66%。蛹期天敌有埃姬蜂、黄脸姬蜂和广大腿小蜂3种。对这些天敌应加以保护和利用。

4. 性信息素的应用。王淑芬等（2003）利用实验室合成的金钱松小卷蛾性信息素来防治大面积金钱松林中的小卷蛾，结果表明：在同一地点，处理前和处理后诱捕器诱捕雄蛾的数量有明显差异；在同一时间，处理区和对照区诱捕雄蛾的数量更有显著差异；雄蛾辨识雌蛾方向的能力已受到严重干扰，说明用性信息素防治金钱松小卷蛾是切实可行的。

参考文献

刘友樵, 李广武, 2002; 王淑芬, 唐大武, 叶翠层等, 2003; 徐光余, 2008.

（武春生）

327	荔枝异型小卷蛾	分类地位	鳞翅目 Lepidoptera　卷蛾科 Tortricidae
		拉丁学名	*Cryptophlebia ombrodelta* (Lower)
		异　　名	*Arithrophora ombrodelta* Lower, *Cryptophlebia carophaga* Walsingham, *Argyroploce lasiandra* Meyrick
		英文名称	Litchi fruit moth, Macadamia nut borer
		中文别名	荔枝小卷蛾、皂角食心虫，荔枝黑点褐卷叶蛾

分布　河北，河南，广东，广西，海南，云南，台湾。印度，斯里兰卡，尼泊尔，印度尼西亚，越南，泰国，马来西亚西部，菲律宾，日本，关岛，加罗林群岛，澳大利亚，美国（夏威夷）。

寄主　荔枝、橙、金合欢、皂角、杨桃、无忧树、东京油楠、仪花、短萼仪花、腊肠树、野扁豆、扁轴木、羊蹄甲。

危害　幼虫在果实内蛀食，蛀成千疮百孔，虫粪堆积，发霉变黑，造成早期脱落。

形态特征　**成虫：**体长6.5～7.5mm，翅展16～23mm。前翅近顶角处有淡褐色纹，自前缘斜向后缀。雌、雄异型：雌虫前翅黑褐色，臀角有1个近三角形的黑色斑纹；雄虫前翅黄褐色，后缘有黑褐色斜条斑。后翅皆灰褐色。**幼虫：**体长12mm。体背面粉红色，腹部黄白色。

生物学特性　河南1年3代。以幼虫在皂角荚果内和枝干皮缝中结茧越冬。翌年4月上旬开始化蛹，5月初成虫开始羽化。第二代成虫6月中旬发生。第三代成虫7月上旬开始出现，这代幼虫危害至8～9月越冬。

荔枝异型小卷蛾雄成虫
（中国科学院动物研究所国家动物博物馆　提供）

荔枝异型小卷蛾雌成虫
（中国科学院动物研究所国家动物博物馆　提供）

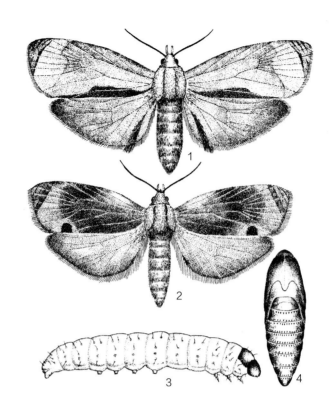

荔枝异型小卷蛾（张培毅　绘）
1. 雄成虫；2. 雌成虫；3. 幼虫；4. 蛹

成虫夜晚活动，产卵于荚角表面，单粒散产。幼虫孵化后，先在荚角表面蛀成小凹坑，蛀入表皮下，潜食成细长痕道，随后蛀入果实内危害，造成早期脱落。有的虽不脱落，但果实已被蛀成千疮百孔，发霉变黑。6月上旬，第一代老熟幼虫在荚角被害处，或树皮缝隙间，吐丝缀虫粪、碎屑，结茧化蛹。第二代幼虫于6月中、下旬发生。第三代幼虫于7月上旬开始出现，危害至8～9月，一部分老熟幼虫钻出荚角爬到枝干皮缝处结茧越冬；另一部分老熟幼虫潜伏于荚角内，随采收而被带到贮藏处，或遗留在树枝上，或坠落地面，在其中越冬。

防治方法

1. 人工防治。秋末春初，彻底摘除遗留在树枝上的荚角，处理完贮藏处的荚角，消灭其中幼虫。

2. 化学防治。20g/L高效氯氟氰戊菊酯1000～1500倍液或50%吡虫啉·杀虫单水分散粒剂600～800倍液或45%丙溴磷·辛硫磷乳油1000～1500倍液。

参考文献

杨有乾等, 1982; 萧刚柔, 1992; 刘友樵, 李广武, 2002; 河南省森林病虫害防治检疫站, 2005; 刘东明, 何军, 湛金锁等, 2005.

（杨有乾，李镇宇）

<table>
<tr><td>分类地位</td><td>鳞翅目 Lepidoptera　卷蛾科 Tortricidae</td></tr>
<tr><td>拉丁学名</td><td>*Cydia trasias* (Meyrick)</td></tr>
<tr><td>异　名</td><td>*Laspeyresia trasias* Meyrick</td></tr>
<tr><td>中文别名</td><td>国槐叶柄小蛾、槐卷蛾</td></tr>
</table>

328 国槐小卷蛾

分布　北京，天津，河北，安徽，山东，河南，陕西，甘肃，宁夏等地。

寄主　槐树、龙爪槐、蝴蝶槐、红花槐等。

危害　主要在绿化带两侧和城区行道树上发生，以幼虫钻蛀当年生新梢危害。幼虫蛀食羽状复叶叶柄基部、花穗及果荚，叶片受害后萎蔫下垂，遇风脱落，树冠枝梢出现光秃枝，严重影响生长和观赏。

形态特征　**成虫：**黑褐色，胸部有蓝紫色闪光鳞片。前翅灰褐至灰黑色，其前缘为1条黄白线，黄白线中有明显的4个黑斑，翅面上有不明显的云状花纹；后翅黑褐色。**幼虫：**老熟幼虫圆筒形，黄色，有透明感，头部深褐色，体稀布短刚毛。**蛹：**黄褐色，臀刺8根。

生物学特性　北京1年可完成3代（陈合明，祁润身，1992）；河北1年2代。以幼虫在种子、枝条、果荚、树皮裂缝等处越冬。成虫期分别在5月中旬至6月中旬、7月中旬至8月上旬。成虫羽化时间以上午最多，飞翔力强，有较强的向阳性和趋光性，雌成虫将卵产在树冠的顶部和外缘的叶片、叶柄、小枝等处。6月下旬孵化出幼虫，初孵幼虫多从羽状复叶柄的基部蛀入枝条内危害。蛀入前先吐丝拉网并在网下咬食树皮，再蛀入木质部内，受害处排出黑褐色粪屑。幼虫有迁移危害习性。1头幼虫能造成几个复叶枯干脱落，老熟幼虫在孔内吐丝做薄茧化蛹。幼虫危害期分别在6月上旬至7月下旬、7月中旬至9月，世代重叠严重，可见各种虫态。第二代幼虫孵化极不整齐且危害严重，8月树冠上明显出现光秃枝。8月中、下旬槐树果荚逐渐形成后，大部分幼虫转移到果荚内危害，9月可见槐豆变黑，10月幼虫进入越冬。不同环境条件下，发生情况有明显差异。纯林重于混交林，林相整齐、生长旺盛、郁闭度高的林分发生较轻。冬季温度过低，特别是早春的"倒春寒"可导致大量的幼虫冻死，夏季的阴雨、高温、高湿天气可使幼虫染病而死，蛀道内死亡个体常形成褐色胶状物。

防治方法

1. 每年10月至翌年4月对已结籽的树木，清除果荚；并结合冬季修剪，剪掉虫枝（可利用虫粪及碎木屑排出蛀道外形成的灰白或黑色突起进行辨认）。

2. 成虫期用杀虫灯诱杀，也可采用槐小卷蛾性信息素[反-8，10-十二碳二烯醇（E8E10-12:OH）和反8，10-十二碳乙酸酯（E8E10-12:AC）二者按2：3混合]诱杀，在人行道上每隔3～5棵挂1个诱捕器，挂在树冠的顶部外围1.0～1.5m处，可诱杀10m以内的雄蛾。

国槐小卷蛾成虫（黑色型）（徐公天　提供）

国槐小卷蛾成虫（褐色型）（徐公天　提供）

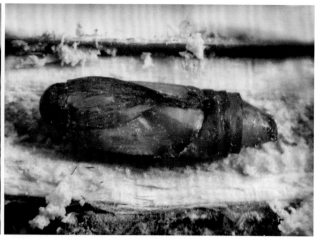

国槐小卷蛾蛹（下视）（徐公天　提供）　　　　国槐小卷蛾蛹（上视）（徐公天　提供）

国槐小卷蛾幼虫转移危害（徐公天　提供）　　　国槐小卷蛾幼虫蛀茎（徐公天　提供）

国槐小卷蛾幼虫蛀茎排粪
（徐公天　提供）

国槐小卷蛾幼虫入秋蛀食槐树荚果越冬
（徐公天　提供）

挂设三角形诱捕器诱捕成虫
（徐公天　提供）

3. 幼虫期可喷洒20%灭幼脲悬浮剂1000倍液、1.8%阿维菌素乳油1000～2000倍液、5%吡虫啉乳油1000～2000倍液、20%氰戊菊酯乳油1000～2000倍液。用20g/L高效氯氟氰戊菊酯1000～1500倍液或50%吡虫啉·杀虫单水分散粒剂600～800倍液或45%丙溴磷·辛硫磷乳油1000～1500倍液。

4. 采用白僵菌粉防治幼虫，保护和招引灰喜鹊等天敌。或用球孢白僵菌（400亿个孢子/g水分散粒

剂）2000～3000倍液或20亿PIB/mL甘蓝夜蛾核型多角体病毒悬浮剂1000～1500倍液。

参考文献

陈合明, 祁润身, 1992; 刘金英等, 2001; 张桂芬, 2001; 张桂芬, 阎晓华, 孟宪佐, 2001; 徐公天等, 2007; 方芳, 刘建枫, 2008; 赵秀英, 韩美琴, 宋淑霞等, 2008; 张新峰, 高九思, 史先元等, 2009.

（张旭东，雷银山）

分类地位	鳞翅目 Lepidoptera　卷蛾科 Tortricidae
拉丁学名	*Cymolomia hartigiana* (Saxesen)
异　名	*Phalaena hartigiana* Saxesen

329 冷杉芽小卷蛾

冷杉芽小卷蛾是云杉、冷杉叶部的一种主要害虫。危害严重时，云杉、冷杉被害株率达70% 左右，给云杉、冷杉的生长带来严重影响。

分布　河北，吉林，黑龙江。日本，俄罗斯；欧洲。

寄主　臭冷杉、红皮云杉。

危害　初孵幼虫取食叶肉，越冬后的幼虫常吐丝缀叶取食，危害严重者使嫩梢上部的针叶全部枯死。

形态特征　**成虫：**翅展14～15mm。体灰褐色，头部有黄白色长鳞毛。下唇须第二节上方毛特别长。前翅黑褐色，基部偏下方为杏黄色，其中夹杂有2对银白色波状纹，端部为黑褐色，中央有银白色"八"字形纹，在中室末端有1个白色小斑，前缘有5对银白色短钩状纹，缘毛灰褐色；后翅灰褐色，顶角色深。**卵：**扁椭圆形，初产时淡黄色，后变成鲜红色，紫色直至孵化。**幼虫：**黄绿色，体长17～18mm。头杏黄色，两侧各有2块黑褐斑。前胸背板淡黄色，胸足褐色，肛上板淡黄色，臀栉黄褐色。**蛹：**体长约9mm，棕绿色，复眼黑褐色（刘友樵等，2002）。

生物学特性　黑龙江带岭地区1年1代。以3龄幼虫在云杉、冷杉针叶内越冬。翌年5月中、下旬开始活动，常吐丝将针叶黏合在一起，喜食幼树上嫩梢顶端的针叶，严重者可使嫩梢枯死。幼虫相当活泼，受刺激即刻爬入丝网内，幼虫此时食叶量大，并能转移危害。6月中旬化蛹，7月初羽化成虫。

成虫交尾后2～5个小时开始产卵。卵产于针叶背面，多单产。每雌成虫最多产卵16粒，最少6粒，平均12粒。卵期10～12天，孵化率达86%。初孵幼虫钻入针叶内取食叶肉，坑道不规则，10月中旬幼虫在针叶内越冬（纪玉和，1992）。

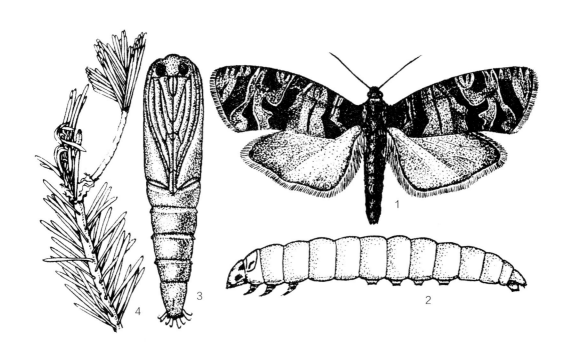

冷杉芽小卷蛾（1～3. 白九维　绘；4. 程义存　绘）

1. 成虫；2. 幼虫；3. 蛹；4. 危害状

冷杉芽小卷蛾成虫（武春生、张润志　提供）

冷杉芽小卷蛾成虫（中国科学院动物研究所国家动物博物馆　提供）

防治方法

1. 营造红皮云杉混交林，加强幼林管理，破坏害虫的生态环境。

2. 每年5月下旬是幼虫取食的盛期，此时进行药剂防治，能有效地控制该虫的危害。

3. 采用白僵菌防治幼虫。在野外观察中发现，卵期和幼虫期寄生天敌较多，可进行人工筛选和培育，用于生物防治。球孢白僵菌（400亿个孢子/g水分散粒剂）2000～3000倍液或20亿PIB/mL甘蓝夜蛾核型多角体病毒1000～1500倍液。

参考文献

纪玉和, 1992; 萧刚柔, 1992; 刘友樵, 李广武, 2002.

（武春生，刘友樵，白九维）

330	松叶小卷蛾	分类地位	鳞翅目 Lepidoptera　卷蛾科 Tortricidae

分类地位　鳞翅目 Lepidoptera　卷蛾科 Tortricidae

拉丁学名　*Epinotia rubiginosana* (Herrich-Schäffer)

异　　名　*Steganoptycha rubiginosana* Herrich-Schäffer, *Epinotia rubiginosana koraiensis* Falkovitch

中文别名　松实小卷蛾、松针卷叶蛾、松针小卷蛾

分布　北京，河北，河南，陕西等地。俄罗斯，韩国，日本；欧洲。

寄主　油松。

危害　幼虫在松针老叶端部侵入蛀食，叶被害后变成空筒，逐渐枯萎脱落。长大幼虫向外咬孔钻出，吐丝将6～7束针叶缀织一起，在内取食，使针叶变黄脱落。每年晚秋至翌年早春，被害树冠呈黄色。

形态特征　**成虫**：体长5～6mm，翅展15～20mm。全体灰褐色。前翅灰褐色，有深褐色的基斑、中横带和端纹。臀角处有6条黑色短纹；后翅淡褐色。**幼虫**：体长8～10mm。淡褐色。

生物学特性　河南、北京1年1代。以幼虫在地面茧内越冬。翌年3月底4月初化蛹，3月下旬开始羽化。产卵于针叶上或嫩枝上。幼虫孵化后，取食针叶，危害至9月吐丝下垂落地，在地面吐丝缀杂草、碎叶结茧，在其中越冬。

成虫傍晚活动最盛，喜在幼林、林缘或稀疏的植株上产卵。卵多产在针叶或嫩枝上，单粒散产。经3～7天，幼虫孵化后，在针叶上爬行，多选择2年生的老叶危害。幼虫侵入部位多在针叶近顶端处。侵入后，一般先由侵入孔向上蛀食，几乎吃到顶端，再向下蛀食。幼虫经常清除蛀道内的碎屑、虫粪，然后再吐丝将口缀封。幼虫在针叶内很少转移。针叶被害后变成空筒，逐渐枯萎脱落。幼虫长大后，向外咬孔钻出，吐丝将6～7束针叶缀织一起，在内取食，使针叶变黄枯萎脱落。

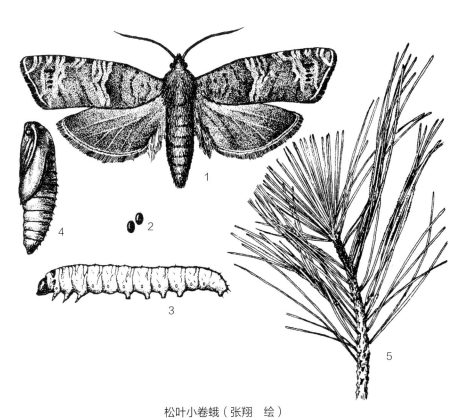

松叶小卷蛾（张翔　绘）

1. 成虫；2. 卵；3. 幼虫；4. 蛹；5. 危害状

松叶小卷蛾成虫（李镇宇　提供）

松叶小卷蛾成虫（徐公天　提供）

防治方法

1. 营林措施。营造针阔叶混交林，促进幼林尽快郁闭，减轻受害。

2. 化学防治。幼虫发生初期，喷洒50%辛硫磷乳油，或50%马拉硫磷乳油各1000倍液。或用20g/L高效氯氟氰戊菊酯1000～1500倍液或50%吡虫啉·杀虫单水分散粒剂600～800倍液或45%丙溴磷·辛硫磷乳油1000～1500倍液。

参考文献

杨有乾等, 1982; 萧刚柔, 1992; 刘友樵, 李广武, 2002; 河南省森林病虫害防治检疫站, 2005.

（杨有乾）

331 洋桃小卷蛾

分类地位　鳞翅目 Lepidoptera　卷蛾科 Tortricidae

拉丁学名　*Gatesclakeana idia* Diakonoff

洋桃小卷蛾是洋桃等果树的重要害虫，其幼虫不仅取食树叶，而且危害花苞和果实，严重影响水果的产量。

分布　浙江，福建，江西，广西，海南，台湾。东南亚各国。

寄主　洋桃、龙眼、荔枝、乌桕。

危害　第一代幼虫吐丝缀连梢端的嫩叶；第二代吐丝缀花序并取食花苞，随着幼果的形成，又蛀入果内取食；第三代以后均以取食果实为主。

形态特征　**成虫**：翅展14mm左右。头部黑褐色，有毛丛。单眼红色。触角黄褐色。下唇须基部黄色，端部黑褐色；第二节膨大，末节小，下垂。足银灰色，跗节上有黑褐色斑；中、后足胫节上有银灰色长毛，后足毛更长。前翅短宽，黑褐色，夹杂褐、黄、银灰色鳞片，前缘基部到中部有粉红色短条纹，中室末端有1枚淡黄色斑点，缘毛黑褐色；后翅灰黑色，前缘部分与缘毛灰白色（刘友樵等，2002）。**卵**：扁椭圆形，初产时淡黄色，以后逐渐变深，孵化前可见虫体和黑色头部。**幼虫**：体长14mm左右，黄绿色，头部棕黄色，两侧有黑斑。足黑。**蛹**：体长8mm左右（刘友樵等，2002）。

生物学特性　江西广丰县1年6代。以2、3龄幼虫在枯果穗或枯叶内越冬。越冬幼虫翌年4月初开始活动，4月中旬开始化蛹，4月底5月初羽化成虫。基本上每个月可以完成一代，世代重叠，月月都可以见到卵、幼虫、蛹和成虫。

成虫一般只交尾1次，少数可交尾多次。卵散产，多产于叶面或果皮上。每头雌蛾可产卵4～6次，产卵量50～187粒，通常为130粒左右。幼虫共脱皮3次，正常情况下无转移习性（萧刚柔，1992）。

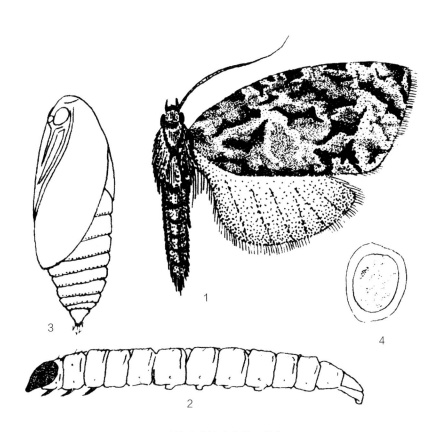

洋桃小卷蛾（陶茂　绘）

1. 成虫；2. 幼虫；3. 蛹；4. 卵

洋桃小卷蛾成虫（武春生、张润志　提供）

洋桃小卷蛾成虫（武春生、张润志　提供）

洋桃小卷蛾成虫（中国科学院动物研究所国家动物博物馆　提供）

防治方法

1. 保护天敌。幼虫期有长兴绒茧蜂和菱室姬蜂等。蛹有无脊大腿蜂、广肩小蜂和一种姬蜂。幼虫被寄生率以第一代为最高，可达31%；蛹则以第四代为最高，达27.5%。

2. 收尽留在树上的枯果穗及地面枯叶并加以烧毁，以清除洋桃小卷蛾虫源。

3. 灯光诱杀。

4. 化学防治。高效氯氟氰戊菊酯（20g/L）1000～1500倍液或吡虫啉·杀虫单（50%水分散粒剂）600～800倍液或丙溴磷·辛硫磷（45%乳油）1000～1500倍液。

参考文献

萧刚柔, 1992; 刘友樵, 李广武, 2002.

（武春生，沈光普）

332	油松球果小卷蛾

分类地位 鳞翅目 Lepidoptera 卷蛾科 Tortricidae

拉丁学名 *Gravitarmata margarotana* (Heinemann)

异　　名 *Retinia retiferana* Wocke, *Retinia margarotana* Heinemann

英文名称 Pine cone moth

　　油松球果小卷蛾是一种广泛分布的松类球果和枝梢害虫，既严重影响森林更新及造林用种，又严重威胁树木生长发育及木材利用价值。

分布　河北，山西，江苏，浙江，安徽，江西，山东，河南，湖南，广东，四川，贵州，云南，陕西，甘肃，宁夏等地。日本，朝鲜，土耳其，俄罗斯，德国，奥地利，捷克（波希米亚），波兰，法国，英国（苏格兰），瑞典等。

寄主　油松、马尾松、华山松、白皮松、红松、赤松、黑松、云南松、葵花松等。据文献记载，该虫在国外还可危害北美乔松、短叶松、欧洲赤松、湿地松、云杉和冷杉等。

危害　在国内危害多种松树的球果和嫩梢，而以油松受害最为严重，各受害部位的表现症状是：

　　当年生嫩梢：春末夏初，初孵幼虫蛀食叶芽基部，受害处有流脂及黄色细粪粒，受害叶芽逐渐枯黄以至脱落；在油松先年生球果奇缺情况下，幼虫则蛀食嫩梢髓部，造成枯梢现象。

　　当年生球果：初孵幼虫除危害当年生嫩梢外，还可危害雌花及当年生幼果，受害果面有流脂及幼虫排泄的黄褐色粪粒，果柄基部髓心及果轴被蛀成隧道，因而输异组织被破坏，养分供应被切断，结果导致大量当年生球果提早枯落，给翌年种子产量造成重大损失。

　　先年生球果：幼虫稍大后，即转蛀先年生球果。一般多由球果下面的中部蛀入，间或由果顶或果基部蛀入，蛀孔小，不规则，蛀道不光滑，充满粪粒。受害果绝大部分干缩枯死，无子粒；个别局部受害者，因发育不平衡而扭曲成畸形，勉强能成熟少量劣质种子，因而严重影响当年种子收成。

形态特征　**成虫：**体长6～8mm，翅展16～20mm。体灰褐色。触角丝状，各节密生灰白色短绒毛，形成环带。复眼暗褐色，突出呈半球形。前翅有灰褐、赤褐、黑褐三色片状鳞毛相间组成不规则的云状斑纹，顶角有一弧形白斑纹；后翅灰褐色，外缘暗褐色，缘毛淡灰色。**卵：**扁椭圆形，长0.9mm，宽0.7mm。初产乳白色，孵化前变黑褐色。**幼虫：**初孵幼虫污黄色。老熟幼虫体长12～20mm，头部暗褐色，胴部肉红色，体表具致密的羊皮革状纹。**蛹：**赤褐色，体长约6.5～8.5mm。腹部末端呈叉状，着生有对称的钩状臀棘4对。蛹外被黄褐色丝质茧。

生物学特性　陕西、四川、浙江、广东等地均1年1代。以蛹越夏、过冬。由于各发生地区温度不同，各虫态的发生期亦有所不同。陕西桥山林区成虫4月中旬开始羽化，4月下旬至5月上旬为羽化盛期，5月上旬幼虫开始孵化，5月中旬达盛孵期，5月下旬至6月初为末孵期，6月上、中旬幼虫开始老熟，离开球果，吐丝坠地，在枯枝落叶层、杂草丛中或松土层内结茧化蛹。在四川2月下旬至3月下旬成虫羽化，3月上旬为羽化盛期，3月中、下旬孵出

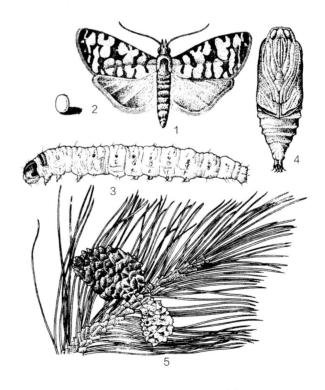

油松球果小卷蛾（朱兴才　绘）

1. 成虫；2. 卵；3. 幼虫；4. 蛹；5. 危害状

油松球果小卷蛾成虫（李镇宇　提供）

幼虫，4月上旬为幼虫盛孵期，5月中旬以后，老熟幼虫落地，在树干周围的松土表层、石块边缘的地衣层、小凹壁和土坎壁地衣下结茧化蛹。在广东成虫1月中旬开始羽化，2月中旬至3月下旬是幼虫危害期，3月中旬幼虫开始老熟下地结茧。

寄生天敌昆虫：卵寄生的有松毛虫赤眼蜂、悬腹广肩小蜂。幼虫寄生的有考氏白茧蜂、球果卷蛾长体茧蜂、小卷蛾绒茧蜂、尺蛾绒茧蜂等。

油松球果小卷蛾的发生规律是：低海拔重于高海拔，山下部重于山中、上部；纯林重于混交林，疏林重于密林，幼中龄林重于近熟林和成熟林，人工林重于天然林，结实好林分重于结实差及未结实林分，油松、马尾松林重于华山松、白皮松林等。发生期是阳坡先于阴坡，低海拔先于高海拔，并与植物物候密切相关。幼虫孵化始、盛期正是油松、马尾松开花的始、盛期，也是进行化学防治的关键时期。

防治方法

1. 培育用材林可选育抗虫树种（如白皮松、葵花松具有一定的抗虫性），营造混交林，加强抚育管理，改疏林为密林，适当提高林分郁闭度，创造有利于林木健康生长而不利于该虫发生的环境条件，抑制其发生发展；以采种为目的的种子园、母树林，应加强经营管理，进行重点防治。

2. 卵期释放松毛虫赤眼蜂，连放2～3次，防治效果可达70%；亦可喷洒50%杀螟硫磷乳油100～150倍液，或20%噻虫嗪悬浮剂100倍液。

3. 幼虫孵化始、盛期，喷洒复方Bt乳剂200倍液；或喷洒20%氰戊菊酯乳油1500倍液，或高效氯氟氰戊菊酯（20g/L）1000～1500倍液或吡虫啉·杀虫单（50%水分散粒剂）600～800倍液或丙溴磷·辛硫磷（45%乳油）1000～1500倍液。

4. 于老熟幼虫坠地前，人工摘除被害果、枝烧毁。

5. 成虫羽化期，可设置黑光灯诱杀。

参考文献

李宽胜等，1974；刘友樵，白九维，1977；党心德，1979；李宽胜等，1981；党心德，1982；陕西省林业科学研究所等，1990；萧刚柔，1992；李宽胜等，1999；刘友樵，李广武，2002；Yates Ⅲ，1986.

（李宽胜，李莉）

333 杨柳小卷蛾

分类地位	鳞翅目 Lepidoptera　卷蛾科 Tortricidae
拉丁学名	*Gypsonoma minutana* (Hübner)
异　名	*Tortrix minutana* Hübner
英文名称	Brindled shoot
中文别名	杨小卷叶蛾

分布　河北，山西，山东，河南等地。日本，印度，蒙古，土耳其，伊朗，阿富汗，俄罗斯；欧洲，北非。

寄主　杨、柳。

危害　幼虫吐丝粘叶在一起，啃食叶表皮，呈笼网状，造成落叶。

形态特征　成虫：体长5mm，翅展13mm。前翅狭长，斑纹淡褐色，或深褐色，基斑与中带间有1条白色条纹，前缘有明显的钩状纹；后翅灰褐色。**幼虫：**体长6mm，灰白色。

生物学特性　河南1年3～4代。最后1代幼虫危害至10月底，随即在树皮缝隙处结灰白色薄茧越冬。翌年4月上旬树发芽展叶后，幼虫活动开始取食。4月下旬幼虫老熟，化蛹、羽化。第二代成虫盛发期在6月上旬，以后世代重叠。

成虫夜晚活动，有趋光性。产卵于叶面，单粒散产。幼虫孵化后，吐丝将1、2片叶吐丝粘在一起，啃食叶表皮，呈笼网状。幼虫长大，吐丝把几片叶连缀一起，形成一小撮叶，在其中取食。幼虫性活泼，受惊即弹跃逃跑。老熟幼虫，在叶片黏结

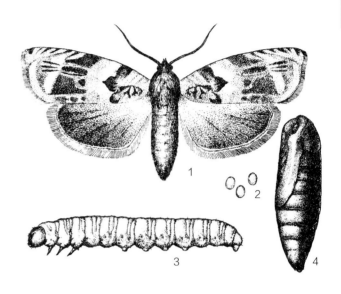

杨柳小卷蛾（张翔　绘）
1. 成虫；2. 卵；3. 幼虫；4. 蛹

处吐丝结白色丝质薄茧化蛹。凡林木郁闭度大，4、5年生幼树内膛枝上的叶片受害最重。

防治方法

1. 化学防治。幼虫发生初期，喷洒50%马拉硫磷乳油，或50%杀螟硫磷乳油各1000倍液；或喷25%灭幼脲Ⅲ号2000倍液，或用高效氯氟氰菊酯（20g/L）1000～1500倍液或吡虫啉·杀虫单（50%水分散粒剂）600～800倍液或丙溴磷·辛硫磷（45%乳油）1000～1500倍液。

2. 营林措施。造林时合理密植，适当修枝，减轻受害。

参考文献

刘友樵，白九维，1977；杨有乾等，1982；萧刚柔，1992；河南省森林病虫害防治检疫站，2005.

（杨有乾）

杨柳小卷蛾成虫（展翅）（徐公天　提供）

334 毛颚小卷蛾

分类地位	鳞翅目 Lepidoptera　卷蛾科 Tortricidae
拉丁学名	*Ophiorrhabda mormopa* (Meyrick)
异　　名	*Lasiognatha mormopa* (Meyrick), *Platypeplus mormopa* Meyrick, *Argyroploce mormopa* Meyrick, *Olethreutes mormopa* Clarke, *Hedya mormopa* Diakonoff
中文别名	桐花树毛颚小卷蛾

分布　福建（云霄、龙海、惠安），云南，海南。斯里兰卡，尼泊尔，印度，菲律宾，泰国，越南，马来西亚，印度尼西亚，文莱。

寄主　危害番樱桃属、红毛丹属的茎、叶、果实。在中国首次发现于福建漳州云霄、龙溪河泉州惠安，其幼虫危害红树林、紫金牛科桐花树的叶。桃金娘科的蒲桃属和柑橘属。

形态特征　**成虫**：体长6～8mm，翅展15～17mm。头部有扁平鳞片，单眼位于后方，喙短，下唇须波曲向上，第二节略膨大，末节短而钝。前翅相当宽，外缘略平截，有明显基斑和中带，二者之间有淡色横带；后翅淡灰色至暗褐灰色。前翅Cu_2脉出自中室2/3前，Cu_1脉出自中室下角，M_3脉靠近Cu_2脉，M_2脉与M_1脉平行，距M_1脉基部比距M_3脉基部远，R_5脉出自中室上角，R_3、R_4和R_5三脉基部彼此靠近，R_2脉基部位于R_1脉和R_3脉中间，R_1脉出自中室上缘中点，索脉出自R_2脉基部前，止于R_5脉基部，中支从基部开始，止于M_2脉基部下方；后翅有肘栉，$SC+R_1$脉出自中室上缘中点，Rs脉和M_1脉同出一点于中室上角，M_2脉基部向M_3脉基部弯曲，M_3脉和Cu_1脉基部十分靠近。雄性外生殖器背兜狭长，爪形突呈心脏形，末端凹陷，尾突大而下垂，颚形突呈弧形带状膜，中央凹陷，两侧尖出，上面生有密毛，抱器瓣细长，抱器腹有凹陷的颈部，阳茎大

毛颚小卷蛾危害状（黄金水　提供）

毛颚小卷蛾幼虫（黄金水　提供）　　　　　　　毛颚小卷蛾幼虫形成的卷叶（黄金水　提供）

而厚，阳茎针不明显；雌性外生殖器交配孔周围有密毛，导管端片短，囊突1枚，发达呈角状。**卵：**扁椭圆形，长径约1mm，短径为长径的2/3，微小，乳白色，有光泽，近孵化时转为暗红色。**幼虫：**体长15～18mm，宽1.5mm左右。初孵幼虫淡棕色，头部棕红色，逐渐转为淡黄绿色，后变成深绿色或深灰色，快结茧时体色转为透明淡黄色。体上有白色刚毛多根，臀足向后伸长似钳状。**蛹：**梭形，体长约7～8mm，宽1.5～2.0mm，淡褐色。蛹外有白色薄丝茧，腹部背面各体节有前刺行，每行有黑色点刺4～6枚，后刺行也发达，末端有臀刺8根，近羽化时体色也转为暗棕色。

生物学特性　福建漳州地区1年7代。在桐花树叶片上结茧化蛹越冬，翌年5月下旬，桐花树盛花期，越冬蛹开始羽化为成虫，1～2天后即交配产卵，卵散产于嫩叶背面。卵孵化为幼虫即吐丝粘住2～3片顶芽附近的嫩叶，后潜在其中取食叶肉，幼虫老熟后，用丝将叶缘粘包成饺子形，并在其中结茧化蛹。

成虫具有强烈趋光性。多在深夜羽化，羽化后即活动，不需补充营养，经1～2天后交配产卵，交配历时0.5小时。成虫白天不活动，多在夜间飞翔、寻找配偶。成虫寿命4～5天。

成虫对产卵叶片有一定的选择，卵散产于嫩叶背上，每张叶片1～2粒，多为1粒。卵孵化前由乳白色转为暗红色，卵期5天，孵化率达85%。1只雌蛾产的卵在3～4天内孵化完，未经交配的卵不能孵化。

幼虫5龄。幼虫期13～17天。虫体触动后有倒退或弹跳习性。幼虫一般被有1层薄薄的丝；幼虫3龄后开始取食整个叶片；幼虫老熟后，用丝将叶缘粘包成饺子形，并在其中结茧化蛹。造成顶芽附近枝枯、叶干。不转移危害，1张卷叶内只有1条幼虫。蛹外被1层密织的丝，结茧化蛹，化蛹率为75%左右；蛹期6天左右。成虫羽化后蛹壳完整地暴露在卷叶外，仅蛹壳末端连接在卷叶边缘。老熟幼虫若食料缺乏（如卷叶干枯），可提前结茧化蛹。

防治方法

1. 化学防治。每年的各代幼虫发生盛期，可喷洒灭幼脲Ⅲ号胶悬剂2000倍液。高效氯氟氰戊菊酯（20g/L）1000～1500倍液或吡虫啉·杀虫单（50%水分散粒剂）600～800倍液或丙溴磷·辛硫磷（45%乳油）1000～1500倍液。

2. 诱杀成虫。成虫发生期利用成虫的趋光性，应用频振式杀虫灯诱杀成虫，从而有效地控制虫口密度。

参考文献

中国科学院动物研究所，1981；刘友樵，李广武，2002；Meyrick Edward，1912；Meyrick Edward. 1939；Gates J F G, 1958；Diakonoff, 1973.

（丁珌，黄金水）

分类地位	鳞翅目 Lepidoptera 卷蛾科 Tortricidae
拉丁学名	*Cydia coniferana* (Saxesen)
异 名	*Tortrix coniferana* Saxesen, *Grapholitha separatana* Herrich-Schäffer, *Laspeyresia coniferana* (Saxesen)

335 松枝小卷蛾

松枝小卷蛾是我国北方松树的主要害虫之一，幼虫主要危害树干及粗枝的韧皮部。幼虫蛀食时形成不规则的坑道，严重时，坑道成片，并有大量树脂流出，使树势衰弱，引起其他蛀干害虫侵入，以致枯死。

分布 辽宁，吉林，黑龙江。朝鲜，俄罗斯；欧洲。

寄主 油松、樟子松、红松、冷杉。

危害 幼虫主要危害树干及粗枝的韧皮部。蛀食时形成不规则的坑道，并将褐色颗粒状粪便和蜕下的老皮推出坑道外，被害部位有流脂现象。

形态特征 成虫：翅展11~14mm，雌蛾大于雄蛾。体灰黑色，头、胸部有较长的灰黑色鳞片。下唇须向上弯曲，第二节端部具白色鳞片呈三角形。前翅灰黑色，夹杂白色鳞片，基斑不明显，中带内侧前、后缘上有一段短斜白斑，中带外侧从前缘3/5处到后缘3/4处有一弧形白条斑，前缘近顶角有白色钩状纹，肛上纹明显，呈4条黑白相间的短横条纹，缘毛灰黑色；后翅浅灰黑色，基部色淡。**卵：**扁椭圆形，初产时乳白色，半透明，渐变为乳黄色，孵化前呈粉红色。**幼虫：**老熟幼虫体长9.8mm，乳白色，头部黄褐色，前胸背板及臀板灰褐色。**蛹：**体长6.5~7.0mm。臀棘8根，中间4根较长（刘友樵，李广武，2002）。

生物学特性 辽宁1年1代。以3~4龄幼虫在蛀道内吐丝做网巢越冬。翌年4月中旬开始取食，5月下旬在原坑道或老翘皮下吐丝做蛹室化蛹，6月成虫羽化，随后成虫交尾、产卵。幼虫孵化后，于9~10月进入越冬。

成虫羽化时，将蛹壳2/3留于树皮表面，倾斜或下垂。这是识别松枝小卷蛾的重要特征。成虫产卵于干基1m以下的翘皮内。卵散产。每翘皮上产卵1~7粒。每雌虫平均产卵28粒。卵期10~15天。

初龄幼虫十分活跃，到处爬行，不久即钻入树

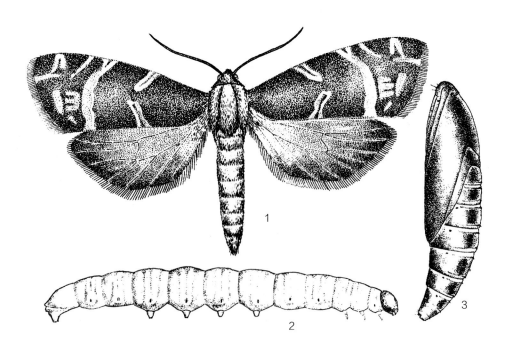

松枝小卷蛾（张培毅 绘）

1.成虫；2.幼虫；3.蛹

松枝小卷蛾成虫（中国科学院动物研究所国家动物博物馆　提供）

皮裂缝取食蛀道，并吐丝做网隐藏其中，取食时将头伸出。幼虫有转移取食的习性，坑道光滑，其形状大小不一，并将褐色颗粒状粪便和蜕下的老皮推出坑道外，被害部位有流脂现象。这是识别松枝小卷蛾的又一特征（萧刚柔，1992）。

防治方法

1. 成虫期，可采用灯光诱杀。

2. 初孵幼虫期，可向树干喷洒20%呋虫胺悬浮剂1500～2000倍液、25g/L高效氯氟氰菊酯乳油1000倍液、50%马拉硫磷乳油800～1000倍液，或用20%呋虫胺悬浮剂5倍液、25g/L高效氯氟氰菊酯乳油10倍液涂干以毒杀幼虫、高效氯氟氰戊菊酯（20g/L）1000～1500倍液或吡虫啉·杀虫单（50%水分散粒剂）600～800倍液或丙溴磷·辛硫磷（45%乳油）1000～1500倍液。

参考文献

萧刚柔, 1992; 刘友樵, 李广武, 2002.

（武春生，宋友文，孙力华）

336 松瘿小卷蛾

分类地位	鳞翅目 Lepidoptera 卷蛾科 Tortricidae
拉丁学名	*Cydia zebeana* (Ratzeburg)
异　名	*Phalaena* (*Tortrix*) *zebeana* Ratzeburg, *Laspeyresia zebeana* (Ratzeburg)
英文名称	Larch bark moth

松瘿小卷蛾是落叶松人工林内的一种重要枝干钻蛀性害虫，它在种子园和疏林地危害最重。

分布 华北及吉林，黑龙江。俄罗斯；欧洲。

寄主 落叶松。

危害 幼虫危害落叶松当年生主梢和主干上新生侧枝基部的皮层及韧皮部，在侵入处有木屑排出，加剧了流脂现象的发生，引起瘿状膨大。幼树从被害部位以上枯死主干分叉，干形不良，或形成多梢现象。

形态特征 成虫：翅展14mm左右。下唇须细长，稍向下。前翅橄榄绿褐到灰绿褐色，前缘钩状纹明显，肛上纹不明显，在该位置上有4块黑斑，中室顶端有1块大黑斑；后翅褐色。卵：扁椭圆形，米黄色，逐渐变为橘黄色。幼虫：体长7mm左右，污白色，头部和前胸背板暗褐色，有光泽。蛹：体长7～8mm，米黄色至黄褐色，臀棘8根（刘友樵，李

广武，2002）。

生物学特性 黑龙江2年1代。以幼虫在被害部位蛀道中做灰白色丝茧越冬。翌年4月中旬开始活动，危害逐渐加剧，将皮层蛀食成宽阔坑道，松脂凝聚，排出虫粪，造成组织畸形生长，形成虫瘿。7～8月危害日趋严重，使被害主梢及侧枝逐渐枯死。10月幼虫第二次越冬。第三年5月幼虫老熟，在虫瘿内作茧化蛹，6月羽化成虫，产卵于当年生嫩枝基部第二层针叶背面的中下部，7月初孵幼虫侵入当年生嫩梢基部危害，10月作茧越冬。该幼虫危害一般以阳坡、林缘、疏林及幼树主梢为主，高10m左右的树木中下部嫩枝受害多。

防治方法

1. 在幼林内，用25g/L高效氯氟氰菊酯乳油+20%噻虫嗪悬浮剂1000倍液复合药剂，树干涂抹防治松瘿小卷蛾幼虫效果显著，或用高效氯氟氰戊

松瘿小卷蛾成虫（胡兴平　绘）

松瘿小卷蛾成虫（武春生、张润志　提供）

松瘿小卷蛾成虫（中国科学院动物研究所国家动物博物馆　提供）

菊酯（20g/L）1000～1500倍液或吡虫啉·杀虫单（50%水分散粒剂）600～800倍液或丙溴磷·辛硫磷（45%乳油）1000～1500倍液。

2. 除上述方法外，也可采取灯光诱杀成虫、剪除受害树枝焚烧、加强苗木检疫等方法。如果综合运用上述方法，将有更好的防治效果。

参考文献

萧刚柔, 1992; 邵景文, 1994; 刘友樵, 李广武, 2002; 石铁嵩, 孙作敏, 王文革, 2005.

（武春生，陆文敏）

337 银杏超小卷蛾

分类地位　鳞翅目 Lepidoptera　卷叶科 Tortricidae

拉丁学名　*Pammene ginkgoicola* Liu

银杏超小卷蛾是我国银杏产区最重要的枝梢害虫。在江苏、安徽、广西等地虫害率达90%～100%，导致银杏减产20%以上，严重影响银杏的高产、稳产。

分布　江苏，浙江，安徽，福建，山东，河南，湖北，湖南，广东，广西等地。

寄主　银杏。

危害　以幼虫钻蛀短枝或当年生长枝，以蛀食短枝为主。造成被害枝叶片、幼果枯萎，翌年不能萌发生长，严重影响银杏果产量。

形态特征　**成虫：**翅展12mm。体黑褐色。头部淡灰褐色，腹部黄褐色。前翅狭长，黑褐色，中部有深色印影纹，前缘有7组明显的白色钩状纹，后缘中部有一白色指状纹，翅基有稍模糊的4组白色钩状纹，肛上纹明显，中有4条黑纹，后翅前缘色浅，外围褐色。缘毛暗褐色。**幼虫：**体长8～12mm。灰白至淡黄色。头部、前胸背板及臀板黑褐色，有的呈黄褐色。各节背板有黑色毛斑2对，各节气门上、下线各有毛斑1个。臀节有棘刺5～7根。

生物学特性　江苏1年1代。以蛹越冬。3月下旬至4月中旬为成虫期。成虫具弱趋光性。4月中旬至5月中旬卵期，卵单产于1～2年生小枝上，每枝产1～5粒卵。4月下旬至6月下旬幼虫期，初孵幼虫食量小，1～2天后蛀入枝内横向取食。

危害短枝：通常以叶柄基部与短枝间或自叶柄基部蛀入枝内。每头幼虫可危害2个短枝。

危害长枝（60～150mm）：由长枝基部蛀孔向枝端蛀食或自中部蛀入向基部蛀食，蛀道长20～50mm。5月中旬至6月中旬幼虫由被害枝转移到枯叶，将叶缘卷起在内栖居，期间有的晚间可取食叶片。5月中旬至7月上旬老熟幼虫陆续由枯叶转至粗树皮内或裂缝中滞育。11月中旬在树干中、下部树皮缝内化蛹越冬。银杏超小卷蛾喜光，通常林缘受害重于林内。树势差的老龄树受害重。滞育期（5月下旬至7月上旬）干旱不利其生存。

防治方法

1. 人工捕杀。4月每天9:00成虫栖息于树干中、下部粗皮凹陷处，可人工捕杀。4月下旬至6月上旬人工剪除被害枝，消灭幼虫。

2. 涂毒环。成虫羽化盛期前，用50%杀螟硫磷乳油250倍+2.5%溴氰菊酯水乳剂乳油500倍1：1混合，喷施树干或骨干枝基部，并以塑料膜包裹，毒杀新羽化成虫。

3. 药剂喷冠。4月下旬至5月中旬幼虫危害盛期分2次（隔7天）用25g/L高效氯氟氰菊酯乳油或50%杀螟硫磷乳油800～1000倍液，或2.5%敌杀死乳油3000～4000倍液树冠喷雾毒杀幼虫；或用高效氯氟氰戊菊酯（20g/L）1000～1500倍液或吡虫啉·杀虫单（50%水分散粒剂）600～800倍液或丙溴磷·辛硫磷（45%乳油）1000～1500倍液防治。

参考文献

江德安等，1996；江德安等，2003；邓荫伟等，2006；杨春生等，2006.

（钱范俊）

银杏超小卷叶蛾成虫（中国科学院动物研究所国家动物博物馆　提供）　银杏超小卷叶蛾成虫（中国科学院动物研究所国家动物博物馆　提供）

338 杉梢花翅小卷蛾

分类地位	鳞翅目 Lepidoptera　卷蛾科 Tortricidae
拉丁学名	*Lobesia cunninghamiacola* (Liu et Pai)
异　　名	*Polychrosis cunninghamiacola* Liu et Pai
中文别名	杉梢小卷蛾

分布　江苏，浙江，安徽，福建，江西，湖北，湖南，广东，广西，四川等地。

寄主　杉木。

危害　幼虫专食杉木的嫩梢。主、侧梢均可受其危害。树龄3～5年，树高2.5～4.5m的幼树主梢最易被害，严重时被害率可达80%以上。被害主梢年高生长减少45cm左右，即减少年高生长的50%。被害主梢常萌生几个枝条，使杉木不能形成通直的主干，无法成为良材。

形态特征　**成虫**：体长4.5～6.5mm，翅展12～15mm。触角丝状，各节背面基部杏黄色，端部黑褐色。下唇须杏黄色，向前伸，第二节末端膨大，外侧有褐色斑，末节略下垂。前翅深黑褐色，基部有2条平行斑，向外有"X"形条斑，沿外缘还有1条斑，在顶角和前缘处分为三叉状，条斑都呈杏黄色，中间有银条；后翅浅褐黑色，无斑纹，前缘部分浅灰色。前、中足黑褐色，胫节有灰白色环状纹3个；后足灰褐色，有4个灰白色环状纹。**卵**：扁圆形，长约0.7～0.8mm，乳白色，胶汁状，孵化时色变深。**幼虫**：体长8～10mm。头、前胸背板及肛上板暗红褐色，体紫红褐色，每节中间有白色环。**蛹**：体长4.5～6.5mm。腹部各节背面有2排大小不同

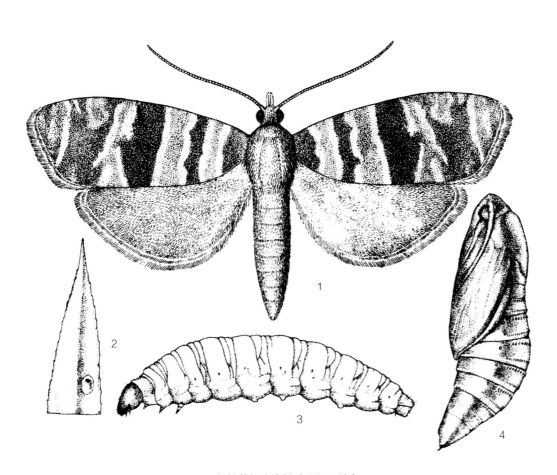

杉梢花翅小卷蛾（张翔　绘）

1.成虫；2.卵；3.幼虫；4.蛹

的刺，前排大、后排小。腹末具大小、粗细相等的8根钩状臀棘。

生物学特性 江苏、安徽等地1年2～3代；江西1年2～5代；湖南1年6～7代。第一代和第二代发生数量较多，危害较重。据湖南调查，杉木林内被第一代危害的达33%，被第二代危害的达55%；据江西余干县峡山林场1978年调查，第一代危害率为43.5%，第二代则高达92.8%。该虫均以蛹在枯梢内越冬，翌年3月底4月初羽化。第一代幼虫于4月中旬至5月上旬活动危害，4月底至5月中旬化蛹，5月中、下旬羽化。第二代幼虫于5月下旬至6月下旬危害，6月上、中旬危害最烈。第二代幼虫化蛹不整齐，开始世代分化，大多数幼虫在6月中旬化蛹，部分延至7月下旬与第三代幼虫同时化蛹，还有少数延至9月上、中旬才化蛹。6月中旬化的蛹，多数在6月下旬羽化，产生第三代幼虫于7月上、中旬危害，少数延至7月底8月上、中旬羽化，此时产生的第三代幼虫于8月初危害，还有少数蛹延至翌年春羽化。7月中、下旬化的蛹，大多数在7月底8月初羽化，少数延至8月底9月初或翌年春羽化。7月底8月初羽化的第三代成虫产生第四代幼虫于8月上旬至10月中旬危害。由于第二、第三代幼虫期长短差异较大，故在8月初至9月中旬常有第二、三、四代幼虫同时危害，不易区分。

成虫羽化多在10:00～12:00。羽化后，蛹壳留在羽化孔上，一半外露。成虫白天一般不活动，遇惊时迅速飞逃。成虫夜间活动，有趋光性。羽化后第二天傍晚开始交尾，交尾后第二天开始产卵。卵多产在阳光充足、生长良好、林分密度较小、树高2.5～5m，树龄4～5年生的幼林中；其次则产在树高2.5m以下或5m以上的林分内，但在10m以上的林分中产卵很少。卵散产在嫩梢叶背主脉边缘上，1个嫩梢1粒，少数2～3粒，偶尔也有7～10粒，往往在1株树上或附近几株树上连续产卵10多粒。每只雌蛾可产卵40粒左右，室内饲养平均产卵量为45粒，最多的可达96粒。成虫寿命：越冬代雌蛾4～12天，平均

杉梢花翅小卷蛾成虫

杉梢花翅小卷蛾成虫

2mm

杉梢花翅小卷蛾成虫

杉梢花翅小卷蛾成虫栖息状（王缉健　提供）

8.6天；雄蛾5～12天，平均8.2天；第一代3～13天，平均8天；第二代6天；其余各代均4天左右。

卵期约1周，一般在5:00～6:00孵化。幼虫共6龄。初孵幼虫先在嫩梢上爬行，10多分钟后蛀入嫩梢内层叶缘取食，也有孵化后即蛀入内层取食的。1～2龄期间，食叶2～3枚，只食部分叶缘，食量小，排粪少，粪粒细。3龄后幼虫蛀入梢内取食，食量增大，粪量增多，粪粒也大，呈暗红褐色，堆积在梢尖上。3～4龄幼虫感觉灵敏，爬行迅速，有转移习性。各代幼虫一生可转移1～2次，危害2～3个梢头，但多为2个。一般1个梢内只有1条幼虫，但危害严重时，也有2～3条的。5～6龄幼虫肥胖，爬行较慢，个别在化蛹前还进行转梢。幼虫在梢内蛀道长约2cm。有蛀道的嫩梢枯黄或呈火红色。幼虫转移时，从蛀梢内爬出，沿枝条嫩梢爬到邻近枝条上，寻找合适的嫩梢蛀入。也有吐丝下垂，随风飘荡而转移到另一枝条嫩梢上的。转移时间多在下午。以3～4龄幼虫转移为多，每转移1次，需爬行1小时左右，蛀入新梢需3小时左右。幼虫老熟后在离被害梢的尖端6mm处咬1个羽化孔，在孔下部吐丝做长8mm的蛹室，化蛹其中。

该虫大都发生在海拔300m以下的平原丘陵区，海拔500m以上的山区发生数量较少，危害较轻。3～5年生杉木受害率高，7年生以上杉木一般不受害。危害一般阳坡重于阴坡，林缘重于林内，疏林重于密林，纯林重于混交林。

天敌种类较多，卵有拟澳洲赤眼蜂、松毛虫赤眼蜂和杉卷蛾赤眼蜂；幼虫有广大腿小蜂、小茧蜂、扁股小蜂（数量极少）、桑蟥聚瘤姬蜂、广肩小蜂、3种寄生蝇、蜘蛛；蛹有大腿蜂、绒茧蜂。此外，白僵菌和黄曲霉在各代均有寄生，以越冬代为最多。

防治方法

1. 生物防治。球孢白僵菌（400亿个孢子/g 水分散粒剂）2000～3000倍液或20亿PIB/mL的甘蓝夜蛾核型多角体病毒1000～1500倍液。

2. 化学防治。采用5.7%甲氨基阿维菌素苯甲酸盐3000～5000倍液，高效氯氟氰戊菊酯（20g/L）1000～1500倍液或吡虫啉·杀虫单（50%水分散粒剂）600～800倍液或丙溴·辛硫磷（45%乳油）1000～1500倍液。

参考文献

刘友樵, 李广武, 2002.

（沈光普，邓彰明）

339 云杉球果小卷蛾

分类地位	鳞翅目 Lepidoptera　卷蛾科 Tortricidae
拉丁学名	*Cydia strobilella* (L.)
异　　名	*Phalaena strobilella* L., *Pseudotomoides strobilella* L.
英文名称	Spruce seed moth
中文别名	云杉球果卷叶蛾

分布　内蒙古，黑龙江，陕西，甘肃（祁连山），青海，宁夏，新疆等地。俄罗斯；欧洲，北美洲。

寄主　主要危害云杉、落叶松。

危害　幼虫危害球果和种子，被害球果弯曲、出脂，落果后果鳞常不开张。

形态特征　**成虫**：体长约6mm，翅展10～13mm。灰黑色。前翅棕黑色，浅黑色基斑、棕黑色中横带中部向前凸出，前缘中部至顶角3～4组灰白钩状纹；后翅淡棕黑色，基部淡，缘毛黄白色（萧刚柔，1992）。**卵**：圆形或略扁平，黄色。**幼虫**：体长10～11mm，略扁平，黄白至黄色。头部褐色，后头较光亮。气门小、褐色。**蛹**：体长4～5mm，褐色。额部凸出，倒数第二节上有突起，其上有刺及4个钩状臀棘。

生物学特性　1年1代或2年1代。以老熟幼虫在球果内越冬。4月上旬越冬幼虫开始活动，5月中旬为化蛹盛期；5月下旬到6月上旬羽化并产卵，6月中、下旬为孵化盛期。8月老熟幼虫进入果轴内越冬。

成虫飞行活跃，羽化后1～2天后交尾产卵，雌雄性比约2.36∶1，寿命约5天。卵单产在幼嫩球果种翅的上方，1球果有卵1～29粒，每雌产卵34～105粒，树冠阳面落卵量多于阴面。幼虫孵出后即钻

云杉球果小卷蛾成虫（张培毅　绘）

入鳞片内，向幼嫩种子处蛀道食害未成熟的胚乳，再转入邻近的种子继续危害。幼虫老熟后，蛀入果轴并在长圆形室内越冬，少数在鳞片与被害种子内越冬。该虫以阳坡、树冠阳面和上部分布较多，幼龄林、疏林、纯林的被害大于中老林、密林和混交林。天敌有曲姬蜂、马尾姬蜂和球果平胸姬小蜂和1种寄生菌，越冬幼虫常被鸟啄食约65%（萧刚柔，1992；周嘉熹等，1994；尹承陇等，2001）。

防治方法

1. 营造混交林；结合采种，摘除受害球果后集中处理；保护天敌可降低虫果率，也可利用信息素引诱防治。

2. 在成虫羽化盛期，对郁闭度0.6以上的虫口密度过大林分施放热雾剂15kg/hm²。在幼虫初孵期，飞机防治时可用有效成分用量为60g/hm²的2.5%高效氯氟氰菊酯，或超低容量喷2.5%溴氰菊酯100倍液防治。采用5.7%甲氨基阿维菌素苯甲酸盐3000～5000倍液，高效氯氟氰戊菊酯（20g/L）1000～1500倍液或吡虫啉·杀虫单（50%水分散粒剂）600～800倍液或丙溴·辛硫磷（45%乳油）1000～1500倍液。

参考文献

萧刚柔，1992；周嘉熹，屈邦选，王希蒙等，1994；尹承陇，汪有奎，林海等，2001。

（谢寿安，李孟楼，王杰，刘友樵，白九维）

云杉球果小卷蛾成虫（李孟楼　提供）

340	松实小卷蛾	分类地位	鳞翅目 Lepidoptera 卷蛾科 Tortricidae
		拉丁学名	*Retinia cristata* (Walsingham)
		异　名	*Enarmonia cristata* Walsingham, *Petrova cristata* Obraztsov
		中文别名	马尾松小卷蛾、松梢小卷蛾

　　松实小卷蛾幼虫钻蛀多种松树嫩梢和球果，引起梢萎果枯，造成种子园严重减产，是我国松树重要的蛀干、蛀果害虫。

　　分布　北京，河北，山西，辽宁（兴城），江苏（南京、溧阳），浙江（富阳、淳安、新昌、开化），安徽（马鞍山、青阳、黄山），福建（南平、福州），江西（于都、瑞金），山东，河南（灵宝、卢氏、信阳），湖北（荆州），湖南（汨罗、溆浦），广东，广西，四川（内江），贵州（遵义），云南（思茅），陕西（黄陵），甘肃（庆阳）。日本，朝鲜。

　　寄主　马尾松、黑松、黄山松、油松、赤松、湿地松、思茅松、晚松、火炬松、长叶松。

　　危害　被害嫩梢蛀孔以上萎蔫，呈钩状弯曲；害果蛀孔外具流脂并粘附虫粪，蛀孔突成漏斗状，坑道充塞粪粒和白色凝脂。

　　形态特征　**成虫：**体长4.6～8.7mm，翅展12.1～19.8mm。体黄褐色。翅中具1条银色阔横带，近翅基有3～4条银色横纹，近臀角有内具3个小黑点的椭圆形银色斑（赵锦年，1991）。**幼虫：**体长9.4～15.0mm，体淡黄色。头、前胸背板黄褐色。

　　生物学特性　浙江淳安县1年4代。以蛹在枯梢和被害果内越冬。3月上旬至4月底、5月下旬至7月中旬、7月下旬至8月下旬和9月分别为越冬代和第一、二、三代成虫期。3月下旬至6月中旬、6月下旬至8月上旬、8月中旬至9月中旬、9月中旬至11月中旬分别为第一、二、三、四代幼虫期。

　　3月下旬始，第一代幼虫钻蛀当年嫩梢。5月中旬始蛀食2年生球果的果轴和种鳞。每头幼虫蛀害3～4枚种鳞。被害果平均纵、横径为1.4和1.2cm，为棕褐色枯果。第一代幼虫历期约30天，是侵害球果最烈期。第三至第四代幼虫主要钻蛀种鳞。幼虫具转梢、转果习性。幼虫成熟后，斜向蛀入果轴，结长8.0～11.0mm白色丝茧，并在其中化蛹。

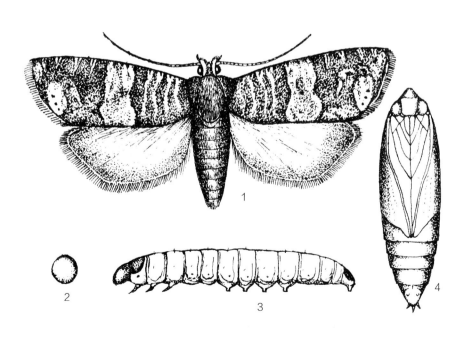

松实小卷蛾（田恒德　绘）
1. 成虫；2. 卵；3. 幼虫；4. 蛹

松实小卷蛾成虫（李镇宇　提供）

18:00～20:00是成虫日羽化峰期。羽化后蛹壳的1/3～2/3露于羽化孔外。卵产于针叶及球果基部鳞片上（赵锦年，1991）。

防治方法

1. 灯光诱杀成虫。越冬代和第一代成虫期，种子园可采用频振式诱虫灯诱杀。

2. 保护释放天敌。小卷蛾长距茧蜂和绒茧蜂是幼虫期的优势天敌。6月前可采摘害果置于小孔径沙笼内，7月上旬至9月中旬在林中让其中天敌羽化逸飞。

3. 化学防治。4月上旬可喷洒2.5%溴氰菊酯乳油1000倍液或10%吡虫啉乳油1∶3倍液打孔注药。采用5.7%甲氨基阿维菌素苯甲酸盐3000～5000倍液，高效氯氟氰戊菊酯（20g/L）1000～1500倍液或吡虫啉·杀虫单（50%水分散粒剂）600～800倍液或丙溴·辛硫磷（45%乳油）1000～1500倍液（赵锦年，2004）。

参考文献

赵锦年等，1991；赵锦年等，1997；刘友樵，李广武，2002；赵锦年等，2004.

（赵锦年，田恒德）

341 红松实小卷蛾

分类地位 鳞翅目 Lepidoptera 卷蛾科 Tortricidae

拉丁学名 *Retinia resinella* (L.)

异 名 *Phalaena (Tortirx) resinella* L., *Carpocapsa obesana* Laharpe, *Scoparia resinalis* Guenée, *Pyralis resinana* F.

英文名称 Pine resin-gall moth

红松实小卷蛾是樟子松幼林的重要害虫，以幼虫钻蛀樟子松幼树枝梢，轻则导致被害枝梢枯死，重则可使整株死亡。

分布 内蒙古，黑龙江等地。欧洲；俄罗斯东部。

寄主 樟子松，在欧洲主要危害欧洲赤松、中欧山松和短叶松。

危害 初孵幼虫危害松针基部，被害处分泌一些松脂，随后蛀入嫩梢的木质部，在嫩梢表面形成松脂包，松脂包先是淡色透明，以后变成褐色，由小变大。成虫羽化后将蛹壳一半留在松脂包外。

形态特征 成虫： 翅展16～22mm。体银灰色。前翅褐色，翅基1/3处有3～4条不规则银灰色斑纹，近顶角处有2条不太规则的银灰色"Y"形纹；后翅暗灰色。**幼虫：** 老熟幼虫体长8～14mm。头部褐色，前胸背板浅褐色，胸腹部浅黄褐色。

生物学特性 内蒙古呼伦贝尔盟红花尔基地区2年1代。分别以幼龄幼虫和老龄幼虫在樟子松当年和2年生嫩梢上的松脂包内越冬。4月下旬越冬幼虫开始活动。幼虫共5龄。第三年5月上旬老熟幼虫在松脂包内开始化蛹，5月中旬为化蛹盛期，6月羽化、交尾、产卵。

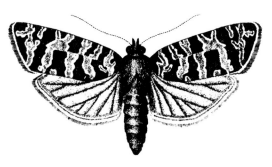

红松实小卷蛾成虫（李成德 绘）

卵单产于当年生嫩梢的芽基部，幼虫无转移危害习性。阳坡郁闭度小的5～16年生幼树主梢受害重，20年以上的樟子松受害轻，且多为侧梢受害。

防治方法

1. 营林措施。幼龄林应保持较高的郁闭度，避免过度择伐；及时剪除被害枝梢集中销毁。

2. 生物防治。据报道，幼虫期有1种寄生性天敌曲姬蜂和1种未定名小蜂，应注意保护利用。可用球孢白僵菌（400亿个孢子/g水分散粒剂）2000～3000倍液或20亿PIB/mL的甘蓝夜蛾核型多角体病毒1000～1500倍液。

3. 化学防治。幼龄幼虫危害期在树干基部刮除老树皮，呈2个相对的半环，半环宽7cm，两半环相距3cm，涂抹20%呋虫胺悬浮剂10倍液防治幼虫，或喷洒20%呋虫胺悬浮剂1500倍液于松梢被害处。采用5.7%甲氨基阿维菌素苯甲酸盐3000～5000倍液，高效氯氟氰戊菊酯（20g/L）1000～1500倍液或吡虫啉·杀虫单（50%水分散粒剂）600～800倍液或丙溴·辛硫磷（45%乳油）1000～1500倍液。

参考文献

王志英，岳书奎，戴华国等，1990；王立纯，张国财，徐学恩等，1990；萧刚柔，1992；刘友樵，李广武，2002.

[Byun Bong-Kyu（韩国），李成德，王志英，岳书奎，戴华国，徐学恩，葛静山]

红松实小卷蛾成虫（李成德 提供）

342 夏梢小卷蛾	分类地位	鳞翅目 Lepidoptera　卷蛾科 Tortricidae
	拉丁学名	*Rhyacionia duplana* (Hübner)
	异　名	*Tortrix duplana* Hübner, *Rhyacionia duplana simulata* Heinrich
	英文名称	Summer shoot moth, Elgin shoot moth

夏梢小卷蛾是危害中国北方松树枝梢的重要害虫，对松树及松苗的生长发育造成严重影响。

分布　河北，山西，辽宁，山东，河南，陕西。日本；欧洲。

寄主　油松、赤松、黑松。

危害　幼虫蛀入新梢髓部，使新梢上部枯萎、折曲。树木连年被害后树冠呈扫帚状。幼虫蛀入新梢时，常在被害处吐丝粘连松脂做成薄膜状覆盖物。幼虫取食树皮和边材时则吐丝粘连松脂结成椭圆形包被。随着蛀食时间的延长，包被的松脂不断增厚。

形态特征　**成虫：**翅展16～19mm。下唇须前伸，略向下垂，第二节末端膨大，末节部分被第二节鳞片遮盖，末端钝。头部淡褐色；胸部、腹部黑褐色。前翅灰褐色，近外缘部分锈褐色，中部有一些白色细纵条斑，前缘有白色钩状纹，外缘特别倾斜；后翅淡灰褐色，顶角色深，缘毛长，灰白色。**卵：**扁椭圆形，初产时淡黄色，后变红色。**幼虫：**初孵幼虫淡黄色，后变橙黄色。**蛹：**体长5～7mm。第二至第七腹节背面各有2排横列的刺突，第八节有1排刺突，腹部末端有钩状臀棘8根（刘友樵，李广武，2002）。

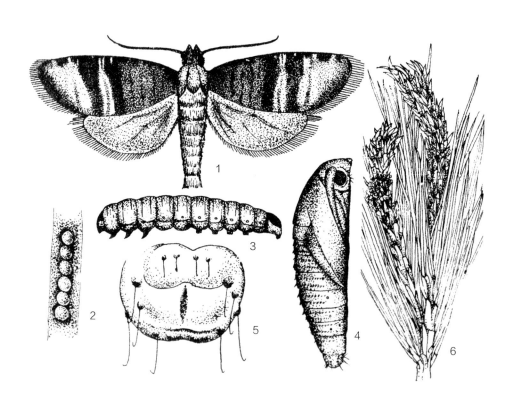

夏梢小卷蛾（于长奎　绘）

1. 成虫；2. 卵；3. 幼虫；4. 蛹；5. 蛹臀部；6. 危害状

夏梢小卷蛾成虫（武春生、张润志　提供）

夏梢小卷蛾成虫（中国科学院动物研究所国家动物博物馆　提供）

生物学特性　1年1代。以蛹在树干基部或轮枝基部茧内越冬。成虫最早于3月底出现，4月中旬为盛期，4月下旬为末期。成虫羽化以8:00～10:00最多。羽化后2～3天即交尾，交尾后2～3天开始产卵。卵产于新叶内侧基部，每15～20粒排成1列。每个雌蛾产卵最多50粒，最少6粒，平均28粒。卵期最长27天，最短17天，平均22天。卵于5月初开始孵化。初孵幼虫先取食叶芽，新梢抽出后（约经5天）蛀食韧皮都，以后蛀入木质部，致使新梢弯曲，被害处以上部分枯萎，易风折。幼虫一生只危害1个新消，未发现有转移现象。幼虫蛀入新梢时，常在被害处吐丝粘连松脂做成薄膜状覆盖物，掩护其体躯。幼虫在新梢内危害25天左右即爬向松树干基部（3～7年生）或主干轮枝节处（7～10年生），取食树皮和边材，并吐丝粘连松脂结成椭圆形包被。随着蛀食时间的延长，包被的松脂不断增厚。约于7月上旬开始化蛹，以蛹越冬（萧刚柔，1992）。

防治方法

1. 加强检疫。根据林分虫口密度或受害程度，划分疫区，对该虫进行严格检疫。禁止从疫区调进或运输未经处理的病虫危害木，严格控制夏梢小卷蛾在林区蔓延。

2. 营林措施。加强抚育管理，改善林内卫生条件，采取卫生伐，伐除严重受害的林木，及时运出作薪材；剪除被害较轻的枝梢，集中销毁。对"小老林"或残林进行更新改造，选育抗虫树种，实行针阔叶树混交，增强林木对该虫的抗性。

3. 人工防治。化蛹期，在密度不大的低矮林分中，可以人工摘除虫苞，并加以处理，或用手捏死苞内幼虫及蛹；在成虫羽化期间，利用该虫的趋光性，使用黑光灯诱杀成虫；秋冬季节，刮除受害树体粗皮、翘皮，消灭越冬幼虫，以降低越冬虫口。

4. 生物防治。保护、人工繁殖、利用天敌。在虫口密度较大的受害林分中，于卵始盛期到盛末期，隔株释放寄生蜂或赤眼蜂。每株放有效蜂1000～1500头。

5. 化学防治。卵孵化盛期是施药的关键时期。对郁闭度0.6以上的虫口密度较大林分，选用5.7%甲氨基阿维菌素苯甲酸盐微乳剂3000～5000倍液，防治效果较好。

参考文献

萧刚柔, 1992; 刘友樵, 李广武, 2002.

（武春生，刘振陆，赵连国）

343 云南松梢小卷蛾

分类地位 鳞翅目 Lepidoptera 卷蛾科 Tortricidae

拉丁学名 *Rhyacionia insulariana* Liu

　　云南松梢小卷蛾在云南松林区发生普遍，老林或残林附近的幼林受害较重。云南松连年受害后，不能成材，且树势衰弱，易遭其他病虫危害。

　　分布 四川（西昌、昭觉、盐源、布拖、金阳、越西、喜德、甘洛、冕宁、汉源），云南。

　　寄主 云南松、高山松、思茅松、马尾松、华山松。

　　危害 受害嫩梢或向被害一面弯曲下垂，易风折，或萎蔫；受害芽苞枯死；被害针叶枯黄。主梢受害率大于侧梢。

　　形态特征 **成虫：** 体小型；体长8～11mm，翅展20～32mm。头部有赤褐色丛毛。**卵：** 扁椭圆形，长0.6mm，宽0.4mm。初产时橘黄色，后为淡黄色。**幼虫：** 体长14～15mm。浅黄褐色。头部浅红褐色，前胸背板暗栗色。腹部各节上刚毛片细小。腹足趾钩双序全环，臀足趾钩双序缺环。**蛹：** 体长9～13mm。棕褐色。腹末有钩状臀棘12根。

　　生物学特性 四川汉源地区1年1代。以幼虫在枝梢顶芽间越冬。3月开始活动，4月中、下旬至5月初，幼虫取食量加大，常转梢危害。5月初至6月下旬，老熟幼虫开始在松梢的蛀道外侧、蛀孔口、雄花序或树干粗皮裂缝内结茧化蛹。7月中、下旬为成虫羽化及产卵盛期。8月上旬，幼虫开始孵化，9月下旬进入越冬期（杨晓峰等，2008）。

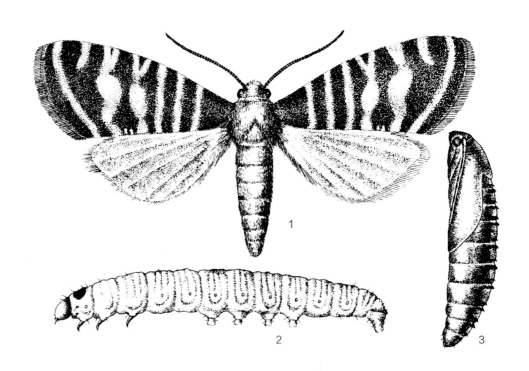

云南松梢小卷蛾（张培毅 绘）

1. 成虫；2. 幼虫；3. 蛹

云南松梢小卷蛾成虫（中国科学院动物研究所国家动物博物馆　提供）

卵产在针叶、叶鞘或嫩梢上，单粒散产或成行排列。初孵幼虫活动力强，常迅速爬行或吐丝迁移，数分钟内即可蛀入叶鞘，取食幼嫩组织，将基部啃断，使被害针叶枯黄。幼虫还吐丝将几束松针结在一起，居中取食针叶。成虫有趋光性。

防治方法

1. 营林措施。造林时适当密植，实行针阔叶树混交，加强抚育管理，使树冠尽快郁闭，以减少危害；培育抗虫树种（萧刚柔，1992）。

2. 人工防治。冬季剪除被害枯梢，生长季节及时剪除被害梢，集中放于寄生蜂保护器中，以达到保护寄生蜂的目的。成虫羽化期用黑光灯诱杀。

3. 生物防治。保护、人工繁殖和利用天敌。在虫口密度较大的受害林分中，于卵始盛期到盛末期，隔株释放寄生蜂或赤眼蜂。每株放蜂1000～1500头，还可用苏云金杆菌、青虫菌（0.5亿～2.0亿活孢子/mL）防治幼虫（王向东，2005；杨晓峰等，2008）。可用球孢白僵菌（400亿个孢子/g水分散粒剂）2000～3000倍液或20亿PIB/mL的甘蓝夜蛾核型多角体病毒1000～1500倍液。

4. 化学防治。2月下旬至3月上旬，越冬幼虫开始活动时，7月下旬至8月下旬初孵幼虫刚开始钻蛀危害时，可用25g/L高效氯氟氰菊酯乳油兑水2000倍液，90%的敌百虫原药兑水1000倍液，50%马拉硫磷乳油兑水6000倍液，25%亚铵硫磷乳油兑水800倍液，乳油兑水400倍液喷雾1～2次；对郁闭度在0.6以上的虫口密度较大林分，选用2%甲氨基阿维菌素油剂进行超低容量喷雾（王向东，2005；杨晓峰等，2008）。采用5.7%甲氨基阿维菌素苯甲酸盐3000～5000倍液，高效氯氟氰戊菊酯（20g/L）1000～1500倍液或吡虫啉·杀虫单（50%水分散粒剂）600～800倍液或丙溴·辛硫磷（45%乳油）1000～1500倍液。

参考文献

萧刚柔，1992；刘友樵，李广武，2002；王向东，2005；杨晓峰，胡文，冯永贤等，2008.

（李巧，潘涌智，刘能敬）

344 松梢小卷蛾

分类地位	鳞翅目 Lepidoptera 卷蛾科 Tortricidae
拉丁学名	*Rhyacionia pinicolana* (Doubleday)
异　　名	*Retinia pinicolana* Doubleday
英文名称	Orange spotted shoot moth
中文别名	松梢卷蛾

分布　北京，天津，河北，山西，辽宁，吉林，黑龙江，安徽，福建，江西，湖南，四川，贵州，陕西，甘肃。欧洲，日本，朝鲜，俄罗斯。

寄主　油松、黑松、樟子松、赤松。

危害　幼虫蛀食新梢，使梢部枯萎而易于风折，影响树木高生长。

形态特征　**成虫**：体长6～7mm，翅展19～21mm。黄色。下唇须前伸，第二节长，中间膨大呈弧形，末节亦长，末端尖。前翅狭长，红褐色，翅面分布有10余条银色横条斑，前缘有银色钩状纹；后翅深灰色，无斑纹，有灰白色的缘毛。本种与梢小卷蛾 *Rhyacionia puoliana* 十分近似，形态主要识别特征是本种翅面银色斑纹比较宽。**卵**：长径1.0～1.2mm，短径0.8～0.9mm，橙黄色，扁椭圆形。**幼虫**：头部及前胸背板黄褐色，胴部红褐色。趾钩单序环，趾钩数为32～50个不等。老龄幼虫体长10mm左右。**蛹**：体长6～9mm，黄褐色，纺锤形，羽化前变为灰黑色。腹部第二至第七节背面各具2列齿突，第八腹节背面只有1列齿突，腹末端具臀棘12根。

生物学特性　在甘肃兴隆山自然保护区1年1代。以幼虫在被害梢内越冬。翌年4月中旬至5月中旬越冬幼虫开始活动，大多数聚集在雄花序取食，5月中、下旬为危害盛期，之后至6月中旬幼虫全部蛀入当年新梢内取食髓部，在蛀孔处常吐丝粘连松脂构成白色网状覆盖物，外面常带有虫粪。一梢仅

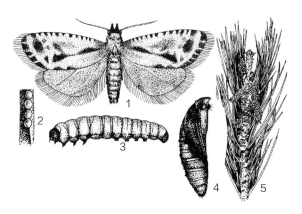

松梢小卷蛾（于长奎　绘）
1. 成虫；2. 卵；3. 幼虫；4. 蛹；5. 危害状

有1虫。6月上旬至7月上旬为蛹发生期。幼虫化蛹于被害梢内，蛹期20～28天。6月下旬末始见成虫羽化，7月上、中旬为羽化盛期，成虫羽化2天后便可交尾，交尾2天后即产卵。7月下旬至8月上旬幼虫孵化，8月上、中旬为孵化盛期，至10月上、中旬幼虫开始陆续越冬。

防治方法

1. 化学防治。幼虫防治，用2.5%溴氰菊酯水乳剂乳油5000倍液，每隔1周喷雾1次，防治效果可达95%以上。也可用20%呋虫胺悬浮剂1000倍液喷雾，防治效果可达90%左右。采用5.7%甲氨基阿维菌素苯甲酸盐3000～5000倍液，高效氯氟氰戊菊酯（20g/L）1000～1500倍液或吡虫啉·杀虫单（50%水分散粒剂）60～800倍液或丙溴·辛硫磷（45%乳油）1000～1500倍液。

2. 物理防治。7月上、中旬，利用成虫具有较强趋光性的特性，在林间设置黑光灯进行诱杀，可以有效地降低成虫的产卵量，减少虫口基数。

参考文献

刘友樵，白九维，1977；萧刚柔，1992；刘友樵，李广武，2002；施泽梅，2006.

（刘振陆，李颖超，李镇宇）

松梢卷蛾成虫（中国科学院动物研究所国家动物博物馆　提供）

345	桉小卷蛾	分类地位	鳞翅目 Lepidoptera 卷蛾科 Tortricidae
		拉丁学名	*Strepsicrates coriariae* Oku

分布 福建，广东，广西等地。日本。

寄主 尾叶桉·赤桉、柠檬桉等多种桉树及白千层、白树、油树、桃金娘、红胶木。

危害 幼虫将嫩芽、嫩叶缀合成苞，幼虫在苞内取食，危害率高的可达80%以上，有的1株幼树多达10～20个虫苞，影响树木的高生长和干形。

形态特征 成虫：体长6～7mm，翅展13～14mm。触角丝状。前翅灰褐色，后翅灰色，翅缘有很多长毛，前翅外缘黑色，前缘有黑灰相间的条纹。**幼虫：**体长12～14mm，圆筒形，浅绿色，背部有3条黑色纵带与2条白色纵带相间。**蛹：**体长5～7mm，黄棕色，有光泽。

生物学特性 广东1年8～9代，林地世代重叠，无越冬现象。成虫晚间交尾产卵，卵散产于嫩梢、嫩叶或嫩叶柄上。卵孵化后幼虫缀嫩叶或嫩梢结成苞。幼虫共5龄。1～2龄幼虫在苞内取食，3龄后爬出苞外取食或另结新苞转移危害。老熟幼虫在地表缀土粒结茧化蛹，也有在虫苞内化蛹。该虫只危害当年6月前造的幼林；对上一年造的幼树，曾遭该虫危害，因产生诱导抗性的原因，即使5月的嫩枝嫩叶很多，林地该虫种群密度还是很低。该虫生态可塑性小，干旱等不利的气候条件对当年和翌年的种群密度影响很大。

防治方法

1. 林业措施。①选择抗虫树种。经对尾叶桉、赤桉、柠檬桉等11个树种的调查，托里桉林分的虫口密度比赤桉高出42倍多，刚果12号桉基本不成灾。因此，该虫危害的重灾区，应选择抗虫品种。②4～5月为该虫的盛发期，避开此期造林可减少危害。

2. 化学防治。①昆虫生长调节剂。25%灭幼脲Ⅲ号胶悬剂1000～2000倍液喷雾，效果较好，但一定要喷湿虫苞。②叶面喷雾。严重危害时可用90%敌百虫晶体1500～2000倍液，20%的氰戊菊酯乳油3000～4000倍喷雾，以喷湿虫苞为度。采用5.7%甲氨基阿维菌素苯甲酸盐3000～5000倍液，高效氯氟氰戊菊酯（20g/L）1000～1500倍液或吡虫啉·杀虫单（50%水分散粒剂）600～800倍液或丙溴·辛硫磷（45%乳油）1000～1500倍液。

参考文献

刘友樵, 李广武, 2002.

（顾茂彬）

桉小卷蛾成虫
（中国科学院动物研究所
国家动物博物馆　提供）

分类地位	鳞翅目 Lepidoptera　卷蛾科 Tortricidae
拉丁学名	*Zeiraphera griseana* (Hübner)
异　　名	*Tortrix griseana* Hübner, *Sphaleroptera diniana* Guenée
英文名称	Larch tortrix
中文别名	落叶松灰卷叶蛾、灰线小卷蛾

346 松线小卷蛾

　　松线小卷蛾主要危害松树的针叶，在我国西北林区周期性发生。6～7月，该幼虫常暴食针叶，将大片森林针叶食光，形似火烧，受害率100%。

　　分布　河北，吉林，甘肃，新疆。日本，俄罗斯；欧洲，北美。

　　寄主　落叶松、松、云杉、冷杉。

　　危害　初孵幼虫首先钻入刚绽放的幼嫩叶簇内，吐丝将新叶黏缀成圆筒状虫巢，潜伏其中蛀食、蜕皮、生长，一直到3龄幼虫。4龄后，幼虫将头探出巢外，先将巢口的叶尖吃掉或咬断，然后钻出巢外在枝条上自由活动和取食。幼虫在取食过程中不断吐丝，将断叶碎渣和虫粪黏结在枝梢上，致使树林中丝网纵横，树枝上虫粪累累。到危害后期，被害林木的针叶被大部分或全部取食和咬断掉落，变成光杆秃梢（卜万贵，2000）。

　　形态特征　**成虫**：翅展16～24mm。下唇须前伸，第二节末端膨大；末节小，下垂。前翅灰白色；基斑黑褐色，占1/3强，斑外缘中央凸出，基斑

和中带之间银灰色，中带由前缘中部前方延伸至臀角，上下略宽，中间前后凸出，顶角银灰色，端纹明显；后翅灰褐色，缘毛黄褐色。**卵**：扁椭圆形，淡黄色。**幼虫**：体长12～17mm。暗绿色，头部、前胸背板黑褐色，肛上板褐色，毛片黑色。**蛹**：体长9～11mm。初期杏黄色，后变为棕色。蛹末端略平，有短臀棘9～11根（刘友樵，李广武，2002）。

　　生物学特性　1年1代。以卵越冬。翌年5月下旬开始孵化，潜入针叶丛中取食。吐丝粘缀叶呈圆筒状巢，栖息其中，取食时伸出，遇惊扰时缩入筒内。待筒巢不能隐身时，再另筑新巢。若枝条上针叶被食光后，则吐丝下垂，随风飘至其他树上继续危害。幼虫老熟时不再筑巢，而是在枝条上吐丝结网，暴食针叶。6月下旬幼虫下树在落叶层下结薄茧化蛹，7月下旬羽化成虫。

　　防治方法

　　1. 化学防治。6月上旬，95%的幼虫处于2～3龄，此时害虫食量小，抗性弱，用50%高效氯氰菊

松线小卷蛾成虫（瞿肖瑾　绘）

松线小卷蛾成虫（武春生、张润志　提供）

松线小卷蛾成虫（李镇宇　提供）

酯500～800倍，或溴氰菊酯2000倍液，防治效果97%，可迅速降低虫口密度，但对天敌杀伤较大。采用5.7%甲氨基阿维菌素苯甲酸盐3000～5000倍液，高效氯氟氰戊菊酯（20g/L）1000～1500倍液或吡虫啉·杀虫单（50%水分散粒剂）600～800倍液或丙溴·辛硫磷（45%乳油）1000～1500倍液。

2. 生物防治。采用苏云金杆菌800倍液防治，防治效果可达70%，苏云金杆菌800倍液+溴氰菊酯2×10^4倍液防治，防治后4小时，可见死亡小幼虫，防治效果在90%以上，且减少对环境的污染，有效保护天敌，可起到长期控制害虫作用。可用球孢白僵菌（400亿个孢子/g水分散粒剂）2000～3000倍液或20亿PIB/mL的甘蓝夜蛾核型多角体病毒1000～1500倍液。

3. 营林措施。降低林分密度，合理修枝，种子园及时松土除草，严格控制草荒等措施，也能提高树势，增强林木对该虫危害的抵抗程度。

4. 机械防治。冬季清理林内的枯枝落叶并焚烧，也可消灭部分越冬虫卵，也可在7月羽化盛期时在林内架设黑光灯诱杀成虫，能有效控制虫口密度，使其降至危害程度以下（聂俊青等，2003）。

参考文献

卜万贵, 2000; 刘友樵, 李广武, 2002; 聂俊青, 孙静, 张玉梅等, 2003.

（武春生，马文梁，臧守业）

347 枯叶拱肩网蛾

分布 浙江（松阳、遂昌），福建（坳头），广西（龙胜）等地。

寄主 甜槠、板栗、锥栗。

危害 被害叶片叶缘缀满三角形和卷筒状虫苞，虫苞后期呈枯白色，一片破败。

形态特征 **成虫：** 体长10mm，翅展33mm。头及下唇须棕褐色。触角丝状，灰褐色。身体背面灰黄色，腹面黄褐色。腹部侧板粉红色。前足胫节内侧有刺突，中足胫节端距1对，后足胫节中距、端距各1对。前翅前缘基部肩形，顶角上翘，翅面赭黄色，布满网纹，内带双线波浪形，自顶角内侧起至后缘中部有1条棕褐色斜带，在中室端下方分为两叉，斜带外侧有3块黄斑；后翅赭红色，内带双线，中带单线；前、后翅反面的斑纹清晰，前翅中室下方有一方形棕赭色斑（朱弘复，王林瑶，1996）。**卵：** 长、宽均0.8mm；馒头形，初产时米黄色，后期颜色加深，孵化前呈黑褐色。花冠区凹陷。卵壳具13～15条纵棱。**幼虫：** 体长13mm，头壳3mm。头黑色。前胸背板黑褐色，背中线黄棕色。胸足棕黄色，爪褐色。胴部绿黄色，气门棕黄色，各节具多数黄白色长毛。臀板黑褐色，腹足趾钩褐色。

蛹： 体长9～10mm，宽4mm，棕褐色。腹末并列4枚有倒钩的臀棘，内侧1对较长大，外侧的2枚较细小。

生物学特性 浙江松阳1年2代。以蛹在浅土内越冬。4月中旬起越冬代成虫开始羽化，成虫羽化不整齐，直到6月上旬还可见到个别成虫羽化出土。成虫羽化后产第一代卵，卵历期6天左右。4月下旬幼虫开始孵化，直到7月中旬仍有第一代幼虫活动，幼虫历期23～28天。5月下旬开始化蛹，第一代蛹历期2个月左右，第一代成虫于7月下旬开始羽化，产越冬代卵，8月上旬幼虫开始孵化，9月上旬开始化蛹，越冬代蛹历期超过7个月，越冬后于翌年春天羽化。成虫历期7天左右。

成虫多在白天羽化，少有夜间羽化。产卵于叶片正面，散产。幼虫孵化后即爬向叶缘咬切叶片，边咬切边吐丝拉动咬切开的叶片，做成三角形的虫苞，隐匿其间取食叶片内层叶肉，但保留叶片外表

枯叶拱肩网蛾卵（张润志　整理）

枯叶拱肩网蛾幼虫（张润志　整理）

枯叶拱肩网蛾成虫（张润志　整理）

皮，以掩蔽身体。内层叶肉吃光后，在虫苞上咬一孔洞爬出，另做新苞。随着虫体增大，虫苞越做越大。大龄幼虫啃食叶片不再保留叶片外表皮，虫苞改成卷筒状，隐居其内啃食叶片，但不会咬穿最外层的叶片，以掩蔽身体。当卷筒内叶片吃光后，幼虫爬向附近叶片另作虫苞。每头幼虫从小到老熟要做大小虫苞10多个。所以当虫口密度较大时，会给板栗树的正常生长和板栗果实的生产造成很大损害。幼虫成熟后随虫苞掉到地面或沿枝干爬到地面，潜入浅土吐丝缀合泥沙，筑成内壁光滑、外附泥沙的土茧，藏身其内缩短身体进入预蛹，准备化蛹（王明月，2005）。

防治方法

1. 避免在靠近甜槠林附近建立栗园，可减少受害。

2. 幼虫危害期缀叶片成虫苞，容易发现，可及时采摘销毁。

3. 冬季栗树落叶后清除栗园落叶，集中处理，可降低害虫越冬基数。有条件的地方，可将采集的虫苞置于铁纱虫笼内，放在林中，以便寄生蜂穿出纱网返回林间，以增加林内的天敌数量。

4. 每株胸径10cm的栗树，在分枝以下树干上注入50%噻虫嗪悬浮剂5倍稀释液5mL，深达木质部。胸径大的栗树可增加注孔。用药必须在栗果采收1个月之前进行。

参考文献

陈汉林, 1994; 朱弘复, 王林瑶, 1996; 王明月, 2005.

（陈汉林，叶江林）

348 中带褐网蛾

分类地位 鳞翅目 Lepidoptera　网蛾科 Thyrididae

拉丁学名 *Rhodoneura sphoraria* (Swinhoe)

分布　河北（迁安），浙江（松阳、遂昌、云和、景宁、临安、定海），四川（峨眉山）。印度。

寄主　板栗、锥栗、麻栎、白栎。

危害　叶片被幼虫缀成喇叭形虫苞，虫苞后期枯死，呈枯白色。虫口密度大的栗园，叶片一派破败。

形态特征　**成虫**：体长8～9mm，翅展22～25mm。身体黄褐色，腹面色稍浅。头部棕褐色，触角丝状。前、后翅赭褐色，布满棕色网纹；前翅前缘有1列不规则的黑色点纹，内带双线，波浪形，中带双线弯曲，上宽下窄，自前缘到后缘中部，外侧线在中室端的M_2至Cu_1脉之间向外突出，接近前缘时向外下方弯曲，外带细，上与钩形纹相连，下达臀角，在Cu_1脉下方变粗；后翅内带双线，不甚明显，中带双线，上、下宽，中间窄，外带弓形（朱弘复、王林瑶，1996）。**卵**：高0.6mm，直径0.3mm。圆筒形，两端略收缩。初产卵乳白色，色泽逐渐加深至棕黄色，将孵化时呈棕褐色。**幼虫**：老熟幼虫体长12～15mm，黄绿色。胴体每节中间具一皱褶，因而各节呈2小节状。各节遍布大小不等的棕黑色毛疣，每个毛疣上有1根柔软的细毛。**蛹**：体长7～10mm，宽2.5～4mm，黄褐色，纺锤形。臀棘聚集成束状。

生物学特性　浙江1年3代。以蛹在枯落于林地的虫苞内越冬。4月上旬起越冬代成虫陆续羽化，产第一代卵。4月中旬幼虫开始孵化，第一代幼虫危害期为4月中旬至6月中旬，5月上旬第一代幼虫开始化蛹，5月下旬开始羽化，产第二代卵。6月上旬幼虫开始孵化，第二代幼虫危害期为6月上旬至8月上旬，6月下旬开始化蛹，7月中旬成虫羽化，产越冬代卵。越冬代幼虫活动期为8～10月，9月开始化蛹越冬，于翌年4月开始羽化出成虫。

成虫多在清晨羽化。白天会访花，夜间偶有上灯。雌虫产卵于叶片正面，散产。卵均产于叶脉上，在小叶片多产于主脉上，在大叶片则多产于侧脉上。通常一叶1卵，极少一叶2卵的情况。幼虫孵出后爬向叶缘，一边咬切叶片，一边吐丝，缀成喇叭形小虫苞，隐匿其内取食叶肉。一叶2卵的幼虫孵化后，不

会在同一叶片做虫苞，而会有一幼虫转移到相邻叶片上做苞。随着虫体增大，喇叭形虫苞越做越大。幼虫在苞内只取食内层叶片，保留外层以掩蔽身体。当虫苞内层叶片被吃光后，幼虫爬出虫苞，转移到新叶片上另缀一更大的虫苞。末龄幼虫可将整张叶片卷成一个大喇叭形虫苞。幼虫老熟后，吐丝将喇叭口封闭，做成蛹室，在内化蛹。化蛹后即以臀棘钩住蛹室上的茧丝，将身体固定在蛹室内。越冬代虫蛹随虫苞掉落地面越冬。成虫历期5～9天，卵历期4～8天，幼虫历期19～31天，一、二代蛹历期12～23天，越冬蛹历期165～221天（陈汉林等，2002）。

防治方法

1. 人工防治。幼虫危害期缀叶片成喇叭形，容易发现，可及时采摘销毁。冬季栗树落叶后清除栗园落叶，集中处理，可降低害虫越冬基数。

2. 生物防治。幼虫和蛹期有小腹茧蜂、顶姬蜂、广黑点瘤姬蜂、姬小蜂、扁股小蜂、羽角姬小蜂等寄生蜂寄生，其中小腹茧蜂的自然寄生率可达20%～25%，是很有效的寄生蜂。有条件的地方，可将采集的虫苞置于铁纱虫笼内，放在林中，以便寄生蜂穿出纱网返回林间，以利于增加林内寄生蜂的种群数量。可用球孢白僵菌（400亿个孢子/g水分散

中带褐网蛾成虫（张润志　整理）

中带褐网蛾成虫（张润志　整理）

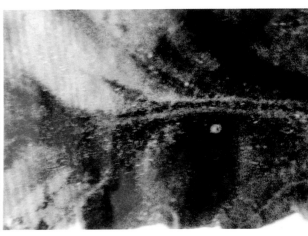

中带褐网蛾卵（张润志　整理）

中带褐网蛾蛹（张润志　整理）

中带褐网蛾危害状（虫苞）（张润志　整理）

中带褐网蛾危害状（张润志　整理）

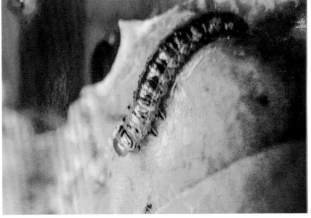

中带褐网蛾幼虫（张润志　整理）

粒剂）2000～3000倍液或20亿PIB/mL的甘蓝夜蛾核型多角体病毒1000～1500倍液。

3. 化学防治。每株胸径10cm的栗树，在分枝以下便于操作的树干上注入50%噻虫嗪悬浮剂5倍稀释液5mL，深达木质部。胸径大的栗树可增加注孔。用药必须在栗果采收1个月之前进行。采用5.7%甲氨基阿维菌素苯甲酸盐3000～5000倍液，高效氯氟氰戊菊酯（20g/L）1000～1500倍液或吡虫啉·杀虫单（50%水分散粒剂）600～800倍液或丙溴·辛硫磷（45%乳油）1000～1500倍液。

参考文献

朱弘复，王林瑶，1996；陈汉林，董丽云，周传良等，2002.

（陈汉林，叶江林，周健敏）

349 叉斜线网蛾

分类地位　鳞翅目 Lepidoptera　网蛾科 Thyrididae

拉丁学名　*Striglina bifida* Chu et Wang

叉斜线网蛾是厚朴上的一种重要的食叶害虫。大量叶片受害后，影响开花结实。花、种子、芽是很重要的中药材，使这些药材减产。

分布　浙江（松阳、景宁、云和、遂昌、龙泉）等地。

寄主　凹叶厚朴。

危害　受害叶片被取食，初期呈三角苞状，后期外观呈席筒状的纵卷苞。

形态特征　**成虫：**翅展26～41mm。头、颈板棕黄色。触角黄色，有栉状毛。胸、腹部红棕色，翅基片和第一、二腹节红色较强，第四腹节后缘棕褐色，腹末毛簇黄色。翅黄色，布满棕红色网纹；前翅前缘棕灰色，1条棕褐色、前细后粗的斜线从后缘中部伸向近顶角处分叉，中室端有1个棕褐色斑点；后翅中部偏基部有棕褐色斜线从后缘伸向前缘，与前翅斜线相贯连，此斜线外侧，从前缘中部偏外缘，有1条棕褐色斜线，较细。**卵：**桶形，高1.3mm，直径0.9mm。第一代卵淡紫色，第二代卵色偏红，具15～17条明显突出的纵棱和棱间多数细密的横脊。顶端花冠区凹陷，色较深。底平，底边有1圈裙状胶质固定于叶片上。**幼虫：**初孵幼虫体长3.5mm，成熟幼虫体长18～24mm。1～2龄幼虫胴体红色，3龄起变为棕黄色。成熟幼虫头黑色，头顶密布刻点，额、颊具皱纹，单眼红色，前胸背板黑色，中间有条浅色纵沟，胴部棕褐色，腹足同色，趾钩褐色，环状单行双序。胸、腹各节具多个大小不一的黑褐色毛片，腹末毛片色较浅。**蛹：**体长14～16mm，棕褐色，无毛，具微皱，胸部皱褶较明显。翅芽色较浅，达第四腹节。

叉斜线网蛾危害厚朴（蒋平　提供）

叉斜线网蛾幼虫（叶玉珠　提供）

腹部可见6对气门，第一对被翅芽覆盖，第八对不明显。臀棘具卷须状钩刺8枚，排成2列，近腹面1列6枚，近背面1列2枚。

生物学特性　浙江松阳1年2代。以蛹在土内越冬。成虫分别在4月上旬和6月下旬开始出现。全天都有羽化，以晚间较多，具趋光性。幼虫共5龄，均隐蔽于虫苞中取食。1～3龄幼虫从叶缘咬切叶片，并吐丝将其拉向背面，缀成三角苞，取食苞内的叶肉，不咬穿叶片；当一个苞内的叶肉吃完后，咬1孔爬出，另做一苞。随着幼虫的生长，苞越做越大，4～5龄幼虫取食时不再保留叶片上表皮，将虫苞改成席筒状的纵卷苞，取食卷筒内的叶片，只留最外一层叶片以掩蔽身体。

该虫多在海拔700m以上的林地大发生，海拔低区域的厚朴林较为安全。

防治方法

1. 化学防治。用20%呋虫胺原液注干或涂茎，有很好的防治效果。采用5.7%甲氨基阿维菌素苯甲酸盐3000～5000倍液，高效氯氟氰戊菊酯（20g/L）1000～1500倍液或吡虫啉·杀虫单（50%水分散粒剂）600～800倍液或丙溴·辛硫磷（45%乳油）1000～1500倍液。

2. 合理利用天敌。卵期天敌有赤眼蜂；幼虫期有绒茧蜂、柄腹姬小蜂（重寄生）、分盾细蜂（重寄生）和姬小蜂。其中，绒茧蜂分布较广。

参考文献

陈汉林等, 1993.

（蒋平）

350 中国软斑螟

分类地位　鳞翅目 Lepidoptera　螟蛾科 Pyralidae

拉丁学名　*Asclerobia sinensis* (Caradja et Meyrick)

分布　内蒙古（阿拉善左旗、达拉特旗），青海（西宁、大通），宁夏（中卫）等。

寄主　柠条。

危害　中国软斑螟是内蒙古西部地区危害柠条荚果和种子的重要害虫。由于柠条种实害虫的危害，严重影响了柠条种子的产量和质量。

形态特征　**成虫**：体长9～11mm，翅展19～20mm。头顶鳞片及下唇须为浅黄色。触角丝状，长达前翅2/3。胸部背面浅黄色。前翅灰黑、灰白、黄色鳞片相间分布，前翅外缘的鳞片端部白色，在前翅中前部有一横纹由灰白色和灰黑色鳞片组成的突起鳞片带；后翅淡灰色。**幼虫**：圆筒形，体黄白色，头黄褐色。幼龄幼虫前胸背板中部有一具3个尖突的黑色大斑，4龄后呈"人"字形斑，前胸背板两侧各具1个黑斑，趾钩呈1个完整圆环。

生物学特性　内蒙古西部地区1年1代，个别（约2%）1年2代。老龄幼虫结茧在土中越冬。翌年4月上旬化蛹，5月上旬成虫出现，5月20日左右为羽化高峰，5月中旬成虫产卵，5月下旬出现新一代幼虫，6月下旬多数幼虫入土结茧，小部分幼虫于7月上旬开始化蛹。7月中旬第二代成虫开始羽化，7月下旬为第二代成虫羽化高峰期，7月中旬第二代成虫

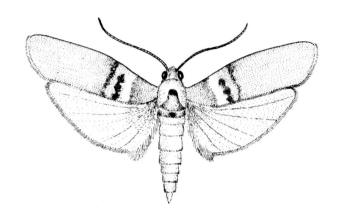

中国软斑螟成虫（张培毅　绘）

产卵，7月下旬出现幼虫，8月中旬幼虫入土结茧。

第一代幼虫孵化始见于5月25日左右。幼虫从卵孵出后，在果荚上爬行一段时间，尔后在荚果上咬一小孔蛀入果荚内，先取食种子的种脊一边，将种子食一壕沟，进一步取食种子，幼虫将荚果内的种子全部食光或取食一部分后转移到其他荚果内危害。转移到新荚果上的幼虫多在蛀入孔吐丝结一小白茧，随后蛀入并将部分白茧带入孔内，但也有的从孵化到老熟也不转移。1头幼虫约取食5粒种子。

防治方法

1. 利用成虫的趋光性，可在林间架设黑光灯或电灯诱杀成虫。

2. 羽化盛期，用20%呋虫胺油剂和柴油1∶4的药液进行超低量喷洒，效果在90%以上。采用5.7%甲氨基阿维菌素苯甲酸盐3000～5000倍液，高效氯氟氰戊菊酯（20g/L）1000～1500倍液或吡虫啉·杀虫单（50%水分散粒剂）600～800倍液或丙溴·辛硫磷（45%乳油）1000～1500倍液。

3. 郁闭度大的林分，可在羽化盛期利用热雾剂熏杀，用量15kg/hm²，防治效果达75%。

参考文献

萧刚柔, 1992.

（陈辉，邹立杰，刘乃生）

中国软斑螟成虫（中国科学院动物研究所国家动物博物馆　提供）

落叶松隐斑蟆

分类地位　鳞翅目 Lepidoptera　蟆蛾科 Pyralidae

拉丁学名　*Cryptoblabes lariciana* Matsumura

分布　黑龙江。日本。

寄主　落叶松。

危害　以幼虫吐丝缀叶取食针叶，使林木生长衰弱甚至死亡。1975年该虫在黑龙江勃利县落叶松林大发生，每树有虫数百条，多达千条以上，将万亩落叶松松针吃光。

形态特征　**成虫**：体长6～8mm，翅展18～20mm。头、胸部背面包括翅基片杂有银灰色鳞毛，胸部各节前缘有银灰色带。头部密布褐黑色鳞毛。复眼发达，半球状，黄褐色；单眼黑色，略透明，着生于复眼内侧，接近触角基部。触角丝状，短于前翅，各节前端生有银灰色丛毛，与底色形成黑白相间的环带。下唇须向上前方翘起，末端尖削。前翅狭长，黑褐色，近翅基有1条灰色短横带，中横线为银灰色波状纹，两线间颜色黑褐，并散生银白色鳞毛，亚外缘线有7～9个不整齐的黑斑，缘毛淡灰色；后翅臀域宽广，灰褐色，后翅Sc脉+R$_1$脉在中室外侧与Rs脉有短距离愈合，M$_1$脉与Rs脉共柄。第一腹节侧下方有鼓膜器，

落叶松隐斑蟆成虫（张培毅　绘）

落叶松隐斑蟆成虫（中国科学院动物研究所国家动物博物馆　提供）

不具龙骨片。**卵：**长径1.4～1.7mm，短径0.25～0.45mm，长椭圆形。杏黄色。**幼虫：**体长12～15mm，头宽1.2～1.4mm。头部淡褐色，颅侧区有"V"形黑纹，亚背线和气门上线深褐色。胸部和腹部各节背面有4个褐色毛瘤。前胸气门前方有刚毛2根。第八腹节的侧瘤在气门上方。胸足的基部、端部褐色，中部有褐色环纹。腹足趾钩全环，臀板暗褐色。**蛹：**体长7～12mm，宽3～5mm，红褐色。头顶及腹端钝圆，光滑，腹末有钩状臀刺8根，侧面6根短，中央2根接近，甚长，为前者的3倍。

生物学特性　黑龙江1年1代。以蛹越冬。翌年6月上旬成虫羽化，中旬为羽化盛期。

羽化后的成虫停留在针叶上，白天静伏不动，傍晚活动频繁，多绕树冠飞行，觅偶交尾。成虫有趋光性。6月中旬产卵，卵多产于针叶基部约1/3处，卵单产。6月末幼虫孵化，做丝网缀叶，居中危害；初龄幼虫食量微小。7月中旬幼虫2龄，体仍细小，吐丝将叶束粘在一起，幼虫在丝网中取食。幼虫甚活泼，爬行迅速。8月虫龄增大，食量剧增，幼虫往往将针叶、虫粪粘在丝网上，致使林内卫生状况不良。8月末幼虫老熟下地，钻入枯枝落叶层中，结丝茧化蛹越冬。化蛹场所以枯枝落叶层厚、土壤湿润、向阳山坡的下部、距树基60cm以内部分为多。该虫喜背风向阳山坡，在林缘及落叶松林郁闭度0.5以下者发生重。

防治方法

1. 保护天敌。

2. 成虫有趋光性，黑光灯可诱杀成虫。

蛹期有寄生蜂及白僵菌寄生，总寄生率达54.71%。

参考文献

田宇等，1990.

（陆文敏）

352 樟子松梢斑螟

分类地位　鳞翅目 Lepidoptera　螟蛾科 Pyralidae

拉丁学名　*Dioryctria mongolicella* Wang et Sung

1982年由王平远、宋士美鉴定发表的新种，并以该种为代表成立一新种团：樟子松梢斑螟种团 *monglicella* group。是樟子松干部和大枝的重要钻蛀性害虫，1979年在黑龙江省呼玛、爱辉县樟子松的平均虫害率为11.8%～12.0%，嫩江县为22.0%。

分布　内蒙古，吉林，黑龙江等地。

寄主　樟子松。

危害　主要以幼虫危害樟子松树干或较粗侧枝的韧皮部。受害部位大量流脂，在树干上形成混有棕褐色虫粪的较大凝脂团（表面不平整，大小约5cm×3.5cm不等）。严重时，凝脂团往往聚集成堆，初期熔蜡状、浅白色，后转白色，后期黄白色。植株受害后严重影响正常生长，且树干或大枝极易自被害部位处折断，或自被害部位以上枯死，导致树木枯顶或干形严重弯曲。

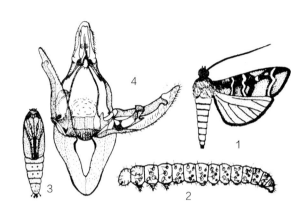

樟子松梢斑螟（钱范俊　绘）
1. 成虫；2. 幼虫；3. 蛹；4. 雄性外生殖器

形态特征　成虫：翅长24mm。头部、胸部黑褐色，腹部褐黑色。前翅光滑，背面无竖鳞，底色深黑，基域和亚基域线黄褐色，亚基线灰色鲜明，前中线、后中线、端线灰白色；后翅暗褐色，沿外缘略黑，翅面有少数黑鳞片。缘毛皆灰色。**幼虫：**老熟幼虫体长25～30mm。头部黄褐色。体灰绿色，体表有多数褐色毛片。

生物学特性　黑龙江1年1代。以幼虫越冬。翌年4月下旬幼虫开始活动，在树干蛀道外形成混有棕褐色虫粪的较大白色凝脂团。7月上、中旬老熟幼虫在凝脂团内或韧皮部蛀道中吐丝结灰白色长椭圆形丝茧化蛹，蛹期10～15天。7月中、下旬成虫羽化。7月下旬新幼虫由枝干伤口等处侵入，蛀食韧皮部，并引起流脂，但凝脂块较小、浅白色。幼虫有转移危害现象，喜从破皮伤口及新愈合嫩皮处侵入。9月下旬后幼虫在被害部位蛀道中越冬。

该虫的危害与各种伤口的形成有十分密切的关系。据208株受害木调查分析：以整枝伤口侵入最多（占38.9%）、樟子松瘤锈病伤口侵入其次（32.2%），其他侵入诱因依次为：机械损伤（25.5%）、樟子松疱锈病伤口（5.8%）、自然皮裂伤（6.3%）、啄木鸟啄伤（1.9%）等。该虫一般极少见危害9年生以下幼树。9～70年生幼壮林较多见，百余年生的大树上亦可见该虫危害。樟子松林缘受害重

樟子松梢斑螟危害状（主干风折）（钱范俊　提供）

樟子松梢斑螟危害状（从樟子松瘤锈病伤口侵入主干风折状）
（钱范俊　提供）

樟子松梢斑螟危害状（松脂包）（钱范俊　提供）

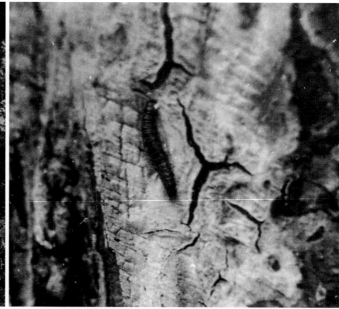

樟子松梢斑螟危害状（钱范俊　提供）

樟子松梢斑螟幼虫（钱范俊　提供）

于林内（虫害株率分别为49.3%和3.5%）。

防治方法

1. 加强检疫措施，防止该虫进一步扩散蔓延。

2. 加强经营管理。防止因采种、采穗、整枝及交通运输等经营活动而使树干、大枝产生伤口。积极防治樟子松瘤锈病及疱锈病。

3. 伐除被害木。严重受害林分，应结合抚育伐及时清除严重受害木。

4. 人工捕杀。7～8月人工剥除、消灭凝脂团及蛀道内的幼虫或蛹。清除被害大枝。

5. 药剂处理。7～8月在树干伤口处涂抹或喷洒触杀剂毒杀侵入或转移危害的幼虫。

参考文献

钱范俊, 1981; 王平远, 宋士美, 1982; 钱范俊, 于和, 1984; 钱范俊, 于和, 1986; 钱范俊, 1988.

（钱范俊）

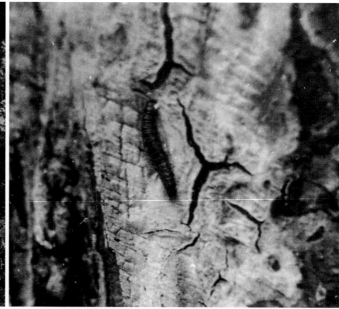

分类地位	鳞翅目 Lepidoptera 螟蛾科 Pyralidae
拉丁学名	*Dioryctria pryeri* Ragonot
异 名	*Dioryctria mendacella* Staudinger, *Dioryctria pryeri* Mutuura, *Salebria laruata* Heinrich, *Dioryctria laurata* (Sic), *Salebria laruata* Mutuura, *Salebria laruata* Issiki et Mutuura, *Phycita pryeri* Leech
英文名称	Splendid knot-horn moth
中文别名	油松球果螟、球果螟、松小梢斑螟、黑虫

353 松果梢斑螟

分布 河北，山西，内蒙古，辽宁，吉林，黑龙江，江苏，浙江，安徽，山东，河南，四川，陕西，甘肃，青海，新疆，台湾等地。日本，韩国。

寄主 油松、华山松、火炬松、马尾松、黄山松、红松、赤松、黑松、樟子松、白皮松、落叶松、云杉和杉木等。

危害 以幼虫蛀食寄主的当年新梢、雄花、幼果及2年生球果，导致球果畸形扭曲，或干缩枯死，枝梢干枯秃顶，严重影响种子收成和树木的正常生长。

形态特征 **成虫：** 体长9～13mm，翅展20～26mm。体灰色到灰白色，有鱼鳞状白斑。前翅赤褐色斑，近翅基有1条灰色短横线，内、外横线呈波状弯曲，灰白色，两横线间有暗褐色斑，靠近翅前、后缘有浅灰色云斑，中室有1个新月形白斑，缘毛灰褐色；后翅浅色，外缘暗褐色，缘毛淡灰褐色。**卵：** 椭圆形，长径0.8mm，短径约0.5mm。初产下为乳白色，孵化前变成紫黑色。**幼虫：** 老熟幼虫体长15～22mm，体灰黑色或蓝黑色，有光泽，头、前胸

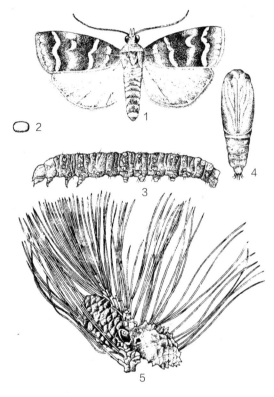

松果梢斑螟（朱兴才 绘）
1. 成虫；2. 卵；3. 幼虫；4. 蛹；5. 当年生球果被害状

松果梢斑螟成虫（展翅）（徐公天 提供）

背板及腹末第九、十节背板均为黄褐色，体上有较长的原生刚毛。腹足趾钩为双序环，臀足趾钩为双序缺环。**蛹：** 体长11～14mm，赤褐色或暗赤褐色。头及腹末均较圆钝而光滑，尾端有钩状臀棘6根，排成弧形。

生物学特性 辽宁、陕西、浙江均为1年1代。以幼虫主要在雄花序内越冬，间或在被害果、梢内及枝干树皮缝隙中越冬。在辽宁、陕西等林区于翌年5月中旬（在浙江为4月中旬）前后开始转移，蛀入新的雄花枝、嫩梢、幼果及2年生球果，6月中旬（浙江为5月中旬）化蛹。6月底7月初成虫羽化，

松果梢斑螟老龄幼虫（徐公天　提供）

松果梢斑螟幼虫蛀食松梢（徐公天　提供）

松果梢螟幼虫排粪（徐公天　提供）

松果梢斑螟蛹（徐公天　提供）

交配产卵。7月中旬孵出幼虫，取食雄花序及被害果、梢，并越冬于其中或树皮缝隙中。成虫多在白天羽化，在陕西以8:00～12:00羽化最多，在浙江则以16:00～20:00最多。成虫有较强的趋光性。成虫寿命7～13天。该虫的发生危害与树龄紧密相关，树龄越高受害越重；树龄越小，受害则越轻。这是因为随着树龄的增加，松树的生殖生长逐渐加强，雄花序的量也相应增加，这就为松果梢斑螟幼龄幼虫的取食和越冬创造了极为有利条件。由此可见，该虫的发生基地是在高龄林，并有向中、幼龄林发展的趋势。同时还发现该虫的发生危害与结实状况亦有较密切的关系，结实好年份或种子丰年，主要危害2年生球，只是在结实不良的状况下，才以当年枝梢为食。

松果梢斑螟的天敌种类较多。卵期主要有松毛虫赤眼蜂。幼虫有舞毒蛾黑瘤姬蜂、卷蛾黑瘤姬

蜂、细都姬蜂、卷蛾缺沟姬蜂、黄长距茧蜂、卷蛾圆瘤长体茧蜂、球果卷蛾长体茧蜂、考氏白茧蜂、球果螟白茧蜂、斑螟大距侧沟茧蜂、螟虫扁股小蜂、广肩小蜂、姬小峰、球孢白僵菌和苏云金杆菌等，其中以球果卷蛾长体茧蜂寄生率最高，一般寄生率20%左右，有时高达35%蛹寄生有弯尾姬蜂、兜姬蜂、镶颚姬蜂和球孢白僵菌等。

防治方法

1. 营造混交林。可利用现有林间空地，栽种胡枝子、紫穗槐、直立黄芪等豆科植物。在较低洼的林间空地，可栽种杨树等，使现有的接近纯林的林地尽快变成针阔混交林，不但能抵制害虫大发生，而且对防火、增进土壤肥力、促进林木生长均有重大意义。

2. 营建种子园时，在保证松树雌花正常授粉的条件下，严格控制栽植偏雄植株，将松果梢斑螟的

松果梢斑螟蛀食球果（徐公天　提供）

松果梢斑螟蛀害嫩梢枯萎（徐公天　提供）

松果梢斑螟严重蛀害松梢（早期）（徐公天　提供）

生活条件和越冬栖息场所减低到最低限度。

3. 于幼虫初孵期及越冬幼虫转移危害期，喷洒50%杀螟硫磷乳油500倍液，或90%敌百虫300倍液，或含活孢子$1×10^8$～$3×10^8$个/mL的苏云金杆菌液。采用5.7%甲氨基阿维菌素苯甲酸盐3000～5000倍液，高效氯氟氰戊菊酯（20g/L）1000～1500倍液或吡虫啉·杀虫单（50%水分散粒剂）600～800倍液或丙溴·辛硫磷（45%乳油）1000～1500倍液。

4. 冬季、早春及成虫飞行羽化前，剪除虫害果、枝及雄花序，集中销毁或用纱笼罩起来，以控制害虫逃逸而有利于天敌昆虫返回林间。亦可用风力灭火机袭落残留在松树上的雄花序，以压低越冬虫口密度。

5. 于成虫羽化期，设置黑光灯进行诱杀。

参考文献

李宽胜等，1964；党心德，1979；赵长润，1981；党心德，1982；赵锦年等，1989；袁荣兰等，1990；李宽胜，1992；李宽胜等，1992.

（李宽胜，李莉）

354 微红梢斑螟

分类地位	鳞翅目 Lepidoptera 螟蛾科 Pyralidae
拉丁学名	*Dioryctria rubella* Hampson
异　　名	*Dioryctria splendidella* Herrich-Schäffer, *Phycita rubella* South
英文名称	Pine shoot moth
中文别名	微红松梢螟、松梢螟、松梢斑螟、松干螟、云杉球果螟钻心虫

受害主梢枯折、球果畸形，严重影响高生长和材质，造成种子产量歉收，是我国松树重要的梢果害虫。

分布 北京，辽宁（旅顺、兴城），吉林（长春），黑龙江（伊春），江苏（南京、宜兴），浙江（淳安、永康、开化），安徽（六安、霍山、安庆），福建（邵武、古田），江西（德兴、分宜），河南（嵩县、信阳），湖北（红安、远安），湖南（汨罗、溆浦），广东（英德、广宁），广西（柳州、玉林），重庆（万州、涪陵），贵州（黄平、德江），云南（昆明），陕西（陇县、沁源）。日本，朝鲜，俄罗斯。

寄主 油松、樟子松、赤松、黑松、马尾松、黄山松、云南松、华山松、湿地松、火炬松、晚松、长叶松、乔松和云杉。

危害 初、中龄幼虫分别蛀食松树冬芽和较粗壮的嫩梢。被害芽基、梢内圆筒形坑道中堆、塞聚白色粒状蛀屑。被害球果坑道内充塞近圆柱状淡棕色粪粒，提前干枯开裂。

形态特征 成虫：体长10.0～14.0mm，翅展22.0～30.0mm。前翅灰褐色夹杂深浅不同的玫瑰红褐色，中室具1个肾形灰白色斑。内横线灰白色，弯曲成波状纹，向翅中室一侧有1个白斑。外横线灰白色（赵锦年，1992）。**幼虫：**体长19.0～26.5mm。头和前胸背板红褐色，中、后胸及腹部各节有4对褐色毛片。

生物学特性 河南1年2代；浙江2～3代；广西3代。在浙江淳安分别以初龄和中老龄幼虫在冬芽和枯梢中越冬。翌年3月下旬幼虫转蛀嫩梢。4月中旬至6月中旬为蛹期。4月下旬至6月底为越冬代成虫期。5月初至7月上旬为第一代卵期。5月中旬至8月底为幼虫期。7月上旬至9月上旬为蛹期。7月中旬至9月中旬为第一代成虫期。7月下旬至9月中旬为第二代卵期。8月上旬始，大部分幼虫居于梢内，并在其中越冬；小部分9月中旬化蛹，9月下旬出现第二代成虫。10月为越冬代卵期。10月中旬始，出现越冬幼虫。

成虫多在白天羽化，夜间20:00～22:00飞翔，具趋光习性。雌成虫多在被害枯梢伤口上产卵。卵散产，历期约7天。1～2代初孵幼虫均爬入旧坑道，取食坑壁，约经4天，吐丝下垂转蛀嫩梢。部分越冬代幼虫钻蛀马尾松休眠芽。被害马尾松梢内坑道平均长达18.7cm。幼虫具转芽、梢危害习性。第一代幼虫钻蛀松类球果的种鳞和果轴，果内籽粒多为瘪

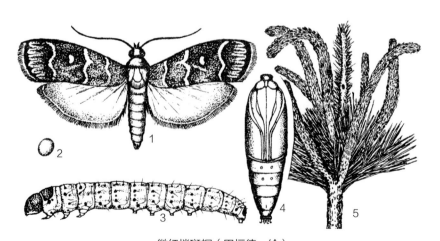

微红梢斑螟（田恒德　绘）

1. 成虫；2. 卵；3. 幼虫；4. 蛹；5. 被害状

粒。第一代幼虫历期约23天（赵锦年，1992）。

防治方法

1. 灯光诱杀。越冬代成虫期，种子园可采用频振式诱虫灯诱杀。

2. 生物防治。3月下旬应用白僵菌制剂（含孢量65亿/g），每公顷10kg，防治效果可达75%。可用球孢白僵菌（400亿个孢子/g水分散粒剂）2000～3000倍液或20亿PIB/mL的甘蓝夜蛾核型多角体病毒1000～1500倍液。

3. 保护释放天敌。自然界天敌种类较多，3月

微红梢斑螟成虫（徐公天　提供）

微红梢斑螟成虫（展翅）（徐公天　提供）

微红梢斑螟幼虫（徐公天　提供）

微红梢斑螟蛹（徐公天　提供）

微红梢斑螟幼虫排屑物（徐公天　提供）

微红梢斑螟幼虫蛀道口（徐公天　提供）

中旬幼虫出蛰前和秋季采种时，剪除害梢和捡出害果，置于小孔径纱笼内，让害虫自然死亡，天敌逸飞。渡边长体茧蜂是优势天敌，寄生率达28.7%。4月下旬成蜂羽化，林中应禁喷化学杀虫剂。

4. 信息素诱蛾。将顺11-十六碳乙酸酯1份、顺11-十六碳醛7份、顺9反11-十四碳乙酸酯2份混合后使用。

参考文献

萧柔刚, 1992; 赵锦年等, 1992; 赵锦年等, 1995; 柴希民等, 1997; 赵锦年, 1997; 包建中, 古德祥, 1998; 赵锦年, 1999.

（赵锦年，田恒德，赵长润）

微红梢斑螟幼虫造成油松顶梢不长（徐公天　提供）

微红梢斑螟幼虫造成油松嫩梢枯萎（徐公天　提供）

被微红梢斑螟幼虫严重危害的油松（徐公天　提供）

355	豆荚螟	分类地位	鳞翅目 Lepidoptera　螟蛾科 Pyralidae
		拉丁学名	*Etiella zinckenella* (Treitschke)
		英文名称	Pulse pod borer
		中文别名	大豆食心虫、豆荚斑螟、洋槐螟蛾、豇豆荚螟、大豆荚螟、槐螟蛾

分布　河北，山西，辽宁，山东，河南，湖北，云南，陕西，台湾等地。日本，朝鲜，俄罗斯。

寄主　刺槐、大豆。

危害　幼虫侵入荚果，随后蛀入子粒内，蛀食一空。

形态特征　**成虫：**体长9mm，翅展22～24mm。体灰黄褐色，每腹节后端白色。前翅狭长，黑褐与黄色鳞片混杂。前翅从基角至顶角有1条白色纵带，沿中室内侧有1条橙黄色横带，外侧有淡黄色宽带；后翅灰白色。**幼虫：**体长14mm。体绿色，背面紫红色。

生物学特性　河南1年4代。以幼虫在土中越冬。翌年4月下旬开始化蛹，5月上旬成虫羽化。第一代成虫6月发生；第二代成虫7月中旬出现；第三代成虫8月上旬发生；第四代成虫9月上旬发生，这代幼虫至10月后入土越冬。成虫夜晚活动，交尾、产卵。卵多产于花萼基部，单粒散产。卵经5～10天孵化。幼虫孵化后，侵入幼荚，随后蛀入种子内，并可转荚危害。老熟幼虫脱荚后，坠地入土结土茧化蛹。

防治方法

化学防治。在郁闭度大的树林，于成虫出现期，可施放热雾剂熏杀或使用20亿PIB/mL甘蓝夜蛾核型多角体病毒悬浮剂1000～1500倍飞防用药。另外，在幼虫危害初期，喷洒50%马拉硫磷乳油，或50%杀螟硫磷乳油各1000倍液。

参考文献

王平远，1980; 杨有乾等，1982; 萧刚柔，1992; 河南省森林病虫害防治检疫站，2005.

（杨有乾，王贵成）

豆荚螟成虫（武春生、张润志　提供）

豆荚螟成虫（中国科学院动物研究研究所国家动物博物馆　提供）

356 沙枣暗斑螟

分类地位 鳞翅目 Lepidoptera 螟蛾科 Pyralidae

拉丁学名 *Euzophera alpherakyella* Ragonot

分布 新疆（莎车、英吉沙、疏勒、疏附、阿图什、巴楚、阿克苏、拜城、温宿、新和、库车、库尔勒、吐鲁番、喀什、沙湾、乌苏、霍城、阿勒泰、乌鲁木齐、伊宁）。俄罗斯。

寄主 沙枣。

形态特征 成虫： 体长10～12mm，翅展18～25mm。头顶鳞片灰色，下唇须灰色。触角丝状，长度达前翅的2/3。胸部背面暗红色，腹面灰白色。腹部灰白色。前翅由2条黑色波状横纹将前翅分为3段，前缘长2/3处为灰白色，基部及端部为暗红色，中间灰白色，缘毛灰白色；后翅及缘毛灰白色。**卵：** 椭圆形，长0.6～0.8mm，宽0.4～0.5mm。初产时白色，数小时后变为淡红色，1～2天后变为鲜红色，近孵化时变为暗红色。**幼虫：** 初孵化的幼虫，头棕黄色，体白色，腹部背面有1个红斑。3龄以后体变为暗红色。头、前胸背板棕黄色。老熟幼虫体长16～18mm，头宽1.6～1.8mm，化蛹前体变为灰绿色。腹足趾钩全环二序。**蛹：** 体长9～11mm，胸宽2.5mm。初期为淡绿色，后变为棕黄色。腹部末端有1束臀棘。

生物学特性 新疆乌鲁木齐1年2～3代、阿克苏地区1年3～4代。老熟幼虫于10月中、下旬陆续进入越冬。越冬场所主要在树干被害处及根周围30cm宽、5cm深的表土内，树的东面最多，南面较少，西北面极少。幼虫结白色茧在内越冬，翌年3月底4月初化蛹。

第一代幼虫主要危害沙枣主干，在韧皮部和木质部之间进行蛀食，侵入孔多在粗糙的老皮和人为的创伤部位，特别喜欢在砍伐的树桩上蛀食。1、2条或3、5～10余条群居进行蛀食，在食料充足无外界干扰的情况下，一般不转移危害。被蛀的虫孔处有黄褐色或黑褐色的颗粒状粪便排出。幼虫共5龄，1龄4天、2龄4～6天、3龄4～5天、4龄6～7天、5龄7～9天。室内观察，幼虫期25～31天；野外24～57

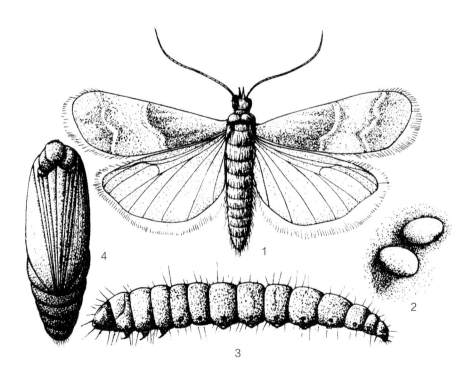

沙枣暗斑螟（赵剑霞、王玉兰 绘）

1. 成虫；2. 卵；3. 幼虫；4. 蛹

沙枣暗斑螟成虫
（武春生、张润志 提供）

沙枣暗斑螟成虫
（中国科学院动物研究所
国家动物博物馆 提供）

天。2～3代幼虫主要危害枝梢开裂的伤疤处，老熟幼虫在伤疤内粗糙的老皮下结茧在内化蛹，预蛹期2～3天。

成虫多在乌鲁木齐时间18:00～22:00羽化，少数当天夜晚交配，历时1小时30分至3小时50分钟，交配后第二天夜晚产卵。每只雌蛾第一天产卵量占总产卵量的41.7%，12天内将卵全部产完，产卵量14～151粒，平均78.5粒。卵产在干部粗糙的表皮上，幼虫蛀过的伤疤处排出的粪便上或创伤处，3、5粒至10余粒成小堆。成虫白天躲在树根杂草中或树叶上，夜间活动。有趋光性，性外激素对雄虫有较强的引诱力，1头未交配过的雌蛾每晚可诱到雄蛾30多头。

防治方法

1. 在成虫羽化初期，从野外采蛹，室内羽化，将未交配过的雌蛾放入直径5cm、长20cm的小纱笼内，每笼2～5头，将笼子放在水碗上（水里加少许肥皂粉），天黑后放置林中，每笼每晚可诱到90多头雄蛾，效果显著。

2. 化学防治，幼虫孵化期，在被害部位涂抹12%噻虫嗪·高氯氟乳油1000倍或50%杀螟硫磷乳剂100倍，杀虫效果达100%。

3. 保护和利用天敌。蛹期天敌有阿古蕾寄蝇，寄生率达34.9%～65.8%；象甲姬蜂寄生率40.0%～55.7%。幼虫期天敌有小茧蜂科（Braconidae）5种、小蜂科（Chalcididae）1种寄生于3～4龄幼虫，1条幼虫体内有1～10多头蜂。为保护天敌，在7～8月应尽量不用喷雾的方法进行药剂防治。

4. 成虫羽化期进行黑光灯诱杀防治。

参考文献

赵剑霞等，1986；萧刚柔，1992.

（陈辉，赵剑霞，王玉兰）

357 皮暗斑螟

分类地位	鳞翅目 Lepidoptera 螟蛾科 Pyralidae
拉丁学名	*Euzophera batangensis* Caradja
中文别名	木麻黄皮暗斑螟、巴塘暗斑螟

皮暗斑螟以幼虫在木麻黄树干的韧皮部与木质部之间蛀食。轻者被害处树皮外翘、韧皮部千疮百孔、组织膨胀似肿瘤，蛀孔外虫粪累累，影响林木生长。同时，沿海风力较大，常因虫害而风折，严重时有几百条幼虫群集在寄主韧皮部周围蛀食，绕成一周，切断树木输导系统，引起整株枯死。

分布 河北（青县），福建（惠安、晋江、南安、龙海、漳浦、东山、长泰、同安、厦门、仙游、莆田、长乐、福州、福鼎），上海、江苏、浙江、山东、湖北、湖南、广东、四川、云南、西藏、陕西。日本。

寄主 木麻黄、相思、母生、杉木、柑橘、枇杷、枣、梨树、杜梨、旱柳、垂柳、白榆、刺槐、香椿、杨、苹果、杏等（黄金水等，1995；杨振江等，1995；王思政等，1993）。

形态特征 成虫： 体灰褐色，雌、雄外表体型差异不大，体长5～8mm，翅展12～15mm。前翅灰褐色，翅面靠近基部、中部和中室外侧各有1条灰白色波状横纹，中室外缘有黑色的肾形纹，翅的外缘常有5～6个小黑斑；后翅无斑纹，中室下侧有1排硬毛，形同梳子，其他翅脉也有稀疏的硬毛。**幼虫：** 体细长，长11mm左右。头橘红色，前胸背板赤褐色，胸、腹部淡褐色。体光滑，毛稀少。

生物学特性 福建1年5代。以幼虫于12月中旬在树干被害处的虫道内越冬，少数以蛹越冬。翌年3月上旬老熟幼虫开始结茧化蛹，4月上旬出现成虫，成虫平均寿命7.9天。卵历期随气温高低而异，各代卵期平均8.54天。第一代至第四代幼虫历期平均33天，越冬代平均128天。第一代至第四代蛹期平均8.4天，越冬代蛹期33.8天。世代重叠现象明显。

成虫整天都可羽化，以18:00～21:00羽化数量最多，占一天内羽化总数的82%，成虫羽化后蛹壳仍留在原来的蛹室内。越冬代成虫于4月气温13℃以上时，即可羽化。雄虫有多次交尾的习性，交配后第二天开始产卵，每雌平均产卵45.7粒。成虫在寄主主干的树皮裂缝、幼虫蛀害排出的粪便上及天牛危害的坑口边缘处产卵，70%的成虫喜在原先危害过的韧皮部肿胀处产卵。

幼虫共5龄。初孵幼虫在皮层取食，2龄后钻入韧皮部与木质部之间取食，侵入孔多在树皮伤口或裂缝处。幼虫具有群居习性，开始2～5条在一起，只要食料充足，树木不干枯，幼虫一般一生不转移取食场所，而且不断在原处繁殖扩大，最多的可达500余条幼虫在一起蛀食。有些幼虫群集绕树干一周，将韧皮部食尽，破坏树木的输导功能，导致整株木麻黄枯死。幼虫在相对湿度较高时，取食量大，第一代幼虫发生期正值春雨季节，危害明显比其余各代猖獗（黄金水等，1995；许伟东，2002）。

皮暗斑螟成虫（黄金水 提供）

皮暗斑螟蛹（黄金水 提供）

防治方法

1. 营林措施。进行修枝整枝等林间作业时，应尽量避免碰伤树干而产生伤口，减少成虫产卵的机会。同时，平时喷药时，要养成既喷叶片又喷树干的习惯，防止害虫的寄生。木麻黄C38、C39、C44种源对皮暗斑螟属绝抗类群，可推广应用。

2. 人工防治。一旦发现被害处形成的"鸟巢"状组织肿大及其外面密布虫粪，及时刮除树皮，挖出并杀死里面的幼虫，可以减轻该虫的危害。早春刮除树干翘起的树皮，并涂刷波尔多液（1份硫酸铜，3份生石灰，10份清水）保护。

3. 生物防治。采用从皮暗斑螟的幼虫、蛹、成虫3种不同虫态僵虫上获得的白僵菌感染该虫健康幼虫，幼虫死亡率均达100%；用马尾松毛虫白僵菌感染该虫，致死效果可达74.9%。林间使用时，可将白僵菌菌液、菌粉直接喷撒于虫巢外，或以白僵菌＋柴油＋清水混合液喷于虫巢，均可取得较好的防治效果。用斯氏线虫中的Beijing、Agriostos两个品系在200条/害虫的条件下防治该虫效果显著，害虫死亡率达100%，而且全年除12月至翌年2月低温季节和7～8月高温季节外，其余季节均可进行防治。

参考文献

王思政等，1993；黄金水，1995；黄金水，黄海清等，1995；杨振江等，1995；许伟东，2002.

（黄金水，汤陈生）

皮暗斑螟危害状（黄金水　提供）

358 麻楝梢斑螟

分类地位	鳞翅目 Lepidoptera　螟蛾科 Pyralidae
拉丁学名	*Hypsipyla robusta* (Moore)
异　名	*Hypsipyla pagodella* Ragonot
中文别名	柚木梢斑螟

分布　福建，广东，广西，海南，云南。印度，斯里兰卡，澳大利亚。

寄主　麻楝、红楝子、大叶桃花心木、小叶桃花心木、小果香椿、岭南酸枣、顶果木。

形态特征　**成虫**：体长10～13mm，翅展22～33mm。全身密被灰褐色绒毛，腹面色泽略浅。前翅灰褐色，布有很多小斑点，内、外横线较明显，外横线弯曲呈波状；后翅灰白色，外缘线灰色。**卵**：长0.67～0.79mm，宽0.39～0.47mm。乳白色，椭圆形。**幼虫**：体长15～25mm。幼龄时粉红色，老龄时变成青灰色或暗红色。头发亮、黑褐色。气门杏红色。每体节上都有黑褐色毛片。**蛹**：体长10～14mm，宽3～4mm，长椭圆形，背面赭色，腹面黄褐色。气门椭圆形，褐色。蛹末端有臀棘8根，臀棘的尖端弯曲成钩状。

生物学特性　海南1年约12代。无越冬现象，世代重叠。每代历期的长短与温度有关，在月平均气温为28.5℃时，幼虫期9～13天，蛹期9～11天；在月平均气温为18.5℃时，幼虫期18～23天，蛹期15～23天；在日平均气温29.2℃时，成虫寿命3天左右。

卵孵化后，幼虫即在孵化处蛀入嫩梢危害，一个嫩梢吃空后就转移它梢危害。幼虫转到它梢时起初上下往返爬行，待选好位置后，就在所选位置吐丝结网居其中，而后蛀入梢内，蛀孔位置大多在叶腋间。3～5龄幼虫蛀入的快慢与蛀孔部位木质化程

麻楝梢斑螟成虫
（武春生、张润志　提供）

麻楝梢斑螟成虫
（中国科学院动物研究所
国家动物博物馆　提供）

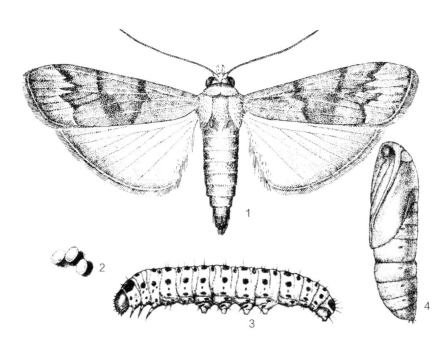

麻楝梢斑螟（张翔　绘）
1.成虫；2.卵；3.幼虫；4.蛹

度和虫体强弱有关，快的只需25分钟左右，慢的要2小时以上，一般在1小时左右虫体才能完全蛀入嫩梢。幼虫由蛀入孔排粪。蛀道的长短与嫩梢的木质化程度有关，短的只有2～3cm，长的达28.7cm。幼虫白天和黑夜均可进行转移危害，一般都在同一树的不同枝嫩梢上进行，但也有少数能转移它株危害。若找不到嫩梢就啃食树皮，但虫体暴露在外，大多被天敌捕杀。被害的嫩梢第二天开始萎蔫，1头幼虫危害的嫩梢为3～6个，一般4个左右，老熟幼虫在蛀梢中结茧化蛹。

成虫羽化时间为12:00～21:00，以19:00～20:00为多。成虫飞翔迅速，无趋光性，白天栖息在阴暗处不动，即使受惊扰也很少飞翔。卵散产在嫩梢上。成虫在月平均气温29.2℃时寿命2～4天。

麻楝梢斑螟数量的消长与环境条件、气候和天敌有着密切的关系。该虫以嫩梢为食，在树种复杂的山区，寄主植物多，寄主树木萌生新梢的时间不一，为该虫提供了终年繁殖的有利条件，所以虫源丰富，寄主树木被害严重，尤其配有红楝子、大叶桃花心木种植的地区，因其嫩梢粗大、木质化程度低，幼虫在嫩梢中生活的时间长，营养条件好，个体肥大。另外，转移次数少，受天敌捕杀和寄生的机会也少，存活率高，因而虫口数量多，危害猖獗。反之，在树种单一的林区，即使有该虫分布，危害也轻。与气候的关系主要是降水量多少，雨量多，寄主萌生的新梢亦多，虫口密度高，危害重；反之降雨少，寄主萌生的新梢少，该虫由于缺乏食料不能存活，因而虫口数量少，危害也轻。

防治方法

保护和利用天敌。天敌有螳螂、蜘蛛、蚂蚁、小茧蜂、寄生线虫等，对麻楝梢斑螟的发生、发展能起一定的抑制作用。

参考文献

郭本森, 1985; 萧刚柔, 1997.

（顾茂彬）

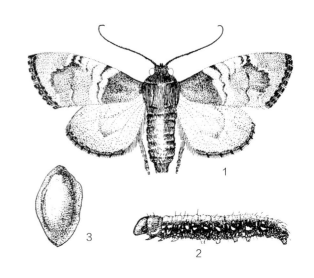

分类地位	鳞翅目 Lepidoptera　螟蛾科 Pyralidae
拉丁学名	*Locastra muscosalis* (Walker)
中文别名	木橑黏虫、核桃缀叶螟、枫香缀叶螟、漆树缀叶螟

359 缀叶丛螟

缀叶丛螟为多食性害虫，分布广，适应性强，对阔叶林和核桃、漆树等经济林木可造成较大危害。

分布　北京，天津，河北（秦皇岛），辽宁（抚顺、桓仁），吉林（桦甸），浙江（松阳、遂昌、云和、临安、德清、定海、普陀、仙居、瑞安、浦江、杭州），福建（南平、古田、崇安、尤溪、沙县、三明、光泽、华安、龙海、南靖、福州），江西（庐山），安徽（六安、黄山），江苏（南京、无锡、镇江、常熟），山东（泰山），河南（登封、密县、巩县、济源），湖北（恩施、咸丰、利川），湖南（长沙、沅江、岳阳、炎陵），广东，广西，四川，贵州，云南，西藏（波密、墨脱），陕西，台湾等地。日本，越南，老挝，泰国，缅甸，印度，斯里兰卡。

寄主　范围较广，记录有9科20种：南酸枣、黄连木、漆树、杧果、盐肤木、黄栌、枫香、细柄蕈树、檵木、核桃、核桃楸、薄壳山核桃、化香、枫杨、马桑、三角枫、香果树、桤木、酸枣、阴香。在浙江主要危害漆树科、金缕梅科和胡桃科林木。

危害　幼虫在树冠上吐丝缀枝叶成虫苞。虫口密度大时吃光叶片，粘附着虫粪和残叶碎片的虫苞挂在光秃秃的枝条上十分明显。

缀叶丛螟（胡兴平　绘）
1. 成虫；2. 幼虫；3. 茧

形态特征　**成虫：**体长13～19mm，翅展27～43mm。体红褐色。触角丝状。前、后翅M_2及M_3脉从中室下角放射状向外伸，R_2脉从中室上角伸出；前翅栗褐色，翅基斜矩形深褐色，外接锯齿形深褐色内横线，中室内有1丛深褐色鳞片组成的椭圆形斑纹，外横线褐色如波纹，外侧色浅，内、外横线之

缀叶丛螟成虫（展翅）（徐公天　提供）

缀叶丛螟成虫（徐公天　提供）

间深栗褐色；后翅暗褐色。雄虫前翅前缘2/3处有1个腺状突起（萧刚柔，1992）。**卵**：椭圆形，长径0.8mm，短径0.6mm。卵块鱼鳞状。**幼虫**：成熟幼虫体长31～42mm。头部黑褐色。前胸背板黑褐色。胴部背线深棕色，宽阔，亚背线与气门线间基色为黑褐色，间有黄褐色斑纹，气门线以下为棕黄至浅黄色，臀板黑褐色。**蛹**：体长13～19mm，黄褐色，尾端钝圆。**茧**：丝质密致似牛皮纸，褐色，扁椭圆形，上面往往有泥沙粘附。

生物学特性　贵州、江苏、山东、陕西、河北、吉林1年1代；浙江、湖南、广西1年2代；云南、福建1年3代。均以预蛹在被害树下枯枝落叶或表土层中越冬。在浙江于翌年4月上旬至5月下旬化蛹，5月上旬至6月中旬越冬代成虫羽化、产卵，5月中旬至7月上旬第一代幼虫孵化，6月下旬至8月下旬老熟幼虫陆续入土，7月上旬至9月中旬化蛹，7月中旬至10月中旬第一代成虫羽化、产卵，7月下旬至10月中旬第二代幼虫孵化，8月下旬起第二代幼虫开

始下树入土，11月上旬越冬代幼虫全部入土或在枯枝落叶层内结茧预蛹越冬。在贵州于翌年4月下旬至5月上旬开始化蛹，5月下旬至6月上旬开始羽化，6月中旬至7月中旬为产卵盛期，6月中旬开始孵化，8月下旬还有少数初龄幼虫出现，9月中、下旬老熟幼虫陆续结茧越冬（萧刚柔，1992）。

成虫多在傍晚羽化。白天很少活动，夜间活动，有趋光性。卵多产于寄主树冠上部和外围的嫩枝叶上。卵块含卵量100～600粒，多数在400粒左右。成虫寿命3～5天。卵初产时乳白色，一天后转为肉红色。一代卵历期10～11天，二代卵历期约7天左右。幼虫初孵幼虫群集于卵壳周围爬行，并在叶片正面吐丝，结成密集的网幕。稍大后，在2块叶片间吐丝结网，继续取食表皮和叶肉。随着虫体增大，缀叶由少到多，虫体群集于丝巢内，将叶片食成缺刻。5龄后分散取食，一般1个丝囊内只有1头大龄幼虫。老熟幼虫落地钻入土中3～8cm深处结茧。第一代幼虫历期36～43天，预蛹期7～17天；第二代

缀叶丛螟幼龄幼虫（徐公天　提供）

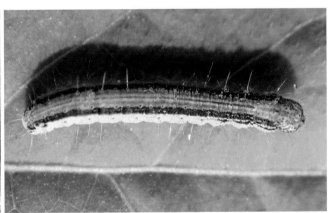

缀叶丛螟中龄幼虫（徐公天　提供）

缀叶丛螟蛹（徐公天　提供）

缀叶丛螟茧（张润志　整理）

缀叶丛螟幼虫（张润志　整理）

缀叶丛螟幼虫缀叶危害黄栌（徐公天　提供）

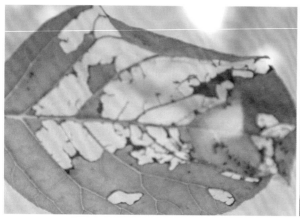

缀叶丛螟幼虫危害黄栌叶（徐公天　提供）

缀叶丛螟幼虫缀叶危害核桃（徐公天　提供）

缀叶丛螟幼虫危害核桃楸（徐公天　提供）

幼虫历期22～23天，预蛹期达7～8个月。第一代蛹历期2～26天，第二代蛹历期11～36天。

防治方法

1. 在缀叶丛螟越冬期间，结合抚育管理，破坏其越冬环境而致前蛹死亡。

2. 幼虫吐丝缀枝叶成虫巢，在树冠上很明显，于低龄幼虫群居期剪除虫苞烧毁或埋于土中。

3. 利用其趋光性，成虫期点灯诱蛾。

4. 卵、幼虫、前蛹和蛹期有多种寄生性天敌，如黄愈腹茧蜂、长绒茧蜂、小腹茧蜂、中华茧蜂、丛螟茧蜂、日本棱角肿腿蜂、绒毛蜂虻和蓝黑栉寄蝇。还有一些捕食性的昆虫和鸟类，以及一种局部林地感病率可达20%左右的致病真菌虫花。防止滥施农药，保护寄生蝇和寄生蜂等天敌昆虫和林中鸟类，对控制缀叶丛螟的危害有重要作用。

5. 幼虫期喷洒Bt乳剂（含8000IU/μL油悬浮剂）1000倍液，可将虫口密度压在可容许的低水平。喷布时间以阴天为宜，应避免阳光下作业（张玉华等，2003）。

6. 25%灭幼脲Ⅲ号胶悬剂3000倍液喷雾，毒性低，持效长，兼有杀虫、杀卵功能。此制剂对环境和天敌安全（张玉华等，2003）。

参考文献

陈汉林，1988；萧刚柔，1992；陈汉林，1995；张玉华，赖永梅，臧传志等，2003.

（陈汉林，叶江林，马归燕）

360 芽梢斑螟

分类地位 鳞翅目 Lepidoptera 螟蛾科 Pyralidae

拉丁学名 *Dioryctria yiai* Mutuura et Munroe

芽梢斑螟幼虫钻蛀马尾松梢和果，引起梢萎和果蔫，是我国马尾松上新发现的一种梢果害虫，对马尾松种子生产构成严重威胁。

分布 河北，江苏，浙江（杭州、富阳、临安、永康、安吉、开化），湖南，广东，四川，陕西，台湾。

寄主 马尾松、火炬松、油松。

危害 幼虫蛀害雄花梢，大多折断，受害梢底萌生1～4个芽，长成细枝，几经侵害，形成小而密的树冠。被害球果底部蛀孔外具1个片状黄白色丝盖，果内蛀食一空，无籽粒。

形态特征 **成虫：** 体长9.0～12.5mm，翅展20.0～27.0mm。体赤褐色。近翅基有1条银色短横纹，中室端具1条新月形银色斑纹，在其内外两侧各有1条波形的银色横纹。近翅前、后缘各有1块云斑状浅色银纹（赵锦年，1991）。**幼虫：** 体长13.0～20.0mm。成熟幼虫漆黑色，具黑蓝色金属光泽。头部红褐色，前胸背板及腹末2节为褐色。

生物学特性 浙江淳安1年1代。以初龄幼虫在蛀害过的雄花残梢和残果坑道内越冬。翌年4月上旬马尾松雄花散粉时转蛀入当年雄花嫩梢。5月上旬2年生球果体积增大时，部分幼虫转蛀入果内。5月中旬至7月底为蛹期，5月下旬至8月上旬为成虫期，6月上旬至8月中旬为新一代卵期，6月中旬出现幼虫。

成虫多在白天羽化，以16:00～20:00最盛。成虫取食蜂蜜，具较强的趋光性，黄昏后开始活动，以20:00后最活跃。寿命7～13天。卵多产于害梢害果上，卵历期6～8天。初孵幼虫取食干枯的旧坑道壁。2～3龄幼虫陆续遗弃越冬旧坑道，迁移至

芽梢斑螟成虫（武春生、张润志 提供）

芽梢斑螟成虫（中国科学院动物研究所国家动物博物馆　提供）

当年马尾松雄花梢和火炬松嫩梢钻蛀危害，边蛀边将蛀屑推至蛀孔外丝网上，形成一黄白丝盖，封住孔口。中龄幼虫转蛀球果，仅残存种鳞和薄片状果轴，变成一灰褐色硬僵果。幼虫爬行迅速，具吐丝下垂转移危害习性，多在被害果，少数在被害梢中化蛹。化蛹率80.0%。蛹历期13～25天。

该虫发生，成熟林重于幼林；阳坡重于阴坡；雄花多的植株重于雄花少的植株（赵锦年，1991）。

防治方法

1. 灯诱杀虫。种子园采用频振式诱虫灯不仅可监测成虫种群数量动态，亦可大量诱杀成虫。每灯最高一天可诱杀2600余头成虫。

2. 保护天敌。4月下旬至5月下旬、6月下旬至7月下旬和9月中旬至10月中旬是优势天敌绒茧蜂和渡边长体茧蜂成虫羽化期，林中禁喷化学杀虫剂。

3. 化学防治。4月上旬越冬幼虫转移期，采用20亿PIB/mL甘蓝夜蛾核型多角体病毒悬浮剂或25g/L高效氯氟氰菊酯乳油1000倍液喷洒，可有效杀灭幼虫。

参考文献

赵锦年等，1991；赵锦年等，1997；李宽胜，1999；何俊华等，2000.

（赵锦年）

361 黑脉厚须螟

分类地位 鳞翅目 Lepidoptera 螟蛾科 Pyralidae

拉丁学名 *Propachys nigrivena* Walker

分布 浙江，福建，江西，湖南，广东，四川，云南，台湾等地。印度。

寄主 樟。

形态特征 成虫：体长13～16mm，雄虫翅展38～44mm，雌虫翅展48mm。体鲜红色。头部黄褐色。复眼黑色。触角丝状，黄褐色。下唇须黄色，密被黑色长鳞毛，细长前伸，末节与第二节等长。喙长，基部被褐色鳞片。胸部背面深红色。前翅近方形，深红色，翅脉黑色，缘毛红色，R_3和R_4脉共柄，M_2和M_3脉由中室下角伸出，R_5脉自R_4脉上向外生出；后翅红色，基部颜色略深，卵圆形，翅脉不黑，RS与M_1共柄，M_2和M_3自中室下角伸出。胸足黑色，后胸足第一跗节有1束长毛丛。腹部黑色。卵：直径0.5～0.7mm，扁圆形，黄绿色。幼虫：体长32～37mm，呈细长型。有2种色型：一种体黑褐色，胴部背面有1条伸达臀节的黄褐色宽纹，前端较明显。体侧面毛片白色。另一种体黄褐色，散布褐斑，体上毛片黑色，上生黄色毛。头部黄褐色，有褐色斑。胸足发达，红褐色，腹足短小。气门扁椭圆形，围气门片黑褐色，气门筛黄白色。体腹面黑褐色。茧：长15～19mm，宽9～11mm，呈椭圆形，丝质，颇厚，初期黄褐色，后期黑褐色，丝茧外黏结土粒形成土茧。蛹：体长13～16mm，宽5～6mm，初期黄白色，后颜色逐渐加深呈红褐色，具有许多刻点。头部黑褐色，复眼大，黑色隆起。胸部、足和翅朱红色。腹部红褐色，背面从第二节开始，近前缘有1排明显圆形凹陷小刻点，腹部末节黑色骨化，末端两侧有2个较大的刺状突起，突起上有

黑脉厚须螟雌成虫（中国科学院动物研究所国家动物博物馆　提供）

黑脉厚须螟雄成虫（中国科学院动物研究所国家动物博物馆　提供）

1个较长的钩刺，突起间有6根臀棘，臀棘末端弯曲并互相织在一起。

生物学特性　福建沙县1年3代。以老熟幼虫入土结茧化蛹越冬。翌年4月中、下旬成虫羽化，4月下旬至5月上旬第一代幼虫孵出，6月中、下旬老熟幼虫陆续入土化蛹，6月下旬7月上旬第一代成虫羽化并产卵，7月中旬第二代幼虫孵出，8月中旬开始入土化蛹，8月下旬成虫羽化，9月中旬第三代幼虫孵出，10月下旬老熟幼虫入土化蛹越冬。

防治方法

1. 营林措施。冬季结合抚育松土杀死表土内虫茧，降低越冬虫口基数。

2. 化学防治。5月上旬喷洒20%溴氰菊酯3000倍液、25g/L高效氯氟氰菊酯或15%茚虫威1000倍液，均有良好效果。

3. 物理防治。在成虫盛发期灯光诱杀成虫。

参考文献

王平远, 1980; 邹吉福, 2000.

（邹吉福，李颖超，李镇宇）

362	竹弯茎野螟	分类地位	鳞翅目 Lepidoptera 草螟科 Crambidae
		拉丁学名	*Crypsiptya coclesalis* (Walker)
		异　　名	*Algedonia coclesalis* Walker
		中文别名	竹织叶野螟、竹螟、竹苞虫、竹卷叶虫

分布　上海，江苏，浙江，安徽，福建，江西，山东，河南，湖北，湖南，广东，广西，四川，陕西，台湾等地。朝鲜，日本，印度，越南，泰国，缅甸，印度尼西亚（爪哇岛）；加里曼丹岛。

寄主　刚竹属、绿竹属、苦竹属、矢竹属、箬竹属、牡竹属百余种竹子。

危害　幼虫取食竹叶，幼虫4龄前常数条幼虫缀叶成苞，取食当年新竹幼嫩竹叶上表皮，造成竹子幼叶下表皮满布枯白斑，竹叶不能生长；5龄后幼虫已分散为1条幼虫缀数张新竹或老竹竹叶成苞，可以吃食全叶。严重时造成大量落叶至竹子枯死，或者竹叶被食殆尽，远看一片枯白，竹秆下部数节积水枯死。

形态特征　**成虫：**雄虫体长9～11mm，翅展24～28mm；雌虫体长10～14mm，翅展23～32mm。体黄至黄褐色。复眼大，占头部大部分面积，草绿色，死蛾黑色，复眼与额面交界处银白色。触角丝状，黄色。前翅黄至深黄色，前缘褐色，端线与亚端线合并呈一褐色宽边，外线、中线与内线深褐色，外线下半线内倾与中线相接；后翅色浅，端线与亚端线合并呈一褐色宽边，中线弯曲褐色。足纤细，银白色仅外侧黄色。腹面银白色。**卵：**扁椭圆形，片状，长0.84mm，宽0.75mm。初产蜡黄色，渐变为淡黄色，卵粒饱满。卵块呈鱼鳞状排列，卵粒相叠紧密，隆起甚高。**幼虫：**初孵幼虫体长1.2mm，青白色，前胸背板明显。老熟幼虫体长16～25mm，体色有乳白色、浅绿色、墨绿色及黄褐色，还有乳白色、半透明的。前胸背板有黑斑6块，中、后胸背面各有褐斑2块，被背线分开为二，分开距离略大，腹部背面各节有褐斑2块，被背线分割为四，气门前方上、下各有褐斑1块。幼虫分7龄、8龄。**蛹：**体长12～14mm，橙黄色。尾部突起中间凹入分为两叉，臀棘8根，均分着生于两叉突起上，中间2根略长。**茧：**椭圆形，长径14～16mm，以丝粘细土筑成，外粘有土粒和小石粒，内壁光滑，灰白色。

生物学特性　该虫生活史特别复杂，在浙江1年1～4代，均以各代老熟幼虫于土茧中越冬。以第一代成虫产卵于当年新竹幼嫩竹叶上，幼虫期危害最重，第二代次之，第三、四代较轻；在南方危害青皮竹等丛生竹，4个世代均很严重。在浙江4代分布

竹弯茎野螟成虫（张润志　整理）

竹弯茎野螟幼虫（张润志　整理）

竹弯茎野螟危害状（张润志　整理）

竹弯茎野螟危害状（张润志　整理）

竹弯茎野螟幼虫（徐公天　提供）

竹弯茎野螟蛀害状（徐公天　提供）

形式为：第一代幼虫于6月底7月上旬老熟，小部分幼虫于竹上虫苞中化蛹，大部分幼虫落地结土茧，其中有小部分化蛹共同产生第二代，余下的幼虫形成下一代或越冬；第二代幼虫老熟均落地结土茧，其中有小部分化蛹，同时第一代地下土茧中幼虫又有小部分化蛹共同形成第三代，余下的幼虫形成下一代或越冬；第三代幼虫老熟后仍落地结土茧，其中又有小部分化蛹，同时第一、二代地下土茧中幼虫又有小部分化蛹共同形成第四代；第四代幼虫老熟后亦全部落地结土茧，与第一、二、三代地下土茧中余下幼虫一起越冬。各代成虫出现期分别为5月中、下旬至6月下旬，7月中旬至8月中旬，8月下旬至9月中旬，9月下旬至10月上旬；各代幼虫危害期分别为5月底至7月下旬，7月下旬至9月上旬，8月上旬至10月中旬，10月上旬至11月上旬。

防治方法

保护天敌。竹弯茎野螟天敌颇多，捕食性鸟类有长尾蓝雀、竹鸡、画眉、小噪鸟、燕子等捕捉成虫，在竹上啄破虫苞捕食幼虫；蜘蛛有横纹金蛛、宽条狡蛛、黄褐狡蛛、浙江豹蛛等，在竹上捕食成虫和幼龄幼虫；地面有青蛙、蟾蜍捕食落地幼虫；昆虫有盲蛇蛉、牯岭草蛉、大草蛉等食卵，盲蛇蛉还钻入虫苞捕食幼虫，绿点益蝽刺吸幼虫，虎甲、双斑青步甲、双齿多刺蚁、日本黑褐蚁、食虫蝇能捕食成虫、转苞或落地幼虫。寄生性昆虫有赤眼蜂、黑卵蜂寄生螟卵；绒茧蜂、长距茧蜂、混腔室茧蜂、祝氏鳞跨茧蜂、甲腹茧蜂、螟蛾顶姬蜂、横带驼姬蜂、侧黑点瘤姬蜂指名亚种、广黑点瘤姬蜂、家蚕追寄蝇、日本追寄蝇寄生幼虫或在蛹期出蜂。寄生菌有白僵菌、寄生越冬幼虫的粉质拟青霉。

（徐天森）

363	金黄镰翅野螟	分类地位	鳞翅目 Lepidoptera　草螟科 Crambidae
		拉丁学名	*Circobotys aurealis* (Leech)
		中文别名	竹金黄镰翅野螟

分布　上海，江苏，浙江，安徽，福建，江西，湖北，湖南，广东，广西，台湾。朝鲜，日本。

寄主　毛竹、刚竹、淡竹、红竹、台湾桂竹、五月季竹、红壳雷竹、早竹、乌哺鸡竹、白哺鸡竹、水竹等刚竹属主要竹种；苦竹、衢县苦竹等苦竹属主要竹种；孝顺竹、青皮竹、粉箪竹、龙头竹、大眼竹等箪竹属主要竹种。

危害　小幼虫吐丝缀叶剥食幼嫩竹叶的上表皮，仅留下残缺的下表皮，造成竹叶上枯斑。3龄后幼虫吃食全叶，取食前幼虫吐丝在单张竹叶上结成丝幕，遮盖虫体，吃食下方载虫的竹叶，竹叶被食大半后，另换叶取食。

形态特征　**成虫**：雌、雄异型。雄虫体长11～13mm，翅展29～31mm；雌虫体长10～12mm，翅展31～34mm。体金黄色，前胸盾板、肩板披较长的黄色鳞片，腹面银白色。头黄色，复眼草绿色，死后逐渐变为黑色，复眼与额交界处倾斜有白色绒毛。触角丝状，淡黄色。雄虫前翅狭长，前缘及基部色深；后翅基部色较浅，缘毛及外缘边金黄色；前、后翅黑褐色。腹部细瘦。雌虫前翅稍狭长，鳞

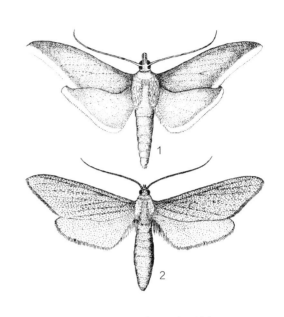

金黄镰翅野螟（徐天森　绘）
1. 雄成虫；2. 雌成虫

片特厚，金黄色，前缘及外缘较深；后翅淡黄色，外缘略深，腹部均匀。**卵**：扁椭圆形，长1.2mm，宽1.0mm，乳黄色，卵粒饱满。卵块中卵粒呈鱼鳞状排列，卵粒相叠部分较少，排列较疏松。**幼虫**：初孵幼虫体长1.2～1.4mm，乳白色。老熟幼虫体长

金黄镰翅野螟雄成虫（徐天森　提供）

金黄镰翅野螟雌成虫（徐天森　提供）

金黄镰翅野螟结于笋箨内壁上的茧（徐天森　提供）　　金黄镰翅野螟茧、蛹（徐天森　提供）

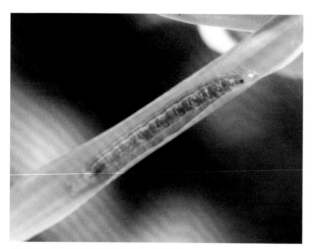

金黄镰翅野螟幼虫（徐天森　提供）

25～30mm，浅青绿色，略带黄色。头浅橙黄色，扁平，前伸。背线深绿色，较宽，亚背线粉黄白色；气门线较细，乳白色。4龄前幼虫胸部各节两侧各有1个黑斑，以前胸1对最大；5龄后幼虫中、后胸两侧黑斑消失。第八腹节背面有3对、第九腹节背面有1对黑斑，分别排于背线两侧。**蛹**：体长12～15mm。初化蛹乳黄色，渐变为褐黄色，尾节突起圆钝。臀棘8根，着生于突起上，中间2根比其他4根长2倍。**茧**：长扁圆柱形，长径26～29mm，茧皮革状，红褐色。

生物学特性　浙江1年1代。以老熟幼虫在似胶质茧中越冬。翌年4月上旬开始化蛹，6月下旬蛹终见。4月下旬开始出现成虫，成虫有2个羽化高峰，第一次为5月中旬、第二次6月中旬，到7月上旬成虫终见。5月上、中旬成虫产卵，5月中旬出现幼虫取食，6月中、下旬早孵化幼虫老熟结茧，迟孵化幼虫到8月上旬老熟结茧，分别越夏、越冬。

防治方法

保护天敌。天敌颇多。捕食性鸟类有杜鹃、画眉、灰喜鹊等，蜘蛛有浙江红螯蛛、线纹猫蛛、宽条狡蛛、浙江豹蛛、黑腹狼蛛等，捕捉成虫、幼虫；昆虫有大草蛉、丽草蛉啄食卵和钻入虫苞捕食幼虫，绿点益蝽刺吸幼虫。寄生性昆虫有广赤眼蜂、绒茧蜂、甲腹茧蜂、横带驼姬蜂、广黑点瘤姬蜂寄生幼虫。寄生菌有白僵菌。

（徐天森）

364	竹绒野螟		
		分类地位	鳞翅目 Lepidoptera　草螟科 Crambidae
		拉丁学名	*Sinibotys evenoralis* (Walker)
		异　　名	*Crocidophora evenoralis* Walker

分布　上海，江苏，浙江，安徽，福建，江西，山东，河南，湖北，湖南，广东，广西，四川，陕西，台湾。朝鲜，日本，缅甸。

寄主　毛竹、寿竹、白夹竹等刚竹属中主要种类及苦竹等。

危害　幼虫吐丝缀竹叶为苞，在虫苞中取食竹叶。被严重危害时，竹上虫苞重叠，幼虫取食高峰期正是竹子出笋期，对竹笋生长、新竹质量影响较大。

形态特征　**成虫：**雌虫体长9～13mm，翅展26～29mm，雄虫略小。体金黄色。触角丝状，淡黄色。复眼草绿色。翅金黄色，缘毛长而密，外缘有1条褐色宽边，缘毛与外缘间有6～7个小黑点；前翅前缘色深，3条横线黑褐色非常清晰，外线在中室处内倾与中线相连接；后翅中央有1条弯曲的中线。**卵：**扁椭圆形，长1.2mm，短0.9mm。初产乳白色，渐变淡黄色，卵块产，呈鱼鳞状排列，卵粒比较饱满，中间略隆起，卵粒排列较疏松。**幼虫：**初孵幼

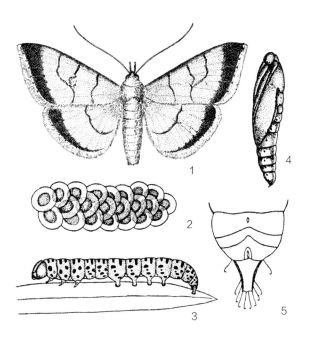

竹绒野螟（徐天森　绘）
1. 成虫；2. 卵；3. 幼虫；4. 蛹；5. 蛹尾部及臀棘

竹绒野螟成虫（展翅）（徐天森　提供）

竹绒野螟幼虫（徐天森　提供）

竹绒野螟危害状（幼虫虫苞）（徐天森　提供）

虫体长1.6mm，乳白色。老熟幼虫体长22～30mm，头橙黄色，体淡绿色，胸部各节背面有褐斑3块，各斑明显地被背线整齐分开为二，即每节有褐斑6块，前胸前4块为黑色；腹部各节背面有褐斑2块，同样被背线分开为4块，前胸的前气门上方有1个较大的黑斑，中、后胸及腹部各节两侧各有3块黑斑；第一至第二、第七至第九腹节腹面有4块黑斑。**蛹**：体长13.2～16.5mm，初化蛹金黄色，渐变为红棕色。臀棘上有微突3个，中间突上着生小钩2根，两边突上各着生小钩1根，臀棘与末节交界两侧各着生小钩1根，臀棘末端2/3处两侧各着生小钩1根。

生物学特性　浙江、四川均为1年1代。以2～3龄幼虫在竹上以1片竹叶纵缀的虫苞中越冬。翌年2月底气温上升，成虫开始活动取食，并爬出虫苞缀3片竹叶为苞，随幼虫虫龄增长，取食量加大，换苞次数增多。幼虫于4月底老熟，在虫苞中化蛹；5月上旬开始羽化成虫，5月中旬为羽化高峰；6月上旬成虫终见；5月中、下旬成虫于当年出笋小年的毛竹换叶后的新竹叶上产卵，6月上旬为小幼虫结苞取食期，7月幼虫在1张竹叶结成的虫苞中越夏。以小幼虫越冬，翌年在笋期危害当年正在出笋竹子的竹叶，此习性是危害竹子螟蛾中唯一的1种。

防治方法

保护天敌。捕食性鸟类有长尾蓝雀、画眉、燕子等捕捉成虫、幼虫；蜘蛛有宽条狡蛛、黄褐狡蛛、斜纹猫蛛、拟环纹狼蛛、黑腹狼蛛，在竹上捕食成虫和幼龄幼虫；昆虫有丽草蛉、中华草蛉、盲蛇蛉啄食卵和钻入虫苞捕食幼虫，双斑青步甲、双齿多刺蚁、日本黑褐蚁、食虫蝇能捕食成虫、转苞幼虫。寄生性昆虫有赤眼蜂、黑卵蜂寄生卵；绒茧蜂、祝氏鳞跨茧蜂、甲腹茧蜂、广黑点瘤姬蜂、舞毒蛾黑瘤姬蜂、螟蛾顶姬蜂寄生幼虫或在蛹期出蜂。寄生菌有白僵菌。

参考文献

徐天森等, 2004.

（徐天森，王浩杰）

365	竹云纹野螟	分类地位	鳞翅目 Lepidoptera 草螟科 Crambidae
		拉丁学名	*Demobotys pervulgalis* (Hampson)
		中文别名	竹淡黄绒野螟

分布 江苏，浙江，安徽，福建，江西，湖北，湖南等地。

寄主 毛竹、淡竹、红竹、早竹、乌哺鸡竹等。

危害 幼虫取食小年竹竹叶。严重时竹叶被吃光。

形态特征 **成虫：** 雄虫体长8～10mm，翅展22～26mm；雌虫体长8～11mm，翅展24～28mm。体淡黄至黄白色，腹面银白色。头淡黄色。复眼突出，草绿色。触角丝状，淡黄色。前、后翅淡黄白色，缘毛长，缘毛内有1列6～7个黄褐色小点；前翅3条横线细而清晰，外线呈大波浪形内倾，其下半段不与中线相接，中线淡灰色；后翅中线弯，浅灰色。足纤细，黄白色，胫节有褐色环。**卵：** 扁椭圆形，长径1mm，短径0.8mm，乳白色至淡黄色，卵粒欠饱满，中央较平。卵块产，卵块呈鱼鳞状排列较松。**幼虫：** 初孵幼虫体长1.2～1.4mm，乳白色。老熟幼虫体长17～24mm，淡黄色至黄褐色，头橙黄色，前胸背板有黑斑6块，以三角形排列于背线两

竹云纹野螟成虫（徐天森 绘）

侧，腹部各节背面有横形褐斑2块，后面斑被亚背线分隔为三。气门上下各有褐斑1块。**蛹：** 体长12～14mm，初化蛹乳黄色，后渐变为橙红色，尾节圆，臀棘上有小钩8根，中间较长、两侧较短，呈弧形排列。

生物学特性 浙江1年1代。以老熟幼虫（预蛹）于落地竹箨中越冬。翌年4月下旬开始化蛹，5月中旬为化蛹高峰，5月下旬为化蛹末期，蛹经10天左右，约在日平均气温20℃时，即5月下旬成虫开始羽化，竹林中终见于6月下旬，成虫于6月上旬产卵于当年出笋小年竹已经换叶后新叶的背面，卵约10天孵化，幼虫发生于6月上旬至8月上旬，幼虫需食叶30～44天老熟，吐丝坠落地面，在地面爬行寻找地被物，幼虫绝不入土结茧，钻入卷缀起的笋箨内吐丝非常简单地将笋箨上下粘连或不粘连在其内越冬，或钻入像博落回等茎空的杂、灌秆中越冬。

防治方法

保护天敌。捕食性鸟类有竹鸡、画眉、燕子；蜘蛛有斜纹猫蛛、拟环纹狼蛛、宽条狡蛛、细纹猫蛛、斑管巢蛛；昆虫有牯岭草蛉、丽草蛉、大草蛉、日本弓背蚁、日本黑褐蚁、步甲、虎甲、大红瓢虫、二星瓢虫、龟纹瓢虫、异色瓢虫捕食卵及小幼虫，广腹螳螂捕食幼虫。寄生性昆虫有松毛虫赤

竹云纹野螟3龄幼虫（徐天森 提供）

竹云纹野螟成虫（徐天森　提供）

感染白僵菌的竹云纹野螟幼虫（徐天森　提供）

感染白僵菌的竹云纹野螟蛹（徐天森　提供）

竹云纹野螟化蛹（徐天森　提供）

竹云纹野螟老熟幼虫（徐天森　提供）

竹云纹野螟虫苞（徐天森　提供）

眼蜂、广赤眼蜂、黑卵蜂寄生卵；有绒茧蜂、长距茧蜂、甲腹茧蜂、螟黑点瘤姬蜂、螟蛾顶姬蜂寄生幼虫，其总寄生率约35%。寄生菌有白僵菌，其寄生率为5%～27%。

参考文献

徐天森等, 2004.

（徐天森，王浩杰）

366	赫翅双叉 端环野螟	分类地位	鳞翅目 Lepidoptera　草螟科 Crambidae
		拉丁学名	*Eumorphobotys obscuralis* (Caradja)
		异　　名	*Calamochrous obscuralis* Caradja
		中文别名	竹大黄绒螟

分布　江苏，浙江，安徽，福建，江西，湖北，湖南，广东，广西，四川，云南。日本。

寄主　五月季竹、斑竹、白夹竹、寿竹、白哺鸡竹、甜竹、毛竹、刚竹、淡竹、红竹、早竹、石竹、台湾桂竹、雷竹、早园竹、水竹、苦竹、青皮竹等。

危害　小幼虫吐丝在嫩竹叶背面拉起皱褶，幼虫隐藏于丝下取食竹叶下表皮，使竹叶上表皮上出现很多枯白小斑，影响竹叶生长和光合作用。4龄以后幼虫吃食全叶，取食时幼虫吐丝将一张竹叶背面与另一张竹叶正面粘缀一起，取食上面竹叶。

形态特征　成虫：雄虫体长12～14mm，翅展30～35mm；雌虫体长13～16mm，翅展34～37mm。体灰黄色，腹面银白色。头部两复眼间额较宽；复眼草绿色，死后黑色。触角丝状，淡黄色。前胸背面颈板、盾板上绒毛较长。雄虫前翅灰黄色，后翅灰黑色，无闪光，缘毛黄色；雌成虫前翅黄色，缘毛较短，缘毛与外缘间有1条棕黄色的线，向内渐淡，后翅淡黄色，有2条灰黑色斑，前、后翅均有玫瑰红或黄色闪光。后足胫节有1对内距，外侧有1枚距，长为内侧距的1/3。卵：扁椭圆形，长1.7mm，短1.2mm。乳白色，卵粒中央较平，不突出；卵块多产于竹叶正面，少见产于叶背面。卵块鱼鳞状排列，卵粒边缘相叠处不多，排列较疏松。幼虫：初孵幼虫体长2mm，乳白色。老熟幼虫30～35mm，淡绿色。头淡橙黄色，活虫较扁平，似前口器式，颅侧区单眼到唇基部分黑色。体背线深绿色，较宽两边衬托浅黄白色线；气门线较细，浅黄白。胸部各节两侧在气门线上各有1个黑斑，以前胸黑斑为大，后依次减小，第八腹部背面有小黑斑6个，以三角形

赫翅双叉端环野螟雄成虫（上）和雌成虫（下）（徐天森　提供）

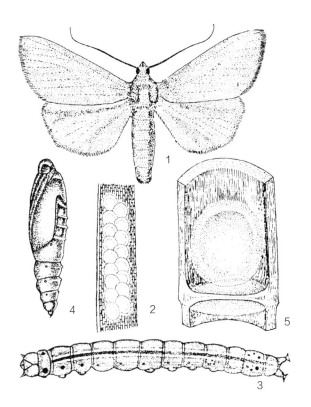

赫翅双叉端环野螟（徐天森　绘）

1. 成虫；2. 卵；3. 幼虫；4. 蛹；5. 茧

排列于背线两侧。**蛹**：体长19～21mm，红褐色。尾部突出部分呈截状，臀棘8根着生截状突出的部位上，中间2根略长。**茧**：圆形，丝质，白色或黄白色，茧丝膜直径32～40mm，第一、二代丝膜茧薄，越冬幼虫丝膜茧厚或双层。虫口密度大时，在竹腔内丝膜茧可以重叠，1个竹节腔内，有茧30余个。

生物学特性　浙江1年2～3代。1年2代者以老熟幼虫在竹子基部残留笋箨内或竹子钩梢后的竹腔内结平而圆的丝质膜状茧，紧贴于笋箨或竹腔内，预蛹在丝膜下越冬，于4月底化蛹。1年3代者以5～6龄幼虫在立竹竹叶上越冬，4月取食竹叶，于5月中、下旬化蛹，成虫分别于5月上旬及5月下旬羽化，6月中旬终见。第一代卵期为5月中旬到6月中旬，幼虫期5月下旬至7月下旬，蛹期为7月上旬到8月中旬，成虫期为7月下旬至8月下旬；第二代卵期为7月下旬至8月下旬，幼虫一部分早孵化者形成3代，即从8月

赭翅双叉端环野螟蛹和茧（徐天森　提供）

赭翅双叉端环野螟被寄生的幼虫（徐天森　提供）

赭翅双叉端环野螟天敌蠋蝽成虫吸食幼虫（徐天森　提供）

赭翅双叉端环野螟小幼虫在丝幕下停息（徐天森　提供）

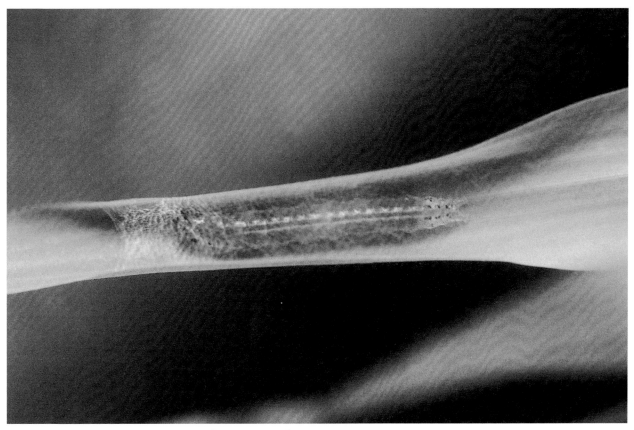

赭翅双叉端环野螟老熟幼虫在丝幕下取食（徐天森　提供）

上旬至8月底，9月上旬老熟化蛹，成虫期为9月上旬至9月底；幼虫9月中、下旬开始取食到11月越冬；一部分迟孵化者发育为1年2代者，即幼虫从8月下旬开始取食至10月上旬老熟，爬至笋箨、竹腔内结丝茧。

防治方法

保护天敌。捕食性鸟类有长尾蓝雀、画眉、白头翁、噪鸟等，捕捉成虫、幼虫；蟾蜍捕食落地幼虫；蜘蛛有浙江红螯蛛、丽园蛛、浙江豹蛛、黄褐狡蛛、黑腹狼蛛等，捕食成虫和幼龄幼虫；昆虫有中华草蛉、大草蛉取食卵及小幼虫，双齿多刺蚁、广腹螳螂、步甲、双斑青步甲、黄足猎蝽、茶褐猎蝽、蠋蝽、绿点益蝽捕食幼虫。寄生性昆虫卵期有松毛虫赤眼蜂、广赤眼蜂；幼虫期有绒茧蜂、内茧蜂、祝氏鳞跨茧蜂、甲腹茧蜂、螟蛾顶姬蜂、横带驼姬蜂等。

参考文献

王平远, 1980; 徐天森等, 2004.

（徐天森，王浩杰）

367 黄翅缀叶野螟

分类地位	鳞翅目 Lepidoptera 草螟科 Crambidae
拉丁学名	*Botyodes diniasalis* (Walker)
中文别名	杨大缀叶螟

分布 河北，山西，辽宁，山东，河南，广东，台湾等地。日本，朝鲜，印度，缅甸。

寄主 杨、柳。

危害 幼虫吐丝缀叶，呈饺子状，或将叶折叠，受害枝梢呈秃梢状。

形态特征 成虫： 体长13mm，翅展30mm。前、后翅金黄色，散布有褐色波状纹。前翅中室端部有褐色环状纹，环心白色。**幼虫：** 体长15～22mm。灰绿色。体两侧气门各有1条浅黄色纵带。

生物学特性 河南1年4代。以幼虫在落叶、地被物及树皮缝隙内结茧越冬。翌年4月初开始出蛰危害，5月底6月初幼虫老熟化蛹，6月上旬成虫羽化。第二代成虫盛发期在7月中旬；第三代在8月中旬；第四代在9月中旬，直至10月中旬仍有少数成虫出现，这代初龄幼虫于10月底越冬。

成虫夜晚活动。趋光性极强。产卵于叶背面，呈块状或长条形，每卵块有卵50～100余粒。幼虫孵化后，分散啃食叶表皮，随后缀叶呈饺子形，或吐丝将叶折叠，隐蔽其中取食。幼虫长大，群集顶梢吐丝缀叶取食，3～5天内即把嫩叶吃光，形成秃梢。7～8月危害最重。幼虫活泼，稍受惊扰，即从卷叶内弹跳逃跑，或吐丝下垂。老熟幼虫在卷叶内吐丝结白色薄茧化蛹。

防治方法

1. 化学防治。幼虫初出现时，喷洒50%杀螟硫磷胶悬剂乳油1000倍液，或喷25%灭幼脲Ⅲ号胶悬剂2000倍液。采用5.7%甲氨基阿维菌素苯甲酸盐3000～5000倍液，高效氯氟氰戊菊酯（20g/L）1000～1500倍

黄翅缀叶野螟成虫（武春生、张润志 提供）

黄翅缀叶野螟成虫（展翅）（徐公天 提供）

黄翅缀叶野螟幼龄幼虫吐丝结网（徐公天 提供）

黄翅缀叶野螟中龄幼虫（徐公天 提供）

黄翅缀叶野螟幼虫食害柳嫩梢（徐公天 提供）

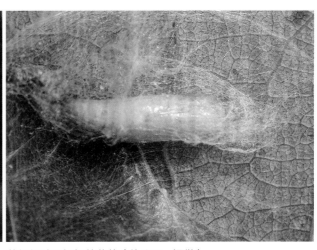

黄翅缀叶野螟蛹外薄茧（徐公天 提供）

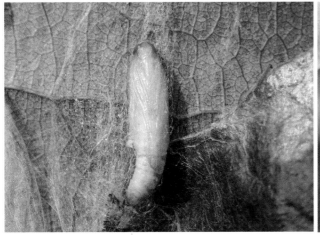

黄翅缀叶野螟蛹（徐公天 提供）

黄翅缀叶野螟幼虫被微生物感染（徐公天 提供）

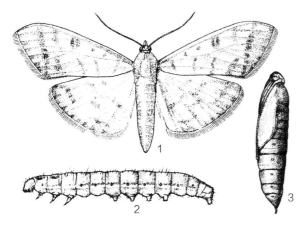

黄翅缀叶野螟（张翔 绘）
1. 成虫；2. 幼虫；3. 蛹

液或吡虫啉·杀虫单（50%水分散粒剂）600～800倍液或丙溴·辛硫磷（45%乳油）1000～1500倍液。

2. 生物防治。螟黄赤眼蜂对卵的寄生率很高，可繁殖、保护利用。可用球孢白僵菌（400亿个孢子/g水分散粒剂）2000～3000倍液或20亿PIB/mL的甘蓝夜蛾核型多角体病毒1000～1500倍液。

3. 灯光诱杀。设置黑光灯诱杀成虫，效果显著。

参考文献

杨有乾等, 1982; 萧刚柔, 1992; 河南省森林病虫害防治检疫站, 2005.

（杨有乾）

368 黄杨绢野螟

分类地位	鳞翅目 Lepidoptera 草螟科 Crambidae
拉丁学名	*Cydalima perspectalis* (Walker)
异　名	*Diaphania perspectalis* (Walker)
英文名称	Box tree moth
中文别名	黄杨黑缘螟蛾、黄杨野绢螟

分布 北京，河北，辽宁，上海，江苏，浙江，福建，江西，山东，湖北，湖南，广东，四川，贵州，西藏，陕西，青海等地。日本，朝鲜，印度。

寄主 黄杨（瓜子黄杨、小叶黄杨）、雀舌黄杨、朝鲜黄杨、冬青、卫矛。

危害 幼虫吐丝缀叶结巢，取食叶片、嫩梢，尤喜危害新梢嫩叶，影响树木的生长，严重时整株树叶被食殆尽，树冠上仅剩丝网、残叶和碎片，加之黄杨生长缓慢，再生能力差，往往枯萎死亡。

形态特征　成虫：体长20～30mm，翅展30～50mm。头部暗褐色。头顶触角间鳞毛白色，触角褐色。下唇须第一节白色；第二节下部白色，上部暗褐色；第三节暗褐色。前胸和前翅前缘、外缘、后缘及后翅外缘均有黑褐色宽带，前翅前缘黑褐色宽带在中室部位具2个白斑，近基部一个较小，近外缘白斑新月形，翅其余部分均白色，半透明，并有紫色闪光。腹部白色，末端被黑褐色鳞毛；雄蛾腹末端生有黑褐色尾毛丛，翅缰仅1枚；雌蛾腹部较粗壮，无尾毛丛，翅缰2枚。**卵：**长径约1.5mm，短径约1mm。扁椭圆形，底面平，表面略隆起。初产时淡黄色，半透明，后变为紫红色，近孵化前为黑褐色。**幼虫：**老熟幼虫体长约35mm。头部黑褐色，胸、腹部黄绿色。背线深绿色，亚背线和气门上线黑褐色，气门线淡黄绿色，亚背线和气门上线间青灰白色。中、后胸背面各有1对黑褐色圆锥形瘤突。腹部各节背面各有2对黑褐色瘤突，前1对圆锥形，较接近；后1对横椭圆形，较分离。各节体侧也各有1个黑褐色圆形瘤突，各瘤突上均有刚毛着生。**蛹：**体长18～20mm，初期翠绿色，后渐变为黄白色。羽化前翅部出现成虫翅的斑纹，腹末黑褐色，有臀棘8根，排成1列，先端卷曲。

生物学特性 上海地区1年3代。以3～4龄幼虫吐丝缀两叶成虫苞，在苞中结茧越冬。翌年3月中、下旬陆续出茧取食危害，至5月初开始化蛹，5月下旬至6月上旬成虫羽化。5月下旬至6月下旬为第一代卵期。第一代幼虫活动危害期在5月下旬至7月上旬。6月下旬至7月中旬老熟幼虫化蛹，第一代成虫7月羽化。第二代幼虫于7月上旬至8月上旬活动危害，7月下旬至8月上旬化蛹并羽化。第三代幼虫初见于7月下旬，活动危害至9月中旬起陆续结茧越冬。除绝大多数1年3代外，还有少数1年只发生1代或2代，1年1代的6月第一代幼虫即有部分生长停滞直至越冬；1年

黄杨绢野螟成虫（全黑型）（张润志　整理）

黄杨绢野螟成虫（黑白型）（张润志　整理）

2代者8月第二代少数幼虫直接越冬。

成虫大多在夜间羽化，羽化高峰在19:00～23:00。羽化历时很短，从蛹末端开始伸缩至成虫全部脱出仅5分钟左右。出蛹后约10分钟翅完全展平，约1小时后开始飞翔。成虫昼伏夜出，一般18:00开始活动，19:00～23:00最为活跃，有弱趋光性。成虫需补充营养，约40小时后开始交尾。交尾多在21:00以后进行。交尾时雌、雄蛾"一"字形相接，雄蛾尾毛丛套在雌蛾腹末。每次交尾历时1.5～2小时。交尾期间雌蛾腹部逐渐膨大，腹部末端几节尤为明显，节间膜开张，直至雄蛾尾毛丛不能包被雌蛾腹末而脱开才结束交尾。雌、雄蛾一生均只交尾1次。交尾后36小时开始产卵。

卵多产于叶片背面，少数产于叶正面。经调查叶正、背面卵数之比为1:9。卵多呈鱼鳞状排列的块状产出，偶有单产者。每卵块最多达59粒，但大多在12粒以下。每头雌蛾一生产卵量最少148粒，最多达674粒，平均330.2粒。在瓜子黄杨和雀舌黄杨两者中，成虫更喜产卵在雀舌黄杨上，故在这2种黄杨混栽时，往往雀舌黄杨受害较重。日平均气温26.9℃条件下，第一代成虫寿命最长16天，最短3天，平均8.2天。

卵初产时淡黄色，薄且半透明，故色泽与叶背颜色相似，不易发现。产出后8小时，卵中央开始出现"C"形色斑，随后色斑逐渐增大；色泽加深，孵化前明显可见卵内幼虫头壳。第一代卵期平均为5.5天，第二、三代卵期均为3天。同一卵块幼虫几乎同一日孵化，一日内孵化高峰在12:00～16:00。

初孵幼虫在叶片上爬行数十分钟至数小时后开始啃食叶肉，3龄时仅将嫩叶咬成小孔，4龄后食全叶和嫩枝梢。幼虫多为6龄，少数5龄或7龄。3龄前食量仅占幼虫期总食量的1.9%，末龄幼虫食量则占总食量的85.5%。幼虫一生总食叶量为（8981±1874.1）mm²，折合瓜子黄杨叶（44.92±9.74）张。幼龄幼虫虽仅啃食叶肉，但叶片受害后，由于失水而逐渐枯黄。幼虫均分散危害，即使幼龄期也无群集现象。1～6龄幼虫体长平均值分别为：（2.94±0.24）mm、（4.91±0.52）mm、（7.42±1.34）mm、（11.38±1.40）mm、（18.17±1.43）mm、（34.3±4.20）mm；各龄头壳宽度平均值分别为：（0.28±0.03）mm、（0.56±0.06）mm、（0.96±0.07）mm、（1.33±0.11）mm、（2.05±0.12）mm、（2.99±0.11）mm。幼

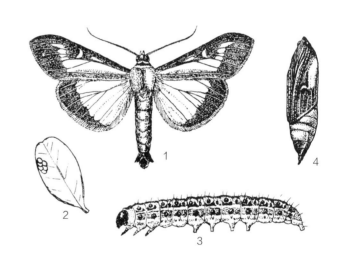

黄杨绢野螟（唐尚杰　绘）
1. 成虫；2. 卵；3. 幼虫；4. 蛹

黄杨绢野螟成虫（休止）（徐公天　提供）

黄杨绢野螟成虫（停歇）（徐公天　提供）

黄杨绢野螟老龄幼虫（徐公天　提供）

黄杨绢野螟越冬幼虫（徐公天　提供）

黄杨绢野螟幼龄幼虫（徐公天　提供）

黄杨绢野螟蛹（徐公天　提供）

黄杨绢野螟幼虫严重危害小叶黄杨（徐公天　提供）

虫期第一代40天左右，第二代约20天，第三代长达9个多月。

9月中旬起，第三代3～4龄幼虫陆续吐丝缀连2个叶片（少数有3个叶片）成虫苞。每虫苞有1片枯黄叶，极为明显。幼虫在苞内结椭圆形、瓜子形薄茧，在茧内越冬，幼虫在茧内进入越冬前往往再蜕1次皮，故茧内幼虫体边大多有1个头壳。茧内越冬幼虫自然死亡率达40%。

老熟幼虫多在树冠内腔中下部吐丝缀合老叶、枯残枝叶成一疏松的茧，在茧内化蛹。越冬代蛹期为12～17天，平均14.75天；第一代蛹期为10～12天，平均10.68天。

防治方法

1. 结合修剪去除越冬幼虫。

2. 成虫期灯光诱杀。

3. 黄杨多被栽植于庭院等休闲游憩场所，防治措施要顾及居民和游人安全。黄杨绢野螟有多种天敌，甲腹茧蜂和绢野螟长绒茧蜂寄生率颇高，首先要保护天敌资源，防止滥用农药，避免误伤天敌和污染环境。

4. 喷洒灭幼脲Ⅲ号胶悬剂1000倍液或40%毒死蜱1500倍液。采用5.7%甲氨基阿维菌素苯甲酸盐3000～5000倍液，高效氯氟氰戊菊酯（20g/L）1000～1500倍液或吡虫啉·杀虫单（50%水分散粒剂）600～800倍液或丙溴·辛硫磷（45%乳油）1000～1500倍液。可用球孢白僵菌（400亿个孢子/g水分散粒剂）2000～3000倍液或20亿PIB/mL的甘蓝夜蛾核型多角体病毒1000～1500倍液。

参考文献

萧刚柔，1992；陈汉林，高樟贵，周健敏等，2005；徐公天等，2007。

（唐尚杰，陈汉林，赵锦年，杨秀元）

369	桃蛀螟	分类地位	鳞翅目 Lepidoptera　草螟科 Crambidae

<table>
<tr><td>拉丁学名</td><td>Conogethes punctiferalis (Guenée)</td></tr>
<tr><td>异　名</td><td>Dichocrocis punctiferalis Guenée</td></tr>
<tr><td>英文名称</td><td>Peach pyralid, Yellow peach moth</td></tr>
<tr><td>中文别名</td><td>桃野螟蛾、豹纹螟、桃蛀螟、桃斑螟</td></tr>
</table>

分布　北京，山西，江苏，浙江，江西，山东，河南，湖北，湖南，四川，陕西等地。朝鲜，日本，印度，越南，缅甸，斯里兰卡，菲律宾，美国等。

寄主　板栗、枣、桃树、李树、柿树、柑橘、枇杷、苹果、梨树、石榴、山楂等多种植物的果实或种子。

形态特征　成虫：体长10～14mm，翅展25～30mm。体、翅鲜黄色。触角丝状，约为前翅的一半长。复眼发达。下唇须向上弯曲，呈镰刀状，密生黄色鳞毛，其前半部背面外侧具黑色鳞毛。喙发达。翅和胸腹部都有黑色花斑。胸部于领片中央有由黑色鳞片组成的黑斑1个，肩板前端外侧及近中央处各有黑斑1个，胸部背面有2个黑斑。前翅近三角形，约有黑斑21～28个；后翅略呈扇形，有15～16个。腹部第一、三、四、五节背面各有3个黑斑；第六节只有1个；第二、七节无黑斑；第八节末端为黑色，雌虫有时不显，雄虫甚为显著。**卵：**椭圆形，长0.6～0.7mm，初产乳白色，渐变米黄色，后变暗红色，孵化前为红褐色。**幼虫：**老熟幼虫体长20mm左右。体色多变化，头部黑褐色，前胸背板褐色。臀板灰褐色。腹足趾钩双序缺环。3龄后幼虫腹部第五节背面灰褐色斑下有2个暗褐色性腺者为雄性，否则为雌性。**蛹：**体长13～15mm，宽约4mm。黄褐色至红褐色，下颚、中足及触角长于第五腹节的1/2。腹部末端有6根卷曲的臀棘。**茧：**灰白色，外附着碎木屑。

生物学特性　辽宁1年1～2代；河北、山东、陕西1年3代；河南、重庆、浙江、江苏1年4代；江西、湖北1年4～5代。在浙江，食叶性的桃蛀螟1年2代。以4龄幼虫在缀叶虫苞内越冬，翌年4月下旬5月上旬化蛹，成虫5月上、中旬羽化。蛀食性的1年3代，以蛹在蛀道、树皮下、板栗果堆里越冬，翌年

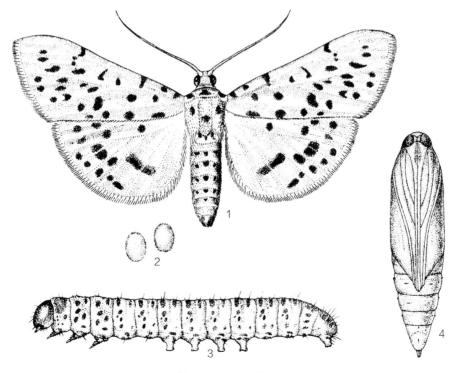

桃蛀螟（张翔　绘）
1. 成虫；2. 卵；3. 幼虫；4. 蛹

桃蛀螟成虫（徐公天　提供）

桃蛀螟成虫（张润志　整理）

4月下旬至5月上旬成虫羽化，第一、二代幼虫6～7月发生，有取食花蜜的习性。卵散产，少数2～5粒一堆。危害马尾松的卵产于松梢松针上，每梢5～19粒不等；危害板栗的产于球果针刺间。第一代卵期平均12天，第二代8天。第一代幼虫在7月下旬大量化蛹，蛹期14～18天，8月上、中旬成虫羽化；第二代幼虫群聚松梢缀叶在内取食，虫粪粘于虫苞上。

湖北武汉地区1年4～5代。在武昌，越冬代幼虫于4月中旬开始化蛹，成虫于4月下旬至6月上旬羽化，白天静止隐蔽不活动，夜晚活动，有一定的趋光性。第一代卵产于5月上旬至6月上旬；第二代为6月中旬至7月下旬；第三代为7月下旬至9月中旬；第四代8月下旬至9月下旬；第五代（越冬代）9月中旬至10月下旬。卵期长短因世代而异，3～10天不等，幼虫蛀入桃果时，从蛀孔分泌黄色透明胶质；蛀入松梢使梢逐渐枯萎。幼虫在寄主植物蛀食15～18天后老熟，在被害果内或树下吐丝结白色茧化蛹。

防治方法

1. 及时清理被害落果，摘除受害果；冬季应及时处理向日葵遗株，烧掉板栗刺苞，杀死越冬幼虫，减少翌年的虫源。

2. 成虫期时，可利用黑光灯或糖醋液诱杀成虫；或者喷洒50%辛硫磷1000倍液，或用拟除虫菊酯类农药。第一代幼虫孵化初期喷50%杀螟硫磷，1周后再喷1次，或用5.7%甲氨基阿维菌素苯甲酸盐3000～5000倍液效果良好。

3. 在幼虫孵化期喷洒90%晶体敌百虫300倍液、50%杀螟硫磷乳油500液。或用高效氯氟氰戊菊酯（20g/L）1000～1500倍液或吡虫啉·杀虫单（50%水分散粒剂）600～800倍液或丙溴·辛硫磷（45%乳油）1000～1500倍液。

4. 在板栗园边，成片种植向日葵、玉米，引诱成虫产卵，掌握成虫产卵期用药剂毒杀向日葵盘上及玉米穗上的幼虫。

5. 性信息素的利用。用E10-16:Ald、Z10-16:Ald、16:Ald按照80.4：6.6：13的比例进行引诱。

参考文献

萧刚柔, 1992; 杜郭玉, 高丽美, 2003; 薛志成, 2006.

（李镇宇，韦雪青，杨秀元）

370 楸蠹野螟

分类地位 鳞翅目 Lepidoptera 草螟科 Crambidae

拉丁学名 *Sinomphisa plagialis* (Wilenman)

异　　名 *Omphisa plagialis* Wileman

中文别名 梓野螟蛾、楸螟

分布 北京，河北，山西，辽宁，江苏，浙江，山东，河南，湖北，湖南，四川，贵州，云南，陕西，甘肃等地。朝鲜，日本。

寄主 楸树、灰楸、滇楸、梓树。

形态特征 **成虫：** 体长约15mm，翅展36mm。体灰白色，头胸腹边缘略带褐色。翅白色；前翅基部有黑褐齿状二重线，内横线黑褐色，中室内、外端各有1个黑色斑点，中室下方有1个近方形的大型斑，近外缘有黑褐色波状纹2条，缘毛白色；后翅有黑褐色横线，横线的前段和前翅的波状纹相接。**卵：** 椭圆形，长约1mm，宽0.6mm。初产乳白色，后变为红色透明，卵壳上布满小凹陷。**幼虫：** 老龄幼虫体长22mm左右，灰白色，前胸背板黑褐色，分为2块，体节上有黑色毛片。**蛹：** 体长约15mm，纺锤形，黄褐色。

生物学特性 北京、山东1年1～2代、河南1年1～2代，江西南昌1年2～3代。在河南，该虫以老熟幼虫在枝梢内或苗干中、下部越冬。翌年3月下旬开始化蛹，4月上旬为化蛹盛期。成虫于4月中旬开始羽化，4月底至5月上旬为羽化盛期。第一代幼虫于5月孵化，5月上旬为孵化盛期；越冬代幼虫于7月上旬至8月中旬孵化，7月中、下旬为孵化盛期。后期世代重叠严重。危害期从5月上旬开始至10月中、下旬止，长达6个月之久。山东鲁中南山区以2代为主，胶东多为1代。2代者多数以老熟幼虫在被害枝梢内越冬。4月上旬开始化蛹，4月下旬初见越冬代成虫，5月中达羽化盛期，6月下旬为末期。第一代成虫出现从7月中旬至9月上旬，7月下旬至8月上旬为盛期。成虫大多夜间羽化，次晚交尾，吸食露水及花蜜补充营养，卵亦在夜间产出，多单产于枝干的旧叶痕处、裂皮缝隙及新梢基部，幼虫孵出后爬至距嫩梢顶端1～3cm处蛀入，暴露在外的时间约2小时，侵入幼虫向下蛀食，致新梢枯萎。夏、秋新梢木质化或半木质化后，幼虫蛀食刺激受害组织畸形增长，形成纺锤状虫瘿；少量幼虫初期蛀食叶柄及荚果。幼虫有转梢危害习性。一梢中可以有几条幼虫同期蛀食，但个体间以丝膜相隔。幼虫期共5龄，老熟后咬羽化孔口，并以薄丝膜封闭，在梢内薄丝茧中化蛹。

楸蠹野螟成虫（徐公天　提供）

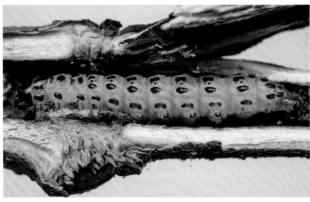

楸蠹野螟越冬幼虫（徐公天　提供）

楸蠹野螟幼虫转移（徐公天　提供）

楸蠹野螟成虫羽化孔（徐公天　提供）

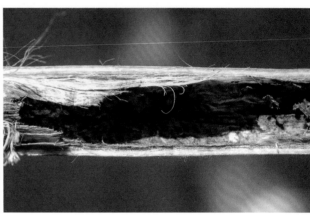

楸蠹野螟幼虫果实蛀道（果荚）（徐公天　提供）

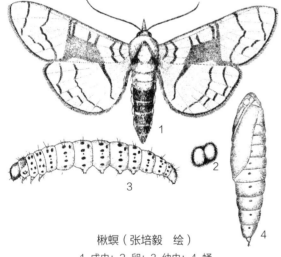

楸螟（张培毅　绘）

1. 成虫；2. 卵；3. 幼虫；4. 蛹

楸蠹野螟幼虫排粪孔（徐公天　提供）

防治方法

1. 结合春秋两季整枝，把有幼虫潜伏的肿胀枝条剪除集中烧毁，但剪枝时应注意从枝条基部剪断，防止遗留幼虫。

2. 当幼虫已蛀入枝梢后，采用棉球蘸敌敌畏原液制成的毒棉球封堵虫孔以熏杀其内部幼虫。

参考文献

郭从俭, 邵良玉, 尹万珍, 1992; 祁诚进, 耿炳田, 1992; 邵凤双, 庞勇士, 1997; 张执中, 1997; 杨玉发, 刘占东, 1999; 张存立, 李鸿雁, 2006.

（戴秋莎，李镇宇，郭从俭）

371	柚木野螟	

分类地位	鳞翅目 Lepidoptera　草螟科 Crambidae
拉丁学名	*Paliga machoeralis* Walker
英文名称	Teak leaf skeletonizer
中文别名	柚叶野螟

柚木野螟可危害多种林果树木，是我国南方沿海防护林树种木麻黄的重要害虫，危害严重时，严重影响林木生长，甚至导致林木死亡。

分布　广东（广州、湛江），广西（南宁、龙州、宁明），海南（三亚、乐东、屯昌、海口），云南（西双版纳），台湾。印度，斯里兰卡，巴基斯坦，泰国、缅甸，马来西亚，印度尼西亚，澳大利亚。

寄主　柚木、大叶紫珠、裸花紫珠、木麻黄。

危害　以幼虫群聚危害柚木叶片，取食叶肉，留下叶脉。

形态特征　成虫：体长10～12mm，翅展20～25mm。前翅浅黄色，具多条红褐色波状纹，翅缘红褐色；后翅浅黄色，外缘红褐色。雌蛾腹部粗短，朱端纯；雄蛾腹部细长，末端尖，静止时从背面可见腹部末端。**卵：**扁椭圆形，长0.63～0.90mm，宽0.39～0.61mm。乳白色，表面具网状花纹。**幼虫：**老熟幼虫体长20～24mm，头壳宽约1.6mm。气门下线的上方深绿色，下方浅绿色。腹部背面每节具4个黑色刚毛瘤，呈矩形排列，刚毛瘤上均有浅黄色斑。**蛹：**体长11.5～14.2mm。初化蛹背面红褐色，腹面淡绿色，近羽化时呈红褐色；复眼黑色；臀棘8根，4长4短，近末端膨大（萧刚柔，1992）。

生物学特性　海南尖峰岭1年11～12代，世代重叠现象明显。卵期2～3天，幼虫期10～14天，预蛹期2天，蛹期7～8天。从卵到成虫羽化历期最短22天，最长37天。

幼虫多于8:00前孵化，孵化时吃去部分卵壳。1～2龄幼虫喜在叶背面吐丝纺疏网，于网下取食叶表皮组织，3龄幼虫开始转到叶正面结疏网，将叶拉成凹陷状，在网下取食叶肉，留下叶脉。幼虫将体后方树叶咬1个圆形孔，遇惊扰则迅速后退，穿过此孔逃跑或吐丝下垂。每头幼虫食叶总面积为3044～

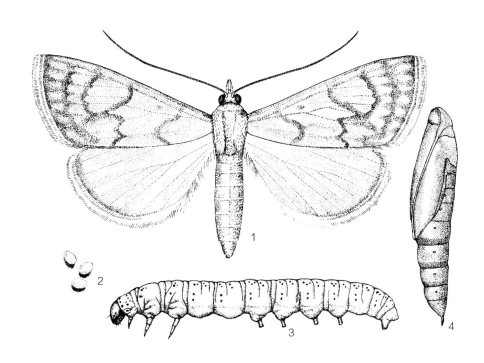

柚木野螟（张翔　绘）

1. 成虫；2. 卵；3. 幼虫；4. 蛹

柚木野螟成虫（中国科学院动物研究所国家动物博物馆　提供）

4507mm²，取食嫩叶量大于老叶。幼虫在树冠中分布，以中部最多，占59.9%；下部次之，占24.8%；上部最少，占15.3%。幼虫5龄，在下午或傍晚蜕皮，蜕皮后吃掉旧皮，仅留头壳，静伏半天后恢复取食。

老熟幼虫以交叉丝结成一蚝蝓形密网，化蛹前再结一层薄茧，在其中化蛹，化蛹场所以柚木叶为主，地被物次之，树枝、树干最少。成虫多于夜间羽化，次日夜间开始交尾，一生只交尾1次。交尾后次日开始产卵，卵多散产于叶背面。产卵主要集中在前3天，最长可达9天。喂以白糖水者每雌产卵数可达500粒，最少107粒。成虫白天栖息于林内地被物或杂草上，遇惊扰做短距离飞行，有一定趋光性。若给成虫喂白糖水，则雌成虫寿命5～26天，雄成虫7～16天。海南每年11月至翌年4月为旱季，此期柚木叶大部分脱落，仅有少量新叶，虫口甚少。5～10月随雨季来临，新叶大量萌发，给柚木野螟提

供了丰富食料，虫口数量从5月开始增多，高峰期在7～8月。8月以后，叶片开始变老发硬，且前期已被害甚多，有时因台风影响也使柚木叶遭受严重损害，使害虫食料缺乏，加上寄生天敌增加，因此，虫口数量在9月开始下降（吴士雄等，1979）。

防治方法

1. 生物防治。应用青虫菌液，每毫升含3亿芽孢，均匀喷洒枝叶，菌粉1g含芽孢100亿，1hm²用量500g，3～4天的杀虫率达到80%～90%（张华轩，1980）。

2. 化学防治。使用25%灭幼脲Ⅲ胶悬浮剂1500倍液防治幼龄幼虫，6天防治效果可达93.39%（张维耀等，1987）。

参考文献

吴士雄, 陈芝卿, 王铁华, 1979; 王平远, 1980; 张华轩, 1980; 张维耀, 王晓通, 谢道同, 1987; 萧刚柔, 1992.

（温秀军，陈芝卿，吴士雄）

372 洋麻钩蛾

分类地位 鳞翅目 Lepidoptera 钩蛾科 Drepanidae

拉丁学名 *Cyclidia substigmaria* (Hübner)

异 名 *Enchera substigmaria* Hübner

中文别名 洋麻圆钩蛾、圆翅大钩蛾、八角枫钩蛾、台湾大钩蛾

洋麻钩蛾是洋麻、八角枫的主要食叶害虫。叶片被吃光影响树势，连续危害导致树木枯死。

分布 江苏，浙江，安徽，福建，湖北，湖南，广东，广西，四川，贵州，云南，陕西，甘肃，台湾等地。日本，朝鲜，越南，缅甸，印度。

寄主 洋麻、臭梧桐、毛白杨、八角枫。

危害 严重危害八角枫，取食叶片，不少植株叶片被食光，影响了树木生长，若连续危害能使全株枯死。

形态特征 成虫: 雌虫体长17～22mm，翅展50～70mm；雄虫体长15～20mm，翅展46～68mm。头及触角黑色，胸部白色，腹部灰白色，各节间色略浅。前翅白色，有浅灰色斑纹，从顶角至后缘中部呈一斜线，斜线外侧色浅，内侧前缘处有深色三角形斑，斑内有白色纹，中室处有灰白色肾形纹1个；后翅底色白色，中室端有1个灰褐色圆斑；前、后翅反面白色，斑纹灰褐色，中室端各有1个黑褐色圆斑。**卵:** 长0.55mm，椭圆形。初产时乳白色，表面光滑，在叶面上的着卵部位有1个黑色圈，精孔在卵的侧端，中间稍下陷，周围有隆起的白色环及灰白色套圈，外围呈光环形放射状细纹。卵近

孵化时呈灰色。**幼虫:** 头黑色，共5龄。1龄幼虫体长5～6.5mm，头宽0.6～0.7mm。体及足均为灰白色，周身有白色绒毛。孵化后6小时开始取食，取食后的体色淡绿。2龄幼虫体长8.5～13mm，墨绿色。头宽0.85～1.1mm，冠缝明显。胸足及腹足灰白色，2天后身体两侧各出现浅黄色斑点，前胸背板及臀板上出现深色斑。3龄幼虫体长15～18mm，头宽1.3～1.6mm，有光泽。足灰白色，其他各部位墨绿色，背线与亚背线间有浅色纵条，各体节上的色斑更明显。4龄幼虫体长21～24mm，头宽2.1～2.5mm。体灰绿色，背线、亚背线、气门上线及亚腹线色较深，亚背线与气门上线间的各体节上有灰黄色长方形斑4对，前胸背板上有黑斑1对。5龄幼虫体长27～35mm，头宽3.25～3.7mm，冠缝及傍额片缝呈细线纹；背线、亚背线及气门上线墨绿色；亚腹线至腹线间呈灰白色宽带；亚背线至气门上线间，各腹节有黄色稍带蓝灰色闪光的长方形斑4对。胸足灰白色，腹足灰黄，臀足两侧有黑斑，气门筛灰白色，围片黑色。**蛹:** 体长16～18mm，宽6～8mm，暗褐色。下唇须短尖，近于菱形；下颚粗大，达前翅长的5/6。前足达下颚末端上方，中足达下颚末端

洋麻钩蛾成虫（嵇保中、张凯 提供）

洋麻钩蛾幼虫（嵇保中、张凯　提供）

洋麻钩蛾在薄茧中的蛹（嵇保中、张凯　提供）

洋麻钩蛾成虫（胡兴平　绘）

洋麻钩蛾蛹腹面（嵇保中、张凯　提供）

下方，后足端在中足下方外露。触角与前翅等长，末端稍向外弯曲。前翅达腹部第四节后缘，后翅在前翅下方稍现。腹部第五至第八节气门部位外突，腹面第五、六节有腹足疤，第七、八节有横皱纹，腹部末端钝，两侧有角状突，着生钩形臀棘9～11对。胸部背面有微型刻点。

生物学特性　安徽1年2～3代。以蛹在落叶中过冬。越冬蛹翌年4月下旬开始羽化，但羽化时间很不一致，有的羽化可延续到5月下旬。4、5月羽化的雌蛾所产的卵均能完成3代，但5月下旬羽化的成虫末代幼虫9月下旬即进入越冬蛹期，4～5月羽化的成虫11月上旬才化蛹。各代幼虫分别在5月及7月上旬和8月下旬、9月上旬开始危害。成虫多在清晨至10:00羽化，脱出蛹壳后约10分钟翅完全展开，不久即振翅飞翔，当日傍晚即进行交尾，次日开始产卵。卵多产于叶背近叶脉处，呈排列整齐稍有间距的条状块。每雌可产卵3～5块，每块卵10～25粒。成虫有趋光性，但白天也见其飞翔。初孵幼虫在叶背群栖取食叶肉，留有窗斑形的叶脉表皮。有吐丝下垂随风飘荡转换寄主的习性。2龄后即开始分散，3～5头成小群用丝将叶片黏结成巢穴，隐居其间，并用丝将附近叶片缀连至巢边取食，受害部位呈缺刻。早、晚危害较重，白天在叶巢中栖息。4龄后大量取食。幼虫老熟后，3～5头一起在叶片间结薄茧化蛹，预蛹期1天左右。蛹以臀棘勾连茧丝、落叶或破蛹，羽化时蛹壳不脱落。雌蛾寿命6～10天，雄蛾5～7天。卵期7～11天。幼虫历期23～34天，越冬蛹期可长达170～230天。

防治方法

1. 加强树木养护，尽快培育出主干，促使成材，形成对害虫生活繁殖不利的环境。

2. 清理林地，消灭越冬蛹。

3. 幼虫发生期喷洒90%敌百虫晶体1000～2000倍液或50%敌敌畏乳油800～1000倍液毒杀。

参考文献

萧刚柔, 1992.

（嵇保中，张凯，周体英，王林瑶）

373	春尺蛾	分类地位	鳞翅目 Lepidoptera　尺蛾科 Geometridae
		拉丁学名	*Apocheima cinerarius* (Erschoff)
		英文名称	Spring cankerworm
		中文别名	杨尺蠖、沙枣尺蠖、杨步曲

春尺蛾是一种早期发生型暴发性食叶害虫，发生期早，危害期短，幼虫发育快，食量大，短时间内能将刚发芽的杨树嫩叶全部吃光，轻者影响树木正常生长，重则枝梢干枯，树势衰弱，从而导致钻蛀性害虫猖獗，引起林木大面积死亡。近年来，该虫在山东菏泽市等许多地方暴发成灾，已成为威胁林业生产的主要害虫。

分布　北京，河北，内蒙古，江苏，安徽，山东，河南，陕西，甘肃，青海，宁夏，新疆等地。俄罗斯。

寄主　杨、柳、沙枣、槐树、桑、白榆、苹果、梨树、沙果、胡杨、沙柳等。

危害　主要以幼虫危害，初孵幼虫啃食嫩芽、幼叶，稍大后取食叶片，呈不规则缺刻状，3龄后进入暴食期，可将树叶吃光，仅留叶脉。

形态特征　**成虫**：性二型。雌蛾无翅，体长约7～9mm；体灰褐色，复眼黑色，触角丝状；腹部背面各节有数目不等的成排黑刺，刺尖端钝圆，臀板有突起的黑刺列。雄蛾体长约10～15mm，翅展28～37mm；触角羽毛状；前翅淡灰褐色至黑褐色，从前缘至后缘有3条褐色波状横纹，中间1条不明显。**卵**：长0.8～1mm，长圆形，具珍珠光泽，卵壳上有整齐刻纹。卵数粒排列成卵块状，初产时灰白色，孵化前为深紫色。**幼虫**：体长22～40mm。初龄幼虫黑黄色，2龄以后体色变化较大，有褐色、绿色、棕黄色和灰色；老龄幼虫灰褐色。幼虫腹部第二节两侧各有一瘤状突起，腹线均为白色，气门线一般为淡黄色。**蛹**：体长12～20mm，灰黄褐色。腹末有臀棘，其末端分叉。雌蛹有翅的痕迹，且比雄蛹大。

生物学特性　山东菏泽1年1代。以蛹态在树干周围3m内的10～50cm深的土壤中越夏越冬，以20～30cm的土层内最多。翌年2月上、中旬，当地表3～5cm深处土温达0℃左右时成虫陆续出土，具体时间变动较大，特别年份成虫出土期可相差20余天。2月上旬见卵，3月底至4月上旬幼虫孵出，但幼虫老熟

期大致平齐。一般在5月上、中旬随即入土化蛹。

成虫多在下午或晚上羽化出土，白天多潜伏于树干缝隙及枝杈处。雄虫有趋光性。夜间交尾，雌成虫在高2～2.5m以下的树干上产卵，卵成块多产于树皮缝隙、枯枝、枝杈断裂处及机械损伤处。每头雌虫一般产卵170～350粒，平均260粒，每个卵块有卵数最少15粒，最多220粒。

幼虫共5龄，初孵幼虫活动能力小，啃食嫩芽、幼叶，稍大后取食叶片，呈不规则缺刻状；3龄前食量小，分布较集中；4龄后食量增加，扩散危害；5龄可吃光树叶，仅留叶脉，并具有相当的耐饥能

春尺蛾雌成虫（李凯　提供）

春尺蛾雄成虫（徐公天　提供）

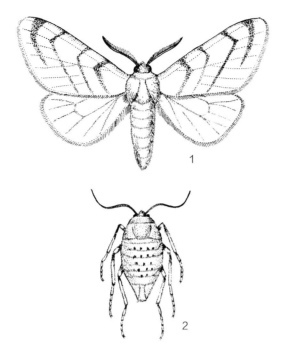

春尺蛾（张培毅　绘）
1. 雄成虫；2. 雌成虫

冷却。涂时用温火加热熔化即可，有效期可达25～30天。②塑料环阻隔防治。于成虫羽化前在树干1m左右的地方缠绕一圈10～12cm宽的塑料环或胶带，胶带上缘紧贴树干，下缘留有一定的空隙，即形成喇叭口，可有效阻隔上树的雌成虫和幼虫。

3. 诱杀法。①灯光诱杀。利用成虫趋光的习性，于成虫盛发期在田间设置黑光灯诱杀成虫，以控制虫源。灯光诱杀可结合活雌蛾性外激素防治同时进行。②糖醋诱杀。每年春初，用糖醋盘方式诱杀成虫效果很好。配方是：糖∶醋∶酒∶水=3∶4∶1∶3。将配好的糖醋液盛入盘中，放在成虫发生量较大的林分内诱集成虫。

4. 核型多角体病毒防治。采用聚异丁烯春尺蛾核型多角体病毒（AciNPV）以1.6×10^6 PIB/mL的药液喷雾防治，加入0.1%的洗衣粉，在1～2龄幼虫达

力，对缺食环境有很大的适应性。幼虫有假死和吐丝下垂转移危害的习性，可吐丝借风飘移传播至附近的林木上危害。通过几年的观察，确定以幼虫头壳判断龄期的方法，其尺度为：1龄0.3mm，2龄1.0mm，3龄1.8mm，4龄2.7mm，5龄3.0mm。5龄与4龄幼虫头壳宽度相差不大，但5龄幼虫头壳厚度明显大于4龄幼虫。

化蛹盛期在5月上旬。蛹头部一般向上直立，个别平卧。蛹发育速度较快，至7月底即在蛹壳内发育为成虫，直到翌年春天才羽化出土。

防治方法

1. 灭蛹法。加强中耕或翻耕，可杀死大量长期在地下越夏和越冬的虫蛹。早春或晚秋结合翻地在距树干1～1.5m范围内进行人工挖蛹，深度大约为30～40cm。

2. 阻隔法防治。①粘虫胶防治。利用雌成虫无翅、爬行上树产卵的特点，于成虫羽化前在树干距地面1m左右的地方涂刷2道黏虫胶，胶环宽度为5～10cm，两胶环间距离以20～40cm为宜，可有效黏杀上树的雌成虫和幼虫。松脂胶熬制方法如下：取松香10份、蓖麻油10份、黄油和白蜡各1份。先将蓖麻油烧开，加入松香化开，再加入黄油、白蜡化开并

春尺蛾雄成虫（徐公天　提供）

春尺蛾卵堆（徐公天　提供）

到80%时进行喷雾防治，可持续有效地控制危害。

5. 烟雾机防治法。可利用气象的逆温层作用，采用6HY-25型系列烟雾机进行施烟防治，防治时间应选择在无风的早晨5:00～7:00或傍晚18:00～20:00。药物可用3%高渗苯氧威、5%高效氯氰菊酯或1.8%阿维菌素与柴油混合，根据林分的疏密程度，按1：（5～10）的配比进行施用。

6. 树冠喷雾法。对于低矮的幼龄树，可用常规喷雾器或机动弥雾机进行树冠喷雾。药物可选择低毒无公害的农药，如1.2%苦·烟乳油1500～2000

春尺蛾幼虫（棕色型）（徐公天　提供）

春尺蛾幼虫（深色型）（徐公天　提供）

春尺蛾幼虫（浅色型）（徐公天　提供）

春尺蛾中龄幼虫（徐公天　提供）

春尺蛾幼虫第二腹节两侧瘤突（徐公天　提供）

春尺蛾幼虫食害杨叶（徐公天　提供）

春尺蛾幼虫食害杨叶状
（徐公天　提供）

春尺蛾幼虫暴食杨林
（徐公天　提供）

倍液、5%甲氨基阿维菌素苯甲酸盐微乳剂3000～
5000倍液、25g/L高效氯氟氰菊酯乳油1000～1500倍
液等。

　　7. 保护和利用天敌。在虫口密度较小、危害较
轻的地方，应严格控制化学药剂的使用，保护寄生

姬蜂、鸟类等天敌，维护生态系统平衡和稳定，达
到有虫不成灾的理想状态。

参考文献

　　萧刚柔，1992; 赵方桂等，1999; 孙绪艮等，2001.

（王海明，王希蒙，冯文启，金步先）

分类地位	鳞翅目 Lepidoptera　尺蛾科 Geometridae
拉丁学名	*Ascotis selenaria* (Denis et Schiffermüller)
异　名	*Ascotis selenaria dianaria* Hübner
英文名称	Giant looper
中文别名	尺蠖、棉叶尺蛾、脚攀虫、棉大造桥虫

374 大造桥虫

分布　北京，河北，吉林，上海，江苏，浙江，山东，河南，湖北，湖南，广西，四川，贵州，云南，西藏等地。印度，日本，朝鲜，斯里兰卡；欧洲南部，非洲。

寄主　水杉、池杉、三球悬铃木、枫杨、苦楝、泡桐、紫薇、女贞、桑、刺槐、樱桃、樱花。

危害　该虫是水杉的主要害虫，幼虫咬食幼嫩小叶和绿色小枝，一般先取食树冠顶部或下部叶片，然后向其他部位扩展，造成植株残缺不全或光杆。

形态特征　**成虫：**体长16～20mm，翅展18～42mm。体色一般为浅灰褐色，散布有黑褐色及淡色鳞片。前翅暗灰色稍带白色；前、后翅从前缘至后缘有2条不大明显的黑色波状纹；前翅顶角处有1个模糊浅色三角形斑，中央有半月形白斑，外缘有7～8个半月形黑斑，连成一片；前、后翅上的4个星及内、外横线为暗褐色。**卵：**椭圆形，绿色或黄褐色，孵化前为灰色或灰绿色，表面有很多均匀排列的凸粒。**幼虫：**老熟幼虫体长30～40mm，体色变化较大，黄绿色、黄褐及黑褐色，圆筒形，光滑，两侧密生黄色小点。**蛹：**体长17mm，深褐色，头顶有疣状突起，有尾刺1对。

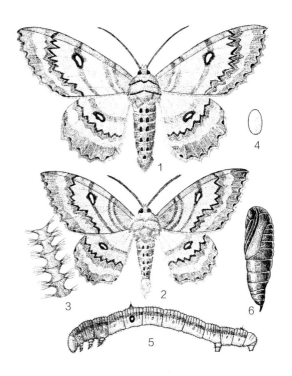

大造桥虫（侯伯鑫　绘）
1. 雌成虫；2. 雄成虫；3. 雄成虫触角（局部）；4. 卵；
5. 幼虫；6. 蛹

生物学特性　湖北1年5代。老熟幼虫入土化蛹，以蛹在树周围疏松表土层中越冬，水平分布半径50～85cm，深度6～12cm。越冬代盛蛾期在4月中、下旬，第一代盛蛾期在6月上、中旬，第二代盛蛾期在7月上、中旬，第三代盛蛾期在8月上、中旬，第四代盛蛾期在9月中、下旬，10月下旬、11月上旬出现少量的第五代成虫。第一代幼虫发生在5月上、中旬，第二代幼虫发生在6月中、下旬，第三代幼虫发生在7月中、下旬，第四代幼虫发生在8月中、下旬，第五代幼虫发生在9月下旬到10月上旬，全年均可危害水杉，但以第三代、第五代危害严重。卵期5～10天，幼虫期9～20天，蛹期8～15天。成虫多在傍晚后羽化，飞翔能力弱，趋光性强，白天静伏在树枝上，羽化后1～3天即行交配，

大造桥虫成虫（徐公天　提供）

大造桥虫成虫（徐公天　提供）

大造桥虫幼龄幼虫（徐公天　提供）

大造桥虫老龄幼虫（徐公天　提供）

大造桥虫幼虫吐丝（徐公天　提供）

大造桥虫蛹（徐公天　提供）

蝽刺食大造桥虫幼虫（徐公天　提供）

交配时间多在22:00以后，交配后1～2天开始产卵。数十粒卵堆集在一起，大发生时，在枝杈、枝干、叶片背面等处皆可见到卵。每雌产卵量400～1000粒左右。初孵幼虫可吐丝挂在树枝上随风飘移，不甚活跃，幼虫具拟态性，体色变化大，常栖息于枝杈与枝干间，使枝、干、虫呈三角形，形同一小枝将枝与干连接起来。幼虫先取食幼嫩小叶，然后取食绿色小枝。食叶量大，速度快，据观察，一株高5m、胸径6cm的水杉有虫358条，4天就可食光全株叶片。

防治方法

1. 营林措施。加强间种和抚育管理，促进树木生长，抵抗害虫危害。冬季清除杂草，翻耕土壤，降低越冬蛹数量。

2. 化学防治。幼虫期喷洒90%敌百虫500～800倍液，或25g/L高效氯氟氰菊酯乳油800～1000倍液，或50%杀螟硫磷1000倍液。

3. 物理防治。利用成虫的趋光性，在羽化期用频振灯诱杀成虫，并对灯光周围的树木进行喷药杀灭成虫。

4. 生物防治。低龄幼虫期叶面喷施Bt油悬浮剂（8000IU/μL）1000～1500倍稀释液，效果可达90%；冬季喷洒白僵菌粉或春季喷施含量为1000亿孢子/g的白僵菌粉或菌液，可以对幼虫、成虫、蛹都有很好的致病作用，死亡率可达40%；5月上旬喷洒25%灭幼脲胶悬剂1000倍液，杀灭幼虫。

5. 保护大山雀、黑卷尾、树麻雀、乌鸫、中华金星步甲、广腹螳螂，可有效控制害虫的种群密度。

参考文献

中国科学院动物研究所，1986；陈京元，吴高云，1988；任绍富，吴高荣，1990；萧刚柔，1992；马奇祥，姜昆，1995；王永春，唐向明，苏志红等，1997；杨子琦，曹国华，2002；张宏松，贺红安，贾卫喜，2002.

（陈京元，李筼宪，周德荣）

375	**油茶尺蛾**

分类地位　鳞翅目 Lepidoptera　尺蛾科 Geometridae
拉丁学名　*Biston marginata* Shiraki
英文名称　Giant tea looper
中文别名　黑头枝尺蠖、图纹尺蠖

油茶尺蛾主要危害油茶，造成果实早落，植株枯死。

分布　安徽，福建，江西，湖北，湖南，广西，台湾等地。日本。

寄主　油茶、茶树、桑、板栗、柑橘、相思树等。

危害　被害严重时，常吃光叶片，造成果实未熟先落。如连续严重受害，则导致植株枯死。

形态特征　**成虫**：体长13～18mm，翅展31～36mm，灰褐色。体躯粗短，体灰白色，杂有黑色、灰黄色及白色鳞毛；雌蛾体色较雄蛾浅。头小；复眼黑色有光泽；雌蛾触角丝状，雄蛾触角羽状。前翅狭长，外横线和内横线清楚，中横线、亚外缘线隐约可见，较翅底色略深；前翅外缘上有斑点6～7个，外缘和后缘都生有灰白色缘毛；后翅较短小，外横线较直，色彩与前翅同；前、后翅外横线外侧附近到翅基枯灰色，外横线内侧及亚外缘线外侧黑褐色。胸和翅的腹面灰白色。雌蛾腹部大，末端丛生黑褐色绒毛；雄蛾腹末端较为尖细。**卵**：长约0.3mm。圆形，初产时草绿色，逐渐变为绿色，近孵化时为深褐色。卵块上覆盖黑褐色绒毛，卵块长18mm左右。**幼虫**：老龄幼虫体长50～55mm，枯黄色，并密布黑褐色斑点。头顶额区下陷，两侧有角状突起，额部具有"八"字形的黑斑2块。气门紫红色；胸、腹部红褐色。**蛹**：体长11～17mm，纺锤形，暗红褐色。头部顶端两侧有2个小突起；腹部末端尖细，具臀刺1根，先端分叉。

生物学特性　1年1代。以蛹在油茶树蔸周围疏松土壤中越冬。翌年2月中、下旬开始羽化、交尾、产卵。2月下旬至3月上旬为产卵盛期，3月下旬孵化出幼虫，6月上、中旬幼虫老熟后下树化蛹，越夏、越冬。蛹期平均为261.5天。雌蛾平均寿命6.25天，雄蛾平均寿命4天。幼虫期平均60天。卵期和成虫寿命的长短与温度关系十分密切，2月中、下旬产的卵，卵期长达1个月以上；3月中旬产的卵，卵历期仅半月即可孵化。成虫羽化后未产卵前，如果天气突然变冷，往往可延长成虫的寿命。卵孵化均在5:00～13:00进行，以6:00～7:00孵化数最多。初孵幼虫群栖取食，受惊即吐丝下垂，随风飘荡扩散，2龄后开始分散取食，静止时尾足紧攀树枝，似小枝状。突然受惊有下坠的习性。幼虫前3龄食量较小，4龄后逐渐增大。幼虫老熟后停食1天，即入土准备化蛹。从入土至化蛹历时4天。化蛹场所多在油茶树周围树冠的垂直投影范围内，尤以土质疏松且湿润的地方最多。入土深15～40mm左右。成虫羽化多在19:00～23:00进行。成虫耐寒力很强，在8℃的气温下即能羽化出土。交尾产卵均在夜间进行。多数成虫一生只交尾1次，极少数交尾2次。交尾时间从2:00～3:00开始，6:00～7:00完毕，历时3～6小时。产卵在第二天进行，卵大多数1次产完。

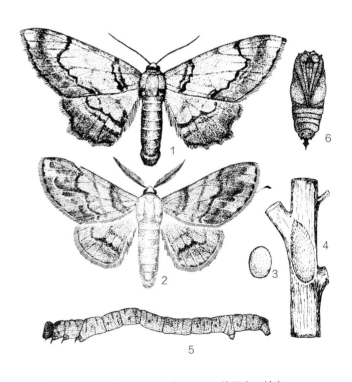

油茶尺蛾（1、2.张翔　绘；3～6.徐天森　绘）
1.雌成虫；2.雄成虫；3、4.卵及卵块；5.幼虫；6.蛹

油茶尺蛾幼虫
（王缉健　提供）

防治方法

1. 及时抚育，合理间伐，禁止过度采伐。对发生虫害较重的林分，可于秋末中耕灭杀越冬蛹；清除林内下木和寄主附近杂草，并加以烧毁，以消灭其上的幼虫或卵等。

2. 晚秋或早春人工挖蛹，将蛹放入容器内让寄蝇、寄生蜂飞出；或结合垦复措施捡虫蛹。利用幼虫的假死性，在地面铺上塑料薄膜，摇动树干，捕杀幼虫。在害虫发生较严重的地方，可在树干基部绑以5～7cm宽塑料薄膜带，阻止成虫上树。

3. 应用苏云金杆菌、白僵菌、核型多角体病毒制剂杀灭幼虫。

4. 黑光灯诱杀成虫。

5. 低龄幼虫和成虫期用高效氯氰菊酯25g/L高效氯氟氰菊酯乳油800～1000倍液、50%杀螟硫磷乳油1000～1500倍液、2.5%溴氰菊酯乳油2000～3000倍液、90%敌百虫晶体800～2000倍液、30%增效氰戊菊酯6000～8000倍液、50%辛硫磷乳油2000倍液等喷洒。虫害大面积发生时，使用烟雾剂熏杀低龄幼虫。

参考文献

萧刚柔, 1992; 李东文, 陈志云, 王玲等, 2009.

（嵇保中，张凯，彭建文，周石涓）

376	油桐尺蛾	分类地位	鳞翅目 Lepidoptera 尺蛾科 Geometridae
		拉丁学名	*Biston suppressaria* Guenée
		英文名称	Tung oil tree geometrid
		中文别名	油桐尺蠖、大尺蛾、柴棍虫

油桐尺蛾是我国南方油桐、油茶、茶叶的重要害虫。严重时可将树叶全部食尽，给林业生态和林业经济造成巨大损失。

分布 江苏（社渚），浙江（兰溪），安徽（郎溪），江西，湖北，湖南（吉首、大庸、慈利、衡山、安化、东安、宁远、醴陵、怀化、城步等），广东（英德），广西，海南，贵州等地。印度，缅甸，日本。

寄主 油洞、油茶、茶树、乌柏、杨梅、板栗等。

危害 1～2龄幼虫啃食叶肉，形成不规则黄褐色网膜斑，3龄幼虫能吃穿叶片，形成一个小洞，4～5龄幼虫将叶片吃成弯弓形缺刻，有时连嫩枝、树皮也剥食干净。

形态特征 成虫：雌虫体长24～25mm，翅展67～76mm，体翅均灰白色，密布蓝黑色鳞片，触角丝状，翅反面中央有1黑色斑点，腹末具黄色毛丛。雄虫体长20～24mm，翅展55～61mm，触角双栉形，腹末无黄毛丛。卵：长0.7～0.8mm，椭圆形。鲜绿转淡至褐色。卵叠成卵块，覆盖黄色绒毛。幼虫：老龄幼虫体长65～72mm，体色灰褐、深褐、灰绿不一；头部有小颗粒状突起，头顶中央有弧形凹陷并形成2侧角。蛹：体长19～28mm。圆锥形，黑褐色。头顶有2黑褐色小突起。

生物学特性 1年2～4代，因地而异。安徽（郎溪）、江苏（社渚）1年2代；湖南（长沙）、浙江（兰溪）1年2～3代；广东（英德）1年3～4代。以蛹在树苑周围3～7cm深的土中越冬。在湖南越冬蛹于翌年4月中旬开始羽化。第一代幼虫5月上旬至6月下旬，第二代幼虫7月中旬至9月上旬，第三代幼虫9月中旬至10月下旬（彭建文，1992）。

各虫态历期：卵10～15天，幼虫30～50天，蛹30～35天，越冬蛹200天以上，成虫7～10天。各龄幼虫：1龄3.0～3.8天，2龄2.6～3.6天，3龄3.1～3.7天，4龄3.6～4.1天，5龄6.2～6.4天，6龄13.1～13.5天。

成虫多于黄昏至20:00羽化，趋光性强。羽化后即行交尾，次日即可产卵。卵分2～4块产于树皮裂缝、伤疤及枝杈下部并盖有黄色绒毛。平均每雌产

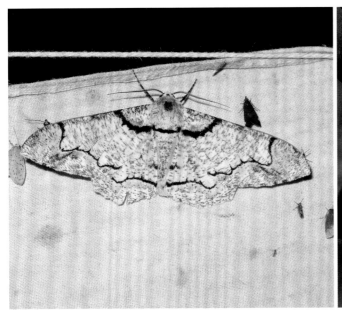

油桐尺蛾雄成虫（神农谷）（李颖超 提供）

油桐尺蛾成虫（张润志 提供）

油桐尺蛾幼虫（张润志　整理）

油桐尺蛾幼虫（张润志　整理）

油桐尺蛾幼虫危害羊蹄甲（张润志　整理）

油桐尺蛾幼虫危害状（张润志　整理）

油桐尺蛾幼虫危害黎蒴（张润志　整理）

油桐尺蛾幼虫危害相思树（张润志　整理）

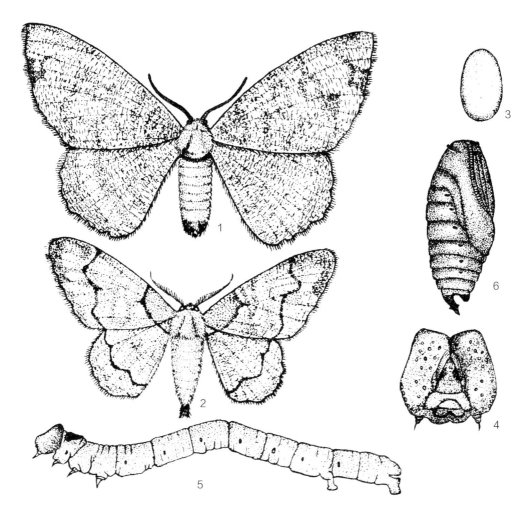

油桐尺蛾（1、2. 刘公辅　绘；3～6. 徐天森　绘）

1. 雌成虫；2. 雄成虫；3. 卵；4. 幼虫头部放大；5. 幼虫；6. 蛹

卵量2450粒，最多近4000粒（张汉鹄，2004）。

　　天敌是影响油桐尺蛾种群消长的重要因素，主要有油桐尺蛾黑卵蜂、长跗姬小蜂、油桐尺蠖脊茧蜂、尺蠖强姬蜂、大尺蠖姬蜂和油桐尺蠖核型多角体病毒（BsNPV）寄生。

防治方法

1. 垦复灭蛹。越冬蛹期长达5个月，结合油桐林垦复，挖捡虫蛹。

2. 灯光诱杀成虫。发蛾期用黑光灯等光源诱杀。

3. 人工捕杀。根据雌蛾白天静伏树干下部的习性，可在清晨拍杀成虫，刮除树干上卵块，并置寄生蜂保护器中，灭虫保蜂任黑卵蜂羽化飞出。

4. 生物防治。掌握1～2龄幼虫期喷撒油桐尺蛾核型多角体病毒（BsNPV）2×10^7PIB/mL。2～5龄期幼虫喷撒苏云金杆菌（8000IU/μL）1000～1500倍液，效果可达83%～100%（萧刚柔，1992）。

参考文献

　　彭建文, 刘友樵, 1992; 萧刚柔, 1992; 张汉鹄, 谭济才, 2004.

　　　　　　　　　　　　　　　　（童新旺，王问学）

分类地位	鳞翅目 Lepidoptera 尺蛾科 Geometridae
拉丁学名	*Abraxas suspecta* (Warren)
异 名	*Calospilos suspecta* (Warren)
英文名称	Euonymus moth
中文别名	大叶黄杨尺蛾、卫矛尺蠖

377 丝棉木金星尺蛾

丝棉木金星尺蛾为食叶害虫，常暴发成灾，短期内将叶片全部吃光，引起小枝枯死或幼虫到处爬行，既影响树木生长，又有碍市容市貌。

分布 北京，河北，山西，内蒙古，辽宁，吉林，黑龙江，上海，江苏，江西，山东，湖北，湖南，四川，陕西，台湾等地。日本，朝鲜，俄罗斯。

寄主 丝棉木、大叶黄杨、卫矛、白榆、杨属、柳属等。

危害 幼虫咬食寄主叶片呈缺刻状，严重时仅剩叶脉。

形态特征　成虫：雌虫体长12～19mm，翅展34～44mm。翅底色银白，具淡灰色及黄褐色斑纹；前翅外缘有1行连续的淡灰色纹，外横线成1行淡灰色斑，上端分叉，下端有1个红褐色大斑，中横线不成行，在中室端部有1个大灰斑，斑中有1个圈形斑，翅基有1个深黄、褐、灰三色相间的花斑；后翅外缘有1行连续的淡灰斑，外横线成1行较宽的淡灰斑，中横线有断续的小灰斑，斑纹在个体间略有变异；前、后翅平展时，后翅上的斑纹与前翅斑纹相连接，似由前翅的斑纹延伸而来，前、后翅反面的斑纹同正面，唯无黄褐色斑纹。腹部金黄色，有由黑斑组成的条纹9行，后足胫节内侧无丛毛。雄虫体长10～13mm，翅展32～38mm；翅上斑纹同雌虫；腹部亦为金黄色，有由黑斑组成的条纹7行，后足

丝棉木金星尺蛾成虫（《上海林业病虫》）

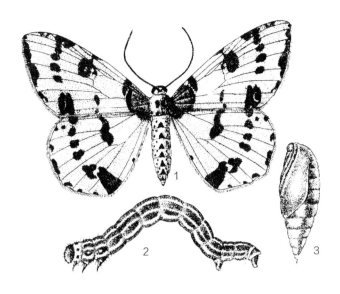

胫节内侧有1丛黄毛。**卵:** 长约0.8mm，宽0.6mm，椭圆形，卵壳表面有纵横排列的花纹。初产时灰绿色，近孵化时呈灰黑色。**幼虫:** 老龄幼虫体长28～32mm；体黑色，刚毛黄褐色，头部黑色，冠缝及傍额缝淡黄色，前胸背板黄色，有5个黑色斑点，中间的为三角形。背线、亚背线、气门上线、亚腹线为蓝白色，气门线、腹线黄色较宽，臀板黑色，胸部及腹部第六节以后的各节上有黄色横条纹。胸足黑色，基部淡黄色。腹足趾钩为双序中带。**蛹:** 体长9～16mm，宽3.5～5.5mm，纺锤形，初化蛹时头、腹部黄色，胸部淡绿色，后逐渐变为暗红色。腹端有臀刺，分两叉。

生物学特性 黑龙江哈尔滨1年2代；陕西西安、辽宁营口1年2～3代；北京、河北1年3代。均以蛹在土中越冬。翌年5月上、中旬越冬蛹开始羽化成虫，5月下旬为羽化盛期，成虫多在夜间羽化，白天较少羽化。白天栖息于树冠的枝叶间，遇惊扰做短距离飞翔，夜间活动，有弱趋光性。成虫无补充营养习性，一般于夜间交尾，少数在白天进行，持续6～7小时，不论雌、雄成虫一生均只交尾1次。交尾分离后于当天傍晚即可产卵，多成块产于叶背，沿叶缘成行排列，少数散产。每雌产卵2～7块，每块有卵1～195粒不等，平均每雌产卵（258±113）粒，遗腹卵（15±9）粒。卵期5～6天。5月下旬第一代幼虫开始孵化。幼虫共5龄，初龄幼虫活泼，迅速爬行扩散寻找嫩叶取食，受惊后立即吐丝下垂，可飘移到周围枝条上。幼虫在背光叶片上取食，1～2龄幼虫取食嫩叶叶肉，残留上表皮，或咬成小孔，

图中说明：
丝棉木金星尺蛾（张培毅　绘）
1. 成虫；2. 幼虫；3. 蛹

有时亦取食嫩芽。3龄幼虫从叶缘取食，食成大小不等的缺刻。4龄幼虫取食整个叶片，仅留叶柄。5龄幼虫不仅可取食叶柄，还可啃食枝条皮层和嫩茎。幼虫昼夜取食，每次蜕皮均在3:00～9:00进行，往往蜕皮后幼虫食尽蜕下的皮蜕，仅留下硬化的头壳。幼虫老龄后大部分沿树干下爬到地，少数吐丝下坠落地，爬行到树干基部周围疏松表土3cm中或地被物下化蛹，经2～3天预蛹期，最后蜕皮化蛹。6月中旬开始化蛹。幼虫期第一代平均35天，第二代23天，第三代（越冬代）25天。第二代幼虫期在7月中旬至8月下旬，第三代（越冬代）幼虫期在8月中旬至9月下旬，一般第二、三代幼虫危害严重，常将树叶吃光。幼虫多在9月则陆续入土深2～3cm处化蛹过冬。

防治方法

1. 人工防治。蛹期人工挖蛹或松土灭蛹；利用幼虫吐丝下垂习性，可震落收集捕杀幼虫。

2. 化学防治。在第一代幼虫发生期，喷洒20%除虫脲悬浮液7000倍、Bt油悬浮剂（8000IU/μL）1000～1500倍液、青虫菌乳剂。

3. 杀虫灯诱杀成虫。

4. 保护和利用天敌。

参考文献

杨子琦等，2002; 徐公天，2007.

（徐公天，乔秀荣，杨秀元，黄孝运）

丝棉木金星尺蛾幼虫（《上海林业病虫》）

378 枣尺蛾

分类地位　鳞翅目 Lepidoptera　尺蛾科 Geometridae

拉丁学名　*Chihuo zao* Yang

异　　名　*Sucra jujuba* Chu

中文别名　枣步曲、量尺虫、枣尺蠖

分布　河北，山西，浙江，安徽，山东，河南，陕西等地。

寄主　枣、苹果、梨树。

危害　幼虫取食嫩叶、幼芽、花蕾。严重时可把树冠啃成光杆。

形态特征　**成虫：** 雌虫无翅，纺锤形；灰褐色。体长12～17mm。雄虫体长10～15mm，翅展35mm。体淡灰褐色。前翅外横线与基线比较清晰。后翅外横线清楚，内侧有1个黑斑。**幼虫：** 体长40mm。青灰色。体表有多条灰白色纵条纹。

生物学特性　河南1年1代，个别2年1代。以蛹在土中越冬。翌年3月中旬开始羽化，产卵于枝杈及树皮缝内。幼虫4月中旬开始孵化。老熟幼虫于5月中旬开始坠地入土化蛹，越夏过冬。个别蛹于越冬后，翌年不再羽化，继续越冬，第三年才羽化。

雌蛾羽化后，多在傍晚沿树干上树。雄蛾羽化后，即在林间飞翔，并与雌蛾交尾。经2～3天后死去。雌蛾交尾后，于次日开始产卵。卵多产于枝杈粗皮缝内，几十粒至数百粒排列成串状或块状。每头雌蛾产卵1200余粒。卵经15～25天孵化。幼虫孵化后喜散居，爬行迅速，并吐丝缠绕嫩芽，阻止萌发。幼虫取食嫩叶、幼芽和花蕾，对产量和品质影

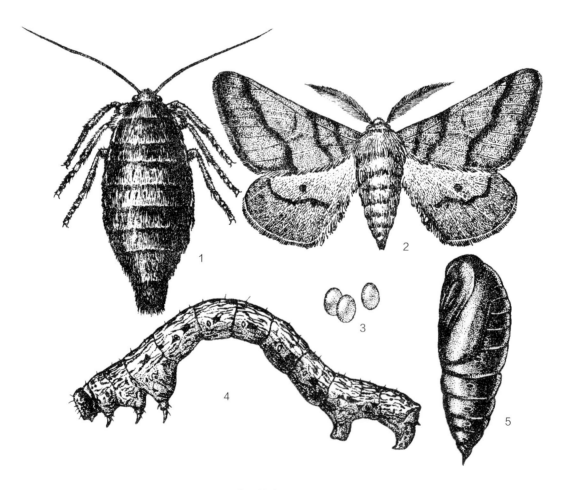

枣尺蛾（张翔　绘）

1. 雌成虫；2. 雄成虫；3. 卵；4. 幼虫；5. 蛹

枣尺蛾雄成虫（李镇宇　提供）

枣尺蛾雌成虫（李镇宇　提供）

枣尺蛾雌成虫（徐公天　提供）

响极大。幼虫有假死性，遇惊即吐丝下垂，借风力向外扩散蔓延。

防治方法

1. 人工防治。秋冬季节，结合冬耕，翻地灭蛹；另外，早春雌蛾上树前，在树干基部绑塑料薄膜，阻止上树产卵。早晨检查捕杀。

2. 化学防治。幼虫危害初期，喷洒25%灭幼脲Ⅲ号胶悬剂2000倍液，或80%敌百虫晶体1000倍液。

3. 生物防治。枣尺蛾菱室姬蜂、家蚕追寄蝇对抑制数量起很大作用，应注意保护。

参考文献

杨有乾等, 1982; 萧刚柔, 1992; 河南省森林病虫害防治检疫站, 2005.

（杨有乾，李榜庆）

分类地位	鳞翅目 Lepidoptera　尺蛾科 Geometridae
拉丁学名	*Biston panterinaria* (Bremer et Grey)
异　名	*Culcula panterinaria* (Bremer et Grey)
英文名称	Chinese pistacia looper
中文别名	木橑尺蠖、木橑步曲、核桃棍虫、小大头虫、山虫、一扫光、吊死鬼

379 黄连木尺蛾

黄连木尺蛾是一种暴食性、多食性害虫，其危害的突出特点具间歇性。在暴发期间，其危害使粮油作物减产50%，经济林果减产20%～50%，甚至造成树体死亡，严重影响当地农业生产和农民生活。

分布　北京（昌平、怀柔、延庆、密云、海淀、平谷），河北，山西，内蒙古，辽宁，吉林，山东，河南，广西，四川，云南，陕西，甘肃，台湾。日本，朝鲜，印度，尼泊尔，越南，泰国。

寄主　黄连木、核桃、板栗、山杏、苹果、紫穗槐、刺槐、杨、臭椿、火炬树、黄栌、石榴、山楂、合欢、泡桐、榆叶梅、酸枣、荆条等，涉及30余科170多种植物（萧刚柔，1992；闫国增，2001；徐公天等，2007）。

危害　幼虫孵化后即迅速分散，很活泼，爬行快；稍受惊动，即吐丝下垂，借风力转移危害。初孵幼虫喜光，常分散在树冠外围危害，喜栖息叶尖危害，啃食叶肉，留下叶脉，致叶面呈现半透明网状斑驳。3龄后幼虫迟钝，食量猛增，通常将一片叶食尽后才转移危害。静止时，一般利用臀足和胸足攀附在两叶或两小枝之间，和寄主构成一个三角形。7～8月危害最重，易暴发成灾，可成群外迁扩大危害，常将树木叶片吃光。

黄连木尺蛾成虫（徐公天　提供）

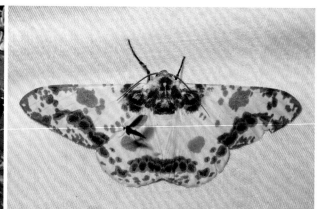

黄连木尺蛾成虫（桂东四都）（李颖超　提供）

黄连木尺蛾幼虫（徐公天　提供）

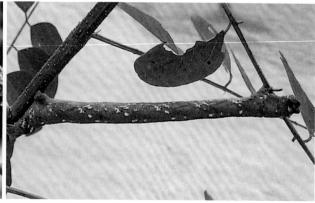

黄连木尺蛾幼虫（徐公天　提供）

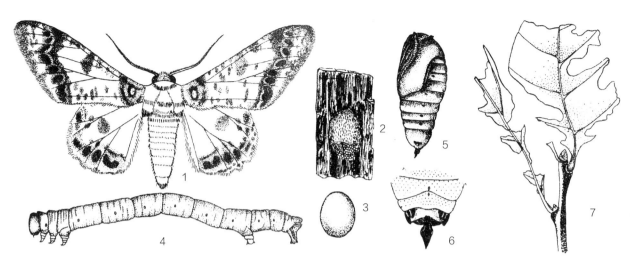

黄连木尺蛾（徐天森　绘）

1. 成虫；2、3. 卵块及卵；4. 幼虫；5、6. 蛹及蛹尾部；7. 危害状

形态特征　成虫：体长约30mm，翅展约70mm。翅底白色，上有灰色和橙色斑点；在前翅和后翅的外横线上各有1串橙色和深褐色圆斑，前翅基部有1个橙黄色大圆斑。**卵：**长0.9mm，扁圆形，绿色。卵块上附有1层黄棕色绒毛，孵化前变为黑色。**幼虫：**老龄幼虫体长约70mm，表皮粗糙，体色通常与寄主植物的颜色相近似，常为绿、褐、灰褐色等，并散生有灰白色斑点。头部密布小突起，顶部中央凹陷，前胸背面有角状突起2个，中胸至腹末各节两侧各有2个灰白色小圆点。**蛹：**体长约30mm，宽8～9mm，纺锤形，初化蛹为翠绿色，后变为黑褐色（王源岷等，1987；萧刚柔，1992；徐公天等，2007）。

生物学特性　北京、河北、山西、河南等地1年1代。以蛹在石块下、潮湿地表下1～10cm处越冬，以1～5cm处相对集中。成虫羽化很不整齐，最早在5月上旬陆续开始羽化，7月中、下旬进入羽化盛期，8月上旬为羽化末期。北京地区羽化始期在6月7日至7月6日，盛期在7月16～22日，末期在8月10日前后；大发生年份羽化始期比较早，比正常年份要提前半个月左右（萧刚柔，1992；徐公天等，2007；闫国增等，2001）。成虫趋光性强，白天静伏在树干、树叶、杂草等处，容易被发现（张玉玲，李建红，2004）。

卵期约10天，孵化适宜温度为26.7℃，相对湿

黄连木尺蛾幼虫危害状（徐公天　提供）

度为50%～70%，孵化率在90%以上。幼虫于7月上旬孵化，盛期为7月下旬至8月上旬，末期为8月下旬。幼虫共6龄，幼虫期40天左右。9月下旬，老熟幼虫开始落入土中或石块下成群化蛹（萧刚柔，1992；徐公天，2007）。

越冬蛹受土壤湿度影响较大，以含水率12%最适宜，低于10%则不利于其生存。所以，在冬季少雪，春季干旱的年份，蛹的自然死亡率高；阳坡比阴坡的死亡率高，植被稀少的地方比灌木丛中、乱石堆下的死亡率高。5月降雨较多，成虫羽化率高，幼虫发生量大（萧刚柔，1992）。

黄连木尺蛾成虫交尾（徐公天　提供）

成虫羽化的适宜温度为24.5～25℃，以20:00～23:00羽化最多。成虫具有强趋光性，均在夜间活动，白天静伏于树干、树叶丛、梯田壁、杂草、作物上，容易发现。成虫寿命4～12天。成虫羽化后即行交尾，交尾后1～2天内产卵。卵多产于寄主植物的皮缝里、叶背或石块上，块产，排列不规则，平均每雌产卵912粒，最高3118粒（萧刚柔，1992；闫国增等，2001）。

防治方法

1. 入冬前或春天挖茧蛹，减少虫源。

2. 剪除卵块。

3. 利用成虫趋光性强的习性，在成虫发生期6～8月用黑光灯诱杀。

4. 在黄连木尺蛾3龄以前，用Bt油悬浮剂（8000IU/μL）1000～1500倍液、20%除虫脲悬浮剂7000倍液或核型多角体病毒液防治幼虫。

5. 保护利用黄连木尺蛾黑卵蜂等天敌，有效发挥生态系统的自控作用（徐公天等，2007）。

参考文献

王源岷等, 1987; 萧刚柔, 1992; 闫国增, 禹菊香, 2001; 张玉玲, 李建红, 2004; 徐公天等, 2007.

（王金利，李广武）

380	八角尺蛾	分类地位	鳞翅目 Lepidoptera　尺蛾科 Geometridae
		拉丁学名	*Dilophodes elegans sinica* Wehrli

八角尺蛾是八角林区最主要的食叶害虫，长年一代接一代频繁地发生和危害，形成八角减产减收，被吃光的林分还会影响后2年的产量，可对生态与经济造成重大损失。

分布　广西，云南，台湾等地。

寄主　八角。

危害　幼虫将叶片咬成缺刻状或穿孔状，虫龄增大后，取食全叶，高虫口密段时将全树、全林分叶片吃光，状如火烧。

形态特征　**成虫：**体长20～25mm，翅展55～60mm。触角丝状。翅、体灰白色，密布黑斑。雌蛾腹端无绒毛簇，后翅后缘中部有1个"∧"形黑斑。雄蛾腹端有簇生的灰黑色毛，后翅后缘中部有1个近圆形的黑斑。**卵：**大小约为1mm×0.7mm，椭圆形。初产时乳白色，后变淡黄色，近孵化时灰褐色并现红点，有光泽。**幼虫：**1～2龄体长2.5～8.7mm，红褐色，斑点小而密集，与节间膜相隔形成淡褐相间的环节；3～4龄体长9.4～22mm，斑点显露，体青绿或黄绿色。5～6龄体长24～38mm，淡黄绿色，斑块和"十"字形黑斑明显。老龄时体

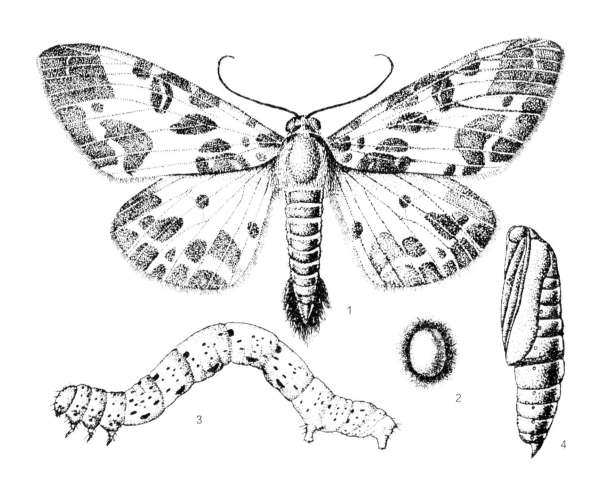

八角尺蛾（侯伯鑫　绘）

1. 成虫；2. 卵；3. 幼虫；4. 蛹

长35～40mm，体壁光滑，淡黄绿色，肥胖，斑块明显，第一至第四腹节背中节间各有1个大型"十"字形黑斑，体侧和腹面各有2排较大的黑斑，各斑中有1根毛。**蛹：**暗红褐色，近羽化时暗褐色，现出黑斑，腹端有1个分叉的臀刺（萧刚柔，1992）。

生物学特性　广西南部的玉林、南宁等地区1年4～5代。以蛹和幼虫越冬。越冬的幼虫翌年2月恢复活动，3月中旬化蛹，3月下旬羽化；1～4代幼虫发生期分别为：4～5月、6～7月、8～9月、10～11月；11月下旬至12月上旬，已经老熟的幼虫入土化蛹越冬，而尚处于中、幼龄阶段的幼虫则静伏在树冠下部的叶背或叶缘下越冬。以蛹越冬者翌年2月下旬羽化，各代发生期比前者约提早1个月，10月上、中旬第四代幼虫陆续老熟化蛹，其中部分蛹越冬，

部分蛹羽化、交尾产卵，于10月下旬至11月上旬卵化产生第五代幼虫，继而越冬。预蛹期2～6天，蛹期12～30天，越冬蛹期90～120天，成虫寿命7～20天。全年除1月无成虫和卵外，其他月份各种虫态均可出现，明显表现为世代重叠（黄金义，1986）。

成虫多于17:00～21:00羽化，出土后爬上树干停息展翅，当晚即可飞翔。成虫飞翔力不强，每次可飞翔2～3分钟、距离约在100m以内，以夜间较为活跃。对黑光灯有较强的趋性。白天多停息在杂灌或花草丛中，吸食露水和花蜜。羽化后1～3天交尾，交尾多在1:00～5:00进行。每雌一般能产卵200～300粒，最多可达500多粒。卵散产于树冠的中下部叶片背面，通常1叶1粒，偶有1叶数粒。幼虫6～7龄。孵化后约12小时才取食，1、2龄幼虫只啃食叶

八角尺蛾成虫（王缉健　提供）

在树干上栖息的八角尺蛾成虫（王缉健　提供）

八角尺蛾卵与初孵幼虫（王缉健　提供）

八角尺蛾老熟幼虫（王缉健　提供）

八角尺蛾蛹的腹面、背面和侧面（王缉健　提供）

八角尺蛾预蛹和蛹（王缉健　提供）

受病菌感染死亡八角尺蛾幼虫（王缉健　提供）

八角尺蛾受害林区（王缉健　提供）

背的叶肉，留下膜状的叶面表皮，以后干枯而穿破成孔洞；3龄后从叶缘咬食，以后逐渐取食全叶。1条幼虫一生约取食叶片19张。缺食时还可食花蕾、嫩果和嫩树皮。幼龄喜欢吃嫩叶，老龄多吃老叶，在大发生时常会出现树冠上部端梢嫩叶先被吃光的现象。幼虫栖息时多在叶背和叶缘下或吊丝悬空，静止不动，若突然受声音或震动惊扰时，会即行吊丝下坠落地或悬空，数分钟后再沿丝攀上或从树干爬回树冠。郁闭度小的阳坡林分受害较重。幼虫耐寒能力强。老熟幼虫在树冠下松土中3～4cm深处化蛹。

防治方法

1. 加强测报。通过对上一代害虫发生情况或当代不同虫期的发生量调查，确定当代或下一个虫态发生情况，以及时确定防治时机与方法。

2. 人工防治。在大发生期间，利用人工挖蛹，然后集中处理，可以减少下一代发生量。

3. 生物制剂防治。3～4月喷洒白僵菌粉，夏秋季可喷放苏云金杆菌或森得保（苏云金杆菌+阿维菌素）粉剂，如水源方便也可配成菌液喷雾。

4. 物理防治。成虫有明显的趋光性，每代成虫刚开始至结束期间可用黑光灯诱杀成虫。

5. 化学药剂防治。用2.5%敌杀死乳油3000～4000倍，或25g/L高效氯氟氰菊酯800～1000倍喷雾毒杀幼虫。

参考文献

黄金义, 蒙美琼, 1986; 萧刚柔, 1992.

（王缉健，覃泽波，赵庭坤）

381	豹尺蛾	分类地位	鳞翅目 Lepidoptera 尺蛾科 Geometridae
		拉丁学名	*Dysphania militaris* (L.)
		英文名称	Common tiger moth

豹尺蛾危害竹节树，严重发生时把嫩枝和叶片吃光，影响竹节树的生长及景观效果。

分布 福建，广东，云南，香港，澳门等地。泰国，印度，印度尼西亚，马来西亚，越南，柬埔寨。

寄主 竹节树。

危害 幼虫取食寄主叶片，低龄幼虫造成叶片缺刻，3龄后食量逐渐增加，从叶尖或叶缘向内取食，严重时把整叶和嫩枝吃光。

形态特征 **成虫：**体长23～28mm，前翅长34～38mm。身体杏黄色间紫蓝色斑纹。前翅外半部紫蓝色有2行粉白色斑，呈半透明状态，基半部杏黄色，有"E"形紫蓝纹，翅基有坑；后翅杏黄色，散布紫蓝色斑块，中点为1个巨大紫蓝色近圆形斑，其下方另有1个稍小的近圆形斑。胸部杏黄色，有2条紫蓝色横带；腹部杏黄色，节间横条紫蓝色（朱弘复等，1975；黄邦侃，2001）。**卵：**长1.14～1.20mm，宽0.91～1.03mm，高0.72～0.88mm。初产浅黄色，短椭圆形，中部稍凹陷，逐渐底部出现红色，其边缘斑点状。卵周有红色带环绕。孵化前灰黑色（伍有声等，2004）。**幼虫：**初孵幼虫（1龄）褐色，体长4.34～6mm，头宽0.23mm。2龄幼虫体色转黄色，头宽0.55～0.64mm，3龄幼虫后体腹节背面开始出现斑点，并随虫龄增长斑点逐渐增多，3龄头宽0.97～1.44mm，4龄幼虫头宽1.98～2.08mm，5龄幼虫头宽2.84～2.91mm，6龄幼虫体长50～60mm、头宽3.98～4.56mm。体黄至橙黄色，腹面色较浅，头黄褐色，胸部具有多枚黑色斑点，背线和气门线蓝绿色，背线较宽，上有大小和形状不一的黑色斑点，气门线上有排列较密的黑色斑点。气门长椭圆形，气门筛灰黑色，围气门片黑色。臀节色较深，无色带和斑点，腹足齿钩双序中带（伍有声等，2004）。**蛹：**体长25～29mm，宽8～9mm。初蛹浅黄色，后变灰棕色至暗棕色，头正面两侧各有1枚肾形黑色眼斑，除触

豹尺蛾雌成虫（张润志 整理）

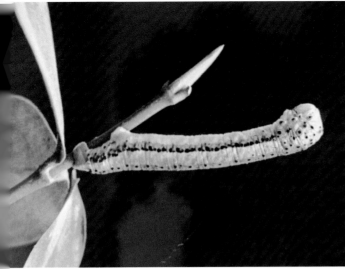

豹尺蛾幼虫（张润志　整理）

豹尺蛾在竹节树叶卷内化蛹（张润志　整理）

产于竹节树叶上的豹尺蛾卵（张润志　整理）

豹尺蛾幼虫危害状（张润志　整理）

豹尺蛾蛹（张润志　整理）

角、翅和足外，头、胸和腹部有分散黑褐色斑点，气门黑褐色，腹末节前缘呈锯齿状稍隆起的黑褐色环带，该环带在腹面处不闭合。臀棘8枚，其中4枚集中在中央，两侧各2枚，平列，臀棘前部钩状，较柔软，黄褐色（伍有声等，2004）。

生物学特性　1年3代以上，世代重叠。以蛹越冬。2月下旬至3月上旬越冬代成虫出现，3月为第一代幼虫危害期，4月中、下旬第一代成虫出现，4月中旬至5月为第二代幼虫危害期，5月中、下旬第二代成虫出现，5月中旬至6月中旬为第三代幼虫危害期。成虫白天活动，飞行缓慢，有气味，令鸟类不食；晚间交尾产卵，卵单粒散产。多半产在叶正面，由单粒至多粒聚在一起，有时多达102粒。成虫寿命11～17天。幼虫共6龄，初孵幼虫歇息时以第六腹足及臀足固定身体于枝梗和叶上，前体大半部分卷曲。2龄幼虫通常吐丝悬挂于枝叶上，随风飘散转移并开始取食叶片，造成缺刻；3龄后食量逐渐增加，从叶尖或叶缘向内取食，严重时把整叶和嫩枝

吃光。幼虫受惊扰时往往将前体成一定角度竖起，胸部收缩成拳状。幼虫老熟后吐丝造成不封闭的叶卷并在其内化蛹，蛹期10～17天。卵期天敌有寄生蜂（伍有声等，2004）。

防治方法

1. 检疫措施。引种或移栽苗木时注意检疫，防止带虫苗木传播扩散。

2. 人工防治。利用幼虫有假死习性，摇动枝干，将落下的幼虫消灭。

3. 化学防治。45%丙溴·辛硫磷乳油1000～1500倍液，80%～90%敌百虫可溶性粉剂或25g/L高效氯氟氰菊酯乳油1000～1500倍液，或50%杀螟硫磷乳油1000～1500倍液喷雾。

4. 保护天敌，保护卵期寄生蜂。

参考文献

朱弘复等，1975；黄邦侃等，2001；伍有声，高泽正，2004.

（伍有声，高泽正）

382	落叶松尺蛾	分类地位	鳞翅目 Lepidoptera 尺蛾科 Geometridae
		拉丁学名	*Erannis ankeraria* (Staudinger)
		异 名	*Erannis defoliaria gigantea* Inoue

分布 北京，河北，内蒙古，黑龙江，陕西等地。匈牙利。

寄主 该虫是落叶松属的重要害虫，幼虫危害落叶松和栎类。

危害 20世纪80年代初，河北围场县该虫发生面积2.7万hm²，每株虫口最高达20000头以上；塞罕坝机械林场和孟滦林管局发生1万hm²；陕西秦岭林区亦发现该虫大面积危害。据调查，落叶松尺蛾连续发生4年，对林木高生长第一年无显著影响，对第二至第四年影响极为显著。每株虫口数达1100头，失叶率达50%时，对径生长影响显著，而对材积影响不显著；每株虫口数3200头以上，失叶率100%时，对径生长及材积生长影响均极显著。

形态特征 成虫： 雌蛾纺锤形，体长12～16mm；头黑褐色，头顶有1簇白色鳞毛组成的白斑，触角、复眼黑色，触角丝状；体灰白色，有不规则的黑斑；胸部每节背面各有1对黑斑，腹部第一节1对黑斑特别大，其余各节从背中线及两侧密布不整齐黑斑；从头部、复眼起到尾部止有1条侧黑线；翅退化，仅有鳞片状突起。足细长，黑色，各节有1～2个白色环斑。雄虫体长14～17mm，翅展38～42mm；浅黄褐色；头浅黄色，复眼黑色；触角短

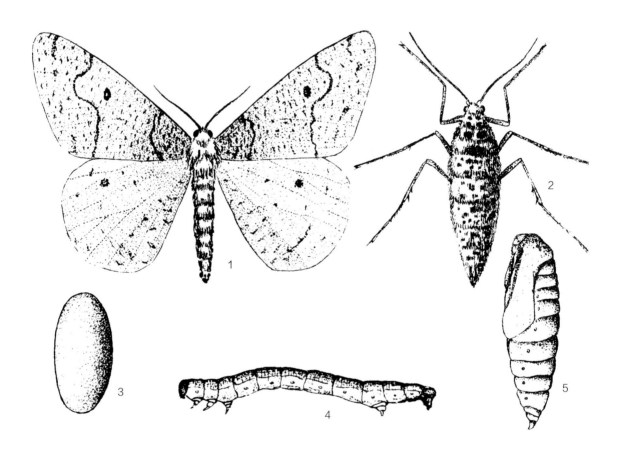

落叶松尺蛾（杨翠仙 绘）

1. 雄成虫；2. 雌成虫；3. 卵；4. 幼虫；5. 蛹

落叶松尺蛾雄成虫（梁家林　提供）

落叶松尺蛾雌成虫（梁家林　提供）

落叶松尺蛾幼虫（梁家林　提供）

落叶松尺蛾蛹（梁家林　提供）

栉齿状，触角干淡黄色，栉齿部黄褐色；胸部密被长鳞片；翅浅黄色，前翅密生不规则褐色斑点，中横线及肾状纹清楚，亚基线略浅，均为褐色，后翅有不太清楚的中横线，中横线内侧有1个圆斑，褐色。**幼虫：**体长27～33mm，黄绿色。头黄褐色，头壳粗糙，有红褐色花纹，上唇淡褐色，缺切边缘色较深。触角黄白色，内侧具1个黑褐色圆点。体多皱褶，背面、腹面各具10条断续黑纹。气门线、腹中线黄绿色，气孔长圆形；边缘黑色。**蛹：**体长14.5mm，红褐色，具橘皮状皱纹，第五腹节最长，两侧各有1条线形隆起，颜色较深，腹末具倒"Y"形刺1个。

生物学特性　大兴安岭1年1代。以卵越冬。翌年5月底幼虫孵化。幼虫5龄，1龄5～8天，2龄4～6天，3龄4～5天，4龄6～7天，5龄13～15天。幼虫

危害期35～37天，老熟幼虫7月上旬入土化蛹，蛹期68～79天，9月成虫羽化。羽化时间多在早晨，雌虫善爬行，羽化后即爬上树。雄虫有假死性，以手触之，即坠地装死。成虫夜间交尾产卵，卵产于张开的球果鳞片中。越冬卵期长达230～240天。

据观察，林分郁闭度愈大，危害愈重。郁闭度0.85以上的林分，林木全部被害，而郁闭度0.4的林分则被害轻微。零星分布的林木和阳光充足的疏林没有虫害。在同一山坡上，上坡的人工纯林被害如火烧状，而下坡的落叶松和桦树混交林则郁郁葱葱。山洼及林内被害较重，林缘被害较轻。

参考文献

张连珠等，1982；黄冠辉，1984；姜恩玉，1987；孙士英等，1987；樊美珍等，1988.

（刘元福）

383 刺槐外斑尺蛾

分类地位 鳞翅目 Lepidoptera 尺蛾科 Geometridae

拉丁学名 *Ectropis excellens* (Butler)

中文别名 刺槐尺蠖

分布 北京，河北，辽宁，河南，广东，四川，台湾等地。日本，朝鲜，俄罗斯。

寄主 刺槐、榆、杨、柳、栎、栗、苹果、梨树。

危害 初龄幼虫啃食叶肉，残留表皮，呈箩网状。长大幼虫，蚕食叶片，咬成缺刻或孔洞，严重时把叶食光。

形态特征 **成虫：**雌虫体长15mm，翅展40mm；体灰褐色，外横线中部有1个明显的黑褐色圆斑，外缘线呈黑色条斑，并外缘线锯齿形；后翅具波状横纹。雄虫体长13mm，翅展32mm；体色和翅上斑纹较明显。**幼虫：**体长35mm。体色变化较大，大多呈灰褐色。

生物学特性 河南1年4代。以蛹在土中越冬。翌年4月上旬成虫开始羽化，产卵。幼虫孵化后，危害至5月上旬老熟入土化蛹。经10天左右羽化为第一代成虫，第二代成虫7月上、中旬出现，第三代成虫8月中、下旬发生，第四代幼虫危害至9月中旬先后老熟，入土化蛹越冬。

成虫趋光性较强。产卵于树干下部的粗皮缝内，堆积成块。每雌产卵1000余粒。幼虫孵化后，沿树干、枝条向叶片迁移，啃食叶肉，残留表皮。

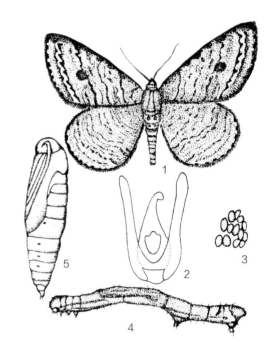

刺槐外斑尺蛾

1.雌成虫；2.雄性外生殖器；3.卵；4.幼虫；5.蛹

长大的幼虫将叶片咬成缺刻或小孔洞，严重时把叶吃光，似火烧状。幼虫危害时期，在枝条间吐丝拉网，连缀枝叶，如帐幕状。老熟幼虫在林地多集中在树干基部周围土中化蛹。

刺槐外斑尺蛾成虫（休止）（徐公天 提供）

刺槐外斑尺蛾成虫第一、二腹节背部毛束（徐公天 提供）

刺槐外斑尺蛾幼虫(斜视)（徐公天 提供）　　　刺槐外斑尺蛾幼虫（上视）（徐公天 提供）

刺槐外斑尺蛾幼虫（右视）（徐公天 提供）

防治方法

1. 营林措施。营造混交林，减轻危害。

2. 人工防治。结合冬耕，在树干基部周围刨树盘、翻土，消灭蛹。

3. 化学防治。幼虫危害初期，喷洒25%灭幼脲Ⅲ号2000倍液，或用飞机超低容量喷洒20亿PIB/mL甘蓝夜蛾核型多角体病毒液30～50mL/亩；低容量喷洒450g/hm²。

4. 生物防治。一种绒茧蜂，对初龄幼虫寄生率很高，应注意保护。

参考文献

杨有乾等, 1982; 萧刚柔, 1992; 河南省森林病虫害防治检疫站, 2005.

（杨有乾）

384 小用克尺蛾

分类地位 鳞翅目 Lepidoptera 尺蛾科 Geometridae

拉丁学名 *Jankowskia fuscaria* (Leech)

小用克尺蛾本是靠其他寄主为生的昆虫，但速生桉大面积发展以后，它依靠丰富的桉树叶片为食料，已经成为在桉林区内可突然暴发成灾的食叶害虫，对生态与经济带来重大损失。

分布 湖南，广东，广西（贵港、玉林、容县、北流、陆川、博白、浦北、钦州）等地。

寄主 桉树、茶树。

危害 幼虫低龄时取食叶片的一侧，随虫龄增大而咬食叶缘、全叶，直至全树、全林区被吃光，使林木如被火烧烤过一般。

形态特征 **成虫：**雄虫前翅长17～20mm，雌虫21～32mm。雄虫触角双栉齿形，末端约1/4线形无栉齿；雌虫触角线形。下唇须短，尖端伸达额外。头和胸部背面灰褐色掺杂黑褐色，第一腹节背面灰黄色。前翅顶角钝圆，外缘十分倾斜；后翅外缘波状，雌虫较雄虫波曲深；翅大部灰褐至深灰褐色，前、后翅后缘和后翅基部色较浅；前翅内线和前、后外线为黑色短条状；翅端部在M_1以下为浅色大斑，通常为淡灰褐色至浅黄褐色；缘线为1列黑灰色点；缘毛深灰褐色与灰黄色掺杂；翅反面深褐色，斑纹极其模糊。

幼虫：初孵幼虫头宽0.25～0.3mm，体背黑褐色，背上有7道白色环纹，着生于各节间；腹面有5条由白点组成的节间线段。老龄幼虫头宽3.2～3.4mm，体长48～54mm，体灰褐色，有的幼虫头胸及臀节略带肉

小用克尺蛾成虫（王缉健　提供）

小用克尺蛾幼虫（王缉健　提供）

小用克尺蛾幼虫（王缉健　提供）

小用克尺蛾雌、雄蛹（王缉健　提供）

被茧蜂寄生的小用克尺蛾幼虫（王缉健　提供）

红色，体上有稀少的短毛，前胸及腹节的气门近圆形，气门圈黑褐色，头部有散生的黑色小点。

生物学特性　广西博白1年4代。以幼虫在树上越冬。每年4、6、8、10月在林间可见到幼虫，幼虫6～7龄。预蛹期约2天。蛹期7～10天。

成虫多在晚上羽化，从地面爬到树干2m以下部位栖息。双翅平展贴附在树干上，翅面颜色由淡转至正常。成虫绝大多数选择桉树表皮已与树干分离、由灰白色转为黑褐色的卷曲翘起、行将脱落的表皮上；翅与树皮的色泽几乎混同，不易分辨。次日即可配对交尾，时间长达数小时。交尾后的雌虫飞至树梢嫩叶上产卵，通常1次产完，约300粒一堆，上方覆盖着雌虫自身的绒毛。3～4天卵孵化，孵化率可达100%。出壳幼虫如在卵堆上方的将卵壳全部咬食，在卵堆下方的则留下粘贴在叶片的一小部分卵壳。初孵幼虫群集在几片相邻的嫩叶上取食叶片的一侧，不将叶片完全咬穿；受惊既可吐丝下垂，也可卷曲成"C"形，不易觉察。幼虫2、3龄后逐渐分散各自取食，多为1个小枝由1头幼虫所占据，近老龄时每天可取食叶片1张以上。中、老龄幼虫，取食全叶及嫩梢，被吃光林分状如火烧。桉林如在春季严重受害，当年的生长量明显低于正常年份，如在冬季严重受害又逢干旱，容易出现植株枯死。幼虫中、老龄后的粪便容易辨认：跌下地面的新鲜粪粒呈绿褐色，半天后呈黑褐色，长圆筒形，不光滑，质地疏松，老龄幼虫粪粒长约3.5mm，粗约2.4mm。幼虫自初孵至老龄，爬行时均似弓形；遇突然震动或风吹会吐丝下垂，落地或转移到相邻

小用克尺蛾危害林相（王缉健　提供）

枝叶上。老龄幼虫吐丝下垂或沿树干爬落，多在距树干1m范围内、不足2cm的表土或落叶层中化蛹。幼虫选择疏松或有裂缝的位置钻入，幼虫化蛹相邻可近至3cm左右，如有较宽的裂缝，则可多头成行排列。蛹多为头向上，尾端向下，如地表过硬也可平摆于地表化蛹。羽化时身体从中足及触角原始体部位顶破钻出。

防治方法

1. 营林措施。整地时要设计适当的株行距、控制密度过大，减少害虫适生环境。

2. 注重测报。经常巡回调查及早发现虫情，当发现桉树叶片突然稀疏、地面可以看到虫粪时，要及时查明树上幼虫的虫口密度，考虑防治方式。

3. 人工防治。若发生的范围小，可用长竹竿打动枝叶使幼虫跌落而捕杀；幼虫化蛹于地表土层内，大发生时可在蛹期用人工挖掘收集活蛹进行处理。

4. 保护利用天敌。保护鸟类，多种鸟类可捕食尺蛾的幼虫、蛹或成虫。

5. 生物防治。幼虫发生密度过大时，可以在春季用白僵菌或在夏季用苏云金杆菌粉剂喷布全林分的树冠。

6. 化学防治。如林区树叶即将被吃光，可用胃毒、触杀农药混配滑石粉拌成粉剂，用机动喷雾喷粉机喷布全部树冠防治。

参考文献

王缉健，2002.

（王缉健）

385 刺槐眉尺蛾

分类地位 鳞翅目 Lepidoptera 尺蛾科 Geometridae

拉丁学名 *Meichihuo cihuai* Yang

中文别名 刺槐尺蠖

分布 北京，河北，山西，河南，陕西，新疆等地。

寄主 刺槐、臭椿、杨、柳、苹果、梨、桃、枣、柿、核桃等。

危害 初龄幼虫危害只留缺刻和穿孔，之后随虫龄增长，将整个叶片均吃光，虫口密度大时，使刺槐林叶片全部被害。

形态特征 **成虫：** 雄虫翅展33～42mm，棕色，触角羽状，前翅棕黄色，内、外横线黑褐色，2线之间深棕色，2线外侧镶白色，近前缘有1条黑纹，中室有1个小黑点；后翅灰黄色，中室上有1个小黑点，点外有2条褐色横线。雌虫无翅，体长12～14mm（李孟楼，2002）。**卵：** 圆筒形，0.8～0.9mm×0.5～0.6mm，暗褐色、黑褐色。**幼虫：** 老熟时体长约45mm，颅侧区具黑斑，胴部淡黄色；背、亚背、气门上线和下线及亚腹线灰褐色或紫褐色，气门线黄白色，腹线淡黄色，第八腹节背面1对深黄色突起。**蛹：** 暗红褐色，体长12～18mm；各节上半部密布圆形刻点，臀棘末端并列2个斜下伸的刺。**茧：** 长15～22mm。

生物学特性 1年1代。以蛹在土茧内越夏、越冬。2月下旬至4月下旬成虫羽化，成虫发生期达50天以上。4月上旬卵开始孵化，卵期10～31天。4月上旬至6月下旬为幼虫期，4月中旬至5月中旬是主要

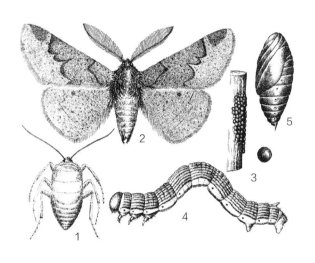

刺槐眉尺蛾（张培毅 绘）
1. 雌成虫；2. 雄成虫；3. 卵；4. 幼虫；5. 蛹

危害期。5月中旬至6月中旬下树，7月下旬至8月中旬化蛹，前蛹期约40天，蛹期约8个月。成虫耐寒、地表解冻时即羽化，白天静伏，夜间活动、有趋光性，羽化当晚即可交尾产卵，有多次交尾习性；雌雄性比2∶1，雌蛾寿命4～9天、雄蛾寿命3～6天；卵产于1年生枝梢阴面，平均产卵量462粒，最多920粒。初孵幼虫耐饥能力强，有吐丝下垂、随风扩散、受惊后坠地随后又上树、日夜取食习性；老熟幼虫多在树基周围约30cm内的土缝或松土中结茧，入土深度3～6cm。

天敌众多，包括寄生蜂、捕食性昆虫、白僵菌及鸟类等。其中，卵期黑卵蜂寄生率约18%；幼虫和蛹期屏腹茧蜂寄生率约10%（李孟楼，2002；韩平和，2008）。

防治方法

1. 因雌成虫上树产卵，可在树干1m高处涂粘虫胶一圈粘杀成虫。

2. 在幼虫期可用烟雾剂（15～23kg/hm²），或喷25%灭幼脲Ⅲ号胶悬剂1500倍液、4.5%的高效氯氰菊酯3000倍液防治。

参考文献

李孟楼，2002；韩平和，2008.

刺槐眉尺蛾成虫（李镇宇 提供）

（刘满堂，李孟楼，谌有光）

386 橙带丹尺蛾

分类地位 鳞翅目 Lepidoptera 尺蛾科 Geometridae

拉丁学名 *Milionia basalis pryeri* Druce

分布 广西（博白），海南。

寄主 竹柏。

危害 严重危害珍贵树种竹柏的重要食叶害虫。幼虫取食叶片，可把全林分吃光，啃食枝条及树皮，重灾林区如火烧迹地。

形态特征 **成虫：**翅展49.0～66.5mm。触角双栉齿状，体黑色。前后翅黑色；触角基节、复眼后缘，前胸背面后半、各腹节后缘，翅面Sc脉基部、R和Cu脉基半、基角内侧有粉粒状的天蓝色；从中横线前缘至亚外缘线之间有一道宽约3mm橙黄色的弧形带，此带的正反面色泽相同。后翅端外1/3也有1道与前翅色泽相同的橙黄色弧形大斑，色带外缘以各翅脉为中心有排列成1行的圆形或椭圆形黑斑，共7个，以臀角前和端角的黑斑最小且不规则，近端角的最大；后翅腹面、各足腿节蓝黑色，腹节腹面有散生的模糊蓝色翅片，Cu脉前半有淡蓝色纵纹，端部缘毛橙黄色。**卵：**长1.4～1.6mm，宽0.8～1.0mm，长卵圆形，一端略大，如米粒。初产时白色，后转为绿色、红色，近孵化时为灰褐色。**幼虫：**初孵体长约3.5mm，头宽约3mm，头部浅褐红色，体背和腹面为墨蓝色；腹部前半部灰白色，后半部灰红色。老熟幼虫体长36.5～42.3mm，头宽 3.8～4.9 mm；头部、前胸、气门上线，前、中、后胸腹面，第六腹足至臀节均为棕红色；背线、亚背线、气门上线、基线、侧腹线和腹线较粗，为白色，各腹节的背线后缘有较大的白斑；各节的背面和腹面各分别有

橙带丹尺蛾异色成虫交尾（王缉健　提供）

橙带丹尺蛾深褐色成虫交尾（王缉健　提供）

橙带丹尺蛾化蛹前开口与布丝网（王缉健　提供）

橙带丹尺蛾幼虫蛀入口（王缉健　提供）

7道呈直、弯、点和不规则小斑的白色横线。**蛹：**红褐色，纺锤形。雌蛹体长26.0～28.5mm，宽7.8～8.0mm；雄蛹体长22.5～24.5mm，宽7.0mm。头顶、各腹节后缘、末端2节黑褐色。

生物学特性 1年3代，在7～9月间往往虫态重叠。10月下旬至11月上旬陆续以蛹越冬。4月初成虫出现。8～9月是危害高峰。卵期约7天，幼虫期25天左右，成虫期3～7天，蛹期约7天，越冬蛹期150天以上。

成虫羽化、交尾后，把腹末伸到翘起的树皮缝隙

橙带丹尺蛾蛹（王缉健　提供）　　　　　　　　橙带丹尺蛾近孵化卵（王缉健　提供）

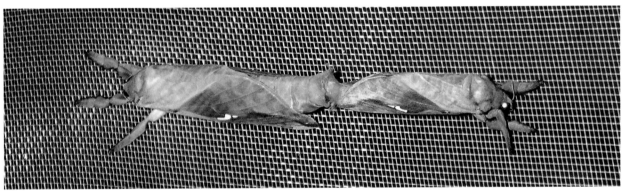

橙带丹尺蛾黄褐色成虫交尾（王缉健　提供）

橙带丹尺蛾羽化位置及蛹壳（王缉健　提供）　橙带丹尺蛾蛹（自左至右：雄蛹、雌蛹、近羽化的蛹）（王缉健　提供）

橙带丹尺蛾虫苞及被害主干（王缉健　提供）

下1～3cm位置产卵，每处产卵量数粒至数十粒，呈连续、分散或不规则地黏着。大部分卵粒孵化时间较集中。幼虫孵化后全部爬到树梢顶端，共同吐丝形成直径30～40cm的圆形网套，把顶梢叶芽全部封闭以蚕食，仰看如在树梢上套了一个白色农膜袋，容易识别。幼虫在网内把嫩叶吃光，3龄后分散到下面枝条取食叶片。大发生时，枝条端部和比较细嫩的枝条皮层也被咬食，甚至啃至木质部。老熟幼虫吐丝下垂或沿着树干爬落地面，在枯枝落叶层或2cm以内表土化蛹或越冬。在树干四周1m范围内土层的蛹最多，每个蛹体间有距离。成虫羽化10分钟后，缓慢爬上竹柏主干上栖息。次日在林内飞翔、交尾，交尾历时2小时以上。在当天或次日分多次产卵。蛹期调查是搞好测报的关键，在地表枯枝落叶层或松土中，调查蛹的数量判断下代发生趋势。

防治方法：

1. 保护天敌。成灾林区内有黑卷尾和其他鸟类频繁活动捕食幼虫，应加强保护。

2. 人工防治。数量较少的植株发生虫害可用竹竿搅动枝叶，让幼虫跌落捕杀。蛹期适宜在杂草灌木少的林地进行挖蛹，逐一将地表的蛹粒收集处理。

3. 生物防治。调查中发现部分蛹体被白僵菌自然寄生感染，可以在幼虫期喷施。

4. 化学防治。将2.5%溴氰菊酯乳油3000倍液用高压喷淋机喷洒，喷湿全树及地面，同时毒杀幼虫、卵、蛹和成虫，防治效果达95%以上。

参考文献

王缉健等，2014。

（王缉健，梁晨，冯光秒）

387	柿星尺蛾	分类地位	鳞翅目 Lepidoptera　尺蛾科 Geometridae
		拉丁学名	*Percnia giraffata* (Guenée)
		英文名称	Large black-spotted geometrid
		中文别名	柿星尺蠖、大斑尺蠖、大头虫、蛇头虫

柿星尺蛾幼虫喜食常见果树叶片，尤其是柿树，是重要的果树害虫。危害严重时，果树树势衰弱，常造成减产，引起严重的经济损失。

分布　北京，河北（邯郸、邢台、保定、承德），山西，安徽，河南，湖北（黄冈、孝感、襄阳、郧阳、恩施）（徐逸凌等，1984），四川，台湾。日本，朝鲜，越南，缅甸，印度，印度尼西亚，俄罗斯。

寄主　柿树、黑枣（君迁子）、苹果、李、杏、山楂、酸枣、榆、桑、槐树、黄连木（王平远等，1981）等。发生严重时，也取食林木、油料、农作物等。

危害　初孵幼虫仅啃食叶肉，稍大则分散危害，危害严重时，常把叶片吃花、吃光。

形态特征　**成虫：**体长约25mm，翅展约75mm。前胸背板黄色，有1个近方形黑斑。翅白色，密布黑褐色斑点。腹部黄色，具灰褐和黑色斑点。

卵：长0.8～1.0mm，椭圆形，初产时翠绿色，渐变为

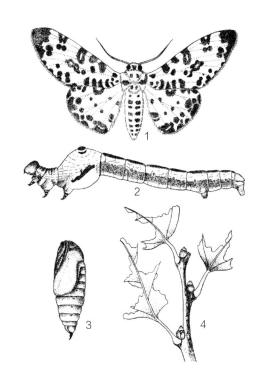

柿星尺蛾（徐天森　绘）
1. 成虫；2. 幼虫；3. 蛹；4. 被害状

柿星尺蛾成虫（李镇宇　提供）

柿星尺蛾成虫（李镇宇　提供）

黑褐色。**幼虫：**老龄幼虫体长约55mm，头黄褐色，布白色颗粒突起物，背线暗褐色，两侧具黄色宽带，上有黑色曲线；第三至第四腹节特别膨大，在膨大部分有椭圆形黑色眼斑1对（徐公天，2003）。**蛹：**体长约23mm，黑褐色。胸背前方有1对耳状突起，其间有一横隆起线与胸背中央纵隆起线相交，构成一明显的"十"字纹，尾端有1个刺状突起。

生物学特性　1年2代。以蛹在土中越冬。越冬蛹从5月下旬开始羽化，6月下旬至7月上旬为羽化盛期。成虫自6月上旬开始产卵（朱弘复等，1979）。幼虫于6月中旬开始孵化，7月中、下旬进入危害盛期。7月中旬老龄幼虫开始化蛹，8月上旬为化蛹盛期。成虫在7月下旬开始羽化，盛期为8月上、中旬。第二代幼虫在8月上旬出现，8月中、下旬是危害盛期，9月初开始老熟化蛹，10月上旬化蛹基本结束。

初孵幼虫啃食叶肉，后逐渐分散危害，昼夜取食，受惊则吐丝下垂，过后攀丝上升，回到原处危害。老龄幼虫喜在松软湿润的土中化蛹，阳坡及半阴坡化蛹较少。

成虫具趋光性和微弱的趋水性，昼伏夜出，白天双翅平放静伏，多停留在树干、小枝、岩石上，不做远距离飞行。成虫羽化后，即交尾，产卵于叶背或嫩梢上，呈块状，卵块上无覆盖物。

防治方法

1. 物理防治。①加强果园管理。合理施肥灌水，增强树势，提高树体抵抗力；科学修剪，剪除病残枝及茂密枝，调节通风透光；及时清理病残物及杂草，减少虫源；雨季注意果园排水，保持适度的温度、湿度。②幼虫发生盛期，振树捕虫，进行人工捕杀（邱强，2004）。③晚秋或早春翻地挖蛹，消灭土中越冬蛹，降低虫口密度。

2. 生物防治。阴雨天，喷洒苏云金杆菌、核型多角体病毒液，使害虫致病，从而达到防治目的。

3. 化学防治。化学防治宜在幼虫3龄前进行，喷洒Bt乳剂500倍液，20%除虫脲悬浮剂7000倍液即可，注意把握龄期（徐公天等，2007）。

参考文献

朱弘复，王林瑶，方承莱，1979；王平远等，1981；徐逸凌等，1984；徐公天，2003；邱强，2004；徐公天等，2007.

（张雪，李广武）

388	槐尺蛾	分类地位 鳞翅目 Lepidoptera 尺蛾科 Geometridae
		拉丁学名 *Semiothisa cinerearia* (Bremer et Grey)
		异　名 *Chiasmia cinerearia* (Bremer et Grey)

分布 北京，河北，辽宁，江苏，浙江，安徽，江西，山东，河南，西藏，陕西，甘肃，台湾等地。日本。

寄主 槐树、龙爪槐、刺槐。

危害 幼虫常将叶片食尽。

形态特征 **成虫**：体长12～17mm，翅展30～45mm。体色浅黄褐色，有黑褐色斑点。前翅外侧色较深，靠近顶角处有1个三角形黑斑；后翅外侧明显凸出，而且色深，中部具有1个小黑斑。**幼虫**：老龄幼虫体长20～40mm。初孵幼虫黄褐色，取食后变成绿色。幼虫有2种类型，一种为2～5龄直至老龄均为绿色，另一种类型为2～5龄体侧有黑褐色条状或圆形斑块，老龄体背变成紫红色。**蛹**：体长16mm，宽5.6mm，紫褐色，末端有1根棘，棘上有2根刚毛。雄蛹的2根刚毛略平行，雌蛹的则叉向两侧。**卵**：钝椭圆形，长0.58～0.67mm，宽0.42～0.48mm，一端较平截。卵壳上常布蜂窝状小凹陷。

生物学特性 北京1年3～4代。以蛹越冬。4～5月成虫羽化，雌蛾平均产卵量420粒。初孵幼虫于5月上旬即可见到，幼虫5～6龄为暴食期，占到总食量的93%。幼虫受惊后吐丝下垂，幼虫老熟后入土化蛹，雄蛾有一定的趋光性。越冬蛹全部滞育。

防治方法

1. 在第一代幼虫初孵期用20%除虫脲悬浮剂

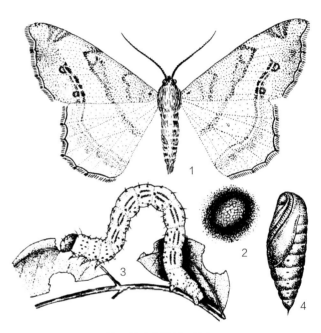

槐尺蛾（张培毅　绘）
1. 成虫；2. 卵；3. 幼虫；4. 蛹

槐尺蛾成虫（徐公天　提供）

槐尺蛾成虫（徐公天　提供）

769

槐尺蛾卵（徐公天　提供）

槐尺蛾第一代幼龄幼虫食叶（徐公天　提供）

槐尺蛾中龄幼虫（徐公天　提供）

槐尺蛾第一代老龄幼虫（徐公天　提供）

槐尺蛾幼虫食叶（徐公天　提供）

槐尺蛾幼虫严重危害槐树状（徐公天　提供）

1 : 7000倍液喷雾或Bt乳剂500倍液。

2. 老龄幼虫入土化蛹，由于在浅土层化蛹，可适当人工捡蛹。黑光灯诱杀成虫。

3. 保护和利用天敌。如凹眼姬蜂和斑腹距小蜂。

参考文献

萧刚柔, 1992; 首都绿化委员会办公室, 2000; 虞国跃, 2015; 北京市颐和园管理处, 2018.

（黄竞芳，李镇宇）

389	樟翠尺蛾	**分类地位** 鳞翅目 Lepidoptera 尺蛾科 Geometridae
		拉丁学名 *Thalassodes quadraria* Guenée

　　樟翠尺蛾是一种重要的食叶性害虫，主要以幼虫取食寄主植物的叶片，危害后通常引起缺刻与孔洞，危害严重时甚至导致整叶食光，严重影响寄主植物的生长，降低寄主植物的绿化与生态功能（章士美等，1984）。20世纪80年代初该虫曾在广东局部地区大暴发（黄忠良，2000）。

　　分布　上海，江苏，浙江，福建，江西，湖南，广东，广西，重庆，云南，台湾等地。印度，日本，泰国，马来西亚，印度尼西亚等。

　　寄主　樟树、荔枝、龙眼、杧果、茶树等植物。

　　危害　主要以幼虫取食寄主植物的叶片。1、2龄幼虫常在叶面啃食叶肉，留下叶脉和下表皮；3龄幼虫食叶呈孔洞或缺刻状；4龄后幼虫食量增大，从叶缘开始取食；5龄后幼虫取食全叶，仅留叶柄和主脉。

　　形态特征　**成虫**：体长12～14mm，翅展33～36mm。头灰色，复眼黑色，触角灰黄色，胸、腹部背面翠绿色，两侧及腹面灰白色。前翅翠绿色，布满白色细碎纹，腹后半部及前翅前缘灰白色带黄，翅反面色较淡。前、后翅均有2条较直的细横线。**幼虫**：幼虫共6龄，初孵时似叶芽，淡黄色。2龄后似嫩枝，紫红色微带绿。老熟幼虫体长38～40mm，紫绿色，静息时臀足握持枝条，胸、腹部斜立，极似寄主小枝丫。幼虫头大腹末稍尖。头黄绿色，头顶两侧呈角状隆起，后缘有个"八"字形沟纹，额区凹陷。胴部黄绿色，气门线淡黄色，稍明显，其他线纹不清晰。腹部末端尖锐，似锥状。胸足、腹足黄绿色。**蛹**：纺锤形，体长17～21mm，紫褐色，后变紫绿色，翅芽翠绿。腹部末端有1根叉状臀刺。**卵**：卵圆形，表面光滑，直径0.6mm。初产卵淡黄白色，后变淡黄色，近孵化时转为紫色。

　　生物学特性　江西南昌1年4～6代，上海和福建南平等地1年4代，世代重叠。以高龄幼虫在寄主枝梢

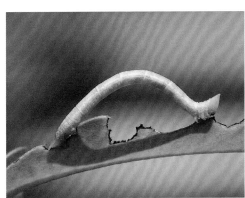

樟翠尺蛾幼虫（张润志　整理）　　　　樟翠尺蛾成虫（刘兴平　提供）

上越冬。翌年2月下旬至3月下旬在各发生地区可见越冬幼虫开始活动取食。1年4代的地区其越冬代成虫4月中、下旬至5月中旬羽化，第一代成虫6月中旬至下旬羽化；第二代成虫8月上旬至中旬羽化；第三代成虫10月上旬至中旬羽化；第四代幼虫10月中旬至下旬陆续越冬（章士美等，1983；陈顺立等，1989；裴峰等；2008）。

成虫多在夜间羽化，以17:00～23:00最盛。白天多栖息于树冠枝、叶间，静伏不动，通常在傍晚后开始飞翔活动，趋光性和趋嫩绿性较强。羽化后当夜即可交尾，交尾历时1小时，雌成虫一生交尾1次，少数交尾2次。交尾后次日开始产卵，少数雌虫当夜即可产卵。卵产于树皮裂缝、枝杈下部及叶背面。卵多散产。每雌一生可产卵87～513粒，平均168粒。卵期7天左右。幼虫具有转移危害的特点。

防治方法

1. 营林措施。秋冬季结合营林和清园，进行土壤深翻以消灭部分越冬虫源。利用幼虫趋嫩枝芽危害的特点，对成年寄主2m以下树干嫩枝芽进行修剪。

2. 灯光诱杀。利用成虫的趋光性，可以诱杀成虫尤其是越冬代的成虫。

3. 生物防治。保护小茧蜂、叉角厉蝽、胡蜂、土蜂、麻雀等天敌。

4. 化学防治。必须抓准低龄幼虫期进行药剂防治，可选用90%敌百虫晶体800倍液、25g/L高效氯

樟翠尺蛾成虫（桂爱礼　绘）

氰菊酯乳油或40%水胺硫磷1000倍液、18%杀虫双水剂500倍液、90%杀虫单或巴丹1500～2000倍液、2.5%溴氰菊酯或10%兴棉宝2000倍液、25%灭幼脲Ⅲ号胶悬剂2000倍液、0.36%苦参碱水剂1000倍液，灭蛾灵1000倍液喷杀低龄幼虫，防治效果可达90%以上。亦可用含300亿芽孢子/g的青虫菌1000倍液喷雾，隔7天喷1次，连续喷2～3次。

参考文献

章士美, 胡梅操, 1984; 陈顺立, 李友恭, 李钦周, 1989; 黄忠良, 2000; 裴峰, 孙兴全, 叶黎红等, 2008.

（刘兴平，章士美，胡梅操）

390	桑褶翅尺蛾	分类地位	鳞翅目 Lepidoptera　尺蛾科 Geometridae
		拉丁学名	*Zamacra excavata* (Dyar)
		异　　名	*Apochima excavata* Dyar
		中文别名	桑刺尺蛾、桑褶尺蠖

　　桑褶翅尺蛾为中小型蛾类，多食性，主要危害阔叶树的叶片，也危害果树的花芽和幼果。树木受害后，轻则影响生长，重则树木叶片被全部吃光，致使树木枯萎，果树落果，极大影响林果生产（萧刚柔，1992）。

　　分布　北京，河北（无极、正定、昌黎、邢台），辽宁（朝阳），吉林，内蒙古，山东（汶上、济宁），河南，湖北（武汉、巴东），陕西（眉县），宁夏，新疆等地。朝鲜，日本。

　　寄主　刺槐、毛白杨、槐树、榆、核桃、栾树、桑、柳、元宝枫、白蜡树、金银木、太平花、海棠、梨树、丁香、贴梗海棠、苹果、桃、柑橘、荆条、臭椿、板栗、枣、酸枣、山杏、水蜡树。

　　危害　幼虫食害花芽、叶片和幼果。3～4龄幼虫食量最大，严重时可将叶片全部吃光，食花，只残留叶柄，幼果被吃成缺刻状，造成大量落果（牛建忠，2000）。

　　形态特征　**成虫：**雌虫体长14～15mm，翅展40～50mm，体灰褐色，触角丝状；前翅狭长，银灰色，翅面有3条灰褐色横线，静息时4翅皱叠竖起。雄虫体长12～14mm，翅展38mm，体黑褐色，触角羽毛

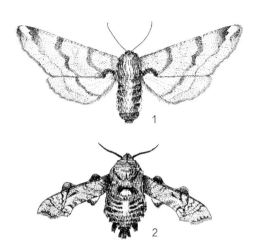

桑褶翅尺蛾（胡兴平　绘）
1. 雌成虫；2. 雄成虫

状，腹部末端有1撮毛丛。**卵：**椭圆形，灰褐色，中央凹陷。**幼虫：**老龄幼虫体长30～35mm，黄绿色，头褐色，前胸侧面黄色，第一至第四腹节背面有赭黄色刺突，第二至第四腹节刺突明显较长，第八腹节背面有褐绿色刺1对，第二至第五腹节两侧各有淡绿色刺1个，各节间膜黄色，第四至第八腹节亚背线粉绿色，气门线深绿色。**蛹：**红褐色，纺锤形，体长14～17mm，末端有2个坚硬的刺。**茧：**椭圆形，灰褐色，

桑褶翅尺蛾成虫（徐公天　提供）

桑褶翅尺蛾成虫（徐公天　提供）

桑褶翅尺蛾卵（徐公天　提供）

桑褶翅尺蛾卵（放大）（徐公天　提供）

桑褶翅尺蛾幼龄幼虫（徐公天　提供）

桑褶翅尺蛾中龄幼虫（徐公天　提供）

桑褶翅尺蛾老龄幼虫（徐公天　提供）

贴于树干基部（萧刚柔，1992）。

生物学特性　北京、河北、陕西、湖北等地1年1代。以蛹在树干基部表土下、树皮上的茧内越冬。3月中旬越冬代成虫羽化，成虫出土后当夜即可交尾，成虫有假死性，受惊后即坠落地上，飞翔力不强，寿命7天左右，卵长块形产于树梢上，15～20天孵化。4月上、中旬第一代幼虫孵化。幼虫有4龄。1～2龄幼虫一般夜间活动危害，白天停伏于叶缘不动；3～4龄幼虫昼夜取食危害，随着虫龄的增加，由树木上部逐渐向下部移动取食，受惊后头向腹面隐藏，呈"？"形。各龄幼虫都有吐丝下垂习性，受惊后，或虫口密度大、食量不足时，即吐丝下垂，随风飘扬或转移到新的寄主上危害（萧刚柔，1992）。

防治方法

1. 苗木检疫。移栽苗木时，应注意检查苗木根系土团中是否带有越冬蛹，防止人为扩散。

2. 物理防治。成虫期悬挂黑光灯诱杀。

3. 人工防治。蛹期可在树干基部挖蛹或饲放家禽啄食，树干基部土下紧贴树皮处蛹量最多；卵期可人工刮除卵块或剪除卵枝集中烧毁。

桑褶翅尺蛾幼虫食尽枣叶（徐公天　提供）

4. 化学防治。喷洒20%除虫脲悬浮剂7000倍液、Bt油悬浮剂（8000IU/μL）1000～1500倍液防治幼虫（徐公天，2007）。

参考文献

萧刚柔，1992；牛建忠等，1999；牛建忠，2000；徐公天，2007.

（刘寰，李锁，赵怀谦，张世权）

| 391 | 落叶松绥尺蛾 |

分类地位 鳞翅目 Lepidoptera 尺蛾科 Geometridae

拉丁学名 *Xerodes rufescentaria* (Motschulsky)

异　名 *Zethenia rufescentaria* Motschulsky, *Endropia consociaria* Christoph, *Zethenia rufescentaria chosenaria* Bryk

中文别名 三带尺蛾

落叶松绥尺蛾是我国北方落叶松人工林的偶发性食叶害虫，曾于20世纪90年代在黑龙江省部分地区暴发成灾。

分布 北京，山西（文水），辽宁（沈阳），吉林，黑龙江（尚志、桦南、依兰、鸡西、林口、虎林），江西（南昌），台湾等地。俄罗斯，朝鲜，韩国，日本。

寄主 落叶松。

危害 幼虫取食针叶，大发生时将针叶食尽，甚似火烧，幼树连年受害后即枯死。

形态特征 成虫：翅展29～41mm。前翅顶角尖锐突出，外缘在顶角和M_2脉间凹陷，M_2脉后斜内伸；后翅外缘强波曲形，Cu_1脉到臀角平直。幼虫：中老龄幼虫头部有"八"字形纹，体背各节有菱形横斑，斑中靠前方有2个小白点，中央有1个黑点，体侧各节有近椭圆形黄绿斑。卵：长椭圆形，长0.5mm，宽0.3mm；卵表面布有成排刻点，初产时绿色，经2～3天后变成紫褐色，似树皮色。蛹：长12～15mm，圆锥形，红褐色，头部被有细绒毛。

生物学特性 黑龙江1年1代。以蛹在枯枝落叶层下越冬。翌年5月中旬开始羽化，5月末至6月初为羽化盛期，羽化时刻多集中于11:00～17:00。成虫在林内多潜伏于杂草上。受惊后在距地面2～3m的空间飞舞。成虫有趋光性，雄蛾寿命1.5～6.5天，雌蛾寿命3～9天。成虫羽化后1～2天内在夜晚交尾，交尾后并不立即产卵。卵散产于针叶、叶痕、树皮缝、枝条等处。每只雌虫产卵2～65粒，平均20粒。卵期8～14天，平均12天。6月下旬开始幼虫孵化，初孵幼虫有吃卵壳、受惊吐丝下垂习性，幼虫比较活跃。幼虫共6龄。蜕皮时前胸背板上产生烫伤般小疱，小疱破裂后蜕掉头壳与旧皮。老熟幼虫8月中旬开始下树钻入枯枝落叶层下化蛹；落叶层薄时钻入土内1～2cm深处化蛹。

天敌：蛹期发现寄生蜂、寄生蝇各1种，在5月

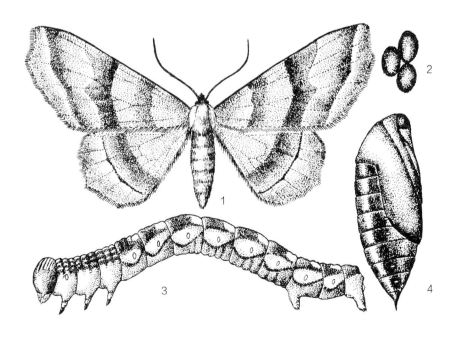

落叶松绥尺蛾（张培毅　绘）
1. 成虫；2. 卵；3. 幼虫；4. 蛹

落叶松绥尺蛾成虫（李成德　提供）

上、中旬林内有斑鸠等鸟类取食越冬蛹。

防治方法

1. 营林措施。及时抚育，合理间伐。

2. 物理防治。成虫盛发期，利用黑光灯诱杀成虫；秋季在树干基部围草诱集越冬蛹，集中销毁。

3. 生物防治。喷洒$20×10^8$ PIB/mL浓度的甘蓝夜蛾核型多角体病毒液防治2～3龄幼虫。

4. 保护和利用天敌。据报道，其天敌共有23种，包括姬蜂科13种、寄蝇科3种、捕食性鸟类2种、捕食性蜘蛛和蚂蚁各1种、病原微生物3种，应注意保护利用。

5. 化学防治。3龄幼虫期喷洒1000倍液高效氯氟氰菊酯乳油，有效成分25g/L，平均防治效果可达89.85%。

参考文献

萧刚柔, 1992; 岳书奎, 岳桦, 方红等, 1994; 刘家志, 张国财, 岳书奎等, 1996; 席景会, 潘洪玉, 陈玉江等, 2002; 柳林俊, 2005; 付海滨, 李俊环, 姜莉等, 2007; 王建国, 林毓鉴, 胡雪艳等, 2008; 陶万强, 潘彦平, 刘寰等, 2009.

（韩辉林，李成德，刘玄基）

392	榆凤蛾	分类地位	鳞翅目 Lepidoptera　凤蛾科 Epicopeiidae
		拉丁学名	*Epicopeia mencia* Moore
		英文名称	Elm caterpillar

分布　北京，河北，辽宁，吉林，黑龙江，江苏，浙江，江西，山东，河南，湖北，贵州。

寄主　白榆。

形态特征　**成虫**：体长19～22mm，翅展60～85mm。下颚须红色，触角栉齿状。体翅黑褐色，前、后翅褐色，后翅臀角有尾状部，外缘有2列新月形或圆形红斑，腹部背面黑色，两侧除气门附近黑色外均为红色，两肩板上各有1个红点。腹末数节后缘红色。**卵**：圆形，黄色，有光泽。**幼虫**：老熟幼虫体长44～58mm，头黑色，全身被有很厚的蜡粉，所以在寄主上只见到白色幼虫。在温水或酒精中浸泡，蜡粉溶掉后体色淡绿，背线黄色，各节末端有1个黑色的圆点，亚背线及气门上线由褐色斑组成，气门黄色，围气门片黑色，各节间黄色，腹足外侧有1块近三角形褐色斑，趾钩黑色，全身刚毛淡黄色。**蛹**：黑褐色，外被椭圆形土茧。

生物学特性　山东1年1代。以蛹在土中越冬。翌年6月成虫羽化，白天活动，形似凤蝶。雌成虫产卵于榆树叶面上，卵单产。初孵幼虫剥食叶肉，

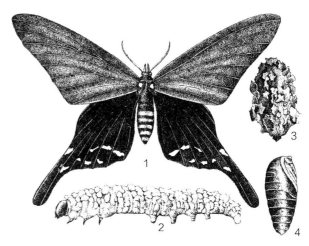

榆凤蛾（刘世儒、朱兴才　绘）
1. 成虫；2. 幼虫；3. 茧；4. 蛹

榆凤蛾成虫（徐公天　提供）

榆凤蛾幼虫（徐公天　提供）

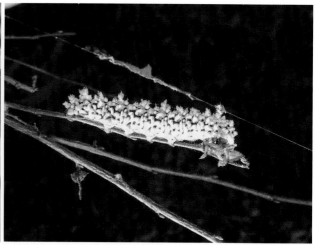

榆凤蛾幼虫食叶（徐公天　提供）

榆凤蛾幼虫群居食害榆叶（徐公天　提供）

稍大后食全叶。喜取食枝条端部嫩叶。幼虫每蜕一次皮后身上被白粉。8月危害最烈，能将叶片吃光，9月后幼虫先后老熟，入土做土茧化蛹越冬。

防治方法

1. 人工振落捕杀幼虫，老熟幼虫坠地入土前也可以抓紧时机捕杀幼虫。

2. 在幼虫孵化盛期、虫体尚未形成蜡粉之前，喷洒高效氯氰菊酯25g/L高效氯氟氰菊酯乳剂1000倍液或90%的敌百虫原液800倍，均可有效防治幼虫。

参考文献

贵州省林业厅, 1987; 萧柔刚, 1992; 王立忠等, 1998.

（谢映平，刘世儒）

393	黑星蛱蛾	分类地位	鳞翅目 Lepidoptera　燕蛾科 Uraniidae
		拉丁学名	*Epiplema moza* Butler
		中文别名	泡桐蛛蛾

黑星蛱蛾是危害泡桐的一种重要食叶性害虫。该虫主要以幼虫取食寄主植物的叶片，危害后常造成叶片残缺不全，重者仅留叶脉，被害泡桐停止生长甚至死亡。严重影响了泡桐的生长，给人们的生产造成一定的经济损失。据报道，每株有虫5头以上即对泡桐造成一定的经济损失。20世纪80年代初期以来，该虫已成为泡桐的重要害虫之一（章士美等，1983）。

分布　安徽，福建，江西，湖南等地。印度，日本等。

寄主　泡桐。

危害　主要以幼虫取食寄主植物的叶片。1～2龄幼虫常在叶面啃食叶肉，留下叶脉呈网纹状；3龄幼虫将叶咬食成孔洞或缺刻；4龄后食量增大，能取食全叶，仅留叶柄和主脉。

形态特征　成虫：体长6.2～7.4mm，翅展20～27.5mm。前翅从基部至端部逐渐增宽，顶角稍尖，臀角突出，外缘中部具有1个角状突，中横线和外横线弧状暗褐色，近后缘的外横线处有1个黑褐色圆斑，近顶角的外缘线处亦有1个椭圆形黑斑，雌蛾在该斑上有2个黑点，雄蛾则为1个；后翅上亦具2个弧状暗褐纹，外缘有2个小尾状突。**卵：**包子形，直径约0.7mm。初产时乳白色，后变黄褐色，近孵化时微带赤色，卵壳表面有许多放射状隆线，端部中央稍凹陷。**幼虫：**初孵时乳白色，2天后变成浅绿色，胸部各节有6个黑色小颗粒状疣突，前胸背板的2个比较明显；腹部每节亦有6个黑色小颗粒状疣突，前4后2排列。3龄幼虫体绿色，前胸有12个黑色疣突，成2横列，每排6个；中、后胸各有8个黑色疣突，呈1横列；腹部第一节具8个黑色疣突，其余各节均为10个，呈前6后4横列，每个疣突上生有1根黑色或黄褐色的刚毛。老熟幼虫体长13.6～17.8mm，头宽1.4mm。化蛹前体色又由绿色变成黄绿色，然后再变为紫绿色，胸部和腹部的黑色疣突变小，腹

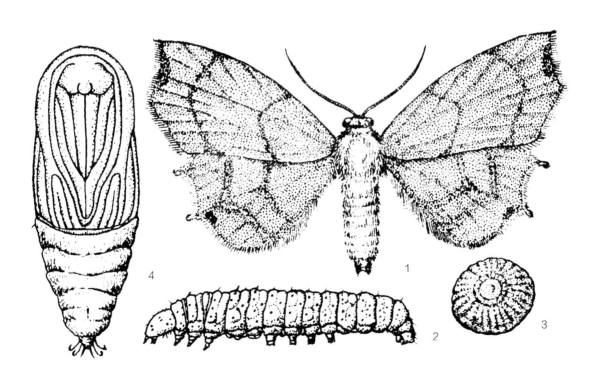

黑星蛱蛾（桂爱礼　绘）
1. 成虫；2. 幼虫；3. 卵；4. 蛹

779

末疣突不明显。**蛹**：体长8.5~9.6mm，体宽3.4~4.2mm。腹末端有1枚较粗的深褐色叉状臀棘，刺的两侧各生2条扭曲的丝突，其背面亦有1条丝突。翅芽伸达第四腹节中央。

生物学特性　江西南昌1年3~5代，其中以5代为主，世代重叠。以蛹在土中越冬。越冬代翌年4月上旬末至5月底羽化，4月中旬至6月上旬产卵，4月下旬至6月中旬初孵化。此后一直到11月初，野外各虫态并存。第三、四代在9月中旬以前化蛹的，年内均能继续羽化、产卵，分别发育为第四代及第五代；部分在9月下旬后化蛹的，年内不再羽化，即以蛹滞育越冬。卵期一般3~7天，幼虫期10~16天，蛹期10~14天，越冬期长达8个月，成虫寿命4~8天。

成虫一般在15:00~22:00羽化，以16:30~18:00最盛，日间栖息在叶背及枝干荫蔽处，夜晚或阴天下午活动，具有较强的趋光性。羽化后第二天交尾，交尾多在19:00~23:00进行，交尾后次晚产卵。卵散产于寄主叶背。每雌一生可产卵30~45粒。初孵幼虫咬食叶肉，3龄后食量增大。幼虫在泡桐林里呈高度聚集分布，常将叶片吃得残缺不全，重者仅留叶脉（邓秀明等，2002）。老熟幼虫吐丝下垂，钻入土中作茧化蛹，茧的外表粘满泥粒。幼虫主要危害高2~7m的中、幼年树，在同株上，以中、下部叶片受害较重。成片的泡桐林，林间比林缘虫口密度大，危害重。

防治方法

1. 人工防治。在化蛹盛期至羽化始盛期，及时中耕除草，可以破坏蛹室，阻止成虫羽化出土。

2. 物理防治。从羽化始盛期至盛末期，利用黑光灯诱杀成虫，能收到较好的效果。

黑星蛱蛾成虫（刘兴平　提供）

3. 化学防治。在发生较重的泡桐林地，应重点抓住第二、四代幼虫盛发期，用化学药剂进行防治。主要药剂种类有敌百虫、亚胺硫磷、溴氰菊酯、氧化乐果或杀虫脒等，按常规浓度进行喷雾，死亡率均可达到95%以上，具有良好的防治效果（章士美等，1983）。

4. 生物防治。天敌主要有大草蛉、三化螟螟抱缘姬蜂、多种蚂蚁、中华盗虻、青蛙和鸟类等。病原微生物有白僵菌等。这些天敌对黑星蛱蛾的发生，均有一定的抑制作用。

参考文献

章士美，胡梅操，1983；邓秀明，诸泉民，苏世春等，2002.

（刘兴平，章士美，胡梅操）

394	忍冬桦蛾	分类地位　鳞翅目 Lepidoptera　桦蛾科 Endromidae
		拉丁学名　*Mirina christophi* (Staudinger)

分布　辽宁，吉林，黑龙江等地。欧洲。

寄主　主要危害金银忍冬和长白忍冬。

危害　幼虫将叶咬成缺刻或全叶食光，仅留下短小的叶柄。

形态特征　成虫：雌虫体长15～20mm，翅展39～48mm；雄虫体长16～17mm，翅展36～43mm。体粗壮，黄白色，被厚鳞毛。头小，缩于前胸下。触角双栉齿，灰色，主干黄白色。复眼黑色，无单眼。喙不发达；下唇须向上弯曲。前翅黄白色，中室端部有1个黑色肾形斑，其外上方有1个黑色圆点；后翅色较暗，有3条灰褐色弧形带，中室有1个黑斑。足腿节、胫节具长毛；前足胫节内侧有1个片状前胫突。腹部黄白色，较胸部色淡。**卵**：长1.9～2.0mm，宽1.5～1.6mm。扁椭圆形，中央微凹。初产淡绿色，渐变为紫红色，孵化前紫黑色带黄色花斑。**幼虫**：体色随虫龄不同而变化。1龄体枝刺黑色；2龄体背黑色、两侧暗红色；3龄两侧及气门下枝刺淡绿色；4龄胸背有1条黑、白、红3色条斑，枝刺翠绿色，端部黑色；5龄每节体侧具粉绿色斜纹，

腹部腹面棕绿色。体具枝刺，前足上方每侧具枝刺1根；中、后胸每侧4根，以近背中线的2根最长；腹部第一、二节每侧5根；第三至第七节每侧4根；第八节每侧2根，背中线上1根；第九节每侧3根。枝刺长度由背向腹部渐短。腹部第三、四节足外侧基部各有1个柱状翻缩腺，受惊时伸出。趾钩双序半环式。幼虫1～5龄体长分别为：6.2～8.1mm，10.3～11.4mm，16.5～18.1mm，27.0～30.5mm，39.0～53.0mm；头宽分别为：0.8～0.9mm，1.2～1.3mm，1.6～1.9mm，2.3～2.5mm，3.1～3.4mm。**蛹**：雌蛹体长18～20.5mm，宽8～9mm，烟黑色，光滑无毛，多皱纹，触角短于前翅；雄蛹体长15～18mm，宽7～7.5mm，触角等于或长于前翅。腹末光滑，无臀棘。**茧**：长20～24mm，宽9～11mm。坛形。黄褐色、灰褐色或黑褐色，带白色脊纹；顶端有纵隆起，下部略有肩脊。

生物学特性　辽宁清原1年1代。以蛹越冬。翌年4月下旬成虫开始羽化，并交尾产卵，卵期11～13天。幼虫于5月上旬开始孵化，共5龄，幼

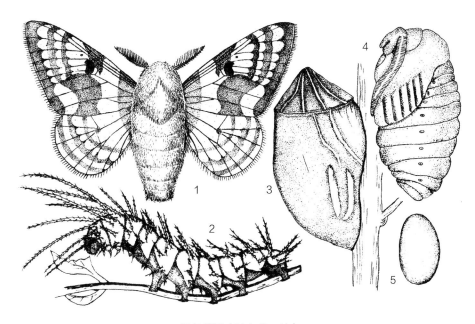

忍冬桦蛾（孙力华　绘）

1. 成虫；2. 幼虫；3. 茧；4. 蛹；5. 卵

忍冬桦蛾成虫
（徐公天　提供）

虫总历期39～41天，各龄历期分别为8、6、7、7、11天，老熟幼虫于6月下旬开始结茧化蛹，并以蛹越冬。

成虫多在12:00～15:00羽化，首先向茧顶分泌溶茧液，然后破茧而出，需1小时35分左右。边爬行边抖动亮翅，最后翅盖于体背呈屋脊状；头缩在前胸下，触角藏于翅内，至交尾前不活动。5月上旬为羽化高峰。成虫羽化6小时后交尾，一般于19:00开始做交尾前的飞翔活动，20:00雄虫活动剧烈，常在枝叶间上下穿飞，寻找雌虫；21:00开始交尾，交尾长达6～8小时。交尾后当晚19:00左右开始产卵，将卵散产于叶背或小枝上。每头雌虫产卵8次，以第一次产卵最多，以后逐次减少。每雌产卵量143（122～163）粒。雌雄性比1：1。成虫有趋光性和假死性。雄虫寿命8～10天，雌虫寿命10～13天。

卵多在6:00～12:00孵化。临孵化时卵壳白色透明，幼虫先在精孔一端咬食卵壳，时咬时停，经1小时左右破卵壳而出。幼虫孵出后，先在叶面爬行1～2分钟，选择适当地点静息，待2～3小时后才开始沿叶缘取食。昼夜取食达20次以上。一受触动，前伸的枝刺迅速张开呈放射状，同时头也左右摇摆。取食次数和取食量均随虫龄增长而增加。蜕皮前先爬到叶的中央，提前1天停止取食，并吐丝将臀足黏在叶上。蜕皮时身体前端翘起，蜕从体后端蜕下，需时20～30分钟，最后甩掉头壳不再活动。约2小时后，先取食蜕，然后再取食叶片。

蛹包被于坚实的茧中。老熟幼虫化蛹前2天就停止取食，爬到小枝顶端，头向背后弯曲不动，并排出肠道内物质，然后向下爬行，寻找直径约2cm的忍冬、卫矛、山里红小枝，在距地面10cm处结茧化蛹。结茧时间多在6:00之前，首先头朝下环绕小枝吐丝，然后沿体两侧上下拉数根长丝，再由下至上结网，边结网边用足和头向外猛撑，似试探网结得是否结实，如有破洞，立即修补。椭圆形的丝茧结完后，不断用丝加厚内壁，并从茧底往上修白色脊纹、肩脊和顶部的纵脊，使茧呈坛形，结茧共需2个多小时，随时间延长茧逐渐变硬。预蛹期8天，头朝上化蛹。

该虫在落叶松*Larix* sp.林缘沟塘地带发生较多，林内较少。化蛹多在湿度较大，温暖背风的场所。

防治方法

1. 人工剪除结茧小枝，可收到良好效果。

2. 保护和利用天敌。天敌较少，仅发现六点圆蛛、幽灵蛛和鞍形花蟹蛛捕食初龄幼虫。

3. 灯光诱杀成虫。

参考文献

孙力华等，1987.

（孙力华）

<table>
<tr><td>分类地位</td><td>鳞翅目 Lepidoptera　枯叶蛾科 Lasiocampidae</td></tr>
<tr><td>拉丁学名</td><td>*Pyrosis eximia* Oberthür</td></tr>
<tr><td>异　　名</td><td>*Bhima eximia* Oberthür</td></tr>
<tr><td>中文别名</td><td>栎枯叶蛾</td></tr>
</table>

395 栎黑枯叶蛾

偶发型、杂食性食叶害虫，暴发时危害严重。

分布　山西，江苏，湖南，陕西等地。朝鲜，俄罗斯。

寄主　栎类、板栗、核桃、苹果等。

危害　以幼虫取食叶片，严重时常将树叶食尽。

形态特征　**成虫**：雌虫翅展67～74mm，雄翅展45～56mm。触角黑色。翅暗红褐色；前翅双重内、外横线及亚外缘线为黄白色，内、外横线间宽带暗红褐色，中室端部具1个灰白色斑点；后翅中部2条灰黄色宽带，外半部有一具3个突起的暗红褐色斑（高德三，1998）。**卵**：圆筒形，灰褐色。卵块面被厚鳞毛。**幼虫**：老熟幼虫体长5～6.5mm，体灰褐色、粉红色或淡绿色，头有黑褐色斑纹。前胸前端两侧各具1排刚毛刷，气门线及气门下线2排毛瘤生有短刚毛，余被稀疏长刚毛。**蛹**：雌蛹体长3.5～3.8mm，雄蛹体长2.2～3.1mm。头、胸及腹背黑褐色，腹部的腹面略带红褐色，头、胸背面密被黄绒毛。

生物学特性　1年1代。以卵越冬。翌年4月上旬卵孵化，9月上旬开始结茧，10月下旬成虫羽化。成

栎黑枯叶蛾（侯伯鑫　绘）
1. 雌成虫；2. 雄成虫

虫白天羽化、交尾，1天雄蛾可与2头雌蛾交尾，雌蛾交尾后当晚即产卵树叶下部的枝条上。每雌产卵3～4块，1雌产卵量345～599粒，成虫寿命3～4天。卵期148～154天。幼虫7～8龄，幼虫期146～163天，1龄9～10天、2龄5～6天、3龄5～6天、4龄5～6天、5龄9～11天、6龄17～20天、7龄27～89天（部分开始结茧）、8龄68～79天，3龄前群集啃食嫩叶表皮，3龄后分散危害。幼虫老熟后在枝干或连缀树叶结茧（高德三，1998）。

防治方法

1. 营造针阔混交林，适当疏伐和修剪。

2. 发生量小时可人工摘卵、捕杀幼虫、采茧。也可灯光诱杀成虫。

3. 生物防治。幼虫期喷2亿～3亿孢子/mL的白僵菌：松毛虫杆菌为10∶1的混合液。

4. 化学防治。发生量大时，在幼虫期喷20%灭幼脲Ⅲ号胶悬剂240～300mL/hm²，20%氯氰菊酯乳油30～45mL/hm²，24.5%甲维盐·噻嗪酮73.5～88g/hm²。

参考文献

高德三, 张义勇, 1998; 刘友樵, 武春生, 2006.

（谢寿安，李孟楼，童新旺）

栎黑枯叶蛾成虫（上雌，下雄）（李孟楼　提供）

396	杨黑枯叶蛾	分类地位	鳞翅目 Lepidoptera　枯叶蛾科 Lasiocampidae
		拉丁学名	*Pyrosis idiota* Graeser
		异　　名	*Bhima idiota* (Graeser)
		中文别名	柳星枯叶蛾、白杨毛虫、杨柳枯叶蛾、白杨枯叶蛾

分布　北京，河北，山西，内蒙古，辽宁，吉林，黑龙江，安徽，河南，湖北，广东，陕西等地。朝鲜，俄罗斯，日本。

寄主　苹果、梨树、杏、杨、柳、文冠果、糖槭。

危害　幼虫食叶呈缺刻或孔洞。

形态特征　**成虫：**雄虫体长22～26mm，翅展45～53mm，暗褐色；前翅中室白端斑近圆形或三角形，后翅中外部具浅黄色横带2条，中部有1个浅黄斑与2横带相接。雌虫体长32～37mm，翅展65～71mm（萧刚柔，1992）。**卵：**椭圆形，长1.6mm，淡黄褐色。**幼虫：**体长70～78mm，黄褐色，头具浅黄色斑纹。亚背线暗棕色，中、后胸背面各1个丛生黑毛的横方形黑斑，第八腹节背面中部具黑毛1丛；前胸前缘两侧有2个瘤突，中、后胸及第一至第八腹节侧下缘各具1个瘤突，瘤突生黄白长毛和黑毛。初孵幼虫黑色，被毛灰白色。**蛹：**褐色至暗黑色。**茧：**长椭圆形，长39～53mm，暗灰或土灰黄色，被毛。

生物学特性　1年1代。老熟幼虫在孔洞、皮缝或土墙缝或其他建筑物的缝隙中群集结茧，以前蛹越冬。翌春4月中旬至5月中旬化蛹，蛹期15～30天，

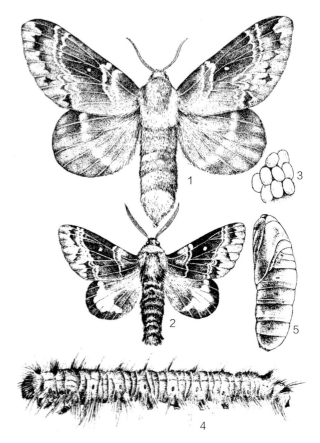

杨黑枯叶蛾（朱兴才　绘）
1. 雌成虫；2. 雄成虫；3. 卵；4. 幼虫；5. 蛹

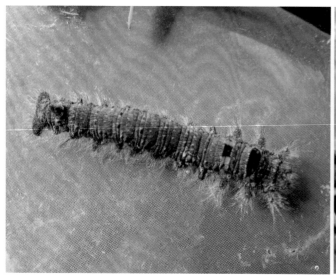

杨黑枯叶蛾幼虫（祁润身　提供）

杨黑枯叶蛾幼虫（祁润身　提供）

杨黑枯叶蛾雌成虫
（徐公天　提供）

杨黑枯叶蛾雄成虫
（徐公天　提供）

5月中旬至6月下旬羽化，羽化当天交尾，次日产卵于1～2年生枝条上，每雌产卵250～370粒。成虫昼伏夜出，趋光性强，寿命4～6天。卵期10～15天，6月上旬至7月初孵化。幼虫8龄。初孵幼虫群栖卵块附近取食，稍大后分散成数群危害；5～6龄后再分散、夜间取食，幼虫期100天以上。9月中、下旬至10月上旬幼虫陆续下树结茧越冬（萧刚柔，1992；周嘉熹等，1994）。

防治方法　见P783栎黑枯叶蛾防治方法。

参考文献

萧刚柔，1992；周嘉熹，屈邦选，王希蒙等，1994；刘友樵，武春生，2006.

（谢寿安，李孟楼，李荣波）

397 松小枯叶蛾

分类地位	鳞翅目 Lepidoptera 枯叶蛾科 Lasiocampidae
拉丁学名	*Cosmotriche inexperta* (Leech)
异 名	*Crinocraspeda inexperta* Leech
中文别名	松小毛虫

分布 浙江，安徽，江西，福建等地。

寄主 主要危害黄山松，其次危害金钱松、马尾松、黑松。

形态特征 **成虫：**雌虫体长16～24mm，翅展34～48mm；雄虫体长16～22mm，翅展34～38mm。头部暗红褐色，腹部棕灰色。雄蛾触角羽状，雌蛾栉状。胸部两侧各披1簇灰白色鳞毛，胫节外侧鳞毛较长，为足的其他部位鳞毛长度的3倍左右，跗节有棕、白相间的环纹。前翅褐色，内横线白色波状，中横线在Cu脉以上不明显，Cu脉以下呈白色波状，中室端白点新月形，外横线呈浅灰色不明显的宽带，双翅外缘毛均为黑褐色和灰白色相间。雄蛾体、翅颜色比雌蛾为浅，前翅基部呈明显灰白色。**卵：**卵圆形，长径1.5～2.0mm，短径1.1～1.4mm。初产时翠绿色，3～5天后变黄，孵化前变为黑色。**幼虫：**老熟幼虫体长39～59mm，头部棕黄色，唇基灰白色，额中部有1条黑褐色纵纹，蜕裂线淡黄色。

体暗红褐色，并镶嵌紫红色的斑纹。前胸两侧各有1束向前伸的蓝黑色长毛丛；中、后胸背面各有1束黑灰色向上竖起的毛丛。腹部第一至第七节背面均有1个近似棱形的蓝黑色大斑，斑上散生着较长的鳞毛；亚背线橙黄色；气门上线灰褐色，其下方着生褐、红、黄色相间的斜纹；腹面浅紫红色。**蛹：**体长15.5～21.0mm，暗红褐色。**茧：**长椭圆形，体长18.0～23.5mm，灰棕色，外有散生的黑色毒毛。

生物学特性 浙江1年2代。老熟幼虫于10月中旬至11月上旬下树结茧化蛹，以蛹越冬。翌年4月中旬至6月下旬成虫羽化，5月上旬为羽化盛期。第一代卵出现期为4月下旬至6月中旬，盛期为5月中、下旬。5月上旬至8月上旬为第一代幼虫危害期。老熟幼虫于7月中旬开始化蛹，止于8月下旬。第一代成虫羽化期为8月上旬至下旬。第二代卵的发生期为8月上旬至9月上旬；第二代幼虫危害期为8月中旬至11月上旬。

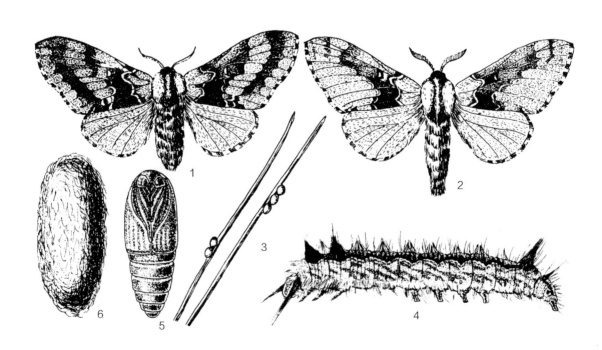

松小枯叶蛾（袁荣兰 绘）

1. 雌成虫；2. 雄成虫；3. 卵；4. 幼虫；5. 蛹；6. 茧

松小枯叶蛾雌成虫
（中国科学院动物研究所
国家动物博物馆 提供）

松小枯叶蛾雄成虫
（中国科学院动物研究所
国家动物博物馆 提供）

成虫多在针叶上产卵，多为单产，少数2粒在一起，3粒以上连在一起的极少。卵期长短与温度有关：平均气温18℃左右时，卵期平均12.8天；平均气温25℃左右时，卵期平均7.4天。孵化率平均为96.2%以上。幼虫多数5龄，少数6龄。幼虫多在清晨孵出，孵出后先啃食卵壳，然后爬至老针叶端部危害。1～2龄幼虫从上向下啃食针叶边缘，造成针叶弯曲枯死；3龄以后食全叶。幼虫4龄前食量较小，仅占整个幼虫期食量的5.4%，4龄后食量渐增，末龄幼虫的食量为整个幼虫期食量的60.6%以上。幼虫老熟后爬至地面石块下、枯枝落叶层内、杂草丛中结茧化蛹，第一代蛹历期20天左右。

成虫多于白天羽化，通常以13:00～16:00为最盛。成虫羽化后，停息在灌木、杂草等枝叶背面，白天不活动。雌蛾大多数一生只交尾1次，少数2次；雄蛾多数能进行2次交尾，最多可达7次。交尾持续时间最短为3小时，最长为7小时25分，平均为5小时8分。交尾后雌虫即进行产卵，每头雌蛾最少产卵55粒，最多215粒，平均113.6粒。喜产于树冠下部针叶上，其次是树冠中部，树冠上部较少。树冠下部的卵粒占整个树冠卵粒的60%以上。

防治方法 参见栎黑枯叶蛾。

参考文献

侯陶谦, 1987; 萧刚柔, 1992; 刘友樵, 武春生, 2006.

（张永安，袁荣兰）

398 西昌杂枯叶蛾

分类地位	鳞翅目 Lepidoptera　枯叶蛾科 Lasiocampidae
拉丁学名	*Kunugia xichangensis* (Tsai et Liu)
异　名	*Dendrolimus xichangensis* Tsai et Liu, *Cyclophragma xichangensis* (Tsai et Liu)
英文名称	Xichang pine caterpillar
中文别名	西昌杂毛虫、西昌松毛虫

分布　湖南（衡山），四川（西昌、会理），贵州，云南（昆明、维西、丽江、永胜、个旧），陕西（西乡）。

寄主　云南松、粗皮青冈、槲树、槲栎、四川杨桐、细叶鹅冠草、委陵菜。

形态特征　**成虫**：雌虫体长37～45mm，翅展78～95mm；体淡褐色；前翅黄褐色，前缘呈弧形，外缘倾斜较小，翅面中部有1条褐色横带，宽6～8mm，亚外缘斑点淡黑色，排列成波状，中室末端有1个白点，后翅淡褐色；触角栉齿状。雄虫体长34～40mm，翅展60～90mm；体褐色，翅面横带宽1～6mm，赭色；触角羽状。**卵**：长圆形，长径1.7mm，短径1.49mm，表面光滑。卵壳上有互相嵌合的赤色和白色斑纹。**幼虫**：初孵幼虫蓝黑色，体长5～10mm。2龄幼虫在胸部两侧各节有肉瘤1个，上生黑褐色短毛。5龄以上幼虫，体暗红褐色；头部褐黄色；中、后胸背面有短的黑色丛毛；腹部背面又不明显的花斑，背板和侧板前缘有黑色丛毛。体侧黑色丛毛中有"八"字形的毛列。老熟幼虫体长80～100mm。**蛹**：初为绿色，经1天后变为褐色。头顶及腹部各节密生金黄色短毛。**茧**：长椭圆形，黑褐色，上有黑色毒毛。

生物学特性　四川1年1代。以4、5龄幼虫越冬。翌年2月中、下旬出蛰。6月上、中旬至8月上旬为结茧化蛹期，盛期在6月下旬至7月上旬。7月中旬至8月下旬为成虫羽化、产卵期，7月上旬至8月上旬为盛期。卵于8月上旬至9月上、中旬孵化，8月中、下旬为盛期。幼虫12月上、中旬越冬。卵期11～20天，平均14.9天；幼虫期298～312天；前蛹期3～6天，平均4.2天；蛹期21～32天，平均26.6天；成虫寿命

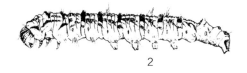

西昌杂枯叶蛾（朱兴才　绘）
1. 成虫；2. 幼虫

西昌杂枯叶蛾雄成虫（中国科学院动物研究所国家动物博物馆　提供）

西昌杂枯叶蛾雌成虫（中国科学院动物研究所国家动物博物馆　提供）

西昌杂枯叶蛾成虫（李镇宇　提供）

5～12天，平均8天。不交尾的雌蛾，平均寿命可达11天。卵块由几十粒至数百粒卵组成，孵化率为57.2%～100%，平均85.7%。孵化时间为10:00～16:00，以14:00左右孵化最多。在日平均气温16.5～25.1℃、相对湿度70%～90%的条件下均有孵化，而以日平均气温18.5℃、相对湿度80%较为适宜。幼虫孵出后经4～6小时开始取食、活动。初孵幼虫有吐丝下垂、借风迁移的习性。1、2龄幼虫仅取食一部分叶肉，3龄以后取食全针叶。多在早晚及夜间取食。幼虫9:00左右开始爬至树下背阴面的杂草丛中潜伏，到17:00前后上树取食。若遇惊扰，即蜷缩成团，坠落草丛。越冬前，每一龄幼虫历期22～28天，一般25天左右；越冬后则为33～38天，一般35天左右。在12月上、中旬日平均气温下降到12℃以下时，幼虫开始越冬。越冬期间，白天室内温度在12℃以上时，亦有少数幼虫取食。翌年2月中、下旬平均气温达12℃以上后，幼虫开始活动，上树取食。老熟幼虫在杂草或枯枝落叶下吐丝结茧化蛹。化蛹的适宜温度为日平均气温23.3℃，相对湿度为75.7%，在此种条件下所化的蛹约占总化蛹数的35.7%。

接近羽化时，蛹体变黑，腹部节间伸长，尾端亦不活动。羽化时间多在晚上，尤以21:00～24:00为多。羽化时日平均气温为22.1～22.6℃，相对湿度为80%，在此条件下所羽化成虫占全部羽化成虫的56.2%。羽化后1～2天交尾，时间多在20:00到次日天亮前，尤以20:00～24:00最多。交尾历时18～30小时，一般多为20小时左右。雌蛾一生能交尾1～5次，亦有少数不交尾者。雌蛾交尾后，立即产卵。卵多产在杂草上，亦有产在青冈或四川杨桐叶背面的，但云南松上尚未发现卵。第一次交尾后，即可产出50%左右的卵。产卵量261～513粒，平均425粒。产卵期约8天，一般6天左右，未交尾的可延长到11天。成虫白天不太活动，常潜伏于杂草或阔叶树叶背面或其他隐蔽地方；傍晚开始活动，以22:00最为活跃，能趋向微弱的光源。

防治方法

保护天敌。卵期天敌有松毛虫黑卵蜂、松毛虫赤眼蜂；幼虫期天敌有毒蛾绒茧蜂、黑足凹眼姬蜂、松毛虫黑点瘤姬蜂，以及食虫鸟类，如杜鹃、白脸山雀、画眉等。

参考文献

侯陶谦, 1987; 萧刚柔, 1992; 刘友樵, 武春生, 2006.

（张永安，陈素芬）

399 云南松毛虫

分类地位	鳞翅目 Lepidoptera　枯叶蛾科 Lasiocampidae
拉丁学名	*Dendrolimus grisea* (Moore)
异　　名	*Dendrolimus houi* Lajonquiére
英文名称	Yunnan pine caterpillar
中文别名	柳杉毛虫

分布　浙江（青田），福建（宁德、福鼎），江西（东乡、宜黄、乐安），湖北（恩施、金子坝、来凤），湖南（龙山、湘西），广西（龙胜），四川（峨眉、金堂、剑阁、三台、青川、丰都、涪陵、灌县），贵州（贵阳），云南（思茅、普洱、墨江、镇沅、景谷、景东、临沧、双江、镇康、耿马、澜沧、勐海），陕西（宁强沙河）。印度，泰国，越南。

寄主　云南松、柳杉、圆柏、侧柏、油杉、思茅松。

形态特征　**成虫：**雌虫体型较大，体长36～50mm，翅展110～120mm；全体密被灰褐色鳞毛，触角栉齿状，中肋黄白色；前翅翅面具有4条褐色横带，均从前缘伸达后缘，其中内横线与中线不甚清晰，外横线2条，前端为弧状，后端略呈波状，亚外缘斑9个，新月形，灰褐色，位于外横线与翅的外缘之间，自顶角往下第一至第五斑排列呈弧状，6～9斑位于一直线上，中室斑点不甚明显，后翅无斑纹，腹部粗肥。雄虫体形较雌虫小，体长34～42mm，翅展70～87mm；体色也较雌虫为深，全体密被赤褐色鳞毛，触角羽状；翅面斑纹与雌虫同，唯中室斑点较明显；腹部瘦小。**卵：**圆球形，直径约1.5～1.7mm，灰褐色，表面具有黄白色环状带纹3条，中间环带两侧各有1个灰褐色圆点。**幼虫：**1龄幼虫体长约7～8mm，体灰褐色，头部褐色，胸部各节背面具有深褐色条纹，两侧密生黑褐色毛丛，腹

云南松毛虫雄成虫（张培毅　提供）

云南松毛虫雌成虫（张培毅　提供）

部各节背面具有黑褐色斑点1对，其上簇生黑色刚毛束。2龄幼虫体长8.0～13.5mm，体橙黄色，头部深褐色、中、后胸背面各具1条深褐色斑纹，其间着生白色毛丛，腹部各节背面亦具褐色带状斑纹，4～5节背面且各有一显著的灰白色蝶形斑。3龄幼虫体长11.5～19.0mm，体色和毛丛色泽更为鲜明。4龄幼虫体长18.0～30.0mm，腹部各节背面出现白色小点4个，排列成四方形，前面2个比后面2个明显。5龄幼虫体长21.5～37.0mm，体色更深，体表深褐色斑纹亦增多，腹部各节背面有2丛发达的黑色刚毛束，体侧密生白色长毛。老熟幼虫（6～7龄）体粗壮，体长90～116mm，全体黑色，腹部背面的蝶形斑不及以上各龄清晰。**蛹**：纺锤形，长35.5～50.5mm，化蛹初期为淡褐色，以后体色逐渐加深而成黑褐色，各节皆有稀生淡红色短毛，腹末具钩状臀棘。**茧**：长椭圆形，长60～80mm，初期为灰白色，以后转变为枯黄色，茧表面杂有幼虫脱落的黑色刚毛。

生物学特性 云南南部地区（思茅、景东）1年2代。以卵和幼虫同时越冬。越冬幼虫于翌年5月中旬开始结茧化蛹，6月下旬出现成虫，7月中旬出现

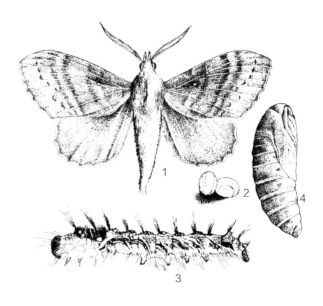

云南松毛虫（朱兴才 绘）
1.成虫；2.卵；3.幼虫；4.蛹

第一代幼虫，9月中旬开始结茧化蛹，10月中旬第一代成虫羽化，12月中旬出现第二代幼虫。在思茅地区越冬代幼虫于4月下旬化蛹，5月下旬成虫羽化，第一代幼虫9月初化蛹，10月初成虫羽化产卵，部分卵当年孵化，部分则延至翌年。

成虫大多于下午或夜晚羽化（18:00～22:00），羽化当晚即行交配产卵，每雌产卵400～600粒，平均500粒左右，少数个体在羽化后3～7天才产卵，通常腹部遗卵较少。成虫羽化后白天静伏于松针丛中或背阴处及杂草丛中，夜间活动，但趋光性较弱。成虫寿命长短因世代和性别不同而异，平均7～9天。越冬代成虫寿命较第一代成虫寿命为长；雌虫寿命比雄虫长。卵绝大多数产于松针上，并且当年生松针上最多，也有极少数产于树枝上或杂草上的，这种现象多出现在松针被食尽的林分中。每卵块含卵3～300粒。以在20年生以下树木上产卵最多，在严重受害林区，林缘较林内产卵多。

初孵化的幼虫有群集性，并有吐丝下垂习性，其食量不大。3、4龄以后，取食量剧增，通常于9:00～11:00大量取食，在中午气温较高的情况下，幼虫长潜伏于松针丛基部。5、6龄至近老熟幼虫食量最大，上、下午均取食（下午为15:00～17:00）。幼虫老熟后，一般即在针叶丛或树枝上结茧化蛹。针叶被害严重的林分，树枝上、树皮裂缝中、阔叶

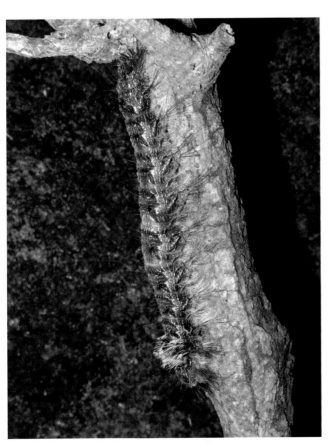

云南松毛虫幼虫（莽山）（李颖超 提供）

云南松被云南松毛虫危害状（张永安 提供）

树或杂草、灌木上均为其结茧场所。

防治方法

1. 应用蛹寄生蜂 *Eucepsis* sp.进行林间防治。

2. 可用20亿PIB/mL甘蓝夜蛾核型多角体病毒悬浮剂1000倍液防治3～5龄云南松毛虫幼虫。

3. 白僵菌：用1亿孢子/mL的菌液或1亿孢子/g的菌粉，在温度24℃以上、相对湿度95%的条件下喷雾防治。

4. 20%除虫脲悬浮剂7000倍液。

5. 卵期用平腹小蜂进行防治。

6. 昆虫性信息素按E5,Z7-12:OAc、E5,Z7-12:OH、E5,Z7-12:Alol三者混合制成诱芯在林业生产上用于监测该虫。也可参考马尾松毛虫防治方法。

参考文献

侯陶谦, 1987; 江叶钦, 张亚坤, 陈文杰等, 1989; 刘德力, 1990; 萧刚柔, 1992; 龙富荣, 唐永军, 黄惠萍等, 2004; 段晓红, 2006; 刘友樵, 武春生, 2006; 吴晓敏, 张文凤, 2008.

（张永安，赵丛礼，徐维良）

400 思茅松毛虫

分类地位	鳞翅目 Lepidoptera　枯叶蛾科 Lasiocampidae
拉丁学名	*Dendrolimus kikuchii kikuchii* Matsumura
异　　名	*Dendrolimus kikuchii* Matsumura
英文名称	Simao pine caterpillar
中文别名	赭色松毛虫

分布　浙江（开化、淳安），安徽（黄山），福建（崇安），江西（庐山、宜丰、九连山、上犹），湖北，湖南（衡山、城步、新宁、黔阳），广东（肇东、西江）、广西（资源），海南，四川（会理），云南（思茅、宁东、保甸、安宁），甘肃，台湾等地。越南。

寄主　思茅松、云南松、华山松、云南油杉、马尾松、华山松、海南松、黄山松、金钱松。

形态特征　**成虫：**雄虫体长22～27mm，翅展53～65mm；全体棕褐至深褐色；前翅翅基至外缘处有黑褐色波状纹4条，由8个近圆形的黄色斑组成1条亚外缘线，顶角处的3个斑及中室白斑明显，中室白斑至基角之间有1个肾形黄色斑纹，大而明显；外生殖器阳具呈尖刀状，尖端向后卷曲，前半部生有长齿，刀刃处的齿密而大，刀背中部弓出，大抱针高度硬化，尖端尖锐，向下弯曲呈镰刀状，小抱针的长度超过大抱针长度的1倍左右，自中部起开始强度向下弯曲，末端向上翘起，抱器末端扁平，两侧有锯齿。雌虫体长25～31mm，翅展68～75mm；体色较雄蛾浅，近翅基处无黄色肾形斑，中室白斑明显，4条深色波状纹较明显。**卵：**近圆形，长宽约1.89mm×1.64mm，咖啡色，卵壳上具3条黄色环状花纹，中间1条环纹两侧各具1个咖啡色的小圆点，点外为白色圆环。**幼虫：**初孵幼虫体长5～6mm，头部橘黄色。前胸背面色泽与头部近似；中、后胸背面为黑色，中间为黄白色。背线黄白色，亚背线由黄白色及黑色相间的色斑所组成。气门线及气门上线黄白色。前胸前缘两侧具2束长毛，其长度超过体长之半。2～5龄幼虫斑纹及体色更为清晰。5龄幼虫体长35mm，头部仍为橘黄色，中、后胸背面具毛丛，其间有1丛橘黄色毛，前胸前缘两侧仍保留每侧2束长黑毛，尖端为白色。背中线由橘黄色倒三角形斑组成，亚背线由深褐色及黄白色相间而近似于斜方形斑所组成。气门上线橘黄色，气门线黄白色，在腹足处被橘黄色斑纹所切断。幼虫从6龄开始，除体增长外，色泽斑纹与前几龄无明显区别，唯各节背面两侧开始出现黄白色的毛丛。7龄时，背面两侧的毒毛丛增长，并在黑色斑纹处出现长的黑色长毛丛，腹部背面后端较前端的毛束为长，背中线由黑色和深橘黄色的倒三角形斑纹组成，全体黑色部分增多，中、后胸背面的毒毛丛显著增长。老熟幼虫全身呈黑红色。**茧：**近似菱形，灰白色，羽化前呈污褐色，壳上附有毒毛。雌茧大小约67mm×20mm，雄茧大小约58mm×20mm。**蛹：**长椭圆形，栗褐色，初期淡绿色。雌蛹平均为36mm，雄蛹为32mm。

思茅松毛虫雄成虫（李镇宇　提供）

思茅松毛虫雌成虫（李镇宇　提供）

思茅松毛虫危害状（张永安　提供）

生物学特性 1年发生代数随分布区不同而异。云南昆明1年1～2代，以1代为主。能发生2代的幼虫当进入5龄时，其体长、头宽分别可达34.6mm和3.5mm，而只发生1代的则分别为21.8mm和2.38mm。从时间上看，7月20日以后孵化的幼虫均只能完成1代。同一雌虫产下的卵在同样饲养条件下，也出现不同世代，其原因尚不清楚。云南景东和浙江1年2代；广东、海南1年3代。以幼虫越冬。在云南等温暖地区，冬季气温较高，越冬幼虫在中午气温较高时仍可取食活动。

在云南景东，越冬代幼虫于4月下旬化蛹，越冬代幼虫可延续到7月中旬后期。5月下旬出现越冬代成虫。6月中旬开始产卵，6月下旬出现第一代幼虫，此代幼虫可延续至11月中旬。第一代幼虫于8月下旬开始结茧，9月中旬出现第一代成虫，并于9月下旬开始产卵。10月中旬出现第二代幼虫，并以此代幼虫越冬。越冬幼虫老熟后，大多在针叶丛中，少数在树皮裂缝中、杂草、灌木上及石块下结茧化蛹，结茧前一日停食不动。

成虫多在18:00～22:00羽化，尤以18:00～20:00羽化的最多，占80%左右。成虫羽化后，当天即可交尾，交尾后即开始产卵，未交尾的雌虫产下的卵不能孵化。成虫白天静伏于隐蔽场所，夜晚活动，以傍晚最盛。有一定的趋光性。

卵多成块产于针叶上，数十粒至数百粒不等。据观察，产卵量与蛹重成正相关，蛹重为1.4g和3.1g时，产卵量分别为99粒和337粒。1个雌蛾最多可产卵303粒，最少52粒。在云南景东，第一代幼虫孵化多集中在8:00～11:00，尤以9:00孵化的最多。8:00～11:00的孵化率为65.5%，而9:00的孵化率则占总数的24.6%。第二代的孵化率为64.4%～92.1%。孵化时间似乎与一日中的高湿阶段有关。高湿时刻的出现比孵化高峰期提早1小时。

初孵幼虫有取食卵壳的习性。幼虫初期群集，仅能将针叶的边缘啃食成缺刻。幼虫行动活泼，稍受惊动既吐丝下垂或弹跳落地。老熟幼虫受惊后有立即将头卷曲、竖起胸部的毒毛以示抗御的习性。

幼虫食叶量随龄期增大而增多。6龄幼虫后期每昼夜取食针叶量最长达878.5cm，7龄为1095.5cm。根据7龄幼虫4天食叶量的统计，取食针叶的总长度为

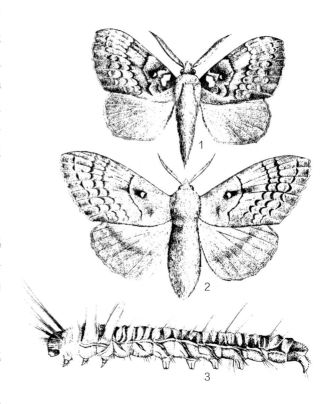

思茅松毛虫（朱兴才 绘）
1. 雄成虫；2. 雌成虫；3. 幼虫

4039.5cm，其中夜间取食2780cm，为总长度的68.8%。

防治方法

1. 封山育林，改造人工纯松林。

2. 大力开展生物防治，保护利用天敌。可用0.5亿～1亿孢子/mL苏云金杆菌液，20亿PIB/mL甘蓝夜蛾核型多角体病毒悬浮剂1000倍液，或5亿孢子/mL的超低容量的白僵菌油剂、乳剂、水剂喷雾。

3. 在暴发成灾时，可选用下列任何1种农药进行急救，5.7%甲氨基阿维菌素苯甲酸盐乳油3000倍液、敌丙油雾剂加柴油稀释1～2倍，用量1500～2250g/hm²。菊酯类农药超低容量喷雾，用量15～30mL/hm²。25%灭幼脲Ⅲ号胶悬剂300～450g/hm²。25%灭幼脲Ⅲ号胶悬剂450～600g/hm²。

4. 松毛虫质型多角体病毒DCPV1500亿～3750亿/hm²。

参考文献

侯陶谦，1987；萧刚柔，1992；张潮巨，2002；卢斌，卜良高，舒卫奇，2003；刘友樵，武春生，2006；张红，2006。

（张永安，陈昌杰）

401	马尾松毛虫	分类地位	鳞翅目 Lepidoptera　枯叶蛾科 Lasiocampidae
		拉丁学名	*Dendrolimus punctata punctata* (Walker)
		异　名	*Dendrolimus punctata* Kirby, *Dendrolimus punctatus* Walker
		英文名称	Masson pine caterpillar
		中文别名	狗毛虫

分布　江苏，浙江，安徽，福建，江西，河南（信阳地区、唐河、桐柏），湖北，湖南，广东，广西，海南，四川（成都），重庆（江津、万州），贵州，云南，陕西（洋县、安康），台湾等地。越南。

寄主　马尾松，还可危害湿地松、火炬松、云南松、南亚松。

形态特征　**成虫：**颜色变化很大，有灰白、灰褐、黄褐、茶褐等色。雌蛾体色比雄蛾浅。雌虫体长20～32mm，翅展42.8～80.7mm；雄虫体长21～32mm，翅展36.1～62.5mm。头小，下唇须突出，复眼黄绿色。雌蛾触角短栉齿状，雄蛾触角羽状。前翅较宽，外缘呈弧形弓出，翅面有3～4条不很明显而外弓起的横条纹，沿外横线黑褐斑的内侧为淡褐色。后翅三角形，无斑纹。雄性外生殖器阳具呈短剑状，前半部密布细刺，小抱针长度为大抱针的1/4～1/3，抱器末端高度骨化，并向上弯曲。**卵：**椭圆形，长约1.5mm，宽约1.1mm。初产时淡红色或黄红色，近孵化期为紫褐色。卵面光滑无保护物。**幼虫：**3龄前体色变化较大，1龄幼虫黄绿色或黄灰色，两侧灰色，腹部第二至第五节两侧有4个明显的黑褐色斑点；2龄幼虫，体暗红褐色，混生白色小

马尾松毛虫成虫（张润志　整理）

马尾松毛虫幼虫（张润志　整理）

马尾松毛虫茧（张润志　整理）

马尾松毛虫蛹（张润志　整理）

马尾松毛虫卵（张润志　整理）

点，中、后胸背面出现2条黑色毒毛带。4、5龄幼虫体毛、色泽变化较小。老熟幼虫体长38～88mm，头宽3.4～3.7mm。体色大致可区分为棕红色和黑色2种，有纺锤形倒状鳞毛贴体，鳞毛色泽有银白色和银黄色2种。腹部各节毛簇中有窄而扁平的片状毛，先端有齿状突起，排列成对；体侧生有许多灰白色长毛，近头部特别长。两侧由头至尾有1条纵带，由中胸节至腹部第八节气孔上方；纵带上各有1个白色斑点。3龄以后幼虫第九腹板前缘2/3处有一近透明的浅色圆斑；圆斑周缘棕色，中间橘黄或淡黄色者为雄虫，否则为雌虫。**蛹：**体长22～37mm，纺锤形，栗褐或暗红褐色，密布黄色绒毛。臀棘细长，黄褐色，末端卷曲呈钩状。茧长30～46mm，长椭圆形，灰白色。羽化前呈污褐色，表面覆有稀疏毒毛。

马尾松毛虫在不同地区各世代入蛰、出蛰、孵化与结茧期

地区	发生世代	越冬代		第一代		第二代		第三代		第四代	入蛰期
		出蛰期	结茧期	孵化期	结茧期	孵化期	结茧期	孵化期	结茧期	孵化期	
河南固始	2	3月下旬	5月上旬	5月中旬	7月中旬	7月下旬	5月上旬	—	—	—	11月上旬
安徽凤阳	2～3	3月中旬	4月中旬	5月中旬	7月中旬	8月上旬	9月下旬	9月下旬	4月中旬	—	11月上旬
四川重庆	2～3	3月下旬	4月中旬	5月中旬	7月上旬	7月下旬	9月中旬	9月下旬	4月中旬	—	11月中旬
湖北麻城	2～3	3月下旬	4月中旬	5月中旬	7月上旬	7月下旬	9月中旬	10月上旬	4月中旬	—	11月中旬
湖南东安	2～3	2月中旬	4月中旬	5月上旬	7月上旬	7月下旬	9月中旬	9月下旬	4月下旬	—	11月中旬
江西贵溪	2～3	2月下旬	4月下旬	5月中旬	7月上旬	7月下旬	9月中旬	9月下旬	4月下旬	—	11月下旬
江苏南京	2～3	3月上旬	4月中旬	5月上旬	7月中旬	7月下旬	9月中旬	9月下旬	4月中旬	—	11月下旬
浙江余杭	2～3	2月上旬	4月中旬	5月上旬	7月上旬	7月下旬	9月上旬	9月中旬	4月下旬	—	11月下旬
福建南安	2～3	2月上旬	3月中旬	4月上旬	6月上旬	6月下旬	8月上旬	8月下旬	3月中旬	—	12月上旬
广东广州	3～4	2月上旬	3月上旬	3月中旬	5月中旬	6月上旬	7月中旬	8月上旬	9月下旬	10月上旬	12月上旬
广西南宁	3～4	2月下旬	3月下旬	4月中旬	6月中旬	6月下旬	8月上旬	8月下旬	9月下旬	10月中旬	11月下旬
广西博白	4	2月上旬	3月中旬	4月上旬	6月中旬	6月下旬	8月上旬	8月下旬	10月上旬	10月下旬	12月上旬

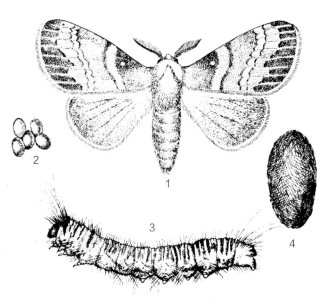

马尾松毛虫（张培毅 绘）

1. 雄成虫；2. 卵；3. 幼虫；4. 茧

冬代平均16天，第二代12天，第三代13天，第三代17天。成虫期：在湖南越冬代平均7.5天，第一代7天，第二代8天；在广西越冬代平均8天，第一代7天，第二代7天，第三代7天。

幼虫多在中、幼龄林树冠顶端松针丛中越冬，也有在大树树干的树皮裂缝内越冬的，冬季气温较高的地区无明显越冬现象。幼虫结茧场所随环境不同而异，有的结于树冠针叶丛中，有的结于树皮缝隙间，也有的结在灌木上及地被物中的。卵产于松针或小枝上，聚集成块，每一卵块的卵粒数由数十粒到七八百粒，一般为300～400粒。初孵幼虫先嚼食卵壳，然后在附近的松叶上群集取食。1、2龄幼虫受到惊吓即吐丝下垂，并可借风传播。3、4龄幼虫分散危害，遇惊即弹跳掉落。5、6龄幼虫有迁移习性，在松林被害严重时，常可见到大量的老熟幼虫在地面爬行，遇惊即抬起头部，以示抵抗。

幼虫一生蜕皮次数随世代不同而异，第一、二代幼虫一般蜕皮5～6次；第二代越冬幼虫一般蜕皮7～8次，个别的可达9次。

防治方法

1. 加强封山育林措施，逐步改善恢复林分生态环境，提高松林生长势和自控能力。疏林补密，合理抚育修枝，保持树木正常枝叶量。

2. 性信息素用于测报和防治。主要成分按Z5,E7-12:OH（5份）、Z5,E7-12:OAc（3份）、Z5,E7-12:OPr（2份）混合后制成诱芯，挂于林间。

3. 生物防治中保护益鸟如大山雀等。引移双齿多刺蚁，保持该蚁1窝/ hm²。

4. 化学防治。25%灭幼脲Ⅲ号悬浮剂240～300mL/hm²，20%氯氰菊酯乳油30～45mL/hm²，20%氰戊菊酯乳油30～60mL/hm²，三者任选一种加水稀释进行低容量或超低容量喷雾。

参考文献

侯陶谦, 1987; 萧刚柔, 1992; 刘友樵, 武春生, 2006; 陈宗平, 徐光余, 2008; 何进义, 徐光余, 2009.

（张永安，萧刚柔，彭建文，何介田，严静君，侯陶谦）

生物学特性 1年2～4代。发生世代的多少随不同地区而异：河南信阳地区，1年以2代为主；长江流域诸省1年2～3代，而广东、广西、福建南部1年3～4代，海南1年4～5代。

越冬幼虫于翌年2月上旬开始活动、取食。在长江流域一带越冬幼虫于4月中、下旬结茧化蛹，5月上旬羽化产卵。5月中、下旬第一代幼虫孵化，7月上旬结茧化蛹，7月中旬羽化产卵。7月下旬羽化出第二代幼虫：一部分第二代幼虫于9月上旬结茧化蛹，9月中旬羽化产卵，9月下旬至10月上旬孵化出第三代幼虫，第三代幼虫月11月中旬越冬；另一部分第二代幼虫于8月中、下旬滞育，生长发育缓慢，延续至11月越冬。各虫态发育所需天数，因地区和世代不同而异。越冬幼虫蛰伏期：广东前后不足60天，湖南约90天，河南可长达120天以上。卵期：在湖南第一代平均11天，第二代7天，第三代7天；在广西第一代平均8天，第二代6天，第三代6天。幼虫期：在湖南第一代平均49天，第二代63天；在广西第一代平均54天，第二代46天，第三代54天。蛹期：在湖南越冬代平均21天，第一代16天，第二代13天；在广西越

402 德昌松毛虫

分类地位 鳞翅目 Lepidoptera 枯叶蛾科 Lasiocampidae

拉丁学名 *Dendrolimus punctata tehchangensis* Tsai et Liu

英文名称 Dechang pine caterpillar

分布 四川（德昌、西昌、凉山），云南（永仁、保山、维西），甘肃（舟曲、文县、康县）。

寄主 主要危害云南松，其次危害华山松、马尾松、地盘松。

形态特征 成虫：雌虫体长23～31mm，翅展53～71mm；体灰褐色或黄褐色；触角短栉齿状，淡黄色，栉齿褐色；前翅狭长，前缘呈弧形弓出，外缘深褐色，呈弧形，有时有微波；横线褐色，不清楚；亚外缘斑列从前向后第八、九两斑连线与翅外缘相交；外横线与亚外缘斑列间有1条不完整的褐色横纹，中室末端有白点。雄虫体长17～30mm，翅展41～51mm；体多为赤褐色或深褐色；触角鞭节黄色或褐色；翅面花纹与雄蛾相似，但色较深。**卵**：长圆形，长约1.5mm，宽1.1mm。卵的颜色变化大，大多为粉红色，亦有红色、黄红色、黄绿色或上部淡红色下部灰白色。**幼虫**：初龄幼虫头部黑褐色，体灰黄色或绿色，两侧灰色，腹部第二至第五节两侧有明显的黑褐色斑点4个。老熟幼虫体长45～90mm；头黄褐色；胸部第二、三节间背面簇生2束刚毛，蓝黑色或紫黑色，有光泽，其余的毛为银白色或黄白色；腹部各节有刚毛2束成对排列，两侧有灰白色绒毛，近头部的特长；腹面棕黄色，中间

德昌松毛虫雌成虫（李镇宇　提供）

赤褐色，腹部背面多为灰白色，也有金黄色、黑色和紫色相间，或灰白色和金黄色相间等类型。**蛹**：纺锤形，体长20～40mm；栗褐色或棕褐色，密布黄色绒毛，末端有黄色钩状毛。茧长椭圆形，灰黄褐色，上附有蓝黑色毒毛。

生物学特性　1年1～2代。以4、5龄幼虫在幼林内密集的松针基部越冬，也有少数在地被物下越冬；在成林内，一部分在树干粗皮裂缝中越冬，一部分在松针基部或地被物下越冬。翌年2月上、中旬开始取食。经3～4次蜕皮，于3月上旬结茧化蛹，5月中、下旬为结茧盛期。成虫于4月下旬羽化。6月上旬至下旬为羽化盛期。第一代卵于5月上旬开始出现。5月中旬卵孵化，6月下旬为孵化盛期。70%左右的第一代幼虫于7月中旬结茧化蛹，8月中、下旬为盛期。成虫于8月上旬羽化、产卵，盛期在9月中、下旬。第二代幼虫于8月下旬孵出，9月下旬至10月上旬为盛期，12月上旬开始越冬。约30%第一代幼虫于10月下旬越冬。

蛹期：越冬代21～29天，平均25.7天；第一代20～29天，平均23.7天。成虫寿命：越冬代雌蛾6～13天，平均8.1天；雄蛾4～12天，平均7.5天。第一代雌蛾4～13天，平均9.3天；雄蛾6～9天，平均8.1天。卵期：第一代14～24天，平均18.6天；第二代10～16天，平均13.1天。

幼虫初孵时有群集性，常聚集在卵壳周围，啃食卵壳，然后啃食针叶边缘呈缺刻状，几天以后被害针叶枯黄卷曲，极易发现。1龄幼虫受到惊扰时，立刻吐丝下垂，借风飘散。2龄后期常爬行迁移。3龄幼虫分散在各枝条上，可取食整个针叶；受惊后立即下坠，稍停即迅速爬走。4龄幼虫更为活跃，稍受惊即弹跳下落。5、6龄幼虫常静伏于树枝下，若遇惊扰，即昂头竖胸，毒毛耸立，以示警戒。幼虫老熟后，大多在树梢针叶丛中或松针基部作茧化

蛹，少数在树干凹陷处或树皮裂缝内，也有在石块下或地被物中作茧化蛹的。

蛹经20～29天羽化，羽化时间在17:00～6:00，以18:00～24:00为多。

成虫羽化后几小时即可交尾，第二天夜晚交尾者较多。交尾在24:00～6:00，以2:00～4:00为多，占65%。

成虫一般在第一次交尾后可产出绝大部分卵粒，以后几天零星产出剩余的卵，遗卵很少。少数雌蛾未经交尾即产下少许卵，然后再进行交尾；也有少数雌蛾不交尾，仍能零星产下少量卵粒。产卵的时间，绝大部分集中在21:00前后，约占70%。其余都在天亮前产出。白天很少产卵。越冬代雌蛾产卵量为34～808粒，平均485粒；第一代雌蛾产卵量为96～388粒，平均242粒。产卵次数一般为4～6次，占80%以上。雄虫趋光性强，雌虫产卵前趋光性很弱。成虫交尾产卵后逐渐死亡。

卵产于松针上，呈块状，也有产在松针基部或松梢顶端以及松枝分叉处。每个卵块有卵5～85粒，一般50粒左右。成虫喜将卵产于林相完整、针叶茂密的林分中，林缘较林内处多；林相被破坏的林分很少有成虫去产卵。卵一般产在树木1～5m高处，尤以2～4m高处为多。第一代孵化率为81.2%，第二代为82.3%。

防治方法

1. 使用20亿PIB/mL甘蓝夜蛾核型多角体病毒悬浮剂1000倍液进行防治。

2. 参考马尾松毛虫防治方法进行防治。

参考文献

侯陶谦, 1987; 吴加林, 陈友芬, 1992; 萧刚柔, 1992; 张玉发, 杨东明, 张坤, 2003; 刘友樵, 武春生, 2006.

（张永安，陈素文）

403 **文山松毛虫**

分类地位　鳞翅目 Lepidoptera　枯叶蛾科 Lasiocampidae

拉丁学名　*Dendrolimus punctata wenshanensis* Tsai et Liu

英文名称　Wenshan pine caterpillar

分布　广西（上思、金秀、那坡、防城），贵州（兴义、兴仁、贞丰、安龙、盘梁、望谟、水城），云南（文山、玉溪、红河、昆明）。

寄主　云南松、思茅松、马尾松、华山松、湿地松。

形态特征　**成虫**：雄蛾体深褐色，变异小；体长24～29mm，翅展45～56mm；触角羽状；前翅从翅基至亚外缘具5条深褐色波状横线，其中亚基线和外横线不大清晰，亚外缘线有9个黑褐色点状斑组成，最后2个斑相连，内横线和中横线最宽，色深而明显，亚外缘斑列内侧色浅，呈褐色，中室末端具1个小白点，较清楚；后翅颜色与前翅基本相同，无花纹；生殖器的大抱针长而粗，圆柱形，末端钝，表面生有一些长短不等的刚毛，上部有1条纵沟，小抱针短而细，尖锥状，长度相当于大抱针的1/3，抱针基部及其下方半球体上生有许多长刚毛，阳具较长，呈尖刀状，前半部上方表面有小齿，抱器末端高度骨化而向上弯曲，外缘有1列齿突。雌蛾腹部及后翅颜色变异较大，多数为褐色，头、胸及前翅颜色变异较大，多为褐色或淡褐色，少数为灰褐色或深灰色；体长26～31mm，翅展58～73mm；触角栉齿状；前翅5条横线除亚基线和外横线不甚清晰外，其余都很清晰，内横线与中横线宽大而明显，由于外横线不大清晰，因而与中横线和亚外缘斑列所形成的2条横带比较模糊，中室小白点有时清晰，有时模糊；后翅颜色较前翅略浅，腹部粗肥，布满褐色绒毛；生殖器的前阴片呈舌状，在基部2/3部分比较膨大，前端成半圆形，中部凹陷较深，侧阴片不大规则，褶皱较多，前端有袋和刚毛。**卵**：长径约1.5mm，短径约1mm。多数呈粉红、淡红色，少数为紫红色；椭圆形。**幼虫**：颜色变异较大，主要为黑色、黑褐色，其次为暗红褐色。1龄幼虫体黄绿色，头宽0.9mm，体长4～6mm，胸部背面第二至第三节毒毛带微显痕迹。2龄幼虫体色有红褐、黄褐、黄白几种，头宽1.1mm，体长6～12mm，腹部背面第四、五节之间显露灰白色蝶形花斑。3龄幼虫头宽1.3mm，体长13～15mm，中、后胸背面毒毛带增宽，腹部背面两侧长毛束较发达，背面各节刚毛粗壮。5龄幼虫头部深褐色，头宽2.8～3mm，体长25～34mm，胸、腹部背面各节毛丛呈蓝黑褐色，具金属光泽，以中、后胸尤为显著，体各节两侧着生稠密的黄白色长毛丛。6、7龄幼虫体灰黑或黑褐色，被发达长毛丛。6龄幼虫头宽3.5～3.8mm，体长40～55mm。7龄幼虫头宽4～5mm，体长58～65mm，虫体粗大，易与各龄区别。**蛹**：纺锤形，栗褐色。茧为长椭圆形，灰褐或灰白色，一端略尖，表面具黑色金属光泽毛丛。雌茧平均长38mm，雄茧平均长31mm。

生物学特性　1年2代。以4龄和5龄幼虫越冬。至翌年2月中、下旬开始活动，4月中旬结茧化蛹，

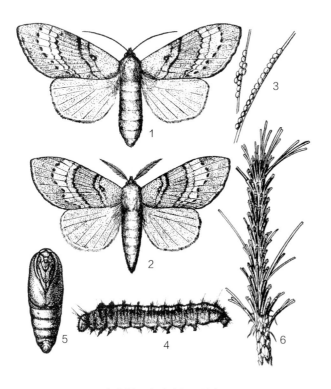

文山松毛虫（张翔　绘）

1. 雌成虫；2. 雄成虫；3. 卵；4. 幼虫；5. 蛹；6. 危害状

文山松毛虫成虫（李镇宇 提供）

5月中旬成虫羽化，第一代卵于5月中旬始见，6月上旬孵出幼虫，8月下旬开始结茧化蛹，9月中旬成虫羽化。第二代卵于9月中旬始见，10月上旬孵出幼虫，12月中、下旬在针叶密集处和树皮下越冬，天气晴和之日，爬出微微取食，越冬期3个月以上。在海拔1400m以下的林区，各代、各虫期要比前述时间提早10～15天。

幼虫多集中在7:00～9:00孵化，出壳后，有取食卵壳的习性。2个世代的幼虫，多数为7龄，少数6龄，个别9龄。幼虫蜕皮前1～2天停食，蜕皮后1天左右开始取食。1龄幼虫有群集性，咬食针叶边缘缺刻状或食去半面。2龄幼虫亦多群集，活动范围不大，食量也小。1～2龄幼虫，遇惊即吐丝下垂，借风力扩散。3～4龄幼虫，活动力及取食量渐增，遇物触及其体，便立即弹跳。5龄以上幼虫，体上毒毛发达，触及人体皮肤会引起红肿。当食料缺乏时，成群迁移觅食，树上老龄幼虫受惊扰，即口吐绿液，挺胸昂头，竖起毒毛，以示抵御。老熟幼虫停食1～3天后，即下树在根部附近杂草中吐丝结茧；也有极少数结在枝条上的，但多是被天敌寄生或发育不良的，其茧小而薄，与正常茧有明显区别。幼虫结茧后3～5天化蛹，蛹期20多天。接近羽化的蛹，其重量减轻，腹部各节伸长。

成虫多在19:00～20:00羽化。羽化时要求较高的湿度，如天气过分干燥，羽化便会延迟。成虫白天静伏，夜晚活动。

交尾后的雌蛾，当夜就能产卵，但也有延迟至次夜才产卵的。每头雌蛾产卵230～406粒，平均338粒，分3～5次产完。每次产卵数不一，少则几粒，多则100～200粒。雌蛾死后有遗腹卵。卵多产于林缘和健壮的针叶上，排列多呈块状，有的呈念珠状。卵发育成幼虫约需半月。雌蛾寿命7～8天，雄蛾6天。成虫有较强的飞翔力和趋光性。

防治方法

1. 用文山松毛虫NPV和CPV病毒混合液进行防治。

2. 采用热雾剂防治技术进行防治。

3. 应用20亿PIB/mL甘蓝夜蛾核型多角体病毒悬浮剂1000倍液进行防治。可参考马尾松毛虫防治方法。

参考文献

侯陶谦, 1987; 萧刚柔, 1992; 冯玉元, 任金龙, 杨林, 2002; 许国莲, 柴守权, 谢开立等, 2002; 查广林, 2003; 刘友樵, 武春生, 2006.

（张永安，罗从富）

404 赤松毛虫

分类地位	鳞翅目 Lepidoptera　枯叶蛾科 Lasiocampidae
拉丁学名	*Dendrolimus spectabilis* Butler
异　　名	*Dendrolimus punctatus spectabilis* Zhao et Wu
英文名称	Japanese red pine caterpillar

分布　河北，辽宁，江苏，山东，河南等地。朝鲜，日本。

寄主　主要危害赤松，其次危害黑松、油松和樟子松。

形态特征　**成虫：**雄虫翅展48～69mm，雌虫翅展70～89mm。体色变化较大，有灰白、灰褐及赤褐色。前翅中横线与外横线白色，亚外缘斑列外侧有白色斑纹。雄蛾前翅中横线于外横线之间深褐色，形成宽的中带。**卵：**椭圆形，长1.8mm，宽1.3mm。初为淡绿色，后渐变为粉红色，近孵化时紫褐色。**幼虫：**初孵幼虫体长4mm，体背黄色，头黑色，体毛不明显；2龄幼虫体背现花纹；3龄以后幼虫体背呈黄褐、黑褐、黑色花纹；老熟幼虫体长80～90mm。体背第二、三节丛生黑色毒毛，毛束片较明显。**蛹：**纺锤形，体长35～45mm，暗红褐色。茧灰白色，附有毒毛。

生物学特性　1年1代。以幼虫越冬。因受气候条件的影响，各地发生期略有不同。在山东半岛，3月上旬开始出蛰活动，以后逐渐上树危害。7月中旬结茧化蛹。7月下旬成虫出现，盛期在8月上、中旬，同时可见产卵。8月中旬卵开始孵化，盛期是8月底至9月初。至10月下旬幼虫开始越冬。但在鲁中南地区发生期均比山东半岛早20天。而在河北、辽宁出蛰期比山东晚10天；结茧化蛹期，河北比山东早20天，比辽宁早10天；越冬期，辽宁又比山东、河北晚10天左右。

成虫羽化时间多集中在17:00～23:00，盛期在19:00～20:00，占羽化数的57.8%。一般雄蛾羽化比雌蛾羽化早1个小时。成虫羽化的当晚或翌日开始交尾，交尾时雌蛾头朝上，雄蛾头朝下，呈"1"字形，静伏在枝上不动。交尾历时最长24小时，最短10小时。雄蛾寿命平均为8天，雌蛾为7天。

成虫产卵时刻多集中在18:00～23:00，盛期在20:00。一般成虫只产1次卵，少数产2～3次。不交尾的雌蛾亦能产卵，但量少而分散，不能孵化为幼虫，经半月即干瘪。每头雌蛾平均产卵622粒，最多916粒，最少241粒。

卵经10天左右孵化为幼虫。孵化时刻多集中在4:00～8:00，以4:00～5:00孵化最多。在山东孵化率只有63.1%，辽宁高达83%～100%。初孵幼虫先吃

赤松毛虫雄成虫（李镇宇　提供）

赤松毛虫雌成虫（徐公天　提供）

赤松毛虫雄成虫（徐公天　提供）

赤松毛虫老龄幼虫（徐公天　提供）

赤松毛虫老龄幼虫（侧视）（徐公天　提供）

赤松毛虫茧（徐公天　提供）

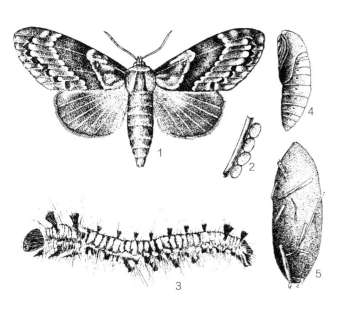

赤松毛虫（朱兴才　绘）

1. 成虫；2. 卵；3. 幼虫；4. 蛹；5. 茧

卵壳，然后爬出，群集于附近松针上，啃食松针边缘呈缺刻状，针叶受害后常弯曲枯黄，易于辨认。幼虫至3龄始吃整个针叶。1、2龄幼虫有受惊吐丝下垂的习性。到2龄末期，开始爬行分散，不再吐丝，受惊后活跃弹跳。老龄幼虫不活跃，不取食时多静伏于松枝上，遇惊扰头向下卷曲，露出胸部2丛毒毛，以示抵御。幼虫孵出后，取食至10月底11月初，当天气开始寒冷时，即沿树干向下爬行，蛰伏于树皮翘缝或地面石块下及草堆内越冬。越冬场所蛰伏幼虫数与温度和林龄有密切关系，一般向阳温暖处多，阴湿处少。

　　幼虫一生蜕皮7～8次（一般雌性幼虫比雄性幼虫多蜕1次皮）后，即开始在松针丛中结茧，经2天左右化蛹。蛹期最长21天，最短13天，平均17天。蛹经半个月左右即羽化为成虫，蛹到羽化时重量减

油松被赤松毛虫危害状（张润志　整理）

轻，平均每天减轻13.6mg。近羽化时腹部各节伸长，可透视翅芽。羽化时头胸背面开裂。初羽化的成虫全身湿润，两翅折叠紧缩，待1～2小时逐渐展开即可飞行。

防治方法

1. 营林措施。加强封山育林措施，逐步改善恢复林分生态环境，提高松林生长势和自控能力。造林时适度密植，疏林补密，合理抚育修枝，保持林木正常的枝叶量。

2. 化学防治。用2.5%敌杀死或20%速灭杀丁和废机油浸泡纸绳，制成毒绳，在树干胸径处围绑1～2道（应在越冬幼虫上树之前完成）。

3. 利用该虫性信息素Z5,E7-12:OH、Z5,E7-12:OAc、Z5,E7-12:OPr三者按1∶1∶1配合制成诱芯放于林间，可准确测报发生量和成虫发生期。其他方法可参见马尾松毛虫防治方法。

樟子松被赤松毛虫危害状（张永安　提供）

参考文献

侯陶谦，1987；萧刚柔，1992；陈素伟，迟仁平，徐和光等，1999；刘友樵，武春生，2006；安佰国，王西南，段春华等，2007.

（张永安，孙渔稼）

405	侧柏松毛虫	分类地位	鳞翅目 Lepidoptera　枯叶蛾科 Lasiocampidae
		拉丁学名	*Dendrolimus suffuscus suffuscus* Lajonquiere
		异　　名	*Dendrolimus superans* Tsai et Liu, *Dendrolimus suffuscus* Lajonquiere
		中文别名	柏毛虫、铁杉毛虫

　　侧柏松毛虫是侧柏上的一类重要的食叶害虫，危害严重时，林木枯死。

分布　河北，江苏，江西，山东，河南等地。

寄主　侧柏、赤松、油松、白皮松。

危害　侧柏松毛虫猖獗发生时，将鳞叶几乎食光，甚至幼嫩枝条皮层亦可食。

形态特征　**成虫：**体灰褐色至黑褐色，因地理分布不同体色变化较大。雌虫体长31～39mm，翅展77～90mm，雄虫体长25～35mm，翅展60～69mm。触角灰褐色，雌虫短双栉齿状，雄虫长双栉齿状。肩片发达，几达后胸后缘。前翅中线、外线、亚缘线斑列黑褐色，外线外侧、亚缘线内侧各有1条淡褐色锯齿形斑纹，外线纹尤为显著。中室端白点明显或隐现。由端点沿M_1脉至外线，有1条模糊的黑色横纹。后翅灰褐色，基半部密被长毛。前、后翅中部各具1条灰褐色横弧形纹。足灰褐色，中、后足胫节各具1对端距。**卵：**椭圆形。长径1.92～2.36mm，短径1.46～1.88mm。初产时绿色，渐变为深灰褐色，将孵化时变暗色。**幼虫：**初孵幼虫黄绿色，体长5.18～9.00mm，1龄幼虫即具有中、后胸背部毒毛带，腹部背面各节间具清晰的黑褐色横带。老龄幼虫体长56.8～104.6mm，头宽4.02～6.38mm。体

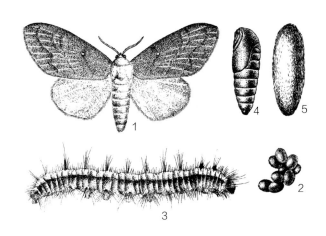

侧柏松毛虫（张培毅　绘）
1. 成虫；2. 卵；3. 幼虫；4. 蛹；5. 茧

暗灰色，刚蜕皮体色较为鲜艳。头部略呈圆形，密被黄褐色细毛。冠缝灰白色，中部两侧各具1个赤褐色斑点。额部具有1个黑褐色"凸"形斑纹。前胸背板中央处有2条黑纵纹；中、后胸背面各具1条青蓝色鳞毛簇及粉红色、白色相间的2条宽纵带。体侧毛瘤发达，着生淡褐色、黑褐色长毛丛，尤以胸部侧瘤更为突出。体腹面赤褐色，末4节稍淡，各节均有黑褐色或褐色斑纹。胸足深褐色。腹足赤褐色，趾沟为双序缺环状。**蛹：**体长28～42mm。纺锤形，末

侧柏松毛虫雌成虫（李宪臣　提供）

侧柏松毛虫雄成虫（李宪臣　提供）

侧柏松毛虫雌成虫（李宪臣　提供）

侧柏松毛虫雄成虫（李宪臣　提供）

端尖削，腹部略向腹面弯曲。初为青绿色，后变为深褐色至黑褐色。腹部第五节能活动。腹末端具有钩状臀棘。雄蛹生殖孔为椭圆形，内陷，位于第九腹节后缘；雌蛹生殖孔为两纵切口，位于第八腹节中央。

生物学特性　山东境内1年1～2代，世代重叠，同一环境或一株树上，均见1年1代和1年2代的幼虫。以3～8龄幼虫在林内石块下、枯枝落叶层中及杂草丛内越冬。翌年3月上、中旬越冬幼虫开始上树取食危害。4月上、中旬幼虫全部上树，但1年1代幼虫及阴坡处幼虫上树稍迟。4月中旬开始化蛹，4月下旬是化蛹盛期；越冬代成虫5月中旬出现。第一代幼虫6月上旬出现，7月上旬初见蛹；7月中旬至9月上旬见成虫。第二代幼虫最早在8月中旬孵化，最晚可在9月中旬孵化，10月上旬幼虫开始越冬。10月下旬全部进入越冬阶段。

初孵幼虫喜群居，先啃食卵壳，后取食鳞叶。初孵幼虫可吐丝下垂，随风吹转移危害其他树木。幼虫取食多于夜间或17:00以后进行，其他时间头朝下静伏于枝条上，老熟幼虫结茧前1～2天开始停食，结茧后在茧内蜕皮化蛹。成虫羽化多集中在夜间及清晨，羽化后当日即可交配产卵。

防治方法

1. 营林措施。改善森林环境条件，使之有利于松毛虫天敌的繁育，可以抑制松毛虫的发生。

2. 人工防治。在成虫期，坚持连续灯光诱杀成虫；可在6～7月捕杀老熟幼虫；7～8月摘茧采卵；10月围绕树干绑草把，诱杀越冬幼虫；冬季幼虫下树越冬后可掀石块、刮树皮收杀蛰伏幼虫。

3. 化学防治。①利用25%灭幼脲Ⅲ号悬浮剂1500～2000倍液防治侧柏松毛虫，防治效果达93.14%～97.71%。②树干捆扎毒绳：2.5%功夫乳油及5%来福灵乳剂杀虫效果均达95%以上，持效期可达月余。

4. 生物防治。①以虫治虫。侧柏松毛虫卵期寄生蜂种类繁多。主要有松毛虫赤眼蜂、日本平腹小蜂、白跗平腹小蜂、松毛虫宽缘金小蜂等，一般其自然寄生率为40%～60%。中华大螳螂在林间可以捕食松毛虫。②以鸟治虫。大山雀、灰喜鹊等可以啄食松毛虫。③以菌治虫。利用白僵菌防治松毛虫，杀虫效果达71%～96%。

参考文献

方德齐，1980；萧刚柔，1992；陈树良，李宪臣，徐延强等，1993；刘友樵，武春生，2006.

（李宪臣，方德齐）

<table>
<tr><td>分类地位</td><td>鳞翅目 Lepidoptera　枯叶蛾科 Lasiocampidae</td></tr>
<tr><td>拉丁学名</td><td>*Dendrolimus superans* (Butler)</td></tr>
<tr><td rowspan="3">异　　名</td><td>*Odonestis superans* Butler, *Eutricha fentont* Butler,</td></tr>
<tr><td>*Dendrolimus stbirtcus* Tschetvcrikov, *Dendrolimus jezoensis*</td></tr>
<tr><td>Matsumura, *Dendrolimus albolineatus* Matsumura</td></tr>
<tr><td>英文名称</td><td>Larch caterpillar</td></tr>
<tr><td>中文别名</td><td>西伯利亚松毛虫</td></tr>
</table>

406　落叶松毛虫

分布　北京，河北，内蒙古，辽宁，吉林，黑龙江，新疆等地。俄罗斯，朝鲜，日本，蒙古。

寄主　落叶松、黄花落叶松、红松、臭冷杉、长白鱼鳞松、鱼鳞云杉、油松、日本黑松、樟子松、新疆云杉、红皮云杉、冷杉、臭冷杉等。

形态特征　**成虫**：雌虫体长28～45mm，翅展70～110mm，触角栉齿状；雄虫体长24～37mm，翅展55～86mm，触角羽毛状。体色和花斑变化较大，有灰白、灰褐、褐、赤褐、黑褐色等。前翅较宽，外缘较直，内横线、中横线、外横线呈锯齿状，亚外缘线有8个黑斑排列略呈"3"形，其中最后2个斑若连成一线则与外缘近于平行，中室白斑大而明显，后翅赭色。**卵**：椭圆形，长2.5mm，宽1.8mm，初产时淡绿色，后变为粉黄色、红色至深红色。**幼虫**：末龄幼虫体长55～90mm。灰褐色，有黄斑，被银白色或金黄色毛；中、后胸背面有2条蓝黑色闪光毒毛；第八节背面有暗蓝色长毛束。**蛹**：体长30～45mm，暗褐色至黑色，密布黄色微毛。茧灰白或灰褐色，表面粘附有许多蓝黑色的幼虫毒毛。

生物学特性　2年1代或1年1代。以幼虫于枯枝落叶层下越冬。在新疆阿尔泰林区以2年1代为主，1年1代的占15%左右。据观察，在新疆越冬2次的幼

落叶松毛虫（朱兴才　绘）
1. 雌成虫；2. 雄成虫；3. 卵；4. 幼虫；5. 蛹

虫6月羽化，而1年1代的则到8月才羽化，如此，1年1代的多转为2年1代，而2年1代的则少部分转为1年1代。因而2年1代与1年1代在一个地区交替发生，形成3年2代。新疆年度间积温差较大，在年积温高的年份，幼虫发育增快，可增加1年1代的比例。在长

落叶松毛虫雄成虫（徐公天　提供）

落叶松毛虫雌成虫（徐公天　提供）

落叶松毛虫3龄越冬幼虫（徐公天　提供）

落叶松毛虫卵（徐公天　提供）

落叶松毛虫危害状（张永安　提供）

上。卵成块状，排列不整齐。每头雌虫可产卵128～515粒。成虫寿命4～15天。卵经12～15天孵化，初孵幼虫多群集枝梢端部，受惊动即吐丝下垂，随风飘到其他枝上。2龄后渐分散取食，受惊动直接坠落地面。幼虫共7～9龄。1年1代的龄期较少，以3～4龄幼虫越冬。2年1代的第一年以2～3龄幼虫越冬，第二年以6～7龄幼虫越冬。幼虫前期食量小，危害不明显，最后2龄食量剧增，约占幼虫总食量的95%。

防治方法

1. 化学防治。用2.5%敌杀死或20%速灭杀丁和废机油浸泡纸绳，制成毒绳，在树干胸径处围绑1～2道（应在越冬幼虫上树之前完成）。25%灭幼脲Ⅲ号粉剂450～600 g/hm²喷粉。

2. 物理防治。设置黑光灯诱杀成虫，人工摘茧蛹。

3. 生物防治。释放赤眼蜂30万头/hm²，保护大杜鹃指名亚种、戴胜普通亚种、树鹨、红尾伯劳、黑枕黄鹂（普通亚种）。

4. 利用其性信息素Z5,E7-12Alol和Z5,E7-12:OH混合制成诱芯挂于林间，可测报该虫的发生期和发生量。

参考文献

侯陶谦, 1987; 萧刚柔, 1992; 李雪玲, 2006; 刘友樵, 武春生, 2006; 裴新春, 2009.

（张永安，张润生，马文梁）

白山林区也兼有2年1代与1年1代的，而在辽宁以南的林区则多为1年1代。

　　越冬幼虫于春季日平均气温8～10℃时上树危害，先啃食芽苞，展叶后取食全叶。取食时胸足攀附松针，从松针顶端开始取食，遇惊扰则坠地蜷缩不动。2年1代的，经2次越冬后在第三年春，一部分经半个月取食后于5月底至6月上旬化蛹，另一部分则需经过较长时间取食后再化蛹。化蛹前多集中在树冠上结茧。预蛹期4～8天，蛹期18～32天。1年1代的蛹期短，2年1代的蛹期长。成虫6月下旬开始羽化，7月上旬或中、下旬大量羽化。部分到8月才羽化。1年1代的羽化较集中，2年1代的羽化历期延续达2个月。成虫具强烈趋光性。通常在黄昏及晴朗的夜晚交尾。羽化后1天即可交尾。交尾后多飞向松针茂密的松树上，产卵于树冠中、下部外缘的小枝梢及针叶

407	油松毛虫	分类地位	鳞翅目 Lepidoptera　枯叶蛾科 Lasiocampidae
		拉丁学名	*Dendrolimus tabulaeformis* Tsai et Liu
		异　　名	*Dendrolimus punctatus tabulaeformis* (Tsai et Liu)
		英文名称	Chinese pine caterpillar
		中文别名	松虎

分布　北京，河北（平泉、滦平、遵化、迁西、青龙、宽城、平山、涞源、抚宁、易县），山西（黎城、太原、安泽、阳城、平顺），辽宁西部（宁城、建平、彰武台、建昌、朝阳、阜新、凌源），山东（泰山、青岛崂山），河南，四川，重庆，陕西（韩城、洛南、留坝、黄龙、宜川）等地。

寄主　油松、樟子松、华山松、赤松、马尾松、白皮松。

形态特征　**成虫**：雌虫体长23～30mm，翅展57～75mm；雌蛾前翅中室末端有1个不明显的白点，位于弧状内横线上或稍偏外侧；前缘呈弧形，但不明显弓出；外缘呈弧状，有时显微波；横线褐色，内横线不明显，中横线弧度小，外横线弧度大，略呈波纹状；亚外缘斑列黑色，各斑近似新月形，内侧衬有淡棕色斑，前6斑列成弧形，第七、八、九斑斜列，最后一斑由2个小斑组成，第八斑位于第二翅室，第九斑位于第一翅室。触角鞭节淡黄色，栉齿褐色。后翅淡棕色到深棕色。生殖器前阴片较大，中、前阴片略呈菱形，中央有脊状下凹，侧阴片接近长圆形，末端有明显袋。

雄虫体长20～28mm，翅展45～61mm。体色淡灰褐色到深褐色，花纹比较清楚。前翅中室白点较明显，横线花纹清楚，亚外缘黑斑列内侧呈棕色。触角鞭节淡黄色或褐色，栉齿褐色。生殖器大抱针为圆锥形，末端钝，顶端有一内侧的凹面。小抱针末端尖细，长度为大抱针的1/2，阳具弯刀状，刀刃向上，刀刃弧度较平稳，刀背弧形在中部逐渐向里凹，近前端处膨大，后端向刀尖紧缩，尖端略有小弯钩，前半部有骨化小齿，近刀刃处齿密而大。抱器末端骨化上曲，顶端向外弯曲，外缘有1列齿突，向内侧伸展1列弧形齿脊。**卵**：椭圆形，长1.75mm，宽1.36mm。精孔一端为淡绿色，另一端为粉红色。精孔周围具爪状突7～12枚，平均9枚。

幼虫：灰黑色，体侧具长毛，花纹明显。头部褐黄色，额区中央有1个深褐斑。胸部背面毒毛带明显。腹部背面无贴体的纺锤状倒伏鳞毛。各节前亚背毛簇有窄而扁平的片状毛，呈纺锤形，毛簇基部有短刚毛。身体两侧各有1条纵带，中间有间断，各节纵带上的白斑不明显，各节前方由纵带向下有一斜斑伸向腹面。老熟幼虫体长55～72mm。**蛹**：栗褐色或暗红褐色，臀棘短，末端稍弯曲或卷曲呈近圆形。雌蛹体长24～33mm，雄蛹体长20～26mm。茧灰白色或浅褐色，附有黑色毒毛。

生物学特性　1年1～2代，重庆地区2～3代。以幼虫越冬。在北京越冬幼虫于3月中、下旬至4月上旬活动，取食针叶。5月中、下旬至6月上旬开始结

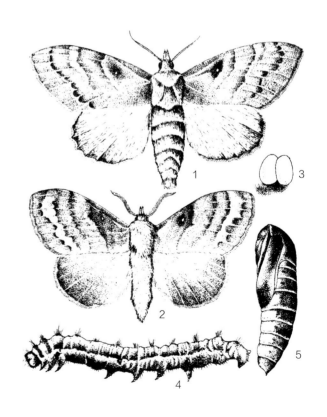

油松毛虫（朱兴才　绘）

1. 雌成虫；2. 雄成虫；3. 卵；4. 幼虫；5. 蛹

油松毛虫幼虫（张永安　提供）

茧化蛹，6月中、下旬为化蛹盛期，7月下旬为化蛹末期。成虫于6月上旬开始羽化，7月上、中旬为羽化盛期，8月中旬为羽化末期。第一代卵6月上旬开始出现，7月上、中旬为产卵盛期，8月中旬为产卵末期。第一代幼虫于6月中旬开始出现，部分幼虫生长发育迟缓，至10月上、中旬开始下树越冬，1年完成1代。生长发育较快的第一代幼虫于7月下旬开始结茧化蛹，8月中旬成虫开始羽化，产生第二代卵，8月底至9月上、中旬孵化成幼虫，10月中、下旬幼虫下树越冬，1年完成2代。

第一代卵期平均为8天。幼虫6～7龄，多数为6龄。1～5龄幼虫历期平均每个龄期为6～8天，6龄幼虫平均10天，整个幼虫期为45天左右。蛹期15～23天，平均19天。成虫历期：雌虫平均为7天，雄虫平均为6天。第一代越冬幼虫有8～9龄，多数为8龄，幼虫期长达11个月，跨2个年度。第二代越冬的幼虫为7～8龄，多数为7龄，幼虫期10个月左右。越冬代蛹期15～23天，平均19天。越冬代成虫历期：雌虫为6～7天，雄虫为4～5天。第二代卵期平均为9天。

卵成块产于松针上，初产时为浅红色，孵化前呈紫红色。卵早晨孵化的占多数，其他时间也可以孵化。

初孵幼虫群集于卵块附近的针叶上，几小时后开始啃食针叶边缘，形成许多缺刻，使针叶枯萎。2龄幼虫开始分散，能咬断针叶。1～2龄幼虫受惊后吐丝下垂，借风传播，或落地后迅速爬行。3龄起幼虫取食整个针叶，4龄后食叶量剧增。老熟幼虫平时静伏在树枝上，受惊时紧紧抓住枝条，前胸背面的蓝黑色毒毛向前伸出，状极凶猛。在食料缺乏情况下，幼虫扩散迁移明显。

越冬幼虫于10月中、下旬开始下树，在树干基部的树皮裂缝和树干周围的土缝、枯枝落叶或石块下越冬，以30cm以下和30～65cm范围内越冬幼虫数最多，并且集中在被风向阳面。越冬虫以4～5龄占多数，越冬死亡率一般在10%左右。翌年3月中、下旬至4月上旬，当日平均温度达到5℃以上时，越冬幼虫开始活动，上树取食危害。

幼虫老熟停食2～3天及结茧化蛹。结茧场所为针叶、树枝、杂草及灌丛，在幼松林中树冠下部结茧较多。

油松毛虫雄成虫（李镇宇　提供）　　　　　　　　油松毛虫雌成虫（李镇宇　提供）

油松毛虫茧（徐公天　提供）　　　　　　　　油松毛虫幼龄幼虫食害的松针（徐公天　提供）

羽化时，成虫从蛹的头胸部背面裂缝钻出，蛾体湿润，翅软蜷缩，悬挂数十分钟后才能飞翔。羽化时间以20:00～22:00最多。羽化当天晚上或次日晚上交尾。雌蛾一般交尾1次，也有交尾2～3次的。交尾1次持续时间为24小时左右，至次日傍晚脱开。雌蛾交尾当晚即可产卵，每只雌蛾的产卵量数十粒到四五百粒不等。第一天产卵最多，以后逐日减少，第三、四天产完。正常交尾的雌蛾遗卵数少，没有交尾的雌蛾或羽化数日才交尾的雌蛾遗卵数多。雌雄比为1:0.8～1:1.6。雌蛾产卵后逐渐死亡。

防治方法

1. 1.2%苦参烟乳油800～1200倍液喷雾防治。

2. 高压电网灭虫器诱杀。灭虫器设在林缘山下腹100～500m处开阔地带。灯距地面高2m以上。面积较小的（26.7hm²以下）林分可设单灯；面积较大的林分（33.3hm²左右）设灯组（2～3台）。在松毛虫成虫羽化初期可整夜开灯进行诱杀。

3. 塑料环阻隔防治。于每年3月中、下旬，幼虫上树前，用0.1mm厚、3.5cm宽的塑料带在树干胸高处缠2.5圈并固定。对树皮龟裂缝隙应在缠环前刮平。或参考赤松毛虫防治中用毒绳法。

4. 苏云金杆菌。在水源不便的中灾和重灾林地喷粉。使用时间为5月上旬至6月上旬。

油松毛虫性信息素Z5,E7-12:OH、Z5,E7-12:OAc、Z5,E7-12:OPr三者按100:47:29混合配制成诱芯，可预测该虫的发生期和发生量。

封山育林可参考赤松毛虫中的方法。

参考文献

侯陶谦, 1987; 萧刚柔, 1992; 马雨亭, 2002; 刘友樵, 武春生, 2006; 安文义, 2007.

（张永安，严静君）

分类地位	鳞翅目 Lepidoptera 枯叶蛾科 Lasiocampidae
拉丁学名	*Gastropacha populifolia* (Esper)
异　　名	*Bombyx populifolia* Esper, *Gastropacha tsingtauica* Grunberg, *Gastropacha angustipennis* Walker, *Gastropacha populifolia* f. *fumosa* Lajonquiere, *Gastropacha populifolia* f. *rubatrata* Lajonquiere, *Gastropacha populifolia* (Esper) Lajonquiere
英文名称	Poplar lasiocampid
中文别名	杨枯叶蛾、柳星枯叶蛾、杨柳枯叶蛾、白杨枯叶蛾、白杨毛虫

408 杨褐枯叶蛾

杨褐枯叶蛾是杨、柳、苹果、梨、桃等多种林木和果树的食叶害虫，以幼虫危害为主，蚕食叶片，严重影响林木和果树的正常生长和发育，影响绿色景观完整和果农的经济收益。

分布 北京，河北，山西，内蒙古，辽宁，黑龙江，江苏，浙江，安徽，江西，山东，河南，湖北，湖南，广西，四川，云南，陕西，甘肃，青海等地。俄罗斯，日本，朝鲜；欧洲。

寄主 杨属、柳属、核桃、梨属、桃树、苹果属、沙果、李树、杏、梅（刘友樵，武春生，2006；贺士元，1984）。

危害 卵产于叶面。1～2龄幼虫群集取食，将树叶咬食成缺刻或孔洞；3龄以后分散危害（萧刚柔，1992）。

形态特征 **成虫：**雄虫体长38～61mm，雌虫体长54～96mm。体翅黄褐色，前翅窄长，内缘短，外缘呈弧形波状，前翅呈5条黑色断续的波状纹，中室端呈黑褐色斑。后翅有3条明显的斑纹，前缘橙黄色，后缘浅黄色。前、后翅散布有少数黑色鳞毛。体色及前翅斑纹变化较大，有呈深黄褐色、黄色等，有时翅面斑纹模糊或消失。**卵：**长2mm，椭圆形，灰白色，有黑色花纹，卵块覆盖灰黄色绒毛。**幼虫：**老龄幼虫体长80～85mm，头部棕褐色，较扁平。体灰褐色，中胸和后胸背面有1块蓝黑色斑，斑

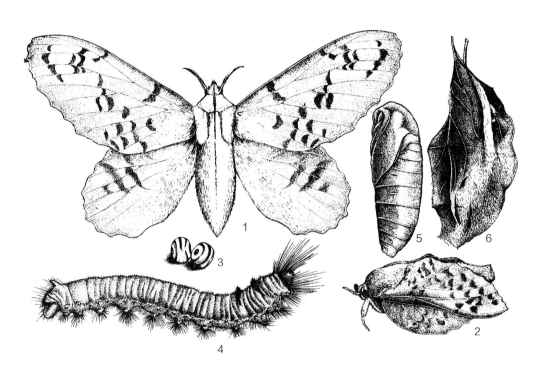

杨褐枯叶蛾（4.张培毅绘；其余朱兴才绘）

1、2.成虫；3.卵；4.幼虫；5.蛹；6.茧

杨褐枯叶蛾成虫（展翅）（徐公天　提供）

杨褐枯叶蛾成虫（徐公天　提供）

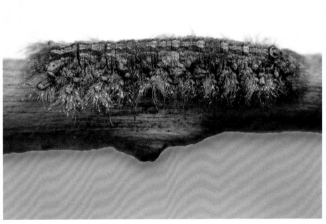

杨褐枯叶蛾越冬低龄幼虫（徐公天　提供）

柳树干上的杨褐枯叶蛾老龄幼虫（徐公天　提供）

后有赤黄色横带。腹部第八节有1个较大瘤，四周黑色，顶部灰白色。第十一节亚背线上有圆形瘤状突起。背中线褐色，侧线成倒"八"字形黑褐色纹。体侧每节有1对大小不同的褐色毛瘤，边缘呈黑色，上有土黄色毛丛。各瘤上方为黑色"V"形斑。气门黑色，围气门片黄褐色。胸足、腹足灰褐色，腹足间有棕色横带。**蛹**：褐色。茧灰褐色，上面有幼虫体毛。

生物学特性　河南1年2代，少数3代。以幼虫在树干上越冬。翌年3月中、下旬开始取食，4月中

杨树上的杨褐枯叶蛾老龄幼虫（徐公天　提供）

杨褐枯叶蛾幼虫第八腹节背瘤（徐公天　提供）

杨褐枯叶蛾幼虫中、后胸背面黑斑（徐公天　提供）

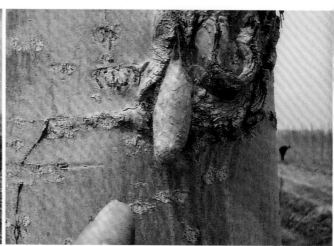

杨褐枯叶蛾茧（徐公天　提供）

旬至5月中旬化蛹，5月上旬至6月上旬羽化。5月中旬第一代幼虫开始孵化，6月中旬至7月中旬陆续化蛹，6月下旬至7月下旬成虫羽化；7月上、中旬孵化出第二代幼虫，8月下旬化蛹，9月上旬成虫羽化；9月中旬孵化出第三代幼虫。幼虫危害至10月中、下旬，以4～5龄幼虫在枝干上越冬。部分8月上旬孵化出的第二代幼虫，危害至9月中、下旬，以6～7龄幼虫越冬。1～2龄幼虫群集取食，将树叶咬食成缺刻或孔洞；3龄以后分散危害；老熟后吐丝缀叶或在枝干上结茧化蛹。卵产于叶面。每雌蛾产卵200～300粒（刘友樵，武春生，2006）。

北京1年1代，以幼龄幼虫在枝、干或枯叶中越冬。翌年4月幼虫开始活动，6月在干、枝上作茧化蛹，7月初成虫开始羽化，有趋光性，产卵于枝叶上，每雌产卵200～300粒，7月孵化，卵期约12天（徐公天，2007）。

防治方法

1. 人工捕杀枝干上的幼虫。

2. 黑灯光诱杀成虫。

3. 幼虫发生严重期喷洒100亿孢子/mL Bt乳剂500倍液或50%啶虫脒水分散粒剂3000倍液（徐公天，2007年）。

参考文献

贺士元，1984；朱弘复等，1984；萧刚柔，1992；李革芳等，1994；刘友樵，武春生，2006；徐公天等，2007.

（关玲，高犁牛）

409	油茶大枯叶蛾	分类地位	鳞翅目 Lepidoptera　枯叶蛾科 Lasiocampidae
		拉丁学名	*Lebeda nobilis sinina* Lajonquiere
		异　　名	*Lebeda nobilis* Walker
		中文别名	油茶毛虫、油茶枯叶蛾、油茶大毛虫、杨梅毛虫

分布　江苏，浙江，安徽，福建，江西，河南，湖北，湖南，广西，陕西，台湾等地。

寄主　主要危害油茶、马尾松、湿地松、白栎、板栗、杨梅，其次危害苦槠、锥栗、麻栎、化香、山毛榉、侧柏、枫杨等。

危害　在湖南道县、江永、江华等地每年局部成灾；油茶树被害后，小枝枯死，不开花结果，给油茶生产造成较大损失。近几年在浏阳县对马尾松危害较重，常将马尾松老叶食尽，严重影响松树生长。

形态特征　**成虫：**雌虫翅展75～95mm，雌虫翅展50～80mm。体色变化较大，有黄褐、赤褐、茶褐、灰褐等色，一般雄蛾体色较雌蛾深。前翅有2条淡褐色斜行横带，中室末端有1个银白色斑点，臀角处有2枚黑褐色斑纹；后翅赤褐色，中部有1条淡褐色横带。**卵：**灰褐色，球形，直径2.5mm，上下球面各有1个棕黑色圆斑，圆斑外有1个灰白色环。**幼虫：**1龄幼虫体黑褐色，头深黑色，有光泽，上布稀疏白色刚毛；胸背棕黄色；腹背蓝紫色，每节背面着生2束黑毛，第八节的较长；腹侧灰黄色；体长7～13mm。2龄幼虫全体蓝黑色，间有灰白色斑纹；胸背开始露出黑黄2色毛丛。3龄幼虫灰褐色，胸背毛丛比2龄时宽。4龄幼虫腹背第一至第八节，每节上增生浅黄与暗黑相间的2束毛丛，静止时前一毛束常覆盖于后一毛束之上。5龄幼虫全体麻色，胸背黄黑色毛丛全变为蓝绿色。6龄幼虫体灰褐色，腹下方浅灰色，密布红褐色斑点。7龄幼虫体显著增大增长，体长113～134mm。**蛹：**长椭圆形，腹端略细，暗红褐色。头顶及腹部各节间密生黄褐色绒

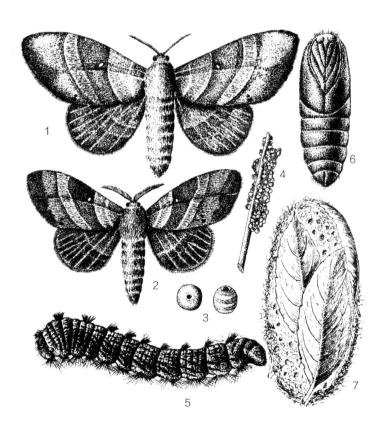

油茶大枯叶蛾（侯伯鑫　绘）
1. 雌成虫；2. 雄成虫；3、4. 卵及卵块；5. 幼虫；6. 蛹；7. 茧

油茶大枯叶蛾成虫（李镇宇　提供）

毛。雌蛹体长43～57mm，宽24～27mm；雄蛹体长37～48mm，宽20～24mm。

生物学特性　湖南1年1代。以幼虫在卵内越冬。翌年3月上、中旬开始孵化。幼虫共7龄，发育历期为123～160天。8月开始吐丝结茧，9月中、下旬至10月上旬羽化、产卵。卵期长达160多天。

幼虫孵化时，从卵的一端咬破一孔，并吃掉1/3～1/2卵壳，从卵内慢慢爬出。以6:00～8:00及16:00～17:00孵化最多，初孵幼虫群集一处取食；3龄后逐渐分散取食，日夜进行；6龄后正处于高温季节，白天停止取食，常静伏于树干基部阴暗面，在黄昏或清晨方爬出来取食。幼虫共蜕皮6次，蜕皮前一天和蜕皮当天不食不动。

幼虫老熟后多在油茶树叶和松树针叶丛中结茧化蛹，也有在灌丛中结茧的。茧黄褐色，上附有较粗的毒毛，茧面有不规则的网状孔。预蛹期7天左右，蛹期20～25天。蛹近羽化时，腹部节间伸长，蛹壳变软。刚羽出的成虫静伏4～5分钟，翅微微振动展开，紧贴于背面。羽化后6～8小时即交尾。交尾多在4:00～5:00。产卵多在夜间进行。每雌平均产卵量170粒左右，分2～3次产完。卵产在油茶和灌木的小枝上或马尾松的针叶上。成虫白天静伏不动，夜间出来活动；有较强的趋光性。

油茶枯叶蛾多发生在低矮的丘陵地带，海拔500m以上的高山上很少发现。据调查，在湖南道县海拔300m以上的山上，山脚虫口密度较大，每株平均有茧2.6个，有卵1.23块；山腰平均每株有茧0.57个，有卵0.19块；山顶每株只有茧0.045个，卵0.14块。随着高度的增加，虫口数量显著减少。虫口密度还与林分组成有密切关系，一般在油茶与马尾松的混交林中发生较严重，而在油茶纯林中虫口密度反而较小。

防治方法

保护和利用天敌。卵的天敌有松毛虫赤眼蜂、油茶枯叶蛾黑卵蜂、平腹小蜂、啮小蜂、金小蜂等；幼虫的天敌有油茶枯叶蛾核型多角体病毒；蛹的天敌有松毛虫黑点瘤姬蜂、松毛虫匙鬃瘤姬蜂、螟蛉瘤姬蜂、松毛虫缅麻蝇等。

参考文献

彭建文，1959；刘友樵，武春生，2006.

（彭建文，马万炎，李镇宇）

410 棕色幕枯叶蛾

分类地位 鳞翅目 Lepidoptera 枯叶蛾科 Lasiocampidae

拉丁学名 *Malacosoma dentata* Mell

异　名 *Malacosoma neustria dentata* Mell

中文别名 棕色天幕毛虫

　　棕色幕枯叶蛾主要危害枫树。该虫产卵量多，卵孵化率极高，幼虫食量大，故危害十分严重。大发生时枫香叶片被食殆尽，受害植株布满丝网，严重者造成枝条、顶梢枯死（王鸣凤等，1997）。

　　分布　浙江，安徽（青阳、泾县），福建（邵武、武夷山、建阳、南平、沙县、三明等），江西，湖南，广东，广西，四川等长江以南地区。

　　寄主　枫香、朴树、毛栗、栎类等阔叶树。

　　形态特征　**成虫：**雄虫翅展24～30mm，雌虫翅展32～38mm。体、翅棕色或棕黄色，雌蛾比雄蛾色浅，呈浅棕色。**幼虫：**老熟幼虫体长43～50mm，橘黄色和蓝色，头部深褐色。

　　生物学特性　在长江以南1年1代。以卵在小枝上越冬。在福建，翌年3月上旬孵化，危害盛期在4月下旬至5月上旬，5月下旬成虫羽化并产卵越冬，卵期9个多月；在安徽，翌年4月下旬出现初孵幼虫，5月中、下旬进入幼虫危害盛期，末龄幼虫蜕皮于网幕内爬出开始下树分散结茧化蛹，6月上、中旬成虫开始羽化、交尾、产卵。

　　成虫整天均可羽化，以傍晚最盛。每雌蛾产卵

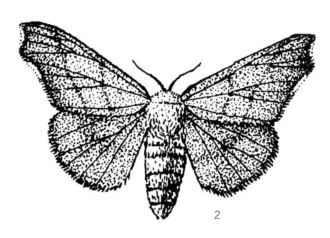

棕色幕枯叶蛾（陈瑞瑾　绘）
1. 雄成虫；2. 雌成虫

棕色幕枯叶蛾雌成虫（左）、雄成虫（右）（黄金水　提供）

150～600粒，多产在直径2.5cm以下的当年生嫩梢上，卵排列紧密，形成卵块，绕小枝一圈，表面灰白色。成虫寿命平均6.5天，羽化高峰期在5月底至6月初，成虫有强趋光性。

幼虫共6龄（少数5龄），初孵幼虫群集一团，并吐白丝结网。幼龄虫食量很小，只群集在卵块附近的嫩枝新叶表皮取食，3龄后幼虫向树杈或树干下部移动，吐丝结网。8年生以下幼树，幼虫群集于树干基部；15年生以上大树，幼虫群集于树杈处。夜晚取食，白天则群集潜伏于网幕内。在安徽大暴发时，每个网幕内有幼虫4000～8000条，多的达1.2万多条。幼虫于网幕内蜕皮。老熟幼虫食量大增，1条接1条列队爬向树冠暴食，大发生时可将枫香叶食尽，仅剩主脉，之后亦吃茅栗、栎类、朴树等。2～6天后下树结茧化蛹，茧分散在枯叶或树皮裂缝中（黄金水等，1989；陶维昌等，2004）。

防治方法

1. 人工防治。枫香树较矮时，可人工摘除卵块或捕杀网幕内的老熟幼虫，还可以根据该虫下树在杂灌丛叶背集中结茧化蛹的习性及茧白色、较大、易发现的特征，人工摘除或劈灌。

2. 生物防治。保护和利用寄生蝇，或用20亿PIB/mL甘蓝夜蛾核型多角体病毒悬浮剂1000倍液；夜间利用灯光诱杀成虫。

3. 化学防治。在棕色幕枯叶蛾大发生时，喷洒2.5%溴氰菊酯1000～2000倍液，或25%灭幼脲Ⅲ号3500倍液或20%呋虫胺800倍液，防治效果达90%以上；采用在树干上绑菊酯类农药毒绳可阻杀下树幼

棕色幕枯叶蛾幼虫（黄金水　提供）

虫；用煤油喷洒网巢，可使网巢内的幼虫沾到煤油软化而死，幼虫死亡率达95%。

参考文献

黄金水等，1989；王鸣凤，陈柏林，1997；陶维昌，王鸣凤，2004；刘友樵，武春生，2006.

（黄金水，汤陈生，侯陶谦）

411 黄褐幕枯叶蛾

分类地位	鳞翅目 Lepidoptera 枯叶蛾科 Lasiocampidae
拉丁学名	*Malacosoma neustria testacea* (Motschulsky)
英文名称	Tent caterpillar
中文别名	顶针虫、黄褐天幕毛虫

分布 北京，河北（绵山），山西，内蒙古，辽宁（复县、葫芦岛），吉林，黑龙江，江苏，安徽，江西（南昌），山东，河南（舞钢、叶县），湖北，湖南，广东（普宁），四川，陕西，甘肃等地。日本，朝鲜。

寄主 山楂、苹果、梨、杏、李、桃、海棠、樱桃、沙果、杨、榆、栎、落叶松、黄檗、核桃、柳、桦、榛、花楸等。

危害 幼虫在春季危害嫩芽和叶片，有吐丝拉网习性，在枝间结大型丝幕，幼龄虫群栖于丝幕中取食。严重时能将整株树叶吃光，甚至造成树木死亡，影响果树产量和林木的生长。

形态特征 成虫：雄虫翅展24～32mm，全体黄褐色；雌虫翅展29～39mm，全体翅呈褐色，腹部色较深。前翅深褐色，中央有2条淡黄褐色横线纹；后翅淡褐色，斑纹不明显（张执中，1992）。**卵：**灰白色，椭圆形，顶部中间凹下，卵产于小枝上，呈"顶针"指环状（萧刚柔，1992）。**幼虫：**老龄幼虫体长55mm，体侧有鲜艳的蓝灰色、黄色或黑色带。体背面有明显的白色带，两边有橙黄色横线；气门黑色；体背各节具黑色长毛，侧面生淡褐色长毛，腹部毛短；头部蓝灰色，有深色斑点（萧刚

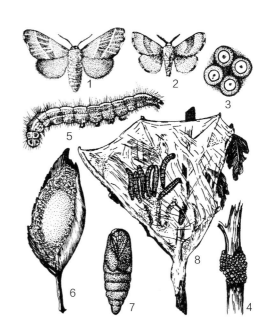

黄褐幕枯叶蛾（陈瑞瑾 绘）
1. 雌成虫；2. 雄成虫；3、4. 卵及卵块；5. 幼虫；
6. 茧；7. 蛹；8. 危害状

柔，1992）。**蛹：**体长13～24mm。黑褐色，有金黄色毛。**茧：**灰白色，丝质双层（张执中，1992）。

生物学特性 1年1代。以卵越冬。翌年春季孵化，低龄幼虫群集在卵块附近的嫩芽处取食叶片，并做丝幕，约10天进入2龄，开始向枝干部转移，在枝

黄褐幕枯叶蛾雄成虫（展翅）（徐公天 提供）

黄褐幕枯叶蛾雌成虫（展翅）（徐公天 提供）

黄褐幕枯叶蛾雄成虫（停歇状态）（徐公天　提供）

黄褐幕枯叶蛾幼虫（张培毅　提供）

黄褐幕枯叶蛾卵（徐公天　提供）

黄褐幕枯叶蛾1龄幼虫及网幕（徐公天　提供）

黄褐幕枯叶蛾2龄幼虫（徐公天　提供）

黄褐幕枯叶蛾幼虫网幕（徐公天　提供）

黄褐幕枯叶蛾4龄后幼虫（徐公天 提供）

黄褐幕枯叶蛾老龄幼虫（斜视）（徐公天 提供）

黄褐幕枯叶蛾薄茧（徐公天 提供）

黄褐幕枯叶蛾蛹被寄生蜂寄生（徐公天 提供）

杈间再次结网，白天潜伏于网巢内，夜晚取食，网呈天幕状，所以又叫"天幕毛虫"。幼虫共6龄，近老龄时分散活动，食叶大增，易暴食危害成灾，老熟幼虫在叶间、树洞、杂草或灌木上结茧化蛹，蛹期12～15天，羽化后成虫当天即可交尾，产卵于小枝端部，每块有卵150～400粒。卵块颇似顶针，因此也被称作"顶针虫"，成虫有强烈的趋光性。河南省舞钢地区一般3月上旬孵化，4月中旬幼虫老熟，4月下旬化蛹，5月上、中旬羽化，5月下旬至6月上旬危害。

防治方法

1. 人工防治。发现卵块及时摘除，在3月上旬幼虫孵化期，初孵幼虫群聚芽苞处或集中于丝幕或树杈处，可及时清除。

2. 化学防治。在2～3龄幼虫期内用25%灭幼脲悬浮剂1500～2000倍液或3%高渗苯氧威3000～4000倍液喷雾，防治效果可达90%以上。

3. 生物防治。苏特灵Bt生物杀虫剂600～800倍液在1～2龄幼虫群集网幕中施药，杀虫率95%以上（冉亚丽，2001）。或用20亿PIB/mL甘蓝夜蛾核型多角体病毒悬浮剂1000倍液。

4. 保护和利用天敌。如寄蝇、广黑点瘤姬蜂、病毒（NPV）及鸟等。

参考文献

萧刚柔, 1992; 张执中, 1992; 冉亚丽, 2001; 刘友樵, 武春生, 2006.

（万少侠，侯陶谦）

412 绵山幕枯叶蛾

分类地位	鳞翅目 Lepidoptera　枯叶蛾科 Lasiocampidae
拉丁学名	*Malacosoma rectifascia* Lajonquière
中文别名	绵山天幕毛虫

分布　山西。

寄主　桦木、山杨、黄刺梅、沙棘、辽东栎。

危害　幼虫食叶呈缺刻或孔洞，危害严重时食尽树叶。

形态特征　**成虫：**雌虫翅展33～38mm，雄虫26～30mm。雌蛾黄褐色，前翅中区具2条平行的褐色横线，翅外缘突出部分缘毛褐色、凹陷部则灰白色，后翅中部1深色斑。雄蛾前翅中区具深褐色宽带，带之内外具浅褐色纹（萧刚柔，1992）。**卵：**灰白色，长1.1～1.4mm，宽0.6～0.7mm，顶部平但中间下凹。**幼虫：**小幼虫背部灰黑色，腹部黄褐色，头黑色。老龄幼虫体长30～47mm，气门上线鲜黄色，体背毛棕黄色。**蛹：**棕黄色，体长13～17mm，被棕黄色短毛。茧黄白色。

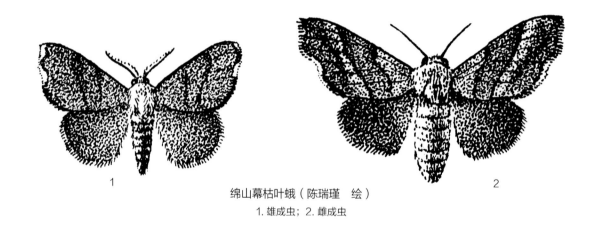

1

2

绵山幕枯叶蛾（陈瑞瑾　绘）

1. 雄成虫；2. 雌成虫

绵山幕枯叶蛾雌成虫（李镇宇　提供）　　　　绵山幕枯叶蛾雄成虫（李镇宇　提供）

绵山幕枯叶蛾卵（李镇宇　提供）

绵山幕枯叶蛾幼虫

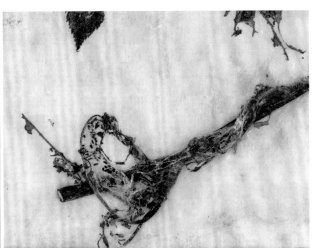

绵山幕枯叶蛾危害状

生物学特性　山西1年1代。以卵越冬。翌年4月幼虫孵化、危害，7月上旬结茧化蛹，7月下旬成虫羽化、不久即交尾产卵，雄蛾寿命4天、雌蛾寿命6.8天。卵多产于当年生小枝上，卵块呈戒指状、被海绵状分泌物。初孵幼虫群集结网，2天后取食，末龄幼虫分散取食，日食叶0.3～0.5g，老熟幼虫结茧、化蛹于落叶层、树根及石缝等处。蛹期白僵菌及蚂蚁寄生和捕食率达20%（萧刚柔，1992）。

防治方法　见栎黑枯叶蛾。

参考文献

萧刚柔, 1992; 刘友樵, 武春生, 2006.

（谢寿安，李孟楼，侯陶谦）

413 松栎枯叶蛾

分类地位	鳞翅目 Lepidoptera 枯叶蛾科 Lasiocampidae
拉丁学名	*Paralebeda plagifera* (Walker)
异　名	*Lebeda plagifera* Walker, *Paralebeda urda backi* Lajonquiere, *Odonestis plagifera* Walker, *Odonestis urda* Swinhoe
中文别名	栎毛虫、松栎毛虫、杜鹃毛虫

分布 浙江，安徽，福建，江西，广东，广西，四川，西藏等地。印度，尼泊尔，越南，泰国。

寄主 水杉、银杏、楠木、柏木、栎树。

形态特征 **成虫**：雌虫体长45～52mm，翅展115～130mm，触角丝状，下唇须暗红褐色；雄虫体长40～45mm，翅展83～100mm，下唇须黑褐色。雌、雄成虫体褐色或赤褐色，前翅中部有1条棕色斜行横带，前端较宽，后端较窄，由前缘至后缘色泽逐渐变浅；横带边缘有灰白色镶边；亚外缘斑纹各点连成粗波状纹，在末端臀角内侧呈明显的椭圆形斑点；内横线不甚明显。后翅中间有不明显的斑纹2条。**卵**：黄白色，圆形，直径2.0～2.1mm，卵壳上有细刻点花纹，顶端有凹陷的黄褐色斑点。**幼虫**：老熟幼虫体长110～125mm，头部黄褐色，体灰褐色，较扁宽。中、后胸背面有黄褐色毒毛带；腹背第三至第六节各有1个"凹"字形白斑，第八节有棕黑色刷状毛丛。**蛹**：黄棕色，体长60～80mm，腹末具臀棘1对。**茧**：棕黄色，长70～90mm。

生物学特性 四川1年1代。以幼虫越冬。翌年3月下旬至4月上旬，幼虫开始活动取食，7月上、中旬结茧化蛹，8月上、中旬羽化为成虫，8月下旬开始产卵，9月中旬幼虫孵化，11月上旬进入越冬。

成虫羽化盛期在8月下旬，多在20:00～22:00羽

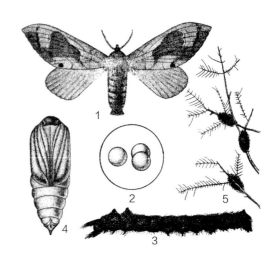

松栎枯叶蛾（王建川　绘）
1.成虫；2.卵；3.幼虫；4.蛹；5.茧及被害状

化，羽化10分钟后交尾产卵。成虫飞翔能力较强，有趋光性，白天静伏于树干或枝、叶背面，翅紧伏于体背，虫体色与树皮或枯叶相同。成虫将卵散产或堆产在水杉、银杏等树干、枝叶上。未交尾的雌虫也能产卵，但不能孵化。初孵幼虫常群居危害，3龄后分散危害。幼虫多在夜间取食，白天静伏紧爬在树干或枝上，体色与树皮同。11月下旬，3、4龄幼虫在树皮缝隙等处越冬，常因低温致死30%～50%。越冬幼虫翌年3月下旬出蛰上树取食。经越冬后的幼虫食量增大，常危害成灾。7月中、下旬幼虫老熟，寻找枝叶茂密的树冠，吐丝将叶片粘卷在一起作茧化蛹。其各虫态历期为：卵期8～15天，幼虫期300多天，蛹期10～15天。成虫寿命15～20天。平均产卵量213粒，最多304粒。

防治方法 幼虫在自然条件下感染核型多角体病毒（NPV）死亡率达10%～20%。有一种寄生蝇寄生幼虫和蛹，寄生率达5%～10%。

参考文献

朱弘复，1979；陈芝卿等，1982；梁东瑞等，1986；刘友樵，武春生，2006.

（景河铭，黄定芳，李镇宇）

松栎枯叶蛾成虫（张培毅　提供）

分类地位	鳞翅目 Lepidoptera 枯叶蛾科 Lasiocampidae
拉丁学名	*Suana concolor* Walker
异　　名	*Cosmotriche davisa* Moore, *Lebeda bimaculata* Walker, *Suana ampla* Walker, *Suana cervina* Moore
中文别名	桉树大毛虫、木麻黄大毛虫

414 木麻黄巨枯叶蛾

分布　江西，湖南，福建，广东，广西，海南，四川，云南。印度，斯里兰卡，越南，缅甸，泰国，菲律宾，马来西亚，印度尼西亚。

寄主　窿缘桉等桉树、木麻黄、石榴、杧果、木菠萝。

危害　虫体大、食量也大，虫口密度高时把桉树叶吃尽，影响树木生长。

形态特征　成虫：雌虫体长38～45mm，翅展84～116mm，触角灰白色，体、翅褐色，前翅中室端有椭圆形灰白色大斑，后翅淡褐色、无斑纹。雄虫体型稍小，触角黑褐色，体、翅赤褐色，前翅中室端白斑略呈长方形。**卵：**椭圆形，灰白色，长1.8～

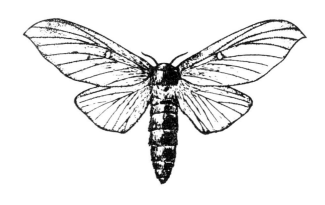

木麻黄巨枯叶蛾（瞿肖瑾　绘）

木麻黄巨枯叶蛾幼虫（顾茂彬　提供）

2.2mm，表面光滑，有光泽。**幼虫**：老熟幼虫体长45～136mm，体灰白色、黄褐色或黑褐色，全身披有许多黑褐色刺毛，这些刺毛平时紧闭，受惊后直立，起到警卫作用。中胸和后胸背面中心各有1丛黑色长毛组成的长方形横列黑斑；胸、背部两侧气门下方肉瘤上各有1束毛丛。**蛹**：雌蛹体长27～55mm，雄蛹体长27～34mm，黑褐色或暗红色，腹末臀刺短，呈钩状。**茧**：纺锤形、灰白色，茧外附有许多黑色毒毛。

生物学特性 中国南方地区1年2代。雌成虫飞翔能力弱；雄成虫体瘦小，飞翔能力强，夜间交尾时间持续0.5～1天，平均产卵量约500粒，卵聚集成堆或块状。4～5龄幼虫白天一般停在主干或枝条的背阴处静息，天黑后爬向树冠取食。老熟幼虫在主干上、杂草丛中、石缝中等处结茧，结茧后3～6天化蛹。

防治方法

1. 卵、初龄幼虫群集，可人工摘除。

2. 用黑光灯诱杀成虫。

3. 幼虫期可用25%灭幼脲Ⅲ号悬浮剂1：1000～1：2000倍液叶面喷雾，或用90%敌百虫晶体1000～1500倍液、20%速灭杀丁乳油2000～3000倍液喷雾，效果均好。

4. 保护木麻黄巨枯叶蛾幼虫天敌梳胫节腹寄生蝇，寄生率可高达33%～48%。

参考文献

刘联仁，1990; 萧刚柔，1992; 刘友樵，武春生，2006.

（顾茂彬，刘联仁，李镇宇）

木麻黄巨枯叶蛾幼虫（顾茂彬　提供）

415	栗黄枯叶蛾	分类地位	鳞翅目 Lepidoptera　枯叶蛾科 Lasiocampidae
		拉丁学名	*Trabala vishnou vishnou* (Lefebure)
		异　名	*Trabala vishnou* (Lefebure), *Gastropacha vishnou* Lefebure
		英文名称	Tent caterpillar
		中文别名	青枯叶蛾、绿黄毛虫、蓖麻黄枯叶蛾

栗黄枯叶蛾为偶发型、杂食性食叶害虫，大暴发时危害较大。

分布　浙江，福建，江西，广东，海南，四川，云南，陕西，台湾等地。印度，缅甸，斯里兰卡，巴基斯坦，日本。

寄主　栎类、海棠、枫香、柠檬桉、蒲桃等。

危害　以幼虫取食叶片，严重时常将树叶食尽。

形态特征　**成虫**：雌虫体长25～38 mm，翅展60～95 mm，淡黄绿至橙黄色；翅缘毛黑褐色，内线黑褐色，外线波状、暗褐色，亚外缘线由8～9个暗褐斑组成，中室后1黄褐色大斑，腹末有黄白色丛。雄虫黄绿至绿色，外缘线与缘线间黄白色，中室端有1个黑褐色点（萧刚柔，1992）。**卵**：椭圆形，长0.3 mm，灰白色，卵壳表面具网状花纹。**幼虫**：体长65～84 mm，雌性被深黄色长毛，雄性被毛灰白色。头部具深褐色斑纹，颅中沟两侧各有1条黑褐色纵纹。前胸盾中部具黑褐色"×"形纹，前胸两侧各具1个着生1束黑长毛的黑疣突，体节两侧具黑疣，其上生有刚毛1簇，余者为黄白色毛。**蛹**：赤褐色，体长28～32 mm。**茧**：长40～75 mm，灰黄色，略呈马鞍形。

生物学特性　广州1年3～4代，最末1代发生于11月上旬。台湾1年4代，海南1年5代，无越冬蛰伏现象；山西、陕西、河南1年1代，以卵越冬。在中国南方雄性幼虫5龄、历期30～41天，雌性幼虫6龄、历期41～49天；在中国北方幼虫期80～90天。7月开始老熟后在枝干上结茧化蛹，蛹期9～20天，7月下旬至8月羽化。初孵幼虫群集取食叶肉，受惊扰吐丝下垂，2龄后分散取食。成虫昼伏夜出、飞翔能力较强、有趋光性，卵多产于枝条或树干上，每雌蛾平均产卵327粒（萧刚柔，1992；杨志荣等，1991）。

栗黄枯叶蛾成虫（张润志　整理）

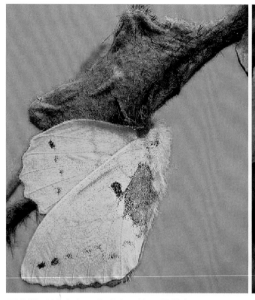 

栗黄枯叶蛾成虫和茧（李孟楼　提供）　　　栗黄枯叶蛾幼虫（张润志　提供）

栗黄枯叶蛾茧（张润志　整理）

防治方法

1. 发生量小时，冬春剪除越冬卵块集中处理，幼虫发生期捕杀群集幼虫，有条件时也可利用黑光等诱杀成虫。

2. 危害严重时，在幼虫期喷20亿PIB/mL甘蓝夜蛾核型多角体病毒悬浮剂1000倍液7.5kg/hm²；或喷洒25%灭幼脲Ⅲ号悬浮剂1000倍液、25g/L高效氯氟氰菊酯乳油1000倍液。

参考文献

杨志荣, 刘世贵, 1991; 萧刚柔, 1992; 刘友樵, 武春生, 2006.

（谢寿安，李孟楼，陈芝卿，吴士雄）

416 大黄枯叶蛾

分类地位	鳞翅目 Lepidoptera　枯叶蛾科 Lasiocampidae
拉丁学名	*Trabala vishnou gigantina* Yang
中文别名	栎黄枯叶蛾、黄绿枯叶蛾

大黄枯叶蛾为偶发型、多食性食叶害虫，大暴发时危害较大。

分布　北京，山西，内蒙古，河南，陕西，甘肃（祁连山）等地。

寄主　栎类、板栗、核桃等。

危害　以幼虫取食叶片，严重时常将树叶食尽。

形态特征　**成虫**：体长22～38mm，翅展54～95mm，黄绿色；胸部及前翅中区黄色，翅中室处有1个近三角形黑褐色小斑，翅后区有1个近四边形黑褐色大斑，亚外缘线波纹状、由8～9个黑褐色小斑组成（萧刚柔，1992）。**卵**：圆形，长0.3～0.35mm，宽0.22～0.28mm，灰白色。**幼虫**：老熟幼虫体长65～84mm，雌性密被深黄色长毛，雄性被毛灰白色。头黄褐色，前胸背板具黑褐色中斑，其前缘两侧各具1个着生1束黑长毛的黑疣突，体节两侧具黑疣、其上生有刚毛1簇。**蛹**：纺锤形，赤褐色，体长28～32mm，具稀疏的黑短毛。

生物学特性　1年1代。以卵在树干和小枝上越冬。翌年4月下旬至5月下旬孵化，初孵幼虫群集食卵壳后取食叶肉，1～3龄幼虫群集，受惊后吐丝下垂。4龄后分散危害、食量大，受惊后昂头左右摆动。8月下旬幼虫老熟于树干侧枝、灌木、杂草及岩石上吐丝结茧化蛹，蛹期9～20天；8月中旬至9月中旬成虫羽化、交尾，当晚或次日产卵，卵粒排成2行。每雌产卵290～380粒，成虫具趋光性、寿命平均4.9天。

大黄枯叶蛾雄成虫（李镇宇　提供）

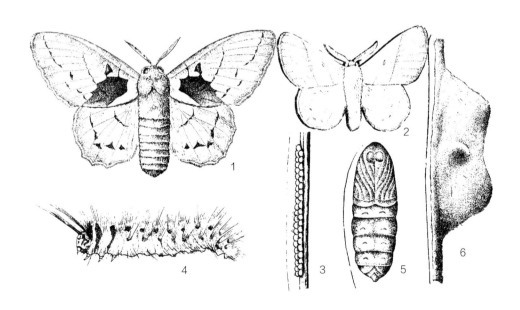

大黄枯叶蛾（朱兴才　绘）

1.雌成虫；2.雄成虫；3.卵；4.幼虫；5.蛹；6.茧

大黄枯叶蛾雌成虫（李镇宇　提供）

防治方法

1. 营造针阔混交林，保持一定郁闭度可降低危害率；条件许可时可人工摘卵、捕杀幼虫、采茧等，或在林间悬挂黑光灯诱杀成虫。

2. 喷药防治。幼虫期向叶面喷洒25%灭幼脲Ⅲ号1000倍液，或25g/L高效氯氟氰菊酯乳油1000～1500倍液，2.5%溴氰菊酯乳油5000～8000倍液，或50%杀螟硫磷乳油1000倍液。

3. 生物防治。可用20亿PIB/mL甘蓝夜蛾核型多角体病毒悬浮剂1000倍液。蛹期寄生蜂的寄生率为24%，幼虫期白僵菌、核型多角体病毒的自然寄生率为18%（萧刚柔，1992）。

参考文献

萧刚柔, 1992; 刘友樵, 武春生, 2006.

（谢寿安，李孟楼）

<table>
<tr><td rowspan="3">417</td><td rowspan="3">桑蟥</td><td>分类地位</td><td>鳞翅目 Lepidoptera 家蚕蛾科 Bombycidae</td></tr>
<tr><td>拉丁学名</td><td>*Rondotia menciana* Moore</td></tr>
<tr><td>中文别名</td><td>桑蟥蚕蛾</td></tr>
</table>

分布 北京，河北，山西，辽宁，江苏，浙江，江西，山东，河南，广东，湖北，湖南，四川，陕西，甘肃等地。朝鲜。

寄主 桑。

形态特征 成虫：雌虫体长8.0～10.8mm，翅展39.0～47.1mm；雄虫体长8.6～9.6mm，翅展29.4～30.7mm。体、翅皆豆黄色，触角羽状，黑褐色。前翅外缘顶角下方呈弧形凹入，翅面有2条波浪形黑色横纹，两横纹间有1条黑色短纹；后翅也有2条黑色横纹。雄蛾体色较深，腹部细瘦向上举。雌蛾腹部肥大，向下垂；产越冬卵的雌蛾腹面被深茶褐色毛。**卵：**扁平椭圆形，中央略凹陷。长径0.50～0.85mm，平均0.72mm；短径0.50～0.65mm，平均0.64mm。卵壳表面密生多角形突起。非越冬卵白色，孵化前变粉色；越冬卵初产时黄白色，后变为茶褐色。非越冬卵并列成3～10行，每行6～14粒，相叠多层；越冬卵成块，椭圆形，直径5～12mm。中央凸起。上覆浮棕黑色毛。**幼虫：**成长幼虫体长24mm。头部黑色。胸、腹部乳白色，各环节多横皱，皱纹间有黑斑，老熟时消失。幼龄幼虫体被1层白粉，3次蜕皮后，体变为菜花黄色，腹部第八节背面有1个黑色尾角。**蛹：**雌虫体长10.0～15.4mm，雄虫体长7.6～9.6mm。长圆筒形，

乳白色。头顶、复眼及气门茶褐色。羽化前2天体色变黄，翅上黑纹出现。部分蛹体腹部腹面呈黑棕色。**茧：**淡黄色，长椭圆形，长12～16mm，茧层疏松。

生物学特性 桑蟥有一化性、二化性及三化性，均以有盖卵块在桑树枝、干上越冬。翌年6月初孵化，6月下旬最盛，此代幼虫称头蟥。头蟥至7月中旬化蛹，7月下旬羽化产卵。此时一化性蛾产有盖卵块越冬；而二化性、三化性蛾则产无盖卵块，并于8月上旬孵化为幼虫，此幼虫称二蟥。二蟥至8月下旬化蛹，9月上旬羽化产卵。二化性蛾产有盖卵块越冬；三化性产无盖卵块，并于9月中旬孵化为幼虫，此幼虫称三蟥。三蟥10月上旬化蛹，10月下旬羽化，全部产有盖卵块越冬。江浙一带以二化性居多，因此二蟥危害最严重，一化性次之，三化性最少。山东蚕区以一化性居多，8月上、中旬危害最重；二化性极少，仅占1%～2%。

成虫白天羽化，夜间飞行能力较强，有趋光性。羽化后一般经3小时交尾，但也有迟至第六天才交尾的。交尾后2小时产卵，以10:00～14:00产卵最多。无盖卵块多产在叶背，少数产在枝上；有盖卵块几乎全部产在桑树主干、支干和1年生枝条上。一般中干桑分枝上最多，1年生枝次之，主干最少；而高干乔木

桑蟥成虫（李镇宇 提供）

桑蟥成虫（李镇宇 提供）

桑则以主干、分枝最多，1年生枝上很少。大多数卵都产在倾斜枝的下侧或直立枝的外侧。一般每个有盖卵块有卵120~140粒；每个无盖卵块有卵280~300粒。成虫寿命：越冬代3~4天；第一代3~4天；第二代5~6天，最长可达10天。雌蛾寿命比雌蛾长；产有盖卵块的雌蛾比产无盖卵块的寿命长。

越冬卵期：一化性338天，二化性286天，三化性246天；第一代9天，第二代12天。

幼虫孵化多在6:00~9:00。无盖卵孵化率可达95%~100%，有盖卵最高也可达81%，平均为60.57%。初孵幼虫吃去叶的下表皮和叶肉组织，留下透明上表皮，第一次蜕皮后即能注食成孔。幼虫5龄。幼虫期最短18天左右，最长达33天。老熟幼虫第一、二代结茧于叶背，第三代结茧于枝干上。蛹期6~17天。

防治方法

1. 物理防治。包括捏蟥、采茧、刮蟥卵及合理改变养蚕布局。一是桑蟥进入2~3龄幼虫时，要经常摇动树枝，使幼虫吐丝下垂收集处理。二是采茧灭虫。三是10月始到翌年3月底刮除蟥卵。四是根据桑蟥1年只孵化1次、桑树受害时间也较集中的特点，在严重受害的乡村或地块，适当饲养早秋蚕或提早饲养秋蚕，以早采叶养蚕来减少桑蟥幼虫数量。

2. 生物防治。保护桑蟥黑卵蜂：桑蟥卵中常被桑蟥黑卵蜂、蟥卵跳小蜂等天敌昆虫寄生，因此要把刮下的卵块集中低温保存，到春季桑树发芽前，把桑蟥卵分别放入保护器中，分散移放到桑蟥危害严重的地块，使孵化后的幼虫爬入保护器中淹死，使黑卵蜂蟥卵跳小蜂羽化后就可以飞出继续寻找寄主寄生，降低桑蟥卵孵化率。桑蟥聚瘤姬蜂和家蚕追寄蝇寄生于幼虫；广大腿小蜂、卵角雌小蜂和大角雌小蜂寄生于蛹。此外，尚有白僵菌寄生。保护野蚕黑瘤姬蜂：近年来在生产实践中新发现野蚕黑

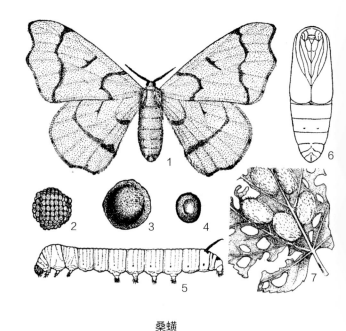

桑蟥

1. 雌成虫；2. 无盖卵块；3. 有盖卵块；4. 卵；5. 幼虫；6. 蛹；
7. 危害状和茧（仿原浙江农业大学图）

瘤姬蜂寄生桑蟥蛹茧。把采回的桑蟥茧放入保护器小孔的竹篮中，使寄生蜂能飞出桑蟥茧，飞不出保护笼，上盖塑料布，挂在受害严重的桑树上，使寄生蜂飞出后寻找桑蟥茧寄生，可以降低桑蟥茧羽化率。

3. 药剂防治。在桑蟥盛孵期喷药治幼虫，用80%的敌敌畏或50%的辛硫磷1000~1500倍液喷洒桑叶和枝干，5天后即可采叶养蚕。

4. 利用桑蟥性信息素（反-10，顺-12-十六碳二烯-1-醇乙酸脂）。在虫口密度较低的桑园，每667m²林地用1个诱芯，剂量100μg，即可达到理想的防治效果。

参考文献

萧刚柔，1992；张小忠，张吉龙，王扶英，1998.

（彭观地，李镇宇，高祖紃）

418 中华金带蛾

分类地位 鳞翅目 Lepidoptera 带蛾科 Eupterotidae

拉丁学名 *Eupterote chinensis* Leech

英文名称 Chinese processionary moth

中华金带蛾是严重危害多种阔叶树的食叶害虫，其幼虫食性较广，且常有几百甚至几千头集于一树，整株叶片吃净的现象时有发生，给园林绿化和林业生产造成很大损失，必须引起足够的重视。

分布 湖南（鹤城区、新晃、通道、靖州、中方、涟源、邵阳、郴州），四川，云南等地。

寄主 白花泡桐、马褂木、刺楸、桃、香椿、酸枣、三球悬铃木。

危害 幼虫取食叶片仅留主脉和叶柄。

形态特征 **成虫：**雌虫翅展65～86mm，雄虫翅展55～72mm。全身浅黄色。复眼黑褐色。触角黄褐色，雌蛾单栉齿较细，乍看呈线形，雄蛾触角羽毛状。雌虫下唇须红褐色或尖端微黄。足褐色；足和胸部有浅黄色毛丛，雌蛾尤多。翅上鳞片薄，翅面有5～6条断续的赤色波状纹，前翅前缘区纹更粗，前翅顶角和后翅后缘有较大而不规则的赤褐斑，雄蛾斑纹更明显，赤褐色斑纹个体之间有差异。**卵：**圆形，直径1.3mm左右，初为黄色，后色变淡。**幼虫：**共7龄，各龄期共同特点是体上密被污白色长毛。初孵幼虫淡黄色，长约3.5mm，头宽0.6mm，黑褐色，背中有2行黑褐色瘤点，原生刚毛黄白色。取食后体色变黄绿，3龄时体色转黄。4龄时头似黑线状，体为污黄色，背中瘤点浅红色。进入5龄后，

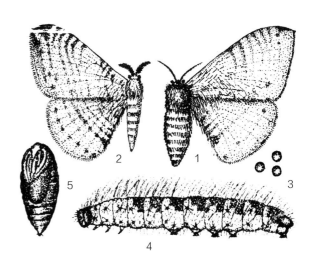

中华金带蛾（周丽君 绘）
1. 雌成虫；2. 雄成虫；3. 卵；4. 幼虫；5. 蛹

头上显现"人"字形花纹，瘤点上着生同体色的枝刺和长毛，节间灰蓝色。6龄幼虫体色比老熟幼虫稍浅。老龄幼虫体长45～70mm，头宽5.2mm，头黑与深黄色相间，体色黄中带灰色，体毛黄白色，长达15mm，腹节背面各有"凸"字形黑绒状斑1块，斑内生黄白色浅毛。**蛹：**体长20～24mm，直径7～10mm，深棕色，节间浅褐色。**茧：**纺锤形，较薄，黑灰色丝织成，常与落叶和草屑粘结一起。

生物学特性 湖南怀化1年1代。9月中旬以后在枯枝落叶、树洞、缝隙、疏松表土中结茧越冬。翌年6月上旬开始羽化，6月中旬为羽化盛期，个别延至6月底才羽化。成虫喜白天活动，尤喜10:00前和16:00后在寄主周围婚飞，飞翔能力强，有的可于中雨天气飞行。寿命3～5天，夜晚无趋光性。卵产在叶背面靠边缘处，常几百粒1块，少者也有100多粒。

卵初产时淡黄，10天后色加深，15天后变灰黄色，顶端出现一暗点，再过3天幼虫孵出，卵历期18天左右。

幼虫群集性很强，白天不食不动，晚上取食。

中华金带蛾成虫（张培毅 提供）

中华金带蛾幼虫（张培毅 提供）

中华金带蛾幼虫（张培毅 提供）

1～2龄时昼夜都群集于叶背。3龄后，白天群集在树干中部或大枝条上。随着虫龄增长，白天栖息的高度渐渐下降，4龄时部分下降至树干下部。5龄以后多栖于2m以下的主干上，多在背阳面，一棵树上的幼虫常集中为1块或2块，大块幼虫可长达80cm，宽20cm，数量极大。幼虫白天不食不动，直到黄昏太阳下山时，约19:30排成几队并列前进直至树叶，到达小枝条时成单行前进，首尾相接，秩序井然，到叶片时整齐排列于叶缘，头朝外，一起进食，逐叶吃尽只留叶柄。取食至第二天4:30左右结束并开始向下爬行，清晨5:00多大多数幼虫已经爬至栖息处停歇下来。常见整株树叶被全部吃完，仅留叶柄和主脉。幼虫历时70天左右进入预蛹期，1周后成蛹越冬。

防治方法

1. 营林措施。不要将中华金带蛾的几种寄主栽植在一起，要适当配植些蜜源植物以利寄生蜂等生存、繁衍。

2. 人工防治。因为幼虫的群集性特强，并且4龄后都集中成片的在树干背阳面栖息，白天又不活动，给人工防治带来了极大的方便。无药且周围无干枯柴草时，可用火把烧；用锤子打、板子敲击成块的幼虫均可。

3. 生物防治。幼虫期有螳螂捕食，蛹期有日本追寄蝇和家蚕追寄蝇寄生，寄生率可达90%以上，可考虑应用。

4. 化学防治。25g/L高效氯氟氰菊酯乳剂或敌百虫晶体800倍液喷于虫体上即可，死亡率95%以上。

参考文献

中国动物研究所, 1983; 萧刚柔, 1992.

（张立军，周丽君）

分类地位	鳞翅目 Lepidoptera　带蛾科 Eupterotidae
拉丁学名	*Eupterote sapivora* Yang
中文别名	乌桕金带蛾

419 乌桕金带蛾

乌桕金带蛾分布于贵州。是乌桕树主要害虫之一，取食叶片、嫩枝及花萼。自20世纪70年代中期来，该虫在贵州周期性暴发成灾。幼虫密被毒毛，人体接触后容易引起皮炎、红肿。

分布　贵州（正安县、道真县、务川县）

寄主　乌桕、泡桐、香椿、杨、樟、油桐、桃树、李树等22种经济及用材树种。

危害　取食叶片、嫩枝及花萼。

形态特征　**成虫**：雌虫体长24～29mm，翅展75～88mm；体黄色，头部仅头顶及下唇须背面红褐色；触角鞭节两侧的栉齿短小，其长度稍大于鞭节宽度；胸部黄色；足大部分黄色，跗节背面褐色，前足背面从腿节开始均呈红褐色，中、后足则仅胫节两端连接处红褐色；翅黄色，红褐色斑纹明显比雄虫的少，只有1列沿亚外缘线的斑点最明显，前、后翅各6～7个，大小不等，有的斑点几乎消失，线纹极不明显，亚外缘线呈不连续的细波纹，翅中部的线纹仅前翅近前缘、后翅近内缘处隐约可见，翅缘毛均为黄色，翅反面褐斑与正面略同但更不明显，有的几乎全部呈黄色。雄虫体长20～29mm，翅展70～80mm；头部红褐色；触角基部2节黄色，背面密被红褐色毛，鞭节褐色，两侧的

栉齿灰褐色；胸部黄色，仅前胸基部红褐色；足的颜色同雌虫；翅黄色，具红褐色斑纹，前翅的斑纹局限于前缘及外缘处，以顶角附近最明显，前缘的斑有3条明显的波纹各具3个峰，下伸未达M$_2$脉，波纹的内侧至翅基只有4个等距排开的小斑点，外边的2个常联合成大斑，波纹的外侧至翅尖由3条分界不清的斑纹组成一大块三角形褐斑，翅外缘具褐色宽边，向下则渐窄且与断续的亚外缘线分开，线的内侧有3个斑点，以中间的最大，翅后缘无明显斑纹，只有少数褐鳞片代表隐约可见的线纹所在，后翅斑纹很少，只有沿亚外缘线的1列褐斑，前2后3，大小不一，其他线纹均不明显，有时亚外缘线和翅中的线若隐若现，翅缘毛黄色，但前翅外缘褐边外的比毛则呈褐色，翅反面的斑纹与表面近似，前翅前缘的基半呈紫色宽边，后翅前缘有4个明显的斑纹；腹部黄色。**幼虫**：共7龄。各龄形态随环境变化略有差异，其共同特征是虫体被黄白色至浅褐色长毛。腹足趾钩双序中带式。触角褐色，3节。单眼5个。初龄幼虫淡黄至黄绿色，体背有13个黑色瘤点排列成行，体长2～2.5mm，头宽0.8～0.9mm；4龄后幼虫体色转黄或深黄，体长22.2～35.7mm，头宽4.1～5.1mm，额呈"人"字形，体背瘤状突起近黑色，

乌桕金带蛾成虫（余金勇　提供）

乌桕金带蛾成虫（余金勇　提供）

气门线下有成行的橘黄色圆形斑点，体节间灰白色；进入5龄后节间颜色变深，额上"人"字形花斑上散生短毛；6龄幼虫体色比老熟幼虫稍浅；老熟幼虫褐黄至褐黑色，体长63～72.5mm，亚背线下成行瘤状突起，密被初深灰色和褐黑色毒毛，头宽5.8～6.8mm，呈褐黑色，额缝下陷呈褐红色。

生物学特性 贵州1年1代。以蛹在树干基部及附近杂草丛、土表、石缝中越冬，少数在树皮裂缝中越冬。越冬蛹到翌年5月上旬开始羽化产卵，6月上旬初龄幼虫孵化。9月底至10月中旬化蛹。

乌桕金带蛾卵一般产于叶背，每个卵块有卵120～760粒，平均424粒卵。当室温为23.9℃时，卵历期16～22天，平均19.2天。林内自然孵化率平均88.5%～97.6%。1～2龄幼虫白天群集于叶背，3～4龄以后则绝大多数幼虫成块状聚集于2m以下树干上；22:00左右上树取食，次日5:30开始下树重新聚集于白天静伏的位置；幼虫上下树呈一条线，秩序井然。1～7龄幼虫期分别为14、15、13.5、15.5、16.5、14、16天；耐饥饿能力分别为3、3～4、3～4、3～6、4～7、5～8、6～9天。1龄幼虫6月下旬至7月上旬出现，取食叶肉、表皮。2～3龄幼虫7月上旬至8月出现，取食叶表皮、叶缘。4～5龄幼虫7月下旬至9月上旬出现，取食叶片前半叶部分，残留主脉。6～7龄幼虫8月上旬至10月中旬出现，食全叶，仅留叶柄。5～7龄幼虫危害严重；8月底至9月是幼虫危害盛期。

成虫6月上旬至中旬羽化，平均羽化率为73.56%。林内雌雄性比1∶1.09。羽化24小时后开始交尾，多在傍晚进行。交尾后4小时开始产卵，第二至第三天是产卵高峰期，未交尾而产的卵不能孵化。8:00～13:00为飞行高峰期，在林内空旷处围绕寄主飞

乌桕金带蛾雄成虫（胡兴平 绘）

舞。雌蛾基本无趋光性。雌、雄蛾寿命分别为8.3天和5.9天。

该虫的发生，在低海拔地区（500～1000m）比高海拔地区（1700m以上）严重；坡下比坡上严重；老龄树比壮龄树严重；铜锤柏受害严重。

防治方法

1. 用器械刮集于树干基部的幼虫，并将幼虫埋入土坑内。

2. 化学防治。幼虫白天到树干基部群集后，用12%的噻虫嗪和高效氯氟氰菊酯复配稀释1000～1500倍，对树干进行喷涂。

3. 生物防治。幼虫期天敌有广腹螳螂、黑腹猎蝽、黄宽腭步甲、大草蛉、松毛虫黑蚁、绒茧蜂、大黑蚁、平腹小蜂、大腿小蜂、点缘跳小蜂、小姬蜂、白僵菌、乌桕金蛾核型多角体病毒；卵期有茶毒蛾黑卵蜂、大黑蚁；蛹期有白僵菌。

4. 选用抗虫树种，如选用有黏腺的泡桐。

参考文献

萧刚柔, 1992.

（余金勇，周显明，张金国）

420	绿尾大蚕蛾	分类地位	鳞翅目 Lepidoptera　大蚕蛾科 Saturniidae
		拉丁学名	*Actias ningpoana* Felder
		中文别名	水青蛾

分布　河北，江苏，浙江，江西，河南，湖北，湖南，广东，四川，贵州，云南，台湾等地。马来西亚，印度，斯里兰卡，缅甸。

寄主　杨、柳、核桃、樱桃、苹果、杏、沙枣、枫杨、榆、桤木、樟、枫香、木槿、喜树。

形态特征　成虫：体长32～38mm，翅展100～130mm。体粗大，白色。头部触角间具紫色横带1条，触角黄褐色羽状；复眼大，球型黑色。胸背肩板基部前缘具暗紫色横带1条。翅淡青色，基部具白色絮状鳞毛，翅脉灰黄色较明显，缘毛浅黄色；前翅前缘具白、紫、棕黑3色组成的纵带1条，与胸部紫色横带相接；后翅臀角长尾状，长约40mm，后翅尾角边缘具浅黄色鳞毛，有些个体略带紫色；前、后翅中部中室各具椭圆形眼状斑1个，斑中部有1条透明横带。腹面色浅，近褐色。足紫红色。**幼虫：**老熟幼虫体长62～80mm，头较小呈绿褐色，体黄绿色。中、后胸及第八腹节背面毛瘤较大，顶端黄色，基部黑色。其余各节毛瘤较小，顶端橘红色，基部棕黑色。第一至第八腹节气门线上侧赤褐色，下侧黄色。臀板中央及臀足后缘棕红色，化蛹前夕幼虫体色变为棕褐色。**蛹：**蛹体深褐色，梭形。**茧：**老熟幼虫吐丝缀叶结茧，在茧内化蛹，茧呈椭圆形，丝质粗糙灰褐色至黄褐色，外包被树叶。

生物学特性　1年2代。10月下旬以蛹在茧内越冬，越冬蛹于3月中、下旬至5月上、中旬陆续羽化为成虫。各代幼虫危害盛期：1代为5月中旬至6月上旬；2代为7月中、下旬；3代为9月下旬至10月上旬。

各代成虫夜出活动，每天20:00～21:00和0:00～1:00出现2个活动高峰。成虫对黑光灯趋性较强。成虫羽化当晚即可交尾，次日即产卵，每只雌蛾平均产卵量约165粒。

幼虫一般为5龄。幼虫孵化后取食卵壳，补充营养。数小时以后即可取食叶缘，2龄前群集性较强，常常有数十头幼虫聚集于叶背取食。3龄后幼虫开始

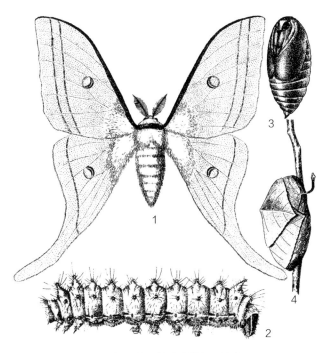

绿尾大蚕蛾（张培毅　绘）
1. 成虫；2. 幼虫；3. 蛹；4. 茧

绿尾大蚕蛾成虫（李镇宇　提供）

绿尾大蚕蛾成虫（张润志　整理）

绿尾大蚕蛾成虫（张润志　整理）

绿尾大蚕蛾幼虫（张润志　整理）

绿尾大蚕蛾3龄幼虫（徐公天　提供）

绿尾大蚕蛾卵（徐公天　提供）

分散活动，但行动较迟缓。5龄后幼虫食量大增，并且晚上食量明显高于白天，被害叶仅留部分叶柄。经调查测定，一头幼虫全期食叶量高达1760cm²。幼虫3龄前食量小，5龄期食量最大。幼虫老熟后在原寄主上吐丝缀叶、结茧化蛹或于附近矮小灌木或草丛中化蛹。成虫有迁飞能力，将卵产于未被受害寄主上。

防治方法

1. 冬季结合修枝等抚育管理，摘除挂于枝条、树干上的茧；及时清除林下杂灌木或杂草上的越冬茧。

2. 在低虫口密度幼林中，可利用幼虫体大而无毒毛，且被害状明显的特征进行人工捕杀。

3. 成虫发生期，使用黑光灯诱杀。

4. 生物防治。于绿尾大蚕蛾卵期释放松毛虫赤眼蜂，寄生率达60%～70%。于高龄幼虫期喷洒每毫升含孢子100亿以上苏云金杆菌（Bt）乳剂400～600倍液防治。

5. 化学防治。第一、二代幼虫可用12%的噻虫嗪和高效氯氟氰菊酯复配稀释1000～1500倍，对树干进行喷涂。

参考文献

毕宪章，2002；徐公天，2003；袁海滨，刘影，沈迪山等，2004；陈碧莲，孙兴全，李慧萍等，2006；袁波，莫怡琴，2006；袁锋，张雅林，冯纪年等，2006.

（李菁，李镇宇，廉月琰，方惠兰）

421	柞蚕	分类地位	鳞翅目 Lepidoptera　大蚕蛾科 Saturniidae
		拉丁学名	*Antheraea pernyi* (Guérin-Méneville)
		英文名称	Chinese (oak) tussar moth, Chinese tasar moth, Temperate tussar moth
		中文别名	栎蚕、槲蚕

分布　河北，辽宁，吉林，黑龙江，江苏，浙江，山东，河南，湖北，湖南，四川，贵州等地。

寄主　波罗栎、辽东栎、蒙古栎、麻栎、核桃、樟、蒿柳。

形态特征　**成虫**：雌虫体长35～45mm，翅展150～180mm；体橙黄色，全身被黄褐色鳞毛；前、后翅均近三角形，翅中央各有1美丽的眼状斑纹；触角狭长，长约13mm，宽约2.5mm；腹部粗大，可见7节。雄虫体长30～35mm，翅展130～160mm；体色较雌虫浅；触角发达宽大，长约14mm，宽7mm；腹部细小，可见8节。**卵**：长2.2～3.2mm，宽1.8～2.6mm，椭圆形，略扁平，深褐、褐或淡褐色。经浴种或卵面消毒处理后，呈灰白色。**幼虫**：共5龄。1龄幼虫黑色，头壳枣红色。2龄幼虫因品种不同，呈黄色、绿色或青黄等色，刚毛比1龄时稀疏。4龄后的大蚕体侧从第一腹节到末端沿气门上方，有1条淡褐色或紫褐色而带白色的气门上线；腹面中央有1条紫红色腹中线；在各体节的亚背线、气门上线和气门下线各着生3对毛突，一般左右对称，背面着生的毛突较长大，突起上着生7根长刚毛，6根在周围呈六角形排列，中央1根。**蛹**：雌蛹体长45mm，宽22mm，体椭圆形，深褐色或棕褐色；第八腹节腹面中部有一纵裂沟，呈"X"形。雄蛹体长38mm，宽19mm，第九腹节腹面中央有1个脐状小点。触角宽大隆起。**茧**：长椭圆形，有茧柄的一端稍尖，另一端较钝。春蚕茧颜色较白，易解舒。秋期茧多为土黄褐色，不如春茧易解舒，二化一放的茧介于春、秋茧之间。茧色的变化与饲料种类、叶质及气候条件有很大关系。

生物学特性　1年1代或2代。以蛹越冬。广西、贵州、四川、河南1年1代；山东、辽宁、黑龙江1年2代。光周期是影响柞蚕世代多少的主要外在条件。5龄幼虫对光照反应极为敏感。1年1代的柞蚕3～4月上旬成虫羽化、产卵，4月上、中旬幼虫孵化，5月中、下旬结茧化蛹，进入滞育，翌年4月羽化成成虫。1年2代的柞蚕分为春蚕和秋蚕，春蚕4月上旬成虫羽化、产卵，7月末至8月初幼虫孵化，此期幼虫即为秋蚕。秋蚕在9月中、下旬结茧、化蛹、越冬。幼虫有直接饮水的习性，成虫和幼虫均有较强的趋光性。

柞蚕除了可缫丝外，近年来已用其蛹饲养白蛾周氏啮小蜂，每一蛹可生蜂5000头左右，用来防治美国白蛾等鳞翅目昆虫。

柞蚕雄成虫（李镇宇　提供）　　　　　柞蚕雌成虫（李镇宇　提供）

保护措施

1. 卵面消毒。这是预防蚕病的一项关键措施。目前，常用的方法有2种。一种是用甲醛消毒，用20℃清水洗卵后，再用3%的甲醛溶液消毒30分钟，液温23～25℃；另一种是用盐酸—甲醛混合液消毒，先用0.5%～1%的氢氧化钠浴卵1分钟，取出立即用清水冲洗干净，再用3%甲醛、10%盐酸混合液消毒10分钟，药温20～22℃，再用20℃清水兑药。

2. 防治柞蚕微粒子病。一是应用无病虫卵；二是严格显微镜检查，辅以目检，严淘病蛾卵；三是严格消毒，用3%甲醛或盐酸—甲醛混合液消毒春蚕室及一切用具，另外严格处理病原物，防止柞蚕场内发生交叉感染。

3. 防治柞蚕核型多角体病毒病。一是选育抗病品种，推广一代杂交种；二是严格蚕室蚕具和卵面的消毒，控制病原，预防传染；三是放养技术上要疏密适中，良叶饱食，使蚕体健康，增强抗病力。

4. 防治柞蚕空胴病。用1%苛性钠、盐酸（或硫酸）卵面消毒，防此病效果最佳。此外，合理调剂饲料，以防蚕场内再感染。

5. 防治"吐白水"软化病。卵面消毒后，再用"蚕得乐"8～32倍液浸卵10分钟，阴干；3龄幼虫盛食期用"蚕得乐"8～32倍液喷叶喂蚕24小时，再换新叶，防治效果达90%以上。

6. 防治柞蚕寄蝇病。于5龄幼虫第四至第八天，用灭蚕蝇3号（或4号）800倍水溶液浸蚕，晴天施药，杀灭体内寄生虫。

7. 防治柞蚕线虫病。用0.03%～0.05%"灭线灵1号"或0.01浓度的"灭线灵2号"于雨后7天喷药，药杀蚕体内寄生线虫，并防止人为传播蔓延。

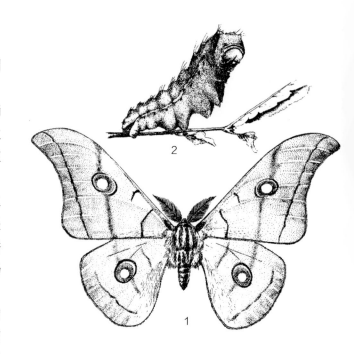

柞蚕（1. 瞿肖瑾　绘；2. 洪家奇　绘）
1. 成虫；2. 幼虫

8. 防治柞蚕场害虫蠡斯。用无公害蚕药"杀蠡丹1号、2号"。"杀蠡丹2号"与食料1∶50拌制毒饵，收蚁前3天，撒入蚕饬，杀虫效果达96%。

9. 防治柞蚕场害虫步甲。用4%的甲虫散粉剂环施于柞树周围，环宽15cm，每墩树15～25g。也可用2%～2.5%杀螟硫磷粉剂，从柞树基都向外撒半径为50cm的圈面，会收到同样效果。另外，还可以人工捕捉成虫。

参考文献

萧刚柔，1992；任宪威，1995；王连珍，2001.

（戴秋莎，李镇宇，洪家奇，田荣乐）

422	**银杏大蚕蛾**	

分类地位 鳞翅目 Lepidoptera　大蚕蛾科 Saturniidae

拉丁学名 *Caligula japonica* Moore

异　　名 *Dictyoploca kurimushi* Voolshow, *Dictyoploca regina* Staudinger, *Dictyoploca japonica* Moore

英文名称 Japanese giant silkworm

中文别名 白毛虫、漆毛虫、白果蚕、栗木蚕蛾、核桃大蚕蛾

分布 河北（邯郸、唐山、承德、张家口），辽宁（宽甸），吉林，黑龙江，浙江，福建，江西（南昌、修水、德兴、靖安、樟树、安源、奉新、石城、安远、赣州），山东，湖北（巴东、尖山、长阳、神农架、竹山、房县、竹溪、郧县、丹江口、通山、武汉），湖南，广东，广西（兴安），海南（尖峰、兴隆、万宁），重庆，四川（泸州），贵州，云南（龙陵、西盟），陕西，台湾等地。日本，朝鲜，俄罗斯（西伯利亚及远东沿海地区）。亚洲东部地区特有种（丁冬荪等，2006）。

寄主 核桃、核桃楸、漆树、野漆、银杏、樟、枫杨、杨、柳、桦、栗、枫香、榆、栎、苹果等20科30属38种植物。

危害 幼虫取食叶片，3龄后分散取食，4龄后食量大，常将整株树叶吃光。

形态特征 **成虫**：雄虫体长约28mm，翅展约56mm；雌虫体长约34mm，翅展约62mm。触角黄褐色，雄羽毛状，雌栉齿状。体翅灰褐色或橙黄色，肩板与前胸间有灰褐色横带。前翅顶角外突，顶端钝圆，顶角前缘具1个梭形黑斑，内线紫褐色弧形，外缘线2条呈波浪状，外缘半部与翅基部色较

深；后翅中部呈较宽的红色区，中室端具1枚大眼状斑纹黑色，亚外缘线2条呈波浪状；前、后翅基部有较长的紫褐色绒毛。**卵**：长径2.0～2.5mm，短径1.2～1.5mm。长椭圆形，常直立，顶端具圆形黑点。初产时乳黄色或绿色，后呈灰褐色或灰白色，孵化时呈灰黑色。**幼虫**：初孵时体黑色，被较长的黑绒毛，后逐渐变密，3龄后体色转为青蓝色或绿黄色（危害漆树、核桃的虫体部分呈黑色），各体节密被较长白绒毛，背部和体侧毛瘤上有1～2根黑色长刺毛。气门青蓝色。足淡黄色，顶端黑色。**蛹**：雌蛹体长45～50mm，雄蛹体长35～42mm。呈纺锤状，红褐色至橘红色，雌蛹一般较雄蛹色深。**茧**：长50～70mm，宽25～30mm，长椭圆形，黄褐至深棕色，由丝胶结而成的坚硬网目状茧，呈纱笼状。茧内的蛹清晰可见，较稀疏丝织网一端为羽化孔。

生物学特性 吉林、辽宁、河南、湖北、江西、四川均为1年1代（广西、云南南部有二代说法，未见公开发表资料）。以卵越冬。越冬卵辽宁5月上旬孵化，幼虫5～6月危害，6月中旬至7月上旬化蛹，8月中、下旬羽化；湖北4月当气温18～22℃时开始孵化，幼虫4～7月危害，6月上旬至10月上旬

银杏大蚕蛾雌成虫（徐公天　提供）

银杏大蚕蛾雄成虫（徐公天　提供）

化蛹，8月中旬至10月下旬羽化，9月中旬为羽化盛期；江西、广西北部3月下旬至4月上旬孵化，幼虫4～6月危害，5月下旬至6月中旬化蛹，8月下旬至11月上旬相继羽化。成虫寿命5～12天，卵期160～220天，幼虫期40～75天，蛹期112～148天。

成虫多在晚间羽化，当晚或次日晚即可交尾，历时12～24小时，卵3～5次产完，产卵量100～600粒（一般300粒）。成虫白天静伏于蛹茧附近的荫蔽处，傍晚开始活动。卵多产于茧内、蛹壳里、草丛表土内和树干的裂缝中。幼虫孵化后沿树干向上爬行，常群集于距地面最近的叶片上取食，1～2龄幼虫常数条或10余条群集于1枚叶片背面，头向叶缘排列取食，1枚叶片上有的可多达40～60头（孙琼华等，1999）。3龄后分散取食，危害部位波及全树，食料不足时，常结伴转移危害。4龄后食量很大，常将整株叶片吃光，幼虫进入6龄后终止活动。多数5月下旬至6月中旬化蛹。幼虫老熟后选择隔年生细枝条，在叶片遮盖处，缀少许叶片作茧。结茧时绕身体织个极稀的外圈，然后粘连相补，茧丝较粗，质地坚硬，各茧丝空隙较大，呈纱笼状。大多选择寄主附近离地1.0～1.5m处的低矮植物上结茧，少数在地面树苑草

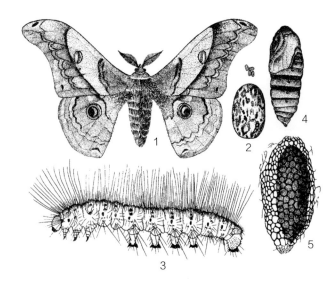

银杏大蚕蛾（徐天森　绘）
1. 成虫；2. 卵；3. 幼虫；4. 蛹；5. 茧

丛或2～3m的树杈缝内结茧。化蛹后即进入夏眠。

防治方法

1. 人工防治。银杏大蚕蛾以卵越冬，一般多产于寄主基部树干上，以及低矮的幼树或寄主附近的地面上，产卵呈块状或堆状，每块几十粒，容易

银杏大蚕蛾成虫（李镇宇　提供）

银杏大蚕蛾茧（徐公天　提供）

银杏大蚕蛾蛹被寄生（徐公天　提供）

发现，结合经营管理或开春调查虫情，用棒敲击卵块或刮去卵块。由于该蛹期时间长，结茧悬挂在寄主的枝条上和寄主附近低矮的灌木上，或贴附于石壁、老树干基部，容易查找摘除是人工防治的关键时期。卵和蛹均可装入筐中罩上塑料纱网收集天敌放回林中，可收到很好的防治效果，是简便易行的重要防治措施。

2. 灯光诱杀成虫。成虫具趋光性，雄蛾飞翔力较强，利用诱虫灯或黑光灯（无电山区可用马灯，但要注意林区防火）诱杀雄成虫。大量捕杀雄成虫可减少受精卵，将其控制在危害之前。

3. 无公害药剂防治。①树干基部钻孔注药防治。抓住幼虫3龄前有群居性、抗药性差的特点，对胸径20cm以上的高大树木，在树干基部不同方位向下倾斜45°钻孔4～5个，孔径10mm，深100～200mm，用20%吡虫啉水剂或保林3号，按胸径0.8mL/cm注射不同农药的原液，湿黄泥封口即可，后者防治效果优于前者。树干钻孔注射内吸剂防治具有对天敌安全，减少环境污染，不怕雨水冲

刷等特点，特别适合喷雾防治不便和树体过于高大喷药射程达不到高度时采用。②选择每毫升含孢子20亿以上的甘蓝夜蛾核型多角体病毒悬浮剂1000～1500倍液在幼虫3～4龄前群集危害期喷雾防治，施药部位应集中在树干中部和下部嫩叶，效果佳。

4. 保护天敌。保护林区内的天敌种类，卵期有赤眼蜂、黑卵蜂、平腹小蜂、白趾平腹小蜂；幼虫期有家蚕追寄蝇，还有多种鸟类如大山雀、白头鹎、画眉、喜鹊等。蛹期有松毛虫黑点瘤姬蜂，药剂防治时，尽量选用树干钻孔注射内吸剂，减轻对天敌的杀伤和环境污染。冬春季刮下的卵块与夏季摘除的茧（蛹）收集起来装入笋筐中，上盖塑料纱网收集寄生蜂放回林中，增加天敌种类与数量。结合林区内禁止猎捕鸟类等措施，增强林分的自控能力。

参考文献

刘瑞明, 1984; 韦平, 1989; 孙琼华, 1991; 朱弘复, 王林瑶, 1996; 李国元, 2001; 江德安, 2003; 丁冬荪等, 2006.

（丁冬荪，覃泽波，孙琼华，赵庭坤）

423 樟蚕

分类地位	鳞翅目 Lepidoptera　大蚕蛾科 Saturniidae
拉丁学名	*Eriogyna pyretorum* (Westwood)
异　　名	*Eriogyna tegusomushi* Sasaki
中文别名	天蚕、枫蚕、渔丝蚕

中国有3个亚种：*Eriogyna pyretorum pyretorum* Westwood分布于东北、华北一带，以蛹越冬；*E. pyretorum cognata* Jordan分布于华东一带，以蛹或卵越冬；*E. pyretorum lucifea* Jordan分布于四川，以卵越冬。既是食叶害虫，也是吐丝结茧的资源昆虫，以樟树叶为食的丝质量最优。丝光滑透明，坚韧耐水，在水中透明无影，是上等钓鱼材料。还可制成外科用的优质缝合线。

分布　河北，内蒙古，辽宁，吉林，黑龙江，江苏，浙江，安徽，福建，江西，山东，河南，湖北，湖南，广东，广西，海南，四川，贵州，陕西，甘肃等地。俄罗斯，印度，缅甸，越南。

寄主　梨、榆、樟、槭、麻栎、板栗、枫杨、枫树、枫香、沙枣、沙梨、油茶、银杏、泡桐、核桃、桦木、檫木、石榴、喜树、冬青、乌桕、漆树、柑橘、枇杷、柯树、野蔷薇、番石榴、紫壳木、小叶米锥等。

危害　1～3龄幼虫群集取食叶片呈缺刻，4龄后分散危害，幼虫食叶很猛，严重危害时，将树叶吃光，影响树木生长。

形态特征　**成虫：**雌虫体长约35mm，翅展可达118mm；体翅灰褐色，前、后翅中部各有1条椭圆形眼纹，近翅基方向一端稍大；眼纹外带蓝黑色，内层外侧有淡蓝色半圆纹，最内层为土黄色圈，其内侧暗红褐色，中间为新月形透明斑；前翅基部有三角形暗色斑，顶角外侧有紫红色纹2条，内侧有黑短纹2条，内横线棕黑色，外横线棕色双锯齿形，亚外缘线呈断续的黑斑，外缘线灰褐色，两线为白色横条，后翅与前翅略相同，但色稍浅，眼纹较小；腹、背面密被灰白色绒毛，尾部密被蓝褐色鳞毛，腹部节间有白色绒毛环。雄虫体长约25mm，翅展88mm；体色较雌虫稍深，斑纹与雌虫基本一致，眼纹较雌虫偏小，后翅眼纹内新月形斑不清楚。**卵：**长约2mm，筒形，乳白带微蓝色，数粒或十几粒紧密排列成块，卵块上覆1层厚灰褐色雌蛾尾部毛。20℃时卵期约20天，近孵化时卵呈浅灰黑色。**幼虫：**共8龄，历期约80天。1龄幼虫体长5～7mm，体黑色，头部及上颚黑色，有光泽，头上丛生长而细的白毛。各环节的背面及体侧着生很多圆柱状的瘤状突起，瘤状突起在胸部各节8个，腹部第一至第八节各6个，第九节4个，末节2个，各突起上均着生数根细毛。2龄幼虫体长10～13mm，体青色，头部仍为黑色而有光泽，背线、亚背线、气门上线及气门下线均为深蓝色，突起上生有硬刺。3龄幼虫体长

樟蚕雄成虫（嵇保中、张凯　提供）

樟蚕雌成虫（张润志　整理）

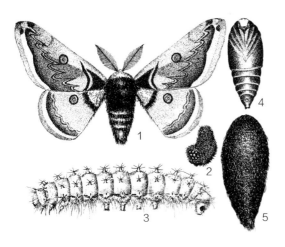

樟蚕（张培毅　绘）
1.成虫；2.卵；3.幼虫；4.蛹；5.茧

樟蚕卵块（王焱　提供）

樟蚕茧（王焱　提供）

樟蚕幼虫（张润志　整理）

樟蚕幼虫（张润志　整理）

樟蚕茧（张润志　整理）

16～24mm，体色较2龄幼虫浅，具稀少的小黑点。4～6龄幼虫体长分别为31～35mm、36～39mm、43～46mm。7龄幼虫体长52～58mm，体背面黄色，腹面青色。8龄幼虫体长62～65mm，瘤状突起上的硬刺均集团向上，柔软而有光泽。老熟幼虫全体略

透明，头绿色，体黄绿色。体各节均有肉瘤，第一胸节6个，其他各节8个，瘤上有4～8根棕色硬刺。肛上板具有3个黑斑，呈"品"字形排列，肛侧板有1个大黑斑。**蛹：**体长27～35mm，棕褐色，纺锤形，全体坚硬，额区有1个不明显近方形浅色斑，臀

樟蚕危害状（张润志　整理）

樟蚕蛹（张润志　整理）

被害樟树（张润志　整理）

被害枫香（张润志　整理）

棘16根。**茧：**长35~40mm，灰褐色，长椭圆形。

生物学特性　1年1代。以蛹在枝干及树皮缝隙处的茧内越冬，少数以卵越冬。成虫羽化盛期：广东2月中旬，福建2月下旬至3月上旬，浙江3月下旬至4月上旬。成虫多傍晚或清晨羽化，白天隐蔽，有趋光性。羽化后不久即交尾，交尾多在夜间进行，历时5~6小时，多持续到天明。交尾后1~2天产卵，一般在清晨产卵，稀白天产卵。卵大多成堆产于树干或树枝上，少数散产，每堆有卵50余粒。每雌可产卵250~420粒。卵块上密被雌蛾遗留的黑绒毛。1~3龄幼虫群集取食，4龄时分散。随幼虫身体长大，叶片不能支持，常爬到叶柄或枝条上。受惊时虫体紧缩。幼虫常于中午前后在树干上爬行活动或转移取食。老熟幼虫先在树干或分叉处结茧，结茧一般从傍晚或下午开始，从吐丝到结茧完成需1~2天。经8~12天的预蛹期，即化蛹。

防治方法

1. 冬季组织人力从树上采茧灭蛹。发生期利用幼虫群集及在树干上下爬动习性进行人工杀灭。

2. 成虫羽化盛期用黑光灯诱杀。

3. 林内释放烟剂防治1~4龄幼虫，也可用12%的噻虫嗪和高效氯氟氰菊酯复配稀释1000~1500倍液喷洒防治幼虫。

4. 雨季初期，采用白僵菌防治，效果良好；或用甘蓝夜蛾核型多角体病毒悬浮剂1000~1500倍液喷洒。

参考文献

萧刚柔，1992；尹安亮，张家胜，赵俊林等，2008.

（嵇保中，张凯，方惠兰，廉月琰）

424 樗蚕

分类地位	鳞翅目 Lepidoptera 大蚕蛾科 Saturniidae
拉丁学名	*Samia cynthia* (Drury)
异 名	*Philosamia cynthia* Walker et Felder
英文名称	Ailanthus silkmoth
中文别名	乌桕樗蚕蛾

分布 北京，河北，辽宁，吉林，上海，江苏，浙江，安徽，福建，江西，山东，河南，湖北，湖南，广东，广西，四川，贵州，云南，西藏，甘肃，台湾等地。朝鲜，日本，美国，法国。

寄主 乌桕、臭椿、冬青、悬铃木、盐肤木、香樟、柑橘、含笑、梧桐、核桃、枫杨、刺槐、花椒、泡桐、蓖麻。

危害 幼虫常吃光乌桕、花椒叶，降低乌桕、花椒籽产量。

形态特征 **成虫：** 雌虫体长25～30mm，雄虫体长20～25mm，翅展115～125mm。体青褐色，头部四周、颈板前端、前胸后缘、腹部背线、侧线及末端都为白色。前翅褐色，顶角圆而突出，粉紫色，具1个黑色眼状斑，斑的上边白色弧形；前、后翅中央各有1个新月形斑，新月形斑上缘深褐色，中间半透明，

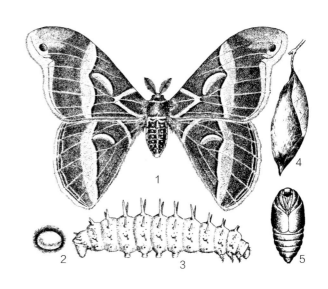

樗蚕（张培毅 绘）
1. 成虫；2. 卵；3. 幼虫；4. 茧；5. 蛹

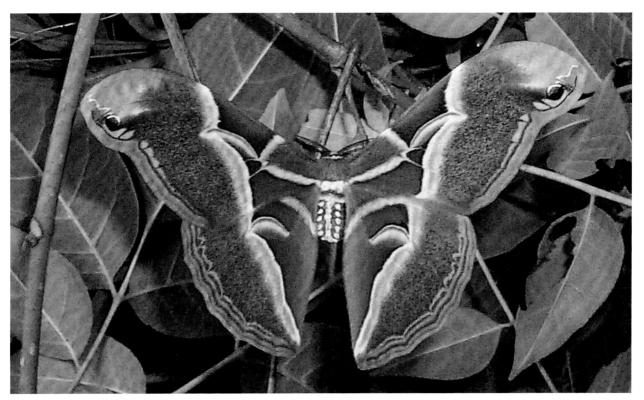

樗蚕成虫（徐公天 提供）

樗蚕卵（徐公天　提供）

樗蚕中龄幼虫（徐公天　提供）

樗蚕老龄幼虫（侧视）（徐公天　提供）

樗蚕老熟幼虫（上视）（徐公天　提供）

樗蚕幼虫（王缉健　提供）

樗蚕茧中蛹（徐公天　提供）

下缘土黄色，外侧具有1条纵贯全翅的宽带，宽带中间粉红色，外侧白色，内侧深褐色，基角褐色，其边缘有1条白色曲纹。**卵：**长约1.5mm，灰白色上有褐色斑，扁椭圆形。**幼虫：**老熟幼虫体长55～60mm。

青绿色，被有白粉，各体节的亚背线、气门上线、气门下线部位各有1排显著的枝刺，亚背线上的比其他2排的更大，在亚背线与气门上线间、气门后方、气门下线、胸足及腹足的基部有黑色斑点。气门筛浅黄

樗蚕茧中蛹（徐公天 提供）

樗蚕茧挂满核桃树（徐公天 提供）

樗蚕茧（徐公天 提供）

樗蚕蛹被寄生（徐公天 提供）

色，围气门片黑色，胸足黄色。腹足青绿色，端部黄色。**蛹：**体长26～30mm，宽14mm，暗红褐色。**茧：**灰白色，橄榄形，长约50mm，上端开孔，茧柄长达40～130mm，茧半边常为叶包着。

生物学特性 1年2～3代。以蛹越冬。1年2代的，越冬代成虫5月上、中旬羽化并产卵。卵期约12天。第一代幼虫5月中、下旬孵化。幼虫期30天左右。6月下旬结茧化蛹。8月至9月上、中旬第一代成虫羽化、产卵。成虫寿命5～10天。第二代幼虫危害期为9～11月，以后陆续化蛹越冬。

成虫有趋光性，飞翔能力强。产卵量300粒左右。雌蛾性引诱力甚强，未交尾雌蛾置于室内笼中，能连续引诱雄蛾。但室内饲养不易交尾。雌蛾剪去双翅后能促进交尾。卵产在寄主叶背，聚集成堆。初龄幼虫有群集性。幼虫蜕皮后常将蜕皮食尽

或仅留少许。老熟幼虫在树干上缀叶结茧，越冬代常在杂灌木上结茧。

防治方法

1. 人工捕杀幼虫和摘茧。

2. 黑光灯诱蛾。

3. 应用甘蓝夜蛾核型多角体病毒悬浮剂1000～1500倍液致死虫尸液喷杀樗蚕幼虫。

4. 应用12%的噻虫嗪和高效氯氟氰菊酯复配稀释1000～1500倍喷杀3龄以前的幼虫。

5. 严格检疫，使樗蚕不随苗木蔓延至疫区外。

6. 幼虫天敌有绒茧蜂、喜马拉雅聚瘤姬蜂、稻苞虫黑瘤姬蜂、樗蚕黑点瘤姬蜂，应加以保护。

参考文献

汪广，1957；萧刚柔，1992；虞国跃，2015.

（方惠兰，廉月琰）

分类地位	鳞翅目 Lepidoptera 大蚕蛾科 Saturniidae
拉丁学名	*Attacus atlas* (L.)
异名	*Phalaena atlas* L., *Saturnia atlas* Walker, *Attacus indicus maximus* Velentini, *Platysamia atlas* Oliver
英文名称	Atlas moth
中文别名	大柏蚕、山蚕、猪仔蚕

425 乌桕大蚕蛾

分布 福建，江西，湖南，广东，广西，海南，贵州，云南，台湾等地。印度，缅甸，印度尼西亚。

寄主 乌桕、樟、柳、大叶合欢、小檗、甘薯、狗尾草、苹果、冬青、桦树、泡桐属、海桐、小叶榕、木荷、黄梁木、油茶、余甘、桂皮、枫、石榴、千斤榆属、重阳木、茶树、栓皮栎。

危害 幼虫食叶和嫩芽，轻者食叶使其呈缺刻或孔洞，严重时把叶片吃光。

形态特征 **成虫**：体赤褐色，体长30～40mm，翅展250～300mm，是蛾类中最大的种类。**幼虫**：老熟幼虫体长75mm左右，头和胸足黄色，胴部淡绿色，并附有白粉。腹部每节生6个对称的棘状突起，突起之间散生黑褐色斑点。

生物学特性 福建北部1年2代；云南景洪1年3代。初孵幼虫群集于叶背主脉两侧，虫体略呈"C"形，并蚕食叶片，仅剩中脉和叶柄。3～4龄幼虫食剩叶柄，5龄幼虫食尽全叶呈秃枝后转移。

在云南景洪，5月上旬首见越冬蛹羽化，第一

乌桕大蚕蛾成虫（张润志 整理）

乌桕大蚕蛾翅局部（张培毅　提供）　　乌桕大蚕蛾成虫（张培毅　提供）　　乌桕大蚕蛾成虫（张培毅　提供）

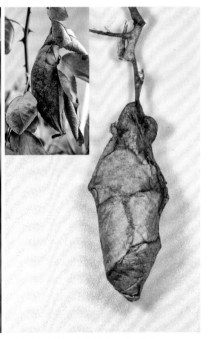

乌桕大蚕蛾危害状（张润志　整理）　　　　　　　　　　　　乌桕大蚕蛾茧（张培毅　提供）

代卵最早见于5月中旬，第一代幼虫最早见于6月上旬，6月中、下旬为第一代幼虫危害盛期，7月上旬第一代成虫出现，成虫期可延至7月下旬。第二代幼虫8月下旬开始发生。

防治方法

1. 人工防治。成虫产卵后，可组织人力摘除。在3月抽新梢以前剪掉枝条上的蛹茧。据地面上散落的虫屎位置，寻找和捕捉危害叶片的幼虫。

2. 灯光诱杀。由于成虫有趋光性，掌握好各代成虫的羽化期，适时用黑光灯诱杀，可收到良好的治虫效果。

3. 生物防治。乌桕大蚕蛾的寄生性天敌有松毛虫匙鬃瘤姬蜂和松毛虫黑点瘤姬蜂。对这些天敌应很好地加以保护和利用。也可于高龄幼虫期喷洒每毫升含孢子20亿以上的甘蓝夜蛾核型多角体病毒悬浮剂1000～1500倍液防治。

参考文献

王问学, 1986; 朱弘复, 王林瑶, 1996.

（刘建宏，潘涌智）

分类地位	鳞翅目 Lepidoptera　天蛾科 Sphingidae
拉丁学名	*Notonagemia analis* (Felder)
异　名	*Meganoton analis* (Felder)
英文名称	Grey double-bristled hawkmoth

426 大背天蛾

分布　上海，江苏（徐州），浙江（长兴、湖州、德清、海宁、临安、余姚、镇海、鄞县、淳安、象山、开化、遂昌、松阳、龙泉、云和、景宁、庆元），安徽（黄山、合肥），福建，江西（南昌），湖北，湖南，广东，广西，海南，四川，云南，西藏（墨脱），陕西（大巴山），台湾等地。印度，尼泊尔。

寄主　凹叶厚朴、厚朴、黄山木兰、紫玉兰、玉兰、鹅掌楸、檫木。

危害　暴发时可将大片寄主林木的叶片吃光，形同被火烧过一般。

形态特征　**成虫：**翅展83～140mm。头灰褐色。胸背发达，肩板外缘有较粗的黑色纵线，后缘有黑斑1对。腹部背线褐色，两侧有较宽的赭褐色纵带及断续的白色带。胸、腹部的腹面白色。前翅赭褐色，密布灰白色点，内线不明显，中线赭黑色

明显，外线不连续，外缘白色，顶角斜线前有近三角形赭黑色斑，在M_1脉的近顶端有椭圆形斑，中室有白点1个，并有较宽的赭黑斜线1条直通向R_3与M_3脉之间；后翅赭黄色，近后角有分开的赭黑色斑，并有不显著的横带达后翅中央（中国科学院动物研究所，1983）。**卵：**近圆形，直径1.7mm。初产时淡绿色，后转为黄褐色。**幼虫：**成熟幼虫体长70～85mm。头绿色，有黄色颗粒。前胸背板骨化较强。前、中胸各具5个小环节，后胸6个，第一至第七腹节各具8个小环节。尾角长11～13mm，圆锥状，斜向后上方。体色有变异，多数个体气门线以上为绿色，气门以下及腹面为灰绿色；腹部第七节两侧各有1条黄色斜纹从前缘气门线向后斜伸，通过第八节达尾角基部；有些个体腹部背面黄色，第二至第四（或第二至第七）节背面前端有紫色"V"形斑纹。

蛹：长40～65mm，长圆筒形，胸部最宽，腹部向末

大背天蛾成虫（张润志　整理）

端渐细。初化蛹时嫩绿色，后转为棕褐色。喙突出在胸部腹面，末端与胸部腹面中部相接触，呈壶柄状。臀棘坚硬，圆锥状。

生物学特性 浙江通常1年3代，少数2代。均以蛹越冬。越冬蛹于4月下旬开始羽化，羽化时间很不整齐，可延续到5月下旬。第一代幼虫于5月底开始陆续化蛹，部分幼虫延续到6月下旬进入蛹期。6月下旬始见第一代成虫羽化，有些则延续到7月中旬羽化。第一代蛹期16～20天，个别达60多天，以蛹越夏，滞育到8月中旬与第二代一起羽化，成为1年2代的个体。第二代幼虫于7月底至8月中旬化蛹，8月中旬至9月上旬羽化。越冬代幼虫多于9月中旬至下旬化蛹，经201～241天的蛹期后于翌年四五月羽化。

成虫大多于19:00～21:00羽化。白天静伏在隐蔽处，即使强行驱动，也很少起飞。树林中成虫常会停在被害林木的树干上，酷似树干脱枝后的疤痕，不易辨认。夜间活动，有趋光性。卵产于寄主叶片背面，散产。通常一叶1卵，虫口密度大时，偶尔一叶可达10多粒。成虫寿命3～7天。卵期5～6天。初孵幼虫取食卵壳，数小时后开始取食叶片。1龄幼虫只在卵壳附近啮食叶片呈若干小孔。2龄起从叶缘取食叶片。食量随虫龄增长而递增，5龄时食量猛增，为暴食期。5龄历期最长，被害林木往往要在此时才出现明显的被害状。虫口密度大时往往吃光大片树林的叶片。幼虫多在叶片背面活动，取食后即爬向叶脉栖息。幼虫老熟后体背呈棕紫色，从树干爬向地面，钻入浅土内或枯叶下做一疏松的丝茧，进入蛹期。

防治方法

1. 保护和利用天敌。卵期天敌有赤眼蜂、舞毒蛾卵平腹小蜂、白跗平腹小蜂、无斑平腹小蜂、白角金小蜂、黑卵蜂；幼虫期至蛹期天敌有蚕饰腹寄蝇、忧郁赘寄蝇和银颜赘寄蝇。大发生时卵寄生蜂的总寄生率可达90%以上。保护和利用天敌昆虫，对防治大背天蛾的危害有重要意义。

2. 化学防治。幼虫期以内吸性农药注入树干的方法，对取食幼虫有很好的防治效果，并可减少对天敌的误伤。

参考文献

中国科学院动物研究所, 1983; 陈汉林, 1990; 陈汉林, 1993.

（陈汉林，潘志鑫）

大背天蛾成虫（张培毅　提供）

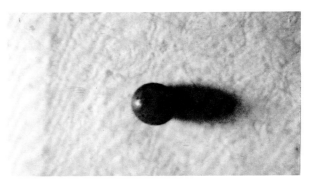

大背天蛾卵（张润志　整理）

大背天蛾幼虫（张润志　整理）

大背天蛾蛹（张润志　整理）

<table>
<tr><td rowspan="4">427</td><td rowspan="4">榆绿天蛾</td><td>分类地位</td><td>鳞翅目 Lepidoptera　天蛾科 Sphingidae</td></tr>
<tr><td>拉丁学名</td><td>*Callambulyx tatarinovii* (Bremer et Grey)</td></tr>
<tr><td>异　　名</td><td>*Smerinthus tatarinovi* Bremer et Grey</td></tr>
<tr><td>中文别名</td><td>榆天蛾、云纹天蛾、云纹榆天蛾</td></tr>
</table>

分布　北京，河北，山西，内蒙古，辽宁，吉林，黑龙江，上海，浙江，福建，山东，河南，湖北，湖南，陕西，甘肃，宁夏，新疆等地。日本，朝鲜，俄罗斯，蒙古（朱弘复，王林瑶，1997）。

寄主　榆科、杨柳科、榉、卫矛、杨（偶尔危害）（朱弘复，王林瑶，1997；范迪，1993）。

危害　低龄幼虫取食植物叶片表皮，多将叶片咬成孔洞或缺刻。高龄后的大幼虫食量大增，可将叶片吃光仅残留部分叶脉和叶柄，严重时常常食成光枝，削弱树势。树下常有大粒虫粪落下，较易发现（中国园林养护网）。

形态特征　**成虫**：体长30～33mm，翅展75～79mm。触角上面白色，下面褐色。各足腿节淡绿色。翅面粉绿色，胸背墨绿色；前翅前缘顶角有1块较大的三角形深绿色斑，中线、外线间连成1块深绿色斑，外线呈2条弯曲的波纹状；后翅红色，后缘白色，外缘淡绿色，后角有深色横纹。胸背墨绿色，腹部背面粉绿色，每节后缘有棕黄色横纹1条（萧刚柔，1992；朱弘复，王林瑶，1997）。**卵**：椭圆形，初产的卵黄绿色，近孵化前呈棕赤色（朱弘复，王林瑶，1997）。**幼虫**：老龄幼虫体长60～70mm，头长大于宽，近三角形，深绿色，两侧有黄色边缘，体色

榆绿天蛾成虫（张翔　绘）

绿色，密布淡黄色颗粒形突。前胸节分节不明显。第一至第八腹节两侧有7条由较大颗粒组成的淡绿色斜线，斜线上、下缘呈紫褐色（其中2、4、6条较细，色也偏黄），第七条与尾角相连。尾角直立，向后前方伸出呈锥形，长约10mm，紫绿色。胸足赭褐色，腹足与体色近似，端部紫褐色，其上部有白色狭环（朱弘复，王林瑶，1997）。幼期体色有变化，可分为两型：绿色型，全身绿色，斜纹上下呈紫褐色；赤斑型，身体黄绿色，斜纹橘红色。无论哪类色型在3龄前，特别是初孵幼虫都呈粉绿色，身上有密集的白色颗粒（朱弘复，王林瑶，1997）。幼虫鲜粪深绿色，椭圆形（朱弘复，王林瑶，1997）。**蛹**：

榆绿天蛾成虫（徐公天　提供）

榆绿天蛾成虫（李镇宇　提供）

榆绿天蛾幼虫体表颗粒（徐公天　提供）

榆绿天蛾幼虫(左视）（徐公天　提供）

体长36.2～39.0mm。黑褐色，腹部腹面色略浅（朱弘复，王林瑶，1997）。

生物学特性　北京1年2代。6月及8月为幼虫高峰期。第二代老熟幼虫即顺树爬下，在寄主附近的土中做室化蛹。一般入土深度5cm左右。翌年6月中越冬蛹羽化，成虫有较强趋光性。交配后的雌蛾隔日才开始产卵。卵单粒产在寄主新生枝条的嫩梢上。初产的卵粉绿色，5天后呈灰绿色，一般卵期7～10天，但第二代卵期只有5～7天。成虫寿命18～21天。

初孵幼虫粉绿色，头较尖，全身布满白色刺形颗粒；胸部3节明显细于腹节，3龄后这种现象才消失。幼虫期一般蜕皮4次，5龄，两代龄期变化不大，1龄5～6天，2龄6～7天，3龄6～7天，4龄8～9天，5龄7～8天，预蛹期2～3天，全幼虫期33.5～40天。幼虫食性较窄，目前只知危害榆科树木，有时在柳树上也能采到，但数量极少（朱弘复，王林瑶，1997）。

防治方法

1. 人工防治。①冬季翻土，蛹期可在树木周围耙土、锄草或翻地，杀死越冬虫蛹。②利用幼虫受惊易掉落的习性，在幼虫发生时将其击落，或根据地面和叶片的虫粪、碎片，人工捕杀树上的幼虫。

2. 物理防治。利用榆绿天蛾成虫的趋光性，在成虫发生期用黑光灯、频振式杀虫灯诱杀成虫。

3. 生物防治。幼虫3龄前，可施用每毫升含孢子20亿以上的甘蓝夜蛾核型多角体病毒悬浮剂1000～1500倍液，让幼虫中毒后在树上慢慢死亡腐烂，不直

榆绿天蛾幼虫被茧蜂寄生（徐公天　提供）

接掉到地面上，既可保护天敌，又可防止污染环境。

4. 化学防治。3～4龄前的幼虫，可喷施20%除虫脲悬浮剂3000～3500倍液，或25%灭幼脲悬浮剂2000～2500倍液，或20%虫酰肼悬浮剂1500～2000倍液等仿生农药。虫口密度大时，使用12%的噻虫嗪和高效氯氟氰菊酯复配稀释1000～1500倍液等药物均有较好的防治效果。

5. 保护螳螂、胡蜂、茧蜂等天敌。

参考文献

王绪捷，1985；萧刚柔，1992；范迪，1993；朱弘复，王林瑶，1997.

（禹菊香，王珊珊，李亚杰，林继惠）

鳞翅目

天蛾科

855

428 沙枣白眉天蛾

分类地位	鳞翅目 Lepidoptera　天蛾科 Sphingidae
拉丁学名	*Hyles hippophaes*（Esper）
异　　名	*Celerio hippophaes*（Esper）

分布　北京，内蒙古，西藏，陕西，宁夏，新疆等地。西班牙，法国，德国，俄罗斯。

寄主　沙枣、杨、柳、葡萄。

危害　幼虫食害沙枣叶呈缺刻或食尽所有叶片。

形态特征　**成虫：** 体长31～39mm，翅展66～70mm。触角背面白色，头顶与颜面间至肩板两侧有白色鳞毛，第一至第三腹节两侧有黑、白斑。前翅外缘呈深褐色三角形斑带，翅基部黑色，自项角上半部至后缘中部呈污白色斜带；后翅基部黑色，中部红色，臀角处有1个大白斑（萧刚柔，1992）。**卵：** 短椭圆形，绿色。**幼虫：** 体长70mm，背面绿色，密布白点。胸、腹部两侧各有1条白纹，纵贯前后。腹面淡绿色；尾角较细，其背面为黑色，上有小刺，腹面淡黄色。**蛹：** 体长43mm，淡褐色。头、胸微绿，腹部后端色渐深，末端尖锐。

生物学特性　宁夏1年1～2代。以蛹在土内越冬。5月越冬蛹羽化，产卵于沙枣叶上，每雌产卵约500粒，卵经10～20天孵化。6月下旬幼虫盛发，7月中旬幼虫入土化蛹。第二代幼虫8月中、下旬发生，9月入土化蛹越冬。越冬地点多在树木周围的高地。成虫有趋光性（萧刚柔，1992）。

沙枣白眉天蛾成虫（李孟楼　提供）

沙枣白眉天蛾成虫（李孟楼　提供）

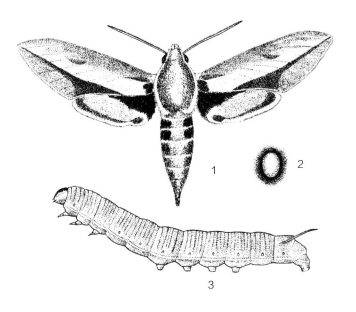

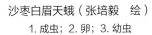

沙枣白眉天蛾（张培毅　绘）
1. 成虫；2. 卵；3. 幼虫

沙枣白眉天蛾蛹（李孟楼　提供）

防治方法

1. 利用成虫的趋光性，用黑光灯诱杀成虫。幼虫受惊易掉落，发生量少时可震落捕捉。蛹期可锄翻树冠下土壤以消灭虫蛹。

2. 发生量大时，在2～3龄幼虫期，可喷12%的噻虫嗪和高效氯氟氰菊酯复配稀释1000～1500倍液；林木密度大时，可施放敌敌畏插管热雾剂15～

23kg/hm^2，或用每毫升20亿PIB以上的甘蓝夜蛾核型多角体病毒悬浮剂1000～1500倍液喷雾。

参考文献

中国科学院动物研究所, 1987; 萧刚柔, 1992; 关玲, 陶万强, 2010.

（李孟楼，许兆基，王希蒙）

分类地位	鳞翅目 Lepidoptera　天蛾科 Sphingidae
拉丁学名	*Clanis bilineata bilineata* (Walker)
异　　名	*Clanis bilineata* (Walker), *Basiana bilineata* Walker
英文名称	Two-lined velvet hawkmoth

429 南方豆天蛾

以幼虫食害刺槐、大豆叶片；大发生时，能将树叶吃光。

分布　河北（沧州），浙江，湖南，海南等地；印度。

寄主　豆科（葛属、黎豆属）、刺槐。

危害　幼虫取食叶片，造成叶片残缺，甚至吃光。

形态特征　**成虫：**翅长60～65mm。体翅棕黄色。触角背面粉红色，腹面棕色。头及胸部的背线紫褐色，腹部背面灰褐色，两侧枯黄，第五至第七节后缘有棕色横纹，中足及后足胫节外侧银白色。前翅灰褐，前缘中央有灰白色近三角形斑，内线、中线、外线棕褐色，顶角近前缘有棕褐色斜纹，下方色淡，各占顶角的一半，R_3脉部位的纵带呈棕黑色，前翅基部中央有黑色长条斑，前缘外角有污白色三角斑；后翅棕黑色，前缘及后角附近枯黄色，中部有1条较细的灰黑色横带；前翅及后翅的反面枯黄色，各横线明显，灰黑色（朱弘复等，1997）。**卵：**球形，直径2～2.5mm，乳黄色（艾玉秀，1987）。**幼虫：**老龄幼虫体长80～90mm，头深绿色，口器橙褐色。体色淡绿，前胸有黄色颗粒状突起，中胸有4个皱褶，后胸有6个皱褶。第一至第八腹节两侧有黄色斜纹，背部有小皱褶及白色刺状颗粒；尾角黄绿色，向后下发弯曲；气门筛淡黄色，围气门片黄褐色，胸足橙褐色。头部冠逢两侧向上隆起，呈单峰，正面观近三角形（萧刚柔等，1992）。**蛹：**体长约50mm，宽18mm。红褐色。第五至第七腹节气孔前各有1条横沟纹，臀棘三角形，末端不分叉（萧刚柔等，1992）。

生物学特性　1年1～2代。以老熟幼虫在土中越冬，入土深约10cm。1代区于翌年6月上、中旬开始化蛹，7月中、下旬为羽化盛期，8月上、中旬为幼虫发生盛期，老熟幼虫一般在9月上旬入土越冬，虫

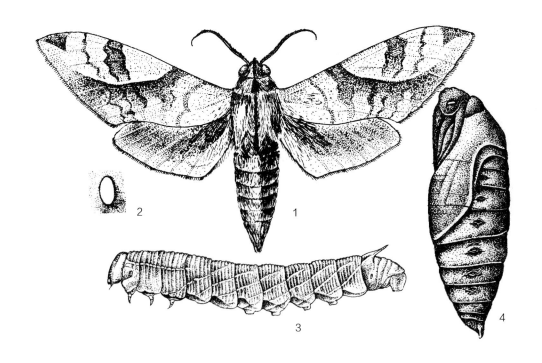

南方豆天蛾（1. 胡兴平　绘；2～4. 朱兴才　绘）

1. 成虫；2. 卵；3. 幼虫；4. 蛹

南方豆天蛾成虫
（李镇宇　提供）

南方豆天蛾成虫
（张润志　整理）

体呈马蹄形，曲居土中（萧刚柔等，1992）。

　　成虫白天静止不动，虽受惊扰亦飞翔不远，傍晚开始活动。有趋光性。一般交尾后3小时开始产卵，卵喜产于叶片背面，极少数在叶正面。产卵期平均3天。每头雌蛾产卵200～450粒，平均350粒左右。成虫寿命一般7～10天。卵期6～8天。初孵幼虫吐丝自悬，自然死亡率高。幼虫有避光和转株危害的习性。4龄以前幼虫白天大多数隐藏在叶背面；5龄后体重增加，叶片不能支持，便迁移至枝干上。一般夜间食害最烈，如遇阴天则可整日危害。1～3龄历期较短，平均共14.5天。4龄平均10天，5龄则与前3龄天数相同。幼虫期平均39天左右（萧刚柔等，1992）。

　　防治方法

　　1. 利用成虫的强烈趋光性，可设置氖气灯诱捕。

　　2. 用1000倍液的洗衣粉喷雾，防治1龄幼虫（艾玉秀，1987）。

　　参考文献

　　王平远等，1983；王绪捷等，1985；艾玉秀，1987；萧刚柔，1992，1997；朱弘复，王林瑶，1997.

（米莹，赵怀谦，张世权）

430 绒星天蛾

分类地位	鳞翅目 Lepidoptera　天蛾科 Sphingidae
拉丁学名	*Dolbina tancrei* Staudinger
异　名	*Dolbina leteralis* Matsumura, *Dolbina curvata* Matsumura
中文别名	星天蛾、女贞天蛾、星绒天蛾

分布　北京，河北，山西（沁水、下川），黑龙江，江苏，浙江，山东，河南，四川，西藏，陕西，甘肃（平凉、庆阳、陇南）等地。朝鲜，日本，印度。

寄主　水蜡树、女贞、榛、桂花、白蜡树、丁香、连翘等。

危害　幼虫食叶，危害严重时可食尽全部叶片。

形态特征　**成虫：**体长26～34mm，翅展50～82mm。体灰白色，具黄白色斑纹。前翅中室端部具1个白斑点，内、外横线各由3条锯齿状褐纹组成，翅基褐色粗带，亚外缘线白色，外缘有褐斑列；后翅棕褐色。腹部背中线黑色（萧刚柔，1992）。

卵：卵圆形，2.3mm×1.9mm。翠绿、淡绿色。**幼虫：**老熟幼虫体长64～70mm，翠绿色、深绿色。头两侧有白边，胸部各节背面具白小刺两横排，胸足赭色，其外侧有小红斑，腹部各节有斜向尾角的白条纹。**蛹：**体长41～44mmm，黑褐色。

生物学特性　山西1年2代，四川1年4代。以蛹于土中越冬。翌年4月上、中旬成虫羽化，第一、二、三代成虫分别出现于6月上旬至中旬、7月下旬、8月上旬和9月上旬至中旬，世代重叠。蛹期长达160天以上，幼虫期20～30天，蛹期12～15天，预蛹期2～3天，卵期6天。成虫夜间羽化、交尾、产卵，有趋光性，羽化次晚至第八天晚间产卵于叶背面，每叶上多为1粒，每雌产卵100～300余粒。幼虫

绒星天蛾成虫（徐公天　提供）

绒星天蛾成虫（胡兴平　绘）

绒星天蛾成虫（李孟楼　提供）

5龄，孵化后食卵壳、蜕皮后食蜕，3龄后1只幼虫可食尽1叶，不取食时多隐伏于叶背面，受惊易掉落。平均气温19.1℃时卵期10天，27.3℃时5天；平均气温25℃时幼虫期20～22天，19.1℃时30天（萧刚柔，1992）。

防治方法

1. 在成虫发生期用黑光灯诱杀成虫。卵期释放赤眼蜂防治。幼虫期可震落、捕杀。蛹期可翻土灭蛹。或在幼虫期喷每毫升20亿PIB以上的甘蓝夜蛾核型多角体病毒悬浮剂1000～1500倍液。

2. 防治3～4龄前的幼虫，可喷12%的噻虫嗪和高效氯氟氰菊酯乳油1000～1500倍液，3龄前幼虫还可施放烟雾剂，用药15～23kg/hm²。

参考文献

萧刚柔, 1992.

（刘满堂，李孟楼，吴次彬）

分类地位	鳞翅目 Lepidoptera　天蛾科 Sphingidae
拉丁学名	*Psilogramma menephron* (Cramer)
英文名称	Privet hawk moth, Large brown hawkmoth
中文别名	泡桐灰天蛾

431　霜天蛾

分布　北京，河北，江苏，河南，湖南，广东，四川，陕西，台湾。日本，朝鲜，印度，缅甸，斯里兰卡，菲律宾，印度尼西亚；大洋洲。

寄主　泡桐、悬铃木、楸树、楝树、丁香、水蜡树。

危害　幼虫蚕食叶片，咬成大的缺刻或孔洞，严重时可将叶食光。

形态特征　**成虫**：体长15～50mm，翅展105～130mm。体翅暗灰色。前翅中横线呈双行波状，棕黑色，中室下方有2根黑色纵条纹，顶角有1条黑色曲线；后翅棕色。**幼虫**：体长92～110mm。体色有2型：1种是绿色，胸部第一至第八节两侧各有1条白色斜纹，尾角绿色；另1种也是绿色，体上有褐色斑块，尾角褐色。

生物学特性　河南1年2代。以蛹在土中越冬。翌年4月初开始羽化，产卵。第二代成虫9、10月出现，该代幼虫危害至10月底，老熟入土化蛹越冬。

成虫夜晚活动，趋光性极强。卵多产于大树的叶背面，小树较少。幼虫孵化后，先啃食叶表皮，随后蚕食叶片，咬成大的缺刻或孔洞，6、7月危害

最严重，此时在地面上可见到大量的碎叶和虫粪。第二代幼虫老熟后，坠地入土化蛹越冬。

防治方法

1. 化学防治。幼虫发生初期，喷洒12%的噻虫嗪和高效氯氟氰菊酯乳油1000～1500倍液。

2. 人工防治。冬季结合冬耕，翻土灭蛹。另

霜天蛾成虫(静止)（徐公天　提供）

霜天蛾成虫（张润志　整理）

霜天蛾成虫（李颖超　提供）

外，在林地树下发现碎叶和虫粪，可在树上找到幼虫，用竹竿敲打震落，踏死。

3. 生物防治。应注意保护广腹螳螂。另外，可在林地冬季放猪，拱食土中的蛹。

参考文献

杨有乾等, 1982; 中国科学院动物研究所, 1987; 萧刚柔, 1992; 河南省森林病虫害防治检疫站, 2005.

（杨有乾）

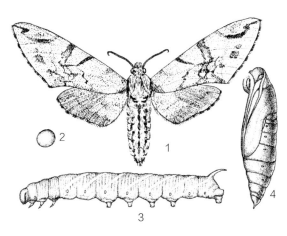

霜天蛾（张翔　绘）
1. 成虫；2. 卵；3. 幼虫；4. 蛹

霜天蛾幼虫危害白蜡树（张润志　整理）

霜天蛾幼虫危害泡桐（张润志　整理）

霜天蛾幼虫危害柳树（张润志　整理）

霜天蛾老龄幼虫（徐公天　整理）

霜天蛾老熟幼虫（徐公天　整理）

蓝目天蛾

分类地位	鳞翅目 Lepidoptera　天蛾科 Sphingidae
拉丁学名	*Smerinthus planus* Walker
异　　名	*Smerithus planus planus* Walker
英文名称	Oriental eyed hawkmoth
中文别名	柳天蛾、蓝目灰天蛾、柳目天蛾、柳蓝天蛾、内天蛾、眼纹天蛾

　　蓝目天蛾主要危害杨、柳和一些果树，是常见的林木食叶害虫，发生严重时可将被害树木叶片吃花、吃光，严重影响树木生长。

　　分布　北京，河北，山西，内蒙古，辽宁，吉林，黑龙江，江苏，浙江，安徽，福建，江西，山东，河南，湖北，陕西，甘肃，青海（西宁、民和、乐都、互助、大通、循化），宁夏等地。朝鲜，蒙古，日本，俄罗斯（朱弘复等，1997；萧刚柔，1992；马琪，2006）。

　　寄主　杨、柳、桃树、苹果、樱桃、海棠、梅、李树、沙枣（朱弘复等，1997；萧刚柔，1992；张志翔，2008）

　　危害　主要以幼虫取食叶片，危害树木。低龄幼虫分散取食嫩叶，将叶片吃成缺刻；随着龄期增大进入暴食期，发生严重时可将树叶吃光，仅剩光枝。

　　形态特征　**成虫：**体长32～36mm，翅展85～92mm。体翅灰褐色。触角淡黄色。复眼大，暗绿色。胸部背板中央褐色。前翅基部灰黄色，外缘翅脉间内陷呈浅锯齿状，缘毛极短，中外线间成前、后2块深褐色斑，中室前段有一"丁"字形浅纹，外横线呈2条深色波纹状，外缘自顶角以下色较深；后翅淡黄褐色，中央有1个大蓝目斑，斑外有1个灰白色圈，最外围蓝黑色，蓝目斑上方为粉红色，后翅反面蓝目不明显。**卵：**长约1.8mm，椭圆形。初产鲜绿色，有光泽，后为黄绿色。**幼虫：**老龄幼虫体长70～90mm。头较小，宽4.5～5.0mm，绿色，近三角形，两侧色淡黄。胸部青绿色，各节有较细横褶；前胸有6个横排的颗粒突起；中胸有4小环，每环上左右各有1个大颗粒突起。腹部色偏绿，第一至第八腹节两侧有淡黄色斜纹，最后1条斜纹直达尾角，尾角斜向后方。气门筛淡黄色，围气门片黑色，前方常有紫色斑1块，腹部腹面稍浓，胸足褐色，腹足绿色，端部褐色。**蛹：**体长28～35mm，

初化蛹暗红色，后为暗褐色。翅芽短，尖端仅达腹部第三节的2/3处，臀角向后缘突出处明显（朱弘复等，1997；萧刚柔，1992；袁德灿，1988）。

　　生物学特性　发生代数随分布不同而异。北京、河北、青海（西宁）、甘肃（兰州）1年2代；河南、陕西（西安）1年3代；江苏1年4代。成虫出现期：2代区分别为4月下旬、5月，6月中、下旬，7月；3代区分别为4月中、下旬，7月，8月；4代区分别为4月中旬，6月下旬，8月上旬及9月中旬。成虫多于晚间羽化，从破壳到展翅结束需时50分钟。成

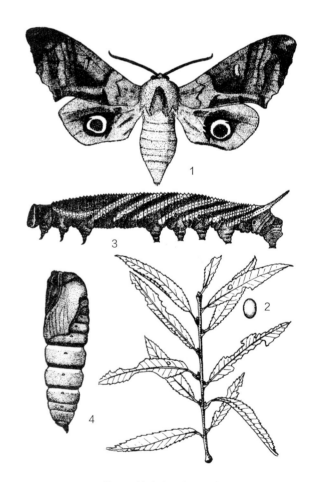

蓝目天蛾（徐天森　绘）

1. 成虫；2. 卵及被害状；3. 幼虫；4. 蛹

蓝目天蛾成虫（张润志　整理）

蓝目天蛾幼虫（徐公天　提供）

蓝目天蛾幼虫（徐公天　提供）

蓝目天蛾幼虫被茧蜂寄生（徐公天　提供）

虫昼伏夜出，具有很强的飞翔能力，有趋光性。成虫羽化第二天交尾，一般多在夜间进行，交尾时间可长达5小时。交尾后的第二日晚开始产卵，多产于叶背，卵期约15天。卵单产，偶有产成一串的，每雌可产卵200～400粒。1、2龄幼虫分散取食较嫩叶片，将叶片吃成缺刻；4、5龄幼虫食量猛增，特别是5龄幼虫取食量极大。老熟幼虫下树，在寄主附近土中化蛹越冬（朱弘复等，1997；萧刚柔，1992；袁德灿，1988；徐公天，2007）。

防治方法

1. 利用成虫趋光性，在成虫发生期用黑光灯诱杀成虫。

2. 利用幼虫受惊易掉落的习性，抖动树干、树枝使幼虫跌落，进行人工捕杀。

3. 保护利用天敌，如广腹螳螂等。

4. 幼虫发生期喷施12%的噻虫嗪和高效氯氟氰菊酯乳油稀释1000～1500倍液防治。用每毫升20亿PIB以上的甘蓝夜蛾核型多角体病毒悬浮剂1000～1500倍液可防治4龄以上幼虫。

5. 人工挖越冬蛹（萧刚柔，1992；徐公天，2007）。

参考文献

王平远，王林瑶，方承莱等，1983；王绪捷，徐志华，董绪曾等，1985；袁德灿，黄品龙，王克俭等，1988；萧刚柔，1992；朱弘复，王林瑶，1997；马琪，祁德富，刘永忠，2006；徐公天等，2007；张志翔，2008.

（赵佳丽，戴秋莎）

分类地位	鳞翅目 Lepidoptera　天蛾科 Sphingidae
拉丁学名	*Amplypterus panopus* (Cramer)
异　　名	*Sphinx panopus* Cramer, *Calymnia panopus* Rothschild et Jordan, *Amplypterus panopus* Moore
英文名称	Mango hawk moth

433 杧果天蛾

分布　湖南，海南，云南（西双版纳州）。印度，马来西亚，菲律宾，斯里兰卡。

寄主　杧果属、漆树科、藤黄科、红厚壳。

危害　幼虫食叶，造成枝条缺叶或叶片呈缺刻状。

形态特征　**成虫:** 体黄色，体粗大，翅展75mm（司徒英贤，1983）。**幼虫:** 幼虫共5龄。1～4龄幼虫头尖，顶端二叉状，头部密布颗粒状突；5龄幼虫头部较尖，顶端不分叉。在古铜色嫩叶丛中孵化的幼虫，体色以黄色为主，而在淡绿色叶丛中孵化的幼虫，体色以绿色为主。

生物学特性　云南西双版纳1年3代。2月中、下旬至3月越冬代成虫羽化，5月中旬第一代成虫出现，9月下旬第二代成虫出现，成虫期可延至10月下旬。

喜欢在隐蔽的嫩叶上产卵，产于嫩叶叶面的卵易被雨水冲刷而脱落，产于叶背的卵能幸存孵化。

防治方法

1. 营林措施。结合冬季松土和施肥管理，消灭在树干基土中的越冬蛹，减少虫源。

2. 人工捕捉。据散落在地面上的虫粪位置，寻找和捕捉危害叶片的幼虫。

3. 灯光诱杀。利用成虫的趋光性，掌握好各代成虫的羽化期，适时用黑光灯进行诱杀。

4. 化学防治。低龄幼虫期采用敌敌畏乳油制剂或敌百虫晶体稀释后喷洒，防治率可达90%以上。

5. 保护和利用天敌。锥盾菱猎蝽和中黄猎蝽可捕食低龄幼虫，对这些天敌应很好地加以保护和利用。

参考文献

司徒英贤，1983; 黄复生，1987; 朱弘复，王林瑶，1997.

（刘建宏，潘涌智）

杧果天蛾成虫（张润志　整理）　　　　　　　　　杧果天蛾成虫（张润志　整理）

434	绿白腰天蛾	
	分类地位	鳞翅目 Lepidoptera　天蛾科 Sphingidae
	拉丁学名	*Daphnis nerii* (L.)
	英文名称	Oleander hawkmoth, Army green moth
	中文别名	夹竹桃天蛾、绿粉白腰天蛾、鹰纹天蛾

绿白腰天蛾是一种对夹竹桃及催吐萝芙木等危害较严重的食叶性害虫，在局部地区发生成灾，对药用植物和园林绿化植物造成较大的生态和经济损失。

分布　上海，福建，广东（广州），广西，云南（江城）（张丽霞，2007），四川，澳门，台湾等地（雷玉兰，林仲桂，2010）。

寄主　夹竹桃、糖胶树、催吐萝芙木、长春花、软枝黄蝉、黄花夹竹桃。

危害　危害枝梢和叶片，初孵幼虫取食叶背表皮及少量叶肉，2龄开始取食叶缘，咬成小缺刻，随虫龄的增加，从叶尖开始向基部取食，直至将整叶吃光，对小苗和成年树均可造成危害。

形态特征　成虫：体长55mm，翅长47mm。雌虫头顶墨绿色，基部在两触角间有污白色"∞"形纹。下唇须墨绿色，基节内侧有白纹。复眼大，隆起，赭色，上有黑色散斑。触角腹面枯黄色，背面褐绿色。胸部背面墨绿色；前胸前缘、后缘有黄色横纹，背板外缘有白色纤毛；胸部腹部褐绿色；胸足褐绿色，胫节以下色稍浅，呈灰褐色。腹部第一节背板前、后缘墨绿色，中间有污白色横带，以下各节灰褐色，各节后缘有绿色及白色相间的细横纹，形成节间环，腹面色稍浅，中央有枯黄色纵线；腹端两侧及中央有绿色斑。前翅墨绿色，翅基部有黄褐色斑，内有1个黑星，内线污白色呈外突的弧形，内线与翅基间有1个墨绿色盾形斑，中线迂回度较大，两线间有粉红色宽斜带，中室有1个三角形斑，外线污白双行，但只达M_3上方，M_3到Cu_2间有纵向褐绿色区，顶角尖外突，内有褐绿色半月形斑，并有1条白斜线沿M内伸，斜线上方至前缘有黄绿色区；后翅褐绿色，前、后缘色浅，中部有1条污黄色弓形纹；前、后翅反面褐绿色，顶角及后角两侧和中室外外方有锈黄色斑；前、后翅顶角至后角内侧有1条较直白线，中室部位有隐约的白色肾纹；后翅基部锈红色，模糊，中线灰色，弯曲度大，外

线白色。雄虫形态与雌虫相似，主要区别是雄虫触角间无"∞"纹，腹部背面可见腹节7节，该节两侧有深墨绿色长条斑纹（朱弘复等，1997）。**卵：**近球形，直径约0.8mm，浅黄色。**幼虫：**初孵幼虫全体浅黄绿色，头宽0.76～0.82mm，尾角上举，黑色细长，约为体长的3/5。老熟幼虫体长85～86mm，头宽4.80～5.09mm，高5.51～5.80mm，头和胸黄绿色，胸足红褐色，体和腹足灰绿色，气门上线白色，较粗，第一至第七腹节上下两旁分布大小不等镶有淀蓝色细边的白色和黄色小圆点，后胸背面近前缘两侧各有1枚眼斑，斑的中间为白色和天蓝色，边缘有黑色粗框。气门窄长，气门筛黑色，尾角黄色，短粗，末端钝，向后指，稍下弯。**蛹：**体长70～85mm，宽15～17mm。头、腹面浅黄褐色，腹部背面浅褐色，腹部散布黑褐色斑点，第二至第八

正在夹竹桃枝叶上取食的绿白腰天蛾高龄幼虫（张润志　整理）

腹节侧面各有1条枚近圆形的黑斑，蛹体腹面翅芽部分中央有黑色纵条纹，背面有1条蓝黑色纵纹，该纹在胸节部分连续，腹节部分断续。

生物学特性 广东广州地区1年3代。越冬代成虫4月出现，第一代幼虫危害期在5月，6月初进入蛹

期，第一代成虫6月中旬末出现，第二代卵期6月底至7月，幼虫期7月上旬至8月上旬，蛹期8月上、中旬，第二代成虫8月下旬出现，越冬代卵期8月中、下旬，8月下旬至9月下旬为越冬代幼虫发生期，9月中、下旬进入越冬蛹期（王玉勤等，2004）。

绿白腰天蛾雄成虫（张润志　整理）

绿白腰天蛾雌成虫（张润志　整理）

绿白腰天蛾1龄幼虫（张润志　整理）

绿白腰天蛾卵（张润志　整理）

绿白腰天蛾幼虫（蛹前）（张润志　整理）

绿白腰天蛾蛹（张润志　整理）

卵期2～3天。幼虫共5龄，在湖南衡阳第一代各龄历期分别为：1龄4.5～6天，2龄3～3.5天，3龄3.5～5天，4龄4～4.5天，5龄8～12天。蛹期11～14天。

成虫夜间活动，卵产于叶背、叶柄或枝梢处，单粒散产，幼虫孵化后先食掉卵壳，随后再取食叶背表皮及小量叶肉，2龄开始取食叶缘，咬成小缺刻，随虫龄的增加，从叶尖开始向基部取食，直至将整叶吃光，幼虫蜕皮前有停止取食的习性。蛹前幼虫头部除额、单眼区及唇区色浅外其余黑褐色，胸及腹部腹面暗黄褐色，腹部背面黑褐色，前胸背面有1对黑褐色斑。幼虫化蛹前下地爬行寻找合适场所，在浅表土层化蛹，蛹受到触碰，会向两侧强烈扭动（王玉勤等，2004）。

防治方法

1. 黑光灯诱杀。利用成虫的趋光性，在成虫发生期点灯诱杀成虫。

2. 人工捕捉。利用幼虫受惊后易掉落的习性，人工震落而捕捉。

3. 生物防治。①保护和利用天敌，如小茧蜂、茧蜂、绒茧蜂、黑卵蜂、胡蜂以及鸟类。②在幼虫发生期，用每毫升20亿PIB以上的甘蓝夜蛾核型多角体病毒悬浮剂1000～1500倍液喷雾，该菌剂与敌百虫混用有增效作用。

4. 化学防治。在严重发生时可用80%～90%敌百虫可溶性粉800～1000倍液，50%马拉硫磷乳油1000～1500倍液，或12%的噻虫嗪和高效氯氟氰菊酯乳油稀释1000～1500倍液喷雾防治（王玉勤等，2004）。

参考文献

朱弘复等，1997；王玉勤等，2004；张丽霞，2007；雷玉兰，林仲桂，2010.

（伍有声，高泽正）

435 竹拟皮舟蛾

分类地位	鳞翅目 Lepidoptera　舟蛾科 Notodontidae
拉丁学名	*Besaia anaemica* (Leech)
异　名	*Pydna anaemica* Kiriakoff, *Mimopydna insignis* (Leech)

分布　上海，江苏，浙江，福建，江西，湖北，湖南，四川，云南等地。

寄主　黄秆京竹、毛环水竹、斑竹、毛竹、五月季竹、刚竹、淡竹、早竹、红竹、篌竹、光箨篌竹、孝顺竹、青皮竹等。

危害　幼虫食叶量大，当虫口密度大时，常将竹林竹叶吃光。

形态特征　**成虫：**雄虫体长28.5～31.4mm，翅展53.5～60.5mm；雌虫体长23.5～28.8mm，翅展64～70mm。体色、前翅上斑纹变化大，有黄白色、黄褐色。头灰白色。复眼大，黑褐色。触角雄虫短栉齿状，灰褐色；雌虫丝状，黄白色。前胸颈片、盾片覆盖密、长绒毛，雄虫黄白色，雌虫色深。前翅鳞片厚，雄虫灰枯黄色或灰黄色，雌虫初羽化为鲜黄色、后渐退为枯白色，缘毛短而密，缘毛与外缘间有1列黑点或不清，只少在外缘近顶角处有2～4枚黑点，外缘近顶角处、前缘正中及后缘边缘为淡灰褐色，在中室处有与外缘平向有小黑点2列，外1列有10余个、内1列有8～9个，雌虫黑点较雄虫大，而且清晰，在翅后缘还散生大块褐色斑；后翅雄虫为褐色，雌虫为黄白色，翅的反面雄虫中间为褐色，雌虫为黄白色。足被长而密黄白色绒毛，前足胫节末端和中、后足胫节中端、末端各有距1对，其中1长1短；腹部深黄白色，雄虫瘦长、双翅折叠时腹末长出翅外，雌虫粗短、腹末平截。**卵：**圆球形，长径1.74mm，短径1.52mm。乳白色，卵壳平滑，有光泽，无斑纹，以2～5粒呈1条产于竹叶背面。**幼虫：**初孵幼虫体长3.2～4.0mm，淡黄绿色。老熟幼虫体长58～70mm，翠绿兼淡黄色，头柠檬黄色，线纹颜色复杂，中裂线为淡灰绿色，上唇至亚背线为深灰色，唇到气门上线为红色、唇到气门线为深黑色，往下为黄色。体背线为青色，亚背线

竹拟皮舟蛾雌成虫
（徐天森　提供）

竹拟皮舟蛾雄成虫（徐天森　提供）

竹拟皮舟蛾老熟幼虫（徐天森　提供）

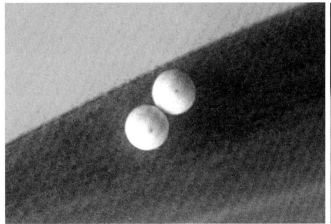

竹拟皮舟蛾卵（徐天森　提供）

竹拟皮舟蛾被黑卵蜂寄生的卵（徐天森　提供）

到气门上线位置有3条纵线均为浅青绿色，气门线为黄色，上方紧贴着1条绿色线，气门下线黄绿色或黄色。胸足为红色，腹足为绿色，末节及趾钩红色，气门棕黄色。**蛹**：体长25～31mm，纺锤形，在舟蛾蛹中形体特殊，头部小，特别尖，后胸节、第一腹节最宽，宽为长的近1/3，腹部到腹末直线削尖，翅芽尖近达第四腹节末。臀棘呈弧形截状，扁平，有极短齿状突，无小钩。初化蛹翠绿色，随后从背部开始渐变红色到暗红色，最后全体变为深黑色。老熟幼虫在地面下2cm处的土中结茧，茧长35～40mm，以丝粘结细土及土粒建成，化蛹后幼虫皮蜕留于土茧中。

生物学特性　浙江1年4代。以蛹越冬。越冬蛹于5月上旬羽化成虫，第一代幼虫于5月中旬至7月上、中旬取食，7月上旬至7月下旬化蛹；第二代成虫于7月中旬开始羽化，幼虫取食期7月下旬至9月中旬，8月中旬至9月中旬化蛹；第三代成虫于8月下旬开始羽化，幼虫取食期8月下旬至10月中旬，9月中旬至10月下旬化蛹；第四代成虫于9月下旬开始羽化，幼虫取食期10月上旬至翌年5月中旬，从5月上旬开始化蛹到5月下旬结束。

防治方法

保护天敌：捕食性鸟类有长尾蓝雀、画眉、杜鹃；蜘蛛有横纹金蛛、黑腹狼蛛、拟环纹狼蛛捕食成虫与幼虫；昆虫有广腹螳螂、中华大刀螂、绿点益蝽、黄足猎蝽。寄生性天敌在卵期有茶毒蛾黑卵蜂；幼虫期有内茧蜂、野蚕黑瘤姬蜂、瘦姬蜂、毛圆胸姬蜂指名亚种、伞裙追寄蝇；幼虫期寄生到蛹期出蜂的有舟蛾啮小蜂、细颚姬蜂等，病毒可以感染幼虫，寄生率比较高。

参考文献

武春生，方承莱，2003；徐天森等，2004.

（徐天森，王浩杰）

436 竹篦舟蛾	**分类地位** 鳞翅目 Lepidoptera 舟蛾科 Notodontidae
	拉丁学名 *Besaia goddrica* (Schaus)
	异　名 *Pydna goddrica* Schaus, *Besaia rubiginea simplicior* Gaede
	中文别名 纵褶竹舟蛾、竹青虫、纵稻竹舟蛾

分布 江苏，浙江，安徽，福建，江西，河南（南部），湖北，湖南，广东，广西，四川，陕西等地。

寄主 毛竹、毛环水竹、五月季竹、衢县红壳竹、刚竹、水竹、淡竹、红竹、篌竹、浙江淡竹、早竹、白哺鸡竹、石竹、孝顺竹、青皮竹、撑篙竹、观音竹等。

危害 幼虫取食竹叶，竹叶几乎被吃光，严重被害者毛竹枯死，翌年新竹减少。

形态特征 **成虫**：雄虫体长19～25mm，翅展43～51mm；雌虫体长20～25mm，翅展50～58mm。体灰黄色至灰褐色，头前毛簇、基毛簇特长。雌虫前翅黄白色至灰黄色，从顶角到外线下，有1条灰色斜纹，斜线下臀角区灰褐色；雄虫前翅灰黄色，前缘黄白色，中央有1条暗灰褐色纵纹，下衬浅黄白色边。外缘线脉间有黑色小点5～6个，后翅深灰褐色。**卵**：圆球形，长径1.4mm，短径1.2mm。乳白色，卵壳平滑，无斑纹。**幼虫**：初孵幼虫体长3mm，淡黄绿色。老熟幼虫体长48～62mm，翠绿色，体被白粉，背线、亚背线、气门上线粉青色，镶于翠绿色体上，但仍很清晰，气门线为从大颚、触角至单眼下方延伸而来，深棕黄色，部分个体在后胸以后线体较细，气门黄白色，前胸气门附近棕红色，上方及中、后胸和腹部气门后方各有1个黄点。不同世代幼虫有5、6、7龄之别，以5龄、6龄为最常见。**蛹**：体长20～26mm，红褐至黑褐色，臀棘8根，以6、2分2行排列。**茧**：长35mm，在土表下2cm处以丝粘结土建成，茧内灰白色，较薄，平滑，茧外附有土粒。

生物学特性 浙江1年4代。以幼虫在竹上越冬。当日平均气温在3℃以下一般不会取食，日平均气温在8℃以上时，越冬幼虫中午可以取食，3月取食量增大，4月上旬幼虫老熟化蛹，至5月上旬蛹终见。第一代成虫4月上旬开始羽化，羽化高峰4月下

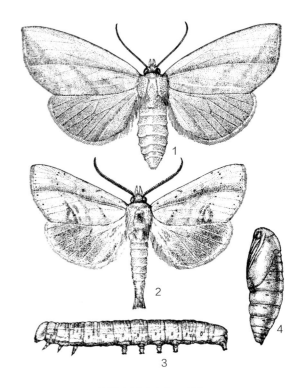

竹篦舟蛾（张翔 绘）
1、2. 成虫；3. 幼虫；4. 蛹

竹篦舟蛾雌成虫（徐天森 提供）

竹篦舟蛾雌成虫（徐天森　提供）

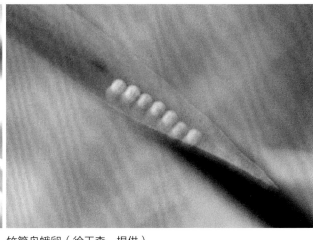

竹篦舟蛾卵（徐天森　提供）

竹篦舟蛾4龄幼虫（徐天森　提供）

竹篦舟蛾末龄幼虫（徐天森　提供）

旬至5月上旬，6月上旬成虫终见；卵期4月中旬至6月上旬，幼虫取食期4月下旬至7月初，蛹期5月下旬至7月中旬。第二代成虫期6月上旬至7月下旬，卵期6月中旬至7月下旬，幼虫取食期6月下旬至8月下旬，蛹期7月下旬至9月上旬。第三代成虫期8月上旬至9月中旬，卵期8月上、中旬至9月下旬，幼虫取食期8月中旬至10月中、下旬，蛹期9月上旬至10月下旬。第四代成虫期9月中旬至11月上旬，卵期10月上旬至11月上、中旬，幼虫从10月上旬开始孵化，取食至2、3龄开始越冬。

防治方法

保护天敌。捕食性鸟类有长灰喜鹊、画眉、杜鹃；蜘蛛有横纹金蛛、细纹猫蛛、斜纹猫蛛、浙江红螯蛛。昆虫有广腹螳螂、蠋蝽、绿点益蝽捕食成虫与幼虫。寄生性天敌，卵期有松毛虫赤眼蜂、广赤眼蜂、油茶枯叶蛾黑卵蜂；幼虫期有内茧蜂、野蚕黑瘤姬蜂、瘦姬蜂、毛圆胸姬蜂指名亚种、日本

竹篦舟蛾茧和蛹（徐天森　提供）

追寄蝇、伞裙追寄蝇；幼虫期寄生到蛹期出蜂的有舟蛾啮小蜂、细颚姬蜂等。

参考文献

武春生，方承莱，2003；徐天森等，2004.

（徐天森，王浩杰）

437	竹箩舟蛾	分类地位　鳞翅目 Lepidoptera　舟蛾科 Notodontidae
		拉丁学名　*Armiana retrofusca* (de Joannis)
		异　名　*Norraca retrofusca* de Joannis

分布　上海，江苏，浙江，安徽，福建，江西，湖北，湖南，广东，四川。越南。

寄主　毛竹、刚竹、淡竹、红竹、乌哺鸡竹、早竹、石竹、水竹、五月季竹等刚竹属主要竹种及孝顺竹。

危害　幼虫取食竹叶，与其他舟蛾同时危害，加重竹林受害程度。

形态特征　成虫：雄虫体长21.2～25.5mm，翅展48.2～63.5mm；雌虫体长19.5～24.5mm，翅展56.0～68.5mm。体淡黄色。头灰褐色，复眼灰绿色。雄虫触角短栉齿状，干黄白色，栉齿一面灰黑色；雌虫触角丝状，淡黄色。前胸翅基片上毛密壮，背中央有1条灰褐色纵线延至头顶；前翅前缘正常，外缘基部与前缘平行，随后呈弧形与前缘相接，后缘很短，臀角近直角，使前翅狭长，呈老式菜刀形。雄虫前翅黄白色，在前缘室位置有2列中断的灰褐色斑，亚中褶处有1个灰褐色斑，后翅在前缘内、后缘内各有1块浅褐色斑；雌虫前翅浅黄色，后缘基灰红褐色，外缘隐约可见1列小点。**卵**：近圆球形，直径1.25～1.43mm，高1.15～1.31mm，色洁白，光亮，不透明，珐琅质，极似小乒乓球，孵化前卵顶出现1个黑点。卵单粒产于竹叶正面尖端。

幼虫：初孵幼虫体长3mm，体青灰色，毛片明显；头污黄色，顶颊有1个酱黑色圈，足黑色。老熟幼虫体长62～70mm，体色变化很大，基本为黄色、灰色，头为肉黄色或肉白色，上颚肉黄色，与蜕裂线持平有1个黑色或深灰色长条斑，从口器沿前胸气门到后胸有1条黑斑，在后胸节末分开，向上到背线，向下到气门下线；第一至第三胸节从背线下方至气门线间为1个黄色斑，斑内可见黑色的亚背线、气

竹箩舟蛾雄成虫（徐天森　提供）

竹笋舟蛾刚蜕皮后的5龄幼虫（徐天森　提供）

竹笋舟蛾茧和蛹（徐天森　提供）

竹笋舟蛾体色很浅的末龄幼虫（徐天森　提供）

门上线；亚背线以上至背面色深，有淡肉红色、青灰色、紫灰色；气门上线较细，青灰色或浅灰色；气门线黑色，基线鲜黄色。胸足有黑圈，腹面、腹足黑色，有较短的尾角，黑色，后面肉黄色。该虫体色变化特多，甚至还有仅肉黄色的个体，体上斑纹很少，仅后胸到第三腹节，在亚背线以下有黑色颗粒状的黑点。**蛹**：体长18～24mm，初化为鲜红褐色，后渐为深褐色。触角尖抵中足下，雄蛹可见栉齿痕迹，雌蛹光滑。臀棘8根，中间6根集中成1

束，较长；另2根偏背面，左右分开着生，为中间6根的1/2长；臀钩明显，鲜红色，有光泽。**茧**：长32mm，土茧以丝粘结土筑成，茧很薄，内壁光滑，外附土粒。

生物学特性　浙江1年3～4代。以蛹于表土下结茧越冬。1年3代者越冬蛹于3月底至4月上旬羽化，1年4代者于4月中旬羽化成虫，竹林中越冬代成虫5月上旬终见。各代成虫发生期依次分别为4月上旬至5月上旬，6月上旬至7月上旬，7月下旬至8月下旬，

竹笋舟蛾卵（徐天森 提供）

竹笋舟蛾老熟幼虫的绿色个体（徐天森 提供）

竹笋舟蛾交尾刚分开的成虫（徐天森 提供）

9月下旬至10月中旬；各代卵期分别为4月中旬至5月中旬，6月中旬至7月上旬，8月上旬至9月上旬，10月上、中旬；各代幼虫取食期分别为4月中旬至6月中旬，6月中旬至8月上旬，8月中旬至10月下旬，10月中旬至11月下旬；各代蛹期第一代为5月下旬至6月下旬，第二代为7月中旬至8月下旬，1年4代者其第三代为9月上旬至10月中旬，越冬蛹1年3代者为10月中旬至翌年4月中旬、1年4代者为11月下旬至翌年5月上旬。

防治方法

保护天敌。捕食性鸟类有灰喜鹊、画眉；蜘蛛有斑管巢蛛、浙江豹蛛、斜纹猫蛛、浙江红螯蛛捕食成虫与幼虫；昆虫有中华大刀螳、勺猎蝽、黄足猎蝽、绿点益蝽。寄生性天敌卵期，有舟蛾赤眼蜂、松毛虫赤眼蜂、松毛虫黑卵蜂；幼虫期有内茧蜂、松毛虫黑点瘤姬蜂、蟎黑点瘤姬蜂、瘦姬蜂、家蚕追寄蝇、伞裙追寄蝇；幼虫期寄生到蛹期出蜂的有舟蛾啮小蜂等。

参考文献

武春生，方承莱，2003；徐天森等，2004.

（徐天森，王浩杰）

438 杨二尾舟蛾	**分类地位** 鳞翅目 Lepidoptera　舟蛾科 Notodontidae
	拉丁学名 *Cerura menciana* Moore
	英文名称 Poplar prominent
	中文别名 双尾天社蛾、二尾柳天社蛾、贴树皮、杨二岔

分布　北京，河北，内蒙古，辽宁，吉林，黑龙江，江苏，浙江，安徽，福建，江西，山东，河南，湖北，湖南，海南，四川，云南，西藏，陕西，甘肃，宁夏，台湾等地。俄罗斯（南部），日本，朝鲜，越南，缅甸，老挝，泰国及欧洲。

寄主　杨柳科植物。

形态特征　**成虫**：体长28～30mm，翅展75～80mm。全体灰白色，头部和胸部带少许紫褐色。胸部有黑点2列，8～10个。前翅基部有2个黑点，中室外有数排黑色波纹，外缘有8个黑点；后翅黑白色微带紫色，翅脉黑褐色，横脉纹黑色。前胸背板有1个紫红色的三角斑，第四腹节侧面有白色条纹。臀足延伸变为1对长尾角，尾角上生有赤褐色微刺。**卵**：馒头状，直径3mm，赤褐色，中央有1个黑点。**幼虫**：老熟幼虫体长50mm，宽6mm。头褐色，两颊具黑斑，体叶绿色，胸部背面有三角形直立肉瘤突起，斑纹为紫红色，第四肢节靠近后缘有1条白色条纹纹前具褐边，1对臀足退化为尾状，上有小刺。**蛹**：体长2mm，宽12mm，赤褐色。蛹体结实，上端有1个胶体密封羽化孔。**茧**：长37mm，宽22mm。

生物学特性　大部分地区1年2代。以蛹越冬。在陕西西安1年3代。2代区越冬代成虫于4月陆续羽化，5月下旬幼虫孵化，5月底至7月初为第一代幼虫危害期。8月至9月上旬为第二代幼虫危害期。9月中旬后幼虫老熟结茧化蛹越冬。成虫寿命7～10天，白天静伏，夜间活动，具有趋光性。成虫于16:00左右开始羽化，以18:00为最多。当晚交尾，以2:00～3:00最多，交尾后当晚产卵于叶面，卵散产。多数产于叶背，亦有产于叶面或小枝上者。卵期15天左右，孵化率一般为95%左右幼虫稍大后吐丝下垂随

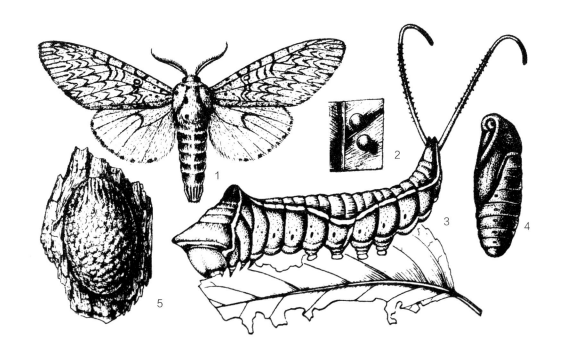

杨二尾舟蛾（邵玉华　绘）

1. 成虫；2. 卵；3. 幼虫；4. 蛹；5. 茧

杨二尾舟蛾幼虫（徐公天　提供）

杨二尾舟蛾幼龄幼虫（徐公天　提供）

杨二尾舟蛾成虫（徐公天　提供）

杨二尾舟蛾茧（张润志　整理）

杨二尾舟蛾卵（徐公天　提供）

杨二尾舟蛾幼虫（徐公天　提供）

杨二尾舟蛾茧（徐公天　提供）

杨二尾舟蛾留在树皮上的茧痕（徐公天　提供）

杨二尾舟蛾幼虫被茧蜂寄生（徐公天　提供）

风飘散，食叶呈缺刻。4～5龄时食量大增，如遇惊动便将尾角的红色翻缩腺摇晃，而后慢慢收回。幼虫5龄，老熟幼虫于枝干分叉或树干啃咬树皮，木质碎屑，吐丝粘连在被啃处结茧，茧坚硬，紧贴于树干，色与树皮一致。

防治方法

1. 用锤击杀树干上的茧蛹，减少翌年春季第一代虫口基数。

2. 人工捕杀幼虫。

3. 可在幼虫期施用12%的噻虫嗪和高效氯氟氰菊酯乳油稀释1000～1500倍液防治，可结合防治其他食叶害虫，对杀虫保叶效果很好。

4. 利用赤眼蜂携带昆虫病毒病源进行防治。赤眼蜂在自然界去寻找靶标卵寄生，并将"生物导弹"上的病毒病源传播到自然界，导致病毒病的传播及流行，使害虫得病而死，达到控制害虫危害的目的。

5. 用灯光诱杀成虫。

参考文献

河南省森林病虫害防治检疫站, 1991; 萧柔刚, 1992; 余军, 2001; 武春生, 方承莱, 2003; 上海市林业总站, 2004; 何成江等, 2006.

（郭鑫，李镇宇，李亚杰，林继惠）

439 杨扇舟蛾

分类地位	鳞翅目 Lepidoptera　舟蛾科 Notodontidae
拉丁学名	*Clostera anachoreta* (Denis & Schiffermüller)
异　名	*Pygaera anachoreta pallida* Staudinger, *Pygaera mahatma* Bryk
英文名称	Scarce chocolate-tip
中文别名	杨天社蛾、白杨天社蛾、白杨灰天社蛾、杨树天社蛾、小叶杨天社蛾

分布　北京，河北，山西，辽宁，江苏，山东，河南，四川，陕西等地。日本，朝鲜，印度，斯里兰卡，越南，印度尼西亚，俄罗斯；欧洲。

寄主　杨、柳。

危害　初龄幼虫群集叶面，啃食下表皮。长大幼虫吐丝缀叶，形成大的虫苞，隐伏其中取食，随后分散蚕食，可将叶片全部吃光。

形态特征　**成虫**：雌虫体长15～20mm，翅展38～42mm；雄虫体长13～17mm，翅展23～37mm。体灰褐色。翅面有4条灰白色波状横纹，顶角有1个扇形斑，其下方有1个较大的黑斑；后翅灰褐色。**幼**

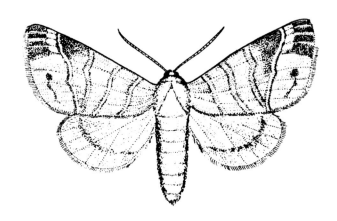

杨扇舟蛾成虫（张培毅　绘）

杨扇舟蛾成虫（展翅）（徐公天　提供）

杨扇舟蛾成虫（李镇宇　提供）

杨扇舟蛾成虫（张润志　整理）

杨扇舟蛾成虫在榆树上栖息（张润志　整理）

杨扇舟蛾成虫交尾（徐公天　提供）

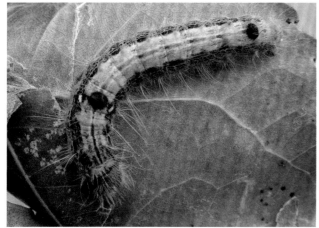

杨扇舟蛾老熟幼虫（徐公天　提供）

杨扇舟蛾老熟幼虫（张润志　整理）

虫：体长32～40mm。腹部灰白色，每节有环形排列的橙红色毛瘤8个。

生物学特性　每年发生代数，因地而异，南方多于北方。河南1年3～4代。以蛹越冬。翌年3月中旬成虫开始羽化、产卵。第一代成虫6月上、中旬出现；第二代成虫7月上、中旬发生；第三代成虫8月上、中旬出现；第四代成虫9月中旬发生，这代幼虫危害至10月底，老熟落地入土化蛹越冬。

成虫晚出活动，交尾、产卵。有趋光性。越冬代成虫出现时，树叶尚未展开，卵多产于枝干上，

杨扇舟蛾1龄幼虫吐丝拉网（徐公天　提供）

杨扇舟蛾幼虫群栖取食（徐公天　提供）

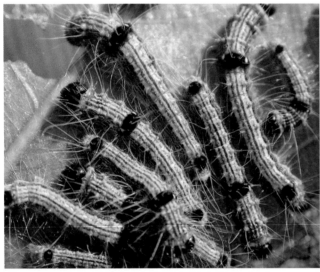

杨扇舟蛾幼虫（徐公天　提供）

杨扇舟蛾幼虫卷叶化蛹（徐公天　提供）

杨扇舟蛾卵（徐公天　提供）

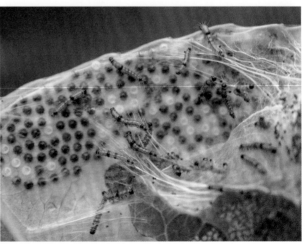

杨扇舟蛾卵孵化（徐公天　提供）

杨扇舟蛾蛹（徐公天　提供）

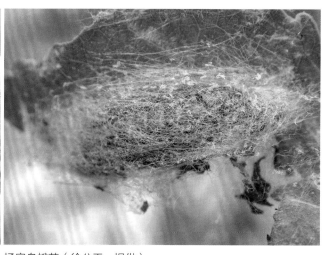

杨扇舟蛾茧（徐公天　提供）

杨扇舟蛾幼虫食害小叶杨呈网状（徐公天　提供）

杨扇舟蛾幼虫缀叶危害（徐公天　提供）

杨扇舟蛾幼虫食害杨树呈缺刻（徐公天　提供）

以后各代，主要产于叶背面，常百余粒产在一起，排成单层块状。初孵幼虫有群集性，常排列整齐，头朝一个方向，啃食叶表皮。长大幼虫吐丝缀叶，形成大的虫苞，隐栖其中取食，随后分散蚕食，将叶吃光。老熟幼虫在卷叶苞内吐丝结茧化蛹。最后一代幼虫老熟后，多沿树干爬到地面，在枯叶、树干粗皮下、地被物上，或表土内结茧化蛹越冬。

防治方法

1. 人工防治。在幼林或苗圃地，经常检查，发现虫苞，及时摘除，消灭其中幼虫。

2. 化学防治。幼虫发生初期，喷洒12%的噻虫嗪和高效氯氟氰菊酯乳油稀释1000～1500倍液。

3. 生物防治。舟蛾赤眼蜂、舟蛾群瘤姬蜂、伞裙追寄蝇对杨扇舟蛾卵、幼虫都有很高的抑制作用，应注意繁殖利用。

参考文献

杨有乾等，1982；萧刚柔，1992；武春生，方承莱，2003；河南省森林病虫害防治检疫站，2005.

（杨有乾，陈芝卿）

440	**分月扇舟蛾**	

分类地位	鳞翅目 Lepidoptera　舟蛾科 Notodontidae
拉丁学名	*Clostera anastomosis* (L.)
异　名	*Neoclostera insignior* Kiriakoff
中文别名	银波天社蛾、山杨天社蛾、杨树天社蛾、杨叶夜蛾

　　分月扇舟蛾在我国中西部地区是危害杨树的主要食叶害虫。在杨树人工林中，常大面积并多次暴发成灾，将树叶吃光，严重地影响树木的生长和效益的发挥。

　　分布　北京，河北，内蒙古，辽宁，吉林，黑龙江，上海，江苏，浙江，安徽，福建，江西，湖北，湖南，四川，云南，陕西，甘肃，青海，新疆等地。日本，朝鲜，蒙古，印度，印度尼西亚，斯里兰卡，俄罗斯；欧洲和北美洲等（李成德，2003）。

　　寄主　杨树、柳树、桦。

　　危害　以幼虫取食叶片为主。由于其繁殖力强，幼虫食量大，容易暴发成灾，能在短时间内将

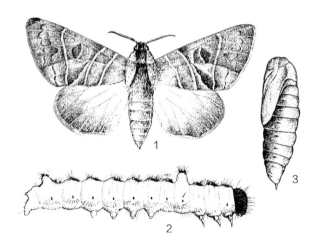

分月扇舟蛾（1、3.朱兴才　绘　2.张培毅　绘）
1.成虫；2.幼虫；3.蛹

分月扇舟蛾成虫（展翅）（徐公天　提供）

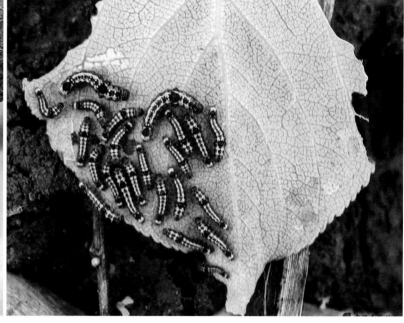

分月扇舟蛾成虫（严善春　提供）　　分月扇舟蛾幼虫（严善春　提供）

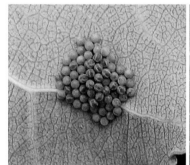

分月扇舟蛾初产卵（严善春　提供）　分月扇舟蛾初孵幼虫（严善春　提供）　分月扇舟蛾近孵化的卵（严善春　提供）

大面积杨树叶片吃光，严重影响杨树的生长。

形态特征　成虫：体长13～17mm，翅展30～50mm。体灰褐色，头胸部背面有1条深红褐色宽纵带。前翅灰褐色，有4条淡色横条纹，中室端部有1条暗色圆形斑，中间有1条白色短线，把圆斑分割成两半。**卵**：近似馒头形，直径0.6mm，浅绿色。**幼虫**：老龄时体长35～40mm。体略呈锤形，稍弯曲，体背面黑褐色，有红色瘤起和白色小圆点，腹部第一和第八节背面各有1个大瘤，上着生4个黑色小毛瘤，体被白色细毛。**蛹**：体长15～18mm。红褐色，有光泽，近圆锥形（李雅娜，2006）。

生物学特性　大兴安岭1年1代。以3龄幼虫在寄主树下枯枝落叶间吐丝缀叶做白色薄茧越冬。翌年5月下旬越冬幼虫出蛰，群栖危害；6月中、下旬结茧，化蛹；7月上旬羽化、交尾、产卵。7月中旬卵孵化为幼虫，8月上旬离开寄主，做白色椭圆形茧越冬。上海地区1年6～7代。以卵在杨树枝干上越冬，少数以3～4龄幼虫和蛹越冬。越冬卵于翌年4月上旬开始孵化。幼虫啃食芽鳞和嫩枝皮，随着叶片展开而取食叶片。5月中、下旬幼虫老熟化蛹。5月中旬至6月上旬成虫羽化、交尾、产卵。以后连续不断繁殖危害，一直到11月部分幼虫生长缓慢，以3～4龄幼虫在枯枝落叶层越冬，而另一部分正常生长，在11月底至12月初成虫羽化、产卵，以卵越冬。

在大兴安岭，幼虫历期1龄4天；2龄8～11天，平均9天；3龄294～302天，平均296天；4龄5～7天，平均5.5天；5龄5～9天，平均7天；6龄6～10天，平均7天。整个幼虫期326～338天。蛹期17～19天。成虫寿命4～19天。卵期10～11天。

卵产在杨树叶片背面，随着胚胎发育，颜色

由淡青色逐渐变深，最后呈红褐色。卵孵化集中在4:00～6:00。同一卵块一般都在1天内孵化，孵化率达93%～98%，平均96%。初孵幼虫群栖于叶片上，经过一些时候开始剥食叶肉，呈箩底状，叶片枯黄。2龄后咬食叶片边缘。幼龄幼虫吐丝下垂，随风传播。4龄后食量大增，咬食整个叶片，受惊后极易掉落地面。幼虫不取食时，多数栖息在嫩枝上，取食时再爬到叶片上。在分散而稀疏的林内发生较多，被害严重，常常整枝的叶片被吃光，而后转移到附近的大黄柳和白桦上取食。幼虫老熟后，吐丝卷叶并在其内化蛹。

成虫羽化集中在白天，占羽化总数的3/4以上。成虫白天不活动，栖息在杨树或灌木枝叶上；晚上较活泼，有趋光性。成虫羽化后数小时即交尾、产卵。卵呈块状。每头雌虫最高产卵量达1682粒，一般均在500粒以上，产卵后成虫相继死去。

防治方法

1. 营林措施。该虫主要取食杨树，因此营造针阔混交林和乔、灌、果混交林，保持合理配置比例和郁闭度，有利于天敌繁衍，抑制害虫发生。另外，培育抗性树种也是今后的发展方向之一（方杰等，2007）。

2. 物理防治。①黑光灯诱杀成虫。利用成虫趋光性强的特点，利用黑光灯诱杀成虫。在养鱼池上，等距离设置高出水面40cm的20W黑光灯诱杀成虫。诱虫养鱼可节约饲料30%，防虫效果及养鱼经济效益明显。②篝火灭虫。缺少电源的地区可在越冬代（6月下旬至7月上旬）及第一代羽化（8月上旬）盛期，有计划地组织人力点篝火灭成虫，在篝火四周采卵灭虫，其防治效果理想、安全、经济。③机械防治。分月扇舟蛾化蛹有群集性，在林地内杂草上化蛹，将卵块状产于叶背或叶面上，可组织人力采蛹和卵灭虫，成本比化学防治成本低74%，有利于保护天敌及维护生态平衡。

3. 化学防治。①20%呋虫胺悬浮剂1：800倍液，或12%的噻虫嗪和高效氯氟氰菊酯乳油稀释1000～1500倍液与20%呋虫胺按5：15比例配成混合液加上20kg水进行叶面喷雾，效果显著。

②毒环防治。用20%呋虫胺100mL加12%的噻虫嗪和高效氯氟氰菊酯乳油稀释1000～1500倍液于树干上涂3～5cm闭合环，效果较好（张兰英等，2008）。

③幼虫期用25%灭幼脲Ⅲ号悬浮剂200倍液，卵期用灭幼脲Ⅲ号悬浮剂300倍液防治效果最为理想（刘波等，1992）。应用25%灭幼脲Ⅲ号悬浮剂进行飞机低容量喷雾防治分月扇舟蛾越冬幼虫，效果较好，而且调查表明其不杀伤林间天敌，对人畜安全（杨军等，1994）。

植物性杀虫剂近年来被广泛应用于各种森林

分月扇舟蛾老熟幼虫（严善春　提供）

分月扇舟蛾蛹（严善春　提供）

分月扇舟蛾危害状
（严善春　提供）

害虫的防治上。4种鬼臼毒素类似物对3龄分月扇舟蛾幼虫有拒食、毒杀、生长发育抑制活性等功能。利用氯氰菊酯混合药液毒环防治分月扇舟蛾，也有良好的效果（高蓉等，2004；李艳梅，1996；于景茹，1998）。

4. 生物防治。在该虫的天敌复合体中，分月扇舟蛾颗粒体病毒是缩短其猖獗期的关键因子之一（李莉等，2000），该虫猖獗危害时，颗粒体病毒的寄生率常达30%左右。在生产上，该虫感染颗粒体病毒虫尸的3000倍和5000倍稀释液对3、4龄幼虫均有较好防治效果（田丰等，1993）。但分月扇舟蛾颗粒病毒的大流行需要一定的条件，例如寄主密度和大气湿度等，因此在实际应用时必须充分考虑这些因素（王福维等，1998）。

保护和开展益鸟招引，也是行之有效的生物防治措施。幼虫期和蛹期都有许多鸟类天敌，如乌鸦和喜鹊在林地内啄食幼虫或蛹。

用每毫升20亿PIB以上的甘蓝夜蛾核型多角体病毒悬浮剂1000～1500倍液防治分月扇舟蛾，在林内能保持长期的抑制作用，且对食虫虻，蜘蛛和小蜂等天敌无不良作用（王志明等，1993）。

参考文献

刘波等，1992；萧刚柔，1992；田丰等，1993；王福维等，1993；王志明等，1993；李艳梅，1996；于景茹，1998；李莉等，2000；杨军等，2000；高蓉等，2004；李成德，2004；李雅娜，2006；方杰等，2007；张兰英等，2008.

（严善春，徐崇华，唐尚杰）

441 **黄二星舟蛾**	**分类地位** 鳞翅目 Lepidoptera 舟蛾科 Notodontidae
	拉丁学名 *Euhampsonia cristata* (Butler)
	异 名 *Trabala cristata* Butler
	中文别名 栎毛虫、槲天社蛾、大光头

分布 北京，河北，山西，内蒙古，辽宁，吉林，黑龙江，江苏，浙江，安徽，山东，河南，湖北，湖南，海南，四川，云南，陕西，甘肃，台湾等地。日本，朝鲜，俄罗斯，缅甸，老挝，泰国。

寄主 板栗、栎。

危害 初龄幼虫啃食叶肉，被害叶呈箩网状。长大幼虫将叶咬成缺刻、孔洞；严重时常把叶吃光。

形态特征 **成虫**：体长35～38mm，翅展75～85mm。体翅均黄褐色。前翅有2条明显的暗褐色横带，其间近前缘中央有1对大小相同的白色圆斑。**幼虫**：体长60～70mm。体肥大，光滑，绿色。头显著大。老熟幼虫紫红色。

生物学特性 河南1年2代。以蛹在土中越冬。翌年6月上旬开始羽化。有趋光性，飞翔力强。产卵于叶背面，三四粒在一起，每雌可产卵370～610粒。卵期4～5天。幼虫于6月中旬开始孵化，常吐丝下垂，分散取食，被害叶呈箩网状。长大幼虫，吃

叶留脉，可在短期内把叶吃光。6、7月，高温多雨季节，危害最重。老熟幼虫于7月中旬坠地，入土做土室化蛹越冬。另一部分蛹于8月上旬再行羽化，交

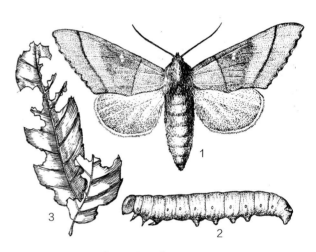

黄二星舟蛾（张翔 绘）
1. 成虫；2. 幼虫；3. 危害状

黄二星舟蛾雌成虫（嵇保中 提供）

黄二星舟蛾雄成虫（嵇保中　提供）　　　　　　黄二星舟蛾雄成虫（中国科学院动物研究所国家动物博物馆　提供）

黄二星舟蛾卵、幼虫、蛹、雌虫、雄虫（从左至右）（嵇保中　提供）　　黄二星舟蛾雌雄交配（嵇保中　提供）

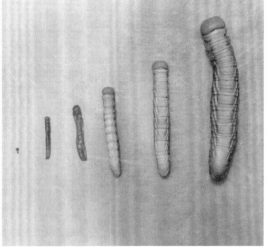

黄二星舟蛾预蛹（嵇保中　提供）　　　　　　　黄二星舟蛾1～6龄幼虫（嵇保中　提供）

尾、产卵，发生第二代。这代幼虫危害至9、10月先后老熟坠地入土化蛹越冬。

防治方法

化学防治。幼虫发生初期，喷洒12%的噻虫嗪和高效氯氟氰菊酯乳油稀释1000～1500倍液。

参考文献

杨有乾等, 1982; 萧刚柔, 1992; 河南省森林病虫害防治检疫站, 2005; 武春生, 方承莱, 2010.

（杨有乾）

分类地位	鳞翅目 Lepidoptera　舟蛾科 Notodontidae
拉丁学名	*Periergos dispar* (Kiriakoff)
异　　名	*Loudonta dispar* (Kiriakoff)
中文别名	竹青虫、异镂竹舟蛾、异纹舟蛾

442　竹镂舟蛾

分布　江苏，浙江，安徽，福建，江西，湖北，湖南，广西，四川，贵州，云南等地。

寄主　毛竹、黄槽竹、黄秆京竹、毛环水竹、斑竹、白哺鸡竹、甜竹、花哺鸡竹、淡竹、五月季竹、红竹、红壳雷竹、台湾桂竹、浙江淡竹、篌竹、光箨篌竹、富阳乌哺鸡竹、紫竹、早竹、奉化水竹、水竹、刚竹、乌哺鸡竹、石竹等刚竹属各竹种；苦竹、衢县苦竹等苦竹属竹种。

危害　小幼虫取食各种竹子的嫩竹叶，3龄后幼虫取食全叶，在幼虫取食时，还会将竹叶咬碎落叶，增加竹林被害程度，危害严重时成竹枯死，被害竹林下年度出笋减少，新竹眉围下降，被害竹林一时难以恢复。

形态特征　**成虫**：雌虫体长16～23mm，翅展46～54mm；雄虫体长12～18mm，翅展35～42mm。雌虫头、体黄白色，复眼黑色，触角丝状；前翅狭长，翅尖突出，底色与斑纹变化较大，以黄、橙色为主，前缘到外缘色深，后缘外侧较浅、近苍白色，翅面散生有模糊褐色雾点纹，翅中有1个暗红褐色斑点纹。雄虫触角双栉齿状，体黄褐色；前翅锈黄色，具有灰褐色雾点，翅中有1个黑点。雌、雄成虫中均有少数个体前翅从翅基到翅尖有1条斜行的浅褐色斑纹，正中两侧有4～5条同色短斑纹。**卵**：扁圆形，直径1.69～1.88mm。橙红色，顶端平，中心凹陷呈柿子状。卵以块状、单层产于竹叶正面，少数产于竹叶背面。**幼虫**：初孵幼虫体长约3mm，乳白色，全身被原生刚毛。各代幼虫均有5个龄期和6个龄期老熟，第二

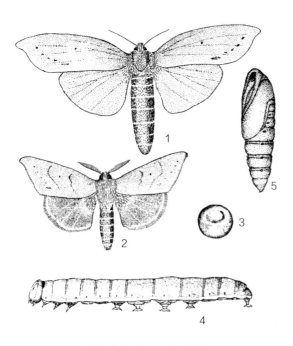

竹镂舟蛾（徐天森　绘）

1.雌成虫；2.雄成虫；3.卵；4.幼虫；5.蛹

竹镂舟蛾成虫（上2个雄、下2个雌）（徐天森　提供）

竹镂舟蛾已发育完成的卵被黑卵蜂寄生
（徐天森　提供）

竹镂舟蛾2龄幼虫正在脱皮
（徐天森　提供）

竹镂舟蛾5龄幼虫停息于毛竹竹叶上
（徐天森　提供）

竹镂舟蛾天敌益蝽正吸食4龄幼虫（徐天森　提供）

竹镂舟蛾土茧和蛹（徐天森　提供）

代还出现少数7个龄期的个体。不同虫龄的幼虫体色变化较大，基本上是从土黄色到翠绿色转变。老熟幼虫体长45～60mm，气门下线为黄白色，前胸前缘有1个黑丝绒色、肾形斑。**蛹**：体长18.5～26.5mm，初化蛹深翠绿色，羽化前为黑褐色。翅芽达第四腹节末，腹末背面有半圈突起的边，着生有细小的刚毛，有臀棘8根。**茧**：土茧长30mm，以丝粘结泥土混合做成，茧很薄，内光滑，外附土粒。

生物学特性　浙江1年3～4代，湖南1年4代。在浙江1年3代者以蛹越冬，1年4代者以老熟幼虫（预蛹）越冬。越冬幼虫于3月下旬化蛹，至5月上旬终止。4月中旬至5月中旬羽化成虫，4月下旬至5月底产卵，幼虫取食期为5月上旬至6月下旬，5月底至6月底化蛹；第二代成虫6月中旬至7月上旬羽化，6月下旬至7月中旬产卵，6月下旬至8月中旬幼虫为取食期，7月下旬至8月下旬幼虫化蛹；第三代成虫于8月上旬至9月上旬羽化，8月中旬至9月中旬产卵，幼虫取食期在8月中旬至10月上旬，其中一部分于9月中旬至10月中旬化蛹产生第四代，另一部分于9月下旬至10月中旬后结茧越冬；第四代成虫于9月下旬至10月下旬羽化，10月上旬至10月底产卵，幼虫于10月中旬孵化取食，至翌年2月上旬老熟下地结茧。在湖南各代成

竹镂舟蛾末龄幼虫爬行于毛竹小枝上（徐天森　提供）

竹镂舟蛾末龄幼虫停息于毛竹小枝上（徐天森　提供）

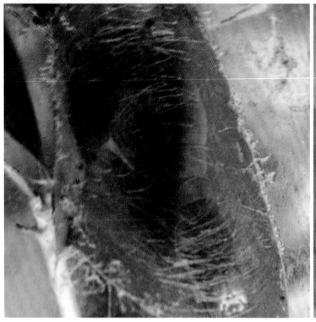

竹镂舟蛾结茧的老熟幼虫（徐天森　提供）

竹镂舟蛾被黑卵蜂初寄生的卵（徐天森　提供）

虫发生期分别为4月上旬至5月中旬、6月中旬至8月上旬、7月下旬至9月上旬、9月上旬至11月上旬；各代幼虫取食期分别为4月下旬至6月上旬、7月上旬至8月中旬、8月上旬至10月上旬、9月中旬至11月上旬，各代重叠现象明显。

防治方法

保护天敌：天敌较多。捕食性鸟类有长尾蓝雀、杜鹃、大杜鹃、灰喜鹊、画眉；蜘蛛有斑管巢蛛、线纹猫蛛、拟环纹狼蛛、黑腹狼蛛、黄褐狡蛛、宽条狡蛛；昆虫有中华大刀螂、广腹螳螂、双齿多刺蚁、日本黑褐蚁、茶褐猎蝽、黑红猎蝽、勺猎蝽、黄足猎蝽、绿点益蝽、蠋蝽。捕食成虫与幼虫；寄生性天敌，卵期有舟蛾赤眼蜂、松毛虫赤眼蜂、毒蛾赤眼蜂、松茸毒蛾黑卵蜂、松毛虫黑卵蜂、油茶枯叶蛾黑卵蜂；幼虫期有内茧蜂、细线细颚姬蜂、稻苞虫黑瘤姬蜂、松毛虫黑点瘤姬蜂、满点黑瘤姬蜂、瘦姬蜂、毛圆胸姬蜂指名亚种、野蚕黑瘤姬蜂、日本追寄蝇、伞裙追寄蝇；蛹期有舟蛾啮小蜂、细颚姬蜂等。

参考文献

武春生，方承莱，2003；徐天森等，2004.

（徐天森，王浩杰）

分类地位	鳞翅目 Lepidoptera　舟蛾科 Notodontidae
拉丁学名	*Micromelalopha sieversi* (Staudinger)
异　名	*Micromelalopha troglodyte* (Graeser), *Micromelalopha populivona* Yang et Lee, *Pygaera sieversi* Staudinger
中文别名	杨小天社蛾、杨褐天社蛾、小舟蛾

443　杨小舟蛾

分布　北京，河北，山西，辽宁，吉林，黑龙江，江苏，浙江，安徽，江西，山东，河南，湖北，湖南，四川，云南，西藏等地。日本，朝鲜，俄罗斯。

寄主　杨、柳。

危害　初龄幼虫，群集叶面，啃食表皮。初害叶呈箩网状。幼虫长大后，分散蚕食，将叶咬成缺刻、孔洞，严重时把叶吃光。

形态特征　**成虫**：体长11～14mm，翅展24～26mm。体灰褐色。前翅有3条黄白色横线，内横线分叉，外横线波浪形。后翅黄褐色。**幼虫**：体长21～23mm。体灰褐色。体侧各有1条黄色纵带，腹部第一节和第八节背面各有1条大的肉瘤。

生物学特性　河南1年4代。以蛹在树皮缝内越冬。翌年4月中旬成虫开始羽化。5月中、下旬第一代成虫出现。第二代成虫发生于6月下旬。第三代成虫出现于7月中、下旬。第四代成虫于8月中、下旬发生，这代幼虫危害至9～10月化蛹越冬。

成虫夜晚活动，交尾、产卵，有趋光性。卵多产于叶表面或背面，呈块状，每块有卵300～400粒。幼虫孵化后，群集叶面啃食表皮，被害叶呈箩网状；稍大分散取食，将叶咬成缺刻、孔洞，严重时将叶吃光。幼虫行动迟缓，白天多伏于树干粗皮缝内及树杈间，夜晚上树取食，黎明多自叶面沿树干下树隐伏。老熟幼虫吐丝缀叶结薄茧化蛹。最后一代幼虫危害至9～10月，然后爬到树皮缝隙，或地

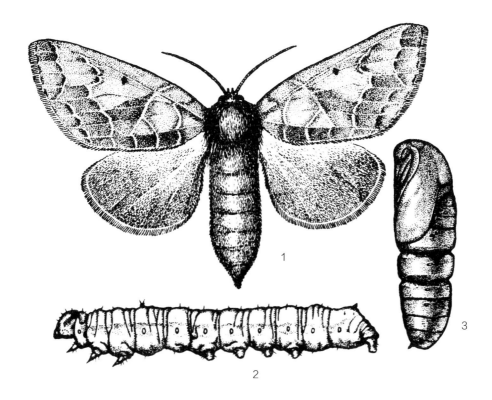

杨小舟蛾（张翔　绘）

1. 成虫；2. 幼虫；3. 蛹

杨小舟蛾成虫（展翅）（徐公天　提供）

面表土下结薄茧化蛹越冬。

防治方法

1. 化学防治。幼虫发生初期，喷洒12%的噻虫嗪和高效氯氟氰菊酯乳油稀释1000～1500倍液。

2. 生物防治。舟蛾赤眼蜂、伞裙追寄蝇、舟蛾群瘤姬蜂对抑制杨小舟蛾卵、幼虫都有很好的作用，应注意繁殖利用。

参考文献

杨有乾等, 1982; 萧刚柔, 1992; 武春生, 方承莱, 2003; 河南省森林病虫害防治检疫站, 2005.

（杨有乾，李镇宇）

杨小舟蛾成虫（徐公天　提供）

444 白二尾舟蛾

分类地位	鳞翅目 Lepidoptera　舟蛾科 Notodontidae
拉丁学名	*Cerura tattakana* Matsumura
异　　名	*Neocerura wisei* (Swinhoe), *Neocerura tattakana* (Matsumura)
中文别名	新二尾舟蛾、慧双尾天社蛾、大新二尾舟蛾

　　白二尾舟蛾是紫胶虫寄主树母生的一种主要叶部、干部害虫。幼虫取食树叶，严重时将母生叶片食尽，影响树木生长；老熟幼虫结茧化蛹前，在树干上咬破树皮和木质部边材，作为化蛹场所，导致木质部受伤，形成肿瘤或风折木。

　　分布　江苏，浙江，福建（龙海、南靖、东山、厦门、福州），湖北，广东，广西，海南，四川，云南，陕西，台湾。日本，越南，印度，斯里兰卡，印度尼西亚。

　　寄主　母生（红花天料木）、杨、柳。

　　形态特征　**成虫**：雌蛾体长28～32mm，翅展65～87mm；雄蛾体长24～30mm，翅展55～67mm。

体近灰白色。雌蛾腹部第七、八两节白色，具黑边。第七节中央具黑环，环内有一黑点。雄蛾腹部第七节中央具小环纹；第八节白色，中央具半圆形黑纹，后缘具黑边。**幼虫**：老熟幼虫体长50mm左右，头红褐色，体鲜绿色，后胸背面隆起成单峰突，前胸盾大而坚硬，紫红色，外缘有白色边，背面有1条两侧衬白边的粉红色宽带，至腹部第四、五节扩大呈棱形；腹部末端有1对紫红色并有微刺的尾角。

　　生物学特性　在福建龙海1年3代，以蛹在树干基部作茧越冬（黄金水等，1982）。在海南尖峰岭林区1年5～6代，整年都可危害，无越冬现象（陈芝卿等，1978）。3代地区幼虫危害期分别在4月上旬

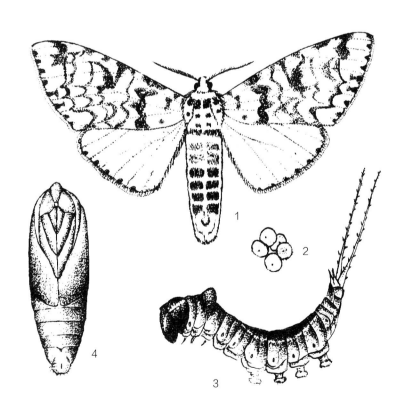

白二尾舟蛾（杨翠仙　绘）
1. 成虫；2. 卵；3. 幼虫；4. 蛹

白二尾舟蛾成虫（张培毅　提供）

白二尾舟蛾成虫（黄金水　提供）

雄　　　　　　　　　　　　　　　雌

白二尾舟蛾成虫（黄金水　提供）

至5月中旬，6月中旬至8月下旬，9月中旬至11月下旬。11月中旬老熟幼虫开始作茧，逐渐进入越冬；翌年2月中、下旬成虫羽化。

成虫一般在傍晚羽化，蛹壳留在硬茧内。羽化后几小时或1天即交尾产卵，每一雌蛾平均产卵198粒。成虫寿命6～11天，具趋光性。卵散产在叶片上，卵期7～15天，孵化率95%。3龄后幼虫有从叶尖整齐地向叶基取食的习性。老龄幼虫1昼夜可取食8～10片母生叶子，有虫的树下地面上布满黑色虫粪。幼虫共5龄。老熟幼虫化蛹前，在树干上咬破树皮与边材，使呈长圆形凹穴，并吐丝粘结木渣结成颜色如同树皮、坚硬的茧，幼虫在茧内经过7天左右

蜕皮化蛹，蛹期15～30天，羽化率为87.5%。

防治方法

1. 人工防治。利用害虫在树干基部作茧越冬时，目标明显且固定，可采取人工捕杀。

2. 生物防治。白二尾舟蛾天敌主要有花螳螂，捕食幼虫，可以利用；白僵菌对其幼虫防治效果良好。

参考文献

陈芝卿等，1978；黄金水等，1982；武春生，方承莱，2003.

（黄金水，汤陈生，李镇宇）

分类地位	鳞翅目 Lepidoptera　舟蛾科 Notodontidae
拉丁学名	*Phalera bucephala* (L.)
异　名	*Phalera (Noctua) bucephala* L., *Phalera bucephala infulgens* Graeser
英文名称	Buff-tip moth
中文别名	银色天社蛾、牛头天社蛾、圆黄掌舟蛾

445　圆掌舟蛾

分布　内蒙古（吉文、乌尔旗汗、大杨树），吉林（长白山），黑龙江（哈尔滨、带岭、帽儿山），新疆（乌鲁木齐）等地。朝鲜，韩国，俄罗斯（西伯利亚）；欧洲，非洲东北部和亚洲东部。

寄主　柳、杨、榆、桦、栎、榛、槭、椴、花楸、核桃、山毛榉、酸橙、苹果、梨树和樱桃等。

危害　在叶片上取食表皮及叶肉，仅残留部分表皮，叶片被害后发黑，略透明。暴食期常使枝条上叶片光秃。

形态特征　**成虫**：翅展52～64mm。雄性个体小于雌性。体粗壮。前翅灰褐色，顶角区具大淡黄白色斑；后翅黄白色。**幼虫**：头部黑色有光泽，体背面橙黄色，具浅黄灰色毛。背线、亚背线、气门上线和气门下线黑色；气门黑色。腹面黑色，腹线宽而呈黄色；腹足外侧黑色，内侧黄色。

生物学特性　新疆1年1代。9～10月老熟幼虫在杂草丛或入土蛹化越冬。成虫5月中至7月中旬羽化。成虫有较强的趋光性，在东北地区多在夜晚22:00～24:00发生量大。产卵于寄主叶片上，以零散的孤立木为主。产卵成块，单层，排列整齐。室

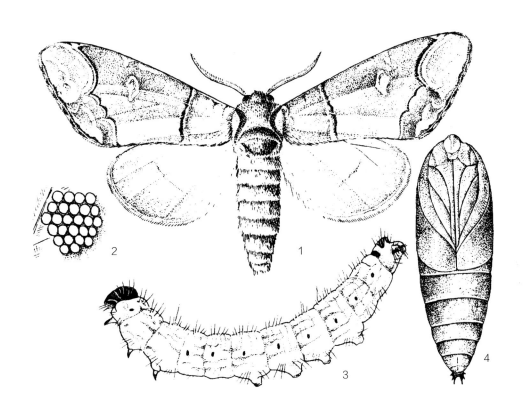

圆掌舟蛾（朱兴才　绘）
1. 成虫；2. 卵；3. 幼虫；4. 蛹

圆掌舟蛾成虫（李成德　提供）

内1只雌性成虫1天可产86～172粒，平均产卵238粒，遗腹卵较多。室内卵期9天，孵化率较高，可达90%以上。初孵的幼虫群集于叶背面，齐头并列取食下表皮和叶肉，仅留上表皮，似半透明状，时间稍长被食叶片干枯，可由此识别是否为该虫危害；常吐丝缠绕枝叶，臀足不发达，静止时腹部末端向上翘起，受到惊吓时头部昂起，左右摆动多次。大龄幼虫分散活动，食量增加，可将部分枝条的叶片吃光，地面满布虫粪。幼虫具有假死习性，遇到较大震动时，纷纷落地。不同寄主影响幼虫的发育速度，以食柳树叶片者生长发育最快，以银白杨 *Populus alba*、密叶杨 *Populus talassica* 为食者发育慢。幼虫危害期从6月至9月底。

　　天敌：在幼虫到蛹期有寄生蝇，寄生率仅2.7%。

防治方法

　　1. 营林措施。合理采伐寄主孤立木。

　　2. 人工防治。低龄群居时摘除幼虫叶集中处理；大龄幼虫时人工震落后集中消灭；灯诱成虫捕杀；或树木根颈周围挖土灭蛹。

　　3. 化学防治。幼虫初龄阶段喷洒5.7%甲氨基阿维菌素苯甲酸盐微乳剂3000～5000倍液、90%敌百虫晶体1000～1200倍液、25g/L高效氯氟氰菊酯乳油1000～1200倍液、50%马拉硫磷乳油1000倍液、50%杀螟硫磷乳油1000倍液，防治效果较好。

参考文献

　　萧刚柔, 1992; 武春生, 方承莱, 2003; 方红联, 曹玉萍, 2006.

（韩辉林，张学祖）

分类地位	鳞翅目 Lepidoptera　舟蛾科 Notodontidae
拉丁学名	*Phalerodonta bombycina* (Oberthür)
异　　名	*Phalerodonta albibasis* (Chiang), *Notodonta albibasis* Oberthür, *Ochrostigma albibasis* Chiang
中文别名	栎褐天社蛾、红头栎毛虫、栎褐舟蛾、栎天社蛾、栎叶天社蛾、栎叶杨天社蛾、麻栎天社蛾

446 栎蚕舟蛾

栎蚕舟蛾主要取食多种栎类，幼龄幼虫群栖危害，4龄后逐渐分散，大发生时常将整片栎林叶片吃光，严重影响栎树生长、栎实产量及柞蚕生产。

分布　吉林，江苏，浙江，安徽，江西，山东，湖北，湖南，四川，陕西等地。

寄主　白栎、麻栎、小叶栎、栓皮栎等。

形态特征　**成虫**：体长18～22mm，雄蛾翅展38～48mm，雌蛾翅展48～52mm。体黄色或灰褐色，触角黄褐色，栉齿状。前翅灰褐色，前缘及基部黑褐色，亚基线锯齿状，呈弓形；后翅灰褐色，有1条不明显的外横线。雌蛾腹端有黄褐色和黑褐色丛状绒毛。雄蛾体色比雌蛾深，腹端无黑褐色丛状绒毛（中国科学院动物研究所，1982）。**卵**：扁圆形，灰白色或微黄色，卵块上覆盖褐色绒毛。**幼虫**：体长30～40mm。头部橘红色，胸、腹部淡绿色，背面及侧面有紫褐色斑纹，趾钩单序中带（安徽森林病虫图册编写组，1988）。**蛹**：体长15～20mm，暗褐色，头前面中央有1条锯齿状的隆起脊，腹端光滑钝形。

生物学特性　1年1代。以卵越冬。翌年4月上、中旬越冬卵开始孵化。幼虫出卵后向上爬行，群集于小枝条上剥食嫩叶叶肉，使叶片枯萎。幼虫数量极

栎蚕舟蛾成虫（杨春材、唐燕平　提供）

多，常常可将小枝压弯，地面满布虫粪。幼虫群集于小枝条上剥食嫩叶叶肉，使叶片枯萎，3龄以后取食全叶，沙沙作响，常常可将小枝压弯，地面满布虫

粪。4龄以后，食量剧增，当将一株树叶吃光后，则转移到另一株危害，略受惊动即昂首翘尾，口吐黑液。幼虫共5龄，历期42～52天。于5月下旬至6月上旬幼虫老熟，下树在树干基部杂草根际松土中作茧化蛹，入土3～10cm深，蛹期大约4个多月，自10月下旬至11月上旬羽化为成虫。羽化时间在13:00～18:00。成虫白天静伏于灌木、草丛树干基部，黄昏后活动，有趋光性。卵产在树冠中、下部的小枝条上，多数卵粒沿枝条排列成4～6行的卵块，卵块上覆盖有黑褐色绒毛（萧刚柔，1992）。

防治方法

1. 营林措施。营造混交林，以抑制栎蚕舟蛾发生，减少危害。

2. 人工防治。摘除卵块和群集幼虫；利用成虫的趋光性，在10月中旬至11月上旬羽化盛期，用频振式黑光灯诱杀。

3. 生物防治。4月下旬至5月上旬用每毫升20亿PIB以上的甘蓝夜蛾核型多角体病毒悬浮剂1000～1500倍液喷雾。

4. 药剂防治。4龄前在林内用喷烟机，按10%氯氰菊酯10：1的0号柴油配比喷烟，用药量600～750mL/hm^2，效果十分明显。

参考文献

中国科学院动物研究所，1982；安徽森林病虫图册编写组，1988；萧刚柔，1992；武春生，方承莱，2003.

（杨春材，唐燕平，田恒德）

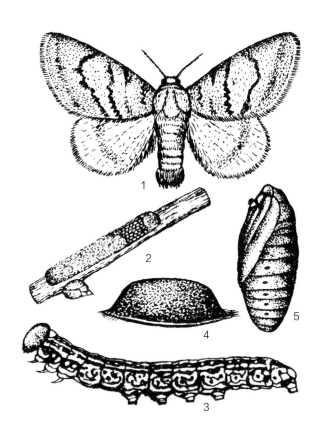

栎蚕舟蛾（田恒德　绘）

1. 成虫；2. 卵；3. 幼虫；4. 茧；5. 蛹

447	**槐羽舟蛾**

分类地位 鳞翅目 Lepidoptera 舟蛾科 Notodontidae

拉丁学名 *Pterostoma sinica* Moore

异　　名 *Pterostoma grisea* Graeser

中文别名 白杨天社蛾、中华杨天社蛾、槐天社蛾、国槐羽舟蛾

分布 北京，河北，山西，辽宁，上海，江苏，浙江，安徽，福建，江西，山东，湖北，湖南，广西，四川，云南，西藏，陕西，甘肃。日本，朝鲜，俄罗斯（武春生，方承莱，2003）。

寄主 槐树、刺槐、朝鲜槐、多花紫藤等。

危害 易与槐尺蛾同期发生，初孵幼虫多在树冠上部枝梢顶端的树叶上危害，后分散蚕食叶片。幼虫食量大，危害严重时，能将整枝或整株的树叶食光（萧刚柔，1992）。

形态特征 **成虫**：雄虫体长21～27mm，翅展56～64mm；雌虫体长27～32mm，翅展68～80mm。头和胸部稻黄色带褐色，颈板前、后缘褐色。腹部背面暗灰褐色，末端黄褐色；腹面淡灰黄色，中央有4条暗褐色总线。前翅稻黄褐色到灰黄白色，后缘梳形毛簇暗褐色到黑褐色，双股锯齿形；后翅浅褐到黑褐色翅脉黑褐色，内缘和基部稻黄色；外线为1条模糊的稻黄色带；端线暗褐色；脉端缘毛末端稻黄色。**卵**：淡黄绿色，圆形，底边较扁平，似馒头状。**幼虫**：老熟时体长56～58mm，宽约9mm，体光滑略扁，头胸部较细，腹部较粗。身体光滑，背面粉绿色，腹面深绿色，节间黄绿色。气门线黄白色，宽约1mm，上衬黑色细边，向前延伸至头部两侧；气门白色。**蛹**：长约30mm，宽约9mm，黑褐色，有光泽，椭圆形，臀棘4个。**茧**：长约45mm，宽约25mm，长椭圆形，土灰色，较粗糙（武春生，方承莱，2003；萧刚柔，1992；郑乐怡，归鸿，1999；吴时英，2005；《河北森林昆虫图册》编写组，1985；中国科学院动物研究所，浙江农业大学等，1978）

生物学特性 北京1年2代。9月以后老熟幼虫

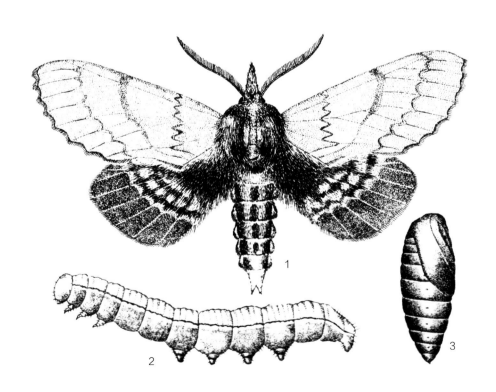

槐羽舟蛾（张培毅　绘）

1. 成虫；2. 幼虫；3. 蛹

槐羽舟蛾成虫
（徐公天　提供）

槐羽舟蛾成虫
（徐公天　提供）

槐羽舟蛾幼虫黄色气门线
（徐公天　提供）

槐羽舟蛾幼虫头侧黑斑（徐公天　提供）

槐羽舟蛾蛹
（徐公天　提供）

槐羽舟蛾幼虫腹足端黑环
（徐公天　提供）

槐羽舟蛾幼虫（李镇宇　提供）

槐羽舟蛾幼虫（徐公天　提供）

入土吐丝作茧，在其中化蛹越冬。翌年5月下旬开始羽化越冬代成虫，卵散产于叶面，卵期6～8天。两代幼虫期分别为5～7月和8～9月。第一代成虫7～9月出现（武春生，2003；徐公天，2007；孙渔稼，1989）。

成虫有趋光性。幼虫静止时头尾不翘起。各代幼虫化蛹场所有所不同：第一代幼虫多在墙根、砖石块下及树根旁结茧化蛹，越冬代幼虫多入土化蛹（萧刚柔，1992）。

防治方法

1. 加强栽培管理，冬季深翻；在树木附近墙根下土中、根旁等处挖茧蛹消灭一部分越冬蛹，减少虫源量。

2. 在幼龄期，可用人工摘取的方法消灭部分卵和初孵幼虫。

3. 低龄幼虫期喷5.7%甲氨基阿维菌素苯甲酸盐微乳剂3000～5000倍液。

4. 在成虫发生期利用灯光诱杀。

5. 保护利用螳螂、舟蛾赤眼蜂以及伞裙追寄蝇等天敌。

参考文献

中国科学院动物研究所等，1978；《河北森林昆虫图册》编写组，1985；孙渔稼，1989；萧刚柔，1992；郑乐怡等，1999；武春生等，2003；吴时英，2005；徐公天等，2007.

（王金利，李菁，赵怀谦）

448 青胯舟蛾

分类地位	鳞翅目 Lepidoptera　舟蛾科 Notodontidae
拉丁学名	*Syntypistis cyanea* (Leech)
异　名	*Quadrialcarifera cyanea* (Leech), *Quadrialcarifera fransciscana* Kiriakoff, *Somera cyanea* Leech
中文别名	青胯白舟蛾、山核桃青虫、山核桃天社蛾、山核桃舟蛾

　　山核桃的主要食叶害虫，常有周期（10年1次）暴发习性，且一旦发生，危害速度快，损失严重。其幼虫食叶，树冠仅留叶柄和枝干，使山核桃提早落果，枝干枯死。给山核桃生产的持续发展，造成了巨大威胁。

　　分布　浙江，福建，江西，湖北，广东，云南，台湾等地。日本，越南，朝鲜。

　　寄主　山核桃。

　　危害　幼虫暴食，大片山核桃树叶被食尽，又谓"上午一片青，下午一片黄"，仅剩叶柄，危害轻者，当年山核桃产量受影响，重者3～5年不结果，导致山核桃树枯死。

　　形态特征　**成虫**：雌虫体长20～25mm，雄虫20mm。雄虫翅展39～46mm，雌虫翅展50mm左右。前翅略浅红褐色掺有黄白和黄绿色鳞片，沿前缘到基部较灰白色，内外浅暗褐色很不清楚；后翅灰褐色，前缘较暗，有一模糊外带。触角羽毛状，端部丝状。**卵**：圆形，油菜籽大小，初产时黄色，孵化时黑色。**幼虫**：体长25～40mm，3龄前小幼虫青绿色，4龄后黄绿色，老熟时有红色或紫红色的背线1条，气门红色，肛上板红色。头部粉绿色，上有白色小粒点，头胸间有1个黄色环。**蛹**：体长20～30mm，黄褐色或黑褐色。

　　生物学特性　1年4代。9月下旬至10月上旬以老熟幼虫入疏松湿润土中约（1.6cm）深处化蛹越冬。翌年4月中旬成虫羽化。卵产在叶子背面，少数产在

青胯舟蛾成虫（《山核桃病虫害防治彩色图鉴》）

青胯舟蛾卵（《山核桃病虫害防治彩色图鉴》）

老熟时也沿树干爬至土中化蛹。幼虫昼夜都能取食，以晚上取食为主。各代幼虫危害期分别为5月上旬至6月下旬，7月中旬至7月下旬，8月上旬至8月下旬，9月上旬至10月上旬。成虫有较强趋光性，白天静伏在树干上，当晚或次晚活动交尾。各代成虫出现期分别为4月上、中旬，6月下旬，7月下旬和8月下旬。

防治方法

1. 卵期在林间释放赤眼蜂，每亩6～7个蜂包；幼虫期喷施白僵菌，有较好的防控效果。

2. 幼虫期用2.5%杀灭菊酯3000倍或25g/L高效氯氟氰菊酯1000～1500倍喷雾，大面积受害林分，可在黎明或傍晚或阴湿无风天气施放敌马烟剂。

3. 黑光灯诱杀成虫。

4. 利用幼虫于8:00～10:00在树干上下爬动或化蛹下树习性，在树干胸高部位涂一圈宽度10cm左右药环，药环成分为4份黄油加1份乐果。

参考文献

武春生, 方承莱, 2003; 胡国良, 俞彩珠, 2005.

（王义平，李镇宇）

树皮上，平铺成块，分散块产，每雌蛾可产卵50～500粒，每块卵量10～150粒。卵5～7天孵化，初孵幼虫在卵块周围群集危害，食叶缘呈缺刻，3龄后暴食全叶，仅留叶柄。幼虫25天左右老熟，幼虫无论晴、阴天在8:00～10:00都要在树干上下来回爬动，

分类地位	鳞翅目 Lepidoptera　舟蛾科 Notodontidae
拉丁学名	*Stauropus alternus* Walker
异　　名	*Neostauropus alternus* Kiriakoff
英文名称	Lobster caterpillar
中文别名	龙眼灰舟蛾

449 龙眼蚁舟蛾

分布　广东，广西，海南，云南，香港，台湾等地。印度，斯里兰卡，缅甸，印度尼西亚，菲律宾，越南，马来西亚。

寄主　木麻黄、蔷薇、柑橘、杧果、龙眼、茶树、咖啡、爪哇决明、粉绿决明、腊肠树、台湾相思、刺葵、腰果。

危害　1975—1977年在海南文昌县连续大发生，危害木麻黄林面积近666.7hm²。

形态特征　**成虫：**雌虫体长24～32mm，翅展55～67mm，触角丝状；雄虫体长20～22mm，翅展38～46mm，触角羽毛状。头和胸背褐灰色，腹背灰褐色，末端4节色较淡，近灰白色。雄虫前翅灰褐色，内、外横线间色较暗，外缘苍褐色。雌虫前翅全为灰红褐色，雌、雄虫前翅基部褐灰色；雄虫后翅前缘区和后缘区暗褐色，其余灰白色；雌虫后翅灰红褐色。**卵：**扁圆形，横径1.2～1.5mm。初产时浅黄色，近孵化时灰褐色。顶面略平，中央有1个圆形凹点，卵壳上密布网状刻点。**幼虫：**1～2龄幼虫体长5～10mm，体红褐色，状如蚂蚁。3龄幼虫体长10～15mm，黑褐色，腹部第五、六节背面具1个明显白斑。4龄幼虫体长15～23mm，体色开始出现各种不同颜色，胸部自第一至第二节峰突基部向后一节峰突顶端有1条明显白线，以后各龄此白线均明显；头壳上有2条纵带。5龄幼虫体长22～33mm，背中线白色。6龄幼虫体长28～45mm。7龄幼虫体长40～45mm，体色多呈土黄、橙黄、黑绿或灰白色，头壳黑色，中足细长为前足长度的5倍，腹部第一至第五节背面各具1对瘤突，前3对较明显。臀板膨大，臀足特化成枝状尾角。栖息时以腹足固着，首尾部翘起，形如舟状。**蛹：**雄蛹体长19～26mm，雌蛹22～29mm。初化蛹鲜黄色，后渐变为红褐色，近羽化时黑褐色。

生物学特性　海南文昌1年6～7代，无越冬现象。各虫态历期随世代不同而异。第一代卵期8～9天，幼虫期23～30天，预蛹期2～3天，蛹期12～14

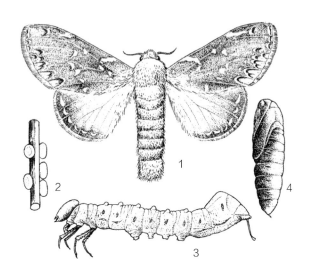

龙眼蚁舟蛾（朱兴才　绘）
1.成虫；2.卵；3.幼虫；4.蛹

天。第三至第五代卵期5天，幼虫期22～26天，预蛹期2天，蛹期8～9天。幼虫7龄。以第一代幼虫（3～5月）为例，1龄幼虫1～3天，2龄幼虫2～4天，3、4、5龄幼虫均为3～4天，6龄幼虫4～5天，7龄幼虫5～8天。

卵孵化以12:00前为多，占90.6%以上。孵化率达93%。孵化时幼虫在卵壳侧面咬1个小圆孔爬出，吃去大部分卵壳。初孵幼虫喜群栖，食量甚少，仅能咬食小枝呈缺刻；3龄后咬断小枝；4龄后食量增加；6～7龄食量最大。幼虫取食时多从小枝中部或近基部1/3处咬断，仅取食留下的部分，使林地散落大量咬断的枝条。这种特殊的取食方式，大大增加该虫危害的严重性。

幼虫在树冠上的分布：下部占50%，中部占40%，上部仅占10%；但大发生时，下部叶被吃光时，则向树冠上部蔓延。老熟幼虫以丝固着一些小枝，于其中做黄褐色椭圆形茧化蛹，大发生时则于小枝或树杈等处化蛹，有时数个重叠在一起。茧在树冠的分布亦以下部最多，占86.8%；中部次之，占

龙眼蚁舟蛾成虫（张培毅　提供）

龙眼蚁舟蛾包在叶中的茧（张培毅　提供）

龙眼蚁舟蛾幼虫（张培毅　提供）

龙眼蚁舟蛾幼虫（张培毅　提供）

10.1%；上部最少，占3.1%。

　　成虫多在前半夜羽化。一般雄虫羽化较早，羽化后当晚即交尾。交尾时间多在4:00～5:00。每次交尾历时40分钟左右。一生仅交尾1次。交尾后于傍晚开始产卵，卵多产于小枝条上，呈不规则念珠状排列。每雌产卵最多为297粒，最少122粒，平均176粒。卵在树冠上分布：下部最多，占77%；中部次之，占18%；上部最少，仅占5%。成虫白天静伏于树干上，约90%集中在2m以下的主干上；夜间活动，飞翔力较强，但不高飞。不同世代性比不同，越冬代为1.7:1，第二代大发生时为4:1。雄虫寿命为5～15天，雌虫为5～13天。

　　在海南省文昌该虫发生时自北向南扩散，3年均发生于海边生长旺盛的木麻黄林中。害虫来势猛，虫口密度大，但因天敌寄生率高，该虫大发生后，虫口密度下降也快，大发生过的林地，尚未见该虫复发情况。修枝疏伐林分比未修枝的林分受害严

重，林缘比林内虫口密度大。室内饲养发现该虫喜生活于迎风面。表明该虫喜欢迎风和光照较强的地点。这是该虫多发生在海边的原因之一。

防治方法

　　1. 天敌种类较多，已知寄生性天敌有卵蜂2种、小茧蜂2种、松毛虫黑点瘤姬蜂和大腿蜂各1种、寄蝇1种；捕食性天敌有猎蛛、螳螂、蚂蚁和鸟类。各类天敌在降低虫口密度、抑制虫灾方面起着决定性的作用。如1975年文昌县虎威林场，天敌寄生率达90%以上，使下一年虫口数量骤减；1977年岛东林场昌茂山作业区几千亩大发生林地，由于病菌作用，使害虫在短期内几乎绝迹。

　　2. 幼虫期用50%杀螟硫磷乳油1500～2000倍液喷洒。

参考文献

陈芝卿, 1977; 陈芝卿等, 1982.

（陈芝卿，吴士雄）

分类地位	鳞翅目 Lepidoptera　舟蛾科 Notodontidae
拉丁学名	*Phalera flavescens* (Bremer et Grey)
异　　名	*Pygaera flavescens* Bremer et Grey, *Trisula andreas* Oberthür, *Phalera flavescens kuangtungensis* Mell
中文别名	舟形毛虫

450 苹掌舟蛾

苹掌舟蛾食性杂，除危害多种果树外，尚可危害多种经济林木和绿化树种，常将叶片取食殆尽，给园艺、林业和园林绿化等带来巨大危害，造成了生态和经济的巨大损失。

分布　国内除新疆，广西，贵州，西藏，甘肃，青海，宁夏等地目前尚无记载外，其他各地均有分布。朝鲜，日本，缅甸，俄罗斯。

寄主　苹果、梨树、枇杷、石楠、樱桃、山楂、火棘、板栗、榆等。

危害　幼虫取食叶片；幼龄幼虫群集叶面啃食叶肉，仅剩下表皮和叶脉，被害叶呈网状枯死，稍大幼虫咬食全叶，仅存叶柄，常将全树叶片食尽，影响当年、翌年结果和树势生长及其绿化、观赏效果。

形态特征　**成虫**：雄虫体长18～23mm，翅展35～50mm；雌虫体长18～26mm，翅展45～55mm。头和胸背呈浅黄白色，腹背黄褐色（蔡荣权，1979）。**幼虫**：老熟幼虫体长约50mm。头黑色，有光泽，胸、腹部面紫黑色，腹面紫红色，体上密被灰黄白色长毛，停歇时头、尾翘起似小舟。

生物学特性　1年1代。以蛹越冬。北方越冬成虫于翌年6月中、下旬开始羽化，南方8月上、中旬羽化，甚至延续至9月。卵期7～10天，幼虫期40天左右。北方8月中、下旬幼虫老熟，而南方幼虫于9月下旬至10月下旬老熟下树入土化蛹越冬。

成虫昼伏夜出，趋光性较强，产卵于叶背，单层密集成块。1～2龄幼虫群集叶背啃食叶肉，

苹掌舟蛾成虫（徐公天　提供）

苹掌舟蛾幼虫
（李镇宇　提供）

3龄后分散在邻近枝叶危害，大发生时常将整株叶片食光，而成群下树迁移至邻近植株危害。幼虫早晚及夜间取食，稍受惊动即吐丝下垂。老熟后在根际附近5～7cm深的土层内化蛹越冬（张洪喜等，1996）。

防治方法

1. 人工防治。利用幼虫初龄群集和吐丝下垂习性，剪除枝叶或震落幼虫，集中收集消灭，进行秋季翻地或春刨树盘，杀死越冬蛹。

2. 灯光诱杀。成虫羽化期，挂频振式诱虫灯诱杀成虫。

3. 生物防治。幼虫危害期，喷洒甘蓝夜蛾核型多角体病毒悬浮剂1000～1500倍液；老熟幼虫入土期，进行树冠下地面喷洒白僵菌粉，再耙松土层，以使幼虫和蛹感病死亡。

参考文献

蔡荣权, 1979; 张洪喜, 曹仲臣, 赵香兰等, 1996; 武春生, 方承莱, 2003.

（唐燕平，杨春材）

451 榆掌舟蛾

分类地位	鳞翅目 Lepidoptera 舟蛾科 Notodontidae
拉丁学名	*Phalera takasagoensis* Matsumura
异　　名	*Phalera takasagoensis ulmovora* Yang et Lee, *Phalera takasagoensis matsumurai* Okano
英文名称	Narrow yellow-tipped prominent
中文别名	榆天社蛾、榆舟形毛虫、顶黄斑天社蛾、榆毛虫、黄掌舟蛾、榆黄掌舟蛾

分布　北京，河北，辽宁，江苏，浙江，福建，江西，河南，湖南，陕西，甘肃，台湾等地。日本，朝鲜。

寄主　榆、梨树、板栗、樱桃。

危害　幼虫群集叶背面，啃食叶表皮，呈筛网状。大龄幼虫，将叶咬成缺刻、孔洞，严重时将叶食光。

形态特征　**成虫**：雌虫体长20～24mm，翅展53～60mm；雄虫体长18～23mm，翅展42～53mm。。体黄褐色。前翅灰褐色，顶角有1个明显的淡黄色斑，边缘黑色。**幼虫**：体长50mm，体背面纵贯青黑色条纹，亚背线（双道）气门上线和气门下线白色，腹线黄白色，每节中央有1条红色环带，其上密生淡黄色长毛。

榆掌舟蛾成虫（李镇宇　提供）

榆掌舟蛾成虫（嵇保中　提供）

榆掌舟蛾雌成虫（中国科学院动物研究所国家动物博物馆　提供）

榆掌舟蛾雄成虫（中国科学院动物研究所国家动物博物馆　提供）

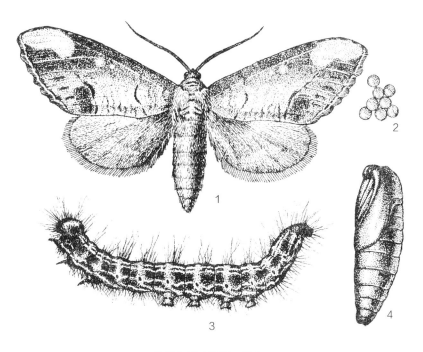

榆掌舟蛾（张翔　绘）
1. 成虫；2. 卵；3. 幼虫；4. 蛹

榆掌舟蛾幼虫（徐公天　提供）

生物学特性　河南1年1代。以蛹在土中越冬。翌年5、6月成虫羽化。有趋光性。产卵于叶背面，呈单层块状。幼虫孵化后，群集叶面啃食，被害叶呈箩网状。幼虫静栖时，头朝一个方向，排列整齐，尾部上翘，遇惊时吐丝下垂，随后再折返叶面取食。老龄幼虫食量很大，常在短期内把叶吃光。8、9月危害最重。9月中、下旬，幼虫先后老熟，坠地入土化蛹越冬。

防治方法

化学防治。幼虫初发生时，喷洒12%的噻虫嗪和高效氯氟氰菊酯乳油1000~1500倍液。

参考文献

杨有乾等, 1982; 萧刚柔, 1992; 河南省森林病虫害防治检疫站, 2005; 武春生, 方承莱, 2010.

（杨有乾，范忠民）

452 大地老虎

分类地位	鳞翅目 Lepidoptera　夜蛾科 Noctuidae
拉丁学名	*Agrotis tokionis* Butler
异　　名	*Trachea tokionis* (Butler)
英文名称	Giant cutworm

大地老虎为我国农林业的重要地下害虫之一（魏鸿钧等，1989）。

分布　在我国普遍分布，主要发生在长江下游沿岸地区，珠江流域较少。常与小地老虎混合发生。俄罗斯，朝鲜，日本。

寄主　棉花、玉米、高粱、红薯、豆类、瓜类、麻、烟草、茶树、杨。

形态特征　**成虫：**体长20～25mm，翅展43～58mm。头部、胸部褐色，下唇须第二节外侧具黑斑，颈板中部具黑横线1条。腹部、前翅灰褐色，外横线以内前缘区、中室暗褐色，基线双线褐色达亚中褶处，内横线波浪形，双线黑色，剑纹黑边窄小，环纹具黑边圆形褐色，肾纹大、具黑边，褐色，外侧具1个黑斑几近外横线，中横线褐色，外横线锯齿状双线褐色，亚缘线锯齿形浅褐色，缘线呈1列黑色点；后翅浅黄褐色。**卵：**半球形，直径1.8mm，高1.5mm。初为淡黄色后渐变黄褐色，孵化前灰褐色。**幼虫：**体长40～62mm，黄褐，体表皱纹多，颗粒不明显。头部褐色，中央具黑褐色纵纹1对，额（唇基）三角形，底边大于斜边，腹部背面

第一至第八节的2对毛片中前面1对与后面1对大小相似或略小于后面1对。气门长卵形黑色，臀板除末端2根刚毛附近为黄褐色外，几乎全为深褐色，且全布满龟裂状皱纹。**蛹：**体长22～29mm，初浅黄色，后变黄褐色。第四至第五节前缘密布刻点，腹末臀棘三角形，具短刺1对，黑色（徐公天和杨志华，2007）。

生物学特性　1年1代。以幼虫在田埂杂草丛及绿田表土层越冬，长江流域3月初出土危害，4～5月与小地老虎同时混合发生危害。气温高于20℃则滞育越夏，9月中旬开始化蛹，10月上、中旬羽化为成虫，10月中旬进入成虫高峰期。成虫发生期长，1个多月，有的年份在11月中旬还可见到少量成虫存在。10月中旬末为产卵高峰，每雌可产卵1000粒左右，11月上旬为孵卵高峰，卵期11～24天。幼虫期30多天，后以低龄幼虫越冬（陈昌，1999a；吴小勤，2007）。从卵开始孵化到初孵幼虫钻出卵壳，约需2小时40分钟，在13.3～17.8℃条件下，卵期为14～26天，平均19.1天。成虫不同时间产的卵孵化率平均为97.8%（薛芳森等，1990）。幼虫一般分

大地老虎成虫
（徐公天　提供）

大地老虎成虫（展翅）（徐公天　提供）

6～7龄，食性广，能食多种杂草、冬作物和十字花科蔬菜等。1～3龄幼虫白天伏于寄主叶片下的土表或叶层间，夜间在叶片上嗜食，形成了许多小透明窗，以后随虫龄逐渐增大，将叶片咬成缺刻，甚至咬断幼茎。初孵幼虫耐饥力为6.5～10.5天，平均8.5天。3龄幼虫白天入土静伏，夜间外出蚕食叶片，之后在表土层内或地下潜伏越冬。当春季土温上升到6℃以上时，越冬幼虫开始活动取食，越冬后的虫龄较大，食量大增，故4月是全年的危害盛期，6月中旬末，老熟幼虫停止取食15天左右后在表土下3～5cm处做土室滞育越夏，越夏期长达3个月左右，并于9月中旬进入化蛹高峰（薛芳森等，1990；陈昌，1999a，1999b）。蛹体较小地老虎、黄地老虎大。在表土层做圆筒形土室化蛹，一般在玉米、大豆田化蛹较多，其他寄主上较少。蛹期一般为25～32天。成虫趋光性强，在黑光灯下可诱到大量蛾子。成虫也有一定的趋化性，在设置的糖醋盆（糖、醋、酒、水按6∶3∶1∶10的比例进行配制）内可诱到大量蛾子。成虫于晚上交配产卵，每头雌蛾可产卵34～1084粒，平均454.3粒，第一、二天产卵量占总产卵量的53.8%。雌蛾寿命2～14天，平均7.8天；雄蛾寿命3.5～19天，平均11.5天。产于土表的卵占总产卵量的44.9%，产于地表枯枝落叶上的卵占

20.4%，产于杂草等绿色植物上的卵占34.7%，叶的正、反面都有卵。

防治方法　常见的防治技术主要包括农业防治、药剂防治和人工捕捉等3类。

1. 农业防治。在产卵高峰期，清除田间杂草，带出田外，集中处理，并结合耕翻杀灭部分虫和卵，压低基数以减轻危害。

2. 药剂防治。在玉米、棉花出苗后，1hm²用12%噻虫嗪和高效氯氟氰菊酯乳油1000～1500倍液兑水750kg，对整个地面全面喷雾，尤其是对作物幼苗不能漏喷。实践表明防治效果均在85%以上。

3. 毒饵诱杀。用15%毒死蜱·辛硫磷颗粒拌于50kg粉碎的菜籽饼里制成毒饵撒施，4～6kg/亩，于傍晚撒于玉米、棉花等幼苗根部，防治效果在90%以上。

4. 人工捕捉。对田间虫口密度较低、虫龄较大的田块，在清晨人工捕捉，连续2～3天，也可收到较好的效果（陈昌，1999a）。

参考文献

朱弘复等，1964；陈文奎，1985；魏鸿钧，张治良，王萌长，1989；薛芳森，沈荣武，朱杏芬，1990；陈昌，1999a；陈昌，1999b；陈一心，1999；徐公天等，2007.

（石娟）

453	**小地老虎**

分类地位 鳞翅目 Lepidoptera 夜蛾科 Noctuidae

拉丁学名 *Agrotis ipsilon* (Hufnagel)

异 名 *Agrotis ypsilon* (Rott.), *Noctua suffusa* (Denis et Schiffermüller)

英文名称 Black cutworm

在我国发生极普遍，南方各地沿河、沿湖的河滩地、水浇地发生严重。是对农作物、果树、林木幼苗危害很大的地下害虫，轻则造成缺苗断垄，重则毁种重播（魏鸿钧等，1989；萧刚柔，1992）。

分布 全国各地均有分布。世界性分布。

寄主 茶树、杨树、落叶松、柳杉、红松、扁柏、罗汉柏、樟子松、水曲柳、核桃楸、马尾松、湿地松、火炬松等。

形态特征 成虫：体长17～23mm，翅展40～54mm。头部、胸部背面暗褐色，足褐色，前足胫节与跗节外缘灰褐色，中、后足各节末端有灰褐色环纹。前翅褐色，前缘区黑褐色，外缘以内多暗褐色，基线浅褐色双线波浪形不显，内横线双线黑色波浪形，前翅面上的环状纹、肾形斑和剑纹均为黑色，明显易见；后翅灰白色。**卵**：馒头形，直径约0.5mm，高约0.3mm，表面有纵横隆线。初产时为乳白色，后渐变为黄色，孵化前卵顶上呈黑点。**幼虫**：圆筒形，体长37～50mm，宽5～6mm。头部褐色，具有黑褐色不规则网状纹。体灰褐色至暗褐色，体表粗糙，满布大小不均匀而彼此分离的颗粒，这些颗粒稍微隆起。背线、亚背线及气门线均

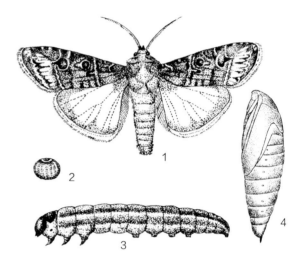

小地老虎（于长奎 绘）
1.成虫；2.卵；3.幼虫；4.蛹

黑褐色，但不甚明显。前胸背板暗褐色，臀板黄褐色，其上具有2条明显的深褐色纵带。胸足与腹足黄褐色。**蛹**：体长18～24mm，宽约6～7.5mm，赤褐色，有光泽，臀刺2根。口器末端约与翅芽末端相齐，均伸达第四腹节后缘。腹部前5节呈圆筒形，几乎与胸部同粗（萧刚柔，1992；徐公天和杨志华，2007）。

小地老虎成虫（徐公天 提供）

小地老虎成虫（展翅）（徐公天 提供）

生物学特性　1年3～4代。越冬代成虫3月下旬至4月上旬开始出现，4月下旬盛发，温度适宜时，10月左右也可出现，成虫昼伏夜出，白天隐伏于土缝中、枯草下，夜间外出活动，尤其19:00～22:00活动最盛。成虫羽化后4～6天开始产卵。卵多散产于低矮叶密的杂草上，少数产于枯叶及土隙下，一般以靠近地面的叶上产卵最多，最高部位大多不超过13cm。成虫产卵量大，以越冬代成虫产卵最多。产卵量大小与补充营养状况有关。成虫活动受气候影响较大。对普通灯泡趋性不强，但对黑光灯极为敏感。有强烈的趋化性，特别喜欢酸、甜、酒味，故各地多用糖醋酒液进行诱杀和测报（配比见黄地老虎）。土壤湿度大、黏重，则发生危害严重。一般适宜温度为18～26℃，适宜的相对湿度为70%。高温对小地老虎的生长不利，成虫羽化不健全，产卵量小和初孵幼虫死亡率增加。相对湿度小于45%，幼虫孵化率和存活率都很低（郭秀芝等，2009）。幼虫越冬场所主要是杂草较多且未耕翻的冬闲田，冬耕地内较少（翟永键，1966）。卵期随分布地区及世代不同而异。幼虫共6龄，个别7～8龄。1～2龄幼虫群居于杂草和幼苗顶心嫩叶上，昼夜危害。3龄后分散，黎明前露水多时危害剧烈，把咬断的幼苗嫩茎拖入土中备食；幼苗木质化后取食嫩叶和叶片。4龄后幼虫表皮增厚，抗药性增强，白天潜伏于表土的干湿层之间，夜晚出土危害，从地面将幼苗植株咬断，拖入土穴中，或咬食未出土的种子；幼苗主茎硬化后，也能危害生长点，也有在白天迁移危害的。幼虫期长短在各地相差较大。该虫1年发生次数随各地气候不同而异，但在生产上造成严重危害的均为第一代幼虫。第一代幼虫期一般为30～40天（萧刚柔，1992）。幼虫老熟后多潜伏于5cm左右的深土中筑土室化蛹，蛹期9～19天。

防治方法　主要包括人工防治、化学防治、性引诱剂防治及生物防治等（郑旭，2010）。

1. 人工防治。在害虫越冬时，将地面落叶扫入沟内，剪除病虫枝，刮除病皮、病瘤，倒进沟内填土深埋，减少翌年病虫源。

2. 化学防治，小地老虎1～3龄幼虫抗药性较差，且暴露于地表，是药剂防治的最佳时期。使用40%毒死蜱·辛硫磷乳油稀释800～1000倍液。此外，还可采用40%毒死蜱·辛硫磷乳油稀释800～1000倍液与8000IU/μL苏云金杆菌油悬浮剂300～400mL/亩混合后灌根，均可起得明显防治效果。于低龄幼虫盛发期，可用生物药剂8000IU/μL苏云金杆菌油悬浮剂300～400mL/亩与20亿PIB/mL甘蓝夜蛾核型多角体病毒悬浮剂200g/亩对蔬菜进行灌根。另外，5.7%甲氨基阿维菌素苯甲酸盐微乳剂、白僵菌类等生物药剂，对小地老虎也具有明显的防治效果。施药宜在阴天全天或晴天16:00后进行，以提高防治效果。

3. 生物防治。小地老虎天敌种类丰富，根据近20年国内外文献记录，其天敌种类至少有120多种。主要有天敌昆虫和病原微生物两大类群，包括捕食性和寄生性昆虫、蜘蛛、细菌、真菌、病原、线虫、病毒、微孢子虫等，这种防治方法越来越广泛地利用在对小地老虎的防治中（李芳等，2001）。

4. 性引诱剂防治。顺-7-十二碳乙酸酯（Z7-12:Ac）、顺-9-十四碳乙酸酯（Z9-14:Ac）、顺-11-十六碳乙酸酯（Z11-16:Ac）、顺-5-十碳乙酸酯（Z5-10:Ac）、顺-8-十二碳乙酸酯（Z8-12:Ac）5种组分，田间试验表明，前3种组分的混合物具有一定的诱蛾活性。野外悬挂方法为：诱捕器用废可乐瓶制作，在距瓶底2/3处的4个方位分别剪2cm×2cm口径的孔口各1个，内挂1枚小地老虎诱芯，位置正对孔口，瓶内装适量的洗衣粉水。诱捕器离地50cm放置，诱芯30天左右更换1次。此法对防控小地老虎危害十分有效（Picmibon et al.，1997；Gemeno et al.，2000；Xiang et al.，2009）。

参考文献

吴新民，1959；李永禧，1964；翟永键，1966；杨秀元，吴坚，1981；魏鸿钧，张治良，王萌长，1989；萧刚柔，1992；陈一心，1999；李芳，陈家华，何榕宾，2001；徐公天等，2007；郭秀芝，邓志刚，毛洪捷，2009；邱淑梅，罗润泉，姚勇，2010；郑旭，2010；Picmibon J F, Gadenne C, Bécard J M, et al., 1997; Gemeno C, Lutfallah A F, Haynes K, 2000; Xiang Y Y, Yang M F, Li Z Z, 2009.

（石娟，吴次彬，范忠民）

454	黄地老虎	分类地位	鳞翅目 Lepidoptera　夜蛾科 Noctuidae
		拉丁学名	*Agrotis segetum* (Denis et Schiffermüller)
		异　　名	*Euxoa segetum* Schiffermüller, *Agrotis segetum* Schiffermüller
		英文名称	Cutworm, Turnip moth

分布　除广东、广西、海南未见报道外，其他各地均有分布。日本，朝鲜，印度；欧洲，非洲。

寄主　冬麦、油菜、萝卜、菠菜等多种农作物和园林植物。

形态特征　**成虫**：体长15～18mm，翅展32～43mm。全体黄褐色。前翅基线、内外横线及中横线多不明显，肾状纹、棒状纹很明显，无楔状纹，具黑褐色边；后翅白色，略带黄褐色。**卵**：高0.44～0.49mm，宽0.69～0.73mm。扁圆形，顶部较隆起，底部较平，黄褐色，表面有纵横脊纹。**幼虫**：体长35～45mm，宽5～6mm。黄色，有光泽，体表多皱纹，颗粒不明显，腹背有毛片4个，前大后稍小，臀板两侧各有1个黄褐色大斑。**蛹**：第四腹节背有稀小刻点，第五至第七腹节刻点小而多（萧刚柔，1992；徐公天等，2007）。

生物学特性　新疆北部1年2代；河北、内蒙古、陕西、甘肃河西及新疆南部、黄淮地区3代；山东3～4代。以蛹或老熟幼虫在土中约10cm深处越冬。在新疆北部调查发现，约89.2%以老熟幼虫越冬，少数以4～5龄幼虫在田埂上越冬。内蒙古、山东危害盛期为5～6月，新疆则在春秋季两度严重危害。成虫一般选择在植物的地上部分或者土质疏松植被稀少处产卵（李作龙，1964）。一般1个叶片3～4粒，个别至10粒，最多可达30余粒。卵通常在叶背面，少数产在叶正面或嫩尖、幼茎上。天气对产卵量也有一定的影响，各年份因气候条件的影响其产卵量也有所不同，春雨多的年份，杂草萌发早而旺盛，卵量明显多于根须上的量，反之则少。成虫有趋光性，对糖醋液也很喜好（夏志贤，丁福兰，1989）。初孵幼虫有食卵壳习性，常食去一半以上的卵壳。1龄幼虫一般咬食叶肉，留下表皮，也可聚于嫩芽咬食。2龄幼虫咬食叶肉，也可撕裂

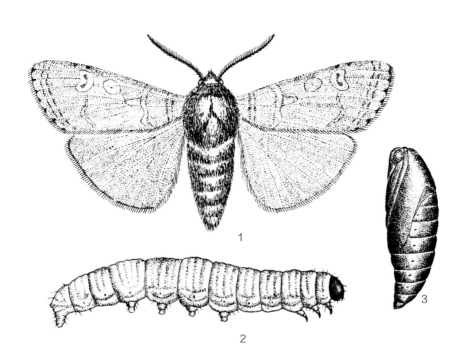

黄地老虎（张培毅　绘）

1. 成虫；2. 幼虫；3. 蛹

黄地老虎成虫（徐公天　提供）

黄地老虎成虫（展翅）（徐公天　提供）

嫩尖，造成断头。3龄幼虫常咬断嫩茎。4龄以上幼虫在近地面将嫩茎咬断。6龄幼虫食量剧增，一般一夜可危害1～3株幼苗，甚至4～5株。茎干较硬化时，仍可在近地面处将茎干蛀食成环状，使整株萎蔫死亡（魏鸿钧等，1989；萧刚柔，1992）。11月中、下旬当日平均温度8℃，最低0.2～2.8℃时，幼虫取食多在10:00～16:00，傍晚入土。11月下旬至12月上旬，当旬平均温度2.8～2.9℃，地表温度2～13℃时，幼虫停止取食，全部越冬。冬麦 *Triticum aestivum* L.、油菜 *Brassica campestris* L.、萝卜 *Raphanus sativus* L、菠菜 *Spinacia oleracea* 地以及田埂、地头、沟边等杂草较多的特殊环境，是其主要越冬场所。且不同地貌、地形和作物类型，越冬幼虫的密度和龄期都有显著差异，其特点是油菜地和河堤、沟边等环境幼虫密度大、龄期高，早播麦田次之，晚茬麦田幼虫密度最低、龄期最小。幼虫越冬的土层深度在14cm以上均有分布，以3～7cm处居多，入土深度与龄期大小有关，一般5～6龄幼虫入土较深，多在5cm以下造土穴越冬。低龄幼虫入土深度一般在5cm以上，造土穴越冬者较少（董建棠，1983）。老熟幼虫越冬后可不经取食即能化蛹。蛹始见期为3月22日，首先在田埂、阳坡出现，4月22～24日化蛹率可达47.4%～51.6%。越冬代成虫4月19日始见，4月24日至5月16日为发蛾盛期（董建棠，1983）。

防治方法　主要包括诱杀成虫、清除杂草、桐叶诱杀幼虫、人工捕杀以及化学防治（萧刚柔，1992）。

1. 诱杀成虫。在发蛾盛期用黑光灯或糖醋酒液诱杀，是防治黄地老虎有效而简便的方法，但糖醋酒液成本较高，因此可因地制宜地选取适当的代用品。

2. 清除杂草。杂草是地老虎产卵的主要场所及低龄幼虫的食料。在春播幼苗出土前或幼虫1～2龄时除草。清除的杂草要及时运出沤肥或烧毁，防止杂草上的幼虫转移到幼苗上危害。

3. 人工捕杀。清晨巡视苗圃，发现断苗时，刨土捕杀幼虫。

4. 化学防治。利用20%噻虫嗪悬浮剂300倍液或45%丙溴·辛硫磷乳油1000倍液喷雾。或将幼嫩多汁的鲜青草25～40kg加40%毒死蜱·辛硫磷乳油稀释800～1000倍液均匀混合使用。

5. 生物防治。应用最多的是20亿PIB/mL甘蓝夜蛾核型多角体病毒悬浮剂200g/亩，可以作为一种生物杀虫剂，替代传统的化学农药防治黄地老虎（Yin et al.，2008；Nakanishi et al.，2010）。

参考文献

李作龙，1964；董建棠，1983；魏鸿钧，张治良，王萌长，1989；夏志贤，丁福兰，1989；萧刚柔，1992；艾秀莲，季青，龙涛等，1995；陈一心，1999；何玫，刘壮俊，2000；徐公天等，2007；Yin Feifei, Wang Manli, Tan Ying et al., 2008; Nakanishi T, Goto C, Kobayashi M et al., 2010.

（石娟，吴次彬，范忠民）

455 笋秀禾夜蛾

分类地位	鳞翅目 Lepidoptera　夜蛾科 Noctuidae
拉丁学名	*Apamea apameoides* (Draudt)
异　　名	*Oligia apameoides* Draudt, *Oligia vulgaris* Butler
中文别名	笋秀夜蛾

分布　浙江，江苏，安徽，福建，江西，河南，湖北，湖南，广东，广西，四川，贵州，云南，陕西南部，台湾等地。日本。

寄主　红竹、刚竹、淡竹、早竹、乌哺鸡竹、浙江淡竹、雷竹、黄槽毛竹、白哺鸡竹、白皮淡竹、甜笋竹、斑竹、五月季竹、毛竹、白夹竹、石竹、金丝毛竹、京竹、金镶玉竹、花哺鸡竹、水竹、光箨篌竹、金竹、苦竹等。幼虫还取食中间寄主，如纤毛鹅观草、竖立鹅观草、狼尾草、看麦娘、野燕麦、小茅草、丛生隐子草、白茅、无毛画眉草等禾本科植物，大披叶苔、白朗苔、青菅、穿隆苔等莎草科植物，木贼、问荆、节节草、大问荆等木贼科植物以及真藓目中的葫芦藓。

危害　在杂草中间寄主上取食使其出现枯心、白穗征状，当竹笋出土后，幼虫转移到竹笋上危害，多危害小径竹笋。可以直接从笋梢蛀入竹笋中，由上向下取食笋肉，虫粪排于蛀道中。被害竹笋多不能生长成竹。危害轻者能生长成竹，其竹梢也多为虫孔累累，烂头断梢，积水心腐，材质硬脆。

形态特征　**成虫**：雌虫体长14～20mm，翅展36～48mm；雄虫体长11～16mm，翅展30～39mm。体褐色，复眼雌虫黑褐色，雄虫浅褐色。触角丝状，灰黄色。前胸翅基片上鳞片厚而长，前翅紫褐色，缘毛整齐，略有缺刻；肾状纹黄白色，雄虫比雌虫更明显，外线、内线为黑色双纹波状；亚端线、环状纹为浅黄色，不甚明显。后翅灰黑色，翅基色浅。**卵**：扁圆形，长径0.66～0.74mm，短径0.46～0.54mm，顶端略凹陷，从凹陷中心至底部均匀发出较密的网纹。初产乳白色，后渐变为淡黄色。卵以条状整齐地产于禾本科等杂草近枯的叶

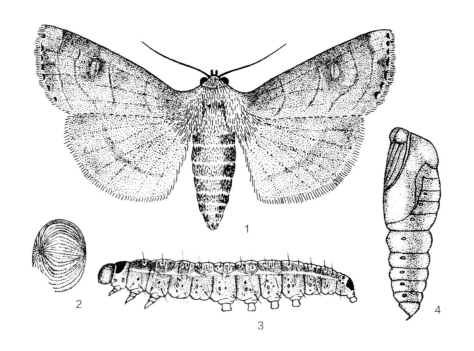

笋秀禾夜蛾（徐天森　绘）

1.成虫；2.卵；3.幼虫；4.蛹

边，成虫产卵后，杂草叶纵向卷起，正好将卵整条地包裹起来。**幼虫：**初孵幼虫体长1.5mm，淡棕黄色，疏生白色刚毛。老熟幼虫体长26～40mm，淡紫褐色或紫灰色。头橙红色。背线很细、亚背线较粗，均为污白色；亚背线有多处中断，并有多处上下突出部分。前胸背盾板及臀板漆黑色，常被白色背线从正中分开为二或不分开，臀板前方有6块黑斑，中间2块较大。**蛹：**体长11～21mm，雌蛹较大，红褐色，臀棘4根，中间2根略粗长。

生物学特性 1年1代。以卵越冬。在河南光山2月初越冬卵开始孵化，3月底孵化结束，4月上旬到5月中旬蛀入笋中取食，5月中旬到6月中旬幼虫老熟，成虫6月上旬羽化到7月上旬结束。在浙江卵2月初开始孵化，3月上、中旬为孵化盛期，3月底、4月初孵化结束。孵化后幼虫钻入杂草中取食，4月中旬到5月初转入竹笋中危害，5月中、下旬幼虫老熟结茧化蛹，6月上旬出现成虫，成虫延至7月上旬，产卵越冬。

防治方法

保护天敌：成虫天敌有各种鸟、拟环纹狼蛛、步甲捕食；卵有赤眼蜂寄生；小幼虫从杂草转移到竹笋过程中，常被蟾蜍、步甲捕食；小幼虫刚钻入毛竹笋笋箨中取食时，有一种小蜈蚣跟随而入，捕食小幼虫；幼虫及蛹期有绒茧蜂、追寄蝇寄生。由于幼虫在笋中隐蔽危害，寄生率均不高。

参考文献

中国科学院动物研究所, 1987; 徐天森等, 2004.

（徐天森，王浩杰）

笋秀禾夜蛾茧和蛹（徐天森 提供）

笋秀禾夜蛾成虫（上雄、下雌）（徐天森 提供）

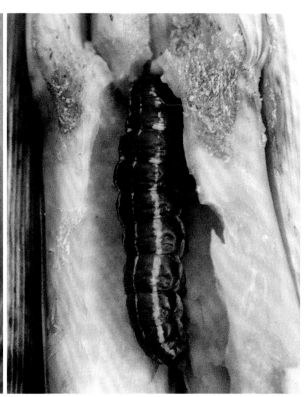

笋秀禾夜蛾幼虫（徐天森 提供）

456 淡竹笋夜蛾

分类地位	鳞翅目 Lepidoptera　夜蛾科 Noctuidae
拉丁学名	*Kumasia kumaso* (Sugi)
异　　名	*Apamea kumaso* Sugi
中文别名	竹笋基夜蛾

分布　上海，江苏，浙江，安徽，福建，江西，湖北，湖南，广东，广西，四川，贵州，云南等地。日本。

寄主　白哺鸡竹、淡竹、花哺鸡竹、茶秆竹、笔秆竹、早竹、京竹、红竹、毛竹、乌哺鸡竹、红边竹、金镶玉竹、黄槽竹、毛金竹、浙江淡竹、光箨篌竹、五月季竹等。

危害　幼虫在竹笋中取食，被害笋蛀道中充满虫粪，被害严重者竹笋腐烂而死。

形态特征　**成虫**：雌虫体长17.5～20.5mm，翅展40～45mm；雄虫体长15.5～18.5mm，翅展38～41mm。体淡黄褐色，触角丝状，复眼黑褐色；前毛簇、基毛簇及翅基片的毛长而厚。前翅浅褐色，缘毛波状，端线浅灰白色，内为1列三角形黑色小斑，亚端线波状，剑状纹深褐色；肾状纹浅褐色，纹内边为深褐色，纹外边为灰白色；环状纹椭圆形横置，有一明显的黑边；楔状纹明显置于环状纹下。后翅无斑，暗灰色。足灰褐色，跗节有淡棕色环。**卵**：扁椭圆形，长径0.91～0.97mm，短径0.49～0.52mm，初产乳白色，后变为淡黄色，孵化前为淡褐色，卵壳上无斑纹。**幼虫**：初孵幼虫体长1.5mm，淡紫褐色。老熟幼虫体长34～48mm，体

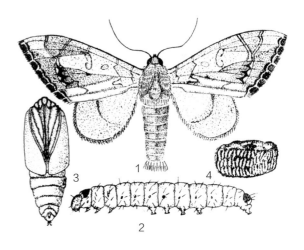

淡竹笋夜蛾（席容　绘）
1.成虫；2.幼虫；3.蛹；4.卵

淡灰紫色，头橘黄色，前胸背板硬皮板黑色。体光滑，有隐隐浅色背线，无其他线纹，前胸背板、臀板黄褐色，气门黑色，趾单序单行。**蛹**：体长18～21mm，红褐色，臀棘4根，中间2根略长。

生物学特性　发生地区均为1年1代。以卵越冬。在江苏越冬卵于翌年4月上、中旬孵化。5月上、中旬幼虫蛀入笋中危害，在笋中取食15～25天幼虫老熟，于5月下旬化蛹，6月上、中旬羽化成虫。在浙江，卵于3月底至4月上旬孵化，幼虫取食期为4月上旬至5月下旬，成虫发生期为6月上旬至6月下旬。在广东，卵于2月下旬至3月孵化。幼虫钻入竹子叶芽中取食，吃完1芽可以转移到另外叶芽中继续危害；2龄末幼虫离开蛀芽觅将要脱落的叶鞘等隐蔽处，吐数根丝自缚其中，或吐丝下垂落地寻适宜场所栖息2～10天；竹上幼虫于3月下旬吐丝下垂落地，3月底或4月初，蛀入笋中取食笋肉，幼虫在笋内约取食13天，于4月中旬幼虫老熟出笋下地结茧化蛹。蛹期约18天。4月底成虫开始羽化，随之交尾、产卵越冬，5月中旬后期羽化结束，历时20多天，成虫寿命5～10天。

淡竹笋夜蛾老熟幼虫（徐天森　提供）

淡竹笋夜蛾初羽化成虫（徐天森 提供）

淡竹笋夜蛾茧和蛹（徐天森 提供）

防治方法

1. 加强竹林管理，促进竹笋生长健壮。成虫多产卵于杂草上越冬，初孵幼虫均侵入杂草并以杂草为食，待竹笋出土后转移到竹笋上危害。竹林中有无禾本科、莎草科杂草是危害轻重的关键。竹林抚育、减少林间杂草，是控制该虫的一项重要措施。

2. 退笋下山。正常生产的竹林均有一定数量的竹笋不能成竹，称之退笋。退笋一般小、弱，易成为害虫的食粮。故退笋、有虫笋一定要挖除，或食用或沤肥，这样能减少林间虫口数量，降低下一年竹笋被害率。

3. 灯光诱杀。成虫多有趋光性，5~6月可安装黑光灯诱杀成虫，效果明显。

4. 药剂喷杀。严重受害的竹林，初出笋时，可喷25g/L高效氯氟氰菊酯乳油1000倍液，或2.5%溴氰菊酯3000倍液，均有良好的效果。

5. 早竹林防治。早竹林主要经营竹笋，淡竹笋夜蛾危害竹笋已不重要，主要是该虫危害留作母竹的竹笋，4月可以专门对留作母竹的竹笋用背负喷雾器喷含8%氯氰菊酯触破式微胶囊剂（绿色威雷）200倍液，喷湿为止，可保母竹留笋不被害。

6. 保护天敌。卵有赤眼蜂寄生，幼虫有寄蝇寄生。

参考文献

萧刚柔, 1992; 徐天森等, 2004.

（徐天森，王浩杰，席容）

457 萨夜蛾

分类地位	鳞翅目 Lepidoptera 夜蛾科 Noctuidae
拉丁学名	*Sapporia repetita* (Butler)
异　名	*Apamea repetita* Butler, *Agrotis conjuncta* Leech
中文别名	笋连秀夜蛾

分布 江苏，浙江，福建，江西，河南，湖南，广东，四川等地。日本。

寄主 篌竹、毛金竹、红竹、灰水竹、黄纹竹、刚竹、淡竹、乌哺鸡竹、台湾桂竹、甜竹、斑竹、实心竹、水竹、富阳乌哺鸡竹、苦竹、茶秆竹等。

危害 幼虫钻入被害竹种中径级较细的竹笋，在内取食，竹笋梢部出现枯萎状态，随后竹笋停止生长，粪便排于竹笋蛀道内，被害竹笋大多被蛀空死亡。

形态特征 成虫：雌虫体长14～19mm，翅展35～46mm；雄虫体长12～16mm，翅展28～37mm。体棕黄色到黑褐色，初羽化成虫体色深，渐变为棕黄色。雌虫复眼黑褐色，雄虫复眼浅褐色。触角丝状，灰黄色。前翅底色棕黄，大部带黑褐色，端线为双线、黑色，内1条由1列长黑点组成，端线到外横线间有2块浅色斑，以前缘1块为浅，2斑以1条黑线从肾状纹下到端线将其分开；肾状斑清晰，雌虫白色，雄虫仅近外横线一侧白色，基角处有1个浅色斑；缘毛黑色，锯齿状。**幼虫：**老熟幼虫体长26～38mm，淡紫褐色或紫灰色。头橙红色，大颚黑色。前胸背板黑色，被背线分开为二，背线锈黄色或橙红色，是食笋夜蛾幼虫中背线唯一有此鲜艳颜色的幼虫；亚背线较粗，白色或污白色，在腹部第二节前端断裂，断裂口前、后端、亚背线有明显的突出。臀板黑色，亦被背线分开为二。**蛹：**体长12～20mm，雌蛹较大，红褐色，臀棘4根，中间2根略粗长。

生物学特性 1年1代。以卵越冬。在浙江越冬卵于2～3月孵化，幼虫4月上、中旬蛀入竹笋，在笋中取食至5月中、下旬，幼虫在竹笋中取食约25天老熟，于5月中、下旬出笋入土、吐丝结薄茧化蛹，成虫发生期为6月上、中旬至6月下旬，羽化后少活动，不需要进行补充营养，即可交尾、产卵越冬。

防治方法

保护天敌。幼虫有绒茧蜂、日本追寄蝇寄生，注意保护天敌。

参考文献

徐天森等，2004.

（徐天森，王浩杰）

萨夜蛾4龄幼虫（徐天森 提供）

萨夜蛾雄成虫（徐天森 提供）

458	竹笋禾夜蛾	分类地位	鳞翅目 Lepidoptera 夜蛾科 Noctuidae
		拉丁学名	*Bambusiphila vulgaris* (Butler)
		异 名	*Polydesma vulgaris* Butler
		中文别名	笋蛀虫、笋夜蛾、竹笋夜蛾

分布 上海，江苏，浙江，安徽，福建，江西，山东，河南，湖北，湖南，广东，广西，四川，云南，陕西等地。日本。

寄主 毛竹、红竹、淡竹、乌哺鸡竹、五月季竹、白哺鸡竹、甜笋竹、花哺鸡竹、花皮淡竹、水竹、奉化水竹、衢县红壳竹、黄秆乌哺鸡竹、金丝毛竹、黄槽毛竹、方秆毛竹、角竹、甜竹、石竹、慈竹、黄毛竹、早竹、筴竹、光箨筴竹、硬头青竹、黄皮绿筋竹、浙江淡竹、富阳乌哺鸡竹、紫竹、金镶玉竹、台湾桂竹、茶秆竹、尖头青竹、黄槽斑竹、黄槽竹、黄秆京竹、寿竹、白夹竹、刚竹、斑竹、衢县苦竹、川竹、笔秆竹等绝大多数刚竹属竹种的笋。中间寄主有鹅观草、法氏早熟禾、白顶早熟禾、野燕麦、看麦娘、无毛画眉草、小茅草等。也危害皱纹苔、披叶苔、宽苔、白朗苔等杂草。

危害 在杂草上取食使其出现枯心、白穗征状。幼虫危害毛竹笋时，先蛀入竹笋笋箨上的箨叶，随着竹笋生长，在箨叶上留下1排小孔；在箨叶中蜕皮1次，幼虫钻出箨叶下行，在竹笋两箨叶交界处蛀入笋内，取食笋肉，虫粪排于蛀道中。幼虫能

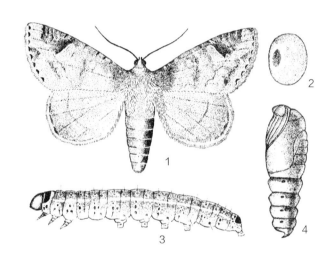

竹笋禾夜蛾（徐天森 绘）
1. 成虫；2. 卵；3. 幼虫；4. 蛹

竹笋禾夜蛾成虫（上雄、下雌）（徐天森 提供）

竹笋禾夜蛾幼虫（徐天森 提供）

竹笋禾夜蛾蛹（徐天森　提供）

竹笋禾夜蛾被寄生蝇寄生后幼虫死亡（上方白色是寄生蝇幼虫，下方红色是寄生蝇蛹）（徐天森　提供）

竹笋禾夜蛾危害状（徐天森　提供）

竹笋禾夜蛾幼虫危害状
（徐天森　提供）

随竹笋生长、咬穿笋节向上取食直到笋梢，竹笋仍能生长成竹，但竹子出现节间缩短、断头、折梢、积水、心腐、材脆等现象。

　　形态特征　成虫：雌虫体长17～25mm，翅展35～54mm；雄虫体长15～22mm，翅展32～50mm。体灰褐色，雌虫体色较浅；复眼黑褐色；触角丝状，灰黄色；翅褐色，缘毛锯齿状；端线黑色，内有1列约7～8个小黑点；肾状纹淡黄色，其外缘有1条白纹，与前缘、亚端线在翅顶角处组成1个倒三角形深褐色斑，顶角黄白色；翅基深褐色，环线明显，后翅色浅。雄虫翅灰白色，端线为7～8个黑点组成，顶角处倒三角形斑浅褐色，后翅灰褐色，翅

竹笋禾夜蛾低龄幼虫在禾木科杂草上危害（徐天森　提供）

竹笋禾夜蛾幼虫危害状（徐天森　提供）

基色浅。足深灰色，跗节各节末端有1个淡黄色斑。**卵**：近圆球形，长径0.72～0.88mm，短径0.65～0.81mm，乳白色。**幼虫**：初孵幼虫体长1.6mm，淡紫褐色。老熟幼虫体长36～50mm。头橙红色。背线、亚背线均为白色；背线很细、清晰，亚背线较宽，从前胸到尾部很整齐，无凹陷，唯第二腹节前半段断缺。前胸背盾板、臀板漆黑色，被橙红色的背线从正中一分为二，第九腹节背面、臀板前方有6块小黑斑，在背线两侧呈三角形排列，近背线的2块较大。**蛹**：体长14～24mm，初化蛹翠绿色，后为红褐色，臀棘4根，中间2根粗长。

生物学特性　1年1代。以卵越冬。在浙江成虫羽化期为6月中旬至7月上旬（2002年5月24日已有成虫羽化），6月下旬羽化占总成虫数70%以上；成虫羽化后当日可以交尾，隔日可以产卵。卵多数呈条状产于禾本科杂草叶上，产后草叶会卷起，将卵包裹于叶中；也有产于林中枯竹上、地面、竹下部竹叶基部。翌年1～2月幼虫即可出卵，爬于杂草茎中取食，4月上、中旬，各种竹笋先后出土，幼虫随即出草、钻入竹笋中危害，幼虫食笋期为4月上旬至5月下旬。5月中旬幼虫老熟化蛹，6月初化蛹结束，5月下旬化蛹幼虫占总幼虫数的55%。

防治方法

保护天敌。成虫天敌有多种鸟、斜纹猫蛛等蜘蛛及双斑青步甲捕食；卵有广赤眼蜂寄生；小幼虫从杂草转移到竹笋过程中，常被蟾蜍、步甲捕食；小幼虫刚钻入毛竹笋笋箨中取食时，有一种小蜈蚣跟随而入，捕食小幼虫；幼虫及蛹期有绒茧蜂、变异温寄蝇、日本追寄蝇寄生。由于幼虫在笋中隐蔽危害，寄生率均不高。

参考文献

陈一心，1999；徐天森等，2004.

（徐天森，王浩杰）

459	柚木驼蛾	

分类地位 鳞翅目 Lepidoptera　驼蛾科 Hyblaeidae
拉丁学名 *Hyblaea puera* Cramer
英文名称 Teak moth
中文别名 柚橙带夜蛾、全须夜蛾、黄带全须夜蛾

分布　江苏，湖北，广东，广西，海南，云南，台湾等地。印度，缅甸，斯里兰卡，马来西亚，印度尼西亚，日本；美洲南部，非洲南部。

寄主　马鞭草科、五加科、紫葳科、胡桃科、木犀科植物，主要有柚木、海南石梓、小叶牡荆、淡紫花牡荆、白花紫珠、裸花紫珠、腊肠树、木蝴蝶等。

危害　1983年在云南德宏州有200hm²柚木林严重被害。

形态特征　**成虫**：体长13～16mm，翅展28～42mm。头、胸部淡灰色至红褐色，腹部暗褐色具橙黄色环带。前翅暗褐色，具1条圆弧形灰色或红褐色宽带，前翅反面各具1个较大褐色斑纹；后翅暗褐色，中部有一边缘为橙红色横向弯曲的黄色带，后缘近臀角处有1个橙红色较小斑纹，翅反面橙红色，近前缘及顶角处浅褐色具黑点，臀角处橙色具2个黑斑。**卵**：长1.0mm，宽0.4mm，长椭圆形，鲜黄色，但在柚木叶上呈乳白色，近孵化时部分卵上有1～2条橘黄色横带。**幼虫**：初孵幼虫乳白色，头壳黑色，取食后体呈绿色。2～3龄幼虫灰黑色。4龄后，群体饲养者体呈灰黑色至黑色，刚毛瘤黑色；亚背线白色，腹部第八节背板后缘有1个矩形白斑；单个饲养及野外生活者，头壳黑色，体色鲜艳，前

胸背板梯形，前宽后窄、黄褐色，边深绿色；从前胸到臀节背部黄绿色，具2条黄褐色纵带，在胸部及腹部第五节之后明显；背部两侧每节各具1个黑黄相间的斑点，连成纵带，背线，亚背线灰白色，气门以下浅黄色，臀板具小黑点。老熟幼虫体长35～40mm。**蛹**：雄蛹体长5～19mm，雌蛹体长16～20mm。初化蛹浅绿色，近羽化时呈黑褐色。

生物学特性　海南尖峰岭1年12代。6月中旬至7月中旬虫口数量最多，其后随着柚木叶变老发硬而虫口数量骤减，除在苗圃及一些萌条的嫩叶上可见少量幼虫外，成林树上则很难见到幼虫危害。从卵到成虫羽化，历期最短在5月为18天，1～2月为37天。幼虫共6龄，历期7～15天。蛹期6～8天。

幼虫多在清晨到中午孵化。幼虫仅取食嫩叶，在嫩叶边缘处咬一半圆形缺刻，以丝折叠该处叶片，置身其中。初龄幼虫折叠叶片较紧密，老龄则较松。幼虫转食其他叶片时，如遇惊则退回原叶片或吐丝下垂。幼虫取食嫩叶，严重时仅留几根主侧脉，蜕皮后则转到他处危害。老熟幼虫以丝紧密折叠部分叶片或紧密固定相近的2叶片，于其中化蛹。多在树上化蛹，大发生时可在地上灌木、杂草上化蛹。

成虫夜间羽化。交尾和产卵前后均需取食露水补充营养。羽化后次日夜晚交尾，每次需3～4小时。交尾后次日晚开始产卵。卵散产于叶片上，以叶背面为多。每雌产卵最多834粒，最少204粒，平均为477粒。成虫白天隐藏于林内杂草等阴暗处不动，夜间飞翔，有一定趋光性。雄成虫寿命最长17天，雌成虫13天；寿命最短雌雄均为4天。

天敌有大腿蜂、小茧蜂各1种。据记载有4种姬蜂寄生，即皱弯姬蜂、松毛虫恶姬蜂、柚木夜蛾长痣姬蜂、柚木夜蛾弗姬蜂。赛氏杆菌寄生幼虫及蛹，致病力很强。

参考文献

陈芝卿等，1978；陈芝卿等，1984.

（陈芝卿）

柚木驼蛾成虫
（中国科学院动物研究所国家动物博物馆　提供）

460 癞皮夜蛾

分类地位	鳞翅目 Lepidoptera 瘤蛾科 Nolidae
拉丁学名	*Gadirtha inexacta* (Walker)
异　　名	*Iscadia inexacta* (Walker)

分布 江苏，浙江，福建（邵武、建阳、建瓯、南平、光泽、武夷山、三明、沙县、永安、尤溪、安溪、永泰、闽清、平和、霞浦），江西，湖北，湖南，广东，广西，海南，贵州，台湾等地。印度，缅甸，新加坡，印度尼西亚及南太平洋诸岛。

寄主 乌桕。

形态特征 成虫： 体长20～24mm，翅展45～51mm。头部及胸部灰色杂褐色，下唇须长约2mm。前翅内侧具1个黑斑，中段内侧有许多黑色及褐色点，环纹灰褐色，有不完整的黑边，中有竖鳞，外横线模糊，双线褐色，波浪形外弯至肾纹再稍外斜，前段外侧有1个黑褐斑，亚外缘线灰白色波浪形，外缘线为1列黑点。后翅淡黄褐色至褐色，缘毛黄白色。**幼虫：** 老熟幼虫体长28～31mm；头部黄绿色，头顶有隆起的颗粒，体淡黄色，并具细长毛，背线黑色，或由不连续的黑点组成，以第一、二及第八腹节背面的黑点较大，胸部的黑点不明显，亚背线黄色宽带，气门上线黄色，气门线黄色不明显，刚毛很长，最长的刚毛约为体长的1/3，刚毛有黑色和白色2种，气门椭圆形，褐色。

生物学特性 福建邵武1年4代。以卵在枝干或树叶背面越冬，翌年5月上旬开始孵化。各代幼虫危害期分别在5月上旬至6月中旬、7月上旬至8月上旬、8月上旬至9月上旬、9月中旬至10月中旬。各代

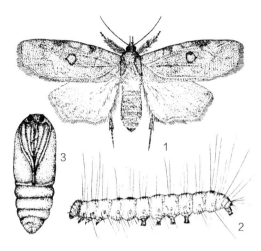

癞皮夜蛾（黄金水　绘）
1. 成虫；2. 幼虫；3. 蛹

成虫出现期分别为6月下旬、7月下旬、9月上旬、10月中旬。

成虫多在夜间羽化，羽化后2～3天交尾产卵，成虫白天静伏荫蔽处，夜间飞行交尾产卵，有趋光性；成虫寿命平均8天，卵散产在叶背面或枝干上，卵期9～13天，越冬卵历期约150天。幼虫共6龄。3龄后幼虫食量增大，每条幼虫1天要吃掉1～2片乌桕叶，喜食较嫩的叶片，幼虫遇惊扰常弹跳避开，活动较敏捷。老熟幼虫在化蛹前2天就不食不动，体变为紫色，将咬碎的叶片在枝干上吐丝作茧。茧很薄，内有老熟幼虫化蛹蜕皮时留下的长体毛。通常1处仅做1个茧。蛹在丝茧中，腹部摆动很快，与茧内丝弦摩擦发出"叮当"的响声，时断时续，拿在手中有很明显的抖动感觉，这一特征可辨别茧内有无活蛹存在。蛹期平均16天（黄金水等，1987）。

防治方法

1. 人工防治。蛹期目标明显，可人工剥除其茧；幼虫具有遇惊即弹跳的习性，可震落捕杀之。

2. 生物防治。利用天敌蚂蚁捕食其蛹。

参考文献

黄金水等，1987；陈一心，1999.

（黄金水，汤陈生）

癞皮夜蛾成虫
（中国科学院动物研究所国家动物博物馆　提供）

461	细皮夜蛾	分类地位　鳞翅目 Lepidoptera　瘤蛾科 Nolidae
		拉丁学名　*Selepa celtis* Moore
		异　　名　*Subrita curviferella* Walker

分布　江苏，浙江，福建，江西，湖北，广东，广西，四川等地。印度，斯里兰卡，印度尼西亚，菲律宾。

寄主　八宝树、茶树、人面果、大叶紫薇、板栗、梨树、番石榴、杧果、枇杷、三华李、秋枫。

危害　近年来在广东发生严重。

形态特征　**成虫**：雌虫体长9～11mm，翅展24～26mm；雄虫体长8～9mm，翅展20～22mm。前翅灰棕色，中央有1螺形圈纹，圈中有3个较明显的鳞片突起，近翅中央的1个大部分呈灰白色，少部分呈棕色，其余2个棕色；近臀角处亦有3个明显的棕色鳞片小突起。后翅灰白色。**卵**：包子形，直径和高均约0.25mm，淡黄色而稍带微红色。顶部中央有1个圆形凹陷，边缘有18条竖行脊突，各脊突间又有小横脊突相连。**幼虫**：老熟幼虫头宽1.8～2.0mm，体长14～22mm。腹部背面第二、七节上各有墨黑色斑；腹部第二至第六节侧面各有1个黑点，至生长后期各成为2个黑点；腹部侧面至生长后期有2条灰色纵纹。体上刚毛基部的毛突多为白色。**蛹**：椭圆形，米黄色。雌蛹体长10.0～11.0mm，雄蛹体长8.5～9.0mm。腹部腹面第六节、背面第九节各有1列纵行脊突。**茧**：扁椭圆形，表面被有许多土粒，长15.0～20.0mm，宽6.0～7.0mm。

生物学特性　广州1年约7代。终年发生，世代重叠，其中以4～10月发生最盛。在6～11月日平均气温为22.6～28.5℃的自然变温下饲养，卵期6～9天，幼虫期13～19天，蛹期8～13天，产卵前期2～3天，生活周期33～43天。幼虫在6～7月日平均气温为27℃下饲养，1～4龄幼虫历期均约3天，5龄幼虫3.5～4.5天。成虫夜晚羽化。羽化后第二晚或第三晚交尾，多在第三晚产卵。一般每雌产1个卵块，每卵块一般有卵30～100粒。卵多产于有旁叶遮盖的叶面上。孵化率一般为88%左右，但也常出现未受精的不育卵块。幼虫一般5龄，少数4龄。幼虫群集性很强，除末龄幼虫有时稍有分散外，同一卵块幼虫，始终群集取食。1～4龄幼虫仅取食叶背表层及

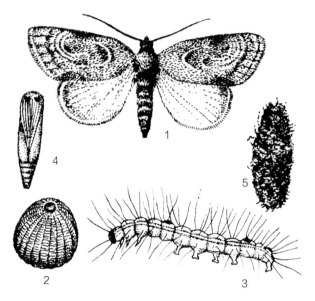

细皮夜蛾（伍建芬　绘）
1. 成虫；2. 卵；3. 幼虫；4. 蛹；5. 茧

叶肉，5龄幼虫则将叶吃成孔洞、缺刻，或食全叶组织，只剩下叶脉。幼虫老熟后下地结茧化蛹，茧结于土表或树干基部。成虫寿命一般10余天。幼虫一生食叶4747mm^2，其中1龄占0.5%，2龄占2.1%，3龄占7.6%，4龄占31%，5龄占58.8%。每年12月至翌年3月幼虫数量大减，其原因是在此段时期，气温低，幼虫生长缓慢和生长不良，死亡率高。天敌主要有海南蜡、螳螂、蚂蚁等。

防治方法

1. 人工防治。人工震落细皮夜蛾的幼虫，捕而杀之；清除落叶，以减少越冬场所。

2. 成虫可用黑光灯诱杀。

3. 生物防治。保护利用天敌，如苗圃及林地中的蚂蚁、瓢虫、胡蜂、马蜂、寄蝇、草蛉、益鸟、蝙蝠等天敌均须加以保护利用。

4. 化学防治。①对幼龄幼虫可喷射50%杀螟硫磷乳油1000倍液，或25g/L高效氯氟氰菊酯乳油1000～1500倍液，或20%噻虫嗪悬浮剂，或马拉硫磷乳油800～1000倍液，或45%丙溴·辛硫磷乳油，或50%吡虫啉·杀虫单水分散粒剂600～800倍液，

细皮夜蛾成虫（中国科学院动物研究所国家动物博物馆　提供）

细皮夜蛾蛹（张润志　整理）

细皮夜蛾幼虫（张润志　整理）

或40%水胺硫磷乳剂，或25%西维因可湿性剂1500倍液，或2.5%溴氰菊酯，或20%氰戊菊酯乳油稀释1000～1500倍液，或10%氯氰菊酯乳油，用药量150～300mL/hm²，或灭幼脲Ⅲ号20%胶悬剂2000～3000倍液。②对已蛀入梢中的幼虫，可用20%呋虫胺悬浮剂10倍液注干，或用50%杀螟硫磷乳油、或50%二溴磷乳油20～40倍液涂抹被害处。

参考文献

伍建芬等, 1984; 卢川川等, 1985; 陈一心, 1999.

（伍建芬）

462 白裙赭夜蛾		
分类地位	鳞翅目 Lepidoptera 瘤蛾科 Nolidae	
拉丁学名	*Carea angulata* (F.)	
异　名	*Carea subtilis* Walker, *Carea innocens* Swinhoe, *Carea subtilis* Hampson, *Carea intermedia* Swinhoe	
中文别名	大胸虫	

白裙赭夜蛾是危害柠檬桉的重要害虫，严重危害时将大片桉林的叶片吃尽，状似火烧，严重影响林业生产的发展。

分布　广东，广西，海南，云南。印度，印度尼西亚，斯里兰卡。

寄主　柠檬桉、乌墨（海南蒲桃）、蒲桃等。

危害　大发生时食尽叶片，树木仅留枝条，整片林分枯黄。

形态特征　**成虫**：体长15～20mm，翅展31～41mm。头部、胸部赭红色，下唇须褐色，胸部、足白色。腹部粉红色，背面及末端褐色。前翅赭红色，额、内横线黑褐色，较直，外斜；外横线前端至内横线后端有暗褐色斜条。后翅白色微透明。**卵**：圆形，直径约1.4mm，底部平贴在叶面上，较扁平，卵壳表面有许多条纵脊，初产时淡黄色，慢慢变成灰白色，近孵化时中心点变成黑褐色。**幼虫**：体长24～37mm，胸部向上膨大成直径10mm左右的球形，青色有光亮。头部黑褐色。腹部各节背面灰黄色。臀板黑褐色，尾须和尾足淡黄色。**蛹**：体长14～18mm，宽6～7mm。背部深褐色，腹部初为淡黄色，近羽化时变为深褐色。腹部末端光滑，无臀棘。

生物学特性　广东1年6代。夜间交尾产卵，卵散产于叶背或叶面，每雌孕卵量324～488粒。成虫飞翔力强，趋光性强。白天躲在枝叶茂密处，静息时双翅展开，腹部末端上翘。初孵幼虫取食叶肉，3龄后取食全叶。各龄幼虫遇惊扰即口吐褐色液体。幼虫静息时先在叶面吐丝做垫，然后停息其上。老龄幼虫缀叶结茧，树叶吃光后则爬到地面，在杂草中结茧化蛹。春、夏季强度干旱常引起该虫大发生。天敌有鸟、蜘蛛、猎蝽、螳螂、胡蜂等。

防治方法

1. 生态控制。将柠檬桉林改种其他桉树。

2. 诱杀。19:00～21:00时用黑光灯诱杀成虫。

3. 生物防治。用8000IU/μL苏云金杆菌油悬浮剂300～400mL/亩或20亿PIB/mL甘蓝夜蛾核型多角体病毒悬浮剂200g/亩，在阴天或晴天傍晚前喷雾。

4. 生长调节剂。用50%灭幼脲Ⅲ号胶悬剂1000～2000倍液喷雾。

5. 化学防治。可用25g/L高效氯氟氰菊酯乳油稀释800～1000倍液，或5.7%甲氨基阿维菌素苯甲酸盐微乳剂稀释3000～5000倍液。

参考文献

陈一心, 1999; 弓明钦等, 2007.

（顾茂彬）

白裙赭夜蛾成虫（中国科学院动物研究所国家动物博物馆　提供）

463	粉缘钻夜蛾	分类地位	鳞翅目 Lepidoptera 瘤蛾科 Nolidae
		拉丁学名	*Earias pudicana* Staudinger
		异 名	*Earias pudicana pupillana* Staudinger
		中文别名	柳夜蛾、断头虫、一点钻夜蛾、一点金刚钻

分布 北京，天津，河北，山西，辽宁，吉林，黑龙江，江苏，浙江，江西，山东，河南，湖北，四川，陕西，宁夏等地。日本，朝鲜，印度北部，俄罗斯等。

寄主 柳、杞柳。

形态特征 **成虫**：体长8～10mm，翅展20～23mm。头、胸部粉绿色，触角黑褐色，下唇须灰褐色。前翅黄绿色，前缘基部黄色有红晕，中室端部有1个明显的紫褐色圆斑，外缘及缘毛黑褐色；后翅灰白色，略透明，缘毛白色。腹部及足皆为白色，跗节紫褐色。**卵**：直径0.4mm，包子形，灰蓝色。**幼虫**：老熟幼虫体长15～18mm，初龄幼虫体浅灰黄色、深褐色，头及前胸背板黑褐色。胸、腹部背面灰黄色，胸部背面有2个、腹部背面有3个长圆形纵斑，亚背线暗紫色；腹部第二、三、五、八节背面两侧各有紫黑色隆起，上生1毛；气门下线白色。胸、腹部表面散生小颗粒，上有短毛，腹面灰白色。**蛹**：体长8～11mm，宽2mm，背面黑褐色或略带绿色，两侧及腹面淡褐色，尾端圆钝。茧为白色或灰褐色，其底面平坦以丝缠于叶面，其前端纵扁有裂缝。

生物学特性 黑龙江、吉林、辽宁、宁夏、北京等地1年2代；陕西、湖北1年3～4代。以蛹越冬。湖北翌年3月下旬、北京4月中、下旬羽化为成虫，发生期不整齐，5～9月均可见到不同虫龄的幼虫，9月上、中旬到10月上旬越冬。成虫羽化后白天栖息在叶背，夜间飞行活动，有较强的趋光性。成虫交尾后产卵于嫩叶或嫩芽的尖端。初孵幼虫吐丝，将

粉缘钻夜蛾成虫（徐公天 提供）

粉缘钻夜蛾成虫（展翅）
（徐公天 提供）

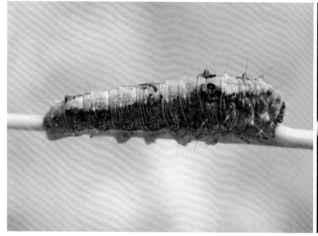

粉缘钻夜蛾幼虫（徐公天　提供）

粉缘钻夜蛾幼虫（徐公天　提供）

粉缘钻夜蛾茧（徐公天　提供）

粉缘钻夜蛾幼虫危害柳叶（徐公天　提供）

粉缘钻夜蛾（河北林业专科学校森保组绘）

1. 成虫；2. 卵；3. 幼虫；4. 蛹；5. 茧；6. 危害状

嫩叶缀连成巢，居其中蛀食叶肉。虫龄较大的幼虫则将叶子食成缺刻，尤其对毛白杨幼苗危害严重。幼虫有转移危害的习性，1头幼虫一生可以食害3～4个嫩梢。非越冬老熟幼虫在卷叶或虫巢内作茧化蛹。越冬老熟幼虫则在落叶、地被物上、树皮裂缝内或枝干的隐蔽处结茧化蛹。

防治方法

1. 人工摘除幼虫卷缀的筒巢杀灭之。

2. 幼虫期喷洒20亿PIB/mL甘蓝夜蛾核型多角体病毒悬浮剂200g/亩。

3. 黑光灯诱集捕杀成虫。

参考文献

徐连峰等，2004; 张柏瑞等，2004; 徐公天等，2007.

（李镇宇，韦雪青，张世权）

464	**旋皮夜蛾**	分类地位	鳞翅目 Lepidoptera　瘤蛾科 Nolidae
		拉丁学名	*Eligma narcissus* (Cramer)
		异　名	*Phalaena* (*Bombyx*) *narcissus* Cramer
		中文别名	毛毛虫、臭椿皮蛾、椿皮灯蛾、旋夜蛾

分布　北京，河北，上海，浙江，福建，江西，山东，河南，湖北，湖南，四川，贵州，云南，陕西，甘肃等地。日本，印度，印度尼西亚，菲律宾，马来西亚。

寄主　臭椿、香椿、栾树等。成虫在夜间危害梨、苹果、柑橘等成熟果实。

危害　嚼食叶片、仅留叶脉和叶柄或成熟果实，影响甚大。

形态特征　成虫：体长26～38mm，翅展67～80mm。头、胸淡灰褐色，腹部杏黄色。前翅狭长，灰黑色自基部至翅尖有1条白色纵带；后翅大部杏黄色，端部紫青色。**卵**：近圆形，乳白色（萧刚柔，1992）。**幼虫**：体长38～47mm。头黑色，体橙黄色，体节背面有黑褐色斑纹并生白色细长刚毛。**蛹**：体长26～27mm。体扁，纺锤形，红褐色。**茧**：长50～64mm，半面纺锤状（张执中，1992）。

生物学特性　河南1年2代。以蛹越冬。3月上、中旬成虫羽化，产卵发生第一代。7月上、中旬出现第二代成虫，此代幼虫危害严重，能把整树叶片吃光，仅留叶脉和叶柄。8～9月幼虫老熟，在树枝干表皮上结茧过冬。其幼虫孵化后，在叶背栖息危

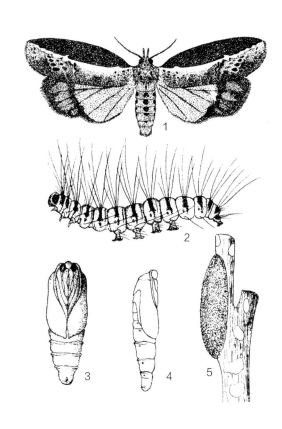

旋皮夜蛾（徐天森　绘）
1. 成虫；2. 幼虫；3、4. 蛹；5. 茧

害，受惊即弹跃身体落地或落在其他枝叶上逃脱。老熟幼虫爬至树干上结丝呈灰色薄茧化蛹，受惊则以腹节的齿状刺列摩擦茧壳，吱吱作响。成虫有趋光性，白天静伏于阴暗处，如树干或叶下。

防治方法

1. 人工防治。冬季刮除树干上的越冬虫茧。9月下旬至翌年2月，幼虫体色鲜明，喜弹跳，可人工捕捉。同时，此期还可人工摘茧。

2. 化学防治。25g/L高效氯氟氰菊酯乳油稀释800～1000倍液，对5～6龄幼虫防治效果达100%；90%敌百虫1000倍液，对5～6龄幼虫防治效果达94%。

3. 生物防治。幼虫期喷8000IU/μL苏云金杆菌油悬浮剂300～400mL/亩；受害严重时，可在幼虫期

旋皮夜蛾成虫（徐公天　提供）

旋皮夜蛾成虫（静止）（徐公天　提供）　　　旋皮夜蛾幼虫（徐公天　提供）

旋皮夜蛾蛹（上视）（徐公天　提供）　　　　旋皮夜蛾蛹（下视）（徐公天　提供）

旋皮夜蛾茧（徐公天　提供）　　　旋皮夜蛾已羽化茧（徐公天　提供）　　　旋皮夜蛾幼虫感染白僵菌（徐公天　提供）

喷施杀螟硫磷、巴丹等各1000倍液，25g/L高效氯氟氰菊酯乳油1000倍液、20亿PIB/mL甘蓝夜蛾核型多角体病毒悬浮剂200g/亩均可，防治效果良好（林晓安等，2005）。

4. 灯光诱杀。用频振式杀虫灯诱杀成虫。

5. 保护天敌。蛹期利用寄生蜂*Pimpla inctuosa*及羽角姬小蜂属一种*Sympiesis* sp.和寄蝇*Tachina* sp.防治，其蛹的寄生率很高。把采集的蛹放入虫笼内，翌年春暖放寄生蜂飞出，成虫遭受寄生而死（萧刚柔，1992）。

参考文献

萧刚柔，1992；张执中，1992；陈一心，1999；林晓安，裴海潮，黄维正等，2005.

（万少侠，周嘉熹）

465	花布灯蛾	分类地位	鳞翅目 Lepidoptera　瘤蛾科 Nolidae
		拉丁学名	*Camptoloma interiorata* (Walker)
		异　　名	*Numenes interiorata* Walker, *Camptoloma erythropygum* Felder
		英文名称	False tiger moth
		中文别名	黑头栎毛虫、花布丽灯蛾

花布灯蛾为栎类树木的重要食叶害虫，可将叶片吃光；早春幼虫吃食芽苞，导致不能开花抽叶。

分布　北京，河北，辽宁，吉林，黑龙江，江苏，浙江，安徽，福建，山东，河南，湖北，湖南，广东，广西，四川，云南等地。朝鲜，日本，韩国，俄罗斯远东地区。

寄主　桑、柳树、楠柳、麻栎、板栗、槲栎、枹栎、苦槠、乌桕、栓皮栎、辽东栎、蒙古栎等。

危害　危害多种柞树的芽叶。使受害芽及芽苞干枯，影响养蚕。被害叶片残留表皮，远看似"白叶"。

形态特征　**成虫：**体长10mm，翅展26～36mm，体橙黄色。前翅黄色，艳丽似花布，翅上有6条黑线，自后角区域略呈放射状向前缘伸出，近翅基的2条呈"V"形，第三条位于中室，较短，在外缘的后半部有朱红色斑纹2组，每组分出2支伸向翅基，靠后角外缘毛上有方形小黑斑3个；后翅橙黄色。雌蛾腹端有厚密的粉红色绒毛。**卵：**扁圆形，淡黄色，卵粒排列整齐、块状，卵块表面覆盖有粉红色的绒毛。**幼虫：**老龄幼虫体长30～35mm，头部黑色，体暗褐色，前胸背板黑褐色，被黄白色细线分成4片，胸、腹部灰黄色，有褐色纵线13条，各节生有白色长毛数根，腹足基部及臀板均为黑褐色。**蛹：**长10～12mm，略成纺锤形，茶褐色，腹末有1圈齿状突起。**茧：**暗黄色。

生物学特性　江苏、山东、甘肃1年1代，以3龄幼虫群集于虫苞内越冬；在辽宁沈阳1年1代，以10龄幼虫在土中越冬。翌年3～4月越冬幼虫开始活动，取食芽苞嫩叶，常在芽苞上咬1～2个圆洞，钻入芽内蛀食，留下空苞片，引起芽苞干枯，严重影响树木开花抽叶。5月幼虫开始老熟，沿树干爬到地面枯枝落叶层或石块下作茧化蛹，蛹期约1个月。成虫6月开始羽化、交配产卵，卵7～8月孵化，10～11月幼虫开始越冬。

成虫多白天羽化，展翅完毕后，白天一般停息

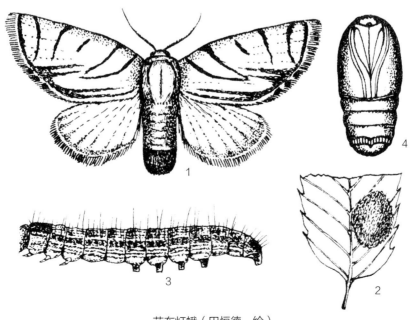

花布灯蛾（田恒德　绘）
1. 成虫；2. 卵；3. 幼虫；4. 蛹

花布灯蛾成虫(展翅)（徐公天　提供）

在叶背，或在杂草灌木丛中隐蔽，黄昏时活动、交配，交配前雄虫常在雌虫上空飞舞求偶，并发出"吱吱"的鸣叫声，约5分钟后，雌虫也开始飞舞，雌、雄共舞8～10分钟后便开始交配，交配时呈雌上雄下反向"一"字形对接，交配历时约30分钟。雄虫一生只交配1次。交配后，雌虫多数当夜产卵，也有次日早晨产卵的。卵多产于树冠中下部下垂叶片的叶背，卵粒单层排列，多呈圆形或椭圆形的卵块，上覆粉红色的雌虫尾毛。每个卵块平均有卵231粒。成虫寿命短，雌虫为5～8天，雄虫4～6天。有一定的趋光性，雄虫趋光性略强于雌虫。卵期2～3周，幼虫孵化时，从卵底咬破卵壳爬出，群集于卵块周围，然后在卵块下面吐丝结成灰白色的虫苞，并以丝将叶柄缠在小枝上以防叶片枯落。1龄幼虫在虫苞内取食叶片和少量卵壳，2龄后开始出苞取食，取食前，幼虫把虫苞内的粪便和蜕皮后的头壳及蜕皮搬到虫苞外，每龄蜕皮后，在虫苞外可见到所蜕的头壳，借此可以确定龄期。取食时，幼虫多以3、4或5路纵队排列，统一外

出取食，到达目的叶片后，头部向外，排列成圆形或半圆形的取食圈前进取食。若受到惊扰，多数幼虫大幅度左右摆头3～4次，发出"沙沙"声音，然后迅速回虫苞。幼虫取食后，胸部和中肠变成嫩绿色，排空时间约为8小时。

幼虫具有吐丝习性，幼虫外出取食及返回虫苞，均沿丝路行进。若丝路受到破坏，幼虫显得焦躁不安，来回爬行，进行试探。断丝处较短时，幼虫可以通过断丝处回到虫苞。断丝处超过幼虫3倍体长时，幼虫则不能回到虫苞，爬行3～5小时后变得较安静，多数以头对头方式聚集在一起。随龄期增长，虫苞面积扩大，在虫苞受到破坏时，能及时吐丝修补。每个虫苞平均有幼虫848头，最多可达3000多头。虫苞随取食部位上移，同时有分小群另做虫苞的现象。

防治方法

1. 11月至翌年3月集中人力刮除树干及枝丫处的越冬虫苞。用煤油涂越冬虫苞两头，可以达到较好的防治效果。秋季在柞蚕场内的绿叶中查找被虫危

花布灯蛾幼虫（徐公天　提供）

害后的"白叶"，摘去表面有粉红色丝囊的叶片，消灭其中的幼虫。5龄幼虫期，可在树干离地面1m高处围以稻草或其他干草，待老熟幼虫化蛹于其中后，再解下围草烧毁。

2. 成虫发生期用黑光灯诱杀。

3. 用90%敌百虫晶体2000倍液、25g/L高效氯氟氰菊酯乳油800～1000倍液、50%杀螟硫磷乳油800倍液、75%辛硫磷乳油2500～3000倍液、2.5%溴氰菊酯8000倍液、灭幼脲I号50mg/kg液或甘蓝夜蛾核型多角体病毒悬浮剂1000～1500倍液喷雾。喷药时间通常在4月下旬，此时栎叶已抽放，幼虫食量大，防治效果好。

参考文献

萧刚柔, 1992; 耿以龙, 徐和光, 李东军等, 1998; 席忠诚, 1999; 郑文云, 高德三, 2001.

（嵇保中，张凯，田恒德）

466	苹梢鹰夜蛾	分类地位	鳞翅目 Lepidoptera　目夜蛾科 Erebidae
		拉丁学名	*Hypocala subsatura* Guenée
		异　名	*Hypocala aspersa* Butler, *Hypocala subsatura* var. *limbata* Butler

幼龄幼虫蛀害芽苞及嫩叶，中、老龄幼虫卷叶取食，被害芽枯萎，致苗多头，造成大量劣苗，降低苗木的质量，致幼树梢枯，严重影响树木生长。

分布　北京，河北，内蒙古，辽宁，江苏，浙江，福建，山东，河南，广东，海南，云南，贵州，西藏，陕西，甘肃，台湾等地；日本，印度，孟加拉国。

寄主　柿、苹果、梨、李、栎。

危害　幼虫吐丝粘结苗木和幼树叶片成苞，取食苞中嫩芽和叶，致使枝秃梢枯，严重影响苗木和幼树的生长。

形态特征　**成虫**：体长18～21mm，翅展38～42mm。全体褐色，触角丝状附有排列的柔毛，下唇须斜向下伸状如鹰嘴。前翅紫褐色，密布黑褐色细点，外横线和内横线棕色波浪形，肾状纹有黑边，其余线纹不明显；后翅棕黑色，后缘基半部有1个黄色圆形大斑纹，臀角、近外缘中部和翅中部各有1个橙黄色小斑（中国科学院动物研究所，1982）。

卵：直径0.5mm，半球形，卵面有放射状隆起纹。

幼虫：体长30～35mm，一般头部为黄褐色，体黑

1

2

苹梢鹰夜蛾（胡兴平　绘）

1. 成虫；2. 幼虫

苹梢鹰夜蛾成虫（唐燕平、杨春材　提供）

色，前胸至第八腹节的气门线由不连续和不规则的圆形黄斑组成。幼虫腹足趾钩为单序中带（朱弘复等，1979）。**蛹**：体长14～19mm，宽4.5～6.2mm，红褐色至深褐色。臀刺4个并列，中间2个较长。

生物学特性　全国各地发生世代各不相同。长江流域1年2代，以蛹居土茧内越冬。翌年5月上旬出现成虫，5月中旬至7月上旬为第一代幼虫主要危害期，6月中、下旬老熟幼虫陆续下树入土做蛹室化蛹，第二代幼虫7～8月危害，8月中、下旬下树入土结茧越冬。成虫多在20:00～21:00羽化，飞翔能力及趋光性较弱，白天潜居杂草、灌木叶背，成虫具有补充营养习性。卵多产于树冠上部嫩梢及叶片，卵散产，初孵幼虫爬至嫩梢顶端蛀入顶芽，取食苞芽，被害芽内、外充塞附有深绿色细粒状虫粪，被

害芽迅速枯萎，幼虫随即下爬取食嫩叶，或咬断顶芽，幼虫将叶片卷起匿居其中，初龄幼虫常吐丝下垂，随风飘荡迁移，幼虫老熟后，入土做室化蛹（赵锦年等，1993）。

防治方法

1. 人工防治。成虫发生期，用糖醋液诱杀成虫，设置高度为0.6～1.2m。

2. 药剂防治。在幼虫危害初期喷洒药剂防治，用20%速灭杀丁乳油1500倍液或10%吡虫啉乳油800倍液喷雾。

参考文献

朱弘复，王林瑶，方永菜，1979；中国科学院动物研究所，1982；萧刚柔，1992；赵锦年，陈胜，1993；陈一心，1999.

（唐燕平，杨春材，韦启元）

467 中南夜蛾

分类地位	鳞翅目 Lepidoptera 目夜蛾科 Erebidae
拉丁学名	*Ericeia inangulata* (Guenée)
异 名	*Hulodes inangulata* Guenée, *Girpa inangulata* Moore
中文别名	南夜蛾

分布 福建，湖南，广东，广西，海南，云南，西藏。缅甸，印度，斯里兰卡，孟加拉国，澳大利亚。

寄主 马占相思、台湾相思、黄檀属、含羞草属、黑荆树。

形态特征 成虫： 体长约20mm，翅展约50mm。全体灰褐色。翅基片有小黑点，前翅散布黑色细点，内线微黑，波浪形；中线模糊褐色，环纹为一黑点，肾纹斑暗褐色；外线黑色波浪形，隐约呈双线。雌成虫亚中褶处有圆形黑斑，近顶角处有一灰色波曲纹，顶角有一黑色斜纹，外缘1列黑点。

幼虫： 老龄幼虫体长50～55mm，前端较细，腹部第一至第三节常弯曲成桥形，腹足4对，第一对腹足极小，第二对次之。头部灰黄色，头顶两侧各有1个白斑，侧面有黑色不规则网纹，体赤黄色或灰黑色，布满黄褐色或黑色斑纹，亚背线及气门线黑色宽带，腹线黑色，臂板黄褐色。胸足黄褐色，腹足同体色。

生物学特性 以蛹越冬，在深圳每年4～9月野外均可见到成虫。幼虫危害马占相思树、台湾相思树叶片，多集中在树木顶梢嫩叶处危害。白天栖于植株下部，将虫体伸直紧贴于枝条上，与树枝颜色相仿，不易被发现。10月以后老熟幼虫沿树干爬到地面，将叶子缀集成一苞，在浅土中化蛹。

防治方法

1. 人工防治。在幼虫下树化蛹时人工捕杀，或用竹耙清除枯枝落叶和浅土中虫苞焚烧，杀死潜藏的幼虫和蛹。也可在马占相思树基部捆扎草绳，阻止幼虫下树化蛹，在一定程度上可以减少虫口数量。

2. 化学防治。在害虫发生时，应用8000IU/μL苏云金杆菌油悬浮剂300～400mL/亩或20亿PIB/mL甘蓝夜蛾核型多角体病毒悬浮剂200g/亩，25%灭幼脲胶悬剂3000～4000倍液，拟除虫菊酯类杀虫剂如25g/L高效氯氟氰菊酯乳油稀释800～1000倍液喷雾，或用植物源杀虫剂0.3%印楝素600～800倍液喷雾对环境安全，防治效果亦较好。

参考文献

陈一心，1999；冯慧玲，谢海标，2003.

（冯慧玲，李颖超，李镇宇）

中南夜蛾幼虫（张润志 整理）

468 涟篦夜蛾

分类地位 鳞翅目 Lepidoptera 目夜蛾科 Erebidae

拉丁学名 *Episparis tortuosalis* Moore

分布 广东，广西，海南。印度，孟加拉国。

寄主 麻楝、黄兰等。

形态特征 **成虫**：雌蛾体长21mm，翅展49～55mm；雄蛾体长18mm，翅展49～50mm。成虫褐色，胸部和腹部具粗毛，雄蛾体色较雌蛾深，色泽也较清晰。胸部和腹部前端腹面为白色。雌蛾触角丝状；雄蛾的2/3为羽状，端部丝状。前翅前缘直，外缘自翅尖到臀角1/3处微内削，雄蛾前翅外缘线、亚外缘线、内横线白色，中横线、基线也是白色，但较模糊，有1个白色新月形小斑纹；雌蛾的上述线条均不清晰。前翅腹面顶角处具深咖啡色三角斑

1块。后翅外缘中部外凸，然后内削，外缘1/3至臀角处有1个火黄色斑，其腹面中央具白宽带1条，内有深咖啡色斑点1个和褐色斑2个（雌蛾无褐色斑）。**卵**：无色透明，上有放射状线条，线条的末端略弯曲。卵的内含物草绿色，清晰可见。卵上覆有1层圆形透明胶质物，此覆盖物大于卵粒。卵馒头形，较扁，中央有蜂窝状刻纹。**幼虫**：体长45mm。黄色，并生有黑色刚毛和毛瘤，还有一些褐色斑。**蛹**：长22mm。红褐色，略呈长圆筒形，末端蜂窝状的脊状突起呈圆形排列。

生物学特性 海南1年4～6代。冬季以蛹休眠者，世代数就少；蛹不休眠者，世代数就多。夏季完成1代约37天，而冬季完成1代约78天。在冬季卵期8天，幼虫期50天，蛹期20天（休眠蛹蛹期100～160天）；而在夏季卵期5天，幼虫期25天，蛹期11天。幼虫有8龄。成虫在16:00～24:00羽化，尤以18:00～20:00为盛。夜间交尾产卵，平均产卵量581粒。对白炽灯光略有趋光性。幼虫散居，取食老叶片，老熟时缀叶结茧化蛹。

参考文献

萧刚柔，1992；陈一心，1999.

（顾茂彬）

涟篦夜蛾成虫（中国科学院动物研究所国家动物博物馆 提供）

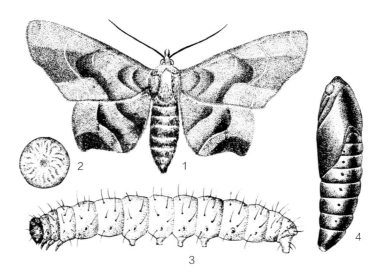

涟篦夜蛾（张培毅 绘）

1. 成虫；2. 卵；3. 幼虫；4. 蛹

分类地位	鳞翅目 Lepidoptera　目夜蛾科 Erebidae
拉丁学名	*Aloa lactinea* (Cramer)
异　名	*Amsacta lactinea* Cramer, *Phalaena lactinea* Cramer
英文名称	Red costate tiger moth
中文别名	红缘灯蛾、红绿灯蛾、红边灯蛾

469　红袖灯蛾

　　红袖灯蛾为中小型蛾类，多食性，危害盛期正是各种农作物的开花结荚期，对产量影响较大，危害严重时使农作物减产二三成。

　　分布　北京，天津，河北，山西，内蒙古，辽宁，黑龙江，江苏（南京、南通），浙江，安徽，福建，江西，山东，河南，湖北，湖南，广东，广西，海南，四川，云南，西藏，陕西，台湾等地。尼泊尔，缅甸，印度，越南，日本，朝鲜，斯里兰卡，印度尼西亚。

　　寄主　玉米、大豆、菜豆、谷子、棉花、芝麻、高粱、向日葵、绿豆、白菜、萝卜、甘蓝、茄子、葱、桑、柑橘、香蕉、菊花、百日草、千日红、鸡冠花、梅花、凤尾兰、木槿、棣棠、椿、栎、苦楝、万寿菊、橙、紫穗槐等109种植物，分属于26科，包括26种作物，16种树木，67种杂草（方承莱，2000）。

　　危害　幼虫啃食作物的叶、花、果实，将叶片吃成缺刻，严重时吃光叶片。

　　形态特征　**成虫**：体长18～20mm，翅展46～64mm。头颈部红色，腹部背面橘黄色，腹面白色。前翅白色，前缘具明显红色边线，中室上角有1个黑点；后翅横纹为黑色新月形，外缘有1～4个黑斑，其中，雄虫有1～2个黑斑，雌虫有4～5个黑斑。**卵**：圆球形，淡黄色，产成块状。**幼虫**：老龄幼虫体长约40mm，红褐色至黑色，有黑色毛瘤，毛瘤上丛生棕黄色长毛。**蛹**：长椭圆形，黑褐色。

　　生物学特性　河北1年1代。以蛹越冬。翌年5～6月开始羽化，成虫昼伏夜出，有趋光性，卵呈块状产于叶背面。幼虫7龄，初龄幼虫群集危害，3龄后分散危害，蚕食叶片，使叶片残缺不全，遇惊扰时吐丝下垂扩散危害。秋季老熟幼虫可在土中、枯叶中及各种缝隙中作茧化蛹越冬（方承莱，2000）。

　　防治方法

　　1. 人工防治。卵盛期或幼虫初孵期及时摘除，集中消灭；蛹期可人工挖蛹，降低越冬基数。

　　2. 物理防治。成虫期用黑光灯诱杀。

　　3. 生物防治。在卵盛期或幼虫初孵期喷洒0.2%苦皮藤素乳油1000倍液；Bt乳剂300倍液。

　　4. 药剂防治。用25%灭幼脲Ⅲ号悬浮剂、20%除虫脲悬浮剂进行飞防；用25%灭幼脲Ⅲ号悬浮剂、20%除虫脲悬浮剂、20%杀铃脲悬浮剂进行喷雾防治幼虫。

　　参考文献

　　方承莱，2000.

（刘寰）

红袖灯蛾成虫（李镇宇　提供）

红袖灯蛾成虫（李镇宇　提供）

470	褐点望灯蛾

分类地位 鳞翅目 Lepidoptera　目夜蛾科 Erebidae

拉丁学名 *Lemyra phasma* (Leech)

异　名 *Thyrgorina phasma* Leech, *Alphaea phasma* Leech, *Diacrisia phasma* Leech

中文别名 褐点粉灯蛾、粉白灯蛾

　　褐点望灯蛾危害多种经济林木、粮食作物、药用植物、果蔬和观赏植物，寄主植物多达55科94属111种植物。虫害严重发生时，叶片被吃光，严重影响寄主植物的生长和发育。

　　分布　湖北（利川），湖南（衡山），四川（会理），贵州，云南（昆明、保山、镇雄、易门、沧源、永胜、景东、腾冲、华坪），西藏（樟木）。

　　寄主　桃、梨树、梓树、滇楸、女贞、玉米、大豆等。

　　危害　受害植物叶片被食成缺刻或啃食殆尽，叶片受伤后，卷曲枯黄，继而变为暗红褐色。

　　形态特征　成虫：雄虫翅展32～42mm，体长约16mm；雌虫翅展38～42mm，体长约20mm。翅由乳白色、土黄色至黑褐色。前翅具完整的亚端带；后翅横脉纹有黑点，底色较深（方承莱，2000）。**卵**：卵成块状排列，卵块长椭圆形或不规则形状，大小不一，初产时为浅红色或深黄色，后变为赤褐色。**幼虫**：幼虫头部浅玫瑰红色，体深灰色，稍带金属光泽，并具樱草黄斑及同色的背线，毛疣浅茶色，其上密生黑色与白色长毛。**蛹**：红褐色，头与胸背面色较深，臀棘着生红褐色长短不等的细刺。**茧**：长椭圆形，白色、浅黄或浅红色。

　　生物学特性　云南昆明1年1代。以蛹越冬。成虫翌年5月上、中旬开始羽化并产卵，幼虫6月上、中旬孵化。幼虫共7龄，至10月中、下旬吐丝结茧（程量，1976）。幼虫3龄后，取食量特别大，扩散力增强，幼虫上下爬行于树干、树枝，或借丝迁移，蔓延危害其他植株。老熟幼虫在地面落叶下、土墙壁及其角落的洞穴缝隙中、室内堆放的书籍或折叠的衣服里、窗户和门框上等隐蔽处结茧化蛹。成虫一般夜间活动，在野外寄主植物叶片上交尾，雌蛾多将卵产于叶背面。据室内观察，雌蛾共产卵5次。每头雌蛾产卵时间延续7天左右，共产卵500余粒，卵经10～23天孵化。

　　防治方法

　　1. 人工防治。于冬、春季，用长柄弯嘴铁铲刮除主干上带有虫苞或蛹的老树皮，并扫除落叶，集中烧毁。在成虫发生期用黑光灯诱杀。成虫产卵期，可剪除带有卵块的叶片集中烧毁。幼虫期，可利用幼虫4龄前在网幕内集中取食危害的习性，及时剪除带网幕的枝叶，集中烧毁或深埋沤肥，或浸入药液中毒杀；5龄后，可在树干离地面1m高处围以稻草或其他干草，用绳束绑，待老熟幼虫化蛹于其中后，再解下围草烧毁（萧刚柔，1992）。

　　2. 生物防治。保护利用褐点望灯蛾幼虫期的寄生天敌资源，包括舞毒蛾黑瘤姬蜂、钝唇姬蜂、小

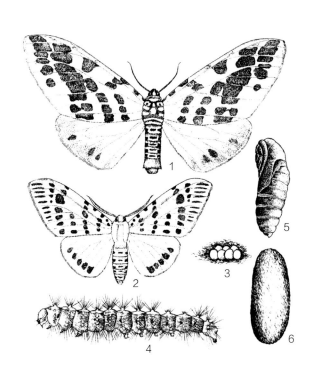

褐点望灯蛾（朱兴才　绘）

1. 雌成虫；2. 雄成虫；3. 卵；4. 幼虫；5. 蛹；6. 茧

褐点望灯蛾雄成虫（中国科学院动物研究所国家动物博物馆　提供）

褐点望灯蛾雌成虫
（中国科学院动物研究所国家动物博物馆　提供）

褐点望灯蛾雄成虫
（中国科学院动物研究所国家动物博物馆　提供）

茧蜂、齿腿长尾小蜂、寄蝇等（程量，1976；陈尔厚，1999）。

3. 化学防治。对于4龄以前的幼虫，可用90%敌百虫晶体2000倍液、25g/L高效氯氟氰菊酯乳油1000~2000倍液、50%杀螟硫磷乳油800倍液、75%辛硫磷乳油2500~3000倍液、2.5%溴氰菊酯8000倍液、20%除虫脲悬浮剂7000倍液（萧刚柔，1992）。

参考文献

程量，1976；萧刚柔，1992；陈尔厚，1999；方承莱，2000.

（李巧，潘涌智）

471　美国白蛾

分类地位	鳞翅目 Lepidoptera　目夜蛾科 Erebidae
拉丁学名	*Hyphantria cunea* (Drury)
异　　名	*Cycnia cunea* Drury et Hübner, *Hyphantria cunea* Drury et Fitch, *Hyphantria cunea* Drury et Hampson, *Hyphantria textor* Harris, *Phalaena cunea* Drury, *Spilosoma cunea* Drury
英文名称	Fall webworm
中文别名	秋幕毛虫、秋幕蛾

　　美国白蛾是一种食性杂、繁殖量大、适应性强、传播途径广、危害严重的世界性检疫害虫，被我国原农业部、国家质量监督检验检疫总局和国家林业局分别列为检疫性有害生物。

　　美国白蛾以幼龄幼虫群集寄主叶上吐丝结网幕，在网幕内取食叶肉，受害叶片呈白膜状而枯黄；老龄幼虫食叶呈缺刻或孔洞，严重时树木被食成光杆，林相残破，树势衰弱，易遭其他病虫害的侵袭，削弱树木抗寒、抗旱能力，连续受害可致树木死亡，直接影响城乡绿化美化，给林业生产造成重大损失，对当地的经济、生态和人文景观影响极大（国家林业局，1996）。

　　分布　北京，天津，河北，辽宁，江苏，山东，河南（陕西连续3年未查到成虫、幼虫，国家林业局于2008年已发文件公布解除疫情）。日本，韩国，朝鲜，土耳其，匈牙利，捷克，斯洛伐克，罗马尼亚，奥地利，俄罗斯，波兰，法国，德国，保加利亚，意大利，希腊，美国，加拿大，墨西哥（国家林业局造林司，国家林业局森林病虫害防治总站，2005）。

　　寄主　五角枫、复叶槭、元宝枫、七叶树、

美国白蛾雌成虫产卵（张润志　拍摄）

美国白蛾越冬代雄成虫（徐公天　拍摄）

美国白蛾成虫（越冬代雄蛾）（张润志　拍摄）

美国白蛾越冬代成虫交尾（徐公天　提供）

美国白蛾幼虫（张润志　拍摄）

美国白蛾危害状（张润志　拍摄）

美国白蛾幼虫（左视）（徐公天　提供）

美国白蛾雌成虫（徐公天　提供）

美国白蛾第1代成虫交尾（徐公天　提供）

臭椿、合欢、紫穗槐、白桦、白菜、构树、黄杨、凌霄、楸树、紫荆、海州常山、红瑞木、毛梾、黄栌、山楂、南瓜、菊花、山药、柿树、君迁子、杜仲、卫矛、无花果、青桐、连翘、白蜡树属、银杏、大豆、向日葵、洋姜、木槿、迎春、茉莉花、核桃楸、核桃、栾树、紫薇、金银花、金银木、玉兰、苹果属、桑、地锦、五叶地锦、泡桐、赤豆、绿豆、豆角、三球悬铃木、杨属、杏、红叶李、李属、桃树、碧桃、樱桃、樱花、榆叶梅、枫杨、石榴、梨属、蒙古栎、火炬树、蓖麻、香花槐、刺槐、月季、黄刺枚、柳属、接骨木、槐树、龙爪槐、紫丁香、白丁香、蒙椴、香椿、榆属、葡萄、花椒、玉米、枣。

危害　成虫多产卵于叶背面。1～2龄幼虫群集在叶背取食叶肉，保留上表皮和叶脉；被害叶呈纱网状；取食同时分泌丝状物形成网幕。幼虫3～5龄时咬透叶片，在叶缘啃食；6～7龄时则往往将叶片吃光，形成大的网幕笼罩整个树冠。3～4龄时树冠上可发现若干个小的白色网幕（曾大鹏，1998）。

形态特征　**成虫**：雌虫体长9.5～15.0mm，翅展30.0～42.0mm；雄虫体长9.0～13.5mm，翅展25.0～36.5mm。雄蛾触角腹面黑褐色，双栉齿状；雌蛾触角锯齿状。体白色，喙不发达，短而细，下唇须小，侧面和端部黑褐色。翅底色纯白，雄蛾前翅从无到有分布着浓密的褐色斑，雌蛾前翅常无斑，越冬代明显多于越夏代。前翅R_2至R_5脉共柄，前、后

美国白蛾1龄幼虫（徐公天　提供）

美国白蛾在砖缝中化蛹及越冬蛹
（徐公天　提供）

美国白蛾雌蛹（徐公天　提供）

美国白蛾幼虫破网后食叶（徐公天　提供）

美国白蛾雄蛹（徐公天　提供）

美国白蛾幼虫吐丝结网（徐公天　提供）

翅M_2、M_3脉共柄。前足基节、腿节橘黄色，胫节及跗节大部黑色。**卵**：近球形，直径0.50～0.53mm，表面具有许多规则的小刻点，初产的卵淡绿色或黄绿色，有光泽，后变成灰绿色，近孵化时呈灰褐色，顶部呈黑褐色。卵块大小为2～3cm^2，表面覆盖有雌蛾腹部脱落的毛和鳞片，呈白色。**幼虫**：老熟幼虫头部黑色，有光泽，头宽2.4～2.7mm，体长22.0～37.0mm，头宽大于头高；体细长，圆筒形，

美国白蛾危害状（张润志　拍摄）

美国白蛾幼虫蜕皮（徐公天　提供）

美国白蛾蛹和茧（徐公天　提供）

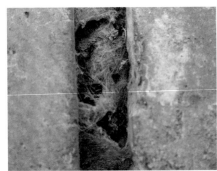

美国白蛾蛹被寄生（徐公天　提供）

美国白蛾幼虫被茧蜂寄生
（徐公天　提供）

白蛾周氏啮小蜂在美国白蛾老龄幼虫体上产卵
（徐公天　提供）

背部有1条黑色宽纵带，各体节毛瘤发达，毛瘤上着生白色或灰白色混杂黑色及褐色长刚毛的毛丛；体侧毛瘤橘黄色；气门白色，长椭圆形，边缘黑褐色，腹面黄褐色或浅灰色。1龄幼虫头宽约0.3mm，体长1.8～2.8mm；头黑色具光泽，体黄绿色，刚毛基部的硬皮板褐色。2龄幼虫头宽0.5～0.6mm，体长2.8～4.2mm；色泽与1龄幼虫大体相同；背部毛瘤黑色，各毛瘤上生1根粗而长的黑刚毛，周围具短而细的白毛丛，腹部趾钩始现。3龄幼虫头宽0.8～0.9mm，体长4.0～8.5mm；头部黑色有光泽；胴部淡黄色，胸部背面具2行大的毛瘤，腹部背面具2行黑毛瘤，各毛瘤突变得显著发达；背面的D1和D2黑色，D2生有黑色长刚毛1根和3～4根短的黑色及白色的短毛；腹足趾钩单序异型中带。4龄以上幼虫同老熟幼虫。**蛹**：体长9.0～12.0mm，宽3.3～4.5mm。初为淡黄色，后变橙色、褐色、暗红褐色，中胸背部稍凹，前翅侧方稍溢。臀棘由8～15个细刺组成，每刺端部膨大，末端凹入，长度几乎相等。**茧**：灰白色，薄、松、丝质混以幼虫体毛，呈椭圆形。（国家林业局造林司，国家林业局森林病虫害防治总站，2005）。

生物学特性　属外来入侵种，在原产地美国北部和加拿大1年1代，在美国中部和南部1年2～4代。1979年在我国辽宁丹东首次被发现。在我国大部分地区1年2代，北京地区可以完成3代。以蛹越冬。越冬代成虫为5～7月，越夏代成虫为7月下旬至8月初。北京越冬代成虫高峰出现在5月上旬，第一代成虫高峰出现在7月上、中旬，第二代成虫高峰出现在8月下旬至9月上旬。雄蛾比雌蛾羽化早2～3天，并多在傍晚和黎明活动、交尾，白天静伏于寄主叶背和草丛中。交尾结束后1～2小时，在寄主的叶背上产卵，卵排列呈块状，其上覆盖有白色鳞毛，历时2～4天，分2～3次完成，大部分卵粒于第一次产下，且孵化率高，一般均在96%以上，而且较整齐。越冬代成虫多在寄主树冠的中、下部叶背处产卵；越夏代成虫多在树冠中、上部产卵。雌虫产卵期间和产卵完毕后，始终静伏于卵块上，遇惊扰也不飞走，直至死亡。成虫飞翔能力不强，有一定趋光性。越冬代较整齐，第一、第二代世代重叠严重。

平均气温23～25℃，相对湿度75%～85%最适于卵的发育，初孵幼虫有取食卵壳的习性，并在卵

美国白蛾幼虫食害悬铃木状（徐公天　提供）

美国白蛾幼虫食害刺槐状（徐公天　提供）

壳周围吐丝拉网，1～3龄幼虫群集取食寄主叶背的叶肉组织，留下叶脉和上表皮，使被害叶片呈白膜状。1～4龄幼虫不断吐丝将被害叶片缀合成网幕，网幕随龄期增大而扩展，有的长达1～2m。5龄后开始抛弃网幕分散取食，食量大增，进入暴食期，仅留叶片主脉和叶柄。末龄幼虫取食量占整个幼虫期

的50%。幼虫耐饥性强，5龄以上幼虫耐饥力达8～12天。老熟幼虫沿树干爬下，多选择在树冠下的石头及瓦块下、地表枯枝落叶层中、树皮缝中、树洞中、屋檐缝隙中化蛹（国家林业局造林司，国家林业局森林病虫害防治总站，2005）。

防治方法

1. 加强检疫。加强对美国白蛾发生地区输入的木材、苗木、鲜果、蔬菜等和各种货物包装材料、运输工具的检疫检查。

2. 黑灯光诱杀成虫。

3. 剪除网幕。可在3～4龄网幕期，人工剪除网幕。

4. 树干束草或围毒环。本法常用于防治困难的高大树木。老熟幼虫化蛹前，用谷草、稻草或草帘等物，采取上松下紧的方式将其围绑于树干离地面1.0～1.5m处，诱集幼虫化蛹，化蛹期结束后，解下草把就地集中烧毁或深埋。还可在树干基部围毒环诱集化蛹的幼虫。

用草帘诱集美国白蛾幼虫化蛹（徐公天　提供）

用草绳诱集美国白蛾幼虫化蛹（徐公天　提供）

5. 释放白蛾周氏啮小蜂。在美国白蛾老熟幼虫末期和化蛹初期，分别释放白蛾周氏啮小蜂，寄生老熟幼虫和蛹。

放蜂量：白蛾周氏啮小蜂与美国白蛾蛹（幼虫）的比例为3：1。预防性放蜂：每公顷放蜂量30万头，即60个柞蚕蛹蜂茧。防治性放蜂：1个网幕放蜂0.5万头，即1个柞蚕蛹蜂茧。

放蜂时间：美国白蛾老熟幼虫期和化蛹初期各放蜂1次，2次放蜂时间间隔7～10天。放蜂时间宜选择天气晴朗、气温在25℃以上、风力小于3级，11:00～16:00进行，禁止雨天放蜂。

放蜂方法：用铁钉穿过茧上剪开的茧皮，钉于树干胸高处，或者将装有白蛾周氏啮小蜂的容器置于树干基部地面上，打开棉塞，羽化后的成蜂自由飞翔寻找寄主。禁止将蜂直接放于地面，以防蚁类取食。白蛾周氏啮小蜂水平飞行距离一次为45m，垂直飞行距离一次为35m。根据单位面积内放蜂量的多少，布置放蜂点，点与点水平距离应在50m以内（LY/T 1704—2007白蛾周氏啮小蜂人工繁育及应用技术规程）。

6. 生物防治。适用于防治3龄前的美国白蛾幼虫，使用甘蓝夜蛾核型多角体病毒悬浮剂1000～1500倍液进行人工地面喷雾或飞机喷雾防治。地面常量防治0.15～0.75kg/hm²，飞机超低容量防治0.3～1.5kg/hm²。宜在晴天的7:00前、19:00后或阴天全天使用，避免阳光直射；禁止与酸类或碱类物质混合。

7. 性信息素引诱。利用美国白蛾性信息素，在轻度发生区成虫期诱杀雄性成虫。诱捕器设置高度以树冠下层枝条（2.0～2.5m）处为宜。每100m设1个诱捕器，诱集半径为50m。在使用期间诱捕器内放置少量杀虫药剂或放置少量洗衣粉加水，杀死诱到的成虫。

8. 药剂防治。适用于各龄期幼虫防治。25%灭幼脲Ⅲ号悬浮剂地面常量喷雾用药量1500～3000g/hm²，飞机低量喷雾用药量600～900g/hm²，加展着剂30g/hm²。20%除虫脲悬浮剂地面常量喷雾用药量640～900g/hm²，飞机低量喷雾300～450g/hm²，加展着剂30g/hm²。20%杀铃脲悬浮剂地面常量喷雾用药量105～120g/hm²（曾大鹏，1998；国家林业局造林司，国家林业局森林病虫害防治总站，2005）。

参考文献

萧刚柔，1992；《中国森林植物检疫对象》，1996；曾大鹏，1998；方承莱，2000；《中国林业检疫性有害生物及检疫技术操作办法》，2005；陶万强，2008.

（陶万强，关玲，李玉璠，艾德洪，王景文，于虎勇）

472	**松丽毒蛾**

分类地位 鳞翅目 Lepidoptera 目夜蛾科 Erebidae

拉丁学名 *Calliteara axutha* (Collenette)

异　名 *Dasychira axutha* Collenette

中文别名 松茸毒蛾、松毒蛾、马尾松毒蛾

松丽毒蛾是松林内仅次于松毛虫的食叶害虫，而且残害量大。在松毛虫大发生时或大发生后，松丽毒蛾能加剧对松林的危害，对松林生态与经济造成较大的损失。

分布 北京，辽宁，黑龙江，浙江，安徽，江西，湖北，湖南，广东，广西，陕西等地。日本。

寄主 马尾松、湿地松、火炬松、加勒比松、云南松、思茅松、热带松、南亚松、晚松、卵果松、卡锡松、油松、油杉等。

危害 低龄幼虫群集咬食针叶的一侧，使一束针叶卷曲干枯；中、高龄幼虫取食全叶，常吃一截而丢落一截，并留下近基部一小段针叶；暴发时将全部针叶食光，使松林一片焦黄，如被山火焚烧。

形态特征 **成虫**：体灰黑色。雌蛾体长18～25mm，翅展40～60mm；雄蛾体长13～18mm，翅展30～40mm。前翅白灰色带褐色，亚基线褐黑色，锯齿状折曲；内、外横线褐黑色，前一半直，后半钝齿状；亚外缘线褐色，波浪形，内侧呈晕影状

带；外缘线黑褐色，缘毛褐灰色与黑褐色相间。后翅雌蛾灰白色，雄蛾灰黑色；横脉纹和外横线黑褐色。**卵**：灰褐色，半球形，径长约1mm，中间凹陷，中央有1个黑点。**幼虫**：初孵时体长4～5mm；老熟时体长35～45mm，头宽3.5～5.0mm。头红褐色；体棕黄色，杂有不规则的红黑褐色斑纹，并密生黑毛。胸、腹部各节均有毛瘤，瘤上密生棕黑色长毛。前胸背板两侧及第八腹节背面中央各生1束黑色长毛束，分别向头前及腹端伸出。第一至第四腹节背面生有刷状丛生的黄褐色毛簇。翻缩腺位于第七腹节背面中央。**蛹**：体长14～28mm，暗红色，体表散生黄毛，背面密生黄褐色簇毛，腹端有坚硬的臀棘。**茧**：长20～35mm，椭圆形，灰褐色；茧丝稀薄疏松，附有毒毛（萧刚柔，1992）。

生物学特性 广西南部1年4代；在广西北部、湖南、浙江、安徽等地1年3代。均以蛹越冬。在1年4代的地区，以蛹或大龄幼虫越冬；第四代蛹在翌年3月中旬至4月上旬羽化为成虫，以后各代成虫出现

松丽毒蛾雌成虫（王缉健　提供）

期分别是6月中旬、8月中旬、10月中旬；1～4代幼虫期分别为4～5月、7～8月、9～10月、11～12月。12月中旬部分幼虫老熟并结茧化蛹越冬，未老熟的大龄（5～6龄）幼虫则在针叶丛中蛰伏越冬，在天气晴暖时仍取食并陆续结茧化蛹，在2月上旬结茧化蛹完毕。在1年3代的地区，以蛹越冬，翌年4月中、下旬成虫羽化，第一代幼虫5～6月危害，7月上旬成虫出现；第二代幼虫7～8月危害，9月中旬成虫羽化；越冬代幼虫9月中、下旬出现，危害至10月，于11月上、中旬结茧化蛹越冬。卵期4～10天。幼虫8

龄，少数9龄。1～9龄幼虫历期分别是：4～12天、3～7天、4～8天、4～9天、4～13天、5～16天、6～11天、4～12天、7～10天。幼虫期为40～65天，越冬幼虫期100～120天；蛹期13～18天，越冬蛹80～120天；成虫寿命3～8天。

成虫多在傍晚羽化，羽化后约1小时即能飞翔。成虫白天不动，晚上则活动活跃，有强趋光性，喜向光源充足的地方飞翔。成虫喜欢在羽化的当晚或次晚午夜交尾，历时近一昼夜。交尾后选择松树针叶丰富或较完好的松针上产卵。卵在2～3天

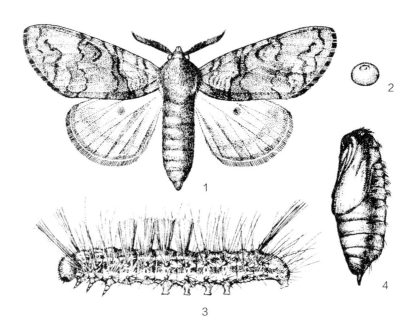

松丽毒蛾（张翔　绘）
1. 成虫；2. 卵；3. 幼虫；4. 蛹

松丽毒蛾栖息时的雌成虫（王缉健　提供）

松丽毒蛾幼虫取食（王缉健　提供）

松丽毒蛾茧（王缉健　提供）

松丽毒蛾雄蛹（王缉健　提供）

松丽毒蛾危害状（王缉健　提供）

松丽毒蛾危害林木状（王缉健　提供）

内产完。产卵量为250～500粒。每块有卵数十到数百粒。在大发生时，不论在何树种、路灯电杆、杂灌上都可能产卵。卵经4～6天孵化，盛孵期多在4:00～12:00。幼虫孵化后，群集在卵块上并取食部分卵壳，数小时后爬到针叶上群集取食，啃食针叶一侧，形成缺刻后的针叶逐渐卷曲干枯。1、2龄幼虫在吐丝下垂时可借助风力飘移扩散。3龄后分散危害，取食全叶。大龄幼虫取食时多将针叶咬断，留下基部一小截，取食时又有尖端部分脱落，对松树造成更大的危害。老熟幼虫落地在树干四周的枯枝落叶层或杂灌上，或在针叶丛中、树皮缝结茧化蛹。结茧时常多个或数十个成堆连结在一起（黄金义，1986）。

防治方法

1. 加强测报工作。松丽毒蛾的暴发往往经历一个逐步增殖的过程，或跟随在松毛虫发生之后，平时注意林区调查是防止灾情出现的关键。

2. 人工防治。卵块多产于树冠外面，注意观察可以查到，采摘后处理；在针叶刚出现小簇状变色，群集幼虫尚未扩散时，连叶梢一起摘除成堆的幼虫；结茧时节收集植株地面虫茧集中烧毁。

3. 保护天敌。卵期有黑卵蜂、赤眼蜂、平腹小蜂，幼虫期有黑足凹眼姬蜂、内茧蜂，蛹期有松毛虫黑点瘤姬蜂、大腿蜂、蚕饰腹寄蝇、松毛虫颊寄蝇。

4. 生物防治。白僵菌、苏云金杆菌都是防治松丽毒蛾的有效生物农药，可根据温度、湿度情况选择使用。

5. 化学防治。大发生阶段，最好在幼虫未进入暴食阶段前，使用喷粉、喷雾、烟熏等防治松毛虫的方法进行防治。

参考文献
黄金义,蒙美琼,1986;萧刚柔,1992;赵仲苓,2003.

（王缉健，杨有乾，韦林，覃泽波）

分类地位	鳞翅目 Lepidoptera　目夜蛾科 Erebidae
拉丁学名	*Arna bipunctapex* (Hampson)
异　　名	*Euproctis bipunctapex* Hampson, *Nygmia bipunctapex* Hampson
英文名称	Tallow tree brown tail moth
中文别名	乌桕毒蛾、乌桕毛虫、乌桕毒毛虫、油桐叶毒蛾、枇杷毒蛾、毛辣虫

473 乌桕黄毒蛾

　　乌桕黄毒蛾是乌桕的重要害虫。1989年在重庆市巫山县暴发成灾，90多万株乌桕受害，被害株率达100%，被害叶率达87%，至10月底食光乌桕叶后又开始大量取食农作物，受害油菜田达343hm²，其中8.7hm²被迫毁种，当地因毒毛中毒就医者达580多人，严重影响人们的生活、工作和学习。

　　分布　上海，江苏，浙江，安徽，福建，江西，河南，湖北，湖南，广东，广西，海南，重庆，四川，贵州，云南，西藏，台湾等地。缅甸，新加坡，印度以及克什米尔地区。

　　寄主　寄主范围较广，有2门3纲19目21科42种以上植物。柳杉、枫香、榕树、桑、杨梅、板栗、丝锥（丝栗）、甜槠、栎、桤木、樟树、油茶、茶树、木荷、重阳木、乌桕、油桐、木油桐（千年桐）、南瓜、油菜、青菜、欧洲油菜、萝卜、杨、柳、桃、枇杷、苹果、李树、沙梨、梨树、台湾相思、大豆、刺槐、柑橘、柿树、女贞、桂花、马铃薯、泡桐、梓树、甘薯。

　　寄主以大戟科的乌桕为主，次为油桐，其他寄主为零星发生或仅在猖獗暴发时严重受害。

　　危害幼虫大量取食乌桕叶，并啃食幼芽、叶柄、嫩枝外皮、幼树树皮及果皮，轻则影响生长，桕子减产，重则颗粒无收，甚至整株枯死。此外，幼虫毒毛触及皮肤，即刻引起红肿起泡，疼痛难忍，危及人体健康。

　　形态特征　**成虫**：雄蛾体长9～11mm，翅展26～38mm；雌蛾体长13～15mm，翅展36～42mm。

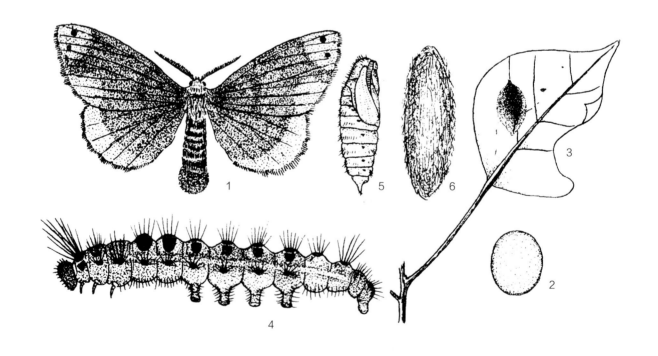

乌桕黄毒蛾（徐天森　绘）

1. 成虫；2、3. 卵；4. 幼虫；5. 蛹；6. 茧

乌桕黄毒蛾成虫（中国科学院动物研究所国家动物博物馆　提供）

体黄色有赭褐色斑纹。翅棕褐色，前翅顶角有1个黄色三角区，内有2个明显的黑棕色圆斑；前翅前缘臀角三角区及后翅外缘均为黄色。**卵**：淡绿色或黄绿色，椭圆形，直径约0.8mm，卵粒排列叠置为3～5层，呈长圆丘状卵块，约25mm×6mm×4mm，外覆深黄色绒毛。**幼虫**：老熟幼虫体长24～30mm。头黑褐色，胸、腹部黄褐色，被有灰白色长毛。胸部稍细，第一至第三腹节粗大。胸、腹部各节背面及两侧有黑色毛瘤，中、后胸背面每节2个，腹部每节4个，第一、二、八腹节背面的1对特别明显，左右相连。毛瘤杂生棕黄色和白色长毛。后胸节毛瘤和翻缩腺橘红色。体色、毛瘤颜色随虫龄和代别而有变化。**蛹**：体长10～15mm，黄褐色至棕褐色，密被短绒毛，臀棘有钩刺1丛。**茧**：长15～20mm，黄褐色，较薄，附有幼虫蜕皮的白色毒毛。

生物学特性　1年2代。以3～5龄幼虫越冬。翌年3月下旬至4月上旬开始活动，5月中、下旬化蛹，6月上、中旬成虫羽化、产卵。6月下旬至7月上旬第一代幼虫孵化，8月中、下旬化蛹，9月上、中旬第一代成虫羽化、产卵，9月中、下旬孵出第二代幼虫，11月幼虫越冬。

老熟幼虫下树群集在干基周围疏松表土、石缝、草丛或树皮裂缝中结茧化蛹。蛹期越冬代约13天，第一代约10天。成虫羽化多在17:00～20:00，以18:00最盛。白天不活动，多静伏于树上或草丛荫蔽处，以18:00～22:00活动最盛。成虫趋光性和飞翔力都较强。交配后即产卵。产卵时间多在22:00至次日6:00，以0:00～5:00最盛，一般产在乌桕、油桐等寄主叶背。每雌产卵200～300粒（最多可达600粒），分3～5层排列整齐（最多可达8层）叠置成卵块。成虫寿命2～4天，最长7天。卵发育历期：第一代为10～16天，第二代13～16天。

幼虫共10龄，第一代幼虫历期约56天，第二代（越冬代）约107天。幼虫孵化以8:00左右最盛。初孵幼虫群集卵块周围取食卵壳，而后取食乌桕叶。幼虫自孵化至老熟均具群集性，常常数十、数百头群集取食，甚至数千头群集成团。群集虫数随虫龄增加而减少。1～3龄幼虫多栖于叶背排成圆形或椭圆形，从叶中央向叶缘取食。3龄前只取食叶肉，留下叶脉和表皮，使叶变色脱落，3龄后取食全叶。4龄幼虫常将叶片以丝网缠结一团，隐蔽其中取食。5龄幼虫多群集叶的两面，头对头地排列着，从叶尖开始渐向叶柄取食叶片。在热天有蔽荫习性，多在8:00～9:00下到树干阴面一侧群集，有时还缀以丝幕，至16:00～17:00又上树取食。夏季遇大雨，部分幼虫群集到主枝或树干避雨的一侧，雨后上树，继续取食。

越冬幼虫常数百头至数千头呈3～10层在树杈、树干下部向阳裂缝、凹处或干基背风面群聚，外覆0.2～2.0mm厚丝幕。越冬虫群在树上的高度与树龄有关，35～40年生以上的乌桕树，虫群多分布在3～7m侧枝杈处；20～30年生的乌桕树在3m以下枝杈处，树干次之，干基极少；4～15年生的乌桕树多分布在干基，其次为枝杈和树干上。越冬幼虫于翌春3月底至4月初，乌桕树发芽抽叶时上树危害，先食幼芽、嫩皮，而后取食已抽出的嫩叶。

乌桕黄毒蛾多发生于丘陵、山区，平原少见。以生长健壮、枝叶茂盛的壮年乌桕树受害最重，幼树次之，老树极少。杂草丛生的山坡上的乌桕树受害重，而间种在农田中的乌桕树较少受害。高温、高湿年份易发生，而干旱年份较少发生。

已知卵期天敌有茶毛虫黑卵蜂；幼虫期有螟蛉悬茧姬蜂、镶颚姬蜂、钝唇姬蜂、凹眼姬蜂、乌桕毛虫脊茧蜂、四川三缝茧蜂（此种寄主存疑），印度记录有3种寄蝇：贝氏埃里寄蝇、金黄栉寄蝇、多径毛异丛毛寄蝇（此种在我国有广泛分布）；蛹期有广大腿小蜂。

防治方法

1. 结合冬季采收桕子，人工除治在树上群集越冬的丝幕虫苞。

2. 结合热天幼虫下树蔽荫和老熟幼虫下树结茧的习性，在树干结扎草束诱集捕杀。

3. 利用成虫趋光性和飞翔力强的特点，在羽化盛期开展灯光诱杀。

4. 在幼虫猖獗取食时，喷洒化学药剂：50%吡虫啉·杀虫单水分散粒剂600～800倍液，或25g/L高效氯氟氰菊酯乳油800～1000倍液，或25%除虫脲4000倍液，或0.3%印楝素2000倍液。

5. 生物防治。在高温阴天或高温高湿季节，可喷洒8000IU/μL苏云金杆菌油悬浮剂300～400mL/亩或白僵菌制剂。

参考文献

林中, 1957; 应廷龙等, 1958; 吴钜文, 1972; 赵仲苓, 1978; 杨秀元, 吴坚, 1981; 吴钜文, 1987; 赵仲苓, 全石林, 1987; 林业部林政保护司, 1988; 何俊华, 陈学新, 1990; 陕西省林业科学研究所, 湖南省林业科学研究所, 1990; 王湘江, 1990; 黄金水, 邢陇平, 兰斯文, 1991; 肖友星, 1992; 于思勤, 孙元峰, 1993; 薛万琦, 赵建铭, 1996; 方志刚, 吴鸿, 2001; 赵仲苓, 2003; Hua Lizhong, 2005.

（吴钜文）

分类地位	鳞翅目 Lepidoptera　目夜蛾科 Erebidae
拉丁学名	*Euproctis flava* (Bremer)
异　　名	*Arna flava* Bremer, *Arna subflava* Bremer, *Artaxa subflava* Bremer, *Nygmia subflava* Bremer
中文别名	黄毒蛾、柿叶毒蛾、杉皮毒蛾

474 折带黄毒蛾

折带黄毒蛾危害多种观赏和经济树种，其中以樱桃、苹果、蔷薇、榆叶梅等受害最重，大发生时，严重影响绿化景观，降低果品产量。

分布　北京，河北，山西，内蒙古，辽宁，吉林，黑龙江，江苏，浙江，安徽，福建，江西，山东，河南，湖北，湖南，广东，广西，四川，贵州，云南，陕西，甘肃等地。日本，朝鲜，俄罗斯（林业部林政保护司，1988）。

寄主　樱桃、梨树、苹果、桃树、月季、玫瑰、梅、李树、海棠、柿树、蔷薇、山茶、金丝桃、红瑞木、蒙古栎、槲栎、辽东栎、麻栎、山毛榉、板栗、落叶松、苹果、枇杷、石榴、刺槐、赤杨、紫藤、赤麻、山漆、茶树、槭属、侧柏属、松属等（赵仲苓，2003；赵仲苓，1978）。

危害　幼虫有群集取食叶片和吐丝拉网危害的习性，造成缺刻或孔洞。发生严重时，叶片被食光，枝条嫩皮被啃，影响花木正常生长。

形态特征　**成虫**：雄虫翅展25～33mm，雌虫翅展35～42mm。体黄色或浅橙黄色。触角栉齿状，主干黄白色，栉齿黄色。前翅黄色，中部有1条棕褐色宽横带，从前缘外斜至中室后缘折角内斜，翅顶区有2个棕褐色圆点，缘毛线黄色；后翅无斑纹，基部色浅，外缘色深，缘毛浅黄色。**卵**：直径0.5～0.6mm，扁圆形，淡黄色。**幼虫**：老熟幼虫体长30～40mm。头黑褐色。体黄色或橙黄色。背线橙黄色，较细，但在中、后胸节处较宽，中断于体背黑斑上；胸部和第五至第十腹节背面两侧各具黑色纵带1条，其胸部者前宽后窄，前胸下侧与腹线相

折带黄毒蛾成虫（南岭）（李颖超　提供）

折带黄毒蛾成虫（莽山）（李颖超　提供）

接，第五至第十腹节者则前窄后宽，至第八腹节两线相接合于背面。臀板黑色，第八节至腹末背面为黑色。第一、二腹节背面具长椭圆形黑斑，上生毛瘤。各体节有暗黄褐色毛瘤，其中第一、二、八腹节背面毛瘤大而黑色，毛瘤上有黄褐色或浅黑褐色长毛；胸足褐色，有光泽。腹足浅黑褐色，有浅褐色长毛。**蛹**：体长约15mm，黄褐色，背面被短毛，臀棘末端有钩。**茧**：长25～30mm，椭圆形，灰褐色（赵仲苓，2003；赵仲苓，1978）。

生物学特性 辽宁1年1代。以8～9龄幼虫在树洞、树干基部缝隙、杂草或落叶等杂物下结网群集越冬。翌年4月末至5月初气温达6℃以上时开始活动，取食寄主植物的芽苞和新叶，成虫6月下旬至7月上旬羽化，7月下旬第一代幼虫孵化，8月底第二代成虫羽化，9月下旬以8～9龄幼虫越冬。由于地域差异，该虫在华北地区1年2代，在湖南1年3代。

成虫趋光性强，多在19:00～23:00活动，在林间飞翔寻找配偶、交尾及产卵。卵产于叶背，3～4层块状排列，卵块长椭圆形，外被黄色毛，平均含卵400粒。卵期13～15天。

初龄幼虫喜群集在近地面叶背危害，11龄后开始分散活动。1龄幼虫只取食叶肉，残留叶脉，被害叶呈筛孔状；2龄后幼虫取食量逐渐增加，甚至可蚕食整个叶片，只留下主脉（吴佩玉，1984；伊伯仁，康芝仙，1992；吴佩玉，1982）。

防治方法

1. 冬季清除落叶、杂草，刮粗树皮，杀灭越冬幼虫。

2. 灯光诱杀成虫。

3. 及时摘除卵块，捕杀群集幼虫。

4. 利用初龄幼虫和越冬幼虫吐丝结网群集的习性，人工捕杀。

5. 20亿PIB/mL甘蓝夜蛾核型多角体病毒悬浮剂200g/亩对其幼虫防治效果较好，死亡率达92%，应加以开发利用。

6. 保护和利用天敌：幼虫天敌主要有灰腹狭颊寄蝇、日本追寄蝇、姬蜂、绒茧蜂、细小六索线虫和强壮六索线虫等。

参考文献

赵仲苓，1978；吴佩玉，1982；吴佩玉，1984；中国科学院动物研究所，1987；林业部林政保护司，1988；伊伯仁，康芝仙等，1992；赵仲苓，2003.

（潘彦平，水生英）

折带黄毒蛾雄成虫（徐公天 提供）

折带黄毒蛾幼虫（徐公天 提供）

折带黄毒蛾幼虫食害红瑞木（徐公天 提供）

475 茶毒蛾

分类地位	鳞翅目 Lepidoptera　目夜蛾科 Erebidae
拉丁学名	*Arna pseudoconspersa* (Strand)
异　　名	*Artaxa conspersa* Butler, *Nygmia pseudoconspersa* Strand, *Euproctis pseudoconspersa* Strand
英文名称	Tea tussock moth
中文别名	茶黄毒蛾、油茶毒蛾、茶毛虫、吊丝虫

茶毒蛾遍布中国各个产茶区，幼虫主要危害油茶、茶叶，轻者油茶不开花、不结实，重者片叶无存，大量枯死，同时其身上的毒毛容易散落并飘移，触及人体可引起奇痒红肿，影响林农身体健康。

分布　江苏，浙江，安徽，福建，江西，湖北，湖南，广东，广西，四川，贵州，云南，西藏，陕西，甘肃，台湾等地。日本，越南，朝鲜，印度。

寄主　油茶、茶树、油桐、乌桕、柑橘、枇杷等。

危害　初龄幼虫群集在叶背中央取食叶肉，仅留表皮层的网膜；3龄以后沿叶缘取食，将整片树叶吃光，食料不足时取食嫩枝皮和果皮。

形态特征　**成虫**：雌蛾体长10～12mm，翅展30～35mm，黄褐色，翅面布满黑褐色鳞片。雄蛾体长10mm，翅展20～26mm，翅色随世代而异，第一

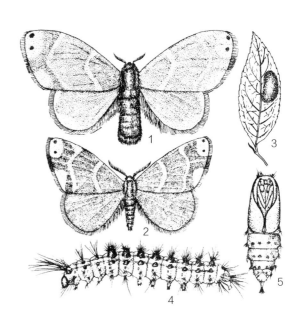

茶毒蛾（刘公辅　绘）
1. 雌成虫；2. 雄成虫；3. 卵块；4. 幼虫；5. 蛹

茶毒蛾成虫（展翅）（徐公天　提供）

茶毒蛾成虫（李颖超　提供）

茶毒蛾成虫（徐公天　提供）

代黑褐色，2～3代多为黄褐色，顶角内有2个黑斑。**卵**：近球形，淡黄色。卵块中央为2～3层重叠排列，边缘为单层排列，表面覆盖黄色绒毛。**幼虫**：老龄幼虫体长20～26mm，体黄至黄褐色，各体节除末节外均有4对毛疣（萧刚柔，1992）。

生物学特性　1年2～5代。浙江中北部、江西北部及长江以北1年2代；浙江南部、江西中南部、湖南、广东1年3代；福建高山1年3代、低山1年4代；台湾1年5代。以卵块在茶树中下部老叶背面越冬。在湖南越冬卵产于10月中、下旬，翌年4月上旬开始孵化，5月中旬化蛹，6月上旬成虫羽化，6月下旬第二代幼虫孵化，8月下旬第三代幼虫孵化，10月中、下旬成虫羽化产卵越冬（彭建文，1992）。

1～2龄幼虫有群集性，仅啃食叶片的下表皮和叶脉使被害叶呈网状，几日后树叶变枯黄。3龄以后取食全叶，使叶缘成缺刻，开始成群迁移到树冠上部危害，并吐丝结网。群迁时首尾相接，队列整齐，且不时摆头，鱼贯而行。吃光一株又迁至它株。幼虫老熟后爬至茶树根际土块缝中、枯枝落叶下结茧化蛹，阴暗潮湿的地方化蛹较多。

成虫多于傍晚至22:00羽化，羽化当晚或次晚交尾，随即开始产卵。每雌产卵100～200粒，多至300粒。成虫产卵多选择生长茂盛的油茶林（张汉鹄，2004）。

防治方法

1. 营林措施。一般粗放经营的油茶林虫口密度大，因此加强油茶林管理、整形修枝，提高油茶林自控能力。结合垦复、埋蛹、杀蛹。据试验把蛹埋进6cm深的土内，成虫就不能出土。

2. 人工防治。冬季逐枝检查摘除有卵块的叶片，并将采集的卵块置于寄生蜂保护器，使寄生蜂羽化后飞回林间。1～2龄幼虫取食后留下的焦枯黄叶是发现幼虫的标志，应在3月底至4月初及时采摘，集中处死。

3. 灯光诱杀。成虫羽化期可在夜间19:00～23:00用黑光灯等光源诱杀成虫。

4. 生物防治。幼虫期喷洒20亿PIB/mL甘蓝夜蛾核型多角体病毒悬浮剂200g/亩、8000IU/μL苏云金杆菌油悬浮剂300～400mL/亩、白僵菌1亿孢子/mL均有良好效果。

保护天敌昆虫：茶毒蛾天敌较多，对其发生有较大抑制作用。卵期有茶毛虫黑卵蜂，幼虫期有茶毛虫长绒茧蜂、黄头细颚姬蜂、茶毛虫细颚姬蜂（何俊华，2004）、日本追寄蝇、狭颜赘寄蝇、多径毛异丛毛寄蝇；捕食性天敌有步行虫、蠋敌、螳螂、蜘蛛等。幼虫期还有一种细菌性软化病（萧刚柔，1992）。

5. 化学防治。在幼虫3龄以前喷洒2.5%鱼藤酮300～500倍液、0.2%茶参碱1000～1500倍液、2.5%溴氰菊酯或25g/L高效氯氟氰菊酯乳油稀释800～1000倍液等均有良好效果（张汉鹄，2004）。

参考文献

彭建文，刘友樵，1992；萧刚柔，1992；赵仲苓，2003；何俊华等，2004；张汉鹄，谭济才，2004.

（童新旺，王问学）

476	**榆毒蛾**	分类地位　鳞翅目 Lepidoptera　目夜蛾科 Erebidae

拉丁学名　*Ivela ochropoda* (Eversmann)

异　　名　*Stilpnotia ochropoda* Eversmann

英文名称　Yellow-legged tussock moth

中文别名　榆黄足毒蛾

分布　北京，河北，山西，内蒙古，辽宁，吉林，黑龙江，山东，河南，陕西，宁夏等地。俄罗斯，朝鲜，日本。

寄主　榆。

危害　初龄幼虫啃食叶肉，残留表皮。长大的幼虫，将叶咬成缺刻、孔洞，严重时将叶吃光。

形态特征　**成虫**：体长12～15mm，翅展25～40mm。体及翅纯白色。前足腿节前半部至跗节，以及中、后足胫节前半部及跗节均为橙黄色。**幼虫**：体长30mm。体灰黄色，体节上具白色毛瘤。腹部第六、七节背面中央各有1个黑褐色翻缩腺。

生物学特性　河南1年2代。以幼虫在树皮缝隙内越冬。翌年4、5月开始活动，取食初萌发的嫩叶。6月中旬老熟幼虫于树叶背面或树下灌木丛中，或杂草上叶丝结茧化蛹。经10天左右，于7月初羽化。成虫趋光性极强。产卵于枝条或叶背面，相连成串。经10天左右，幼虫孵化后，啃食叶肉，形成孔洞，大龄幼虫把叶吃光。8月上旬出现第一代成虫。9月上旬第二代成虫发生，此代幼虫危害至10月底，之后潜伏于树皮缝隙内越冬。

榆毒蛾成虫（徐公天　提供）

榆毒蛾中龄幼虫（徐公天　提供）

榆毒蛾成虫（李镇宇　提供）

榆毒蛾成虫（徐公天　提供）

榆毒蛾幼虫食叶（徐公天　提供）

榆毒蛾老龄幼虫取食（徐公天　提供）

榆毒蛾蛹（徐公天　提供）

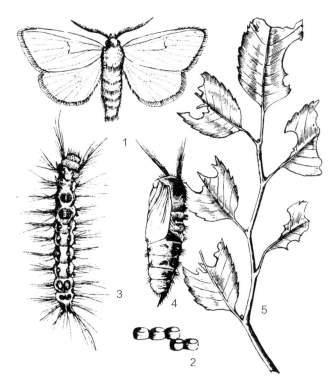

榆毒蛾（朱兴才　绘）
1.成虫；2.卵；3.幼虫；4.蛹；5.危害状

防治方法

1. 化学防治。幼虫发生初期，喷洒50%马拉硫磷乳油，或50%杀螟硫磷乳油各1000倍液。

2. 人工防治。设置黑光灯诱杀成虫。

3. 保护榆毒蛾嗜寄蝇。

参考文献

杨有乾等，1982；萧刚柔，1992；赵仲苓，2003；河南森林病虫害防治检疫站，2005.

（杨有乾，刘振陆，薛贤清）

477	**舞毒蛾**

分类地位	鳞翅目 Lepidoptera　目夜蛾科 Erebidae
拉丁学名	*Lymantria dispar* (L.)
异　　名	*Bombyx dispar* L., *Phalaena dispar* L., *Hypogymna dispar* L., *Larie dispar* L.
英文名称	Gypsy moth
中文别名	秋千毛虫、柿巨虫、松针黄毒蛾、杨树毛虫

　　分布　在我国发生普遍，各地均有分布。国外分布于日本、朝鲜及欧洲和美洲。主要分布在北纬20°～58°之间。

　　寄主　食性很广，危害500余种植物。主要有柿、杏、华北落叶松、杨属、柳属、核桃、白蜡树、忍冬、卫矛、丁香、枣、银柳、胡颓子、桦木属、椴树属等。

　　危害　幼虫主要危害叶片，严重时可将全树叶片吃光，影响树木生长。树枝干上、石块下、树洞中、建筑物上有覆盖锈黄色绒毛的卵块。幼虫取食树叶成缺刻或将叶吃光。

　　形态特征　**成虫**：雌、雄异型。雄蛾体长16～21mm，翅展37～54mm；头部、复眼黑色，后足胫节有2对距；前翅灰褐色或褐色，有深色锯齿状横线，中室中央有1个黑褐色点，横脉上有1条弯曲黑褐色纹；前、后翅反面黄褐色。雌蛾体长22～30mm，翅展58～80mm；前翅黄白色，中室横脉有1个明显的"〈"形黑褐色斑纹；前、后翅外缘每两脉间有1个黑褐色斑点；腹部肥大，末端着生黄褐色毛丛。**卵**：扁鼓形，一面略凹陷，直径约1.3mm，初产为灰白色，后逐渐加深呈紫褐色，有光泽，数百粒甚至上千粒粘结在一起，形成不规则的卵块，长

舞毒蛾雌成虫（展翅）（徐公天　提供）

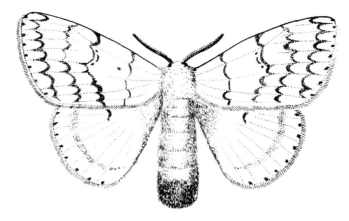

舞毒蛾成虫（张培毅　绘）

舞毒蛾雄成虫（休止）（徐公天　提供）

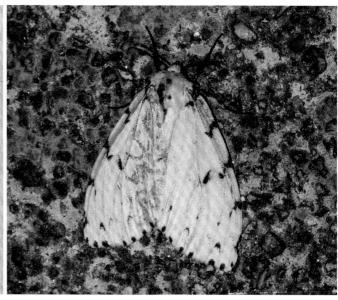

舞毒蛾雌成虫（李颖超　提供）

径约2～4cm，卵块之上覆盖很厚的黄褐色绒毛。**幼虫**：老熟幼虫体长52～68mm，头部黄褐色，具黑色"八"字形纹。腹部褐色，背线灰黄色，各节于亚背线、气门上线和气门下线处均有毛瘤，每节计6个；亚背线处前5对毛瘤为蓝色，后7对毛瘤红色，其上刚毛灰褐色较长。**蛹**：体长19～34mm，雌蛹大，雄蛹小。体色红褐或黑褐色，被有锈黄色毛丛。

生物学特性　1年1代。以完成胚胎发育的卵块在树干背面洼裂处及建筑物上、石缝等处越冬。翌年4月下旬或5月上旬幼虫陆续孵化，孵化的早晚同卵块所在地点的温暖程度有关，初孵幼虫于卵块上待一段时间后，便群集于叶片上，白天静止于叶背，夜间取食、活动。幼虫受惊则吐丝下垂，可借风传播扩散。2龄以后则分散取食。白天隐藏于树皮裂缝或爬到树下的土中、石块缝中。傍晚时成群上树取食，天亮后又爬到树下隐蔽。4龄以后虫体增长显著，食量剧增，5～6月危害最重。幼虫期45天左右，经6个龄期于6月上、中旬幼虫老熟，爬至树皮缝或树下杂草丛中及土、石缝内结茧进入预蛹期，2天后幼虫蜕最后1次皮化蛹。蛹期11～16天。6月中旬成虫开始出现。成虫羽化后，雄蛾白天在树间盘旋飞舞，雌蛾停于蛹壳附近不动，等候雄蛾来交尾。雌蛾可分泌性外激素引诱雄蛾。成虫交尾后1天即可产卵。卵多产于直径8～25cm粗的主枝上，距树

舞毒蛾雄成虫（展翅）（徐公天　提供）　　　　　　　　舞毒蛾雌成虫产卵（徐公天　提供）

舞毒蛾卵块（徐公天　提供）　　　　　　　　　　　　舞毒蛾1龄幼虫（徐公天　提供）

舞毒蛾老龄幼虫（徐公天　提供）　　　　　　　　　舞毒蛾幼虫头部"八"字形黑条纹（徐公天　提供）

舞毒蛾2龄幼虫（徐公天　提供）

舞毒蛾中龄幼虫（徐公天　提供）

舞毒蛾蛹（徐公天　提供）

舞毒蛾蛹被寄生（徐公天　提供）

干或中心干50cm以外的阴面下方，或土、石缝间。产卵时腹部蠕动，摩擦鳞粉，并将腹部末端之黄褐色鳞毛盖于卵块表面。成虫产卵后第七天，幼虫即在胚内发育完全，但并不孵出，而在卵壳内滞育越冬。成虫有较强的趋光性。

舞毒蛾的发生与郁闭度、土壤瘠薄程度和林地面积3个因子有直接关系，土壤越瘠薄危害越严重，郁闭度大危害轻，林地面积大危害轻。

防治方法

1. 人工采集卵块。由于舞毒蛾卵期很长，8月至翌年4月均可采集。

2. 保护天敌昆虫。我国已知舞毒蛾天敌昆虫有91种，寄生性天敌昆虫有姬蜂科、茧蜂科、小蜂科、姬小蜂科、长尾小蜂科、金小蜂科、跳小蜂科、旋小蜂科、寄蝇科等。

3. 生物防治：可用20亿PIB/mL甘蓝夜蛾核型多角体病毒悬浮剂200g/亩防治。

4. 化学防治。幼虫期喷洒20%除虫脲悬浮剂7000倍液。

5. 灯光诱杀。利用黑光灯或频振灯配高压电网进行诱杀，灯2台以上为一组，灯与灯间距离为500m。

6. 利用性信息素顺-7，8环氧-2甲基-十八烷诱杀雄蛾，并可用于监测舞毒蛾发生动态。

参考文献

萧刚柔，1992；严静君，姚德富，刘后平等，1994；李镇宇，姚德富，陈永梅等，2001；赵仲苓，2003；石娟，李镇宇，阎国增等，2004；张永安，2004；徐公天等，2007；侯雅芹，南楠，李镇宇，2009.

（李镇宇，乔秀荣，许文儒，李亚杰）

478	栎毒蛾

分类地位　鳞翅目 Lepidoptera　目夜蛾科 Erebidae
拉丁学名　*Lymantria mathura* Moore
异　名　*Liparis mathura* Swinhoe, *Lymantria aurora* Swinhoe
中文别名　苹叶波纹毒蛾、栎舞毒蛾、枫首毒蛾

分布　河北，山西，辽宁，吉林，黑龙江，江苏，山东，河南，湖北，湖南，四川，云南，陕西，台湾等地。朝鲜，日本，印度。

寄主　栎、苹果、梨树、栗、野漆、青冈、榉。

形态特征　成虫：雄蛾翅展约50mm，触角干白褐色，栉齿褐色；下唇须浅橙黄色，外侧褐色，胸部和足浅橙黄色带黑褐色斑；腹部暗橙黄色，两侧微带红色；腹部背面和侧面在节间有黑斑；肛毛簇黄白色。前翅灰白色，斑纹黑褐色，翅脉白色；基线黑褐色；内横线在中部外弓；中室中央有1个圆斑；横脉纹黑褐色；中横线为锯齿形宽带；外横线由1列新月形斑组成，从前缘微外斜至Cu$_2$脉后，内弯抵后缘；亚端线为1列新月形斑，止于A$_1$脉；端线为1列嵌在脉间的小点组成；缘毛灰白色，脉间褐色；后翅暗橙黄色；横脉纹褐色；亚端线为1条褐色斑带；端线为1列黑褐色小点；缘毛黄白色。雌蛾翅展80mm，灰白色；下唇须粉红色，外侧黑褐色；颈板基部粉红色，其中央有1个黑点；胸部中央有1个黑点和2个粉红色点；腹部前半部粉红色，后半部白色，两侧有黑斑；足粉红色有黑斑；前翅亚基线黑

栎毒蛾雄成虫（李镇宇　提供）

栎毒蛾雌成虫（李镇宇　提供）

色，前方内缘有粉红色和黑色斑；内横线褐色，锯齿利，后缘微外斜；中横线棕褐色，波浪形，在前缘形成1棕褐色半圆形环；横脉纹棕褐色；外横线棕褐色，锯齿形，前缘与后缘清晰；亚端线棕褐色，锯齿形，止于1A脉；端线由1列嵌在脉间的棕褐色点组成；缘毛粉红色，脉间棕褐色；前缘和外缘边粉红色；后翅浅粉红色；横脉纹灰褐色；亚端线由1列灰褐色斑组成；端线由1列棕褐色点组成；缘毛粉红色。**卵**：球形，褐色或灰黄色。**幼虫**：体长50～55mm。体黑褐色带黄白色斑。头部黄褐色带黑褐色圆点；背线在前胸白色，在其余各节黑色；气门线黑色，气门下线灰白色；前胸背面两侧各有1个黑色大瘤，上生黑褐色毛束；中、后胸中央有黄褐色纵纹；其余各节上的瘤黄褐色，上生黑褐色和灰褐色毛丛；体腹面黄褐色；胸足赤褐色，有光泽；腹足赤褐色；外侧有黑色斑；翻缩腺红色。**蛹**：体长

28mm左右，灰褐色，头部有1对黑色短毛束，腹部背面有短毛束。

生物学特性　黑龙江1年1代。以卵越冬。翌年5月孵化，初孵的幼虫群集于卵壳附近。7月下旬老龄幼虫在杂草间或枝叶间结茧化蛹，8月初羽化出成虫，雌蛾白天不活动，雄蛾白天在树荫下飞翔，雌蛾产卵于树干下，每一卵块约有200粒卵，卵块外被雌蛾腹部末端灰白色体毛。

防治方法

1. 刮除卵块。

2. 灯光诱杀成虫。

3. 幼龄幼虫期喷洒25%除虫脲悬浮剂1000倍液。

4. 保护天敌姬蜂、茧蜂、寄生蝇。

参考文献

赵仲苓, 1978; 徐公天等, 2007.

（李镇宇）

479	**模毒蛾**	分类地位　鳞翅目 Lepidoptera　目夜蛾科 Erebidae

拉丁学名　*Lymantria monacha* (L.)

异　　名　*Ocneria monacha* L., *Bombyx monacha* L., *Noctua heteroclita* Müller

英文名称　Nun moth, Black arched tussock moth

中文别名　僧尼舞蛾、松针毒蛾

分布　北京，河北，山西，辽宁，吉林，黑龙江，浙江，山东，四川，云南，贵州，陕西，甘肃，台湾等地。日本，俄罗斯，奥地利，德国，捷克，斯洛伐克，波兰。

寄主　油杉、黄杉、云杉、冷杉、铁杉、赤松、华山松、云南松、落叶松、麻栎、千金榆、水青冈、椴树、桦树、柳树、山杨。

形态特征　**成虫**：雌虫体长25～28mm，翅展50～60mm；雄虫体长15～17mm，翅展30～45mm。雌虫前翅灰白色，上具4条黑色锯齿状横带，中室顶端具"人"字形黑色斑纹；后翅灰白色无斑纹。雄虫翅面斑纹与雌虫相似，但比较清晰。成虫胸部和腹部腹面均密生粉红色绒毛。**卵**：大小约1mm×1.2mm，初产时黄白色，后期变成褐色。**幼**

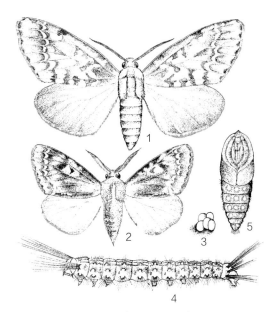

模毒蛾（朱兴才　绘）
1. 雌成虫；2. 雄成虫；3. 卵；4. 幼虫；5. 蛹

模毒蛾雌成虫（徐公天　提供）

模毒蛾雄成虫（李镇宇　提供）

虫：老龄幼虫体长43～45mm。头部黄褐色；足黄色；老龄幼虫体色变化较大有淡紫色、乳黄色至暗灰色。前胸背面两侧各有1个大瘤，上生黑色向前伸的毛束。腹部第六、七节中央各有1个小型、黄红色翻缩腺。**蛹**：体长18～25mm。棕褐色具光泽，臀棘末端具小钩。

　　生物学特性　1年1代。以完成发育的幼虫在卵内越冬。在云南越冬卵3月中、下旬陆续孵化。而在北京及东北地区4～5月幼虫孵出。初孵幼虫有取食卵壳的习性，并可随风迁移。老龄幼虫5～6月寻找树洞、粗皮及树皮缝隙及杂草内结茧化蛹。蛹期15～20天后成虫羽化。成虫多产卵于胸径20cm以上树干的下部。每雌平均产卵200粒，通常以15～20粒黏结成块，卵块外被有黄白色胶体。

　　防治方法

　　1. 模毒蛾有较强的趋光性，可用黑光灯诱杀成虫。

　　2. 4～6月幼虫期可用50%吡虫啉水分散粒剂稀释3000～5000倍液叶面喷雾。

参考文献

　　赵仲苓, 1978; 萧刚柔, 1992; 张执中, 1997;赵仲苓, 2003; 徐公天, 杨志华, 2007.

（李镇宇，徐公天）

480 木麻黄毒蛾

分类地位	鳞翅目 Lepidoptera　目夜蛾科 Erebidae
拉丁学名	*Lymantria xylina* Swinboe
英文名称	Casuarina moth
中文别名	木麻黄舞蛾、黑角舞蛾、相思树毒蛾、相思叶毒蛾、木毒蛾

木麻黄毒蛾是我国东南沿海防护林主要树种木麻黄的主要害虫，以幼虫取食木麻黄小枝或枝条表皮，轻则影响林木的正常生长，重则引起整株和整片林木枯死。20世纪70年代首次在福建省平潭县发生木麻黄毒蛾危害以来，分布范围和发生面积逐年扩大，危害程度越来越重，目前已成为福建省的主要森林害虫之一。木麻黄毒蛾的大面积发生和危害，严重破坏了沿海防护林的防护功能，影响了沿海地区人民群众的正常生产和生活安全。

分布　浙江，福建（福清、平潭、连江、长乐、涵江、南安、惠安、晋江、洛江、集美、同安、云霄、诏安、漳浦、东山、龙海、蕉城、福鼎、福安、霞浦等），湖南，广东，广西，台湾。日本，印度。

寄主　木麻黄、相思树、番石榴、荔枝、龙眼、杨梅、枇杷、柿树、石榴、梨树、无花果、板栗、杧果、蓖麻、垂柳、茶树等。

形态特征　**成虫：** 雌蛾体长22～33mm，翅展30～40mm，黄白色。头顶被红色及白色长鳞毛。翅黄白色，前翅亚基线存在；内横线仅在翅前缘处明显；外横线宽，灰棕色。雄蛾体长16～25mm，翅展24～30mm，灰白色。触角羽毛状，黑色。**幼虫：** 体长38～62mm，头宽5.2～6.5mm。体黑灰或黄褐色。冠缝两侧有"八"字形黑斑，单眼区有"C"形黑斑。翻缩腺圆锥形红褐色，顶端凹入（李友恭等，1981）。

生物学特性　福建1年1代。以发育完全的幼虫在卵内越冬。翌年3～4月越冬卵孵化，初孵幼虫群集在卵块表面，阳光强烈或者有大风时，躲在卵块的背阳或背风面。经过一至数天后，爬离卵块或吐丝下垂随风扩散到枝条上。初取食小枝呈缺刻，3龄以后，从小枝中下部向上啃食，直至顶端，先吃去小枝的半边，再从顶端向基部啃食另半边。常从

木麻黄毒蛾成虫与卵块（黄金水　提供）

木麻黄毒蛾幼虫（黄金水　提供）

木麻黄毒蛾蛹（黄金水　提供）

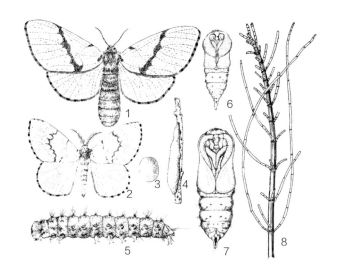

木麻黄毒蛾（李友恭　绘）
1. 雌成虫；2. 雄成虫；3、4. 卵及卵块；5. 幼虫；
6、7. 蛹；8. 危害状

中、下部将小枝咬断，咬断的小枝量超过其食量。幼虫一般7龄，极少数6龄或8龄，历期45～64天。幼虫老熟后，于5月中、下旬在木麻黄枝条上、枝干分叉处或树干上，吐少量丝靠臀棘刺勾固定虫体，不结茧，进入预蛹期。经1～3天化蛹。蛹期5～14天。

成虫5月底开始羽化，6月上旬为羽化末期。雌蛾多在12:00～18:00羽化，活动力差，常静伏于枝干上或缓慢爬行，有时可做短距离飞行；雄蛾多在18:00～24:00羽化，傍晚后很活跃，能长时间飞舞寻偶，有强趋光性。每雌产1个卵块，每卵块平均有卵1019粒。卵大多产在枝条上，少数产在树干上，分布高度最低接近地面，最高达9m，70%左右在2～4m高处。

防治方法

1. 营林措施。对木麻黄毒蛾的防控主要是做好林间虫情的预测预报，以营林措施为基础，在二代更新造林中，注意选择种植抗虫能力强的木麻黄品种，并提倡与其他抗风能力强的树种搭配营造混交林，创造有利于天敌繁衍不利于木麻黄毒蛾发生的小生态环境，增强自身对木麻黄毒蛾的控制能力，

可避免该虫的大发生（黄金水等，1988）。

2. 人工防治。木麻黄毒蛾产卵呈块状，而且比较集中，其1～2龄幼虫有群集取食习性，很容易发现，可以加强整形修剪等，清除在枝叶上的卵块、初孵幼虫和蛹；木麻黄毒蛾或虫有较强的趋光性，可在成虫盛发期，利用黑光灯、高压泵灯或频振式杀虫灯等诱杀，集中消灭，可减少翌年发生基数。

3. 生物防治。当木麻黄毒蛾普遍发生危害时，利用白僵菌、核多角体病毒、Bt等生物防治为主，在4龄前防治，可获得最理想的控制效果。其天敌有卵跳小蜂、松毛虫黑点瘤姬蜂等，这些天敌对木麻黄毒蛾的种群有较强的控制作用，要加强保护利用（黄芙蓉，2000；徐耀昌，2005）。

4. 化学防治。当其他的防治措施不能有效控制其危害时，可选用一些有机磷、氨基甲酸酯类或拟除虫菊酯类等高效、低毒、低残留农药进行防治，如10%联苯菊酯乳油、2.5%溴氰菊酯水乳剂乳油、25g/L高效氯氟氰菊酯乳油稀释800～1000倍液、2.5%的灭幼脲悬浮剂等，按使用说明施用（朱俊洪等，2000）。

参考文献

李友恭，陈顺立，1981；黄金水，何益良，1988；黄芙蓉，2000；赵仲苓，2003；魏初奖，谢大洋，庄晨辉等，2004；朱俊洪，张方平，2004；徐耀昌，2005.

（黄金水，蔡守平）

分类地位	鳞翅目 Lepidoptera　目夜蛾科 Erebidae
拉丁学名	*Orgyia antiquoides* (Hübner)
异　名	*Notolophus ericae* Germar, *Orgyia caliacrae* Caradja, *Bomby antiguoides* Hübner
中文别名	灰斑台毒蛾、沙枣毒蛾、花棒毒蛾

481 灰斑古毒蛾

分布　北京，河北（邢台、唐山），辽宁，吉林，黑龙江，山东，陕西（太白山），甘肃（康县），青海（西宁），宁夏（银川）等地。俄罗斯；欧洲。

寄主　杨、柳、松、榆、桦、栎、花棒、踏朗、杨柴、山毛榉、沙枣、苹果、梨树、李树、山楂、柠条、沙拐枣、沙米、梭梭、杨梅、鼠李、怪柳、玫瑰、海棠、丰花月季、杜鹃、酸枣、大豆、沙冬青、沙棘（苏梅等，2007）

危害　常见的林木食叶害虫。初龄幼虫喜食嫩枝叶和花朵。危害未成熟果荚和种子，发生严重时可将被害树木叶片吃花、吃光。

形态特征　**成虫**：雌虫翅退化，体长14.0～16.3mm，黄褐色，被环状白绒毛。雄虫体长8～10mm，翅展21～28mm，黑褐色，触角长双栉齿状；前翅赭褐色，前缘有1个近三角形紫灰色斑，横脉纹赭褐色，新月形，外缘有1个清晰白斑，缘毛浅黄色；后翅深赭褐色，翅基部有密集的长毛，缘毛淡黄色。**卵**：直径约1mm，扁圆形。白色。中央有1个棕色小点（王雄等，2002）。**幼虫**：老熟幼虫体长24.4mm，幼虫黄绿色，背线黑色；前胸两侧各有一向前伸的由黑色羽状毛组成的长毛束；第一至第四腹节背面各有一浅白黄色毛刷；第八腹节背面有一由黑色羽毛组成的长毛束；头部和足黑色；瘤枯黄色，上生浅灰色长毛；翻缩腺枯黄色。**蛹**：雌蛹体长13.9mm，雄蛹11mm。雌性黄褐色，雄性黑褐色，蛹背被3撮白色短绒毛。**茧**：长9～15mm，灰白色或淡灰黄色，附少量体毛和稀疏缀叶丝。

生物学特性　内蒙古1年2代。以卵在茧内越冬。越冬卵于翌年5月中旬至6月上旬孵化。刚孵化的幼虫在茧内停留5～7天，之后从茧一端的交尾孔钻出，取食茧附近的幼果、嫩叶，或吐丝下垂随风

灰斑古毒蛾雄成虫（李镇宇　提供）

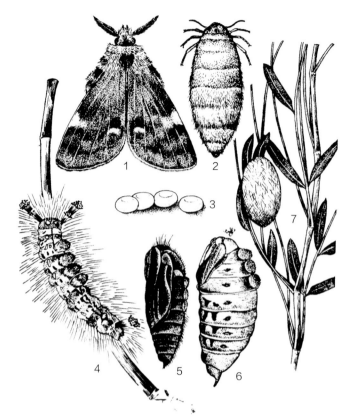

灰斑古毒蛾（朱兴才　绘）

1. 雄成虫；2. 雌成虫；3. 卵；

4. 幼虫；5、6. 蛹；7. 茧

飘移分散取食。6月上旬至7月下旬，越冬代幼虫在枝干处结茧化蛹。6月下旬、7月上旬越冬代成虫羽化、交尾、产卵，雄虫的羽化比雌虫早1周左右。7月中、下旬，第一代幼虫出现，8月中、下旬化蛹，8月下旬至9月中、下旬第一代成虫羽化，交尾后产卵越冬。

　　卵期8～14天（越冬卵8个月左右）；幼虫期18～42天不等，一般30天左右，蜕皮4～5次；蛹期11～14天；成虫寿命雄虫1～3天，雌虫4～11天。雄蛾白天活动，寻找雌茧，在雌蛾茧外通过交尾孔与茧内雌蛾交尾。雌蛾一生都在茧内，翅退化，失去飞行能力。雌蛾的性引诱能力很强，能在茧内引诱雄蛾前来交尾。交尾后，雌蛾在茧内产卵，之后在茧内干瘪而死。每只雌蛾产卵104～415粒，多为250粒左右。第一代幼虫孵化较整齐，第二代幼虫孵化不整齐。

　　幼虫畏强光和高温，一般在早晚和天气凉爽时取食。当气温达到34℃以上时，幼虫常潜伏于幼果、幼叶的背面。1～2龄幼虫有吐丝下垂飘荡、借风转移的习性，5～6龄幼虫有受惊后头向腹部卷曲、落地的习性。

防治方法

　　1. 人工采茧和卵。在早春、6～8月及秋、冬季进行，及时烧毁。可以大量减少虫害来源。

　　2. 利用黑光灯或人工合成性信息素诱杀成虫。

　　3. 保护利用天敌。寄生性天敌有达氏黑卵蜂、毒蛾卵啮小蜂、毒蛾长尾啮小蜂、蓝绿啮小蜂、齿腿长尾小蜂、舞毒蛾黑瘤姬蜂、寡埃姬蜂、蓝黑栉寄蝇、古毒蛾追寄蝇、核多角体病毒OeNPV。捕食性天敌有喜鹊、灰喜鹊、异色瓢虫、七星瓢虫、蝎敌、横纹金蛛、大腹园蛛。

　　4. 化学防治。1～2龄幼虫比较集中，此时喷施25%灭幼脲Ⅲ号胶悬剂8000倍液，或20%阿维菌素2000倍液，或5.7%甲氨基阿维菌素苯甲酸盐微乳剂稀释3000～5000倍液。

参考文献

　　赵仲苓，1978；刘发邦，赵吉星，于承仁等，1991；王新明，许兆基，1992；祖爱民，戴美学，1997；王雄，刘强，2002；苏梅，杨奋勇，刘秀峰等，2007；李海燕，宗世祥，盛茂领等，2009.

　　　　　　　　（穆希凤，李锁，王新明，许兆基）

分类地位	鳞翅目 Lepidoptera　目夜蛾科 Erebidae
拉丁学名	*Orgyia antiqua* (L.)
异　　名	*Phulaena gonostigma* L., *Gynaephora recens* Hübner, *Orgyia gonostigma* (L.)
英文名称	Vapourer moth, Top spotted tussock moth
中文别名	角斑古毒蛾、杨白纹毒蛾、囊尾毒蛾、赤纹毒蛾、梨叶毒蛾、核桃古毒蛾、角斑台毒蛾

482 古毒蛾

分布　北京，天津，河北，山西，内蒙古，辽宁，吉林，黑龙江，江苏，浙江，山东，河南，湖北，湖南，重庆，四川，贵州，陕西，甘肃，宁夏等地。朝鲜，日本，俄罗斯；欧洲。

寄主　柳、杨、桦、桤木、榛、山毛榉、栎、梨树、苹果、花楸、山楂、落叶松、悬钩子、榆、悬铃木、泡桐、鹅耳枥、李树、梅、樱桃、花椒、唐棣、月季、海棠、山茶、白玉兰、江南槐、板栗、核桃、云杉、松、大麻、花生、大豆、胡枝子、桃、杏。

危害　幼虫取食树木的幼芽、叶片和花。

形态特征　**成虫**：雌、雄异型。雌蛾体长12～25mm；长椭圆形，只有翅痕；体上有灰色和黄白色绒毛。雄蛾体长11～15mm，翅展25～36mm；体灰褐色，前翅红褐色，翅顶角处有个黄斑，后缘角处有个新月形白斑。**卵**：近圆形，卵孔凹陷，直径0.7～0.9mm，高0.6mm。初产时淡绿色，后变淡黄色，孵化前呈灰褐色。**幼虫**：老熟幼虫体长33～40mm，体黑灰色，胸两侧各有1束向前伸的黑色长毛束，第八腹节背面有1束向后斜的黑色长毛束；第一至第四腹节背面中央各有1束褐黄色刷状毛束，高出体背1.8～2.8mm。**蛹**：雌蛹纺锤形，长9～11mm；黄褐色至黑褐色，背部有3撮白色短绒毛。雄蛹圆锥形，长13.0～13.9mm；体背被有淡灰黄色细毛。**茧**：灰黄色，外层稀疏，内层稍紧密。雌茧体长12～20mm，圆锥形；雄茧长约11mm，纺锤形。

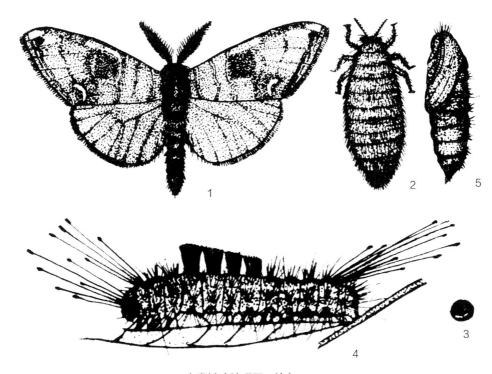

古毒蛾（孙巧云　绘）
1. 雄成虫；2. 雌成虫；3. 卵；4. 幼虫；5. 蛹

古毒蛾雄成虫（虞菊香　提供）

古毒蛾幼虫（虞菊香　提供）

生物学特性　山西1年3代。以2、3龄幼虫在树上黏结的叶片内、落叶内、拉树枝的布条内越冬。翌年在果树萌动露绿时开始活动危害。花柄伸出后幼虫危害最重。3月下旬至4月上旬为越冬代幼虫危害盛期，也是一年中危害最重的时期。4月中旬开始化蛹，化蛹前老龄幼虫吐丝将2～3片叶黏接在一起，叶下结网蜕皮化蛹，秋季也可将单叶粘结成水饺状，在其中化蛹。蛹期10～13天。4月底至5月初出现越冬代成虫。雄蛾寿命约2天。雌蛾产卵于茧附近。每堆卵300～500粒，卵期11～13天。5月中旬第一代幼虫始期，6月上旬为幼虫危害盛期，主要危害新梢及嫩叶。6月中旬初始见第一代蛹，蛹期7～8天。6月下旬蛹羽化。卵期10～11天。第二代幼虫7月初始见。7月中旬为幼虫危害盛期。7月下旬可见第二代蛹。第二代成虫发生期为8月上旬末。8月下旬孵化越冬代幼虫，危害至9月底、10月初开始越冬。幼虫有受惊吐丝下垂习性，早春傍晚多在树枝背下或芽基部，早晨太阳出来后开始活动危害。

防治方法

1. 物理防治。冬季彻底清除寄主枝干翘皮，清除地面落叶、杂草及砖石缝隙等场所的越冬幼虫；生长季节及时剪除低龄幼虫集中取食的枝梢。

2. 化学防治。春季植物萌芽期用5波美度石硫合剂防治是减轻全年发生的关键；幼虫初期喷施25g/L高效氯氟氰菊酯1000～1500倍液，或5.7%甲氨基阿维菌素苯甲酸盐3000～5000倍液防治。此虫大发生时，喷施5.7%甲氨基阿维菌素苯甲酸盐3000～5000倍液防治。

古毒蛾卵、茧、雌成虫（虞菊香　提供）

3. 生物防治。保护天敌古毒蛾追寄蝇、小茧蜂、古毒蛾黑瘤姬蜂、寡埃姬蜂、毒蛾长尾啮小蜂、蓝绿啮小蜂、黑青金小蜂、齿腿长尾小蜂、黑足凹眼姬蜂。另外，甘蓝夜蛾核型多角体病毒可引起角斑古毒蛾幼虫大量死亡，自然患病率达83.3%以上，可加以利用。

4. 利用灰斑古毒蛾性信息素（顺-6-二十一碳-11酮）进行预测预报和防治。

参考文献

赵仲苓，1978；孙巧云，邰晓玲，徐龙娣，1985；萧刚柔，1992；武清彪，白印珍，2005；李海燕，宗世祥，盛茂领等，2009；陈国发，李涛，盛茂领等，2011。

（穆希凤，李锁，李镇宇）

483	棉古毒蛾	分类地位	鳞翅目 Lepidoptera　目夜蛾科 Erebidae

分类地位 鳞翅目 Lepidoptera　目夜蛾科 Erebidae

拉丁学名 *Orgyia postica* (Walker)

异　　名 *Lacida postica* Walker, *Orgyia ceylanica* Nietner

英文名称 Cocoa tussock moth, Hevea tussock moth

中文别名 灰带毒蛾

　　分布　福建，广东，广西，云南，台湾等地。斯里兰卡，印度，缅甸，菲律宾，印度尼西亚，马来西亚，澳大利亚，日本。

　　寄主　幼虫食性较杂，危害茶树、橡胶、杧果、桉树、黑荆树、合欢树、柑橘、桑树、苹果、桃树、梨树、乌桕、木麻黄、橄榄、南岭黄檀、葡萄、蓖麻、棉花、荞麦、大豆、花生、甘薯、马铃薯、甘蓝、茄、葱等。

　　形态特征　**成虫**：雄虫翅展22～25mm。触角干浅棕色，栉齿褐黑色。体和足暗红褐色。前翅暗红褐色，基线黑色，外斜，内横线黑色，波浪形，外弯；横脉纹棕色带黑边和白边，外横线黑色，波浪形，前一半外弯，后一半内凹，在中室后缘与内横线靠近，

两线间灰色；亚外缘线黑色，双线，波浪形；亚外缘区灰色，有纵向黑纹；外缘线由1列间断的黑褐色线组成，缘毛黑棕色有黑褐色斑。后翅黑褐色，缘毛棕色。雌虫，体长约15mm，翅退化，黄白色，尾端稍暗；头胸部短小，腹部占体之大半，略可看到腹部里面的卵粒。**卵**：直径约0.7mm，白色，球形，顶点稍扁平，有淡褐色轮纹。**幼虫**：老熟幼虫体长36mm，浅黄色，有稀疏棕色毛，背线及亚背线棕色，前胸背面两侧和第八腹节背面中央各有1束棕色长毛，第一至第四腹节背面各有1束黄色刷状毛，第一至第二腹节两侧各有1束灰白色长毛。头部橘红色。翻缩腺红褐色。**蛹**：长约18mm，黄褐色。**茧**：黄色，椭圆形，粗糙，表面附着黑色毒毛。

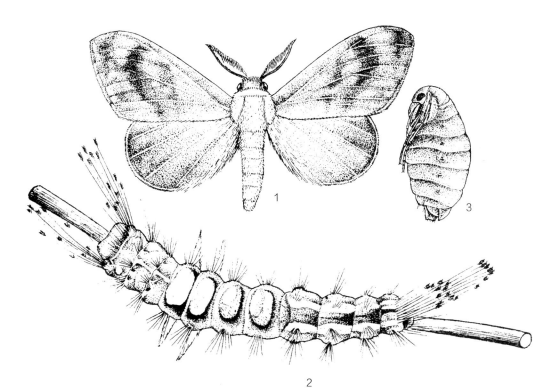

棉古毒蛾（朱兴才　绘）

1. 雄成虫；2. 幼虫；3. 蛹

棉古毒蛾幼虫（张润志　整理）

棉古毒蛾幼虫（张润志　整理）

生物学特性　在广东三水县木豆上1年6代。第一代发生于3月下旬至5月上旬；第二代5月上旬至6月中旬；第三代6月中旬至7月下旬；第四代7月中旬至9月下旬；第五代9月下旬至11月中旬；第六代12月下旬至翌年3月下旬。世代重叠，因此每年6～8月各种虫态均可同时出现。以幼虫越冬，但稍一转暖越冬幼虫又可活动。越冬幼虫于3月上旬开始结茧化蛹。雌蛾产卵于茧外或附近其他植物上，每只雌蛾平均产卵382.7粒。卵期夏季6～9天，冬季17～27天。幼虫期夏季8～22天，冬季24～61天。蛹期夏季4～10天，冬季15～25天。每一世代约经40～50天。

幼虫孵化后群栖于寄主植物上危害，后再分散，猖獗时可将寄主叶子全部吃光。但大发生后，寄生天敌较多，可将其抑制下去。据记载有下述各种寄生天敌：毒蛾绒茧蜂；姬蜂科；小蜂科的广大腿小蜂；家蚕追寄蝇、古毒蛾追寄蝇及中室彩寄蝇。

参考文献

李凤荪等，1933；赵仲苓，1978.

（陈庆雄）

484	刚竹毒蛾	分类地位　鳞翅目 Lepidoptera　目夜蛾科 Erebidae
		拉丁学名　*Pantana phyllostachysae* Chao

　　刚竹毒蛾是我国南方毛竹产区最主要的害虫之一，暴发时吃光竹叶，严重影响翌年出笋，连年受害可致成片竹林枯死。

　　分布　江苏，浙江，安徽，福建，江西，湖北，湖南，广东，广西，重庆，四川，贵州，云南，西藏等地。

　　寄主　毛竹、刚竹、淡竹、红竹、早竹、石竹、早园竹、白夹竹、金竹、苦竹（徐天森等，2004）。

　　危害　暴发时吃光叶片，竹林形同火烧。

　　形态特征　**成虫**：雌虫翅展32～35mm，雄虫翅展26～30mm。体黄色，雌蛾色较浅。触角栉齿状，触角干黄白色，栉齿灰黑色，雌蛾栉齿短而稀。雌蛾前翅浅黄色，雄蛾前翅浅黄至棕黄色，翅后缘中央有1个橙红色斑；后翅色浅（萧刚柔，1992）。**卵**：鼓形，高0.9mm。黄白色，上顶缘有1条浅褐色环纹。**幼虫**：老熟幼虫体长20～25mm，体灰褐色，被黄白色和黑色长毛。前胸两侧各具1个毛瘤，毛瘤上各着生1束向前伸的、由羽状毛组成的灰黑色长毛束。第一至第四腹节和第八腹节背面中央各着生红棕色刷状毛簇，第八腹节刷状毛簇内混有羽状毛，形成向后伸的长毛束。**蛹**：体长9～17mm，黄褐至红褐色，各体节被黄白色毛；臀棘30余枚，末端鱼钩状。丝质薄茧长椭圆形，上附幼虫毒毛。

　　生物学特性　浙江丽水地区、福建南平地区、安徽祁门、云南金平等地1年3代；江西上饶地区、四川1年4代。以卵和1、2龄幼虫在竹株上越冬。在浙江越冬幼虫于翌年2月下旬开始恢复取食，越冬卵也同时开始陆续孵化。越冬代成虫于5月下旬开始羽化，6月上旬为盛期；第一代成虫于7月下旬开始羽化，8月中旬为盛期；第二代成虫于10月上旬开始羽化，10月下旬为盛期。幼虫危害期：越冬代2月下旬至6月中旬，第一代6月中旬至8月上旬，第二代8月中旬至10月中旬。10月上旬至11月中旬产第三代卵，11月卵和部分当年孵出的幼虫一起越冬。江西1年4代，各代幼虫取食期分别为3月中旬至4月下旬，5月下旬至6月下旬，7月，8月中旬至10月上旬（江西省森防站昆虫组等，1979）。

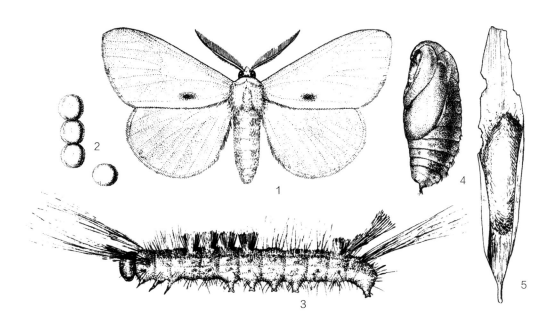

刚竹毒蛾（张翔　绘）

1. 雄成虫；2. 卵；3. 幼虫；4. 蛹；5. 茧

成虫有强趋光性。白天多栖息于竹冠或草丛等荫蔽处，傍晚寻偶、交尾、产卵。交尾后5小时左右开始产卵，产卵期可持续2天左右。成虫寿命8～13天。第一、二代卵历期8～15天，越冬卵卵期长达

4～5个月。越冬代的卵一部分于越冬前幼虫孵化出卵壳；一部分已完成胚胎发育，但不出壳，以幼虫在卵壳内越冬，于翌年春天出壳；剩余部分则于春天完成胚胎发育后出壳。初孵幼虫遇惊即吐丝下

刚竹毒蛾雌成虫（徐天森　提供）

刚竹毒蛾雄成虫（徐天森　提供）

刚竹毒蛾雌成虫（展翅）（张润志　整理）

刚竹毒蛾雄成虫（展翅）（张润志　整理）

刚竹毒蛾刚脱皮的4龄幼虫（徐天森　提供）

刚竹毒蛾茧和蛹（徐天森　提供）

刚竹毒蛾待结茧的老熟幼虫（徐天森　提供）

寄生于刚竹毒蛾幼虫体的寄蝇幼虫（徐天森　提供）

刚竹毒蛾危害状（张润志　整理）

刚竹毒蛾卵（张润志　整理）

垂，3龄以后的幼虫遇惊即蜷缩身体弹跳坠地。成熟幼虫多在竹冠枝叶间结茧，也有在竹秆上、林下灌木和杂草上结茧。完成结茧后的幼虫脱去身上的长毛，仅留下第一至第四腹节和第八腹节红棕色刷状毛簇和体上其他一些短柔毛，进入预蛹期。第一、二代幼虫历期40～46天，春季孵化的越冬幼虫历期3个多月，以幼虫越冬的历期长达半年；预蛹期2～3天。蛹期6～14天。

防治方法

1. 刚竹毒蛾各虫态有多种天敌，大发生后卵寄生蜂的寄生率往往很高，在浙江黑卵蜂、平腹小蜂

刚竹毒蛾幼虫（张润志　整理）

刚竹毒蛾绒茧蜂寄生状（张润志　整理）

刚竹毒蛾茧（张润志　整理）

的寄生率可达50%～70%，局部林地绒茧蜂对幼虫的寄生率达40%左右，是制约其种群消长的重要因素。防止盲目滥施杀虫药剂，保护竹林环境适于鸟类、两栖类、各类昆虫等天敌资源生衍繁殖的生态条件，增强竹林的自控能力，对控制刚竹毒蛾十分重要。

2. 幼虫期林内喷洒白僵菌（50亿/mL）、甘蓝夜蛾核型多角体病毒（20亿PIB/mL），苏云金杆菌（8000IU/μL）杀虫效果可达60%～70%（蒋家淡，2001）。

3. 成虫趋光性强，可用黑光灯诱杀。

4. 农村常有用竹梢编篱笆，应注意避免从虫害竹山采集竹梢，以防虫茧、虫卵和幼虫随竹梢带到其他竹林。

5. 避免对竹林全面施药。必须用药时，应在虫情调查的基础上，采取重点施药的办法，以免过度杀伤天敌。在幼虫期和成虫期以2.5%溴氰菊酯乳油或25g/L高效氯氟氰菊酯乳油1000～1500倍液进行喷热雾作业，可以快速击倒害虫（蒋平等，2005）。

参考文献

赵仲苓, 1977; 江西省森防站昆虫组, 大茅山垦殖场金山分场, 1979; 陈汉林, 1980; 陈汉林, 1983; 萧刚柔, 1992; 蒋家淡, 2001; 徐天森等, 2004; 蒋平, 徐志宏, 2005.

（徐天森，陈汉林，徐真旺，梁香媚，邢陇平）

485 华竹毒蛾

分类地位 鳞翅目 Lepidoptera 目夜蛾科 Erebidae

拉丁学名 *Pantana sinica* Moore

分布 上海，江苏，浙江，安徽，福建，江西，湖北，湖南，广东，广西，重庆，四川，贵州，云南等地。

寄主 毛竹、黄槽竹、黄秆京竹、白夹竹、白哺鸡竹、甜竹、贵州刚竹、水竹、方秆毛竹、篌竹、红竹、淡竹、紫竹、衢县红壳竹、刚竹、乌哺鸡竹、奉化水竹、早竹等刚竹属主要竹种。

危害 幼虫取食竹叶，严重时成竹枯死，使下年度出笋减少或不出笋。幼虫体被毒毛，触及人体会引起红肿、痒痛。

形态特征 成虫： 具3型，即雌成虫、冬型雄成虫、夏型雄成虫。雌成虫体长12～16mm，翅展35～39mm。触角干灰白色，栉齿较短，灰黑色；复眼黑色；下唇须橙黄色。头、前翅、腹部灰白色，略显棕色。前翅白色，翅基、前缘及外缘略被浅棕色鳞片，在M_2与M_3、M_3与Cu_1、Cu_1与Cu_2、Cu_2与Cu各翅脉相交夹角处各有1个黑斑；后翅乳白色。腹面及足均为灰白色，略带棕黄色。冬型雄成虫体长9～13mm，翅展29～35mm。触角羽状，黑色或灰黑色；复眼黑色；下唇须锈黄色。头、前胸灰白色或灰黄色，腹部黑色，后胸两侧及尾部绒毛灰白色。前翅前缘半部、外线到端线部分黑色或灰黑色，有翅脉处色浅，与雌成虫前翅同等位置处有4个黑斑，余为白色；后翅白色，少数个体翅基及顶角为暗灰色。夏型雄成虫体大小同冬型雄成虫，翅全为黑色，前翅肘脉（Cu）及臀脉（2A）为灰棕色，其他翅脉处色浅，腹面及足为灰白色，略带棕色。**卵：** 略呈扁圆形，宽0.9mm，高0.8mm，灰白色，顶部较平，中央略凹陷，周围有1个浅褐色的圆环，下部略圆。**幼虫：** 初孵幼虫体长2.5mm，淡黄白色，有黑色毛片，前胸侧毛瘤各有1束黑色的长毛束。3龄幼虫第一至第四腹节背面各有1束刷状毛初现，橙黄色，体黄白色，较发灰。4龄幼虫头暗灰色，第一至第四腹节背面各有1束刷状毛，即4束刷状毛较长，背线、亚背线灰黑色，毛灰白色，将亚背线切断呈断续状。老熟幼虫因各代幼虫龄数不一，幼虫体长变化较大，约

20～31mm，暗黄褐色，前胸两侧毛瘤突出，各着生1束黑色长毛，背线宽阔，黑色，亚背线、气门上线灰白色。第一至第四腹节背面有4丛棕红色刷状毛，第八腹节背面有1束向后竖长的黑色长毛，基部有棕黑色毛瘤2个，各生棕红色短毛丛，各节侧毛瘤、亚背线毛瘤均着生短毛丛，腹面灰白色。第一、三代幼虫有5、6或7个龄期，以6龄为主；第二代幼虫有6、7或8个龄期，以7龄为主，占75%。**蛹：** 雄蛹体长11～15mm，雌蛹体长16～19mm。橙黄色，额的两边各生1根刚毛，体背各节密生黄白色短毛，以胸部背面毛较长。雄蛹触角宽大，遮去前翅芽的2/5，两触角尖端相接，遮去3对足的中间部分，前翅芽长达第四腹节末端，臀棘上有许多钩刺；雌蛹触角宽短，与下颚等长，前翅芽仅达第四腹节中间。**茧：** 梭形，长18～26mm，灰黄色或黄褐色，丝质。夏茧较薄，越冬茧两层，外层结构细密，灰黑色，附少量体毛，内层黄褐色，结构疏松。

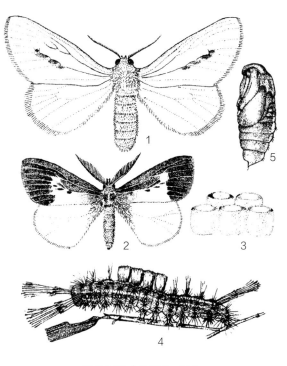

华竹毒蛾（徐天森 绘）
1. 雌成虫；2. 雄成虫；3. 卵；4. 幼虫；5. 蛹

华竹毒蛾（上为夏型雄成虫、中为冬型雄成虫、
下为雌成虫）（徐天森　提供）

从茧中取出的华竹毒蛾雄蛹（徐天森　提供）

华竹毒蛾老熟幼虫（徐天森　提供）

华竹毒蛾幼虫被姬蜂寄生（徐天森　提供）

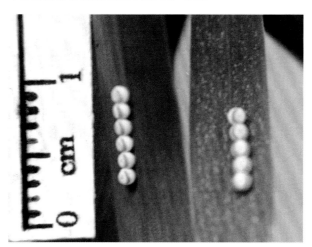

华竹毒蛾卵（徐天森　提供）

生物学特性　浙江1年3代。以蛹越冬。翌年4月下旬越冬蛹开始羽化成虫，至5月下旬结束，各代卵期依次为4月下旬至5月下旬、6月上旬至8月上旬、8月下旬至9月下旬；各代幼虫期依次为5月上旬至7月中旬、7月上旬至8月上旬、9月上旬至12月上旬；各代蛹期依次为6月上旬至7月中旬、8月上旬至9月下旬、10月上旬至翌年5月上旬；第二、三代成虫分别为6月中旬至8月上旬、8月中旬至9月下旬。成虫

羽化后可立即交尾、产卵，各代卵分别需经11～13天、7～8天、7～9天孵化；各代幼虫分别需经34～49天、28～42天、30～74天取食方老熟化蛹；各代蛹分别需经10～21天、10～13天、168～192天羽化成虫；各代成虫寿命分别为7～8天、5～14天、4～15天。综合累计华竹毒蛾第一代平均需时30.82天，第二代需时63.68天，第三代需时248.32天。

防治方法

保护天敌：卵期天敌有松毛虫赤眼蜂、毒蛾赤眼蜂、松茸毒蛾黑卵蜂、茶毒蛾黑卵蜂寄生。幼虫期有赤毒蛾绒茧蜂、竹毒蛾内茧蜂、细颚姬蜂、野蚕黑瘤姬蜂寄生。重寄生有菱室姬蜂。赤眼蜂人工放蜂寄生率为28%～45%；黑卵蜂自然界总寄生率为8.8%～28.5%。幼虫寄生蜂有2种：绒茧蜂寄生率为4%～6%，内茧蜂寄生率为1%～3%。华竹毒蛾天敌对控制该虫的虫口密度起着重要作用。

参考文献

赵仲苓, 2003; 徐天森等, 2004.

（徐天森，王浩杰）

分类地位	鳞翅目 Lepidoptera 目夜蛾科 Erebidae
拉丁学名	*Parocneria furva* (Leech)
异 名	*Ocneria furva* Leech
英文名称	Juniper tussock moth
中文别名	柏毛虫、刺柏毒蛾、基白柏毒蛾

486 侧柏毒蛾

寄主植物受害后，针叶基部残留，生长受阻，逐渐枯萎凋落，树势衰弱，易引起天牛、小蠹等次期性害虫入侵，严重者可导致柏树死亡。

分布 北京，河北，山西，内蒙古，辽宁，吉林，黑龙江，江苏，浙江，安徽，福建，山东，河南，湖北，湖南，四川，贵州，陕西，甘肃等地。日本（林业部林政保护司，1988）。

寄主 侧柏、圆柏、沙地柏、福建柏（赵仲苓，2003）。

危害 以幼虫取食柏叶的尖端危害，越冬代幼虫主要危害新萌发的嫩叶幼芽。

形态特征 成虫： 雄虫翅展19～27mm，雌虫翅展20～34mm。雄蛾触角羽毛状灰黑色，体和翅灰棕色；前翅斑纹黑色，纤细，不显著，内线在中室后方Cu$_2$脉处向外折角，外线与亚端线锯齿状折曲，不显著，在M$_1$脉后方、Cu$_2$脉后方向内折角明显，在折角周围灰白色，缘毛棕黑色与灰色相间；后翅色稍浅，缘毛灰色。雌蛾色较浅，斑纹较雄蛾清晰。
卵： 直径0.9～1mm，扁圆形。初产时草绿色，有光泽，之后渐变为黄褐色，孵化前为黑褐色，表面有刻纹。**幼虫：** 老龄时体长20～30mm；头部灰黑色

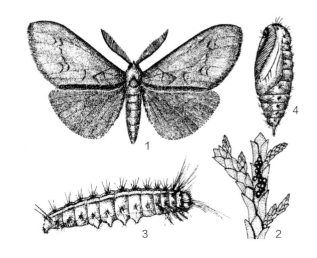

侧柏毒蛾（张培毅 绘）
1. 成虫；2. 卵块；3. 幼虫；4. 蛹

或黄褐色，有茶褐色斑点；体绿灰色或灰褐色，背线黑绿色，体各节具棕白色毛瘤，上生黄褐色和黑色刚毛，第三、七、八、十一节背面发白；亚背线从第四至第十一节间为1条黑绿色斑纹；亚背线与气门线间有白色斑纹。体腹面黄褐色。第六、七节背面各有1个淡红色翻缩腺。**蛹：** 体长10～13mm，绿色，羽化前变为褐色，每腹节有8个白斑，上生少数白毛，气孔黑色，臀棘棕褐色（赵仲苓，2003）。

侧柏毒蛾成虫（停歇状态）（徐公天 提供）

侧柏毒蛾成虫（自然状态）（徐公天 提供）

生物学特性 北京1年2代。以幼虫在鳞叶、小枝或树皮缝内越冬，翌年3月下旬至4月上旬柏树发芽时幼虫活动取食，6月下旬第一代成虫羽化。8月底至9月初第二代成虫羽化

成虫多在夜间至上午羽化，趋光性较强，白天多静伏于树冠枝叶上，傍晚活动交尾、产卵。卵多产于树冠阳面或林缘的鳞叶正面，呈不规则堆状排列，每堆2～40粒。幼虫白天潜伏于树皮裂缝、叶丛中，夜间危害。初孵幼虫取食鳞叶尖端及边缘呈缺刻状，3龄后取食全叶。7～8月危害最烈。夏季气温升高，幼虫可停止取食，进入休眠状态，待立秋气温下降时开始危害。老熟后在叶丛中吐丝作茧化蛹。

侧柏毒蛾在葡萄叶上栖息（张润志 整理）

侧柏毒蛾雌成虫(展翅)（徐公天 提供）

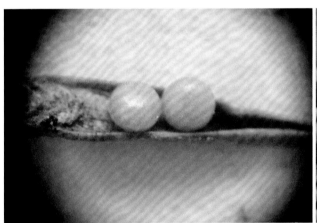

侧柏毒蛾卵（徐公天 提供）

侧柏毒蛾已孵化卵壳（徐公天 提供）

侧柏毒蛾幼龄幼虫（徐公天 提供）

侧柏毒蛾老龄幼虫（徐公天 提供）

侧柏毒蛾初蛹（徐公天 提供）

侧柏毒蛾蛹（后期）（徐公天 提供）

侧柏毒蛾幼虫食害状（徐公天 提供）

侧柏毒蛾幼虫食害整株状（徐公天 提供）

侧柏毒蛾的发生与环境条件有一定关系。树种组成简单、郁闭度大的林分害虫发生较重；疏林和尚未郁闭的幼林灾情较轻，侧柏和刺槐混交林很少发生灾情（汪永俊，1992）。

防治方法

1. 加强营造林管理，科学规划设计，避免栽植单一树种，及时抚育间伐，提高树势，降低侧柏毒蛾的发生与危害。

2. 利用成虫的趋光性，设置杀虫灯诱杀成虫。

3. 药剂防治。低龄幼虫期喷洒甘蓝夜蛾核型多角体病毒（20亿PIB/mL）1000～1500倍液，高龄幼虫期喷洒苏云金杆菌（8000IU/μL）1000～1500倍液。在药剂防治时，应注意使用药剂种类和施用浓度等，减少对天敌的杀伤。

4. 保护和利用天敌。卵期天敌主要有跳小蜂等。幼虫期天敌主要有家蚕追寄蝇、狭颊寄蝇等。蛹期天敌有广大腿小蜂、黄绒茧蜂等，寄生率很低；螳螂、胡蜂等天敌也可捕食幼虫和蛹。

参考文献

汪永俊, 1992; 赵仲苓, 2003; 徐公天, 2007.

（潘彦平，黄盼，汪永俊）

487	蜀柏毒蛾	**分类地位** 鳞翅目 Lepidoptera　目夜蛾科 Erebidae
		拉丁学名 *Parocneria orienta* Chao
		中文别名 柏毛虫、小柏毛虫

分布 浙江，福建，湖北，湖南，四川。

寄主 柏木、侧柏。

危害 幼虫取食柏科植物鳞叶尖端、新萌嫩叶，大发生时常将鳞叶食尽，仅留枝条，致使枝条枯死。

形态特征 **成虫**：雄虫体长12～15mm，翅展29～35mm；触角淡褐色，栉齿黑褐色；头和胸部灰褐色；足灰褐色，有白斑；前翅白色或褐白色，斑纹褐色或黑褐色，缘毛白色和褐色或黑褐色相间。雌虫体长18～20mm、翅展33～45mm；颜色较浅，斑纹较雄蛾清晰；后翅灰白色，外缘褐色或黑褐色（萧刚柔，1992）。**卵**：扁圆形，直径0.6～0.8mm，背面中央有1凹陷。初产时暗绿色，后灰黄色、灰褐色、黑褐色。**幼虫**：体长22～42mm。头部褐黑色，体绿色，背面和体侧有灰白和灰褐色斑纹，瘤红色，瘤上生白色和黑色毛。**蛹**：体长12～20mm，绿色或灰绿色，腹部有黄白色斑。

生物学特性 四川1年2代。以第二代幼虫或卵越冬。翌年2月上旬越冬代出蛰危害，幼虫暴食期在4月下旬至5月中旬，成虫羽化盛期在6月上旬至中旬。5月下旬第一代幼虫危害、暴食期在8月中旬至9月中旬，10月上旬至下旬为成虫羽化盛期。第二代卵10～12月陆续孵化，而后越冬。

成虫趋光性强烈，夜间活动，越冬代寿命8.1天、第一代10.9天；卵多聚产于树冠中部或下部鳞叶背面、小枝及小枝分叉处，越冬代产卵量240～613粒，第一代180～260粒。第一代卵期14.3天，幼虫6龄，老熟幼虫常吐少量丝缀叶或倒悬于枝叶上化蛹。

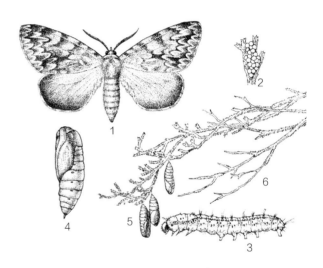

蜀柏毒蛾（张翔　绘）
1. 成虫；2. 卵；3. 幼虫；4、5. 蛹；6. 柏木被害状

蜀柏毒蛾成虫（《林业有害生物防治历》）

蜀柏毒蛾幼虫（《林业有害生物防治历》）

蜀柏毒蛾卵（《林业有害生物防治历》）　蜀柏毒蛾卵（王焱　提供）

蜀柏毒蛾蛹（王焱　提供）　蜀柏毒蛾危害状（《林业有害生物防治历》）

防治方法

1. 幼虫期用5.7%甲氨基阿维菌素苯甲酸盐3000～5000倍液、苏云金杆菌（8000IU/μL）1000～1500倍液、10%吡虫啉1000倍液喷雾防治。

2. 使用蜀柏毒蛾颗粒体病毒POGV防治幼虫，或在卵期繁殖释放黑卵蜂。保护和利用天敌。卵期天敌主要有黑卵蜂，越冬代寄生率达74%、第一代寄生率达80%；幼虫期有寄生率为20%～30%的毒蛾绒茧蜂及寄生蝇、蜀柏毒蛾颗粒体病毒（萧刚柔，1992）。

3. 成虫期可采用黑光灯诱蛾。

参考文献

萧刚柔, 1992; 赵仲苓, 2003.

（李孟楼，曾垂惠，李远翔）

分类地位	鳞翅目 Lepidoptera　目夜蛾科 Erebidae
拉丁学名	*Somena scintillans* Walker
异　　名	*Artaxa scintillans* Walker, *Euproctis scintillans* Walker, *Porthesia scintillans* Walker, *Nygmia scintillans* Walker
英文名称	Yellow tail tussock moth
中文别名	棕衣黄毒蛾、黑翅黄毒蛾

488 双线盗毒蛾

分布　浙江，福建，河南，湖南，广东，广西，四川，云南，陕西，台湾等地。缅甸，马来西亚，新加坡，斯里兰卡，印度，印度尼西亚，巴基斯坦。

寄主　黑荆树、刺槐、枫树、茶树、柑橘、梨树、黄檀、龙眼、枇杷、白桐、白兰、蓖麻、玉米、棉花、荔枝和十字花科植物。

危害　在福建主要危害黑荆树，取食黑荆树叶、叶柄和花序，影响林木生长。

形态特征　**成虫**：雌虫体长9.0～12.3mm，翅展25.0～37.3mm；雄虫体长8.0～11.0mm，翅展20.1～27.2mm。触角干黄白色至浅黄色，栉齿黄褐色。下唇须橙黄色，复眼黑色，较大。头部和颈板橙黄色，胸部浅黄棕色，腹部黄褐色，肛毛簇橙黄色。足浅黄色，上生黄色长毛。前翅赤褐色，微带浅紫色闪光，内横线与外横线黄色，向外呈弧形，有的个体不清晰，前缘、外缘和缘毛柠檬黄色，外缘和缘毛黄色部分被赤褐色部分隔成3段；后翅黄色。**卵**：扁圆形，中央凹陷。横径0.64～0.72mm，高0.46～0.60mm。卵表面光滑，有光泽。初产卵黄色，后渐变为红褐色。**幼虫**：初孵幼虫体长3.19～4.40mm，头宽0.30～0.48mm。头棕褐色，体浅黄色，背线黄色。老熟幼虫体长13.4～23.5mm，头宽1.63～2.40mm。头浅褐色，体暗棕色。前胸背面有3条黄色纵纹，侧瘤橘红色，向前凸出；中胸背面有2条黄色纵纹和3条黄色横纹；后胸Ⅱ瘤橘红色。腹部第一至第八节Ⅱ、Ⅲ瘤黑色，上生黑褐色长毛和白色短毛刷；第一腹节Ⅱ瘤基部外侧黄色，胸、腹部Ⅳ瘤浅红色，Ⅴ、Ⅵ瘤暗灰色，上生白色刺状刚毛；第九腹节背面有倒"Y"形黄色斑；第三至第七腹节

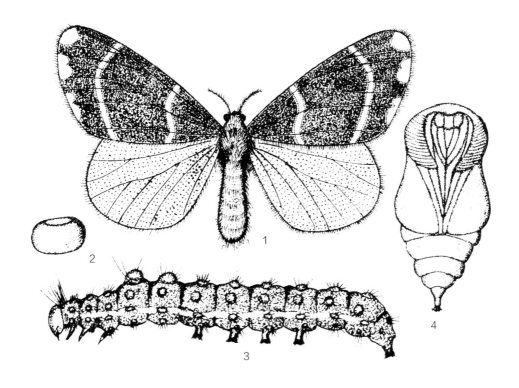

双线盗毒蛾（陈顺立　绘）
1. 成虫；2. 卵；3. 幼虫；4. 蛹

双线盗毒蛾成虫（中国科学院动物研究所国家动物博物馆　提供）

背线黄色较宽，其中央贯穿深红色细线；气门下线橘黄色，翻缩腺黄色。气门椭圆形，浅褐色。胸足黑褐色，腹足橘黄色，外侧灰黑色，趾钩单序，半环状。**茧**：长椭圆形，浅暗红褐色，丝质紧密，上有疏散毒毛。雄茧长11.8～18.2mm，雌茧长16.0～23.6mm。**蛹**：椭圆形，黑褐色。雌蛹体长10.9～13.8mm，雄蛹体长8.7～10.8mm。前胸背面毛多，不成簇；中胸背面隆起，中央有1条纵脊，两侧着生2簇长刚毛。臀棘圆锥形，末端着生26枚小钩。

生物学特性　福建南平1年7代，在林间世代重叠。以3龄以上幼虫在黑荆树叶片上越冬。冬季中午气温回升时，仍可活动取食。越冬幼虫翌年3月下旬结茧化蛹，4月中旬成虫羽化。各代幼虫的危害盛期分别是：第一代5月上、中旬；第二代6月上、中旬；第三代7月中、下旬；第四代8月中、下旬；第五代9月下旬至10月上旬；第六代11月上、中旬；第七代（越冬代）3月上、中旬。

成虫多在15:00～19:00羽化，通常雄虫比雌虫早羽化1～2天。第一至第七代的羽化率分别为86.4%；82.8%，78.5%，90.1%，84.6%，88.8%和80.2%。成虫羽化后当晚即可交尾。交尾多在0:00～4:00，历时9～20小时。喜在暗处交尾。雌虫一生交尾1次。交尾后次日开始产卵。卵多产在黑荆树小枝和羽叶上。卵成堆，上覆盖绒毛。卵多在夜间产出。产卵历期3～9天。每雌产卵96～368粒，平均214粒。成虫寿命3～10天。

卵期因世代不同而不同，第一代5～8天，平均5.8天；第二代3～5天，平均4.1天；第三代3～5天，平均3.8天；第四代3～4天，平均3.1天；第五代4～7天，平均5.6天；第六代5～7天，平均6.2天；第七代6～11天，平均7.1天。一天内卵的孵化高峰时刻是17:00～19:00。平均孵化率98.1%。

幼虫共5龄，少数4龄。幼虫期依不同世代而异，第一代20～24天，平均21.9天；第二代17～18天，平均17.4天；第三代18～25天，平均20.6天；第四代18～34天，平均22.9天；第五代18～31天，平均23.1天；第六代26～33天，平均29.1天；第七代85～98天，平均90.4天。初孵幼虫先取食卵壳，然后群集于嫩叶上取食，把羽状叶吃成小缺刻。3龄后幼虫分散取食，不仅可食尽全叶，还可取食叶柄、花序等，并能转株危害。幼虫整日均可取食，阴天活动取食更加频繁。据室内幼虫取食量测定，每头幼虫一生平均可食黑荆树叶1.076g；5龄幼虫取食量最大，占幼虫期食量的73.7%。幼虫老熟后沿树干爬下，多在草丛、枯枝落叶中结茧化蛹，少数在树干基部裂缝中结茧，茧分布零散。老熟幼虫下树结茧前1～2天食量明显增加。预蛹期1～4天。化蛹率81.6～95.2%。蛹期第一代6～12天，平均9.5天；第二代6～7天，平均6.8天；第三代4～7天，平均6.1天，第四代4～12天，平均7.1天；第五代7～30天，平均12.4天；第六代21～51天，平均29.1天；第七代10～15天，平均12.5天。

双线盗毒蛾成虫（中国科学院动物研究所国家动物博物馆　提供）

双线盗毒蛾雄蛾（中国科学院动物研究所国家动物博物馆　提供）

防治方法

1．人工防治。该虫产卵在黑荆树小枝和羽叶上，卵成堆，上覆盖绒毛，可摘除卵块。

2．成虫有趋光性，可灯光诱杀。

3．保护和利用天敌。幼虫期有小茧蜂科的 *Apantele* sp. 和颚姬蜂。据1986年调查白僵菌在第六代上寄生率为33.4%，在越冬代上为4.3%。核型多角体病毒使第二代、第五代幼虫常被感染，造成局部地区病毒病流行。

4．化学防治。90%敌百虫晶体1000倍液，50%辛硫磷乳油2000倍液。

参考文献

赵仲苓，1978；石木标等，1984；陈顺立等，1989；赵仲苓，2003.

（陈顺立，陆文敏）

489 杨雪毒蛾

分类地位	鳞翅目 Lepidoptera 目夜蛾科 Erebidae
拉丁学名	*Leucoma candida* (Staudinger)
异　　名	*Stilpnotia candida* Staudinger, *Liparis salicis* Bremer
英文名称	Willow moth
中文别名	杨毒蛾、密鳞毒蛾、褐柳毒蛾、柳毒蛾

分布　北京，河北，山西，内蒙古，辽宁，吉林，黑龙江，福建，江西，山东，河南，湖北，湖南，四川，云南，西藏，甘肃，青海，新疆等地。朝鲜，日本，蒙古，俄罗斯。

寄主　山杨、黑杨、中东杨、小叶杨、小青杨、赤杨、柳、白桦及榛子。

形态特征　**成虫**：体长14～23mm，翅展35～52mm。全身被白色绒毛，稍有光泽。触角主干白色有褐色纹。翅面上鳞片较宽，排列稠密。雄性外生殖器瓣外缘有许多细齿，钩形突基部圆形加宽，阳茎端膜上角状器由许多硬刺组成；雌性外生殖器交配孔上的盖片为"M"形。**卵**：馒头形，黑棕色。**幼虫**：老熟幼虫体长30～50mm，体棕黑色，背中线浅黑色，两侧为黄棕色，其下各有1条灰黑色纵带。第一、二、六、七腹节背面有黑色横带，气门线灰褐色，气门棕色，围气门片黑色。体每节均有红色或黑毛瘤8个，形成一横列，其上密生黄褐色长毛及少数黑色或棕色短毛。体腹面青棕色，胸足棕色，翻缩腺浅红棕色。**蛹**：体长16～26mm，棕黑色，刚毛棕黄色，表面粗糙，密生孔和纹。

生物学特性　黑龙江、甘肃等地1年1代；河南林州市1年2代。以小龄幼虫在树皮裂缝中结茧越冬。翌年4月中旬杨树展叶时开始活动，5月下旬在树皮裂缝或土块下化蛹。6月上旬为化蛹盛期，中旬化蛹结束。7月上旬羽化结束，6月上旬开始产卵，中旬为产卵盛期。7月上旬第一代幼虫大量出现，8月中旬为幼虫化蛹盛期，8月下旬幼虫化蛹结束。8月下旬为蛹羽化盛期，9月上旬出现第二代幼虫，后以小幼虫越冬。

羽化多在晚间，成虫有较强的趋光性，白天静伏。卵大多产于树皮、叶背、枝条等处，成星块状，卵期14～18天。初孵化的幼虫不立即取食，多群集静伏隐蔽，主要食嫩梢嫩叶，有吐丝下垂习性。幼虫有强烈的避光性，老龄幼虫更为明显，晚间上树取食，白天下树隐蔽。各龄幼虫在蜕皮前停食2～3天，蜕皮后停食1天开始危害。老熟幼虫常在树冠下部外围吐丝将叶片纵卷，做一护膜后蜕皮，以后虫体逐渐收缩，进入预蛹期，3天蜕皮成蛹。

防治方法

1. 物理防治：成虫期用黑光灯诱杀。

2. 生物防治。保护和利用天敌（见雪毒蛾天敌），施用甘蓝夜蛾核型多角体病毒（20亿PIB/mL），也可用苏云金杆菌（8000IU/uL）1000～1500倍液喷雾防治。

3. 化学防治。幼虫期，用25g/L高效氯氟氰菊酯1000～1500倍液，或5.7%甲氨基阿维菌素苯甲酸盐3000～5000倍液防治；成虫期，利用雪毒蛾信息素（3Z-cis-6，7-cis-9，10-D-i-epoxy-heneicosene）诱杀。

参考文献

赵仲苓，1978；中国科学院动物研究所，1987；王建全，1992；萧刚柔，1992；SCHA EFER等，2000；李贵山等，2001；赵仲苓，2003；李书吉等，2007.

（水生英，李镇宇）

杨雪毒蛾成虫（徐公天　提供）

分类地位	鳞翅目 Lepidoptera　目夜蛾科 Erebidae
拉丁学名	*Leucoma salicis* (L.)
异　名	*Stilprotia salicis* (L.), *Bombyx salicis* L., *Liparis salicis* L., *Phalaena salicis* L.
英文名称	White satin moth, Satin moth
中文别名	柳毒蛾、杨毒蛾、黑柳毒蛾、柳叶毒蛾

490 雪毒蛾

分布　河北，内蒙古，辽宁，吉林，黑龙江，江苏，山东，河南，西藏，陕西，甘肃，青海，宁夏，新疆等地。蒙古，朝鲜，俄罗斯，日本；欧洲，北美洲。

寄主　杨、柳、榆、白桦、榛子、白蜡树、漆树。

形态特征　成虫：体长11～20mm，翅展33～55mm。全体着白色绒毛，具丝绢光泽。复眼圆形，黑色。触角干白色，翅面上鳞片较宽，排列稀疏。雄性外生殖器瓣外缘光滑，钩形突基部三角形加宽，阳茎端膜上角状器由带钩的硬片组成；雌性外生殖器交配孔上的盖片为梯形。足胫节和跗节间生有黑白相间的环纹。卵：扁圆形，浅绿色。卵堆成块状，其上被1层白色胶质，泡沫状。幼虫：体黄色，亚背线黑褐色，背部毛瘤橙色或棕黄色，黄色胸足黑色。蛹：体表光滑，棕黑色有黑色黄斑。

生物学特性　黑龙江、内蒙古1年1代；山东1年2代；有记载新疆乌鲁木齐地区1年2～3代。在内蒙古地区于9月上旬开始以2、3龄幼虫在树皮裂缝、树洞和根部落叶和杂草中群居越冬。翌年5月中旬开始陆续上树危害，6月下旬开始化蛹，7月中上旬见成虫，并见卵，7月下旬幼虫破卵钻出，当年第二代幼

雪毒蛾成虫（展翅）（李镇宇　提供）

雪毒蛾成虫（徐公天　提供）

雪毒蛾幼虫（上视）（徐公天　提供）

雪毒蛾幼虫（右视）（徐公天　提供）

雪毒蛾幼虫食害杨叶（徐公天　提供）

雪毒蛾蛹（徐公天　提供）

雪毒蛾幼虫感染病毒（徐公天　提供）

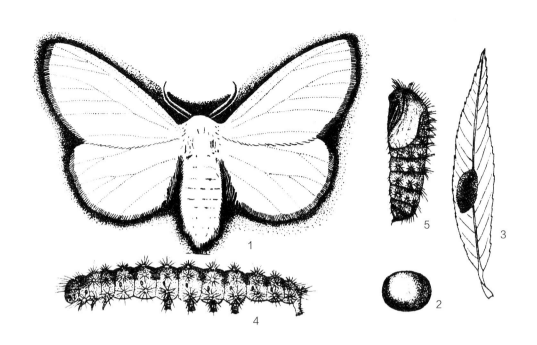

雪毒蛾（徐天森　绘）

1. 成虫；2、3. 卵及卵块；4. 幼虫；5. 蛹

虫在9月末、10月初开始越冬。

卵产于树干及叶片上，平均每雌虫产卵300粒左右，经半个月孵化。幼虫昼夜都能取食，但以白天为主，1～3龄幼虫有群居性，触动时吐丝下垂借风力迁移，4龄以上幼虫靠爬行扩散，老熟后吐丝卷叶化蛹。蛹期9～19天，羽化高峰在20:00～22:00，羽化6小时后开始飞翔交尾。成虫具有明显的趋光性。

防治方法

1. 生物防治。保护和利用各种天敌，如毛虫追奇蝇、黑卵蜂、悬茧姬蜂、舟蛾赤眼蜂等及白僵菌、绿僵菌等。研究发现用甘蓝夜蛾核型多角体病毒杀虫剂防治雪毒蛾害虫较为理想，施用浓度以$6.0 \times 10^{11}PB/hm^2$或$7.5 \times 10^{11}PB/hm^2$为好，施药时间以16:00后或翌日8:00前为好，防治适期以2～4龄幼虫为宜，喷洒时加入适量的活性炭或墨汁，可提高致病率；也可用苏云金杆菌（8000IU/μL）1000～1500倍液喷雾防治。

2. 化学防治。幼虫3～4龄期，采用25g/L高效氯氟氰菊酯1000～1500倍液喷雾防治。

雪毒蛾成虫在柳树上（张润志　整理）

3. 物理措施。在成虫期，利用黑光灯诱杀。

参考文献

赵仲苓, 1978; 中国科学院动物研究所, 1987; 萧刚柔, 1992; 刘振清等, 1995; 苏梅、杨奋勇, 2000; 梁文秀等, 2001; 赵仲苓, 2003.

（水生英，李镇宇，徐龙江）

分类地位	鳞翅目 Lepidoptera　目夜蛾科 Erebidae
拉丁学名	*Cifuna locuples* Walker
中文别名	大豆毒蛾、豆毒蛾

491　肾毒蛾

分布　北京，河北，山西，内蒙古，辽宁，吉林，黑龙江，上海，江苏，浙江，安徽，福建，江西，山东，湖北，广东，广西，四川，贵州，云南，西藏，陕西，甘肃，青海，宁夏等地。俄罗斯，朝鲜，日本，印度，越南。

寄主　枫香、油桐、悬铃木、杨树、柳树、栎、榆、樱、柿树、泡桐、茶树、海棠、马尾松、槐树、毛白杨、油茶、紫藤、刺槐、黑荆树、月季、梨树、枇杷及其他豆科植物。

危害　初孵幼虫群集在寄主叶片背面，食害叶片，形成孔洞、缺刻，嫩梢食尽仅剩网状叶脉，重者可将叶吃光。幼虫老熟后在叶背吐丝结稀疏的薄茧化蛹。幼虫体外长毛均有毒，能引起人体皮炎、斑疹痛痒（孙兴全等，2002）。

形态特征　成虫：雄虫体长12～17mm，翅展24～40mm，触角羽毛状。雌虫体长18～22mm，翅展45～53mm，触角短栉齿状。头胸深黄褐色，腹褐黄色，前、后翅皆为黄褐色，后翅稍淡。后胸和第二、三腹节背面各有1束黑色短毛丛。前翅内线为1条褐色宽带，带内侧衬白色细线；横脉纹肾形，黄褐色，具深褐色边。**幼虫**：体长30～43mm，头部黑色，体黑褐色。亚背线和气门下线为棕橙色断线。

肾毒蛾雄成虫（展翅）（徐公天　提供）

肾毒蛾幼虫和蛹（黄金水　提供）

肾毒蛾幼虫（黄金水　提供）

肾毒蛾成虫与卵（黄金水　提供）

前胸背面两侧各有1个黑色大瘤，上生毛束；其余各瘤褐色，上生白褐色毛。第一至第四腹节背面各有1束暗黄褐色短毛刷；第八腹节背面有黑褐色毛束；臀部具浅褐色长毛丛。

生物学特性　福建邵武、福州1年3代。以老熟幼虫在落叶中越冬。翌年3月上旬或4月上旬开始上树寻食嫩芽，4月下旬至5月中旬化蛹，5月上旬至下旬成虫羽化。9月中旬至翌年5月上旬为第三代即越冬代幼虫期，11月上旬或下旬幼虫进入越冬，历期220天左右。蛹历期6～15天。羽化盛期分别在5月中旬、7月中旬、9月中旬。

成虫整天都可羽化，以夜间为盛。羽化后第二天即可交配产卵，成虫寿命一般为5～11天，卵产于叶背面或正面，整齐排列，分产于2～5处。每块卵50～85粒，每雌产卵量450～650粒。初孵幼虫在卵块上栖息5～6小时后陆续爬到叶片上群集取食叶肉，1、2龄幼虫具群集性。幼虫共6～8龄，3龄后食量大增，分散取食。老熟幼虫不食不动1～2天后，在叶片或小枝等处吐丝连缀体毛结茧化蛹。10月底越冬代老熟幼虫爬往树基部落叶中群集越冬（福建省林业科学研究所，1991）。

防治方法

1. 人工防治。秋季、早春收集并销毁枯枝落叶，消灭虫茧、卵，或者于产卵盛期末，人工摘除有卵块的叶片，可消灭大量幼虫，减少虫源。成虫盛期可用灯光诱杀。

2. 药剂防治。应用细菌制剂（Bt制剂青虫菌等）、杀虫素（阿维菌素）、灭幼脲Ⅲ号等生物药剂。幼虫在3龄以前多群聚，不甚活动，抗药力弱，应掌握这个时机进行药剂防治。常用的药剂为：灭幼脲Ⅲ号悬浮剂2000～3000倍液，5.7%甲氨基阿维菌素苯甲酸盐微乳剂3000～5000倍液，20%氰戊菊酯乳油1000～1500倍液等。

参考文献

福建省林业科学研究所，1991；孙兴全，周丽娜，陈晓琳等，2002.

（黄金水，蔡守平）

492 榕透翅毒蛾

分类地位	鳞翅目 Lepidoptera 目夜蛾科 Erebidae
拉丁学名	*Perina nuda* (F.)
异 名	*Bombyx nuda* F., *Acanthopsyche bipars* Matsumura, *Perina basalis* Walker, *Euproctis combinata* Walker
中文别名	透翅榕毒蛾

分布 浙江，福建，江西，湖北，湖南，广东，广西，重庆，四川，西藏，香港，台湾等地。日本，印度，斯里兰卡，尼泊尔。

寄主 榕属植物（如榕树、黄葛树）。

形态特征 成虫：雄虫翅展30～38mm；触角干棕色，栉齿黑褐色；下唇须、头部、前足胫节、胸部下面和肛毛簇橙黄色；胸部和腹部基部灰棕色；前胸灰棕色；腹部黑褐色，节间灰棕色；足灰棕色；前翅透明，翅脉黑棕色，翅基部和后缘（不达臀角）黑褐色；后翅黑褐色，顶角透明，后缘色浅，灰棕色。雌虫翅展41～50mm；触角干淡黄色，栉齿灰棕黄色；头部、足和肛毛簇黄色；前、后翅淡黄色，前翅中室后缘散布褐色鳞片。**幼虫**：体长21～36mm，灰绿色，有绿色、白色线和红色斑状带纵纹，第一至第二腹节背面有茶褐色大毛丛，各节皆生有3对赤色肉质隆起，生于侧面的较大，其上皆丛生有长毛。背线部很宽，黄色。老龄幼虫水青色，唯背线部为暗黑色。**蛹**：体长约21mm，略呈纺锤形，头端粗圆，尾端尖，有红褐色及黑褐色斑。

生物学特性 重庆北碚1年5～6代。以5、6龄幼虫在寄主叶片上越冬，世代重叠严重。越冬幼虫在天气温暖时仍然取食，无明显滞育停食现象；12月底至翌年1月初温暖时即能见到叶片上活动的幼虫和蛹。越冬幼虫3月初食量开始增大，4月上旬以后陆续化蛹，中旬进入化蛹盛期，并陆续羽化，下旬进入羽化盛期。羽化成虫不取食，无趋光性。7、8月为成虫盛发期。多数成虫在羽化的第二天开始产卵。每雌产卵量260～420粒，多产于叶片、叶柄和嫩枝上。

防治方法

化学防治。在害虫低龄期，应用5.7%甲氨基阿维菌素苯甲酸盐3000～5000倍液防治。

参考文献

赵仲苓，1978；吴蔚文，韦吕研，李学儒，2002；赵仲苓，2003；杨斌，2010.

（吴蔚文，李颖超，李镇宇）

榕透翅毒蛾（张培毅 提供）　　　　榕透翅毒蛾（张培毅 提供）

493 窄斑凤尾蛱蝶

分类地位	鳞翅目 Lepidoptera 蛱蝶科 Nymphalidae
拉丁学名	*Polyura athamas* (Drury)
异 名	*Polyura athamas athamas* (Drury)
英文俗称	The common nawab
中文名称	黑荆二尾蛱蝶

分布 福建，广西，云南。缅甸，马来西亚，泰国。

寄主 黑荆树、银荆树、新银合欢。

形态特征 成虫：体长17～20mm，翅展53～69mm。触角黑色。头、胸、腹、翅黑褐色。前、后翅中央有1个近肾形淡绿色大斑，长23～34mm；前翅顶角有1个卵圆形淡绿色小斑，后翅外缘有8个淡绿色斑和1对尾状突起。**卵：**椭圆形。初产卵乳白色，后变为淡黄绿色，孵化前变为黑色。**幼虫：**老熟幼虫体长25～39mm。深绿色。头顶有2长2短绿色棘刺。前胸和中胸背面有1个黄色环纹。自后胸至第八腹节背面每节各有1条"⌒"形绿黄色纹。气门下方有1条断续的黄绿色纹。体表布满绿色小瘤。**蛹：**淡绿色，较光滑，形似长葡萄果，有黑色条纹，尾端稍尖。

生物学特性 福州1年4代。多以2～3龄幼虫在寄主叶片上越冬。越冬幼虫吐丝平铺叶面，然后伏在丝上，气温低时伏着不动，气温高时（一般在中午）爬到其他叶片上取食，取食后仍爬回原处，静伏不动。幼虫在越冬期中死亡较多。少数以蛹越冬者翌年4月中旬即羽化为成虫。以幼龄幼虫越冬的，3月下旬至4月上旬陆续恢复正常取食，越冬幼虫期可延续到5月下旬。5月中旬至5月下旬为化蛹期。5月中旬至6月

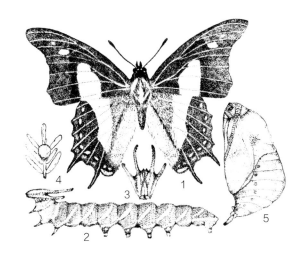

窄斑凤尾蛱蝶（何学友 绘）
1. 成虫；2. 幼虫；3. 幼虫头正面观；4. 卵；5. 蛹

上旬为成虫羽化期。5月下旬出现第一代卵，直至6月中旬为止；第一代幼虫发生期6月中旬至7月下旬，蛹发生期7月上旬至7月下旬，成虫羽化期为7月中旬至7月下旬；第二代幼虫发生期7月下旬至8月下旬，蛹发生期8月下旬至9月下旬，成虫发生期9月上旬至10月上旬；第三代卵发生期9月上旬至9月下旬，幼虫发生期9月上旬至10月下旬，蛹发生期10月上旬至11月上旬，成虫发生期从10月上旬至11月上旬；10月上旬出现第四代卵和幼虫，卵发生期延续至11月中旬，幼虫至12月上旬开始越冬。成虫喜产卵在离地面2m以上的叶片上；卵散产于寄主叶面或叶背。初孵幼虫将卵壳食去部分或全部，然后取食叶片。进入2龄时头部即长出2长2短的绿色角突，绿色体表出现淡黄绿色条纹。幼虫蜕皮前停食1～2天，越冬期的停食可达6天；蜕皮后食去蜕只剩头壳，再停食1～2天后恢复取食。5龄幼虫在寄主叶柄、叶背化蛹，以丝将尾部黏在叶柄，倒悬于其上。越冬代蛹期2周左右，第二、第三代蛹期1周左右。

天敌：卵期有赤眼蜂。

参考文献

赏蝶人，1981；赵修复，1981；周尧等，1994.

窄斑凤尾蛱蝶幼虫（王缉健 提供）

（李运帷，杨嘉寰，何学友）

分类地位	鳞翅目 Lepidoptera　蛱蝶科 Nymphalidae
拉丁学名	*Polyura narcaea* (Hewitson)
异　　名	*Polyura narcaea narcaea* (Hewitson), *Polyura narcaea meghaduta* (Fruhstorfer)
中文别名	双尾蛱蝶

494　二尾蛱蝶

分布　河北，山西，江苏，浙江，安徽，福建，江西，山东，河南，湖北，湖南，广东，广西，四川，贵州，云南，陕西，甘肃，台湾。印度，缅甸，泰国，越南。

寄主　山槐、黄檀、柏、樟、乌桕、马尾松。

危害　大量食叶，影响树木生长。

形态特征　**成虫**：分春型和夏型。春型虫体较大，体长25mm，翅展约70mm。体背有黑色绒毛。头顶有4个金黄色绒毛圆斑，排成方形。翅绿色；前翅前缘黑色，外缘和亚外缘带黑色，两缘线之间为绿色带，中室横脉纹黑色，中室下脉有1个黑色棒状纹，向外延伸接近亚外缘带；后翅外缘黑色，在近后角处向外延伸形成2个尾突，亚外缘带黑色，伸至后角，后角区为焦黄色。夏型体略小，体长20mm左右，翅展约60mm。体翅色泽及斑纹与春型相似。其区别为：前翅外缘与亚外缘带之间形成1列绿色圆斑，中室下脉的棒状纹与亚外缘带相接，翅基至中室横脉处全为灰黑色；后翅自翅基伸出淡黑色宽带逐渐变细直至后角。**卵**：圆形，横径1.5mm。淡绿色。平顶，顶端有深褐色环纹。**幼虫**：老熟幼虫体长35～48mm。绿色。各节有细皱褶，褶间布满淡黄色斑点。头绿色，两侧色淡黄；头顶有3对刺状突起，中间1对极短、褐色，两侧的2对绿色，分别长10mm和7mm，其上长有2排小刺。气门线淡黄色，直达尾角。尾角1对，三角形，淡黄色。幼虫共5龄。**蛹**：绿色，体长18～22mm，宽11～15mm。头顶圆滑，体向腹面弯曲，体背有淡黄色纵线8条。

生物学特性　1年2代。以蛹越冬。翌年4月下旬

二尾蛱蝶成虫（腹面观）（嵇保中　提供）

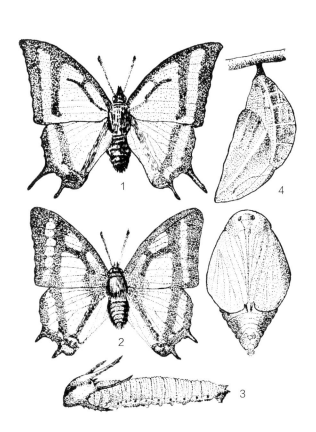

二尾蛱蝶成虫（背面观）（嵇保中　提供）

越冬蛹羽化，5月上旬开始产卵。第一代卵期9～11天，幼虫期43～56天，预蛹期2～3天，蛹期11～13天；第二代卵期6～8天，幼虫期44～61天，越冬蛹180～220天。成虫寿命1个月左右。由于成虫产卵期长，孵化早的和迟的幼虫发育差别较大，同株树上的幼虫往往相差1～3个龄级。

成虫在7:00～9:00羽化较多，羽化后10～15分钟飞舞，阳光较强的中午到14:00活动频繁，追逐交配。成虫喜在草丛低矮的阳坡腐烂树苑和晒热的牲畜粪便上停留取食，受惊后突然飞起，飞舞片刻，有时又飞回到原处停留。成虫产卵于叶面，散产。初孵幼虫取食卵壳，留下壳底。第二天幼虫开始食叶，取食时从叶缘起，食去叶肉留下叶脉和下表皮。2龄幼虫能1次食完1片叶，但多数只食叶的一部分。3、4龄幼虫食量较大，1次可食4～5片叶。老熟幼虫化蛹前停食1天，然后爬到小枝上，头倒悬，腹末固定于枝上化蛹。

参考文献

周体英等，1983; 周体英等，1986; 周尧等，1994; 徐志华等，2013.

（周体英，钟国庆）

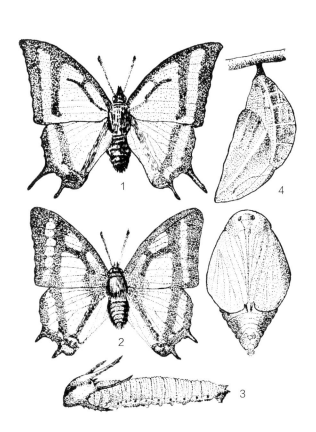

二尾蛱蝶（周体英　绘）

1.春型成虫；2.夏型成虫；3.幼虫；4.蛹

495 山楂粉蝶

分类地位	鳞翅目 Lepidoptera　粉蝶科 Pieridae
拉丁学名	*Aporia crataegi* (L.)
异　　名	*Ascia crataegi* L., *Pieris crataegi* L., *Pontia crataegi* L.
英文名称	Pear white, Black-veined white
中文别名	苹果粉蝶、山楂绢粉蝶、树粉蝶、梅白蝶

分布　北京，河北，山西，内蒙古，辽宁，吉林，黑龙江，浙江，安徽，山东，河南，湖北，四川，西藏，陕西，甘肃，青海，宁夏，新疆等地。朝鲜，日本，俄罗斯；西欧，地中海地区，北非等。

寄主　山楂、苹果、花红、梨、杏、李、樱桃、杜梨、山荆了、楸树、枸子、绣线菊、珍珠梅、海棠、紫丁香、刺梅、榆等（李成德，2004）。

危害　幼虫咬食芽、叶和花蕾，初孵幼虫于树冠上吐丝结网成巢，群集其中危害。幼虫长大后分散危害，严重时将叶片吃光。

形态特征　**成虫**：体长22～25mm，翅展64～76mm。体黑色，头部及足被淡黄白色至灰白色鳞毛。触角棒状黑色，端部淡黄白色。翅白色，翅脉黑色；前翅外缘除臀脉末端均有烟黑色的三角形黑斑，鳞粉分布不匀，有部分甚稀薄，呈半透明状；后翅的翅脉黑色明显，鳞粉分布较前翅稍厚，呈灰白色。雌虫腹部粗大，胸部黄白色，细毛少；雄虫腹部细小，胸部细毛多。**卵**：高1.0～1.6mm，横径0.5mm左右。数十粒至百余粒卵紧密排列成卵块。卵粒柱状，顶端稍尖似弹头，卵壳表面有纵脊纹12～14条，无横脊，卵顶周缘具突起。初产卵为金黄色，近孵化时卵顶部变为黑色，且透明。**幼虫**：老熟幼虫体长40～45mm。幼虫共5龄。初龄幼虫灰褐色，头部、前胸背板及臀部黑色。体背有3条黑色纵带，其间夹有2条黄至黄褐色纵带，体两侧灰色，腹面紫灰色，头部、胸足前端、前胸背板、气门环片均为黑色。全身有许多小黑点，并生有黄白色细毛。**蛹**：体长约25mm，宽7mm左右。有2种色型，并非雌、雄之别。黑型蛹：体黄白色，具大量较大的黑色斑点，头、口器、足、触角、复眼和胸背纵脊，翅缘及腹部均为黑色，头顶瘤突黄色，复眼上缘有1个黄斑。黑型蛹约占总蛹量的32%。黄型蛹：体黄色，黑斑较小且少，蛹体也略小，其特征与黑型蛹相似。黄型蛹约占总蛹量的68%（温雪飞，2007）。

生物学特性　1年1代。以2～3龄幼虫群集在树冠上的虫巢中越冬。翌年早春当气温超过10～12℃时开始活动。最初群集危害叶芽，而后取食花蕾、叶片及花瓣，严重影响当年结实。气温下降、阴雨天及夜间，幼虫又躲入巢中。幼虫发育至5龄时则离巢分散活动，夜间或阴雨天也不回巢。此时食量骤增，每头幼虫每天可吃3～4个山楂叶片。4～5龄幼虫不活泼，无吐丝下垂习性，但有假死习性，如用力振动枝条，幼虫即掉落在地上，蜷缩成一团。幼虫多在白天取食，以16:00～20:00取食最多。幼虫老熟后寻找适宜场所，准备化蛹。化蛹场所很广，有的在危害树上，有的在附近灌木、杂草或农作物秸秆上。化蛹前吐丝作茧，以臀足固定其上，并在腹部第一节束一丝悬挂于枝条上，然后蜕皮化蛹。从越冬幼虫开始活动至化蛹经历40天。在山西化蛹日期为5月2～18日，在辽宁化蛹日期为5月10～20日。蛹期14～19天。

成虫多在白天羽化，在晴朗无风的日间飞舞于林缘、空旷地、花丛、杂草间，取食多种植物的花

山楂粉蝶成虫（展翅）（徐公天　提供）

蜜。成虫有吸水习性，常聚集在水塘、排水沟及有积水的湿土上吮吸水分。羽化当日即可交尾。交尾后3天即可产卵。以中午产卵最盛。卵多成堆产于叶背，每堆有卵25～30粒，排列整齐。每雌一生产卵200～500粒。雌蝶寿命6～7天，雄蝶寿命3～4天。

卵经11～17天孵化。同一卵块孵化时间相当整齐，数小时内即可孵化完毕。初孵幼虫群集啃食叶片，将叶片吃成网络状。7月中旬幼虫发育至2～3龄时，即开始吐丝将叶片连缀成巢，群集其中越冬。1个巢通常有数十头至数百头幼虫（萧刚柔，1992）。

防治方法

1. 人工防治。人工摘除越冬虫巢：秋季果树落叶后，春季发芽前，结合冬季果园管理，摘除树枝枯叶上的越冬虫巢。

2. 化学防治。进行树冠喷药，在早春越冬幼虫出蛰期和当年幼虫孵化盛期喷药最佳。20%杀灭菊酯乳油和2.5%溴氰菊酯乳油2000倍液田间喷药，防治效果均在90%以上。

3. 生物防治。

（1）用病毒防治山楂粉蝶。山楂粉蝶核型多角体病毒对防治山楂粉蝶有较好效果。山楂粉蝶幼虫被核型多角体病毒感染后，初期行动迟缓，体色呈微黄褐色，死亡前以尾足或腹足攀住枝干，头部下垂或稍抬起。病死幼虫尸体薄脆，稍触即流出红褐色液体。感病幼虫1～3天食量下降16%，4～6天下降46.8%，7～9天下降82.4%，田间自然感病率37%～42%。每株喷15L病毒液或用病毒死亡虫尸3～4龄幼虫12～13头，将虫尸捣碎加水过滤，加水15L。也可在虫尸未液化前加5%甘油轻轻振荡，放

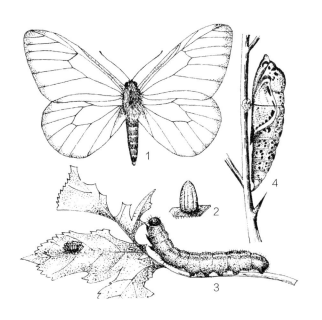

山楂粉蝶（于长奎　绘）

1. 成虫；2. 卵；3. 幼虫、被害状及卵块；4. 蛹

山楂粉蝶中龄幼虫（徐公天　提供）

山楂粉蝶老龄幼虫（右视）（徐公天　提供）

山楂粉蝶蛹（徐公天　提供）

山楂粉蝶幼虫危害山楂（徐公天 提供）

山楂粉蝶幼虫被微生物感染（徐公天 提供）

山楂粉蝶幼虫被茧蜂寄生（徐公天 提供）

山楂粉蝶幼虫和蛹（严善春 提供）

冰箱保存备用。

（2）用细菌防治山楂粉蝶幼虫，感病幼虫萎靡不振，吐黑水，虫体软化变黑，头尾下垂，发病率一般10%～21%。

（3）用天敌防治山楂粉蝶。①黄绒茧蜂。黄绒茧蜂8月下旬至9月初以老龄幼虫在山楂粉蝶幼虫体内越冬。翌年6月当山楂粉蝶幼虫开始活动取食后，黄绒茧蜂幼虫从寄主体内钻出，山楂粉蝶幼虫收缩，停止取食，1～2天死亡。黄绒茧蜂幼虫钻出寄主2个多小时即结成淡黄色茧，聚成块状。从菜粉蝶发生地，采集黄绒茧蜂的茧，释放到山楂粉蝶发生区，每树挂10～20个茧。一定要在山楂粉蝶3龄幼虫时释放。②广大腿小蜂。广大腿小蜂11月上旬以成虫在枯枝落叶、树皮裂缝、土块、石缝处越冬。翌年4～5月成虫出蛰，寻找山楂粉蝶幼虫产卵，在寄主化蛹时幼虫老熟化蛹，咬一羽化孔飞出。6月上旬，7月上中旬，8月中下旬，10月上旬至11月上旬均有大腿小蜂成虫出现。被寄生的寄主蛹第四至第七腹节后缘有1条黑褐色环纹，为此蜂寄生的特征。注意在该蜂成虫羽化期不要使用广谱杀虫剂，以保护寄生蜂。在果园四周栽植杨、榆、松树等防护林，为寄生蜂提供转主寄生昆虫。在果园向阳背风处放置秸秆等，为成虫提供安全越冬场所。③卵期寄生性天敌有凤蝶金小蜂。蛹期寄生性昆虫还有舞毒蛾黑瘤姬蜂、广大腿小蜂、蝶蛹金小蜂和一种寄生蝇。捕食性天敌主要有白头小食虫虻、蝎蝽和胡蜂、蜘蛛、步甲等（姜双林，2001）。

参考文献

萧刚柔，1991；姜双林，2001；李成德，2004；温雪飞，邹继美，2007.

（严善春，刘振陆）

分类地位	鳞翅目 Lepidoptera　凤蝶科 Papilionidae
拉丁学名	*Papilio elwesi* Leech
异　名	*Agehana elwesi* (Leech)
英文名称	Wide-tailed swallowtail
中文别名	大尾凤蝶

496　宽尾凤蝶

　　宽尾凤蝶我国有2个亚种：指名亚种*Agehana elwesi elwesi* (Leech)、白斑型*Agehana elwesi f. cavalerei* (Le Cerf)，不仅是我国特产的珍稀蝶种，同时也由于其后翅尾突特别宽阔，其内分布有2条翅脉（第三脉及第四脉），与其他凤蝶截然不同，而被视为世界珍蝶之一。

　　分布　福建，江西，湖北，湖南（通道、靖州、会同、洪江、中方、鹤城、溆浦、辰溪、沅陵、麻阳、芷江、新晃、邵阳、新化、衡山、平江、涟源），广东，广西，四川，贵州，陕西。

　　寄主　檫树、鹅掌楸、厚朴。

　　危害　幼虫取食叶片。

　　形态特征　**成虫**：大型蝶，翅展132～150mm，全体黑色。胸部和翅基多黑绒毛。前翅狭长，鳞片薄，呈黑褐色，翅脉清晰，脉缘有线状加厚鳞片，外缘鳞片加厚；后翅中域黑色鳞片薄，或有或无白斑，有白斑时，其大小、色深浅有异，中室端至尾突尖鳞粉加厚似黑绒，外缘波状，尾突宽而长，呈靴形，长达20mm，宽14mm左右，M_3和Cu_1脉进入其中，臀角斑近圆形，红色，中央黑色，各室外缘具红色新月形斑1～2个，尾突前端纯黑色。**卵**：圆形，直径1.8mm，光滑，初产时翠绿色，有光泽，以后变黄变暗。**幼虫**：共5龄，1～4龄形似鸟粪。老熟幼虫绿色，体表光滑无毛，体长40～70mm，头宽6mm；头黑褐色；前胸背板有1个半圆形浅黑色斑；后胸背板有1对黑褐色眼状斑；第一腹节背面有2个

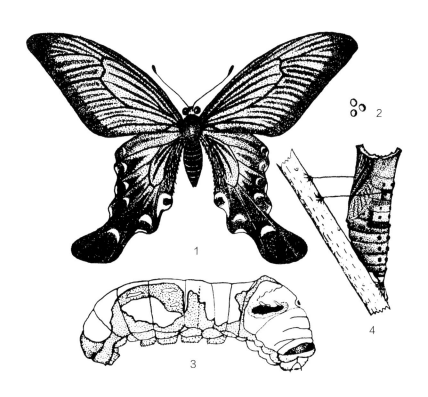

宽尾凤蝶（周丽君　绘）
1. 成虫；2. 卵；3. 幼虫；4. 蛹

宽尾凤蝶成虫（中国科学院动物研究所国家动物博物馆　提供）

黑色三瓣花斑相连；第三至第七腹节两边着生有对称相连的不规则形黑褐色斑纹，斑内有3条浅蓝色线条；腹面和足浅褐色，其色与体侧斑纹相近；趾钩红褐色；气门长圆形，蓝灰色；臭腺丫状，灰白色，不轻易翻出。**蛹**：体长43mm，黑灰色，状似折断的枯枝，上方凹凸不平，背中有1个灰白色"凸"字形斑，胸、腹部各节有瘤点排列成行，腹部中央隐约饰铜绿色，尾部渐细，粘结于丝垫上，腰系黑色丝。

生物学特性　湖南1年2代。以蛹在隐蔽的1m左右的主干、枝条、杂灌木上越冬，也有在建筑物上化蛹的，蛹与附着物成45°斜立。翌年4月中、下旬羽化，5月初可见第一代卵，5月上旬可见第一代幼虫，6月中旬化蛹，7月上旬羽化出第一代成虫，7月下旬产下第二代卵，9月中旬大部分幼虫寻找场所化蛹准备越冬。各虫态历期是：卵期7天左右，幼虫期32～35天，第一代蛹期17～20天，越冬蛹历期190～220天，预蛹期2天，成虫寿命15天左右。

成虫都在白天羽化，爬出蛹壳后，约经2小时才能展翅飞翔，一天后开始补充营养。卵散产于新梢中部叶片的主脉旁，午前或午后稍凉爽时进行。成虫飞翔能力强，飞翔时后翅平行并列朝后，喜滑翔前进，姿态十分优雅。

幼虫孵化后喜食卵壳，约10小时后才取食叶片呈缺刻；老熟幼虫取食全叶，一昼夜可食鲜叶150～305mg。各龄幼虫都有取食蜕皮的习性。除取食活动外，都静伏在固定的叶面上，此叶上面布有细丝，叶两缘向中稍卷，虫体收紧呈箭头形状。幼虫进入预蛹前，排空体内废物，体色呈红褐色，四处爬行寻觅，而后首尾用丝固定，腰部系一黑丝，体呈弧形，待一天后蜕皮化蛹。

防治方法　鉴于此蝶是我国特产、世界珍品，又有多种天敌，虽分布广但虫口密度不大，目前尚不需防治。卵期有拟澳洲赤眼蜂；幼虫的捕食性天敌有大胡蜂、金环胡蜂，鸟类有白头翁、大山雀等。幼虫有细菌病害。

参考文献

西北农学院植物保护系, 1978; 李传隆, 1984; 萧刚柔, 1992; 周尧, 1994.

（张立军，周丽君）

分类地位	鳞翅目 Lepidoptera　凤蝶科 Papilionidae
拉丁学名	*Papilio epycides epycides* Hewitson
异　名	*Chilasa epycides epycides* (Hewitson)
英文名称	Camphor swallowtail
中文别名	樟凤蝶、小褐斑凤蝶

497　小黑斑凤蝶

　　小黑斑凤蝶是樟树的食叶害虫，自20世纪80年代在湖南发现至今，在湖南虽分布较广，但尚未成灾。

　　分布　浙江，福建，江西，湖南（通道、靖州、会同、中方、鹤城），四川，云南，台湾。不丹，缅甸，印度。

　　寄主　香樟、黄樟、猴樟。

　　危害　幼虫取食叶片，尤喜食嫩叶。

　　形态特征　**成虫**：中型蝶，翅展80～90mm。复眼深褐色。身体黑色，上布均匀白点。头、胸、腹前端、腿节及后翅内缘密生黑色长绒毛。翅上黑色鳞粉薄，呈黑褐色，翅脉两边黑色鳞粉加厚，脉间淡黄色；前翅亚外缘有9个淡黄色椭圆形斑排成弧线；后翅外缘各室有1～2个近圆形斑整齐排列成两弧线，臀角处有1个橘红色近圆形斑。前翅反面花纹同正面；后翅反面花纹隐约可见或只现臀角斑；翅反面茶褐色。**卵**：直径1mm，圆形，浅黄绿色，后色加深。**幼虫**：初孵幼虫灰黑色，取食后体色变成黄褐色。1龄幼虫头宽0.55mm，体长2.5～6mm；2龄幼虫头宽1mm，体长6～10mm，体绿褐色；3龄幼虫头宽1.55mm，体长10～16mm，体灰黑褐色，体表隐约可见黄色花纹，体上有明显的黑点状肉棘；4龄幼虫头宽2.75mm，体长16～28mm，体色比3龄幼虫深，黑褐发亮，黄色花纹明显。老熟幼虫头宽

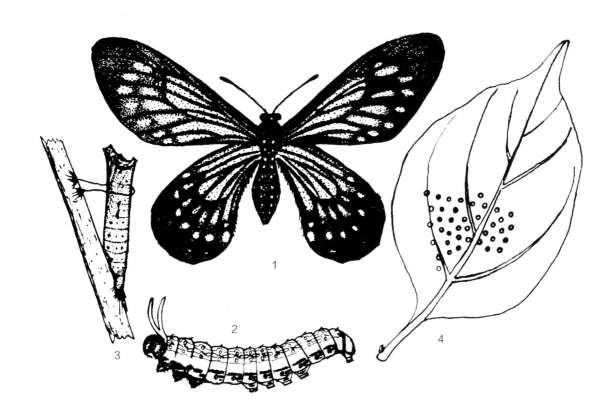

小黑斑凤蝶（周丽君　绘）
1. 成虫；2. 幼虫；3. 蛹；4. 卵

小褐斑凤蝶成虫（展翅）（中国科学院动物研究所国家动物博物馆　提供）

3.7mm，体长28～44mm，前胸背板和臀板橘黄色，体色多变异，有灰绿饰黄色花纹、淡绿饰黄色花纹、深黄饰淡黄色花纹，全身均匀分布不规则形镶黑边的花纹，背中花纹锁链状；每节有6个浅蓝色圆斑；气门小，灰白色，气门上线黄白色，气门线黑色；胸足及胸腹面黑色；腹足及腹部腹面黄白色，有透明感；趾钩红褐色；体上肉棘长1.5mm，体形如"海参"；头黑，臭腺"丫"字形，橘黄色，易翻出。**蛹**：直径约7mm，体长25～28mm，坚硬近圆柱形，灰黑色或浅褐色，首尾凹凸不平，似折断的枯枝，背中部两侧"3"字形浅凹对称着生，蛹表有瘤突，背中央2行尤明显。

生物学特性　小黑斑凤蝶指名亚种在湖南怀化1年1代。以蛹在寄主周围的杂灌或建筑物上越冬。翌年4月上旬羽化，4月中旬可见卵，4月下旬孵出幼虫，5月下旬开始化蛹。各虫态历期是：卵9天左右，幼虫26天左右，蛹期315天左右，成虫15天左右。成虫白天羽化，补充营养后方可交尾，约经1小时分开，孕卵量180粒左右。喜产卵于嫩叶叶背，卵排列较稀疏但较整齐，常几十粒或百余粒一块。幼虫孵出后取食卵壳，当晚可取食叶片呈缺刻状，2龄后可食全叶仅留主脉和叶柄。幼虫群集性特强，常几十条集中在一起，进入5龄后分散。老熟幼虫停食一天后体色变红褐色，首尾用丝固定进入预蛹，1～2天后蜕皮成蛹。蛹与树枝约成45°斜立，腰系一黑丝，羽化前一天变软变黑。

防治方法　因小黑斑凤蝶指名亚种1年只有1代，危害期不到1个月，尚未见成灾的报道。有鸟雀、螳螂、胡蜂等捕食。因为1～4龄幼虫群集性强，常一叶多条或几十条，目标明显，可摘除杀死。如树高可喷4.5%高效氯氰菊酯乳油800倍液或25g/L高效氯氟氰菊酯乳剂1000～1500倍液。

参考文献

李传隆，1992；萧刚柔，1992；周尧，1994.

（张立军，周丽君）

498	臀珠斑凤蝶	分类地位	鳞翅目 Lepidoptera 凤蝶科 Papilionidae
		拉丁学名	*Papilio slateri* Hewitson
		异 名	*Chilasa slateri* Hewitson
		英文名称	Blue striped mime
		中文别名	山苍子凤蝶

臀珠斑凤蝶的幼虫取食山苍子的叶片。山苍子是樟科落叶小乔木，其果实含油率约40%。山苍子油价格昂贵，被害后严重影响经济收益和生态效益。

分布 福建，湖南（会同、靖州、通道），海南等地。缅甸，泰国，马来西亚。

寄主 山苍子、樟树、油樟。

危害 取食叶片，仅留主脉和叶柄。

形态特征 **成虫：** 中型蝶，体长27mm左右，翅展67～120mm。体翅黑色，体上均匀分布着白点。复眼棕色。前翅中室端有1～4枚蓝色斑，各室有蓝斑1个，排成弧形；后翅颜色比前翅浅，为棕黑色，有1个上方镶黑边的橙黄色臀角斑；翅反面褐色，除臀角斑外几乎不见斑或隐约可见白斑，也有的后翅各室外方有1～2个污白色斑排列成弧形。**卵：** 圆形，直径约1mm，黄绿色，快孵化前色加深。**幼虫：** 各龄幼虫的头均为黑色，臭腺橘黄色，体上有整齐排列的肉棘，海参状，共5龄。1龄幼虫体长2.5～5.5mm，头宽0.6mm，初为黑色，龄末橙黄色；2龄幼虫体长5.5～9.0mm，头宽1mm，黄褐色；3龄幼虫体长9～16mm，头宽1.8mm，体上隐约可见淡色花纹；4龄幼虫体长16～26mm，头宽2.6mm，

深橘黄色，体表均匀分布浅黄色圆点，背中线由"V"形花纹连接而成；5龄幼虫体长26～40mm，头宽4mm，黑色身体上密布浅黄色花纹，肉刺长约1.3mm。**蛹：** 近圆柱形，枯枝折断状，黄灰褐色，背两侧有"3"字形浅凹。

生物学特性 湖南通道县1年1代。以蛹在灌丛或林缘建筑物上越冬。翌年5月上旬开始羽化，5月中旬可见叶片上的卵块，卵排列疏松而较整齐，一叶几十粒至百多粒不等，在嫩叶的背面，初产时黄绿色，快孵化时色变暗，历期8天左右。幼虫群集性强，常几十条挤于一叶，各龄历时5天，末龄历经6天左右，于6月上旬进入预蛹。预蛹体色变红黄色，浅黄斑周围镶黑边，首尾有丝垫固定，腰系一黑线，历时2天左右成蛹。蛹与附着物约成45°斜立，历经335天左右羽化。

防治方法 庭园可人工采摘群集于叶的幼虫销毁，大片林分可喷洒高效氯氰菊酯乳剂800倍液或25g/L高效氯氟氰菊酯1000～1500倍液。生态环境较好，食物链尚存时，无须防治，一般不会成灾。

参考文献

李传隆，1992；萧刚柔，1992；周尧，1994.

（张立军，周丽君）

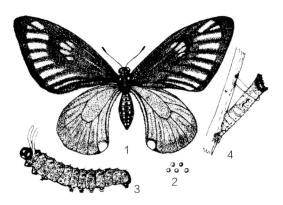

臀珠斑凤蝶（周丽君 绘）
1.成虫；2.卵；3.幼虫；4.蛹

臀珠斑凤蝶成虫（中国科学院动物研究所国家动物博物馆 提供）

分类地位	鳞翅目 Lepidoptera 凤蝶科 Papilionidae
拉丁学名	*Papilio machaon* L.
英文名称	Yellow swallowtail butterfly
中文别名	金凤蝶、茴香凤蝶、胡萝卜凤蝶、芹菜金凤蝶

499 黄凤蝶

黄凤蝶是一种分布广但个体数量不多的蝴蝶，在我国很多地方均有分布，主要危害伞形科植物。

黄凤蝶幼虫称茴香虫、茴香虎，是常用中药材。夏季在茴香等伞形科植物上捕捉幼虫，以酒醉死，焙干研粉备用。有理气、止痛、止呃等功能。主治胃痛、小肠疝气、噎嗝等。用量每次2~3只。

分布 北京，河北，山西，辽宁，吉林，黑龙江，上海，浙江，福建，江西，山东，河南，广东，广西，四川，云南，西藏，陕西，甘肃，青海，新疆，台湾等地。亚洲，欧洲，北非，北美等地区。

寄主 茴香、胡萝卜、旱芹（芹菜）、防风、独活、窃衣等伞形科植物。

危害 幼虫取食叶和花蕾，造成缺刻或孔洞，危害严重时仅剩下花梗和叶柄。

形态特征 **成虫：** 翅展90~120mm，体黄色，背脊为黑色纵纹。翅外缘具黑色宽带，前翅黑带内嵌8个黄色椭圆斑，中室端半部有2个黑色横斑；后翅黑带内嵌6个黄色新月斑，其内方另有不十分明显的蓝斑，臀角有1个红色圆斑。**卵：** 高约1mm，径长约1.2mm，圆球形，单产于花、叶芽上。初产淡黄色，孵化前呈紫黑色。**幼虫：** 幼龄时黑色，有白斑，形似鸟粪；老龄时体长约50mm，长圆形，体表光滑无毛，淡黄绿色，各节有被黄色斑点隔开的断续黑色宽带1条。**蛹：** 初期为黄绿色，近羽化前为黄褐色，具条纹，头上有2个角状突起，胸背及胸侧亦具突起。

生物学特性 每年发生代数因地而异。在高寒地区通常1年2代，温带地区1年3~4代。成虫白天活动取食花蜜，并将卵产在叶尖、花或芽上，每产1粒卵即行飞离。幼虫共5龄，白天静伏不动，夜间取食叶片危害，受惊扰时立即伸出臭丫腺，放出臭液及气味，起防御作用。幼龄幼虫栖息于叶片主脉上，成长幼虫则栖息于粗茎上，老龄幼虫选在易隐蔽的枝条或叶背上吐丝做垫化蛹。

防治方法

1. 人工捕捉。幼虫发生初期，由于幼虫体态明显，行动缓慢，可人工捕捉，集中处理。

2. 药剂防治。幼虫盛发期，可喷洒苏云金杆菌（8000IU/μL）1000~1500倍液、10%吡虫啉可湿性粉剂3000倍液、25g/L高效氯氟氰菊酯1000~1500倍液，每周1次，连喷2~3次。

3. 生物防治。注意对蛹期小蜂类天敌的保护与利用。

4. 预防措施。作物采收后，及时清除杂草及周围寄主，减少越冬虫源。

参考文献

周尧，1994；武春生，2001；张巍巍，李元胜，2011.

（黄盼）

黄凤蝶成虫（李镇宇 提供）

分类地位	鳞翅目 Lepidoptera　凤蝶科 Papilionidae
500　柑橘凤蝶	**拉丁学名**　*Papilio xuthus* L.
	英文名称　Asian swallowtail, Chinese yellow swalllotail, the Xuthus swallowtail
	中文别名　花椒凤蝶、黄凤蝶、橘凤蝶、黄波罗凤蝶、黄聚凤蝶

分布　河北，山西，辽宁，吉林，黑龙江，江苏，浙江，福建，山东，湖北，湖南，广东，广西，海南，四川，贵州，云南，陕西，甘肃东部以南地区，台湾。日本，朝鲜，俄罗斯，菲律宾，缅甸，印度，越南，斯里兰卡，马来西亚，澳大利亚。

寄主　柑橘、花椒、黄檗等。

危害　幼虫食叶呈缺刻或食尽全部叶片。

形态特征　**成虫**：翅展61～95mm。翅面浅黄绿色，脉纹两侧黑色；前、后翅外缘有黑色宽带，宽带中有月形斑。臀角常有1个黑点的橙色圆斑（萧刚柔，1992）。**卵**：近球形，直径1.2～1.5mm，黄色、紫灰至黑色。**幼虫**：1龄幼虫黑色，刺毛多；2～4龄幼虫黑褐色，具多肉突及白色斜带纹，体似鸟粪；5龄幼虫体长约45mm，黄绿色，后胸背两侧有眼斑，后胸和第一、四、五、六腹节间有蓝黑色带状斜斑，各体节气门下线处1个白斑。臭腺角橙黄色。**蛹**：体长29～32mm，鲜绿色，有褐点，体色常随环境而变化。中胸背突起较长而尖锐。

生物学特性　长江流域及以北地区1年3代；江西1年4代；福建、台湾1年5～6代。以蛹在枝、叶背等隐蔽处越冬。浙江各代成虫发生期为越冬代5～6月，第一代7～8月，第二代9～10月，以第三代蛹越冬。广东各代成虫发生期为越冬代3～4月，第一代4月下旬至5月，第二代5月下旬至6月，第三代6月下旬至7月，第四代8～9月，第五代10～11月，以第六代蛹越冬。成虫白天飞翔，喜食花蜜。卵散产于嫩芽和叶背，卵期约7天。幼虫共5龄，初孵幼虫先食卵壳，再食芽和叶，老熟后多在隐蔽处吐丝缠在枝干等物上化蛹（袁雨等，2001；华春等，2007）。

防治方法

1. 发生量小时可人工捕杀幼虫和蛹。可将捕捉的蛹放在纱笼里置于被害林内，凤蝶金小蜂和广大腿小蜂等（萧刚柔，1992）寄生蜂能羽化后飞出。

2. 发生量大时可用300亿孢子/g青虫菌粉剂、苏

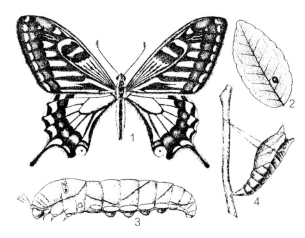

柑橘凤蝶（张培毅　绘）
1. 成虫；2. 卵；3. 幼虫；4. 蛹

柑橘凤蝶成虫（李镇宇　提供）

柑橘凤蝶成虫（李镇宇　提供）

柑橘凤蝶卵（徐公天　提供）

柑橘凤蝶幼龄幼虫（徐公天　提供）

柑橘凤蝶老龄幼虫臭腺（徐公天　提供）

柑橘凤蝶蛹（徐公天　提供）

云金杆菌（8000IU/μL）1000～1500倍液，或5.7%甲氨基阿维菌素苯甲酸盐3000～5000倍液、20%氯氰菊酯乳油30～45mL/hm²、25g/L高效氯氟氰菊酯1000～1500倍液等喷雾防治1～4龄幼虫。

参考文献

李传隆，1966；陕西省农林科学院林业研究所，1977；西北农学院植保系，1978；中国农作物病虫害编辑委员会，1981；中国农业科学院柑橘研究所，1985；黄金义等，1986；中国科学院动物研究所，1987；萧刚柔，1992；袁雨，吕龙石，金大勇，2001；华春，虞蔚岩，陈全战等，2007.

（李孟楼，李镇宇，刘联仁）

501	竹褐弄蝶

分类地位　鳞翅目 Lepidoptera　弄蝶科 Hesperidae

拉丁学名　*Matapa aria* (Moore)

英文名称　Common redeye

中文别名　竹红眼玛弄蝶

分布　浙江（温州），福建，江西，广东，广西，海南，四川，香港等地。印度，斯里兰卡，菲律宾，缅甸，老挝，马来西亚，印度尼西亚。

寄主　箣竹、小篱竹、小佛肚竹、孝顺竹、观音竹、凤尾竹、紫秆竹、大佛肚竹、龙头竹、绿竹。有报道危害毛竹、刚竹等属植物。

危害　幼虫卷叶为苞，在苞内取食，严重危害的竹上，虫苞叠叠，影响竹子生长发育，尤其在公园内的路边、庭院内的观赏竹上，吊挂虫苞、残叶，影响美观。

形态特征　成虫：雌虫体长13.4～16.8mm，雄虫体长14.8～20.7mm，翅展40.5～45.8mm。全体深褐色，头棕黄色，下颚须粗壮，复眼红色，死后数日渐变为浅褐色。触角棕灰色，节间为灰白色。前、后翅深褐色至黑色，无斑纹；前翅前缘近基角1/3处稍突出、2/3处略凹陷，前缘及基角棕黄色，缘毛黄白色，翅面有棕黄色闪光；前、后翅反面深棕黄色，腹部腹面密被棕黄色毛。成虫腹部末节平截，略呈弧形，黄白色。卵：馒头形，直径1.6～1.9mm，高1.0～1.2mm。初产卵灰白色，后渐变为灰褐或灰绿色。从卵顶向卵边有放射形突起，孵化前卵顶部有红色的斑点。雌成虫产卵时常将尾部鳞片附于卵上，也常被误为是小棘刺。幼虫：初孵幼虫体长2mm，体暗红色，头黑色、发亮。3龄后幼虫体黄绿色。幼虫5龄，各龄幼虫头壳平均宽分别为0.86、1.08、1.41、2.13、2.94mm。老熟幼虫体长26.5～37.5mm，体淡黄绿色，体各节又分为3～4小节，被较厚的白粉，前胸在气门前上方有1个狭长的黑条斑，沿体背升到另侧气门上方。气门黑色，第一、九气门特大。蛹：体长19.5～25.2mm，初化蛹淡黄色，渐为乳白色；3天后前胸背板出现灰黑色，复眼为红色；随后头、胸部也为灰黑色，逐渐全身均为灰黑色。羽化前全体黑色，复眼红色。喙超出翅芽、达腹6节末，翅芽基部有1双棘状突起，背部

两侧各有1枚较大的突起，上生有3簇丛毛。

生物学特性　广东仁化县1年5代。11月下旬至12月上旬，以2、3龄幼虫于竹上以竹叶卷成的虫苞中越冬。若虫苞被破坏，可以重建一次。越冬幼虫于3月上、中旬开始取食，4月中旬化蛹，4月底5月初羽化为成虫。从第一代起各代幼虫取食期分别为5月上旬至6月上旬，6月中旬至7月下旬，7月下旬至8月下旬，8月下旬至9月下旬，10月下旬至翌年4月下旬。各代成虫发生期从第一代起分别为4月底至5月中、下旬，6月中旬至7月上旬，7月中旬至8月上旬，8月中旬至9月中旬，9月下旬至10月下旬。各代

竹褐弄蝶成虫（腹面观）（徐天森　提供）

竹褐弄蝶成虫（背面观）（徐天森　提供）

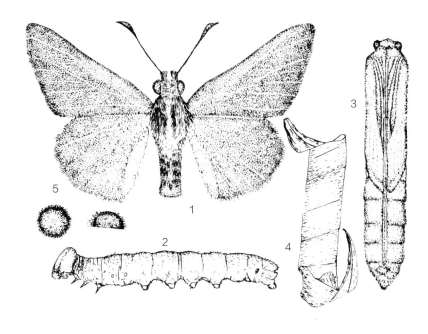

竹褐弄蝶（黄金水、林庆源　绘）

1. 成虫；2. 幼虫；3. 蛹；4. 被害状；5. 卵

竹褐弄蝶蛹（徐天森　提供）

竹褐弄蝶幼虫（徐天森　提供）

各虫态有重叠现象。

防治方法　保护天敌。常有盗蛛、猫蛛、真猎蝽、广腹螳螂在竹褐弄蝶幼虫转苞缀叶时捕食，有赤眼蜂寄生卵，有稻苞虫黑瘤姬蜂、日本追寄蝇寄生幼虫。

参考文献

徐天森等，2004.

（徐天森，王浩杰，黄金水，林庆源）

502 红头阿扁叶蜂

分类地位	膜翅目 Hymenoptera　扁叶蜂科 Pamphiliidae
拉丁学名	*Acantholyda erythrocephala* (L.)
异　　名	*Tenthredo erythrocephala* L.
英文名称	Pine false webworm

　　红头阿扁叶蜂是世界范围内北方针叶林的一种严重食叶害虫。2000年以来在我国辽宁沈阳、海城等地开始发现危害，造成经济、生态严重损失。

　　分布　辽宁，黑龙江等地。英国，美国，俄罗斯；中欧，北欧和朝鲜半岛。

　　寄主　油松、华山松、白皮松、赤松、樟子松、红松等松属植物。

　　危害　该虫隐藏在网幕内，具有突发性，能在短时间内将针叶食光，第二年针叶短小，普遍存在病斑，连年被害后树木树势衰弱，甚至死亡。

　　形态特征　**成虫：**雌虫体长12～15mm，头部红褐色；雄虫体长11～13mm，头部黑色。**幼虫：**刚孵

出时头部黄白色，身体紫褐色，以后变为橄榄色。头淡黄色，渐渐变暗。老熟幼虫体长22～26mm（萧刚柔，2002）。

　　生物学特性　辽宁1年1代。翌年4月上、中旬开始化蛹，4月下旬为化蛹盛期，成虫4月下旬开始羽化，5月上旬为羽化盛期。4月末、5月初成虫开始产卵，5月上旬幼虫孵出，5月中旬为盛期。6月中、下旬老熟幼虫坠落入土越冬。

　　羽化初期雄虫多于雌虫。成虫喜在阳光下飞翔，雨天停止飞翔。成虫受惊后，跌落地面或跌至低空而逃跑。成虫寿命3～10天。

　　卵产于松针平面向阳的一面，卵单产或成排

红头阿扁叶蜂雄成虫（魏美才　提供）

红头阿扁叶蜂雌成虫（魏美才　提供）

产，卵期约10天。幼虫孵出后钻到枝条上做一稀疏网将其本身包围。1龄幼虫将松针咬断，成群取食其基部，并将松针拉入网中取食。食剩残叶及粪便则黏结于网上，慢慢变成较大的虫巢。当附近针叶吃光后，则逐渐扩大其巢，虫巢间彼此以丝道相连。幼虫共5龄，各龄历期3～5天。幼虫取食期约为16～25天。

　　6月中、下旬老熟幼虫大批入土做土室，以预蛹越冬。土室内1头虫。越冬虫在土中的分布较集中，主要在树冠投影内，一般入土深度0～10cm。翌年4月化蛹，蛹期15～18天（王桂清等，2000；肖克仁等，2005）。

　　防治方法

　　1. 营林措施。营造混交林，采取封山育林措施，保持林分郁闭度在0.7以上，初春和秋冬翻地整地，将越冬虫体暴露于地面冻死。

　　2. 人工防治。人工捕杀或将带卵或虫巢的枝叶剪下烧毁。

　　3. 生物防治。卵期天敌有赤眼蜂、弓背蚁、异色瓢虫。幼虫期有厚角跃姬蜂、舞毒蛾黑瘤姬蜂、环斑猛猎蝽、真猎蝽、黄胡蜂、弓背蚁。蛹期有白僵菌。成虫期有弓背蚁、灰喜鹊、伯劳。寄生性天敌厚角跃姬蜂是红头阿扁叶蜂的优势天敌，野外自然寄生率达30%以上（肖克仁等，2005）。

　　4. 化学防治。防治食叶害虫的各类化学药剂在幼虫期防治均有明显效果。如45%丙溴·辛硫磷乳油1000倍液、25g/L高效氯氟氰菊酯1000～1500倍液等。

参考文献

王桂清，2000; 萧刚柔，2002; 肖克仁，陈天林等，2005.

（王鸿斌，高兴荣，张真）

503	黄缘阿扁叶蜂	分类地位	膜翅目 Hymenoptera　扁叶蜂科 Pamphiliidae
		拉丁学名	*Acantholyda flavomarginata* Maa
		异　　名	*Acantholyda guizhouica* Xiao

黄缘阿扁叶蜂是我国南方一种危害严重的食叶害虫，危害多种针叶树种。

分布　福建，江西，湖南，广西，四川，贵州，台湾。

寄主　马尾松、云南松、华山松、台湾五针松。

危害　受害林木远看似火烧状，成片的松针叶被舔食。咬断针叶拖回巢内取食危害相当严重，虫口密度大的松树枝不见叶，树枝被虫网紧紧裹住，连续危害2～3年可至林木死亡。

形态特征　**成虫：**翅展8～15mm，雌虫体长12～16mm，腹部背板侧缘及腹板后部黄至红黄色；雄虫体长10～12mm。触角26～32节。**幼虫：**5龄前虫体淡绿色，后逐渐变为黄色，老熟幼虫红黄色。背线不太明显。老熟幼虫体长23～25mm（萧刚柔，1992）。

生物学特性　四川越西1年1代，危害云南松。以老熟幼虫于树冠下土壤中做土室而以预蛹越冬。翌年4月初开始化蛹，5月下旬为化蛹盛期，同时成虫开始羽化，5月初为羽化盛期，5月上、中旬为产卵盛期，5月中旬为孵化盛期。7月上旬幼虫开始下树，7月下旬全部下树越冬（杜娟等，2003）。

贵州赫章1年1代，危害华山松。以老熟幼虫

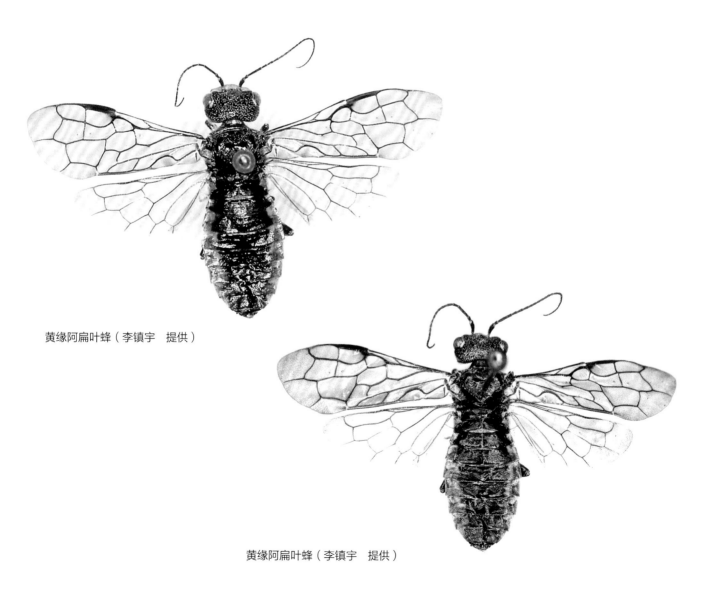

黄缘阿扁叶蜂（李镇宇　提供）

黄缘阿扁叶蜂（李镇宇　提供）

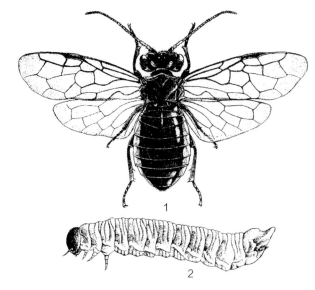

黄缘阿扁叶蜂（朱兴才　绘）

1. 成虫；2. 幼虫

在土中越夏越冬。翌年3月中旬开始化蛹，3月下旬为化蛹盛期，4月上旬成虫开始羽化，4月中旬为成虫羽化盛期，4月下旬为羽化末期（徐建东等，2007）。

成虫多在树冠中、上部活动，羽化盛期成虫开始交配产卵，有孤雌生殖能力。卵产于松针内侧，卵纵轴与针叶纵轴平行，由成虫所分泌的黏液将其黏结于针叶上。卵多呈一纵线排列。成虫喜产卵于矮树上，卵期10~15天。1、2龄幼虫在新生嫩针叶基部取食，幼虫龄期为6~7天，幼虫可自由爬行，咬断针叶拖回巢内取食。5龄虫体开始变黄，体长达2cm，6龄虫体逐渐变为红黄色，7龄虫体长达2.5cm。幼虫还有吐丝下垂习性，便于取食，幼虫历期40天左右。7月下旬老熟幼虫由虫巢前爬出落地入土越冬。

防治方法

1. 营林措施。在受害林区的虫源地于4月初砍除受害严重的虫株、虫枝。凡黄缘阿扁叶蜂发生林均为纯林，应营造混交林。对现有次生林要加强经营管理，严禁乱砍滥伐，防止森林火灾，加强林木的抚育管理，使林木保持一定郁闭度，以提高林木的抗病虫能力。

2. 人工物理防治。在秋末冬初可进行垦山翻土，对集中成片受害的林区在树冠投影下采取人工刨蛹。

3. 生物防治。初龄幼虫期采用苏云金杆菌（8000IU/μL）1000~1500倍液喷雾，用甘蓝夜蛾核型多角体病毒（20亿PIB/mL）1000~1500倍液，苏云金杆菌（8000IU/μL）1000~1500倍液，用机动喷雾器喷雾防治。并注意保护鸟类和天敌昆虫，如双齿多刺蚁、松毛虫狭颊寄蝇、松毛虫绒茧蜂。

4. 化学防治。5月下旬2~3龄幼虫期，可采用5.7%甲氨基阿维菌素苯甲酸盐3000~5000倍液防治。

参考文献

萧刚柔，1992；萧刚柔，2002；杜娟，张朝举，赵文德等，2003；徐建东，郑红军，袁朝仙等，2007.

（王鸿斌，高兴荣，张真，萧刚柔）

504	白音阿扁叶蜂

分类地位 膜翅目 Hymenoptera 扁叶蜂科 Pamphiliidae

拉丁学名 *Acantholyda peiyingaopaoa* Hsiao

白音阿扁叶蜂是发现于内蒙古赤峰市克什克腾旗白音敖包，严重危害红皮云杉的一种食叶害虫。

分布 内蒙古。

寄主 红皮云杉。

危害 幼虫危害针叶，结丝网做巢呈筒状于其中，粪便由巢后排出落地。

形态特征 **成虫**：体黑色具光泽，雌虫体长13～14mm，触角28～34节；雄虫体长10～12mm，触角30～32节。**幼虫**：老熟幼虫体长18mm，体橄榄色，具紫色虹彩，背线深绿色，腹线淡紫色。**蛹**：初为鲜绿色，腹部腹面及足稍带紫红色，临近羽化时变为灰褐色。

生物学特性 内蒙古赤峰1年或1年以上发生1代。以预蛹越冬。翌年5月上旬开始化蛹，5月下旬为盛期。成虫6月上旬开始羽化，6月下旬为盛期，7月上、中旬为末期。6月上、中旬开始产卵，6月下旬为盛期。幼虫6月下旬开始孵化，7月中旬开始坠落地面入土做土室而以预蛹越冬，8月上旬为落地盛期。卵散产，每叶产卵1粒，多喜产于老针叶内侧。每巢1条幼虫，巢由丝织呈筒状，上敷有虫体分泌物，由外面可以看到幼虫；虫粪及残叶不悬于丝网中，虫粪由巢后口排出，坠落于地面（萧刚柔，1992）。

防治方法

1. 营林措施。加强林木的抚育管理，增强树势，加速郁闭，以提高林木的抗虫能力。

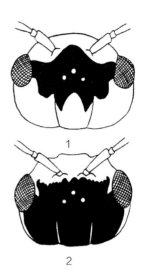

白音扁叶蜂成虫头部正面（张培毅 绘）

1. 雌虫；2. 雄虫

2. 化学防治。在幼虫刚开始孵化时为大面积化学防治的最佳时期。喷雾防治用750kg/hm^{2}药液量，125mg/L的灭幼脲Ⅲ号悬浮剂最高防治效果可达97%。危害症状明显时，往往已是老龄幼虫，可以使用2.5%的功夫乳油5000倍液和4.5%高效氯氰菊酯5000倍液和45%丙溴·辛硫磷1000～1500倍液防治，压低虫口数量，控制虫源（路常宽等，2001）。

参考文献

萧刚柔, 1992; 路常宽, 艾青罡, 范云中等, 2001; 萧刚柔, 2002.

（王鸿斌，高兴荣，张真，萧刚柔）

白音扁叶蜂雌成虫（张培毅 提供）

白音扁叶蜂雄成虫（张培毅 提供）

<table>
<tr><td>分类地位</td><td>膜翅目 Hymenoptera　扁叶蜂科 Pamphiliidae</td></tr>
<tr><td>拉丁学名</td><td>*Acantholyda posticalis* Matsumura</td></tr>
<tr><td>异　　名</td><td>*Acantholyda pinivora* Enslin, *Tenthredo stellata* Christ, *Lyda nemoralis sensu* Thomson</td></tr>
<tr><td>中文别名</td><td>松扁叶蜂</td></tr>
</table>

505 松阿扁叶蜂

　　松阿扁叶蜂自在我国发现以来，在各林区内经常暴发，造成巨大的经济损失（刘静，1990；王文林，1998）。

　　分布　河北，山西，黑龙江，山东，河南，陕西。蒙古，日本，朝鲜，欧洲，西伯利亚。

　　寄主　油松、赤松、樟子松、红松、欧洲黑松、欧洲赤松（萧刚柔，2002）。

　　危害　该虫种群数量大，扩散蔓延迅速，习性特殊，以幼虫吐丝做巢，咬断针叶拖入巢内取食，但仅取食少量油松针叶，使大部分针叶落地损失。危害严重时约在20天内可将整个树冠新梢针叶食光，树冠新梢被丝缠网，形成一片枯黄，严重影响油松的树势和正常生长发育，连续多年危害严重时可使油松致死（姜保本，2007；杨大宏，2007）。

　　形态特征　**成虫：**雌虫体长13～15mm。体大部分黑色，具黄色、淡黄或黄白色斑纹（萧刚柔等，1992；萧刚柔，2002）。**卵：**长约3.5～4mm，半月形或舟形。初产时乳白色，孵化前肉红色，尖端变黑。**幼虫：**体长15～23mm。刚孵化时黄绿色，老龄时浅黄至褐黄色。**蛹：**雌蛹褐黄色，体长15～

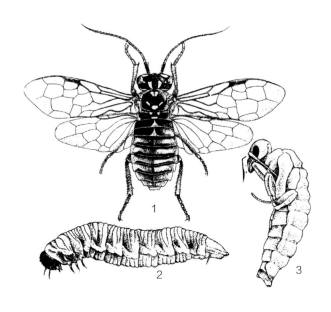

松阿扁叶蜂（朱兴才　绘）
1. 成虫；2. 幼虫；3. 蛹

19mm；雄蛹浅黄色，体长10～11mm。羽化前黑色（萧刚柔，2002）。

　　生物学特性　1年1代。幼虫老熟后入土做椭圆形土室以预蛹越冬。在山西于翌年4月底至5月初开始化蛹，5月中旬为盛期，5月底至6月初为成虫羽化盛期，6月中旬为产卵和孵化盛期，7月上旬幼虫开始下树，7月下旬幼虫全部下树。黑龙江发生期较山西推迟10天左右，河南较山西提早15天左右。河北平山及山西一些地方该虫成虫7月上、中旬羽化，对这些地区的种类问题需要进一步深入研究。羽化时蛹体变黑，成虫展翅后从土室中爬出，钻出孔圆形，半天后能飞翔，交尾产卵。成虫多在树冠中上部围绕松枝飞行或在松枝上爬行。受惊后有落地面飞跑的习性。交尾多在晴天10:00～16:00，可交尾多次。产卵针叶的背面，先产于上年生针叶上，以后则多产于当年生针叶上。卵散产，每产1粒卵约2～5分钟，持续3～4天停止产卵。平均每雌产卵20粒左右。初孵幼虫针叶基

松阿扁叶蜂成虫（《林业有害生物防治历》）

松阿扁叶蜂幼虫（《林业有害生物防治历》）

松阿扁叶蜂虫巢（《林业有害生物防治历》）

松阿扁叶蜂蛹（《林业有害生物防治历》）

松阿扁叶蜂越冬幼虫（《林业有害生物防治历》）

部吐3～5条丝结网，居身其中，咬断针叶，拖回网内取食。3龄后幼虫转移到当年生新梢基部吐丝做致密虫巢，定居其中，巢圆筒形，前口大为取食孔，后孔小为排粪孔；每巢内1条幼虫。4龄后食量大增，1头幼虫一生可取食针叶160cm。幼虫受惊，即迅速退入巢内，并有吐丝下垂习性。

防治方法 应以营林技术措施为主，提高林分抗性。平时加强监测，暴发时可采用无公害化学农药进行防治（娄魏等，1990；程兰生，储跃进，2002；刘素云，2002；梁中贵等，2007；姜保本，2007；杨大宏，2007）。

1. 监测技术。发生期监测可采用物候法或期距法；发生量监测可采用地面抽样调查。利用益它素引诱剂，也可用于该虫的发生期和发生量监测。

2. 营林措施。该虫多发生于生长不良和稀疏的林分，应加强抚育，封山育林。

3. 人工防治。人工翻土、破坏蛹室、杀死预蛹；剪除虫苞。

4. 化学防治。可采用25g/L高效氯氟氰菊酯乳油1000～1500倍液、50%吡虫啉·杀虫单600～800倍、灭幼脲Ⅲ号胶悬浮剂等药剂喷雾或苦参烟碱等烟剂进行防治。

5. 保护天敌。如赤眼蜂和富氏凹头蚁。

参考文献

刘静等，1990；娄魏等，1990；萧刚柔，1992；萧刚柔等，1992；王文林，1998；程兰生等，2002；刘素云，2002；萧刚柔，2002；樊骏等，2007；姜保本等，2007；梁中贵等，2007；杨大宏等，2007.

（张真，刘小联，孔祥波，赵瑞良，李金鹏，

侯爱菊，娄魏）

506 天目腮扁叶蜂

天目腮扁叶蜂是偶发性害虫，一旦暴发会严重影响马尾松林的生长。

分布　浙江（临安、遂昌、松阳、丽水、云和、景宁）。

寄主　马尾松。

危害　严重被害的马尾松针叶被吃光，枝头缀着一个个虫苞，犹如被火烧过一般。

形态特征　**成虫：**雄虫翅展22～24mm，雌虫翅展26～34mm。头部黑色，具黄白色斑纹，触角除基部和端部数节黑色外均为白色。胸部黑色，具黄白色斑纹，淡膜叶暗褐色。翅透明，具黄色光泽，翅痣黑色，翅痣基端至后缘有1条暗色横纹。足除基节、转节黑色外，其他为黄褐色。腹部黑色，背板两侧、腹板后缘黄白色（萧刚柔，陈汉林，1993）。**卵：**长椭圆形，长约2.5mm，宽约0.7mm，微弯。乳黄色，表面覆盖1层黑色胶质。**幼虫：**成熟幼虫体长23～31mm。体绿色，背线浅绿色；头红褐色，前胸背板褐色，肛上叶浅黄色。**蛹：**体长14～22mm，初化蛹时体鲜绿色，后转为黄色，羽化前现黑色。

生物学特性　浙江1年1代。以预蛹越冬。2月中旬开始化蛹，2月下旬为化蛹高峰期，3月下旬为末期。3月中旬开始羽化，3月中、下旬为羽化高峰期，4月中旬为末期。3月下旬开始产卵，4月上旬为产卵高峰期，4月下旬为末期。4月中旬幼虫开始孵化，4月中、下旬为高峰期，5月中旬为末期。幼虫于6月上旬开始陆续入土，7月上旬全部入土变为预蛹。在土室内越夏越冬后于翌年春天化蛹、羽化。

成虫在土室内羽化，羽化后的成虫不立即出土，多数在土室内潜伏4～12天，遇晴好天气方陆续出土。成虫出土后即可交尾。交尾后第二天开始产卵。卵产于上年生的老针叶上。雌虫选择生长旺盛、针叶粗壮的植株产卵。产卵时雌虫以锯在针叶上锯一小裂缝，然后产卵其上。成虫存活期7～14天，其中约一半时间在土室内度过。

卵粒必须在鲜活的松针上方能生存和发育，当松针枯萎，卵粒随着干瘪，不能孵化。卵历期15～22天。

幼虫蜕出卵壳后即转移到针叶基部的枝条上，吐丝结网，取食针叶。幼虫取食上年老针叶，一般不取食当年新针叶。初孵幼虫只在针叶边缘少量啮食。随着虫体增大，取食整根针叶。有时咬断针

天目腮扁叶蜂成虫

（张润志　整理）

天目腮扁叶蜂幼虫（张润志　整理）　　　　　　天目腮扁叶蜂蛹（张润志　整理）

天目腮扁叶蜂危害状（张润志　整理）　　天目腮扁叶蜂卵（张润志　整理）

叶，拖向丝网内取食，并排粪于丝网上，粘结成蚁巢状的虫苞。1个虫苞内往往有多头幼虫。当虫苞附近针叶吃完后，吐丝结成虫道，通向邻近枝条取食。遇惊即缩入虫道。随着虫龄增大，虫苞跟着扩大。幼虫经35～52天取食后老熟落地，钻入土内5cm左右筑一土室，蜷曲身体在内变为预蛹。入土幼虫以树干基部附近最集中。预蛹期9个月左右。初化蛹时幼虫蜕皮粘结于蛹体腹部末端，多数于3～5天后蜕去。羽化前体色变深。蛹期21～31天。

防治方法

1. 受害的多为马尾松纯林，与阔叶树混交的马尾松很少受害。营造松阔混交林，可减少被害。

2. 保护天敌，对控制天目腮扁叶蜂的种群数量有重要意义。扁尾摔寄蝇和短唇姬蜂在浙江局部林地对预蛹的自然混合寄生率达47.45%。双齿多刺蚁、宽结大头蚁可捕食幼虫；中华通草蛉、松氏通草蛉捕食卵粒；大草蛉捕食小幼虫；隐斑瓢虫及异色瓢虫捕食卵；龟纹瓢虫捕食小幼虫。

3. 当幼虫成熟陆续入土时，以每毫升含2000条小卷蛾线虫北京品系*Stelnernema carpocapsae* Beijing的昆虫病原线虫稀释液，浇灌被害松树根际、树冠下的土壤，浇灌后覆草保湿，害虫减退率可达70%以上。施用时以选择雨后湿润的土地条件为好。

4. 幼虫取食期用20亿PIB/mL甘蓝夜蛾核型多角体病毒1000～1500倍液或25g/L高效氯氟氰菊酯菊酯1000～1500倍液喷雾有理想的防治效果。

参考文献

萧刚柔, 陈汉林, 1993; 陈汉林, 1996; 陈汉林, 赵仁友, 金根明等, 1997; 萧刚柔, 2002.

（陈汉林）

507 延庆腮扁叶蜂

分类地位　膜翅目 Hymenoptera　扁叶蜂科 Pamphiliidae

拉丁学名　*Cephalcia yanqingensis* Xiao

20世纪80年代初在北京延庆县永安堡村首次发现该虫。

分布　北京（延庆）。

寄主　油松。

危害　幼虫做虫巢危害针叶，严重时造成油松死亡。

形态特征　成虫：雌虫体长13～19mm，翅展22～34mm。头部橘红色，具光泽。触角红黄色，末端2～3节带黑色。眼后区有一纵缝。眼、单眼区、上颚尖端及齿黑色；须暗红褐色；唇基中央隆起，前缘截形。颈、前胸背板红黄色；中胸及后胸褐色；小盾片大部分、中胸后背板后缘，后胸后缘黑色。翅痣黑色，尖端暗黄色，翅基片黄褐色；前翅自翅痣后端在1r-m，1m-Cu，Cu₁一线以外淡黑色，具深蓝色光泽；此线以内除前缘室黄白色外，其余部分暗灰色；前缘、亚前缘脉暗黄色；R脉中部黑褐色，两端暗黄色；M脉、1A脉基部中央暗黄色，边缘黑色；端部翅脉黑色；翅痣黑色，尖端暗黄色；

后翅前缘室黄白色，其余部分暗灰色；前缘脉及亚前缘脉暗黄色，其余翅脉黑色（M脉、1A脉基部前端暗黄色）。足红褐色；腹部红黄色。触角27～29节。**雄虫：**体长10～16mm，翅展21～25mm。头部黑色。触角暗黄色，27～29节，前端2～3节带黑色。须暗黄色。胸部黑色，有光泽。前胸背板除中央黑斑，颈片除基部暗黄色。中胸前侧片大部分，中胸基腹片、翅基片黄白色。翅暗灰色，翅痣及其余翅脉黑色。足暗橘红色，腹部黑色，背板两侧、外生殖器暗灰黄色。**卵：**长2.0～2.5mm，宽1.0～1.1mm，近椭圆形，中部稍弯曲，一端稍尖，初产黄色，近孵化时黄褐色。**幼虫：**体长16～26mm，红黄色。单眼区褐色；颚黑褐色；额区有3个黑斑，2上1下。前胸背板中央后缘有1个唇状深褐色斑，其两侧至前足基部各有4个黑褐色小斑；中胸及后胸两侧至足基部各有黑褐色小斑2个。每对胸足间各有黑褐色斑2个。**蛹：**雌蛹体长13.0～21.6mm，雄蛹体长12.5～15.5mm。体黄褐色，复眼黑褐色，触角丝状

延庆鳃扁叶蜂雌成虫（左）和雄成虫（右）（闫国增　提供）

黄白色，下颚及下颚须乳白色，额区有3个黑斑，呈倒三角状排列。

生物学特性　1～2年1代，以1年1代为主。以老熟幼虫入土越冬。翌年5月上旬开始化蛹，5月中旬为化蛹盛期，5月底结束，5月中旬始见成虫羽化，5月底成虫羽化达到高峰，6月上旬成虫羽化结束。6月初，雌成虫开始产卵，紧接着成虫进入产卵高峰，并持续到6月中、下旬，7月上旬产卵基本结束。田间6月末始见初孵幼虫，并迅速进入孵化盛期，一直持续到7月中旬，8月上旬孵化结束。

蛹历期平均15天。雄虫较雌虫先羽化3～5天，羽化期整齐，约10天，成虫喜晴朗、高温天气，阴冷多风时，活动减少，多停息在针叶丛及杂草间；每天以10:00～15:00最活跃，常成群围绕树冠或在株间飞舞、爬行，寻找、追逐异性交配或抓伏在针叶上产卵。雌虫交配后4～5天产卵，卵产于当年生轮枝基部下，2年生枝端上半部针叶上，卵成纵行排列，每一针叶上平均产卵5～9粒，每只雌虫一生产卵24～40粒。成虫寿命20～30天；雌雄性比1：1.25。6月末幼虫开始孵化，卵期26～30天，孵化率96%。

初孵幼虫吐丝拉网结长筒状虫巢，将咬断针叶拉回巢中共同啃食。虫巢长筒形，两端开口，一端为取食孔，另一端为排粪口，平卧、斜立或垂直于枝条。虫巢群落中，一般都有1～2个集体取食场所，四周紧贴其他虫巢的取食孔或通过丝网与其他虫巢相通。幼虫3龄后独自取食针叶，并转移危害、重新吐丝做巢，每巢一虫，一般不再转移，每头幼虫可食针叶20束。幼虫受惊，即迅速退回巢内。幼虫6龄，历期28～47天，8月初老熟幼虫开始坠落树下，于树冠投影内1～10cm深的土中做土室越冬，在2～3cm深处最多。

防治方法

1. 防治成虫。利用成虫发生比较整齐的特点，消灭成虫于大量产卵之前。生产上使用5%高效氯氰菊酯乳油喷烟防治效果很好。

2. 防治幼虫。幼虫大部分时间都潜伏在虫巢内生活，给防治幼虫带来一定困难。老熟幼虫大多在树冠投影下土中2～3cm处越冬，可在每年土壤封冻前或成虫羽化前，人工刨树盘，杀灭害虫。

3. 保护和利用天敌。目前，已发现一种寄生蝇可寄生越冬老熟幼虫。

4. 成虫喜红色，制成红色粘虫膠带，可杀死成虫。

参考文献

萧刚柔，2002.

（闫国增）

延庆腮扁叶蜂雄成虫（李镇宇　提供）　　　　延庆腮扁叶蜂雌成虫（李镇宇　提供）

508 鞭角华扁叶蜂

分类地位	膜翅目 Hymenoptera 扁叶蜂科 Pamphiliidae
拉丁学名	*Chinolyda flagellicornis* (Smith)
异 名	*Lyda flagellicornis* Smith, *Cephalcia flagellicornis* (Smith)
中文别名	鞭角扁叶蜂

鞭角华扁叶蜂为重要的食叶害虫，常造成柏木等大量失叶，甚至大量死亡。

分布 浙江，福建，湖北，重庆，四川等地。

寄主 柏木、圆柏、塔柏、刺柏、扁柏、日本扁柏、柳杉等。

危害 幼虫群集并吐丝结网，将树皮、嫩枝、食剩残叶及粪便粘结于丝网上，也可以环状取食嫩枝皮部，致使上端的枝叶枯死，甚至将部分枝咬断。严重时致使柏木林一片赤红，使受害林木形似火烧，严重影响柏木生长及防护作用的发挥，削弱树势，甚至造成整株枯死。

形态特征 成虫： 雌虫体长11～14mm，翅展24～29mm。身体红褐色，上颚尖端、触角鞭节两端、中窝两旁及单眼区、中胸基腹片、中胸前侧片全部或一部分均为黑色（萧刚柔等，1992；萧刚柔，2002）。**卵：** 淡黄色，长椭圆形，长1.5mm，稍弯曲。**幼虫：** 体长18～23mm。头部红褐色，胸腹部有几条白色纵纹。**蛹：** 初为翠绿色，近羽化时深褐色或黄褐色（杨大胜，曾林，1992）。

生物学特性 1年1代。以老龄幼虫入土，在2～

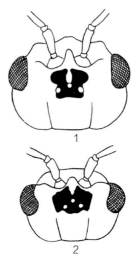

鞭角华扁叶蜂成虫头部正面（张培毅 绘）

1. 雌虫；2. 雄虫

20cm土层中做土室，以预蛹在其中越冬。翌年3月开始化蛹，3月中旬至4月下旬为成虫期，3月下旬至5月产卵，4月上旬至6月中旬为幼虫期，5月上旬至7月上旬老熟幼虫入土。不同地区和立地条件其发生期有一定差异。成虫羽化后在土室中停留1～3天后咬破土室爬至土表，在地面做短时间爬行，然后在

鞭角华扁叶蜂成虫（《林业有害生物防治历》）

鞭角华扁叶蜂成虫交尾状（《林业有害生物防治历》）

鞭角华扁叶蜂幼虫（《林业有害生物防治历》）

鞭角华扁叶蜂卵（《林业有害生物防治历》）

鞭角华扁叶蜂危害状（《林业有害生物防治历》）

鞭角华扁叶蜂危害状（《林业有害生物防治历》）

灌丛或寄主上活动、交尾。雌虫交尾后3～5小时开始产卵，产卵于树冠下部枝叶的背面。初孵幼虫在卵壳附近群集并吐丝结网，6～7小时后开始在网中取食1年生嫩叶表皮，当虫网附近鳞叶吃光后，又成群转移到其他枝条，筑新网巢继续危害。幼虫6～7龄，末龄幼虫一般分散危害（萧刚柔等，1992；杨大胜，曾林，1992）。

防治方法　应以营林技术措施为主，提高林分抗性。平时加强监测，失叶强度大于35%需要防治（郑永祥等，2009），暴发时可采用无公害化学农药进行防治。

1. 营林措施。该虫多发生在生长不良和稀疏的林分中，应加强抚育，封山育林。对大面积纯林进行改造。营造混交林可采用栎类、桤木、樟树等。

2. 人工防治。人工翻土、破坏蛹室、杀死预蛹；剪除虫苞。

3. 生物防治。采用绿僵菌分生孢子粉（6亿孢子/g）按60kg/hm²剂量在林内喷杀3龄幼虫，96小时幼虫开始死亡，120小时死亡率82.7%（肖育贵、郭亨孝，2003）。

4. 化学防治。可采用25g/L高效氯氟氰菊酯、20亿PIB/mL甘蓝夜蛾核型多角体病毒悬浮剂等进行防治。

参考文献

杨大胜等，1987；萧刚柔，黄孝运，周淑芷等，1991；萧刚柔，1992；萧刚柔，2002；肖育贵，郭亨孝，2003；郑永祥，彭佳龙，王明生等，2009.

（张真，刘小联，孔祥波，杨大胜，曾林）

509 昆嵛山腮扁叶蜂

分类地位 膜翅目 Hymenoptera 扁叶蜂科 Pamphiliidae

拉丁学名 *Cephalcia kunyushanica* Xiao

昆嵛山腮扁叶蜂是1983年在山东烟台昆嵛山林区发现的一种食叶害虫，严重危害当地针叶树种，造成重要经济、生态损失。

分布 山东（烟台昆嵛山）。

寄主 红松、赤松、黑松。

危害 被害树重者濒于死亡，轻者树冠枯黄，严重影响树木生长。

形态特征 **成虫：** 雌虫体长15mm，体红褐色；触角30节，黄褐色，末端1～2节带黑色；眼、单眼基部周围、上颚前端、中胸前盾片、盾片内缘及外缘、小盾片、小盾片侧区、后背片、后背板、后胸盾片、锯鞘均为黑色；前翅透明；后翅顶角及外缘淡烟褐色，其余部分淡黄色，透明；翅痣黑色；头、胸部刻点较小而稀，中等深；腹部背板后缘具小而稀刻点；细毛黄色，短而稀少。雄虫体长13mm，头部黑色；触角淡黄色，端部带黑色；触角侧区、内眼眶内纵条、唇基、额、触角窝间部分、颚眼距、颊、须黄色；胸部黑色，前胸背板两侧及后缘、中胸前侧片后半部、翅基片、淡膜叶黄色；足黄色，基节、转节及腿节腹面各有黑色部分；翅透明，微具淡褐色，前缘脉黄色；中胸前侧片淡黄色。腹部背板黑色，侧缘黄色；腹板黄色，前端各有一黑色横带；第9腹板及抱器深黄色。唇基中央隆起，前缘中部呈截形。头部及胸部细毛黄色，中等长，较稀疏。单眼后区、眼上区刻点中等大小，中等稠密；腹部背板中部具极细刻点。**卵：** 长约2.5mm，舟形，一端稍粗，两侧各有一线凹痕。初产时茶色，有光泽，以后变为褐色。**幼虫：** 老熟幼虫体长21～24mm，淡黄褐色，头部红褐色。前胸背板后半部有1个隆起的褐色斑；胸部侧板有褐色

昆嵛山腮扁叶蜂雄成虫（张培毅　提供）

斑。胸部及腹部每节具4小环节；气门褐色。**蛹：**淡黄色。

生物学特性　山东昆嵛山1年1代。以老熟幼虫入土做土室越夏越冬。翌年4月末开始化蛹，5月中旬为盛期，6月上旬为末期。5月下旬成虫开始羽化，同时开始产卵，6月上旬为羽化盛期，6月下旬为末期。6月上旬幼虫孵化，6月下旬为孵化盛期，7月上旬为孵化末期。6月下旬至8月为危害盛期，8月中旬幼虫开始下树，8月下旬为盛期，9月上旬幼虫全部下树。

成虫多在9:00～15:00羽化出土，初羽化的成虫在地面做短时间爬行进行展翅活动，不需进行补充营养即可起飞上树交尾产卵。雌成虫平均产卵时间3天，平均寿命7天。雄虫飞翔力较雌虫强，平均寿命5～8天。雌虫羽化时间一般晚于雄虫3～5天，羽化前期雄虫多。

卵单粒整齐排列于针叶正面，每针叶产卵4～10粒，雌虫产卵量4～20粒，个体差异较大，平均在12粒左右，林间卵孵化率在85%以上。

幼虫4～5龄。初孵幼虫行动迟缓，群集啃食针叶鳞片，后爬至当年生新梢上取食针叶。2龄后食量渐增，并在叶簇基部吐丝结网，藏于其内取食，食剩针叶及粪便则黏结在网上，慢慢形成虫巢，待食光虫巢附近针叶后，便将虫巢扩大，并有丝道与老巢相连，一般2～3个虫巢并联在一起。幼虫咬断针叶基部，拖至虫巢口取食，由咬断处向针叶叶端取食，直到食尽。3龄以后，食量大增，发生严重时可将1～2年生新梢全部食光，仅存叶鞘，整个树冠密布虫巢，使整个松林呈火烧状。老熟幼虫暴食1周后，吐丝下垂（王传珍等，2000；杨隽等，2001）。

防治方法　灭多威2000或3000倍液、DDVP600或800倍液喷雾防治都可取得较好效果，死亡率都在85%以上（杨隽等，2001）。

参考文献

萧刚柔，1987；萧刚柔等，1991；王传珍，王京刚，杨隽等，2000；杨隽，凌松，刘德玲等，2001；萧刚柔，2002.

（王鸿斌，高兴荣，张真）

昆嵛山腮扁叶蜂雌成虫（张培毅　提供）

510 红腹树蜂

分类地位 膜翅目 Hymenoptera 树蜂科 Siricidae

拉丁学名 *Sirex rufiabdominis* Xiao et Wu

红腹树蜂是一种严重的蛀干性害虫，给林业、园林绿化造成了毁灭性危害，带来了生态和经济的巨大损失。

分布 江苏，浙江，安徽，山东等地。

寄主 马尾松、油松。

危害 幼虫蛀食马尾松树干，也有与松天牛、松象鼻虫和小蠹虫等共同寄居危害的，单株马尾松上红腹树蜂虫口可达3000条以上，被害松树多呈零星分布，极少呈小块状。被害松树枯死，严重威胁松林生长，导致马尾松死亡的主要原因是由于雌蜂在产卵时分泌的无色胶状物，使形成层组织细胞变褐而坏死，从而导致立木枯死（吴侠中，1985）。幼虫在坑道内还常遭真菌侵染。

形态特征 **成虫：** 雌虫体长18～34mm；触角黑色；头、胸和腹部背板第一和第九节及角突和足基节、转节、腿节、第五跗节均蓝黑色，具金属光泽。雄虫体长14～22mm；体色与雌虫近似；触角黑色，19节；腹部第一、二节背板蓝黑色，第三节背板前线带黑色，其余各节红褐色（萧刚柔等，1991）。**卵：** 长1.7mm，宽0.3mm。似梭形，两头较小，白色。**幼虫：** 圆筒形，淡黄色，头部乳白色，口器褐色，腹部有1条半透明的背中线，第五节背面似扇形的臀板上着生许多短小的褐色刚毛，末端上方有齿突，具3对退化的胸足。老龄幼虫体长14～30mm。**蛹：** 裸蛹，体长12～34mm，淡黄色，接近羽化时褐色（吴侠中，1992）。

生物学特性 1年1代，多发生在海拔400m以下的低山丘陵地区的松林中，多危害树龄在20年生以上的松树。成虫于9月中旬开始产卵，12月上旬为产卵末期。卵经21～24天孵化，幼虫孵出后蛀食数日即越冬，翌年3月幼虫又开始活动蛀食，沿树干的纵轴斜向上或向下蛀食，幼虫在虫道内靠身体

红腹树蜂雄成虫（张培毅 提供）

红腹树蜂雌成虫（张培毅　提供）

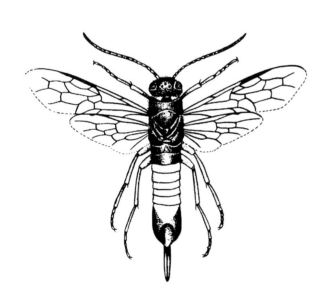

红腹树蜂雌成虫（张培毅　绘）

转动前进，幼虫历期10个月。老熟幼虫在靠近边材5～20mm处虫体斜向上化蛹，头部朝外；但也有在木质部和髓心处化蛹的，甚至有头朝下方的。蛹期一般17～20天。成虫羽化后，一般在木质部咬食3～7天，咬出直径为5～8mm的羽化孔。羽化于9月上旬开始，11月下旬为末期。成虫出孔后不久即能交尾，雌蜂可交尾1～4次，雄蜂一般交尾1次。成虫无趋光性，喜在晴朗天气飞翔，大风或阴雨天气则不飞翔。在纯松林和松阔混交林中均能发生，而以纯松林中发生较多，尤其林内卫生状况较差、林木生长势弱和遭受其他病虫危害的林分发生较严重。林缘较林内发生重；稀林比密林发生重；阳坡比阴坡发生重（吴侠中，1992）。

防治方法

1. 清理林地。在8月底前进行一次古松群林地卫生采伐，清除被害枯枝，并注意避免树干的机械损伤。

2. 饵木诱杀。设置饵木诱集成虫产卵，待幼虫孵化盛期及时剥皮处理。

3. 化学防治。在成虫羽化出孔盛期用2.5%溴氰菊酯2000倍液喷射树干。

4. 利用天敌。注意保护褐斑马尾姬蜂、螳螂、蜘蛛、伯劳、灰喜鹊等天敌。

参考文献

吴侠中，1985；萧刚柔，黄孝运，周淑芷等，1991；萧刚柔，1992.

（孔祥波，张真，陈大风，吴侠中）

511 烟角树蜂

分类地位	膜翅目 Hymenoptera　树蜂科 Siricidae
拉丁学名	*Tremex fuscicornis* (F.)
英文名称	Tremex wasp
中文别名	烟扁角树蜂

烟角树蜂是以幼虫钻蛀树干危害多种阔叶树的钻蛀性害虫，主要危害杨、柳等，严重危害经济林木和城市观赏树木，造成巨大的生态和经济损失。

分布　北京，天津，辽宁，吉林，黑龙江，河北，山西，内蒙古，上海，江苏，浙江，福建，江西，山东，湖南，西藏，陕西等地。日本，朝鲜，澳大利亚；西欧。

寄主　毛白杨、山杨、大叶杨、小叶杨、垂柳、榆、榉树、水青冈、栎、枫杨、杏。

危害　幼虫孵化后蛀食木质部及韧皮部，成虫羽化后先将树皮咬成1个直径1～6mm的羽化孔洞后飞出。羽化孔多在树干上呈纵向排列，且集中分布。冬季因多风、少雨雪，气候干燥，造成羽化孔处韧皮部及木质部严重失水收缩，韧皮部沿蛀孔排列方向纵向开裂，树皮翘起，树体被害严重时树皮大块脱落，有的除韧皮部外木质部也沿蛀孔方向开裂，造成树体死亡。

形态特征　**成虫**：雌虫体长16～43mm，翅展18～46mm，黑褐色；触角中部数节尤其是腹面为暗色至黑色；前足胫节基部黄褐色，中、后足胫节及后足跗节基半部，第二、三、八腹节及第四至第六腹节前缘黄色；腹部除黄色部分外均为黑色；前、中胸背板和产卵管鞘红褐色。雄虫体长11～17mm，具金属光泽；部分个体的触角基部3节，前、中足胫节和跗节及后足第五跗节为红褐色；胸部全部黑色，腹部黑色、各节呈梯形。翅淡黄褐色，透明。**卵**：长1～1.5mm，椭圆形、稍弯，前端细，乳白色。**幼虫**：体长12～46mm，筒形，乳白色。头黄褐色，胸足短小不分节，腹部末端褐色。**蛹**：雌蛹体长16～42mm，乳白色；头部淡黄色。雄蛹体长11～17mm（韩崇选等，1992）。

生物学特性　陕西1年1代。以幼虫在虫道内越冬。翌年3月中、下旬幼虫开始活动取食，4月中旬开始化蛹，7月至9月初为盛期，蛹期25～35天。成

烟角树蜂雌成虫（王焱　提供）

烟角树蜂成虫（王焱　提供）

烟角树蜂在木质部危害状（王焱　提供）

烟角树蜂羽化孔
（王焱　提供）

烟角树蜂幼虫
（王焱　提供）

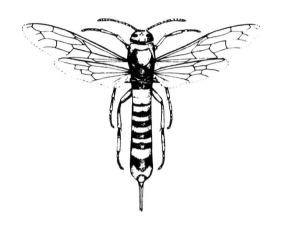

烟角树蜂雌成虫（张培毅　绘）

虫于5月下旬开始羽化出孔，8月下旬至10月中、下旬为产卵盛期。雌成虫寿命8天，雄成虫7天。每雌产卵13～28粒，卵期28～36天，幼虫6月中旬开始孵化，12月越冬。幼虫4～6龄，幼虫期9～10个月。成虫白天活动，无趋光性，飞行高度可达15m；羽化出孔1天后开始交尾，雄虫多交尾1次；交尾后1～3天开时产卵，每个卵槽平均孵出9条幼虫，形成多条虫道；老熟幼虫多在边材10～20mm处的蛹室化蛹。该虫主要危害衰弱木，大量发生时也危害健康木（萧刚柔等，1991）。

防治方法

1. 林业技术措施。坚持适地适树，选育抗虫树种，营造混交林，加强林木抚育管理；及时对林内被害木和一切衰弱木进行清除及处理；对于新采伐木材应及时剥皮或运出林外。

2. 饵木诱杀。设置饵木诱集成虫产卵，待幼虫孵化盛期及时剥皮处理。

3. 化学防治。在羽化盛期，喷洒丙溴·辛硫磷1000～1500倍液、2.5%高效氯氟氰菊酯1000～1500倍液杀灭成虫。

4. 生物防治。保护和利用褐斑马尾姬蜂、螳螂、蜘蛛、伯劳、灰喜鹊等天敌。

参考文献

萧刚柔等，1991; 萧刚柔，1992; 赵振忠等，2003.

（孔祥波，张真，陈大风，韩崇选，陈孝达，唐国恒）

512	**泰加大树蜂**	**分类地位** 膜翅目 Hymenoptera　树蜂科 Siricidae
		拉丁学名 *Urocerus gigas gigas* (L.)
		异　名 *Urocerus gigas taiganus* Benson, *Urocerus taiganus* Benson
		英文名称 Giant woodwasp
		中文别名 云杉大树蜂、冷杉大树蜂、针叶大树蜂、枞树蜂

　　泰加大树蜂曾属国内森林植物检疫对象，是落叶松、云杉、冷杉的重要蛀干害虫之一。主要危害林中的濒死木、枯立木及新伐倒的原木、伐根。幼虫在木质部中蛀成许多粗大的孔道，使木材工艺价值大为降低，甚至失去利用价值，造成重大经济损失。

　　分布　河北，山西，辽宁，黑龙江，山东，甘肃，青海，新疆等地。俄罗斯，波兰，芬兰，挪威。

　　寄主　落叶松、云杉、冷杉。

　　危害　主要危害针叶树。受泰加大树蜂幼虫危害的树木从外观看，可见针叶逐渐发黄至红褐色，直至脱落。幼虫在树干内蛀食，形成多条不规则的斜纵向虫道，长约20cm，先端较窄，中部较宽，直径5.8mm，末端有蛹室；虫道内充满白色木屑，木屑细而紧密。成虫羽化后在树干上咬食羽化孔飞出。树干上可见大而圆的羽化孔，直径5~7mm。

　　形态特征　**成虫：**雌虫体长23~37mm。体黑色，有光泽。头胸部密布刻点。触角丝状，深黄色或黄褐色。胸部黑色。翅膜质透明，淡黄褐色，翅脉茶褐色。足黄色，基节、转节、腿节黑色。产卵

管锯鞘褐色。雄虫体长12.5~33.0mm。体色与雌虫相似，但触角柄节黑色，其余各节红褐色。腹部颜色变化较大，第九节背板两侧各具一大块黄色圆斑。**幼虫：**老龄幼虫体长20~32mm，圆筒形，乳白色。头部淡黄色。无单眼，触角3节，极短。胸部有3具退化胸足，短小而不分节。腹部末端有1个褐色短刺，刺基部及中央有小刺突（萧刚柔等，1991；任作佛，1992）。**卵：**长1.5mm，宽0.20~0.25mm。近圆锥形，淡乳白色，头部圆钝，尾部尖削。**蛹：**体长12.5~30.0mm。乳白色，头部淡黄色，复眼及口器淡褐色。

　　生物学特性　辽宁抚顺地区1年1代。以幼虫在木质部原蛀道内越冬（王英敏等，2001）。翌年4月下旬越冬幼虫开始活动取食，5月上旬老熟幼虫开始化蛹，化蛹盛期在5月下旬至6月上旬，蛹期90天左右。成虫5月下旬开始羽化，羽化盛期在6月中旬至7月中旬，成虫期约90天。成虫羽化后即开始交尾产卵，6月中、下旬为产卵盛期，卵期约100天。6月中旬出现初孵幼虫，7月上、中旬为幼虫孵化高峰期，幼虫活动取食至10月中旬开始越冬（萧刚柔等，1991；任作佛，1964）。

泰加大树蜂雌成虫（徐公天　提供）

泰加大树蜂雄成虫（徐公天　提供）

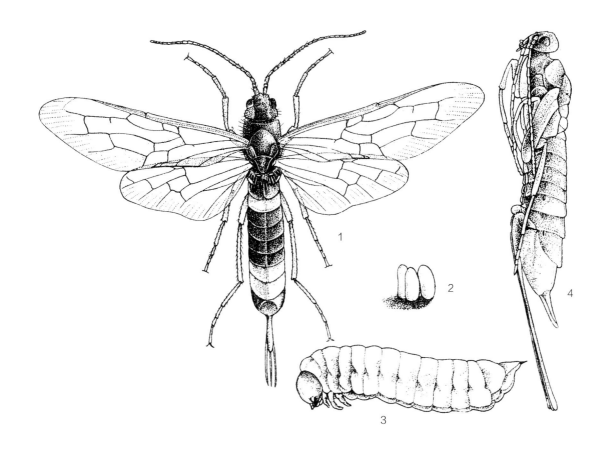

泰加大树蜂（朱兴才　绘）
1. 成虫；2. 卵；3. 幼虫；4. 蛹

防治方法

1. 加强检疫。加强对林内的濒死木、枯立木、伐根及采伐的原木的检疫，发现该虫时，受检木必须处理除害。可用塑料帐幕熏蒸法处理疫材。用溴甲烷15g/m³、磷化铝9g/m³密闭24小时，熏杀幼虫效果可达100%。

2. 清除虫源木。泰加大树蜂不危害林中健康的活立木，只寄居于濒死木、枯立木、新伐倒木及伐根。对带虫伐根可在4月中、下旬，用45%丙溴·辛硫磷或15%茚虫威悬浮剂，喷洒伐根；或对伐根采用土埋法（叶淑琴等，2002）。

3. 饵木诱集。设置饵木诱集成虫产卵，待幼虫孵化盛期，对饵木进行剥皮或熏蒸处理（萧刚柔等，1991）。

参考文献

任作佛，1964; 萧刚柔，黄孝运，周淑芷等，1991; 萧刚柔，1992; 王英敏，赵世东，叶淑琴，2001; 叶淑琴，孙建文，许水威，2003.

（孔祥波，张真，陈大凤，任作佛）

513 榆三节叶蜂

分类地位	膜翅目 Hymenoptera　三节叶蜂科 Argidae
拉丁学名	*Arge captiva* Smith
英文名称	Japanese elm sawfly
中文别名	榆叶蜂

分布　北京，河北，辽宁，吉林，江西，山东，河南等地。日本。

寄主　榆。

危害　常发生在苗圃地幼苗上。幼虫咬食嫩叶，严重时把叶吃光。

形态特征　**成虫**：体长9～12mm，翅展17～25mm。体具金属光泽。头部蓝黑色，翅浓烟褐色，足蓝黑色。**幼虫**：体长21～26mm，淡黄绿色。体各节具有3排横列的褐色肉瘤。

生物学特性　河南1年2代。以幼虫在土中越冬。翌年4、5月开始化蛹，羽化、产卵。每雌蜂产卵35～60粒。6月幼虫孵化后，喜在早晨、傍晚群集，取食幼苗嫩叶。食量很大，短期内即可把叶吃光。6、7月幼虫老熟，入土结茧化蛹。第二代成虫7、8月发生，这代幼虫危害至8、9月老熟，爬到苗

木下、墙角等隐蔽处，钻入土中结茧越冬。

成虫羽化后，飞翔力弱，雌、雄多在地面追逐交尾。产卵于幼苗中、下部叶片上。产卵时，成虫用胸足紧抱叶片，腹紧贴叶缘，随即用产卵器从叶

榆三节叶蜂幼虫（徐公天　提供）

榆三节叶蜂成虫（徐公天　提供）

榆三节叶蜂幼龄幼虫（徐公天　提供）

榆三节叶蜂待化蛹幼虫（徐公天　提供）

榆三节叶蜂成虫产卵（徐公天　提供）

榆三节叶蜂茧（徐公天　提供）

缘上、下表皮之间，锯开1个裂缝，产卵其中。每产完1粒卵，略向前移动，再产卵。每叶片边缘大部分依次产完后，再选择另叶继续产印。卵处叶片逐渐膨大。卵经7～9天孵化。初孵幼虫取食嫩叶，随后老叶或嫩叶皆可取食，昼夜危害。幼虫有假死性，受惊即蜷身落地。老熟幼虫爬到树下入土，吐丝结土茧化蛹。

防治方法

1. 化学防治。幼虫发生初期，喷洒50%杀螟硫磷乳油1000倍液，或50%马拉硫磷乳油1000倍液或45%丙溴·辛硫磷1000～1500倍液。

2. 人工防治。早晨或傍晚，利用幼虫的假死性，用竹竿震落，踏死。

参考文献

杨有乾等，1982；萧刚柔等，1991；萧刚柔，1992；河南省森林病虫害防治检疫站，2005.

（杨有乾）

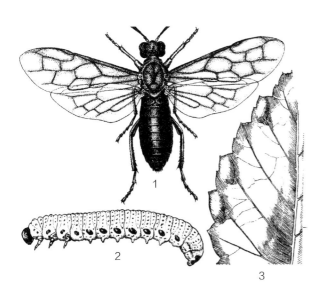

榆三节叶蜂（张翔　绘）
1.成虫；2.幼虫；3.叶缘的卵痕

514	榆少锤角叶蜂	分类地位　膜翅目 Hymenoptera　锤角叶蜂科 Cimbicidae
		拉丁学名　*Agenocimbex ulmusvora* Yang

榆少锤角叶蜂是最近发现的榆树重要食叶害虫。该虫常将榆树整株叶片食尽，严重影响榆树的长势及绿化观赏效果。

分布　浙江（丽水），安徽（岳西、青阳、泾县、肥西），甘肃（天水）等地。

寄主　白榆、春榆、榔榆。

危害　幼虫从叶缘取食，造成叶片缺刻，或全部食尽，残留叶柄和嫩枝，严重影响树势和绿化效果。

形态特征　**成虫**：体长18～22mm，翅展41～46mm，体黄褐色。触角8节，6、7、8节膨大，分节不明显，头部具较长褐黄色及黑色毛，胸部具中等长、腹部具很短黄色毛。体型较大，初看似胡蜂。**幼虫**：老熟幼虫体长35～40mm，头宽4mm左右。全体翠绿色，单眼黑色，体表多横褶。**茧**：长20～26mm，宽8～10mm，长椭圆形，中部2/5处缢缩，牛皮纸质，红褐色，上粘结有落叶及土粒，结实而不透明，其内壁光滑（杨春材等，1967）。

生物学特性　安徽1年1代。以预蛹在浅土层、草丛根部、落叶下的茧内过夏越冬，于翌年3月下旬陆续化蛹，4月上、中旬成虫羽化，随之交尾、产卵，5月下旬幼虫相继老熟下树结茧过夏越冬。越冬茧有20%左右滞育。

榆少锤角叶蜂在茧内羽化后停留1～3天，于晴天的14:00～17:00咬破茧而爬出。经1～3天后交尾、产卵，卵产在小枝第四至第七片的老嫩适中的叶片边缘的表皮下，散产，少数叶片产2粒以上。每雌产卵60～70粒不等。幼虫共5龄，历期30～35天。幼虫取食从叶缘开始，1～2龄取食至中脉停止，3龄后取食全叶，仅存叶柄，一生取食榆叶350～400cm²，折合白榆标准叶片32～42片，幼虫取食时经常保持腹部卷曲状态，休歇时则盘曲在叶背面。

孤立木、林缘、树冠下部叶片着卵高，所以这些部位叶片先被取食，最后转移到树冠上部取食（杨春材等，1967）。

防治方法

1. 营林措施。选择乡土树种（如苦楝、臭椿）与榆树混交造林。

2. 人工防治。6～12月林内浅翻松土，杀死土中越冬茧，以减少虫口基数。

3. 生物防治。5月中、下旬用球孢白僵菌三级菌粉75kg/hm²或高孢粉375～600g/hm²，兑水稀释或拌细土，喷或撒于根际和树冠投影下，结茧幼虫感病率可达80%以上。

4. 药剂防治。5月中旬幼虫处于3龄期左右，可用10%吡虫啉可湿性粉剂800倍液，杀虫效果可达95%以上。

参考文献

萧刚柔，黄孝运，周淑芷等，1991；杨春材，李敏，1996；杨春材，汪文革，尹湘豫等，1996；武星煜，高嵩，陈端生等，2001；李孟楼，武星煜，2003.

（杨春材，刘建中，唐燕平）

榆少锤角叶蜂成虫（魏美才　提供）

515 杨锤角叶蜂

分类地位 膜翅目 Hymenoptera 锤角叶蜂科 Cimbicidae

拉丁学名 *Cimbex connatus taukushi* Marlatt

杨锤角叶蜂是杨树重要的食叶害虫，常见于杨树人工林内，大发生时可将杨树叶片全部吃光，造成树木生长受阻，连年危害可将树木致死。

分布 北京，内蒙古（牙克石），辽宁，吉林，黑龙江（哈尔滨），陕西等地。俄罗斯，日本，朝鲜。

寄主 欧美杨、小叶杨、中东杨、旱柳、黄柳、爆竹柳。

危害 幼虫自叶缘一端向内咬成半月形缺刻，逐渐深入内部；大发生时可将杨树叶片全部吃光，仅留叶脉及叶柄。

形态特征 成虫：雌虫体长14～26mm，身体黄褐色或红褐色。雄虫体长22～30mm，身体红褐色。

幼虫：老熟幼虫体长38mm，淡黄绿色，胸、腹部背面有1条粗背线蓝黑色，体多横皱。

生物学特性 黑龙江哈尔滨地区1年1代。以5龄老熟幼虫作茧在枯枝落叶层下或土壤表层中以预蛹越冬。翌年5月中旬开始化蛹，蛹期11～14天，5月下旬至7月上旬成虫羽化、交尾和产卵，卵于6月中孵化，8月中幼虫老熟开始下树。

成虫大多在白天羽化，羽化当天或1～3天后即交尾、产卵，有孤雌生殖习性。雌虫平均寿命6.9天，雄虫平均寿命4.2天。卵产在叶肉内，散产或在主脉两侧各产1排，每叶产卵5～6粒。幼虫下午取食，静止时卷曲在叶表或叶背，取食时身体沿叶缘伸长，幼龄幼虫常群集在1张叶片上，4龄以后幼虫食量大增，每日食叶量约为40mm^2。幼虫受惊后常由肛门喷出一种液体。老熟幼虫在6cm深的土内吐丝作茧，茧表面黏结有枯枝落叶和土。越冬幼虫常有滞育现象，时间长达3年之久。

防治方法

1. 人工防治。在幼林内可震落捕杀幼虫；人工挖茧或摘除有卵叶片。

2. 生物防治。据报道幼虫期有一种拟瘦姬蜂具

杨锤角叶蜂雄成虫（张培毅 绘）

杨锤角叶蜂雄成虫（李成德　提供）

杨锤角叶蜂雌成虫（李成德　提供）

杨锤角叶蜂成虫（李镇宇　提供）

有较高的寄生率，应注意保护和利用。

　　3．化学防治。用45%丙溴·辛硫磷或高效氯氟氰菊酯乳油1000倍液，或20%氰戊菊酯乳油，或2.5%溴氰菊酯乳油3000～5000倍液喷杀幼龄幼虫。

参考文献

萧刚柔, 黄孝运, 周淑芷等, 1991; 萧刚柔, 1992; 张军生, 白忠文, 2000; 关玲, 陶万强, 2010.

（李成德，戚慕杰，胡隐月）

516 | 柏木丽松叶蜂

分类地位 膜翅目 Hymenoptera 松叶蜂科 Diprionidae

拉丁学名 *Augomonoctenus smithi* Xiao et Wu

柏木丽松叶蜂危害柏木的1年生幼嫩球果，使被害果种子颗粒无收，导致柏木种子大量减产。

分布 重庆，四川等地。

寄主 柏木。

危害 危害后球果仅剩果皮而干枯脱落。

形态特征 **成虫：** 雌虫体长6～7.5mm，雄虫体长5～7mm。体色蓝黑，具强金属光泽（萧刚柔，吴坚，1983）。**卵：** 紫红色，长9～11.7mm，宽3.3～5.1mm。**幼虫：** 老熟幼虫头宽1.41mm。**蛹：** 初期淡黄色，以后逐渐变成蓝黑色。

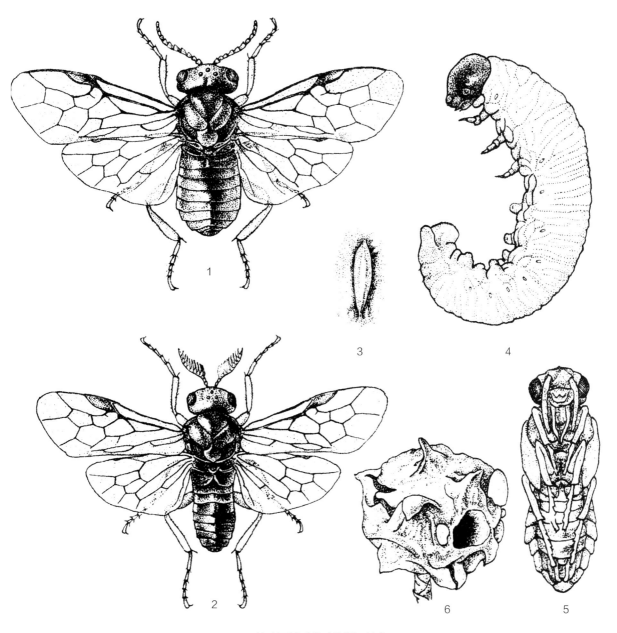

柏木丽松叶蜂（张翔 绘）

1. 雌成虫；2. 雄成虫；3. 卵；4. 幼虫；5. 蛹；6. 柏木果实被害状

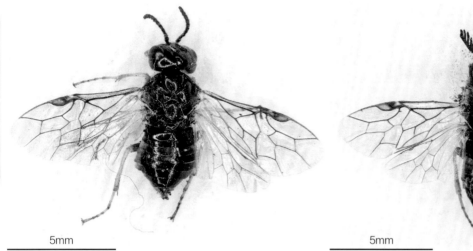

5mm

柏木丽松叶蜂雌成虫（李镇宇　提供）

5mm

柏木丽松叶蜂雄成虫（李镇宇　提供）

生物学特性　1～2年1代。以7龄幼虫于6月中、下旬在地表松土、苔藓、落叶中结茧，进入预蛹态越夏、越冬。3月下旬至4月下旬是蛹发生期，4月上旬至5月上旬是成虫发生期。4月中旬至6月中、下旬是幼虫发生期。1年1代和2年1代的预蛹化蛹率各为50%。2年1代的以预蛹滞育第三年3月开始化蛹，4月成虫出现。成虫多于11:00～16:00羽化，雄虫飞翔能力比雌虫强。交尾时间多在15:00～19:00。雌、雄可交尾2～3次。雌虫产卵前期1～8天，平均3天。雌虫怀卵量6～117粒，平均66.3粒。卵散产于球果上，多为1果1粒。幼虫全天可孵化，10:00前孵化较多。林内孵化率90%左右。幼虫孵出后立即取食并钻果，约10～12小时后虫体全部钻入果内。将果蛀空后转蛀它果，1头幼虫一生危害5～12个球果，平均8个。幼虫老熟后出果下地，迅速爬行，寻找适合的结茧场所。该虫垂直分布在海拔350～1200m之间，尤以600～900m较为普遍和严重（曾垂惠，1992）。

防治方法

1. 营林措施。实施封山育林，严禁放牧和乱砍滥伐，营造混交林，加强林地管理，及时抚育，促进林分提早郁闭，搞好林地卫生，逐渐改善森林生态环境，增强树木抗性和森林的自控能力。

2. 人工防治。采用人工剪除被害球果或人工采茧，将采回的茧置于铁纱笼内，使羽化出来的叶蜂困死于纱笼内，而寄生性的昆虫可钻出纱笼飞回林地发挥作用。

3. 化学防治。可采用灭幼脲类、菊酯类农药进行飞机或人工低量喷雾，还可使用苦参烟碱等杀虫烟剂进行喷雾防治。

参考文献

萧刚柔, 吴坚, 1983; 萧刚柔, 1992.

（张真，王鸿斌，曾垂惠）

517 靖远松叶蜂

分类地位 膜翅目 Hymenoptera 松叶蜂科 Diprionidae

拉丁学名 *Diprion jingyuanensis* Xiao et Zhang

靖远松叶蜂于1989年在甘肃省靖远县哈思山林场首次被发现成灾，之后于1990年又在山西省沁源县暴发成灾，是危害油松的一种新叶蜂。

分布 山西，甘肃等地。

寄主 油松。

危害 幼虫取食针叶，危害严重时，整株针叶几乎被吃光，状似火烧，严重影响树木生长和发育，亦可导致部分植株枯死。该虫在靖远县与油松吉松叶蜂（*Gilpinia tabulaeformis*）混同发生，危害较为严重。

形态特征 成虫：雌虫体长12mm，翅展25mm。头黑色。触角21～23节，柄节、梗节黄褐色，鞭节黑色。胸部黑色，前胸背板黄色（萧刚柔，张友，1994）。**幼虫：**1龄幼虫浅灰黑色或灰绿色，头淡黄白色，具光泽，眼区与上颚黑色；2龄后体浅黄色，黄色逐渐加深；4龄后背线明显，逐渐变深变粗；7龄幼虫体长平均27.92mm，最长30mm，黑色背线纵贯体背、侧，黑色短刺粗壮明显；8龄幼虫体长明显缩短，体色鲜黄，体光滑无短刺，背线及侧线断开，形成若干黑斑。各龄幼虫的头和足为黑色（李凤耀等，1995）。

生物学特性 太原西山地区一般1年1代。以预蛹在茧里越冬。5月上旬开始化蛹，5月下旬为化蛹盛期，成虫5月下旬至6月中旬开始羽化，卵与成虫相伴出现，每头雌虫产卵120～229粒，卵主要产在2年生枝梢上部的针叶内，6月中旬卵开始孵化，6月下旬至7月初为盛期，1～7龄幼虫均有群集取食的习性，幼虫有群聚抱团和受到惊扰时头尾翘起吐黄色混浊液体的习性，对保护自身安全、减少天敌伤害有利。8月下旬至10月中旬，老熟幼虫相继坠地爬行寻觅适宜场所结茧，以茧内预蛹在落叶层下越冬。茧为圆筒形，两端钝圆，初结茧为白色，渐变为黄褐色至栗褐色。少数有滞育现象，2年完成1代。有孤雌生殖现象。纯林、疏林、阴坡虫口密度大（李凤耀等，2000）。10月较高的气温与较高的湿度有利于该虫大量结茧，7月较高的温度与较低的湿度有利于该虫的暴发，8月过多或过少的降水可能会妨碍该虫病毒的流行，从而有利于该虫大规模暴发（张云等，2006）。

防治方法

1. 营林措施。实施封山育林，严禁放牧和乱砍滥伐，营造混交林，加强林地管理，及时抚育，促

靖远松叶蜂雄成虫（张培毅 提供）

靖远松叶蜂雌成虫（张培毅 提供）

靖远松叶蜂雌成虫（上）和雄成虫（下）（张培毅　提供）

进林分提早郁闭，搞好林地卫生，逐渐改善森林生态环境，增强树木抗性和森林的自控能力（李凤耀等，1995；霍履远等，2001；仝英，2003）。

2. 人工防治。采用人工剪枝、竹竿击落幼虫和人工采茧的方式，将采回的茧置于铁纱笼内，使羽化出来的叶蜂困死于纱笼内，而寄生性的昆虫可钻出纱笼飞回林地发挥作用（李凤耀等，2000；霍履远等，2001；仝英，2003）。远松叶蜂性信息素可用于该种的监测和防治（陈国发等，2003；Zhen Zhang et al.，2005）。

3. 生物防治。用含孢量100亿孢子/mL的白僵菌粉剂（用量22.5kg/hm^2）或用苏云金杆菌乳剂原液（用量2.5kg/hm^2）防治靖远松叶蜂幼虫，防治效果分别可达80%和90%以上（范丽华等，2005）。该叶蜂的病毒防治具有发展前途。

4. 化学防治。可采用灭幼脲类、菊酯类农药进行飞机或人工低量喷雾，还可使用苦参烟碱杀虫热雾剂、吡虫啉·杀虫单800倍液进行喷雾防治（马日千等，1998；霍履远等，2001；仝英，2003；薛宛绳，2005）。

参考文献

萧刚柔等, 1994; 李凤耀等, 1995; 马日千等, 1998; 李凤耀等, 2000; 霍履远等, 2001; 陈国发等, 2003; 仝英, 2003; 范丽华等, 2005; 薛宛绳, 2005; 张云, 张真等, 2006; Zhen Zhang et al., 2005.

（张真，王鸿斌）

靖远松叶蜂茧（《林业有害生物防治历》）

靖远松叶蜂幼虫危害状（《林业有害生物防治历》）

靖远松叶蜂危害状（《林业有害生物防治历》）

518 六万松叶蜂

分类地位 膜翅目 Hymenoptera 松叶蜂科 Diprionidae

拉丁学名 *Diprion liuwanensis* Huang et Xiao

六万松叶蜂是马尾松林的重要食叶性害虫。危害严重时林木针叶被全部食光，影响林木生长。

分布 安徽，江西，广东，广西等地。

寄主 马尾松、黄山松。

危害 幼虫聚集取食，常将整束针叶食光，仅留叶鞘。

形态特征 **成虫：** 雌虫体长9～11mm。触角黑色，但第一、二节黄褐色。头部黑色，须黄褐色，唇基、单眼后头部后缘带红褐色。胸部黑色，前胸背板黄褐色。翅透明；前翅翅痣以前部分烟褐色，翅脉黑褐色，翅痣基部黑色，端部烟褐色；后翅尖端稍带烟褐色。足黑色，前足胫节、跗节腹面色稍淡。腹部背板第一、二、三节前缘黄色；第四至第七节前缘中央及两侧、第八节两侧黄白色；腹板第二至第六节黄色。雄虫体长7～9.5mm。触角第一和第二节、须、上唇、腿节尖端、胫节、跗节红褐至暗红褐色。翅脉淡黄色；翅痣黑褐色，先端黄褐色。腹部腹板刻点较密。触角23节，几乎与头宽等长，除基部2节、端部3节为单栉齿外，其余均为长双栉齿状。其余色泽和构造同雌虫（萧刚柔等，1991）。**卵：** 舟形，长1～1.2mm，直径0.4～0.5mm。初产时淡黄色，近孵化时淡绿色，有1个黑色小点（孙永林，梁新强，1992）。**幼虫：** 老熟幼虫26～28mm。头部深褐色有光泽。胸部淡褐色，背面有暗色纵纹数条，每一褶皱上有一横条刚毛黑点带，首尾两节黑点多；胸足黑色，腹足淡黄色（萧刚柔等，1991）。**蛹：** 体长7～10mm，纺锤形淡黄色，有光泽亚背线明显。**茧：** 圆筒形，初结茧为白

六万松叶蜂雄成虫（张培毅　提供）

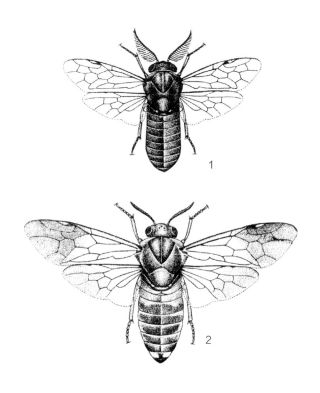

六万松叶蜂成虫（张培毅　绘）
1. 雄成虫；2. 雌成虫

六万松叶蜂雌成虫（张培毅　提供）

色，后呈深褐色。茧长8～10mm，宽4～6mm（孙永林、梁新强，1992）。

生物学特性　江西1年2代。以预蛹在枯枝落叶及杂草丛中越冬。翌年6月上旬成虫开始羽化，6月下旬孵化为幼虫，8月上旬结茧。8月下旬成虫羽化产卵，第二代卵于9月中旬孵化为幼虫，10月下旬结茧。成虫白天夜间均有羽化，以12:00～13:00最盛。刚羽化成虫不活动，2～3分钟后翅慢慢展开，逐渐活跃，10分钟左右排出青色粪便后，开始做短暂飞行和爬行，每次飞行1分钟左右，半小时即可寻找配偶交尾。交尾大多在松枝上，持续15～20分钟，第三天开始产卵。卵产于嫩梢下50～200mm的针叶内。每一针叶产卵10～14粒，第一代每雌产卵60～80粒，第二代80～120粒。卵孵出以5:00～8:00最盛。1～4龄幼虫有群集性，昼夜取食。松针吃尽后，有成群迁移习性。

防治方法　剪除幼虫群集枝条。药效试验结果表明：喷施20%呋虫胺1∶800倍液、50%啶虫脒2000倍液或50%吡虫啉·杀虫单800倍液可取得较理想的防治效果。

参考文献

萧刚柔等, 1991; 萧刚柔, 1992.

（张真，张培毅，孙永林，梁新强）

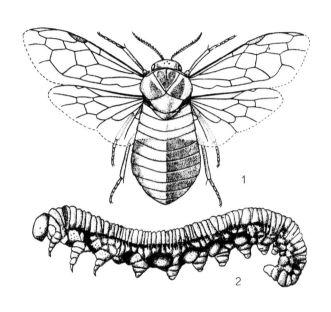

519	南华松叶蜂	分类地位　膜翅目 Hymenoptera　松叶蜂科 Diprionidae
		拉丁学名　*Diprion nanhuaensis* Xiao

南华松叶蜂是松林的重要食叶性害虫。危害严重时林木针叶被全部食光，影响林木生长。

分布　河南，贵州，云南等地。

寄主　云南松、华山松、马尾松。

危害　幼虫聚集取食，常将整束针叶食光，仅留叶鞘。

形态特征　**成虫：**雌虫体长9～11mm，体黑色。前胸背板、中胸前侧片上端、前盾片侧缘前部、盾片前部边缘、小盾片后缘、后胸背板除小盾片外，均为黄色。前足、中足基节腹面、转节、腿节尖端、前胫节及跗节、中足胫节均黄色或浅黄色，爪红褐色。雄虫体长7～9mm，黑色。触角22节，第一、二节微带红褐色。足基节尖端、转节带黄褐色，腿节尖端、胫节、跗节、爪均为黄褐色。翅透明，翅脉暗褐色，翅痣基半部黑褐色，端半部黄褐色。腹部第二背板中央黄褐色（萧刚柔等，1991）。**卵：**长约1.5mm，宽约0.5mm，略似

南华松叶蜂（张培毅　绘）
1. 成虫；2. 幼虫

肾形，微扁。卵壳柔软且薄，初产时灰白色，中期乳黄色，卵化前灰黑色。**幼虫：**老龄幼虫体长22～36mm，宽3.6～4.0mm，头黑色、有光泽，胸部黄绿色（浅绿色），背线、气门上线黑色，各体节有1条黑色宽横带，3～5条细黑横带。**蛹：**体长8～12mm。体黄绿色（较浅）（方文成，1992；陈海硕等，2009）。

生物学特性　云南南华1年2代。结茧于枯枝落叶层中，以预蛹在茧内越冬。翌年3月下旬至4月上旬越冬代成虫羽化，第一代卵期为4月上旬至中旬，幼虫期4月中旬至7月中旬。7月上旬至中旬结茧。第一代成虫7月中旬至下旬羽化，第二代卵期7月下旬至8月上旬，幼虫期8月上旬至11月上旬。11月上旬至翌年3月下旬老熟幼虫结茧。在云南江川地区发生期较南华晚，而在玉溪1年1代，老熟幼虫在茧中越冬，翌年8月中、下旬为成虫产卵盛期，8月下旬开始孵化，9月中旬幼虫开始取食危害，9月下旬至10月下旬为危害盛期，10月下旬至11月上旬老熟幼虫

5mm

南华松叶蜂成虫（李镇宇　提供）

南华松叶蜂幼虫
（杨再华 拍摄）

南华松叶蜂幼虫
（杨再华 拍摄）

开始越冬。成虫一般在12:00～13:00从茧中爬出，数分钟后可飞翔、寻偶交尾。成虫产卵于叶肉内呈"一"字形排列。每一针叶有20～30粒卵，一雌一生能产卵70～150粒，卵孵化率65%～85%。幼虫聚集危害（刘光耀，1986；方文成，1988；陈海硕等，2009）。

防治方法

1. 人工防治。幼虫群集性强，结茧时茧蛹也集中，可选择剪除幼虫或结茧盛期进行人工捡茧，可起到降低虫口密度、促进林木生长的作用。

2. 营林措施。南华松叶蜂在郁闭度0.5以下的疏林中危害较重，对已郁闭的天然或人工幼林应避免抚育时过度修枝或间伐，使林分保持0.7以上的郁闭度，可对其成虫的繁殖起到一定的抑制作用（方文成，1988）。

3. 生物防治。可用南华松叶蜂病毒和白僵菌防治（方文成，1988；杨苗苗等，2007）。

4. 化学防治。喷施20%呋虫胺1∶800倍液、50%啶虫脒2000倍液或50%吡虫啉·杀虫单800倍液可取得较理想的防治效果（方文成，1988；陈海硕等，2009）。

参考文献

刘光耀，1986；方文成，1988；萧刚柔，黄孝运，周淑芷等，1991；萧刚柔，1992；杨苗苗，李孟楼，曲良建等，2007；陈海硕，马小琦，聂宏善等，2009.

（张真，王鸿斌，方文成）

520 马尾松吉松叶蜂

分类地位 膜翅目 Hymenoptera 松叶蜂科 Diprionidae

拉丁学名 *Gilpinia massoniana* Xiao

马尾松吉松叶蜂，是20世纪80年代新发现危害马尾松的重要成灾性食叶害虫，大发生时平均虫口密度达1000头/株，最高可达3000头/株，轻灾区针叶发黄，重灾区林分针叶被食达90%以上。

分布 安徽（滁州、明光、全椒、宁国、潜山、东至）。

寄主 马尾松、黑松、火炬松、湿地松等。

危害 马尾松吉松叶蜂1～2龄幼虫从针叶边缘取食呈缺刻，造成针叶下垂发黄，3龄后取食全叶或从中部取食，前端落地，仅残留近叶鞘1～2cm针叶，严重时林区针叶被害率可达90%以上，其严重影响松树生长。

形态特征 **成虫：**雌虫体长9.0～12.5mm，翅展18.0～22.6mm；触角单锯齿状，共25节，基部暗黄色，端部黑色。雄虫体长8.0～12.2mm，翅展16.2～20.5mm；触角双锯齿状，共30节（萧刚柔，1992）。**幼虫：**老熟幼虫体长16～35mm，头宽2.2～2.3mm，头黑褐色，胸足外侧黑色，内侧淡黄，体淡绿色，有黑色亚背线，气门上线和亚腹线，气门上线较宽。**茧：**椭圆形，丝质，有光泽，黄褐色，长8.8～13.9mm，宽4.2～4.6mm（刘平等，1992）。

生物学特性 安徽1年2代。茧内的预蛹在枯枝落叶下、草层根际、土壤表层等地越冬。翌年4月上旬化蛹，4月中旬羽化，第一代成虫9月上旬羽化，11月越冬代幼虫老熟相继结茧越冬。

各代成虫羽化后仍有10%左右茧滞育，成虫卵散于针叶中下的腹面凹槽的表皮下，幼虫昼夜均可取食，1～2龄幼虫取食叶缘呈缺刻，3龄后取食全叶，一生取食600cm²松叶，折合20束针叶。第一代幼虫只取食老针叶，不食当年生针叶；第二代幼虫将老针叶吃完后，再取食当年生新针叶（刘平等，1992）。

防治方法

1. 营林措施。营造针阔混交林，促进提前郁闭。

2. 生物防治。于春季4月以前、9月以后，林分施用球孢白僵菌三级菌粉7.5kg/hm²或高孢粉375～600g/hm²喷洒，使下树结茧幼虫感病。

3. 药剂防治。大面积虫害发生期采用10%杀灭菊酯：柴油（10：200）喷烟效果均可达95%以上（吴侠中等，1994）。

参考文献

刘平，石进，朱光宇，1992；萧刚柔，1992b；吴侠中，宋民昊，郑大虎，1994.

（唐燕平，杨春材）

马尾松吉松叶蜂雄成虫（张培毅　提供）

马尾松吉松叶蜂雌成虫（张培毅　提供）

521 带岭新松叶蜂

分类地位 膜翅目 Hymenoptera 松叶蜂科 Diprionidae

拉丁学名 *Neodiprion dailingensis* Xiao et Zhou

带岭新松叶蜂是危害松树和云杉的重要食叶害虫，常造成大面积危害。

分布 辽宁，黑龙江等地。

寄主 红松、油松、赤松、云杉。

危害 幼虫取食红松幼树下部针叶，幼龄幼虫啃食叶肉，残存的叶脉逐渐呈干枯卷曲状。3龄以后取食整个针叶。

形态特征 **成虫**：雌虫体长6.5～9.0mm。触角基部2节红褐色，其余各节黑褐色；头、胸部红褐色；腹部黄褐色。雄虫体长6.0～6.5mm；头部黑褐色，胸部黑色；腹部背板黑褐色，腹板褐色（萧刚柔等，1991；张时敏，1992）。**卵**：枣核形，灰黄色。**幼虫**：老熟幼虫20～28mm。头黑色。胸腹部灰绿色，背面有2条灰色线。**茧**：金黄色，长卵圆形。

生物学特性 1年1代，少数2年1代。以卵越冬。5月中旬越冬卵开始孵化，6月幼虫聚集危害，每一侧枝上常有30～50头幼虫，1枚针叶上可有幼虫2～4条。幼虫有转移危害习性。受到惊扰时头胸上翘，6月底至7月上旬老熟幼虫结茧，大部分在落叶层与土壤之间结茧化蛹，少部分在枝条上结茧。8月下旬至9月中旬成虫羽化并产卵越冬。在茧内越夏后，当年继续滞育，以老熟幼虫在茧内越冬，至翌年10月上旬羽化为成虫，为2年1代。成虫羽化多集中在13:00～15:00，羽化第二天下午开始交尾产卵。雄虫能多次交尾，交尾时间40～60分钟。成虫飞翔能力强。多在向阳的侧枝针叶棱上产卵，每针叶产2～8粒。雌虫产卵量40～87粒，平均59粒。雌

带岭新松叶蜂雄成虫（张培毅 提供）

带岭新松叶蜂雌成虫（张培毅　提供）

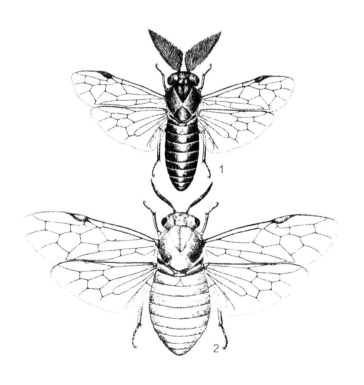

带岭新松叶蜂（张培毅　绘）

1. 雄成虫；2. 雌成虫

虫寿命8～12天，雄虫6～8天（张时敏，1992；王永哲等，1992）。

防治方法

1. 营林措施。实施封山育林，严禁放牧和乱砍滥伐，营造混交林，加强林地管理，及时抚育，促进林分提早郁闭，搞好林地卫生，逐渐改善森林生态环境，增强树木抗性和森林的自控能力。

2. 人工剪枝防治。采用人工剪枝和竹竿击落幼虫和人工采茧，将采回的茧置于铁纱笼内，使羽化出来的叶蜂困死于纱笼内，而寄生性的昆虫如一种姬蜂可钻出纱笼飞回林地发挥作用。

3. 生物防治。可采用叶蜂病毒防治。

4. 化学防治。可采用灭幼脲类、菊酯类农药进行飞机或人工低量喷雾，还可使用苦参烟碱杀虫热雾剂或45%丙溴·辛硫磷1000倍液进行喷雾防治。

参考文献

萧刚柔等，1991；王永哲等，1992；萧刚柔，1992；王永哲等，1995；王英敏等，1999.

（张真，张培毅，张时敏）

522 | 会泽新松叶蜂

分类地位 膜翅目 Hymenoptera 松叶蜂科 Diprionidae

拉丁学名 *Neodiprion huizeensis* Xiao et Zhou

会泽新松叶蜂是华山松林的重要食叶性害虫。该虫在云南省会泽县者海林场的华山松林分内大量发生，危害严重时林木针叶被全部食光，影响林木生长。

分布 云南。

寄主 华山松。

危害 初孵幼虫将针叶咬成缺刻，3龄后群集性增强，常将整束针叶食光，仅留叶鞘。

形态特征 成虫： 雌虫体长7.9～8.2mm。身体红褐色。上颚黑红色。触角除1、2节及3节基端外，单眼周围或单眼间，单眼后区两侧缝后端，中胸盾片前缘及内缘，腹部背板前缘侧角斑点均黑色。翅透明。雄虫体长6.5～6.6mm。体色黑，具光泽，上颚前端黑红色须，腿节、胫节、跗节、腹部腹板均红褐色，翅脉颜色较雌虫深，翅痣中央半透明。头部及胸部刻点粗密，腹部背板刻点及细皱纹同雌虫。触角22节，中窝不明显。头、胸部柔毛如雌虫。**卵：** 1.6～2.4mm，香蕉形，淡黄色。**幼虫：** 初产时为淡黄色，孵化时为暗褐色。**蛹：** 淡黄色，复眼黑色，触角和足黄白色。**茧：** 长椭圆形，淡黄色（徐正会等，1990）。

生物学特性 1年2代。以第二代预蛹在茧内越冬。翌年3月下旬成虫开始羽化，4月上旬出现第一代卵，4月中、下旬为产卵盛期，同时幼虫孵化。幼虫6龄。6月中、下旬第一代幼虫开始下树结茧，7月下旬成虫开始羽化，8月下旬为卵孵化盛期。第二代幼虫11月中旬陆续下树，在树冠垂直投影范围内及附近的表土和地被物中越冬（徐正会等，1990）。成虫羽化时在茧长的1/6～1/5处用上颚环茧壁咬切一周，使之呈盖状揭开，成虫破茧而出。刚羽化的

会泽新松叶蜂幼虫（杨再华 拍摄）

会泽新松叶蜂幼虫（杨再华　拍摄）

会泽新松叶蜂幼虫（杨再华　拍摄）

成虫不太活泼，静伏数小时后开始飞翔求偶。雌成虫寿命2～4天，雄成虫3～5天。1头雌虫可诱来数头雄虫，但仅与其中1头交尾，交尾后即产卵。雌虫产卵多选择向阳面枝梢，多在上年生针叶距鳞叶痕5mm处产卵，1枚针叶产1粒，偶见2粒，常将一束5枚针叶都产上卵，卵产出后雌虫分泌胶质覆盖其上。初孵幼虫爬至针叶端部取食，将针叶咬成缺刻，刚取食量甚微，幼虫也能在株间转移危害。5龄后幼虫转移至树冠垂直投影范围内或周围的枯枝落叶层中，蜕去最后一次皮后，一日内吐丝结茧，在茧内化蛹。

防治方法

1. 人工防治。幼虫3龄后群集性强，结茧时茧蛹也集中，可选择7月结茧盛期进行人工捡茧，可起到降低虫口密度、促进林木生长的作用。

2. 营林措施。会泽新松叶蜂喜在郁闭度较低的林分中产卵，对已郁闭的天然或人工幼林应避免抚育时过度修枝或间伐，使林分保持0.7以上的郁闭度，可对其成虫的繁殖起到一定的抑制作用。

3. 化学防治。药效试验结果表明：喷施20%呋虫胺1：800倍液、50%吡虫啉·杀虫单600倍液或50%啶虫脒2000～3000倍液可取得较理想的防治效果（应红涛，罗正方，2002）。

参考文献

徐正会等, 1990; 萧刚柔等, 1991; 应红涛等, 2002.

（张真，张培毅）

祥云新松叶蜂

分类地位 膜翅目 Hymenoptera 松叶蜂科 Diprionidae

拉丁学名 *Neodiprion xiangyunicus* Xiao et Zhou

分布 四川（西昌、雅安、凉山、渡口），贵州，云南（祥云）等地。

寄主 云南松、华山松。

危害 祥云新松叶蜂是云南松的主要食叶害虫。严重危害时林木针叶被吃光，林分呈火烧状，严重影响林木生长。

形态特征 **成虫**：体型中等大小，体长9～10mm。雌虫体黄褐色；翅透明，翅膜具不均匀的暗黄色，翅脉和翅痣暗黄色；触角27节；头部及胸部密具中等长黄色柔毛。雄虫翅脉、翅痣黑褐色，发亮；触角32节；腹部第一至第八背板均具有刻点。

幼虫：初龄幼虫头为黑色和褐色。老熟幼虫头为深色或褐色。气门上线特别明显。从中胸到腹部各节，每节分3个小环节，每小环上生有成列的刺毛。

生物学特性 四川西昌地区1年1代。幼虫聚集性强，受惊时，头部翘起释放白色黏液。以老熟幼虫在树冠投影处土壤中结茧化蛹越冬。5月下旬越冬蛹开始羽化，7月上旬为产卵高峰，8月中、下旬为孵化高峰。幼虫有8龄，幼虫期约160天。成虫多在

稀疏林分、孤立木和郁闭度大林分边缘以及林间树冠上层产卵。

海拔1700m以上的林分常受害成灾，1700m以下林分有虫不成灾；林分组成复杂、林地植被丰富的林分不易成灾；孤立木、林缘、山顶、山脊和个别高大植株常易被害成灾（萧刚柔，1992）。

祥云新松叶蜂雌成虫（张培毅　绘）

祥云新松叶蜂中龄幼虫（侧面观）（徐正会　拍摄）

祥云新松叶蜂老熟幼虫（背面观）（徐正会　拍摄）

祥云新松叶蜂老熟幼虫（侧面观）（徐正会　拍摄）

祥云新松叶蜂中龄幼虫（背面观）（徐正会　拍摄）

防治方法

1. 营林措施。封山育林、保护林下植被和森林生态环境、营造混交林等。

2. 化学防治。在幼龄幼虫期（10月中、下旬）采用2.5%高效氯氟氰菊酯1000倍液进行喷雾防治。

对幼虫密度特大的、郁闭度0.6以上林分可以使用热雾剂进行防治。

3. 人工防治。人工剪除有虫枝或挖茧。

参考文献

萧刚柔, 1992; 苏志远, 2004.

（郭亨孝）

524	黄龙山黑松叶蜂	分类地位	膜翅目 Hymenoptera　松叶蜂科 Diprionidae
		拉丁学名	*Nesodiprion huanglongshanicus* Xiao et Huang
		中文别名	黑松叶蜂

黄龙山黑松叶蜂是危害油松、华山松的食叶害虫，特别对幼林危害严重，可暴发成灾，常给造林造成巨大损失。

分布　陕西（黄龙）。

寄主　油松、华山松。

危害　幼虫取食针叶，初孵幼虫将针叶边沿咬成缺刻，2龄后可食完整针叶，仅留叶鞘。

形态特征　成虫：雌虫体长8～9mm，翅展14～16mm；体黑色，微具蓝色光泽；触角黑色；下颚、下唇须暗黄色；前胸背板后角、足基节尖端、转节、腹部第七和第八背板侧缘斑点均淡黄白色；翅透明，翅脉、翅痣黑褐色，前缘脉黄色；头、前胸背板、中胸小盾片刻点粗稀，中胸前盾片、盾片刻点细匀，腹部第一背板中部有极稀少刻点；触角22节，从第三节开始为双栉齿状，端部2节为单栉齿，第一节为第二节长的2倍，第三节很短，差不多短于其以下各节；锯腹片较长，腹缘平直，11环。雄虫体长6.0～7.5mm，翅展10～12mm；体色除腹部第七、八背板两侧无淡黄白色斑点外，其余与雌虫同；刻点同雌虫；阳茎瓣头顶端近平截，其腹面突出部分较小，尖端圆形，其上有刺12个。**卵**：长约1.5mm。初产时为浅黄色，近孵化时一端变为紫红色，另一端乳白色。**幼虫**：老熟幼虫体长18～23mm。头金黄色，有光泽，单眼区黑色。胸、腹部黄绿色，其背面有黑色纵线2条，两侧各有1条较粗的黑纵线。胸足外侧漆黑、基节及转节前端一部分黄绿色。**蛹**：雌蛹体长7.5～9.5mm；初化蛹时复眼灰黑色，全身黄绿色，触角及足为淡黄白色；近羽化时，头、触角、胸部变成黑色，有光泽；腹部灰黑色，节间黄绿色，第七、八腹节两侧有淡黄白色斑；腹面褐黄色。雄蛹体长6.5～8mm，颜色与雌蛹同；第七、八腹节两侧无淡黄白色斑。**茧**：圆筒形，褐黄色，稍具光泽，表面光滑或黏结草皮和土粒。茧平均长约7mm，宽约2.5mm；最大为11mm×5mm，最小为5.5mm×1.5mm（朱健，1966；萧刚柔等，1981）。

生物学特性　陕西黄龙山林区1年1～2代，以2代者为多。以预蛹在茧中越冬，越冬预蛹翌年5月上旬开始化蛹，5月下旬为化蛹盛期。成虫于6月上旬开始羽化，6月中旬进入盛期，7月下旬为末期。6月上旬开始出现第一代卵，6月中、下旬为产卵盛期。6月中旬卵开始孵化。7月上旬为幼虫危害盛期。8月上旬始见第二代卵，8月中旬卵孵化，9月底10月初老熟幼虫开始结茧。

一般来说，第二代历期（除卵期外）较第一代长。幼虫越冬前由树上坠落地面于树干基部土壤裂缝中、枯枝落叶层中或石块下，吐丝结茧越冬，亦有在树冠下裸露的地面上结茧的。通常树冠垂直投影以内的虫茧数比树冠垂直投影以外的多，并且以东向和南向最多。

预蛹近化蛹时，体渐伸长，且体表皱纹较前舒

黄龙山黑松叶蜂成虫（魏美才　提供）

黄龙山黑松叶蜂雌成虫（张培毅　绘）

展。化蛹时，头及前胸背面先裂开，此时，黑色的复眼、头、触角渐渐露出。最早化蛹的多为雄蛹。化蛹盛期，雌、雄数量几乎相等。自然情况下，化蛹率一般为82%。通常阳坡比阴坡化蛹早；同一坡面上，山上部比山下部化蛹早；地被物疏而薄的地方比密而厚的地方化蛹早。

成虫羽化时，先从蛹头裂开处外露，然后用强有力的上颚，沿茧的一端横切一周，茧呈盖状揭开，此时成虫破茧而出。羽化孔呈椭圆形。羽化盛期为10:00～17:00，夜间及清晨很少或几乎不羽化。羽化率平均为84.4%。雄虫比雌虫一般早羽化2～3天；阳坡比阴坡的早1～2天；林地比室内的早4～5天。刚羽化的成虫，只能在树冠针叶间做短距离的飞翔或在枝叶间爬行，数小时后即可远飞。雄虫比雌虫善飞，并多在树冠顶部飞舞。近黄昏时即停止飞翔，一般多栖息于叶面或小枝上不动，至日落时，便渐渐沿树干下爬，次日清晨，又从树下开始往树上爬。在细雨的昏暗天气里，成虫依然在树冠间飞行，大雨时则停止。成虫羽化后，即行交尾产卵。每次产卵1粒，一生可产卵10次至数十次。卵产于当年生针叶组织内，以针叶基部靠近叶鞘处居多。每枚针叶上大多有1粒卵，少数有2～3粒。第一代雌虫一生能产0～31粒，平均13.6粒；第二代产0～45粒，平均18.1粒。刚产的卵在针叶上不易发现，过1～2天后，产卵处针叶组织变黄并膨大，清晰易见。有孤雌生殖现象。

雌、雄性比依松林被害程度而异。在受害轻、中、重的松林内，蛹的雌雄性比分别为1:1.1，1:1.7，1:2.3；成虫雌雄比分别为1:1.2，1:1.6，1:2.2。

卵近孵化时，色变深，体积增大，幼虫的黑色单眼清晰可见。孵化时沿卵壳上端裂开一纵缝，头先露出，随后身体慢慢由此裂缝钻出。林内第一代孵化率平均为93.1%，第二代平均为82.7%。

幼虫有群居性，一般以在树冠向阳面栖居为多。初孵幼虫在当年生针叶上取食，仅能将针叶边缘咬成缺刻。2龄后即爬向上年生的老叶上取食，并且食量逐渐增大，可食完整枚针叶，仅留叶鞘；待整株针叶食光后，再转移到另一株上继续取食。

幼虫食量随虫龄的增长而上升，随世代不同而有所差异。第一代幼虫一生可取食针叶949.9cm，第二代701cm。第一代幼虫在10:00～14:00食量最大，以后则逐渐减少，午夜后至6:00几乎停止取食；第二代幼虫取食规律与第一代相近似，但在0:00～6:00仍可继续取食。

幼虫一生蜕皮4～5次，以早晨和下午蜕皮最多。幼虫抗逆性很强，5龄幼虫禁食10天还能爬行15.6cm，6龄幼虫禁食9天还能爬行90.1cm。

幼虫对低温有很强的适应性。10月中、下旬，气温在−3～−2℃时，仍可继续取食。有时在霜降后，虫体上覆一层薄霜，似成冻冰，呈僵硬状态，但经阳光照晒之后，幼虫仍能继续活动取食。

据观察，凡树势健壮、密度大的块状幼林，受害轻微；而稀疏不成片的幼林，受害特别严重。在杂草丛生、植株矮小而未经抚育的林地，虫口密度大，受害严重。幼林一经抚育，虫口密度则显著下降，受害亦较轻。

立夏到小满，白菜、萝卜、野蔷薇开花，蛇出现，正值越冬代化蛹；大暑前后，玉米花期，第一代幼虫结茧化蛹。小暑和白露前后，马铃薯盛花，松籽成熟，分别为第一、二代幼虫危害盛期。寒露以后，幼虫开始结茧越冬。了解并掌握上述适期，则有利于及时开展防治工作。

防治方法

1. 加强营林措施。对新造幼林及时抚育，促进郁闭，增强林木抗性，抑制害虫发生。

2. 人工防治。幼虫大量出现后，可进行人工捕杀。在蛹期，组织人工于地面枯枝落叶层搜集茧蛹，集中烧毁。

3. 化学防治。1～3龄幼虫可喷洒90%敌百虫、25g/L高效氯氟氰菊酯乳油2000～2500倍液、50%吡虫啉·杀虫单600～800倍液或20%呋虫胺1000～1500倍液。在郁闭的幼林内，于幼虫3龄前施放杀虫热雾剂，可收到良好效果。

4. 生物防治。保护寄生天敌，人工招引益鸟（大山雀、北红尾鸲），控制害虫不成灾。幼虫的天敌有猎蝽、寄蝇、白僵菌、大黑蚂蚁、大山雀、杜鹃、北红尾鸲；蛹的天敌有姬蜂、寄蝇、霉菌、鼠类；成虫的天敌有蚂蚁、蜘蛛和蛞蝓。

参考文献

萧刚柔等，1981.

（朱健）

525 浙江黑松叶蜂

分类地位　膜翅目 Hymenoptera　松叶蜂科 Diprionidae

拉丁学名　*Nesodiprion zhejiangensis* Zhou et Xiao

　　浙江黑松叶蜂在我国广泛分布，危害普遍，主要危害幼树，具暴食危害特点，大发生时有虫株率可达100%。

　　分布　浙江，安徽，福建，江西，湖北，湖南，广东，广西，四川，贵州，云南等地。

　　寄主　马尾松、火炬松、湿地松、黑松。

　　危害　幼虫取食针叶，危害严重时，整株针叶几乎被吃光，状似火烧，严重影响树木生长和发育，亦可导致部分植株枯死。

　　形态特征　成虫：雌虫体长6.5～7.8mm，体黑色，触角第一、二节及下颚、下唇须暗黄色，腹部具光泽，微具蓝色光泽（萧刚柔等，1991）。卵：船底形，大小为（1.2～1.5）mm×0.3mm，初产时淡黄色。幼虫：老熟幼虫20～25mm，头黄色，触角黑色。胸部和腹部黄绿色，背线近白色，亚背线褐色，气门上线黑色。蛹：雌蛹长7mm，宽2.5mm，额区有3个近似三角形呈弯月形排列的深色突起。雄蛹长5～6mm。额区有三角形突起4个，呈上下、左右对称排列。雌、雄蛹黄白色。触角、足为白色。茧：丝质，圆筒形，初结时乳白色，后变为黄褐色，稍具光泽（吴友珍，1992）。

　　生物学特性　湖南长沙1年3～4代。在针叶上结茧，以预蛹在茧里越冬。翌年4月下旬至5月上旬出现第一代幼虫，7月出现第二代幼虫，8月出现第三代幼虫，9月出现第四代幼虫，10月中旬开始结茧越冬。幼虫一生蜕皮4～5次，历期24～40天，有世

浙江黑松叶蜂幼虫（《上海林业病虫》）

代重叠现象。幼虫危害2～3年生幼树。火炬松被害率高于湿地松。3龄开始取食全针叶。1、2、3代蛹期9～12天。成虫产卵针叶表皮内，每针叶产卵2～3粒，每一雌虫可产卵14～18粒。卵产下5～6天后针叶组织膨大，再过3～4天膨大处裂开，可见即将孵出的黑色幼虫。成虫寿命3～5天。有孤雌生殖现象。蛹期天敌寄生率高，1986年调查第二代林间寄生率27.8%～54.7%。一般第一、二代危害严重，第三、四代虫口显著下降（吴友珍，1992）。该虫在贵州1年2代（宋盛英等，2008），福建南平地区1年3代（余培旺，1998）。

防治方法

1. 营林措施。加强幼林抚育，提早郁闭，减轻虫害。

2. 人工防治。采用人工剪枝和竹竿击落幼虫和人工采茧，将采回的茧置于铁纱笼内，使羽化出来的叶蜂困死于纱笼内，而寄生性的昆虫可钻出纱笼飞回林地发挥作用。

3. 生物防治。用含孢量100亿孢子/mL的白僵菌粉剂（用量22.5kg/hm²）或者用苏云金杆菌乳剂原液（用量2.5kg/hm²）防治松叶蜂幼虫，防治效果分别可达80%和90%以上。该叶蜂的病毒防治具有发展前途。靖远松叶蜂性信息素可用于该种的监测和防治。

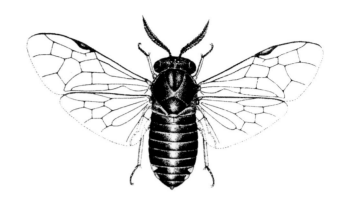

浙江黑松叶蜂雌成虫（张培毅　绘）

4. 化学防治。可采用灭幼脲类、拟除虫菊酯类农药进行飞机或人工低量喷雾，还可使用苦参烟碱杀虫热雾剂进行喷雾防治（余培旺，1998；宋盛英等，2008；李仕兰等，2009）。

参考文献

萧刚柔，黄孝运，周淑芷等，1991；萧刚柔，1992；余培旺，1998；宋盛英，王勇，欧政权等，2008；李仕兰，郑珊，王俊怀等，2009.

（张真，张培毅，吴友珍）

526 元宝槭潜叶叶蜂

分类地位	膜翅目 Hymenoptera 叶蜂科 Tenthredinidae
拉丁学名	*Anafenusa acericola* (Xiao)
异　　名	*Messa acericola* Xiao

元宝槭潜叶叶蜂于1988年首次发现于山东泰山，是一种危害很大的潜叶性食叶害虫。山东泰山中天门景区30年生的元宝槭林全部受潜叶叶蜂危害，平均虫叶率48.4%，严重的虫叶率达68%，致使整个叶片焦枯、变黑、卷曲，雨后腐烂脱落，直接影响了林木的正常生长和泰山的自然景观。

分布　山东（泰山）。

寄主　元宝槭。

危害　幼虫潜入元宝槭叶片取食叶肉，受害叶片呈现一个个半透明黄褐色潜斑，每个斑内1头幼虫，严重时数个潜斑连成一块大斑，致使整个叶片焦枯、变黑、卷曲，雨后腐烂脱落。

形态特征　**成虫**：雌虫体长3.7mm，翅展7.2mm。头部红黄色，具光泽；上颚前端黑色；须黄褐色；触角第一及第二节基端红黄色，其余黑色；复眼黑色。胸部黑色，具光泽；前胸背板后角、翅基片黄褐色；中胸前盾片和盾片相接处红黄色；翅半透明，翅脉黑色，翅痣灰黄色；足黄褐色。腹部黑色，具光泽；第一背板中央有一黄白色部分；锯鞘黑色，具光泽；中胸盾片后端及腹部背板具极稀而细的刻点。**卵**：0.4～0.7mm，卵圆形，乳白色。**幼虫**：老熟幼虫体长6.5mm，体淡黄绿色。头部淡黄色；上颚端部色深。腹足退化。胸、

腹部第一至第八节背面各有淡褐色横纹2条，前一条短，后一条长，形似"二"字；第二至第八节腹面各有1对不明显的突起。**蛹**：体长4～5mm，黄褐色。**茧**：长4.4mm，宽2.5mm，长椭圆形。

生物学特性　山东泰山1年1代。以老熟幼虫在表土内变为预蛹越冬。翌年4月下旬化蛹，成虫5月上旬出现，5月中旬开始产卵。5月下旬初见幼虫，6月下旬幼虫老熟，并陆续下树，至7月下旬幼虫全部入土越冬。该虫在泰山海拔800m以上的中天门一带各虫态的发生期，均比海拔300m以下的罗汉崖推迟10天左右。曾在中天门一带捕捉到150头成虫，全部为雌虫；有孤雌生殖现象。成虫在9:30～16:30时最为活跃。白天多在叶片表面活动，夜间静伏于杂草或叶背面。成虫产卵于叶正面表皮下，单粒散产，多产在浓绿色2年生以上叶的叶脉两侧及叶角处。一般每叶上产卵1粒，但虫口密度大时，每叶可产卵10余粒。单雌孕卵量15～32粒。成虫寿命3～4天。成虫遇惊扰有假死性。卵期平均7.3天。初孵幼虫在叶正面表皮下取食上表皮叶肉，使叶片表面呈薄膜状，随着虫龄增大，虫斑逐渐扩大，虫粪聚集在内，形成黑色大斑块，而叶片背面绿色组织仍保持完好。幼虫6龄，均在叶表皮下取食。4～5龄幼虫取食量约占幼虫一生总食量的3/5。1头幼虫一生可取食整个叶片的1/4。种群数量消长与相对湿度和降水量密切相关。相对湿度在70%以上时，叶表面湿润，平均孵化率达60%，反之，则有80%的卵不能孵化。

防治方法　2～3龄幼虫龄期较长，且此期间取食量少，是防治的关键时期，可采用涂环、打孔等方法进行防治；4～5龄幼虫平均发育历期短，食量大，此期不宜采用涂环、打孔方法，可用20%呋虫胺悬浮剂1∶1000倍液喷冠，防治效果最佳。

参考文献

刘静, 1992; 萧刚柔, 1992.

（刘静，卢秀新，刘世儒）

元宝槭潜叶叶蜂成虫（张培毅　提供）

527 杨潜叶叶蜂

分类地位　膜翅目 Hymenoptera　叶蜂科 Tenthredinidae

拉丁学名　*Fenusella taianensis* (Xiao et Zhou)

中文俗名　粉泡叶蜂

分布　北京，辽宁，江苏，山东等地。

寄主　小叶杨、小青杨、北京杨、泰青杨。

形态特征　**成虫**：雌虫体长4.0mm，翅展9.5mm；头部黑色，触角9节，除第一、二节基部和第三、四节背面黑褐色外，其余各节背面均为黄褐色，腹面淡黄色；前胸背板后缘和翅基片黄白色，腹部黑色，背板后缘及腹板后缘具极窄黄白色带；足基节基部至端部为褐色至淡褐色，胫节及跗节腹面黄白色，跗节背面淡褐色。雄虫体长3.8mm，翅展8.0mm，颜色与雌虫相同，腹部较雌虫纤细。

卵：椭圆形，乳白色，半透明，包藏在叶下表皮组织中，多在叶尖及叶片边缘使叶片局部变形。**幼虫**：老龄幼虫体长5.6～6.0mm，乳白色，胸足先端具1个褐色爪。前胸背板具2块大的淡紫色斑，中胸

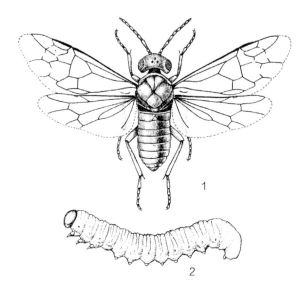

杨潜叶叶蜂（张培毅　绘）

1. 成虫；2. 幼虫

杨潜叶叶蜂成虫（李镇宇　提供）

杨潜叶叶蜂成虫（徐公天　提供）

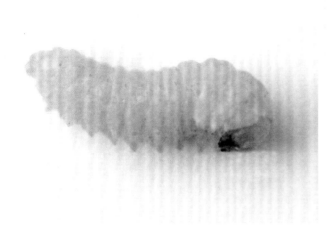

杨潜叶叶蜂茧内幼虫（徐公天　提供）

杨潜叶叶蜂茧（徐公天　提供）

背板具2块小的紫色斑。**茧**：椭圆形，长约6mm，宽3.5mm，由泥胶结合而成，内壁光滑。

生物学特性　1年1代。山东惠民地区3月上旬越冬预蛹开始化蛹，3月中旬始见成虫，3月下旬为成虫羽化高峰。雌：雄为3∶1，成虫交尾2～3天后即可产卵。卵散产，每一叶片产卵1粒，最多3粒。雌虫平均产卵38～40粒。幼虫孵化后即潜入叶片内，叶片被害后只剩上下表皮，呈黄褐色，内充满空气，呈泡状，故又称杨泡叶蜂。幼虫共3龄，在山东4月下旬老熟幼虫下树入土，入土深约5cm。幼虫在土壤中吐丝缀细土结茧越夏并越冬。

防治方法

1. 成虫发生期用5%高效氯氰菊酯∶水为1∶100液喷雾防治。

2. 保护杨潜姬蜂，在山东高河县寄生率可达90%以上。

参考文献

萧刚柔, 黄孝运, 周淑芷等, 1991; 萧刚柔, 1992; 张秋生, 陈仕荣, 兰淑梅, 1996; 阎家河, 董长明, 王芙蓉等, 1998; 陶万强, 关玲, 禹菊香等, 2003.

（李镇宇，李炳胜）

528 蛞蝓叶蜂

分类地位　膜翅目 Hymenoptera　叶蜂科 Tenthredinidae

拉丁学名　*Caliroa annulipes* (Klug)

分布　浙江（松阳、遂昌），福建。英国，爱尔兰，俄罗斯；北欧，中欧。

寄主　麻栎、白栎、枹栎。

危害　被害叶片叶肉被剥食，叶片呈网状、枯白。

形态特征　**成虫**：体长4.5～5.5mm，翅展10mm。前足腿节端部和前、中足胫节和跗节、后足胫节基半部和第一跗节基部、第一腹节背板后缘一近三角形的膜为白色，余为黑色，具光泽。前翅大部烟褐色，其端部及后翅浅灰色，翅痣、翅脉黑褐色。触角丝状，9节，第三节最长，往后逐节递减。后翅具2个封闭的中室。**卵**：扁圆形，直径0.6mm，草绿色。卵壳膜质柔软。**幼虫**：老熟幼虫体长12mm。胸部较宽，向腹部收窄，胴体最宽处2.3mm。体表被黏液，蛞蝓状，玉白色，半透明，从背面可见充盈食物和粪便的青绿色消化道。头小，黄色，近球形，藏于前胸下，下口式，单眼斑黑色。**蛹**：体长4～5mm，初化蛹时复眼浅褐色，余为乳白色。以后体色加深至褐色，复眼黑色。

生物学特性　浙江1年3～4代。以预蛹越夏、越冬。越冬代：3月下旬至4月中旬化蛹，4月上旬至下旬成虫羽化。第一代：4月上旬至5月上旬产卵，4月中旬至5月中旬孵化，5月上旬至下旬化蛹，5月中旬至6月上旬羽化。第二代：5月中旬至6月中旬产卵，5月下旬至6月下旬孵化，6月中旬至7月上旬化蛹，6月中旬至7月中旬羽化。第三代：6月中旬至7月中旬产卵，6月下旬至7月中旬孵化，到7月下旬全部入土预蛹越夏，多数即以预蛹越冬，少数3代预蛹越夏后于当年9月下旬至10月上旬化蛹，10月羽化、产卵，发生第四代（越冬代）。第四代幼虫于10月中旬至11月上旬入土预蛹，与第三代越冬预蛹一起越冬。

蛞蝓叶蜂成虫（张润志　整理）

蛞蝓叶蜂土茧（张润志　整理）

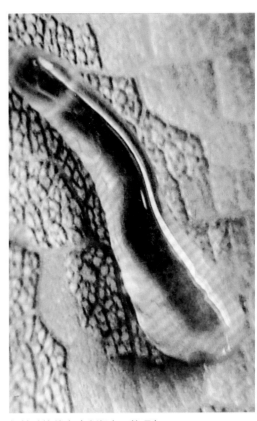

蛞蝓叶蜂幼虫（张润志　整理）

成虫羽化后从土内爬出，飞向寄主植物近地面叶片栖息。出土当天即可交尾、产卵。雌虫将产卵管从叶片正面插入叶内，产卵于叶片背面的表皮下。着卵处叶背表皮略隆起，1～2天后隆起处表皮枯死呈浅褐色。卵散产，一张叶片上可产卵1～18粒。卵多产于较阴湿的近地面叶片上，很少产卵于大树的树冠中。故低湿处的小树和圃地苗木易受害。成虫寿命1～4天。卵粒必须在活叶片内方能存活，离体叶片干枯，其内卵粒即不能孵化。卵期5～8天。幼虫孵化后顶破叶片下表皮爬出，即在叶片背面取食叶肉，残留叶片上表皮。喜食成熟的叶片，一般不取食嫩叶。栖息和取食多在叶背。虫口密度大时，常将叶片背面叶肉剥食殆尽。幼虫成熟后停止取食，排空消化道，经最后一次蜕皮变为预蛹。此时虫体不再有黏滑的表面，体躯缩短，体节和附肢明显可见，由蛞蝓型变为蠋型。开始沿枝干爬向地面，钻入土内2～5cm深处，筑一内壁光洁、由黄褐色胶质粘结泥土而成的极薄且易破碎的土茧，土茧外粘结泥沙。虫体即蜷缩在内越夏、越冬。幼虫历期从20多天到270多天不等。取食期近10天。预蛹期第一、二代10多天；第三代当年羽化的80多天，越冬的约9个月；第四代140～180天。蛹历期2～9天。剖开土茧可见蛹体不时转动，有些能移出土茧。

防治方法

1. 保护和利用天敌。局部林地除蠋姬蜂的寄生率很高，寄生幼虫。幼虫成熟入土后，姬蜂从土中羽化，应注意保护。

2. 林业措施。林地和圃地要注意疏枝间苗，保持透光通风，营造不适该蜂的生境。

3. 化学防治。幼虫活动期喷洒菊酯类杀虫剂，可有效杀灭幼虫。喷洒时注意喷嘴朝上向叶背喷，有利于药剂和虫体接触。

参考文献

陈汉林, 刘金理, 王家顺等, 1999.

（陈汉林）

529 油茶史氏叶蜂

分类地位　膜翅目 Hymenoptera　叶蜂科 Tenthredinidae

拉丁学名　*Dasmithius camellia* (Zhou et Huang)

油茶史氏叶蜂是油茶专食性食叶害虫，区域分布广，是我国南方油茶产地的重要害虫，给油茶产业造成较大的经济损失。

分布　福建，江西，湖南等地。

寄主　油茶。

危害　取食叶芯、新叶、老叶，对油茶的春梢发育、夏梢发育、花芽分化率、春梢上花芽数目、同期的落果率等有显著影响，严重时，将叶食光，使茶籽颗粒无收。

形态特征　**成虫：**雌虫体长6.5～8.5mm；体黑色发亮；触角黑色，下唇须暗褐色，下颚须端部3节褐色；前胸背板后缘、翅基片、淡膜叶白黄色；基节、腿节黑色，转节白色，胫节、跗节褐色；翅半透明，具黄色光泽，翅痣黑色，其基部带黄色，大多数翅脉黑褐色，唇基具粗刻点；额及单眼三角区无明显刻点，具细皱纹，眼眶、眼上区和胸部背板刻点细而稀；腹部无刻点；唇基、额、眼眶及前胸具白黄色长细毛；翅膜上有许多黑毛；锯鞘从背面观几乎呈均匀细长形，侧面观呈圆形；锯腹片高

度骨化，具16～17环。雄虫体长5.8～7.5mm；颜色除前胸背板后缘两侧为黄白色外与雌虫相似；翅基片黑褐色；足淡色部分较暗或呈黑褐色；身体与足具较密细毛。**卵：**长1.0～1.2mm，初产时长卵形，一端较细，另一端稍圆，乳白色。孵化前膨大成卵形，淡黄色，半透明。**幼虫：**初孵幼虫淡黄色，3龄以后渐变为绿色；老龄幼虫体长20～22mm，蓝灰色，头部额到单眼区蓝黑色，气门线及足白色。**蛹：**体长6～8mm，初化蛹淡绿色，后为淡黄色至黄褐色。土室为泥质（萧刚柔等，1991）。

生物学特性　湖南1年1代。以老龄幼虫结茧，在土下茧中以预蛹越冬，12月至翌年1月开始化蛹。翌年2月底至3月初开始羽化，3月中旬为成虫末期；3月上旬卵开始孵化，3月中旬为孵化盛期。成虫羽化后多栖息于油茶枝叶、枝芽处，雌雄性比为1：1，白天交尾，卵多产于尚未萌发并膨大的芽苞内的第三叶片上（从叶芽心叶向外排列），一般一芽一卵，虫情严重时，一芽可达5粒卵。3月上旬卵开始孵化，卵期7～11天，初孵幼虫取食叶芽心

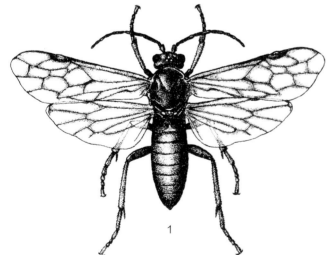

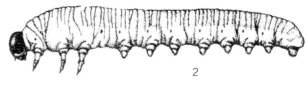

油茶史氏叶蜂（张翔　绘）

1. 成虫；2. 幼虫

油茶史氏叶蜂幼虫（王缉健　提供）

叶，3龄时幼虫开始取食嫩叶，4龄以后取食新叶和老叶，可将整枝叶食光，1株油茶一般有幼虫400多条，多者可达3000余条，严重时，将叶食光，使茶籽颗粒无收。幼虫期22～26天，取食盛期9～11天。4月下旬入土结茧越夏。少数幼虫有滞育现象（萧刚柔等，1991；翁月霞，徐天森，1992）。

防治方法

1. 营林措施。油茶史氏叶蜂危害程度和林区的生态多样性相关；不同生境下，生态多样性越低，危害越严重；同一生境下，距混合林区越远，危害程度越重，说明保护油茶林区及周边生境的生态多样性，对防治和控制油茶史氏叶蜂是必要的（黄敦元等，2010）。

2. 人工防治。利用幼虫假死性，于3月底至4月上旬幼虫3龄以后，用塑料薄膜铺于树下，震动树干，收集落下的幼虫沤肥。

3. 化学防治。用45%丙溴·辛硫磷或拟除虫菊酯类化学药剂喷杀幼虫，可收到较好效果（萧刚柔等，1991）。

参考文献

萧刚柔等,1991；萧刚柔,1992；黄敦元等,2010.

（张培毅，张真，翁月霞，徐天森）

530 长齿真片叶蜂

分类地位　膜翅目 Hymenoptera　叶蜂科 Tenthredinidae

拉丁学名　*Eutomostethus longidentus* Wei

分布　河北（小五台山），浙江（遂昌、龙泉、武义），福建（武夷山、建阳），江西（牯岭），广西（桂林、阳朔），重庆（北碚）。

寄主　毛竹。

危害　在浙江丽水地区的局部毛竹林可造成严重危害，吃光整片竹林的叶片，使竹林翌年不能出笋；若连年受害，可致整片竹林枯死（华宝松等，2004）。

形态特征　成虫：体长6～8mm。体和足黑色，具光泽。翅烟褐色，端部略淡，翅痣和翅脉黑色。体毛黑褐色。体光滑，小盾片后缘两侧具少许细小的刻点。复眼大，内缘向下强烈收敛。触角丝状，短于前翅C脉，9节，第二节长显著大于宽，第三节1.5倍长于第四节。前足胫节内距具显著膜叶；爪较小，内齿微小，端齿较长且斜。后翅具封闭的M室，臀室柄1.5倍长于cu-a脉（华宝松等，2004）。

卵：长径1.1mm，短径0.8mm，椭圆形，淡蓝色。

幼虫：老熟幼虫体长18～21mm。头部橙黄色。单眼斑黑色，头顶近后缘中部具一较单眼斑略大的近圆形黑斑。触角锥状，深褐色，4节。口器深褐色。胴部棕黄色，刚取食后的幼虫呈青绿色。胸部色浅，腹部色较深，背侧色泽较深，气门线以下色较淡；

长齿真片叶蜂成虫（张润志　整理）

长齿真片叶蜂卵（张润志　整理）

长齿真片叶蜂土茧（张润志　整理）

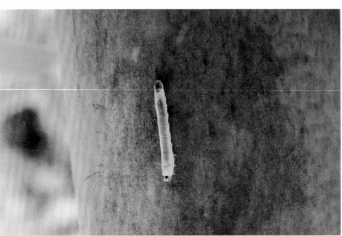

长齿真片叶蜂幼虫（张润志　整理）

长齿真片叶蜂蛹（张润志 整理）

长齿真片叶蜂危害状（张润志 整理）

每节具6个小环节，各节的第二小环节具短小刺毛6根。**蛹**：体长6.5mm，宽2mm。初化蛹时体肢乳黄，略泛蓝色，复眼淡褐色，后转为棕黄色。土茧为约9mm×5mm大小的、容易破碎的小土团。

生物学特性 浙江遂昌1年1代或2年1代。以预蛹在林下浅土内的土茧中越夏、越冬，第二或第三年5月上旬开始陆续化蛹、羽化出土。成虫羽化出土时间不整齐，可延续到6月下旬仍有成虫羽化出土。幼虫取食期自5月下旬至7月中旬。自6月上旬起幼虫陆续入土预蛹。

羽化后的成虫静伏于土茧内，遇晴好天气的中午前后出土。在阳光下常可见成虫在毛竹林冠上和林下飞舞，或停在竹叶和林下植物上。阴雨天成虫栖息在毛竹枝叶、林下草灌丛或土块下，很少活动。成虫出土当天即可交尾产卵。雌虫产卵于当年萌生的新叶及叶肉内。着卵处，叶片表皮泡状突起，可明显看到表皮下的卵粒。卵块顺着竹叶叶脉纵向排列，单行，数粒至十数粒一排。多一叶1个卵块，也有一叶多个卵块。雌虫产卵分数个卵块，在3~10天内分数次产出。成虫历期6~14天，卵期4~9天。出壳幼虫咬穿叶片遮盖卵粒的表皮，造成一个直径约0.8mm的圆孔，爬出叶面，到叶缘咬食叶片。取食期的大龄幼虫常有沿竹秆往下爬的习性，有些还会爬到林下的杂草上栖息。幼虫成熟后经最后一次蜕皮，并排出一长串黏稠的褐色粪便，体长缩短到10mm左右，握持力降低，不再取食，随枝叶飘摇掉落地面，也有些个体会沿竹秆爬到地面。落地后钻入浅土内做土茧预蛹。幼虫历期17~22天，1年1代的预蛹期11个月左右，2年1代的预蛹期长达23个月。据观察，同期的幼虫，第二年和第三年羽化的数量基本相同。在整个世代中，长齿真片叶蜂的绝大部分时间都以预蛹的形态生活在土内。蛹期7天左右。

防治方法 成灾时用吡虫啉等农药进行竹腔注射，有较好的防治效果；大面积成灾时用烟雾机喷烟防治，效果达80%以上；以生物药剂绿得宝喷粉防治效果较好，但显效稍慢；用8%氯氰菊酯制成微胶囊剂（绿色威雷）100~200倍液涂干，触杀在竹秆上爬行的幼虫，效果很好（华宝松等，2004）。

参考文献

华宝松, 徐真旺, 廖立洪等, 2004.

（陈汉林，徐真旺，华宝松）

531	毛竹黑叶蜂	分类地位	膜翅目 Hymenoptera 叶蜂科 Tenthredinidae
		拉丁学名	*Eutomostethus nigritus* Xiao
		异　名	*Amonophadnus nigritus* (Xiao)
		中文别名	毛竹真片胸叶蜂

分布　浙江，安徽，福建等地。

寄主　毛竹、刚竹、淡竹。

危害　1985年，浙江德清县毛竹严重受害面积达26.7hm²，死竹1300余株。

形态特征　**成虫**：雌虫体长7～9mm；体黑色，有天蓝色光泽；触角黑色，9节，密生黑色绒毛；前翅淡烟褐色，翅痣黑色，中央稍带黄色，翅脉黑色；前足及中足腿节尖端，胫节，第一、二跗节或第一、三跗节，后足腿节尖端，胫节均为黄白色；触角沟深；头部及胸部刻点细稀，中胸前侧片几乎无刻点；头、胸部细毛黑色；锯鞘黑色。雄虫体长5～7mm；触角9节，第三节长度与第四、五节长度之和比例为1:1.1；中胸盾片后端刻点较密；其余色泽及构造（除外生殖器外）同雌虫。**卵**：长约2mm，宽0.8mm，长椭圆形，初产时粉红色，近孵化时变为灰色。**幼虫**：初孵幼虫身体淡黄色，头黑色。5龄幼虫后期，腹部气门下线处每节各有2个黑点；6龄时黑点呈肉瘤状。老龄幼虫体黄色发亮，气门黑褐色，腹部有2排横向排列的刺。肛上板背面具30余个瘤状刺。**蛹**：体长约10mm。刚化蛹时，体淡黄色，足白色透明；近羽化时为褐黑色。**茧**：长约11mm，宽8mm，椭圆形。

生物学特性　在浙江德清县毛竹林区1年1～2代。以老熟幼虫在土中变为预蛹越冬。翌年5月中旬开始化蛹，5月下旬成虫羽化，6月上旬为羽化盛期，6月下旬为羽化末期。6月上旬开始产卵，6月中旬为产卵盛期，6月中旬卵孵化，7月中旬幼虫进入7龄，陆续下竹入土。其中部分预蛹6月下旬开始化

毛竹黑叶蜂成虫（魏美才　提供）

蛹，9月上旬开始羽化，9月中旬为羽化盛期，开始产第二代卵，9月下旬卵孵化，10月下旬老龄幼虫下竹。蛹期8～9天，成虫期3～9天，卵期9～12天。幼虫7龄。1年2代的第一代约需50天，第二代约需200天。成虫羽化始期以雄虫居多，约占78%；羽化盛期雌虫居多，约占70%。雨天基本不羽化。卵产于毛竹或杂竹叶主脉两侧叶片正面叶肉组织内，卵呈"一"字形排列，每排有卵3～56粒。产卵部位的叶背有泡沫状隆起。近孵化时，卵边缘出现小黑点。卵的孵化率：第一代为50%～60%，第二代为20%～100%。幼虫孵出后，在原产卵叶上取食。全部幼虫沿叶缘排成一队，头向叶基部，前一条幼虫的尾部翘在后一条幼虫的头上，从叶尖吃向叶基部，常将叶食尽，仅留主脉，以后一起转移到另一片叶上取食。4龄幼虫开始分散取食。幼虫一生取食竹叶约43cm^2。

防治方法

1. 加强竹林抚育，铲除林中虎杖*Polygonum cuspidatum*，切断成虫补充营养来源（花蜜）。

2. 用2.5%溴氰菊酯乳油1∶5000倍液、20%杀灭菊酯乳油3000～6000倍液进行防治。

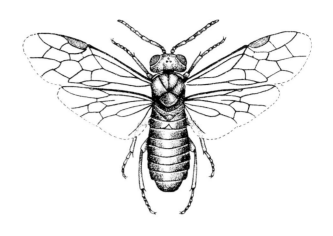

毛竹黑叶蜂成虫（张培毅　绘）

3. 用苏云金杆菌1亿孢子/mL、白僵菌10亿孢子/mL喷洒。

参考文献

萧刚柔, 黄孝运, 周淑芷等, 1991; 萧刚柔, 1992; 刘巧云, 1999; 陈久春, 2006.

（王茂芝，朱健，屠永海，徐思善，李镇宇）

532 德清真片胸叶蜂

分类地位 膜翅目 Hymenoptera 叶蜂科 Tenthredinidae

拉丁学名 *Eutomostethus deqingensis* Xiao

德清真片胸叶蜂是一种竹类的食叶性害虫，给我国竹子产业造成较大损失。

分布 浙江，江西。

寄主 毛竹、石竹、浙江淡竹。

危害 每叶有虫1～2头，取食时从竹叶顶部边缘向下蚕食，被害竹叶常仅剩主脉。

形态特征 **成虫**：雌虫体长7.0～8.0mm。触角9节，第三节最长。头部黑色。眼灰黑色。触角及其上刚毛黑色。胸部黑色。翅烟褐色，前端色稍淡，翅痣及翅脉黑色，后翅具一闭锁室（M）。足黑色。腹部黑色，具紫色色泽。唇基前缘中部呈弓形突出。雄虫体长5.0～6.0mm（萧刚柔，1993）。**卵**：长1.8mm，宽0.6mm。长椭圆形。**幼虫**：共6龄。初孵幼虫头壳、体均淡白色，体长2.7～3.3mm。老熟幼虫头壳黄褐色，体淡绿色，腹部肛上板黑色，背面具许多黑色刚毛。**蛹**：体长6.5～7.7mm。化蛹后初期胸部黄绿色，腹部翠绿色，足白色透明。羽化前为黑色，足跗节白色。**茧**：由泥胶结而成，椭圆形，长约9.0mm（朱志建等，1994）。

生物学特性 在浙江德清县1年1代。以老熟幼虫在土茧中变为预蛹越冬。翌年4月下旬至5月中旬化蛹，5月上旬为化蛹盛期。5月上旬至6月上旬成虫羽化，5月中旬为羽化盛期。幼虫发生期为5月下旬至7月上旬，7月中旬老熟幼虫下竹入土结土茧。成虫全天羽化，但上午较多。羽化时成虫在茧的一端咬一圆孔后钻出，不食卵壳。成虫羽化后，清晨多停栖在林间、路旁的灌木和杂草上，活动少，天气晴朗则成虫活跃。能多次交尾，多次产卵。卵产于竹叶上。产卵时用足抱住竹叶，产卵器在竹叶正面来回移动，刺破表皮，卵产于其中，使竹叶表皮隆起。卵呈整齐的"一"字形排列，每叶产1排，每排1～12粒，以2～6粒为多。幼虫孵化后即取食竹叶，4龄幼虫食量猛增，5龄幼虫食量最大。6龄幼虫不取食，蜕皮后的当天或第二天即下竹入土结茧。入土深度为1～5cm，大部分分布在土表2cm左右处。该虫的发生与坡向、坡位有一定的关系。据调查，害虫危害的分布沿山脚呈带状，山岙及下坡的竹林受害较上坡竹林重，北坡较南坡重，林缘较林内重（朱志建等，1994）。

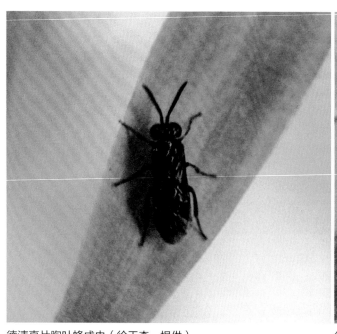

德清真片胸叶蜂成虫（徐天森 提供）

德清真片胸叶蜂卵（徐天森 提供）

德清真片胸叶蜂3龄幼虫（徐天森　提供）　　　　　德清真片胸叶蜂老熟幼虫（徐天森　提供）

防治方法　在监测调查的基础上，竹叶受害1/3以上可进行防治。

1. 加强抚育。该虫土茧分布在林地表土层，每年秋冬季节进行挖山，可杀死幼虫或击破土茧。其裸露的幼虫也易遭蜘蛛和蚂蚁捕食。

2. 药剂防治。在成虫羽化期，利用成虫多停栖在林间、路旁的灌木和杂草上的习性，用50%甲胺磷乳油2000倍液喷雾，可大量杀死成虫，用2.5%溴氰菊酯3000～4000倍液、25%菊乐合脂剂4000倍液喷雾防治幼虫。竹腔内注射50%甲胺磷原液（1.5mL/株）对4龄以下幼虫均有很好的毒杀效果，杀虫率均达95%以上。林间防治时，在地势平缓和水源方便的小竹林区，可选用喷雾防治；在水源缺乏，植株高大的毛竹林区，可选用竹腔注射法进行防治（朱志建等，1994）。在幼虫上竹危害期间，用毒笔在每根毛竹眉围处画上一圈，触杀幼虫（王天龙等，1997）。

参考文献

萧刚柔, 1993; 朱志建等, 1994; 朱志建等, 1995; 朱志建等, 1996; 王天龙等, 1997; 王天龙等, 2000.

（张培毅，张真）

533	红黄半皮丝叶蜂	分类地位	膜翅目 Hymenoptera　叶蜂科 Tenthredinidae
		拉丁学名	*Hemichroa crocea* (Geoffroy)
		英文名称	Alder sawfly, Striped alder sawfly

　　红黄半皮丝叶蜂是一种危害阔叶树的食叶性害虫。幼虫和成虫活动范围小，分布范围窄，较容易控制。

　　分布　四川。欧洲，北美洲。

　　寄主　桤木、桦木属、榛属、鹅耳枥属、柳属。

　　危害　幼虫于叶片上群聚取食，待吃光叶片后，再转至其他叶片上取食。

　　形态特征　**成虫**：雌虫体长6～8mm；身体红黄色；触角、口器、前胸、中胸腹板、后胸、腹部第一节背板后缘一部分、足的基节和腿节基部或全部、胫节前端、跗节均为黑色；翅淡烟褐色，翅脉黑色，具光泽，翅痣、前缘脉及翅前端有些翅脉微带褐色。雄虫体长5～6mm；触角、头部、胸部黑色或沥青黑色；翅基片黑色；足的腿节前端、胫节或仅仅其前端红褐色或黄褐色；腹部沥青黑色；翅基部烟褐色，翅痣以外部分半透明，翅痣后端及中央带褐黄色，前缘脉及前端翅脉带黄色，翅基部翅脉沥青黑色。**卵**：长1mm，宽0.4mm。肾形。初产时乳白色；近孵化时白色，透明。**幼虫**：老熟幼虫体长13～20mm。头黑色，具光泽，身体橘黄色。气门上线及气门下线黑色。胸足爪红色。**蛹**：体长10mm，宽3～5mm，淡黄色。**茧**：椭圆形，中央略收缩，长13mm，宽6mm。暗褐色，由丝缀成，薄，

红黄半皮丝叶蜂成虫（魏美才　提供）

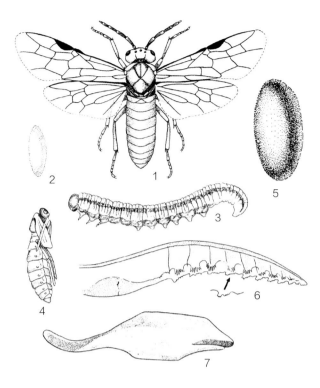

红黄半皮丝叶蜂（张培毅　绘）

1. 雌成虫；2. 卵；3. 幼虫；4. 蛹；5. 茧；6. 锯腹片；
7. 阳茎瓣

表面附有·层坚实的泥沙（萧刚柔等，1991）。

生物学特性　四川武胜1年2代。以老熟幼虫在土中结茧变为预蛹越夏、越冬。越冬时间为11月下旬至翌年2月上旬，2月中旬开始化蛹，3月上旬当气温高于12℃时，成虫开始羽化，随即产卵，3月中旬出现幼虫，4月中旬是3、4龄幼虫危害高峰期，4月下旬老熟幼虫开始下树越夏，9月底开始化蛹，10月下旬当气温在15℃左右时，新一代成虫羽化，随即产卵，11月初1龄幼虫出现，11月下旬老熟幼虫下树越冬。成虫爬出茧壳后不久便能飞翔。羽化高峰时间为每天12:00～18:00，羽化当天便可产卵。主要为

孤雌生殖。产卵前成虫较活跃，待找到产卵场所后便少活动，但以两后足摩擦产卵器。产卵时头转向叶柄，先用产卵器刺破叶脉表皮，然后沿着叶脉把卵由叶尖产向叶柄，一般在一个刺破口中产卵1粒，每产下1粒卵，产卵器即向前移动一下，直至到叶柄或树枝，再返回原处顺着叶脉产第二排卵。每一叶可产卵5～30粒。一只成虫一生能产卵33～100粒，平均74.4粒。卵产下后10天左右即在叶脉中逐渐膨大。幼虫共5龄。幼虫期第一代27～39天，第二代24～30天。蛹期第一代20～25天，第二代20天左右。成虫期第一代5～8天，第二代4～6天。幼虫最喜在15～25℃的阴、晴相间天气活动取食。取食时胸足紧握叶片，尾部向下弯曲。3龄以后幼虫取食时每隔3～5秒钟有同时翘尾1次的习性。气温低于12℃和阴雨天气，幼虫则附于叶背面，活动量和食叶量减少。老熟幼虫分别于有枯枝落叶覆盖而且质地疏松的表土中结茧越夏、越冬。茧由丝做成，薄，外粘结一层较厚而坚实的泥沙，入土3～5cm深，单个或3～5个连在一起（萧康琳，1992）。

防治方法

1. 化学防治。对3～4龄幼虫可用25%杀虫双水剂800倍液、40%氰戊菊酯12000倍液喷杀。老熟幼虫下树时，于树冠投影以内地面喷施触杀剂。

2. 人工防治。在幼虫越夏、越冬期中翻挖土地，深埋或砸死预蛹或蛹。

3. 生物防治。利用益鸟捕食，加强益鸟保护和招引；保护日本弓背蚁、大腿小蜂天敌（萧康琳，1990）。

参考文献

萧康琳，1990；萧刚柔，黄孝运，周淑芷等，1991；萧刚柔，1992.

（张培毅，张真，萧康琳）

534	鹅掌楸叶蜂

分类地位 膜翅目 Hymenoptera　叶蜂科 Tenthredinidae
拉丁学名 *Megabeleses liriodendrovorax* Xiao
中文别名 鹅掌楸巨刺叶蜂

分布　浙江（松阳、遂昌），江西（铜鼓）。

寄主　鹅掌楸。

危害　虫口密度大时，可将整片林木的树叶吃光，仅残留部分较粗的叶脉。

形态特征　**成虫**：体长9～11mm，前翅长9～11mm。头部黑色，具光泽。触角黑色9节，唇基前缘微凹入。胸部黑色，具光泽。翅透明，前端带淡烟褐色，翅痣、翅脉黑色。足黑色，前、中足胫节和跗节白褐色。腹部黑色，具天蓝色光泽。雌虫锯鞘黑色，突出腹末，锯末端突出锯鞘；身体细毛淡黄色，翅膜上具许多黑色短刚毛（萧刚柔，1993）。**卵**：长径1.7mm，短径0.5mm。卵粒透明，水晶色。卵壳膜质，柔软。**幼虫**：老熟幼虫体长23～26mm。体黄绿色。头黑色。**蛹**：体长12～14mm，宽4～5mm。初化蛹时乳白色，羽化前体呈黑色。

生物学特性　浙江、江西1年1代。以预蛹在土茧内越夏、越冬。在浙江4月上旬至5月中旬陆续化蛹，4月下旬至6月中旬成虫陆续羽化、出土，5月上旬至6月中旬产卵，5月中旬至6月下旬孵化，6月上旬至7月中旬幼虫陆续成熟入土预蛹。在江西4月中旬开始羽化，下旬为羽化盛期；5月下旬幼虫开始老熟并入土预蛹（欧阳贵明等，1993）。**成虫**：在土茧内羽化后，遇晴暖天气爬出土面。出土成虫多飞向林冠，停在叶片背面栖息。夜间、清晨和雨天都不轻易起飞，晴暖的白天活动较多，交尾产卵均在白天进行。成虫在叶片背面产卵。产卵时雌虫将产卵器插入叶肉内，产卵于其中。产完1粒，退出产卵器，在近旁插入另产1粒。如此重复，在叶内产下以短径相邻、间隔0～1个短径距离的卵块。卵块含卵量2～43粒不等，通常30粒左右。卵多产于侧脉之间的光滑平整部位。一般一叶只1个卵块，个别一叶2～3个卵块。成虫出土后的寿命7～10天。**卵**：将叶片表皮揭去后，卵粒能容易地被拨出，无胶质和叶肉相粘。卵期1周左右。**幼虫**：初孵幼虫先在卵块

鹅掌楸叶蜂成虫（张润志　整理）

鹅掌楸叶蜂土茧（张润志　整理）

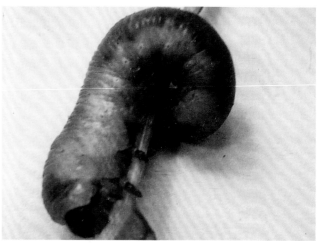

鹅掌楸叶蜂幼虫（张润志　整理）

鹅掌楸叶蜂危害状（张润志　整理）

附近咬食叶肉，在叶片上形成一些小虫眼，然后迁向枝梢方向，群集在新展出的嫩叶边缘蚕食叶片。随着虫体增大，嫩叶吃光后，转到老叶上取食。幼虫均在叶背活动。爬行时虫体腹面贴在叶片或枝干上，以胸、腹足协同行动。低龄幼虫栖息和取食时均将腹部翘起，遇惊即晃动翘起的腹部。3龄以后虫体多弯成"C"形，以胸足抓住叶片，并以腹侧贴在叶片上栖息，腹足不和叶片接触，看上去像是以腹侧粘在叶片上一样。蜕皮前幼虫爬到叶缘，将腹部末端粘牢在叶片正面，头胸从旧皮蜕出后向叶背爬去，蜕皮留在叶片上。幼虫历期21～27天，共5龄。老熟后下地入土做一长径约16mm、短径10mm、外附泥沙、内壁光洁的椭圆形土室，虫体缩至10～14mm，在内变为预蛹。预蛹期长达10个月。**蛹**：化蛹时末龄幼虫皮蜕套在蛹体腹部末端，整个蛹期一般都不脱离蛹体。蛹期20天左右。

防治方法　秋冬季结合林地松土抚育，破坏鹅掌楸叶蜂土室而致其死亡，可有效降低虫口密度。

幼虫取食期以内吸杀虫剂吡虫啉注入树干具显著的杀虫效果。

参考文献

欧阳贵明, 黄卫和, 1993; 萧刚柔, 1993; 陈汉林, 1995; 萧刚柔, 1997.

（陈汉林，林秀明，叶昌龙）

535 **樟叶蜂**

分类地位　膜翅目 Hymenoptera　叶蜂科 Tenthredinidae

拉丁学名　*Moricella rufonota* Rohwer

　　樟叶蜂是食叶性害虫，分布于我国南方，是樟树的重要害虫，造成较大经济损失。

　　分布　上海，江苏，浙江，安徽，福建，江西，湖北，湖南，广东，广西，四川，贵州，台湾等地。

　　寄主　樟树。

　　危害　1龄幼虫取食叶肉，留下表皮；2龄幼虫喜食嫩叶和嫩梢；2龄以后取食整个叶片，食量随虫龄增大而大增。大发生时，能将树叶吃光。

　　形态特征　**成虫**：雌虫体长8～10mm；头部黑色有光泽，触角丝状；前胸背板两侧、中胸前盾片、盾片、小盾片、中胸前侧片棕黄色有光泽，中胸后背片、后胸、中胸腹板、腹部均为黑色；前足基节、腿节中段、中足腿节中段、后足腿节基部、胫节端部、跗节均为黑色，足的其余部分为淡黄白色；翅透明，具淡褐色色彩，翅痣、翅脉黑褐色。

雄虫体长6～8mm，其余与雌虫同。**卵**：长0.9～1.4mm，宽0.4～0.5mm。椭圆形，一端稍弯曲，乳白色。**幼虫**：老熟幼虫体长15～18mm。浅绿色，全身多皱纹。头黑色，4龄以后，胸部、第一和第二腹节背面密布黑色小点，胸足黑色，具淡绿色斑纹。**蛹**：体长7.5～10.0mm。淡黄色，渐变为暗黄色。复眼黑色。**茧**：丝质，其上粘结有土粒，黑褐色，长椭圆形。

　　生物学特性　湖北1年3代（刘永生，2001）；上海、江苏无锡1年2～3代（樊敏等，2006；孙兴全等，2006；李青云，2000）；江西以南1年1～3代；广东、浙江、安徽、四川1年1～2代（萧刚柔等，1991；王晓娟，2008）。以老熟幼虫在土内结茧，以预蛹越冬。该虫在茧内有滞育现象，第一代老熟幼虫入土结茧后，有的滞育到翌年再继续发育繁殖，有的正常化蛹，当年继续发育繁殖后代。在

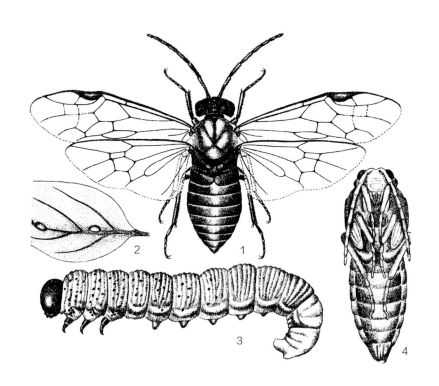

樟叶蜂（张培毅　绘）

1. 成虫；2. 卵；3. 幼虫；4. 蛹

樟叶蜂成虫（李镇宇　提供）

樟叶蜂成虫（李镇宇　提供）

樟叶蜂幼虫和危害状（王缉健　提供）

广州，2月下旬越冬代成虫开始羽化出土，第一代幼虫于3月上旬孵化，3月中旬老熟幼虫入土结茧，部分滞育到翌年，另一部分很快化蛹，成虫于3月下旬羽化产卵；第二代幼虫4月上旬孵化，4月中旬老熟幼虫入土结茧，5月中、下旬羽化为成虫并产卵；第三代幼虫5月中旬至6月上旬孵化，6月上旬至7月中旬幼虫老熟入土结茧。由于幼虫期发育不整齐，幼虫期11～16天，共4龄。林间于7月中旬还可见个别幼虫。在冬暖春早的年份，越冬代成虫提早到翌年2月中、下旬羽化出土，2月下旬开始有幼虫入土结茧。茧内幼虫如不滞育，2～3天后即可化蛹，第一代蛹期12天左右，第二代蛹期20天左右。成虫白天羽化，较活跃，羽化当天即交尾，交尾后即可产卵，卵产于枝的嫩叶上和芽苞上，产卵时，雌虫以产卵器锯破叶片表皮，将卵产入伤痕内，一叶产卵数粒，最多达16粒，一雌虫可产卵75～158粒。成虫可孤雌生殖，寿命4天，卵期3～6天（萧刚柔等，1991）。

防治方法

1. 生物防治。可喷施苏云金杆菌0.5亿～1.5亿孢子/mL悬浮液和病毒液进行防治（萧刚柔等，1991；江正明等，2008）。

2. 药剂防治。用2.5%溴氰菊酯乳剂5000倍液或10%氯氰菊酯乳剂1000倍液喷雾，效果良好。印楝素、杀虫安、抑太保、毒丝本、甲氨基阿维菌素和安打等高效低毒农药对1～2龄樟叶蜂有优良的防治效果（樊敏等，2006）。

3. 综合管理措施。冬季清园翻耕，并结合药剂防治第一代初孵幼虫。①冬季清除林地杂草及枯枝落叶；11月至翌年2月，结合施肥翻耕深10～15cm土壤压茧、冻茧，采用此方法可大量减少越冬代基数。②防治第一代幼虫，能有效控制当年樟叶蜂的危害，应重点抓好初孵幼虫的防治，若错过时机，可在幼虫腹部第一、二腹节未出现小黑点时再喷药。③在苗圃或幼林地，可人工摘除孵化后刚危害的幼虫；发生严重时，结合药剂防治，冬季结合除杂松土。

参考文献

萧刚柔等，1991；萧刚柔，1992；李青云，2000；刘永生，2001；樊敏等，2006；孙兴全等，2006；江正明等，2008；王晓娟，2008；袁盛华，2008。

（张培毅，张真，陈泽藩）

536	杏突瓣叶蜂	分类地位	膜翅目 Hymenoptera　叶蜂科 Tenthredinidae
		拉丁学名	*Nematus prunivorous* Xiao
		中文别名	杏丝角叶蜂

幼虫聚集取食杏树叶片，造成秃枝，严重时整株枯死，影响杏树生长和杏产量。

分布　浙江（淳安）。

寄主　杏树。

危害　幼虫取食杏树叶，仅剩叶脉。虫口密度高时，树冠出现众多秃枝，夏末枯死。

形态特征　**成虫**：体长8.0~13.0mm。体黑色，具紫蓝色光泽。触角黑色。翅黄色透明；翅痣黑色，在基部有1个不明显的黄斑（萧刚柔，1995）。**幼虫**：体长20.0~25.0mm。体黑褐色，第五腹节至体末均为淡黄色。沿前、中胸背腺及后胸背腹面呈乳白色。

生物学特性　浙江淳安县1年2代。以老熟幼虫在土中越冬。3月中旬至4月上旬为蛹期，4月上、中旬成虫羽化。4月为第一代卵和幼虫期，4月下旬至5月中旬为蛹期，5月中旬为第一代成虫期。5月为第二代卵期，5月初出现第二代幼虫。

刚羽化的成虫，从土中钻出后，停息10分钟即开始飞翔，迅速敏捷。无风晴天，9:00~11:00最活跃，风雨天不飞。交配后的雌成虫在杏叶背面，大多从叶尖开始沿着叶脉成行产卵。主、侧脉旁产的卵量比例为1.5∶1.0。成虫寿命2~4天。卵历经6~8天孵化为幼虫，林间孵化率为94.6%。幼虫3龄前沿叶缘，头朝同一方向，首尾相邻，聚集取食。平时栖息或取食叶缘时，头胸部略与叶缘平行，腹部朝内勾起。受惊时，头部上翘，体呈"〰"形。3龄幼虫逐渐扩散，转移至它叶叶缘，单独取食。幼虫5~6龄。1、2、3、4、5和6龄平均历期分别为3.3、2.8、2.1、3.1、3.3和3.2天。幼虫经14~18天后，发育成熟，坠落入土深约4cm内。第一代幼虫入土后，次日结茧化蛹，茧外常粘附有黑色泥土。蛹历期4~7天（赵锦年，1998）。

防治方法

1. 人工防治。冬季在受害杏树周围松土，杀灭越冬幼虫。严重受害株，于幼虫聚集危害时轻摇杏树，幼虫受惊腹部上翘，发现虫叶，摘除歼灭。

2. 化学防治。虫口密度高时，4月中、下旬或5月中旬喷洒2.5%功夫乳油4000倍液、20%杀灭菊酯乳油2000倍液、2.5%溴氰菊酯乳油3000~4000倍液，防治率可达95%以上。

参考文献

萧刚柔，1995; 赵锦年等，1998.

（赵锦年）

杏突瓣叶蜂（魏美才　提供）

537 伊藤厚丝叶蜂

分类地位 膜翅目 Hymenoptera 叶蜂科 Tenthredinidae

拉丁学名 *Pachynematus itoi* Okutani

英文名称 Larch sawfly

伊藤后丝叶蜂是重要的针叶树食叶性害虫，危害树种较多，给我国北方针叶树造成较大损失。

分布 河北，辽宁，吉林，黑龙江等地。日本，朝鲜，奥地利。

寄主 黄花落叶松、日本落叶松、落叶松、新疆落叶松、长白落叶松。

危害 幼虫群聚取食。2龄开始能把针叶大部分食掉，只留叶脉。幼虫只食簇生叶，不食单生叶。

形态特征 成虫：雌虫体长7～8mm；体黄褐色，具淡黄色绒毛；触角鞭节（或第四至第九节）、围眼区的狭缘、单眼后区侧缝后半部、中胸前盾片上倒三角形斑、中胸盾片两侧"L"形斑、中胸侧板下半部、中胸腹板、后胸盾片两侧、后胸前侧片、后胸后侧片均为黑色；前足、中足基节、腿节、后足均为黑色，基节侧缘、后足腿节端部为黄褐色；翅淡黄色透明，腹部背板1中间、背板2前缘中间黑色，其余黄褐色，背板2～7两侧下弯部分具不明显淡褐色斑。雄虫体长5.5～6.0mm；头黄褐色，上颚端部褐色，口器其余部分黄褐色；头背面、两复眼间（单眼区及单眼后区）具黑斑；胸部黑色，仅前胸背板两侧后缘、翅基片黄褐色（萧刚柔等，1991）。卵：椭圆形，1.46mm×0.58mm。初

伊藤厚丝叶蜂雌成虫（张培毅 绘）

产时黄色，近孵化时黄褐色。**幼虫**：头部亮褐色，身体淡绿色或淡绿灰色，半透明至透明，全身具黑色或褐色斑点，在每一节背线和侧线具四方形斑点，每一斑点下方不规则，在胸部每个斑点下方、足基节具皱褶处有2个几乎上下相连接的不规则卵圆形纵斑，胸足黑色。**蛹**：体长8～9mm。乳白色，复眼红色。**茧**：椭圆形，暗红色（牛延章，王福维，1992）。

生物学特性 东北1年1～3代（萧刚柔等，1991；牛延章，王福维，1992；朱传富等，1994；王志明等，2006；于青，张炜尧，2008）。以预蛹在落叶层下越冬。翌年5月上旬化蛹，5月中旬羽化。第一代卵于6月上旬孵化，7月初可见成虫。第二代幼虫于7月末进入暴食期，第三代幼虫于8月下旬再次进入暴食期。9月中旬幼虫下树结茧于落叶层内越冬。初孵幼虫群集取食，3龄以后分散取食。幼虫喜食老枝条针叶，在树上分布常为团块状。该虫暴发危害期通常为2年，间隔周期为8～10年。人工模拟危害试验结果表明，落叶松一次性失叶，可影响3年材积生长，其中以第二年生长损失最大。受害当年，当失叶率为20%～30%时，落叶松表现出超补偿现象。如果针叶全部被食尽，第二年材积生长损

伊藤厚丝叶蜂成虫（《林业有害生物防治历》）

伊藤厚丝叶蜂幼虫（《林业有害生物防治历》）

伊藤厚丝叶蜂危害状
（《林业有害生物防治历》）

失率最高可达65.6%（王志明等，2006）。

防治方法

1. 人工防治。卵期及初孵幼虫期，对群聚生活的虫体进行人工防治（朱传富等，1994）。

2. 生物防治。保护利用天敌，如短翅田猎姬蜂、大田猎姬蜂、辽宁恩姬蜂、朝鲜卷唇姬蜂、狭颊刻姬蜂、毛面泥甲姬蜂、毛瘤角姬蜂、克禄格翠金小蜂、暗尖胸青蜂、平庸赘寄蝇、扁尾撺寄蝇等（盛茂领等，2002）。

3. 化学防治。40%辛硫磷喷雾，5%来福灵喷烟；20%杀铃脲、10%氯氰菊酯800～1000倍液、50%马拉硫磷乳油800～1000倍液、48%毒死蜱乳油1000倍液、20%杀灭菊酯乳油2000倍液、森得保可湿性粉剂2000～3000倍液、3%高渗苯氧威乳油3000～4000倍液、1.2%苦·烟乳油植物杀虫剂800～1000倍液、25%阿维菌素·灭幼脲Ⅲ号悬浮剂1500～2000倍液喷雾，对伊藤厚丝叶蜂幼虫均有很好的杀虫效果（朱传富等，1994；金美兰，2004）。

参考文献

萧刚柔，黄孝运，周淑芷等，1991；萧刚柔，1992；朱传富，杨文学，王金国等，1994；盛茂领，高立新，孙淑萍等，2002；金美兰，2004；王志明，刘国荣，程彬，2006；于青，张炜尧，2008；盛茂领，孙淑萍，2014.

（张培毅，张真，牛延章，王福维）

538 | 北京杨锉叶蜂

分类地位	膜翅目 Hymenoptera　叶蜂科 Tenthredinidae
拉丁学名	*Pristiphora beijingensis* Zhou et Zhang
英文名称	Poplar sawfly
中文别名	北京杨叶蜂、杨叶蜂

　　北京杨锉叶蜂是杨树苗圃的重要食叶性害虫。取食嫩叶并造成严重危害，影响苗木生长。也能危害大树，但对大树一般不造成严重危害。

　　分布　北京，河北，辽宁等地。

　　寄主　杨。

　　危害　幼虫聚集取食，初孵幼虫使杨树叶边缘呈网洞状，逐渐将整片叶食光，仅留叶主脉。

　　形态特征　**成虫**：雌虫体长5.8～7.6mm；头部、体背面黑色，腹面淡褐色；翅透明，翅膜上密生淡褐色细毛；体被淡色绒毛。雄虫体长4.7～5.9mm，形同雌虫（周淑芷，张真，1993；周淑芷

等，1995）。**卵**：白色，晶莹透明，卵圆形，长约1mm。卵粒在叶缘依次按锯齿间隔排列于叶肉组织中。**幼虫**：初孵幼虫体色透明，头部呈灰色。2龄以后头及胸为黑色，体色黄绿色，且随虫龄增加绿色加深。3龄以后沿背线、亚背线、气门线、气门下线及基线各节分布2～3个黑色毛斑。老熟幼虫体长11～13mm，头宽1.3～1.5mm。**蛹**：淡绿色，足、触角、翅芽白色（周淑芷等，1995）。**茧**：黄褐色，长椭圆形，丝质，长7～10mm。

　　生物学特性　北京1年8～9代。从4月上旬开始有卵出现至10月中旬全部下地结茧越冬，历时6个

北京杨锉叶蜂成虫（张培毅　提供）

北京杨锉叶蜂成虫（张培毅　提供）

北京杨锉叶蜂成虫（张培毅　提供）

北京杨锉叶蜂产卵成虫（张真　提供）

北京杨锉叶蜂卵在叶缘的排列（张培毅　提供）

北京杨锉叶蜂大幼虫（张真　提供）

北京杨锉叶蜂小幼虫（张真　提供）

北京杨锉叶蜂茧及蛹（张真　提供）

北京杨锉叶蜂幼虫（张培毅　提供）　北京杨锉叶蜂茧（张培毅　提供）

北京杨锉叶蜂被蝽敌捕食（张真　提供）

北京杨锉叶蜂幼虫（张培毅　提供）

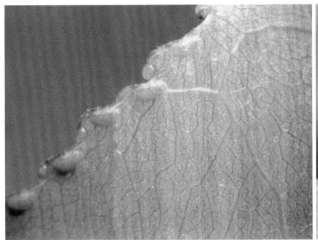
北京杨锉叶蜂卵（张培毅　提供）

北京杨锉叶蜂成虫产卵（张培毅　提供）

月，世代重叠。成虫6:00～18:00活动，交配时间3～226秒，平均81.1秒。可进行孤雌生殖，未交配卵全部发育成雄虫。雌虫多在中午及下午产卵，产1粒卵平均需要46.3秒。雌虫将锯腹片从杨树嫩叶边缘插入叶肉组织中，从叶尖向叶柄依次排列。初孵幼虫即取食叶缘，使杨叶边缘呈网洞状并逐渐枯黄，随着虫龄增加移向中心，3龄后遍及整叶，4龄幼虫转移取食，食尽整株叶片。雄虫4龄，雌虫5龄，未受精卵发育成雄虫。结茧前停食，虫体缩短，结丝质茧。预蛹期1～6天，平均4.11天，蛹期3～7天，平均4.59天。林缘一般受害较重。

防治方法

1. 人工防治。幼虫群集性强，可人工剪除有虫叶片，可起到降低虫口密度、促进苗木生长的作用。

2. 营林措施。白杨派苗木很少受害，而黑杨派苗木受害较重，尽量种植抗性品种可有效抑制该虫发生。

3. 生物防治。采用松毛虫白僵菌（Bt subsp. *dendrolimus*）7×10^{12}孢子/ hm^{2}和库斯达克白僵菌（Bt subsp. *kurstaki*）7×10^{12}孢子/ hm^{2}和斯氏线虫（小卷蛾线虫）*Steinernema fettiae*悬液1500条/mL均能起到良好的防治效果。

4. 化学防治。用拟除虫菊酯类药剂和50%吡虫啉·杀虫单防治（周淑芷等，1995）。

参考文献
周淑芷，张真，1993；周淑芷，黄孝运，张真等，1995；徐公天等，2007.

（张真，王鸿斌）

539 杨黄褐锉叶蜂

分类地位	膜翅目 Hymenoptera　叶蜂科 Tenthredinidae
拉丁学名	*Pristiphora conjugata* (Dahlbom)
英文名称	Poplar sawfly
中文别名	杨黑点叶蜂、杨树斑叶蜂

分布　内蒙古，东北，新疆（乌鲁木齐、伊宁、塔城、阿勒泰、石河子、克拉玛依市）。俄罗斯，意大利，英国，美国。

寄主　特别喜食的树种有：北京杨、黑杨、欧洲山杨、中东杨。一般喜食树种有：旱柳。

形态特征　成虫：雌虫体长7～8mm，雄虫体长5～6mm。翅展12mm。体黄褐色具光泽，被白色短绒毛。唇基前缘平截。复眼和触角黑褐色。头部除上唇、须、上颚基部黄褐色外其他均为黑色。翅半透明，翅膜上密被细毛；翅痣黑褐色，中央深黄色；C脉、R脉、A脉基部淡黄色，其余翅脉黑褐色。腹部黄色，在1～8背片中央有黑斑点。**卵**：椭圆形，长1.3～1.5mm，宽0.3mm，乳白色，表面光滑。**幼虫**：幼虫体长1龄2.5～2.8mm，2龄3.5～4.0mm，3龄5.5～7.0mm，4龄9.0～11mm，老熟幼虫15～17mm。头黑褐色，唇基褐色，平截，上唇黄色。体黄绿色，胸部第三节背面有7排横列的黑斑点，胸足基部褐色，腹部第一至第七节侧面各有5个黑斑点，胸足基部和第一至第七腹足基部各有2个黑斑点。第七、八腹节背面各有2横排小黑斑。**蛹**：体长6.0～7.5mm，绿色。头部橘黄色，复眼赤褐色。触角和胸足乳白色。腹部黄色。**茧**：雌茧长8.0～8.5mm，雄茧长4～6mm。椭圆形。初为灰白色，后为茶褐色。

生物学特性　新疆伊犁1年4～5代。以老熟幼虫在地下2～3cm深的土层中作茧变预蛹越冬。翌年4月上旬化蛹，4月中、下旬成虫羽化产卵。卵在4月底孵化；5月中旬幼虫化蛹，5月下旬羽化。各代成虫期分别为4月中旬至5月上、中旬，5月下旬至6月上旬，6月下旬至7月上旬，8月初至8月下旬，9月上旬至9月下旬。每代历期为25～30天。各代幼虫危害期分别为4月下旬至5月中旬，5月下旬至6月中旬，7月上旬至7月中旬，8月上旬至8月下旬，9月上旬至9月下旬。世代重叠。每年7～9月上旬是主要危害期。9月底、10月初幼虫老熟，开始入土作茧越冬。

每年在4月中旬，当日均温达15℃以上时越冬代成虫开始羽化，雄虫比雌虫早羽化2小时。羽化多在14:00～18:00。羽化时成虫在丝茧壳顶端咬一小孔钻出。刚羽化的成虫体较软弱，在枝条和叶片上来回爬行，以后可短距离飞翔到邻近树上。雄虫比雌虫活跃。飞翔能力弱，但飞翔迅速敏捷。最高能飞2.5m左右。如受惊扰即坠落地面，其腹部朝上，时而发出"吱吱"声，翻过身后即展翅飞逃或爬走。成虫无假死和趋光性，喜取食蜜液补充营养。雌雄性比1:1。羽化当日即可交尾。交尾时间多在12:00～17:00。交尾时常见数头雄虫相争，相互残咬致死，强者得偶。一生仅交尾1次，时间较短。雌虫羽化交尾12小时后即可产卵，多在10:00～12:00。产卵时雌虫体竖立在杨树顶梢叶边缘，用足握住叶片两侧，将产卵器插入叶缘组织内，每产1粒卵后，体

杨黄褐锉叶蜂成虫（徐公天　提供）

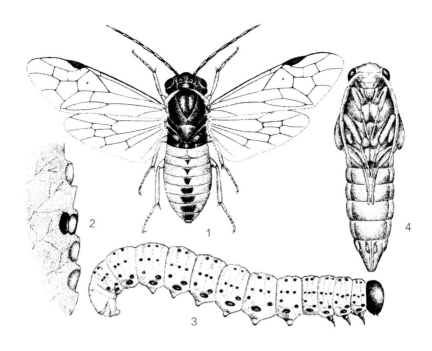

杨黄褐锉叶蜂（张培毅　绘）

1.成虫；2.卵；3.幼虫；4.蛹

稍向前移动再产另一粒卵。产1粒卵需要1～3分钟。每头蜂一生产卵1～3次。每次产卵量不等，平均为59粒（43～75粒），雌虫产卵后一天死亡，寿命2～4天。有孤雌生殖现象，受精的卵与未受精的卵量基本相同。未受精卵发育都为雄蜂。卵产于苗木生长点以下的第三至第六片叶的叶缘齿内，卵成单行整齐排列在叶缘组织内。每片叶上有卵6～28粒。卵期4～5天。孵化率可达90%以上。孵化前卵由乳白色变为灰白，表面十分光亮、饱满。卵孵化后叶缘变黑易干枯，但存卵位置仍保持泡状突起。

初孵幼虫群集成排沿苗木上部的嫩叶边缘取食。将叶缘食成小缺刻。取食时体躯倒立，腹末向下弯曲或尾部翘起。遇惊扰后尾即上举，以示警戒。3～5龄幼虫分散在树冠中下部的叶片上，食叶量很大，常食尽叶肉，仅留叶脉。幼虫有假死和相互残杀的习性，遇惊扰时坠落于地面，10余分钟后才爬走。排粪时停止取食并将尾端翘起。幼虫共5龄，两龄期相隔1～2天。幼虫取食7～10天后老熟，停食并顺着枝条爬下树，钻入树干基部周围疏松的土壤中，在其内吐丝结茧变为预蛹，5～6天后

化蛹。蛹期10～12天。越冬幼虫于10月上旬日均温达15℃以下时，钻入土中结茧变为预蛹至翌年4月初化蛹。

防治方法

1. 营林措施。每年4月中旬以前和10月底，结合深翻土地破坏越冬蛹的生存场所，并清除蛹。

2. 人工防治。人工摘除卵和群集在叶上的初龄幼虫，利用幼虫的假死习性在树下铺塑料薄膜，然后震动树干，收集落树的幼虫沤肥。

3. 生物防治。保护和利用蝎敌*Arma chinensis*捕食叶蜂的卵和幼虫。

4. 仿生药剂防治。施用25%的灭幼脲Ⅲ号胶悬剂或1.8%阿维菌素1500～2000倍液防治3龄以下幼虫。

5. 化学防治。在1、2龄幼虫和成虫期用2.5%溴氰菊酯乳油2000～4000倍液、40%菊杀或菊马乳油2000倍液、50%杀螟硫磷乳油800～1000倍液防治。

参考文献

杨秀元, 1981; 王爱静等, 1983; 萧刚柔, 1992.

（王爱静）

540 落叶松叶蜂

分类地位	膜翅目 Hymenoptera　叶蜂科 Tenthredinidae
拉丁学名	*Pristiphora erichsonii* (Hartig)
英文名称	Larch sawfly
中文别名	落叶松红腹叶蜂

落叶松叶蜂是我国落叶松的重要食叶性害虫，常造成大面积危害。

分布　北京，河北，山西，内蒙古，辽宁，吉林，黑龙江，陕西，甘肃，宁夏等地。俄罗斯，英国，美国，加拿大；北欧，中欧。

寄主　华北落叶松、落叶松。

危害　幼树新梢弯曲，枝条枯死，难于郁闭成林。

形态特征　**成虫**：雌虫体长8.5～10.0mm；体黑色有光泽，腹部背板1～5、背板6前缘为橘黄色。雄虫体长8～9mm（萧刚柔等，1991）。**卵**：长约1.3mm，宽0.4mm，枣核状，初产时为黄白色，孵化前黄绿色。**幼虫**：老熟幼虫体长15～20mm，头宽2～3mm。黑褐色。胸部、腹部背面灰绿色，腹板浅灰色，腹足黑褐色。**茧**：棕色丝茧，长约9～15mm，宽约5mm。**蛹**：体长9～10mm，初为乳白色，羽化前为棕黑色（萧刚柔等，1991；周淑芷等，1995）。

生物学特性　北京1年1代。以预蛹在树冠下及周围的枯枝落叶层和松软的土壤中越冬。翌年5月上旬开始化蛹，5月中旬成虫开始出现，羽化高峰在6月上旬，不同地区和立地条件下发生期略有差异（李惠成等，1992；吴定坤等，1992；周淑芷等，1995）。成虫主要营孤雌生殖，羽化后4小时后即

落叶松叶蜂幼虫（《林业有害生物防治历》）

落叶松叶蜂成虫（《林业有害生物防治历》）

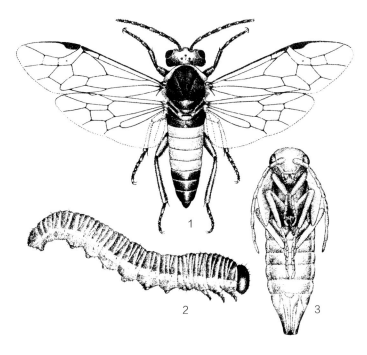

落叶松叶蜂（张培毅　绘）
1. 成虫；2. 幼虫；3. 蛹

可产卵，产卵于新梢端部交错排列成2卵列，卵粒数5～80粒，平均50粒。1头成虫一般在1～5个新梢上产卵，产卵量20～120粒。随着卵粒的发育，新梢逐渐弯曲呈钩状，产卵部位的形成层和韧皮部干裂。卵历期3～10天。初孵幼虫群居危害，取食幼嫩叶肉，形成干枯叶簇。幼虫2龄以后逐渐取食整叶，3龄以后转移到老叶上，从上向下啃食。一般先取食树冠下层针叶，渐次上升至顶梢。虫口密度大时，幼虫将针叶食光，虫体在枝条上缠绕成团。6月下旬幼虫开始下树，7月中旬全部下树结茧。雁北地区化蛹和羽化时间较北京晚10天左右，全部下地越冬时间为8月上旬。幼虫发育的最适温度为16～20℃。树木稀疏，长势较弱的矮林，虫口密度较大，林木受害严重（萧刚柔等，1991；周淑芷等，1995）。

防治方法　在加强监测和预测的基础上（解庆珂，1990），以营造林措施为基础，根据虫情和立地等条件，综合应用人工防治、生物防治和化学防治方法。幼虫取食针叶量40%以上时需要进行防治（李惠成等，1992；李孟楼等，1992）。

1. 营造林措施。营造抗虫树种。加强对落叶松林抚育管理，增强树势，郁闭度保持在0.7～0.8之间（萧刚柔等，1991；李孟楼等，1992）。

2. 人工防治。人工捕杀成虫或幼虫，挖掘虫茧，或在秋季、早春结合抚育除草，将落叶集中销毁（王功，2009）。人工搂树盘暴露越冬预蛹，也能收到好的效果（李惠成等，1992）。

3. 生物防治。保护招引益鸟，采用斯氏线虫（小卷蛾幼虫）线虫*Steinernema fettiae*液（3000条/mL）喷叶防治能起到良好的防治效果。还可用撒布器施放阿维菌素、Bt、森得保粉剂灭虫药包防治幼虫（夏固成等，2009）；在松叶蜂老熟幼虫期下地结茧越冬时喷雾和喷洒白僵菌菌粉或洒拟青霉菌粉进行防治（陶文科，韩崇选，2008）。

4. 化学防治。可用菊酯类和灭幼脲类农药喷雾防治或施放烟雾剂防治（李惠成等，1992；周淑芷等，1995；王功，2009）。

参考文献

解庆珂，1990；萧刚柔等，1991；李惠成等，1992；李孟楼等，1992；吴定坤等，1992；萧刚柔，1992；周淑芷等，1995；王功，2009；夏固成等，2009.

（张真，王鸿斌，李惠成，王建中）

541	杨扁角叶蜂	分类地位	膜翅目 Hymenoptera　叶蜂科 Tenthredinidae
		拉丁学名	*Stauronematus compressicornis* (F.)
		异　名	*Lygaeonematus compressicornis* (F.)
		中文别名	杨直角叶蜂、杨黄足叶蜂、山杨绿叶蜂、杨黑叶蜂、青杨绿叶蜂

分布　内蒙古，辽宁，吉林，黑龙江，新疆（伊犁、塔城、阿勒泰、石河子）。俄罗斯，日本，朝鲜，英国。

寄主　特别喜食的树种有：北京杨、钻天杨、小叶杨、小青杨、中东杨。一般喜食树种有：旱柳。

形态特征　**成虫**：雌虫体长7～8mm，雄虫体长5～6mm。黑色，有光泽，被稀疏白色短绒毛。触角褐色，侧扁，第三至第八节各节端部下面加宽，呈角状。前胸背板、翅基片黄色。翅透明，翅痣黑褐色，翅脉淡褐色。足黄色，后足胫节及跗节尖端为黑色。爪的内、外齿平行，基部膨大，为一宽基叶。锯鞘约达到尾须末端，约与基跗节等宽，圆形，末端尖，侧边着生长而弯曲刚毛。**卵**：椭圆形，长1.3～1.5mm，宽0.3mm。乳白色。表面光滑。**幼虫**：初孵幼虫体鲜绿色，体长1.8～2.0mm，以后2～5龄分别为2.5～3.5mm，4.0～4.5mm，9.0～11.0mm，12.0～14.0mm。头黑褐色，头顶绿色，唇基前缘平截。胸部每节两侧各有4个黑斑，胸足黄褐色，体上有许多不均匀的褐色小圆点。**蛹**：体长6.0～7.5mm，灰绿色，头部橘黄色。口器、触角、翅、足乳白色。腹部第一至第八节背面后缘绿色。**茧**：雌茧长7～8mm，雄茧长4～6mm。初期为乳白色，后期为茶褐色。

生物学特性　新疆伊犁1年4～5代。以老熟幼虫在地下2～3cm深的土层中作茧变预蛹越冬。翌年4月上旬化蛹，4月中、下旬成虫羽化产卵。卵4月底

杨扁角叶蜂成虫（徐公天　提供）

孵化；5月中旬幼虫化蛹，5月下旬羽化。各代成虫期分别为4月中旬至5月上、中旬；5月下旬至6月上旬；6月下旬至7月上旬；8月初至8月下旬；9月上旬至9月下旬。每代历期均为25～30天。各代幼虫危害期分别为4月下旬至5月中旬，5月下旬至6月中旬；7月上旬至7月中旬；8月上旬至8月下旬，9月上旬至9月下旬。世代重叠。每年7月至9月上旬是主要危害期。9月底、10月上旬幼虫老熟后下树开始入土越冬。

每年在4月中旬，当日平均气温达15℃以上时越冬代成虫开始羽化，成虫多在午后羽化。羽化很整齐，一般1～2天内全都出土。羽化时成虫在茧壳顶端咬1个孔径2.8mm小孔，然后钻出。雄成虫比雌成虫早羽化2小时。刚羽化的成虫体较软弱，在枝条上爬行，取食枝条和嫩叶上的黏液，并可做短距离飞翔到邻近树上继续爬行。飞翔能力弱，最高为2.5m，但迅速敏捷。如遇惊扰坠落地面，多腹部朝上，拼命挣扎，并发出"吱吱"声，一旦翻身，即展翅飞逃。雌虫出茧后，当日就可交尾、产卵。交尾时间多在12:00～17:00。交尾时常见数头雄虫相争，相互残咬致死，强者得偶。一生仅交尾1次，

时间较短。能孤雌生殖。受精的卵与未受精的卵量基本相同。但未受精卵都发育为雄蜂。产卵多在每天10:00～16:00。每产1粒卵需1～3分钟。产卵时身体贴在叶片上，将卵产在幼树顶端嫩叶背面的叶脉或叶脉两侧的表皮组织内，在叶脉上形成月牙形突起。1头雌虫可在5～6片叶上产卵。每片叶上最少产卵3粒，最多15粒。每2粒卵间隔2mm。每雌虫一生能产卵30～60粒。雌虫产卵1天后死亡，寿命最长4天。雄虫寿命最长3天。雌雄性比为1:1。卵期4～6天。

刚孵化的幼虫，先取食卵壳上的黏液，半日后取食叶脉附近的叶肉，使叶表面出现小圆洞，然后用胸足和臀足沿圆洞边缘握住叶片，其腹足随着腹部翘起，体呈倒"S"形。幼虫由主、侧脉两侧的圆洞向叶缘取食，食尽叶肉，仅留叶脉。1～2龄幼虫常5～6头群集在一片嫩叶上取食，3～5龄幼虫分散取食。幼虫有假死性，遇惊扰后尾部上举或坠落地面，身体弯曲不动，10多分钟后再爬行。幼虫取食时先从口器中吐出白色泡沫状液体，凝固成蜡丝。蜡丝长约3mm，每2根相距约1mm。蜡丝留于食痕附近周围，排成1～3列，形似护栏杆。幼虫排粪时停

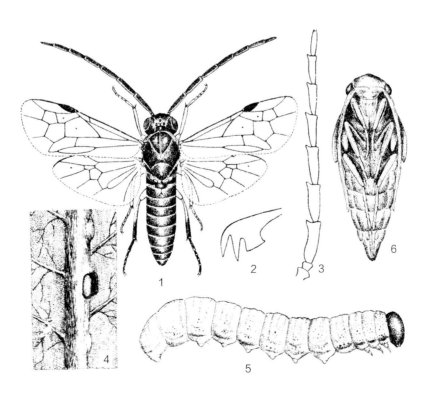

杨扁角叶蜂（张培毅 绘）

1.成虫；2.爪；3.触角；4.卵；5.幼虫；6.蛹

杨扁角叶蜂幼虫（徐公天　提供）

杨扁角叶蜂幼虫取食杨树叶（徐公天　提供）

杨扁角叶蜂茧（徐公天　提供）

止取食，尾部翘起，摆动腹部，排出黑绿色粪便。幼虫共5龄。龄期多为1～2天。幼虫每次蜕皮后先吃掉蜕皮壳，然后再取食叶片。经7～10天后，幼虫老熟停食，顺着枝条下树，钻入树基周围地下2～4cm深的疏松土层中或枯枝落叶下吐丝作茧。作茧时先吐丝作茧筒，然后作茧盖。作茧需8～12小时。幼虫变预蛹在丝茧内体缩短弯曲，5～6天后化蛹。幼虫期8～20天。蛹期6～18天。越冬幼虫于10月上旬当日平均气温达15℃以下时下树，在树干基部土壤中结茧至翌年3月底、4月上旬化蛹。该虫常与杨黄褐锉叶蜂混同危害。

防治方法

1. 营林措施。每年4月中旬以前和10月底，结合深翻土地破坏越冬蛹的生存场所，并清除蛹。

2. 人工防治。人工摘除卵和群集在叶上的初龄幼虫，利用幼虫的假死习性在树下铺塑料薄膜，然后震动树干，收集落树的幼虫来沤肥。

3. 生物防治。保护和利用蜀敌捕食叶蜂的卵和幼虫。

4. 仿生药剂防治。施用25%的灭幼脲Ⅲ号悬浮剂或1.8%阿维菌素1500～2000倍液防治3龄以下幼虫，喷一次即可，施药时要注意喷布均匀。

5. 化学防治。在1、2龄幼虫和成虫期用2.5%的溴氰菊酯乳油2000～4000倍液、40%菊杀或菊马乳油2000倍液、50%杀螟硫磷乳油800～1000倍液防治。

参考文献

杨秀元, 1981; 王爱静等, 1983; 萧刚柔, 1992.

（王爱静）

542	板栗瘿蜂

分类地位	膜翅目 Hymenoptera　瘿蜂科 Cynipidae
拉丁学名	*Dryocosmus kuriphilus* Yasumatsu
英文名称	Chestnut gall wasp

分布　北京，天津，河北，辽宁，江苏，浙江，安徽，福建，江西，湖北，湖南，山东，河南，广东，广西，陕西等地。日本，朝鲜。

寄主　板栗、茅栗、锥栗。

危害　受害芽春季形成瘤状虫瘿，不能抽新梢和开花结实。发生严重时，枝条也同时枯死。栗树经此虫危害后，往往若干年产量难以恢复。

形态特征　**成虫**：体长2.5～3.0mm，黑褐色具光泽。触角14节，柄节、梗节较粗。小盾片近圆形，向上隆起。产卵管褐色，紧贴腹末腹面中央。足黄褐色。**卵**：椭圆形，乳白色。长0.15～0.17mm，卵末端有细柄，柄长0.5～0.7mm，柄的末端略膨大。**幼虫**：老熟幼虫长约2.5～3.0mm，乳白色，近老熟时黄白色。口器茶褐色，体光滑，胸腹部节间明显。**蛹**：体长2.5～3.0mm，初化蛹乳白色，近羽化时全体黑褐色，复眼赤色。

生物学特性　1年1代。以初孵幼虫在芽内越冬。在江苏南部，4月上旬栗芽萌动，幼虫活动取食，被害芽即逐渐形成瘿瘤，瘿瘤颜色自翠绿色至赤褐色，略为圆形，大小视寄生的幼虫数而定，一般长径1.0～2.5cm，短径0.9～2.0mm；瘿瘤内后期虫室长1.0～3.1mm，宽1～2mm，室壁木质化，坚硬。每瘿内幼虫数1～16头，以2～5头为多。幼虫在瘿内生活30～70天，一般50天左右，4月下旬起幼虫逐渐老熟，5月上旬蛹初见，5月下旬为化蛹盛期。成虫最早于6月上旬羽化，6月中旬为羽化盛期。成虫在瘿瘤内羽化后停留10～15天，咬成宽约1mm的虫道爬出。在江苏，成虫出瘿大部分集中在6月下旬，飞翔能力弱，多在树上爬行，晚间停歇于栗叶反面，无趋光和补充营养习性。寿命最长5.5天，最短0.5天，平均3.1天，无雄虫。行孤雌生殖。成虫6:00～17:00均可产卵，每次产卵2～4粒。卵产于芽内。取脱瘿雌虫检查：每雌怀卵量约200粒。8月下旬大部分幼虫孵化。初孵化幼虫在芽内花、叶原基

板栗瘿蜂成虫（李镇宇　提供）

组织上进行短时间摄食，形成较虫体稍大的虫室，虫室边缘组织肿胀，10月下旬幼虫即在芽内越冬。

天敌、降水是影响此虫数量消长的重要因素。降水多对此虫不利。

已发现的寄生性天敌中，小蜂类有中华长尾小蜂、葛氏长尾小蜂、尾带旋小蜂、杂色广肩小蜂、双刺广肩小蜂、栗瘿蜂绵旋小蜂、栗瘿旋小蜂、斑翅大痣长尾小蜂、日本大痣长尾小蜂等24种。茧蜂5种、姬蜂1种（黄竞芳等，1988）。其中以中华长尾小蜂分布较广，北至北京、天津、河北，西至陕西，南迄浙江、江西。此蜂1年1代，以老熟幼虫在瘿内越夏越冬。翌春9.10℃±0.33℃时恢复发育，成虫羽化后产卵于瘿内瘿蜂幼虫体上，一生仅食1头幼虫。河北省迁西县干柴峪大队1978年栗瘿蜂危害梢率为56.83%，中华长尾小蜂寄生率为7.03%。1979～1982年调查，中华长尾小蜂寄生率分别上升到63.23%、81.15%、68.85%、67.7%，栗瘿蜂危害梢率则分别下降为24.24%、9.9%、5.0%、1.2%，中华长尾小蜂也把栗瘿蜂的危害，控制到最低水平。

瘿蜂成虫期降水的多少和持续日数对此蜂的发生也有明显影响。降水时，虫瘿含水量高，成虫自蛹室咬孔外出时，常被水浸透，或被潮湿的碎屑裹身，死于羽化虫道或虫孔中。已出瘿的成虫也常因翅被雨水浸湿死亡。降水强度大，成虫死亡多，当年新芽有卵率和翌年虫瘿发生数减少。南京东善桥林场，1963年板栗被害率为67.05%，当年成虫期降水93.2mm，秋季检查，芽的有卵率为20.34%。

不同寄主间的被害率和各虫态的发生期也有差异。同一林分内，以实生栗受害最重，依次为茅栗、嫁接栗，锥栗被害期最短。虫瘿出现期在嫁接栗中的早熟品种为4月初，晚熟品种为4月中旬。成虫出现期，同一林分中，当实生栗成虫出瘿率达65.49%时，嫁接栗仅为7.98%；不同品种间也有差异，'真良乡'品种6月下旬成虫出瘿率达71.95%时，'重阳红'品种仅为43.96%。

防治方法

1. 检疫措施。该蜂系以幼虫在芽内越冬，易随苗木及接穗外运而传播蔓延，新发展板栗地区应避免自虫害地采集接穗、购运苗木。

2. 人工防治。幼龄栗园可于5月底前人工摘除瘿瘤。根据小蜂在枯瘿内越冬的习性，可采取易地移植、填充，以增加天敌基数。

3. 化学防治。6月上旬和中旬，分别喷洒2次50%杀螟硫磷500倍液，防治效果可达90%以上；也可在成虫出瘿盛期喷洒25g/L高效氯氟氰菊酯乳油2000倍液或2.5%溴氰菊酯3000倍液，防治效果可达82%～89.37%。成虫期用10%吡虫啉可湿性粉剂0.5g/L（氯代烟碱类内吸杀虫剂）喷洒树冠，翌年栗树上栗瘿蜂虫口减退率可达89.65%（易叶华，2004）。

4. 营林措施。被害严重、结实锐减时，亦可施行短截更新。根据该蜂不产卵于休眠芽的特性，冬季将1年生枝休眠芽以上部分悉数剪去，1年后即可恢复结果。

参考文献

孙永春等，1965；志村勋，1979；敖贤斌等，1980；张昌辉，1983；骆有庆，1985；河野喜幸，1986；黄竞芳等，1988；魏立邦，1990；李成伟，1998；易叶华，2004；童新旺等，2005；任爽，2009。

（孙永春，徐福元，蒋平）

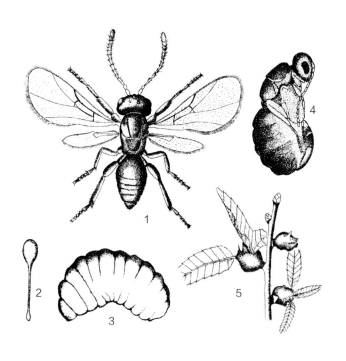

板栗瘿蜂（徐天森 绘）
1.成虫；2.卵；3.幼虫；4.蛹；5.危害状

543 柳杉大痣小蜂

分类地位 膜翅目 Hymenoptera 大痣小蜂科 Megastigmidae

拉丁学名 *Megastigmus cryptomeriae* Yano

柳杉大痣小蜂是危害柳杉种子的一种重要的果实害虫，以幼虫钻入柳杉健康种子，蛀空胚乳，导致种子中空，使其失去发芽率。

分布 浙江（文成、泰顺、瑞安、永嘉、青田、临安），福建，江西，湖北，台湾。日本。

寄主 柳杉、日本柳杉等。

危害 以幼虫钻入柳杉健康种子，蛀空胚乳，导致种子中空。

形态特征 **成虫**：雌虫体长2.4～2.8mm，前翅长2.1～2.5mm，其前缘上有1个黑色膨大如瘤的翅痣。头顶隆起，具细横刻条。胸部长为宽的2倍，前胸背板长为宽的1.1～1.3倍，前缘稍凹，布满细横皱并散生黑刚毛，中胸盾片中叶具前端叠瓦状细横刻纹，后端具皱纹，前翅基室在端部具毛，下方几乎被肘脉上的1列毛所封闭，前缘室上表面端部有1列毛，下表面在基半部有1列毛，端部毛多。雄虫体长2.1～2.6mm，前翅长2.1～2.2mm，其前缘有一翅痣，胸部细，长为宽的2.3～2.6倍，前胸背板在前方明显变窄，单眼区有黑褐色斑。腹部各节背板上方黑色，或仅在第二至第五节有暗色宽带。**幼虫**：乳白色，体长2.0～2.8mm，呈"C"形弯曲，体躯中部粗两端细，背缘光滑无瘤突，上颚长三角形，有4～5个端齿。**蛹**：体长2～2.8mm，乳白色，复眼红色，即将羽化时蛹体呈黄褐色。

生物学特性 浙江1年1代。以老熟幼虫在野外残留种子内或仓储种子内越冬，翌年3月上旬越冬幼虫开始活动，虫粪排尽后开始化蛹，3月中、下旬为化蛹盛期，4月中旬末或下旬初至5月上旬末或中旬初为成虫羽化期，盛期为4月下旬。幼虫5月中旬开始孵化，蛀入到当年新生的幼果内食种仁，吃尽种仁后发育为老熟幼虫，并开始滞育。1头幼虫一生只危害1粒种子，无转移取食习性。

防治方法

1. 加强检疫。在柳杉种子调运时，若发现种子带有柳杉大痣小蜂，可用溴甲烷、磷化铝等熏蒸剂在室内密闭条件下或室外塑料薄膜密闭覆盖熏蒸处理，将害虫杀死。

2. 清除林地虫源。结合每年采种，将树上和地上的当年生球果采光，清除带虫越冬的种子，以减少虫源。

3. 温水浸种。用50～60℃温水浸种15分钟，可将种子内柳杉大痣小蜂幼虫或蛹杀死，且不影响种子发芽率。

4. 药剂防治。对受害严重的柳杉林分可在柳杉大痣小蜂羽化期间喷洒甲氨基阿维菌素等药剂防治。

参考文献

何俊华, 1984; 章今芳, 1989; 杨少丽等, 1997.

（蒋平，何俊华，徐德钦）

柳杉大痣小蜂雌成虫（李镇宇 提供）

544 桉树枝瘿姬小蜂

分类地位	膜翅目 Hymenoptera　姬小蜂科 Eulophidae
拉丁学名	*Leptocybe invasa* Fisher et La Salle
英文名称	Blue gum chalcid
中文别名	姬小蜂

分布　福建，江西，广东，广西，海南等地。伊朗，伊拉克，黎巴嫩，柬埔寨，印度，越南，老挝，以色列，约旦，叙利亚，泰国，土耳其，乌干达，肯尼亚，坦桑尼亚，阿尔及利亚，摩洛哥，南非，法国，意大利，希腊，西班牙，葡萄牙，新西兰，澳大利亚，美国。

寄主　葡萄桉、苹果桉、赤桉、蓝桉、西达桉、巨桉、大叶桉、柳桉、细叶桉、多枝桉、尾叶桉、灰桉、银叶山桉、巨圆桉、窿缘桉、巨尾桉。

形态特征　成虫：雌虫体长1.1～1.4mm，头部及身体均为棕色，并伴有蓝色至绿色金属光泽；触角柄节黄色，梗节长度约为柄节的一半，鞭节由棕色到浅棕色，包括4个环状节、3个索节和3个棒节，其中棒节、索节长方形；单眼三角区周围有1个深沟；口器边缘由浅棕色到黄色；前足基节黄色，中足和后足颜色与体色相同，腿节和跗节黄色，最后1节跗节棕色；腹部短，卵圆形，肛下板延伸到腹部的一半，产卵器鞘短，不到腹部末端。雄虫体长0.8～1.2mm，头部和中体棕色，并带有蓝色到绿色金属光泽；腹部棕色，背侧有浅浅的金属光泽；腿节浅黄色，中足和后足的基有金属光泽；触角的柄节黄色、长是宽的3倍，梗节黄色、长是宽的1.5倍，基部背侧颜色较深，索节和棒节黄色，棒节长是宽的2.5倍，索节有一些额外的长刚毛。

生物学特性　广西1年5～6代，世代重叠。以幼虫在虫瘿内越冬，2月下旬成虫羽化出孔。主要出孔时间为8:00～14:00，占全天的87%，每一雌虫平均怀卵量173粒，自然状态下平均139粒。该虫多为孤雌生殖，也可进行两性生殖，雌雄性比为（150～200）:1，在广西博白雄成虫达1%以上。

该虫对桉树危害有3种情况：一种是不入侵，第二种是入侵后形成产卵刻痕或只产生异形枝叶，第

桉树枝瘿姬小蜂成虫（王缉健　提供）

桉树枝瘿姬小蜂危害的桉树（王缉健　提供）

桉树枝瘿姬小蜂危害桉树（王缉健　提供）

桉树枝瘿姬小蜂羽化孔（王缉健　提供）

桉树枝瘿姬小蜂在桉树上的虫瘿（王缉健　提供）

三种是形成虫瘿，对寄主造成严重的危害。如巨圆桉无性系DH201-2受害比例最大。从同样长度的虫瘿羽化出来的小蜂数量最多。

该虫对1～3年生幼树危害较重，主要危害桉树叶和嫩茎，常在叶脉、叶柄和幼嫩枝条上产卵并在体内完成发育过程，寄主会形成明显的虫瘿，虫口高时可导致树叶弯曲，树叶和嫩枝表面布满瘤状突起，生长受阻或停止生长，顶梢枯死，甚至落叶和死亡。

防治方法

1. 加强检疫工作，严禁带有桉树枝瘿姬小蜂的苗木运输到无此虫地区种植。

2. 种植抗虫桉，如大叶斑皮桉、柠檬桉、方格皮桉、大花序桉、粗皮桉、小帽桉、弹丸桉、大叶桉、小套桉、蓝桉、谷桉、马六甲桉和多果桉，受害较轻。

3. 利用黄色粘虫胶板可大量诱杀成虫，效果可达81%。

4. 化学防治。用40%虫瘿灵乳油1∶300倍液防治，30天后虫瘿内幼虫死亡率达90%；用0.02%吡虫啉溶液喷雾，15～20天后再喷1次。

5. 保护长尾啮小蜂。多种蜘蛛捕食该虫，也有螨类捕食成虫，应加以保护。

参考文献

陈尚文，梁一萍，杨秀好等，2009；常润磊，周旭东，2010；王缉健等，2010；吴耀军，李德伟，常明山等，2010；罗基同，蒋金培，王缉健等，2011；王缉健等，2011.

（王缉健，李镇宇）

545 刺桐姬小蜂

分类地位	膜翅目 Hymenoptera　姬小蜂科 Eulophidae
拉丁学名	*Quadrastichus erythrinae* Kim
英文名称	Erythrina gall wasp

分布　福建，广东，广西，海南，台湾等地。毛里求斯，留尼汪岛（法属），美国，新加坡，印度，泰国，菲律宾，萨摩亚群岛（美属），关岛（美属）和日本。

寄主　刺桐、杂色刺桐、金脉刺桐、珊瑚刺桐（龙牙花）、鸡冠刺桐（美丽刺桐）、黄脉刺桐、毛刺桐、马提罗亚刺桐等。

形态特征　**成虫**：雌虫身体黑褐色，间有黄色斑；头黄色，颊后棕色；单眼3个，红色，略呈三角形排列；前胸背板黑褐色，有3~5根短刚毛，中间具1个凹形浅黄色黄斑，小盾片棕黄色，具2对刚毛，少数3对，中间有2条浅黄色纵带；翅无色透明，翅面纤毛黑褐色，翅脉褐色；前、后足基节黄色，中足基节浅白色；腹部背面第一节浅黄色，第二节浅黄色斑从两侧斜向中线，止于第四节；肛门板较长，可达腹部长度的0.8~0.9倍，达到了腹部第六节的内缘。雄虫体白色至浅黄色，有棕色斑；头和触角浅黄色；单眼3个，红色，略呈排列；前胸背板暗褐色，中部有浅黄色白斑，小盾片浅黄色，中间有2条浅黄白色纵线；足全部黄白色；腹部上半部浅黄色，下半部深褐色。

生物学特性　1年可发生多代，在深圳1年9~10代，世代重叠。成虫羽化不久即可交配。雌虫产卵于寄主新叶、叶柄、嫩枝或幼芽表皮组织内，幼虫孵出后在该组织内取食，形成虫瘿。大多数虫瘿内只有1头幼虫，少数虫瘿内有2头幼虫。幼虫在虫瘿内完成发育并化蛹，成虫从羽化孔内爬出。生活周期短，一个世代大约1个月，繁殖能力强，一旦树木受害，短期内便会扩散到全株。

防治方法

1. 加强检疫措施，严禁带虫苗木外运。

2. 冬季刺桐姬小蜂在树上越冬，可剪除带虫瘿的叶、叶柄、嫩枝等集中烧毁，清除虫源。

3. 成虫有趋光性，可用杀虫灯诱杀成虫，1hm^{2}设1个灯。

4. 成虫期用2%阿维菌素乳油1000倍液，幼虫期用10%吡虫啉3000倍液、50%吡虫啉·杀虫单、5%甲维盐4000倍液喷雾防治。

参考文献

蒋青，梁忆冰，王乃杨等，1994；黄蓬英，方元炜等，2005；杨伟东，余道坚等，2005；陈小军，徐汉虹，杨益众，王爽，2010；国家林业局森林病虫害防治总站，2010.

（熊惠龙，李镇宇）

刺桐姬小蜂危害状（李镇宇　提供）

刺桐姬小蜂雄成虫（李镇宇　提供）

刺桐姬小蜂雌成虫（李镇宇　提供）

546	竹瘿广肩小蜂	分类地位	膜翅目 Hymenoptera 广肩小蜂科 Eurytomidae
		拉丁学名	*Aiolomorphus rhopaloides* Walker
		中文别名	竹广肩小蜂

分布 江苏，浙江，安徽，福建，江西，湖北，湖南。日本。

寄主 毛竹、箭竹、苦竹、黄皮竹和水竹。

危害 在毛竹当年的小年竹老叶脱落完毕、新叶芽萌动膨大成形后，成虫在叶芽基部产卵，每芽被产卵1～3粒，最终1个叶柄内能保存1头幼虫，成虫产卵较集中，1个竹小枝的叶芽基本上都能被产卵。幼虫在叶柄中取食，被害叶柄受刺激逐渐增生、增长、增粗、畸形膨大，幼虫在虫瘿中取食叶柄内壁。在虫口密度大时，毛竹叶柄大多被害，造成竹枝负重过大、弯梢、落叶、竹枯，竹材利用率下降，竹林翌年出笋减少。

形态特征 **成虫**：体长7.50～8.52mm，黑色，有光泽，散生灰黄白色的长毛。头横置，略宽于胸，上颚、下唇须红褐色；复眼黑色，单眼呈钝三角形排列，黑褐色；触角长，11节，鞭状，着生颜面中部，柄节、梗节、棒节末端红褐色。胸部厚实略膨起，背板密刻点，前胸大，宽为长的1.5倍，中胸盾纵沟明显；并胸腹节平坦下凹有中纵沟。翅透明，淡黄褐色，翅基片、翅脉红褐色，前翅痣脉长约为缘脉的一半，后缘脉略短于缘脉，为痣脉的1.6～1.7倍。腹面橙黄色。**卵**：长卵圆形，长0.5～0.6mm，宽0.13～0.18mm。一端略钝，一端略尖。初产时白色，孵化前变为淡黄色。**幼虫**：初孵幼虫体长0.8～1.0mm，乳白色。幼虫5龄，各龄幼虫头壳宽分别为0.04、0.17、0.29、0.42、0.54mm。老熟幼虫体长7～9mm，体乳白色，被短绒毛，口器黑褐色。**蛹**：体长7.5～9.5mm，初化蛹乳白色，羽化前头、胸及腹部背面黑色。

生物学特性 1年1代。在浙江以蛹越冬，翌年2月中旬成虫开始羽化，3月中、下旬为羽化盛期，4月中旬羽化完毕，羽化后成虫在虫瘿中静息。3月中、下旬日平均气温持续稳定在10℃以上，成虫开始出瘿，3月底、4月初出瘿最盛，5月上旬终见。卵期出现于3月底至5月上旬。幼虫4月初始见，4月下

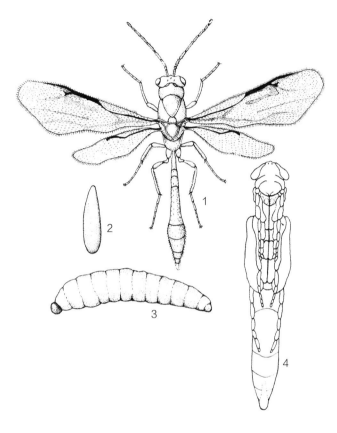

竹瘿广肩小蜂（李友恭 绘）
1. 成虫；2. 卵；3. 幼虫；4. 蛹

竹瘿广肩小蜂成虫（徐天森 提供）

竹瘿广肩小蜂危害后呈膨大状的小枝（徐天森　提供）

竹瘿广肩小蜂危害的毛竹叶柄（徐天森　提供）

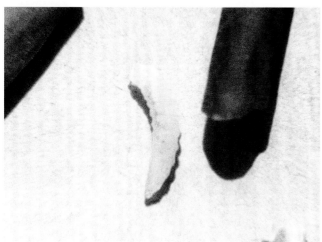

竹瘿广肩小蜂幼虫（徐天森　提供）

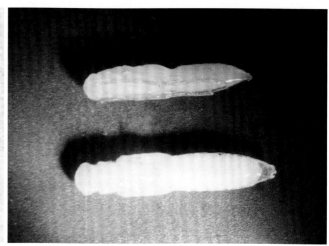

竹瘿广肩小蜂蛹（徐天森　提供）

旬至5月初盛发，9月上、中旬幼虫老熟，并开始化蛹越冬。

防治方法　保护天敌。在竹瘿广肩小蜂的虫瘿中，最常见的是竹瘿歹长尾小蜂，其他还采集到点腹刻腹小蜂、竹瘿长角金小蜂、中华大痣小蜂、纹黄枝瘿小蜂、栗瘿旋小蜂等寄生性小蜂。

参考文献

福建林学院森保教研组, 1977; 刘永正, 1979; 徐天森等, 2004.

（徐天森，王浩杰，李友恭，刘永正）

547 落叶松种子小蜂

分类地位 膜翅目 Hymenoptera 广肩小蜂科 Eurytomidae

拉丁学名 *Eurytoma laricis* Yano

分布 山西，内蒙古，辽宁，吉林，黑龙江等地。俄罗斯，蒙古，日本。

寄主 落叶松、日本落叶松、长白落叶松、华北落叶松的种子。

形态特征 **成虫**：雌虫体长3mm左右，体黑色，无金属光泽。复眼赭褐色。口部、足的腿节末端、胫节、跗节黄褐色。头部、胸部、腹部末端以及足和触角上密生白色细毛。头球形，略宽于胸。单眼3个，呈矮三角形排列。触角着生于颜面中部，位于复眼下缘连线的上方，11节；柄节长，梗节短，环节小，索节5节，均长大于宽，第四、五索节近方形，棒节3节，几乎愈合在一起。胸部长大于宽；前胸略窄于中胸；小盾片膨起，卵圆形。前翅长过腹，长约为宽的2.5倍；缘脉长约为痣脉的2倍；后缘脉略长于痣脉；痣脉末端膨大，呈鸟首状。翅面上均匀地布有细毛。后翅缘脉末端具翅钩3个。后足胫节背侧方及第一、第二跗节上具有较粗壮的银灰色刚毛，在胫节上的刚毛排列成1列。腹部显著侧扁，长于头胸合并之长，第四腹节最长。产卵器鞘突出与腹末数节共同形成略微上翘的犁状突起。雄蜂略小于雌蜂，体长2mm左右，触角和腹部的形状与雌蜂不同。触角10节；索节5节，呈斧状，向一侧突出；棒节2节几乎愈合在一起。后腹部第一节很长，呈柄状，其余部分近球形。**卵**：长径约0.1mm。乳白色，长椭圆形。有1根略长于卵的白色卵柄。**幼虫**：体长2～3mm，白色，蛆状，呈"C"形弯曲，无足，头部极小，上颚发达，前端红褐色。**蛹**：体长2～3mm，乳白色，复眼红色，近羽化时蛹体变为黑色。

生物学特性 由于此蜂幼虫有滞育性，故一年发生的代数较为复杂，有1年1代、2年1代和3年1代的。以老熟幼虫在种子内越冬。翌年5月上旬幼虫开

落叶松种子小蜂成虫
（李镇宇 提供）

1mm

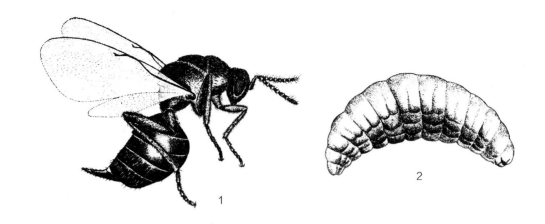

落叶松种子小蜂（张培毅　绘）

1.成虫；2.幼虫

始化蛹，但继续滞育的幼虫则不化蛹，仍以幼虫在种子内越过第二个甚至第三个冬天。6月上旬成虫开始羽化，6月中、下旬为羽化盛期，6月中旬在幼嫩的球果上产卵，7月上旬幼虫孵化，蛀入种子内取食种仁。

每粒种子内只有1条幼虫，每条幼虫一生只食害1粒种子，无转移危害的习性。被害种子外表看不出任何被害痕迹，直至成虫羽化，从种子内向外咬一小孔飞出时方可见到。羽化孔圆形，边缘较为整齐。成虫在一天内各个时刻都有羽化，但以早晨居多。成虫在种子内形成后，大部分都能咬破种皮而飞出，但也有少部分成虫无力咬破种皮而死在种子内的。羽化初期雄蜂多于雌蜂，后期雌蜂多于雄蜂。室内将成虫以糖水饲养，其寿命较长，雌蜂为17～34天，雄蜂为14～18天。

在大兴安岭林区实地调查发现，山腰比山脚和山顶受害重，阳坡比阴坡受害重，成熟林比幼林受害重。

参考文献

高步衢等，1983；廖定熹等，1987.

（高步衢）

548 桃仁蜂

分类地位 膜翅目 Hymenoptera 广肩小蜂科 Eurytomidae
拉丁学名 *Eurytoma maslovskii* Nikolskaya
中文别名 太谷广肩小蜂

桃仁蜂是桃、杏的重要果实害虫，主要以成虫产卵造成落果和幼虫取食果仁造成危害，山桃果平均被害率92.8%，单株最高被害率100%；山杏果平均被害率49.3%，单株最高被害率98.7%，严重影响鲜果及果仁产量。以幼虫在被害果核内借助果核的调运进行远距离传播。为河北省和山东省补充的森林植物检疫对象。

分布 北京，天津，河北，山西，内蒙古，辽宁，山东，河南等地。俄罗斯，朝鲜，日本，印度。

寄主 杏、山杏、大扁杏、桃树、山桃、红花山桃、白花山桃、梅、李。

危害 成虫产卵时产卵管依次刺穿果肉、核皮和仁皮，桃果外果皮刺入点常流胶，杏果不流胶；在乳白色仁皮上留下褐色小点。60.9%的被害果在成虫产入卵后不久（幼虫孵化前）即干瘪脱落，不脱落的被害果果仁逐渐被幼虫食光，仅留下残缺不全的仁皮，并干缩成灰黑色的僵果。

形态特征 **成虫**：桃仁蜂成虫雌雄异型，雌虫体长4.83～8.01mm，平均7.1mm，胴体黑色。头、胸密布刻点和白色细毛，触角膝状，周生褐色细毛，柄节长，梗节短，鞭节7亚节；前翅部分透明，中间褐色，有疏生褐色短毛，起伏不光滑，翅脉简单，近前缘有1条褐色粗脉，伸至中部变曲向前缘而后分叉，翅面有明显褐痕2条，翅边缘线明显；后翅淡褐色透明，前半翅有起伏，不光滑，后半光滑，近前缘有1条黄褐色粗脉，各足腿节端部、胫节两端跗节为黄褐色，足基节粗大，布有不规则的刻点，腿节近端部略膨大，跗节5节，端生2爪，中垫近椭

桃仁蜂成虫（李镇宇 提供）

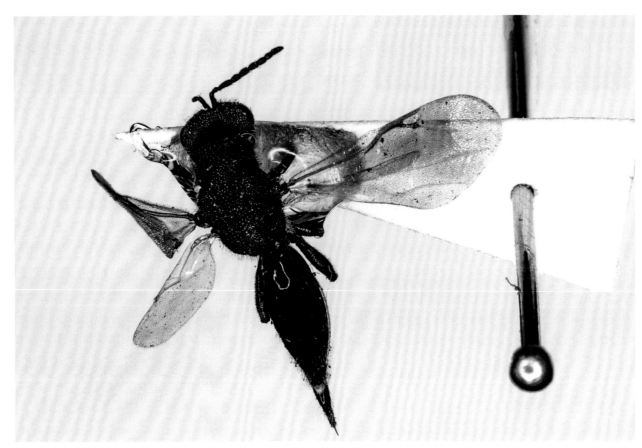

桃仁蜂成虫（李镇宇　提供）

圆形略与爪等长。腹部肥大似纺锤形，腹末端着生白色长毛，侧扁较光滑，除并胸节外可见8节，产卵器从第四节腹面一部分露出，直至超过腹末，端部黄褐色，锥状产卵管生于腹下，平时纳入纵裂的腹鞘内。

　　雄成虫体长4.13～7.26mm，除触角和腹部外，其他特征同雌成虫，触角膝状，鞭节7亚节向背侧显著隆起，似念珠状，各节上、下生有长毛，比雌成虫的长，尖节毛较短，胸部大于腹部，腹部较雌虫小，第一节细长呈柄状，以下各节共组略呈半圆形，生殖器在尾端（汤志馥，2013）。**卵**：长椭圆形略弯曲，0.15mm×0.35mm，乳白色，近透明，前端有一向后弯曲的短柄，后端有一细长而多弯曲的卵柄，柄长约为卵长的4～5倍。**幼虫**：6～7mm，乳白色，纺锤形略扁，两端向腹面弯曲。无足。头部较小淡黄色，大部分缩入前胸内，上颚褐色坚硬，具1对齿。胴部13节，末节较小，常缩在前一节内。各节生有褐色锥状、略弯曲的刚毛，其中胸部每节刚毛10根，其余每节8根，其中背中线至体侧线间2

根、体侧线处1根、体侧线至腹中线间1根，最后一节刚毛多。气门圆形，黄褐色，9对，着生于2～10节。**蛹**：体长与成虫相似，略呈纺锤形，初期乳白色，逐渐变成黄褐色，羽化前变成黑色。

　　生物学特性　在河北承德多数1年1代，占幼虫总数的86.9%，有9.9%的越冬幼虫第二年滞育，需2年完成1代。以老熟幼虫在被害果核内越夏越冬。阴坡越冬幼虫翌年3月底、4月初开始化蛹，盛期在4月上旬；4月下旬至5月中旬成虫羽化，盛期在5月上旬；4月底至5月底成虫羽出，盛期在5月上、中旬；5月上旬成虫产卵，产卵盛期在5月中旬；5月中旬幼虫开始孵化并危害，6月底至7月上旬幼虫陆续老熟并开始越夏越冬。阳坡活动期比阴坡早5～7天。

　　蛹历期平均28天，蛹羽化率为98.7%。成虫羽化后，从果核里面上方向外咬一直径为1.5～2mm的圆形羽化孔爬出核外，此过程杏核内的成虫平均3.8天，山桃核内的成虫平均7.6天。危害桃仁的成虫雌雄性比为2∶1，危害杏仁的成虫雌雄性比为2∶3。三裂绣线菊始花期为桃仁蜂成虫出现始见期，始盛期为始见期后6天，高峰期为始见期后9天。成虫活动期30天左右，阴雨天不活动，在阳光充足而温暖的中午最活跃。成虫多在日出后1小时开始活动，大部分在向阳面的树冠外围飞翔，并不断落在叶面上爬行寻找叶柄腺体，取食腺体分泌物。成虫多数需经1~3天将腹内两侧的乳白色液体排出体外后才能交尾产卵。成虫产卵期间多在树冠内堂中飞翔，找到适合产卵的幼果后开始将产卵管刺入幼果产卵，产完卵后迅速抽出产卵管，并在果面上横向爬行数圈后方离去。成虫产卵时用产卵管先后依次刺透果肉、核皮、仁皮，将卵产在未被子叶吸收的胚乳中。成虫在一个果内可产卵1粒至多粒（唐冠忠等，1999）。桃仁蜂产卵在林中株间为聚集分布，在同一株树上成虫产卵初期有聚集分布特性，但到后期均为均匀分布。最早被产卵的受害果大部分在卵孵化前即提前脱落，提前脱落果占总被害果的60.9%。卵经10天左右孵化，初孵幼虫在未被子叶吸收的胚乳中向果仁尖端运动，胚乳中幼虫通过的线路中有明显的小气泡。幼虫遇到生长中的子叶后便会向子叶中部蛀食危害，当蛀食到子叶中部后再向四周蛀食，同时为自己蛀出生存空间。1头幼虫一生仅危害1个果仁，不转移危害。同一果内的幼虫有互相残杀的习性，最终1个果核内仅有1个幼虫存活并完成生长发育。幼虫危害期约40天，6月底、7月初幼虫将果仁陆续食光，仅留下残缺不全的仁皮，被害果实逐渐干缩，变成灰黑色的僵果，果实成熟期，大部分受害果陆续脱落，少部分被害果仍挂在枝头直到被采收或翌年春季。

防治方法

1. 全面调查。当年7月至翌年3月调查树上僵果或树下落果中的越夏越冬幼虫，或根据调查地面陈旧果核上是否有圆形成虫羽化孔判断桃仁蜂的分布范围；每年的5~6月解剖调查桃、杏幼果，根据乳白色仁皮表面的褐色小点、核内有无幼虫、子叶是否被啃食判断幼果是否被害进行果被害率调查，对幼果被害率超过3.5%的林分翌年应进行成虫防治。

2. 严格检疫，控制传播。采用漂浮法和水浸泡法进行检疫检验和除害处理，果核与液体的容积比为1∶5，检疫检验时只需解剖液体上层漂浮核。除害处理时，只需将液体上层漂浮核销毁即可。不同时期的果核采用不同密度的液体：对刚脱去果肉的湿果核检疫检验用密度为1.01~1.05的食盐水溶液，除害处理用密度为1.01~1.03的食盐水溶液；对干果核可用密度为0.86~0.82的酒精溶液进行检疫检验或除害处理，也可用清水浸泡23~25小时进行除害处理。

3. 成虫防治。在成虫始见期至高峰期用以下药液进行喷雾防治：2.5%溴氰菊酯150~600倍液加入0.5%的5%农药长效缓释剂有效成分、1.2%苦·烟乳油100~300倍液加入0.5%的5%农药长效缓释剂有效成分。喷雾时应细致周到，严防漏喷。

4. 推广抗蜂3号山杏。抗蜂3号山杏的抗蜂效果为88.6%，经济价值是普通山杏的2.65倍，是受害重山杏的20.7倍，有条件的地方可推广种植。

5. 结合果园管理，清理树上僵果和地上落果集中销毁，减少虫源。

6. 生物防治。虱形螨可寄生越冬幼虫、蛹及在核内的成虫，寄生率为6.1%，最高为9.5%，个别虱形螨也寄生当年将要老熟的幼虫；一种白僵菌，寄生越冬幼虫，寄生率高时可达22.1%；一种红僵菌，寄生越冬幼虫，寄生率不如白僵菌。

参考文献

唐冠忠等, 1999; 唐冠忠, 2002; 唐冠忠等, 2005; 管文臣, 2006; 唐冠忠等, 2006; 唐冠忠等, 2007; 汤至馥, 2012.

（唐冠忠）

549	黄连木种子小蜂	分类地位	膜翅目 Hymenoptera　广肩小蜂科 Eurytomidae
		拉丁学名	*Eurytoma plotnikovi* Nikolskaya
		中文别名	木檬种子小蜂

分布　河北，山西，河南，陕西等地。俄罗斯，哈萨克斯坦，伊朗，西南欧。

寄主　黄连木果实。

危害　取食黄连木果实中种子，造成严重减产或绝收。

形态特征　成虫：雌虫体长3.0～4.5mm，头、并胸腹节及后腹部第一节黑色，后腹部两侧有黑斑，其余红褐色；足、触角柄节及梗节暗黄色，棒节色较浅；翅脉黄色；足关节、胫节末端及跗节黄色，跗节末端、爪及垫基部褐色，垫端部黄色；头横宽，略宽于胸；触角长1.2～1.4mm，梗节长大于宽，但较第一索节短，索节长大于宽，第一索节长为宽的2倍余，第五索节长为宽的1.5倍左右；头、胸的刻点不深，被白毛；前胸横长方形，中胸纵沟明显，小盾片前窄后宽，长宽大致相等；腹短于胸，光滑，略侧扁，呈卵圆形，腹柄短小横形，两侧各有一刺状突起，第四腹节背板最长，略长于第三节，腹末仅微呈梨状；产卵器微突出。雄虫体长2.6～3.3mm，体黑色；索节呈显著的柄状偏连；腹柄长几乎为宽的3倍；足黄色，后足腿节稍暗；触角长0.9～1.2mm。**卵：**长0.3mm，宽0.1mm，乳白色。长椭圆形，具丝状白色卵柄，柄与卵约等长。

幼虫　体长4.3～5.0mm。老熟幼虫两头尖，中间宽，头、胸向腹面弯曲。初孵时乳白色，老熟后黄白色。头极小，骨化；上颚发达，镰刀状，黄褐色。**蛹：**体长3.2～4.0mm，胸宽1.2～1.6mm，初期白色至米黄色，羽化前眼由橘红色变为红色，体为黄褐色。

生物学特性　河北、河南大多数1年1代，少数2年1代。以老熟幼虫在果实内越冬。翌年4月中旬开始化蛹，蛹期15～20天。4月底、5月初成虫开始羽化，5月中、下旬为羽化盛期。羽化多在7:00～12:00，此时羽化数占一天羽化总数的91.6%。成虫羽化后咬破果皮钻出果外，几秒钟之内便飞走，很少在果面上爬行。成虫白天在树冠外围飞舞活动、

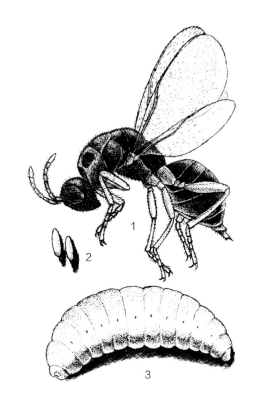

黄连木种子小蜂（朱兴才　绘）
1. 成虫；2. 卵；3. 幼虫

交尾、产卵，夜间在黄连木叶背面着落不动。当次日气温升至18℃时开始爬行，20℃时开始飞翔，大风、阴雨、低温天气很少活动。产卵盛期如果阴雨连绵，对该虫发生不利。成虫交尾多在下午。交尾前雄虫用触角敲打雌虫触角，接触数次后开始交尾，历时12秒左右。成虫寿命7～12天，最长达18天。

成虫产卵初期一般在5月上旬，盛期在5月中、下旬，末期在6月中旬。群体产卵期一般60天左右。产卵前期视温度而异，成虫发生早，此时温度低，则产卵前期长些；成虫发生晚的，此时温度较高，则产卵前期短些，最短也在1天以上。雌蜂产卵前先在果面上爬行，用触角敲打果面，选择产卵部位，88%选在幼果缝线及其两侧，其余在心皮上。然后

黄连木种子小蜂雌成虫（李镇宇　提供）

黄连木种子小蜂雄成虫（李镇宇　提供）

用产卵器将果壁刺穿，把卵产入果内。一般1果1粒卵，特殊情况下，1果多卵（最多的1果内达14粒卵）。发生严重的年份落卵的果数达100%。单雌一生产卵少的10粒，多的31粒，平均18粒。卵期一般3～5天。

幼虫孵出后，如果是多卵果，则先孵出的幼虫不是取食卵，就是互相残杀，直至1果内只剩下1个幼虫为止。幼虫分为5龄，在果内发育明显地分为3个阶段：缓慢生长阶段、迅速发育阶段和休眠阶段。在黄连木果实种胚膨大前，幼虫无论孵出早晚均在内果皮与胚之间活动，取食果皮内壁和胚外海绵状组织，食量甚微，生长缓慢，一直处于1龄

阶段，故称缓慢生长阶段。在这一阶段中，从产卵末期到幼虫蛀胚长达20～30天。此阶段取食毫无危害。7月中旬当种胚膨大、子叶开始发育时，幼虫便咬破种皮，钻入胚内，取食胚乳和发育中的子叶，幼虫很快进入2龄，15天左右幼虫将子叶食光发育到5龄。此阶段称为迅速发育阶段。此期子叶被害即造成减产或绝收。子叶被取食一空之后，幼虫发育老熟，进入休眠阶段。9月以后虫果绝大部分落到地面，幼虫开始过冬。

参考文献

廖定熹等，1987；靳杏蕊等，1988.

（靳杏蕊，田士波，赵淑娥）

广肩小蜂防治方法

1. 建立种子园，加强经营管理以保证种子的产量和质量。

2. 尽可能采尽种子，杜绝越冬虫源。虫害严重林地，可于秋后深翻土地。在黄连木结果小年，将花序摘净，使该虫失去寄主。果实采摘期应及时摘除虫果并碾碎。

3. 加强种子检疫，禁止带虫种子调出调进。当种子的含水率在10%～20%以下时，应对外调种子进

行熏蒸处理。一般室温在15℃以上时，氯化苦的使用量为30g/m³，需时80小时；溴甲烷或硫酰氟的投药量为40～50g/m³，熏蒸3～4天。

4. 成虫羽化期可施放敌敌畏插管烟剂，用量7.5～15kg/hm²，放烟2～3次，间隔5～7天；也可用敌敌畏原液或稀释5倍的杀虫灵超低容量喷雾，用量1.5～2.3kg/hm²，或用高效氯氰菊酯25g/L高效氯氟氰菊酯乳油1500倍液或20%灭扫利乳油4000～5000倍液常规喷雾。

550 刚竹泰广肩小蜂

分类地位 膜翅目 Hymenoptera　广肩小蜂科 Eurytomidae

拉丁学名 *Tetramesa phyllotachitis* (Gahan)

分布 江苏，浙江，安徽，福建，江西。日本，美国。

寄主 刚竹、大节刚竹、长沙刚竹、金镶玉竹、淡竹、浙江淡竹、早竹、早园竹、毛环水竹、斑竹等。

危害 在春季刚竹属竹子换叶时、老竹叶脱落后、小枝上新竹叶潜芽刚萌发时，成虫羽化从小枝的叶柄中爬出，竹叶抽出，成虫产卵于新生竹叶的叶柄内。幼虫在叶柄内取食，刺激叶柄增生、膨大、增粗，竹叶逐渐脱落，光合作用减弱。幼虫老熟后，竹叶叶柄虽粗、长，柄壁很薄、脆，在成虫羽化后从叶柄上咬孔飞出，叶枯死。被害竹子生长欠佳，竹材干脆，材质下降，利用率低。

形态特征　成虫： 雄虫体长7.0mm，雌虫7.6～8.2mm，黑色，有光泽，散生黄白色长毛。头横置，宽大于长；触角生于颜面中部，鞭状，较长，几乎与头、胸合并等长，柄节、梗节大部黄色至红褐色；复眼突出，银灰黄黑色，光滑无毛，单眼呈钝三角形排列。前胸大，宽为长的1.5倍，中胸盾纵沟前端明显，后方消失。翅透明，脉淡黄褐色，被褐色毛；前翅缘脉粗大，长为翅痣的2.3倍；后缘脉略短于缘脉，约为翅痣的2倍。胸部与腹部等

刚竹泰广肩小蜂幼虫（徐天森　提供）

刚竹泰广肩小蜂成虫羽化孔（徐天森　提供）

刚竹泰广肩小蜂成虫（徐天森　提供）

刚竹泰广肩小蜂正在产卵的成虫（徐天森　提供）

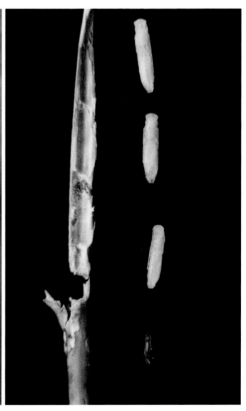

刚竹泰广肩小蜂蛹（徐天森　提供）

长，这个特征是与本属竹泰广肩小蜂的重要区别。

幼虫：初孵幼虫体长1.5mm，乳白色，体节分辨不清。老熟幼虫体长7.5mm，乳黄色。**蛹**：体长5.2～6.2mm，乳白色。头横置；复眼大，突出。中胸背沟深，腹部长于头胸部，为头胸部1.6倍。后足跗节在第四腹节末。

生物学特性　浙江杭州1年1代。以蛹越冬。3月底至4月上旬羽化成虫，4月下旬至5月上旬成虫在换叶后新萌发的竹叶叶柄上产卵，5月上旬出现幼虫，幼虫取食竹叶叶柄内壁，促使叶柄增生、增粗，1个叶柄有幼虫3～5条，有各自的封密虫室，10月下旬幼虫老熟化蛹越冬。

防治方法

保护天敌：在刚竹泰广肩小蜂的虫瘿中，曾见到有点腹刻腹小蜂、竹瘿长角金小蜂、纹黄枝瘿小蜂的寄生。

参考文献

徐天森等，2004.

（徐天森，王浩杰）

551	红火蚁	分类地位	膜翅目 Hymenoptera　蚁科 Formicidae
		拉丁学名	*Solenopsis invicta* Buren
		英文名称	Red imported fire ant

红火蚁原产于南美洲，是危险性入侵害虫，对人类健康和环境安全构成重大威胁。人体被叮咬后有如火灼伤般的疼痛感并出现水疱，大多数人仅感觉头疼、不舒服，而少数人由于对其毒液中的毒蛋白过敏，会产生过敏性休克，严重的甚至死亡。红火蚁若进入桉树林，不仅影响桉树林的生态系统，而且给桉树林的经营和利用作业造成困难。

分布　福建，湖南，广东，广西，香港，澳门，台湾。美国，巴西，巴拉圭，阿根廷，澳大利亚，新西兰，马来西亚等（张润志，2007）。

寄主　桃、荔枝、花生、桉树、向日葵、柑橘、玉米、大豆、葡萄等多种农林植物的种子、果实、幼芽、嫩茎、根系（李军等，2007）。红火蚁是一种进攻性强的捕食者，能降低许多有害物，如蜱螨、恙螨、棉象甲、甘蔗螟虫、玉米穗蛾等，也

能捕食被寄生的蚜虫、寄生昆虫的蛹、草蛉的卵和其他用于生物防治的天敌幼虫和成虫，并捕食许多其他有效的捕食性蚂蚁种类，导致生态系统捕食者组成单一化（吕利华等，2006；陈兢，2008）。

形态特征　**成虫**：可分为3个品级：工（兵）蚁、雌蚁（蚁后和有翅蚁）和雄蚁。蚁均有螫针，具叮蜇能力。工（兵）蚁：体长2.0～7.2mm，头长0.90～1.50mm，头宽0.70～1.32mm，触角柄长0.81～1.07mm，复眼长0.17～0.27mm，前胸背板宽0.5～0.91mm。头部近正方形或心脏形，颊部略凸起，头顶中部有较浅凹陷；唇基中齿发达，长度约为侧齿的一半，有时不在中间位置；下颌发达，内侧生4齿。触角10节，膝状；雌虫柄节较长，长度达到或超过复眼和头顶的3/4处，偶尔有小型具体的柄节可达到或超过头顶，鞭节末端2节膨大，呈锤状；雄虫触角丝状，各节长度相当。胸部（即并腹胸）分明，由后胸与第一腹节（即并胸腹节）愈合而成，呈长形；并胸腹节上有气门1对。腹柄节又称结节，由腹部的第一、二节转化而成；第一结节（前腹柄节）呈较尖锐突起，侧面呈三角形，高于后腹柄节；第二结节（后腹柄节）顶部光亮，下面大部分生有横纹或刻点，呈锯齿状。后腹部（即柄后腹）由腹部腹柄节以外的各节组成，雌蚁后腹部通常比雄蚁粗、长；后腹第一节较其余各节粗大，长度占后腹部的1/2以上。足发达；3对足胫节发达；前足距大，栉状，可用作净脚器；跗节5节，末端有爪1对。有翅成虫：体长8.1～9.0mm，体形明显大过无翅型个体，且雌蚁大过雄蚁。生2对翅，前翅较大，前翅前缘约1/2处有1个大的翅志；后翅中部和前缘近2/3处有一个翅志。卵：长0.24～0.3mm，平均为0.26mm；宽0.16～0.24mm，平均0.20mm；椭圆形，乳白色。幼虫：无性个体体长1.7～2.8mm，平均2.16mm；头壳宽度1.0～1.6mm，平均1.29mm。有性个体体长4.0～5.0mm，平均4.48mm；头壳宽度1.5～3.5mm，平均2.85mm。幼虫无足型，乳白色，

红火蚁成虫（张润志　拍摄）

红火蚁蚁巢（张润志　拍摄）

红火蚁蚁群（张润志　拍摄）

状似小蛴螬，不具活动能力，表面有黏液。**蛹**：无性个体体长2.7～3.5mm，平均3.22mm；有性个体体长4.9～6.1mm，平均5.19mm。体长形，背面拱弧，表皮光滑，体色初为乳白色，后逐渐变为黄褐色至更深，有翅雄性最后变成黑色，有翅雌性和无翅型个体变为棕褐色或红褐色。（刘栋，2006）。

生物学特性　卵期7～14天，平均9.6天。幼虫期幼虫不具活动能力，发育所需营养需由工蚁饲喂完成，幼虫历期6～15天，平均10.6天。蛹期工（兵）蚁，蛹历期8～13天，平均11.4天；具生殖能力的雌蛹历期12～16天，平均13.6天；雄蚁蛹历期11～15天，平均12.5天。成虫在初羽化后4天内较柔软，活动能力较弱或基本不进行活动。工（兵）蚁寿命30～180天，雄性有翅蚁羽化后再婚飞交配，交配结束后便死亡，雌性有翅蚁交配完成后便脱去双翅，成为蚁后，蚁后寻找合适地段后在土中做蚁巢。

红火蚁蚁巢高度和基部直径均约60cm，外观呈圆屋顶形或圆锥形。蚁丘常筑在阳光充足的地方，上部没有开口，当生殖蚁婚飞时，工蚁才挖出口孔洞。1个红火蚁的蚁群，有1只或多只有生殖能力的蚁后，数百只有翅雄蚁，10万～50万只工蚁。春末初夏季节为交配期，雌、雄蚁飞到90～300m的高度进行交配，雄蚁完成交配后即死亡，雌蚁飞到3～5km外，振落翅膀寻找新的地点筑巢。雌蚁交配后24小时内产卵，第一批产卵10～15枚，随后雌蚁每天可产卵1500～5000枚。蚁后寿命6～7年，工蚁1～6个月（陈骁，2008；刘栋，2006）。

防治方法

1. 物理防治。用沸水4～8L浇灌1个蚁巢，5～10天处理1次，连续处理3～4次。成虫婚飞期可灯光诱杀。

2. 化学防治。①毒饵法。饵剂常用的化学药剂有硫氟磺酸胺、氟虫胺、氟蚁腙、氟虫腈、烯虫酯等。将药剂溶于植物油中拌入饼干、面包碎末制成。在红火蚁密度高的地区可大面积撒放；单个蚁巢的则在距蚁巢50～200cm处作环状撒放，每个蚁巢用5～20g。放毒饵7～10天后，再用触杀性药剂处理单个蚁巢。室内不适宜使用毒饵法，否则会增加叮咬人。②灌注法。常用氯氰菊酯、水胺硫磷、联苯菊酯、氟虫腈、毒死蜱等药剂，按说明书上的一般使用浓度加水稀释，从蚁丘顶部或周围外30cm向内灌注，根据蚁巢大小灌5～25L（陈骁，2008；刘栋，2006）。

3. 红火蚁叮咬后的急救与防护。受红火蚁叮咬后及时用清水或肥皂水冲洗伤口，应抬高患处，局部涂搽类固醇药膏（也可使用皮康霜和清凉油）并口服抗组胺剂来缓解瘙痒和肿胀的症状，并进行冷敷处理，千万不要挠破水泡。极少数人对红火蚁的毒蛋白过敏，应立即送医院救治。为预防被红火蚁叮咬，特别要教育小孩远离蚁丘，不要在红火蚁活动区长时间停留。因工作需要停留的，应戴上胶手套，脚上穿长筒水鞋，并在鞋上抹上凡士林进行保护。

参考文献

吕利华, 何余容, 刘杰等, 2006; 刘栋, 2006; 张润志, 2007; 陈骁, 2008.

（顾茂彬，李镇宇）

参考文献 | References

《安徽森林病虫图册》编写组，1988. 安徽森林病虫图册 [M]. 合肥: 安徽科学技术出版社.

《河北森林昆虫图册》编写组，1985. 河北森林昆虫图册 [M]. 石家庄: 河北科学技术出版社.

《森林保护手册》编写组，1971. 森林保护手册 [M]. 北京: 农业出版社.

《山东林木昆虫志》编委会，1993. 山东林木昆虫志 [M]. 北京: 中国林业出版社.

E.H. 巴甫洛夫斯基主编，陈常铭译，1957. 森林有害动物便览（上卷）[M]. 北京: 科学出版社.

П Н 斯彼西弗采夫，方三阳译，1958. 苏联欧洲部分小蠹虫检索表 [D]. 北京林学院.

何江成，蒋衡，汤显春，等，2006. "生物导弹"防治杨二尾舟蛾初报 [J]. 新疆农业科学，43（3）: 224-227.

阿地力·沙塔尔，何善勇，田呈明，等，2008. 枣实蝇在吐鲁番地区的发生及蛹的分布规律 [J]. 植物检疫，22（5）: 295-297.

艾秀莲，季青，龙涛，等，1995. 黄地老虎颗粒体病毒启动基因功能研究 [J]. 新疆农业科学，（4）: 161-164.

艾玉秀，1987. 南方豆天蛾生物学特性的研究 [J]. 贵州农学院学报，（1）: 93-96.

安佰国，王西南，段春华，等，2007. 10%阿维·除虫脲悬浮剂对赤松毛虫的林间防治试验 [J]. 山东林业科技，（2）: 69-70.

安瑞军，李秀辉，张冬梅，2005. 榆紫叶甲生物学特性的研究 [J]. 林业科技，30（5）: 18-20.

安文义，2007. 1.2%苦参烟乳油防治油松毛虫实验 [J]. 陕西林业科技，（3）: 92-93.

敖贤斌，1980. 我国栗瘿蜂及其天敌研究 [J]. 果树科技通讯，（4）: 17-30.

白城市苗圃，1975. 黄纹象虫和蒙古象甲的防治 [J]. 吉林林业科技，（3）: 26-29.

白锦涛，1986. 侧柏金银蛾生物学初步研究 [J]. 山东林业科技，（4）: 35-36.

白锦涛，1990. 黄点直缘跳甲生物学特性初步研究 [J]. 森林病虫通讯，（2）: 5-6.

白九维，赵剑霞，马文梁，1980. 桃条麦蛾生物学特性的初步研究 [J]. 林业科学，127-129，pls4-5.

白水隆，1960. 原色台湾蝶类大图鉴 [M]. 保育社.

包建中，古德祥，1998. 中国生物防治 [M]. 太原: 山西科学技术出版社.

包其敏，包文斌，金觉远，2000. 浙江小异蝽生物学特性 [J]. 浙江林学院学报，17（2）: 166-169.

包其敏，金觉远，包文斌，2000. 异尾华枝蝽生物学特性及防治 [J]. 森林病虫通讯，（3）: 15-17.

北京林学院，1979. 森林昆虫学 [M]. 北京: 中国林业出版社.

北京林学院，1980. 森林昆虫学 [M]. 北京: 中国林业出版社.

北京林学院，1985. 森林昆虫学 [M]. 北京: 中国林业出版社.

北京农业大学，等，1981. 果树昆虫学（下册）[M]. 北京: 农业出版社.

北京农业大学，1983. 果树昆虫学（下册）[M]. 北京: 农业出版社.

北京市颐和园管理处，2018. 颐和园园林有害生物测据与生态治理 [M]. 北京: 北京农业科学技术出版社.

北京市颐和园管理处，2018. 园林有害生物测报与生态治理 [M]. 北京: 中国农业科学技术出版社.

毕群，2006. 食芽象甲的生活习性及防治 [J/OL]. http://www.zaowang.cn，2006-04-19.

毕宪章，2002. 山茱萸绿尾大蚕蛾生物学特性与防治 [J]. 安徽林业，（1）: 19.

毕湘虹，1989. 榆紫金花虫防治指标的研究 [J]. 林业科技，（3）: 24.

卜万贵，尹承陇，张耀荣，1996. 大栗鳃金龟生物学特性与防治研究 [J]. 甘肃林业科技，（02）: 28-33.

卜万贵，2000. 松线小卷蛾生物学特征观察初报 [J]. 甘肃林业科技，25（1）: 36，51.

才让旦周，李涛，盛茂领. 寄生高山毛顶蛾的姬蜂科（膜翅目）中国一新记录种 [J]. 动物分类学报，2013，38（3）: 672-674.

蔡邦华，陈宁生，1963.中国南部的新白蚁［J］.昆虫学报，12（2）：167-198.

蔡邦华，等，1946.五倍子的研究（二），共栖倍子观察［J］.广西农业，（6）：45-47.

蔡邦华，等，1959.中国北部小蠹区系初志，昆虫学集刊［M］.北京：科学出版社.

蔡邦华，李兆麟，1959.中国北部小蠹虫区系初志.见：中国科学院动物研究所.昆虫学集刊［M］.北京：科学出版社.

蔡邦华，1963.黑绒金龟子研究［J］.昆虫学报，（4）：490-505.

蔡荣权，1979.中国经济昆虫志（第十六册）（鳞翅目舟蛾科）［M］.北京：科学出版社.

曹诚一，1981.双齿长蠹——中国新记录［J］.昆虫分类学报，3（2）：118.

曹克诚，1996.金缘吉丁虫［J］.山西农业，（7）：32.

曹秀云，刘玉祥，2009.桃树苹小卷叶蛾防治方法研究［J］.安徽农业科学，37（8）：3500-3501.

曹子刚，孙淑梅，顾昌和，1978.六星黑点蠹蛾初步观察［J］.昆虫知识，（4）：120-121.

查广林，2003.采用文山松毛虫NPV、CPV病毒混合液对虫害进行控制的研究［J］.林业调查规划，28（2）：105-108.

柴希民，蒋平，2003.松材线虫病的发生和防治［M］.北京：中国农业出版社.

柴希民，包其敏，程垃富，1997.浙江省蛀食松梢球果的蛾类害虫［J］.浙江林业科技，17（2）：1-11.

柴秀山，梁尚兴，1990.华山松木蠹象的生物学特性及防治［J］.昆虫知识，（27）：352-354.

柴秀山，梁尚兴，1992.华山松木蠹象生物学特性观察［J］.西部林业科学，（2）：44-45.

常宝山，刘随存，赵小梅，等，2001.红脂大小蠹发生规律研究［J］.山西林业科技，（4）：1-4.

常润磊，周旭东，2010.桉树枝瘿姬小蜂国外研究现状［J］.中国森林病虫，9（1）：22-25.

巢军，詹黎明，卢进，等，2007.油茶茶梢蛾的生物学特性及防治［J］.江西植保，30（3）：119-120.

陈碧莲，孙兴全，李慧萍，等，2006.上海地区绿尾大蚕蛾生物学特性及其防治［J］.上海交通大学学报（农业科学版），24（4）：389-391.

陈昌，1999.大地老虎生物学特性［J］.吉林畜牧兽医，（8）：37.

陈昌，1999.大地老虎生物学特性及其防治［J］.农业科技通讯，（4）：31.

陈尔厚，1999.松毛虫和褐点粉灯蛾寄生蜂名录及疑难种描述［J］.云南林业科技，88（3）：48-51.

陈方洁，1937.浙产介壳虫四新种［J］.昆虫与植病，（5）：18-19.

陈国发，李涛，盛茂领，等，2011.灰斑古毒蛾性信息素研究［J］.林业科技开发，25（1）：73-76.

陈国发，张庆贺，王艳军，等，2009.沙地云杉重齿小蠹聚集信息素的试验分析［J］.东北林业大学学报，37（7）：96-98.

陈国发，周淑芷，张真，等，2003.靖远松叶蜂性信息素诱捕器的应用技术［J］.东北林业大学学报，4（7）：16-17.

陈海硕，马小琦，聂宏善，等，2009.南华松叶蜂的发生与防治［J］.河南林业科技，29（2）：17-19.

陈汉林，董丽云，周传良，等，2002.中带褐网蛾生物学特性研究［J］.中国森林病虫，21（4）：9-11.

陈汉林，高樟贵，周健敏，等，2005.黄杨绢野螟的生物学研究［J］.江西植保，28（1）：1-4.

陈汉林，刘金理，王家顺，等，1999.蛞蝓叶蜂生物学特性研究［J］.森林病虫通讯，（1）：6-8.

陈汉林，赵仁友，金根明，等，1997.天目腮扁叶蜂生物学特性的研究［J］.林业科学，33（3）：279-282.

陈汉林，1980a.刚竹毒蛾生活习性观察初报［J］.浙江林业科技，（3）：17-20.

陈汉林，1980b.乐果涂干防治油茶煤污病试验初报［J］.浙江林业科技，（4）：2-4.

陈汉林，1982.樟萤叶甲的生物学及防治［J］.丽水地区科技，（2）：59-65.

陈汉林，1983.刚竹毒蛾的治理［J］.丽水地区科技，（2）：54-58.

陈汉林，1988.缀叶丛螟的初步研究［J］.浙江森林病虫，（1）：5-9.

陈汉林，1990a.宽缘唇瓢虫的鉴定［J］.浙江林业科技，10（6）：48-49.

陈汉林，1990b.木兰科树木的新害虫——大背天蛾［J］.森林病虫通讯，（2）：21-22.

陈汉林，1993.大背天蛾生物学特性观察［J］.森林病虫通讯，（4）：20-21.

陈汉林，1994.浙江省网蛾科昆虫简记［J］.华东昆虫学报，3（1）：21-24.

陈汉林，1995a.鹅掌楸叶蜂的研究［J］.浙江林业科技，15（5）：49-52.

陈汉林，1995b.厚朴的新害虫——日本壶链蚧［J］.林业科学研究，8（专刊）：136-138.

陈汉林，1995c.缀叶丛螟的发生规律与防治研究［J］.植物保护，21（4）：24-26.

陈汉林，1996.小卷蛾线虫北京品系对马尾松三种害虫的致病效应［J］.中国生物防治，12（2）：96-97.

陈汉林，黄水生，1993.叉斜线网蛾的研究［J］.昆虫知识，（6）：339-341.

陈合明，祁润身，1992.槐小卷蛾研究［J］.植物保护，（3）.

陈吉忠，徐速，1987.板栗栗实象的防治研究［J］.植物保护，（5）：13-15.

陈教达，胡忠朗，杨鹏举，等，1983.沙棘窄吉丁生物学初步观察［J］.森林病虫通讯，（2）：8-10转P20.

陈锦绣，方明刚，2001.主要天敌对栗绛蚧的控制作用及其利用策略［J］.安徽农业科学，29（1）：68-71.

陈京元，吴高云，1988.水杉新害虫——棉大造桥虫［J］.森林病虫通讯，（1）：28.

陈久春，2006.毛竹黑叶蜂的初步研究［J］.安徽农学通报，（3）：12-14.

陈君，程惠珍，1997.二齿茎长蠹的发生及防治［J］.昆虫知识，34（1）：20.

陈培昶，陈树椿，王缉健，等，1998.广华枝蝽的取食量及其防治研究［J］.森林病虫通讯，（4）：10-12.

陈培昶，陈树椿，1997.中国重要竹节虫的鉴别、生物学及其防治［J］.北京林业大学学报，19（9）：70-75.

陈培昶，陈树椿，1997.我国华枝蝽属的种类及检索［J］.森林病虫通讯，（2）：12-14.

陈鹏，刘宏屏，卢南，等，2006.云南省黄胸木蠹蛾的危险性评估［J］.西部林业科学，35（2）：121-123.

陈钦华，田立明，林树财，等，2008.齐齐哈尔地区落叶松球果花蝇生物学特性初步研究［J］.防护林科技，（1）：20-22.

陈尚文，梁一萍，杨秀好，等，2009.色卡悬挂监测防治DH 201-2桉树枝瘿姬小蜂的初步研究［J］.现代教育教学探索，5（12）：34-36.

陈士军，李文秀，韦廷春，等，2006.金银花六星黑点豹蠹蛾发生规律及防治技术研究［J］.中国植保导刊，26（5）：30-31.

陈世骧，等，1959.中国经济昆虫志（第一册）（天牛科）［M］.北京：科学出版社.

陈世骧，谢蕴贞，邓国藩，1959.鞘翅目：天牛科（一）［M］.北京：科学出版社.

陈世骧，1978.樟萤叶甲——福建樟树害虫的一个新种［J］.昆虫学报，21（1）：55-56.

陈世骧，1986.中国动物志 昆虫纲（第二卷）（鞘翅目铁甲科）［M］.北京：科学出版社.

陈树椿，等，1994.小齿短肛蝽生物学特性的研究［J］.吉林林业科技，（2）：21-23.

陈树椿，何允恒，2008.中国蝽目昆虫［J］.北京：中国林业出版社.

陈树椿，王缉健，1993.广西瘦枝蝽属一新种（竹节虫目：枝蝽科）［J］.昆虫学报，36（4）：472-474.

陈树椿，1986.一种值得重视的森林害虫——垂臀华枝蝽［J］.森林病虫通讯，（2）：37.

陈树椿，1994.我国竹节虫研究现状及今后工作建议［J］.森林病虫通讯，（3）：38-40.

陈树椿，何允恒，1985.中国华枝蝽的种类和地理分布［J］.北京林学院学报，（3）：33-38.

陈树良，李宪臣，徐延强，等.1993.侧柏松毛虫的研究［J］.山东林业科技，（2）：38-42.

陈顺立，李友恭，李钦周，1989.樟翠尺蛾的初步研究［J］.森林病虫通讯，（3）：14-15.

陈顺立，武福华，侯沁文，2004.松突圆蚧生物学特性的研究［J］.福建林业科技，31（2）：1-4.

陈顺立，李友恭，黄昌尧，1989.双线盗毒蛾的初步研究［J］.福建林学院学报，（9）：1-9.

陈素伟，迟仁平，徐和光，等，1999.质型多角体病毒与Bt混用防治松毛虫［J］.山东林业科技，（6）：31-34.

陈卫民，2004.杨梅新害虫——油茶黑胶粉虱的发生及其防治方法［J］.柑橘与亚热带果树信息，20（8）：46.

陈卫民，2006.危害杨梅的油茶黑胶粉虱［J］.种植园地，（7）：13.

陈卫民，2008.杨梅油茶黑胶粉虱的发生及防治［J］.浙江柑橘，25（4）：25-26.

陈文奎，1985.大地老虎（Agrotis tokionis Butler）滞育幼虫的器官变化及其生理特点［J］.南京农业大学学报，（2）：47-58.

陈铣，陈纪文，王楚荣，等，2004.16%虫线清乳油防治椰心叶甲试验初报［J］.广东农业科学，（2）：37-39.

陈小军，徐汉虹，杨益众，等，2010.刺桐姬小蜂的危害、传播及防治方法［J］.中国森林病虫，（4）：28-32.

陈晓鸣，陈勇，叶寿德，等，1997.白蜡虫在寄主植物上的分布特征研究［J］.林业科学研究，10（4）：415-419.

陈晓鸣，陈又清，张弘，等，2009.紫胶虫培育与紫胶加工［M］.北京：中国林业出版社.

陈晓鸣，冯颖，1991.紫胶虫自然死亡率探讨［J］.林业科学研究，4（5）：582-584.

陈晓鸣，王自力，陈勇，等，2007a.环境因子对白蜡虫泌蜡的影响［J］.生态学报，27（1）：103-112.

陈晓鸣，王自力，陈勇，等，2007b.影响白蜡虫泌蜡主要气候因子及白蜡虫生态适应性分析［J］.昆虫学报，50（2）：136-143.

陈晓鸣，王自力，陈勇，等，2008.白蜡虫自然种群年龄特征生命表及主要死亡因素分析［J］.林业科学，44（9）：87-94.

陈晓鸣，1998.紫胶蚧属昆虫资源的保护及利用［J］.生物多样性，6（4）：289-290.

陈晓鸣，2005.紫胶虫生物多样性研究［M］.昆明:云南科技出版社.

陈孝达，党心德，李锋，等，1990.沙棘象生物学特性及防治的研究［J］.森林病虫通讯，（4）：1-2.

陈孝达，1989.陕西木蠹蛾分布及沙蒿木蠹蛾生物学研究［J］.陕西林业科技，（4）：71-73.

陈义群，黄宏辉，林明光，等，2004.椰心叶甲在海南的发生与防治［J］.植物检疫，18（5）：280-281.

陈永革，古德祥，1995.松突圆蚧种群分布空间格局的研究［J］.中山大学学报（自然科学版），34（4）：122-124.

陈永革，古德祥，1997.松突圆蚧种群动态研究［J］.生态科学，16（2）：18-20.

陈永伶，1978.用烟剂防治杉梢小卷蛾［J］.林业科技通讯，（8）：18-19.

陈誉，1958.杨叶甲在新疆的初步观察［J］.昆虫知识，4（5）：218-219.

陈元清，1984.植物检疫中两种杧果象学名的变更［J］.植物检疫，（6）：3-4.

陈元清，1990.我国卷叶象科重要属种的识别［J］.森林病虫通讯，（2）：39-45.

陈芝卿，吴士雄，1978.柚木弄蛾的初步研究［J］.热带林业科技，（3）：19-22.

陈芝卿，1973.母生木虱生物学及其防治方法的初步研究［J］.热带林业科技，（3）：18-25.

陈芝卿，1977.木麻黄的新害虫——龙眼蚁舟蛾［J］.昆虫知识，14（3）：91-92.

陈芝卿，1989.修枝间伐对松突圆蚧抑制作用的研究［J］.林业科学研究，（4）：388-394.

陈芝卿，吴士雄，1984.柚橙带夜蛾的初步观察［J］.昆虫知识，21（4）：161-163.

陈芝卿，吴士雄，1982.龙眼蚁舟蛾的生物学［J］.昆虫学报，25（3）：242-344.

陈宗平，徐光余，2008.溴灭菊酯防治马尾松毛虫等松梢害虫的效果［J］.农技服务，25（10）：68-69.

程桂方，杨集昆，1997.北京发现的检疫性新害虫——蔗扁蛾初报［J］.植物检疫，11（2）：95-101.

程桂芳，杨集昆，1997.蔗扁蛾巴西木上的一种新害虫［J］.植物保护，（1）：33-34.

程桂芳，1997.蔗扁蛾在我国的发生情况［J］.植物保护，23（6）：46.

程桂芳，鲁琦，杨集昆，1998.蔗扁蛾严重发生的原因和防治对策［J］.植物检疫，（2）：32-34.

程红，严善春，隋祥，等，2006.黑龙江省主栽杨树品系干部单宁含量与青杨脊虎天牛危害的关系［J］.东北林业大学学报，34（2）：31-33.

程兰生，储跃进，2002.松扁叶蜂的危害及防治［J］.安徽林业，（3）：17.

程立超，2007.十种杨树树皮挥发性物质对青杨脊虎天牛成虫的影响［D］.东北林业大学.

程量，1976.粉白灯蛾的初步研究［J］.昆虫学报，19（4）：410-416.

池杏珍，王缉健，陈培昶，等，1998.拟异尾华枝䗛生物学的研究［J］.森林病虫通讯，（2）：28-30.

迟德富，孙凡，乔润喜，等，1999.落叶松球果花蝇的化学防治［J］.东北林业大学学报，27（1）：28-31.

崔广程，1987.西藏发现蝼蛄［J］.昆虫知识，24（1）：46.

崔景岳，李广武，李仲秀，1996.地下害虫防治［M］.北京:金盾出版社.

崔林，刘月生，2005.茶园扁刺蛾的发生及防治［J］.中国茶叶，27（2）：21-21.

崔巍，高宝嘉，1995.华北经济树种主要蚧虫及其防治［M］.北京:中国林业出版社.

戴祥光，1987.黄翅大白蚁生活习性的研究［J］.林业科学，23（4）：498-502.

党国军，2007.栗山天牛发生现状及治理对策［J］.吉林林业科技，36（6）：28-35.

党心德，1979.陕西森林害虫寄生蜂记述［J］.陕西林业科技，（4）：57-68.

党心德，1982.陕西森林害虫寄生蜂——小蜂记述之二［J］.陕西林业科技，（3）：75-77转74.

邓国藩，刘友樵，隋敬之，1983.中国农业昆虫［M］.北京:农业出版社.

邓秀明，诸泉民，苏世春，等，2002.泡桐蛛蛾幼虫空间格局的研究［J］.福建林业科技，29（2）：17-20.

邓勋，马晓乾，魏霞，等，2009.3种植物源杀虫剂防治樟子松球果象甲药效试验［J］.林业科技，34（1）：26-27.

邓荫伟，李晓铁，周海平，等，2006.银杏主要病虫害综合治理技术应用［J］.林业科技开发，（1）：63-66.

丁珌，黄金水，黄海清，等，1996. 木麻黄抗虫品系无性繁殖育苗技术研究［J］. 防护林科技，（1）：4-7.

丁冬荪，施明清，1997. 双条杉天牛和粗鞘双条杉天牛的区别［J］. 植物检疫，（5）：293-296.

丁冬荪，袁龙云，陈华，等，2006. 银杏大蚕蛾生物学及无公害防治［J］. 江西林业科技，（4）：21-22.

丁福章，张泽华，张礼生，等，2006. 绿僵菌对椰心叶甲的控制作用研究［J］. 西南农业大学学报（自然科学版），28（3）：454-456.

丁乾平，2004. 安西县柽柳条叶甲综合防治对策［J］. 甘肃林业科技，（3）：57-58.

丁少江，李朝绪，梁敏国，等，2007. 深圳市释放啮小蜂对椰心叶甲的控制作用［J］. 中国生物防治，23（4）：306-309.

东清二·凑和雄，1983. 琉球の蝶［M］.（日）新量图书出版社.

东阳县人民委员会，1958. 凤山乡防治乌桕毛虫的经验［J］. 浙江林业通讯，（4）：38-40.

董存玉，1997. 柏肤小蠹的生物学特性的观察［J］. 江苏林业科技，24（4）：34-35.

董建棠，1983. 黄地老虎生物学的研究［J］. 昆虫知识，（1）：14-17.

董彦才，朱心博，1990. 栎镰翅小卷蛾的生物学特性及发生［J］. 昆虫知识，27（3）：153-154.

杜郭玉，高丽美，2003. 桃蛀螟的危害与综合防治［J］. 病虫害防治，（6）：31.

杜娟，张朝举，赵文德，等，2003. 黄缘阿扁叶蜂生物学特性及防治试验研究［J］. 四川林业科技，24（4）：42-45.

杜良修，杜铖瑾，1999. 苹褐卷蛾的初步研究［J］. 林业科技开发，（5）：35-36.

杜品，任芳，梅丽茹，1999. 花椒潜跳甲生物学特性及防治试验［J］. 昆虫知识，36（6）：335-337.

杜相革，张友廷，2003. 樱桃园苹毛丽金龟发生规律及防治［J］. 中国果树，（3）：26-28.

段晓红，2006. 临沧市云南松毛虫灾害发生与综合防治措施［J］. 临沧科技，（2）：40-42.

段兆尧，雷桂林，1998. 华山松木蠹象危害特性的初步研究. 云南林业科技，（3）：81-85.

樊骏，黄霞，张亚雯，等，2007. 洛南县松阿扁叶蜂危害现状与防治对策［J］. 陕西林业科技，（1）：34-35，37.

樊美珍，郭超，冯伟，等，1988. 落叶松尺蠖核型多角体病毒的初步研究［J］. 陕西林业科技，（1）：42-45.

樊敏，徐薇玉，管丽琴，等，2006. 樟巢螟、樟叶蜂发生危害和防治技术研究［J］. 上海农业学报，22（3）：51-54.

范迪，1985. 柏肤小蠹的初步研究［J］. 森林病虫通讯，（2）：14-15.

范迪，1995. 蒲氏大蓑蛾研究进展［J］. 山东林业科技，（5）：50-53.

范丽华，谢映平，原贵生，等，2005. 应用白僵菌防治靖远松叶蜂的研究［J］. 中国森林病虫，24（4）：29-32.

范仁俊，1999. 山西叶甲［M］. 北京：中国林业出版社.

范仁俊，董晋明，曹满，等，1994. 沙棘园红缘天牛的发生特点和防治技术［J］. 沙棘，（1）：24-27.

范忠民，1962. 松蚜 *Cinara pinea* Mordusiko 的初步观察［J］. 林业科学，7（4）：312-313.

范滋德，1988. 中国经济昆虫志（第三十七册）（双翅目花蝇科）［M］. 北京：科学出版社.

范滋德，1992. 中国常见蝇类检索表（第二版）［M］. 北京：北京科学技术出版社

方承莱，2000. 中国动物志 昆虫纲（第十九卷）（灯蛾科）［M］. 北京：科学出版社.

方德齐，陈树良，李宪臣，1992. 中国木蠹蛾研究进展情况［J］. 陕西林业科技，（2）：29-35.

方德齐，陈树良，1982. 四种木蠹蛾的形态鉴别[1]［J］. 昆虫知识，19（2）：30-32.

方德齐，陈树良，1987. 榆木蠹蛾（柳干木蠹蛾）生物学特性［J］. 林业科学（昆虫专辑），72-77.

方德齐，1980. 侧柏松毛虫生物学特性的初步研究［J］. 昆虫知识，17（5）：211-212.

方德齐，1984. 东方木蠹蛾生物学特性的初步研究［J］. 昆虫知识，21（6）：257-260.

方德齐，陈树良，1984. 木蠹蛾种类及其分布的初步考察［J］. 山东林业科技，（4）：44-46.

方德齐，陈树良，1986. 木蠹蛾类钻蛀性害虫综合防治探讨［J］. 森林病虫通讯，（4）41-44，48.

方芳，刘建枫，2008. 国槐小卷蛾在宝坻区的生物学特性与防治研究初报［J］. 现代农业科技，（22）：111.

方红联，曹玉萍，2006. 园黄掌舟蛾生物学特性观察简报［J］. 新疆农业科技，（2）：27.

方杰，崔永三，赵博光，等，2007. 我国分月扇舟蛾的研究进展［J］. 中国森林病虫，26（2）：28-31.

方三阳，1982. 光量与球蚜发生的研究［J］. 生态学报，（2）147-150.

方三阳，1982. 红松球蚜（*Pineus cembrae pirikoreanus* Zhang et Fang）的研究［D］. 东北林学院学报，（增刊）：133-138.

方文成，1988.南华松叶蜂生物学及其防治［J］.西南林学院学报，8（2）：196-202.

方岩，2000.沈阳地区苹果巢蛾寄生天敌研究：I姬蜂科［J］.辽宁林业科技，（6）：5，19.

方志刚，吴鸿，2001.浙江昆虫名录［M］.北京：中国林业出版社.

冯慧玲，谢海标，2003.南夜蛾的危害与防治［J］.植物保护，29（4）：55.

冯士明，曾述圣，杨棱轩，等，1999.杨干透翅蛾的初步研究［J］.西南林学院学报，19（4）：231-234.

冯士明，司徒英贤，2004.云南省粗刻点木蠹象发生状况及检疫技术［J］.中国森林病虫，23（1）：29-31.

冯颖，陈晓鸣，陈勇，等，2001.白蜡虫营养保健价值的研究及功能因子分析评价［J］.林业科学研究，154（3）：322-327.

冯玉元，任金龙，杨林，2002.文山松毛虫的生活习性及烟剂防治技术［J］.云南林业科技，（2）：56-58.

符光文，张伟，2011.瘤胸天牛的危害及综合防治技术［J］.热带林业，39（2）：11、45.

福建林学院森保教研组，1977.竹小蜂的初步研究［J］.林业科学研究，（4）：56-62.

福建省林业科学研究所，1991.福建森林昆虫［M］.北京：中国农业科技出版社.

付海滨，李俊环，姜莉，等，2007.沈阳世界园艺博览园园林害虫种类初步调查［J］.辽宁林业科技，（5）：30-32.

付平，杨立新，公晓玲，等，2001.梨金缘吉丁生物学特性初步研究［J］.中国森林病虫，S1：22.

甘家生，1982.油茶蟓及其蟓黑卵蜂的初步观察［J］.西部林业科学，（1）：61-63.

高步衢，徐善彬，张荣，等，1983.落叶松种子广肩小蜂的生物生态学研究［J］.东北林学院学报11（3）：51-56.

高德三，张义勇，1998.栎枯叶蛾生物学特性的观察研究［J］.沈阳农业大学学报，（2）：123-126.

高焕婷，张国龙，2007.花椒窄吉丁虫的生物学特性及其综合防治措施［J］.陕西农业科学，（2）：183-184.

高景顺，1995.吹绵蚧对黑荆树的危害及防治［J］.经济林研究，14（增刊）：46，50.

高蓉，狄旭东，杨振德，等，2004.4种鬼臼毒素类似物对分月扇舟蛾的生物活性研究［J］.农药，43（9）：424-426.

高瑞桐，秦锡祥，1983.小木蠹蛾的初步研究［J］.森林病虫通讯，（1）：3-6.

高瑞桐，赵同海，2004.花曲柳窄吉丁在中国的分布与危害的调查研究［J］.中国造纸学报，（增刊）：363-365.

高长启，等，1989.榆紫叶甲的综合防治［J］.森林保护通讯，（2）.

高长启，任晓光，王东升，等，1998.落叶松八齿小蠹发生规律及测报技术［J］.东北林业大学学报，26（1）：24-28.

高长启，等，1987.榆紫叶甲的综合防治技术的几项建议［J］.吉林林业科技，（4）：29-30.

高长启，王志明，余恩裕，1993.蠋蝽人工饲养技术的研究［J］.吉林林业科技，（2）：16-18.

高兆宁，1999.宁夏农业昆虫图志（第三册）［M］.北京：中国农业出版社.

葛斯琴，杨星科，王书永，等，2003.核桃扁叶甲三亚种的分类地位订正（鞘翅目，叶甲科，叶甲亚科）［J］.昆虫学报，45（4）：512-518.

耿以龙，徐和光，李东军，等，1998.花布灯蛾生物学特性与防治技术报告［J］.山东林业科技，（5）：31-33.

弓明钦，顾茂彬，陈佩珍，等，2007.中国桉树病虫害及防治［M］.广州：广东科技出版社.

姑丽巴哈尔·买买提，等，2007.桃条麦蛾的防治措施［J］.植物保护，（2）：35.

顾茂彬，1983.铁刀木粉蝶的生物学与防治［J］.昆虫学报，26（2）：172-178.

顾茂彬，1987.铁刀木粉蝶在不同生境中的种群变动［J］.热带林业科技，（4）：68-70.

顾茂彬，陈佩珍，1987.母生峡蝶的初步研究［J］.林业科学，23（1）：105-108.

顾萍，周玲琴，徐忠，2004.上海地区栾多态毛蚜生物学特性观察及防治初探［J］.上海交通大学学报（农业科学版），22（4）289-392.

关永强，张彦，2001.松大蚜的防治［J］.内蒙古林业，（7）：29.

关永强，1992.杨齿盾蚧的危害与防治［J］.内蒙古林业，（7）：26-27.

管文臣，唐冠忠，彭进友，等，2006.桃仁蜂检疫检验及除害处理技术研究［J］.河北林业科技，（6）：1-3.

贵州省林业厅，1987.贵州森林病虫［M］.贵州：贵州人民出版社.

桂炳中，戴明国，2007.白蜡哈氏茎蜂生物学特性与防治［G］.中国昆虫学会第八次全国会员代表大会暨2007年学术年会论文集，551-552.

郭从俭，邵良玉，尹万珍，1992.楸螟生物学特性及防治研究［J］.林业科学，（3）：213-219.

郭从俭，梁振华，杨玉珍，等，1965.栗实象鼻虫的防治研究［J］.林业科学，10（3）：39-46.

郭秀芝，邓志刚，毛洪捷，2009.小地老虎的生活习性及防治［J］.吉林林业科技，38（4）：54.

郭玉亮，2005.桑螟生物学特性及性信息素田间应用的研究［D］.山东农业大学.

郭在滨，赵爱国，李熙福，等，2000.柏大蚜生物学特性及防治技术［J］.河南林业科技，（3）：16-17.

郭中华，于素英，张继平，等，2000.应用平茬复壮技术防治固沙灌木林钻蛀性害虫［J］.陕西林业科技，（4）：37-39.

国家林业局森林病虫害防治总站，2008.中国林业有害生物概况［M］.北京:中国林业出版社.

国家林业局森林病虫害防治总站，2010.林业有害生物防治历（一）［M］.北京:中国林业出版社.

国家林业局植树造林司，国家林业局森林病虫害防治总站，2005.中国林业检疫性有害生物及检疫技术操作办法［M］.北京:中国林业出版社.

韩平和，2008.刺槐眉尺蛾发生规律及防治技术［J］.河北林业科技，（3）：67-67.

韩学俭，2005.桃红颈天牛危害及防治［J］.植物医生，18（5）：18.

郝伟，任兰花，晁国德，等，2003.鲁西南农田蟋蟀的优势种群及其发生规律调查研究［J］.植保技术与推广，（6）：13-15.

郝玉山，2003.利用飞机超低量喷洒阿维菌素大面积防治兴安落叶松鞘蛾的效果［J］.东北林业大学学报，31（2）：25-27.

何进义，徐光余，2009.灭幼脲Ⅲ号防治马尾松毛虫的效果及其对寄生性天敌的影响［J］.农技服务，26（6）：64-65.

何俊华，陈学新，1990.中国十种寄生于林木害虫的脊茧蜂（膜翅目:茧蜂科:内茧蜂亚科）［J］.动物分类学报，15（2）：201-208.

何俊华，等，2000.中国动物志 昆虫纲（第十八卷）（膜翅目茧蜂科（一））［M］.北京:科学出版社.

何俊华，等，2004.浙江蜂类志［M］.北京:科学出版社.

何俊华，王爱静，1998.红腹盾长茧蜂中国新记录属种的记述［J］.新疆农大学学报，（2）153-154.

何俊华，1984.浙江省柳杉新害虫——柳杉大痣小蜂［J］.中国森林病虫，11-13.

何玫，刘壮俊，2000.黄地老虎颗粒体病毒基因组全测序［J］.生物化学与生物物理学报，（1）:93.

河北省林科院，1959.杨树金花虫防治［J］.林业科技简报，（6）：5.

河南省林业厅，1988.河南森林昆虫志［M］.郑州:河南科技出版社.

河南省森林病虫害防治检疫站，1991.河南林业防治技术［M］.郑州:黄河水利出版社.

河南省森林病虫害防治检疫站，2005.河南林业有害生物防治技术［M］.郑州:黄河水利出版社.

河野喜幸，1986.板栗瘿蜂的综合防治技术［J］.农耕与园艺，（4）：197-199.

贺达汉，张克智，2000.流沙治理与昆虫多样性［M］.西安:陕西师范大学出版社.

贺达汉，2004.流沙治理与害虫防治［M］.北京:科学出版社.

贺士元，1984.北京植物志（上册）［M］.北京:北京出版社.

贺治坤，王爱静，1999.白榆抗虫性及其抗性物质的初步研究［J］.新疆农业科学，（6）：283-284.

黑龙江省勃利县林木病虫害防治站，1974.落叶松卷叶蛾的发生与防治［J］.昆虫知识，11（1）：38-40.

侯德恒，2003.华北落叶松鞘蛾生物学特性及防治技术研究［J］.科技情报开发与经济，13（6）：98-99.

侯启昌，杨有乾，1998.淡娇异蝽生物学特性及防治研究［J］.河南农业大学学报，32（3）：268-290.

侯陶谦，1987.中国松毛虫［M］.北京:科学出版社.

侯无危，马幼飞，高慰曾，等，1994.桃小食心虫蛾的趋光性［J］.昆虫学报，37（2）：165-170.

侯雅芹，南楠，李镇宇，2009.舞毒蛾研究进展［J］.河北果研究，24（4）：439-444.

侯雅芹，王小军，李金宇，等，2009.杨潜叶跳象生物学特性及防治［J］.中国森林病虫，28（2）：32-34.

胡国良，俞彩珠，2005.山核桃病虫害防治彩色图谱［M］.北京:中国农业出版社.

胡鹤龄，王良衍，1976.马尾松干蚧的研究（一）［J］.昆虫学报，19（40）：383-392.

胡奇，2002.异地购进花木应注意害虫检疫［J］.天津农林科技，（5）：34-36.

胡胜昌，1989.乌贡尺蛾的生物学特性观察［J］.昆虫知识，26（6）：348-350.

胡维平，梁廷康，2008.枣飞象的预测预报及防治［J］.山西农业，14（1）：41.

胡徐文，2005.三角枫多态毛蚜的研究［J］.安徽农学通报，11（4）：110-111.

胡一民，叶安定，胡华英，1997.山核桃刻蚜的形态特征、发生规律和防治方法［J］.经济林研究，（3）:43-44.

胡隐月，戴华国，胡春祥，等，1982.杨圆蚧初步研究［J］.林业科学，18（2）:160-169.

胡长效，丁永辉，孙科，2007.国内桃红颈天牛研究进展［J］.农业与技术，27（1）:63-66.

胡长效，2003.粗鞘双条杉天牛发生及防治研究进展［J］.植保技术与推广，23（1）:39-41.

胡忠朗，陈孝达，杨鹏辉，1984a.沙柳木蠹蛾的防治研究［J］.山西林业科技，（4）:9-20.

胡忠朗，陈孝达，杨鹏辉，1984b.榆林地区五种木蠹蛾鉴别［J］.山西林业科技，（3）:33-36.

胡忠朗，陈孝达，杨鹏辉，1987.柳木蠹蛾的研究［J］.昆虫学报，30（3）:259-265.

胡忠朗，等，1988.白刺萤叶甲初步研究［J］.陕西林业科技，（2）:51-56.

胡作栋，张富和，王建有，等，1998.榆棉蚜的生物学研究［J］.西北农业大学学报，26（4）:25-28.

湖南省林科所森保室，1979.衡山县杉梢小卷蛾调查研究［J］.湖南林业科技，（2）:25-29.

湖南省林业厅，1992.湖南森林昆虫图鉴［M］.长沙:湖南科学技术出版社.

扈克明，1988.茶盾蝽（*Poecilocoris latus* Dall）的生物生态学特性［J］.茶叶科学，8（2）:43-46.

花保祯，周尧，方德齐，等，1990.中国木蠹蛾志（鳞翅目:木蠹蛾科）［M］.杨凌:天则出版社.

花保祯，1992.桃蛀果蛾学名的更正［J］.昆虫分类学报，14（4）:312-313.

花保祯，1996.桃蛀果蛾复合体寄主生物型形成与物种分化机制研究［D］.杨凌:西北农业大学博士学位论文.

花蕾，马谷芳，1993.不同寄主桃小食心虫越冬幼虫的出土规律［J］.昆虫知识，30（1）:22-25.

花蕾，1995.不同寄主桃蛀果蛾的研究现状［J］.陕西林业科技，（2）:57-62.

华宝松，徐真旺，廖立洪，等，2004.长齿真片叶蜂形态观察及生物学特性［J］.昆虫知识，41（6）:589-592.

华春，虞蔚岩，陈全战，等，2007.南京地区柑橘凤蝶生物学特性研究［J］.安徽农学通报，13（24）:103-104.

华凤鸣，倪良才，金敏信，1999.防治枫香吹绵蚧的几种药剂药效试验［J］.浙江林科技，19（6）:46-47, 50.

华南农业大学林学系，广州园林局编著，1985.花木病虫害防治［M］.广州:广东科技出版社.

华南热作学院植保系，等，1980.热带作物病虫害防治［M］.北京:中国农业出版社.

黄邦侃，1980.重阳木斑蛾的生物学及防治研究［J］.福建农学院学报，9（1）:61-79.

黄邦侃，2001.福建昆虫志 第五卷［M］.福州:福建科学技术出版社.

黄大庄，李亮明，唐晓琴，等，2004.西藏南部人工林病虫鼠害的调查初报［J］.中国森林病虫，23（5）:31-33.

黄敦元，余江帆，郝家胜，等，2010.不同生境油茶林油茶史氏叶蜂的发生与危害程度比较［J］.中南林业科技大学学报:
    自然科学版，30（1）:59-64.

黄法余，梁广勤，梁琼超，等，2000.椰心叶甲的检疫及防除［J］.植物检疫，14（3）:158-160.

黄芙蓉，2000.白僵菌与病毒、苏云金杆菌、溴氰菊酯混合防治木毒蛾的研究［J］.福建林业科技，27（3）:55-58.

黄复生，等，2000.中国动物志 昆虫纲（第十七卷）（等翅目）［M］.北京:科学出版社.

黄复生，李桂祥，朱世模，1989.中国白蚁分类及生物学［M］.杨凌:天则出版社.

黄复生，2002.海南森林昆虫［M］.北京:科学出版社.

黄冠辉，1984.落叶松尺蠖NPV初报［J］.林业科技通讯，（1）:29-30.

黄家德，1993.银杏白痣姹刺蛾的生物学及防治［J］.广西植保，（4）:8-10.

黄金水，何学友，丁珌，等，1999.木麻黄抗虫品系无性繁殖造林试验研究［J］.福建林业科技，26（增刊）:129-132.

黄金水，何学友，叶剑雄，等，2000.防护林木麻黄主要蛀干害虫控制技术研究［J］.防护林科技，（专辑）:1-6.

黄金水，何益良，林庆源，1990.白僵菌粘膏的研制和林间应用［J］.生物防治通报，6（3）:121-123.

黄金水，何益良，1988.几种木麻黄对木麻黄毒蛾抗性的初步研究［J］.林业科技通讯，（8）:15-17.

黄金水，黄海清，郑惠成，等，1995.木麻黄皮暗斑螟生物学特性的研究［J］.福建林业科技，22（1）:1-8.

黄金水，黄远飞，高美玲，等，1990.多纹豹毒蛾幼虫龄数测定［J］.昆虫知识，27（1）:25-27.

黄金水，黄远辉，何益良，1988.多纹豹蠹蛾的研究［J］.林业科学研究，14（2）:1-15.

黄金水，邢陇平，兰斯文，1991.乌桕黄毒蛾.见:林业科学研究所.福建森林昆虫［M］.北京:中国农业科学技术出版社.

黄金水，郑惠成，杨怀文，等，1992.斯氏线虫属八个品系对相思拟木蠹蛾侵染能力的研究［J］.森林病虫通讯，（1）:11-13.

黄金水，郑惠成，杨怀文，1992.应用斯氏线虫防治多纹豹毒蛾的研究［J］.林业科学，28（1）：39-46.

黄金水，1995.木麻黄皮暗斑螟的发生与综合防治技术研究［J］.林业科学，31（5）：421-427.

黄金水，陈云鹏，1987.癞皮夜蛾生物学及其防治试验［J］.福建林业科技，（1）：37-41.

黄金水，何学友，蔡天贵，等，1989.棕色天幕毛虫生物学特性及防治试验［J］.福建林业科技，16（1）：34-37.

黄金水，黄水势，1982.新二尾舟蛾的初步观察［J］.福建林业科技，（2）：23-26.

黄金义，蒙美琼，1986.林木病虫害防治图册［M］.南宁：广西人民出版社.

黄竟芳，骆有庆，1988.中国板栗瘿蜂天敌的研究［J］.林业科学，24（2）：162-169.

黄克团，李元柏，陆振明，1984.桂西的梨实蝇［J］.植物检疫，（2）：46-48.

黄力，席勇，马军，任玲，等，1994.枣球蜡蚧生物学特性及防治研究［J］.新疆农业科学，（2）：82-84.

黄蓬英，方元炜，黄建，等，2005.中国大陆一新外来入侵种——刺桐姬小蜂［J］.昆虫知识，42（6）：731-733.

黄其林，1956.几种斑蛾科幼虫外形的比较［J］.昆虫学报，6（2）：193-201.

黄庆海，陈万芳，1989.金缘吉丁虫研究初报［J］.河北林学院学报，4（3）：39-46.

黄万斌，2007.板栗白生盘蚧生物学特性及生物防治技术研究［J］.林业调查规划，32（3）：146-149.

黄小青，张先敏，2007.椰心叶甲引进天敌啮小蜂和姬小蜂规模繁殖及其田间释放技术研究［J］.现代农业科技，（17）：87-88.

黄雅志，裴汝康，1986.芒果果肉象和果核象的生活史及防治的初步研究［J］.云南热作科技，33（1）：20-26.

黄衍庆，2000.泉州市防护林麻黄主要病虫害调查及防治［J］.防护林科技，6.

黄咏槐，2004.青杨脊虎天牛（*Xylotrechus rusticus* Linnaeus）生物学特性及防治技术研究［D］.哈尔滨：东北林业大学.

黄玉珍，2000.苹果蠹蛾的发生与防治［J］.植保技术与推广，20（5）：20.

黄振裕，2006.松突圆蚧化学防治技术研究［J］.南京林业大学学报，30（5）：119-122.

黄忠良，2000.樟翠尺蛾种群动态与植物群落结构及气候因子的关系［J］.生态学杂志，19（3）：24-27.

霍履远，王立忠，刘随存，等，2001.靖远松叶蜂防治技术研究［J］.山西林业科技，（2）：27-29.

霍文泉，赵国君，韩静波，1989.钻具木蠹蛾研究［J］.山东林业科技，（4）：36-40.

嵇保中，王荫长，钱范俊，等，1996.灭幼脲对云斑天牛的不育作用及核酸含量的影响［J］.南京林业大学学报，20（2）：5-8.

纪锐，肖玉涛，骆芳，等，2010.九种药剂防治悬铃木方翅网蝽的药效试验［J］.昆虫知识，47（3）：543-546.

纪玉和，1992.冷杉芽小卷蛾研究初报［J］.吉林林业科技，（5）：31-33，39.

冀卫荣，张历燕，张雅文，1995.花椒潜叶甲的生物学特性观察及防治试验［J］.山西农业大学学报，15（4）：383-385.

贾峰勇，许志春，宗世祥，等，2004.沙棘木蠹蛾幼虫化学防治的研究［J］.中国森林病虫，23（6）：16-19.

贾艳梅，叶永成，郭中华，等，1998.沙棘绕实蝇幼虫空间格局及其应用的初步研究［J］.陕西林业科技，（3）：78-81.

江德安，2003.Bt乳剂防治银杏超小卷叶蛾试验初报［J］.林业科技开发，（6）：46-47.

江德安，2003.银杏大蚕蛾的发生规律及防治措施［J］.林业科技，28（1）：25-27.

江德安，刘永生，李国元，等，1996.银杏超小卷叶蛾的发生规律及综合防治研究［J］.林业科技通讯，（11）：26-28.

江西共产主义劳动大学，等，1975.杉梢小卷蛾的初步观察［J］.昆虫知识，12（3）：41-44.

江西省森防站昆虫组，大茅山垦殖场金山分场，1979.刚竹毒蛾的初步研究［J］.林业病虫通讯，（3）：5-8.

江叶钦，张亚坤，陈文杰，等，1989.云南松毛虫的防治研究［J］.福建林学院学报，9（1）：22-27.

江禹，刘维全，金爱军，等，2002.小齿短肛棒䗛实验室饲养及断肢再生能力的观察［J］.吉林农业大学学报，24（4）：61-63.

江正明，马骏飞，徐光余，等，2008.樟叶蜂的生物学特性及其综合防治［J］.河北农业科学，12（8）：43-44.

姜保本，刘书平，樊建文，等，2007.陕南松阿扁叶蜂发生规律及防治技术［J］.陕西林业科技，（1）：31-33.

姜翠玲，钟觉民，1995.11种蓑蛾幼虫的分类［J］.南京农业大学学报，18（3）：34-42

姜恩玉，1987.落叶松尺蛾大发生对林木生长影响的调查［J］.河北林业科技，（2）：34-36.

姜景峰，胡志莲，1990.龙眼裳卷蛾生物学研究初报［J］.植物保护，增刊：35-36.

姜莉，徐慧，张起玉，等，2009.刺槐谷蛾生物学特性观察［J］.山东农业科学，（10）：54-57.

姜双林，2001.山楂绢粉蝶的生物学及防治［J］.昆虫知识，38（2）：198，199.

蒋家淡，2001.刚竹毒蛾生物学特性及防治技术研究［J］.林业科技通讯，（2）：12-14.

蒋捷，林毓银，吴志远，1990.猕猴桃准透翅蛾的研究［J］.林业科学,26（2）：117-125.

蒋金炜，丁识伯，2008.外来害虫悬铃木方翅网蝽的发生与危害［J］.植物检疫，22（6）：374-376.

蒋平，徐志宏，2005.竹子病虫害防治彩色图谱［M］.北京：中国农业科学技术出版社.

蒋青，梁忆冰，王乃杨，等，1994.刺桐姬小蜂在中国的适生区与分析［J］.植物检疫，8（6）：331-334.

蒋三登，方德齐，陈树良，1987.小木蠹蛾生物学特性及防治试验［J］.山东林业科技，（3）：32-35.

蒋三登，1990.柳缘吉丁生物学特性及其防治措施［J］.山东林业科技，（4）：51-55.

蒋书楠，蒲富基，华立中，1985.中国经济昆虫志（第三十五册）（鞘翅目天牛科（三））［M］.北京：科学出版社.

蒋书楠，1989.中国天牛幼虫［M］.重庆：重庆出版社.

蒋玉才，王树森，1989.中穴星坑小蠹的调查研究［J］.辽宁林业科技，（2）：39-41.

焦启源，等，1940.四川之五倍子（二）［J］.金陵学报，9（1-2）：85-93.

焦启源，1938.四川之五倍子［J］.农林新报，（514）：10-18.

解庆珂，1990.落叶松红腹叶蜂发生期及发生量［J］.昆虫知识，27（6）：354-355.

金格斯，吾尔兰汗，2006.阿勒泰地区青杨脊虎天牛的生物学特性观察及综合防治措施［J］.新疆林业，（6）：39-40.

金格斯，吾尔兰汗，2006.青杨脊虎天牛生物学特性及其综合防治［J］.林业实用技术，28-29.

金美兰，2004.伊藤厚丝叶蜂生物学特性及其防治方法［J］.吉林林业科技，33（1）：39-40.

金若忠，栾庆书，云丽丽，2005.花曲柳窄吉丁生物学调查［J］.辽宁林业科技，（5）：22-24.

靳杏蕊，田士波，赵淑娥，等，1988.木橑种子小蜂生活习性及防治研究［J］.华北农学报，3（3）：71-76.

荆小院，张金桐，骆有庆，等，2010.沙柳木蠹蛾性诱剂的化学合成与林间生物活性评价［J］.林业科学，46（4）：87-92.

井上宽，杉繁郎，黑子浩，等，1982.日本产蛾类大图鉴Ⅰ［J］.东京：讲谈社，187.

鞠瑞亭，李博，2010.悬铃木方翅网蝽：一种正在扩张的城市外来入侵害虫［J］.生物多样性，18（6）：638-646.

军璇，1984.茶籽盾蝽的发生与防治［J］.中国茶叶，13-14.

康乐，1993.我国的"非洲蝼蛄"应为"东方蝼蛄"［J］.昆虫知识，30（2）：124-127.

康文通，1998.相思拟木蠹蛾生物学特性及防治研究［J］.华东昆虫学报，7（2）：41-44.

孔祥波，张真，王鸿斌，等，2006.枯叶蛾科昆虫性信息素的研究进展［J］.林业科学，42（6）：115-123.

兰杰，秦河，康小龙，等，2001.铜绿丽金龟成虫防治方法［J］.四川林业科技，22（3）：78-79.

兰斯文，翁希昭，黄金聪，等，1993.木兰突细蛾的研究［J］.福建林学院学报，13（4）：371-380.

蓝裕光，2008.桉苗大害：大蟋蟀及防治［J］.农业科学，（26）.

雷朝亮，周志伯，1998.湖北省昆虫名录［M］.武汉：湖北科学技术出版社.

雷桂林，段兆尧，冯志伟，等，2003.华山松木蠹象的危险性分析［J］.东北林业大学学报，（31）：62-63.

雷玉兰，林仲桂，2010.夹竹桃天蛾的生物学特性［J］.昆虫知识，47（5）：918-922.

李常元，王惠萍，2006.柽柳条叶甲生物防治技术研究［J］.林业实用技术，（4）：27-28.

李朝绪，覃伟权，黄山春，等，2008.海南利用寄生蜂防治椰心叶甲效果分析［J］.林业科技开发，22（1）：41-44.

李成德，2004.森林昆虫学［M］.北京：中国林业出版社.

李成伟，1998.板栗瘿蜂生物学特性及防治［J］.林业科技开发，（4）：36-38.

李传隆，1958.蝴蝶（中国科学院动物研究所丛书 第4号）［J］.北京：科学出版社.

李传隆，1966.凤蝶［J］.生物学通报，（2）：25-29.

李传隆，1984.中国产珍蝶宽尾凤蝶的校订［J］.动物分类学报，9（3）：335.

李传隆，1992.中国蝶类图谱［M］.上海：远东出版社.

李传仁，夏文胜，王福莲，2007.悬铃木方翅网蝽在中国的首次发现［J］.动物分类学报，32（4）：944-946.

李春风，缪晓星，2009.玛可河林区圆柏大痣小蜂的发生与防治［J］.青海大学学报（自然科学版），27（2）：66-68.

李翠芳，张玉峰，周志芳，1994.杨枯叶蛾生物学特性及防治［J］.河北果树，第3期（总第22期）：21-22.

李定旭，2002.桃小食心虫地面防治技术的研究［J］.植物保护，28（3）：18-20.

李东文，陈志云，王玲，等，2009.油茶尺蛾生物学特性的研究［J］.广东林业科技，25（2）：55-59.

李法圣，2011.中国木虱志，昆虫纲，半翅目，下卷［M］.北京:科学出版社.

李芳，陈家华，何榕宾，2001.小地老虎天敌应用研究概况［J］.昆虫天敌，23（1）:43-48.

李凤荪，等，1933.中国面虫名录［J］.浙江省昆虫局年刊，（3）:185.

李凤耀，刘随存，霍覆远，等，2000.靖远松叶蜂生物学及发生规律的研究［J］.山西林业科技，（2）:10-16.

李凤耀，王立中，赵晋，等，1995.靖远松叶蜂发生规律和防治研究［J］.林业科学研究，18（专刊）:184.

李光明，程明，韩崇选，等，2007.栗山天牛研究现状及其展望［J］.陕西林业科技，（2）:48-51.

李贵山，杨占强，王文明，等，2001.灭幼脲Ⅲ号防治杨毒蛾幼虫试验:对其它虫态的延续作用［J］.中国森林病虫，
（2）:15-16.

李桂祥，2002.中国白蚁及其防治［M］.北京:科学出版社.

李国元，2001.银杏大蚕蛾发生规律及防治［J］.湖北农业科学，（5）:58-59.

李海燕，宗世祥，盛茂领，等，2009.灰斑古毒蛾寄生性天敌昆虫的调查［J］.林业科学，45（2）:167-170.

李贺明，2006.华北落叶松鞘蛾的无公害烟雾防治［J］.河北林业，（4）:42.

李洪涛，赵博，刘小明，2004.柳蝙蛾生物学特性及防治技术［J］.吉林林业科技，33（4）:27，47.

李鸿昌，夏凯龄，毕道英，等，2006.中国动物志昆虫纲（第四十三卷）（直翅目 蝗总科 斑腿蝗科）［M］.北京:科学出版社.

李后魂，2002.中国麦蛾（一）［M］.天津:南开大学出版社.

李后魂，2003.华北落叶松鞘蛾和兴安落叶松鞘蛾形态学研究与再描述［J］.昆虫分类学报，25（4）:295-302.

李惠成，王建中，郭飞，1992.落叶松叶蜂生物学特性及防治方法的研究［J］.林业科学，24（4）:317-322.

李计顺，常国彬，宋玉双，等，2001.实施工程治理控制红脂大小蠹虫灾——对红脂大小蠹暴发成因及治理对策的探讨
［J］.中国森林病虫，（4）:41-44.

李嘉源，1980.樟萤叶甲的生活史观察及其防治［J］.昆虫学报，23（3）:338-340.

李建豪，李东平，1994.棉褐带卷蛾生物学特性初步研究［J］.四川林业科技，15（3）:56-57.

李江霖，1985.塔里木鳃金龟发生规律及其防治［J］.昆虫知识，22（4）:156-158.

李科明，覃伟权，李朝绪，等，2008.寒流对椰心叶甲及其寄生蜂的影响［J］.安徽农学通报，14（18）:88-90.

李宽胜，1992.油松种实害虫防治技术研究［M］.西安:陕西科学技术出版社.

李宽胜，1959.华山松小蠹及其主要虫种——大凝脂小蠹（*Dendroctonus* sp.）生活习性的初步观察［J］.陕西农业科学，（7）.

李宽胜，1989.华山松大小蠹.见:中国农业百科全书编辑部.中国农业百科全书（林业卷上）［M］.北京:农业出版社.

李宽胜，1992.松果梢斑螟.见:李宽胜.中国针叶树种实害虫［M］.北京:中国林业出版社.

李宽胜，1999.中国针叶树种实害虫［M］.北京:中国林业出版社.

李宽胜，唐国恒，金步先，等，1981.赤眼蜂防治油松球果小卷蛾的研究［J］.陕西林业科技，（4）:33-46.

李宽胜，张玉岱，李养志，1964.三种油松球果害虫的鉴别［J］.昆虫知识，（5）:211-213.

李宽胜，张玉岱，李养志，等，1974.陕西省油松球果小卷蛾初步研究［J］.昆虫学报，17（1）:17-29.

李莉，孙旭，孟焕文，2000.分月扇舟蛾生物学特性及防治［J］.内蒙古农业大学学报，21（3）:18-21.

李连昌，1965.山西山楂粉蝶的研究［J］.昆虫学报，14（6）:545-550.

李连昌，董海富，林国强，等，1984.枣粘虫性信息素的结构鉴定、合成与应用研究［J］.山西农业大学学报，4（2）:149-161.

李孟楼，曹支敏，王培新，1989.花椒栽培及病虫害防治［M］.西安:陕西科学技术出版社.

李孟楼，刘朝斌，吴定坤，1992.落叶松叶蜂的防治阈值［J］.西北林学院学报，7（4）:107-113.

李孟楼，吴定坤，刘朝斌，1992.落叶松叶蜂的生态对策及其防治策略［J］.西北林学院学报，7（4）:114-120.

李孟楼，武星煜，2003.童锤角叶蜂属一新种（膜翅目:锤角叶蜂科）［J］.林业科学，39（1）:103-104.

李孟楼，2002.森林昆虫学通论［M］.北京:中国林业出版社.

李青云，2000.樟肿蜂在无锡地区发生、危害及防治［J］.江苏绿化，（6）:34.

李清西，蒋新民，刘芳政，1987.榆树脐腹小蠹生物学习性初步研究［J］.八一农学院学报，（3）:12-18.

李箐，2004.采用环境相容农药防治松大蚜药效试验［J］.林业实用技术，（8）:27-28.

李仕兰，郑珊，王俊怀，等，2009.浙江黑松叶蜂生活史调查及防治技术［J］.林业调查规划，34（1）:80-82.

李书吉，张玉晓，张丽，2007.杨毒蛾生物学特性及防治［J］.河南林业科技，27（2）：25，48.

李双成，李永和，马进，等，2001.华山松木蠹象防治指标研究［J］.云南林业科技，（94）：51-53.

李双成，马进，桂俊文，等，2000.华山松木蠹象卵蛹及羽化孔空间分布型研［J］.云南林业科技，（4）：62-65.

李苏萍，陈秀龙，韩国柱，等，2006.山东广翅蜡蝉生物学特性及防治措施［J］.中国森林病虫，25（3）：36-38.

李涛，曾汉青，盛茂领，等，2016.危害桦树的重要害虫—高山毛顶蛾（鳞翅目：毛顶蛾科）生物学特性及寄生性天敌昆虫［J］.林业科学，52（10）：102-108.

李涛，孙淑萍，汪荣，等，2017.高山毛顶蛾（鳞翅目：毛顶蛾科）研究进展［J］.中国森林病虫，36（3）：42-44.

李铁生，1985.中国经济昆虫志（第三十册）（膜翅目胡蜂总科）［M］.北京：科学出版社.

李晓华，高蓓，2005.松大蚜生物学特性及其防治技术［J］.陕西林业科技，（4）：35-36.

李秀山，邴积才，2002.崇信短肛蝗生物学特性与防治方法研究［J］.林业科学，38（6）：159-163.

李雪玲，2006.应用烟剂防治落叶松毛虫的实验［J］.新疆林业，（1）：44.

李雅娜，2006.分月扇舟蛾的危害及其防治措施［J］.河北林业，2（2）：42.

李亚白，李树源，何维勒，1981.樟子松球果象甲的生物学特性及其综合防治［J］.内蒙古林业科技，（2）：3-18.

李亚杰，1959.危害杨树的三种潜叶虫药剂防治试验初报［J］.林业科学，（4）：321-324.

李亚杰，1978.杨树叶甲及其防治［J］.新农业，（10）：12.

李亚杰，1983.中国杨树害虫［M］.沈阳：辽宁科学技术出版社.

李岩，陈树椿，1998.竹节虫的生物学和生态学研究现状［J］.北京林业大学学报，20（1）：59-66.

李艳梅，1996.分月扇舟蛾的危害及其防治技术［J］.防护林科技，（2）：46-48.

李燕真，赵仁，金步先，1964.楼观台林区三种主要栎尺蠖生活习性观察及防治［J］.昆虫知识，8（4）：167-170.

李永和，谢开立，曹葵光，2002.华山松主要病虫害综合治理研究［J］.中国森林病虫，21（3）：13-16.

李永禧，1964.小地老虎生活习性及防治［J］.昆虫知识，（1）：2-3.

李友恭，陈顺立，1981.木毒蛾的研究［J］.昆虫学报，24（2）：174-183.

李友恭，陈顺立，李柳，等，1990.华南冠网蝽生物学特性和发生规律［J］.昆虫知识，27（2）：104-107.

李占文，张爱萍，孙耀武，等，2007.梨圆蚧的危害及控制技术［J］.植物检疫，21（3）：163-164.

李镇宇，伍佩珩，郭广忠，1989.杨干透翅蛾性信息素的研究［J］.北京林业大学学报，13（1）：24-29.

李镇宇，姚德富，陈永梅，等，2001.北京地区舞毒蛾寄生性天敌昆虫及其转主寄主的研究［J］.北京林业大学学报，23（5）：39-42.

李镇宇，2003.杨干透翅蛾.见：张星耀，骆有庆.中国森林重大生物灾害［M］.北京：中国林业出版社.

李镇宇，张执中，黄竞芳，1965.核桃举肢蛾的发生与防治［J］.生物学通报，（4）：30-33.

李中焕，胡卫江，王爱静，1995.大青叶蝉的预测预报［J］.新疆农业科学，（6）：260-262.

李中新，刘玉升，2004.温度对茶翅蝽沟卵蜂及其寄主卵发育的影响［J］.中国生物防治，20（1）：64-66.

李忠孝，2003.兴安落叶松鞘蛾生物控制技术的研究［M］.哈尔滨：东北林业大学.

李作龙，1964.黄地老虎若干国外研究文献综述［J］.新疆农业科学，（5）：179-182.

栗大海，2004.三种沙区植物主要虫害调查及防治技术［J］.陕西林业科技，（3）：42-45.

梁成杰，1987.膜肩网蝽的生物学和防治［J］.林业科学，（8）：376-381.

梁承丰，2003.中国南方主要林木病虫害测报与防治［M］.北京：中国林业出版社.

梁文秀，邓彪，王世启，等，2001.柳毒蛾核型多角体病毒研究及应用前景［J］.中国森林病虫，（5）：25-27.

梁小明，2008.华北落叶松鞘蛾形态学特征和生物学特性研究［J］.林业科技，（6）：29-30.

梁中贵，李建军，刘建强，等，2007.松阿扁叶蜂研究进展［J］.中国植保导刊，（5）：14-17.

廖定熹，等，1987.中国经济昆虫志（第三十四册）（膜翅目 小蜂总科（一））［M］.北京：科学出版社.

林顺德，2003.桉树大蟋蟀危害及防治［J］.林业实用技术，（8）.

林延谋，符悦冠，张俊宏，1991.中点刺蛾的生物学特性及其防治［J］.热带农业科学，（2）：33-34.

林业部野生动物和森林植物保护司，林业部森林病虫害防治总站，1996.中国森林植物检疫对象［M］.北京：中国林业出版社.

林中，1957.若要乌桕产量高，治光毛虫顶重要［J］.浙江林业通讯，（5）：38-39.

刘爱萍，侯天爵，2005.草地病虫害及防治（草地菊科植物病虫害）［M］.北京:中国农业科学技术出版社.

刘波，杨军，张希堂，等，1992.分月扇舟蛾药剂防治试验［J］.吉林林业科技，21（6）：35-36.

刘德力，1990.陕西云南松毛虫的两种寄生蜂记述［J］.西北林学院学报，5（4）：52-53.

刘东明，高泽正，邢福武，2003.榕八星天牛生物学特性及其防治［J］.中国森林病虫，22（6）：10-12.

刘娥，李成德，2009.青杨楔天牛危险性分析［J］.林业科技开发，23（2）：70-72.

刘发邦，赵吉星，于承仁，等，1991.沙棘叶部新害虫——灰斑古毒蛾［J］.森林病虫通讯，（3）34-35.

刘光耀，1986.南华松叶蜂生物学特性和防治方法研究简报［J］.林业科技通讯，（9）：27-28.

刘宏光，王爱静，赵瑛瑛，等，2000.纳曼干脊虎天牛的预测预报［J］.新疆农业科学，（3）：143-146.

刘惠英，周庆久，吴殿一，1989.板栗兴透翅蛾的初步研究［J］.林业科学研究，2（4）：381-387.

刘惠英，周庆久，1994.板栗兴透翅蛾的研究［J］.河北林学院学报，增刊:76-84.

刘加铸，2003.几种药剂防治栗大蚜越冬卵试验［J］.山东林业科技，（5）：35.

刘家志，张国财，岳书奎，等，1996.落叶松绥尺蠖化学防治的研究［J］.东北林业大学学报，24（3）：26-31.

刘金英，庞建军，翟善民，2001.国槐几种主要害虫可持续防治技术［J］.天津建设科技，园林专刊:122-123.

刘静，孙启温，庞献纬，1990.松阿扁叶蜂生物学及防治效益综合评判的研究［J］.山东林业科技，（2）：38-41.

刘静，1992.元宝槭潜叶叶蜂生物学特性及防治的研究［J］.华东昆虫学报，1（1）：41-45.

刘菊华，肖银松，罗正方，等，2005.华山松木蠹象发生与其寄主树势的关系［J］.西南林学院学报，25（2）：53-55.

刘奎，彭正强，符悦冠，2002.红棕象甲研究进展［J］.热带农业科学，22（2）：70-77.

刘丽凌，钟俊鸿，戴自荣，1991.黄肢散白蚁无翅补充型的产生及其外部形态的扫描电镜观察［J］.昆虫天敌，13（1）：35-43.

刘铭汤，1989.中国晋盾蚧的危害和生活习性的观察［J］.昆虫知识，26（1）：24-26.

刘平，石进，朱光宇，1992.马尾松吉松叶蜂的研究［J］.林业科学研究，5（2）：196-202.

刘巧云，1999.毛竹黑叶蜂防治实验［J］.福建林学院学报，19（2）：129-132.

刘瑞明，1984.银杏大蚕蛾生活史观察简报［J］.江西植保，（4）：18.

刘世贤，2003.梅木蛾研究与防治［J］.西北园艺，（1）：43-44.

刘守礼，杨水琼，杨跃奎，等，2005.华山松木蠹象生物学特性及综合治理研究［J］.林业实用技术，（8）：29-30.

刘素云，2002.油松扁叶蜂的发生与防治［J］.河北林业科技，（3）：33.

刘修英，2008.兴安落叶松鞘蛾性引诱剂对成虫的监测与防治［J］.中国森林病虫，27（5）：9-10.

刘永生，2001.樟叶蜂生物学特性及防治技术的研究［J］.林业科技，26（5）：20-22.

刘永生，2002.栗链蚧发生规律及化学防治研究［J］.中国南方果树，31（3）：70-71.

刘永正，1979.竹实小蜂的初步观察［J］.林业病虫通讯，（3）：3-4.

刘友樵，白九维，1977.中国经济昆虫志（第十一册）（鳞翅目卷蛾科（一））［M］.北京:科学出版社.

刘友樵，白九维，1979.带岭林区五种麦蛾的调查研究［J］.林业科学，276-280，4-5.

刘友樵，李广武，2002.中国动物志 昆虫纲（第二十七卷）（鳞翅目卷蛾科）［M］.北京:科学出版社.

刘友樵，武春生，2006.中国动物志 昆虫纲（第四十七卷）（鳞翅目枯叶蛾科）［M］.北京:科学出版社.

刘友樵，1977.杉梢小卷蛾新种记述［J］.昆虫学报，20（2）：217-220.

刘友樵，1992.木棉织蛾与肉桂木蛾研究［J］.林业科学研究，5（2）：203-206.

刘玉平，刘贵峰，苏慧，等，2005.大球蚧天敌的研究［J］.内蒙古民族大学学报（自然科学版），20（3）：285-288.

刘元福，冯才，1974.木麻黄枯叶蛾的初步观察和试验［J］.热带林业，（2）：20-25.

刘元福，顾茂彬，1977.瘤胸天牛的初步研究［J］.热带林业科技，（3）：18-30.

刘振清，王孝卿，王世启，等，1995.柳毒蛾生物学特性的初步研究［J］.森林病虫通讯，（3）：18-19.

刘峥，张桂兰，黎彦，等，1993.利用昆虫病原线虫防治桃红颈天牛［J］.生物防治通报，（4）：186-187.

刘志诚，彭石冰，1992.利用赤眼蜂防治肉桂双瓣卷蛾的研究［J］.生物防治通报，（2）：61-63.

刘自力，黄雷，易俊骥，等，2005.氟铃脲纸片实地诱杀乳白蚁试验［J］.中国森林病虫，24（4）：44.

柳林俊，2005.关帝林局林业有害生物概况及发展趋势分析［J］.山西林业科技，30-31，43.

龙富荣，唐永军，黄惠萍，等，2004.云南松毛虫病毒粉剂林间防治效果［J］.中国森林病虫，23（4）：36-38.

娄慎修，李忠喜，吴燕如，1991.象甲成虫天敌——叉突节腹泥蜂初步观察［J］.中国生物防治，（2）：94.

娄魏，侯爱菊，戴玉玮，1990.松扁叶蜂管理技术的研究［J］.防护林科技，（2）：49-58.

卢斌，卜良高，舒卫奇，2003.思茅松毛虫的发生与防治［J］.安徽林业科技，（1）：29.

卢川川，伍慧雄，1991.乌副盔蚧的生物学及其防治研究［J］.昆虫天敌，13（3）：101-106.

卢川川，1985.白痣姹刺蛾的初步研究［J］.昆虫知识，22（1）：25-26.

卢川川，温瑞贞，1985.细皮夜蛾的生活习性及防治试验［J］.昆虫知识，22（2）：78-81.

卢英颐，方明刚，1992.板栗剪枝象鼻虫的危害及防治［J］.安徽林业科技，（4）：28-30.

卢志伟，李中焕，王爱静，1994.阿克苏大青叶蝉的发生及综合防治技术［J］.新疆农业科学，（4）：164-166.

陆水田，等编著，1993.新疆天牛图志［M］.乌鲁木齐：新疆科技出版社.

陆文敏，1987.牡丹江林区六种卷叶蛾的调查研究［J］.林业科技，1987（2）：16-19.

路常宽，艾青罡，范云中，等，2001.白音阿扁叶蜂老龄幼虫化学防治试验［J］.内蒙古林业科技，（增刊）：41，44.

路常宽，许志春，贾峰勇，等，2004.小卷蛾斯氏线虫对沙棘木蠹蛾幼虫的室内侵染能力［J］.中国生物防治，20（4）：280-282.

路常宽，宗世祥，骆有庆，等，2004.沙棘木蠹蛾成虫行为学特征及性诱效果研究［J］.北京林业大学学报，26（2）：79-83.

路荣春，2008.云南纵坑切梢小蠹和横坑切梢小蠹生态学的研究及其有效引诱物质的探索［D］.北京：北京林业大学.

罗基同，蒋金培，王缉健，等，2011.广西博白桉树枝瘿姬小蜂生物学的研究［J］.中国森林病虫，30（4）：10-12.

罗峻嵩，庹登美，许雪霞，1964.金缘吉丁虫防治研究初报［J］.湖北农业科学，（2）：18-22.

罗益镇，1995.土壤昆虫学［M］.北京：中国农业出版社.

骆有庆，路常宽，许志春，2003.暴发性新害虫沙棘木蠹蛾的控制技术［J］.国际沙棘研究与开发，1（1）：31-33.

骆有庆，路常宽，许志春，2003.林木新害虫沙棘木蠹蛾的控制策略［J］.中国森林病虫，22（5）：25-28.

骆有庆，1985.栗瘿蜂的天敌（综述）［J］.北京林学院学报，（2）：82-92.

吕昌仁，詹仲才，1989.神农架松干蚧生物学的研究［J］.林业科学，25（6）：577-581.

吕佩珂，苏慧兰，等，2002.中国果树病虫原色图谱［M］.北京：华夏出版社.

吕若清，1988.白钩雕蛾初步观察［J］.森林病虫通讯，（4）：13-14.

吕小红，武黄贵，杨洲，2000.柏肤小蠹的生活史及防治［J］.山西林业科技，3（1）：28-30.

吕玉里，刘仕玲，范金龙，等，2006.一种新的林业害虫六星黑点豹蠹蛾［J］.天津农林科技，（4）：44.

马超德，2003.当前我国防治沙棘林木蠹蛾虫害的探讨［J］.沙棘，16（2）：15-17.

马奇祥，姜昆，1995.棉花病虫草害实用原色图谱［M］.郑州：河南科学技术出版社.

马琪，祁德富，刘永忠，2006.蓝目天蛾生物学特性［J］.青海大学学报（自然科学版），24（2）：69-72.

马日千，高树山，郭玉永，等，1998.靖远松叶蜂的生物学特性及飞防效果［J］.山西林业科技，（2）：4-5，8.

马世瑞，1983.晋盾蚧初步观察及防治意见［J］.内蒙古林业科技，（4）：21-24.

马晓乾，魏霞，周琦，等，2008.两种趋避剂对樟子松球果象甲的趋避作用［J］.林业科技，33（5）：28-29.

马兴琼，2007.桑树主要枝干害虫的发生及防治［J］.四川蚕业，（3）：27.

马艳芳，谢宗谋，张永强，等，2011.大栗鳃金龟成虫药剂防治试验［J］.中国森林病虫，30（6）：41-42.

马雨亭，2002.油松毛虫的发生与治理［J］.科技情报开发与经济，12（3）：144-145.

马云平，2007.华北落叶松鞘蛾生物学特性与防治技术研究［J］.有害生物防治，（2）：32-33.

孟德辉，2007.如何防治枣黏虫［J］.林木果树，（20）：15.

孟根，韩宝，韩铁圈，1990.云杉大黑天牛测报及防治的研究［J］.东北林业大学学报，18（3）：26-30.

孟庆英，2007.核桃扁叶甲生物学特性及寄主选择性研究［D］.泰安：山东农业大学.

孟祥志，纪玉和，孙秀峰，2000.樟子松木蠹象生物学特性的研究［J］.吉林林业科技，29（6）：6-11.

孟祥志，2002.青杨虎天牛化学防治技术研究［J］.长春大学学报，12（6）：12-14.

孟永成，王志平，1984.蜀云杉松球蚜的生物学特性及防治［J］.四川林业科技，（1）：15-17.

苗春生，崔景岳，张慧，1966.蝼蛄周年活动及危害规律观察［J］.昆虫知识，10（3）：134 - 137.

苗建才，迟德富，常国杉，等，2006.阿维灭幼脲大面积防治椰心叶甲示范试验［J］.林业实用技术，（12）：26-27.

苗建才，迟德富，常国杉，等，2009.阿维除虫脲防治椰心叶甲促进绿色食品开发［J］.林业实用技术，（4）：36-37.

苗振旺，周维民，霍履远，等，2001.强大小蠹生物学特性研究［J］.山西林业科技，（1）：34-40.

明广增，苑秀梅，赵敏，等，2002.柿举肢蛾的发生与防治［J］.植物保护，28（2）：56-57.

慕卫，张月亮，陈召亮，等，2007.防治桃小食心虫越冬幼虫的有效药剂及其降解动态［J］.植物保护学报，34（1）：91-95.

穆希凤，孙静双，卢文锋，等，2010.北京地区刺槐叶瘿蚊生物学特性及防治［J］.中国森林病虫，29（5）：15-18.

南京林产工业学院昆虫教研组，1975.杉梢小卷蛾的初步研究［J］.南林科技，（3）：21-26.

能乃扎布，白文辉，1980.柠条种籽大敌——柠条豆象［J］.昆虫知识，17（5）：212-213.

匿名，2011.地下害虫——大地老虎.http://blog.bandao.cn/archive/28606/blogs-266865.aspx.

聂俊青，孙静，张玉梅，等，2003.松线小卷蛾生物学特性及防治［J］.青海农林科技，增刊：68，41.

宁波首次发现翘鼻象白蚁.http://www.gov.cn/xinwen/2014-06/content-2701966.htm.（来源：新华社）.中国政府网.

宁夏青铜峡县树新林场，宁夏农业科学研究所森林系，宁夏农学院园林系，宁夏飞机防治林木害虫指挥部，宁夏农林局林业站，1978.十斑吉丁虫的发生与防治研究［J］.中国林业科学，（2）：37-41.

牛建忠，2000.桑褶翅尺蛾在苹果树上的发生与防治技术［J］.柑橘与亚热带果树信息，16（5）：44.

牛建忠，张计斌，梁佳林，1999.桑褶翅尺蛾的生物学特性观察［J］.河北林果研究，14（4）：65-67.

欧炳荣，洪广基，1984.紫胶虫的生物学特性［J］.昆虫学报，27（1）：70-78.

欧炳荣，洪广基，1990.云南紫胶蚧新种记述［J］.昆虫分类学报，7（1）：16-17.

欧阳贵明，黄卫和，1993.鹅掌楸叶蜂生物学特性的观察［J］.森林病虫通讯，（2）：12.

欧阳群清，郑志颖，1991.木棉织叶蛾防治初步研究［J］.广东园林，（2）：40-42.

潘建国，田泽君，白进士，1985.角倍不同采摘期与产量、质量关系的初步研究［J］.林业科技通讯，（9）：8-10.

潘务耀，唐子颖，陈泽藩，等，1989.松突圆蚧生物学特性及防治的研究［J］.森林病虫通讯，（1）：1-6.

潘务耀，唐子颖，连俊和，等，1987.松脂柴油乳剂防治松突圆蚧的研究［J］.森林病虫通讯，（1）：14-17.

潘务耀，唐子颖，谢国林，等，1987.我国南方一种新的害虫——松突圆蚧的研究（蚧总科：盾蚧科）［J］.昆虫学研究集刊，（7）：177-189.

潘务耀，唐子颖，谢国林，等，1993.松突圆蚧花角蚜小蜂引进和利用的研究［J］.森林病虫通讯，（1）：15-18.

庞正轰，2006.经济林病虫害防治技术［M］.南宁：广西科学技术出版社.

裴峰，孙兴全，叶黎红，等，2008.樟翠尺蛾的发生规律及其防治研究［J］.安徽农学通报，14（22）：98-99.

裴新春，2009.塑环阻隔技术在樟子松母树林落叶松毛虫防治中的应用［J］.内蒙古林业调查设计，32（1）：92-93.

彭建文，1959.湖南油茶毛虫生活习性初步观察［J］.昆虫学报，9（4）：336-341.

彭龙慧，许永青，唐艳龙，等，2007.林分因子与萧氏松茎象危害程度的风险评估［J］.江西农业大学学报，29（5）：745-749.

凭祥市革委会农林局，科技局，1976.八角金花虫的研究初报［J］.广西林业科技通讯，（2）24-25.

蒲富基，1980.中国经济昆虫志（第十九册）（鞘翅目天牛科（二））［M］.北京：科学出版社.

蒲永兰，杨世璋，林琳，等，2003.核桃长足象的生物学及其防治［J］.昆虫知识，40（3）：262-264.

祁诚进，耿炳田，1992.楸蠹野螟幼虫龄期的研究［J］.昆虫知识，（4）：241-242.

祁诚进，1999.山东天牛志［M］.济南：山东科学技术出版社.

祁景良，王玉英，1981.云南松干蚧的研究（一）［J］.林业科学，17（1）：20-25.

祁庆兰，1987.柏肤小蠹生活史的研究及其防治［J］.昆虫知识，24（1）：34-36.

祁新华，2000.花椒跳甲生物学特性及防治［J］.森林病虫通讯，（6）：26-27.

杞杰，骆有庆，黄竞芳，等，1999.光肩星天牛自然种群的研究（一）生命表的组建［C］.//陈昌洁，等.中国主要森林病虫害防治研究进展.北京：中国林业出版社.

钱范俊，于和，1984.樟子松钻蛀性害虫林间检索表［J］.森林病虫通讯，（4）：36-38.

钱范俊，于和，1986.樟子松两种钻蛀性害虫生物生态特性的研究［J］.东北林业大学学报，14（4：60-66）.

钱范俊，翁玉榛，余荣卓，等，1992.杉木种子园的主要害虫及为害情况的研究［J］.中南林学院学报，12（2）：152-156.

钱范俊，1981.樟子松斑螟调查初报［J］.林业科技通讯，（9）：27-30.

钱范俊，1988.樟子松钻蛀性害虫调查［J］.森林病虫通讯，（3）：35-37.

钱范俊，嵇保中，1998.昆虫生长调节剂对云斑天牛成虫的生物活性［J］.南京林业大学学报，22（1）：91-94.

钱范俊，翁玉榛，余荣卓，等，1992.杉木种子园球果虫害及变色对种子影响的研究［J］.南京林业大学学报，16（1）：31-34.

钱范俊，翁玉榛，余荣卓，等，1994.影响杉木种子园良种产量的主要害虫及综合治理对策［J］.福建林业科技，21（3）：76-80.

钱范俊，余荣卓，张福寿，等，1995.杉木球果麦蛾生物生态学特性的研究［J］.南京林业大学学报，19（4）：27-32.

钱范俊，袁俊杰，杜夕生，1997.云斑天牛产卵刻槽在杨树树干上的分布规律［J］.中南林学院学报，17（3）：82-85.

钱范俊，袁俊杰，叶中亚，等，1996.云斑天牛成虫补充营养源对扩散危害影响的研究［J］.中南林学院学报，16（2）：62-64.

钱庭玉，1964.荔枝两种蛀茎虫的研究［J］.昆虫学报，13（2）：159-167.

强中兰，马长林，2007.国槐木虱的发生与防治实验［J］.甘肃林业科技，32（1）：60-63.

乔世春，彭爱加，李岩峰，2008.柽柳条叶甲生物学特性研究［J］.林业实用技术，12：27-28.

秦秀云，李凤华，张立清，等，2000.应用乐果糖醋液防治落叶松球果花蝇［J］.林业科技通讯，（4）：28.

秦占毅，刘生虎，岳彩霞，2007.苹果蠹蛾在甘肃敦煌的生物学特性及综合防治技术［J］.植物检疫，21（3）:170-171.

秦长生，徐金柱，谢鹏辉，等，2008.绿僵菌相容性杀虫剂筛选及混用防治椰心叶甲［J］.华南农业大学学报，29（2）：44-46.

青海省林业局，1982.青海省森林病虫普查资料汇编（1980-1982）［G］.青海省林业局.

邱强，2004.中国果树病虫原色图鉴［M］.郑州:河南科学技术出版社.

邱淑梅，罗润泉，姚勇，2010.南昌县小地老虎的发生规律与防治技术［M］.现代园艺，（5）：54-55.

屈邦选，陈辉，刘复玳，等，1991.杨十斑吉丁虫的研究-Ⅱ发生规律及防治［M］.西北林学院学报，7（1）.

屈红，1981.白蜡的理化性质的初步研究［J］.林产化学与工业，1（4）：44-48.

冉亚丽，2001.应用苏特灵BT防治黄褐天幕毛虫［J］.中国森林病虫，（2）.

绕文聪，罗永森，丁文华，等，2006.乐扫防治桑木虱的药效试验［J］.广东蚕业，（02）：28-30.

任丽，2005.兴安落叶松鞘蛾生物学特性及防治技术研究［J］.河南林业科技，25（4）：24-25.

任绍富，吴高荣，1990.危害林木的棉大造桥虫［J］.昆虫知识，（5）：303-304.

任爽，2009.重庆地区栗瘿蜂寄生蜂种类及其控制作用研究［J］.安徽农业科学，37（7）：3055-3056转3103.

任宪威，1995.树木学［M］.北京:中国林业出版社.

任月刚，崔建业，李耀辉，2001.松大蚜的生活习性及综合防治措施［J］.内蒙古林业科技，122.

任作佛，1959.秦岭华山松小蠹调查和防治初步报告［J］.西北农学院学报，（2）:59-91.

任作佛，1964.云杉大树蜂（*Sirex gigas* L.）简要记述［J］.昆虫知识，8（6）：260-261.

容煊雄，陈沐荣，邓湘辉，等，2003.5种化学杀虫剂防治椰心叶甲试验［J］.广东林业科技，19（4）：49-50.

闻贵欣，宋福平，张杰，2007.地下害虫——蛴螬的生物防治［C］.中国植物保护学会学术年会论文汇编，582-588.

森保组，陈芝卿，1978.母生两种舟蛾的初步观察［J］.热带林业，（1）：12-20.

陕西省林业科学研究所，湖南省林业科学研究所，1990.林虫寄生蜂图志［M］.杨凌:天则出版社.

陕西省林业科学研究所，1984.陕西林木病虫图志（第二辑）［M］.西安:陕西科学技术出版社.

陕西省农林科学院林业研究所，1977.陕西林木病虫图志（第一辑）［M］.西安:陕西人民出版社.

商洛地区林业站，1975.栗实象的初步观灾［J］.陕西林业科技，（2）：71.

赏蝶人，1981.台湾的蝴蝶［M］.（台）自然科学文化事业公司出版部，100-115.

上海市林业总站，2004.林木病虫害防治［M］.上海:上海科学技术出版社.

邵凤双，庞勇士，1997.楸螟生物学特性及防治研究初报［J］.吉林林业科技，（4）：13-14.

邵景文，1994.松瘿小卷蛾生物学特性的研究［J］.东北林业大学学报，（5）：100-104.

邵强华，1990.中国晋盾蚧综合防治试验研究［J］.北京林业大学学报，12（3）：74-82.

邵显珍，闫学彬，陈振华，等，2001.用辛硫磷防治云杉大黑天牛［J］.林业科技，26（1）：26-27.

申富勇，朱雨行，张玉君，2001.中华松针蚧检疫技术研究初探［J］.植物检疫，15（2）：87-88.

沈光普，刘友樵，1988.江西小蛾类［J］.江西农业大学学报，（专辑）：68-69.

沈光普，肖晓玲，祝忆苏，1985.樟叶木虱的生态条件及其若虫、卵空间分布型的测定［J］.中国森林病虫，（2）：24-29.

沈杰，张庆荣，徐志宏，2002.浙江省花木危险性害虫——蔗扁蛾的检疫与防治［J］.浙江林业科技，22（3）：38-43.

沈平，常承秀，张永强，等，2008.槐豆木虱形态特征及发生规律［J］.甘肃林业科技，33（1）：30-33.

沈强，王菊英，柳建定，等，2007.山东广翅蜡蝉的生物学特性及防治［J］.昆虫知识，44（1）：116-118.

沈强，徐企尧，张毅丰，等，1993.青冈齐盾蚧生物学特性的观察［J］.森林病虫通讯，（4）：22-23.

沈强，徐企尧，张毅丰，等，1994.青冈齐盾蚧的研究［J］.昆虫知识，31（6）：353-356.

盛茂岭，2005.中国古北区林木钻蛀害虫天敌姬蜂（膜翅目.姬蜂科）分类研究［D］.北京：北京林业大学.

盛茂领，高立新，孙淑萍，等，2002.伊藤厚丝叶蜂寄生天敌及控制作用研究［J］.辽宁林业科技，（2）：1-3.

盛茂领，孙淑萍，2010.中国林木蛀虫天敌姬蜂［M］.北京：科学出版社.

盛茂领，孙淑萍，2014.辽宁姬蜂志［M］.北京：科学出版社.

师光禄，2002.华北落叶松鞘蛾性信息素应用技术研究［J］.山西农业大学学报，22（4）.

师伟香，2007.花卉苗圃地下害虫的防治［J］.现代农业科技，（13）.

施泽梅，2006.甘肃兴隆山保护区松梢小卷蛾生物学特性研究［J］.甘肃林业科技，31（2）：54-55.

石娟，李镇宇，阎国增，等，2004.林分因子与舞毒蛾危害程度的风险评估［J］.林业科学，40（1）：106-109.

石木标，冼炳才，戴冠群，等，1984.三种园林害虫核型多角体病毒的初步观察［J］.林业科技通讯，（6）：27-28.

石铁嵩，孙作敏，王文革，2005.松瘿小卷蛾化学防治的探讨［J］.防护林科技，（2）：79-80.

时书青，2012.中国幽天牛亚科，瘦天牛科系统分类研究［D］.重庆北碚：西南大学.

首都绿化委员会办公室，2000.绿化树木病虫鼠害［M］.北京：中国林业出版社.

书童，2009.榆绿天蛾.科技中国网http://www.techcn.com.cn/index.php?doc-view-107456.

舒朝然，2003.我国落叶松鞘蛾的研究概况及发展方向［J］.辽宁林业科技，（1）：29-31.

司徒英贤，杨兵，1989.果核杧果实（*Stermochetus olivieri* Faust）的研究I.形态学和生物学［J］.西南林学院学报，9（3）：36-46.

司徒英贤，1983.杧果天蛾*Compsogene panopus*（Cramer）的初步研究［J］.热带农业科技，4（2）：53-54.

司徒英贤，1991.果核杧果象（*Sternochetus olivieri* Faust）的研究II综合治理［J］.西南林学院学报，11（1）72-78.

司徒英贤，1992.杧果园病虫害综合治理［J］.西南林学院学报，12（2）：180-184.

司徒英贤，1993.四种杧果象的传播和识别［J］.西南林学院学报，13（3）：179-180.

司徒英贤，艾永华，冯士明，2000.云南境内5种象虫幼虫和蛹的形态描述［J］.西南林学院学报，20（2）：100-106.

四川省五倍子科研协作组，1985.四川省五倍子质量的研究［J］.林化科技通讯，52（4）：1-9.

四川省永川森林病虫防治试验站，1984.柏木丽松叶蜂的研究［J］.林业病虫防治，（8）：8-9.

松突圆蚧综合防治组，1989.松突圆蚧生物学特性及发生规律的研究［J］.林业科技通讯，（5）：3-7.

宋金凤，2004.枣区育苗枣飞象的防治试验［J］.林业实用技术，（6）：29.

宋丽文，任炳忠，孙守慧，等，2005.松纵坑切梢小蠹信息化学物质野外诱集效果试验东［J］.北林业大学学报，33（1）：38-40.

宋丽文，2005.落叶松八齿小蠹聚集信息化合物初步研究——生物活性分析及人工合成诱芯应用［D］.东北师范大学硕士论文.

宋盛英，王勇，欧政权，等，2008.贵州新记录种浙江黑松叶蜂生物学特性研究［J］.中国森林病虫，27（3）：22-23，41.

苏梅，杨奋勇，刘秀峰，等，2007.灰斑古毒蛾寄生天敌调查技术［J］.中国农村科技，（2）19-20.

苏梅，杨奋勇，2000.灭幼脲超低量防治柳毒蛾技术［J］.蒙古林业科技，增刊：59-62.

苏世友，周波，1988.杉肤小蠹生物学特性及防治技术的研究［J］.林业科学，24（2）：239-241.

苏星，伍建芬，1977.危害木麻黄的3种蛀干害虫的初步研究［J］.昆虫知识，14（5）：152-154.

苏志远，2004.凉山林木害虫图志［M］.成都：四川科学技术出版社.

孙德祥，王建义，吴光荣，等，1993.柽柳原盾蚧（*Prodiaspis tamaricicola* Young）的初步研究［J］.宁夏大学学报（农业科学版），

14（4）.

孙德祥，王建义，赵游丽，等，1989.水木坚蚧空间分布型的初步研究［J］.内蒙古林学院学报，（1）：96-102.

孙逢海，房爱成，孙宪华，等，1994.红缘天牛生物学特性观察［J］.山东林业科技，（3）.

孙继美，丁珊，肖华，等，1997.球孢白僵菌防治松褐天牛的研究［J］.森林病虫通讯，（3）：16-19.

孙江华，Roques A，方三阳，1996.黑胸球果花蝇的生物学与落叶松球果发育的关系［J］.林业科学，32（3）：238-242.

孙力华，宋友文，单立华，1987.忍冬桦蛾的初步研究［J］.昆虫学报，30（4）：455-457.

孙丽昕，杨立新，2006.梨金缘吉丁生物学特性初步观察［J］.内蒙古农业科技，（1）：77.

孙巧云，郜晓玲，徐龙娣，1985.角斑古毒蛾生物学的初步观察［J］.江苏林业科技，（1）30-31.

孙琼华，1991.银杏大蚕蛾生物学和防治技术研究［J］.林业科学研究，4（3）：273-279.

孙绍芳，2003.利用扑粉拟青霉菌防治板栗剪枝栗和板栗二斑象研究［J］.云南林业科技，（2）：57-59.

孙士英，吕泽勋，黄冠辉，等，1987.落叶松尺蠖NPV自然流行病调查［J］.森林病虫通讯，（1）：23-25.

孙吴县林业局，徐影，宋景云，姚殿静，2001.烟剂防治落叶松球果花蝇的试验与经济效益分析［J］.黑河科技，10-12.

孙晓玲，程彬，高长启，等，2006.栗山天牛发生及防治的研究现状［J］.吉林师范大学学报（自然科学版），（1）：54-56.

孙晓玲，2006.应用信息素监测云杉八齿小蠹的扬飞规律［J］.东北林业大学学报，34（3）.

孙晓玲，2006.云杉八齿小蠹化学信息物质的研究［D］.哈尔滨：东北林业大学.

孙兴全，蒋根弟，顾燕飞，等，2006.樟叶蜂生物学特性及温度对幼虫发育历期的影响［J］.中国森林病虫，25（2）：7-9.

孙兴全，周丽娜，陈晓琳，等，2002.上海地区危害月季的豆毒蛾生物学特性及防治初步研究［J］.上海交通大学学报（农业科学版），20（增刊）：84-88.

孙绪艮，李占鹏，2001.林果病虫害防治学［M］.北京：中国科学技术出版社.

孙学海，2003.蔗扁蛾在构树上的危害特点及防治方法［J］.植保技术与推广，（11）：15.

孙永春，1963.栗实象虫甲初步研究.见：中国林学会.1962年学术年会论文选集［M］.北京：农业出版社.

孙永春，范民生，1965.板栗瘿蜂初步观察［J］.昆虫知识，9（5）：286-289.

孙渔稼，1989.国槐羽舟蛾研究简报［J］.山东省林科所山东林业科技，（1）：47.

孙渔稼，张兆义，1989.刺槐谷蛾的研究（鳞翅目谷蛾科）［J］.昆虫学报，32（3）：350-354.

孙章鼎，1942.湘西黔东倍子产销概况［J］.西南实业通讯，5（4）：95-104.

覃伟权，陈思婷，黄山春，等，2006.椰心叶甲在海南的危害及其防治研究［J］.中国南方果树，35（1）：46-47.

覃伟权，赵辉，韩超文，2002.红棕象甲在海南发生危害规律及其防治［J］.云南热作科技，25（4）：29-30.

谭济才，2002.茶树病虫防治学［M］.北京：中国农业出版社.

蒲富基，1980.中国经济昆虫志（第十九册）（鞘翅目：天牛科（二））［M］.北京：科学出版社.

谭娟杰，虞佩玉，李鸿兴，等，1980.中国经济昆虫志（第十八册）（鞘翅目叶甲总科（一））［M］.北京：科学出版社.

汤祊德，1992.中国粉蚧科［M］.北京：中国农业科技出版社.

汤祊德，郝静钧，1995.中国珠蚧科及其他［M］.北京：中国农业科技出版社.

汤祊德，周静，孙占贤，等，1980.我国北部林带杨盾蚧危害纪实［J］.山西农业科学，（4）：8-11.

汤祊德，1977.中国园林主要蚧虫（第一卷）.沈阳市园林科学研究所.

汤祊德，1984.中国园林主要蚧虫（第二卷）［D］.山西农业大学.

汤祊德，1986.中国园林主要蚧虫（第三卷）［D］.山西农业大学.

汤祊德，1991.中国蚧科［M］.太原：山西高校联合出版社.

汤历，赵玉梅，汤才，等，2005.圆斑弯叶毛瓢虫对湿地松粉蚧捕食作用研究［J］.昆虫天敌，27（1）：27-31.

汤志馥，2012.桃仁蜂与茶仁蜂的形态识别［J］.吉林农业，（3）：82.

唐冠忠，吕荣燕，郭振平，等，1999.桃仁蜂产卵分布格局研究［J］.河北林业科技，（4）：10-12.

唐冠忠，牛敬生，刘玉芬，1999.桃仁蜂生物学特性研究初报［J］.森林病虫通讯，（3）：5-7.

唐冠忠，彭进友，郭振平，等，2005.杏仁蜂和桃仁蜂幼虫的形态学和危害状区别［J］.河北林业科技，（3）：24.

唐冠忠，彭进友，郭振平，等，2006.抗桃仁蜂山杏植株及抗蜂机理研究［J］.河北林业科技，（1）：7-8.

唐冠忠，闫海亮，郭振平，等，2007.桃仁蜂成虫防治技术研究［J］.河北林业科技，（1）：1-3.

唐冠忠，2002.抗桃仁蜂山杏植株调查［J］.河北林业科技，（2）：13-14.

唐冠忠，2005.杨干象综合防治技术研究［J］.河北林业科技，（2）：1-3.

唐光辉，江志利，张文锋，等，2006.树干注药防治椰心叶甲药效试验［J］.中国森林病虫，25（4）：39-41.

唐觉，等，1987.角倍蚜生物学的研究——越冬世代可发育为无翅孤雌生殖型成蚜的首次报道［J］.资源昆虫，2（1-2）：14-16.

唐觉，1956.我国的五倍子［J］.昆虫知识，2（3）：113-116.

唐觉，1976.五倍子及其繁殖增产的途径［J］.昆虫学报，19（3）：282-296.

唐觉，蔡邦华，1957.贵州湄潭五倍子的研究［J］.昆虫学报，7（1）：113-140.

唐伟强，2000.削尾材小蠹生物学特性及防治［J］.浙江林学院学报，17（4）：417-420.

唐欣甫，1996.果树病虫害实用防治技术［M］.北京：中国农业科技出版社.

唐艳龙，温小遂，许永青，等，2007.应用灰色关联度分析环境因子与萧氏松茎象危害程度的关系［J］.江西农大学报，29（3）：356-359.

桃江县林业局，1979.杉梢小卷蛾生活习性观察和防治试验［J］.湖南林业科技，（1）：19-21.

陶家驹，1943.四川倍子蚜虫种类之检别［J］.新农林，2（3）：17-21.

陶家驹，1948.漆类瘿蚜学名之检讨与人工增殖方法［J］.农报，2（9-10）：16-23.

陶玫，陈国华，杨本立，2003.白生盘蚧寄生蜂研究初报［J］.云南农业大学学报，18（4）：413-415.

陶万强，关玲，禹菊香，等，2003.杨潜叶叶蜂的危险性分析和风险性管理［J］.中国森林病虫，22（4）：8-9.

陶万强，潘彦平，刘寰，等，2009.北京松山国家自然保护区鳞翅目昆虫区系分析［J］.安徽农业科学，37（6）：2592-2595.

陶万强，2008.北京地区美国白蛾生物学特性研究初报［J］.中国森林病虫，（2）：9.

陶维昌，王鸣凤，2004.棕色天幕毛虫的危害习性及防治［J］.安徽林业科技，（1）：18-19.

田丰，张延民，王文治，等，1993.分月扇舟蛾的天敌［J］.昆虫天敌，15（4）：155-156.

田光合，1991.药草绳防治枣飞象技术研究［J］.河南林业科技，（2）：10.

田润民，唐蒙昌，1997.沙棘木蠹蛾生物学特性的初步研究［J］.内蒙古林业科技，（1）：36-38.

田宇，刘孟英，1990.桃蛀螟性外激素腺体的部位及其超微形态结构［J］.昆虫学报，33（2）：254-255.

田泽君，潘演征，潘光全，等，1985.六种五倍子蚜冬寄主研究［J］.动物世界，2（1）：55-58.

田泽君，等，1986.四川五倍子资源、分布、生产现状与增产途径的调查研究［J］.资源昆虫，1（1）：20-28.

田泽君，1996.五倍子培育技术［M］.北京：金盾出版社.

田泽君，潘光全，潘演征，等，1988.盐肤木四种倍蚜主要生物学特性和预测的研究［J］.动物学研究，9（4）：401-408.

仝英，2003.靖远松叶蜂的综合防治［J］.科技情报开发与经济，13（3）：162-163.

佟超然，李心贞，刘安民，等，1985.刺槐蚧壳虫生物学特性及防治的研究［J］.林业实用技术，（5）：29-32.

桐庐县林业局，1959.灭乌柏毛虫，保柏子丰收［J］.浙江林业，（5）：32.

童国建，唐子颖，潘务耀，等，1988.松突圆蚧自然种群数量消长规律的初步研究［J］.林业科技通讯，（2）：6-11.

童新旺，劳光闳，1984.樟树害虫龙眼裳卷蛾［J］.湖南林业科技，（4）：44-45.

童新旺，2004.湖南白蚁研究与防治［M］.长沙：湖南科学技术出版社.

童新旺，傅佑斌，倪乐湘，2005.湖南栗瘿蜂的寄生蜂种类及保护利用措施［J］.湖南林业科技，32（2）：35-37.

万少侠，张立峰，2004.果树害虫茶翅蝽的发生与防治［J］.河北农业科技，（8）：18.

万少侠，张立峰，2005.应用野生芫花防治林木蛀干害虫技术［J］.中国森林病虫，24（2）：29.

汪社层，高九思，薛敏生，2008.柿蒂虫的发生规律及综合防治［J］.现代农业科技，（9）.

汪兴鉴，1990.关于检疫性实蝇名称的商榷［J］.植物检疫，4（6）：440-446.

汪一安，1985.野外大面积诱杀土栖白蚁试验报告［J］.南京林学院学报，（1）：52-59.

王爱静，等，2000.脊虎天牛寄生蜂新种新属——莱洛茧蜂［J］.新疆林业科技，（2）：28-29.

王爱静，1983.杨黑点叶蜂和直角叶蜂的研究［J］.新疆农业科学，（6）：20-22.

王爱静，1984. 杨毛臀萤叶甲的生物学研究［J］. 新疆林业科技，14（3）：24-27.

王爱静，1995a. BA-1乳油对杨毛臀萤叶甲室内药效试验［J］. 新疆林业科技，43（1）：28-30.

王爱静，1995b. 大青叶蝉的防治指标研究［J］. 林业科学，31（1）：81-85.

王爱静，1995c. 大青叶蝉的卵块空间分布型的研究［J］. 东北林业大学学报，23（1）：40-45.

王爱静，1996. 大青叶蝉的生物特性研究［J］. 新疆农业科学，（4）：186-188.

王爱静，1998. 酱色齿足茧蜂的初步研究［J］. 新疆农业科学，（5）：220-221.

王爱静，2001. 纳曼干脊虎天牛的生物学特性研究［J］. 林业科学研究，14（5）：560-565.

王爱静，白九维，1984. 榆树的新害虫——榆潜蛾Bucculatrix sp. 的研究［J］. 东北林学院学报，12（4）：57-64.

王爱静，李霞，刘宏光，等，1999. 纳曼干脊虎天牛的综合防治［J］. 新疆农业科学，（5）：223-225.

王爱静，刘宏光，邓克蓉，1999. 纳曼干脊虎天牛危害损失的研究［J］. 林业科学，35（5）：72-76.

王爱静，刘宏光，邓克蓉，等，2000. 纳曼干脊虎天牛空间分布型及其应用研究［J］. 林业科学研究，13（6）：684-687.

王爱静，王成祥，李中焕，1996. 大青叶蝉的园林寄主种类记述［J］. 新疆林业科技（2）：21-24.

王传珍，王京刚，杨隽，等，2000. 昆嵛山腮扁叶蜂生物学特性研究［J］. 森林病虫通讯，2000（4）：20-22.

王凤英，张闯令，李绪选，2007. 槐花球蚧生物学特性及防治方法研究初报［J］. 辽宁林业科技，（4）：56-57.

王福莲，李传仁，刘万学，等，2008. 新入侵物种悬铃木方翅网蝽的生物学特性与防治技术研究进展［J］. 林业科学，44（6）：137-142.

王福维，牛延章，侯丽伟，等，1993. 分月扇舟蛾生物学初步研究［J］. 吉林林业科技，22（6）：30-42.

王革，2006. 云南省天保工程区华山松木蠹象监测及综合治理［J］. 林业调查规划，31（增刊）：167-168.

王功，2009. 甘肃兴隆山落叶松叶蜂发生及防治初探［J］. 甘肃林业科技，34（3）：54-56，59.

王贵成，刘爱图，谢祖英，1965. 沙枣木虱（Trioza magnisetosa Log.）生物学及其防治研究［J］. 林业科学，10（3）：247-256.

王桂清，周长虹，2003. 小齿短肛棒䗛的发生与治理［J］. 中国森林病虫，22（6）：31-33.

王桂清，2000. 沈阳地区红头阿扁叶蜂的研究初报［J］. 林业科学，36（4）：110-11.

王海林，曹葵光，陈岗，1998. 白生盘蚧Crescoccus candidus Wang研究初报［J］. 西南林学院学报，8（2）：238-241.

王海明，等，2005. 大叶黄杨长毛斑蛾生物学特性观察及防治试验研究［J］. 山东林业科技，（2）：46-47.

王海明，牛迎福，刘保东，等，2003. 几种农药防治紫薇囊毡蚧和锈色粒肩天牛试验［J］. 中国森林病虫，（2）：27-30.

王缉健，唐福娟，1993. 平利短肛棒䗛的初步研究［J］. 森林病虫通讯，（3）：1-2.

王缉健，1988. 斑腿华枝䗛生物学特性的初步观察［J］. 森林病虫通讯，（1）：11-12.

王缉健，1989. 湿地松的新害虫——橘狭胸天牛［J］. 广西林业科技，（3）：18-20.

王缉健，1994. 海南长瓣蝉生物学特性观察［J］. 广西农业科学，（6）：281-282.

王缉健，1998. 松大蚜与其天敌［J］. 广西林业，（2）：28.

王缉健，2002. 小用克尺蛾生物学特性及其防治［J］. 广西林业科学，（1）：32，40.

王缉健，陈江，罗基同，等，2010. 桉树枝瘿姬小蜂侵害植物的发现［J］. 广西林业科学，39（4）：208-210.

王缉健，陈树椿，1998. 黄色阿异䗛生物学及防治研究［J］. 广西林业科学，（2）：77-79.

王缉健，黄端昆，陈进宁，等，1998. 危害八角的两种蓟马［J］. 广西农业科学，（4）：191-193.

王缉健，黄端昆，陈进宁，等，1997. 八角疮痂病及其防治技术的研究［J］. 森林病虫通讯，（4）：6-9.

王缉健，蒋金培，罗基同，等，2011. 桉树枝瘿姬小蜂对几种桉萌芽影响的观察［J］. 中国森林病虫，30（1）：12-14.

王缉健，唐福娟，1992. 腹指短角枝䗛的生物学特性观察［J］. 森林病虫通讯，（2）：15-17.

王缉健，唐福娟，1990. 博白长肛棒䗛的初步研究［J］. 中国森林病虫，（2）：3-5.

王建国，林毓鉴，胡雪艳，等，2008. 江西灰尺蛾亚科昆虫名录（鳞翅目：尺蛾科）［J］. 江西植保，31（1）：43-48.

王建全，1992. 杨雪毒蛾生物学特性观察及生物防治试验［J］. 甘肃林业科技，（1）：18-21.

王建义，武三安，唐桦，等，2009. 宁夏蚧虫及其天敌［M］. 北京：科学出版社.

王江柱，1997. 苹果、梨病虫草害防治问答［M］. 北京：中国农业出版社.

王金友，李知行，1995. 落叶果树病害原色图谱［M］. 北京：金盾出版社.

王俊民, 赵延生, 艾先琴, 等, 2003. 梅木蛾防治药剂及施药适期试验初报 [J]. 植保技术与推广, 23 (12): 31-32.

王立纯, 张国财, 徐学恩, 等, 1990. 红松实小卷蛾Petrova resinella (L.)化学防治的研究. 见: 岳书奎.樟子松种实害虫研究 (一) [M]. 哈尔滨: 东北林业大学出版社.

王立忠, 韩玉光, 周维民, 等, 1998. 榆凤蛾生物学特性研究与防治 [J]. 森林病虫通讯, (2): 38-39.

王连珍, 2001. 90年代中国柞蚕放养的主要技术措施 [J]. 辽宁丝绸, (2): 34-36.

王明月, 2005. 枯叶拱肩网蛾生物学特性的初步研究 [J]. 中国森林病虫, 24 (2): 16-17.

王鸣凤, 陈柏林, 1997. 棕色天幕毛虫的危害习性及防治方法 [J]. 林业科技开发, (4): 51-52.

王娜, 2003. 杨十斑吉丁虫防治方法探究 [J]. 新疆林业, (2): 41.

王念慈, 李照会, 刘桂林, 等, 1990. 栾多态毛蚜生物学特性及防治的研究 [J]. 山东农业大学学报, 21 (1): 47-50.

王念慈, 李照会, 刘桂林, 等, 1991. 栾多态毛蚜形态特点和自然蚜量变动规律的研究 [J]. 山东农业大学学报, 22 (1): 99-85.

王平远, 宋士美, 1982. 中国东北危害樟子松的松梢螟新种和一新种团 [J]. 昆虫学报, 25 (3): 323-326.

王平远, 1980. 中国经济昆虫志 (第二十一册) (鳞翅目螟蛾科) [M]. 北京: 科学出版社.

王润喜, 1978. 白僵菌防治杨黄象虫 [J]. 新农业, (17): 17.

王淑芬, 唐大武, 叶翠层, 等, 2003. 金钱松小卷蛾性信息素的应用 [J]. 中南林学院学报, 23 (4): 85-87.

王天龙, 骆大华, 姚勤贵, 1997. 德清真片胸叶蜂生物学特性观察初报 [J]. 森林病虫通讯, (2): 35-36.

王天龙, 骆大华, 姚勤贵, 2000. 德清真片胸叶蜂危害对毛竹林生长量的影响 [J]. 江西林业科技, (4): 17-18.

王维翊, 王维中, 1988. 核桃扁叶甲的发生与防治 [J]. 辽宁林业科技, (6): 55.

王文凯, 2000. 云斑天牛的学名及有关问题的讨论 [J]. 昆虫知识, 37 (3): 191-192.

王文林, 1998. 松扁叶蜂的生物学与防治对策 [J]. 河南教育学院学报, (1): 56-58.

王锡信, 赵岷阳, 朱宗琪, 等, 2001. 梳角窃蠹生物学特性及防治技术研究 [J]. 甘肃林业科技, 26 (3): 10-15.

王锡信, 2000. 梳角窃蠹的防治研究 [J]. 林业科学研究, 13 (2): 209-212.

王湘江, 1990. 四川巫山县乌桕毒蛾暴发成灾 [J]. 植物保护, 16 (5): 51.

王向东, 2005. 四川凉山林区云南松梢小卷蛾发生及防治技术 [J]. 农业科技通讯, (7): 43.

王小军, 杨忠岐, 王小艺, 2006. 北京地区杨潜叶跳象生物学特性及药物防治效果 [J]. 昆虫知识, 43 (6): 858-863.

王小艺, 曹明亮, 杨忠岐, 2018. 我国五种重要吉丁学名订正及再描述 (鞘翅目吉丁虫科) [J]. 昆虫学报, 61 (10): 1202-1211.

王晓娟, 2008. 樟叶蜂的初步观察 [J]. 安徽农学通报, 14 (23): 178, 203.

王信祥, 2006. 梅木蛾的发生与防治 [J]. 河北果树, (6): 36-37.

王幸德, 毕巧玲, 1988. 柏大蚜的初步观察 [J]. 昆虫知识, (3): 161.

王雄, 刘强, 2002. 濒危植物沙冬青新害虫——灰斑古毒蛾的研究 [J]. 内蒙古师范大学学报[自然科学 (汉文) 版], 31 (4): 374-377.

王秀梅, 臧连生, 邹云伟, 等, 2012. 异色瓢虫成虫对榆紫叶甲卵的捕食作用 [J]. 东北林业大学学报, 40 (1): 70-72.

王绪芬, 张翠玉, 张秀慧, 等, 2006. 山东滨州冬枣枣镰翅小卷蛾的发生与防治 [J]. 植物保护, 32 (2): 109.

王学山, 宁波, 潘淑琴, 张宝权, 1996. 苹毛丽金龟生物学特性及防治 [J]. 昆虫知识, 33 (2): 111-112.

王艳平, 武三安, 张润志, 2009. 侵害虫扶桑绵粉蚧在中国的风险分析 [J]. 昆虫知识, 46 (1): 101-106.

王焱, 2007. 上海林业病虫 [M]. 上海: 上海科学技术出版社.

王音, 杨集昆, 1994. 危害踏郎的透翅蛾1新种 (鳞翅目: 透翅蛾科) [J]. 西北林学院学报, 9 (3): 31-33.

王英敏, 张英伟, 杨维宇, 1999. 带岭新松叶蜂卵在树冠上分布规律的研究 [J]. 辽宁林业科技, (5): 45-46.

王英敏, 赵世东, 叶淑琴, 2001. 泰加大树蜂羽化孔在落叶松树干上的分布 [J]. 中国森林病虫, 20 (3): 15-16.

王永春, 唐向明, 苏志红, 等, 1997. 棉大造桥虫在樱桃树上的发生与防治 [J]. 落叶果树, (4): 52.

王永宏, 孙益知, 殷坤, 1997. 利用芫菁夜蛾线虫控制核桃举肢蛾的研究 [J]. 陕西农业科技, (1): 5-7.

王永哲, 陈天林, 宁吉文, 1995. 带岭新松叶蜂空间分布型及抽样技术研究 [J]. 辽宁林业科技, (1): 31-33, 59.

王永哲，张晓龙，王东，等，1992.带岭新松叶蜂生物学特性及防治方法的研究［J］.昆虫知识，29（5）：279-281.

王勇，曾菊平，2013.江西樟树害虫的发生、危害特点与IPM策略［J］.生物灾害科学，36（3）：304-315.

王玉林，杨学社，谭立江，等，2002.青杨脊虎天牛的化学防治方法［J］.林业科技，27（3）：1.

王玉勤，伍有声，高泽正，等，2004.夹竹桃天蛾的发生与防治［J］.广东园林，（增刊）：155-156.

王源岷，徐筠，1987.木橑尺蛾幼虫形态学及其前胸盾上未命名毛的讨论［J］.昆虫学报，30（3）：323-326.

王云尊，1988.枣镰翅小卷蛾的生物学及防治研究［J］.山东林业科技，（3）：34-38.

王云尊，1989.六星黑点蠹蛾的生物学及防治研究［J］.落叶果树，（S1）：175-177.

王直诚，1999.东北蝶类志［M］.长春:吉林科学技术出版社.

王直诚，2003.东北天牛志［M］.长春:吉林科学技术出版社.

王志刚，2004.中国光肩星天牛发生动态及治理对策研究（博士论文）［D］.中国优秀博硕士论文全文数据库，1-90.

王志刚，阎浚杰，刘玉军，等，2003.西藏南部光肩星天牛发生情况调查报告［J］.东北林业大学学报，（4）：70-71.

王志明，刘国荣，程彬，2006.伊藤厚丝叶蜂生物学及其对落叶松生长的影响［J］.东北林业大学学报，34（5）：13-15.

王志明，倪洪锦，1991.薄翅锯天牛观察及防治初报［J］.中国果树，（1）：34-35.

王志明，皮忠庆，宁长林，等，1993.苏云金杆菌防治分月扇舟蛾试验［J］.吉林林业科技，22（5）：31-32.

王志英，岳书奎，戴华国，等，1990.红松实小卷蛾*Petrova resinella*（L.）生物生态学特性的研究.见:岳书奎.樟子松种实害虫研究（一）［M］.哈尔滨:东北林业大学出版社.

王竹红，黄建，梁智生，等，2004.松突圆蚧花角蚜小蜂的引种与利用［J］.福建农林大学学报（自然科学版），33（3）：313-317.

王子清，姚德富，崔士英，等，1982.胶蚧属一新种及其生物学研究初报［J］.林业科学，18（1）：53-57.

王子清，1982.盘蚧科新属、新种记述［J］.昆虫学报，25（1）：85-88.

王子清，2001.中国动物志 昆虫纲（第二十二卷）（同翅目蚧总科）［M］.北京:科学出版社.

王自力，陈晓鸣，陈勇，等，2003.白蜡虫孤雌生殖的初步研究［J］.林业科学研究，16（4）：386-390.

王宗楷，1964.油茶蟓的初步观察［J］.昆虫知识，8（2）：69-70.

韦平，1989.银杏大蚕蛾的生活习性及其防治［J］.昆虫知识，（6）：347.

韦启元，1985.油茶宽盾蝽的初步研究［J］.昆虫知识，22（1）：21-23.

尉吉乾，莫建初，徐文，等，2010.黑胸散白蚁的研究进展［J］.中国媒介生物学及控制，21（6）：635-637.

魏初奖，谢大洋，庄晨辉，等，2004.福建省木麻黄毒蛾灾区区划及其应用研究［J］.江西农业大学学报，26（5）：774-777.

魏鸿钧，张治良，王荫长，1989.中国地下害虫［M］.上海:上海科学技术出版社.

魏鸿钧，1979.地下害虫综合防治.见:中国科学院动物研究所主编.中国主要害虫综合防治［M］.北京:科学出版社.

魏鸿钧，1990.金针虫.见:吴福桢，管致和.中国农业百科全书 昆虫卷［M］.北京:农业出版社.

魏立邦，1990.栗瘿蜂的防治研究［J］.西南林学院学报，10（1）：86-93.

魏向东，程湄辉，王优峰，1991.泡桐叶甲生物学观察［J］.甘肃林业科技，（3）:46-47.

温小遂，匡元玉，施明清，等，2004.萧氏松茎象成虫的取食、产卵和行为［J］.昆虫学报，47（5）：624-629.

温小遂，施明清，匡元玉，2004.萧氏松茎象发生成因及生态控制对策［J］.江西农大学报，26（4）：495-498.

温小遂，施明清，匡元玉，2005.湿度对萧氏松茎象取食繁殖及存活的影响［J］.江西农大学报，27（1）：89-92.

温小遂，王辉，施明清，等，2007.护林神2号粉剂防治萧氏松茎象药效试验［J］.中国森林病虫，26（1）：37-39.

温雪飞，邹继美，2007.山楂粉蝶的发生与防治［J］.北方园艺，（9）：218-219.

温振宏，2003.落叶松毛虫、柳蝙蛾的化学生态控制及无公害防治技术研究［D］.哈尔滨:东北林业大学.

文冰，王爱静，1998.纳曼干脊虎天牛的寄生菌初步研究［J］.新疆农业科学，（2）：77-78.

文守易，等，1959.森林害虫初步研究报告［M］.北京:科学出版社.

文守易，徐龙江，1984.林木害虫防治［J］.乌鲁木齐:新疆人民出版社.

文守易，徐龙江，1962.杨树吉丁虫生活习性初步观察［J］.新疆农业科学，（2）：59-63.

文守易，徐龙江，1965.杨树吉丁虫的初步研究［C］.见:中国林学会.杨树学术会议论文选集.北京:农业出版社.

吴次彬，1989. 白蜡虫及白蜡生产［M］. 北京: 中国林业出版社.

吴达璋，1951. 武功棕色金龟子的研究［J］. 中国昆虫学报，（4）: 379-401.

吴定坤，刘朝斌，蒋西农，1992. 落叶松叶蜂在秦岭山地的生物学特性［J］. 西北林学院学报，7（4）: 77-82.

吴福桢，高兆宁，1978. 宁夏农业昆虫图志（修订版）［M］. 北京: 农业出版社.

吴福祯，管致和，1990. 中国农业百科全书（昆虫卷）［M］. 北京: 农业出版社.

吴海，2006. 花椒窄吉丁的生物学特性及防治［J］. 昆虫知识，43（2）: 236-239.

吴鸿，1995. 华东百山祖昆虫［M］. 北京: 中国林业出版社.

吴加林，陈友芬，1992. 德昌松毛虫质型多角体病毒初步研究［J］. 西南林学院学报，12（1）: 58-62.

吴佳教，陈乃中，2008. *Carpomya* 属检疫性实蝇［J］. 植物检疫，22（1）: 32-34.

吴坚，王常禄，1995. 中国蚂蚁［M］. 北京: 中国林业出版社.

吴钜文，1972. 非洲蝼蛄. 见:《林业病虫防治手册》编写组. 林业病虫防治手册［M］. 北京: 中国林业出版社.

吴钜文，1972. 乌桕毒蛾. 见:《林木病虫防治手册》编写组. 林木病虫防治手册［M］. 北京: 中国林业出版社.

吴坤宏，余法升，2001. 红棕象甲的初步调查研究［J］. 热带林业，29（3）: 141-144.

吴琳，黄志勇，1989. 黄胸木蠹蛾生物学特性及防治技术的研究［J］. 西南林学院学报，9（1）: 47-54.

吴佩玉，1982. 折带黄毒蛾的防治及天敌调查［J］. 昆虫知识，（2）: 29.

吴佩玉，1984. 柞树害虫——折带黄毒蛾的初步研究［J］. 蚕业科学，10（4）: 225-229.

吴青，曾玲，孙京臣，等，2006. 田间施放绿僵菌防治椰心叶甲的效果［J］. 山东农业大学学报（自然科学版），37（4）: 568-572.

吴时英，2005. 城市森林病虫害图鉴［M］. 上海: 上海科学技术出版社.

吴士雄，陈芝卿，王铁华，1979. 柚木野螟的初步研究［J］. 昆虫学报，22（2）: 156-162.

吴世钧，1983. 半球竹镣蚧生物学特性及防治方法［J］. 昆虫知识，20（2）: 77.

吴蔚文，韦吕研，李学儒，2002. 榕透翅毒蛾生物学研究［C］. 昆虫学创新与发展——中国昆虫学会2002年学术年会论文集，514-517.

吴侠中，宋民昊，郑大虎，1994. 马尾松吉松叶蜂的研究［J］. 林业科学，30（3）: 233-240.

吴侠中，1985. 红腹树蜂的初步研究［J］. 林业科学，21（3）: 315-318.

吴先湘，2001. 八角叶甲的综合防治方法［J］. 广西林业，（1）: 32.

吴晓敏，张文凤，2008. 不同方法治理云南松毛虫效果比较［J］. 四川林勘设计，（2）: 58-60.

吴新民，1959. 小地老虎的综合防治［J］. 棉花，（3）: 22-23.

吴耀军，李德伟，常明山，等，2010. 桉树枝瘿姬小蜂生物学特性研究［J］. 中国森林病虫，29（5）: 1-4转10.

吴益友，杨剑，刘先葆，等，2001. 栗实象甲成虫生物学特性及无公害防治［J］. 湖北林业科技，（116）: 27-31.

吴益友，杨剑，谢普清，等，1999. 应用不同类型Bt杀虫剂防治栗实象鼻虫试验［J］. 经济林研究，17（3）: 40-42.

吴宗兴，刘治富，余明忠，等，2003. 阿坝州花椒主要病虫害种类及防治技术研究［J］. 四川林业科技，24（4）: 58-61.

伍发积，1982. 人工培育倍蚜结硕果［J］. 昆虫知识，19（3）: 33-34.

伍建芬，1990. 松突圆蚧形态［J］. 广东林业科技，（6）: 3-5.

伍建芬，黄增和，1984. 细皮夜蛾研究初报［J］. 林业科技通讯，（4）: 28.

伍佩珩，李镇宇，陈周羡，1988. 板栗兴透翅蛾研究［J］. 森林病虫通讯，（2）: 4-5.

伍筱影，钟义海，李洪，等，2004. 椰心叶甲生物学研究及室内毒力测定［J］. 植物检疫，18（3）: 133-140.

伍有声，高泽正，2004. 广州市园林植物上三种细蛾发生初报［J］. 昆虫知识，41（4）: 328-333.

伍有声，高泽正，2004. 鸦胆子巢蛾发生危害初报［J］. 中国森林病虫，（5）: 30.

伍有声，董担林，刘东明，等，1998. 棕榈植物红棕象甲发生调查初报［J］. 广东园林，（1）: 38-38.

伍有声，高泽正，2004a. 豹尺蛾生生活习性初报［J］. 中国森林病虫，23（5）: 25-26.

伍有声，高泽正，2004b. 广州市园林植物上三种细蛾发生初报［J］. 昆虫知识，41（4）: 328-333.

伍有声，高泽正，2004c. 危害多种热带果树的新害虫——黄褐球须刺蛾［J］. 中国南方果树，33（5）: 47-48.

仵均祥，1999.农业昆虫学［M］.世界图书出版公司.

武春生，方承莱，2003.中国动物志 昆虫纲（第三十一卷）（鳞翅目 舟蛾科）［M］.北京:科学出版社.

武春生，方承莱，2010.河南昆虫志 鳞翅目［M］.北京:科学出版社.

武春生，孟宪林，王蕙，等，2007.中国蝶类识别手册［M］.北京:科学出版社.

武春生，1988.球果角胫象生物学特性的初步研究［J］.西南林学院学报，8（1）:83-86.

武春生，2001.中国动物志 昆虫纲（第二十五卷）（鳞翅目 凤蝶科）［M］.北京:科学出版社.

武海卫，骆有庆，汤宛地，等，2006.重要林木害虫松幽天牛危害特点的研究［J］.中国森林病虫，25（4）:15-18.

武清彪，白印珍，2005.角斑古毒蛾的发生危害观察与防治技术探讨［J］.中国植保导刊，25（5）.

武三安，张润志，2009.威胁棉花生产的外来入侵新害虫——扶桑绵粉蚧［J］.昆虫知识，46（1）:156-162.

武星煜，高嵩，陈端生，等，2001.天水榆童锤角叶蜂初步研究［J］.西北林学院学报，16（4）:50-51.

西北农学院植保系，1978.陕西省经济昆虫志（鳞翅目:蝶类）［M］.西安:陕西人民出版社.

奚福生，罗基同，李贵玉，等，2007.中国桉树病虫害及害虫及天敌［M］.南宁:广西科学技术出版社.

奚福生，罗基同，李贵玉，等，2007.中国桉树病虫害及害虫天敌［M］.南宁:广西科学技术出版社.

席景会，潘洪玉，陈玉江，等，2002.吉林省尺蛾科昆虫名录［J］.吉林农业大学学报，24（5）:53-57.

席勇，1996.大球蚧在巴旦杏上的发生及其防治［J］.昆虫知识，33（5）:273-274.

席勇，白玉龙，宋应华，木科代斯，2000.枣大球蚧防治指标的研究［J］.森林病虫通讯，（6）:15-17.

席勇，任玲，刘纪宝，1996.沙枣木虱的发生及综合防治技术［J］.新疆农业科学，（5）:228-229.

席忠诚，1999.花布灯蛾生物学特性及综合防治技术［J］.甘肃林业科技，24（2）:35-37.

夏固成，余治家，樊亚鹏，等，2009.应用撒布器施放几种灭虫药包防治落叶松红腹叶蜂试验［J］.甘肃林业科技，34（3）:50-51,54.

夏俊文，1987.杨细蛾的初步研究［J］.昆虫知识，24（4）:221.

夏梅艳，李辑，2001.近年气候变化特征分析及对农业病虫害的影响［J］.减轻农林病虫害绿皮书，（3）:19-24.

夏文胜，刘超，董立坤，等，2007.悬铃木方翅网蝽的发生与生物学特性［J］.植物保护，33（6）:142-145.

夏希纳，2004.园林观赏树木病虫害无公害防治［M］.北京:中国农业出版社.

夏志贤，丁福兰，1989.黄地老虎的发生特点与综防措施［J］.中国棉花，（2）:45-46.

夏中惠，1990.柳蓝叶甲危害欧美杨苗木观察［J］.湖南林业科技，（1）:40-41.

仙居县林科所，1978.杉棕天牛生态及其防治方法［J］.台州科技，（11）.

冼升华，余勇，梁学明，等，2002.桉树人工林中综合防治红脚绿丽金龟初探［J］.桉树科技，（2）:52-53.

冼升华，康尚福，余勇，等，1998.小黑象甲的生物学特性和防治研究［J］.桉树科技，（2）:47-49.

冼旭勋，1995.肉桂双瓣卷蛾生物学及防治［J］.昆虫知识，32（4）:220-223.

向和，1980.中国青麸杨五倍子蚜虫的研究［J］.昆虫分类学报，2（4）:303-313.

肖克仁，陈天林，王奇，等，2005.红头阿扁叶蜂生物学特性及防治试验［J］.中国森林病虫，25（1）:30-32.

肖维良，李桂祥，1995.西双版纳白蚁的种类和特征［J］.白蚁科技，12（3）:6-10.

肖友星，1992.乌桕黄毒蛾.见:湖南省林业厅.湖南森林昆虫图鉴［M］.长沙:湖南科学技术出版社.

肖娱玉，王凤，鞠瑞亭，等，2010.上海地区悬铃木方翅网蝽的生活史及发生情况［J］.昆虫知识，47（2）:404-408.

肖育贵，郭亨孝，2003.绿僵菌对鞭角华扁叶蜂幼虫侵入途径及致病性的研究［J］.中国森林病虫，22（1）:12-14.

萧采瑜，等，1981.中国蝽类昆虫鉴定手册（第二册）［M］.北京:科学出版社.

萧采瑜，1981.中国蝽类昆虫鉴定手册［M］.北京:科学出版社.

萧刚柔，陈汉林，1993.天目腮扁叶蜂雄虫记述（膜翅目:扁叶蜂科）［J］.林业科学研究，6（林虫专刊）:65-67.

萧刚柔，等，1997.拉汉英昆虫·蜱螨·蜘蛛·线虫名称［M］.北京:中国林业出版社.

萧刚柔，黄孝运，周淑芷，1981.黑松叶蜂属*Nesodiprion*三新种记述（膜翅目 广腰亚目 松叶蜂科）［J］.林业科学，17（3）:247-249.

萧刚柔，黄孝运，周淑芷，等，1991.中国经济叶蜂志（1）（膜翅目:广腰亚目）［M］.杨凌:天则出版社.

萧刚柔，吴坚，1983.丽松叶蜂*Augomonctenus*一新种［J］.林业科学，19（2）：141-143.

萧刚柔，张友，1994.危害油松的一种新叶蜂（膜翅目：松叶蜂科）［J］.林业科学研究，7（6）663-665.

萧刚柔，1987.中国腮扁叶蜂亚科四新种［J］.林业科学（昆虫专辑），（12）：1-4.

萧刚柔，1992.两种危害松类的新叶蜂（膜翅目，广腰亚目，松叶蜂科）［J］.林业科学研究，5（2）：193-195.

萧刚柔，1992.中国森林昆虫（第二版）（增订本）［M］.北京：中国林业出版社.

萧刚柔，1993.一种危害鹅掌楸的新叶蜂［J］.林业科学研究，6（2）：148-150.

萧刚柔，1995.丝角叶蜂属一新种（膜翅目：叶蜂科）［J］.林业科学研究，8（5）：497-499.

萧刚柔，2002.中国扁叶蜂［M］.北京：中国林业出版社.

谢国林，胡金林，李去惑，等，1984.广东省松突圆蚧调查初报［J］.森林病虫通讯，（1）：39-41.

谢国林，潘务耀，唐子颖，等，1997.花角蚜小蜂对松突圆蚧的控制效能及其稳定作用的评估［J］.昆虫学报，40（2）：135-144.

谢国林，严敖金，1983.竹巢粉蚧的研究［J］.昆虫学报，26（3）：268-277.

谢文娟，2008.沙柳木蠹蛾的生物学特性及防治［J］.青海农牧科技，（4）：52-53.

谢文田，许庆亮，宋友文，2001.危害核桃的小蠹种类及防治对策［J］.中国森林病虫，（4）：33-35.

谢孝熹，1994.榆斑蛾的研究［J］.甘肃林业科技，（2）：26-30.

谢映平，薛皎亮，郑乐怡，2006.蚧科昆虫的蜡泌物超微结构和化学成分［M］.北京：中国林业出版社.

谢映平，1998.山西林果虫虫［M］.北京：中国林业出版社.

谢振伦，1996.白痣姹刺蛾病毒病的分离鉴定［J］.广东茶业，（4）：26-28.

邢同轩，1991.颗粒病毒防治褐边绿刺蛾的后效作用［J］.生物防治通报，7（4）：186-187.

熊善松，等，2005.杨树天牛综合防治［M］.银川：宁夏出版社.

宿秀凤，汪红梅，2005.山杨楔天牛综合防治技术［J］.新疆林业，（3）.

徐德钦，1987.柳杉长卷蛾生物学及防治［J］.浙江林学院学报，4（1）：50-55.

徐福元，1994.南京地区松褐天牛成虫发生补充营养和防治［J］.林业科学研究，7（2）：215-218.

徐公天，杨志华，2007.中国园林害虫［M］.北京：中国林业出版社.

徐公天，2003.园林植物病虫害防治原色图谱［M］.北京：中国农业出版社.

徐光余，杨爱农，瞿田骏，等，2007.茶梢蛾的生物学特性及其防治［J］.河北农业科学，11（6）：28-29.

徐光余，2008.金钱松小卷蛾生物学特性及防治技术［J］.农技服务，25（7）：142，14.

徐光余，李多祥，李图标，等，2008.皖西经济林区漆树叶甲生活史观察及防治［J］.农技服务，25（8）：163.

徐济，李越，高金娜，等，1983.竹类介壳虫的初步研究［J］.陕西林业科技，（4）：47-56.

徐建东，郑红军，袁朝仙，等，2007.黄缘阿扁叶蜂生物学特性及防治研究［J］.贵州林业科技，35（3）：14-16.

徐连峰，史绍林，赵凌泉，等，2004.山新杨组培苗病虫害防治技术［J］.防护林科技，（5）：69-70.

徐明慧，1993.园林植物病虫害防治［M］.北京：中国林业出版社.

徐守珍，吴建功，孟常孝，等，1996.杨干透翅蛾生物学及防治［J］.昆虫知识，33（6）：338-340.

徐天森，等，1975.竹子害虫名录初报［J］.亚林科技，（1-2）：18-26.

徐天森，王浩杰，俞彩珠，2008.图说竹子病虫识别与防治［M］.杭州：浙江科学技术出版社.

徐天森，王浩杰，2004.中国竹子主要害虫［M］.北京：中国林业出版社.

徐天森，1987.林木病虫防治手册［M］.北京：中国林业出版社.

徐晓平，柳必盛，王声森，等，1998.猕猴桃透翅蛾的发生及防治［J］.农技服务，（5）：25.

徐耀昌，2005.漳州市木毒蛾综合治理的研究［J］.福建林业科技，32（3）：15-19.

徐逸凌，等，1984.湖北省森林病虫普查资料汇编.湖北省林业厅.

徐振国，1981.蜂形透翅蛾属一新种（鳞翅目：透翅蛾科）［J］.林业科学，20（2）：165-170.

徐正会，徐志强，吴铱，1990.会泽新松叶蜂*Neodiprion huizeensis* Xiao et Zhou生物学特性观察［J］.西南林学院学报，10（2）：203-208.

徐志宏，蒋平，2001. 板栗病虫害防治彩色图谱［M］. 杭州: 浙江科学技术出版社.

徐志华，郭书彬，彭进友，2013. 小五台山昆虫资源第二卷［M］. 北京：中国林业出版社.

徐志华，2006. 园林花卉病虫生态图鉴［M］. 北京: 中国林业出版社.

徐志忠，2009. 粗鞘双条杉天牛的生物学特性初步观察［J］. 安徽农学通报，15（3）: 170-199.

徐柱，2004. 中国牧草手册［M］. 北京: 化学工业出版社.

许国莲，柴守权，谢开立，等，2002. 文山松毛虫生物学特性及两种生物杀虫剂防治试验［J］. 中国森林病虫，21（5）: 15-18.

许水威，祝建阁，王立明，等，2004. 核桃楸扁叶甲生物学特征及防治方法研究［J］. 林业科技，（3）: 9.

许伟东，2002. 枇杷枝干新害虫——皮暗斑螟观察初报华东［J］. 华东昆虫学报，11（1）: 107-108.

许兆基，1963. 沙枣木虱研究初报. 见: 宁夏农学会. 宁夏农学会首届年会论文选集［M］. 银川: 宁夏人民出版社.

薛芳森，沈荣武，朱杏芬，1990. 大地老虎的生物学及夏季滞育特性［J］. 江西植保，（2）: 6-8.

薛芳森，沈荣武，1990. 黑斑红毛斑蛾的初步研究［J］. 植物保护，16（5）: 7-8.

薛贵收，毛建萍，浦冠勤，等，2007. 中国桑树害虫名录（Ⅱ）［J］. 蚕业科学，33（4）: 629-633.

薛宛绳，2005. 用苦参烟碱烟雾剂防治靖远松叶蜂的试验［J］. 科技情报开发与经济，15（24）: 249-250.

薛万琦，赵建铭，1996. 中国蝇类（下册）［M］. 沈阳: 辽宁科学技术出版社.

薛永贵，2008. 光臀八齿小蠹生物学特性及防治初报［J］. 安徽农学通报，2008（13）: 162-162.

薛志成，2006. 防治桃蛀螟的方法［J］. 湖南林业，（4）: 18.

闫国增，禹菊香，2001. 危害京郊山区、半山区林木果树的主要害虫——黄连木尺蠖［J］. 绿化与生活，（2）: 25-26.

闫海科，李海强，张耀增，等，2007. 山杨卷叶象的发生规律及其防治［J］. 陕西林业科技，（3）: 81-82.

闫家河，王芙蓉，李继佩，2002. 国槐新害虫——竖鳞条麦蛾的初步研究［J］. 昆虫知识，39（5）: 363-366.

闫家河，柏鲁林，李继佩，等，2001. 国槐新害虫——国槐林麦蛾的研究［J］. 昆虫知识，38（6）: 444-449.

闫玉兰，2008. 苹果蠹蛾的生活习性与防治技术［J］. 中国农技推广，24（3）: 49-50.

严敖金，嵇保中，钱范俊，等，1997. 云斑天牛 *Batocera horsfieldi*（Hope）的研究［J］. 南京林业大学学报，21（1）: 1-6.

严静君，姚德富，刘后平，等，1994. 中国舞毒蛾天敌昆虫名录［J］. 林业科技通讯，（5）: 25-27.

严善春，迟德富，孙江华，2004. 落叶松球果花蝇无公害防治的研究现状与展望［J］. 林业科技管理，34-35.

严善春，胡隐月，孙江华，1999. 落叶松挥发性物质与球果花蝇危害的关系［J］. 林业科学，35（3）: 58-62.

严善春，胡隐月，阵订繁，等，1997. 中国东北地区落叶松球果花蝇研究进展［J］. 东北林业大学学报，25（2）: 53-58.

严善春，姜海燕，李立群，等，1998. 大兴安岭落叶松球果花蝇的发生规律及其防治［J］. 东北林业大学学报，26（2）: 73-76.

严善春，姜兴林，徐芳玲，等，2002. 两种不同颜色杯形诱捕器对落叶松球果花蝇诱捕效果的比较［J］. 东北林业大学学报，30（1）: 30-32.

严善春，李金国，温爱亭，等，2006. 青杨脊虎天牛的危害与杨树氨基酸组成和含量的相关性［J］. 昆虫学报，49（1）: 93-99.

严善春，孙江华，A Roques，等，2000. 蓝色杯诱捕落叶松球果花蝇的林间试验［J］. 昆虫知识，37（4）: 197-199.

严善春，孙江华，迟德富，等，2003. 植物挥发性物质对落叶松球果花蝇的驱避效果［J］. 生态学报，23（2）: 314-329.

严善春，张旭东，胡隐月，等，1997. 落叶松球果花蝇的视觉诱捕［J］. 东北林业大学学报，27（5）: 29-33.

严善春，2008. 落叶松挥发物及7种药剂对兴安落叶松鞘蛾嗅觉和产卵反应的影响［J］. 林业科学，44（12）: 83-87.

严善春，2009. 兴安落叶松鞘蛾对寄主挥发物的反应［J］. 林业科学，45（5）: 94-101.

阎家河，董长明，王芙蓉，等，1998. 杨潜姬蜂生物学特性仞步研究［J］. 森林病虫通讯，（3）: 20-22.

阎浚杰，阎晔辉，1999. 光肩星天牛生态控制模式的研究［J］. 河北农业大学学报，22（4）: 83-87.

阎浚杰，于秀林，任朝佐，1989. 光肩星天牛虫口密度和空间分布型与抽样方法的数量化分析［J］. 生物数学学报，4（2）: 102-106.

杨斌，2010. 甲氨基阿维菌素苯甲酸盐两种剂型防治榕透翅毒蛾药效试验［J］. 农家之友，（3）: 50-52.

杨春材，余皖苏，汪桂香，1995. 三角枫多态毛蚜的研究［J］. 安徽农业大学学报，22（3）: 233-238.

杨春材，李敏，1996. 中国榆少锤角叶蜂属一新种（膜翅目: 广腰亚目: 锤角叶蜂科）［J］. 安徽农业大学学报，23（1）: 5-7.

杨春材，汪文革，尹湘豫，等，1996. 榆少锤角叶蜂的研究［J］. 林业科学研究，9（4）: 376-380.

杨春生，朱淑芳，黄红云，等，2006.银杏超小卷叶蛾生物学特性及防治技术研究与示范［J］.广西林业科学，35（1）：14-17.

杨大宏，王小纪，周明清，等，2007.松阿扁叶蜂防治试验［J］.陕西林业科技，（1）：36-37.

杨大胜，等，1987.鞭角华扁叶蜂初步研究［J］.森林病虫防治，（11）：22-24.

杨集昆，王音，1989.六种危害林、果的透翅蛾新种及一新属记述［J］.林业科学研究，2（3）：229-238.

杨集昆，李法圣，1986.小头木虱属五新种及母生滑头木虱新属种（同翅目 木虱科 小头木虱亚科）［J］.武夷科学，（6）：45-58.

杨嘉寰，1986.桂花嵌蝶生物学特性初步研究［J］.林业科技通讯，（1）：18-19.

杨军，林森，2000.分月扇舟蛾核型多角体病毒超微结构观察［J］.吉林林业科技，29（1）：17-18.

杨隽，凌松，刘德玲，等，2001.昆嵛山腮扁叶蜂生物学特性及防治技术研究［J］.山东林业科技，3（3）：41-43.

杨雷芳，刘光华，2009.花椒虎天牛发生规律及防治研究［J］.四川林业科技，30（4）：92-95.

杨苗苗，李孟楼，曲良建，等，2007.南华松叶蜂病毒DnNPV的发现及其毒力测试［J］.林业科学，43（7）：138-141.

杨民胜，1984.白蛾蜡蝉危害种类及其天敌调查［J］.热带林业科技，（1）：26-30.

杨鹏辉，胡忠朗，赵宗林，等，1996.踏郎音透翅蛾的生物学观察［J］.昆虫知识，33（3）：162-163.

杨平澜，1980.松梢蚧［J］.昆虫学报，23（1）：42-46.

杨平澜，1982.中国蚧虫分类概要［M］.上海：上海科学技术出版社.

杨平澜，胡金林，任遵义，1976.中国的松干蚧［J］.昆虫学报，19（2）：199-204.

杨平澜，吕昌仁，詹仲才，1987.神农架松干蚧新种（蚧总科：珠蚧科）［J］.昆虫学研究集刊，（6）：195-198.

杨平澜，任遵义，1974.松干蚧的研究与防治［J］.林业科技通讯，（8）：9-13.

杨钤，谢映平，樊金华，等，2013.日本松干蚧3个地理种群的遗传分化［J］.林业科学，49（12）：88-96.

杨少丽，陈慧珍，陈绯，等，1997.柳杉大痣小蜂的寄生及防治［J］.浙江林业科技，14（4）：30-33.

杨惟义，1964.中国经济昆虫志（第二册）（半翅目蝽科）［M］.北京：科学出版社.

杨伟东，余道坚，焦懿，等，2005.刺桐姬小蜂的发生、危害与检疫［J］.植物保护，31（6）：36-38.

杨晓峰，胡文，冯永贤，等，2008.云南松梢小卷蛾生物学特性及危害研究［J］.四川林业科技，29（5）：43-44，73.

杨新元，杨世荣，郭春华，2000.大栗鳃金龟的发生及防治［J］.植物医生，（5）：30.

杨秀好，于永辉，曹书阁，等，2013.桉树虫主干新害虫—桉蝙蛾形态与生物学研究［J］.林业科学研究，26（1）：34-40.

杨秀元，吴坚，1981.中国森林昆虫名录［M］.北京：中国林业出版社.

杨燕燕，李照会，王如刚，等，2004.异色郭公虫对柏肤小蠹捕食作用的研究［J］.山东农业科学，（6）：40-42.

杨友兰，王红武，吕小虎，2002.槐豆木虱生物学特性及其防治［J］.昆虫知识，39（6）：433-436.

杨有乾，李秀生，1982.林木病虫害防治［M］.郑州：河南科学技术出版社.

杨有乾，1986.日本单蜕质蚧的初步研究［J］.森林病虫通讯，（1）：18-20.

杨有乾，1999.二齿茎长蠹的生物学特性初步研究［J］.森林病虫通讯，（2）.

杨有乾，2000.白蜡条害虫生活习性与防治［J］.森林病虫通讯，（5）：17-18.

杨有乾，2000.危害油松的新害虫——油松梢小蠹［J］.森林病虫通讯，（6）.

杨有乾，司胜利，王高平，等，1995.信阳地区板栗主要害虫防治技术研究［J］.河南林业科技，（1）：8-11.

杨玉发，刘占东，1999.楸蠹野螟生物学特性及防治［J］.吉林林业科技，（5）：26-31.

杨云汉，1986.花椒橘啮跳甲［J］.植物保护，12（5）：20-21.

杨振德，田小青，赵博光，2006.柳蓝叶甲发育起点温度与有效积温的研究［J］.北京林业大学学报，2（28）：139-141.

杨振江，史贺奎，李玉莲，1995.皮暗斑螟生物学特性及防治［J］.昆虫知识，32（6）：340-342.

杨志荣，刘世贵，1991.栗黄枯叶蛾核型多角体病毒的分离与鉴定［J］.中国病毒学，6（4）：376-378.

杨忠岐，乔秀荣，卜文俊，等，2006.我国新发现一种重要外来入侵害虫——刺槐叶瘿蚊［J］.昆虫学报，49（6）：1050-1053.

杨忠岐，王小艺，曹亮明，等，2014.管民肿腿蜂的再描述及中国硬皮肿腿蜂属Sclerodermus（Hymenoptera:Betrylidae）的种类［J］.中国生物防治学报，30（1）：1-12.

杨忠岐，1996.中国小蠹虫寄生蜂［M］.北京:科学出版社.

杨子琦，曹华国，2002.园林植物病虫害防治图鉴［M］.北京:中国林业出版社.

仰永忠，陈兴福，1999.栗链蚧生物习性及防治试验研究［J］.浙江林业科技，19（5）:31-34.

姚东华，柳培华，荆小院，等，2011.沙柳木蠹蛾的综合防治技术［J］.现代农业科技，（2）:194-195.

姚艳芳，杨芹，郭海岩，等，2009.危害沙蒿的两种蛀干害虫调查［J］.内蒙古林业调查设计，32（4）:103-104.

姚艳霞，杨忠岐，2008.寄生于杨潜叶跳象的3种金小蜂（膜翅目:金小蜂科）及1新种记述［J］.林业科学，44（4）:90-94.

叶辉，吕军，Francois LIEUTIER，2004.云南横坑切梢小蠹生物学研究［J］.昆虫学报，47（2）:223-228.

叶孟贤，1983.梨金缘吉丁虫的研究［J］.北方果树，（3）:27-28.

叶淑琴，孙建文，许水威，2002.土埋伐根防治泰加大树蜂试验［J］.辽宁林业科技，（1）:43-44.

伊伯仁，康芝仙，卫菊香，等，1992.折带黄毒蛾的初步研究［J］.北方园艺，（6）:37-39.

易叶华，2004.板栗瘿蜂的防治技术研究［J］.广东林业科技，20（2）:47-50.

殷海生，刘宪伟，1995.中国蟋蟀总科和蝼蛄总科分类概要［M］.上海:上海科学技术文献出版社.

殷惠芬，黄复生，李兆麟，1984.北京:中国经济昆虫志（鞘翅目小蠹科）［M］.北京:科学出版社.

殷惠芬，2000.强大小蠹的简要形态学特征和生物学特征［J］.动物分类学报，25（1）:120，43.

殷蕙芬，黄复生，李兆麟，1984.中国经济昆虫志（第二十九册）（鞘翅目小蠹科）［M］.北京:科学出版社.

尹安亮，张家胜，赵俊林，等，2008.樟蚕生物学特性及防治方法［J］.中国森林病虫，27（1）:18-20.

尹承陇，汪有奎，林海，等，2001.青海云杉母树林害虫天敌资源及保护利用［J］.北华大学学报（自然科学版），2（1）:44-46.

尹春初，2003.双斑锦天牛生物学特性及其防治［J］.湖南农业科学，（1）:54-56.

尹世才，1982.山林原白蚁的初步研究［J］.林业科学，18（1）:58-63.

尹湘豫，2006.栗实象研究初报［J］.安徽农学通报，12（5）:205.

尹新明，1994.狭胸天牛幼期虫态的发现及其在天牛总科中分类地位的研究［D］.重庆北碚:西南农业大学.

尹艳豹，赵启凯，姜兴林，2005.加格达奇地区落叶松球果花蝇危害的预测［J］.东北林业大学学报，33（4）:14-16.

应红涛，罗正方，2002.会泽新松叶蜂生物学特性及防治［J］.云南林业科技，98（1）:65-67.

应廷龙，黄炳照，1958.桐庐县林业局防治乌桕毛虫的试验［J］.林业科学技术快报，（5）:3.

尤其儆，2006.中国动物志 昆虫纲（第四十三卷）（直翅目蝗总科斑腿蝗科）［M］.北京:科学出版社.

于诚铭，1959.呼伦贝尔樟子松林带小蠹的初步考察.见:北京林学院森林昆虫学教师进修班.森林害虫初步研究报告［M］.北京:科学出版社.

于景茹，1998.利用氯氰菊酯混合药液毒环防治分月扇舟蛾［J］.河北林业科技，（1）:39-40.

于丽辰，梁来荣，敖贤斌，等，1997.我国新天敌资源:小蠹蒲螨形态与生物学研究［J］.蛛形学报，6（1）:46-52.

于青，张炜尧，2008.对伊藤厚丝叶蜂生物学特性的观察［J］.内蒙古林业调查设计，31（5）:84-85.

于思勤，孙元峰，1993.河南农业昆虫志［M］.北京:中国农业科学技术出版社.

余恩裕，等，1984.利用JLY-8401胶毒环防治榆紫叶甲.中国林业科技成果数据库.

余恩裕，高长启，王志明，1987.榆紫叶甲赤眼蜂生物学及林间释放研究初报［J］.林业科技通讯，（12）:16-18.

余方北，1988.核桃扁叶甲初步研究［J］.森林病虫通讯，（3）:12-13.

余桂萍，高帮年，2005.桃红颈天牛生物学特性观察［J］.中国森林病虫，24（5）:15-16.

余军，2001.杨二尾舟蛾生物学特性及防治［J］.安徽林业，（2）:24-24.

余培旺，1998.浙江黑松叶蜂生物学特性研究［J］.福建林业科技，25（2）:15-19.

俞德俊，1943.中国之植物单宁资源［J］.科学世界，10（6）:343-352.

虞国跃，2015.北京蛾类图谱［M］.北京:科学出版社.

虞佩玉，王书永，等，1996.中国经济昆虫志（第五十四册）（鞘翅目 叶甲总科（二））［M］.北京:科学出版社.

袁波，莫怡琴，2006.绿尾大蚕蛾的人工饲养［J］.安徽农业科学，34（6）:1092.

袁锋，张雅林，冯纪年，等，2006.昆虫分类学（第二版）［M］.北京:中国农业出版社.

袁海滨，刘影，沈迪山，等，2004. 绿尾大蚕蛾形态及生物学观察［J］. 吉林农业大学学报，26（4）：431.

袁荣兰，来振良，吴英，等，1990. 松果梢斑螟生物学特性的研究［J］. 浙江林学院学报，7（2）：147-152.

袁盛华，2008. 樟叶蜂的化学防治［J］. 科技创新导报，（33）：235.

袁雨，吕龙石，金大勇，2001. 长白山区柑橘凤蝶生物和生态学特性的研究［J］. 农业与技术，21（3）：19-22.

原贵生，谢映平，牛宇，等，2006. 白僵菌对山西林区油松毛虫的致病效果［J］. 中国生物防治，22（2）：118-122.

岳书奎，岳桦，方红，等，1994. 落叶松绶尺蠖生物学特性研究［J］. 东北林业大学学报，22（5）：38-43.

云南省林业厅，中国科学院动物研究所，1987. 云南森林昆虫［M］. 昆明：云南科学技术出版社.

泽桑梓，闫争亮，张真，等，2010. 华山松不同部位挥发性单萜烯的含量及其对华山松木蠹象行为的影响［J］. 环境昆虫学报，32（1）：36-40.

曾爱国，1981. 桑木虱的防治［J］. 北方蚕业，（2）：50-51.

曾大鹏，1998. 中国进境森林植物检疫对象及危险性病虫［M］. 北京：中国林业出版社.

曾林，马喜英，张兵，等，2004. 栗实象无公害防治药剂筛选试验［J］. 辽宁林业科技，（3）：16-17.

曾玲，周荣，崔志新，等，2003. 寄主植物对椰心叶甲生长发育的影响［J］. 华南农业大学学报（自然科学版），24（4）：37-39.

曾赛飞，2008. 桉树袋蛾的危害及防治措施［J］. 福建林业科技，35（4）：175-177.

柞水县营盘林场，1973. 油松针蚧的初步观察［J］. 陕西林业科技，（3）：10-11.

翟永键，1966. 小地老虎越冬调查［J］. 昆虫知识，（3）：170.

张柏瑞，郑军，陈长杰，2004. 浅谈一点金刚钻虫对柳树幼苗的危害与防治［J］. 吉林林业科技，（11）：39-43.

张炳炎，2006. 花椒病虫害诊断与防治原色图谱［M］. 北京：金盾出版社.

张昌辉，1983. 栗瘿蜂猖獗发生的基本原因初步分析［J］. 果树科技通讯，（1）：30-34.

张潮巨，2002. 思茅松毛虫生物学特性与防治研究［J］. 华东昆虫学报，11（2）：74-78.

张存立，李鸿雁，2006. 楸蠹野螟防治试验研究［J］. 安徽农业科学，（13）：3115-3172.

张丹丹，迟德富，蒋海燕，等，2001. 营林措施对落叶松球果花蝇危害的抑制作用［J］. 东北林业大学学报，29（6）：18-19.

张德海，王恩光，1998. 落叶松球蚜药物毒杀试验［J］. 青海农林科技，（3）：26-28.

张恩生，2000. 干基打孔注药法防治落叶松球果花蝇初步试验［J］. 河北林业科技，（2）：15-16.

张方平，符悦冠，彭正强，等，2006. 橡副珠蜡蚧生物学特性及防治概述［J］. 热带农业科学，26（1）：36-41.

张广学，方三阳，1981. 红松球蚜新亚种记述［J］. 东北林学院学报，（4）：15-18.

张广学，乔格侠，钟铁森，等，1999. 中国经济昆虫志（第十四册）（同翅目 纩蚜科，瘿绵蚜科）［M］. 北京：科学出版社.

张广学，许铁森，1983. 中国经济昆虫志（第二十五册）（同翅目蚜虫类（一））［M］. 北京：科学出版社.

张广学，1999. 西北农林蚜虫志［M］. 北京：中国环境科学出版社.

张桂芬，阎晓华，孟宪佐，2001. 性信息素对槐小卷蛾雄蛾诱捕效果的影响［J］. 林业科学，37（5）：93-96.

张桂芬，2001. 槐小卷蛾性信息素生物学和应用基础研究［D］. 北京：中国科学院动物研究所.

张海军，毛立仁，秦德志，等，2005. 栗实象甲的为害与防治对策［J］. 北方果树，（5）：37，40.

张汉鹄，谭济才，2004. 中国茶树害虫及其无公害治理［M］. 合肥：安徽科学技术出版社.

张红，2006. 思茅松毛虫的危害与防治措施［J］. 林业调查规划，31（增刊）：178-180.

张宏松，贺红安，贾卫喜，2002. 棉大造桥虫发生规律及防治［J］. 河南林业，（3）：27.

张洪喜，曹仲臣，赵香兰，等，1996. 冀北地区苹掌舟蛾生物学特性研究［J］. 河北农业技术师范学院学报，10（4）75-77.

张华轩，1980. 利用青虫菌防治柚木野螟的初步研究［J］. 热带林业，（1）：19-23.

张桓，许松月，高再润，等，1996. 小齿短肛蟓食料选择和食量的研究［J］. 森林病虫通讯，（2）：23-25.

张桓，许松月，高再润，等，1995. 小齿短肛蟓实验种群生命表的研究［J］. 森林病虫通讯，（4）：10-11.

张金桐，骆有庆，宗世祥，等，2009. 沙蒿木蠹蛾性诱剂的分析合成与生物活性［J］. 林业科学，45（9）：106-110.

张金桐，孟宪佐，2001. 小木蠹蛾性行为和性信息素产生与释放的时辰节律［J］. 昆虫学报，44（4）：428-432.

张军生，白忠文，2000. 杨锤角叶蜂的研究［J］. 林业科技，25（6）：25-27.

张兰英，韩丹，李雪，等，2008.分月扇舟蛾的防治技术［J］.牡丹江师范学院学报（自然科学版），63（2）：16-17.

张丽，2004.梨金缘吉丁的发生与防治［J］.西北园艺（果树专刊），（4）：27.

张丽霞，管志斌，付先惠，等，2002.蓝绿象的发生与防治［J］.植物保护，28（1）：59-60.

张丽霞，2007.夹竹桃白腰天蛾危害催吐萝芙木初报［J］.植物保护，33（1）：138.

张连芹，梁雄飞，1992.松材线虫病传播媒介—松墨天牛种群扩散距离的研究［J］.林业科技通讯，（12）：26-27.

张连珠，张广胜，1982.落叶松尺蠖的防治［J］.河北林业科技，（3）：37.

张梦麒，1977.危害刺槐的两种天牛［J］.昆虫知识，14（2）：56-57.

张培坤，1989.八角金花虫发生规律和防治方法［J］.广西植保，（2）：15-17.

张庆贺，刘篆芳，孙玉剑，等，1990.落叶松八齿小蠹在落叶松火烧木上的垂直分布［J］.东北林业大学学报，18（4）：14-17.

张秋生，陈仕荣，兰淑梅，1996.江苏新纪录杨潜叶叶蜂的研究［J］.江苏林业科技，23（2）：43-44.

张润志，陈孝达，党心德，1992.危害沙棘种子的新象虫——沙棘象［J］.林业科学，28（5）：412-414.

张润志，任立，孙江华，等，2003.椰子大害虫——锈色棕榈象及其近缘种的鉴别［J］.中国森林病虫，22（2）：3-6.

张润志，汪兴鉴，阿地力·沙塔尔，2007.检疫性害虫枣实蝇的鉴定与入侵威胁［J］.昆虫知识，44（6）：928-930.

张润志，1997.萧氏松茎象——新种论述（鞘翅目：象甲科）［J］.林业科学，33（6）：541-545.

张润志，王福祥，等，2010.扶桑绵粉蚧（棉花粉蚧）［M］.北京：中国农业出版社.

张润志，任立，王春林，等，2001.芒果象甲研究进展（鞘翅目：象虫科）［J］.昆虫知识，38（5）：342-344.

张生芳，刘永平，武增强，1998.中国储藏物甲虫［M］.北京:中国农业科技出版社.

张生芳，刘永平，1991.我国紫穗槐豆象的鉴定［J］.森林病虫通讯，（1）：42-43.

张世权，张志勇，崔巍，1976.杨白潜叶蛾的研究［J］.昆虫学报，19（1）：67-71.

张维耀，王晓通，谢道同，1987.灭幼脲3号虫敌对抽木野螟药效试验初报［J］.热带林业科技，（3）：38-43.

张贤开，左玉香，1986.刺胸毡天牛的初步研究［J］.昆虫知识，（5）：208-210.

张小忠，张吉龙，王扶英，1998.山西阳城县桑螟的发生规律与综合防治方法［J］.北方蚕业，19（2）77：27-28.

张新峰，高九思，史先元等，2009.国槐小卷蛾发生及综合防治技术［J］.现代农业科技，（18）：168，172.

张星耀，骆有庆，2003.中国森林重大生物灾害［M］.北京:中国林业出版社.

张学武，王金瑞，1996.樟萤叶甲的发生规律与综合治理［J］.福建林业科技，23（2）：55-58.

张学祖，屈邦选，1983.石河子市区杨盾蚧的初步研究［J］.新疆农业大学学报，（4）：1-7.

张学祖，1980.新疆几种蛀果害虫的鉴别［J］.新疆农业科学，（1）：25.

张艳秋，刘伟，2002.桑天牛的发生及综合防治［J］.植物医生，15（4）：6-7.

张毅丰，王菊英，沈强，2000.华栗绛蚧的综合防治技术［J］.森林病虫通讯，19（6）：32-33.

张毅宁，1999.云南松梢木蠹象生物学及防治研究［J］.西南林学院学报，19（2）：118-121.

张颖娟，杨持，2000.濒危物种四合木与其近缘种霸王遗传多样性的比较研究［J］.植物生态学报，（4）：425-429.

张永安，2004.森林害虫病毒生物杀虫剂的产业化生产［J］.林业实用技术，（11）：1.

张玉宝，李金国，安堃，等，2006.不同杨树品系还原糖含量与青杨脊虎天牛危害的关系［J］.东北林业大学学报，34（2）：35-37.

张玉发，杨东明，张坤，2003.环保型农药护林神系列粉剂防治德昌松毛虫［J］.林业实用技术，（3）：30.

张玉华，赖永梅，臧传志，等，2003.黄连木缀叶螟的发生及防治［J］.陕西林业科技，（1）：48-50.

张玉军，郑君山，庞旭红，2013.榆紫叶甲无公害防治技术研究［J］.吉林林业科技，42（1）：37-38，46.

张玉玲，李建红，2004.黄连木尺蛾的发生与防治［J］.科技情报开发与经济，14（7）：183-184.

张云，张真，王鸿斌，2006.气候因子对靖远松叶蜂暴发的影响［J］.应用与环境生物学报，12（5）：660-664.

张增来，郭发新，张存兄，2011.互助县北山林区桦树事业害虫高山毛顶蛾发生规律于防治技术［J］.现代农业科技，（15）：199，201.

张真，王鸿斌，孔祥波，2005.红脂大小蠹.见：万方浩，郑小波，郭建英.主要农林入侵种的生物学与控制［M］.北京：科学出版社.

张真，张旭东，2009.红脂大小蠹. 见：万方浩，郭建英，张峰，等.中国生物入侵研究［M］.北京：科学出版社.

张之光，石毓亮，1958. 扁平球坚介壳虫之研究 [J]. 山东农学院学报，（3）：1-12.

张芝利，1984. 中国经济昆虫志（第二十八册）（鞘翅目金龟总科幼虫）[M]. 北京：科学出版社.

张执中，1959. 大灰象鼻虫（Sympiezomias lewisi Roelofs）的片断生活史习性观察及防治试验 [C]. //森林害虫初步研究报告. 北京：科学出版社.

张执中，1997. 森林昆虫学（森保专业用）[M]. 北京：中国林业出版社.

张执中，陈学英，1982. 松大蚜Cinara sp.数量变动的初步探讨 [J]. 北京林业大学学报，（3）：68.

张志祥，徐汉虹，江定心，2008. 椰甲清淋溶性粉剂挂袋法防治椰心叶甲技术的研究与推广 [J]. 广东农业科学，（2）：65-68.

张志翔，2008. 树木学（北方本）[M]. 北京：中国林业出版社.

张志勇，1983. 杨树蛀干害虫杨大透翅蛾的发生与防治 [J]. 山西农业大学学报，3（1）：74-80.

张治体，章丽君，赵长斌，等，1981. 华北蝼蛄生活史观察 [J]. 植物保护，7（4）：10-11.

张佐双，熊德平，程炜，2008. 寄生性天敌蒲螨对几种蛀干害虫的控制作用 [J]. 中国生物防治，24（1）：1-6.

章今芳，1989. 柳杉种子新害虫大痣小蜂初步研究 [J]. 林业实用技术，（8）：30-33.

章士美，等，1985. 中国经济昆虫志（第二十一册）（半翅目（一））[M]. 北京：科学出版社.

章士美，等，1995. 中国经济昆虫志（第五十册）（半翅目（二））[M]. 北京：科学出版社.

章士美，胡梅操，1983. 泡桐蛛蛾研究初报 [J]. 江西林业科技，（5）：13-18.

章士美，胡梅操，1984. 南昌两种樟树尺蛾的生物学观察 [J]. 森林病虫通讯，（4）：18-20.

章士美，赵永祥，1996. 中国农业昆虫地理分布 [M]. 北京：中国农业出版社.

章士美，等，1985. 中国经济昆虫志第三十一册　单翅目（一）[M]. 北京：科学出版社.

章士美，1988. 西藏农业病虫及杂草 [M]. 拉萨：西藏人民出版社.

章英，李涛，盛茂领，等，2016. 中国发现寄生高山毛顶蛾的毛顶蛾邻凹姬蜂（膜翅目：姬蜂科）[J]. 南方林业科学，44（3）：58-60.

赵方桂，李继佩，孙绪艮，1999. 常见林果害虫识别与防治 [M]. 济南：济南出版社.

赵方桂，1965. 松吹泡虫的初步观察 [J]. 昆虫知识，9（1）：44-46.

赵国荣，蔡燕苹，杨春材，1997. 苹褐卷蛾危害观赏林木研究初报 [J]. 林业科技通讯，（10）：30-32.

赵剑霞，王玉兰，1986. 沙枣暗斑螟生物学特性及防治初步研究 [J]. 昆虫知识，23（6）：273-275.

赵锦年，陈胜，1993. 苹梢鹰夜蛾生物学特性及防治 [J]. 林业科学研究，6（3）：341-344.

赵锦年，黄辉，1989. 松果梢斑螟对马尾松球果和雄花序枝生长发育的影响 [J]. 林业科学研究，2（3）：300-303.

赵锦年，1990. 我国蝙蛾及其研究进展 [J]. 植物保护，（增刊）：53-54.

赵锦年，1997. 马尾松种子园种实害虫害鼠的研究 [J]. 林业科学研究，10（2）：173-181.

赵锦年，1999. 马尾松人工林害虫种类危害及其天敌调查 [J]. 林业科学，35（专刊）：151-155.

赵锦年，曹斌，1987. 罗汉肤小蠹的生活习性及防治 [J]. 昆虫知识，24（4）：227-230.

赵锦年，陈胜，黄辉，1991. 芽梢斑螟的研究 [J]. 林业科学研究，4（3）：291-296.

赵锦年，陈胜，黄辉，1991. 马尾松种子园松实小卷蛾的研究 [J]. 林业科学研究，4（6）：662-668.

赵锦年，陈胜，黄辉，1992. 微红梢斑螟的发生和防治研究 [J]. 林业科学，28（2）：131-137.

赵锦年，陈胜，汤志林，1991. 松纵坑切梢小蠹的聚散与防治 [J]. 林业科技通讯，（7）：31-33.

赵锦年，黄辉，1997. 芽梢斑螟幼虫危害特点及其密度估计的研究 [J]. 林业科学，33（3）：247-251.

赵锦年，黄辉，1998. 杏丝角叶蜂生物学特性的研究 [J]. 昆虫知识，35（2）：83-85.

赵锦年，黄辉，周世水，1997. 马尾松种子园种实害虫、害鼠的研究 [J]. 林业科学研究，10（2）：173-181.

赵锦年，姜景民，沈克勤，1995. 微红梢斑螟危害对火炬松幼林高生长的影响 [J]. 森林病虫通讯，（3）：25-27.

赵锦年，林长春，姜礼元，等，2001. M99-1引诱剂诱捕松墨天牛等松甲虫的研究 [J]. 林业科学研究，14（5）：523-529.

赵锦年，刘若平，周明勤，1988. 疖蝙蛾生物学特性的初步研究 [J]. 林业科学，24（1）：101-105.

赵锦年，应杰，1988. 马尾松角胫象发生规律的初步研究 [J]. 森林病虫通讯，（4）：4-6.

赵锦年，应杰，曹斌，1988. 杉肤小蠹的初步研究 [J]. 林业科学研究，1（2）：186-190.

赵锦年，应杰，唐伟强，1987. 多瘤雪片象初步研究 [J]. 林业实用技术，（10）：14-16.

赵锦年，张建忠，王浩杰，2004. 马尾松松蛀虫及其综合防治技术研究 [J]. 林业科学研究，17（专刊）：62-65.

赵俊芳，2006. 膜肩网蝽在豫北杨树上的危害及防治 [J]. 林业实用技术，（3）：26-27.

赵连吉，赵博，逯成卷，等，2000. 苹果巢蛾生物学特性及防治 [J]. 吉林林业科技，29（13）：12-13，56.

赵玲，梁成杰，1989. 膜肩网蝽的一种新天敌——异绒螨 [J]. 林业科学研究，（1）：42-46.

赵玲爱，朱鸣，1999. 关中东部枣叶瘿蚊的发生与防治 [J]. 陕西林业科技，（3）：57-58.

赵石峰，赵瑞良，张志勇，等，1984. 山西主要林木害虫图谱（第一辑）[M]. 北京：中国林业出版社.

赵穗华，1985. 黄栌双钩跳甲生物学研究初报 [J]. 植物保护，3（11），15-16.

赵铁良，孙江华，严善春，等，2002. 落叶松球果花蝇种团生物学特性与危害特点的补充 [J]. 中国森林病虫，21（3）：6-8.

赵文杰，毛浩龙，袁士云，等，1994. 落叶松球蚜生物学特征及防治试验研究 [J]. 甘肃林业科技，（2）：32-34.

赵修复，1981. 福建省昆虫名录 [M]. 福州：福建科学技术出版社.

赵秀英，韩美琴，宋淑霞，等，2008. 槐小卷蛾发生初报 [J]. 河北林业科技，（3）：25.

赵彦杰，2005. 板栗栗大蚜的发生规律与综合防治 [J]. 安徽农业科学，33（6）：1038.

赵彦鹏，1985. 柳沫蝉的初步研究 [J]. 辽宁林业科技，14（2）：28-32.

赵养昌，陈元清，1980. 中国经济昆虫志（第二十册）（鞘翅目象虫科（一））[M]. 北京：科学出版社.

赵养昌，1963. 中国经济昆虫志（第四册）（鞘翅目拟步行虫科）[M]. 北京：科学出版社.

赵玉梅，汤才，蓝翠钰，2008. 蜡蚧轮枝菌对湿地松粉蚧的控制作用研究 [J]. 山东农业大学学报（自然科学版），39（2）：183-187.

赵长润，1981. 油松球果螟的初步研究 [J]. 昆虫知识，18（1）：20-22.

赵振忠，张百奎，邢秀清，2003. 烟角树蜂的发生规律及防治 [J]. 河北农业科技，（8）：19.

赵仲苓，1978. 中国经济昆虫志（第十二册）（鳞翅目毒蛾科）[M]. 北京：科学出版社.

赵仲苓，1993. 中国大蓑蛾属的研究及新种记述. 见：中国科学院动物研究所. 系统进化动物学论文集（第二集）[M]. 北京：中国科学技术出版社.

赵仲苓，2003. 中国动物志 昆虫纲（第三十卷）（鳞翅目毒蛾科）[M]. 北京：科学出版社.

浙江林业厅治虫工作组，1959. 乌桕毛虫 [J]. 浙江林业，（1）：40-41.

浙江农业大学，1987. 植物检疫 [M]. 上海：上海科学技术出版社.

浙江省松干蚧防治研究协作组，1976. 马尾松干蚧 *Matsucoccus massonianae* Y. H. R. 的初步研究 [J]. 江苏林业科技，18-23.

甄常生，1988a. 沙蒿木蠹蛾的初步研究 [J]. 中国草地，（1）：40-42.

甄常生，1988b. 沙蒿钻蛀性害虫的初步研究 [J]. 内蒙古农牧学院学报，9（2）：4-81.

甄志先，迟德富，张晓燕，等，2001. 柳蝙蛾的研究进展 [J]. 河北林果研究，16（2）：178-182.

郑宝荣，2007. 肉桂双瓣卷蛾种群动态及综合治理研究 [J]. 福建林业科技，34（2）：10-13，31.

郑传江，沈强，2000. 青冈齐盾蚧综合防治技术 [J]. 柑橘与亚热带果树信息，16（12）：45.

郑汉业，1957. 重阳木斑蛾的研究 [J]. 昆虫学报，7（1）：355-359.

郑乐怡，归鸿，1999. 昆虫分类 [M]. 南京：南京师范大学出版社.

郑文云，高德三，2001. 柞树害虫花布灯蛾生物学特性的研究 [J]. 林业科学，26（4）：22-25.

郑旭，2010. 浅谈梨树病虫害综合防治 [J]. 现代园艺，（5）：55.

郑永祥，彭佳龙，王明生，等，2009. 鞭角华扁叶蜂允许危害测度与抽样分析 [J]. 南京林业大学学报（自然科学版），33（5）：142-146.

郑哲民，夏凯龄，1998. 中国动物志 昆虫纲（第十卷）（蝗总科斑翅蝗科 网翅蝗科）[M]. 北京：科学出版社.

志村勋，1979. 抗栗瘿蜂的栗树育种 [J]. 果树科技通讯，（4）：55-59.

中国科学院北京动物所，等，1977. 杉梢小卷蛾性外诱剂初步研究 [J]. 林业科技通讯，（3）：16-47.

中国科学院动物研究所，浙江农业大学，等，1978. 天敌昆虫图册 [M]. 北京：科学出版社.

中国科学院动物研究所，1981. 中国蛾类图鉴（I）[M]. 北京：科学出版社.

中国科学院动物研究所，1981. 中国蛾类图鉴（IV）［M］. 北京: 科学出版社.

中国科学院动物研究所，1982. 中国蛾类图鉴（II）［M］. 北京: 科学出版社.

中国科学院动物研究所，1982. 中国蛾类图鉴（III）［M］. 北京: 科学出版社.

中国科学院动物研究所，1986. 中国农业昆虫（上册）［M］. 北京: 农业出版社.

中国科学院动物研究所，1987. 中国农业昆虫（下册）［M］. 北京: 农业出版社.

中国林木种子公司，1988. 林木种实病虫害防治手册［M］. 北京: 中国林业出版社.

中国林业科学研究院，1983. 中国森林昆虫［M］. 北京: 中国林业出版社.

中国林业科学研究院林业科学研究所，1978. 利用赤眼蜂防治杉梢小卷蛾的试验［J］. 中国林业科学，（4）: 42-45.

中国林业可持续发展（林业信息共享资源）. http://sdinfo.forestry.ac.cn/000new/newdata/new_kunchong1.cfm?id=351.

中国农化服务网. http://www.cnpnc.com/News_Show.asp?id=5948.

中国农林科学院科技情报研究所，1974. 国外林业概况［M］. 北京: 科学出版社.

中国农林科学院森工研究所，等，1978. 杉梢小卷蛾危害主梢后对杉木高生长的影响［J］. 林业科技通讯，（3）: 16-18.

中国农业科学院茶叶研究所，1974. 茶树病虫防治［M］. 北京: 农业出版社.

中国农业科学院柑橘研究所，1985. 柑橘病虫图册［M］. 成都: 四川科学技术出版社.

中国农业科学院果树研究所，等，1994. 中国果树病虫志（第二版）［M］. 北京: 中国农业出版社.

中国农业数字博物馆昆虫分馆. 角斑古毒蛾. http://202.112.163.254: 8080/product.asp?product id=3220.

中国农作物病虫害编辑委员会，1981. 中国农作物病虫害（下册）［M］. 北京: 农业出版社.

中国物业协会白蚁防治专业委员会，2008. 中国房屋白蚁综合治理培训教程［M］. 南京: 南京大学出版社.

中国园林养护网. http://www.yuanlin168.com/Garden/content/2008/1/2640.html.

中国园林植保网. http://www.lawnchina.com/zacao_content.asp?id=231.

中华人民共和国动植物检疫局，农业部植物检疫实验所，1997. 中国进境植物检疫有空生物选编［M］. 北京: 中国农业出版社.

中南林学院，1987. 经济林昆虫学［M］. 北京: 中国林业出版社.

钟义海，刘奎，彭正强，等，2003. 椰心叶甲———一种新的高危害虫［J］. 热带农业科学，23（4）: 67-71.

仲秀林，范里，2001. 核桃扁叶甲的危害及防治［J］. 江苏林业科技，28（2）:39.

周嘉熹，李后魂，孙钦航，等，1997. 建庄油松梢小蠹的研究［J］. 西北林学院学报，12（增）: 85-88.

周嘉熹，屈邦选，王希蒙，等，1994. 西北森林害虫及防治［M］. 西安: 陕西科学技术出版社.

周明宽，罗秀文，朱艳，1993. 花椒长足象生物学特性及其防治研究［J］. 昆虫知识，30（6）: 344-345.

周荣，曾玲，崔志新，等，2004. 椰心叶甲的形态特征观察［J］. 植物检疫，18（2）: 84-85.

周荣，曾玲，梁广文，等，2004. 椰心叶甲实验种群的生物学特性观察［J］. 昆虫知识，41（4）: 336-339.

周石涓，1981. 油茶象的生物学及防治［J］. 昆虫学报，24（1）: 48-52.

周淑芷，黄孝运，张真，等，1995. 北京杨锉叶蜂研究［J］. 林业科学研究，8（5）: 556-563.

周淑芷，黄孝运，张真，等，1995. 落叶松叶蜂生物学特性和防治途径研究［J］. 林业科学研究，8（2）: 145-151.

周淑芷，张真，1993. 叶蜂科一新种和一新记录（膜翅目: 广腰亚目）［J］. 林业科学研究，6（专刊）: 57-59.

周体英，许维谨，钟国庆，1983. 二尾蛱蝶的初步研究［J］. 森林病虫通讯，（4）: 26.

周体英，许维谨，钟国庆，1986. 二尾蛱蝶的初步研究［J］. 昆虫知识，23（1）: 24-25.

周亚君，1965. 水木坚蚧药剂防治试验［J］. 昆虫知识，9（5）: 280.

周尧，路进生，黄桔，王思政，1985. 中国经济昆虫（第三十六册）（同翅目蜡蝉总科）［M］. 北京: 科学出版社.

周尧，1985. 中国盾蚧志（第二卷）［M］. 西安: 陕西科学技术出版社.

周尧，2000. 中国蝶类志［M］. 郑州: 河南科学技术出版社.

周尧，1994. 中国蝶类志，下册［M］. 郑州: 河南科学技术出版社.

周又生，沈发荣，赵焕萍，施琼，1995. 芒果果肉象（*Sternochetus frigidus* Fabricius）生物学及其综合防治的研究［J］. 西南农业大学学报，17（5）: 456-460.

周玉石，万成柱，曾为国，1990. 无毒粘虫胶环防治榆紫金花虫试验初报［J］. 辽宁林业科技，（1）: 38-39.

周月梅，1979.樟木虱初步观察［J］.林业病虫通讯，（4）：7.

周昭旭，罗进仓，陈明，2008.苹果蠹蛾的生物学特性及消长动态［J］.植物保护，34（4）：111-114.

周仲铭，黄竞芳，1983.苗木病虫害［M］.北京：中国林业出版社.

朱传富，杨文学，王金国，等，1994.伊藤厚丝叶蜂的初步研究［J］.林业科技，19（1）：25-26.

朱弘复，王林瑶，韩红香，2004.中国动物志 昆虫纲（第三十八卷）（鳞翅目蝙：蝙蛾科 蛱蛾科）［M］.北京：科学出版社.

朱弘复，陈一心，等，1964.中国经济昆虫志（第三册）（鳞翅目夜蛾科（一））［M］.北京：科学出版社.

朱弘复，等，1975.蛾类图册［M］.北京：科学出版社.

朱弘复，等，1984.蛾类图册（昆虫图册第二号）［M］.北京：科学出版社.

朱弘复，王林瑶，方永莱，1979.蛾类幼虫图册（一）［M］.北京：科学出版社.

朱弘复，王林瑶，1996.中国动物志 昆虫纲（第五卷）（鳞翅目蚕蛾科 大蚕蛾科 网蛾科）［M］.北京：科学出版社.

朱弘复，王林瑶，1997.中国动物志 昆虫纲（第十一卷）（鳞翅目天蛾科）［M］.北京：科学出版社.

朱健，1966.松黑叶蜂（*Nesodiprion* sp.）的初步研究［J］.林业科学，11（1）：52-62.

朱俊洪，张方平，2004.热带果树毒蛾类害虫及其防治技术［J］.中国南方果树，33（3）：37-40.

朱天辉，2002.苗木植物病虫害防治［M］.北京：中国林业出版社.

朱毅，王新艳，2006.柳蓝叶甲对杞柳的危害与防治［J］.安徽农业科学，34（12）：2780，2852.

朱志建，屠永海，徐思善，等，1994.德清真片胸叶蜂生物学特性及防治［J］.浙江林学院学报，11（3）：291-296.

朱志建，屠永海，徐思善，等，1995.德清真片胸叶蜂防治指标研究［J］.浙江林学院学报，12（3）：271-275.

朱志建，屠永海，徐思善，等，1996.德清真片胸叶蜂幼虫空间分布型的参数特征及其应用［J］.竹子研究汇刊，15（1）：39-44.

祝树德，陆自强，1996.园艺昆虫学［M］.北京：中国农业科学技术出版社.

自治区飞机撒药防治林木害虫指挥部技术组，1978.飞机撒药防治林木害虫的技术总结［J］.宁夏农业科技，（1）：38-46.

宗世祥，贾峰勇，骆有庆，等，2005.沙棘木蠹蛾危害特性与种群数量的时空动态的研究［J］.北京林业大学学报，27（1）：70-74.

宗世祥，骆有庆，路常宽，等，2006.沙棘木蠹蛾生物学特性的观察［J］.林业科学，42（1）：102-107.

宗世祥，骆有庆，许志春，等，2006.沙棘木蠹蛾性信息素林间诱蛾活性试验［J］.北京林业大学学报，28（6）：109-112.

宗世祥，骆有庆，许志春，等，2006.沙棘木蠹蛾蛹的空间分布［J］.生态学报，26（10）：3232-3237.

宗世祥，骆有庆，许志春，等，2006.沙棘木蠹蛾幼虫龄期结构的研究［J］.昆虫知识，43（5）：626-631.

宗世祥，姚国龙，骆有庆，等，2005.沙棘主要蛀干害虫种群生态位［J］.生态学报，（12）：3264-3270.

邹高顺，李加源，陈泗明，1985.栎冠潜蛾生物学特性及其防治的研究［J］.热带林业，（3）：31-35.

邹吉福，2000.黑脉厚须螟生物学特性的研究［J］.浙江林学院学报，17（4）：414-416.

邹立杰，刘乃生，何飞月，等，1989.柠条豆象的研究［J］.森林病虫通讯，（4）：1-3.

祖爱民，戴美学，1997.灰斑古毒蛾核型多角体病毒毒力的生物测定及田间防治［J］.中国生物防治，13（2）57-60.

左彤彤，迟德富，王牧原，2008.不同品系杨树酚酸类物质对青杨脊虎天牛的驱避作用［J］.植物保护学报，35（2）：160-164.

Akanbl M O, 1971. The biology, ecology and control of Phalanta phalantha Drury (Lepidoptera: Nymphalidae), a defoliator of Populus spp[J]. in Nigeria. Bulletin of Entomological Society of Nigeria, 3(1): 19-26.

Appleby J E, 1999. The pine shoot beetle and the Asian longhorned beetle, two new exotic pests New and re-emerging pests[J]. Symposium,Saint-Jean-sur-Richelieu, Quebec, Canade, Phytoprotection, 80: 97-101.

Atwals A S, 1976. Agricultural pests of Indian and South-East Asia[M]. Kalyani publishers, 231-232.

Balock J W and T T Koyuma. Notes on the biology and ecnmonic importance of the mango weevil Sternochetus mangiferae (Fabricius) (Coleoptera: Curculionidae), in Hawaii[J]. Proc Hawaiian Entomol Soc., 18: 353–364.

Bose P K, Y S Sankranarayanan and S C Gupya, 1963. Chemistry of lac[M]. Indian Lac Research Institute, Ranchi. pp.1-68.

Diakonoff A, 1973. The south asiatic Olethreutini (Tortricidae)[M]. Zoologische monographieen van het Rijksmuseum van Natuurlijke Historie, no. 1.

Eaton C B and R R Lara, 1967. Red turpentine beetle Dendroctonus valens LeConte, in A. G. Davidson and R. M. Prentice (eds.). Important Forest Insects of Mutual Concern to Canada, the United States and Mexico[M]. Canada Department of Forestry and Rural Development Pub. 1180. Ottawa, 248.

FAO, 2009. Global review of forest pests and Diseases[J]. FAO Forestry Paper, 156: 1-222.

Flecher B, 1914. Some south indian insects and other aninals of inportance[M]. Madras: Printed by superintendent government press, 341.

Gangolly S R, 1957. The mango[M]. New Delhi: S. N. Guna Ray Press Ltd., 495.

Gates J F G, 1958. Catalogue of the type specimens of microlepidoptera in the British museum (Natural History) described by Edward Meyrick. Vol. III. 495, pl. 246, figs 1-16, 2-26.

Gemeno C, A F Lutfallah and K Haynes, 2000. Pheromone blend variation and cross-attraction among populations of the black cutworm moth (Lepidoptera: Noctuidae)[J]. Annals of the Entomological Society of America, 93(6): 1322-1328.

Guy S and A K Marshall, 1935. New Indian Curculionidae (Col.)[J]. Indian Forest Record, 1: 263-281.

Haack R A, Jendek E Liu, H et al, 2002. The emerald ash borer: a new exotic pest in North America[J]. Newsletter of the Michigan Entomological Society, 47: 1-5.

Haack R A, R L Kenneth and V C Mastro, 1997. New York's battle with the Asian long-horned beetle[J]. Journal of Forestry, 95: 11-15.

Hansen J D, J W Armstrong and S A Brown, 1989. The distribution and biologic observations of mango weevil Crytorrhynchus mangiferae (F.) (Cole.: Gurulionidae), in Hawaii[J]. Proceedings of the Hawaii Entomological Society, 29:21-39.

Hill D, 1975. Agricultural insect pest of tropics and their control[M]. Cambridge university press, 389-390.

Hua Lizhong, 2000. List of Chinese insects. Guangzhou: Zhongshan (Su Yat-sen) University Press.

Hua Lizhong, 2005. List of Chinese Insects(III)[M]. Guangzhou: Sun Yat-sen University Press.

Jin Xiaoyuan, Zhang Jintong, Luo Youqing et al, 2010. Circadian rhythms of sexual behavior and pheromone titers of Holcocerus arenicola (Lepidoptera: Cossidae)[J]. Acta Entanologica Sinica, 53: 307-313.

Kumata T and H Kuroko, 1988. Japanese species of the Acroeercops-group (Lepidoptera: Gracillariidae), Part II[J]. Insecta Matsuma (New Series), 40: 1-133.

Lango, D W, Y-X SiTu and R-Z Zhang, 1999. Two new species of Pissodes (Coleoptera: Curculionidae) from China[J]. The Canadian Entomologist, 131: 593-603.

Li H and Z Zheng, 1998. A taxonomic study on the genus Anarsia Zeller from the mainland of China (Lepidoptera: Gelechiidae)[J]. Acta Zoologicae Academiae Scientiarum Hungaricae, 43: 121-132.

Lin Yougiao and Qian Fanjun, 1994. A new species of the genus Dichomeris to china fir (Lepidoptera: Opelechiidae)[J]. Entomologia sinica, (4): 297-300.

McManus, M L, B Forster, M Knizek et al, 1999. The Asian longhomed beetle, a newly introduced pest in the United States. Methodology of forest insect and disease survey in Central Europe[M]. Proceedings of the Second Workshop of the IUFRO Working Party 7.03.10. Sion-Chateauneuf, Switzerland, pp. 94-97.

Meyrick Edward, 1912. Descriptions of indian micro-lepidoptera XV[J]. Journ Bombay Natural History Society, 21: 852-877.

Meyrick E, 1939. New microlepidoptera, with notes on others[J]. Transantions of the Royal Entomological Society of London, 89: 47-62.

Nakanishi T, C Goto, M Kobayashi et al, 2010. Comparative studies of Lepidopteran Baculovirus-Specific Protein FP25K: Development of a vovel Bombyx mori nucleopolyhedrovirus-based vector with a modified fp25K gene[J]. Journal of Virology, 84: 5191-5200.

Oszi B, M Landanyi and L Hufnagel, 2005. Population dynamics of the sycamore lace bug, Corythucha ciliata (Say) (Heteroptera: Tingidae) in Hungary[J]. Applied Ecology and Environmental Research, 4: 135-150.

Picimbon J F, C Gadenne, J M Bécard et al, 1997. Sex pheromone of the French black cutworm moth, Agrotis ipsilon (Lepidoptera: Noctuidae): Identification and regulation of a multicomponent blend[J]. Journal of Chemical Ecology, 23(1): 211-230.

Schaffer P W, Yao Defu and You Dekang, 2000. Capture of Stilpnotia candida males in traps baited with "Leucomalure": the synthetic sex pheromone of Leucoma salicis[J]. Forest Pest and Disease, (5): 39-41.

Seo S T, D L Chambers, M. Komura et al, 1970. Mortality of mango weevil treated by dieletric heating[J]. Journal of Economic Entomology, 63: 1977-1978.

Shukla R P, 1985. Bioecology and management of mango weevil Sternochetus mangiferae (F.)[J]. International Journal of Tropical Agriculture, 3: 292-303.

Singh B L, 1960. The mango[M]. London: Leonard Hill (Book) Ltd., 391-321.

Smith R H, 1961. Red turpentine beetle. Forest Pest Leaflet 55 (revised)[M]. Washington DC: U. S. Department of Agriculture. Forest Service, 8.

Sohn J C and Wu C S, 2013. A taxonomic review of Attevidae (Lepidoptera: Yponomeutoidea) from China with descriptions of two new species and a revised identity of the Ailanthus webworm moth, Atteva fabriciella, from the Asian tropics[J]. Journal of Insect Science, 13: 1-16.

Tavella L and A Arzone, 1987. Investigations on the natural enemies of Corythucha ciliate (Say) (Rhynchota Heteroptera)[J]. Redia, 70: 443-457.

Tremblay E and C Petriello, 1984. Possibilities of rational chemical control of Corythucha ciliate (Say) (Rhynchota, Tingidae), on the basis of phenological data[J]. Difesa delle Piante, 7: 237-244.

Tsai P H et al,1946. The classifications of three genera and six new species from Meitan, Kweichow[J]. Transactions of the Royal Entomological Society of London, 97: 405-418.

Varshney R K, 1976. Taxonomic studies on lac insects of India[J]. Oriental Insect Supplement, (5): 1-97.

Varshney R K, 1984. A review of family (Kerridae) in the Orient (Homoptena: Coccoidea)[J]. Oriental Insect, 18: 361-385.

Wei Meicai, 1997. Further studies on the tribe fenusini (Hymenoptera: Tenthredinidae)[J]. Acta Zootaxonomica Sinica, 22(3): 286-300.

Wen X S, Kuang Y Y, Shi M Q, et al, 2004. Biology of Hylobitelus xiaoi Zhang (Coleoptera:Curculionidae), a new pest of slash pine, Pinus elliottii Engelm[J]. Journal of Economic Entomology, 97: 1958-1964.

Wen X S, Kuang Y Y, Shi M Q, et al, 2006. Effect of pruning and ground treatment on the populations of Hylobitelus xiaoi, a new debarking weevil in slash pine plantations[J]. Agricutural and Foresty Entomology, 8: 263-265.

Wen X S, Shi M Q, Haack R A, et al, 2007. Hylobitelus xiaoi (Coleoptera: Curculionidae) adult feeding, oviposition, and egg and pupal development at constant temperatures[J]. Journal of Entomological Science, 42: 28-34.

Xiang Yuyong, Yang Maofa and Li Zizhong,2009. Sex pheromone components of the female black cutworm moth in China: Identification and field trials[J]. Zoological Research, 30(1): 59-64.

Yates H O, 1986. Checklist of insect and mite species attacking cones and seeds of world conifers[J]. Journal of Entomological Science, 21(2): 142-168.

Yin Feifei, Wang Manli, Tan Ying,et al, 2008. A functional F analogue of Autographa californica nucleopolyhedrovirus GP64 from the Agrotis segetum Granulovirus[J]. Journal of Virology, 82(17): 8922-8926.

You Shijuan, Liu Jianfeng, Huang Dechao, et al, 2013. A review of the mealybug Oracella acuta: Invasion and management in China and potential incursions into other countries[J]. Forest Ecology and Management, 305: 96-102.

Zhang Jintong, Jin Xiaoyuan, Luo Youqing, et al, 2009. The sex pheromone of the sand sagebrush Carpenter worm, Holcocerus artemisiae (Lepidoptera, Cossidae)[M]. Z. Naturforsch. 64c, 590-596.

Zhang Zhen, Wang Hongbin, Chen Guofa, et al, 2005. Sex pheromone for monitoring flight periods and population densities of the pine sawfly, Diprion jingyuanensis Xiao et Zhang (Hym., Diprionidae)[J]. Journal of Applied Entomology, 129(7): 368-374.

Zhang H, Ye H, Haack R A, et al, 2004. Biology of Pissodes yunnanensis (Coleoptera: Curculionidae), a pest of Yunnan pine in southwestern China[J]. The Canadian Entomologist, 136(5): 719-726.

Zong Shixiang, Luo Youqing, and Cui Yaqin, 2009. Damage characteristics of three boring pests in Artemisia ordosica[J]. Forestry Studies in China, 11 (1): 24-27.

寄主名录 | Host Plant Index

107 杨 *Populus guariento*
I-214 杨 *Populus canadensis* 'I-214'

A

矮桦 *Betula pumila*
矮松 *Pinus pumila*
矮紫杉 *Taxus cuspidate* var. *nana*
安吉金竹 *Phyllostachys parvifolia*
桉属 *Eucalyptus*
桉树 *Eucalyptus* spp.
凹叶厚朴 *Magnolia officinalis* subsp. *biloba*

B

八宝树 *Duabanga grandiflora*
八角 *Illicium verum*
八角枫 *Alangium chinense*
八角属 *Illicium*
巴旦木 *Prunus dulcis*
巴旦杏 *Amygdalus communis*
巴豆 *Croton tiglium*
巴拉卡棕属 *Balaka*
巴西木 *Draceana fragrans*
白背野桐 *Mallotus apelta*
白哺鸡竹 *Phyllostachys dulcis*
白菜 *Brassica chiensis*
栀子 *Gardenia jasminoides*
白城杨 *Populus*×*xiaozhuanica* 'Beicheng'
白丁香 *Syringa oblata* var. *affinis*
白格 *Albizzia procera*
白花泡桐 *Paulownia fortunei*
白花山桃 *Prunus davidiana* var. *alba*
白花紫珠 *Callicarpa* sp.
白桦 *Betula platyphylla*
白夹竹 *Phyllostachys bissetii*
白蜡 *Fraxinus chinensis*
白蜡属 *Fraxinus*

白兰 *Michelia alba*
白梨 *Pyrus bretschneideri*
白栎 *Quercus fabri*
白柳 *Salix alba*
白茅 *Imperata cylindrica* var. *mojor*
白皮淡竹 *Phyllostachys decora*
白皮柳（圆头柳）*Salix capitate*
白皮松 *Pinus bungeana*
白千层 *Melaluca leucadendron*
白杆 *Picea meyeri*
圆头沙蒿 *Artemisia sphaerocephala*
白树油树 *Melaluca quingueneruia*
白桐 *Claoxylon polot*
白藓 *Dictammnus dasycarpus*
白杨 *Populus alba*
白榆 *Ulmus pumila*
白玉兰 *Magnolia denudata*
百合科 Liliaceae
百日草 *Zinnia elegans*
柏科 Cupressaceae
柏木 *Cupressus funebris*
斑竹 *Phyllostachys bambusoides* f. *lacrimadeae*
板栗 *Castanea mollissima*
薄壳山核桃 *Carya illinoinensis*
爆竹柳 *Salix fragilis*
北方花椒 *Zentoxylum bungeanus*
北京杨 *Populus* × *beijingensis*
北美短叶松 *Pinus banksiana*
北美黄杉 *Pseudotsuga menziesii*
北美乔松（北美五针松）*Pinus strobes*
北美五针松（北美乔松）*Pinus strobes*
本种加勒比松 *Pinus caribaea* var. *caribaea*
笔秆竹 *Pseudosasa guanxianensis*
笔管榕 *Ficus virens*
蓖麻 *Ricinus communis*
碧桃 *Prunus persica* f. *rubra-plena*

薜荔 Ficus pumila

扁柏 Biota orientalis

扁柏属 Chamaecyparis

扁担杆子 Grewia biloba

扁豆 Dolicho lablab

扁桃 Prunus dulcis

扁轴木 Parkinsonia aculenta

滨盐肤木 Rhus chinensis var. roxburghii

槟榔 Areca catechu

波罗栎 Quercus dentata

波罗蜜 Artocarpus heterophyllus

菠菜 Spinacia oleracea

C

菜豆 Phaseolus vulgaris

蚕豆 Vicia faba

藏川杨 Populus szechuanica var. tibetica

草莓 Fragaria ananassa

草木犀 Melilotus suaveolens

侧柏属 Platycladus

侧柏 Platycladus orientalis

侧枝匍灯藓 Plagiomnium maximoviczii

箣竹 Bambusa blumeana

茶秆竹 Pseudosasa amabilis

茶花 Camellia japonica

茶树 Camellia sinensis

檫树 Sassafras tzumu

常春藤 Hedara nepalensis var. sinensis

朝鲜槐（山槐）Maackia amurensis

朝鲜黄杨 Buxus microphylla var. koreana

朝鲜冷杉 Abies koreana

朝鲜落叶松 Larix koreana

柽柳 Tamarix chinensis

撑篙竹 Bambusa pervariabilis

橙 Citrus sinensis

池杉 Taxodium ascendens

赤桉 Eucalyptus camaldulensis

赤豆 Phaseolus angularis

赤麻 Boehmeria silvestrii

赤松 Pinus denniflora

赤杨 Alnus japonica

稠李 Prunus padus

臭椿 Ailanthus altissima

臭冷杉 Abies nepholepis

川西云杉 Picea balfouriana

川竹 Pleioblastus simony

橡竹 Bambusa textilis var. fasca

垂柏 Cupressus funebris

垂柳 Salix babylonica

垂枝榆 Ulmus pumila 'Pendula'

春榆 Ulmus davidiana var. japonica

唇形科 Lamiaceae

慈竹 Neosinocalamus affinis

刺柏 Juniperus formasana

刺果番荔枝 Annona muricata

刺果甘草 Glycyrrhiza pallidiflora

刺槐 Robinia pseudoacacia

刺葵 Phoenix hanceana

刺篱子 Flacourtia indica

刺梅 Euphorbia milii var. splendens

刺楸 Kalopanax septemlobus

刺桐 Erythrina variegata

刺榆 Hemiptelea davidii

葱 Allium fistulosum

丛生隐子草 Cleistogenes caespitosa

粗皮青冈 Quercus variabilis

粗皮山核桃 Carya ovata

粗枝榆 Ulmus fulva

催吐萝芙木 Rauvolfia vomitoria

D

鞑靼槭 Acer tataricum

大豆 Glycine max

大佛肚竹 Bambusa vulgaris 'Wamin'

大狗尾草 Sataria faberii

大官杨 Populus dakauensis

大果白刺 Nitraria sphaerocarpa

大果榆 Ulmus macrocarpa

大果圆柏 Sabina tibetica

大蓟 Cirsium souliei

大蕉 Musa sapientum

大节刚竹 Phyllostachys lofushanensis

大节竹属 Indosasa

大绿竹 Dendrocalamopsis daii

大麻 Cannabis sativa

大麦 Hordeum spp.

大木竹 *Bambusa wenchouensis*
大青杨 *Populus ussuriensis*
大青叶 *Clerodendrum serratum*
大头典竹 *Dendrocalamopsis beecheyana* var. *pubescens*
大王椰子 *Roystonea regia*
大眼竹 *Bambusa eutuldoides*
大叶桉 *Eucalyptus robusta*
大叶白蜡 *Fraxinus chinensis* var. *rhychophylla*
大叶匐灯藓 *Plagiomnium succlenlum*
大叶合欢 *Albizia lebbeck*
大叶黄杨 *Buxus megistophylla*
大叶千斤拔 *Moghania macropylla*
大叶榕 *Ficus virens*
大叶桃花心木 *Swietenia macrophylla*
大叶相思 *Acacia auriculaeformis*
大叶杨 *Populus lasiocarpa*
大叶榆 *Ulmus laevis*
大叶紫薇 *Lagerstroemia speciosa*
大叶紫珠 *Callicarpa macrophylla*
玳玳 *Citrus aurantium* var. *amara*
单竹 *Bambusa cerosissima*
淡竹 *Phyllostachys glauca*
淡紫花牡荆 *Vitex agnus-castus*
当归 *Angelica sinensis*
地黄芪 *Astragalus membranaceus*
地锦 *Parthenocissus tricuspidata*
地盘松 *Pinus yunnanensis* var. *pygmaea*
棣棠 *Kerria japonica*
滇楸 *Catalpa duclouxii*
滇杨 *Populus yunnanensis*
甸杜属 *Chamaedaphne*
吊丝球竹 *Dendrocalamopsis beecheyana*
吊丝竹 *Dendrocalamopsis minor*
蝶形花科 Fabaceae
丁香 *Syringa oblata*
丁香属 *Syringa*
顶果木 *Acrocarpus fraxinifolius*
东京油楠 *Sindora tonkinensis*
冬麦 *Triticum aestivum*
冬青 *Ilex chiensis*
冬青卫矛 *Euonymus japonicus*
豆角 *Phaseolus vulgaris*
豆科 Leguminosae

豆梨 *Pyrus calleryana*
独活 *Heracleum hemsleyanum*
杜鹃 *Rhododendron simsii*
杜鹃类 *Rhododendron* spp.
杜梨 *Pyrus berulaefolla*
杜英 *Elaeocarpus sylvestris*
杜仲 *Eucommia ulmoides*
短萼仪花 *Lysidice brericalyx*
短叶松 *Pinus banksiana*
椴 *Tilia* spp.
对叶榕 *Ficus hispida*
钝叶匐灯藓 *Plagiomnium rhyhcnophorum*
多花紫藤 *Wistevia floribunda*
多枝桉 *Eucalyptus viminalis*
多枝柽柳 *Tamarix ramosissima*

E

鹅耳枥属 *Carpinus*
鹅耳枥 *Carpinus turczaninowii*
鹅观草 *Roegneria kamojiohwi*
鹅掌柴 *Scheffera octophylla*
鹅掌楸 *Liriodendron chinense*
二乔玉兰 *Magnolia soulangeana*
二球悬铃木（英桐）*Platanus hispanica*

F

发财树（马拉巴栗）*Pachira macrocarpa*
法国冬青 *Viburnum odoratissimum*
法桐（三球悬铃木）*Platanus orientalis*
番荔枝 *Annona squamosa*
番木瓜 *Carica papaya*
番茄 *Lycopersicon esculentum*
番石榴 *Psidium guajara*
番樱桃属 *Eugenia*
方秆毛竹 *Phyllostachys heterocycla* 'Pubescens'
方枝圆柏 *Sabina saltuaria*
防风 *Saposhnikovia divaricata*
肥牛木 *Cephalomappa sinensis*
粉箪竹 *Bambusa chungii*
粉绿决明 *Cassia glauca*
丰花月季 *Rosa hybrida*
枫属 *Acer*
枫香 *Liquidamba formosana*

枫杨 *Ptarocarya stenoptera*

凤凰木 *Delonix regia*

凤尾兰 *Yucca gloriosa*

凤尾竹 *Bambusa multiplex* 'Fernleaf'

奉化水竹 *Phyllostachys heterolada* var. *funhuaensis*

佛手 *Citrus medica* var. *sarcodactylis*

扶芳藤 *Euonymus fortunei*

扶桑 *Hibiscus rosasinensis*

枹树 *Quercus glandulifera*

福建柏 *Fokienia hodginsii*

复叶槭 *Acer negundo*

复羽叶栾树 *Koelreuteria bipinnata*

富阳乌哺鸡竹 *Phyllostachys nigella*

G

甘草 *Glycyrrhiza uralensis*

甘蓝 *Brassica oleracea*

甘薯 *Dioscorea esculenta*

甘蔗 *Saccharum sinense*

柑橘 *Citrus reticulata*

柑橘类 *Citrus* spp.

橄榄 *Canarium album*

刚松 *Pinus rigida*

刚竹 *Phyllostachys sulphurea* 'Viridis'

刚竹属 *Phyllostachys*

岗松 *Baechea frutescens*

高节竹 *Phyllostachys prominens*

高粱 *Sorghum vulgare*

高山松 *Pinus densata*

格木 *Erythrophloeum fordii*

葛根 *Pueraria lobata*

葛属 *Pueraria*

葛条 *Pueraria lobata*

狗尾草 *Sataria viridis*

狗牙花 *Ervatamia divaricata*

枸杞 *Lycium chinense*

构树 *Broussonetia papyrifera*

谷子 *Setaria italica*

瓜类 Cucurbitaceae

观光木 *Tsoongiodendron odor*

观音竹 *Bambusa multiplex* var. *riviereorum*

光秆青皮竹 *Bambusa textilis* var. *glabra*

光皮桦 *Betula luminifera*

光皮树 *Cornus wilsoniana*

光松 *Pinus glabra*

光箨篌竹 *Phyllostachys nidularia* f. *galbro-vagina*

光叶加州蒲葵 *Washingtonia robusta*

光叶榉 *Zelkova serrata*

广玉兰 *Magnolia grandiflora*

桄榔 *Arenga pinnala*

龟甲冬青 *Ilex crenata*

贵州刚竹 *Phyllostachys guizhouensis*

桂花 *Osmanthus fragrans*

桂木 *Artocarpus lingnanensis*

桂皮 *Cinnamomum cassia*

桂叶栎 *Quercus laurifolia*

桧柏 *Sabina chinensis*

国王椰子 *Ravenea rivularis*

H

海红 *Malus asiatica* var. *rinki*

海南黄檀 *Dalbergia hainanensis*

海南石梓 *Gmelina hainanensis*

海南松 *Pinus ikedai*

海棠 *Malus prunifolia*

海棠 *Malus* spp.

海桐 *Pittosporum tobira*

海枣 *Phoenix dactylifera*

海洲常山 *Clerodendron trichotomum*

海竹 *Yushania qiaojiaensis*

含笑 *Michelia figo*

含羞草属 *Mimosa*

旱冬瓜 *Alnus nepalensis*

旱柳 *Salix matsudana*

旱芹（芹菜）*Apium graveolens*

蒿柳 *Salix viminalis*

禾本科 Poaceae

合果木 *Paramichelia baillonii*

合欢 *Albizzia julibrissin*

合作杨 *Populus×xiaozhuanica* 'Opera'

河北杨 *Populus hopeiensis*

荷花玉兰 *Magnolia grandiflora*

核桃 *Juglans regia*

核桃楸 *Juglans mandshurica*

鹤望兰 *Strelizia reginae*

黑刺李 *Prunus spinosa*

黑弹朴（小叶朴）Celtis bungeana

黑桦 Betula davurica

黑荆树 Acacia mearnsii

黑沙蒿 Artemisia ordosica

黑松 Pinus thunbergii

黑杨 Populus nigra

黑枣（君迁子）Diospyros lotus

红边竹 Phyllostachys rubromarginata

红翅槭 Acer fabri

红椿 Toona ciliata

红豆树 Ormosia hosiei

红枫 Acer palmatum

红厚壳 Calophyllum inophyllum

红花蕉 Musa uranoscopos

红花山桃 Prunus davidiana var. rubra

红胶木 Fristania conferta

红壳雷竹 Phyllostachys incarnata

红壳竹 Phyllostachys iridensis

红楝子 Toona sureni

红蓼 Polygonum orientale

红毛丹属 Nephelium

红帽顶 Mallotus barbatus

红皮灌柳 Salix sp.

红皮云杉 Picea koraiensis

红千层 Callistemon rigidus

红瑞木 Cornus alba

红杉 Larix potaninii

红舌唐竹 Sinobambusa rubroligula

红薯 Ipomoea batatas

红松 Pinus koraiensis

红叶李 Prunus cerasifera var. atropurpurea

红枣 Ziziphus jujuba

红竹 Phyllostachys iridescens

红锥 Castanopsis hickelii

红棕榈 Latania lontaroidea

洪都拉斯加勒比松 Pinus caribaea var. hondurensis

猴樟 Cinnamomum bodinieri

篌竹 Phyllostachys nidularia 'Smoothsheath'

厚朴 Magnolia officinalis

胡萝卜 Daucus carota var. sativa

胡麻 Sesamum indicum

胡桃科 Juglandaceae

胡颓子 Elaeagnus pungens

胡杨 Populus diversifolia

胡枝子 Lespedeza bicolor

葫芦科 Cucurbitaceae

槲栎 Quercus aliena

槲树（波罗栎）Quercus dentata

蝴蝶果 Cleidiocarpon caraleriei

花棒 Hedysarum scoparium

花哺鸡竹 Phyllostachys glabrata sinobambusa

花秆早竹 Phyllostachys praecox f. viridisulcata

花红 Malus asiatica

花椒 Zanthaxylum bungeanum

花毛竹 Phyllostachys heterocycal 'Tao'

花皮淡竹 Phyllostachys glauca

花楸 Sorbus pohuashanensis

花楸 Sorbus spp.

花曲柳 Fraxinus rhynchophylla

花生 Arachis hypogaea

花头黄竹 Dendrocalamopsis oldhami f. revolute

花竹 Bambusa albolineata

华北落叶松 Larix principis-rupprechtii

华山松 Pinus armandii

华盛顿椰子 Washingtonia filifera

滑竹 Yushania polytricha

化香 Platycarya strobilacea

桦 Betula spp.

怀槐 Maackia amurensis var. buergeri

槐树 Sophora japonica

黄波罗 Phellodendron amurensa

黄檗 Phellodendron amurense

黄槽斑竹 Phyllostachys bambusoides f. mixta

黄槽毛竹 Phyllostachys edulis f. gimmei

黄槽石绿竹 Phyllostachys arcane f. luteosulcata

黄槽竹 Phyllostachys aureosulcata

黄刺玫 Rosa xanthina

黄秆京竹 Phyllostachys aureosulcata f. aureocaulis

黄秆乌哺鸡竹 Phyllostachys vivax f. aureocaulis

黄葛树 Ficus virens

黄古竹 Phyllostachys angusta

黄瓜 Cucumis sativus

黄蒿 Artemis iascoparia

黄花蒿 Artemisia annua

黄花夹竹桃 Theretia peruviana

黄花柳 Salix caprea

黄花落叶松 *Larix olgensis* var. *koreana*

黄槐 *Cassia surattensis*

黄间竹 *Sinobambusa edulis*

黄金间碧玉 *Bambusa vulgaris* 'Vittata'

黄兰 *Michelia champaca*

黄连木 *Pistacia chinensis*

黄梁木 *Neolamarskia cadamba*

黄柳 *Salix gordejevii*

黄栌 *Cotinus coggygria*

黄麻 *Corchorus* spp.

黄麻竹 *Dendrocalamopsis stenoaurita*

黄脉刺桐 *Erythrina indica* var. *picta*

黄毛竹 *Neosinocalamus affinis* 'Chrysotrichus'

黄皮 *Clausena lansium*

黄皮刚竹 *Phyllostachys viridis* var. *youngii*

黄皮果 *Clausena lansium*

黄皮绿筋竹 *Phyllostachys sulphurea* 'Houzeau'

黄皮竹 *Phyllostachys sulphurea*

黄山栾树 *Koelreuteria bipinnata* var. *integrifoliola*

黄山木兰 *Magnolia cylindrical*

黄山松 *Pinus faiwarensis*

黄杉 *Pseudotsuga sinensis*

黄杉属 *Pseudotsuga*

黄檀 *Dalbergia hupeana*

黄檀属 *Dalbergia*

黄纹竹 *Phyllostachys vivax* f. *huanvenzhu*

黄杨 *Buxus sinica*

黄榆 *Ulmus macrocarpa*

黄樟 *Cinnamomum parthenoxylon*

灰桉 *Eucalyptus cinerea*

灰木莲 *Manglietia glauca*

灰楸 *Catalpa fargesii*

灰水竹 *Phyllostachys platyglossa*

茴香 *Foeniculum vulgare*

火棘 *Pyracantha fortuneana*

火炬树 *Rhus typhina*

火炬松 *Pinus taeda*

火力楠 *Michelia macclurei*

J

鸡骨常山 *Alstonia yunnanensis*

鸡冠刺桐（美丽刺桐）*Erythrina cristagalli*

鸡冠花 *Celosia cristata*

檵木 *Loropetalum chinense*

加勒比松 *Pinus caribaea*

加青杨 *Populus canadensis×Populus cathayana*

加杨 *Populus×canadensis*

夹竹桃 *Nerium indicum*

甲竹 *Bambusa remotiflora*

假槟榔 *Archontophoenix alexandrae*

假毛竹 *Phyllostachys kwangsiensis*

尖头青竹 *Phyllostachys acuta*

尖叶械 *Acer kawakamii*

建柏 *Fokienia hodginsii*

剑麻 *Agave sisalana*

健杨 *Populus ×canadensis* 'Robusta'

箭杆杨 *Populus nigra* var. *thevestine*

箭竹 *Sinarundinaria nitida*

江南槐 *Robinia hispids*

豇豆 *Vigna unguiculata*

降香黄檀（花檀）*Dalbergia odorifera*

胶东卫矛 *Euonymus kiautshovicus*

胶皮枫香树 *Liquidambar sytraciflua*

角竹 *Phyllostachys fimbriligula*

接骨木 *Sambucus williamsii*

节节草 *Equisetum ramosissimum*

金边黄杨卫矛 *Euonymus japonica* var. *aureo-marginatus*

金边香龙血树 *Draceana marginata*

金合欢 *Acacia franesiana*

金鸡纳 *Cinchona ledgeriana*

金橘 *Fortunella margarita*

金脉刺桐 *Erythrina variegata* var *orientalis*

金毛竹 *Phyllostachys pubescens* f. *gracillis*

金钱松 *Pseudolarix kaempferi*

金色狗尾草 *Sataria glauca*

金丝毛竹 *Phyllostachys pubescens* f. *gracillis*

金丝桃 *Hupericum chinense*

金镶玉竹 *Phyllostachys aureosulcata* f. *pekinensis*

金心黄杨卫矛 *Euonymus japonica* var. *aureo-variegatus*

金银花 *Lonicera japonica*

金银木 *Lonicera maackii*

金银忍冬 *Lonicera maackii*

金缨子 *Rosa laevigata*

金竹 *Phyllostachys sulphurea*

筋仔树 *Mimosa sepiaria*

锦带花 *Weigela florida*

锦鸡儿 *Caragana sinica*

锦鸡儿属 *Caragana*

锦葵科 Malvaceae

京竹 *Phyllostachys aureosulcata* f. *pekinensis*

荆条 *Vitex negundo* var. *heterophylla*

韭菜 *Allium tuberosum*

酒瓶椰子 *Hyophorbe lagenicaulis*

菊花 *Dendronthema morifolium*

橘类 *Citrus* spp.

榉 *Zeikova schneideriana*

巨桉 *Eucalyptus grandis*

巨丝兰 *Yucca elephantipes*

巨尾桉 *Eucalyptus grandis×Eucalyptus urophylla*

巨圆桉 *Eucalyptus grundis×Eucalyptus tereticornis*

聚果榕 *Ficus racemosa*

绢柳 *Salix babylonica*

君迁子（黑枣）*Diospyros lotus*

筠竹 *Phyllostachys glauca* f. *yuozhu*

K

咖啡 *Coffea arabica*

卡西亚松（卡锡松）*Pinus kesiya*

看麦娘 *Alopecurus aegualis*

糠椴 *Tilia mandschurica*

可可 *Theobroma cacao*

克利椰子 *Syagrus schizophylla*

孔雀豆 *Adenanthera pauonina*

孔雀椰子 *Caryota urens*

苦楝 *Melia azedarach*

苦檀 *Dalbergia* sp.

苦杨 *Populus laurifolia*

苦槠 *Castanopsis sclerophylla*

苦竹（大明竹）属 *Pleioblastus*

苦竹 *Pleioblastus amarus*

葵花松（海南五针松）*Pinus fenzeliana*

L

腊肠树 *Cassia fistula*

蜡梅 *Chimonanthus praecox*

蓝桉 *Eucalyptus globulus*

蓝果树 *Nyssa sinensis*

榄仁树 *Terminalia catappa*

狼尾草 *Pennisetum alopecuroides*

椰榆 *Ulmus parvifolia*

老山芹 *Heracleum barbatum*

老挝天料木 *Homalium laoticum*

乐昌含笑 *Michelia platypetala*

箣竹属 *Bambusa*

雷竹 *Phyllostachys praecox* f. *provernalis*

冷杉 *Abies fabri*

冷杉属 *Abies*

梨 *Pyrus bretschneideri*

梨树 *Pyrus* spp.

黎豆属 *Mucuna*

藜科 Chenopodiaceae

李 *Prunus salicina*

李树 *Prunus* spp.

丽江云杉 *Picea likiangensis*

丽水苦竹 *Pleioblastus maculosoides*

荔枝 *Lichi chinensis*

栎类 *Quercus* spp.

栗 *Castanopsis* spp.

连翘 *Forsythia suspensa*

莲雾 *Syzygium samarangense*

楝树 *Melia azedarach*

辽东冷杉（杉松）*Abies holophylla*

辽东栎 *Quercus liaotungensis*

辽东桤木 *Alnus sibirica*

蓼科 Polygonaceae

裂果沙松 *Pinus clausa* var. *immuginata*

林檎 *Malus asiatica*

柃木 *Eurya japonica*

凌霄 *Campsis grandiflora*

岭南酸枣 *Spondias lakonensis*

琉球松 *Pinus luchuensis*

柳桉 *Eucalyptus saligna*

柳杉 *Cryptomeria fortunei*

垂柳 *Salix babylonica*

柳树 *Salix* spp.

柳叶蒿 *Artemisia integrifolia*

龙头竹 *Bambusa vulgaris*

龙眼 *Dimocarpus longan*

龙爪槐 *Sophora japonica* var. *pendula*

龙爪柳 *Salix matsudana* f. *toruosa*

龙竹 *Dendrocalamopsis giganteus*

窿缘桉 *Eucalyptus exserta*

栾树 *Koelreuteria paniculata*

卵果松 *Pinus oocarpa*

卵叶小蜡 *Ligustrum sinense* var. *stauntonii*

罗汉柏 *Thujopsis dolabrata*

罗汉松 *Podocarpus macrophyllus*

罗汉竹 *Phyllostachys aurea*

萝卜 *Raphanus sativus*

椤木石楠 *Photinia davidisoniae*

裸花紫珠 *Callicarpa nudiflora*

骆驼蓬 *Peganum harmala*

落叶松 *Larix gmelini*

落叶松属 *Larix*

绿豆 *Vigna radiata*

绿粉竹 *Phyllostachys viridi-glaucescens*

绿竹 *Dendrocalamopsis oldhami*

绿竹属 *Dendrocalamopsis*

M

麻 *Cannabis* spp.

麻栎 *Quercus acutissima*

麻楝 *Chukrasia tabularis*

麻叶绣球 *Spiraea cantoniensis*

麻竹 *Dendrocalamus latiflorus*

马鞭草科 Verbenaceae

马齿苋 *Portulaca oleracea*

马褂木 *Liriodendron chinense*

马甲竹 *Bambusa tulda*

马来甜龙竹 *Dendrocalamopsis asper*

马铃薯 *Solanum tuberosum*

马鹿花 *Pueraria wallichii*

马桑 *Coriaria sinica*

马提罗亚刺桐 *Erythrina berteroana*

马尾松 *Pinus massoniana*

马占相思 *Acacia mangium*

麦 *Triticum aestivum*

麦吊云杉 *Picea brachytyla*

芒 *Miscanthus sinensis*

杧果 *Mangifera indica*

毛白杨 *Populus tomentosa*

毛赤杨 *Alnus hirsuta*

毛刺桐 *Erythrina abyssinica*

毛花猕猴桃 *Actinidia eriantha*

毛环水竹 *Phyllostachys aurita*

毛环唐竹 *Sinobambusa incana*

毛金竹 *Phyllostachys nigra* var. *henonis*

毛壳花哺鸡竹 *Phyllostachys circumpilis*

毛梾 *Cornus walteri*

毛簕竹 *Bambusa dissemulator* var. *hispida*

毛栗 *Castanea seguinii*

毛龙竹 *Dendrocalamopsis tomentosus*

毛桐 *Mallotus barbatus*

毛榛 *Corylus mandshurica*

毛竹 *Phyllostachys heteroclada* var. *pubescens*

茅栗 *Castanea seguinii*

玫瑰 *Rosa rugosa*

玫瑰苹果 *Eugenia malaccensis*

梅 *Prunus mume*

美国山核桃 *Carya illinoinensis*

美人蕉 *Canna indica*

萌芽松 *Pinus echinata*

蒙椴 *Tilia mongolica*

蒙古扁桃 *Amygdalus mongolica*

蒙古栎 *Quercus mongolica*

猕猴桃 *Actinidia chinensis*

米饭花 *Vaccinium mandarinorum*

米兰 *Aglaia odorata*

米筛竹 *Bambusa pachinensis*

米锥 *Castanopsis carlesii*

密鳞紫金牛 *Ardisia* sp.

密枝圆柏 *Sabina covallium*

绵竹 *Bambusa intermedia*

棉花 *Gossypium hirsutum*

茉莉花 *Jasminum sambac*

母生（红花天料木）*Homalium hainanense*

牡丹 *Paeonia suffruticosa*

牡竹 *Dendrocalamus strictus*

牡竹属 *Dendrocalamus*

木菠萝 *Artocarpus heterophyllus*

木豆 *Cajanus cajan*

木瓜 *Chaenomeles sinensis*

木荷 *Schima superba*

木蝴蝶 *Oroxylum indicum*

木槿 *Hibiscus syriacus*

木槿属 *Hibiscus*

木兰 *Magnolia denudata*

木莲 *Manglietia fordiana*

木麻黄 *Casuarina eguisetifolia*

木棉 *Bombax malabaricum*

木薯 *Manihat esculenta*

木犀 *Osmanthus* sp.

木犀科 Oleaceae

木犀榄 *Olea* sp.

木油桐（千年桐）*Vernicia montana*

木贼 *Equisetum hiemale*

木竹 *Bambusa rutila*

苜蓿 *Medicago* sp.

N

南瓜 *Cucurbita moschata*

南岭黄檀 *Dalbergia balansae*

南酸枣 *Choerospondias axillaries*

南天竹 *Nandina domestica*

南亚松 *Pinus latteri*

南洋楹 *Albizzia falcata*

楠木 *Phoebe zhennan*

楠竹 *Phyllostachys pubescens*

坭黄竹 *Bambusa ramispinosa*

坭簕竹 *Bambusa dissimulator*

鸟墨（海南蒲桃）*Syzygium cumini*

柠檬桉 *Eucalyptus citridora*

柠条 *Caragana korshinskii*

牛肋巴 *Dalbergia obtusifolia*

牛奶子 *Elaeagnus umbellata*

挪威云杉 *Picea abies*

女贞 *Ligustrum lucidum*

O

欧美杨 *Populus×euramericana*

欧洲赤松 *Pinus sylvestris*

欧洲大叶杨 *Populus candicans*

欧洲黑松 *Pinus nigra*

欧洲黑杨 *Populus nigra*

欧洲李 *Prunus domestica*

欧洲山杨 *Populus tremula*

欧洲油菜 *Brassica napus*

P

膀胱豆属 *Colutea*

泡核桃 *Juglans sigillata*

泡火绳 *Erioaena spectabilis*

泡桐 *Paulownia fortunei*

泡桐属 *Paulownia*

盆架子 *Alstonia scholaris*

枇杷 *Eriobotrya japonica*

啤酒花 *Humulus lupulus*

偏叶榕 *Ficus cunia*

平基槭（元宝槭）*Acer truncatum*

平榛 *Corylus heterophylla*

苹果 *Malus pumila*

苹果桉 *Eucalyptus bridgesiana*

苹果属 *Malus*

匍匐柳 *Salix repens*

菩提树 *Ficus religiosa*

葡萄 *Vitis vinifera*

葡萄桉 *Eucalyptus botryoides*

葡萄科 Vitaceae

蒲葵 *Livistona chinensis*

蒲桃 *Syzygium jambos*

蒲桃属 *Syzygium*

朴树 *Celtis sinensis*

Q

七叶树 *Aesculus chinensis*

桤木 *Alnus cremastogyne*

桤木属 *Alnus*

漆树 *Toxicodendron verniciflum*

漆树科 Anacardiaceae

祁连圆柏 *Sabina przewalskii*

脐橙 *Citrus sinensis*

杞柳 *Salix integra*

槭 *Acer* spp.

千斤榆属 *Carpinus*

千金榆 *Carpinus cordata*

千日红 *Gomphrena globosa*

千头柏 *Platycladus orientalis* 'Sieboldii'

千头椿 *Ailanthus altissima* 'Qiantouchum'

铅笔柏 *Sabina virginiana*

强竹 *Phyllostachys heterocycla* 'Obliquinoda'

蔷薇 *Rosa multiflora*

蔷薇科 Rosaceae

蔷薇属 *Rosa*

乔松 *Pinus griffithii*

茄科 Solanaceae

茄子 *Solanum melongena*

窃衣 *Torilis scabra*

青菜 *Brassica chinensis*

青冈栎 *Cyclobalanopsis glauca*

青海云杉 *Picea crassifolia*

青稞 *Avena nuda*

青皮竹 *Bambusa textilis*

青杆 *Picea wilsonii*

青桐 *Firmiana platanifolia*

青杨 *Populus cathayana*

擎天树 *Parashorea chinesis*

苘麻 *Abutilon avicennae*

秋枫 *Bischofia javanica*

秋竹 *Pleioblastus gozadakensis*

秋子梨 *Pyrus ussuriensis*

楸树 *Catalpa bungei*

楸子 *Malus prunifolia*

衢县红壳竹 *Phyllostachys rutila*

衢县苦竹 *Pleioblastus juxianensis*

雀舌黄杨 *Buxus bodinieri*

R

热带松 *Pinus tropicalis*

人面果 *Garcinia tinctoria*

人面子 *Dracontomelum duperreanum*

人心果 *Achras zapota*

忍冬 *Lonicera japonica*

日本扁柏 *Chamaecyparis obtusa*

日本赤松 *Pinus densiflora*

日本黑松 *Pinus thunbergii*

日本冷杉 *Abies firma*

日本柳杉 *Cryptomeria japonica*

日本落叶松 *Larix kaempferi*

日本桤木（赤杨）*Alnus japonica*

日本五针松 *Pinus parviflora*

日本樱花 *Prunus yedoensis*

榕属 *Ficus*

榕树 *Ficus microcarpa*

肉桂 *Cinnamomum cassia*

软枣猕猴桃 *Actinidia arguta*

软枝黄蝉 *Allamanda neriifolia*

箬竹 *Indocalamus tessellatus*

S

三叉蕨 *Aspidium* spp.

三华李 *Prunus* sp.

三角枫 *Acer buergerianum*

三角椰子 *Neodypsis decaryi*

三年桐 *Aleurites fordii*

三球悬铃木（法桐）*Platanus orientalis*

三叶海棠 *Malus toringo*

伞形科 Apiaceae

散尾葵 *Chrysalidocarpus lutescens*

桑 *Morus alba*

桑树 *Morus* spp.

色木械 *Acer mono*

沙地柏 *Sabina vulgaris*

沙地云杉 *Picea mongolia*

沙冬青 *Ammopiptanthus mongolicus*

沙拐枣 *Calligonum mongolicum*

沙果 *Malus asiatica*

沙棘 *Hippophae rhamnoides*

沙兰杨 *Populus × canadensis* 'Sacrau 79'

沙梨 *Pyrus pyrifolia*

沙柳 *Salix psammophila*

沙米 *Agriophyllum squarrosum*

沙田柚 *Citrus grandis*

沙枣 *Elaeagnus angustifolia*

沙竹 *Phyllostachys propinqua*

山苍子 *Litsea cubeba*

山茶 *Camellia japonica*

山茶属 *Camellia*

山杜英 *Elaeocarpus sylvestris*

山矾 *Symplocos* spp.

山核桃 *Carya cathayensis*

山槐 *Albizzia kalkora*

山黄麻 *Trema tomentosa*

山姜属 *Alpinia*

山荆子 *Malus baccata*

山葵 *Arecastrum romanzoffianum*

山里红 *Crataegus pinnatifida* var. *major*

山毛榉 *Fagus longipetiolata*

山毛榉 *Fagus* spp.

山漆 *Radix notoginseng*

山桑 *Morus bombycis*

山桃 *Prunus davidiana*

山杏 *Armeniaca sibirica*

山杨 *Populus davidiana*

山药 *Dioscorea opposita*

山皂荚 *Gleditsia japonica*

山楂 *Crataegus pinnatifida*

杉科 Taxodiaceae

杉木 *Cunninghamia lanceolata*

珊瑚刺桐（龙牙花）*Erythrina coralloidendron*

珊瑚树 *Viburnum odoratissimum*

芍药 *Paeonia lactiflora*

蛇麻 *Humulus lupulus*

省藤属 *Calamus*

湿地匐灯藓 *Plagiomnium acutum*

湿地松 *Pinus elliottii*

十大功劳 *Mahonia bealei*

十字海棠 *Begonia masoniana*

十字花科 Brassicaceae

石栎 *Lithocarpus glaber*

石榴 *Punica granatum*

石绿竹 *Phyllostachys arcana*

石楠 *Photinia* spp.

石竹 *Phyllostachys nuda*

实心竹 *Phyllostachys heteroclada* f. *solida*

矢竹属 *Pseudosasa*

柿 *Diospyros kaki*

寿竹 *Phyllostachys bambusoides* f. *shouzhu*

鼠李 *Rhamnus davurica*

树莓 *Rubus corchorifolius*

栓皮栎 *Quercus variabilis*

栓皮槭 *Acer campestre*

水稻 *Oryza sativa*

水蜡 *Ligustrum obtusifolium*

水青冈 *Fagus longipetiolata*

水青冈属（山毛榉属）*Fagus*

水曲柳 *Fraxinus mandschurica*

水杉 *Metasequoia glyptostroboides*

水竹 *Phyllostachys heteroclada*

丝栗栲 *Castanopsis fargesii*

丝棉木 *Euonymus bungeanus*

丝锥（丝栗）*Castanopsis calathiformis*

思茅黄檀 *Dalbergia siemaoensis*

思茅松 *Pinus kesiya* var. *langbianensis*

四川杨桐 *Adinandra bockiana*

四合木 *Tetraena monglica*

松科 Pinaceae

松属 *Pinus*

苏木 *Caesalpinia sappan*

苏铁 *Cycas revoluta*

酥梨 *Pyrus prifolia* var. *culte*

粟 *Setaria italica*

酸橙 *Citrus aurantium*

酸梅 *Prunus mume*

酸枣 *Ziziphus jujuba* var. *spinosa*

算盘子 *Glochidion* sp.

梭梭 *Haloxylon ammodendron*

T

塔柏 *Sabina chinensis* 'Pyramidalis'

塔枝圆柏 *Sabina kovarovii*

踏郎 *Hedysarum fruticosum*

台湾檫木 *Sassafras randaiensis*

台湾桂竹 *Phyllostachys makinoi*

台湾海枣 *Phoenix hanceana* var. *formosana*

台湾五针松 *Pinus morrisonicola*

台湾相思 *Acacia confusa*

太平花 *Philadelphus pekinensis*

泰青杨 *Populus*×*xiaozhuanica*'Balizhuangyang'

檀香 *Santalum album*

唐棣 *Amelanchier* sp.

唐古特白刺 *Nitraria tangutorum*

唐柳 *Salix* sp.

唐竹 *Sinobambusa tootsik*

唐竹属 *Sinobambusa*

糖胶树 *Alstonia scholaris*

糖槭 *Acer saccharum*

糖棕 *Borassus flabellifer*

桃花心木 *Swietenia mahogoni*

桃金娘 *Rhodomytus tomentosa*

桃树 *Prunus persica*

藤黄科 Guttiferae

藤枝竹 *Bambusa lenta*

天目箬竹 *Indocalamus migoi*

天目早竹 *Phyllostachys tianmuensis*

天南星科 Araceae

天女花 *Magnolia sieboldii*

天仙果 *Ficus erecta*

天竺葵 *Pelargonium hortorum*

甜菜 *Beta vulgaris*

甜笋竹 *Phylslotachys elegans*

甜杨 *Populus suaveolens*

甜槠 *Castanopsis eyrei*

甜竹 *Phyllostachys flexuosa*

贴梗海棠 *Chaenomeles speciosa*

铁刀木 *Cassia siamea*

铁坚油杉 *Keteleeria davidiana*

铁杉 *Tsuga chinensis*

铁藤 *Pueraria tonkinensis*

桐花树 *Aegiceras corniculatum*

桐树 *Claoxylon indicum*

桐叶槭 *Acer pseudoplatanus*

土蜜树 *Bridelia tomentosa*

团花（黄梁木）*Anthocephalus chinensis*

豚草 *Ambrosia artemisiifolia*

W

豌豆 *Pisum sativum*

晚花杨 *Populus ×canadensis* 'Serotina'

晚松 *Pinus rigida* var. *serotine*

万寿菊 *Tagetes erecta*

伪蒿柳 *Salix viminalis*

尾叶桉 *Eucalyptus urophylla*

委陵菜 *Potentilla* sp.

卫矛 *Euonymus àlatus*

榅桲 *Cydonia oblonga*

文冠果 *Xanthoceras sorbifolia*

问荆 *Equisetum arvense*

窝瓜 *Cucurbita moschata*

乌哺鸡竹 *Phyllostachys vivax*

乌桕 *Sapium sebiferum*

乌芽竹 *Phyllostachys atrovaginata*

无花果 *Ficus carica*

无患子 *Sapindus mukorossi*

无毛画眉草 *Eragrosis pilosa* var. *imberbis*

无忧花 *Saraca griffithiana*

无忧树 *Saraca dives*

梧桐 *Firmiana platanifolia*

五加科 Araliaceae

五角枫 *Acer mono*

五味子 *Schisandra chinensis*

五味子属 *Schisandra*

五叶地锦 *Parthenocissus uinquefolia*

五月季竹 *Phyllostachys bambusoides*

X

西伯利亚白刺 *Nitraria sibirica*

西伯利亚落叶松 *Larix sibirica*

西伯利亚云杉 *Picea obovata*

西达桉 *Eucalyptus gunii*

西府海棠 *Malus micromalus*

西谷椰子 *Metroxylon sagus*

西瓜 *Citrullus lanatus*

西洋梨 *Pyrus communis* var. *satiea*

喜树 *Camptotheca acuminata*

细柄蕈树 *Altingia gracitipes*

细叶桉 *Eucalyptus tereticornis*

细叶鹅观草 *Roegneria japonensis* var. *haekliana*

细叶榕 *Ficus microcarpa*

纤毛鹅观草 *Roegneria ciliaris*

暹罗芒（本地小芒）*Mangifera siamensis*

蚬木 *Burretiodendron hsienmu*

仙居苦竹 *Arundinaria hsienchuensis*

乡土竹 *Bambusa indigena*

相思树 *Acacia confusa*

相思树属 *Acacia*

香椿 *Toona sinensis*

香椿属 *Toona*

香果树 *Emmenopterys henryi*

香花槐 *Robinia pseudoacacia* 'Idaho'

香蕉 *Musa nana*

香蕉属 *Musa*

香石竹（康乃馨）*Dianthus caryophyllus*

香樟 *Cinnamomum camphora*

香梓楠 *Cinnamomum ovatum*

向日葵 *Helianthus annuus*

橡胶 *Hevea brasiliensis*

橡皮树 *Ficus elastica*

肖斑棕属 *Bentinckiopsis*

肖山早竹 *Phyllostachys* sp.

小檗 *Berberis silvataroucana*

小箣竹 *Bambusa flexuosa*

小佛肚竹 *Bambusa ventricosa*

小冠花属 *Coronilla*

小果香椿 Toona microcarpa
小黑杨 Populus×xiaohei
小红栲 Castanopsis carlessi
小红柳 Salix microstachya
小簕竹 Bambusa flexuosa
小麦 Triticum aestivum
小米 Sataria itelica
小苹果 Malus sylvestris
小青杨 Populus pseudo-simonii
小叶白蜡 Fraxinus bungeana
小叶黄杨 Buxus sinica
小叶栎 Quercus chenii
小叶牡荆 Vitex microphylla
小叶柠条 Caragana microphylla
小叶女贞 Ligustrum quihoui
小叶青杨 Populus simonii
小叶榕 Ficus microcarpa var. pusillifolia
小叶桃花心木 Swietenia mahogoni
小叶杨 Populus simonii
孝顺竹 Bambusa multiplex
新疆大叶榆 Ulmus laevis
新疆落叶松 Larix sibirica
新疆杨 Populus alba var. pyramidalis
新疆云杉 Picea obovata
新银合欢 Leucaena leucocephala 'Salvador'
猩猩草 Euphorbia heterophylla
杏 Prunus armeniaca
绣线菊 Spiraea salicifolia
悬钩子 Rubus corchorifolius
悬铃木 Platanus spp.
旋花科 Convolvulaceae
雪岭云杉 Picea schrenkiana
雪松 Cedrus deodara
枸子 Cotoneaster spp.

Y

鸦胆子 Brucea javanica
芽竹 Phyllostachys robustiramea
崖州竹 Bambusa textilis var. gracilis
亚麻 Linum usitatissimum
烟草 Nicotiana spp.
烟草 Nicotiana tabacum
盐肤木 Rhus chinensis

盐蒿 Artemisis halodendron
偃松 Pinus pumila
羊蹄甲 Bauhinia uariegata
杨柴 Hdysarum leave
杨柳科 Salicaceae
杨梅 Myrica rubra
杨树 Populus spp.
杨桃 Averrhoa carambola
洋姜 Helianthus tuberosus
腰果 Anacardium occidentale
椰枣 Phoenix daclylifera
椰子 Cocos nucifera
野艾篙 Artemisia princeps
野扁豆 Cassia accidentalis
野漆 Toxicodendron succedaneum
野蔷薇 Rosa sp.
野山楂 Crataegus cuneata
野生芒 Mangifera sylvatica
野燕麦 Avena tatua
叶底珠 Securinega suffruticosa
一品红 Euphorbia pulcherrima
一球悬铃木（美桐）Platanus occidentalis
伊桐 Itoa orientalis
仪花 Lysidice rhodostegia
宜昌木姜子 Litsea ichangensis
益母蒿 Leonurus artemisia
意大利五针松 Pinus pinea
阴香 Cinnamomum burmannii
茵陈蒿 Artemisia capillaris
银白杨 Populus alba var. pyramidalis
银边黄杨卫矛 Euonymus japonica var. albo-marginatus
银海枣 Phoenix sylvestris
银桦 Grevillea robusta
银灰杨 Populus canescens
银荆树 Acacia cleaibata
银柳 Elaeagnus angustifolia
银杏 Ginkgo biloba
银叶山桉 Eucalyptus pulverulenta
银中杨 Salix alba var. tristis
印度芒 Mangifera indica
樱花 Cerasus spp.
樱桃 Cerasus pseudocerasus
迎春 Jasminum nudiflorum

硬头青竹 *Phyllostachys rigida*

硬质早熟禾 *Poa sphondylodes*

油菜 *Brassica campestris*

油茶 *Camellia olefera*

油橄榄 *Olea europaea*

油梨 *Persea americana*

油杉 *Keteleeria fortune*

油松 *Pinus tabuliformis*

油桐 *Vernicia fordii*

油樟 *Cinnamomum longepaniculatum*

油竹 *Bambusa surrecta*

油棕 *Elaeis guineensis*

柚木 *Tectona grandis*

柚树 *Citrus grandis*

余甘子 *Phyllanthus emblica*

鱼肚腩竹 *Bambusa gibboides*

鱼鳞云杉 *Picea jezoensis* var. *microsperma*

鱼尾葵 *Caryota ochlandra*

鱼尾葵属 *Caryota*

榆树 *Ulmus pumila*

榆科 Ulmaceae

榆 *Ulmus* spp.

榆叶梅 *Prunus triloba*

玉兰 *Magnolia denudata*

玉米 *Zea mays*

玉山竹 *Yushania niitakayamensis*

郁李 *Prunus japonica*

元宝枫（华北五角枫）*Acer truncatum*

圆柏 *Sabina chinensis*

圆冠榆 *Ulmus densa*

圆叶匍灯藓 *Plagiomnium vesicatum*

月桂 *Laurus nobilis*

月季 *Rosa chinenses*

越橘 *Vaccinium* spp.

越南油茶 *Camellia vietnamensis*

华南五针松（广东松）*Pinus kwangtungenesis*

云和哺鸡竹 *Phyllostachys yunhoensis*

云和苦竹 *Pleioblastus hsienchuensis*

云南龙竹 *Dendrocalamopsis yunnanicus*

云南石梓 *Gmelina arborea*

云南松 *Pinus yunnanensis*

云南油杉 *Keteleeria evelyniana*

云南樟 *Cinnamomum glanduliferum*

云杉 *Picea asperata*

云杉属 *Picea*

云实 *Caesalpinia sepiaria*

芸香科 Rutaceae

Z

杂交杨 *Populus* sp.

杂色刺桐 *Erythrina variegata*

早园竹 *Phyllostachys propinqua*

早竹 *Phyllostachys praecox*

枣 *Ziziphus jujuba*

皂角 *Gleditsia sinensis*

皂柳 *Salix wallichiana*

柞木 *Xylosma japonicum*

柞树（蒙古栎）*Quercus mongolica*

展叶松 *Pinus patula*

樟科 Lauraceae

樟属 *Cinnamomum*

樟树 *Cinnamomum camphora*

樟子松 *Pinus sylvestris* var. *mongolica*

长白落叶松 *Larix olgensis*

长白忍冬 *Lonicera ruprechtiana*

长白鱼鳞松 *Picea jezoensis* var. *komarovii*

长春花 *Catharanthus roseus*

长沙刚竹 *Phyllostachys verrucosa*

长叶松 *Pinus galustris*

爪哇决明 *Cassia javanica*

浙东四季竹 *Semiarundinaria lubrica*

浙江淡竹 *Phyllostachys meyeri*

珍珠菜 *Lysimachia clethroides*

珍珠梅 *Sorbaria sorbifolia*

榛 *Corylus heterophylla*

榛属 *Corylus*

芝麻 *Sesamum indicum*

栀子 *Poncirus trifoliata*

直杆桉 *Eucalyptus maidie*

中东杨 *Populus berolinensis*

中华猕猴桃 *Actinidia chinensis*

中欧山松 *Pinus montana*

重阳木 *Bischofia polycapa*

槠 *Castanopsis* spp.

竹 Bambusoideae

竹节树 *Carallia brachiata*

苎麻 *Boehmeria nivea*

锥栗 *Castanea henryi*

梓树 *Catalpa ovata*

紫丁香 *Syringa oblate*

紫秆竹 *Bambusa textilis* var. *purpurascens*

紫果云杉 *Picea purpurea*

紫花苜蓿 *Medicago sativa*

紫金牛科 Myrinaceae

紫荆 *Cercis chinensis*

紫蒲头石竹 *Phyllostachys nuda* f. *localis*

紫穗槐 *Amorpha fruticosa*

紫藤 *Wisteria sinensis*

紫葳科 Bignoniaceae

紫薇 *Lagerstroemia indica*

紫叶李 *Prunus cerasifera* f. *atropurpurea*

紫玉兰 *Magnolia liliflora*

紫竹 *Phyllostachys nigra*

棕榈 *Trachycarpus fortunei*

棕毛猕猴桃 *Actinidia fulvicoma*

棕竹 *Rhapis excelsa*

钻天杨 *Populus nigra* var. *italica*

钻天榆 *Ulmus pumila* 'Pyramidalis'

左旋柳 *Salix paraplesia* var. *subintegra*

天敌名录 | Natural Enemy Index

大田猎姬蜂 Agrothereutes macroincubitor
大腿小蜂属 Brachymeria
大痣小蠹狄金小蜂 Dinotiscus aponius
淡红（艳红）猎蝽 Cydnocoris russatus
淡裙猎蝽 Yolinus albopustulatus
稻苞虫黑瘤姬蜂 Coccygomimus parnarae
稻苞虫兔唇姬小蜂 Dimmokia pomaceus
德国黄胡蜂 Respa germanica
迪氏跳小蜂 Zarhopalus debarri
点腹刻腹小蜂 Ormyrus punctiger
顶姬蜂属 Acropimpla
兜姬蜂 Dolichomitus populneus
兜姬蜂属 Dolichomitus
豆象盾腹茧蜂 Phanerotomella sp.
蠹蛾黑卵蜂 Telenomus holcoceri
毒蛾赤眼蜂 Trichogramma ivelae
毒蛾卵啮小蜂 Tetrastichus sp.
毒蛾绒茧蜂 Apanteles liparidis
毒蛾长尾啮小蜂 Aprostocetus sp.
渡边长体茧蜂 Macrocentrus watanabei
短翅田猎姬蜂 Agrothereutes abbreviatus
短唇姬蜂 Anisotacrus sp.
短角曲姬蜂 Scambus brericornis
钝唇姬蜂 Eriborus sp.
盾蚧长缨跳小蜂 Anthemus aspidioti
多径毛异丛毛寄蝇 Isosturmia picta
多星瓢虫 Oenopia conglobata
多胚跳小蜂 Litomastix maculatus
多异瓢虫 Adonia variegata

E

蛾上皱姬蜂 Epirhyssa hyblaeana
恩蚜小蜂 Encarsia sp.
二星瓢虫 Adalia bipunctata
二带赤颈郭公虫 Tillus notatus

F

方斑瓢虫 Propylaea quatuordecimpunctata
方痣小蠹狄金小蜂 Dinotiscus eupterus
分盾细蜂属 Ceraphron
粉蚧短角跳小蜂 Pseudophycus malinus
粉蚧啮小蜂 Tetrastichus sp.
粉蚧长索跳小蜂 Anagyrus dactylopii

G

高缝姬蜂 Campoplex sp.
弓背蚁属 Camponotus
钩土蜂属 Tiphia
古毒蛾黑瘤姬蜂 Pimpla disparis
古毒蛾追寄蝇 Exorista larvarum
牯岭草蛉 Chrysopa kulingensis
寡埃姬蜂 Itoplectis viduata
管氏肿腿蜂 Sclerodermus guani
广赤眼蜂 Trichogramma evanescens
广大腿小蜂 Brachymeria obscurata
广腹螳螂 Hierodula patellifera
广黑点瘤姬蜂 Xanthopimpla punctata
广肩小蜂属 Eurytoma
龟纹瓢虫 Propylaea japonica
郭公甲科 Cleridae
果树小蠹四斑金小蜂 Cheiropachus quadrum

H

核桃消颊齿腿金小蜂 Zolotarewskya robusta
核桃小蠹广肩小蜂 Eurytoma regiae
核桃小蠹啮小蜂 Tetrastichus juglansi
核桃小蠹四斑金小蜂 Cheiropachus juglandis
黑背毛瓢虫 Scymnus (Neopullus) babai
黑沟胸花蝽 Dufouriellus ater
黑盾胡蜂 Vespa bicolor bicolor
黑红猎蝽 Haematoloecha nigrorufa
黑蚜蚜斑腹蝇 Leucopis atratula
黑瘤姬蜂属 Coccygomimus
黑盔蚧长盾金小蜂 Anysis saissetiae
黑卵蜂属 Telenomus
黑毛蚁 Lasius niger
黑青小蜂 Dibrachys cavus
黑色食蚜蚜小蜂 Coceophagus yoshidae
黑足凹眼姬蜂 Casinaria nigripes
横斑瓢虫 Coccinella transversoguttata
横带瓢虫 Coccinella trifasciata
横带驼姬蜂 Goryphus basilaris
红斑郭公虫 Trichodes sinae
红点唇瓢虫 Chilocorus kuwanae
红腹盾长茧蜂 Aspidocolpus erythrogaster
红环瓢虫 Rodolia limbata
红肩瓢虫 Harmonia dimidiata
红蜡蚧扁角跳小蜂 Anicetus benificus

红松丽旋小蜂 *Calosota koraiensis*

红头芫菁 *Epicauta ruficeps*

红尾追寄蝇 *Exorista fallax*

红圆蚧金黄蚜小蜂 *Aphytis fisheri*

红缘猛猎蝽 *Sphedanolestes gularis*

后缘花翅跳小蜂 *Microterys postmarginis*

胡蜂属 *Vespa*

湖北红点唇瓢虫 *Chilocorus hupehanus*

虎甲属 *Cicindela*

花翅跳小蜂属 *Microterys*

花绒寄甲 *Dastarcus helophoroides*

花绒坚甲 *Dastarcus lingulus*

花螳螂 *Creobroter femmatus*

华姬蝽 *Nabis sinoferus*

华姬猎蝽 *Nabis sinoferus* Hsiao

华鹿瓢虫 *Sospita chinensis*

华肿脉金小蜂 *Metacolus sinicus*

黄斑盘瓢虫 *Lemnia saucia*

黄胡蜂属 *Vespula*

黄茧蜂属 *Meteorus* sp.

黄头细颚姬蜂 *Enicospilus flavocephalus*

黄蚜小蜂属 *Aphytis*

黄色白茧蜂 *Phanerotoma flava*

黄长距茧蜂 *Macrocentrus abdominalis*

黄足猎蝽 *Sirthenea flavipes*

灰腹狭颊寄蝇 *Carcelia ammphion*

混腔室茧蜂 *Aulacocentrum confusum*

火炬松短索跳小蜂 *Acerophagus coccois*

J

姬小蜂属 *Eulophus*

基角长胸肿腿金小蜂 *Heydenia angularicoxa*

脊虎天牛莱洛茧蜂 *Leluthia (Euhecabalodes)* sp.

寄蝇属 *Tachina*

家蚕追寄蝇 *Exorista sorbillans*

甲腹茧蜂 *Chelonus* spp.

茧蜂属 *Bracon*

茧蜂科 Braconidae

简须新怯寄蝇 *Neophryxe psychidis*

狡臭蚁属 *Technomyrmex*

金环胡蜂 *Vespa mandarinia mandarinia*

金黄栉寄蝇 *Pales aurescens*

金黄莱寄蝇 *Leskia aurea*

卷蛾瘤姬蜂 *Pimpla turionella*

卷蛾圆瘤长体茧蜂 *Macrocentrus gibber*

绢野螟长绒茧蜂 *Dolichogenidea stantoni*

K

考氏白茧蜂 *Phanerotoma kozlovi*

克禄格翠金小蜂 *Tritneptis klugii*

宽颊曲姬蜂 *Scambus eurygenys*

宽结大头蚁 *Pheidole nodus*

宽缘唇瓢虫 *Chilocorus rufitarsus*

L

蜡蚧扁角跳小蜂 *Anicetus ceroplastis*

蜡蚧花翅跳小蜂 *Microterys speciosus*

蜡蚧啮小蜂 *Aprostocetus ceroplastae*

蜡天牛蛀姬蜂 *Schreineria ceresia*

蓝黑栉寄蝇 *Pales pavida*

蓝绿啮小蜂 *Tetrastichus* sp.

立毛蚁属 *Paratrechina*

丽草蛉 *Chrysopa formosa*

厉蝽 *Cantheconidea concinna*

栗瘿旋小蜂 *Eupelmus urozonus*

亮腹黑褐蚁 *Formica gagatoides*

两色刺足茧蜂 *Zombrus bicolor*

廖氏截尾金小蜂 *Tomicobia liaoi*

辽宁思姬蜂 *Endasys liaoningensis*

邻小花蝽 *Orius vicinus*

菱斑和瓢虫 *Synharmonia conglobata*

菱斑巧瓢虫 *Oenopia conglobata*

菱室姬蜂属 *Mesochorus*

六斑异瓢虫 *Aiolocaria hexaspilota*

六斑月唇瓢虫 *Chilomenes sexmaculata*

六齿小蠹广肩小蜂 *Ipideurytoma acuminati*

龙眼裳卷蛾黑瘤姬蜂 *Pimpla* sp.

隆胸罗葩金小蜂 *Rhopalicus guttatus*

隆胸小蠹啮小蜂 *Tetrastichus thoracicus*

陆马蜂 *Polistes rothneyi grahami*

李斑唇瓢虫 *Chilocorus geminus*

罗思尼氏斜结蚁 *Plagiolepis rothneyi*

绿点益蝽 *Picromerus virdipunctatus*

绿姬蜂属 *Chlorocryptus*

M

蚂蚁科 Formicidae

满点瘤姬蜂 *Pimpla aethiops*

粗角盲蛇蛉 *Inocellia crassicornis*
毛虫追奇蝇 *Exorista amoena*
毛瘤角姬蜂 *Pleolophus setiferae*
毛面泥甲姬蜂 *Bathythrix cilifacialis*
毛圆胸姬蜂指名亚种 *Colpotrochia pilosa pilosa*
孟氏隐唇瓢虫 *Cryptolaemus montrouzieri*
蒙古光瓢虫 *Exochomus mongol*
蒙新原花蝽 *Anthocoris pilosus*
密点曲姬蜂 *Scambus punctatus*
密云金小蜂 *Pteromalus miyunensis*
绵蚧阔柄跳小蜂 *Metaphycus pulvinariae*
闽粤食蚧蚜小蜂 *Coccophagus silvestrii*
螟虫扁股小蜂 *Elasmus ciopkaloi*
螟蛾顶姬蜂 *Acropimpla persimilis*
螟黑点瘤姬蜂 *Xanthopimpla stemmator*
螟黄赤眼蜂 *Trichogramma chilonis*
螟蛉黄茧蜂 *Meteorus narangae*
螟蛉悬茧姬蜂 *Charops bicolor*
墨胸胡蜂 *Vespa velutina nigrihorax*
木蠹长尾啮小蜂 *Aprostocetus dendroctoni*
木小蠹长尾金小蜂 *Roptrocerus xylophagorum*

N

内茧蜂属 *Rhogas*
拟原姬蝽 *Nabis pseudoferus*
啮小蜂属 *Tetrastichus*

O

欧洲草蛉 *Chrysopa perla*

P

盘腹蚁属 *Aphaenogaster*
皮金小蜂 *Pteromalus procetus*
舞毒蛾平腹小蜂 *Anastatus japonicus*
平腹小蜂 *Anastatus* sp.
平庸赘寄蝇 *Drino inconspicua*
苹绿刺蛾寄蝇 *Chaetexorista klapperichi*
普通小蠹广肩小蜂 *Eurytoma morio*

Q

七星瓢虫 *Coccinella septempunctata*
祁连山丽旋小蜂 *Calosota qilianshanensis*
奇变瓢虫 *Aiolocaria mirabilis*
奇异小蠹长尾金小蜂 *Roptrocerus mirus*

秦岭刻鞭茧蜂 *Coeloides qinlingensis*
青杨天牛蛀姬蜂 *Schreineria populnea*
球果卷蛾长体茧蜂 *Macrocentrus resinellae*
球果螟白茧蜂 *Phanerotoma semenovi*
球果平胸姬小蜂 *Hyssopus nigritulus*
球蚧花翅跳小蜂 *Microterys clauseni*
球果象曲姬蜂 *Scambus sudeticus*
球小蠹奥金小蜂 *Oxysychus sphaerotrypesi*
曲姬蜂属 *Scambus*
全北褐蛉 *Hemerobius humuli*

R

日本大痣长尾小蜂 *Megastigmus niponicus*
日本方头甲 *Cybocephalus niponicus*
日本弓背蚁 *Camponotus japonicus*
日本黑褐蚁 *Formica japonica*
日本棱角肿腿蜂 *Goniozus japonicus*
日本软蚧蚜小蜂 *Coccophagus japonicus*
日本追寄蝇 *Exorista japonica*
绒茧蜂属 *Apanteles*
绒蜂虻 *Villa* sp.
软姬蜂 *Habronyx* sp.
软蚧扁角跳小蜂 *Anicetus annulatus*
软蚧食蚜小蜂 *Coccphagus pulchellus*

S

赛黄盾食蚧蚜小蜂 *Coccophagus ishii*
伞裙追寄蝇 *Exorista civilis*
桑盾蚧盗瘿蚊 *Lestodiplosis pentagona*
桑盾蚧恩蚜小蜂 *Encarsia berlesei*
桑盾蚧黄金蚜小蜂 *Aphytis proclia*
桑蚧寡节小蜂 *Prospaltella berlesei*
桑螟聚瘤姬蜂 *Gregopimpla kuwanae*
桑木虱啮小蜂 *Tetrastichus* sp.
瑟茅金小蜂 *Pteromalus semotus*
沙曲姬蜂 *Scambus sagax*
杉蠹黄色广小蜂 *Phleudecatoma cunnighamiae*
杉卷蛾赤眼蜂 *Trichogramma polychrosis*
上海青蜂 *Chrysis shanghaiensis*
勺猎蝽 *Cosmolestes* sp.
深井凹头蚁 *Formica fukaii*
十斑大瓢虫 *Anisolemnia dilatata*
十三星瓢虫 *Hippodamia tredecimpunctata*
十五星裸瓢虫 *Calvia quinquedecimguttata*

史氏盘腹蚁 *Aphaenogaster smythiesi*

柿蒂虫缺沟姬蜂 *Lissonota* sp.

柿绒蚧跳小蜂 *Aphycus* sp.

瘦柄花翅蚜小蜂 *Marietta carnesi*

梳胫饰腹寄生蝇 *Crossocosmia schineri*

疏附齐褐蛉 *Kimminsia sufuensis*

刷盾长缘跳小蜂 *Cheiloneurus claviger*

双斑青步甲 *Chlaenius bioculatus*

双斑肿脉金小蜂 *Metacolus unifasciatus*

双齿多刺蚁 *Polyrhachis dives*

双刺胸猎蝽 *Pygolampis bidentara*

双环猛猎蝽 *Sphedanolestes annulipes*

双条巨角跳小蜂 *Comperiella bifasciata*

水曲柳长体金小蜂 *Trigonoderus fraxini*

四斑尼尔寄蝇 *Nealsomyia quadrimaculata*

四川三缝茧蜂 *Triraphis sichuanensis*

松扁腹长尾金小蜂 *Pycnetron curculionidis*

松蠹狄金小蜂 *Dinotiscus armandi*

松蠹短颊金小蜂 *Cleonymus pini*

松蠹啮小蜂 *Tetrastichus armandii*

松蠹长尾金小蜂 *Roptrocerus qinlingensis*

松干蚧花蝽 *Elatophilus nipponensis*

松蚧益蛉 *Symperobius matsucocciphagus*

松蚧瘿蚊 *Lestodiposis* sp.

松毛虫埃姬蜂 *Hoplectis alternans spectabilis*

松毛虫白角金小蜂 *Mesopolobus subfumatus*

松毛虫赤眼蜂 *Trichogramma dendrolimi*

松毛虫短角平腹小蜂 *Mesocomys orientalis*

松毛虫恶姬蜂 *Echthromorpha agrestoria notulatoria*

松毛虫黑点瘤姬蜂 *Xanthopimpla pedator*

松毛虫黑卵蜂 *Telenomus dendrolimusi*

松毛虫狭颊寄蝇 *Carcelia rasella*

松毛虫绒茧蜂 *Apanteles ordinaries*

松毛虫匙鬃瘤姬蜂 *Theronia zebra diluta*

松茸毒蛾黑卵蜂 *Telenomus dasychiri*

松氏通草蛉 *Chrysoperla savioi*

松突圆蚧花角蚜小蜂 *Coccobius azumai*

桃小蠹长足金小蜂 *Macromesus persichus tuberculatus*

松小卷蛾长体茧蜂 *Macrocentrus resinellae*

T

天牛兜姬蜂 *Dolichomitus tuberculatus*

条棒短索蚜小蜂 *Archenomus longicornis*

托球螋 *Forficula tomis*

W

弯叶毛瓢虫属 *Nephus*

卫松益蛉 *Sympherobius weisong*

纹黄枝瘿金小蜂 *Homoporus japonicus*

乌桕毛虫脊茧蜂 *Aleiodes euproctis*

无斑平腹小蜂 *Anastatus* sp.

无脊大腿小蜂 *Brachymeria excarinata*

五营痣斑金小蜂 *Acrocormus wuyingensis*

舞毒蛾黑瘤姬蜂 *Coccygomimus disparis*

舞毒蛾卵平腹小蜂 *Anastatus disparis*

X

西北小蠹长尾金小蜂 *Roptrocerus ipius*

希姬蝽 *Himacerus mirmicoides*

喜马拉雅聚瘤姬蜂 *Gregopimpla himalayensis*

细都姬蜂 *Dusona tenuis*

细颚姬蜂属 *Enicospilus*

细纹裸瓢虫 *Bothrocalvia albolineata*

细线细颚姬蜂 *Enicospilus lineolatus*

狭颊寄蝇属 *Carcelia*

狭颊刻姬蜂 *Arenetra genangusta*

狭颜赘寄蝇 *Drino facialis*

夏威夷软蚧蚜小蜂 *Coccophagus hawaiiensis*

镶颚姬蜂属 *Hyposoter*

象甲姬蜂属 *Bathyptectes*

小蠹凹面四斑金小蜂 *Cheiropachus cavicapitis*

小蠹棍角金小蜂 *Rhaphitelus maculatus*

小蠹红角广肩小蜂 *Eurytoma ruficornis*

小蠹尾带旋小蜂 *Eupelmus urozonus*

小蠹蚁形金小蜂 *Theocolax phlaeosini*

小蠹圆角广肩小蜂 *Eurytoma scolyti*

小蠹长柄广肩小蜂 *Eurytoma juglansi*

小蠹长体广肩小蜂 *Eurytoma yunnanensis*

小蠹长尾广肩小蜂 *Eurytoma longicauda*

小蠹长胸肿腿金小蜂 *Heydenia scolyti*

小红瓢虫 *Rodolia pumila*

小花蝽属 *Orius*

小茧蜂属 *Bracon*

小卷蛾绒茧蜂 *Apanteles laevigatus*

悬腹广肩小蜂 *Eurytoma appendigaster*

悬茧姬蜂属 *Charops*

旋小蜂科 *Eupelmidae*

Y

蚜茧蜂属 *Diaeretiella*
蚜小蜂属 *Aphelinus*
阎魔甲科 Histeridae
杨毒蛾黑卵蜂 *Telenomus nitidulus*
杨潜姬蜂 *Celata populus*
杨跳象三盾茧蜂 *Triaspis* sp.
杨腺溶蚜茧蜂 *Adialytus salicaphis*
椰心叶甲啮小蜂 *Tetrastichus brontispa*
野蚕黑瘤姬蜂 *Coccygomimus luctuosus*
野蚕瘤寄蜂 *Pimpla luctuosa*
叶甲姬小蜂属 *Pediobiua*
阴叶甲寄蝇 *Maequartia tenebricosa*
叶色草蛉 *Chrysopa phyllochroma*
蚁属 *Formica*
异色瓢虫 *Harmonia axyridis*
益蝽 *Picromerus lewisi*
银颜赘寄蝇 *Drino argenticeps*
隐斑瓢虫 *Harmonia obscurosignata*
隐翅虫 *Bledius* sp.
隐翅甲科 Staphylinidae
蝇茧蜂属 *Opius*
瘿蚊腹细蜂 *Platygster* sp.
忧郁赘寄蝇 *Drino lugens*
油茶枯叶蛾黑卵蜂 *Telenomus lebedae*
柚木夜蛾弗姬蜂 *Friona okinawana*
玉米螟卵赤眼蜂 *Trichogramma chilonis*
榆蝶胸肿腿金小蜂 *Oodera pumilae*
榆蠹短颊金小蜂 *Cleonymus ulmi*
榆平背广肩小蜂 *Eurytoma esuriensi*
榆小蠹灿姬小蜂 *Entedon ulmi*
榆小蠹丽旋小蜂 *Calosota pumilae*
榆痣斑金小蜂 *Acrocormus ulmi*
榆紫叶甲异赤眼蜂 *Asymactu ambrostomae*
羽角姬小蜂属 *Sympiesis*
原食蚧蚜小蜂属 *Prococcophagus*
圆斑弯叶毛瓢虫 *Nephus ryuguus*
云南黑青金小蜂 *Dibrachys yunnaneniis*
云南花翅跳小蜂 *Microterys yunnanensis*
云南小蠹长尾金小蜂 *Roptrocerus yunnanensis*
云杉小蠹璞金小蜂 *Platygerrhus piceae*

Z

柞蚕饰腹寄蝇 *Crossocosmia tibialis*

张氏扁胫旋小蜂 *Metapelma zhangi*
天牛卵长尾啮小蜂 *Aprostocetus fukutai*
赵氏花翅跳小蜂 *Microterys zhaoi*
浙江黑卵蜂 *Telenomus* sp.
针叶树丽旋小蜂 *Calosota conifera*
真猎蝽属 *Harpactor*
中华草蛉 *Chrysopa sinica*
中华大刀螂 *Tenodera sinensis*
中华大痣小蜂 *Megastigmus sinensis*
中华茧蜂 *Amyosoma chinensis*
中华金星步甲 *Calosoma chinense*
中华棱角肿腿蜂 *Goniozus sinicus*
中华通草蛉 *Chrysoperla sinica*
中华显盾瓢虫 *Hyperaspis sinensis*
中黄猎蝽 *Sycanus croceovittatus*
中室彩寄蝇 *Zenilla modicella*
舟蛾赤眼蜂 *Trichogramma closterae*
舟蛾啮小蜂 *Tetrastichus* sp.
舟蛾群瘤姬蜂 *Iseropus* sp.
皱弯姬蜂 *Camptotypus rugosus*
竹蝉履甲 *Sandalus* sp.
竹蝉旋小蜂 *Eupelmus* sp.
竹刺蛾小室姬蜂 *Scenoharops parasae*
竹瘿歹长尾小蜂 *Diomorus aiolomorphi*
竹瘿长角金小蜂 *Norbanus aiolomorphi*
蠋蝽 *Arma chinensis*
祝氏鳞跨茧蜂 *Meteoridea chui*
追寄蝇属 *Exorista*
锥盾菱猎蝽 *Isyndus reticulatus*
紫色小蠹刺金小蜂 *Callocleonymus ianthinus*
棕角巢蛾姬蜂 *Herpestomus brunnicornis*
纵卷叶螟绒茧蜂 *Apanteles* sp.
纵条瓢虫 *Coccinella longifaseciata*

鸟类

白背啄木鸟 *Dendrocopos leucotos*
白鹡鸰 *Motacilla alba*
白脸山雀 *Parus major artatus*
白头鹎 *Pycnonotus sinensis*
斑啄木鸟（新疆亚种）*Dendrocopos minor tianshanicus*
北红尾鸲 *Phoenicurus auroreus*
伯劳 *Lanius* spp.
布谷鸟（四声杜鹃）*Cuculus micropterus*
长尾蓝雀 *Cissa ergtyrorhyncha*
大斑啄木鸟 *Dendrocopos major*

大杜鹃 *Cuculus canorus*

大杜鹃指名亚种 *Cuculus canorus canorus*

大山雀 *Parus major*

戴胜 *Upupa epops*

东方大苇莺 *Acrocephalus orientalis*

杜鹃 *Cuculus* spp.

短耳鸮 *Asio flammeus*

黑枕黄鹂 *Oriolus chinensis diffuses*

红角鸮 *Otus scops*

红脚隼 *Falco vespertinus amurensis*

红隼 *Falco tinnunculus*

红尾伯劳 *Lanius cristatus*

画眉 *Garrulax canorus*

灰椋鸟 *Sturnus cineraceus*

灰山椒鸟 *Pericrocotus divaricatus*

灰喜鹊 *Cyanopica cyana*

楼燕 *Apus apus*

麻雀（树麻雀）*Passer montanus*

普通夜鹰 *Caprimulgus indicus calonyx*

三宝鸟（佛法僧）*Eurystomus orientalis*

三道眉草鹀 *Emberiza cioides*

树鹨 *Anthus hodgsoni*

树麻雀（麻雀）*Passer montanus*

四声杜鹃（布谷鸟）*Cuculus micropterus*

乌鸫 *Turdus merula*

乌鸦 *Corvus* spp.

喜鹊（普通亚种）*Pica pica sericea*

小斑啄木鸟（新疆亚种）*Dendrocopos minor kamtschakensis*

星头啄木鸟 *Dendrocopos canicapillus*

灰胸竹鸡 *Bambusicola thoracica*

啄木鸟 *Dendrocopos* spp.

棕腹啄木鸟 *Dendrocops hyperythrus subrufinus*

蜘蛛

斑管巢蛛 *Clubiona maculata*

大腹园蛛 *Araneus ventricosus*

盗蛛 *Pisaura* spp.

黑腹狼蛛 *Lycosa coelestris*

黑色蝇虎蛛 *Plexippus paykulli*

红螯蛛 *Chiracanthium* spp.

横纹金蛛 *Argiope bruennichii*

黄褐狡蛛 *Dolomedes sulfureus*

宽条狡蛛 *Dolomedes pallitarsis*

丽园蛛 *Araneus mitificus*

猫蛛 *Oxtopes* spp.

锚盗蛛 *Pisaura ancora*

拟环纹豹蛛 *Pardosa pseudoannulata*

平行绿蟹蛛 *Oxytate parallela*

三突花蛛 *Misumenops tricuspidatus*

松猫蛛 *Peucetia* spp.

武夷豹蛛 *Pardosa wuyiensis*

细纹猫蛛 *Oxtopes macilentus*

线纹猫蛛 *Oxyopex lineatipes*

斜纹猫蛛 *Oxyopes sertaus*

浙江豹蛛 *Pardosa tschekiangensis*

浙江红螯蛛 *Chiracanthium zhejiangensis*

其他天敌

刺猬 *Erinaceus europaeus*

格氏线虫 *Steinernema glaseri*

蜡蚧轮枝菌 *Verticillium lecanum*

亮白曲霉菌 *Aspergillus candidus*

绿僵菌 *Metarhizium anisopliae*

麦蒲螨 *Pyemotes tritici*

毛纹斯氏线虫 *Steinernema bibionis*

蒲螨属 *Pyemotes* spp.

强壮六索线虫 *Hexamermis arsenoidea*

青虫菌 *Bacillus thuringiensis galleriae*

球孢白僵菌 *Beauveria bassiana*

乳状菌（日本金龟芽孢杆菌）*Bacillus popilliae*

虱形螨 *Pediculoides ventricosus*

双生座壳孢 *Aschersonia duplex*

斯氏线虫 *Steinernema* spp.

苏云金杆菌 *Bacillus thuringiensis*

细小六索线虫 *Hexamermis microamphidis*

小枕异绒螨 *Allothrombium pulvinum*

芽枝状枝孢霉 *Cladosporium cladosporioides*

夜蛾斯氏线虫 *Steinernema feltiae*

异小杆线虫 *Heterorhabditis* spp.

榆林沙蜥 *Phrynocephalus frontalis*

竹蝉蝉花菌 *Isaria cicadae*

竹蝉虫草（冬虫夏草）*Cordyceps sinensis*

中文名索引 | Chinese Common Names Index

拉丁名索引 | Scientific Names Index

英文名索引 | English Common Names Index